Alfred X. Trautwein[†], Uwe Kreibig, Jürgen Hüttermann, Christian Hübner
Physik für Mediziner, Biologen, Pharmazeuten

Alfred X. Trautwein[†], Uwe Kreibig, Jürgen Hüttermann, Christian Hübner

Physik für Mediziner, Biologen, Pharmazeuten

9. Auflage

DE GRUYTER

Autoren
Prof. Dr. Uwe Kreibig
Ehemals Rheinisch-Westfälische Hochschule
Physikalisches Institut
52074 Aachen, Deutschland

Prof. Dr. Jürgen Hüttermann
Universität des Saarlandes
Fachrichtung Biophysik
66421 Homburg, Deutschland
bpjhue@uniklinik-saarland.de

Prof. Dr. Christian Hübner
Universität zu Lübeck
Institut für Physik
23538 Lübeck, Deutschland
huebner@physik.uni-luebeck.de

Prof. Dr. Alfred X. Trautwein (verstorben)

ISBN 978-3-11-068824-5
e-ISBN (PDF) 978-3-11-069165-8
e-ISBN (EPUB) 978-3-11-074714-0

Library of Congress Control Number: 2024952758

Bibliografische Information der Deutschen Nationalbibliothek
Die Deutsche Nationalbibliothek verzeichnet diese Publikation in der Deutschen Nationalbibliografie; detaillierte bibliografische Daten sind im Internet über http://dnb.dnb.de abrufbar.

www.degruyterbrill.com
Fragen zur allgemeinen Produktsicherheit:
productsafety@degruyterbrill.com

Vorwort

Die Rolle und Bedeutung des Faches Physik in den Grundstudien der Fächer Medizin, Biologie und Pharmazie hat sich seit dem ersten Erscheinen dieses jetzt in der neunten Auflage existierenden Lehrbuches nicht grundlegend geändert; es ist ein wichtiges Basisfach in diesen Studiengängen. Zudem ist es ein zunehmend wichtig gewordenes Fach in der übergeordneten Kategorie der „Lebenswissenschaften". Die Physik hat, auf der Erkenntnis fußend, dass ihre grundlegenden Gesetze, die früher vornehmlich in der anorganischen Natur gefunden wurden, auch für die organische und biologische Welt gelten, diese als ein wichtiges Gebiet entdeckt, in dem durch sie ein naturwissenschaftlich begründetes Verständnis von Lebensvorgängen erarbeitet werden kann. Dabei gewinnt die der Physik eigenen Methode *quantitativer Problemlösungen* mithilfe der Mathematik zunehmend an Bedeutung. Diese beruht auf der Grundlage vereinfachender, miteinander verflochtener und untereinander wechselwirkender Modellsysteme aus Biologie und Medizin und liefert auf dem Feld der Forschung ebenso wichtige Beiträge wie auch technische Hilfe im Alltag des praktischen Arztberufs und anderen anwendungsbezogenen medizinisch-biologischen Tätigkeiten.

Da Grundlagen und Gesetze in der anorganischen Natur meistens einfacher strukturiert sind, haben wir das vorliegende Buch trotz der allgemeinen Zunahme der Erforschung lebender Materie wesentlich auf Beispiele und Gesetze aus diesem Gebiet ausgelegt. Die Stoffauswahl ist zudem darauf abgestimmt, vornehmlich den Studierenden der Fächer Medizin, Biologie und Pharmazie in für sie wichtigen Teilbereichen der Physik Grundkenntnisse zu vermitteln. Nach wie vor ist der Inhalt des Buches umfangreicher gestaltet, als es allein für Studium und Prüfungen erforderlich wäre. Unser Anliegen bleibt, das Buch auch für die Zeiten nach dem Studium und nach Prüfungen als Nachschlagewerk, nicht zuletzt im Hinblick auf viele physikalische Fragestellungen im Alltag, nützlich zu machen.

Das, was man im Laufe des Studiums als Gerüst an Grundlagen der Physik kennenlernen und zur Vorbereitung für Fachprüfungen sich mindestens aneignen sollte, ist im Text des Buches durch Blauton-Unterlegung hervorgehoben. Kleiner Gedrucktes ist nicht gleichbedeutend mit leichter Entbehrlichem; vielmehr sollen damit Zusatzinformationen hervorgehoben und vom laufenden Text abgesetzt werden.

Zahlreiche Verweise innerhalb des Textes und ein ausführlicher Index-Teil sollen einen leichteren Einstieg in einzelne Abschnitte ermöglichen. Einige moderne Erkenntnisse aus Quantentheorie und Relativitätstheorie haben wir in einfacher Form in den Text aufgenommen und nicht in spezielle Abschnitte verlagert, als handele es sich dabei um andere Physik. Wir sind der Überzeugung, dass auch derjenige, der die Physik nur als „Hilfswissenschaft" benötigt, in der Lage sein muss, einfache Probleme und Fragestellungen, die in seinem Fachgebiet auftreten, selbst durchzurechnen. Ein wesentliches Anliegen war es uns, Grundlagen durch Beispiele aus dem medizinisch-biologischen Bereich zu veranschaulichen. Allerdings muss klargestellt werden, dass weite Gebiete der modernen theoretischen Physik, etwa der Astrophysik und, seit der Verbreitung des Lasers der Optik heute in ihren Zielen, Methoden und Schwierigkeitsgraden teilweise extrem weit jenseits der hier behandelten biologischen und medizinischen Bereiche stehen, weshalb vieles davon nicht oder nur knapp dargestellt wird.

Trotz verschiedener Gegenargumente haben wir wie zuvor die bislang für einführende Physik-Lehrbücher übliche Gliederung in die Abschnitte Mechanik, Elektrizitätslehre, Optik

https://doi.org/10.1515/9783110691658-202

und Kernphysik beibehalten. Neue Erkenntnisse und Methoden, insbesondere im Bereich digitaler Techniken, wurden in diese Abschnitte eingearbeitet. Um das Begriffssystem der Physik und beispielsweise die Methode der Einführung vereinfachender Modelle und deren Zusammenspiel zur Simulation komplexer Naturabläufe deutlich zu machen, hat sich der Abschnitt *Mechanik* besonders angeboten, das daher sehr ausführlich gestaltet wurde.

Für die vorliegende neunte Auflage wurde der Inhalt des Buches umfangreich überarbeitet und aktualisiert, was vor allem die Abschnitte zur Elektrizitätslehre und zur Optik betrifft, da hier seit den Vorauflagen die größten Entwicklungen – beispielswiese digitale Techniken, neue Laseranwendungen und neue Mikroskopie-Techniken – stattgefunden haben. Aber auch die Neudefinition der Basiseinheiten im Internationalen Einheitensystem musste Eingang in diese Auflage finden.

Eine erhebliche Zahl von Abbildungen wurde insbesondere durch die Verwendung mehrerer Farben anschaulicher gestaltet.

Im Anhang des Buches ist die Sammlung von Übungsaufgaben und Lösungen, die den einzelnen Abschnitten inhaltlich zugeordnet sind, unverändert von der letzten Auflage übernommen worden. Wie zuvor halten wir sie als Übungsaufgaben für wichtig. Ebenso wurden der Abschnitt mit Erklärungen elementarer mathematischer Hilfsmittel sowie die ausführliche Zusammenfassung zur Theorie der Fehlerrechnung beibehalten.

All denen, die an der Edition der neun Auflagen dieses Buches mitgewirkt haben, möchten wir an dieser Stelle danken. Besonders gilt unser Dank unseren verstorbenen Mitautoren Herrn Prof. Dr. med. et rer. nat. Erich Oberhausen und Herrn Prof. Dr. rer. nat. Alfred X. Trautwein. Herr Oberhausen hat die ersten vier Auflagen mitgestaltet und war auch an der Vorbereitung der fünften Auflage maßgeblich beteiligt, deren Erscheinen er dann nicht mehr erleben durfte. Herr Trautwein war an allen Auflagen wesentlich beteiligt, konnte aber die Fertigstellung der vorliegenden Auflage nicht mehr erleben. Ohne den vollen Einsatz beider Kollegen wäre dieses Buch nicht erschienen.

Herbst 2024
Uwe Kreibig, Jürgen Hüttermann, Christian Hübner

Inhalt

Mechanische Schwingungen und Wellen

Elektrizitätslehre

Optik

Regelung, Steuerung, Informationsübertragung

Aufgaben und Lösungen

Einleitung

Der Physik liegen zwei Axiome zugrunde:

1. Naturgesetze sind allgemeingültig, d. h., unter gleichartigen Bedingungen bestimmen sie zu jeder Zeit und überall mit gleicher Notwendigkeit das Naturgeschehen.

2. Die Beobachtung liefert allein die Entscheidungskriterien über die Richtigkeit eines Modells zur Beschreibung eines Naturereignisses: Das Experiment ist Beweisgrundlage. Dabei wird unter dem *Experiment* die plan-mäßige Beobachtung verstanden, bei der alle wesentlichen Einflüsse auf das Geschehen messend kontrolliert werden.

Erst durch eindeutige Definition physikalischer Größen wird es möglich, Messaufgaben zu formulieren und durch Messungen Gesetzmäßigkeiten aufzudecken. Dazu gehört es, Maßeinheiten für diese Größen festzulegen.

Physikalische Gesetze werden im Allgemeinen in mathematischer Darstellung formuliert, weil sie die einfachste Beschreibung erlaubt und die Möglichkeit bietet, deduktive Schlussfolgerungen abzuleiten. Dies ändert jedoch nichts an der Tatsache, dass im Vordergrund der physikalischen Erkenntnis die messende Beobachtung von Vorgängen in der Natur steht.

Auf einen wichtigen Unterschied zwischen Mathematik und ihrer Anwendung in Physik und Technik sei hingewiesen. In der Mathematik werden Operationen wie Addition, Multiplikation oder die Berechnung einer Sinus-Funktion üblicherweise mit reinen Zahlen durchgeführt. Physikalische Größen sind dagegen fast immer dimensionsbehaftet. Beispiele sind die Zeit t und der Ort x. Rechenoperationen in der Physik bestehen deshalb aus drei Teilen, nämlich der Berechnung (1) des Zahlenwertes, (2) der Dimension und (3) der zugehörigen Einheit. Eine Faustregel: die Bestimmung eines Zahlenwertes ist ebenso wichtig wie die Bestimmung der Einheit.

Ein weiterer wesentlicher Unterschied zwischen einem physikalischen Gesetz und einer mathematischen Formel ist, dass physikalische Größen prinzipiell nicht mit derselben Schärfe zu bestimmen sind wie mathematische Größen. Ein *Messpunkt* stellt wegen prinzipieller Ungenauigkeiten und Messfehler nie einen mathematischen Punkt dar. Daran sollte man sich bei der Beurteilung der Präzision mathematischer Formulierungen von physikalischen Gesetzmäßigkeiten erinnern. Die Grenze jedes Gesetzes liegt in der Messgenauigkeit des jeweils entscheidenden Experiments. Die Abschätzung der Genauigkeitsgrenzen – oder *Fehlergrenzen*, wie man allgemein sagt – ist wesentlicher Bestandteil jeder Messung und auch jeder Anwendung eines physikalischen Gesetzes. Allgemein gilt, dass die Fehlerabschätzung ebenso wichtig ist wie die Angabe des Resultates selber. Ein Gesetz gilt mit Sicherheit nur für den Bereich der Variablen, innerhalb dessen Experimente durchgeführt wurden. Diese Einschränkung ist in der mathematischen Formulierung eines physikalischen Zusammenhanges meist nicht zu erkennen. Daher ist bei extremen Werten der Variablen Vorsicht geboten.

Um in der verwirrenden Vielfalt der Naturerscheinungen allgemeine Gesetzmäßigkeiten überhaupt erkennen zu können, sucht man in der Physik einfache *Modelle*. Diesem Vorgehen liegt die Vorstellung zugrunde, dass man auch verwickelte Naturvorgänge in eine Reihe von ineinandergreifenden Einzelvorgängen zerlegen kann. Unter verschiedenen, einen Sachverhalt beschreibenden Modellen sollte man, wie bereits *Newton* forderte, normalerweise dem einfachsten den Vorzug geben. Zur Vereinfachung enthalten solche Modelle meist idealisierende Annahmen, die in der Natur nur näherungsweise erfüllt sind. (Ein Beispiel ist der *Massenpunkt*.) Berechtigt ist das allerdings nur, wenn man abschätzen kann, dass die dadurch entstehenden Abweichungen vom realen Verhalten klein bleiben. Ein aus einem Modell abgeleitetes Gesetz gilt in allen Naturbereichen für Vorgänge, die auf das Modell zurückgeführt werden können. Es ist also zu unterscheiden zwischen dem Modell und der speziellen Realisierung in der Natur.

Man macht sich in der Physik Methoden der Problemlösung zunutze, die sich allgemein bewährt haben. Hier ein Beispiel: Erkennen eines allgemeinen Problems → Entwerfen gezielter, spezieller Fragestellungen (Experimente) → experimentelle Sammlung von Daten und Fakten → Aufstellung vereinfachender Modelle zu deren quantitativer Beschreibung → theoretische Verallgemeinerung, um ein allgemeines Verständnis zu ermöglichen. Dieses *induktive* Vorgehen wird oft ergänzt durch die *deduktive* Vorhersage eines speziellen Vorgangs aus allgemeinen physikalischen Gesetzmäßigkeiten.

Gerade für diejenigen, die die Physik als Hilfswissenschaft benötigen, ist es wichtig, sich immer wieder klarzumachen, dass hinter jedem physikalischen Gesetz eine Unmenge von Anwendungsbeispielen steht, die dem Gesetz erst seine Bedeutung geben. Für solche Anwendungsbeispiele den Blick zu schärfen, sollte ein wesentlicher Bestandteil der Physikausbildung für Mediziner, Biologen und Pharmazeuten sein.

Insbesondere Medizinern begegnet die Physik heute zunehmend in Form von chromblitzender Verpackung komplizierter technischer Geräte zur Diagnose, Überwachung und Therapie. Das Innenleben und die Funktionsweise dieser Geräte sind den Anwendern zumeist mehr oder weniger unbekannt. Es kann zu verhängnisvollen Konsequenzen führen, dass perfektes Design und optimistische Betriebsbeschreibung ebenso perfekte Mess- und Anwendungsergebnisse demjenigen suggerieren können, dem die näheren Kenntnisse physikalisch-technischer Zusammenhänge fehlen. Unerlässlich sind solche Kenntnisse, um sich eine Vorstellung von den Grenzen der Messgenauigkeit und der Anwendbarkeit von Diagnose-, Mess- und Therapiegeräten zu verschaffen.

Zu fordern, dass das Verständnis der technischen Komponenten eines Gerätes Voraussetzung für seine Bedienung sein soll, ist längst unrealistisch geworden. Ein realistischer Kompromiss dagegen ist, sich mit den physikalischen Grundlagen der technischen Anwendungen vertraut zu machen. Dazu soll das vorliegende Buch beitragen. Die künftige Berufsausübung wird immer wieder spezielle Physikkenntnisse erfordern. Ziel der Autoren ist daher auch, dass das vorliegende Buch dann als nützliches Nachschlagewerk dienen kann.

Mechanik

1 Raum und Zeit

1.1 Physikalische Größen und Einheiten

1.1.1 Länge als Beispiel

Zur quantitativen Beschreibung eines Ereignisses ist die zahlenmäßige Angabe der untersuchten physikalischen Größen erforderlich. Solche Größen sind z. B. Länge, Geschwindigkeit oder die elektrische Stromstärke. Sie können stetig oder diskret sein. Ein Beispiel für eine stetige Größe ist die Zeit, eine diskrete Größe ist die Zahl n radioaktiver Atome einer Probe, die sich ja stets nur um ganze Zahlen ändern kann. Diese Unterscheidung ist wesentlich, wenn n klein ist. Ist n dagegen sehr groß, so kann man die Größe näherungsweise als stetig veränderlich ansehen, wie dies beim Gesetz von der radioaktiven Umwandlung, Gl. (21-3), geschieht. Stetige Größen haben den Vorteil, dass sie mathematisch leichter zu behandeln (z. B. zu differenzieren oder integrieren) sind.

Eine physikalische Größe wird üblicherweise durch ein Buchstaben-Symbol abgekürzt, an dieser Stelle exemplarisch X, und sie ist festgelegt durch Angabe des *Zahlenwertes*, den man durch das Größen-Symbol in geschweiften Klammern anzeigt: $\{X\}$, und der *Maßeinheit*, angezeigt durch das Größen-Symbol in eckigen Klammern: $[X]$. Die Angabe einer physikalischen Größe, die hier das allgemeine Symbol X erhalten soll, erfolgt demnach in der Form:

$$X = \{X\}[X] \tag{1-1}$$

zum Beispiel: Länge $l = 0{,}097$ Meter (m). Hier gilt also $[l] = m$, lies: „Die Einheit der Länge ist das Meter." Falsch ist es, die Einheit selbst in eckige Klammern zu setzen!

1.1.2 Einheitensysteme

Im Laufe der Geschichte ist eine große Zahl von Einheiten benutzt worden. Allein für die Länge geht ihre Zahl in die Hunderte. Durch Einführung von Einheitensystemen, in denen geeignete Einheiten geordnet wurden, hat man versucht, dieses Durcheinander zu beseitigen.

In einem *Einheitensystem* sind einige physikalische Größen als *Grund- oder Basisgrößen* ausgewählt. Die übrigen Größen, die man als *abgeleitete Größen* bezeichnet, ergeben sich dann gemäß ihren Definitionsgleichungen als Kombinationen aus diesen Grundgrößen, d. h., die Definitionsgleichung kann auch auf die Einheit angewendet werden.

So ergibt sich z. B. die gleichförmige Geschwindigkeit v als abgeleitete Größe durch die Definitionsgleichung $v = s/t$, wobei s die während der Zeit t zurückgelegte Wegstrecke ist, aus den Basisgrößen Länge und Zeit, was auf die *abgeleitete Einheit* $[v] = $ m/s führt. Setzen wir in die Größengleichung $v = s/t$ Zahlenwerte ein und geben an, dass z. B. 5 m in 3 s zurückgelegt werden, so erhalten wir eine Zahlenwertgleichung: $v = 5/3$ m/s.

Die Basisgrößen, hier Länge und Zeit, werden auch als *Dimensionen* bezeichnet. Die Definitionsgleichung einer abgeleiteten Größe legt somit zugleich deren *Dimension* fest; beim Beispiel der Geschwindigkeit v ist das *Länge dividiert durch Zeit*. Die Dimension gibt die Zusammensetzung einer Größe aus den Basisgrößen an. In Tab. 1.1 sind die Dimensionen einiger physikalischer Größen angegeben, die sich aus den Basisgrößen Länge, Zeit und dazu noch Masse ableiten.

Den Basisgrößen werden Einheiten, *Basis- oder Grundeinheiten*, zugewiesen. Damit sind auch die Einheiten der abgeleiteten Größen

https://doi.org/10.1515/9783110691658-002

Tab. 1.1: Die Dimensionen einiger physikalischer Größen.

Physikalische Größe		Dimension
Fläche	A	Länge · Länge
Volumen	V	Länge · Länge · Länge
Geschwindigkeit	v	Länge/Zeit
Beschleunigung	a	Länge/(Zeit)^2
Impuls	p	Masse · Länge/Zeit
Kraft	F	Masse · Länge/(Zeit)^2
Energie	E	Masse · (Länge)^2/(Zeit)^2

festgelegt, wenn man vereinbart, dass sie entsprechend ihrer Definitionsgleichungen zu bilden sind. So ist bei Verwendung der Basiseinheiten Meter (m) und Sekunde (s) die Einheit der Geschwindigkeit v gleich 1 m 1 s^{-1} = 1 m s^{-1}. (Auf Multiplikationspunkte bei Formeln und Einheiten wird in diesem Buch meist verzichtet.)

In Tab. 1.2 sind die Basiseinheiten einiger heute üblicher Einheitensysteme und in Tab. 1.3 beispielhaft einige abgeleitete Einheiten des *Internationalen Einheitensystems* (SI = Système International d'Unités) als dem in der Wissenschaft zu bevorzugenden Einheitensystem (siehe folgender Abschnitt) mit den ihnen oft zusätzlich gegebenen Eigennamen zusammengestellt.

Bei Verwendung der Einheiten eines Einheitensystems kommt es unvermeidlich zu sehr großen bzw. sehr kleinen Zahlenwerten, denken wir z. B. an den Durchmesser eines Haares oder den der Erde in der SI-Längeneinheit Meter. Zur Vermeidung der Schreibung von Zehnerpotenzen für die Maßzahl werden für diese Zehnerpotenzen als Symbole Vorsatzzeichen verwendet, die in Tab. 1.4 aufgelistet sind. Ganz wichtig ist hierbei, dass das Vorsatzzeichen zur Einheit gehört, also bei Potenzen der Einheit mitpotenziert werden muss! 5 cm^2 muss man lesen als: 5 (cm)^2.

Ein Einheitensystem wie das SI hat den großen Vorteil, dass Berechnungen physikalischer Größen auf direktem Weg möglich sind. Es werden jedoch im Alltag – aus historischen oder praktischen Gründen – auch noch Einheiten verwendet, die nicht Teil des SI sind. Hierzu gehören z. B. PS als Leistungseinheit oder cal als Energieeinheit. Diese und einige weitere systemfremde Einheiten sind in Tab. 1.5 zusammengestellt. Das in einigen Ländern des ehemaligen *British Commonwaelth of Nations* noch gebräuchliche angelsächsische Einheitensystem finden Sie im Anhang 7.

1.1.3 Basiseinheiten des internationalen Einheitensystems

Die Messung einer physikalischen Größe bedeutet den direkten oder indirekten Vergleich der zu messenden Größen mit einem Eichnormal. Als Eichnormale für die Basiseinheiten des SI werden *Naturkonstanten* zugrunde gelegt. Das Verfahren, mit dem der Vergleich mit dem Eichnormal vorgenommen wird, ist nicht mehr Gegenstand der Definition der physikalischen Einheit.

Die ständige Überprüfung der in Wirtschaft und Industrie verwendeten Messgeräte mit Eichnormalen (die *Eichung*) ist durch Gesetze und staatliche Verordnungen geregelt. In der Bundesrepublik Deutschland ist die Zentralstelle für derartige Überwachungen die Physikalisch-Technische Bundesanstalt in Braunschweig und Berlin. Dort werden die Verfahren angewendet bzw. (weiter-) entwickelt, die für die Darstellung der Einheiten und damit für die Eichung vorgeschrieben sind.

Das wesentliche Ziel der Definition der Basiseinheiten ist es, Messungen physikalischer Einheiten mit hoher Genauigkeit (siehe Anhang A.2, Fehlerabschätzung) auf die entsprechenden Eichnormale stützen zu können, und zwar zu jedem Zeitpunkt an jedem Ort auf der Welt (oder auch im All).

Tab. 1.2: Basisgrößen und -einheiten einiger Einheitensysteme.

Einheiten-System	Mechanik				Elektrizitätslehre	Thermodynamik		Photometrie
	Länge	Masse	Kraft	Zeit	Stromstärke	Temperatur	Stoffmenge	Lichtstärke
CGS	Zentimeter	Gramm		Sekunde				
	cm	g		s				
MKSA	Meter	Kilogramm		Sekunde	Ampere			
	m	kg		s	A			
Technisches	Meter		Kilopond	Sekunde				
	m		kp	s				
Angelsächsisches	foot	pound		second		Fahrenheit °F		
	ft	lb		s				
Natürliches	Protonen-Compton-Wellenlänge l_p	Protonenmasse m_p		$t = l_\mathrm{p}/c$ ($c =$ Lichtgeschwindigkeit)				
Internationales (SI)	Meter	Kilogram		Sekunde	Ampere	Kelvin	Mol	Candela
	m	kg		s	A	K	mol	cd

Tab. 1.3: Abgeleitete und sonstige Größen und ihre Einheiten des SI mit eigenen Namen.

Mechanik	
Kraft:	$1\ \mathrm{kg\ m\ s^{-2}} = 1$ Newton (N)
Druck:	$1\ \mathrm{kg\ m^{-1}\ s^{-2}} = 1\ \mathrm{Nm^{-2}} = 1$ Pascal (Pa)
Energie:	$1\ \mathrm{kg\ m^2\ s^{-2}} = 1$ Joule (J)
Leistung:	$1\ \mathrm{kg\ m^2\ s^{-3}} = 1$ Watt (W)

Winkel	
eben:	1 Radiant (rad) 1 Grad (°) = 60′ = 60 · 60″
räumlich:	1 Steradiant (Sr)
Frequenz:	$1\ \mathrm{s^{-1}} = 1$ Hertz (Hz)

Photometrie	
Lichtstrom:	$1\ \mathrm{cd\ Sr} = 1$ Lumen (lm)
Beleuchtungsstärke:	$1\ \mathrm{cd\ Sr\ m^{-2}} = 1$ Lux (lx)

Elektrizitätslehre	
Spannung:	$1\ \mathrm{kg\ m^2\ s^{-3}\ A^{-1}} = 1$ Volt (V)
Widerstand:	$1\ \mathrm{kg\ m^2\ s^{-3}\ A^{-2}} = 1$ Ohm (Ω)
Leitwert:	$1\ \mathrm{kg^{-1}\ m^{-2}\ s^3\ A^2} = 1\ \Omega^{-1} = 1$ Siemens (S)
Kapazität:	$1\ \mathrm{A\ s\ V^{-1}} = 1$ Farad (F)
Induktivität:	$1\ \mathrm{kg\ m^2\ s^{-1}\ A^{-2}} = 1$ Henry (H)
Ladung:	$1\ \mathrm{A\ s} = 1$ Coulomb (C)
Magnetischer Fluss:	$1\ \mathrm{kg\ m^2\ s^{-2}\ A^{-1}} = 1$ Weber (Wb)
Magnetische Induktion:	$1\ \mathrm{kg\ s^{-2}\ A^{-1}} = 1$ Tesla (T)

Atom- und Kernphysik	
Masse:	1 atomare Masseneinheit (1 u = 1,66058 · 10^{-27} kg)
Energie:	1 Elektronenvolt (1 eV = 1,60206 · 10^{-19} J)
Aktivität:	$1\ \mathrm{s^{-1}} = 1$ Becquerel (Bq)
Energiedosis:	$1\ \mathrm{J\ kg^{-1}} = 1$ Gray (Gy)
Äquivalentdosis:	$1\ \mathrm{J\ kg^{-1}} = 1$ Sievert (Sv)

Tab. 1.4: Dezimale Vielfache und Teile von Einheiten. **Tab. 1.4** (fortgesetzt)

	Zehnerpotenzen	Vorsatz	Vorsatzzeichen		Zehnerpotenzen	Vorsatz	Vorsatzzeichen
Vielfache:	10^{12}	Tera	T		10^{-9}	Nano	n
	10^{9}	Giga	G		10^{-12}	Pico	p
	10^{6}	Mega	M		10^{-15}	Femto	f
	10^{3}	Kilo	k		10^{-18}	Atto	a
	10^{2}	Hekto	h				
	10^{1}	Deka	da				
Teile:	10^{-1}	Dezi	d				
	10^{-2}	Zenti	c				
	10^{-3}	Milli	m				
	10^{-6}	Mikro	µ				

Waren bis 2019 noch einige Basiseinheiten durch sogenannte Ur-Normale (z. B. das Ur-Kilogramm) definiert und wurden Naturkonstanten noch mit einer Unsicherheit angegeben, sind letztere seit 2019 genau definiert

Tab. 1.5: Einige nicht zum SI gehörige Einheiten.

Größe	Einheit	Umrechnung → SI
Länge	Fermi	10^{-15} m
	Ångström (Å)	10^{-10} m
	Zoll (inch)	0,0254 m
	englische Meile	1609,33 m
	atomare Längeneinheit (a_0)	$0,529 \cdot 10^{-10}$ m
	Lichtjahr	$9,45 \cdot 10^{15}$ m
Kraft	dyn	10^{-5} N
	Kilopond	9,81 N
Druck	physikal. Atmosphäre (atm)	101.325 Pa
	techn. Atmosphäre (at)	98.066,5 Pa
	bar	100.000 Pa
	Torr (mm Hg-Säule)	133,3224 Pa
	Zentimeter Wassersäule (cm WS)	98,0665 Pa
Masse	Pfund	0,5 kg
	Zentner	50 kg
	Tonne	1.000 kg
Energie	Kalorie (cal)	4,1868 J
	erg	10^{-7} J
	Hartree	$4,359 \cdot 10^{-18}$ J
	Rydberg	$2,179 \cdot 10^{-18}$ J
Leistung	Pferdestärke (PS)	735,49875 W
Lichtstärke	Hefnerkerze	0,903 cd
Magn. Feldstärke	Oersted (Oe)	$\frac{10^3}{4\pi}$ Am^{-1}
Magn. Flussdichte	Gauß (G)	10^{-4} T
Aktivität einer radioaktiven Substanz	Curie (Ci)	$3,7 \cdot 10^{10}$ s^{-1} (Bq)
Energiedosis	rad	0,01 J kg^{-1} (Gy)
Äquivalentdosis	rem	0,01 J kg^{-1} (Sv)
Ionendosis	Röntgen	$2,58 \cdot 10^{-4}$ C kg^{-1}
Zeit	Minute (min)	60 s
	Stunde (h)	3600 s
Temperatur	Fahrenheit (F)	0 °C ≅ 32 °F; 100 °C ≅ 212 °F

(ohne Unsicherheit), und alle Basiseinheiten des SI lassen sich auf diese Naturkonstanten zurückführen. Die Idee dahinter ist so offensichtlich wie bestechend: Bei Naturkonstanten wird angenommen, dass sie, wie der Name sagt, unter allen Bedingungen stets unverändert sind. Die Definitionen der Basisgrößen des SI bauen dabei teilweise aufeinander auf, d. h., eine Basisgröße benötigt eine andere Basisgröße und eine Naturkonstante zur Definition.

Die *Eichnormale* der *Basiseinheiten* des SI sind:

Sekunde (s) Die Sekunde als *Basiseinheit* der Zeit ist das 9.192.631.770-Fache der Periodendauer der dem Übergang zwischen zwei bestimmten Niveaus (den Hyperfeinstrukturniveaus des elektronischen Grundzustands) des Nuklids ^{133}Cs entsprechenden elektromagnetischen Strahlung. Mit dieser Definition wird die genannte Periodendauer in den Rang einer Naturkonstanten erhoben.

Meter (m) Das Meter als Basiseinheit der Länge ist definiert als die Wegstrecke, die das Licht im Vakuum während des Zeitintervalls von 1/299.792.458 s durchläuft. Das Meter basiert also auf einer Naturkonstanten und auf der zuvor definierten Basiseinheit Sekunde.

Kilogramm (kg) Das Kilogramm als Basiseinheit der Masse ist über die Naturkonstante des Planckschen Wirkungsquantums h definiert, gemäß der Gleichung:

$$h = 6{,}62607015 \cdot 10^{-34} \, \text{kg} \cdot \text{m}^2 \cdot \text{s}^{-1}.$$

Auch hier haben wir wieder die Kombination aus Naturkonstante und zuvor definierten Basiseinheiten, nämlich Sekunde und Meter.

Ampere (A) Das Ampere als Basiseinheit der elektrischen Stromstärke ist über die Naturkonstante der Elementarladung e definiert, gemäß der Gleichung:

$$e = 1{,}602176634 \cdot 10^{-19} \text{A} \cdot \text{s}.$$

Kelvin (K) Das Kelvin als Basiseinheit der Temperatur ist über die Naturkonstante der Boltzmann-Konstanten definiert, gemäß der Gleichung:

$$k_B = 1{.}380649 \cdot 10^{-23} \text{kg} \cdot \text{m}^2 \cdot \text{s}^{-2} \cdot \text{K}^{-1}.$$

Mol (mol) Das Mol als Basiseinheit der Stoffmenge ist über die Naturkonstante der Avogadro-Konstanten N_A definiert, gemäß der Gleichung:

$$N_A = 6{,}02214076 \cdot 10^{23} \text{mol}^{-1}.$$

Candela (cd) Das Candela als Basiseinheit der Lichtstärke ist über die Naturkonstante des photometrischen Strahlungsäquivalents K_{cd} definiert, gemäß der Gleichung:

$$K_{cd} = 683 \, \text{cd} \cdot \text{sr} \cdot \text{s}^3 \cdot \text{kg}^{-1} \cdot \text{m}^{-2}.$$

Hier wird zusätzlich noch die Definition des Raumwinkels Steradiant (sr) benötigt. Man kann die Frage stellen, ob diese Basisgröße notwendig ist, da sie tatsächlich die menschliche Sinneswahrnehmung berücksichtigt. Aus historischen und praktischen Gründen (die Beleuchtung von Räumen oder auch der Straße durch Scheinwerfer ist sehr wichtig) ist sie jedoch weiterhin Bestandteil des SI.

1.1.4 Längenmessung

Eine Längenmessung in einfacher Form ist unter den physikalischen Messverfahren sicher das anschaulichste. Durch Anlegen eines Maßstabes, der meist in m, cm und mm unterteilt ist, wird durch direkten Vergleich die interessierende Länge eines Gegenstandes oder die Entfernung zwischen zwei Punkten bestimmt. Diesem Verfahren sind jedoch bezüglich der Größe der zu messenden Länge Grenzen gesetzt. Bis zu Größen von einigen Metern kann man sich noch dadurch helfen, dass man den Maßstab mehrere Male aneinandersetzt, was aber meistens mit bedeutenden Ungenauigkeiten verbunden ist. Deshalb verwendet man dort entsprechende Bandmessgeräte. Reichen auch diese nicht mehr aus, werden, wie Tab. 1.6 zeigt, auch andere Messverfahren angewandt. Dazu gehört die *Triangulation* (Abb. 1.1a), mit der sich nach dem Sinussatz durch Messung der beiden Winkel a_2 und a_3 und der Strecke d_1 die unbekannte Strecke d_2 bestimmen lässt, $d_2 : d_1 = \sin a_2 : \sin (180° - a_2 - a_3)$. Diese Methode ist wichtiger Bestandteil der GPS-Navigation *(Global Positioning System)* (siehe am Ende von Abschnitt 16.2.4). Im astronomischen Bereich dient schließlich als Maß für Entfernungen die Zeit, die das Licht braucht, um die zu messende Strecke zurückzulegen (Lichtjahr), und man bestimmt den Stand weit entfernter Galaxien aus der Doppler-Verschiebung der von ihnen emittierten Lichtfrequenzen *(Rot-Verschiebung)*, die auf

Tab. 1.6: Einige typische Längen, ihre Größenordnung in m und Messverfahren.

Größenordnung	Typische Beispiele	Messverfahren
10^{-15}	Kern-Durchmesser 10^{-15}	indirekte atomphys. Methoden (Streuung)
10^{-12}		
	Atom-Durchmesser 10^{-10}	Röntgenbeugung
10^{-9}	Protein-Moleküle	Elektronenmikroskopie
10^{-6}	Wellenlänge des sichtb. Lichts 10^{-6}	
	Erythrozyten-Durchmesser 10^{-5}	Lichtmikroskopie
10^{-3}		
1		Bandmaße, Laufzeit von Schall
10^{3}	Höhe des Mt. Everest 10^{4}	Trigonometrie
10^{6}		
	Erd-Durchmesser 10^{7}	
10^{9}	Abstand Erde-Mond 10^{9}	Laufzeit von Licht
10^{12}	Abstand Erde-Sonne 10^{12}	
	Durchmesser des Sonnensystems 10^{13}	
10^{15}		
	Entfernung nächster Fixsterne 10^{17}	
10^{18}		
10^{21}	Durchmesser der Milchstraße 10^{21}	
		indirekte astrophys.
10^{24}		Methoden (Rot-Versch.)
	weiteste sichtbare Galaxis 10^{26}	

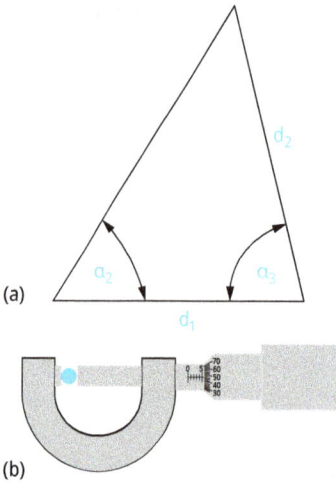

(a)

(b)

Abb. 1.1: Triangulation zur Bestimmung von d_2 aus den gemessenen Größen d_1, α_2 und α_3; in Wirklichkeit gilt $d_2 \gg d_1$ (a); Schraublehre (b).

die ständige Expansion des Weltalls zurückgeführt wird (vgl. Abschnitt 7.3). Heute ist es aber durch moderne Elektronik auch möglich, kürzere Entfernungen indirekt über die Laufzeit des Lichtes zu messen. Solche LIDAR (LIght Detection And Ranging, deutsch: Lichterfassung und Abstandsmessung)-Systeme sind in der Lage, Entfernungen mit einer Genauigkeit im Bereich von Zentimetern (entsprechend einer Zeitspanne von ≈ 33 ps) zu messen, was z. B. bei autonomen Fahrzeugen ein essenzieller Teil der Sensorik ist. Auch die Identifikation des Bildhintergrunds in den Kameras von Smartphones, um diesen unscharf zu stellen, wird mittels TOF (Time Of Flight, deutsch: Flugzeit)-Kameras vorgenommen.

Noch komplizierter und vielfältiger werden die Messverfahren bei kleinen Längen. Da Messungen im Bereich von cm und mm sehr oft mit großer Genauigkeit durchgeführt werden müssen, hat man hierfür besondere Geräte (Abb. 1.1b), wie z. B. die Schraublehre, entwickelt. Bei noch kleineren Abmessungen kann der Vergleich zwischen Objekt und Maßstab nach entprechender Vergrößerung durch

Lupe, Lichtmikroskop oder Elektronenmikroskop durchgeführt werden. In diesem Größenbereich zwischen 10^{-3} m und 10^{-10} m liegt der Großteil der Abmessungen, die für Biologie und Medizin interessant sind. Bei technischen Messungen und in der Kristallografie werden auch die Wellenlängen des Lichtes und der Röntgenstrahlen als Maßstäbe benutzt und der Größenvergleich über die Interferenz der Strahlung durchgeführt.

Diese Aufzählung zeigt die Vielfalt der Methoden der Längenmessung und weist gleichzeitig auf ein allgemeines Problem der Physik hin: Bei der Durchführung von Messaufgaben muss man sorgfältig diejenigen Messmethoden auswählen, die dem Problem angepasst sind und die bei möglichst geringem Aufwand die angestrebte Genauigkeit erreichen lassen.

> Die spezielle Relativitätstheorie zeigt, dass die Länge einer Strecke keine absolut festgelegte Größe ist, sondern ihr Messwert davon abhängt, ob und wie der Beobachter sich gegenüber dem Messobjekt bewegt. Freilich treten messbare Änderungen erst auf, wenn die Geschwindigkeit v dieser Bewegung sich der Lichtgeschwindigkeit (siehe Abschnitt 14.9.7.1) nähert. Dann erscheint dem bewegten Beobachter eine parallel zur Bewegungsrichtung liegende Strecke l_0 verkürzt, nämlich als
>
> $$l = l_0 \sqrt{1 - \frac{v^2}{c^2}},$$
>
> wobei c die Vakuum-Lichtgeschwindigkeit bedeutet ($c \sim 3 \cdot 10^8$ m s^{-1}). Man nennt diesen Effekt *relativistische Längenkontraktion*.

1.1.5 Zeitmessung

Mit in der Natur nacheinander ablaufenden Vorgängen verbinden wir den Begriff der Zeit. Sie ist, wie in Abschnitt 1.1.1 bereits erwähnt, eine der Basisgrößen des SI, und ihre SI-Einheit ist die *Sekunde* (s). Weitere Zeiteinheiten sind in Tab. 1.5 aufgeführt. Unter den physikalischen

Größen nimmt die Zeit eine Sonderstellung ein, weil ihr Betrag stets zu- und nie abnimmt.

Ein Zeitpunkt (eine Uhrzeit) wird durch hochgestelltes Einheitszeichen, z. B. 3^h, eine Zeitdauer (Intervall zwischen zwei Zeitpunkten) wird durch das Einheitszeichen auf der Zeile, z. B. 3 h, angegeben. Einige physikalisch interessante Zeitdauern sind in Tab. 1.7 zusammengestellt.

Tab. 1.7: Zeitdauer und ihre Größenordnung in s.

10^{-23}	Lebensdauer kurzlebiger Elementarteilchen 10^{-23}
10^{-15}	Schwingungsdauer von sichtbarem Licht 10^{-15}
10^{-12}	
10^{-9}	Lebensdauer von angeregten Zuständen in Atomen 10^{-9}
10^{-6}	
10^{-3}	Dauer eines Blitzes 10^{-3}
1	Pulsschlag
10^3	
10^6	1 Jahr $3 \cdot 10^7$
10^9	Menschenalter 10^9
10^{12}	
10^{15}	Alter der Menschheit 10^{14}
10^{18}	Alter der Milchstraße 10^{18}

Vorgänge, bei denen sich in völlig gleicher Weise gleiche Zustände wiederholen, nennen wir *periodisch*. Die Zeitdauer zwischen zwei aufeinander folgenden gleichen Zuständen bezeichnen wir als die Periode oder Periodendauer T des Vorgangs. Den Kehrwert von T nennen wir die Frequenz v:

$$v = \frac{1}{T} \qquad (1\text{-}2a)$$

mit der SI-Einheit Hertz (Hz), 1 Hz = 1 s^{-1}.

Die Größe v gibt an, wie häufig sich der periodische Vorgang pro Zeiteinheit wiederholt. Beispiele für periodische Vorgänge sind die Drehung der Erde um ihre Achse, die Bewegung eines Pendels, die Schwingung einzelner Atome in einem Molekül oder die Kontraktion des Herzens.

Neben der Längenmessung gehört die Zeitmessung zu den ältesten Messaufgaben in der Geschichte. Bei der Sanduhr wird ausgenutzt, dass in einem Zeitintervall eine bestimmte Menge Sand durch eine Öffnung rinnt. Ein großer Fortschritt in der Zeitmessung war die Entwicklung von Pendeluhren, die die Zeitmessung letztlich auf die Zählung eines periodischen Vorgangs zurückführen (der Zeiger einer solchen Pendeluhr zeigt an, wie oft das Pendel hin- und hergeschlagen ist). Dieses Grundprinzip der Zählung eines periodischen Vorgangs ist heute Basis aller Uhren (Pendel: Pendeluhr, Quarz-Stimmgabel: Quarzuhr, atomare Schwingung: Atomuhr).

Zur Messung der Zeitdauer bedarf es der Feststellung der Gleichzeitigkeit ihres Anfangs und Endes mit dem angezeigten Gang der Uhr. Der Begriff der *Gleichzeitigkeit* spielt in diesem Zusammenhang eine wesentliche Rolle, denn die *Relativitätstheorie* lehrt uns, dass zwei mit einer Relativgeschwindigkeit v gegeneinander bewegte Uhren für scheinbar gleichzeitig ablaufende Vorgänge unterschiedliche Zeitdauern messen. Um dies zu veranschaulichen, ermitteln wir in einem bezüglich des Beobachters ruhenden und einem bewegten System die Zeit, die ein Lichtblitz braucht (Abb. 1.2), um von einer Lampe zu einem Spiegel und zurück zu einer Photozelle zu gelangen. In beiden Systemen sollen die Lichtblitze gleichzeitig emittiert werden und dabei gleichzeitig die Uhren zu laufen beginnen. Im ruhenden System wird die Uhr (Abb. 1.2a) bis zum Eintreffen des Lichtblitzes in der Photozelle die Zeit $t_0 = 2D/c$ ($c \sim 3 \cdot 10^8$ m s^{-1}; Lichtgeschwindigkeit) anzeigen. In dem mit der Geschwindigkeit v bewegten System dagegen wird vom Blitz, wie aus Abb. 1.2b hervorgeht, vom ruhenden Beobachter aus gesehen ein längerer Weg zurückgelegt, was bei gleicher Lichtgeschwindigkeit c zu einer größeren Messzeit t bis zum Eintreffen des Lichtblitzes in der Photozelle führt. Vom Beobachter gesehen treffen die Blitze im ruhenden und im bewegten System also nicht mehr gleichzeitig in den Photozellen ein.

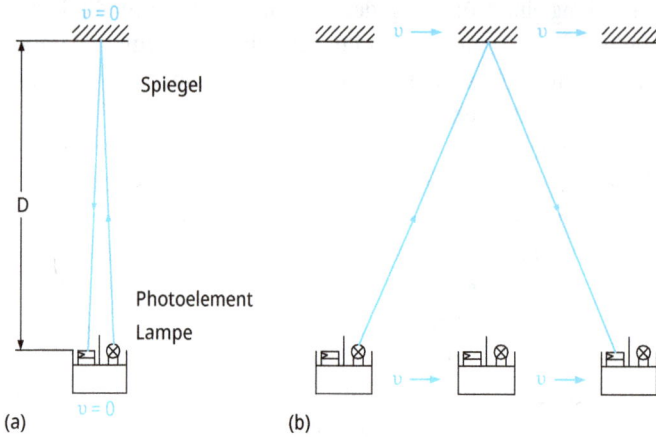

Abb. 1.2: Zeitdehnung bei bewegten Systemen.

Die bei der Relativbewegung zweier Systeme auftretende *Zeitdilatation (Zeitdehnung)* beträgt quantitativ

$$t = \frac{t_0}{\sqrt{1 - \frac{v^2}{c^2}}}.$$
(1-2b)

Sie besagt, dass dem ruhenden Beobachter die Intervalle gedehnt erscheinen, d. h., eine mit der Geschwindigkeit v bewegte Uhr geht vom ruhenden Beobachter aus betrachtet langsamer. Zu einer präzisen Zeitmessung gehört also die Angabe, in welchem System sie durchgeführt wurde.

Mithilfe von Gl. (1–2b) lässt sich z. B. ausrechnen, dass eine Rakete, die sich von der Erde mit der Geschwindigkeit $v = 2 \cdot 10^4$ m s^{-1} entfernt, ungefähr 16 Jahre unterwegs sein muss, bis die Borduhren für den Beobachter auf der Erde gegenüber den Erduhren um 1 s nachgehen.

1.1.6 Winkelmaße

Ebene Winkel φ können im *Gradmaß* gemessen werden. 1 Grad (1°) ist 1/360 des zum *Vollkreis* gehörenden *ganzen Winkels*. Das Grad wird weiter unterteilt in Minuten (') und Sekunden ("):

$$1° = 60' = 3600''.$$
(1-3)

Bei vielen physikalischen Zusammenhängen wird als Maß für den Winkel φ die Einheit *Radiant (abgekürzt rad, auch Bogenmaß genannt)* verwendet, die als Verhältnis der durch zwei Radien r_1 und r_2 aus einem Kreis ausgeschnittenen Bogenlänge s zum Betrag r des Radius (Abb. 1.3a) definiert ist:

$$\varphi = \frac{s}{r}.$$
(1-4)

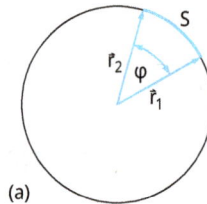

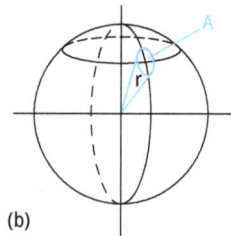

Abb. 1.3: Zur Definition des ebenen Winkels (a) und Raumwinkels (b).

Der *ganze Winkel* (einem Vollkreis entsprechend) hat im Bogenmaß die Größe 2π rad. Daraus ergibt sich als Umrechnungsfaktor zum Gradmaß:

$$\frac{\varphi(\text{Bogenmaß})}{\varphi(\text{Gradmaß})} = \frac{2\pi \text{rad}}{360°}. \qquad (1\text{-}5)$$

Hieraus folgt, dass einer Winkeleinheit im Bogenmaß 57,296 Winkeleinheiten im Gradmaß entsprechen:

$$1\,\text{rad} \cong 57{,}296°.$$

Analog zur Definition des Bogenmaßes auf einem Kreis wird der *Raumwinkel* Ω in der Einheit *Steradiant (abgekürzt sr)* auf einer Kugel definiert (Abb. 1.3b). Ω ist gegeben durch das Verhältnis des durch einen Kegel ausgeschnittenen Kugelflächensegmentes A zum Quadrat des Kugelradius r:

$$\Omega = \frac{A}{r^2}. \qquad (1\text{-}6)$$

Der gesamte Raumwinkel (entsprechend der vollständigen Kugelfläche) beträgt also 4π sr und für eine Halbkugel 2π sr. Dementsprechend beträgt der Öffnungswinkel des Kegels 65,6° für die Raumwinkeleinheit 1 sr.

1.2 Bewegungen im Raum

1.2.1 Geschwindigkeit

Messungen von Länge und Zeit bilden die Grundlage für die physikalische Beschreibung von Bewegungen. Die Lehre der *Beschreibung von Bewegungen* der Körper im Raum bezeichnen wir als *Kinematik*. Der Bewegungsablauf lässt sich grafisch in einem *Weg-Zeit-Diagramm* (Abb. 1.4) darstellen. Als Beispiel tragen wir in ein rechtwinkliges Koordinatensystem die Weg- und Zeitkoordinaten s und t ein, die angeben, welche Weg-

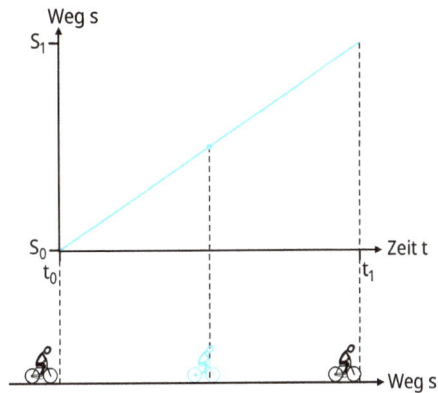

Abb. 1.4: Weg-Zeit-Diagramm der gleichförmigen Bewegung. Der zurückgelegte Weg ist proportional zur dabei verstrichenen Zeit.

strecke Δs ein Radfahrer nach der Zeit Δt zurückgelegt hat.

Grafische Darstellungen Wir haben hier die Möglichkeit benutzt, eine Gesetzmäßigkeit quantitativ durch eine grafische Darstellung zu beschreiben. Dies ist besonders dann vorteilhaft, wenn man Messfehler detailliert angeben will oder wenn die betreffende Gesetzmäßigkeit nicht durch eine einfache mathematische Formel angegeben werden kann. Eine geeignete grafische Darstellung kann dem Beobachter mehr Informationen näherbringen als seitenlange Zahlentabellen und wird zudem anschaulicher sein als eine mathematische Funktion.

Der Abb. 1.4 entnehmen wir, dass die zwischen den Zeiten t_0 und t_1 von dem Radfahrer zwischen den Orten s_0 und s_1 zurückgelegte Wegstrecke $\Delta s = s_1 - s_0$ linear in der Zeitspanne $\Delta t = t_1 - t_0$ zunimmt: Der Radfahrer hat sich *gleichförmig* bewegt. Wir sagen dann: Δs ist *proportional zu* Δt, und verwenden hierzu die symbolische Schreibweise

$$\Delta s \sim \Delta t.$$

Die Proportionalitätsbeziehung lässt sich unter Verwendung einer Proportionalitätskonstanten in Form einer mathematischen Gleichung anschreiben, die den Zusammenhang zwischen Δs und Δt quantitativ beschreibt:

$$\Delta s = v\,\Delta t. \qquad (1\text{-}7)$$

Die Proportionalitätskonstante v bezeichnen wir als *gleichförmige* oder *konstante Geschwindigkeit*. Die *Geschwindigkeit* v ist definiert als die *Änderung des Weges* bezogen auf die *verstrichene Zeit*.

Die SI-Einheit der Geschwindigkeit ist $[v] = \mathrm{m\,s^{-1}}$.

Umrechnung von Maßeinheiten Wegen der Vielfalt von Maßeinheiten für ein und dieselbe physikalische Größe G ist häufig eine Umrechnung von einer Einheit E_1 in eine andere E_2 erforderlich: $E_1 = UE_2$.

Da die physikalische Größe G im Gegensatz zu ihrem Zahlenwert Z von der gewählten Einheit unabhängig ist, erhalten wir nach Gl. (1-1) mit dem Umrechnungsfaktor U:

$$G = Z_1 E_1 = Z_1 U E_2 = Z_2 E_2. \qquad (1\text{-}8)$$

Beispiel: Die Geschwindigkeit $v = 100\ \mathrm{km\,h^{-1}}$ soll von der Einheit $E_1 = \mathrm{km\,h^{-1}}$ in die Einheit $E_2 = \mathrm{m\,s^{-1}}$ umgerechnet werden. $1\,\mathrm{km}/1\ \mathrm{h} = 1000\ \mathrm{m}/3600\ \mathrm{s}$, und deshalb ist $U = (1/3{,}6) = 0{,}278$. Aus Gl. (1-8) folgt für die Geschwindigkeit: $v = 100 \cdot 0{,}278\ \mathrm{m\ s^{-1}} = 27{,}8\,\mathrm{m\,s^{-1}}$.

Weg und Geschwindigkeit als Vektoren Bis jetzt haben wir die Wegstrecke s und die Geschwindigkeit v durch Zahlenwert und Einheit dargestellt. Größen, für die dies ausreichend ist, nennt man *Skalare*. Weg und Geschwindigkeit im Raum (wir betrachten hier den dreidimensionalen Raum) jedoch sind durch Zahlenwert und Einheit noch nicht eindeutig festgelegt; dazu ist es notwendig, auch ihre Richtung im Raum anzugeben.

Eine Größe, die durch einen Betrag (bei phys. Größen: Maßzahl mal Einheit) und eine Richtung beschrieben wird, nennen wir einen *Vektor* oder *vektorielle Größe*.

Vektoren kennzeichnen wir durch ein Pfeilsymbol, in unserem Fall $\vec{s}$ bzw. $\vec{v}$, wodurch sehr intuitiv die Gerichtetheit der Größe angezeigt wird. Neben dieser Darstellung werden in der Fachliteratur auch Fettdruck oder Frakturbuchstaben für vektorielle Größen verwendet. Der Begriff des Vektors ist der Geometrie entlehnt; für Vektoren gelten die im Anhang zusammengefassten allgemeinen Rechenregeln. Den Zahlenwert des Vektors mit der dazugehörigen Einheit nennen wir den *Betrag des Vektors* und kennzeichnen ihn durch senkrechte Striche, z. B. $|\vec{s}|$. Der Betrag ist ein Skalar, und wir können deshalb auch einfach s dafür schreiben: $|\vec{s}| = s$. Besonders anschaulich ist die grafische Darstellung von Vektoren durch Pfeile in einem Koordinatensystem, dessen Koordinaten Dimension *und* Einheit des Vektors tragen. So ist eine Strecke in einem *Orts-Koordinatensystem*, eine Geschwindigkeit im *Geschwindigkeits-Koordinatensystem* darzustellen. Die Richtung des Pfeils ist dann die der physikalischen Größe, und die Pfeillänge ist ein Maß für den Betrag (Maßzahl mal Einheit). Wollen wir den Vektor nach Betrag und Richtung getrennt darstellen, dann schreiben wir $\vec{s} = s\vec{e}$, wobei $\vec{e}$ *Einheitsvektor* genannt wird. Er ist dimensionslos, hat den Betrag 1 und weist in die Richtung von $\vec{s}$ (siehe Anhang A.3).

Ändert sich die Richtung der Geschwindigkeit nicht, nennen wir die Bewegung *geradlinig*. Ist die Bewegung zusätzlich *gleichförmig* ($\Delta s \sim \Delta t$), so nennen wir die Bewegung *gleichförmig geradlinig*. Diese Art der Bewegung trifft z. B. für Wellen in homogener Umgebung zu (siehe Kap. 7 und 18).

Momentangeschwindigkeit Besteht wie im Weg-Zeit-Diagramm der Abb. 1.5 angedeutet kein linearer Zusammenhang zwischen zurückgelegter Wegstrecke und abgelaufener Zeit, so darf nicht wie zuvor in Gl. (1-7) die Geschwindigkeit als Proportionalitätskonstante eingeführt werden, weil sich nun $\vec{v}$ offenbar während des Bewegungsablaufs mit der Zeit t ändert:

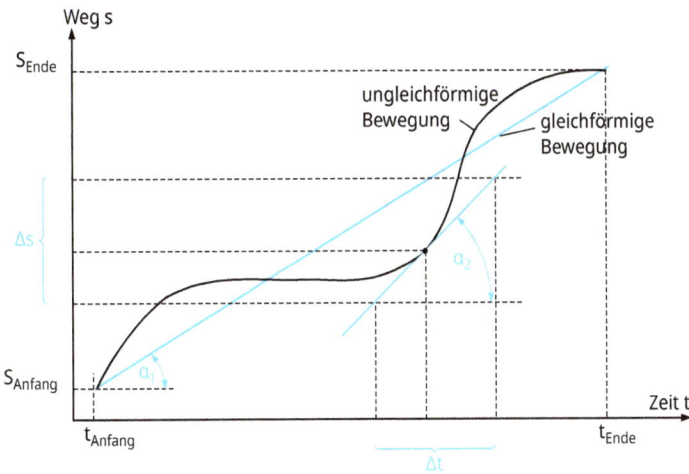

Abb. 1.5: Weg-Zeit-Diagramm bei ungleichförmiger Bewegung.

$$\vec{v} = \vec{v}\,(t).$$

Diese Änderung des Geschwindigkeitsvektors kann sowohl eine Änderung seiner Richtung als auch seines Betrags sein. Wir wollen uns zunächst auf eine geradlinige Bewegung beschränken. Dann kommen als Änderungen der Geschwindigkeit nur solche ihres Betrags infrage. Zur näherungsweisen Beschreibung dieses Bewegungsvorgangs können wir eine *mittlere Geschwindigkeit* einführen. Darunter verstehen wir diejenige konstante Geschwindigkeit, die der Körper hätte haben müssen, um denselben Weg in der gleichen Zeit in gleichförmiger Bewegung zurückzulegen. Wir können den Betrag dieser mittleren Geschwindigkeit, v_{mittel}, einfach nach Gl. (17) berechnen:

$$v_{mittel} = (s_{Ende} - s_{Anfang})/(t_{Ende} - t_{Anfang}). \quad (1\text{-}9)$$

Aus Abb. 1.5 ergibt sich: $v_{mittel} = \tan \alpha_1$. Freilich ist damit nichts über den Wert der Geschwindigkeit zu irgendeiner bestimmten Zeit t_i des Bewegungsvorgangs gesagt. Um darüber eine nähere Auskunft zu erhalten, können wir eine mittlere Geschwindigkeit in einem kleinen Intervall Δt um t_i herum berechnen:

$$v_{mittel} = \frac{\Delta s}{\Delta t}. \quad (1\text{-}10)$$

Die Bedeutung von Δs geht aus Abb. 1.5 hervor. Die wahre Geschwindigkeit $v(t_i)$ zum Zeitpunkt t_i wird durch diese mittlere Geschwindigkeit um so

besser angenähert, je kleiner die Intervalle Δt und Δs sind. Den genauen Wert von $v(t_i)$ finden wir, wenn wir Δt beliebig klein werden lassen. Wir gehen in der Sprache der Mathematik vom Differenzenquotienten der Gl. (1-10) zum Differentialquotienten über (der Quotient aus kleinen Größen braucht selbst nicht klein zu sein):

$$\lim_{\Delta t \to 0} v_{mittel} = \lim_{\Delta t \to 0} \frac{\Delta s}{\Delta t}\bigg|_{t_i} = \frac{ds}{dt} = v(t_i). \quad (1\text{-}11)$$

Diese Geschwindigkeit v nennt man die *Momentangeschwindigkeit* zur Zeit t_i.

In Abb. 1.5 ergibt sich $v(t_i)$ als Steigung der Tangente im Punkt (s_i, t_i) an die Bewegungskurve:

$$v(t_i) = \tan \alpha_2.$$

Wie aus der Differentialrechnung bekannt ist, sollen Δ und d hier keine algebraischen Größen darstellen, mit denen s bzw. t zu multiplizieren sind; vielmehr sind Δs und ds Abkürzungen für *kleine* bzw. *differentiell kleine* Intervalle von s.

Zur Addition von Geschwindigkeiten Bei Bewegungen entlang einer gemeinsamen Geraden addieren (subtrahieren) wir die Beträge der Geschwindigkeiten:

$$v = v_1 + v_2. \quad (1\text{-}12)$$

Allgemein haben wir Geschwindigkeiten jedoch vektoriell zu addieren oder zu subtrahieren (Anhang). Im Bereich kleiner Geschwindigkeiten ist die Beziehung $v = v_1 + v_2$ experimentell bestätigt worden. Aber es wäre voreilig, daraus zu schließen, dies gelte auch für beliebig große Geschwindigkeiten. Die *Relativitätstheorie* postuliert, dass Körper keine beliebig hohe Geschwindigkeit annehmen können, dass vielmehr eine Grenzgeschwindigkeit existiert, die sich als die Ausbreitungsgeschwindigkeit von elektromagnetischen Wellen im Vakuum, c, ergibt. Da v also stets kleiner oder gleich c sein muss, ist Gl. (1-12) abzuändern, und aus der Relativitätstheorie folgt die Additionsbeziehung:

$$v = \frac{v_1 + v_2}{1 + \frac{v_1 v_2}{c^2}}. \tag{1-13}$$

Sind v_1 und v_2 gegenüber Lichtgeschwindigkeit c sehr klein (sodass $v_1 v_2 / c^2$ gegenüber 1 vernachlässigt werden kann), dann geht Gl. (1-13) in die gewohnte Gl. (1-12) über. Nur unter dieser Voraussetzung darf also Gl. (1-12) benutzt werden. Dass die angegebene Additionsbeziehung dem Postulat der Grenzgeschwindigkeit c Rechnung trägt, erkennt man, wenn man eine der beiden Geschwindigkeiten oder aber beide gleich c setzt. Dann ergibt sich als resultierende Geschwindigkeit jeweils c.

1.2.2 Beschleunigung

Um Änderungen der Geschwindigkeit während des Bewegungsvorgangs beschreiben zu können, führt man den Begriff der *Beschleunigung* ein.

Die *Beschleunigung a* ist definiert als die *Änderung der Geschwindigkeit* bezogen auf die *verstrichene Zeit*.

Die SI-Einheit der Beschleunigung ist $[a] = \mathrm{m\,s^{-2}}$.

Zunächst führen wir zur näherungsweisen Beschreibung der Beschleunigung die *mittlere Beschleunigung* a_{mittel} analog zur Definition der mittleren Geschwindigkeit von Gl. (1-10) ein. Wir bilden dazu das Verhältnis aus der Geschwindigkeitsänderung $\Delta v = v_2 - v_1$ und dem dabei verstrichenen Zeitintervall $\Delta t = t_2 - t_1$:

$$a = \frac{\Delta v}{\Delta t}. \tag{1-14}$$

Aus diesem Mittelwert über das *Zeitintervall* Δt erhalten wir die Beschleunigung $a(t_i)$ zum Zeit*punkt* t_i dadurch, dass wir Δt beliebig klein wählen und damit vom Differenzenquotienten der Gl. (1-14) zum Differentialquotienten

$$\lim_{\Delta t \to 0} \frac{\Delta v}{\Delta t} = \frac{dv}{dt} = a(t_i) \tag{1-15}$$

übergehen.

Die Geschwindigkeit kann entweder zu- oder abnehmen, d. h., dv und damit auch a können positiv oder negativ sein. Entsprechend unterscheiden wir zwischen Beschleunigung und Abbremsung *(negative Beschleunigung)*.

Die Beschleunigung dv/dt lässt sich nach Gl. (1-11) auch schreiben

$$\frac{dv}{dt} = \frac{d\left(\frac{ds}{dt}\right)}{dt};$$

d. h., der Weg s wird zweifach nach der Zeit differenziert. Dafür verwenden wir auch die formale Schreibweise:

$$a = \frac{dv}{dt} = \frac{d^2 s}{dt^2}. \tag{1-16}$$

In Gl. (1-14) und (1-15) haben wir die Skalare Δv und dv benutzt, und entsprechend hat sich für a in Gl. (1-16) ein Skalar ergeben. Diese Beschränkung auf Beträge ist nur bei der *geradlinigen* Bewegung zulässig. Im allgemeinen Fall der *krummlinigen* Bewegung (auch die Richtungen des Weges und der Geschwindigkeit können sich ändern!) müssen wir den Vektorcharakter der Geschwindigkeit berücksichtigen, und wir erhalten anstelle von Gl. (1-16)

$$\vec{a} = \frac{d\vec{v}}{dt}. \qquad (1\text{-}17)$$

Der Vektor $\vec{a}$ enthält jetzt sowohl die Änderung des Betrags als auch der Richtung von $\vec{v}$; er weist in Richtung von $d\vec{v}$, fällt also im Allgemeinen nicht mit der Bahnrichtung zusammen. Eine *krummlinige Bewegung* ist demnach *immer eine beschleunigte Bewegung*.

Ist $\vec{a}$ während eines Bewegungsvorgangs konstant, ändern sich also weder die Richtung noch der Betrag der Beschleunigung, so sprechen wir von einer *geradlinig gleichmäßig beschleunigten Bewegung*.

Ändern sich Betrag oder Richtung der Beschleunigung, so nennen wir die Bewegung *ungleichmäßig beschleunigt*.

1.2.3 Kreisbewegung

Geschwindigkeit bei der Kreisbewegung
Eine Bewegung, bei der sich die Richtung des Geschwindigkeitsvektors ändert, nennen wir *krummlinig*. Als Sonderfall behandeln wir den auf einer Kreisbahn umlaufenden Punkt P. Die Bewegung von P lässt sich besonders einfach beschreiben, wenn wir statt der kartesischen Koordinaten x und y die Polarkoordinaten r und φ verwenden (Abb. 1.6), wobei r der Betrag des Radiusvektors $\vec{r}$ und φ der von der x-Achse aus in der Einheit Radiant gemessene ebene Winkel sind. Da r bei der Kreisbewegung unverändert bleibt, können wir den Bewegungsablauf durch die Änderung von lediglich φ mit der Zeit t erfassen.

Den Differentialquotienten $d\varphi/dt$ definieren wir als Betrag der *Winkelgeschwindigkeit* $\vec{\omega}$ (*Kreisfrequenz*):

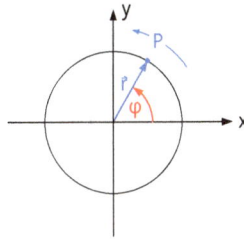

Abb. 1.6: Kreisbewegung.

$$\frac{d\varphi}{dt} = \omega, \text{ mit der SI-Einheit rad s}^{-1}. \qquad (1\text{-}18a)$$

Wollen wir neben der Kreisfrequenz ω noch Drehachse und Drehsinn angeben, so fassen wir diese drei Angaben in dem Vektor der Winkelgeschwindigkeit $\vec{\omega}$ zusammen. Der Vektor $\vec{\omega}$ ist so definiert, dass seine Länge ein Maß für die Kreisfrequenz ist und die Richtung die Stellung der Drehachse und den Drehsinn der Bewegung angibt (Abb. 1.7). Entsprechend kann auch der Winkel $\vec{\varphi}$ als Vektor definiert werden.*

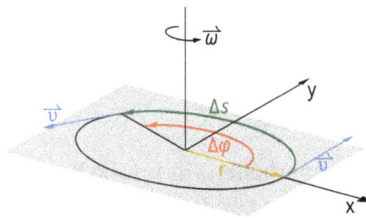

Abb. 1.7: Winkelgeschwindigkeit $\vec{\omega}$ und Bahngeschwindigkeit $\vec{v}$.

Die *Frequenz* f erhalten wir aus ω, indem wir durch den Winkel des Vollkreises (2π) dividieren:

$$f = \frac{\omega}{2\pi}. \qquad (1\text{-}18b)$$

---

*Anmerkung Vektoren von der Art von $\vec{\omega}$ und $\vec{\varphi}$ unterscheiden sich von den in Abschnitt 1.2.1 eingeführten Orts- oder Geschwindigkeitsvektoren dadurch, dass ihre Richtung die Richtung einer Drehachse und den Drehsinn angibt. Zur deutlichen Unterscheidung nennt man $\vec{\omega}$ und $\vec{\varphi}$ auch *axiale Vektoren*.

Wir wollen nun den Begriff der *Bahngeschwindigkeit* einführen. Aus der Geometrie des Kreises folgt mit Gl. (1-4) für die Länge des Kreisbogens Δs:

$$\Delta s = r\,\Delta\varphi$$

bzw. für infinitesimale Änderungen:

$$ds = r\,d\varphi. \tag{1-19}$$

Für die zeitliche Änderung von ds der Gl. (1-19) erhalten wir (da r konstant ist):

$$\frac{ds}{dt} = r\frac{d\varphi}{dt}. \tag{1-20}$$

Die linke Seite stellt nach Gl. (1-11) den Betrag der Momentangeschwindigkeit (die momentane Bahngeschwindigkeit) dar, und die rechte Seite enthält den in Gl. (1-18) definierten Betrag der Winkelgeschwindigkeit $\vec{\omega}$. Damit folgt die Beziehung zwischen v und ω:

$$v = r\omega. \tag{1-21}$$

Gl. (1-21) stellt einen Zusammenhang zwischen den Beträgen von $\vec{v}$, $\vec{r}$ und $\vec{\omega}$ der Kreisbewegung dar. Die vollständige Beziehung dieser Vektoren untereinander aber ist durch das Vektorprodukt (siehe Anhang und Abb. 1.7)

$$\vec{v} = \vec{\omega} \times \vec{r} \tag{1-22}$$

gegeben. Hieraus erhalten wir für die Beträge wieder Gl. (1-21), da bei der Kreisbewegung die Vektoren $\vec{r}$ und $\vec{\omega}$ stets senkrecht aufeinander stehen.

Beschleunigung bei der Kreisbewegung Im vorigen Abschnitt wurde darauf hingewiesen, dass die Kreisbewegung krummlinig, also stets beschleunigt ist. Dies wird schon deutlich, wenn wir den Spezialfall der *gleichförmigen Kreisbewegung* ($\vec{\omega}$ = konst.) betrachten. Aus den Gl. (1-17) und (1-22) folgt dann für die Beschleunigung:

$$\vec{a} = \frac{d\vec{v}}{dt} = \frac{d}{dt}(\vec{\omega} \times \vec{r}), \tag{1-23a}$$

und falls $\vec{\omega}$ konstant ist:

$$\vec{a} = \vec{\omega} \times \frac{d\vec{r}}{dt}. \tag{1-23b}$$

Aus Abb. 1.8 erkennt man, dass die Änderung des Radiusvektors $d\vec{r}$ und des Kreisbogens $d\vec{s}$ identisch werden, wenn sie infinitesimal kleine Größen darstellen. Daher gilt

$$\frac{d\vec{r}}{dt} = \frac{d\vec{s}}{dt} = \vec{v}, \tag{1-24}$$

und aus Gl. (1-23b) folgt für den *Betrag von $\vec{a}$*, da $\vec{v}$ senkrecht auf $\vec{\omega}$ steht: $a = \omega v$; oder mit Gl. (1-21):

$$a = \omega^2 r \text{ bzw. } a = \frac{v^2}{r}. \tag{1-25}$$

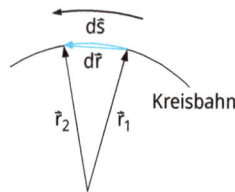

Abb. 1.8: Zur Beschleunigung bei der Kreisbewegung.

Die *Richtung* von $\vec{a}$ ergibt sich aus Gl. (1-23). Nach den Rechenregeln zur Bildung des Vektorprodukts steht $\vec{a}$ senkrecht auf $d\vec{r}$ und $\vec{\omega}$ und weist zum Zentrum des Kreises (Anhang):

$$\vec{a} = -\omega^2 \vec{r}. \tag{1-26}$$

$\vec{a}$ wird als *Zentripetalbeschleunigung* bezeichnet.

Bei der *ungleichförmigen* Kreisbewegung ändert sich auch die Kreisfrequenz ω mit der Zeit. Diese Änderung beschreiben wir durch die *Winkelbeschleunigung*

$$\frac{d\omega}{dt} = \frac{d^2\varphi}{dt^2}, \text{ mit der SI-Einheit rad s}^{-2} \quad (1\text{-}27)$$

1.2.4 Berechnung des Weges aus Geschwindigkeit und Beschleunigung

Aus den vorigen Abschnitten ist bekannt, wie sich bei geradliniger bzw. kreisförmiger Bewegung die Beträge von Geschwindigkeit und Beschleunigung als zeitliche Ableitungen aus Weg bzw. Winkel ergeben.

In umgekehrter Weise lassen sich aber auch die Momentangeschwindigkeit $v(t)$ und der in einem Zeitintervall zurückgelegte Weg s berechnen, wenn die Beschleunigung $a(t)$ vorgegeben ist.

Wir wollen nun den gesamten in der Zeit $t = t_{Ende} - t_{Anfang}$ zurückgelegten Weg $s = s_{Ende} - s_{Anfang}$ für diesen Fall bestimmen. Da die Momentangeschwindigkeit v von der Zeitkoordinate t_i abhängt, $v = v(t_i)$, müssen wir die gesamte Zeit t in N gleich große Intervalle Δt zerlegen und die zu diesen gehörenden Strecken $\Delta s(t_i) = v(t_i)\Delta t$ aufsummieren. Dabei sind die Zeitintervalle Δt so klein gewählt, dass die jeweilige Momentangeschwindigkeit $v(t_i)$ während Δt als konstant angesehen werden darf. Dann gilt:

$$s = \sum_{i=l}^{N} \Delta s(t_i) = \sum_{i=l}^{N} v(t_i)\Delta t.$$

Gehen wir zu infinitesimal kleinen Zeitintervallen über, so erfolgt der Schritt von der Summation zur Integration:

$$s = \lim_{\Delta t \to 0} \sum_{i=1}^{N} v(t_i)\Delta t = \int_{t_{Anfang}}^{t_{Ende}} v(t)dt. \quad (1\text{-}28a)$$

Um s berechnen zu können, müssen wir die Funktion $v(t)$ kennen. Der einfachste Fall ist die Bewegung mit konstanter Geschwindigkeit, v = konstant. Dann ergibt sich:

$$s = \int_{t_{Anfang}}^{t_{Ende}} vdt = v\int_{t_{Anfang}}^{t_{Ende}} dt = v\left(t_{Ende} - t_{Anfang}\right) = vt.$$

$$(1\text{-}28b)$$

Völlig analog lässt sich durch Integration aus der vorgegebenen Beschleunigung $a(t)$ die Geschwindigkeit $v = v_{Ende} - v_{Anfang}$ ermitteln, die während des Zeitintervalls $t = t_{Ende} - t_{Anfang}$ zugelegt wird:

$$v = \int_{t_{Anfang}}^{t_{Ende}} a(t)dt. \quad (1\text{-}28c)$$

Auch hier wollen wir den einfachen Fall betrachten: Die Beschleunigung beginne zur Zeit $t_{Anfang} = 0$, daure bis zur Zeit $t_{Ende} = t$ und sei während der ganzen Zeit konstant (*gleichmäßig beschleunigte Bewegung*). Wenn wir die Abkürzungen $v_{Anfang} = v(0)$ und $v_{Ende} = v(t)$ verwenden, erhalten wir schließlich:

$$v(t) - v(0) = \int_0^t a\, dt = a(t-0) = at \text{ oder } v(t)$$

$$= at + v(0).$$

$$(1\text{-}28d)$$

Wir können nun auch den während der konstanten Beschleunigung zurückgelegten Weg s ermitteln, indem wir Gl. (1-28d) in Gl. (1-28a) einsetzen, die Abkürzung $s_{Anfang} = s(0)$ und $s_{Ende} = s(t)$ verwenden und ein weiteres Mal integrieren:

$$s(t) - s(0) = \int_0^t v(t)dt = \int_0^t (at + v(0))dt$$

$$= \int_0^t at\,dt + \int_0^t v(0)dt \quad (1\text{-}28e)$$

$$= \frac{a}{2}t^2 + v(0)t.$$

Als Weg-Zeit-Gesetz für die geradlinige, gleichmäßig beschleunigte Bewegung (a = konstant) erhalten wir damit:

$$s(t) = s(0) + v(0)t + \frac{a}{2}t^2. \quad (1\text{-}29)$$

Gl. (1-29) beschreibt also die Bewegung eines Körpers, der sich mit einer konstanten Geschwindigkeit $v(0)$ bewegt, bis er zur Zeit $t = 0$ den Ort $s(0)$ passiert und von da an gleichmäßig beschleunigt wird (Abb. 1.9a, b).

Als Beispiele für eine gleichmäßig beschleunigte Bewegung werden wir in Abschnitt 2.2.2.1 den *freien Fall* und in Abschnitt 15.2.1 die Beschleunigung von Elektronen durch ein elektrisches Feld kennenlernen.

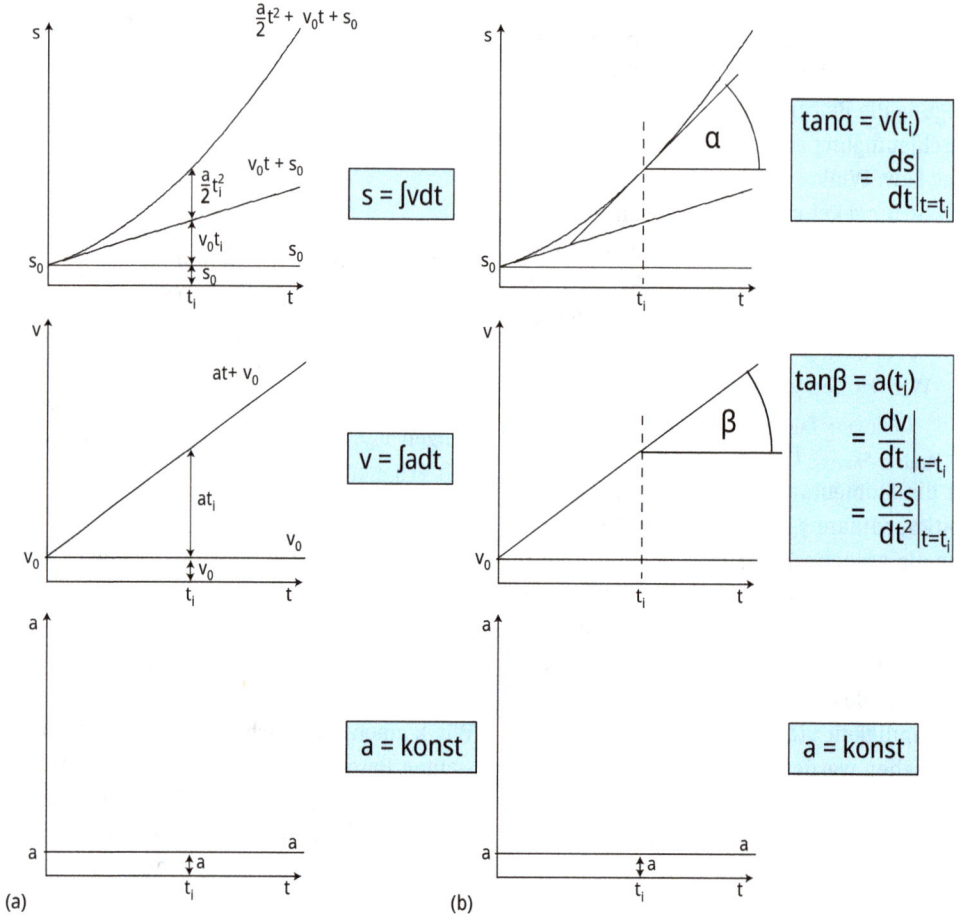

Abb. 1.9: (a) Weg-Zeit-Diagramm und Geschwindigkeits-Zeit-Diagramm, wie sie durch Integration aus dem Beschleunigungs-Zeit-Diagramm folgen. (b) Geschwindigkeits-Zeit-Diagramm und Beschleunigungs-Zeit-Diagramm, wie sie durch Differentation aus dem Weg-Zeit-Diagramm folgen.

2 Masse und Kraft

Bisher wurden Bewegungen betrachtet, nicht aber deren Ursachen.

Während die *Beschreibung* der Bewegung mit den Größen Geschwindigkeit und Beschleunigung Thema der *Kinematik* ist, hat die *Dynamik* deren *Ursachen*, d. h. den Einfluss von Massen und Kräften auf Bewegungen von Körpern, zum Inhalt.

Die klassische Mechanik ermöglicht die Formulierung von Gesetzen, durch die Ort, Geschwindigkeit und Beschleunigung eines Körpers zu einem beliebigen Zeitpunkt vorhersagbar werden, wenn die einwirkenden Kräfte bekannt sind. Diese Determiniertheit des Naturgeschehens ist durch die Quantenmechanik eingeschränkt worden (Abschnitt 17.5); im Bereich des täglichen Lebens gelten jedoch die Gesetze der klassischen Mechanik in guter Näherung.

2.1 Die träge Masse

Die *Masse* ist im SI als Basisgröße mit der Basiseinheit *Kilogramm* (kg) eingeführt.

> Die *Masse* eines Körpers ist Ursache für sein Beharrungsvermögen gegenüber Versuchen, seinen Bewegungszustand zu ändern. Sie ist also Ausdruck für seine Trägheit; wir nennen sie auch *träge Masse*. Sie wird als quantitatives Maß für das Beharrungsvermögen verwendet. Hier wird aus historischen Gründen das System der Tab. 1.3 durchbrochen: Die Basiseinheit enthält schon die Vorsilbe „Kilo".

Die Elementarteilchen (eine genauere Darstellung findet sich in Abschnitt 21.1), aus denen die Atome aufgebaut sind, stellen die kleinsten Massebausteine dar:

$$m_{Proton} = 1,6724 \cdot 10^{-27} \text{kg},$$

$$m_{Neutron} \approx m_{Proton},$$

$$m_{Elektron} = \frac{1}{1836} m_{Proton}.$$

Die größten uns bekannten Massen sind die der Gestirne. Ein Beispiel:

$$m_{Sonne} \approx 2 \cdot 10^{30} \text{kg}.$$

Somit erstreckt sich der Bereich bekannter Massen über mehr als 60 Zehnerpotenzen (Tab. 2.1).

Das von der Relativitätstheorie aufgestellte Postulat, dass die Vakuumlichtgeschwindigkeit c obere Grenzgeschwindigkeit sei, und das daraus folgende Gesetz zur Addition von Geschwindigkeiten (Gl. (1-13)) erfordern eine Erweiterung des in der klassischen Mechanik eingeführten Begriffs der Masse. Sie ist nicht mehr als eine unveränderliche Eigenschaft eines Körpers anzusehen, sondern ändert sich mit der Geschwindigkeit des Körpers:

$$m = \frac{m_0}{\sqrt{1 - \frac{v^2}{c^2}}}.$$

Tab. 2.1: Massen (Einheit: kg).

10^{-30}	Elementarteilchen (Elektron)
	Atome ($10^{-26} - 10^{-25}$)
10^{-24}	
10^{-18}	Makromoleküle
10^{-12}	rotes Blutkörperchen
10^{-6}	
10^{1}	Fahrrad
10^{3}	Auto
10^{6}	Lokomotive
10^{12}	
10^{18}	
	Mond ($7 \cdot 10^{22}$)
10^{24}	Erde ($6 \cdot 10^{24}$)
10^{30}	Sonne ($2 \cdot 10^{30}$)

Man bezeichnet m als relativistische Masse bezüglich des ruhenden Beobachters und m_0 als Ruhemasse des Körpers. Die relativistische Masse

https://doi.org/10.1515/9783110691658-003

nimmt also von der Ruhemasse m_0 aus mit wachsender Geschwindigkeit des Körpers ständig zu.

Bei der Beschleunigung eines Körpers wird ein Teil der aufgewendeten Energie (siehe Kap. 3) zur Erhöhung der Masse von m_0 auf m verbraucht, während der Rest der Energie der Erhöhung der Geschwindigkeit dient. Je näher die Geschwindigkeit des Körpers der Lichtgeschwindigkeit c kommt, umso größer wird die Massenzunahme und umso geringer die Geschwindigkeitszunahme. Man kann heute Elementarteilchen (z. B. Protonen) so stark beschleunigen, dass ihre Masse auf das 500-Fache der Ruhemasse anwächst. Die erreichte Geschwindigkeit beträgt dabei $v = 0{,}999998c$.

Dichte Die Trägheit nimmt bei Körpern *desselben Materials* mit ihrem Volumen zu: Je größer z. B. eine Eisenkugel ist, desto mehr Mühe macht es, sie zu werfen. Entsprechend ist es wegen der größeren trägeren Masse bedeutend schwieriger, ein normales Kraftfahrzeug abzubremsen als ein Spielzeugauto.

Bei homogenen Körpern (d. h. Körpern aus einheitlichem Stoff und einheitlicher Struktur; siehe Abschnitt 5.2.1) ist deren Masse proportional zu ihrem Volumen: $m = \varrho V$. Der Proportionalitätsfaktor heißt *Dichte des Stoffes*:

$$\varrho = \frac{m}{V}, \text{ mit der SI-Einheit kg m}^{-3}. \qquad (2\text{-}1)$$

Eine gebräuchliche Einheit für die Dichte ist auch $\text{g cm}^{-3} = \text{g ml}^{-1}$, die bei Wasser den besonders leicht zu merkenden Wert 1 g ml^{-1} aufweist. ϱ charakterisiert den Stoff unabhängig von der Größe des untersuchten Körpers. Da das Volumen eines Körpers stark temperaturabhängig sein kann (siehe Abschnitt 13.1), wird sich auch ϱ mit der Temperatur ändern (Tab. 2.2).

Mit Geräten zur Bestimmung von Dichten, sog. *Pyknometern*, misst man die Massen und Volumina der zu untersuchenden Stoffe und setzt diese nach Gl. (2-1) zueinander ins Verhältnis. Die Volumenbestimmung ist bei unregelmäßig geformten Körpern oft nur ungenau möglich. Moderne Präzisionspyknometer messen das unbekannte Volumen eines Festkörpers durch Vergleich zweier Gasvolumina V_1 und V_2 aus zwei gleich großen Küvetten, wobei sich der Festkörper in einer der beiden Küvetten befindet. Bei Probengrößen von ca. 10 ml werden Genauigkeiten von 0,001 ml erreicht. Verbunden mit einer genauen Wägung lässt sich dann auch die Dichte der Probe auf $\pm 0{,}001 \text{ g ml}^{-1} = 1 \text{ kg m}^{-3}$ genau bestimmen. Die Dichtemessung von Flüssigkeiten mithilfe des *Aräometers* wird in Abschnitt 5.3.2.2 beschrieben.

Tab. 2.2: Dichte ϱ von Stoffen in kg m^{-3}.

Luft	(20 °C)	1,29
Wasser	(4 °C)	1.000,0
	(20 °C)	998,2
Öl	(20 °C)	915
Hg	(20 °C)	13.550,0
Holz		400–800
Glas		2.200–2.500
Stahl		7.900,0
Cu	(20 °C)	8.930
Pt	(20 °C)	21.000
Zum Vergleich:		
Materie im interstellaren Raum		10^{-21}
das beste auf der Erde erzeugbare Vakuum		10^{-16}
Kernmaterie		10^{17}

2.2 Wirkung von Kräften

2.2.1 Newton'sche Axiome

Der Begriff der *Kraft* wird durch drei von Newton angegebene Axiome eingeführt. Die

Kraft, die auf einen Körper wirkt, ist an ihrer Auswirkung erkennbar. Deshalb spricht man statt von Kräften oft auch von Wechselwirkungen. Die Kraft führt, falls der Körper beweglich ist, zur *Änderung seines Bewegungszustands*, andernfalls zu seiner *Deformation* oder zu beiden gleichzeitig.

Das 1. Newton'sche Axiom (Trägheitsprinzip) Das 1. Newton'sche Axiom beschreibt, wie frei bewegliche Körper sich bewegen, wenn keine Kraft auf sie einwirkt: In diesem Fall verharren sie im Zustand der Ruhe oder der gleichförmig geradlinigen Bewegung.

Bereits dieses erste Axiom war zu Newtons Zeiten eine enorme intellektuelle Leistung, da eine kräftefreie Bewegung zu dieser Zeit praktisch kaum zu realisieren war (wegen der Reibungskraft, siehe Abschnitt 2.2.9). Außerdem postuliert es auch, dass die physikalischen Gesetzmäßigkeiten in relativ zueinander sich gleichförmig bewegenden Systemen (sog. *Inertialsysteme*) dieselben sein müssen.

Das 2. Newton'sche Axiom (Aktionsprinzip) Das 2. Newton'sche Axiom besagt, dass die Einwirkung einer Kraft auf einen beweglichen Körper eine Änderung seines Bewegungszustands, d. h. seine Beschleunigung, Richtungsänderung oder Verzögerung, hervorruft. Wenn wir uns auf Gegenstände beschränken, deren Massen sich nicht mit der Zeit ändern, dann ist die Kraft $\vec{F}$ gegeben durch:

$$\vec{F} = \frac{d}{dt}(m\vec{v}) = m\frac{d\vec{v}}{dt} = m\vec{a} \qquad (2\text{-}2)$$

mit der SI-Einheit kg m s^{-2}. Dieser Einheit wurde der Name *Newton* (N) gegeben.

(Weitere Einheiten der Kraft sind in Tab. 1.5 zu finden.)

Die Masse m ist ein Skalar, die Beschleunigung $\vec{a}$ eine vektorielle Größe. Gemäß Gl. (2-2) ist daher auch $\vec{F}$ ein Vektor. Er weist in Richtung des Vektors $\vec{a}$. Für die Kraft gelten daher die im Anhang angegebenen Rechen- und Konstruktionsregeln für Vektoren.

Nach Gl. (2-2) ist das 1. Newton'sche Axiom als ein Spezialfall des 2. Axioms anzusehen. Falls $\vec{F} = 0$, dann gilt auch $\vec{a} = 0$ und damit Ruhe oder gleichförmig geradlinige Bewegung.

Wie Kräfte konkret auf Körper wirken, werden wir noch genauer sehen.

Das 3. Newton'sche Axiom (Reaktionsprinzip) Wenn ein Körper 1 auf einen Körper 2 eine Kraft ausübt, die wir $\vec{F}$ (1 auf 2) nennen wollen, dann zeigt die Erfahrung, dass der Körper 2 auf den Körper 1 mit einer Kraft $\vec{F}$ (2 auf 1) wirkt, die von gleichem Betrag, aber entgegengerichtet ist, d. h.

$$\vec{F}\,(1\,\text{auf}\,2) = -\vec{F}\,(2\,\text{auf}\,1).$$

Newton bezeichnete dieses Gesetz auch als das *Prinzip der Gleichheit von actio (Kraft) und reactio (Gegenkraft)*. Anhand dieses Gesetzes wird der Begriff der Wechselwirkung für die Kraft besonders deutlich: Um überhaupt eine Kraft ausüben zu können, benötigt man stets zwei Körper. Die fundamentalen Kräfte beziehungsweise fundamentalen Wechselwirkungen sind stets Kräfte zwischen zwei Körpern.

2.2.2 Verschiedene Arten von Kräften

In der Physik wird zwischen *fundamentalen Kräften* und *abgeleiteten Kräften,* welche sich auf die fundamentalen Kräfte zurückführen lassen, unterschieden.

Die vier fundamentalen Kräfte sind:
1. die *Gravitationskraft* (die Massenanziehung oder Schwerkraft), die zwischen allen Körpern mit Masse wirkt und stets anziehende Wirkung hat;
2. die *elektrische Kraft*, die zwischen allen Körpern mit *elektrischer Ladung* wirkt und sowohl anziehende als auch abstoßende Wirkung haben kann. Die elektrische Kraft ist auch für die Bindungskräfte zwischen Atomen, Molekülen usw.

verantwortlich und damit auch für die Reibungskraft oder die Muskelkraft;

3. die *schwache Wechselwirkung*, die z. B. bei der Umwandlung von Neutronen in Protonen und umgekehrt (siehe Abschnitt 21.2.1) eine wichtige Rolle spielt;

4. die *starke Wechselwirkung*, die den Zusammenhalt der Nukleonen (siehe Abschnitt 21.1) realisiert.

Abgeleitete Kräfte sind z. B. die Reibungskraft oder die elastische Kraft, die auf die elektrische Kraft zurückzuführen sind. Auch die Kraft, die zwischen Magneten wirkt, ist Folge der elektrischen Kraft, nur dass hierfür relativistische Betrachtungen notwendig sind.

Von diesen Kräften zu unterscheiden sind die *Scheinkräfte* bzw. *Trägheitskräfte* (Abschnitt 2.2.2.2), die in beschleunigten Bezugssystemen auftreten.

2.2.2.1 Gravitation

Als erste fundamentale Kraft wollen wir die Gravitation betrachten, eine stets anziehende Kraft zwischen Körpern mit einer Masse. Newton hat Größe und Eigenschaften dieser Kraft im *Gravitationsgesetz* zusammengefasst. Danach ist die Größe der Gravitationskraft zwischen zwei Körpern im Abstand r gegeben durch:

$$F = G\frac{m_1 m_2}{r^2}. \qquad (2\text{-}4)$$

Die Proportionalitätskonstante (auch *Gravitationskonstante* genannt) hat den Zahlenwert

$$G = 6,67 \cdot 10^{-11}\ \text{Nm}^2\ \text{kg}^{-2}.$$

Die Größen m_1 und m_2 sind ein Maß für die zwischen den Körpern wirkende Kraft. Masse ist also nicht nur Ursache des Beharrungsvermögens eines Körpers, sondern auch Quelle der Gravitationskraft, deshalb nennt man sie hier *schwere Masse*. Zunächst gibt es keine Hinweise, dass die träge Masse gleich der schweren Masse sein müsste. Experimente

haben aber gezeigt, dass die schwere Masse mindestens bis zum 10^{-10}ten Teil mit der in Abschnitt 2.1 definierten trägen Masse übereinstimmt. Die Erklärung der Äquivalenz von schwerer und träger Masse ist Gegenstand von Albert Einsteins *allgemeiner Relativitätstheorie*. Im Weiteren soll nicht mehr zwischen träger und schwerer Masse unterschieden werden; wir werden nur noch von *Masse* sprechen.

Die auf der Erdoberfläche auf einen Körper der Masse m wirkende Gravitationskraft nennt man die *Schwerkraft*, *Erdanziehung* oder auch die *Gewichtskraft* des Körpers. (Der Begriff *Gewicht* aus dem *Technischen Messsystem* darf im Rahmen des SI-Systems nicht mehr für die *Gewichtskraft* verwendet werden.)

Für Versuche nahe über oder auf der Erdoberfläche ist in Gl. (2-4) für r der Abstand zum Erdmittelpunkt zu setzen, d. h., die Erde verhält sich bezüglich der Erdanziehung, als sei all ihre Masse im Mittelpunkt, also in ihrem Schwerpunkt (Abschnitt 2.2.7.4), vereint. (Das gilt nicht innerhalb der Erde: Am Erdmittelpunkt ist die resultierende Kraft gleich null.) Setzen wir also in Gl. (2-4) für m_1 die Erdmasse und für r den Erdradius ein, so erhalten wir $F = m_2 G m_{\text{Erde}}/r^2_{\text{Erde}}$. Andererseits ist nach Gl. (2-2) $F = m_2 a$, sodass sich die Beziehung $a = G m_{\text{Erde}}/r^2_{\text{Erde}}$ ergibt. Mit den bekannten Zahlenwerten ($m_{\text{Erde}} = 6 \cdot 10^{24}$ kg; $r_{\text{Erde}} = 6,37 \cdot 10^6$ m) finden wir $a = 9,8\ \text{m s}^{-2}$.

Üblicherweise wird $a = G m_{\text{Erde}}/r^2_{\text{Erde}}$ als *Erdbeschleunigung* (mit dem Formelzeichen g) bezeichnet. Da nicht alle Punkte der Erdoberfläche vom Erdmittelpunkt gleich weit entfernt sind *(Abplattung der Erde)*, ist g keine universelle Konstante, sondern an den Polen größer und am Äquator kleiner als der Mittelwert $9,8\ \text{m s}^{-2}$. Die Zentrifugalkraft infolge der Erdrotation bewirkt ebenfalls, dass g am Äquator kleiner ist als an den Polen. Wichtig ist, sich klarzumachen, dass die Gewichtskraft eine wechselseitige ist (man bedenke auch das

3. Newton'sche Axiom), es also auch korrekt ist zu sagen, dass eine Person die Erde anzieht.

Die Gravitationskraft ist nicht nur die Kraft, die uns Menschen auf der Erde hält, sondern sie bewirkt auch, dass der Mond um die Erde kreist, dass die Planeten sich um die Sonne bewegen und dass sogar Licht von Sternen abgelenkt wird.

Auf der Erdoberfläche kann man heute Schwankungen von einem Millionstel der Erdanziehung messen, wie sie z. B. durch unterschiedliche Dichten der Stoffe unter der Oberfläche verursacht werden. Durch solche *gravimetrischen Messungen* gelingt es z. B., Erdöllagerstätten ausfindig zu machen.

Der freie Fall unter dem Einfluss der Gravitation Die Gewichtskraft bewirkt, dass jeder nahe der Erde befindliche, frei bewegliche Körper zum Erdmittelpunkt hin beschleunigt wird (*freier* Fall). Da wir nahe der Erdoberfläche die Erdbeschleunigung g in guter Näherung als konstant annehmen dürfen, ist die Bewegung gleichmäßig geradlinig beschleunigt. Die Bewegungsgleichung für diesen Sonderfall haben wir in Gl. (1-29) beschrieben: $s = (g/2)t^2 + v_0 t + s_0$. Sind die Anfangswerte der Geschwindigkeit bzw. des Ortes beide 0 ($v_0 = 0$ und $s_0 = 0$), dann ist $s = (g/2)\,t^2$ die in der Zeitspanne von 0 bis t durchfallene Strecke. Lässt man also von einem Turm einen Stein fallen und misst mit einer Stoppuhr die Fallzeit (z. B. $t = 3{,}5$ s), dann lässt sich die Turmhöhe berechnen ($s = 9{,}8\,\mathrm{m\,s}^{-2} \cdot 0{,}5 \cdot 3{,}52 s^2 = 60$ m).

Die Bewegungsgleichung des freien Falls gilt in dieser Form nur im Vakuum, da sonst die Bewegung durch (Luft-)Reibung gebremst wird. (Denken Sie an fallende Blätter im Herbst.)

Gravitationsfeld Bei der Beschreibung der Wechselwirkung von Massen haben wir bisher den umgebenden Raum als *leer* angesehen. Die Kraftwirkung pflanzt sich auch durch den materiefreien Raum fort, und bezüglich dieser Kraftwirkung kann man daher dem Raum folgende Eigenschaft zuschreiben:

Um jede Masse herum befindet sich ein *Gravitationsfeld (Kraftfeld)* mit der Feldstärke $\vec{E} = \vec{F}/m = g$. Der Begriff des Feldes wird allgemein bei durch den Raum wirkenden Kräften verwendet; auch die Kraft zwischen z. B. elektrischen Ladungen (Coulombkraft) wird durch ein Feld, das *elektrische Feld*, beschrieben (Abschnitt 14.7.1).

Allgemein spricht man von einem *Vektorfeld*, wenn jedem Punkt eines begrenzten oder unbegrenzten, leeren oder mit Materie gefüllten Raums eine vektorielle Größe (wie etwa das Gravitationsfeld) zugeordnet ist.

Von einem *Skalarfeld* spricht man dagegen, wenn jedem Raumpunkt eine skalare Größe zugeordnet ist. Beispiele für ein Skalarfeld sind die Dichte in einem inhomogenen Körper oder die potentielle Energie.

2.2.2.2 Trägheitskraft

Schreibt man statt Gl. (2-2)

$$\vec{F} - m\,\vec{a} = 0, \qquad (2\text{-}5)$$

so kann diese Beziehung folgendermaßen ausgelegt werden: Der von außen auf den Körper einwirkenden Kraft $\vec{F}$ wirkt stets eine Kraft $m\vec{a}$ mit gleichem Betrag entgegen, sodass sich beide aufheben.

Die Größe $-m\vec{a}$ bezeichnet man als *Trägheitskraft*. Die Summe aus äußerer Kraft und Trägheitskraft ist gleich null *(dynamisches Gleichgewicht).*

Die Trägheitskraft ist Ausdruck für das Beharrungsvermögen von Körpern. Da die Trägheitskraft nicht von außen am beschleunigten Körper angreift, führt sie nicht zu einer zusätzlichen Beschleunigung des Körpers, wie dies bei einer äußeren Kraft $\vec{F}$ der Fall ist. Aus diesem Grunde bezeichnen wir sie als *Scheinkraft* oder *fiktive Kraft*. Nur für den mitbeschleunigten Beobachter scheint es, als ob eine Kraft von außen angriffe; und nur im beschleunigten System lässt sie sich messen. Ein Autofahrer, der seinen Wagen scharf abbremst, merkt, wie ihn die Trägheitskraft scheinbar nach vorne reißt. Nach dem dritten Newton'schen Axiom ist es jedoch das Auto, das die Bremskraft auf den Autofahrer auswirkt.

2.2.2.3 Zentrifugal- und Zentripetalkraft

Wir wollen einen Körper der Masse m gleichförmig auf einem Kreis bewegen. Dazu ist nach Gl. (1-26) eine Zentripetalbeschleunigung in Richtung auf den Kreismittelpunkt, $\vec{a} = -\omega^2 \vec{r}$ erforderlich, $\vec{r}$ ist der Abstand seines Schwerpunktes zum Kreismittelpunkt.

Die Kraft $\vec{F}$ in Richtung auf das Zentrum des Kreises zu ist

$$\vec{F}_z = m\vec{a} = -m\omega^2 r \qquad (2\text{-}6)$$

und wird als *Zentripetalkraft* bezeichnet.

Nach Gl. (2-6) gilt $\vec{F}_z + \omega^2 \vec{r}\, m = 0$. Die Zentripetalkraft $\vec{F}_z$ können wir demnach als im Gleichgewicht mit einer Kraft

$$\vec{F}_T = \omega^2 \vec{r}\, m \qquad (2\text{-}7)$$

ansehen; sie weist in Richtung des Radiusvektors nach außen und wirkt nur auf Beobachter, die mitbewegt werden. Wir haben es also mit einer Scheinkraft, einer Trägheitskraft zu tun. Wir bezeichnen sie als *Fliehkraft* oder *Zentrifugalkraft,* die man zum Beispiel im Auto bei einer Kurve oder auch auf einem Karussell spürt.

Der Gl. (2-7) entnehmen wir, dass durch Erhöhung der Winkelgeschwindigkeit ω, d. h. der Zahl der Umdrehungen pro Zeiteinheit (Drehzahl), die Zentrifugalkraft wächst. Sie greift beispielsweise an den Teilchen einer flüssigen Suspension an, wenn diese rotiert, und zwar umso stärker, je größer die Masse der Teilchen ist. Daher ist es möglich, Teilchen verschiedener Masse voneinander zu trennen, wenn man die Suspension rotieren lässt. Dies geschieht in der *Zentrifuge* (Abb. 2.1). Um besonders hohe Zentrifugalkräfte zu erzeugen, hat man *Ultrazentrifugen* entwickelt. Sie können Umdrehungszahlen von etwa 1000 je Sekunde erreichen. Ein Teilchen, das in einer solchen Zentrifuge auf einer Kreisbahn von 5 cm Radius umläuft, erfährt eine Beschleunigung, die das ungefähr 250.000-Fache der Erdbeschleunigung erreicht. Damit kann man z. B. kolloidale Eiweißteilchen trennen und Einblick in die Größe hochmolekula-

rer Stoffe gewinnen. Die in diesem Zusammenhang für die Sedimentation wichtigen Vorgänge werden später in Abschnitt 5.3.3.2.2 behandelt.

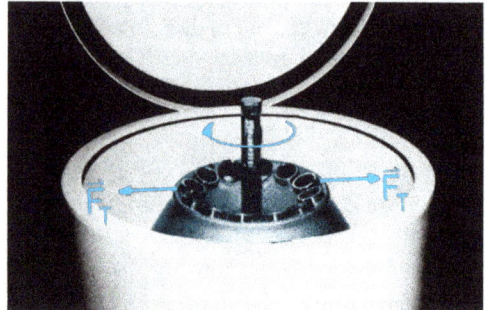

Abb. 2.1: Zentrifuge (zu sehen sind das Schutzmantelgefäß mit Deckel, der Rotor und die schräg eingesetzten Zentrifugenröhrchen, in die die Suspension eingefüllt wird).

2.2.3 Statisches und dynamisches Gleichgewicht von Kräften

Wirken Kräfte auf einen beweglichen Körper, so wird sich dieser Körper im Allgemeinen sowohl beschleunigt fortbewegen (Translationsbeschleunigung) als auch drehen (Rotationsbeschleunigung).

Greifen an einem Punkt eines Körpers mehrere Kräfte an, so muss man sie vektoriell addieren, um die resultierende Kraft, die *Resultierende,* zu erhalten (Abb. 2.2). Dabei können sich die verschiedenen Kräfte auch gegenseitig aufheben. Dann verhält sich der Körper genauso, als würden überhaupt keine Kräfte einwirken. Diesen Fall bezeichnet man als *Gleichgewicht* der Kräfte (die Bezeichnung gilt auch, wenn die Kräfte nichts mit Gewichtskräften zu tun haben).

Gleichgewicht herrscht also, wenn die Resultierende gleich null ist. Sind keine Scheinkräfte beteiligt, so nennen wir das Gleichgewicht *statisches Gleichgewicht,* andernfalls *dynamisches Gleichgewicht.*

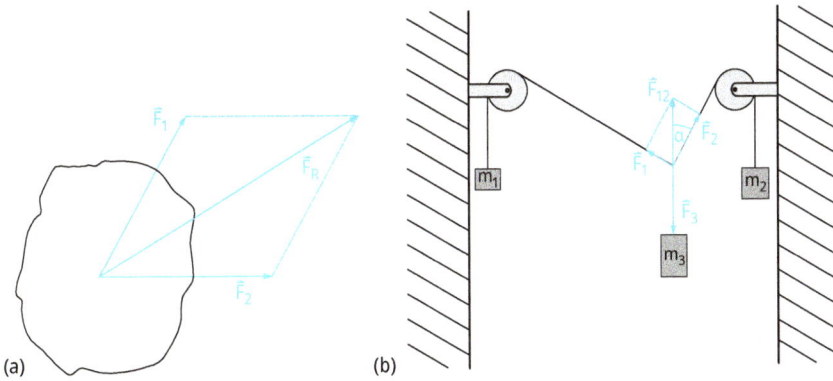

Abb. 2.2: (a) Addition von Kräften: Zwei an einem Körper angreifende Kräfte mit Kräfteparallelogramm und resultierender Kraft $\vec{F}_R$. (b) Beispiel mit drei Kräften: Die drei mit Fäden verbundenen Massen m_1, m_2 und m_3 können sich über die beiden Umlaufrollen bewegen. Die Gleichgewichtslage ist erreicht, wenn die resultierende Kraft $\vec{F}$ gleich null ist: $\vec{F} = \vec{F}_1 + \vec{F}_2 + \vec{F}_3 = 0$. Der Winkel a ist dann gerade so groß, dass $\vec{F}_{12} = \vec{F}_1 + \vec{F}_2 = -\vec{F}_3$. Wird für das Masseverhältnis $m_1 : m_2 : m_3 = 3 : 4 : 5$ gewählt, stellt sich zwischen $\vec{F}_1$ und $\vec{F}_2$ ein rechter Winkel (90°) ein.

Die Lehre der *Statik* umfasst das Zusammenwirken von Kräften zur Ausbildung von statischen Gleichgewichten. Sie ist von besonderer praktischer Bedeutung, sei es zur Berechnung der Konstruktion von Bauwerken oder zur Berechnung der Belastung eines Knochens (siehe Tab. 5.2).

Ein Beispiel für dynamisches Gleichgewicht liefert uns die gleichförmige Kreisbewegung, Gl. (2-6) und Gl. (2-7): $\vec{F}_Z + \vec{F}_T = 0$.

Die Addition zweier am selben Punkt eines Körpers angreifender Kräfte $\vec{F}_1$ und $\vec{F}_2$ lässt sich über das Kräfteparallelogramm (Abb. 2.2) zeichnerisch durchführen oder durch Addition der Komponenten der beiden Vektoren berechnen (siehe Anhang A.3).

2.2.4 Schwerelosigkeit

An einem Beispiel wollen wir diesen Begriff erläutern. Ein Fahrstuhl, dessen Seil gerissen ist und der sich gleichmäßig mit g beschleunigt nach unten bewegt, ist kräftefrei: Der Gravitationskraft $m\vec{g}$ wirkt nämlich die Trägheitskraft $-m\vec{g}$ entgegen (*dynamisches Gleichgewicht*). Ein mitfliegender Beobachter hat dann (für kurze Zeit) das Gefühl der Schwerelosigkeit.

Steht aber der Beobachter auf der Erdoberfläche, so gilt für ihn Kräftefreiheit in einem anderen Sinne: Der am Beobachter angreifenden Gravitationskraft wirkt eine Kraft $\vec{F}$ durch den Erdboden entgegen, die verhindert, dass er nach unten beschleunigt wird. Die Gegenkraft $\vec{F}$ ist keine Scheinkraft (*statisches Gleichgewicht*). Der Beobachter hat das Gefühl der Schwere. An dieser Stelle sei nochmals darauf hingewiesen, dass im Rahmen der allgemeinen Relativitätstheorie die Gravitation ein beschleunigtes Bezugssystem darstellt, sodass eine Person in dem Fahrstuhl nicht sagen kann, ob dieser im Raum beschleunigt wird oder ob er sich in Ruhe im Einfluss eines Gravitationsfeldes befindet.

2.2.5 Kraftmessung

Geräte zur Kraftmessung werden allgemein als *Dynamometer* bezeichnet. Ein besonders einfaches *Dynamometer* ist das *Federkraft-Dynamometer (Federkraftmesser)*. Es besteht aus einer einseitig befestigten Schraubenfeder und einer Anzeigeskala. Greift eine Kraft F am freien Ende der Feder an, so wird diese so lange gedehnt, bis ihre Reaktionskraft entgegengesetzt gleich F ist und damit Gleichgewicht herrscht. Dabei benutzt man Federn so, dass im zu messenden Kraftbereich deren Dehnung x proportional zum Betrag der angreifenden Kraft F ist: $F = Dx$ (vgl. Hooke'sches Gesetz, Gl. (5-3)).

D nennt man die *Federkonstante*. Ist sie bekannt, so genügt die Messung der Länge x, um die Kraft F zu bestimmen. Wird F in Newton und x in Metern gemessen, so hat die Federkonstante die Einheit N m^{-1}.

Das Federkraft-Dynamometer lässt sich ebenso zur Messung der schweren Masse verwenden und wird dann auch als *Federwaage* bezeichnet. Dazu muss das Dynamometer lediglich *umgeeicht* werden: $F = mg = Dx$ oder $m = Dx/g$. Eine für die Erde geeichte Federwaage würde auf dem Mond mit dessen deutlich kleinerer Gravitationskraft natürlich eine falsche, viel kleinere Masse anzeigen.

Heute findet man miniaturisierte Federwaagen in Form von Gyro-Sensoren in vielen Bereichen, z. B. in Smartphones oder Drohnen.

2.2.6 Druck (Kraft auf eine Fläche)

Die Schwerkraft greift an allen Masseelementen eines Körpers an. Daneben gibt es Kräfte, die nur auf seine Oberfläche wirken, z. B. die Kräfte, die ein Gas oder eine Flüssigkeit auf die Wände eines Gefäßes ausübt.

> Wirkt eine Kraft vom Betrag F in senkrechter Richtung gleichmäßig auf eine Fläche A, so nennen wir den Quotienten aus F und A den Druck p:
>
> $$p = \frac{F}{A} \qquad (2\text{-}8)$$
>
> mit der SI-Einheit N m^{-2} = Pascal (Pa).

(In Tab. 1.5 sind weitere Druckeinheiten zusammengestellt).

In Abschnitt 5.3 bzw. Kap. 9 werden wir auf den Druck zurückkommen und zeigen, dass er zur Beschreibung makroskopischer mechanischer Eigenschaften von Flüssigkeiten ebenso wichtig ist wie als Zustandsgröße in der Wärmelehre.

Mit der physikalischen Erscheinung des Drucks haben wir täglich zu tun, sei es, indem uns im Wetterbericht der Luftdruck (in Hektopascal, hPa) mitgeteilt wird, indem wir den Reifendruck unseres Fahrrads nachprüfen oder indem uns der Arzt über unseren Blutdruck (in Millimeter Quecksilbersäule, mmHg) aufklärt. Für den Mediziner sind als diagnostische Größe neben der Kenntnis des Blutdrucks (Abschnitt 5.3.2.2) u. U. auch der Druck im Schädel (von Neugeborenen), der Innendruck im Auge usw. von Bedeutung.

Beispiel Auge Durch einen geringen Überdruck von 20 bis 25 mmHg behält das Auge seine Kugelform. Die in ihm ständig produzierte Flüssigkeit (hauptsächlich Wasser, und zwar ca. 5 ml pro Tag) wird durch ein Drainagesystem abgeführt, sodass der Druck im Auge und damit dessen Form konstant bleibt. Erhöht sich z. B. durch Verstopfen des Drainagesystems der Druck im Innern des Auges, so kommt es zu einer Formveränderung, wobei bereits 0,1 mm Änderung des Augendurchmessers die Abbildungseigenschaften des Auges beträchtlich beeinflusst. Gemessen wird der Druck im Auge mit dem *Tonometer*, indem z. B. über einen Stempel von ca. 3 mm Durchmesser eine Kraft auf die Vorderseite der Hornhaut übertragen wird. Die Kraft F, die benötigt wird, um die Hornhaut unter der Stempelfläche vollständig abzuflachen, beträgt beim gesunden Auge ca. 0,02 N. Daraus resultiert für den Druck:

$$p = \frac{F}{A} = \frac{0,02\,N}{\left(1,5 \cdot 10^{-3}\right)^2 m^2 \pi} \approx 2800\,\text{Pa} = 28\,\text{mbar}$$
$$= \varrho_{Hg} g h \approx 21\,\text{Torr (mm Hg; Abschnitt 5.3.2.2)}.$$

Bei dieser Messung wird infolge der geringfügigen Deformation des Augapfels der Innendruck des Auges um ca. 0,5 Torr erhöht, was im Messwert mitenthalten ist.

2.2.7 Drehmoment

In Abschnitt 1.2.3 wurden die Bewegungsgrößen der Drehbewegung eingeführt. Hier wollen wir uns mit der *Dynamik der Kreisbewegung* befassen, d. h., in welcher Weise Kräfte diese Bewegung beeinflussen. Damit ist nicht die Zentripetalkraft (Abschnitt 2.2.2.3) gemeint, die *Folge* der Kreisbewegung ist und auch bei gleichförmiger Kreisbewegung auftritt, sondern, wie eine Änderung der Winkelgeschwindigkeit, also eine *Winkelbeschleunigung* (Gl. 1-27) analog zur Beschleunigung als Folge einer Kraft (Abschnitt 2.2.1) bewirkt werden kann.

Dazu stellen wir uns folgende Anordnung vor: Zwei als masselos angenommene Kreisscheiben unterschiedlicher Radien sind um eine gemeinsame Achse gekoppelt drehbar (Abb. 2.3). Am Rand der einen Scheibe befindet sich eine Masse m, am Rand der zweiten greift mittels eines Fadens eine Kraft $\vec{F}_\perp$ an. Den Abstand r_F zwischen Drehpunkt und Angriffspunkt der Kraft nennt man den *Hebelarm*. Wichtig ist hier, dass die Kraft in *tangentialer* Richtung, also senkrecht zum Radius, angreift (symbolisiert durch das $\perp$).

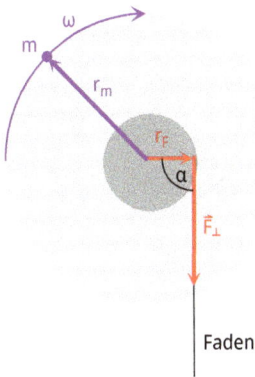

Abb. 2.3: Zur Definition des Drehmoments.

Das Produkt aus r und der Komponente der Kraft senkrecht zur Richtung des Hebelarms definiert den Betrag M des Drehmoments:

$$M = r_F F_\perp, \text{ mit der SI – Einheit N m.} \qquad (2\text{-}9)$$

Allgemein gilt für eine Kraft, die unter einem Winkel zum Radius, den wir hier a nennen wollen, $M = r_F F \sin a$. Wirkt die Kraft parallel

zum Radius ($a = 0$), übt sie kein Drehmoment aus.

Die Kraft $F_\perp$ bewirkt eine Beschleunigung dv/dt der Masse längs eines Kreisbogens. Nach Gl. (1-21) ist $v = r_m \omega$, und daher erhalten wir:

$$M = r_F F_\perp = r_m \frac{dv}{dt} = r_m^2 m \frac{d\omega}{dt}. \qquad (2\text{-}10)$$

Ursache einer *Winkelbeschleunigung* ist also das *Drehmoment*, wie die Ursache einer (Translations-)*Beschleunigung* die *Kraft* ist.

Zur vollständigen Beschreibung der Drehung reicht der Betrag M nicht aus; man muss auch die Richtung der Drehachse und den Drehsinn kennen. Man fügt daher den Betrag von Gl. (2-9) und die Richtung der Achse zu einer gerichteten Größe, dem *axialen Vektor* $\vec{M} = \vec{r} \times \vec{F}$, zusammen. (In entsprechender Weise sind wir in Abschnitt 1.2.3 mit Drehwinkel, Winkelgeschwindigkeit und Winkelbeschleunigung verfahren.) Der Drehsinn ist folgendermaßen festgelegt: Blickt man in Richtung des axialen Vektors, so erfolgt die Drehung im Uhrzeigersinn.

2.2.7.1 Trägheitsmoment

Wir wissen bereits, dass ein Körper sich der Translationsbeschleunigung infolge seiner trägen Masse widersetzt. Entsprechendes gilt für die Rotationsbeschleunigung. Dabei wird aber die Trägheitswirkung nicht nur durch die Masse, sondern zusätzlich durch den Abstand r_m der Masse von der Drehachse bestimmt. Das sehen wir in Gl. (2-10): Bei festem Drehmoment ist die Winkelbeschleunigung reziprok proportional zur Masse sowie zum Quadrat des Abstands der Masse vom Drehpunkt. Das führt uns zur Definition des *Trägheitsmoments J*:

$$J = m r_m^2 \qquad (2\text{-}11)$$

Mit dieser Definition kommen wir zu einer Gleichung für $\vec{M}$, die der Gl. (2-2) bei der Translationsbewegung entspricht: $\vec{M} = J\frac{d\vec{\omega}}{dt}$.

Das Trägheitsmoment bestimmt also, wie schnell die Winkelgeschwindigkeit bei einem gegebenen Drehmoment zunimmt. Übertragen auf die Laborzentrifuge (Abb. 2.1) heißt das: Je größer das Trägheitsmoment, umso länger dauert es, bis die Zentrifuge die erforderliche Drehzahl erreicht hat. Der Elektromotor, der die Zentrifuge antreibt, übt dabei ein im Wesentlichen konstantes Drehmoment aus.

2.2.7.2 Starrer Körper

Einen starren Körper kann man sich als Ansammlung vieler Massenpunkte vorstellen, wobei die relative Lage der Massenpunkte zueinander fest ist. Man kann also sagen, dass die Massenpunkte in einem Koordinatensystem, das fest mit diesem starren Körper verbunden ist, ihre gegenseitige Lage nicht ändern. Um also die Lage aller Massenpunkte eines solchen starren Körpers im Raum eindeutig zu beschreiben, reicht es aus, den Koordinatenursprung dieses mit dem Körper verbundenen Koordinatensystems im Raum und die Richtung einer Koordinatenachse dieses Koordinatensystems anzugeben.

2.2.7.3 Schwerpunkt

An jedem Massenelement eines starren Körpers greift die Gewichtskraft oder auch die Trägheitskraft an. Legen wir durch den Körper eine Achse, so trägt jedes Massenelement ein Drehmoment bei, und im Allgemeinen wird sich dadurch der Körper drehen. Es existiert allerdings stets ein Punkt S derart, dass bezüglich jeder durch diesen Punkt verlaufenden Achse die Summe aller einzelnen Drehmomente null wird, d. h., es gibt kein resultierendes Drehmoment und demzufolge keine Winkelbeschleunigung. Diesen Punkt

nennt man *Schwerpunkt* oder *Massenmittelpunkt* des starren Körpers.

Am Beispiel einer gewichtslosen Stange, an deren beiden Enden die Massen m_1 und m_2 befestigt sind (Abb. 2.4a), soll gezeigt werden, wie dieser Punkt bestimmt werden kann. Für die Drehmomente bezüglich einer durch S gehenden Achse muss nach dem Hebelgesetz der Gl. (2-12) gelten:

$$m_1 g r_1 \sin\alpha = m_2 g r_2 \sin\beta,$$

und wenn $\sin\alpha = \sin\beta$ ist (z. B. für $\alpha = \beta = 90°$), gilt:

$$r_1 : r_2 = m_2 : m_1. \qquad (2\text{-}16)$$

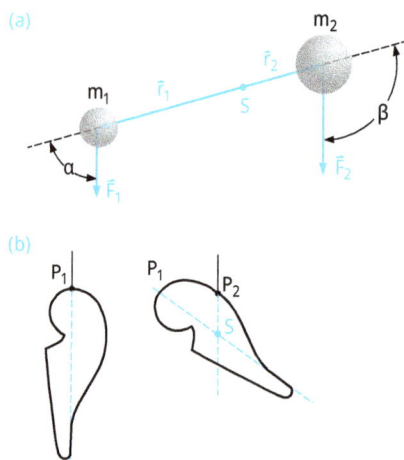

Abb. 2.4: (a) Zur Definition des Schwerpunkts; (b) Schwerpunktbestimmung.

Der Schwerpunkt teilt also die Stange im umgekehrten Verhältnis der Massen. Der Schwerpunkt ist von besonderer Bedeutung, da bezüglich dieses Punktes die Newton'schen Axiome der Translationsbewegung auch für starre ausgedehnte Körper gelten.

Als experimentelles Verfahren zur Auffindung von S eines beliebigen starren Körpers bietet sich folgender Versuch an: Wir hängen den Körper nacheinander an zwei verschiedenen Punkten P_1 und P_2 frei (drehbar) auf (Abb. 2.4b). Zusätzlich befestigen wir jeweils ein *Lot* am Aufhängepunkt. Das ist eine Schnur mit einem Massestück am Ende, die die Richtung der Schwerkraft anzeigt. Der Körper dreht sich so weit, bis der Schwerpunkt und der Aufhängepunkt auf einer Linie in der Richtung der Schwerkraft liegen. Der Schnittpunkt der beiden Lotrichtungen der beiden Aufhängepunkte ist dann der gesuchte Massenmittelpunkt *S*. Wichtig: Der Massenmittelpunkt kann, abhängig von der Form des Körpers, auch außerhalb desselben liegen. Die Bewegung eines starren Körpers im Raum kann durch die Translation des Massenmittelpunktes *S* und eine Rotation um eine durch *S* verlaufende Drehachse beschrieben werden. Die Lage des Massenmittelpunktes ist auch von großer Bedeutung für die Statik eines Körpers, d. h., wie stabil dessen Lage ist (siehe Abschnitt 2.2.7.7).

2.2.7.4 Kräftepaar

Nicht nur Körper mit einer festen Drehachse können Rotationen ausführen, sondern auch frei bewegliche. Dann genügt jedoch nicht eine einzelne von außen angreifende Kraft, vielmehr ist dazu ein Kräftepaar erforderlich (Abb. 2.5). Darunter verstehen wir zwei Kräfte von gleichem Betrag und entgegengesetzter Richtung, deren Angriffspunkte nicht zusammenfallen, sodass man keine resultierende Kraft bilden kann. Der Körper dreht sich dann um eine auf der Verbindungslinie zwischen beiden Angriffspunkten liegende (freie) Achse *P*. Nehmen wir der Einfachheit halber an, die Kräfte $\vec{F}$ und $-\vec{F}$ stehen senkrecht auf dieser Verbindungslinie (Abb. 2.5), so entstehen bezüglich *P* zwei Drehmomente, und die Summe beider ergibt das resultierende Moment: $M = M_1 + M_2 = r_1 F + (-r_2)(-F) = (r_1 + r_2)F$. In diesem Fall fällt *P* auf den Massenmittelpunkt *S*. Greifen beliebig viele Kräfte an einem Körper an, so kann man deren Wirken stets auf eine resultierende Kraft am Massenmittelpunkt und ein Kräftepaar reduzieren.

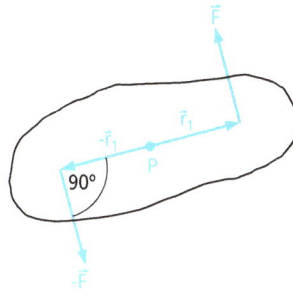

Abb. 2.5: Kräftepaar.

2.2.7.5 Hebel

Einen um eine Achse drehbaren starren Körper, an den zwei (oder mehrere) Kräfte angreifen, nennen wir einen *Hebel*. Liegt die Achse zwischen den Angriffspunkten der Kräfte, so heißt der Hebel *zweiarmig* (Abb. 2.6a), liegt sie außerhalb beider Angriffspunkte, so ist er *einarmig* (Abb. 2.6b). Die Balkenwaage, die Schere, die Zange und der menschliche Fuß sind Beispiele für den zweiarmigen Hebel; der menschliche Unterarm dagegen (Abb. 2.6c) ist ein einarmiger Hebel.

Am Hebel herrscht Gleichgewicht (keine Rotation), wenn sich die angreifenden Drehmomente zu null addieren, d. h. $\vec{M}_1 + \vec{M}_2 = 0$.

Hieraus folgt das *Hebelgesetz*:

$$|\vec{M}_1| = F_1 r_1 \sin \varphi_1 = |\vec{M}_2| = F_2 r_2 \sin \varphi_2. \qquad (2\text{-}12)$$

Beispiel zur Skelettmechanik Mit der Hebelwirkung des menschlichen Armes wollen wir ein Beispiel zur Skelettmechanik besprechen. Unterarm, Ellbogengelenk und Bizeps bilden einen einarmigen Hebel. Für diesen gilt das in Gl. (2-12) angegebene Hebelgesetz. Welche Kräfte und Gegenkräfte wirken nun, wenn dieser Hebel die Masse *m* in der Handfläche halten soll? Unterarm und Masse *m* wollen wir dabei gemeinsam als starren Körper ansehen, der sich unter dem Einfluss ver-

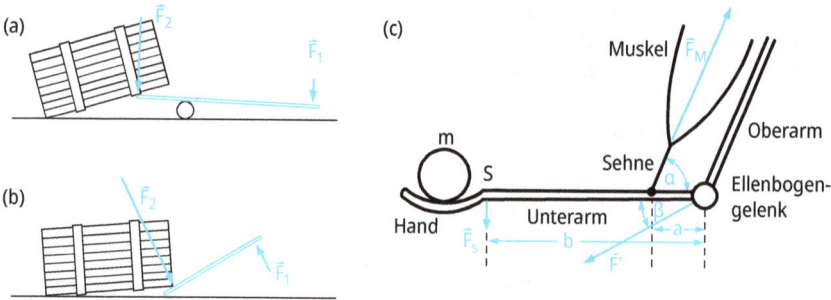

Abb. 2.6: Hebel: (a) zweiarmig; (b) einarmig; (c) einarmige Hebelwirkung des menschlichen Arms (S: Schwerpunkt des aus dem Unterarm und der Masse m bestehenden Systems).

schiedener Kräfte in waagerechter Stellung halten soll (Abb. 2.6c). Die Muskelkraft des Bizeps wird durch den Pfeil $\vec{F}$ symbolisiert, sie greift im Abstand a vom Ellbogengelenk an.

Der Winkel zwischen der Richtung der Muskelkraft und der des Unterarms sei α. Die resultierende Gewichtskraft von Unterarm und festgehaltener Masse m sei $\vec{F}_s$. Sie greift im Abstand b vom Ellbogengelenk am Schwerpunkt S an. Damit die Masse m festgehalten wird, ohne dass sich der Unterarm um das Ellbogengelenk dreht, müssen die von $\vec{F}_s$ und $\vec{F}$ erzeugten Drehmomente in Bezug auf die Drehachse im Ellenbogengelenk dem Betrag nach gleich sein:

$$aF \sin \alpha = bF_s \qquad (2\text{-}13)$$

Aus Gl. (2-13) geht hervor, dass die näher beim Drehpunkt ansetzende Muskelkraft größer sein muss als die weiter entfernt angreifende Gewichtskraft:

$$\frac{F \sin \alpha}{F_s} = \frac{b}{a}.$$

Bei allen Gelenken am menschlichen Körper ist b stets größer als a, also der Hebelarm des Muskels kleiner als der der äußeren Kraft, und so müssen von den Muskeln immer größere Kräfte als die von außen wirkenden Kräfte aufgebracht werden. Durch diese Auslegung der Hebel kann durch eine kleine Längenänderung des Muskels eine entsprechend größere Bewegung realisiert werden. Diese Tatsache führt neben der Belastung der Muskeln auch zu einer starken Beanspruchung der Sehnen, die diese Kräfte von den Muskeln auf die Knochen zu übertragen haben.

Da die Muskelkraft unter dem Winkel α am Unterarm angreift, erzeugt der Muskel neben der Vertikalkomponente, die die Gewichtskraft F_s kompensieren muss, auch eine Horizontalkomponente $F \cos \alpha$. Da sich nun der Arm durch diese Horizontalkomponente nicht verschiebt, wird durch eine Kraftkomponente F' der Schultermuskeln vom Schultergelenk aus über den Oberarmknochen auf das Ellbogengelenk die Horizontalkomponente der Bizepskraft kompensiert. Aus Abb. 2.6c ergibt sich für diese Horizontalkompensation:

$$F \cos \alpha = F' \cos \beta. \qquad (2\text{-}14)$$

Da aber F' nun noch die Komponente $F' \sin \beta$ parallel zur Schwerkraft F_s liefert, bedarf es zur Vertikalkompensation der Kräfte einer Muskelkraft F_M, die folgender zusätzlicher Bedingung genügen muss:

$$F_M \sin \alpha = F_s + F' \sin \beta. \qquad (2\text{-}15)$$

Im Fall des Gleichgewichts, wenn also bei Belastung der Handfläche durch die Masse m diese sich nicht bewegt, müssen die zusammenwirkenden Kräfte $\vec{F}$, $\vec{F}_s$ und $\vec{F}'$ die drei in Gl. (2-13), (2-14) und (2-15) formulierten Gleichgewichtsbedingungen erfüllen. Ein komplizierter Vorgang, der durch entsprechende Regelautomatik im Körper ohne Weiteres erreicht, uns aber selten bewusst wird. (Schon dieses einfache Beispiel zeigt, dass es schwierig ist, die Bewegungen von Gliedmaßen mit Prothesen perfekt nachzubilden.)

2.2.7.6 Die Balkenwaage

Zur Präzisionsbestimmung von Massen dienen Drehmoment-Messer, d. h. *Waagen*, bei denen keine Kräfte (wie bei der Federwaage), sondern Drehmomente verglichen werden. Ihnen liegt das Hebelgesetz zugrunde.

An der *Balkenwaage* kann man das Messprinzip am leichtesten erkennen. Sie besteht aus einem zweiarmigen, in der Mitte drehbar gelagerten Hebel. An jedem Ende hängt eine Waagschale (Abb. 2.7). Der Unterstützungspunkt U des Balkens liegt oberhalb des Schwerpunktes S des Systems, sodass sich die Waage im stabilen Gleichgewicht (Abschnitt 2.2.7.7) befindet. Belasten wir beide Schalen mit den Massen m_1 bzw. m_2, so kommen drei Drehmomente ins Spiel; und zwar zum einen das des rechten Balkenarms, $M_1 = r_1\, m_1\, g \cos\beta$, und das des linken Balkenarms, $M_2 = r_2\, m_2\, g \cos\beta$. Durch die Drehachse des Balkens oberhalb von dessen Schwerpunkt wird der Balken bei einer Drehung auf einer Kreisbahn angehoben und liefert schließlich als drittes Drehmoment: $M_3 = s\, m_B\, g \sin\beta$ (m_B ist die Gesamtmasse des Waagebalkens). Die Waage befindet sich im Gleichgewicht, wenn die Vektor-Summe aller Drehmomente gleich null ist:

$$\sum_i \vec{M}_i = 0;$$

oder, was im vorliegenden Fall gleichbedeutend ist:

$$g\, r(m_2 - m_1) \cos\beta = g\, s\, m_B \sin\beta. \qquad (2\text{-}17)$$

Aus dieser Gleichgewichtsbedingung erhalten wir den Winkel β, um den sich zur Einstellung der Gleichgewichtslage bei ungleicher Belastung ($m_1 \neq m_2$) der Balken neigt:

$$\tan\beta = \frac{r(m_2 - m_1)}{s\, m_B}.$$

Für kleine Winkel gilt $\tan\beta \approx \beta$, womit der Winkel β proportional zur Massendifferenz $m_2 - m_1$ ist. Heute kann man mit Präzisionswaagen Massen im Bereich von Mikrogramm (μg) noch auf einige Prozent genau messen. Bei solch genauen Wägungen muss man allerdings den Einfluss des Auftriebs (Abschnitt 5.3.2.2) durch die Luft

auf Wägegut und Gewichtssteine berücksichtigen. In Gl. (2-17) kürzt sich die Erdbeschleunigung heraus, sodass eine solche mit einer *Vergleichsmasse* arbeitende Waage auch auf dem Mond die Masse korrekt messen würde.

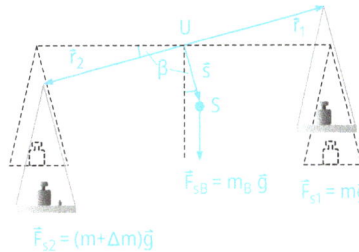

Abb. 2.7: Balkenwaage (der Abstand s zwischen Unterstützungspunkt U und Schwerpunkt S ist hier übertrieben groß gezeichnet).

Elektronische Waagen Die meisten heutzutage eingesetzten elektronischen Waagen (mit digitaler Messung, siehe Abschnitt 16.1.2) basieren auf der Messung der Gewichtskraft (Abschnitt 2.2.5), sodass sie die Masse nur bei einer bestimmten Erdbeschleunigung g korrekt bestimmen. Dabei kommen in der Regel Federkraftmesser mit elektronischer Dehnungsmessung zum Einsatz. Die Kräfte werden dann an drei bzw. vier Punkten am Rand der Wägeplattform gemessen und digital addiert.

Die präzise Messung kleiner Massen im Labor wird ebenfalls indirekt über die Messung der Gewichtskraft realisiert, wobei aber eine andere Form der Kraftmessung genutzt wird. Die Gewichtskraft erzeugt über einen Hebelarm ein Drehmoment, das von dem Drehmoment einer *stromdurchflossenen Spule,* die sich in einem konstanten homogenen Magnetfeld befindet, kompensiert wird. Das Prinzip ist also dasselbe wie beim Drehspul-Messwerk (Abschnitt 16.1.1): Ein mechanisches Drehmoment befindet sich im Gleichgewicht mit dem durch Lorentz-Kräfte erzeugten Drehmoment. Über einen Sensor wird der Drehwinkel erfasst und der Strom durch die Spule so geregelt, dass sich die Drehmomente durch die Gewichtskraft und durch die magnetische Kraft gerade kompensieren. An diesem Beispiel zeigt sich ein üblich gewordenes Verfahren der modernen Messtechnik: Man wandelt jede physikalische

Messung, sei es einer mechanischen, thermischen, akustischen, optischen oder kernphysikalischen Größe, in ein elektrisches Messsignal um, d. h. in eine Spannung oder einen Strom, die dann entsprechend digitalisiert und digital angezeigt werden (siehe Abschnitt 16.1.2).

2.2.7.7 Stabiles, indifferentes und labiles Gleichgewicht; Standfestigkeit

Ein ausgedehnter Körper ist in vollständigem Gleichgewicht, wenn nicht nur die Summe aller angreifenden Kräfte, sondern auch die Summe aller Drehmomente gleich null ist.

Die Gleichgewichtsbedingung bezüglich Drehung wollen wir genauer betrachten. Dazu stellen wir uns vor, ein Körper sei drehbar gelagert. An jedem Massenelement greift die Gravitation an. Der Aufhänge- oder Unterstützungspunkt sei nun so gewählt, dass das daraus resultierende Drehmoment $\sum_i \vec{M}_i$ null ist. Wir können drei Fälle unterscheiden:

1. Wird der Körper aus seiner Ausgangslage geringfügig herausgedreht und dreht sich dann von selbst wieder in diese zurück, so spricht man von *stabilem Gleichgewicht* in der Ausgangslage. Dann liegt der Unterstützungspunkt U über dem Schwerpunkt S.

2. Bleibt der Körper von selbst in der neuen Lage, dann nennt man das *indifferentes Gleichgewicht*. In diesem Fall fallen U und S zusammen.

3. Entfernt sich der Körper nach dem Loslassen weiter von der Anfangslage weg, dann ist das ein *labiles Gleichgewicht*. U

liegt dann unter S. Die Bewegung kommt erst zur Ruhe, wenn das stabile Gleichgewicht erreicht ist, U also oberhalb S liegt.

Wird der Körper nicht in einem Punkt, sondern in einer Fläche, wie in Abb. 2.8 gezeigt, unterstützt, so ist für die *Standfestigkeit* des Körpers entscheidend, ob die senkrechte Projektion S' seines Schwerpunktes S auf die Unterstützungsfläche innerhalb der Standfläche A des Körpers liegt oder nicht. Liegt S' innerhalb A, so ist die Lage standfest (Abb. 2.8a), liegt S' aber außerhalb A, so wird der Körper unter dem Einfluss des Drehmomentes $\vec{z} \times \vec{F}_R$ umkippen (Abb. 2.8b, zum Kreuzprodukt siehe Anhang).

2.2.8 Impuls und Drehimpuls

Das Integral der Kraft über die Zeit hat eine besondere physikalische Bedeutung; wir nennen diese Größe *Impuls* (Kraftstoß). Lassen wir im infinitesimalen Zeitintervall dt die Kraft $\vec{F}$ auf die Masse m wirken, dann erfährt sie die Impulsänderung d$\vec{p}$:

$$d\vec{p} = \vec{F}(t)\, dt,$$

mit der SI-Einheit kg m s^{-1} oder N s. (2-18)

Wirkt die Kraft während eines längeren Zeitintervalls, von t_1 bis t_2, so erhalten wir als Impulsänderung:

(a) (b)

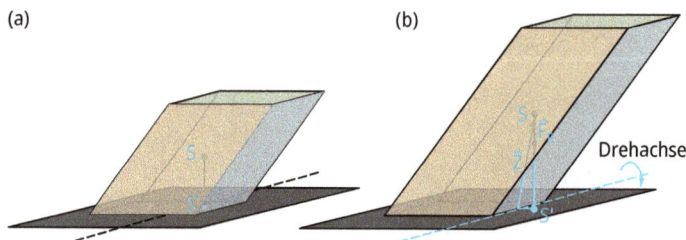

Abb. 2.8: Standfestigkeit: (a) standfest, (b) nicht standfest.

$$\Delta\vec{p} = \int_{t_1}^{t_2} \vec{F}(t)\,dt. \qquad (2\text{-}19)$$

Der Betrag der Vektorgröße $\vec{p}$ ist gleich dem Flächeninhalt der schraffierten „Fläche" im Kraft-Zeit-Diagramm (Abb. 2.9). Aus dem Impuls ergibt sich umgekehrt durch Differentiation nach der Zeit wieder die Kraft. Die Kraft stellt also die Änderung des Impulses mit der Zeit dar: $\vec{F} = d\vec{p}/dt$.

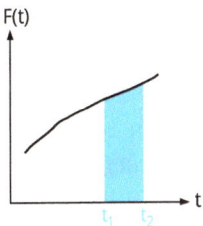

F(t)

Abb. 2.9: Kraft-Zeit-Diagramm. Der Betrag des Impulses ist gleich dem Flächeninhalt der schraffierten Fläche.

Setzen wir Gl. (2-2) in (2-19) ein, so ergibt sich $\Delta\vec{p} = \int_{t_1}^{t_2} m\vec{a}\,dt$ und schließlich unter Verwendung von Gl. (1-16):

$$\Delta\vec{p} = \int_{t_1}^{t_2} m\frac{d\vec{v}}{dt}\,dt$$
$$\Delta\vec{p} = \int_{\vec{v}_1}^{\vec{v}_2} m\,d\vec{v} = m(\vec{v}_2 - \vec{v}_1). \qquad (2\text{-}20)$$

Durch diesen Kraftstoß wird also der Bewegungszustand der Masse m geändert. Besaß nämlich die Masse m vor dem Kraftstoß die Anfangsgeschwindigkeit $\vec{v}_1$; dann werden infolge des Kraftstoßes i. A. sowohl Betrag als auch Richtung der Geschwindigkeit geändert, sodass die Endgeschwindigkeit $\vec{v}_2$ beträgt. Der Gesamtimpuls der Masse m hat sich dabei um $m\,(\vec{v}_2 - \vec{v}_1)$ geändert. Die Motiva-

tion für die Einführung der Größe *Impuls* wird in Abschnitt 4.2 noch deutlicher, wenn wir feststellen, dass der Gesamtimpuls eines Systems ohne Einfluss von außen eine Erhaltungsgröße ist.

Analog zum Impuls der Translation kann man den *Drehimpuls $\vec{L}$* bei der Rotationsbewegung definieren (die Analogie wird in Tab. 2.3 deutlich):

$$\vec{L} = J\vec{\omega}, \text{ mit der SI-Einheit N m s.} \qquad (2\text{-}21)$$

Wie die Winkelgeschwindigkeit $\vec{\omega}$ ist auch $\vec{L}$ ein axialer Vektor, die Richtung des Drehimpulses zeigt also wie die der Winkelgeschwindigkeit in Richtung der Drehachse.

Tab. 2.3: Vergleich Translation – Rotation*.

Geradlinige Bewegung (Translation)	Kreisbewegung (Rotation)
Weg $\vec{s}$ (m)	Winkel $\vec{\varphi}$ (rad)
Geschwindigkeit $\vec{v} = \dfrac{d\vec{s}}{dt}$ (ms^{-1})	Winkelgeschwindigkeit $\vec{\omega} = \dfrac{d\vec{\varphi}}{dt}$ (rad s^{-1})
Beschleunigung $\vec{a} = \dfrac{d\vec{v}}{dt} = \dfrac{d^2\vec{s}}{dt^2}$ (ms^{-2})	Winkelbeschleunigung $\dfrac{d\vec{\omega}}{dt} = \dfrac{d^2\vec{\varphi}}{dt^2}$ (rad s^{-2})
Masse m (kg)	Trägheitsmoment $J = \int r^2\,dm$ (kg m^2)
Impuls $\vec{p} = m\vec{v}$ (N s)	Drehimpuls $\vec{L} = J\vec{\omega}$ (N m s)
Kraft $\vec{F} = m\vec{a} = \dfrac{d\vec{p}}{dt}$	Drehmoment $\vec{M} = J\dfrac{d\vec{\omega}}{dt} = \dfrac{d\vec{L}}{dt}$ (N m)

Um von den Gesetzen der fortschreitenden Bewegung zu denen der Drehbewegung zu gelangen, setzt man anstelle von Kraft $\vec{F}$, Masse m, Wegstrecke $\vec{s}$, Geschwindigkeit $\vec{v}$ und Beschleunigung $\vec{a}$ die Größen Drehmoment $\vec{M}$, Trägheitsmoment J, Winkel $\vec{\omega}$, Winkelgeschwindigkeit $\frac{d\vec{\omega}}{dt}$ und Winkelbeschleunigung $\frac{d^2\vec{\omega}}{dt^2}$.

2.2.9 Reibungskraft

Versuchen wir, das 1. Newton'sche Axiom im Experiment zu prüfen, so werden wir es zumeist nicht bestätigt finden. Vielmehr wird der bewegte „kräftefreie" Körper mit der Zeit zur Ruhe kommen. Das liegt an der praktisch kaum völlig auszuschaltenden Reibung mit der Umgebung, wodurch die Bewegung gebremst wird. Das Newton'sche Axiom gilt nur für den idealisierten Fall einer Natur ohne Reibung, und das trifft ebenso für die meisten anderen Gesetze der Mechanik zu. Wenn wir im Folgenden Reibung durch Reibungskräfte beschreiben, so soll das nur ausdrücken, dass dadurch (Relativ-)Bewegungen gebremst werden (die Reibungskraft ist stets dem Geschwindigkeitsvektor entgegengerichtet).

Die Reibung beruht einmal darauf, dass selbst glatt erscheinende Flächen Rauheiten aufweisen, die sich beim Berühren verhaken können. Zum anderen wird sie durch die zwischen den Molekülen beider Flächen wirkenden Anziehungskräfte (Adhäsion, siehe Abschnitt 5.3.1) verursacht. Da diese nur auf kleine Entfernungen wirken, sind sie zwischen extrem glatten und ebenen, aufeinander liegenden Oberflächen besonders groß. (Daher haften z. B. zwei planpolierte Glasplatten fester aneinander als zwei aufgeraute.) Man unterscheidet üblicherweise folgende Fälle von Reibung:

1. Reibung zwischen ruhenden Körpern (Haftreibung)
2. Reibung zwischen bewegten Körpern
   a) Gleitreibung auf fester Unterlage
   b) Rollreibung auf fester Unterlage
   c) Reibung in Flüssigkeiten und Gasen

Haftreibung

Zur experimentellen und theoretischen Beschreibung von Reibungskräften wird sehr gerne die schiefe Ebene (Abb. 2.10) herange-

zogen, da sich dort das Phänomen der Reibung besonders schön beobachten lässt. Die Gewichtskraft lässt sich an einer solchen Ebene in zwei senkrecht zueinander liegende Vektoren (Komponenten) aufteilen, deren Beträge in einfacher Form vom Neigungswinkel der Ebene abhängen.

Hier soll zunächst nur die Reibungskraft zwischen harten Körpern, die über eine ebene Fläche in Kontakt stehen, betrachtet werden. Für diese Reibungskraft existieren empirisch gefundene, recht einfache Gesetzmäßigkeiten, die im Folgenden vorgestellt werden.

Ein auf einer schiefen Ebene liegender Körper setzt sich erst dann in Bewegung, wenn die zur Ebene parallele *Hangabtriebskraft* $\vec{F}_A$ die *Haftreibungskraft* $\vec{F}_R$ überwindet (Abb. 2.10). Experimente zeigen, dass $\vec{F}_R$ von der Größe derjenigen Kraft $\vec{F}_N$ abhängt, mit der der Körper senkrecht auf die Unterlage gepresst wird. Der Betrag von $\vec{F}_R$ lässt sich darstellen als:

$$\vec{F}_R = \mu_0 \vec{F}_N, \tag{2-22}$$

wobei wir die dimensionslose Konstante μ_0 als *Haftreibungskoeffizienten* bezeichnen. $\vec{F}_N$ nennen wir die *Normalkraft*. Hier ist wichtig zu bemerken, dass die Reibungskraft für harte Körper nicht von der Größe der Kontaktfläche abhängig ist.

Kommen $\vec{F}_N$ und $\vec{F}_A$ wie in Abb. 2.10 durch die Schwerkraft $\vec{F}_S$ zustande, so ist

$$F_N = F_S \cos\varphi \text{ und } F_A = F_S \sin\varphi.$$

Für den Grenzfall, bei dem die Gleitbewegung einsetzt, gilt:

$$F_R = -F_A. \tag{2-23}$$

Für diesen Fall erhalten wir aus Gln. (2-22) und (2-23)

$$\mu_0 F_S \cos\varphi_G = F_S \sin\varphi_G$$

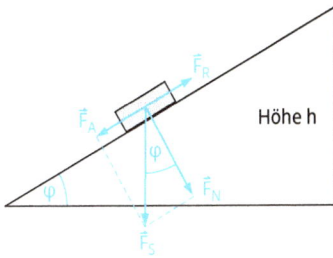

Höhe h

Abb. 2.10: Haftreibung auf der schiefen Ebene.

und damit für den speziellen Winkel φ_G, bei dem der Körper zu gleiten beginnt, den *Haftreibungswinkel:*

$$\mu_0 = \tan \varphi_G. \qquad (2\text{-}24)$$

So paradox dies auch zunächst erscheinen mag, ist $\vec{F}_R$ die Kraft, die uns beim Gehen vorwärtstreibt. Beim Gehen drücken wir mit unseren Sohlen nämlich nach hinten gegen die Gehbahn, wodurch wir in der Berührungsfläche eine nach vorn gerichtete Haftreibungskraft hervorrufen, die uns fortbewegt. Wäre die die Bahn also so glatt und rutschig, dass die Haftreibungskraft $\vec{F}_R = 0$ wäre, dann könnten wir uns nicht vorwärtsbewegen, präziser formuliert: Wir könnten weder beschleunigen noch abbremsen. Auf einer extrem glatten Eisfläche kommt man dieser Situation zumindest nahe.

Auch das Auto wird (in der Regel) durch Haftreibung, nämlich durch die der Reifen, vorwärtsgetrieben und in Kurven auf der Bahn gehalten. Da die Autoreifen keine harten Körper darstellen, nimmt hier allerdings die Reibungskraft bei Vergrößerung der Kontaktfläche zu.

Gleitreibung

Ist die Haftreibung überwunden, sodass der Körper über die Auflagefläche gleiten kann, dann nimmt die Reibungskraft deutlich ab. Die *Gleitreibungskraft* $\vec{F}_{RG}$ ist wie die Haftrei-

bungskraft von der Normalkraft $\vec{F}_N$ und einem anderen Reibungskoeffizienten, dem *Gleitreibungskoeffizienten* $\mu < \mu_0$, abhängig:

$$F_{RG} = \mu F_N. \qquad (2\text{-}25)$$

An der schiefen Ebene würde der Körper ohne Winkeländerung eine gleichmäßig beschleunigte Bewegung ausführen, da wegen $\mu < \mu_0$ dann die Reibungskraft kleiner als die Hangabtriebskraft wäre und es somit eine resultierende Kraft gäbe. Die Gleitreibungskraft bei harten Körpern ist nicht von der Relativgeschwindigkeit abhängig. Durch Verwendung von Schmiermitteln lassen sich μ_0 und μ erheblich verringern, wobei dann jedoch die Gleitreibungskraft geschwindigkeitsabhängig wird (siehe unten und Abschnitt 5.3.3.2.1).

Rollreibung

Eine Kugel vermag leichter über die Unebenheiten einer Fläche hinwegzurollen als zu gleiten. Dabei haftet die momentane Auflagefläche infolge der Haftreibung fest an der Unterlage. Zur Beschreibung der Reibungseffekte beim Rollvorgang führt man die *Rollreibung* ein; sie ist kleiner als die Gleitreibung. Beim Kugellager wird die im Vergleich zur Gleitreibungskraft kleinere Rollreibungskraft genutzt, um möglichst reibungsarme Drehbewegungen zu ermöglichen. Eine quantitative Beschreibung der Vorgänge bei der Rollreibung wird dadurch kompliziert, dass eine Drehbewegung abläuft und Rolle und Unterlage wegen der kleinen Auflagefläche beim Abrollen verformt werden können.

Reibung in Flüssigkeiten und Gasen

Wird ein Körper in einer Flüssigkeit oder einem Gas bewegt, so greift an ihm eine gegen die Bewegung wirkende Reibungskraft an, die von der Relativgeschwindigkeit $\vec{v}$ des Körpers gegenüber der Umgebung abhängt. Bei kleinem $\vec{v}$ gilt das einfache Gesetz, dass die Reibungskraft $\vec{F}_R$ proportional zu $\vec{v}$ wächst:

$$\vec{F}_R = -r\vec{v} \qquad (2\text{-}26)$$

Der *Reibungskoeffizient* r hat hier die SI-Einheit kg s^{-1}. Er hängt von den Eigenschaften des umgebenden Mediums und auch von der Form des Körpers ab. Das negative Vorzeichen in Gl. (2-26) weist darauf hin, dass $\vec{F}_R$ der Bewegungsrichtung entgegengesetzt wirkt.

Die Proportionalität zwischen Reibungskraft und Geschwindigkeit ist auch für die Beschreibung der Viskosität (Abschnitt 5.3.3.2.1) und der Sedimentation (Abschnitt 5.3.3.2.2) wichtig.

Bei hohen Geschwindigkeiten gilt Gl. (2-26) nicht mehr; dann wächst die Reibungskraft stärker als proportional zu $\vec{v}$ (Abschnitt 5.3.3.2.3).

3 Arbeit, Energie, Leistung

3.1 Arbeit

Wenn wir einen Kasten Bier aus dem Keller in eine Wohnung tragen, verrichten wir offensichtlich Arbeit. Liegt die Wohnung im fünften Obergeschoss, ist die Arbeit fünfmal so groß, als läge sie im Erdgeschoss. Bei zwei Kästen Bier ist die Arbeit doppelt so groß wie bei einem Kasten. Physikalisch gesehen spielen also bei dieser Arbeit die Größen Wegstrecke und (Gewichts-) Kraft die entscheidenden Rollen. Jetzt ist es möglich, dass eine Bierflasche ausläuft und damit die Gewichtskraft des Kastens entlang der Strecke kleiner wird. Auf einem kleinen Wegstück $d\vec{s}$ ist die Kraft aber sicher konstant. Demzufolge ist es sinnvoll, als physikalische Größe für die Arbeit zu definieren:

$$dW = \vec{F}\,d\vec{s}, \qquad (3\text{-}1)$$

mit der (abgeleiteten) SI-Einheit Joule (J) = kg m^2 s^{-2}.

Hier haben wir ein (infinitesimal) kleines Stück Arbeit entlang eines (infinitesimal) kleinen Wegstücks betrachtet. Die entlang eines endlichen Weges $\vec{s}$ verrichtete Arbeit erhalten wir, indem wir diese kleinen Stücke Arbeit addieren (integrieren):

$$W = \int \vec{F}(\vec{s})\,d\vec{s}. \qquad (3\text{-}2)$$

Im Falle des Bierkastens ist die Kraft, die wir aufbringen, die Reaktionskraft zur Schwerkraft $\vec{F}_s = m\vec{g}$ und die Strecke $d\vec{s}$ die Höhe dh. Ist die Masse konstant, so können wir für diese Arbeit, *Hubarbeit* genannt, einfach schreiben:

$$W_{\text{hub}} = mg\Delta h,$$

wobei $\Delta h = h_1 - h_0$ die gesamte Höhendifferenz bezeichnet.

Als Skalarprodukt zweier Vektoren stellt dW eine skalare Größe dar, und gemäß der Definition des Skalarprodukts zweier Vektoren (siehe Anhang A3) können wir auch schreiben:

$$dW = \int |\vec{F}|\,|d\vec{s}|\,\cos(\vec{F}, d\vec{s}), \qquad (3\text{-}3)$$

wobei $(\vec{F}, d\vec{s})$ den Winkel zwischen den Richtungen von Kraft und Weg bedeuten soll. Also ist die Arbeit gleich dem Produkt aus dem Betrag des Weges und der Komponente der Kraft in Richtung des Weges.

Wird z. B. der Körper wie in Abb. 2.10 (ohne Reibung!) vom Fußpunkt einer schiefen Ebene bis in die Höhe h (hier haben wir zur einfacheren Rechnung die Anfangshöhe $h_0 = 0$ gesetzt), also längs der Wegstrecke $s = h/\sin\varphi$ verschoben, dann ist nach Gl. (3-2) die verrichtete Arbeit gegeben durch:

$$W = \vec{F}\vec{s} = \frac{Fh}{\sin\varphi}, \qquad (3\text{-}4)$$

wobei die Kraft $\vec{F}$ die entlang der schiefen Ebene wirkende Komponente $\vec{F}_s\sin\varphi$ der Schwerkraft $\vec{F}_s = m\vec{g}$ ist. Aus Gl. (3-4) ergibt sich somit: $W = F_s h = m\,g\,h$. Die Arbeit hängt also nur von der Schwerkraft des Körpers und der erreichten Höhe h ab und ist bei gleicher Endhöhe unabhängig von der Neigung φ der Ebene. Je steiler diese ist, um so größer ist zwar die erforderliche Kraft $\vec{F}$, aber um so kürzer ist der Weg $\vec{s}$.

Anmerkung: Wie auch bei anderen physikalischen Größen stimmt die hier definierte Wirkung nicht mit der Bedeutung dieses Wortes in der Alltagssprache überein (siehe z. B. den Gebrauch des Wortes *Wirkung* in der Überschrift von Abschnitt 2.2).

https://doi.org/10.1515/9783110691658-004

Mit Gl. (3-3) wird deutlich, dass die Zentripetalkraft bei der Kreisbewegung keine Arbeit verrichtet, da sie stets senkrecht auf dem Vektor der Geschwindigkeit steht.

Wichtig ist auch festzustellen, dass beim *Halten* eines Gegenstands *keine* Arbeit verrichtet wird. Die Kraft $\vec{F}$ einer eine Tasche oder etwa den besagten Bierkasten haltenden Hand als Gegenkraft gegen die Schwerkraft (Gewichtskraft) der Tasche verursacht keine Verschiebung der Tasche, sodass $d\vec{s} = 0$ und damit $dW = 0$ gilt. Dass wir beim Halten eines schweren Gegenstands tatsächlich ermüden, beruht darauf, dass der menschliche Körper kein starrer Körper im physikalischen Sinne ist, sondern es der Muskelanspannung bedarf, ihn aufrecht zu halten. Wird die Tasche einfach an einen Haken gehängt, ist offensichtlich, dass der Haken keine Arbeit verrichtet (es ist keine Energiezufuhr notwendig, siehe folgenden Abschnitt).

3.2 Energieformen

In einem Körper, an dem die Arbeit W verrichtet wurde, ist das Vermögen aufgespeichert, selbst wieder Arbeit zu verrichten. Dieses Vermögen nennen wir *Energie*. Sie kann in verschiedenen Formen gespeichert werden, je nachdem gegen welche Kraft die Arbeit ausgeführt wurde. Die Einheit der Energie ist identisch mit der Einheit der Arbeit (Joule).

1. Bei der *Hubarbeit* verrichten wir entlang der Wegstrecke h Arbeit gegen die Schwerkraft mg eines Körpers. Das Vermögen, wieder Arbeit zu verrichten, bezeichnen wir als die *potentielle Energie E_{pot} des Körpers*. Sie ist betragsmäßig gleich der verrichteten Hubarbeit:

$$E_{\text{pot}} = mgh. \qquad (3\text{-}5)$$

Sie kann selbst wieder Anlass zur Verrichtung von Hubarbeit geben, z. B. wenn der Körper an ein Seil gehängt wird, das über eine Umlenkrolle läuft und eine am anderen Seilende befestigte kleinere Masse in die Höhe zieht.

2. Wirkt eine Kraft auf eine elastische Feder (Abschnitt 2.2.5), so wird diese Feder gestaucht oder gestreckt; die dabei verrichtete Arbeit wird *Federspannarbeit* genannt. Da für die Spannkraft $F = -Dx$ gilt, erhalten wir aus Gl. (3-2) für die Spannarbeit zur Dehnung der Feder von der Länge x_0 auf die Länge x_1:

$$W = \int_{x_0}^{x_1} F\,dx = \int_{x_0}^{x_1} Dx\,dx = D \int_{x_0}^{x_1} x\,dx = \frac{1}{2}D(x_1^2 - x_0^2).$$

$$(3\text{-}6)$$

Die gespannte Feder kann nun ihrerseits Arbeit verrichten, z. B. einen Gegenstand anheben. Auch hier führt also die Arbeit zu potentieller Energie, und zwar zu potentieller Energie der Feder.

Trägt man die in Richtung des Weges wirkende Kraft auf der Ordinate und den Weg auf der Abszisse eines rechtwinkligen Koordinatensystems auf, so ergibt sich ein *Kraft-Weg-Diagramm* (Abb. 3.1). Das Integral der Gl. (3-2), also die insgesamt verrichtete Arbeit, ist nichts anderes als die Fläche unter der Kraft-Kurve vom Startpunkt bis zum Endpunkt des Weges. Für den Fall der Hubarbeit ist diese Kraft (die Schwerkraft $\vec{F}_s = m\vec{g}$) praktisch konstant, deshalb ist die Hubarbeit zum Anheben der Masse m von der Höhe h_0 auf die Höhe h_1 gleich dem Wert der Rechteckfläche, also $W = mg(h_1 - h_0)$ in Abb. 3.1a. Dagegen ist für den Fall der Spannarbeit diese Kraft (die Spannkraft der Feder $F = -Dx$) proportional zur Auslenkung selbst, deshalb ist die Spannarbeit der Feder bei der Verformung von x_0 auf x_1 nicht durch eine Rechteckfläche im Kraft-Weg-Diagramm (wie bei der Hubarbeit) gegeben, sondern durch die Dreiecksfläche $W = (1/2)D(x^2{}_1 - x^2{}_0)$ in Abb. 3.1b.

3. Beschleunigen wir einen Körper durch die Kraft $\vec{F}$, so verrichten wir *Beschleunigungsarbeit* gegen die Trägheitskraft ($\vec{F}_T = -\vec{F}$) des Körpers. Nehmen wir $\vec{F}$ als konstant an, betrachten

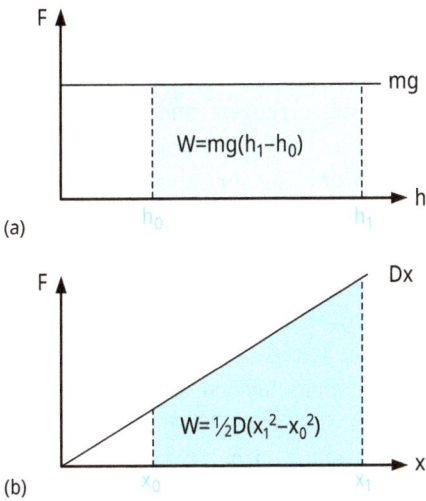

Abb. 3.1: Kraft-Weg-Diagramm: (a) Hubarbeit, (b) Spannarbeit einer Feder.

also einen geradlinig gleichförmig beschleunigten Körper, dann berechnen wir nach Gl. (2-2) und (3-2) die Beschleunigungsarbeit für die Beschleunigung $\vec{a}$ längs der Strecke $\vec{s}$ zu:

$$W = m\vec{a}\,\vec{s}. \qquad (3\text{-}7)$$

Nach Gl. (1-29) ergibt sich hierfür $W = m\vec{a}\,\frac{\vec{a}}{2}\,t^2$ und mit Gl. (1-28d):

$$W = \frac{m}{2}v^2, \qquad (3\text{-}8\,a)$$

wobei v die Endgeschwindigkeit ist.

> Den durch seine Bewegung bedingten Zuwachs an Energie des Körpers bezeichnen wir als *kinetische Energie* E_{kin}. Sie ist gegeben durch:
>
> $$E_{kin} = \frac{m}{2}v^2. \qquad (3\text{-}8\,b)$$

Für einen rotierenden Körper lässt sich die kinetische Energie nach der in Tab. 2.3 angegebenen Analogie zwischen Bewegungsgrößen der Translation und Rotation darstellen durch:

$$E_{kin} = \frac{J}{2}\omega^2. \qquad (3\text{-}9)$$

Die kinetische Energie eines Körpers kann z. B. dazu verwendet werden, diesen Körper auf eine gewisse Höhe zu bringen (z. B. Wurf eines Basketballs).

4. Verrichten wir *Reibungsarbeit* gegen eine Reibungskraft, indem wir etwa zwei Körper gegeneinander verschieben oder Flüssigkeit durch ein Rohr pressen, so wird dabei verrichtete Arbeit in eine Energieform umgewandelt, die wir später kennenlernen werden, nämlich in *Wärme*.

> Die Arbeit des Herzens dient zur Überwindung der Reibungskraft im Gefäßsystem. Die Größe dieser Arbeit, die zur Aufrechterhaltung des Blutflusses und damit zur Versorgung der Gewebe erforderlich ist, wird in Abschnitt 5.3.2.2 berechnet.

Der Begriff Energie ist nicht auf die bislang erwähnten mechanischen Energien beschränkt; z. B. begegnen wir in der Wärme- und Elektrizitätslehre anderen Energieformen. Wenn man betonen will, dass eine Energie ihre Ursache in Wechselwirkungskräften hat, dann spricht man in der Physik auch von *Wechselwirkungsenergie*, und zu jeder der in Abschnitt 2.2.2 genannten fundamentalen Wechselwirkungen gibt es eine entsprechende Wechselwirkungsenergie, die stets eine potentielle Energie ist.

Äquivalenz von Masse und Energie Eine folgenreiche Konsequenz der speziellen Relativitätstheorie ist die, dass Masse und Energie einander äquivalent sind. Anders ausgedrückt: Eine bestimmte Energiemenge, sei es kinetische oder potentielle Energie, Strahlungs- oder Kernenergie, entspricht einer bestimmten Masse, und umgekehrt entspricht die Masse eines Körpers einem bestimmten Energiebetrag.

> Die *Masse-Energie-Äquivalenz* (von Albert Einstein) wird ausgedrückt durch die Formel:
>
> $$E = mc^2. \qquad (3\text{-}10)$$

Dabei ist c die Vakuumlichtgeschwindigkeit und m die in Abschnitt 2.1 angegebene relativistische Masse:

$$m = \frac{m_0}{\sqrt{1 - \frac{v^2}{c^2}}}.$$

Wir wollen versuchen, diese Äquivalenz plausibel zu machen. In Abschnitt 2.1 wurde erwähnt, dass bei der Beschleunigung eines Körpers ein Teil der aufzuwendenden Arbeit zugunsten der Erhöhung seiner Masse verloren geht. Das heißt, mit zunehmender Geschwindigkeit widersetzt sich ein Körper zunehmend weiterer Beschleunigung. Die Differenz zwischen der relativistischen Masse und der Ruhemasse des Körpers ist:

$$\Delta m = m - m_0 = \left(\frac{1}{\sqrt{1 - \frac{v^2}{c^2}}} - 1 \right) m_0.$$

Wenn die Geschwindigkeit v des Körpers sehr viel kleiner als die Vakuumlichtgeschwindigkeit c ist und damit $v^2/c^2 \ll 1$, dann gilt näherungsweise:

$$\frac{1}{\sqrt{1 - \frac{v^2}{c^2}}} \approx 1 + \frac{1}{2} \frac{v^2}{c^2}.$$

Setzt man dies in die Gleichung für Δm ein, so folgt:

$\Delta \approx \frac{1}{2} m_0 v^2 \frac{1}{c^2}$ o der $\Delta m c^2 = E_{kin}$, worin $E_{kin} = \frac{1}{2} m_0 v^2$ die klassische kinetische Energie der Masse m_0 ist. Die letzte Gleichung bedeutet aber, dass die kinetische Energie einem Massenzuwachs proportional ist (und umgekehrt).

Die Gl. (3-10) lässt sich jetzt in Worten auch folgendermaßen formulieren: Die Gesamtenergie E eines bewegten Körpers setzt sich zusammen aus seiner Ruheenergie $m_0 c^2$ und seiner kinetischen Energie $\Delta m c^2$, also $E = m_0 c^2 + \Delta m c^2 = m c^2$.

Es gibt vielfältige Möglichkeiten, Energie und Masse ineinander umzuwandeln. Wichtige Anwendungsbeispiele für Masse-Energie-Umwandlungen sind die Kernspaltung und die Kernfusion (Abschnitt 21.2.9) sowie die Elektron-Positron-Vernichtung (Abschnitt 21.2.1). Ein Beispiel für den umgekehrten Prozess, d. h. die Umwandlung von Energie in Masse, ist die Paarbildung (Abschnitt 21.3.3).

Energiequellen, -umwandlungen Primär benötigt der Mensch Energiezufuhr, um die Arbeit seiner Organe aufrechtzuerhalten, Körperwärme zu erzeugen und mechanische Arbeit zu verrichten. Diese Energie bezieht er aus der Nahrung. Aus ihr entnimmt er, indem er die Nahrungsmittelmoleküle in einfachere Endprodukte chemisch zerlegt und die dabei frei werdende Bindungsenergie nutzt, ca. 17 kJ pro g Kohlehydrate oder Proteine und ca. 39 kJ pro g Fett. Die Energie, die für die Funktionsfähigkeit des menschlichen Körpers benötigt wird, beträgt pro Tag ca. 10 MJ. Diese Energiemenge ist freilich nicht zu vergleichen mit jener, die der moderne Mensch aufgrund anderer Tätigkeiten, Bedürfnisse und Ansprüche tagtäglich verbraucht. Bei einem Bundesbürger z. B. machen die erwähnten 10 MJ nur ca. 2 % seines täglichen Gesamtenergiebedarfs aus.

Um den ständig wachsenden Energiebedarf zu decken, werden heute viele neue Energiequellen genutzt bzw. hinsichtlich ihrer Wirtschaftlichkeit und Umweltverträglichkeit diskutiert. (Die allgemein übliche Bezeichnung *Energiequellen* ist irreführend, da es sich in ab-

Tab. 3.1: Formen der Brauchenergie und ihr Ursprung.

Chemische Energie	Galvanische Elemente (z. B. Blei-Akku, Zinkchlorid-, Natrium-Schwefel-Batterien) Brennstoffzellen
Kernenergie	Kernspaltung und Kernfusion
Mechanische Energie	Wasser, Wind
Strahlungsenergie	Solarstrahlung
Wärmeenergie	Verbrennung organischen Materials (Holz, Kohle, Öl, Gas), Wasserstoff-Verbrennung, Erdwärme, Temperaturunterschiede des Meeres Abwärme von Wärmekraftmaschinen (Kraftwerke, Verbrennungsmotoren etc.)

geschlossenen Systemen allemal nur um Umwandlungen unterschiedlicher Energieformen handelt.) Die wichtigsten Energiequellen für Brauchenergie sind in Tab. 3.1 aufgelistet.

3.3 Leistung, Wirkung

Im Zusammenhang mit der Einführung der Arbeit werden zwei davon abgeleitete Größen definiert, die *Leistung* und die *Wirkung*.

Den Differentialquotienten aus Arbeit und Zeit,

$$P = \frac{dW}{dt}, \qquad (3\text{-}11)$$

mit der SI-Einheit Watt (W) = kg m^2 s^{-3} nennt man die *Leistung*.

(Weitere Einheiten sind in Tab. 1.5 angegeben). Wird eine konstante Arbeit W in der Zeit $\Delta t = (t_2 - t_1)$ geleistet, so ergibt sich die Leistung als Quotient aus Arbeit und Zeit:

$$P = \frac{W}{\Delta t}, \qquad (3\text{-}12)$$

Wird dieselbe Arbeit W in verschiedenen Zeitintervallen verrichtet, so ist die Leistung umso größer, je kürzer die dazu benötigte Zeit ist.

Die Leistung der Muskeln kann mit *Ergometern* gemessen werden, wovon am bekanntesten das Fahrradergometer ist. Bei der Messung wird durch die Beinmuskulatur die gleiche Bewegung wie beim Radfahren durchgeführt. Am Rad des Ergometers kann durch einen Magneten eine Bremskraft F_B fest eingestellt werden; aus ihr und aus Drehzahl Z (Umdrehungen pro Sekunde) und Umfang des Rades U ergibt sich die von der Beinmuskulatur erbrachte Leistung: $P = F_B\, Z\, U$. Der Mensch kann Dauerleistungen bis 100 W und kurzzeitige Spitzenleistungen bis zu 1 kW erbringen (Jan Ulrichs durchschnittliche Leistung beim Bergzeitfahren nach L'Alpe d'Huez bei der Tour de France 1997 betrug 375 W). Tab. 3.2 enthält einige Beispiele zur Leistung.

Als *Wirkung S* bezeichnet man das Integral der Arbeit über die Zeit:

$$S = \int W dt, \qquad (3\text{-}13)$$

mit der SI-Einheit J s.

Tab. 3.2: Beispiele zur Leistung.

Kraftwerke	ca. 1000 MW
Windkraftanlagen	Ca. 10 MW
Motoren (Flugzeug)	ca. 10 MW
(PKW)	ca. 100 kW
Glühlampen (ab dem 1. September 2012 Herstellungs- und Vertriebsverbot für elektrische Leistung > 10 W)	ca. 100 W
LED (entspricht der Helligkeit einer Energiesparlampe mit 17 W bzw. einer Glühlampe mit 75 W elektr. Leistung)	ca. 5 W
Mensch (Höchstleistung für einige s)	ca. 1 kW
(Dauerleistung: Gehen mit 5 km h^{-1})	ca. 70 W
Akustik (Sprechen)	ca. 10 μW
Hörschwelle des Ohres bei 1000 Hz, Sehschwelle des Auges bei 555 nm	ca. 0,1 fW

Ist W während einer Zeitspanne $t = (t_2 - t_1)$ konstant, so ergibt sich die Wirkung als Produkt aus Arbeit und Zeit: $S = Wt$. Die Wirkung spielt in der Quantenphysik eine wesentliche Rolle; dort ist das *Planck'sche Wirkungsquantum* $h = 6{,}63 \times 10^{24}$ Js eine grundlegende Größe, auf deren Bedeutung in Abschnitt 17.4 und 17.5 näher eingegangen wird. Es hat sich gezeigt, dass bei allen Naturvorgängen die Wirkung als diskontinuierliche, gequantelte Größe auftritt und stets ganzzahlige Vielfache von h annimmt.

4 Erhaltungssätze

Ein Teil der Naturgesetze kann in Form von *Erhaltungssätzen* für bestimmte physikalische Größen formuliert werden. Diese Sätze wurden durch Verallgemeinerung von Erfahrungen aufgestellt. Allgemein kann man die *Erhaltung* einer physikalischen Größe X (z. B. der Gesamtmasse verschiedener, miteinander chemisch reagierender Substanzen) folgendermaßen formulieren:

In einem abgeschlossenen System bleibt die Größe X zeitlich konstant, unabhängig davon, wie X in dem System in Einzelgrößen X_i aufgeteilt ist oder sich diese infolge irgendwelcher interner Vorgänge mit der Zeit ändern. Im Bereich der Mechanik gibt es drei Erhaltungssätze, nämlich für die Energie, für den Impuls und für den Drehimpuls. Beim Energieerhaltungssatz ist X eine skalare Größe, beim Impuls- und Drehimpulserhaltungssatz ist $\vec{X}$ eine Vektorgröße, die sich als Vektorsumme aus den Einzelvektoren $\vec{X}_1$ ergibt.

Erhaltungssätze für weitere physikalische Größen sind in der Physik der Materie gefunden worden. Dazu gehört die Erhaltung der elektrischen Ladung und die Erhaltung der Gesamtzahl von Protonen und Neutronen. Einschränkungen bezüglich der Gültigkeit von Erhaltungssätzen sind an Beispielen aus der Kernphysik beobachtet worden, doch würde dies über die hier behandelte Physik hinausführen.

4.1 Energieerhaltungssatz

Einer der wichtigsten Sätze der Physik, der *Energieerhaltungssatz*, besagt: Energie kann weder erzeugt noch vernichtet werden. Alle verschiedenen Formen der Energie können sich aber ineinander umwandeln – wenn auch nicht immer vollständig, wie wir bei der Wärme in Abschnitt 12.3 sehen werden –, ohne dass in einem abgeschlossenen System die Summe aller Energien verändert wird.

Als *abgeschlossenes System* wird ein System bezeichnet, das weder Energie noch Teilchen mit der Umgebung austauscht.

Im Folgenden wollen wir Beispiele von physikalischen Prozessen betrachten, bei denen wir zur Lösung von Fragen auf den Energieerhaltungssatz zurückgreifen.

Freier Fall Ein Dachziegel mit der Masse m besitzt auf dem Dach eines Hauses mit der Höhe h' (Abb. 4.1) gegenüber dem Boden die potentielle Energie $E_{pot} = mgh'$. Fällt er herunter, so hat er bei der beliebigen Höhe h zwischen h' und dem Boden nur noch die potentielle Energie $E_{pot} = mgh'$. Der Differenzbetrag $\Delta E_{pot} = mg\Delta h$ mit $\Delta h = h' - h$ entspricht genau der kinetischen Energie des Ziegels, die dieser durch freien Fall von h' nach h erhalten hat:

$$mg\,\Delta h = \frac{1}{2}mv^2. \qquad (4\text{-}1)$$

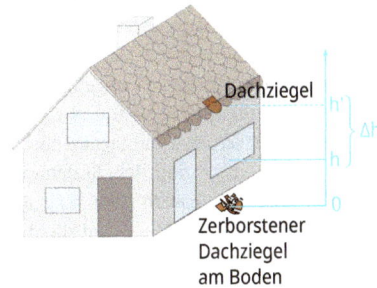

Abb. 4.1: Freier Fall eines Dachziegels.

Unmittelbar vor dem Aufprall auf den Boden ist die potentielle Energie null; sie ist vollständig in kinetische Energie umgewandelt. Beim Aufprall des Ziegels mit der Geschwindigkeit $v\sqrt{2gh'_{max}}$ wandelt sich seine kineti-

https://doi.org/10.1515/9783110691658-005

sche Energie in Deformationsenergie und in Wärmeenergie um.

Zwei Anmerkungen: Man sollte sich klarmachen, dass zunächst Hubarbeit $mg\,\Delta h$ verrichtet wurde, um dem Ziegel die potentielle Energie zu geben. Und es soll hier nochmals darauf hingewiesen werden, dass die Definition des Nullpunktes der potentiellen Energie beliebig ist: Die Höhe des Bodens ist frei gewählt.

Fadenpendel Es stellt ein einfaches Beispiel für ein schwingungsfähiges System dar und wird in Abschnitt 6.1 eingehend behandelt. Hier soll es nur ein weiteres Beispiel für den Energieerhaltungssatz liefern. An einem (nahezu) masselosen Faden der Länge l hänge die Masse m (Abb. 4.2). Sie wird (bei gespanntem Faden) seitlich ausgelenkt und losgelassen. Durch den Faden wird anstelle eines freien Falls eine Bewegung der Masse entlang einer Kreisbahn erzwungen. Am Umkehrpunkt U ist ihre Momentangeschwindigkeit gleich null. Danach wird sie auf die Nullmarke 0 hin beschleunigt. Dort ist ihre kinetische Energie am größten und nimmt auf dem Weg zum Umkehrpunkt U' wieder bis auf null ab. Dabei wird sie angehoben, erhält also potentielle Energie gegenüber der Lage bei der Nullmarke. Dieser Vorgang wiederholt sich periodisch. Der Energieerhaltungssatz postuliert, dass während dieses Schwingungsvorgangs die Gesamtenergie E_{ges} konstant ist (das System wird hierbei als abgeschlossen betrachtet): $E_{\text{ges}} = E_{\text{pot}} + E_{\text{kin}} = \text{konst.}$ An den Umkehrpunkten der periodischen Bewegung (d. h. bei maximaler Auslenkung) ist $v = 0$ und daher $E_{\text{ges}} = E_{\text{pot}}$. Umgekehrt ist beim Durchgang durch die Nullmarke $E_{\text{ges}} = E_{\text{kin}}$. Aus der Beziehung $E_{\text{ges}} = E_{\text{pot}} + E_{\text{kin}}$ lässt sich ableiten (siehe Kap. 6), dass sich die Bewegung der Masse vollständig (d. h. für alle Zeiten) beschreiben lässt und dass Schwingungsvorgänge ganz allgemein den peri-

odischen Wechsel zwischen verschiedenen Energieformen darstellen.

Abgeschlossene und offene Systeme Wird bei Energieumwandlungen ein Teil der Energie aus einem System nach außen abgegeben oder wirken von außen Kräfte auf das System ein und verrichten dort Arbeit, so gelten für dieses System Erhaltungssätze natürlich nicht. Ein solches System nennt man *offenes System*. Ein Beispiel: Bei der Verbrennung von Kohle wird unter anderem chemische Energie auch in elektromagnetische Strahlung (Wärmestrahlung) verwandelt, da die Kohle zu glühen beginnt. Dabei geht der unmittelbaren Umgebung der brennenden Kohle Strahlungsenergie verloren. Umgekehrt ist ein *abgeschlossenes System* ein solches, das mit seiner Umgebung nicht in Wechselwirkung steht. In ihm ist die Gesamtenergie konstant. Allerdings gibt es kein vollständig abgeschlossenes System; man kann es aber näherungsweise realisieren, wenn man nur den Aufwand zur Isolierung des Systems weit genug treibt. Besonders im biologischen Bereich haben wir es mit ineinandergreifenden (also offenen) Systemen zu tun. Es ist geradezu ein Merkmal aller Lebewesen, dass sie in beständigem Austausch mit ihrer Umgebung stehen, wie schon der einfache Fall der Nahrungsaufnahme zeigt. Was bei den Lebewesen erhalten bleibt, sind nicht Massen und Energien, sondern bestimmte Strukturen und die damit verbundenen biologischen Funktionen. Daher hat man für die Beschreibung biologischer Systeme den Begriff des *Fließgleichgewichts* geprägt. Dieser Begriff beschreibt, dass ein System sich in ständigem Austausch von Masse und Energie mit seiner Umgebung befindet, dabei aber eine im Mittel zeitlich konstante Masse bzw. Energie aufweist. Zufuhr und Abgabe von Masse bzw. Energie befinden sich im Gleichgewicht. Der Begriff des Fließgleichgewichts hat somit gewisse Ähnlichkeit mit den Erhaltungssätzen der Mechanik.

4.2 Impulserhaltungssatz

Zur Formulierung des Impulserhaltungssatzes betrachten wir ein am Seeufer liegendes Floß (m_1) mit einem Schiffer (m_2). Da sich das

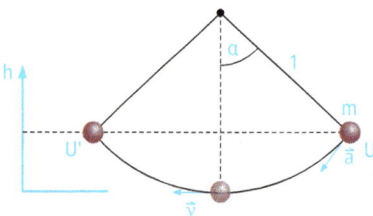

Abb. 4.2: Fadenpendel.

Floß samt Schiffer nicht bewegt ($v_1 = v_2 = 0$), ist sein Gesamtimpuls null:

$$m_1 \vec{v}_1 + m_2 \vec{v}_2 = 0.$$

Springt der Schiffer ans Ufer, dann stößt er sich mit der Kraft $\vec{F}_2$ vom Floß ab, und gleichzeitig erfährt das Floß einen Rückstoß ($\vec{F}_1$) in entgegengesetzter Richtung. Nach dem 3. Newton'schen Axiom gilt: $\vec{F}_1 = -\vec{F}_2$. Integrieren wir über das Zeitintervall, in dem der Stoß erfolgt, so erhalten wir die beiden Kraftstöße (Impulse):

$$\int \vec{F}_1 dt = m_1 \vec{v}_1{}' = -\int \vec{F}_2 dt = -m_2 \vec{v}_2{}' \text{ bzw.}$$

$$m_1 \vec{v}_1{}' + m_2 \vec{v}_2{}' = 0. \qquad (4\text{-}2)$$

d. h., auch nach dem Stoß ist der Gesamtimpuls null. (Die gestrichenen Größen $\vec{v}_1$ bzw. $\vec{v}_2{}'$ sind die Endgeschwindigkeiten nach dem Stoß.) Die Verallgemeinerung dieses Befundes führt zum *Impulserhaltungssatz:*

Bilden zwei oder mehrere Körper ein abgeschlossenes System (d. h., wirken auf sie nur wechselseitige Kräfte im System), so bleibt die Vektorsumme aller Impulse konstant.

Auf diesem Erhaltungssatz beruht das Prinzip des Raketenantriebs. Stößt eine Rakete einen Teil ihrer Masse (den verbrannten Treibstoff) mit großer Geschwindigkeit durch Düsen entgegen der Flugrichtung aus, dann bewegt sie sich mit ihrer Restmasse in Flugrichtung. Im Weltraum ist die Erzeugung von Rückstoß die einzige Möglichkeit, einen Körper zu beschleunigen.

4.3 Der Stoß als Beispiel für Energie- und Impulserhaltung

Als Anwendungsbeispiel für den Energie- und Impulserhaltungssatz wollen wir zwei Kugeln betrachten, die zentral aufeinanderstoßen. Wir nehmen an, sie bewegen sich ohne Einwirkung äußerer Kräfte, sodass wir das aus diesen bei-

den Kugeln bestehende System als abgeschlossen ansehen können.

Elastischer Stoß Zunächst wollen wir voraussetzen, dass die Bewegungsenergien der Kugeln beim Stoß nicht bleibend in andere Energieformen wie Verformungs- oder Reibungsenergie umgewandelt werden. Einen solchen Stoß nennen wir *elastisch.*

Die beiden Kugeln mit den Massen m_1 und m_2 sollen vor dem Stoß die Geschwindigkeiten $\vec{v}_1$ bzw. $\vec{v}_2$ und danach $\vec{v}_1{}'$ bzw. $\vec{v}_2{}'$, haben. Bewegen sich die Kugeln längs einer gemeinsamen Geraden (zentraler Stoß), so können wir mit den Geschwindigkeitsbeträgen rechnen. Aufgrund der beiden Erhaltungssätze schreiben wir für den Impuls:

$$m_1 \vec{v}_1 + m_2 \vec{v}_2 = m_1 \vec{v}_1{}' + m_2 \vec{v}_2{}', \qquad (4\text{-}3)$$

und für die kinetische Energie:

$$\frac{1}{2} m_1 v_1^2 + \frac{1}{2} m_2 v_2^2 = \frac{1}{2} m_1 v_1'^2 + \frac{1}{2} m_2 v_2'^2. \qquad (4\text{-}4)$$

Durch Umformen und Einsetzen der beiden Gleichungen ineinander finden wir für die Geschwindigkeiten nach dem Stoß:

$$v_1{}' = \frac{(m_1 - m_2)v_1 + 2m_2 v_2}{m_1 + m_2}, \qquad (4\text{-}5)$$

$$v_2{}' = \frac{(m_2 - m_1)v_2 + 2m_1 v_1}{m_1 + m_2}. \qquad (4\text{-}6)$$

Wir wollen einige Sonderfälle diskutieren:

1. Sei $m_1 = m_2$ *und* $v_2 = 0$: Dann ist $v_1' = 0$ *und* $v_2' = v_1$. Die zweite Kugel, die vor dem Stoß geruht hat, fliegt also mit der Anfangsgeschwindigkeit der ersten Kugel fort, während diese liegen bleibt (Abb. 4.3). Das ist letztlich der Grund dafür, weshalb man in Kernreaktoren vornehmlich Wasser als Moderator (Abschnitt 21.2.9) benutzt (weil eben $m_{\text{Neutron}} \approx m_{\text{Proton}}$ ist).

2. Sei $m_1 = m_2$ *und* $v_1 = -v_2$; d. h., zwei gleich schwere Kugeln bewegen sich gleich schnell aufeinander

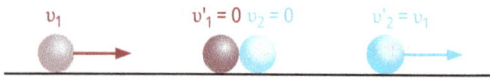

Abb. 4.3: Elastischer Stoß zwischen zwei gleichen Kugeln (Fall 1): Schwarze Kugeln kennzeichnen die Position vor dem Stoß, gestrichelte Kugeln kennzeichnen die Position nach dem Stoß.

zu. Nach dem Stoß sind dann die Geschwindigkeiten gerade vertauscht: $v'_1 = v_2$ und $v'_2 = v_1$.

3. Sei m_1 sehr viel kleiner als m_2 (z. B. Stoß eines Neutrons gegen ein Bleiatom), $m_1 \ll m_2$, und sei $v_2 = 0$: Dann ist näherungsweise $v'_2 = 2(m_1/m_2) v_1$. Der von der schweren Kugel aufgenommene Impuls ist demnach $2m_1v_1$, die aufgenommene Energie $2(m^2_1/m_2) v^2_1$: Beim elastischen Stoß eines Neutrons mit einem Bleiatom, dessen Masse das ca. 210-Fache der Neutronenmasse beträgt, übernimmt also das Bleiatom höchstens 4/210 der Energie des stoßenden Neutrons. Im Gegensatz zu Wasser ist Blei demnach nicht als Moderatormaterial in Kernreaktoren geeignet.

Ist die Masse m_2 unendlich groß und $v_2 = 0$, dann ist ersichtlich, dass der durch m_2 aufgenommene Impuls zwar $2m_1v_1$, aber die aufgenommene Energie null ist. Daher gilt: $v'_1 = -v_1$ und $v'_2 = 0$. Dieser Fall liegt vor bei der elastischen Reflexion eines Balls an einer Wand.

4. Ist stattdessen die Masse $m_1 \gg m_2$ und $v_2 = 0$, so kann v'_2 höchstens $2v_1$ betragen. Beim Stoß eines α-Teilchens gegen ein Elektron ($m_\alpha : m_{El} = 4 \cdot 1836 : 1$) kann also höchstens $1 : 1836$ der Energie des α-Teilchens an das Elektron abgegeben werden.

Inelastischer Stoß Beim *inelastischen Stoß* wird ein Teil der kinetischen Energie der Kugeln in *innere Energie* (siehe Abschnitt 12.1) umgewandelt. Dann gilt zwar noch der Impulserhaltungssatz, Gl. (4-3), aber nicht der Energieerhaltungssatz der Mechanik, Gl. (4-4).

Beim *ideal inelastischen Stoß* bewegen sich die Körper nach dem Stoß gemeinsam weiter, als würde es sich um einen Körper handeln, sodass die Endgeschwindigkeit beider Massen gleich ist ($v'_1 = v'_2 = v'$). Das ist z. B. der Fall bei einer in einem Sandsack ste-

cken bleibenden Kugel (Abb. 4.4). Ruht der Sandsack vor dem Einschlag, ist also $v_2 = 0$, hat der Impulserhaltungssatz die Form:

$$m_1v_1 = (m_1 + m_2)v'.$$

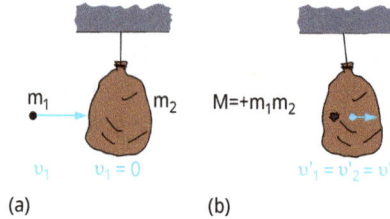

Abb. 4.4: Inelastischer Stoß: (a) vor dem Stoß, (b) nach dem Stoß.

Nur in diesem Fall lässt sich die Geschwindigkeit nach dem Stoß ohne Benutzung des Energieerhaltungssatzes berechnen. Dessen Anwendung wäre ohne Zweifel schwierig, da wir den durch Zerstörungsarbeit im Sandsack bedingten Energieverlust nicht kennen.

Bei den meisten Stoßvorgängen liegt keiner der beiden besprochenen Extremfälle (elastischer bzw. inelastischer Stoß) vor, vielmehr wird meist ein Teil der Energie inelastisch umgewandelt, und dann ist es nötig, den Verformungsvorgang und die darin umgesetzte Verformungsenergie mit zu berücksichtigen, wodurch das Problem zwar prinzipiell immer noch lösbar bleibt, praktisch aber sehr kompliziert wird.

4.4 Drehimpulserhaltungssatz

Analog zum Impulserhaltungssatz der Translationsbewegung formulieren wir für die Rotationsbewegung den *Satz von der Erhaltung des Drehimpulses*:

Wenn auf ein System mehrerer Körper keine Drehmomente von außen wirken (abgeschlossenes System), so bleibt der Gesamtdrehimpuls des Systems konstant *(erhalten)*, gleichgültig, welche inneren Kräfte wirksam sind.

Jemand hat den Satz geprägt, dass Energie- und Drehimpulserhaltungssatz die Welt regieren. Die Bedeutung des Energiesatzes wurde bereits angesprochen. Auch für den Drehimpulssatz gibt es wichtige Beispiele: Weil der den Planeten bei ihrer Entstehung vermittelte Drehimpuls sich nicht ändert, kreisen diese unablässig auf Ellipsenbahnen um die Sonne (die Erde ungefähr 365-mal pro Jahr). Aus dem gleichen Grund dreht sich die Erde alle 24 Stunden einmal um ihre Achse, und im Be-

reich der Atome regelt der Drehimpulserhaltungssatz den Umlauf der Elektronen auf den stationären Bohr'schen Bahnen (siehe Abschnitt 17.4).

Ein schönes Beispiel für die Erhaltung des Drehimpulses ist die Pirouette einer Eiskunstläuferin (Abb. 4.5). Zu Beginn der Drehung sind die Arme ausgebreitet, sodass deren Massen weiter weg von der Drehachse entfernt sind und demzufolge das Trägheitsmoment groß ist. Werden dann die Arme zum Körper genommen, verkleinert sich der Abstand der Massen zur Drehachse und das Trägheitsmoment wird kleiner. Die Winkelgeschwindigkeit (damit die Drehfrequenz) muss bei Erhaltung des Drehimpulses zunehmen.

Abb. 4.5: Zum Drehimpulserhaltungssatz. Durch Anlegen der Arme verkleinert sich das Trägheitsmoment, so dass die Winkelgeschwindigkeit zunimmt.

5 Mechanische Eigenschaften von Stoffen

Zum Verständnis der mechanischen Eigenschaften von Gasen, Flüssigkeiten und Festkörpern ist die Kenntnis einiger ihren atomaren Aufbau betreffender Grundlagen erforderlich.

In Abb. 5.1 ist vereinfachend dargestellt, wie sich Materie aus elementaren Bausteinen aufbaut. Elektrisch positiv geladene Protonen und elektrisch neutrale Neutronen werden durch extrem starke Kernkräfte zu *Atomkernen* zusammengehalten. Im elektrischen Feld der positiven Kerne sind negativ geladene Elektronen gebunden, d. h., sie sind in begrenzten Raumbereichen um den Kern (Elektronenhülle) zu finden. Ihre Klassifikation nach *K-, L-, M-* ... -Schalen (Abschnitt 17.4) bedeutet, dass sich die Elektronen vornehmlich in kugelförmigen Raumbereichen aufhalten, deren Radien denen der Bohr'schen Kreisbahnen entsprechen. Ihre weitere Klassifikation nach Symmetrien bedeutet, dass sich die Elektronen in *s-, p-, d-* ... -Orbitalen (Abb. 5.2) aufhalten, wobei der von *s*-Elektronen ausgefüllte Raumbereich kugelsymmetrisch ist und der von *p*-Elektronen keulenförmig. Kern und Hüllenelektronen bilden zusammen das *Atom*. Im Vergleich zum Durchmesser der Kerne (ca. 10^{-15} m) sind die Raumbereiche der Hülle sehr groß (ca. 10^{-10} m). Folgendes Beispiel liefert eine anschauliche Vorstellung von den Größenverhältnissen: Angenommen, der Kerndurchmesser sei auf die Größe eines Stecknadelkopfes vergrößert, dann entspricht der im gleichen Maßstab vergrößerte Atomdurchmesser der Höhe des Kölner Doms. Den weitaus größten Teil des Volumens eines Atoms nimmt also die Elektronenhülle ein, während zur Masse des Atoms nahezu ausschließlich der Atomkern beiträgt.

Um den Aufbau der Materie aus Atomen weiter zu verfolgen, wollen wir in Abschnitt 5.1 die Wechselwirkungskräfte, die zwischen verschiedenen Atomen und Molekülen wirken können, näher betrachten.

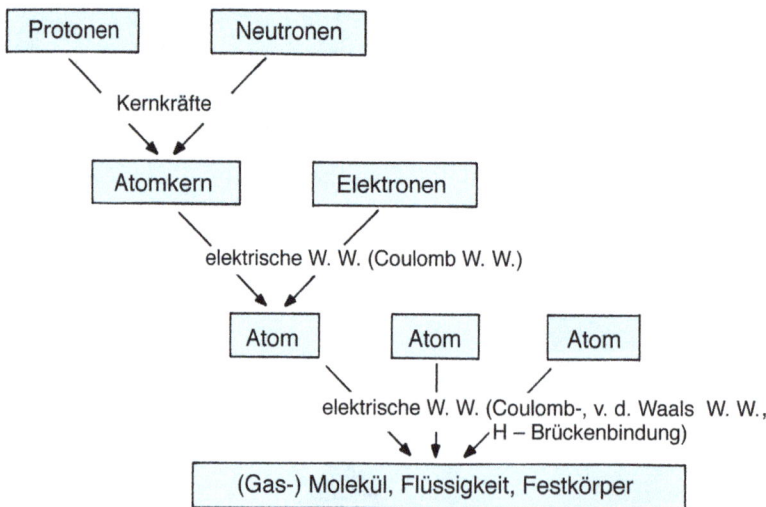

Abb. 5.1: Für den Aufbau der Materie verantwortliche Wechselwirkungen (W. W.).

https://doi.org/10.1515/9783110691658-006

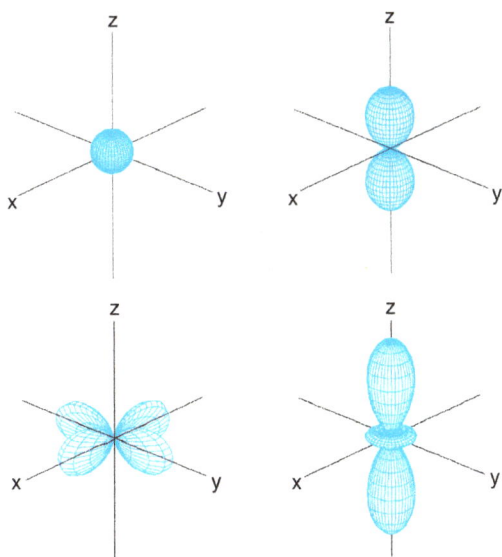

Abb. 5.2: Beispiele für Aufenthaltsbereiche (Orbitale) von Elektronen in der Elektronenhülle: s- und p-Orbitale (oben) und zwei d-Orbitale (unten).

5.1 Wechselwirkungen zwischen Atomen und Molekülen

5.1.1 Bindungsarten

Normalerweise werden die physikalischen Gesetzmäßigkeiten der *chemischen Bindung* mithilfe der Quantenmechanik beschrieben. Wir wollen hier versuchen, die aus der Quantenmechanik folgenden Ergebnisse bezüglich der chemischen Bindung im Rahmen der klassischen Physik anschaulich zu interpretieren.

Die Wechselwirkungen zwischen Atomen, die zur chemischen Bindung führen, sind elektrischer Art, auch wenn man aufgrund der Tatsache, dass Atome nach außen hin elektrisch neutral sind, auf den ersten Blick eine Coulomb-Kraft nach Gl. (5-1) vom Betrag null zwischen den Atomen erwarten sollte. Das Coulomb'sche Gesetz – wir werden es in Abschnitt 14.2.2 genauer kennenlernen –

$$F \sim \frac{q_1 q_2}{r_{12}^2} \qquad (5\text{-}1)$$

ist streng genommen für punktförmige elektrische Ladungen q_1 und q_2 gültig und außerdem für den Fall, dass q_1 räumlich ausgedehnt, aber kugelförmig, und q_2 punktförmig ist. Gl. (5-1) gilt in guter Näherung auch noch für räumlich ausgedehnte Ladungen q_1 und q_2, wenn der Abstand r_{12} zwischen q_1 und q_2 sehr groß gegenüber dem Durchmesser der Ladungsbereiche von q_1 bzw. q_2 ist. Bei nahe beieinanderliegenden Atomen ist diese Näherung jedoch nicht erfüllt.

Zum Verständnis der *homöopolaren (kovalenten) Bindung* zweier Atome zu einem Molekül, bei der Elektronen (die wir auch als *Bindungselektronen* bezeichnen) nahezu im gesamten Raumbereich zwischen beiden Atomkernen K_A und K_B zu finden sind (Abb. 5.3), ist eine detaillierte Beschreibungsweise der möglichen elektrischen Wechselwirkungen notwendig. Wir nehmen hierzu an, dass in den Volumenelementen ΔV_1 und ΔV_2 im Raum zwischen den Kernen K_A und K_B die Beträge der Elektronenladungen q_1 bzw. q_2 räumlich (und zeitlich) konstant seien. Diese Annahme lässt sich leicht durch Übergang zu beliebig kleinen Volumenelementen realisieren; außerdem erhalten wir dadurch die Gewissheit, dass q_1 und q_2 als nahezu punktförmig angenommen werden dürfen. Zur Beschreibung der elektrischen Wechselwirkung zwischen q_1 und q_2 kann also wieder Gl. (5-1) verwendet werden. Die elektrischen Wechselwirkungen, d. h. die elektrischen Coulomb-Kräfte (Abschnitt 14.2.2), die insgesamt zur homöopolaren Bindung beitragen, lassen sich in Anziehungskräfte zwischen den positiven Kernladungen und den negativen Elektronenladungen, in Abstoßungskräfte zwischen den positiven Kernladungen und in Abstoßungskräfte zwischen den negativen Elektronenladungen aufgliedern.

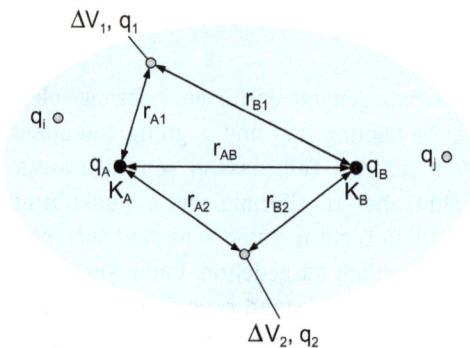

Abb. 5.3: Homöopolare (kovalente) Bindung.

Zur Bestimmung der Gesamtbilanz der zur homöopolaren Bindung beitragenden elektrischen Kräfte ist es nun erforderlich, über alle Ladungselemente q_i bzw. q_j zu summieren. Ist die Summe aller Kräfte gleich null, dann befindet sich das aus K_A und K_B und den im blau markierten Raumbereich befindlichen Elektronen bestehende Molekül im stationären Gleichgewichtszustand. Die homöopolare Bindung zwischen den beiden Atomen bewirkt dann den Gleichgewichtsabstand *(die Bindungslänge)* r_{AB}.

Da nach Abb. 5.2 die Aufenthaltsbereiche der Elektronen in bestimmten Raumrichtungen besonders ausgeprägt sein können und

damit elektrische Wechselwirkungen in diesen Richtungen wahrscheinlicher als in anderen sind, wird die kovalente Bindung oft auch als *gerichtete Bindung* bezeichnet.

Beispiele für vorwiegend kovalente Bindung finden wir z. B. in einfachen Molekülen wie O_2, N_2 oder H_2O, in Kohlenwasserstoffmolekülen, aber auch in Festkörpern wie im Diamanten zwischen den C-Atomen.

Die *metallische Bindung* und die z. B. bei aromatischen organischen Verbindungen (Benzol) auftretende π-Bindung resultiert ganz analog zur kovalenten Bindung aus der Überlagerung verschiedener Coulomb-Anziehungs- und -Abstoßungskräfte. Hierbei ist aber ein Teil der Elektronen (Leitungselektronen bzw. π-Elektronen) nicht mehr auf Raumbereiche nahe einzelner Kerne lokalisiert, sondern kann sich im gesamten Volumen des Metalls bzw. Moleküls aufhalten.

Die *ionogene (heteropolare) Bindung* beruht auf denselben elektrischen Wechselwirkungsmechanismen wie die kovalente Bindung, nur sind hier die Raumbereiche, in denen sich die Elektronen der Bindungspartner A und B aufhalten, praktisch getrennt (Abb. 5.4). Die Bindungspartner haben Ladungen ausgetauscht und liegen nun als entgegengesetzt geladene Ionen vor, mit der formalen Ladung $q^{\text{eff}}_A = (Z_A - N_A)e$ bzw. $q^{\text{eff}}_B = (Z_B - N_B)e$. Dabei bezeichnen Z_A (Z_B) die Anzahl der Protonen im Kern A (B) bzw. N_A (N_B) die Anzahl der Elektronen in der Hülle des Ions A (B); e ist der Betrag der Elementarladung eines Protons oder eines Elektrons.

Ein Beispiel für vorwiegend ionogene Bindung finden wir im Na^+Cl^--Molekül. Das Bestreben neutralen Natriums (Na°), aus seiner äußersten Elektronenschale *(Valenzschale)* ein Elektron *(Valenzelektron)* an das neutrale Chlor (Cl°) abzugeben, und das Bestreben von Cl°, dieses Valenzelektron aufzunehmen, ist in der Tatsache begründet, dass die Ablösearbeit *(Ionisationsenergie)* des Va-

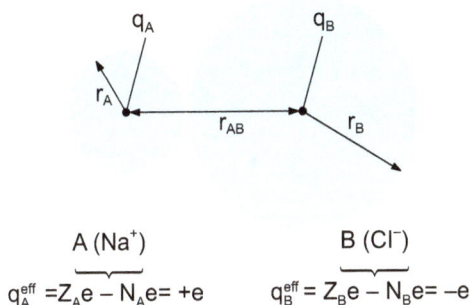

A (Na$^+$)

$q_A^{eff} = Z_A e - N_A e = +e$

B (Cl$^-$)

$q_B^{eff} = Z_B e - N_B e = -e$

Abb. 5.4: Heteropolare (ionogene) Bindung. Beispiel: Na$^+$Cl$^-$, Ionenradius $r_{Na^+} \approx 0.98 \cdot 10^{-10}$ m. $r_{Cl^-} \approx 1.81 \cdot 10^{-10}$ m. Gleichgewichtsabstand: $r_{Na^+Cl^-} \approx 2.80 \cdot 10^{-10}$ m.

lenzelektrons von Na° geringer ist als die Ablösearbeit eines der Valenzelektronen von Cl$^-$. Da die Anzahl der Elektronen in der Hülle von Na$^+$ der des Edelgases Neon (Ne) und die Anzahl der Elektronen in der Hülle von Cl$^-$ der des Edelgases Argon (Ar) entspricht, bezeichnet man die elektronische Anordnung (Konfiguration) von Na$^+$ bzw. Cl$^-$ auch als *Edelgaskonfiguration*. Die anziehende Kraft in der ionogenen Bindung ist die Coulomb-Anziehung zwischen den entgegengesetzt geladenen Ionen.

Die Bindungen zwischen Edelgasatomen oder zwischen Molekülen in molekularen Festkörpern beruhen auf elektrischen Wechselwirkungen, die wir als *Van-der-Waals-Kräfte* bezeichnen. Sie entstehen durch elektrische Dipole, die durch Ladungsverschiebungen vorübergehend *induziert* werden. Wir können uns vorstellen, dass zwei Moleküle dadurch miteinander wechselwirken, dass der Dipol des ersten ein elektrisches Feld am Ort des zweiten Moleküls erzeugt, wodurch letzteres polarisiert und somit zum Dipol wird. Dadurch wirkt es seinerseits wieder auf das erste Molekül zurück. Hierbei erfährt das Molekül 1 eine Kraftwirkung in Richtung des Moleküls 2 und umgekehrt. Diese Kraft (Van-der-Waals-Kraft) ist umgekehrt proportional zur siebten Potenz des Abstands zwischen

den beiden Molekülen. Durch Vergleich der Abstandsabhängigkeit der beiden Kräfte

$$F \sim \frac{1}{r^2} \text{ Coulomb-Kraft}$$

und

$$F \sim \frac{1}{r^7} \text{ Van-der-Waals-Kraft} \qquad (5\text{-}2)$$

wird offensichtlich, dass die Reichweite der Van der Waals'schen Wechselwirkung bedeutend geringer ist als die der Coulomb-Kraft. Bei Van-der-Waals-Bindungen sind die Bindungslängen größer als typische ionogene Bindungslängen, die ca. $2 \cdot 10^{-10}$ m betragen.

Wassermoleküle (H$_2$O) besitzen wegen der speziellen räumlichen Anordnung der Atome von Wasserstoff und Sauerstoff nach Abb. 5.5 ein starkes *permanentes* elektrisches Dipolmoment. Zwischen benachbarten H$_2$O-Molekülen treten daher Wechselwirkungskräfte auf, die wie bei allen permanenten Dipolen proportional zu $1/r^4$ sind.

Eine spezielle Bindungsform stellt die *Wasserstoffbrückenbindung* dar, die eine entscheidende Rolle in flüssigem und festem Wasser und in biologisch relevanten Molekülen wie Proteinen und Ribonukleinsäuren spielt. Bei der Wasserstoffbrückenbindung bindet ein Proton, also ein Wasserstoffatom, das seiner Elektronenhülle entledigt wurde, zwei negative Ladungszentren (Abb. 5.5).

5.1.2 Molekulares Bild der Aggregatzustände

Die Erscheinungsformen der Materie untergliedert man in den festen, flüssigen und gasförmigen Aggregatzustand.

In dieser Reihenfolge nimmt die Festigkeit der Stoffe ab, die wiederum durch die Stärke der Bindungskräfte bedingt ist. Zuweilen zählt man auch den Plasmazustand (ioni-

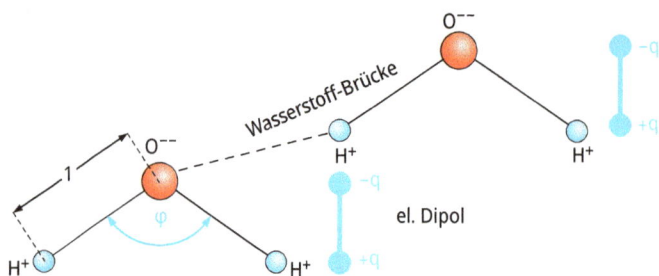

Abb. 5.5: Wassermolekül als Dipol sowie mit Wasserstoffbrückenbindung: $l = 0{,}95 \cdot 10^{-10}$ m, $\varphi = 104{,}5°$.

sierte Materie) und den Zustand superflüssigen (suprafluiden) Heliums zu den Aggregatzuständen.

Alle Bausteine der Materie, Moleküle, Atome und Ionen, befinden sich in ständiger unregelmäßiger Bewegung, der *thermischen Bewegung* (Abschnitt 10.2). Bei den Gasen bewegen sie sich aufgrund geringer Wechselwirkung untereinander in allen Richtungen gänzlich ungeordnet und zufällig im Raum. Die Atome fester Stoffe dagegen sind an feste Orte gebunden, um die sie Schwingungen ausführen. Die Flüssigkeiten nehmen eine Zwischenstellung ein, d. h., die Atome führen hier thermische Schwingungen aus, können sich aber zugleich über größere Entfernungen gegeneinander verschieben. Jeder Körper enthält also einen bestimmten Betrag an Energie der atomaren bzw. molekularen Bewegung, die je nach Aggregatzustand in unterschiedlichem Anteil aus Translations- und Schwingungsenergie besteht. Die Gesamtheit dieser Energie der *ungeordneten* Atom- oder Molekularbewegung ist die *thermische Energie* eines Körpers, die in einem definierten Zusammenhang mit der Temperatur steht (Abschnitt 8.1).

Gase Der Gaszustand eines Stoffes ist dadurch charakterisiert, dass die mittlere *kinetische Energie* der Atome oder Moleküle ihre Bindungsenergie untereinander wesentlich übertrifft.

Festkörper Beim Festkörper liegt der umgekehrte Fall wie beim Gas vor: Die Bindungsenergie übertrifft die kinetische Energie.

Als Bindungsenergie bezeichnen wir die Energie, die aufzubringen wäre, um zwei im Gleichgewichtsabstand r_0 gebundene Atome (A und B) räumlich voneinander zu trennen (Abb. 5.6). Dieser Gleichgewichtsabstand ist dadurch charakterisiert, dass sich anziehende und abstoßende Kräfte gegenseitig aufheben. Dem Gleichgewichtszustand überlagert ist aber immer die thermische Bewegung (Schwingung) der Atome, die zu periodischen Auslenkungen aus der Gleichgewichtslage r_0 führt. Führt man dem Festkörper Wärmeenergie zu und erreicht diese den Wert der Bindungsenergie, dann wird die Auslenkung der thermischen Bewegung der Atome so groß, dass sie sich von den festen Orten ablösen können: Der Festkörper schmilzt. Wird dem Festkörper weniger Wärme (E_{therm} in Abb. 5.6) als für den Schmelzvorgang notwendig zugeführt, dann nimmt der Gleichgewichtsabstand zwischen A und B von r_0 nur bis r'_0 zu. Der Festkörper dehnt sich thermisch aus, schmilzt aber noch nicht.

(Die thermische Energie E_{therm} und damit die Zunahme von r_0 auf r'_0 sind zur Veranschaulichung hier übermäßig groß gezeichnet.)

Bei der Zusammenlagerung von vielen Atomen (bzw. Ionen) zu einem Festkörper (z. B. Na^+ und Cl^- zu $NaCl$) ordnen sich diese mit dem gegenseitigen Gleichgewichtsabstand

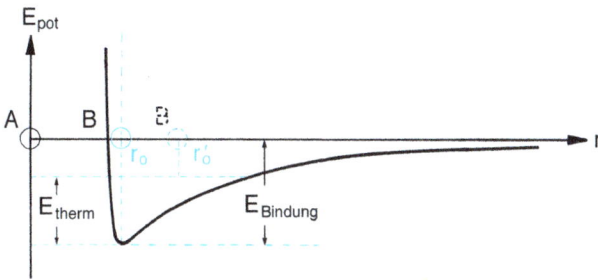

Abb. 5.6: Potentialkurve $E_{pot}(r)$: Wechselwirkungsenergie zwischen zwei benachbarten Atomen bzw. Ionen (A und B) im Festkörper in Abhängigkeit vom gegenseitigen Abstand r.

r_0 oft in einer regelmäßigen Struktur (Gitterstruktur oder Kristallstruktur) an. Für NaCl entsteht hierbei ein einfaches kubisches Gitter.

Je nach Art der Bindungskräfte kann die Anordnung der Atome im Kristallgitter auch in komplizierterer Form erfolgen. In Abb. 5.7 sind einige in der Natur häufig vorkommende Formen skizziert. Die Symmetrie der Anordnung bestimmt auch die äußere Gestalt von makroskopischen Kristallen. So ist die makroskopische Form etwa des Bergkristalls für die Art der mikroskopischen Bindungskräfte charakteristisch. Freilich ist es ein seltener Ausnahmefall, dass die Kristallstruktur eines makroskopischen Festkörpers völlig regelmäßig ist. Man spricht dann von einem *idealen Einkristall*. Viel häufiger setzen sich Festkörper aus vielen kleinen, unterschiedlich orientierten einkristallinen Bereichen zusammen *(polykristalliner Zustand)*.

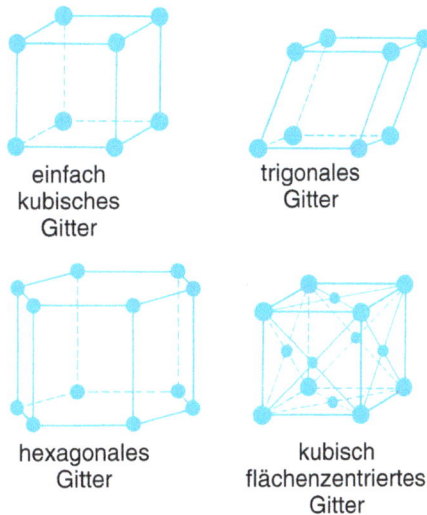

Abb. 5.7: Symmetrien von Kristallgittern. (Die Punkte stellen Gleichgewichtslagen der nächst benachbarten Atome dar; der makroskopische Kristall entsteht durch Aneinanderfügen von sehr vielen dieser Elementarzellen.).

Makromoleküle – Polymere Chemisch identische beziehungsweise ähnliche Untereinheiten (in diesem Kontext *Monomere* genannt) können zu langen kettenförmigen Molekülen, den *Polymeren,* verknüpft werden. Ein Polymer kann als *Makromolekül* beträchtliche Ausmaße haben (Myoglobin mit ca. 2.500 und Hämoglobin mit ca. 10.000 Atomen). Synthetische Kunststoffe und Elastomere bestehen oft aus Polymeren, bei denen die Monomere chemisch identisch sind (z. B. Polyäthylen $(CH_2)_m$, wobei

der Index m bedeutet, dass insgesamt m (CH_2-) Moleküle aneinandergekettet sind).

Proteine als eine wichtige Klasse von Biopolymeren bestehen aus chemisch ähnlichen Monomeren, den Aminosäuren, die sich in der Seitenkette unterscheiden, was zu 20(+2) verschiedenen Aminosäuren in Proteinen führt. Die einzelnen Stränge der DNA als Träger der Erbinformation stellen ebenfalls Polymere da, wobei es vier chemisch ähnliche Monomere gibt, die sich in den sogenannten Basen unterscheiden.

Polymere können sowohl in einer ungeordneten als auch in einer geordneten Struktur vorliegen. Die meisten Kunststoffe und Elastomere haben eine ungeordnete Polymerstruktur. Im Gegensatz dazu liegen Proteine in einem hoch geordneten Zustand vor. Diese Ordnung ermöglicht es, Proteine zu kristallisieren, also eine regelmäßige Anordnung definiert orientierter Proteinmoleküle zu erhalten. An diesen Proteinkristallen ist es möglich, mittels Röntgenbeugung die genaue Position aller Atome des Proteins im Molekül zu bestimmen, wofür der Begriff Strukturaufklärung geprägt wurde. Auch die DNA muss in eine geordnete Struktur gebracht werden, damit sie überhaupt in den Zellkern passt. Ein anschauliches Bild dafür ist, wenn man versucht, ein langes Kabel einfach als Knäuel in eine kleine Tasche zu stopfen. Das wird in der Regel nicht gelingen. Rollt man das Kabel jedoch ordentlich auf, passt es auch in eine sehr kleine Tasche. Die Rolle der Kabelspule für die DNA übernehmen die *Histone*.

Außerdem besteht die Möglichkeit, dass Makromoleküle in einem makromolekularen Festkörper auskristallisieren (Abb. 5.8). In den monomeren Makromolekülen wie in den Polymeren können neben geordneten auch ungeordnete Strukturen auftreten. Im Hämoglobinmolekül z. B. sind Teile der Aminosäurekette mit Schrauben- bzw. Knäuel-Strukturen bekannt. Kohlenwasserstoff-Verbindungen als Hochpolymere können wie im Fall des vulkanisierten Kautschuks geordnete Raumstrukturen oder wie im Fall von Plexiglas unregelmäßige (amorphe) Strukturen bilden.

Flüssigkeiten In Flüssigkeiten sind Atome oder Moleküle gegeneinander verschiebbar, und daher kann sich im Allgemeinen keine regelmäßige Kristallstruktur aufbauen. (Ausnahmen sind Flüssigkeitskristalle wie Cholesterole.) Nur in unmittelbarer Umgebung eines Atoms besteht noch eine gewisse Regelmäßigkeit *(Nahordnung)*. Während die Dichte von Gasen bei normalem Luftdruck um mehrere Größenordnungen unter der von Festkörpern liegt, sind in der Flüssigkeit die Atome ähnlich dicht gepackt wie im festen Zustand. Daher kostet es ähnlich viel Energie wie im Festkörper, ihren gegenseitigen Abstand zu verändern. In manchen Flüssigkeiten können die Atome oder Moleküle leicht gegeneinander verschoben werden. Wir können z. B. Wasser aus einem Gefäß ausschütten. In anderen Flüssigkeiten, z. B. Honig oder auch Glas, ist dies bei Raumtemperatur hingegen praktisch nicht möglich. Dennoch zeigt das völlige Fehlen einer kristallinen Struktur an, dass es sich auch bei diesen Stoffen um Flüssigkeiten mit *amorpher* Struktur handelt.

Erhöht man die Temperatur einer Flüssigkeit so weit, dass die thermische Bewegungsenergie eines Atoms größer wird als die wechselseitige Bindungsenergie mit seinen Nachbarn, so kann es sich von seinen Nachbarn loslösen und sich beliebig weit entfernen. Die Flüssigkeit geht in den gasförmigen Zustand über. In Tab. 5.1 sind einige Eigenschaften der drei Aggregatzustände zusammengestellt.

Nanomaterie *Kondensierte Materie* bezeichnet als Oberbegriff flüssige und feste Materie. Kondensierte Materie ist die Zusammenlagerung von Atomen oder Molekülen. Ein Würfel Gold von $1\,cm^3$ Volumen enthält dabei die fast unvorstellbare Zahl von etwa 10^{23} Atomen. Da ist es nicht relevant für die physikalischen Eigenschaften etwa von Festkörpern, ob man 10 oder 10.000 Atome hinzufügt oder entfernt. In einem solchen *makroskopischen* Maßstab sind Materialeigenschaften wie die Dichte, die elektrische Leitfähigkeit, die spezifische Wärme, die Farbe usw. unabhängig von der speziellen Größe eines Körpers.

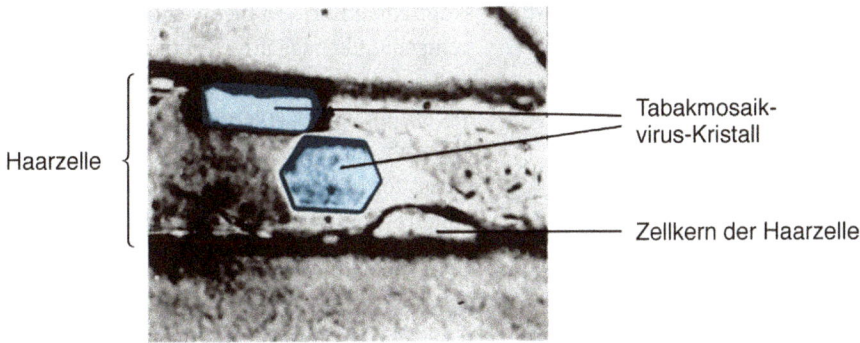

Abb. 5.8: Hexagonaler Kristall des Tabakmosaikvirus (Länge 15 μm) in einer Haarzelle eines Tabakblattes. Links oben ein weiterer Kristall in Seitenansicht. (Für die lichtmikroskopische Aufnahme danken wir Herrn Prof. Dr. C. Wetter.).

Tab. 5.1: Einige typische Eigenschaften von Gasen, Flüssigkeiten und Festkörpern.

	Gas	Flüssigkeit	Festkörper
Dichte in kg m^{-3} (Bsp.)	Luft ca. 1,3	H_2O ca. 1.000	Stahl 7.900
Ordnung	keine Ordnung	Nahordnung; geringe Variationen der Molekülabstände um einen Mittelwert r_0	regelmäßige Struktur (Kristallgitter) mit gleichmäßigen Abständen; geringe Abstandsschwankungen infolge thermischer Bewegung
Form	nicht formbeständig	nicht formbeständig (falls dünnflüssig); formbeständig (falls zähflüssig, z. B. Glas)	formbeständig
Energiebilanz	thermische Energie größer als Bindungsenergie	thermische Energie ausreichend zur Verschiebung der Atome gegeneinander	thermische Energie klein gegen Bindungsenergie

Seit etwa 150 Jahren sind in der Forschung und bei technischen Anwendungen folgende Fragen zunehmend wichtig geworden: Gibt es Materie, die, verglichen mit 10^{23}, nur aus wenigen Atomen aufgebaut ist? Wenn ja, welche Eigenschaften hat sie? Die vor diesem Hintergrund durchgeführten Untersuchungen haben zur Entdeckung und Entwicklung völlig neuartiger Materialien, der *Nanomaterie*, geführt. Ihre Anwendung durch die *Nanotechnologie* (Abschnitt 5.4) wird zunehmend wichtiger. Nanomaterie kann sowohl in der Natur vorkommen als auch künstlich hergestellt werden. So konn-ten die Römer bereits Gläser rot färben, weil Gold-*Nanopartikel* (Durchmesser ≈ 20 nm) im Glas diesem eine dunkelrote Farbe *(Goldrubin)* verleihen. Gold in makroskopischen Mengen ist dagegen gelb. Lässt man den Durchmesser der Gold-Nanopartikel auf 100 nm anwachsen, so geht die Farbe von Rot in Blau über. Ein Beispiel zur Veranschaulichung: 1.000 solcher 20-nm-Gold-Nanopartikel aneinandergereiht entsprechen der Dicke eines 20 μm starken Haares. Einzelne 20 nm große Nanopartikel bestehen aus einigen Hunderttausend Atomen, 2 nm große nur aus etwa 250 Atomen.

5.2 Makroskopische mechanische Eigenschaften von Festkörpern

5.2.1 Homogene Körper

Wir bezeichnen einen Körper als *homogen*, wenn seine Dichte und chemische Zusammensetzung als konstant über den gesamten Volumenbereich, den der Körper ausfüllt, anzusehen sind. Um das Ausmaß eines homogenen Körpers, seine Menge, zu beschreiben, können wir uns verschiedener Größen bedienen, z. B. der Masse des Körpers, seines Volumens, seiner Teilchenanzahl, seiner Stoffmenge oder *molaren Masse*. Als auf das Volumen bezogene Mengenbegriffe (Dichten) verwenden wir die *Massendichte* (Gl. (2-1)) mit der Einheit kg m^{-3} (Tab. 2.2), die *Teilchenzahldichte* mit der Einheit m^{-3} und die *Stoffmengendichte* (Stoffmenge pro Volumen) mit der Einheit mol m^{-3}. Beispiel für eine auf die Stoffmenge bezogene Größe ist das molare Volumen mit der Einheit m^3 mol^{-1}.

Bei homogenen Stoffen lassen sich die mikroskopischen Strukturen und Bindungsverhältnisse an makroskopischen Proben untersuchen und durch makroskopische Stoffeigenschaften (Elastizitätsmodul, Viskosität usw.) beschreiben.

5.2.2 Verformung von festen Körpern unter dem Einfluss von Kräften

Im molekularen Bild zeigte sich, dass sich jeder Körper verformen muss, wenn äußere Kräfte einwirken, da dadurch das Kräftegleichgewicht zwischen den Atomen gestört wird und diese neue Gleichgewichtslagen einnehmen müssen. Aus der Potentialkurve der Abb. 5.6 geht hervor, dass Kompression eines Festkörpers nur in geringem Maße möglich ist, weil dabei die potentielle Energie sehr steil ansteigt. Im Vergleich dazu kann ein Körper relativ weit gedehnt werden, bis er zerstört wird (Bruch, Zerreißen), weil bei Dehnung die Potentialkurve flacher verläuft. Die an makro-

skopischen Körpern beobachtbaren Verformungen und einige ihrer Prüfverfahren sollen im Folgenden zusammengestellt werden. Um das Minimum der Potentialkurve herum kann diese mit einer Parabel angenähert werden, sodass für kleine Verformungen Dehnung und Kompression gleichermaßen möglich sind.

Dehnung Ein an einer Seite eingespannter Stahldraht werde durch eine äußere Kraft belastet. Dadurch wird seine Länge l um Δl gedehnt, und wir können das im *Spannungs-Dehnungs-Diagramm* der Abb. 5.9 skizzierte Verhalten beobachten.

Für kleine Verformungen Δl besagt das *Hooke'sche Gesetz*, dass die relative Längenänderung (Dehnung) $\varepsilon = \Delta l/l$ der verformenden Kraft F direkt proportional und der Querschnittsfläche A des Drahtes umgekehrt proportional ist. Die Proportionalitätskonstante nennt man üblicherweise $1/E$, wobei wir E als den *Elastizitätsmodul* mit der Einheit N m^{-2} bezeichnen:

$$\frac{\Delta l}{l} = \frac{1}{E}\frac{F}{A} \quad \text{bzw. } \sigma = E \cdot \varepsilon. \tag{5-3}$$

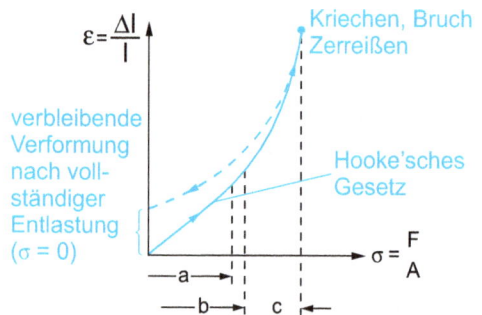

Abb. 5.9: Spannungs(σ)-Dehnungs(ε)-Kurve: (a) Gültigkeitsbereich des Hooke'schen Gesetzes, (b) elastischer Bereich, (c) plastische Verformung.

Das Hooke'sche Gesetz beschreibt den Zusammenhang zwischen Spannung σ, Dehnung ε und Elastizitätsmodul E. Dieses Gesetz ist uns in anderem Zusammenhang (beim Federpendel) bereits in Abschnitt 2.2.5 begegnet.

Die durch Dehnung verursachte Volumenänderung wird von dem Körper teilweise durch eine Querschnittsverringerung, die *Querkontraktion*, kompensiert. Diese Erscheinung ist z. B. auch von den Muskeln her bekannt.

Den Quotienten $F/A = \sigma$ nennen wir *mechanische Spannung* (Zugspannung) mit der Einheit $N\,m^{-2}$. Statt zu dehnen, können wir eine Probe auch einseitig zusammendrücken (durch Druckspannung). Für kleine (siehe blauer Kasten vorige Seite) negative Verformungen $\varepsilon = \Delta l/l$ gilt dann ebenfalls Gl. (5-3).

> Eine Verformung heißt *elastisch*, wenn der Körper der durch die äußere Kraft erzwungenen Änderung seiner Gestalt einen bleibenden Widerstand entgegensetzt und seine ursprüngliche Gestalt ohne Verzögerung wieder annimmt, wenn diese Kraft aufhört zu wirken.

Der elastische Bereich im Spannungs-Dehnungs-Diagramm reicht nur geringfügig über den Gültigkeitsbereich des Hooke'schen Gesetzes der Gl. (5-3) hinaus, der oft wegen der linearen Beziehung zwischen ε und σ Proportionalitätsbereich genannt wird. Lassen wir die mechanische Spannung in unserem Versuch jedoch zu groß werden, dann überschreiten wir den Bereich elastischer Verformungen, den Elastizitätsbereich, und der Körper nimmt nach Wegnahme der Kraft nicht wieder seine ursprüngliche Form (z. B. ursprüngliche Länge) an. Es bleibt eine *plastische* Verformung bestehen, die man erst durch zusätzliche äußere Druckkräfte wieder beseitigen kann. Die plastische Verformung von festen Stoffen hat große technische Bedeutung. Auf ihr beruht die Möglichkeit der Verformung der Metalle durch Schmieden, Walzen, Strecken usw. Bei weiterer Zunahme der Spannung über den elastischen Bereich hinaus beginnen manche Stoffe bei erhöhter Temperatur schließlich zu fließen, d. h., ihre Form verändert sich bei gleichbleibender Spannung laufend mit der Zeit, und zwar so lange, bis der Körper schließlich zerreißt (zu Bruch geht). Die Grenze der elastischen Verformung und die Fließgrenze wandern im Allgemeinen zu größeren Werten der mechanischen Spannung, wenn die Temperatur der Probe herabgesetzt wird. Zu den plastischen, verformbaren Stoffen gehören Metalle oder Kunststoffe (Polymere). Andere Stoffe dagegen gehen bereits zu Bruch, kurz nachdem die Elastizitätsgrenze überschritten wurde. Sie lassen sich deshalb kaum plastisch verformen. Wir nennen sie *spröde*. Glas bei Raumtemperatur und auch Knochengewebe gehören zu diesen Stoffen.

Um Ermüdungserscheinungen an Bauwerken (Hochhäuser, Brücken, Staumauern, Windkraftanlagen etc.) zu dokumentieren, wird mittels *Dehnungs-Messstreifen* (DMS) die Kurz- und Langzeitdynamik sowohl metallischer Werkstoffe als auch des Werkstoffs Beton untersucht. Ein DMS ist ein Messelement in Streifenform (ca. 1 mm breit), das aus vielen (ca. 10 μm dicken) parallel angeordneten Drähten mit einer Länge von 2 bis 10 mm besteht. Die Drähte sind auf einer Trägerfolie, welche sich bei der Messung dehnt, isoliert aufgeklebt und mit elektrischen Anschlüssen ausgestattet. Das Messprinzip besteht darin, dass sich proportional zur Längenänderung des Probekörpers der elektrische Widerstand R (Abschnitt 14.5) des DMS ändert und somit indirekt seine Dehnung ε (positiv oder negativ) gemessen wird:

$$\Delta R/R = K \cdot \varepsilon.\ (K = \text{Kalibrierungskonstante})$$

Ändern sich Temperatur, Zug- oder Druckspannung des zu untersuchenden Materials, dann geht damit eine Änderung des DMS-Signals einher. Damit lässt sich das Verformungsverhalten von Werkstoffen (auch von Knochen) diagnostisch beurteilen.

Kompression Von der linearen Formänderung zu unterscheiden ist die Volumenänderung unter allseitig wirkendem Druck, da dann der Ausgleich durch seitliche Verformung wie bei der Querkontraktion nicht möglich ist. Solange die Verformung klein bleibt, gilt in guter Näherung die einfache Beziehung zwischen relativer Volumenänderung $\Delta V/V$ und Druck p:

$$\frac{\Delta V}{V} = -\frac{1}{K}p = -\varkappa p \qquad (5\text{-}4)$$

Das negative Vorzeichen tritt in Gl. (5-4) auf, da eine Erhöhung (Verminderung) des Drucks eine Verkleinerung (Vergrößerung) des Volumens bewirkt. K ist der *Kompressionsmodul* mit der Einheit N m^{-2}. Seinen Kehrwert $\varkappa = 1/K$ nennt man die *Kompressibilität* des Stoffes. Angenähert gilt bei Festkörpern $\Delta V/V \approx 3\Delta l/l$. Es zeigt sich, dass vor allem Gase (und weit weniger Flüssigkeiten und Festkörper) kompressibel und damit volumenelastisch sind.

Tab. 5.2 veranschaulicht mit ihren numerischen Daten die mechanischen Eigenschaften (Druckfestigkeit, Zugfestigkeit, Elastizitätsmodul) einiger Stoffe (Stahl, Knochen, Holz, Beton) sowie die Kompressibilität einiger Festkörper, Flüssigkeiten und Gase.

Scherung, Torsion Wirkt auf einen an der Unterseite befestigten Körper entlang seiner Fläche A die Kraft F, wie in Abb. 5.10 gezeichnet ist, dann erfahren seine Seitenflächen eine Drehung um den Winkel α. Die Kraft greift hier also im Gegensatz zum Fall der

Tab. 5.2b: Kompressibilität $\varkappa$ einiger Festkörper, Flüssigkeiten und Gase in 10^{-7} mm^2 N^{-1}.

Festkörper	Al	(20 °C)	1,34
	Cu	(20 °C)	0,72
	Quarzglas	(20 °C)	2,6
	Eis	(−4 °C)	10
Flüssigkeiten	H$_2$O	(20 °C)	46
		(100 °C)	47,7
	Äther	(20 °C)	171
		(40 °C)	203
Gase			

Gase: Bei konstanter Temperatur gilt für ideale Gase $\varkappa = 1/p$; hieraus folgt, dass bei kleinen Drucken p die relative Volumenänderung ganz beträchtlich sein kann. Unter Normalbedingungen (siehe Abschnitt 9.1) beträgt die Kompressibilität von idealen Gasen demnach $\varkappa = 10$ mm^2 N^{-1}.

Dehnung tangential an der Fläche A an. Eine Torsion liegt auch vor, wenn ein Stab oder ein Knochen um seine Längsachse verdrillt wird. Ist die Verformung klein, dann erfolgt sie elastisch, und es gilt für den Torsionswinkel α eine dem Hooke'schen Gesetz analoge Beziehung:

$$\alpha = \frac{1}{G}\frac{F}{A} = \frac{\sigma_s}{G}. \qquad (5\text{-}5)$$

Die *Schubspannung* $\sigma_S = F/A$ besitzt die Einheit N m^{-2}, und der *Schub-* oder *Torsionsmodul* G hat die Einheit N m^{-2} rad^{-1}.

Biegung Bei der Biegung eines Körpers greifen im einen Teil Zug- und im anderen Teil Druckspannungen an. Der Balken in Abb. 5.11 wird

Tab. 5.2a: Mechanische Eigenschaften verschiedener Stoffe.

Material	Druckfestigkeit N/mm^2	Zugfestigkeit N/mm^2	Elastizitätsmodul 10^2 N/mm^2
Stahl	552	827	2.070
Knochen	170	120	179
Eiche	59	117	110
Beton	21	2,1	165

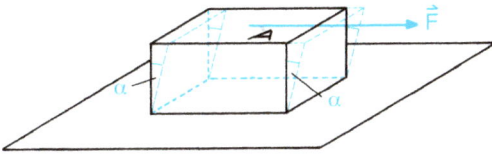

Abb. 5.10: Torsion eines Festkörpers.

also auf der oberen Seite gedehnt und auf der unteren gestaucht, und die Verformung wird im Elastizitätsbereich durch das Hooke'sche Gesetz (Gl. 5-3) beschrieben.

Knickung Beanspruchen wir einen Körper auf Druck, dann kann er seitlich ausweichen; er knickt ein wie in Abb. 5.12 veranschaulicht.

Die unter verschiedenen experimentellen Bedingungen zu messenden elastischen Konstanten E, K und G sind letztlich durch die gleichen Kräfte zwischen den atomaren Bausteinen bedingt, und sie sind daher nicht unabhängig voneinander. Der spezielle Aufbau und die Form eines Knochens bedingen z. B., dass wirkende Kräfte eine komplizierte Kombination von Zug-, Druck-, Biege- und Torsionsbelastungen darstellen. Hierbei ist offenbar die Zusammensetzung des Knochens aus organischer Grundsubstanz und anorganischen Kalziumsalzen für wechselnde Belastungen weitgehend optimal. Dies wird deutlich bei Krankheiten, durch die der Knochen einen größeren oder auch kleineren Gehalt an anorganischen Kalziumsalzen aufweist. Bei geringerem Gehalt führen statische Belastungen zu bleibenden Verformungen, während ein zu hoher Gehalt zur Versprödung und damit zu Knochenbrüchen bei Biege- und Torsionsbelastungen führt (Glasknochenkrankheit).

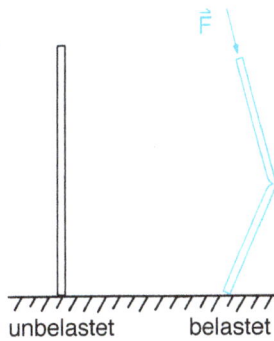

unbelastet   belastet

Abb. 5.12: Knickung eines Stabes.

5.3 Makroskopische mechanische Eigenschaften von Flüssigkeiten

Bei der Behandlung der mechanischen Eigenschaften von Flüssigkeiten (Hydromechanik) unterscheiden wir zwischen der Lehre von den ruhenden Flüssigkeiten (Hydrostatik) und der Lehre von den strömenden Flüssigkeiten (Hydrodynamik). Da feste und flüssige Stoffe aber stets von Oberflächen begrenzt sind, wollen wir zunächst die physikalischen Eigenschaften an Grenzflächen diskutieren und dabei unterscheiden, ob eine Flüssigkeit an Vakuum oder Luft (freie Oberfläche) oder ob sie an andere Materie grenzt.

5.3.1 Grenzflächen

Die Bindungsverhältnisse sind an der Oberfläche flüssiger oder fester Stoffe gegenüber

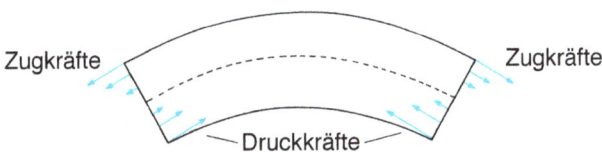

Abb. 5.11: Biegung eines Balkens.

dem Innern verändert, da für Atome nahe der Oberfläche die Zahl und Verteilung der Nachbaratome anders ist als im Innern. Dadurch entstehen physikalische Phänomene wie Oberflächenspannung, Benetzung, Kapillarität oder auch die chemische Katalyse-Wirkung mancher Stoffe.

Die freie Oberfläche Die Bindungskräfte aller Nachbarn auf ein Molekül im Innern einer Flüssigkeit heben sich gegenseitig auf: Das Molekül ist kräftefrei. Auf Atome oder Moleküle, die in einer etwa 10^{-9} m = 10 Å dicken Oberflächenschicht einer freien Oberfläche liegen, wirken jedoch nicht mehr aus allen Richtungen Kräfte (Abb. 5.13) ein. Die Resultierende der Kräfte, F_R, ist daher nicht mehr gleich null, und jedes Oberflächenmolekül wird ins Innere der Flüssigkeit hineingezogen. Bedingt durch diese Kraft nimmt eine Flüssigkeit diejenige Form an, bei der am wenigsten Moleküle an der Oberfläche liegen und die Oberfläche – bezogen auf das Volumen – am kleinsten ist. Will man die Oberfläche vergrößern, so muss man Moleküle aus dem Flüssigkeitsinnern durch die Oberflächenschicht Δx mittels einer äußeren Kraft an die Oberfläche bringen (z. B. um eine Seifenblase aus einem Tropfen entstehen zu lassen). Dazu muss an den Teilchen an der Oberfläche Arbeit gegen $\vec{F}_R$ entlang des Weges durch die Oberflächenschicht verrichtet werden, und die potentielle Energie der Flüssigkeitsoberfläche nimmt dabei zu.

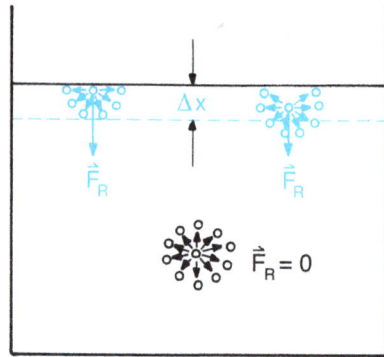

Abb. 5.13: Resultierende Kraft $\vec{F}_R$ auf Oberflächenmoleküle ($\Delta x \approx 10^{-9}$ m).

Ein System befindet sich im stabilen Gleichgewicht, wenn seine potentielle Energie ein Minimum besitzt. Unter verschiedenen Gestalten von Oberflächen hat nach Gl. (5-6) diejenige die minimale potentielle Energie, deren Fläche am kleinsten ist. Aus diesem Grunde nehmen Tropfen und Seifenblasen Kugelgestalt an, wenn keine äußeren Kräfte einwirken, denn von allen geometrischen Figuren mit gleichem Rauminhalt besitzt die Kugel die kleinste Oberfläche.

Betrachtet man die Oberfläche aus der Perspektive wirkender Kräfte, so nennt man die spezifische Oberflächenenergie auch *Oberflächenspannung σ*. Ihr liegt die Vorstellung zugrunde, längs der Oberfläche wirke eine Kraft, gegen die zur Oberflächenvergrößerung eine Arbeit zu verrichten sei. Diese Arbeit pro Fläche ist gerade ε. Den Betrag der Kraft, bezogen auf die Breite l der Oberflächenschicht, nennt man die Oberflächenspannung und gibt sie in der Einheit N m^{-1} an. Wie man leicht sieht, ist die Einheit von σ gleich der von ε: N m^{-1} = J m^{-2}.

Oberflächenspannungen (und somit auch spezifische Oberflächenenergien) sind äußerst empfindlich gegen Verunreinigungen in der Flüssigkeitsoberfläche. Die Wirkung von Waschmitteln beruht teilweise darauf, dass sie

Das Verhältnis der Zunahme der potentiellen Energie ΔE zur entsprechenden Zunahme der Oberfläche ΔA durch Vergrößern der Zahl der Oberflächenatome nennen wir *spezifische Oberflächenenergie ε*:

$$\varepsilon = \frac{\Delta E}{\Delta A}, \text{ mit der SI-Einheit J m}^{-2}. \qquad (5\text{-}6)$$

Dabei ist ε eine Materialkonstante. Für reines Wasser hat sie den Wert: $\varepsilon = 7{,}28 \cdot 10^{-2}$ J m^{-2}.

die Oberflächenspannung des Waschwassers herabsetzen. Schon ein wenig Seifenlösung vermindert sie beträchtlich. Die Oberflächenspannung nimmt außerdem mit wachsender Temperatur ab, weil die Molekularbewegung die intermolekularen Wechselwirkungen stört (Tab. 5.3).

Tab. 5.3: Oberflächenspannung (gegenüber Luft) einiger Flüssigkeiten in 10^{-3} N m^{-1} bzw. spezifische Oberflächenenergie in 10^{-3} J m^{-2}.

Glas*	(20 °C)	1.000,0
Hg	(20 °C)	465,0
H_2O	(0 °C)	75,6
	(20 °C)	72,75
	(90 °C)	62,9
Glyzerin	(20 °C)	65,7
Äther**	(20 °C)	35,4

*Wie in Abschnitt 5.1.2 erwähnt, ist auch Glas eine Flüssigkeit.
**Die Oberflächenspannung von Äther gegenüber Ätherdampf beträgt 17,0 · 10^{-3} N m^{-1}.

Oberflächenspannung und (elastische) *Spannung* werden nach dem SI leider mit dem gleichen Symbol σ bezeichnet. Dies kann zu Missverständnissen führen, denn sie unterscheiden sich nicht nur in ihrer Dimension *(Kraft pro Weg gegenüber Kraft pro Fläche)*, sondern auch inhaltlich. Spannung (oder Druck) ist eine physikalische Größe, deren Wirkung eine z. B. elastische Verformung wie eine Dehnung oder Stauchung zur Folge hat (siehe Gl. 5-3). Die Oberflächenspannung hingegen ist (wie die *spezifische Oberflächenenergie*, siehe Gl. 5-6) eine Materialkonstante, kennzeichnend für die Grenzfläche zwischen zwei Stoffen, von denen meist der eine Stoff eine Flüssigkeit ist (siehe Tab. 5.3).

Spezielle Eigenschaften werden *gewölbten Oberflächen* zugeschrieben. So ist die Delle, die ein Wasserläufer auf einer Wasseroberfläche mit seinen Beinen erzeugt, elastisch verformt; sie verschwindet wieder, wenn der Wasserläufer seinen Ort gewechselt hat. Auch aus dem Bereich der Medizin gibt es Beispiele mit Bezug zu gekrümmten Oberflächen bzw. Wandungen. Zum einen sind es die *Alveolen* in der Lunge, die am Gasaustausch O_2/CO_2 beteiligt sind. Sie lassen sich durch Seifenblasen als Modell erläutern. Die Minimierung der potenziellen Energie der Oberfläche führt wie oben beschrieben bei Seifenblasen und Flüssigkeitstropfen zur Kugelform mit dem Krümmungsradius r. Für solche Oberflächen ergibt sich ein Druck auf das Gas im Inneren der Kugel, der *Wölbungsdruck*, der sich mit $p = 4\sigma/r$ angeben lässt *(Laplace-Gesetz)*, wobei σ die Oberflächenspannung ist und der Faktor 4 berücksichtigt, dass die Seifenblase zwei Oberflächen besitzt. Zwei Seifenblasen unterschiedlicher Kugelgröße besitzen daher unterschiedliche Wölbungsdrucke. Als Folge davon bläst bei gegenseitiger Berührung die kleinere die größere auf und verschwindet, da sie einen größeren Wölbungsdruck p besitzt. (Anders ausgedrückt: Die potentielle Energie der Oberfläche der großen Gesamtblase ist niedriger als die der Summe der zwei unterschiedlichen Blasen zuvor.) Ganz ähnlich findet man, wenn man etwas Quecksilber in eine leicht gewölbte Petrischale schüttet und dann bei den vielen Tropfen unterschiedlicher Größe beobachtet, dass bei gegenseitiger Berührung nach kurzer Zeit nur ein großer Tropfen übrig bleibt. Seifenblasen können wie Alveolen unterschiedlichen Drücken ausgesetzt sein, letztere beim Ein- bzw. Ausatmen. Beim Einatmen muss der radiusabhängige Wölbungsdruck überwunden werden, um die Alveolen so weit „aufzublasen", dass ausreichend Sauerstoffzufuhr gewährleistet ist. Beim Ausatmen hilft dieser Druck, um das CO_2 vom Inneren der Alveolen nach außen zu befördern. Gerade an diesen Beispielen erkennt man die Doppeldeutigkeit des Begriffs *Oberflächenspannung*. Man sollte deshalb beim Laplace-Gesetz besser von *Wandspannung s* reden. Dass die Verhältnisse bei den Seifenblasen auch auf elastisch verformbare, gewölbte Wände anzuwenden sind, zeigt ein Versuch mit zwei aufgeblasenen, möglichst runden Luftballons unterschiedlicher Krümmungsradien. Bei Verbindung der beiden Ballons mit einem Röhrchen bläst der kleinere den größeren Ballon auf. Ein weiteres Beispiel zum Wölbungsdruck gekrümmter Wandungen (Oberflächen) liefert der Blutkreislauf (Abschnitt 5.3.3.2.4), wobei hier die Wandungen der Blutgefäße gemeint sind. Bei zylindrischen Gefäßen ergibt das Laplace-Gesetz einen Wölbungsdruck ins Gefäßinnere hinein der Größe $p = \sigma/r$. Blutgefäße sind normalerweise in der Lage, dem Druck des transportierten Bluts standzuhalten. Kommt es aber zu einer „Aussackung" (etwa durch Arteriosklerose) einer Arterie *(Aneurysma),* dann nimmt der nach innen gerichtete Wölbungsdruck an dieser Stelle ab; dies kann zu einer potenziell tödlichen Ruptur der Gefäßwand führen (Verblutungstod).

Wir wollen jetzt die Grenzfläche zwischen zwei Stoffen betrachten (die Oberfläche ist auch eine Grenzfläche, wobei dort nur die Wechselwirkungen innerhalb der Flüssigkeit betrachtet werden).

Adhäsion, Kohäsion Wir betrachten ein Atom, das in der Grenzflächenschicht zwischen zwei Stoffen liegt. Die Kräfte, die ins Innere desjenigen Stoffes gerichtet sind, dem das Atom angehört, fasst man als *Kohäsionskräfte* zusammen, die Kräfte zwischen dem Atom und dem begrenzenden zweiten Stoff als *Adhäsionskräfte.* Entsprechend der Definition von ε bei der freien Oberfläche (Gl. (5-6)) definiert man $\Delta E/\Delta A$ als *spezifische Grenzflächenenergie.*

In Abb. 5.14 sind zwei verschiedene Fälle skizziert: In Abb. 5.14a sind die Kohäsionskräfte stärker als die Adhäsionskräfte (Quecksilber (2) an Glas (1)), in Abb. 5.14b überwiegen die Adhäsionskräfte (Wasser (2) an Glas (1)). Wenn beide Stoffe gleich sind, so sprechen wir üblicherweise nur von Kohäsionskräften. Zerbrechen wir einen Glasstab, dann gelingt es uns nicht, die rauen Bruchstellen durch Kohäsion wieder fest zusammenzufügen. Die Bruchflächen lassen sich nämlich nicht mehr nahe genug aneinanderbringen, dass die Kohäsionskräfte entlang der gesamten Bruchfläche wirken könnten. Die wenigen wirklich engen Kontakte reichen nicht aus, um die zerbrochenen Teile wieder zusammenzuhalten. Pressen wir dagegen gut polierte Glasplatten mit der Hand aufeinander, dann haften die glatten Flächen infolge der Kohäsionskräfte von selbst aneinander.

Temperaturerhöhung begünstigt die Wirkung von Kohäsions- oder Adhäsionskräften. Dies macht man sich bei der Herstellung von *Sinter-Werkstoffen* zunutze. Hochschmelzende Metalle oder Oxide können unterhalb des Schmelzpunktes fast untrennbar miteinander verbunden werden, wenn man feinstes Pulver aus der Ausgangssubstanz zunächst zusammenpresst und auf etwa zwei Drittel des Schmelzpunktes erhitzt (sintert). Dadurch entstehen Körper hoher Festigkeit, z. B. Porzellan.

Weitere Beispiele zur Adhäsion sind uns aus dem täglichen Leben bekannt: Ein Papierschnipsel bleibt am nassen Finger hängen. Die Druckfarbe haftet am Papier, die Farbe an der Wand. Körper werden durch Leimen, Kitten und Löten miteinander verbunden usw.

Benetzung Soll eine Flüssigkeit an einem festen Körper haften, so muss sie ihn benetzen. Dies tritt ein, wenn die Adhäsion zwischen Flüssigkeit und Festkörper größer als die Kohäsion in der Flüssigkeit ist. Die benetzende Flüssigkeit breitet sich dann selbstständig in einer dünnen Schicht über die ganze Oberfläche des Festkörpers aus.

Einige Beispiele: Quecksilber haftet an Kupfer, benetzt aber weder Glas noch Porzellan oder Eisen. Wasser benetzt reines, nicht aber fettiges Glas, auf dem es Tropfen bildet. Alkohol benetzt Glas gut, da er Fettschichten ablöst.

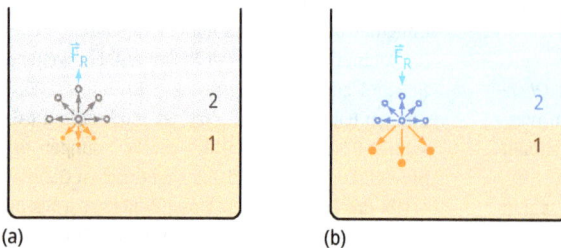

(a)　　　　　　(b)

Abb. 5.14: Kohäsion und Adhäsion: (a) Kohäsion überwiegt Adhäsion, (b) Adhäsion überwiegt Kohäsion.

Adsorption Die Eigenschaft fester Körper, an ihren Oberflächen Stoffe in einer Schicht von etwa monomolekularer Dicke festzuhalten, nennt man Adsorption. Das geschieht durch die zwischen den Oberflächenmolekülen des festen Stoffes und den adsorbierten Molekülen wirkenden Bindungskräfte.

Poröse Stoffe und sehr fein verteilte Materie (kolloidale Systeme) besitzen sehr große Oberflächen und können deshalb große Gasmengen adsorbieren. Besonders eignen sich ausgeglühte Holzkohle (Aktivkohle) oder Zeolith zur Beseitigung von Gasen, sei es, um in einer Apparatur Vakuum zu erzeugen oder um in einer Gasmaske lebensgefährliche Gase festzuhalten (CO wird jedoch von Aktivkohle nicht adsorbiert!). Die Adsorption spielt auch in der chemischen Technik eine wichtige Rolle. Gewisse chemische Prozesse laufen schneller ab oder werden überhaupt erst möglich, wenn die Reaktionspartner an der Oberfläche von *Katalysatoren* adsorbiert sind. Als Beispiel sei die Oxidation von Schwefeldioxid zu Schwefeltrioxid ($SO_2 + 1/2\ O_2 \rightarrow SO_3$) an einer Pt-Oberfläche genannt.

5.3.2 Hydrostatik

Typisch für ruhende Flüssigkeiten ist, dass die Minimierung der potentiellen Energie dazu führt, dass die Flüssigkeit ein Gefäß vom Boden her mit einer horizontalen Oberfläche ausfüllt. Nur da, wo sie an die Gefäßwand angrenzt, ist aufgrund der spezifischen Grenzflächenenergie nicht die horizontale Oberfläche mit dem Minimum der gesamten potentiellen Energie verbunden (Benetzen bzw. Nichtbenetzen der Gefäßwand durch die Flüssigkeit).

5.3.2.1 Kapillarität

Tauchen wir ein sauberes Glas zum Teil in Wasser, so wird es benetzt, d. h., die Adhäsionskräfte sind größer als die Kohäsionskräfte des Wassers, sodass eine dünne Wasserhaut

über die ganze Glasfläche gezogen wird. Die Ursache ist eine negative spezifische Grenzflächenenergie, also dass die Adhäsionskräfte größer als die Kohäsionskräfte in der Flüssigkeit sind. Eine Vergrößerung der Grenzfläche ist demzufolge mit einer Absenkung der Gesamtenergie verbunden.

Tauchen wir eine saubere Glaskapillare (d. h. ein Haarröhrchen mit Innendurchmesser $2r \leq 0{,}5$ mm) senkrecht in eine benetzende Flüssigkeit, so beobachten wir, dass in ihr die Flüssigkeitssäule gegen die umgebende Flüssigkeit nach oben steigt (*Kapillarattraktion*, Abb. 5.15a), und die Steighöhe h erweist sich als umso größer, je kleiner der Kapillarenradius r ist.

Die Steighöhe ergibt sich aus folgender Rechnung: Nehmen wir an, die Wassersäule sei in der Kapillare bis zur Höhe h gestiegen. Bei einer weiteren Anhebung der Säule um dh wird die Oberflächenenergie der freien Wasseroberfläche um $dE_0 = dA\,\varepsilon = 2\pi r\,dh\,\varepsilon$ verringert, denn der Betrag dA, um den die Wasseroberfläche beim Anheben der Wassersäule um die Höhe dh verringert wird, ist (siehe Abb. 5.15) durch die Ringfläche $dA = 2\pi r\,dh$ gegeben. Die Masse der Flüssigkeitssäule beträgt $m = V\varrho_{Flüss} = r^2\pi h\varrho_{Flüss}$ ($\varrho_{Flüss}$ = Dichte der Flüssigkeit), und da sie um dh gehoben wird, erhöht sich ihre potentielle Energie um $dE_{pot} = mg\,dh = r^2\pi h\varrho_{Flüss}g\,dh$.

Der Energiebedarf zur Anhebung um dh wird also mit wachsender Höhe h der Säule immer größer, und daher kann diese nur bis zu derjenigen Höhe h gehoben werden, bei der dE_{pot} gleich der frei werdenden Oberflächenenergie dE_0 ist:

$\varepsilon 2\pi r\,dh = r^2\pi h\varrho_{Flüss}g\,dh$ und aufgelöst nach h:

$$h = \frac{2\varepsilon}{r\varrho_{Flüss}g} \qquad (5\text{-}7)$$

Die Steighöhe h ist proportional zur spezifischen Oberflächenenergie ε und ändert sich umgekehrt proportional zum Kapillaren-Radius r.

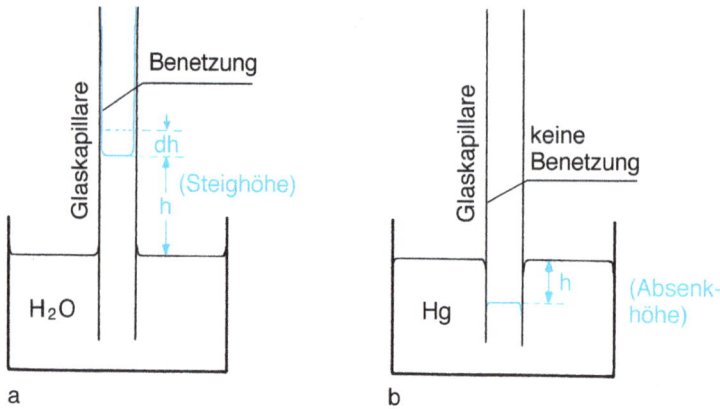

Abb. 5.15: Kapillarität (Haarröhrchenwirkung): (a) Kapillarattraktion, (b) Kapillardepression.

Daher ist die Steighöhe nur in Kapillaren, nicht aber in normalen Rohren oder Gefäßen merklich. In einem 1 cm dicken Glasrohr steigt Wasser nur um 3 mm an, in einer 0,1 mm dicken Kapillare dagegen (falls diese sauber ist) um 30 cm. Dies geschieht, wie aus Gl. (5-7) zu sehen ist, *ohne zusätzlichen* äußeren Druck. Die Kapillarwirkung ist wichtig für die Wasserversorgung der Pflanzen, wobei zusätzlich Kohäsionskräfte im Wasser dafür sorgen, dass Wasser auch über Höhen von über 10 m (entsprechend dem atmosphärischen Luftdruck) angesaugt werden kann.

Gl. (5-7) bietet eine einfache Möglichkeit, die spezifische Oberflächenenergie ε bzw. die Oberflächenspannung σ experimentell zu bestimmen, indem man den Kapillarradius r, die Dichte der verwendeten Flüssigkeit $\varrho_{\text{Flüss}}$ und die Steighöhe h misst.

Bei nicht benetzenden Flüssigkeiten (z. B. Hg in Glas) ist die Kohäsion größer als die Adhäsion, also die spezifische Grenzflächenenergie positiv, sodass eine Verkleinerung der Grenzfläche zwischen Hg und Glas angestrebt wird, und daher liegt in einer eingetauchten Kapillare der Flüssigkeitsspiegel tiefer als außerhalb (*Kapillardepression*, Abb. 5.15b). Für die Absenkhöhe h' gilt analog zu Gl. (5-7), dass $h' \sim 1/r$.

Stalagmometer Eine weitere Möglichkeit zur Messung der spezifischen Oberflächenenergie ε

bzw. der Oberflächenspannung σ bietet das *Stalagmometer*. Es besteht aus einem Glasrohr mit geeichtem Volumen. An sein unteres Ende ist eine Kapillare angeschmolzen, deren Radius so gering ist, dass eingefüllte Flüssigkeiten nur langsam heraustropfen (Abb. 5.16). Füllen wir nacheinander das Instrument mit zwei verschiedenen Testflüssigkeiten (z. B. H_2O und Äther) und lassen jeweils dasselbe Volumen durch die Kapillare austropfen, dann können wir aus dem Verhältnis der Tropfenzahlen Z auf das Verhältnis der Oberflächenspannungen der beiden Versuchsflüssigkeiten schließen.

Ein Tropfen bleibt nämlich so lange an der Kapillare hängen, bis seine Gewichtskraft $F_s = V\varrho_{\text{Flüss}}g$ die durch die Oberflächenspannung zustande kommende, am Umfang des Tropfens $2r\pi$ angreifende und den Tropfen haltende Kraft $F_U = \sigma 2r\pi$ überwiegt. Ist der Tropfen durch Zulauf von Flüssigkeit so groß geworden, dass beide Kräfte gleich sind, dann gilt in dem Augenblick, in dem der Tropfen abreißt:

$$\varrho_{\text{Flüss}}gV = \sigma 2r\pi \text{ oder } V = \frac{\sigma 2r\pi}{\varrho_{\text{Flüss}}g} \qquad (5\text{-}8a)$$

Das Verhältnis des gesamten aus dem Stalagmometer ausgetropften Flüssigkeitsvolumens V' zum Volumen V eines Tropfens ist die Tropfenzahl $Z = V'/V$. Damit ergibt sich mit Gl. (5-8 a) für die Beziehung zwischen Tropfenzahl und Oberflächenspannung:

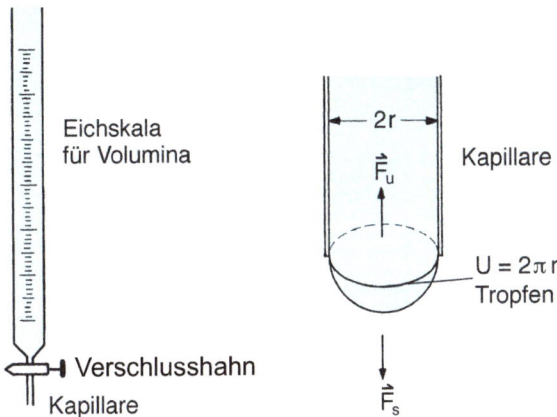

Eichskala
für Volumina

— 2r —

$\vec{F}_u$

Kapillare

$U = 2\pi r$
Tropfen

Verschlusshahn
Kapillare

$\vec{F}_s$

Abb. 5.16: Stalagmometer.

$$Z = \frac{\varrho_{\text{Flüss}} g V'}{\sigma 2 r \pi} \qquad (5\text{-}8b)$$

Z und σ sind also zueinander umgekehrt proportional, d. h. je kleiner die Oberflächenspannung, umso mehr (aber kleinere) Tropfen entstehen. Wenn zwei Testflüssigkeiten (bei gleicher Temperatur und Dichte) mit Z_1 bzw. Z_2 Tropfen aus dem Stalagmometer austropfen, so verhalten sich ihre Oberflächenspannungen wie

$$\frac{\sigma_1}{\sigma_2} = \frac{Z_2}{Z_1} \qquad (5\text{-}9)$$

Gl. (5-8 b) besagt aber auch, dass die Tropfenzahl bei verschiedenen Flüssigkeiten kein Maß für deren Menge ist, sondern von der Dichte und der Oberflächenspannung abhängt.

Beim Verabreichen von Arzneimitteln ist zu beachten, dass gleiche Tropfenzahl bei verschiedenen Flüssigkeiten nicht bedeutet, dass die ausgetropften Mengen gleich sind.

5.3.2.2 Druck in Flüssigkeiten

Eine der typischen Eigenschaften einer Flüssigkeit wurde bereits bei der *Kompression* in Abschnitt 5.2.2 besprochen, dass sich nämlich ihr Volumen (wie auch das eines Festkörpers, aber im Gegensatz zu dem eines Gases) durch äußere Kräfte nur sehr wenig ändern lässt. Im Folgenden können wir deshalb zur Verein-

fachung Flüssigkeiten als *inkompressibel* betrachten.

Stempeldruck Wirkt auf eine allseits in ein Gefäß eingeschlossene Flüssigkeitsmenge über irgendein Flächenelement A (etwa über die Fläche eines Kolbens) die Kraft $\vec{F}$, wobei $\vec{F}$ senkrecht auf A steht, so wird der Druck $p = F/A$ auf die Flüssigkeit ausgeübt. Dieser Druck breitet sich in der Flüssigkeit gleichmäßig aus. Auf diesem *Prinzip der allseitig gleichmäßigen Druckausbreitung* beruht die Wirkungsweise der *hydraulischen Presse*, die in Abb. 5.17 skizziert ist.

Mit dem Druck von Kolben I, $p = \frac{F_1}{A_1}$, presst die Flüssigkeit den Kolben II nach oben. Dessen Querschnittsfläche sei A_2. Dann finden wir mit

$$p = \frac{F_1}{A_1} = \frac{F_2}{A_2},$$

dass der Kolben II mit der Kraft F_2 nach oben wirkt, und es ist offensichtlich, dass sich die an den Kolben angreifenden Kräfte F_1 und F_2 wie die Kolbenquerschnitte verhalten: $F_1 : F_2 = A_1 : A_2$. Ist A_2 größer als A_1, so kommen wir also mit einer kleinen Kraft F_1 aus, um eine schwere Last auf dem Kolben II anzuheben. Allerdings müssen wir den Kolben I über einen entsprechend größeren Weg herunterdrücken, als der Kolben II nach oben angehoben wird, sodass die am Kolben I verrichtete Arbeit gleich der ist, die Kolben II an der Last verrichtet. (Das muss wegen des Energieerhaltungssatzes so sein.)

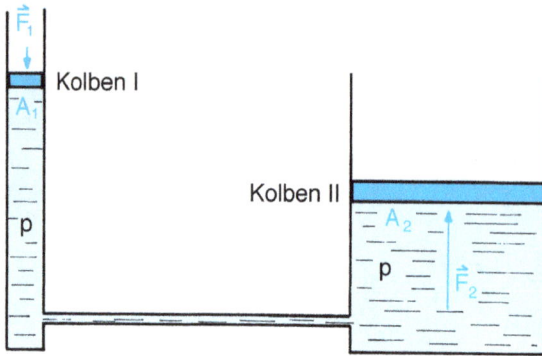

Abb. 5.17: Hydraulische Presse. Die Kraft F_1 kann leicht durch Fußdruck erzeugt werden (hydraulischer Wagenheber).

Schweredruck Nun wollen wir berücksichtigen, dass auf die Flüssigkeit die Schwerkraft wirkt. Bohren wir wie in Abb. 5.18a gezeigt in ein mit Wasser gefülltes Gefäß mehrere gleich große Löcher in verschiedenen Höhen, so stellen wir fest, dass die Spritzweite des ausfließenden Wassers von oben nach unten zunimmt. Das bedeutet, dass der Druck an der oberen Öffnung am geringsten, an der unteren Öffnung am größten ist. Der Grund ist, dass infolge der Gewichtskraft des Wassers der Schweredruck in der Flüssigkeit nach unten zunimmt. Auf dem Gefäßboden (Grundfläche A) lastet die gesamte Flüssigkeitsmenge der Masse m mit ihrer Gewichtskraft und übt auf diesen den Bodendruck p_B aus:

$$p_B = \frac{mg}{A} = \frac{mgh_0}{Ah_0} = \frac{mgh_0}{V} = \varrho g h_0. \qquad (5\text{-}10)$$

(h_0 = Höhe der Flüssigkeit; V = Flüssigkeitsvolumen; ϱ = Dichte.) Nun wollen wir die oberste Flüssigkeitsschicht zwischen h_0 und h_2 betrachten. Sie übt auf die Querschnittsfläche A der darunterliegenden Flüssigkeit den Schweredruck p_2 aus:

$$p_2 = \varrho g (h_0 - h_2). \qquad (5\text{-}11)$$

Wegen der gleichmäßigen Druckausbreitung gilt, dass der Seitendruck p_s an der Öffnung bei h_2 gleich p_2 ist. Der Seitendruck ist also gleich dem Schweredruck in gleicher Höhe.

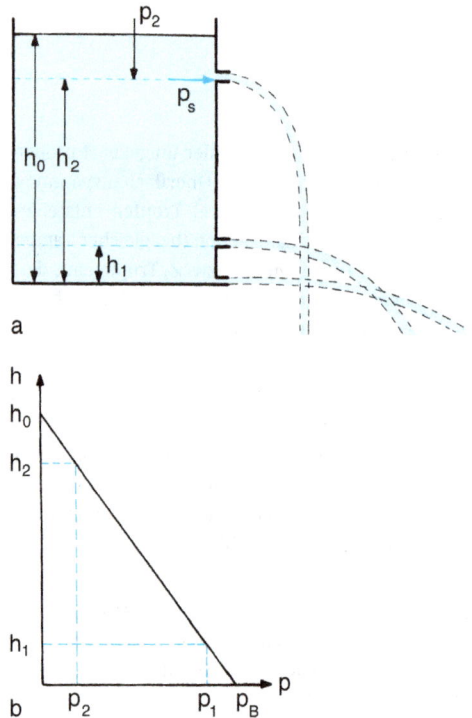

Abb. 5.18: Schweredruck.

Für den Seitendruck an der Öffnung bei h_1 gilt entsprechend:

$$p_1 = \varrho g (h_0 - h_1). \qquad (5\text{-}12)$$

Vergleichen wir Gl. (5-11) und Gl. (5-12), so finden wir, falls $h_1 < h_2$, für die Seitendrucke die Beziehung $p_1 > p_2$.

Allgemein gilt für den Schwere- oder Seitendruck der in Abb. 5.18 dargestellte lineare Zusammenhang zwischen Druck p und Höhe h:

$$p = \varrho g(h_0 - h). \qquad (5\text{-}13)$$

Kommt zu dem Schweredruck noch ein äußerer Druck p_0 durch einen Kolben hinzu, der auf die Flüssigkeit drückt, so ist statt Gl. (5-13) für den gesamten hydrostatischen Druck in der Höhe h des Gefäßes die Summe aus Schwere- und Kolbendruck zu setzen:

$$p = \varrho g(h_0 - h) + p_0. \qquad (5\text{-}14)$$

Es ist auf den ersten Blick nicht einleuchtend, dass diese Gleichung für alle möglichen Gefäßformen (Abb. 5.19a) gilt. Dies beweist aber das Experiment: Verbinden wir die vier Gefäße durch ein Rohr zu einem *kommunizierenden System* (Abb. 5.19b), dann bleibt der Flüssigkeitsspiegel bei allen in der ursprünglichen, gleichen Höhe erhalten. Wir schließen daraus, dass der Schweredruck (Bodendruck) für alle vier Gefäße derselbe ist und durch Gl. (5-10) beschrieben wird. Der Bodendruck ist demnach von der Gefäßform unabhängig. Man bezeichnet diese Tatsache als *hydrostatisches Paradoxon*.

Wasser, Glyzerin, Quecksilber usw. gefüllt sein. Ein zu messender Gasdruck p lastet auf der Flüssigkeitsoberfläche im linken Schenkel des U-Rohres. Dadurch wird die Flüssigkeit im rechten Schenkel nach oben gedrückt, bis der Schweredruck der Flüssigkeitssäule zwischen h_1 und h_2 dem Gasdruck das Gleichgewicht hält. Ist der rechte Schenkel oben offen, so lastet der Atmosphärendruck p_0 darauf, und zur Bestimmung des Druckes p ist Gl. (5-14) heranzuziehen. Bei Hg-gefüllten Manometern zur Bestimmung des Luftdrucks (*Barometer*) wird dieser Schenkel verschlossen und evakuiert; dann gilt zur Bestimmung von p die Gl. (5-13). Ist die Dichte der Flüssigkeit bekannt, reduziert sich die Druckmessung auf eine einfache Längenmessung von $\Delta h = h_1 - h_2$: Daher wird der so bestimmte Druck häufig direkt in Einheiten *mm-Quecksilbersäule* (*Torr*) oder *mm-Wassersäule* usw. angegeben. Noch heute ist es in der Medizin üblich, den Liquor-Druck in *cm-Wassersäule* (cm$_\text{H2O}$) und den Blutdruck in *mm-Quecksilbersäule* (mm$_\text{Hg}$) statt in der gesetzlich vorgesehenen SI-Einheit *Pascal* anzugeben (Tab. 1.5).

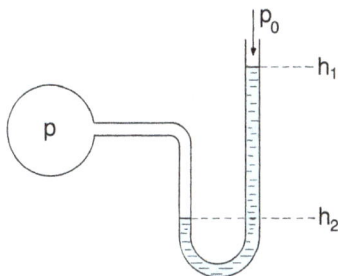

Abb. 5.20: Flüssigkeitsmanometer ($p = \varrho g(h_1 - h_2) + p_0$).

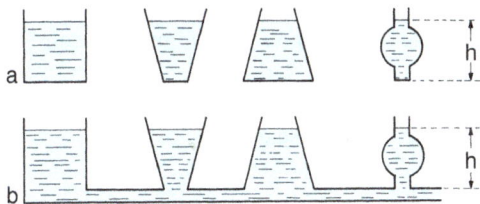

Abb. 5.19: Hydrostatisches Paradoxon (kommunizierendes System).

Druckmessung Flüssigkeitssäulen in einem U-förmigen Rohr eignen sich zur Messung kleiner Gasdrücke. In Abb. 5.20 ist ein solches Druckmessgerät, das man auch *Flüssigkeitsmanometer* nennt, dargestellt. Es kann mit Petroleum,

Zur Blutdruckmessung werden meist *Membran-Manometer* benutzt. Sie beruhen auf elastischen Formveränderungen von Membranen infolge des Drucks. Genauer wird auf die Blutdruckmessung in Abschnitt 5.3.3.2.4 eingegangen. In Kap. 9 und 10 wird der Gasdruck behandelt.

Auftrieb Taucht man einen Körper in eine Flüssigkeit, so resultiert auf diesen eine Kraft entgegen der Schwerkraft. Archimedes (etwa 200 v. Chr.) soll durch Zufall beim Baden entdeckt haben, in welcher Weise dies geschieht.

> Das *Archimedische Prinzip* besagt, dass ein Körper in einer Flüssigkeit so viel an *Gewicht* verliert, wie die Flüssigkeitsmenge wiegt, die er durch sein Volumen verdrängt. Diesen *Gewichtsverlust* bezeichnen wir als den durch die Flüssigkeit am Körper verursachten *Auftrieb*.

Folgen wir den gesetzlichen Bestimmungen, so müssen wir das Wort *Gewicht* durch *die am Körper angreifende Gewichtskraft* ersetzen.

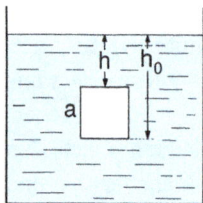

Abb. 5.21: Auftrieb.

Tauchen wir wie in Abb. 5.21 einen Würfel mit der Seitenlänge a und der Grundfläche A in eine Flüssigkeit, dann wirkt nach Gl. (5-13) auf die Grundfläche (von unten) der Schweredruck $p_{unten} = \varrho g h_0$ und von oben auf die Kopffläche der Schweredruck $p_{oben} = \varrho g h$. Der Würfel erfährt also einen Druck nach oben vom Betrag

$$p = p_{unten} - p_{oben} = \varrho g(h_0 - h) = \varrho g a, \quad (5\text{-}16)$$

wobei ϱ die Dichte der Flüssigkeit ist. Die resultierende, entgegen der Schwerkraft mg nach oben wirkende Kraft F_A ist:

$$F_A = Ap = V_{Körper}\varrho g = m_{Flüss} g. \quad (5\text{-}17)$$

Die Größe $m_{Flüss}$ ist die Masse der durch das Volumen des Körpers verdrängten Flüssigkeitsmenge. Die Kraft F_A, die wir als den Auftrieb oder die Auftriebskraft bezeichnen, ist

also entgegengesetzt gleich der an der verdrängten Flüssigkeitsmenge angreifenden Gewichtskraft.

Ein Körper, dessen Gewichtskraft größer ist als die Auftriebskraft, wird in einem mit Flüssigkeit gefüllten Gefäß bis zum Boden sinken. Dann ist seine Dichte $\varrho_{Körper}$ größer als die der Flüssigkeit, $\varrho_{Flüss}$. Stimmen dagegen beide Dichten überein, $\varrho_{Körper} = \varrho_{Flüss}$, so wird der Körper in der Flüssigkeit schweben. (Bei inhomogenen Körpern bedeutet $\varrho_{Körper}$ die *mittlere Dichte*, die sich als Quotient aus Gesamtmasse M und Gesamtvolumen V ergibt: $\varrho_{Körper} = M/V$.) Ist aber der Betrag des Auftriebs F_A eines in die Flüssigkeit getauchten Körpers größer als seine Gewichtskraft F_s, so schwimmt der Körper. Das heißt, er taucht von selbst nur so weit in die Flüssigkeit ein, bis die Gewichtskraft der von ihm verdrängten Flüssigkeit gleich seiner eigenen Gewichtskraft ist. Er taucht also umso tiefer ein, je größer seine Gewichtskraft oder je kleiner die Dichte der Flüssigkeit ist.

Man kann demzufolge aus der Eintauchtiefe eines schwimmenden Körpers mit bekannter Dichte $\varrho_{Körper}$ in eine Flüssigkeit deren Dichte $\varrho_{Flüss}$ bestimmen. Nach diesem Prinzip arbeitet das in Abb. 5.22 dargestellte *Aräometer (Senkspindel)* zur Bestimmung der Dichte einer Flüssigkeit, mit dem z. B. auch die Oechsle-Grade von Wein bestimmt werden.

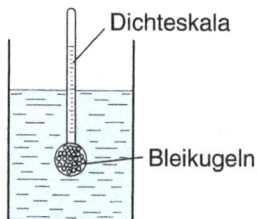

Abb. 5.22: Aräometer (die Flüssigkeit, deren Dichte bestimmt wird, muss die Temperatur haben, auf die das Aräometer geeicht ist).

Wir fassen zusammen:

$$\text{Wenn } \varrho_{\text{Flüss}} \overset{>}{\underset{<}{=}} \varrho_{\text{Körper}} \text{ dann}$$

$$F_A \overset{>}{\underset{<}{=}} F_S \text{ und der Körper } \begin{array}{l} \text{schwimmt.} \\ \text{schwebt.} \\ \text{sinkt.} \end{array} \qquad (5\text{-}18)$$

Die mittlere Dichte des menschlichen Körpers ist ungefähr gleich der von Wasser, also etwa 1000 kg m^{-3}, wobei Fettgewebe leichter ist, Knochen aber schwerer sind. Daher kann ein Schwimmer sich mit geringen Bewegungen über Wasser halten. Holt er tief Luft, so erweitert sich der Brustkorb, der Auftrieb wächst, und dies kann dazu führen, dass der Körper schwimmt. Beim Ausatmen sinkt er allerdings wieder und muss sich durch Armbewegungen an der Wasseroberfläche halten. Fische regulieren ihren Auftrieb durch eine Luftblase, die sie in ihrer Größe verändern können. Dieses Prinzip ist für Unterseeboote übernommen worden.

Pumpen Die gleichmäßige Ausbreitung des Stempeldrucks wird in der Kolbenpumpe ausgenutzt, um Flüssigkeiten oder Gase zu transportieren. Um einen dauernden Flüssigkeitsstromfluss zu erreichen, muss der Kolbenraum mit zwei Ventilklappen, dem Einlassventil und dem Auslassventil, versehen werden.

In Abb. 5.23 sind die beiden Takte des Pumpvorgangs dargestellt. Sie wiederholen sich periodisch. In Abb. 5.23a bewegt sich der Stempel nach oben, der Druck im Kolbenraum p_2 wird unter den Druck im Vorratsgefäß p_1 abgesenkt, der sich aus Schwere- und Atmosphärendruck zusammensetzt. Durch die Druckdifferenz $p_1 - p_2$ wird das Einlassventil geöffnet und Flüssigkeit in den Kolbenraum gedrückt. Das Auslassventil, das in umgekehrter Richtung öffnet, bleibt dabei geschlossen. Bei der darauffolgenden Abwärtsbewegung des Kol-

bens wird der Druck im Kolbenraum stark erhöht, die Klappe des Einlassventils wird zugepresst, während das Auslassventil sich öffnet, durch das die Flüssigkeit in das Rohr entweicht (Abb. 5.23b).

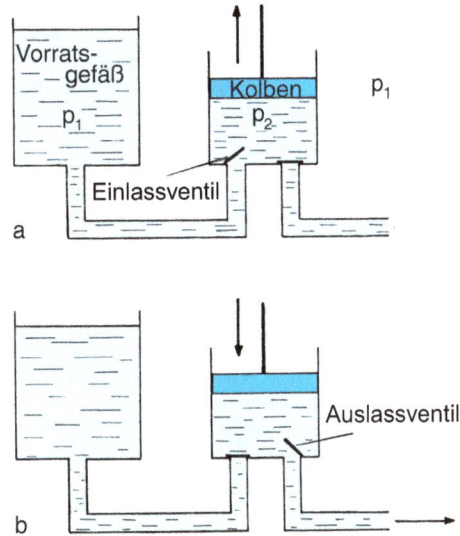

Abb. 5.23: Kolbenpumpe: (a) Ansaugvorgang, (b) Ausstoßvorgang.

In der technischen Ausführung von Förderpumpen ist diese Methode in verschiedenartiger Weise abgeändert worden, z. B. indem man die Auf- und Abbewegung des Kolbens durch eine Rotationsbewegung ersetzt hat. Sie beruht jedoch stets auf dem Prinzip der Druckausbreitung und der dadurch gesteuerten Öffnung und Schließung von Ventilen. Übrigens lässt sich mit einer Pumpe nicht nur Flüssigkeit oder Gas kontinuierlich transportieren (fördern), sondern man kann die Pumpe bei Gasen auch zur Erzeugung von Überdruck (*Kompressor*) oder Unterdruck (*Vakuum-Pumpe*) verwenden.

Das *Herz*, durch dessen Pumparbeit der Blutkreislauf aufrechterhalten wird, ist eine Doppelpumpe mit zweimal zwei Ventilen wie in Abb. 5.24 dargestellt. Von der rechten Herzkammer wird das Blut durch den Lungenkreislauf gefördert, gelangt dann über den linken Vorhof in die linke Herzkammer, von dort in den Körperkreislauf und anschließend über den rechten Vorhof zurück in die rechte Kammer. Die Kompression in den beiden Pumpenräumen, der rechten und linken Herzkammer, wird durch Kontraktion des Herzmuskels erzielt. Unter Ruhebedingungen werden von jeder Kammer pro Herzschlag ca. 70 cm^3 Blut gepumpt. Hierbei hat die rechte Kammer gegen den Blutdruck in der *Arteria pulmonalis* (von etwa 20 mm Hg ≈ 2,6 kPa) und die linke Kammer gegen den Blutdruck in der *Aorta* (von ca. 120 mm Hg ≈ 16 kPa) Blut zu fördern. Bei 60 Herzschlägen pro Minute ergibt sich für die Förderleistung, das *Schlagvolumen*, einer Kammer (unter Ruhebedingung):

$$70 \cdot 60 \text{ cm}^3 \text{ min}^{-1} = 4,2 \cdot 10^{-3} \text{ m}^3 \text{ min}^{-1}$$
$$= 4,2 \text{ Liter min}^{-1}.$$

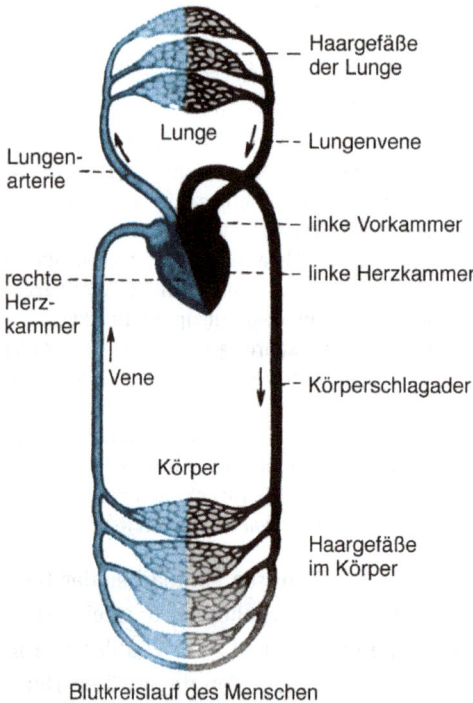

Blutkreislauf des Menschen

Abb. 5.24: Herz mit Körper- und Lungenkreislauf (schematisch). Blick des Arztes auf den Patienten.

Beide Kammern verrichten genau die gleiche Förderleistung, da sonst im Lungen- bzw. Körperkreislauf ein Stau auftreten würde.

Bei erhöhten Anforderungen, insbesondere bei Muskelarbeit, steigt die Förderleistung des Herzens bis zum 5-Fachen dieses Wertes an. Dies geschieht durch Steigerung der Schlagfrequenz, wobei sich zudem der Pumpendruck, d. h. der Blutdruck am Herzausgang, erhöht. Im Gegensatz zu den meisten technischen Pumpen ist das Herz also sehr anpassungsfähig. Die optimale Anpassung an die jeweiligen Erfordernisse erfolgt nach dem Prinzip der Regelung. Die an einer strömenden Flüssigkeit verrichtete Förderarbeit (*Volumenarbeit*, Abschnitt 10.5) errechnet sich aus der Kraft F, die auf die Querschnittsfläche A der Flüssigkeit drückt, und aus der Wegstrecke s, um die das Flüssigkeitsvolumen $V = As$ vorwärtsgeschoben wird: $W = Fs = (F/A) \cdot (As) = pV$.

> Die Förderarbeit des Herzens ergibt sich also aus dem ausgeworfenen Volumen V der beiden Ventrikel und dem in der Arteria pulmonalis und in der Aorta herrschenden Blutdruck:
>
> $$W = p_{\text{Arteria pulmonalis}} V + p_{\text{Aorta}} V. \qquad (5\text{-}19)$$

Geht man von 70 cm^3 je Ventrikel und Blutdrucken von 20 bzw. 120 mm Hg aus, so ergibt sich pro Herzschlag eine Arbeit von 1,27 Joule. Bei einer Herzfrequenz von 1 Hz beträgt die Arbeit während eines Tages $1,09 \cdot 10^5$ Joule = 27 kcal. Dies sind etwa 1,3 % des *Grundumsatzes* (Abschnitt 12.6).

5.3.3 Hydrodynamik

5.3.3.1 Die Kontinuitätsgleichung

Um die Vorgänge in strömenden Flüssigkeiten durch einfache Gesetze beschreiben zu können, verwenden wir zunächst das *Modell* der *„idealen Flüssigkeit"*. Dieses Modell weist folgende Vereinfachungen auf:

1. Die Kompressibilität der Flüssigkeit wird vernachlässigt; sie wird als *inkompressibel* angesehen.

2. Die Wechselwirkung zwischen den strömenden Flüssigkeitsmolekülen, d. h. die innere Reibung (*Viskosität*, Abschnitt 5.3.3.2.1), wird außer Acht gelassen; die Flüssigkeit bewegt sich ohne Reibung an der Rohrwand (äußere Reibung, Abschnitt 5.3.3.2.1).

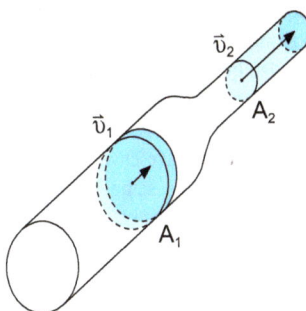

Abb. 5.25: Zur Kontinuitätsgleichung.

Strömt eine ideale Flüssigkeit durch ein Rohr mit konstantem Querschnitt A, sodass ihre Geschwindigkeit nach Betrag und Richtung dauernd beibehalten wird, so nennen wir die Strömung *stationär*. Verändert sich der Rohrquerschnitt, so gilt die *Kontinuitätsgleichung*:

$$Av = \text{konstant}$$

bzw.

$$\frac{V}{t} = \text{konstant}, \tag{5-20}$$

wobei V das Flüssigkeitsvolumen ist, das in der Zeit t durch den Querschnitt A des Rohres fließt.

Nach Gl. (5-20) muss der Flüssigkeitsstrom (Stromfaden) bei kleiner werdenden Querschnitten des Rohres schneller fließen. In dem zwischen A_1 und A_2 liegenden Bereich der Abb. 5.25 erfährt der Stromfaden demnach eine Beschleunigung. Diese wird nach den Gesetzen der Mechanik von einer Kraft bewirkt, die über die Querschnittsfläche A an der Flüssigkeit angreift. Zwischen dem linken Teil (A_1) und dem rechten Teil (A_2) des Rohrstücks besteht also ein Druckgefälle. Daraus folgt, dass an dem Ort größerer Geschwindigkeit A_2 ein geringerer Druck herrscht als bei A_1. Dies lässt sich verallgemeinern: An Orten größerer Strömungsgeschwindigkeit herrscht in Flüssigkeiten (oder auch in Gasen) ein geringerer Druck.

Bei idealen Flüssigkeiten können wir diese Druckänderung quantitativ angeben.

Ausgehend vom Energieerhaltungssatz, nach dem die Summe aus Volumenarbeit pV (Gl. (5-19)), potentieller Energie (Gl. (3-5)) und kinetischer Energie (Gl. (3-8b)) in einem abgeschlossenen System konstant ist,

$$pV + mgh + \frac{n}{2}v^2 = \text{konstant},$$

erhalten wir nach Division durch das Volumen:

$$p + gh\varrho_{\text{Flüss}} + \frac{\varrho_{\text{Flüss}}}{2}v^2 = \text{konstant}, \tag{5-21}$$

Außendruck + Schweredruck + Staudruck = konstant.

Gl. (5-21) heißt *Bernoulli'sche Gleichung*. Sie besagt in Worten: In Gebieten größerer Strömungsgeschwindigkeit ist der sich aus Außendruck und Schweredruck zusammensetzende statische Druck in der Flüssigkeit und damit auch der Druck auf die Wände des Rohres kleiner als in Gebieten kleinerer Strömungsgeschwindigkeit.

Gl. (5-21) gilt quantitativ nur für ideale Flüssigkeiten, aber auch bei realen Flüssigkeiten und Gasen kann man beobachten, dass bei Erhöhung der Strömungsgeschwindigkeit der sich aus Außendruck und Schweredruck zusammensetzende Druck sich vermindert. Darauf beruhen die im Folgenden angegebenen Beispiele.

Wasserstrahlpumpe Sie wird als einfache Gaspumpe zur Erzeugung von Vakuum ($p > 2.000$ Pa $\cong$ 15 mm Hg) verwendet. In Abb. 5.26a durchfließt ein Wasserstrahl am unteren Ende der Glasröhre einen verengten Querschnitt A_2 ($A_2 < A_1$). Entsprechend Gl. (5-20) ist die Austrittsgeschwindigkeit v_2 des Wassers daher größer als seine Eintrittsgeschwindigkeit v_1. Ist A_2 klein genug, dann kann nach Gl. (5-21) der Druck p_2 an der Auslauföffnung A_2 kleiner sein als der umgebende Luftdruck p_L, und das Wasser saugt Luft an und reißt sie mit sich fort. Ganz analog wird in Schiffsventilatoren der Fahrtwind ausgenutzt, um den Schiffsrumpf zu entlüften.

Zerstäuber Die Umkehrung der Wasserstrahlpumpe ist in gewisser Weise der Zerstäuber (Abb. 5.26b). Hier wird durch einen Gasstrom (in der Spraydose z. B. durch Verdampfen des Flüssiggases erzeugt) Flüssigkeit in einem Steigrohr angesaugt und zugleich in kleine Tröpfchen zersprüht.

Bunsenbrenner Im Bunsenbrenner (Abb. 5.27) saugt das mit Überdruck ausströmende Leuchtgas durch die seitliche Öffnung Luft an, sodass dem Gas der zu seiner vollständigen Verbrennung nötige Sauerstoff zugeführt werden kann. Die Sauerstoffzufuhr lässt sich durch die Größe der Öffnung regeln.

Abdecken eines Daches Bläst der Wind mit großer Geschwindigkeit über ein Dach hinweg, dann entsteht entsprechend dem Bernoulli'schen Gesetz auf der Dachaußenseite gegenüber dem Dachinnern ein Unterdruck.

Der von innen nach außen wirkende größere Druck hebt die Dachplatten vom Dachstuhl ab. (Es ist also nicht so, dass der außen über das Dach fegende Wind die Platten selbst mit sich fortreißt.)

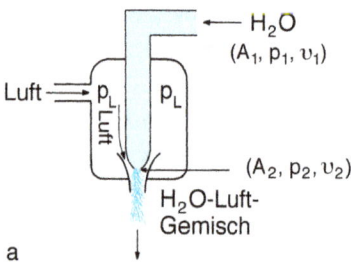

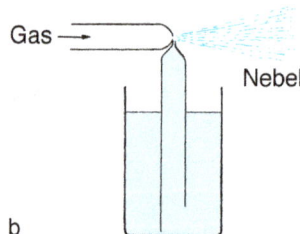

Abb. 5.27: Bunsenbrenner.

Strömungsauftrieb an einer Flugzeugtragfläche Durch die besondere, in Abb. 5.28 gezeigte Form der Tragfläche wird erreicht, dass die Luft oberhalb des Flügels schneller strömt als unterhalb, sobald das Flugzeug sich bewegt. Erhöhte Strömungsgeschwindigkeit auf der Oberseite des Flügels erzeugt Unterdruck gegenüber dem bei geringerer Strömungsgeschwindigkeit auf die Unterseite einwirkenden Druck. Durch diese Druckdifferenz wird der Flügel und damit das Flugzeug in die Höhe gehoben.

5.3.3.2 Reale Flüssigkeiten

5.3.3.2.1 Viskosität

Im Folgenden wollen wir das Modell der *idealen Flüssigkeit* verlassen und uns mit *realen Flüssigkeiten* beschäftigen.

Verschieben sich Atome oder Moleküle in *realen Flüssigkeiten* gegeneinander, so versuchen die Nachbarteilchen infolge der Kohäsionskräfte, diese Bewegung zu behindern. Aneinander angrenzende Flüssigkeitsschichten können sich daher nur reibend gegeneinan-

Abb. 5.26: (a) Wasserstrahlpumpe, (b) Zerstäuber.

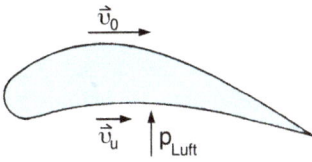

Abb. 5.28: Strömungsauftrieb an einer Flugzeugtragfläche.

der verschieben. Diese *innere Reibung, auch Zähigkeit* oder *Viskosität* genannt, unterscheidet reale (zähe) von idealen (reibungsfreien) Flüssigkeiten.

Autofahrer wissen, dass bei strenger Kälte das Motoröl so zähflüssig werden kann, dass beim Starten Schwierigkeiten auftreten. Die Zähigkeit ist also temperaturabhängig. Sie steigt bei Flüssigkeiten allgemein mit sinkender Temperatur an.

Die Viskosität hängt von der Art und Stärke der Kohäsionskräfte und daher von der Art des Stoffes ab. Wir können sie also durch eine Materialkonstante quantitativ beschreiben. Zu deren Definition betrachten wir das in Abb. 5.29 dargestellte Experiment. Wir verschieben eine ebene Platte mit der Fläche A in einer Flüssigkeit parallel zu einer ebenen Wand. Dabei nehmen wir an, dass die Flüssigkeitsteilchen sowohl an der Platte selbst als auch an der Wand fest haften. Um die Platte mit der konstanten Geschwindigkeit v im Abstand x von der Wand zu verschieben, bedarf es einer Kraft, die sich

i. A. als proportional zur Plattenfläche A und der Geschwindigkeit v und umgekehrt proportional zum Abstand x erweist:

$$F = \eta A \frac{v}{x}. \tag{5-22}$$

Sie wirkt entgegen der gleich großen Reibungskraft (vgl. Gl. (2-26)):

$$F_R = -\eta A \frac{v}{x}. \tag{5-23}$$

Die Proportionalitätskonstante η beschreibt die Stärke der Reibung. Man nennt η die *Viskosität* oder den *Koeffizienten der inneren Reibung* mit der SI-Einheit N s m^{-2} oder Pa s.

Bei den meisten Flüssigkeiten ist η eine Konstante und hängt weder von der Kraft (bzw. dem Druck) noch von der Geschwindigkeit ab. Solche Flüssigkeiten nennt man *Newton'sche Flüssigkeiten*. Suspensionen, also Mischungen kleiner Teilchen wie Erythrozyten mit Flüssigkeiten, folgen dieser Gesetzmäßigkeit dagegen nicht und werden als *Nicht-Newton'sche Flüssigkeiten* bezeichnet. Die Erklärung für diese Abweichung ist beim Blut in der Form der Erythrozyten zu finden: Ein Erythrozyt gleicht einem flachen Diskus, der sich bei größer werdendem Druck in der Flüssigkeit mit seiner Flachseite zunehmend parallel zur Stromrichtung einstellt, was die Viskosität des Blutes erniedrigt.

Die Viskosität des Blutes wird meist als Relativwert, bezogen auf Wasser derselben

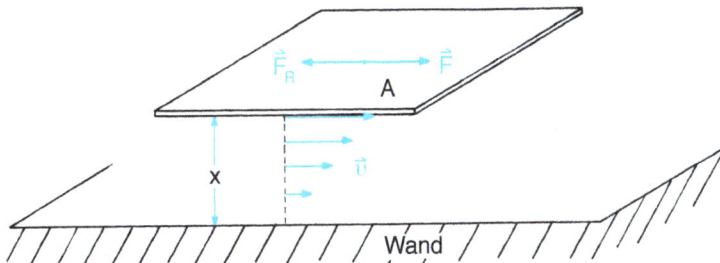

Abb. 5.29: Zur Definition der Viskosität.

Temperatur, angegeben. Sie ist etwa viermal so groß wie diejenige des Wassers (Tab. 5.4). Sie hängt von der Zahl der Erythrozyten ab und wird folglich bei denjenigen Krankheiten erhöht sein, bei denen die Zahl der Erythrozyten vermehrt ist. Eine Erhöhung der Viskosität bedeutet eine größere innere Reibung und bedingt damit eine höhere Leistung, wenn pro Zeiteinheit die gleiche Blutmenge wie im Normfall durch das Gefäßsystem fließen soll. Diese erhöhte Leistung muss vom aktiven Element des Gefäßsystems, dem Herzen, aufgebracht werden.

Werden Platte und Wand in Abb. 5.29 von der Flüssigkeit benetzt, ist also die Adhäsion größer als die Kohäsion, so haften die an Platte bzw. Wand angrenzenden Flüssigkeitsschichten fest und besitzen die Geschwindigkeit v bzw. 0. Die dazwischenliegenden Flüssigkeitslamellen nehmen infolge der inneren Reibung Geschwindigkeiten zwischen v und 0 an, und zwar so, dass die Geschwindigkeitsabnahme quer zur Strömung, das *Geschwindigkeitsgefälle* dv/dx, zwischen Platte und Wand konstant ist. Die Reibung erfolgt nur zwischen den Molekülen in der Flüssigkeit, und dies erklärt die Bezeichnung *innere Reibung*.

Ist dagegen die Kohäsion größer als die Adhäsion, dann bewegen sich Flüssigkeitsschichten reibend an der Wand entlang. Diese Reibung zwischen Flüssigkeit und Wand bezeichnen wir als *äußere Reibung*.

Viskositätsmessung Die Messung von Viskositätseigenschaften, *Rheologie* genannt, hat große praktische Bedeutung für Emulsionen, Pasten, flüssige Kolloiden (Solen), Farben, Öle, Pharmazeutika usw. Bei Newton'schen Flüssigkeiten ist η als eine Materialkonstante zu bestimmen (die freilich stark mit der Temperatur variieren kann). Bei Nicht-Newton'schen Flüssigkeiten hängt die Vikosität von der *Schergeschwindigkeit* dv/dx (dem *Geschwindigkeitsgradienten* senkrecht zur Fließrichtung) ab: $\eta = \eta\,(dv/dx)$.

Die *Viskosimeter* genannten Messgeräte lassen sich in drei Gruppen einteilen: die Kapillar-Viskosimeter, die auf dem Hagen-Poiseuille'schen Gesetz (Gl. (5-27)) beruhen, die Kugelfall-Viskosimeter, die im Prinzip das Stokes'sche Gesetz (Gl. (5-28)) ausnutzen, und die Rotationsviskosimeter, bei denen ein Körper in einem mit der Flüssigkeit gefüllten Gefäß rotiert und man dabei die Drehmoment-Übertragung auf die Gefäßwand misst.

Viskoelastizität Viele hochpolymere Stoffe wie Kautschuk zeigen zwei Bereiche verschiedenartiger Elastizität. Bei tiefen Temperaturen, bei denen man Gummi als *eingefroren* bezeichnen kann, ist er elastisch, und sein Elastizitätsmodul ist vergleichbar mit dem von Metallen (10^9 bis 10^{10} N m^{-2}). Bei höheren Temperaturen jedoch sind die Werte des Elastizitätsmoduls so gering (10^6 bis 10^7 N m^{-2}) wie bei keiner anderen Stoffgruppe. Und schon bei kleinen Belastungen folgen diese Stoffe nicht mehr dem Hooke'schen Gesetz. Man bezeichnet diesen Zustand als *gummielastisch* oder *viskoelastisch*. Diese Bezeichnung rührt davon her, dass sich die Verformung aus einem elastischen Anteil und einem u. U. sehr langsam erfolgenden inelastischen Anteil zusammensetzt, der das Material unter Spannung wie eine hochviskose Flüssigkeit fließen lässt (*Nachwirkung*).

Man kann dieses Verhalten durch mechanische Modelle (Abb. 5.30a) nachbilden, die sich aus visko-

Tab. 5.4: Viskosität η einiger Flüssigkeiten und von Luft.

Substanz (bei 20 °C)	Öle	Glyzerin	Blut ♂ Mittelwert	Blut ♀ Mittelwert	Äther	Hg	H$_2$O	Luft
η (Pa s)	1	0,83	0,0047	0,0044	0,0018	0,0015	0,001	$1,8 \cdot 10^{-5}$

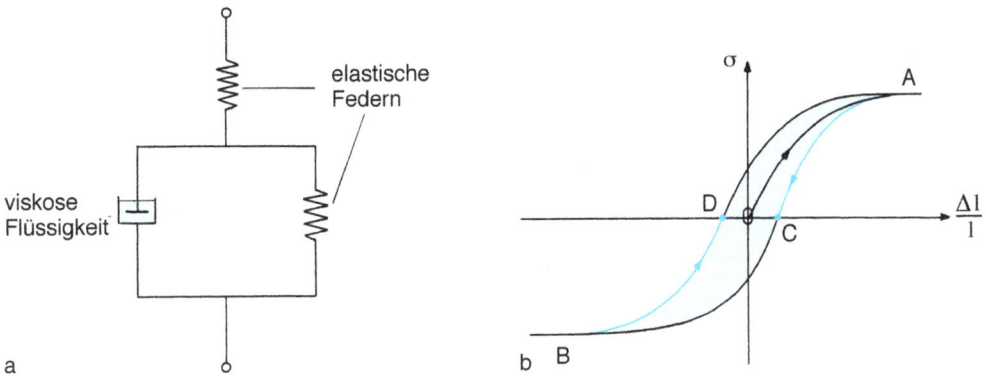

Abb. 5.30: (a) Mechanisches Modell eines viskoelastischen Stoffes (Stoßdämpfer), (b) elastische Hysterese.

sen Elementen, bei denen die zeitliche Ableitung der Verformung (d. h. die Verformungsgeschwindigkeit) proportional zur Spannung σ ist, und aus elastischen Elementen wie Spiralfedern, bei denen die Verformung selbst zur Spannung proportional ist, zusammensetzen.

Im Spannungs-Dehnungs-Diagramm ergibt sich wegen des inelastischen Anteils keine Hooke'sche Gerade (vgl. Gl. (5-3)), sondern eine *Hysterese-Kurve*. Unter Hysterese versteht man, dass bei Be- und Entlastung verschiedene Kurven durchlaufen werden. Geht die Spannung auf null zurück, so bleibt eine Verformung übrig, die erst durch eine zusätzliche Druckspannung rückgängig gemacht werden kann. Belastet man einen viskoelastischen Stoff periodisch durch Zug und Druck, indem man ihn z. B. in Schwingungen versetzt, so durchläuft er die in Abb. 5.30b gezeigte Kurve. Hierbei ist die zur Verformung (Kurvenstück 0 bis A) aufzuwendende Arbeit größer als bei Entspannung (Kurvenstück von A bis C) frei werdende Arbeit. Beim Durchlaufen der gesamten Hysterese-Kurve ist also ein der Fläche ACBD entsprechender Betrag an Verformungsenergie verloren gegangen, z. B. durch innere Reibung in Wärme umgesetzt worden. Wird das Material zu Schwingungen angeregt, dann geht bei jedem Durchlauf der Hysterese-Kurve ein solcher Energieanteil verloren. Die Schwingung des Materials verläuft also gedämpft. Die technische Ausnutzung dieses Vorgangs ist weit verbreitet (Elastomerfedern, Antidröhnmittel usw.).

5.3.3.2.2 Laminare Strömung

Strömt eine reale Flüssigkeit durch ein Rohr, dann ist die Strömungsgeschwindigkeit wegen der inneren Reibung im Rohrinnern größer als in der Nähe der Wand. Werden dabei infolge ihrer unterschiedlichen Geschwindigkeiten benachbarte Flüssigkeitsschichten parallel zueinander verschoben, so nennen wir diese Strömung *schlicht* oder *laminar*. Treten jedoch beim Strömungsvorgang, etwa durch Hindernisse im Rohr, Wirbel auf, so verläuft die Strömung *turbulent*.

Druckgefälle in einem Rohr Drücken wir mittels eines Kolbens Flüssigkeit aus einem Vorratsgefäß durch ein Rohr mit offener Ausflussöffnung (Abb. 5.31), so kann wegen der inneren Reibung die Flüssigkeit nicht beliebig schnell ausfließen. Die Reibung erzeugt einen Strömungswiderstand, und der sich aus Stempeldruck p_{St} und Schweredruck p_S zusammensetzende Druck p, der sich im Vorratsgefäß bis zur Rohröffnung gleichmäßig ausgebreitet hat, nimmt im Rohr allmählich ab. Hat das Rohr konstante Dicke und ist die Strömung laminar, so sinkt wie in Abb. 5.31 gezeichnet der Druck linear, das Druckgefälle dp/dx ist also konstant. Dies können wir durch die Steighöhe in den eingezeichneten

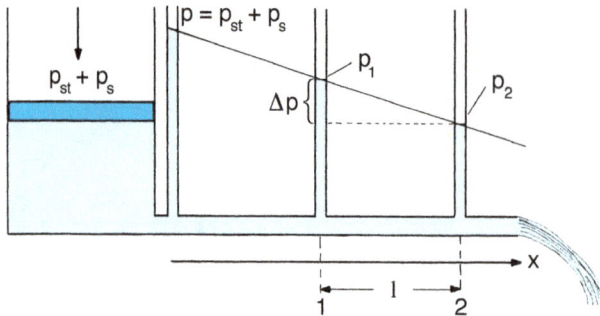

Abb. 5.31: Druckgefälle in einem Rohr beim Ausfließen einer Flüssigkeit.

Flüssigkeitsmanometern messen. Jedes Flüssigkeitsvolumen der Länge l wird also durch die Druckdifferenz

$$\Delta p = p_1 - p_2 = \frac{dp}{dx}l \qquad (5\text{-}24)$$

durch das Rohr gedrückt.

Stromstärke-Druck-Abhängigkeit Für das Verständnis des Blutkreislaufs ist die Frage wichtig, wie die durch ein Rohr strömende Menge einer realen, also viskosen Flüssigkeit quantitativ durch Druckänderungen beeinflusst werden kann. Messen wir die Durchflussmenge durch ein Rohr bei laminarer Strömung in Abhängigkeit von der Druckdifferenz Δp an den Enden des Rohres und tragen den Zusammenhang zwischen Stromstärke i und Δp in ein Diagramm (Abb. 5.32) ein, so erhalten wir bei vielen Flüssigkeiten eine Gerade; ihre Steigung ist gleich dem reziproken Strömungswiderstand, $1/R$.

Flüssigkeiten, bei denen sich ein linearer Zusammenhang zwischen i und Δp ergibt, d. h., der Strömungswiderstand für alle Drücke derselbe ist, sind *Newton'sche Flüssigkeiten* (Abschnitt 5.3.3.2.1). Für sie gilt:

$$i = \frac{\Delta p}{R}. \qquad (5\text{-}25)$$

Die *Volumenstromstärke i* bezeichnet das pro Zeitintervall Δt durch das Rohr fließende Flüssigkeitsvolumen *V*:

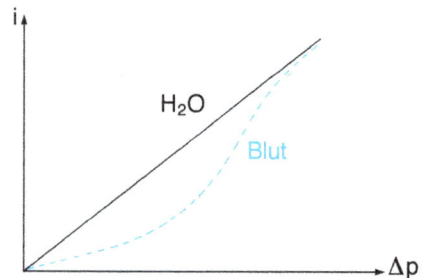

Abb. 5.32: Stromstärke-Druckdifferenz-Diagramm (Wasser ist eine Newton'sche, Blut dagegen eine Nicht-Newton'sche Flüssigkeit).

$$i = \frac{V}{\Delta t} \text{ mit der SI-Einheit m}^3 \text{ s}^{-1}.$$

Der Faktor R beschreibt den *Strömungswiderstand*, der durch die Druckdifferenz Δp zu überwinden ist, gegen den also Strömungsarbeit $\Delta p V$ zu verrichten ist; R hängt von der Geometrie des Rohres und von der Art der Flüssigkeit ab.

Der durch Gl. (5-25) beschriebene Zusammenhang hat Ähnlichkeit mit dem Ohm'schen Gesetz des elektrischen Stroms (Abschnitt 14.5). In beiden Fällen ist die Stromstärke über einen Widerstand linear mit einer treibenden Kraft verknüpft, die hier aus der Druckdifferenz Δp und dort aus der elektrischen Potentialdifferenz U resultiert.

Für den praktisch wichtigen (Rohrleitungen, Blutgefäße) wie auch einfachen Fall eines zylindrischen

Rohres ist der Strömungswiderstand R gegeben durch:

$$R = \frac{8\eta l}{\pi r^4}, \text{ mit der SI-Einheit N s m}^{-5}. \quad (5\text{-}26)$$

l bezeichnet die Rohrlänge und r den Rohrradius. Damit ergibt sich aus Gl. (5-25) die folgende Beziehung für die Volumenstromstärke i:

$$i = \frac{\pi r^4}{8\eta l}\Delta p. \text{ (Hagen-Poiseuille'sches Gesetz)} \quad (5\text{-}27)$$

Nach Gl. (5-27) ist also i proportional zur vierten Potenz des Rohrradius und umgekehrt proportional zur Rohrlänge. Die Abhängigkeit von r^4 ist besonders wichtig für die Regelung der Blutzirkulation (vgl. Abschnitt 5.3.2.2.4).

Ergibt sich jedoch kein linearer Zusammenhang zwischen i und Δp, so haben wir es mit einer Nicht-Newton'schen Flüssigkeit zu tun; zu diesen zählt beispielsweise das Blut. In derartigen Flüssigkeiten ist die Viskosität η und damit auch der Strömungswiderstand R vom Druck abhängig. Da bei Blut mit zunehmendem Druck der Strömungswiderstand kleiner wird, steigt dort die Volumenstromstärke stärker als proportional mit dem Druck an.

Sedimentation Innere Reibung beeinflusst auch die Bewegung eines Fremdkörpers in ruhenden Flüssigkeiten, wenn dieser Körper von der umgebenden Flüssigkeit benetzt wird. Diese Reibung entsteht dadurch, dass die an dem Körper haftenden Flüssigkeitsteilchen die Geschwindigkeit des Körpers besitzen und damit ein Geschwindigkeitsgefälle in der Flüssigkeit vom Körper weg erzeugen. Befindet sich z. B. eine Kugel in einer viskosen Flüssigkeit, so wird sie durch die um die Auftriebskraft F_A verminderte Gravitationskraft F_S gerade so weit beschleunigt, bis die resultierende Kraft $F_S - F_A$ durch die Reibungskraft F_R kompensiert wird. Mit konstanter Sinkgeschwindigkeit gleitet die Kugel dann kräftefrei weiter.

Die Reibungskraft ist unter Voraussetzung laminarer Strömung, kleiner Sinkgeschwindigkeit und von im Vergleich zum Kugeldurchmesser großem Gefäßdurchmesser gegeben durch das *Stokes'sche Gesetz*:

$$F_R = -6\pi\eta vr. \quad (5\text{-}28)$$

Dabei bedeuten r den Radius und v die Geschwindigkeit der Kugel. Im Gleichgewicht gilt $F_S - F_A + F_R = 0$, d. h.

$$\frac{4}{3}\pi r^3 \varrho_{\text{Kugel}}g - \frac{4}{3}\pi r^3 \varrho_{\text{Flüss}}g - 6\pi\eta v_s r = 0, \quad (5\text{-}29)$$

woraus sich die konstante *Sink-* oder *Sedimentationsgeschwindigkeit* v_S berechnen lässt:

$$v_S = 2r^2\left(\varrho_{\text{Kugel}} - \varrho_{\text{Flüss}}\right)\frac{g}{9\eta}. \quad (5\text{-}30)$$

Die Größen ϱ_{Kugel} bzw. $\varrho_{\text{Flüss}}$ sind die Dichten des Kugelmaterials bzw. der viskosen Flüssigkeit. Aus Gl. (5-30) entnehmen wir, dass die Bestimmung der Sedimentationsgeschwindigkeit sehr kleiner Partikel Informationen über ihre Größe und Dichte und auch über die Viskosität von Flüssigkeiten liefern kann. Da v_s proportional zur Beschleunigung g ist, lässt sich unter Zuhilfenahme einer Zentrifuge (siehe Abschnitt 2.2.2.3) die Sedimentationsgeschwindigkeit beträchtlich vergrößern.

Die älteste medizinische Anwendung der Sedimentation ist die Bestimmung der *Blutkörperchen-Senkungsgeschwindigkeit* (BSG). Hierzu bringt man das Blut in nicht zu enge Glasröhren und beobachtet, um welche Strecke Δx während einer bestimmten Zeit Δt (1 bis 2 h) durch Sedimentation der Blutkörperchen die Trennfläche zwischen dem Plasma und dem roten Erythrozyten-Plasma-Gemisch absinkt. Die Sedimentationsgeschwindigkeit ergibt sich nach Gl. (1-7) als Quotient aus Δx und Δt: $v_s = \Delta x/\Delta t$. Die so gemessenen Senkungsgeschwindigkeiten (Normalwerte für Männer $0,8 \cdot 10^{-6}$ ms^{-1} bis $2,5 \cdot 10^{-6}$ ms^{-1}, für Frauen $1,7 \cdot 10^{-6}$ ms^{-1} bis $3,4 \cdot 10^{-6}$ ms^{-1}) sind wesentlich kleiner, als es Gl. (5-30) entspricht. Dies wird im Wesentlichen der elektrischen Ladung der Oberflächen der Erythrozyten durch Adhäsion von Eiweißen zugeschrieben. Bei einer ganzen Reihe von Krankheiten kommt es zur Verringerung dieser Ladung und damit zum Aneinanderhaften von Erythrozyten (Geldrollenbildung), wodurch die Senkungsgeschwindigkeit erhöht wird. Diese wird daher als unspezifischer Indikator von Krankheiten routinemäßig benutzt.

Beim Zentrifugieren kann Gl. (5-30) auf zwei verschiedene Arten zur Trennung von Teilchen verschiedener Dichte genutzt werden. Bei der *Zonenzentrifugation* werden Flüssigkeiten verschiedener Dichte übereinandergeschichtet. Dies ist in Abb. 5.33 an dem einfachen Beispiel von Blut und einer isotonen Lösung aus einem Mehrfachzucker und einer jodierten Ringverbindung der Dichte 1.076 kg m^{-3} gezeigt. Da die Lymphozyten eine geringere Dichte als 1.076 kg m^{-3} haben, können sie die Trennfläche nicht durchdringen, da zuvor ihre Geschwindigkeit null wird. Erythrozyten und Granulozyten mit ihrer Dichte > 1.076 kg m^{-3} setzen sich auf dem Boden des Zentrifugenröhrchens ab. Damit hat man ein einfaches Verfahren, um Lymphozyten für immunologische Bestimmungen zu isolieren.

Bei der *Ultrazentrifugation* werden große Zentrifugalbeschleunigungen von ca. 250.000 *g* erreicht (vgl. Abschnitt 2.2.2.3). Man verwendet die Ultrazentrifugation einerseits als Verfahren zur Zonenzentrifugation. Andererseits hat sie als Verfahren zur Bestimmung der Sedimentationsgeschwindigkeit v_S von Eiweißen große Bedeutung erlangt. Da v_S nach Gl. (5-30) der Zentrifugalbeschleunigung *a* proportional ist, wird zur Charakterisierung der verschiedenen Eiweiße deren Sedimentationskonstante $S = v_S/a$ benutzt. Den Wert von $S = 10^{-13}$ s bezeichnet man als *Svedberg-Einheit*.

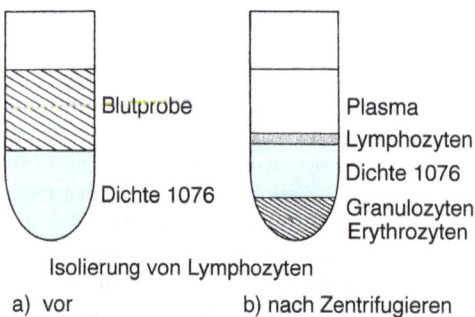

Isolierung von Lymphozyten

a) vor   b) nach Zentrifugieren

Abb. 5.33: Zonenzentrifugation.

Gesetze der laminaren Flüssigkeitsströmung Verzweigen wir wie in Abb. 5.34a gezeigt den laminaren Flüssigkeitsstrom *i* einer Kapillare in zwei Teilströme der Stromstärken i_1 und i_2, dann muss die Summe aus i_1 und i_2 den Gesamtstrom *i* ergeben, da nirgends Flüssigkeit verloren geht:

$$i = i_1 + i_2. \tag{5-31}$$

Zwischen den Enden der beiden verzweigten Kapillaren herrscht dieselbe Druckdifferenz, d. h. $\Delta p_1 = \Delta p_2 = \Delta p$. Aus der Verteilung der Teilströme auf die beiden Kapillaren folgt nach Gl. (5-25):

$$i_1 : i_2 = \frac{\Delta p}{R_1} : \frac{\Delta p}{R_2} = R_2 : R_1. \tag{5-32}$$

Gl. (5-32) besagt, dass sich die Stromstärken der Teilströme umgekehrt wie die Strömungswiderstände verhalten. Zur Berechnung des effektiven Strömungswiderstands R_{eff} zweier *parallel geschalteter Kapillaren* addieren wir i_1 und i_2 und erhalten

$$i = i_1 + i_2 = \frac{\Delta p}{R_1} + \frac{\Delta p}{R_2} = \frac{\Delta p}{R_{eff}} \tag{5-33}$$

und daraus:

$$\frac{1}{R_{eff}} = \frac{1}{R_1} + \frac{1}{R_2}. \tag{5-34}$$

In Worten: Der reziproke Widerstand (auch *Leitwert* genannt) einer Kombination von parallelgeschalteten Widerständen ist gleich der Summe der reziproken Einzelwiderstände.

Für die Druckabfälle in hintereinander geschalteten Kapillaren gilt (Abb. 5.34b):

$$\Delta p_{AD} = \Delta p_{AB} + \Delta p_{BC} + \Delta p_{CD}, \tag{5-35}$$

und weil in allen Kapillarabschnitten die Stromstärke gleich sein muss:

$$iR_{eff} = iR_1 + iR_2 + iR_3. \tag{5-36}$$

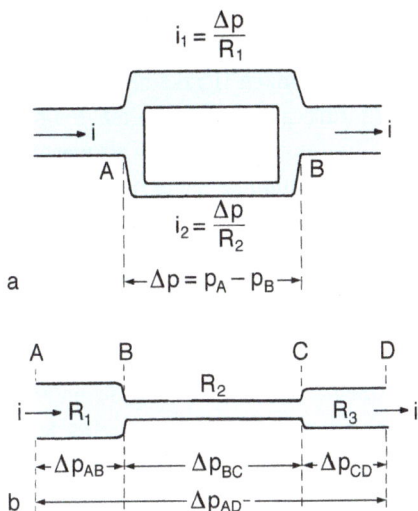

$$i_1 = \frac{\Delta p}{R_1}$$

$$i_2 = \frac{\Delta p}{R_2}$$

$$\Delta p = p_A - p_B$$

a

$$\Delta p_{AB} \quad \Delta p_{BC} \quad \Delta p_{CD}$$

$$\Delta p_{AD}$$

b

Abb. 5.34: Zu den Gesetzen der Flüssigkeitsströmung: (a) in parallel geschalteten und (b) in hintereinander geschalteten Kapillaren.

In Worten: Bei Hintereinanderschaltung von Kapillaren ist der gesamte Strömungswiderstand also gleich der Summe der Teilwiderstände:

$$R_{eff} = R_1 + R_2 + R_3. \tag{5-37}$$

Den vier Gln. (5-31), (5-32), (5-34) und (5-37) werden wir bei der elektrischen Stromleitung in Leitersystemen (Abschnitt 14.6.3) unter der Bezeichnung *Kirchhoff'sche Regeln* erneut begegnen.

5.3.3.2.3 Turbulente Strömung

Die *Turbulenz* (Verwirbelung einer Strömung) hat ihre Ursache in Unebenheiten im Strömungskanal, wie Ecken, Kanten, Fremdkörper usw., die eine laminare Strömung stören.

Befindet sich in einem Rohr eine Kante (Abb. 5.35), wird die Flüssigkeitsschicht, die direkt mit der Kante in Berührung steht (die Grenzschicht), eine kleinere Geschwindigkeit haben als ihre von der Kante weiter entfernte Nachbarschicht. Die schnellere Schicht rollt dann auf der langsameren ab, wobei sich

Wirbel bilden. Dies geschieht vor allem bei großen Geschwindigkeitsdifferenzen zwischen den Nachbarschichten, also bei großer Geschwindigkeit der Strömung. Turbulenz tritt also immer dann auf, wenn Trägheitskräfte größer werden als die Reibungskräfte in der Flüssigkeit. Unterhalb einer kritischen Strömungsgeschwindigkeit v_K klingt die Verwirbelung der laminaren Strömung in einiger Entfernung von dem Hindernis wieder ab. Oberhalb dieses kritischen Wertes v_K jedoch bewegt sich die turbulente Strömung weiter durch das Rohr, ohne abzuklingen. Die Wirbel reißen dabei am Hindernis ab. Beim Einsetzen der Wirbelbildung werden Flüssigkeitselemente zur Drehbewegung angeregt. Die dazu nötige Rotationsenergie wird der kinetischen Energie der laminaren Strömung entzogen. Aufgrund des Energieerhaltungssatzes ist klar, dass dies bedeutet, dass mehr Energie zur Aufrechterhaltung der Strömung benötigt wird, was gleichbedeutend mit einem größeren Strömungswiderstand ist.

Beim Umschlagen der laminaren in turbulente Strömung macht sich das Einsetzen der Turbulenz durch eine plötzliche, kräftige Erhöhung des Strömungswiderstands bemerkbar.

Die kritische Geschwindigkeit in einem Rohr, bei deren Überschreiten laminare in turbulente Strömung umschlagen kann, lässt sich folgendermaßen abschätzen:

$$v_K = \frac{K\eta}{\varrho r}. \tag{5-38}$$

η: Viskosität der Flüssigkeit
ϱ: Dichte der Flüssigkeit
r: Radius des durchströmten Rohres
K: Konstante (die dimensionslose *Reynolds'sche Zahl*). Sie ist für die meisten Flüssigkeiten einschließlich des Blutes etwa 10^3, wenn in Gl. (5-38) SI-Einheiten verwendet werden.

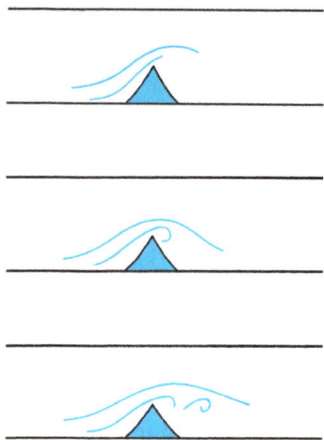

Abb. 5.35: Verwirbelung der Strömung in einem Rohr an einer Kante.

5.3.3.2.4 Strömungsgesetze und Blutkreislauf

Der Blutkreislauf des Menschen, wie er in Abb. 5.24 skizziert ist, besteht aus zwei hintereinander, d. h. in Reihe geschalteten Teilkreisläufen (Lungen- und Körperkreislauf) mit jeweils einer Pumpe, nämlich einer Herzkammer. Beide Herzkammern müssen vollständig synchron arbeiten und genau gleiches Schlagvolumen haben, damit diese Hintereinanderschaltung möglich ist und nicht im einen oder anderen Kreislauf ein Stau entsteht. Unter sogenannten Ruhebedingungen werden von jeder Herzkammer pro Minute vier bis fünf Liter in die beiden Teilkreisläufe gepumpt (Herzminutenvolumen). Bei etwa 60 Herzschlägen pro Minute entspricht diesem Herzminutenvolumen ein Schlagvolumen von ca. 70 ml. Wegen der rhythmisch erfolgenden Pumpstöße ist der Blutdruck in den großen Gefäßen nicht konstant, er ist am größten während der Austreibung (Systole) und am kleinsten während der erneuten Füllung des Herzens (Diastole). Da der Strömungswiderstand im Lungenkreislauf wesentlich geringer ist als im Körperkreislauf,

ist am Ausgang der rechten Herzkammer ein wesentlich geringerer Druck notwendig als am Ausgang der linken Herzkammer, um den gleichen Blutfluss aufrechtzuerhalten. Bei normaler Herzfunktion liegen die Druckwerte in der Arteria pulmonalis zwischen 2,6 und 1,3 kPa (20 und 10 mmHg) und in der Aorta zwischen 16 und 11 kPa (120 und 80 mmHg). Die Unterschiede im Blutdruck zwischen Systole und Diastole wären noch wesentlich größer, wenn nicht durch die erhebliche Elastizität der großen Gefäße sich diese während der Systole dehnen würden, wodurch eine Speicherwirkung erreicht wird (*Windkesselfunktion* der Aorta).

Im Körperkreislauf erfolgt die Blutversorgung der verschiedenen Organe und Gewebe weitgehend parallelgeschaltet. Das bedeutet, dass sich der Blutstrom durch die Aorta, die einen Durchmesser von ca. 2,5 cm hat, über die großen und kleinen Arterien bis hin zu den Kapillaren auf eine Vielzahl von Gefäßen mit immer kleinerem Durchmesser verzweigt. Da der Gesamtröhrenquerschnitt aller parallel verzweigten Gefäße ungefähr 1.000-mal größer als der Querschnitt der Aorta ist, ist nach der Kontinuitätsgleichung (5-20) die Fließgeschwindigkeit des Blutes in den Kapillaren mit ca. 0,0003 ms^{-1} entsprechend kleiner als in der Aorta (ca. 0,5 ms^{-1}). Dies begünstigt den Gas-, Stoff- und Wärmeaustausch in den Kapillaren. Da die Verzweigung und damit auch der Gesamtquerschnitt der Gefäße zu den großen Venen hin wieder abnimmt, nimmt entsprechend die Fließgeschwindigkeit des Blutes zur Vena Cava hin wieder zu.

Aufgrund des viel geringeren Querschnitts der einzelnen Kapillaren ist ihr Leitwert weitaus geringer als der der großen Gefäße. Deshalb fällt der Blutdruck mit zunehmender Verzweigung in den kleinen Gefäßen stark ab (Abb. 5.36), viel stärker, als wenn der Gefäßquerschnitt konstant bleiben würde, denn dann würde nämlich nach Abb. 5.31 das Druckgefälle konstant verlaufen.

Der Wölbungsdruck in zylindrischen Röhren, also auch in Blutgefäßen ($p = \sigma/r$), unterscheidet sich von dem in sphärischen Gebilden ($p = 2\sigma/r$, Abschnitt 5.3.1) nur geringfügig und ist dem Blutdruck entgegengerichtet. In den kleinsten Gefäßen sind Wölbungsdruck und Blutdruck von der gleichen Größenordnung (~ 20 Torr, Abb. 5.36). Mit zunehmendem Durchmesser wird der Wölbungsdruck jedoch kleiner als der Blutdruck; er beträgt für die Aorta nur noch einen Bruchteil des dort herrschenden Blutdrucks von ~ 100 Torr. Dies ist der Grund, weshalb die großen Gefäße dickwandiger als die kleinen sein müssen.

Besteht ein parallel geschaltetes Gefäßsystem aus *starren* Röhren, dann entfällt auf die verschiedenen Gewebe und Körperregionen wegen Gl. (5-31) immer ein konstanter Teil des Gesamtflusses. Eine optimale Blutversorgung lässt sich jedoch nur erreichen, wenn diese Anteile je nach dem Bedürfnis des Organismus geändert werden können. So muss beispielsweise bei Muskelarbeit die Durchblutung der Muskeln auf Kosten der Verdauungsorgane und des Gehirns gesteigert werden. Eine entsprechende Regelung des Blutkreislaufs wird dadurch erreicht, dass die Gefäßdurchmesser durch die in den Gefäßwänden vorhandene glatte Muskulatur variiert werden. Da nach dem Hagen-Poiseuille'schen Gesetz der Strömungswiderstand sehr stark vom Rohrradius abhängt – er ist der vierten Potenz des Rohrradius umgekehrt proportional –, kann bereits durch geringfügige Änderungen des Radius die Stromstärke i sehr wirksam beeinflusst werden. Dadurch lassen sich bei gleicher Gesamtstromstärke die Teilstromstärken durch die einzelnen Organe je nach deren Bedürfnissen regulieren.

Der Strömungswiderstand ist in den großen Gefäßen nach Gl. (5-26) gering, damit ist in ihnen das Druckgefälle nur sehr gering.

Daher ist der Blutdruck, den man üblicherweise an der Armarterie misst, praktisch gleich dem Druck in der Aorta, unmittelbar am Ausgang des Herzens. Wie das Druckgefälle über die einzelnen Abschnitte des Kreislaufs verteilt ist, zeigt die Abb. 5.36.

Setzen wir entsprechende Zahlenwerte in Gl. (5-38) ein, so finden wir, dass auch in der Aorta, wo die Fließgeschwindigkeit am größten ist, noch laminare Strömung vorliegt. Turbulente Strömungen und die dabei erzeugten Wirbel sind im Organismus vor allem vorhanden, wenn es durch pathologische Prozesse zur weitgehenden Einengung einer großen Arterie kommt. Durch Wirbel entstehen Geräusche, die man mit dem *Stethoskop* hören kann. Bei der Messung des Blutdrucks werden künstlich Wirbel erzeugt. Gemäß Abb. 5.37 wird hierbei um den Oberarm eine aufblasbare

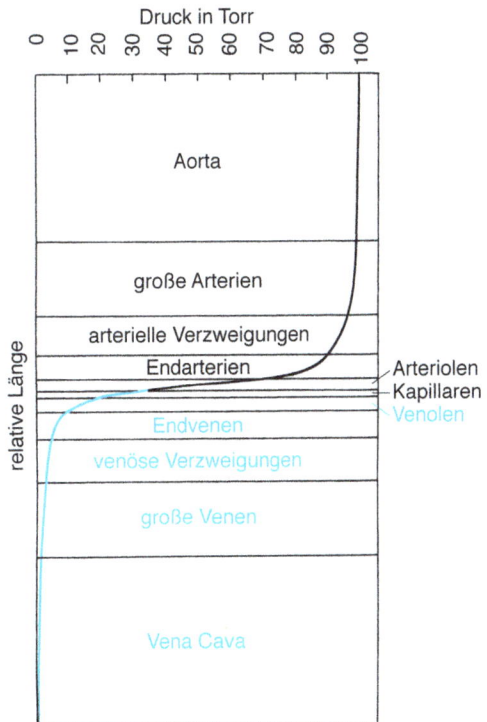

Abb. 5.36: Druckabfall über die einzelnen Abschnitte des Kreislaufs.

Manschette gelegt, und der Druck in der Manschette wird mit einem Manometer gemessen. Ist der Druck der Manschette weit größer als der Arteriendruck, so wird die Arterie zusammengepresst und der Blutfluss unterbunden. Ist der Manschettendruck dagegen geringfügig kleiner als der systolische Arteriendruck, so kann kurzzeitig während der Systole Blut durch die eingeschnürte Stelle der Arterie fließen. Dies geschieht mit turbulenter Strömung, weil nach der Kontinuitätsgleichung (5-20) in dem eingeschnürten Bereich die Strömungsgeschwindigkeit groß genug ist, um den Wert der kritischen Geschwindigkeit v_K (Gl. (5-38)) zu überschreiten. Die durch die Verwirbelung des Blutes entstehenden Geräusche kann man mit einem in der Ellenbogenbeuge aufgesetzten Stethoskop hören. Wird nun sukzessive der Druck in der Manschette M erniedrigt, so kann schließlich auch während der Diastole die Ader nicht mehr völlig abgequetscht werden, und es kommt zu einer dauernden turbulenten Strömung mit begleitenden Geräuschen. Bei weiterer Verminderung des Manschettendrucks kann die Arterie nicht mehr genügend eingeengt werden, um turbulente Strömungen zu verursachen, und die Geräusche verschwinden. Den höchsten Druck, bei dem Geräusche wahrgenommen werden, bezeichnen wir als systolischen und den tiefsten als diastolischen Blutdruck. Sie werden meist als Kombination, z. B. 120/80 mmHg ($1,60 \cdot 10^4/1,05 \cdot 10^4$ Pa), angegeben.

5.4 Nanomaterie

Fast alle Eigenschaften von Nanomaterie weichen stark von denen des massiven Festkörpers ab. Um diese Eigenschaften zu beschreiben, werden die klassischen physikalischen Gesetze unserer Alltagswelt durch Gesetze der Quantenphysik ersetzt. Durch die Nanostruktu-

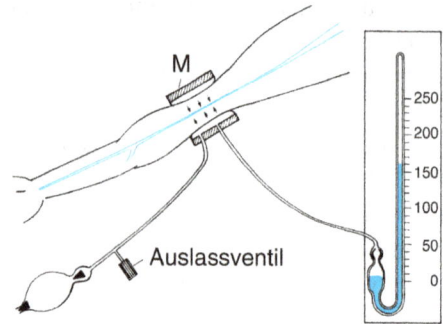

Abb. 5.37: Blutdruckmessung am Arm (M: Manschette; Druckangabe in Torr).

rierung lassen sich neuartige und oftmals einzigartige Materialeigenschaften erzeugen und neuartige Funktionselemente wie z. B. Sensoren bauen, die mit konventionellen Materialien nicht zu realisieren sind. Das Besondere ist, dass diese neuartigen Eigenschaften von der Größe eines einzelnen Nanobausteins abhängen, also durch gezielte Wahl der Größe steuerbar sind. Da diese Größen in die Längenskala von Nanometern, d. h. von 1 nm = 10^{-9} m bis 1.000 nm = 1 µm fallen, hat sich die Bezeichnung *nanoskopische Materie* oder kurz *Nanomaterie* in Analogie zur makroskopischen und mikroskopischen Materie eingebürgert.

Gehen wir vom massiven Festkörper aus, dann kann die *Nanostrukturierung* in unterschiedlichen Raumdimensionen erfolgen. Wir erhalten bei eindimensionaler Größenreduktion Nanoschichten (dünne Filme), bei zweidimensionaler Reduktion Nanodrähte, Nanoröhrchen oder Leiterbahnen in Computerbausteinen und bei Reduktion aller drei Größendimensionen sogenannte Nanopartikel; diese werden oft auch als Cluster, Nanos oder Quantenpunkte bezeichnet.

Abb. 5.38 zeigt als Beispiel die Struktur von natürlichem *Opal*, der aus einer regelmäßigen Packung von etwa 200 nm großen, runden Quarzpartikeln besteht. Die Nanopartikel erzeugen typische *opaleszierende* Farben dieses

Edelsteins durch Interferenz des von ihnen gestreuten Lichts. Bei anorganischer Nanomaterie sind die einzelnen Nanobausteine zumeist Anhäufungen identischer (z. B. Gold-Nanopartikel) oder verschiedener (z. B. Nanokeramiken für Zahnersatz oder Füllmaterialien, bestehend aus SiO_2 oder TiO_2, Quantenpunkte aus Halbleiternanokristallen wie ZnS für Displays) Atome. Bei Nanobiomaterie bestehen die einzelnen Nanobausteine dagegen aus einzelnen Proteinen, Polymeren oder gar Viren.

Abb. 5.38: Elektronenmikroskopisches Bild der Oberfläche eines Opals (Silikat-Kugeln mit ungefähr 200 nm Durchmesser). Nach Falk, Stark, Seeing the Light Wiley, 1986.

Werden Nanostrukturen in Bauelementen so angeordnet, dass sie spezielle Eigenschaften des ganzen Elements optimieren, dann spricht man von *funktionalisierter* Nanomaterie. Beispiele dafür finden sich in der *Nanoelektronik.* Deren Nanobausteine bestehen aus einer Vielzahl von Transistoren und Speicherelementen, die aus vielen dünnen Halbleiter- und Metallschichten künstlich aufgebaut sind (siehe Abb. 15.12). Das weite Feld von Herstellung, Charakterisierung und Funktionalisierung in Abhängigkeit von Strukturgröße und von Oberflächen-/Grenzflä-

cheneffekten fasst man oft unter dem Begriff *Nanotechnologie* zusammen.

Die Vorsilbe *Nano* ist zum Modewort geworden, das verschiedenartigen Materialien übergestülpt wurde. Sie haben oft nichts weiter gemeinsam als ihre Größe auf der Nanometerskala. Die *Nanowissenschaften* und die *Nanotechnologie* (zu der als wichtiger Teil auch die *Nanobiotechnologie* zählt) gehören zurzeit zu den aktuellen und schnell wachsenden Bereichen der naturwissenschaftlichen Forschung und Technologieentwicklung. Allerdings ist nicht das Prinzip, sondern nur der Name *Nano* neu: Viele Arten von Nanomaterie sind natürlichen Ursprungs, und künstlich hergestellte Nanomaterialien, wie z. B. Kolloide und viele chemische Katalysatoren, sind funktionalisierte Nanosysteme, die bereits vor mehr als 150 Jahren entwickelt wurden. Tatsächlich neu sind die Möglichkeiten, gezielt Nanostrukturen herzustellen.

Einzelne, isolierte Nanobausteine sind selten, und ihre Eigenschaften können wegen ihrer geringen Größe nur mit großem technischem Aufwand bestimmt werden. Um Größen und Formen zu messen, reichen optische Mikroskope (Abschnitt 20.3) oft nicht aus, und man muss hochauflösende Instrumente wie das Transmissions-Elektronenmikroskop (Abschnitt 20.4) oder das Raster-Elektronenmikroskop (Abschnitt 20.5) einsetzen. Isolierte Nanobausteine sind im Wesentlichen nur interessant für die Grundlagenforschung. In Natur und Technik sind sie häufig als Agglomerate, d. h. aus zahlreichen Nanobausteinen zusammengesetzt, zu finden, die dann sogar makroskopische Größen haben können, z. B. Klumpen aus Feinstaubpartikeln, biologisches Gewebe mit Zellstruktur, die Super-Kristallstruktur des Opals in Abb. 5.38, kolloidale Systeme (Abschnitt 13.3.2) oder nanostrukturierte elektronische Bausteine in Computern.

Teilchengrößen- und Oberflächeneffekte

Nanostrukturen lassen sich auf zweierlei Weise charakterisieren, entweder direkt durch das Volumen des einzelnen Nanobausteins oder, da er durch seine Ober- oder Grenzfläche von der Umgebung getrennt ist, durch die Oberfläche. Die Oberflächenatome tragen in anderer Weise zu den Materialeigenschaften bei als die Volumenatome. Je mehr man einen einzelnen Baustein wachsen lässt, umso mehr nimmt dessen Oberfläche zu, aber viel schneller wächst dabei sein Volumen. Das Volumen ($^4/_3\pi R^3$) eines kugelförmigen Nanos mit dem Durchmesser R ist proportional zu R^3, die Oberfläche ($4\pi R^2$) aber nur zu R^2. Damit nimmt der *relative* Anteil der Atome an der Oberfläche zu dem der Volumenatome bei wachsender Größe proportional zu $1/R$ ab, und die Materialeigenschaften nähern sich denen des massiven Festkörpers. Man kann Nanobausteine in zwei Größengruppen einteilen:

1. *Molekulare Cluster.* Sie bestehen aus wenigen bis zu einigen Hundert Atomen. Molekulare Bindungskräfte formen regelmäßige Molekülstrukturen, und diese können sich abrupt ändern, wenn nur ein einziges Atom hinzugefügt oder entfernt wird („Jedes Atom zählt"). Die elektronischen Energiespektren gleichen Molekülspektren, die von den Stärken und Richtungen der (kovalenten) Bindungskräfte zwischen den Atomen (Abschnitt 5.1.1) bestimmt sind, und sie haben keine Ähnlichkeit mehr mit denjenigen des zugehörigen massiven Festkörpermaterials. Dementsprechend ändern sich die physikalischen und chemischen Eigenschaften dieser Cluster mit der Teilchengröße („Teilchengrößeneffekte", „size effects").

2. *Festkörperähnliche Nanostrukturen.* Hier ist die Zahl der Atome so groß, dass die Struktur der Nanobausteine bereits der des massiven Festkörpers, z. B. der Kris-

tallstruktur, gleicht. Hier werden die Materialeigenschaften durch ihre Festkörperstruktur, aber auch durch die Oberfläche der Nanobausteine, d. h. durch den Grenzbereich zur umgebenden Materie, bestimmt („Oberflächen- und Grenzflächeneffekte"). Bei Metallen z. B. ermöglicht die Oberfläche spezielle Anregungen der freien Metallelektronen, behindert aber gleichzeitig deren Bewegung. Die oben erwähnte Goldrubinfarbe von Gold-Nanopartikeln im Glas kommt durch solch einen Oberflächeneffekt zustande.

Im Prinzip kann man Nanopartikel also gleichermaßen durch die Probengröße charakterisieren als auch durch den relativen Anteil der die Oberfläche bildenden Atome. Deren Anteil wird umso größer, je kleiner der Baustein ist. Ein Beispiel: Au_{55}-Cluster enthalten 75 % Oberflächenatome. Diese sind chemisch sehr aktiv (obwohl es sich um eigentlich chemisch wenig bindungsfreudiges Gold handelt) und katalytisch wirksam. Jedes zusätzliche Oberflächenatom erfordert zusätzliche Oberflächenenergie (Abschnitt 5.3.1). Das kann Cluster instabil machen und Koaleszenz und Zusammenklumpen verursachen. Das erschwert einerseits ihre Herstellung, und andererseits müssen sie für Anwendungen durch Deponierung auf Unterlagen (z. B. Quarzglasträger) oder durch Einbettung in feste oder flüssige Wirtsmedien (z. B. Wasser, Zellflüssigkeit) stabilisiert werden.

Herstellung und Charakterisierung von Nanomaterie

Im Prinzip gibt es zwei Routen zur Herstellung von Nanobausteinen. Man kann makroskopische Materie zunehmend zerkleinern oder aber durch Kondensation von Einzelatomen und -molekülen die Nanobausteine schrittweise wachsen lassen. Diese Wege werden heute dem sprachlichen „mainstream" folgend als „top down" bzw. „bottom up" gekennzeichnet. Bei der Bildung von Nanobiosystemen spielt die spontane Selbstorganisation (d. h. Strukturierung ohne fremde Einflüsse, z. B. durch einen Experimentator) eine große Rolle. Die biologische Zelle ist das wichtigste Beispiel von spontaner Selbstorganisation in der Natur. Für die künstliche Herstellung von Nanomaterie ist eine Vielzahl von komplizierten Methoden entwickelt worden. Viele davon beruhen auf chemischen Prozessen, z. B. die Herstellung von Kolloiden und Aerosolen. Andere erfolgen im Vakuum durch thermisches Verdampfen und anschließendes Kondensieren von Atomen.

Beispiele für natürlich vorkommende und für technisch hergestellte Nanomaterie sind in Tab. 5.5 zusammengestellt.

Einige Beispiele aus der Nanobiotechnologie

Im Bereich der *Nanobiotechnologie* werden z. B. magnetische, mit spezifischen Antikörpern versehene Nanopartikel eingesetzt. Sie lassen sich in cancerogenem Gewebe anreichern und dann durch äußere magnetische Wechselfelder so stark erhitzen, dass das maligne Gewebe durch Koagulation zerstört wird.

Neuerdings sind auch erste Versuche zur Giftigkeit von Feinststaub, d. h. von Aerosolen aus Nanopartikeln, durchgeführt worden, wobei strikt zwischen der gewöhnlichen chemischen Giftigkeit (z. B. von Arsen, Schwermetallen oder Cyanid) und der speziellen Beeinflussung und Schädigung menschlichen Gewebes durch Teilchengrößen- und Grenzflächen-Effekte zu unterscheiden ist. Goldpartikel lassen sich an DNS-Moleküle anlagern, um diese dann mechanisch auszurichten und elastisch zu deformieren.

Tab. 5.5: Beispiele für natürlich vorkommende und technisch hergestellte Nanomaterie.

Natürlich vorkommende Nanomaterie	Technisch hergestellte Nanomaterie
interstellarer Staub Geokolloide (Mineralien, Hydrosole, Aerosole) Biokolloide (Proteine, Zellen, Viren, Holz-Zellen, Richtungssensoren bei Zugvögeln, Milchfett, Rezeptoren der Retina usw.)	Nanostrukturierte Materie (Nanokeramiken, nanokristalline Metalle, Nanoverbundstoffe) Füllmaterialien im Drug- und Food-Sektor Halbleiter-Quantendots magnetische Nanosysteme (Ferrofluide) Dispersionsfarben, Lacke, Druckerfarben, Toner für Kopierer Farbfilter (Dispersionsfarbenfilter, Interferenzfilter) fotografische Systeme (analog und digital) heterogene Katalysatoren in der Chemieindustrie Automobil-Kats Bauteile in Batterien und Brennstoffzellen Nanoelektronik (Transistoren, magnetische, optische Datenspeicher, Sensoren, Lichtrezeptoren), Solarzellen biotechnologische Sensorsysteme Sol-, Gel-Systeme Kosmetika (Hautcremes, Zahnpasta etc.) Mikroskopische Markersysteme (cytochemisch, radiochemisch, größen-, farbenselektiv) Oberflächenschichten (Schutz, Veredlung, Härtung, Selbstreinigung durch *Lotosblatt*-Systeme)

Weitverbreitet sind inzwischen Methoden, die es erlauben, durch Anlagerung von funktionalisierten Nanobausteinen an spezielle Biomoleküle (z. B. in Zellen) diese mit Elektronenmikroskopen oder optischen Fluoreszenzmikroskopen (Abschnitt 17.11 und 20.3) sichtbar zu machen.

Magnetic Particle Imaging (MPI) ist ein bildgebendes Verfahren (Abschnitt 14.8.8), bei dem die Verteilung magnetischer Nanopartikel (vorzugsweise Eisenoxid) in einem bestimmten Körperbereich, z. B. in Lymphknoten, mittels ihrer Magnetisierung (Abschnitt 14.8.1) sichtbar gemacht werden kann. Per Computergrafik steht dann ein direktes Bild von der Größe des Lymphknotens für diagnostische und therapeutische Zwecke zur Verfügung.

Mechanische Schwingungen und Wellen

Schwingungen und Wellen, d. h. *zeitlich* bzw. *räumlich und zeitlich* periodische Vorgänge, begegnen uns in allen Bereichen der Physik. Sie sind für die Biowissenschaften allgemein und insbesondere für die medizinische Praxis wichtig: Informationsübertragung erfolgt bei Lebewesen vorzugsweise mit Wellen über Ohr, Stimme und Auge, und sowohl akustische wie auch elektromagnetische Wellen haben ihren festen Platz in der medizinischen Diagnostik und Therapie. Wo immer sie auftreten, haben Schwingungen und Wellen gemeinsam, dass sie auf denselben physikalischen Grundlagen beruhen und daher in ein und derselben Weise *mathematisch* beschrieben werden können. Einige Formeln zur Beschreibung stellen wir in diesem Abschnitt anhand von einfachen Beispielen aus der Mechanik und der Akustik vor. Allerdings werden nicht alle Wellenphänomene in diesem Abschnitt behandelt: elektrische Schwingungen, elektromagnetische Lichtwellen und verschiedene, wesentlich nur für diese Wellen wichtige Phänomene wie Polarisation, Kohärenz, Beugung oder Interferenz werden auf Abschnitt 14.9 und Abschnitt 18 verschoben, nachdem in den Abschnitten 14.7, 14.8 und 14.9.7 im Rahmen der Elektrizitätslehre elektrische und magnetische Felder eingeführt wurden.

Materiewellen werden im Abschnitt 18.6 behandelt.

https://doi.org/10.1515/9783110691658-007

6 Schwingungen

Schwingungen treten in sämtlichen Bereichen der Physik auf, sei es in der Mechanik (z. B. beim Pendel), in der Elektrizitätslehre (z. B. beim Schwingkreis), in der Atomphysik (z. B. die Molekülschwingungen) oder in der Festkörperphysik (z. B. Phononen, die Schwingungen des Kristallgitters).

Räumlich sich ausbreitende Schwingungen sind Wellen.

All diese Vorgänge haben gemeinsam:

1. Ein Schwingungsvorgang wiederholt sich zeitlich periodisch.
2. Ein Schwingungsvorgang kommt durch *periodische* Umwandlung verschiedener Energieformen zustande.

Wird ein schwingungsfähiges System, ein *Resonator* oder *Oszillator*, einmal von außen angestoßen und schwingt dann ohne weitere Einwirkung äußerer Kräfte weiter, so geschieht dies mit einer für das System typischen Frequenz, der *Eigenfrequenz*. Diese Schwingung nennen wir *freie Schwingung* im Unterschied zur *erzwungenen Schwingung*, die dann entsteht, wenn eine äußere Kraft periodisch auf das System einwirkt und ihm ihre eigene Frequenz aufzwingt.

Eine exakt periodische Bewegung ist bei der freien mechanischen Schwingung nur dann möglich, wenn von der Bewegungsenergie nichts (durch Reibung etwa) verloren geht, d. h., wenn die Schwingung *ungedämpft* erfolgt. Klingt dagegen die Schwingung mit der Zeit infolge von Energieverlusten ab, ist sie *gedämpft*, so ist sie streng genommen nicht mehr periodisch; sie wird dennoch als Schwingung *(gedämpfte Schwingung)* bezeichnet.

Zur Beschreibung einer Schwingung benutzen wir folgende Größen:

1. Die *momentane Auslenkung A*. Sie ist diejenige physikalische Größe, die sich bei der Schwingung periodisch zwischen zwei Extremwerten, den *Amplituden (Schwingungsweiten)* A_0 und $-A_0$ verändert (Beispiele: Ausschlag eines Pendels, Druck, elektrische Feldstärke). Es sei angemerkt, dass bisweilen auch A als Amplitude und A_0 als Maximalamplitude bezeichnet werden. Hier ist leider der Sprachgebrauch nicht einheitlich.

2. Die *Schwingungsdauer* oder *Periode T*. Sie ist die Zeit zwischen aufeinanderfolgenden gleichen Zuständen des Systems (d. h. zwei Zuständen, die durch gleiche momentane Auslenkung, gleiche Bewegungsrichtung und gleiches Vorzeichen der Bewegungsänderung charakterisiert sind).

3. Die *Frequenz ν*. Sie ist die Zahl der Schwingungen pro Sekunde. Daraus ergibt sich für die Schwingungsdauer *T*:

$$T = \frac{1}{\nu}.$$

In der Variablen T reproduziert sich die Bewegung.

Oft fügt man den Zahlenfaktor 2π hinzu und erhält so aus der Frequenz die *Kreisfrequenz* $\omega = 2\pi\nu$ (vgl. hierzu auch Gl. (1-18 b)).

Die Einheit der Frequenz im SI ist s^{-1} und wird auch mit *Hertz* bezeichnet. Die Einheit der Kreisfrequenz ist ebenfalls s^{-1}.

4. Die *Phase φ*. Sie ist die den momentanen Schwingungszustand (zur Zeit *t*) charakterisierende Größe, $\varphi = \omega t$. Da sich alle Schwingungszustände nach der Zeit *T* wiederholen, sagen wir, dass alle sich um ganzzahlige Vielfache der Schwingungsdauer *T* unterscheidenden Schwingungszustände *in Phase* sind oder *gleiche Phase* haben. Neben der *Phase* werden wir den Begriff *Phasendifferenz* gebrauchen, den wir in Gl. (6-7) kennenlernen werden.

https://doi.org/10.1515/9783110691658-008

Der Begriff der Phase wird anschaulicher, wenn wir zur Beschreibung einer periodischen Bewegung trigonometrische Funktionen sin φ oder cos φ einführen (Gl. (6-3)). Die Phase ist dann deren Argument. Schreiben wir für sie $\varphi = 2\pi t/T$, so sehen wir, dass sie den momentanen Schwingungszustand zur Zeit t charakterisiert. Ändert sich t z. B. um T, d. h. um eine Schwingungsdauer, so entspricht dem eine Änderung der Phase um 2π, und das ist gerade die Periode der trigonometrischen Funktion.

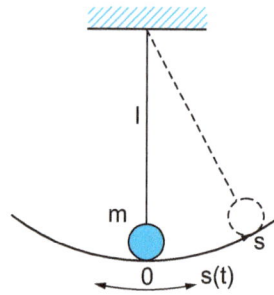

Abb. 6.2: Fadenpendel (m: schwingende Masse, I: Fadenlänge, 0: Ruhelage, s: krummlinige Bahnkoordinate (z. B. eine Kreisbahn). 0 bestimmt die Phasenverschiebung).

6.1 Pendel als mechanisches schwingungsfähiges System

Zu einem mechanischen schwingungsfähigen System gehört eine schwingungsfähige Masse in einem stabilen Gleichgewichtszustand, der *Ruhelage*, und eine Kraft, welche die Masse zur Ruhelage zurücktreibt, wenn sie aus dieser ausgelenkt wurde.

Dies kann wie beim Federpendel (Abb. 6.1) durch zwei elastische Federn geschehen oder aber wie beim Faden- oder Schwerependel (Abb. 6.2) durch die Schwerkraft.

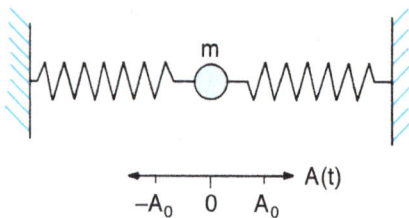

Abb. 6.1: Federpendel mit der Maximalauslenkung A_0 (m: schwingende Masse, 0: Ruhelage, $\pm A_0$: Umkehrpunkte der geradlinigen Bahn).

Eine *freie Schwingung* wird durch eine einmalig von außen wirkender Kraft eingeleitet, die die Masse m aus ihrer Ruhelage auslenkt. Die hierbei von außen in das System eingebrachte Energie wird als *potentielle Energie* des Systems gespeichert, sei es durch Defor-

mationsarbeit an der Feder oder durch Hubarbeit (Anheben im Schwerefeld der Erde) am Schwerependel. Lässt man nun beim ausgelenkten Federpendel die Masse m los, so wird sie durch die rücktreibende Federkraft in Richtung zur Ruhelage $A = 0$ hin beschleunigt. Mit zunehmender Geschwindigkeit wächst die *kinetische Energie* der Masse; beim Durchgang durch die Ruhelage 0 ist sie am größten. Hier sind die beiden Federn entspannt, d. h., in ihnen ist keine Deformationsenergie mehr gespeichert, die potentielle Energie hat daher den Wert null angenommen. Schwingt dann die Masse infolge ihrer *Trägheit* über die Ruhelage hinaus, so werden die Federn erneut deformiert, und dabei wird die Masse durch die rücktreibenden Federkräfte abgebremst. Die kinetische Energie nimmt also wieder ab, und sie ist null bei den weitesten Auslenkungen, bei denen die Masse ihre Bewegungsrichtung umkehrt (Umkehrpunkte $\pm A_0$). Dort ist die Deformation der Federn maximal und mit ihr die als Deformationsenergie gespeicherte potentielle Energie. Nach der Umkehr der Bewegung wiederholt sich der Vorgang, sodass eine periodische Bewegung entsteht. Während dieses Prozesses bleibt die Gesamtenergie $E_{ges} = E_{kin} + E_{pot}$ konstant. Die Schwingung kann also auch als periodischer Wechsel der beiden Arten von Energie beschrieben werden.

> Feder- und Fadenpendel unterscheiden sich dadurch, dass es sich im einen Fall um die kinetische Energie einer geradlinigen und im andern Fall um die einer Kreisbewegung handelt und dass die potentielle Energie im einen Fall als *Deformationsenergie* in der Feder, im anderen Fall durch das Anheben der Masse im Schwerefeld der Erde als *Hubarbeit* gespeichert wird.

> Wir können allgemein mechanische Schwingungen als periodische Umwandlung zwischen kinetischer und potentieller Energie beschreiben, wobei die Gesamtenergie E_{ges} konstant bleibt (vorausgesetzt, die Bewegungen erfolgen reibungs- und verlustfrei).

6.2 Differentialgleichung der ungedämpften Schwingung

Auf zwei verschiedenen Wegen können wir die Schwingungsbewegung *quantitativ* beschreiben: mit dem Energieerhaltungssatz (Abschnitt 4) und mithilfe der Kräftebilanz (Abschnitt 2.2.2.2).

> Der *Energieerhaltungssatz* besagt für das (ungedämpfte) Federpendel, dass die Gesamtenergie, d. h. die Summe aus kinetischer und potentieller Energie, konstant ist:
>
> $$E_{ges} = E_{kin} + E_{pot} = \frac{1}{2}m\left(\frac{dA}{dt}\right)^2 + \frac{1}{2}DA^2 = konst., \quad (6\text{-}1)$$

(siehe Gl. (3-6)). Die variable Größe $A(t)$ beschreibt die momentane Auslenkung der Masse m von der Ruhelage $A = 0$ aus gemessen, die zeitliche Ableitung dA/dt ihre momentane Geschwindigkeit. Differenzieren wir Gl. (6-1) nach der Zeit und dividieren wir durch dA/dt ($dA/dt \neq 0$), außer an den Umkehrpunkten), so erhalten wir die

Kräftebilanz des Schwingungsvorgangs:

$$m\frac{d^2A}{dt^2} + DA = 0. \quad (6\text{-}2)$$

Sie besagt, dass zu jeder Zeit (d. h. zu jeder Auslenkung $A(t)$) die Trägheitskraft entgegengesetzt gleich der Rückstellkraft der Feder, DA, ist (vgl. Abschnitt 2.2.5) bzw. dass die Summe der Kräfte null ist. Das gilt für alle Zeiten t.

Weder Energiesatz noch Kräftebilanz geben direkt Auskunft über die Bewegung $A(t)$ der Pendelmasse, da neben der Variablen A auch deren Ableitungen nach der Zeit in Gl. (6-1) und (6-2) enthalten sind. Eine Gleichung, die auch Ableitungen der Variablen enthält, nennt man eine *Differentialgleichung*. Die spezielle Differentialgleichung der ungedämpften Schwingung des Federpendels, Gl. (6-2), weist neben der Funktion $A(t)$ auch deren zweite Ableitung nach der Zeit, d^2A/dt^2, auf, Gl. (6-1) dagegen die erste Ableitung dA/dt.

Wir *lösen* nun die Differentialgleichung (6-2), d. h., wir suchen die *Amplitudenfunktion* $A(t)$, die der Gl. (6-2) genügt. Diese Funktion muss offenbar die Eigenschaft haben, zu ihrer zweiten Ableitung nach der Zeit proportional zu sein. Wir erhalten sie durch den (durch Probieren gefundenen) Ansatz

$$A = A_0 \sin(\omega t), \quad (6\text{-}3)$$

wobei die *Sinus-Funktion* durch ihren periodischen Verlauf dem Schwingungscharakter der durch $A(t)$ beschriebenen Bewegung Rechnung trägt und zudem proportional zu ihrer zweiten Ableitung ist. A_0 ist die Schwingungsamplitude und ω die Kreisfrequenz.

> Diese durch eine Sinus-Funktion beschriebene Bewegung ist ein spezielles, einfaches Beispiel für eine ungedämpfte Schwingung; wir bezeichnen sie auch als *harmonische Schwingung*.

Dass Gl. (6-3) tatsächlich eine *Lösungsfunktion* der Differentialgleichung (6-2) ist, sehen wir, wenn wir Gl. (6-3) in (6-2) einsetzen. Dazu müssen wir Gl. (6-3) zweimal nach t differenzieren:

$$\frac{d^2A}{dt^2} = -\omega^2 A_0 \sin(\omega t).$$

Setzen wir diesen Ausdruck für d^2A/dt^2 in Gl. (6-2) ein und dividieren durch $A_0 \sin(\omega t)$, so ergibt sich:

$$-m\omega^2 + D = 0. \tag{6-4}$$

In dem Ansatz der Gl. (6-3) war die Größe von ω unbestimmt geblieben. Gl. (6-4) gibt uns nun den genauen Wert, nämlich:

$$\omega = \sqrt{\frac{D}{m}}. \tag{6-5a}$$

Die Frequenz des Federpendels wächst also, wenn die Federkonstante D, d. h. die Härte der Federn, größer wird, sie nimmt ab, wenn die Masse des Pendels zunimmt.

Auch das in Abb. 6.2 gezeigte Fadenpendel (Abschnitt 6.1) führt, allerdings nur bei *kleinen* Auslenkungen, eine harmonische Schwingung aus, und wir erhalten die Amplitudenfunktion $s = s_0 \sin(\omega t)$, wobei s die Koordinate des von der Pendelmasse durchlaufenen Kreisbahnabschnitts bedeutet. In diesem Fall ergibt sich die Kreisfrequenz zu

$$\omega = \sqrt{\frac{g}{l}}, \tag{6-5b}$$

wobei l die Fadenlänge und g die Erdbeschleunigung ist.

Wichtig ist, dass ω hier im Gegensatz zum Federpendel nicht von der Pendelmasse abhängt. (Dies gilt allerdings nur, wenn die Masse m des Fadenpendels nahezu punktförmig ist. Man spricht dann von einem *mathematischen Pendel*.)

Auch die trigonometrische Funktion $\cos(\omega t)$ stellt eine *Lösungsfunktion* der Gl. (6-2) dar:

$$A(t) = A_0 \cos(\omega t). \tag{6-6}$$

Welche der beiden Lösungsansätze (Gl. (6-3) oder (6-6)) den Bewegungsablauf einer harmonischen Schwingung richtig beschreibt, hängt von der sogenannten *Anfangsbedingung* ab. Befindet sich z. B. das Pendel zur Zeit $t = 0$ in der Ruhelage $A = 0$ und wird es danach in positiver Richtung ausgelenkt, so stimmt dies mit dem Verhalten der Sinus-Funktion (Abb. 6.3a) überein, die ja ebenfalls bei $t = 0$ den Wert null hat; damit ist Gl. (6-3) die mit der Anfangsbedingung ($A = 0$, $t = 0$) verträgliche Lösung. Ist dagegen das Pendel maximal ausgelenkt und wird zur Zeit $t = 0$ losgelassen, so ist Gl. (6-6) die richtige Lösungsfunktion, da ja der Cosinus zur Zeit $t = 0$ gerade sein Maximum hat (Anfangsbedingung $A = A_0$, $t = 0$).

Neben den beiden Anfangsbedingungen $A = 0$, $t = 0$ und $A = A_0$, $t = 0$ sind beliebige weitere Anfangsbedingungen ($0 < A < A_0, t = 0$) möglich. Eine passende, allgemeingültige Lösungsfunktion ist:

$$A = A_0 \sin(\omega t - \varphi_0). \tag{6-7}$$

Die Größe φ_0 ist ein konstanter Winkel, der die zeitliche Verschiebung der Schwingung gegenüber einer sinusförmigen Bewegung nach Gl. (6-3) berücksichtigt (Abb. 6.3b). Anschaulich ist $\varphi_0 = 0$ der Winkel der Startposition auf der Kreisbahn des Pendels (siehe Abb. 6.2). φ_0 nennt man die *Phasenverschiebung*, *Phasendifferenz* oder *Phasenkonstante*, z. B. zwischen den beiden durch Gl. (6-3) und (6-7) beschriebenen speziellen Schwingungen. Mit $\varphi_0 = 0$ ergibt sich Gl. (6-3). Für den speziellen Fall, dass die Phasenverschiebung den Wert $\varphi_0 = -\pi/2$ annimmt (Abb. 6.3c), erhalten wir die in Gl. (6-6) angegebene Lösungsfunktion, denn es gilt:

$$A = A_0 \sin\left(\omega t + \frac{\pi}{2}\right) = A_0 \cos(\omega t).$$

$A = A_0 \sin \omega t$

A_0

ωt a

$A = A_0 \sin(\omega t - \varphi_0)$

A_0

ωt b

φ_0

$A = A_0 \sin\left(\omega t + \dfrac{\pi}{2}\right) = A_0 \cos \omega t$

A_0

ωt c

$\dfrac{\pi}{2}$

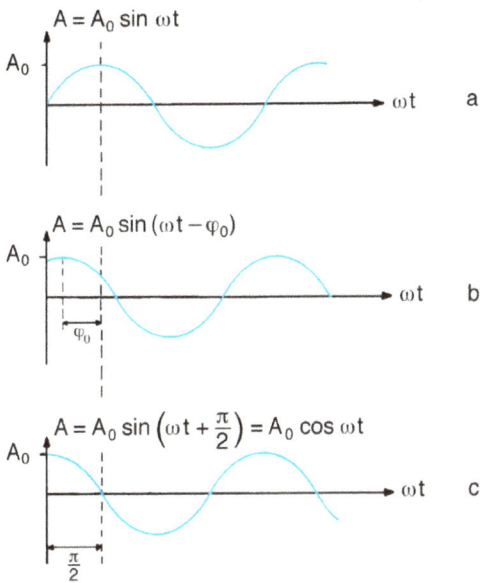

Abb. 6.3: Lösungsfunktionen der Schwingungsdifferentialgleichung (6-2). Grafisch können wir die Auslenkungsfunktion $A(t)$ darstellen, indem wir als Abszisse entweder den Winkel ωt oder die Zeit t auftragen. Dann ist die Periode der Schwingung entweder gegeben durch den *ganzen Winkel* 2π oder durch die Schwingungsdauer T.

Wollen wir die Amplituden A_0 und A'_0 zweier Schwingungen miteinander vergleichen, so können wir deren Verhältnis A_0/A'_0 angeben.

In der Technik ist stattdessen das sog. *Pegelmaß* üblich, das den dekadischen Logarithmus dieses Verhältnisses enthält:

$$z = 20 \cdot \log_{10}\left(\frac{A_0}{A'_0}\right). \qquad (6\text{-}8)$$

Die dimensionslose, reine Zahl z wird *Dezibel* (abgekürzt dB) genannt.

Anstelle des Amplitudenverhältnisses A_0/A'_0 dessen *Logarithmus* zu verwenden, hat den Vorteil, dass man auch sehr große Unterschiede der Amplituden durch kleine Zahlen angeben kann. Ist beispielsweise A_0 um ein Millionenfaches größer als A'_0, so ist das Pegelmaß gegeben durch $z = 120$ dB. Wir werden dem Pegelmaß bei der Beschreibung von Wellen wieder begegnen.

Der Zusammenhang zwischen der Gesamtenergie und der Amplitude A_0 wird durch eine einfache Beziehung beschrieben. Setzen wir eine der Amplitudenfunktionen-Gln. (6-3), (6-6) oder (6-7) in die Energiebilanz-Gl. (6-1) ein und wählen wir einen der Zeitpunkte maximaler Auslenkung (bei dem die Geschwindigkeit null ist), so sehen wir unmittelbar:

Die Gesamtenergie des schwingenden Körpers ist proportional zum *Quadrat* der Amplitude A_0:

$$E_{\text{ges}} \sim A^2{}_0. \qquad (6\text{-}9)$$

Dies gilt für harmonische Schwingungen beliebiger schwingungsfähiger Systeme und auch für Wellen.

6.3 Gedämpfte Schwingungen

Bei den bisher besprochenen ungedämpften Schwingungen wurde die vereinfachende Annahme gemacht, dass weder Luftreibung noch Reibung in einer Halterung oder Ähnlichem vorhanden sei. Damit war es möglich, die einfache Form des Energieerhaltungssatzes (Gl. (6-1)) für das Federpendel anzuwenden. Falls Reibung jedoch nicht vernachlässigt werden kann (z. B. bei der mit Stoßdämpfern versehenen Federung eines Autos), wird die Energiebilanz nicht mehr durch Gl. (6-1) beschrieben, denn durch Reibung wird laufend Bewegungsenergie in Reibungswärme umgewandelt. Dem schwingungsfähigen System geht also laufend Bewegungsenergie verloren, sodass die Schwingungsamplitude mit der Zeit immer kleiner, die Schwingung also *gedämpft* wird.

Zur Kräftebilanz der Gl. (6-2) muss man dann als weitere Kraft die *Reibungskraft* hinzunehmen.

Erfolgt die Reibung in Luft oder in einer Flüssigkeit, so können wir sie durch die mit Gl. (2-26) angegebene Reibungskraft beschreiben:

$$F_R = -r \frac{dA}{dt}.$$

Die Differentialgleichung der *Kräftebilanz* enthält dann die Reibung durch einen Term mit der ersten zeitlichen Ableitung der Auslenkung A, und an die Stelle von Gl. (6-2) tritt:

$$m\frac{d^2 A}{dt^2} + r\frac{dA}{dt} + DA = 0. \qquad (6\text{-}10)$$

Diese Differentialgleichung lässt sich durch folgenden Ansatz lösen (sofern die Dämpfung nicht zu stark ist):

$$A = C_0 e^{-\delta t} \sin(\omega t - \varphi_0).$$

$$(C_0 = \text{konstant}) \qquad (6\text{-}11a)$$

Dies können wir ähnlich wie bei Gl. (6-3), (6-6) und (6-7) direkt durch Einsetzen in Gl. (6-10) prüfen. Gl. (6-11a) enthält die zwei durch die beiden Anfangsbedingungen $A = 0$, $t = 0$ bzw. $A = C_0$, $t = 0$, d. h. durch spezielle Werte der Phasenkonstante φ_0 festgelegten Spezialfälle

$$A = C_0 e^{-\delta t} \sin(\omega t) \text{ und } A = C_0 = e^{-\delta t} \cos(\omega t).$$
$$(6\text{-}11b)$$

Vergleichen wir diese Lösungsansätze mit denen der ungedämpften Schwingung, so sehen wir, dass die Amplitude A_0 jetzt gemäß $A_0(t) = C_0 \exp(-\Delta t)$ mit der Zeit t abnimmt (Abb. 6.4).

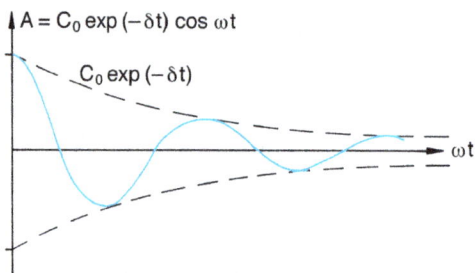

Abb. 6.4: Gedämpfte Schwingung (Anfangsbedingung $A = C_0$ für $t = 0$).

Die Stärke der Abnahme wird bestimmt vom *Dämpfungsfaktor* (der *Dämpfungskonstanten*) δ, der mit dem Reibungskoeffizienten r der Gl. (2-26) folgendermaßen zusammenhängt:

$$\delta = \frac{r}{2m}.$$

Auch die Frequenz ω der gedämpften Schwingung wird durch den Dämpfungsfaktor beeinflusst:

$$\omega = \sqrt{\omega_0^2 - \delta^2},$$

wobei ω_0 die Frequenz der ungedämpften Schwingung bedeutet.

δ bewirkt also eine Abnahme der Frequenz; ω wird null für den Fall $\omega_0 = \delta$. Dann hört die Bewegung auf, periodisch zu sein; deshalb nennt man den durch $\delta = \omega_0$ beschriebenen Fall den *aperiodischen Grenzfall*. Hierbei und bei noch stärkerer Reibung, dem *Kriechfall* ($\delta > \omega_0$), kann das ausgelenkte Pendel nicht mehr über die Ruhelage hinausschwingen, sondern kriecht langsam zur Ruhelage zurück (Abb. 6.5).

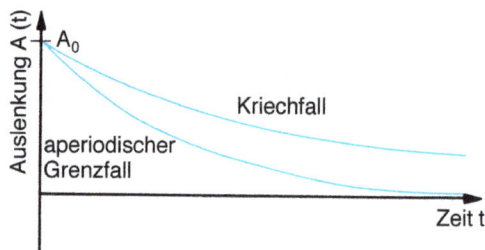

Abb. 6.5: Aperiodischer Grenzfall und ein beliebiger Kriechfall.

Als einfaches *Dämpfungsmaß* einer Schwingung kann man den Dämpfungsfaktor δ heranziehen. Sein Kehrwert $\tau = \delta^{-1}$ hat die Dimension einer Zeit und wird *Abklingzeit* der gedämpften Schwingung genannt.

Auch das Produkt $\Lambda = \delta T$, wobei T die Schwingungsdauer der gedämpften Schwingung ist, wird als Dämpfungsmaß verwendet; man nennt Λ das *logarithmische Dekrement*. Es gilt, wie sich aus Gl. (6-11a) berechnen lässt:

$$\Lambda = \delta T = \ln[A_0(t)/A_0(t+T)]. \qquad (6\text{-}12)$$

6.4 Erzwungene Schwingungen

Eine Schaukel führt infolge der Reibung in der Halterung und mit der Luft eine gedämpfte Schwingung aus. Wird sie aber von Zeit zu Zeit angestoßen, so kann man erzwingen, dass die Schwingungsbewegung dennoch nicht abklingt, und stößt man sie *im Takt*, d. h. nach jeder Schwingungsperiode erneut an, so kann die Amplitude mit der Zeit sogar zunehmen. Ist die Ankopplung der von außen einwirkenden periodischen Kraft nicht nur auf kurze Zeitintervalle beschränkt (wie in dem Beispiel der Schaukel), sondern kontinuierlich, und ist die Kraftquelle stark genug, dann wird diese Kraft dem Schwingungssystem ihre eigene Frequenz, die *Erregerfrequenz*, aufzwingen. Dieser Sachverhalt lässt sich exakter folgendermaßen formulieren:

Ein schwingungsfähiges System (ein *Resonator* oder *Oszillator*) mit der Frequenz ω_0 seiner freien Schwingung *(Eigenfrequenz)* und der Dämpfungskonstanten δ kann durch eine äußere periodische Kraft der beliebigen Frequenz ω zu einer andauernden *erzwungenen Schwingung* mit dieser Frequenz ω angeregt werden.

Dass es einiger Zeit bedarf, um diese erzwungene Schwingung anzuregen, werden wir im folgenden Abschnitt über den *Einschwingvorgang* sehen.

Die Amplitude der erzwungenen Schwingung wird besonders groß werden, wenn ω ungefähr mit ω_0 übereinstimmt; wir sprechen dann von *Resonanz*. Die Dämpfung verhindert, dass die Amplitude dabei unendlich anwächst.

In der Praxis wird das schwingungsfähige System schließlich zerstört, wenn die Dämpfung zu gering ist *(Resonanzkatastrophe)*. Bei unserem Beispiel der Schaukel mag diese Katastrophe eintreten, wenn sich die Schaukel überschlägt.

Bei vorhandener Dämpfung wird dem schwingenden System dauernd Energie entzogen, die vom Erreger nachgeliefert werden muss, wenn die Bewegung nicht zum Stillstand kommen soll. Der Entzug, d. h. die *Absorption*, von Energie aus dem Erreger ist am größten im *Resonanzfall*; denn in unserem Ansatz für die Reibungskraft, $F_R = -r\,dA = dt$ (Gl. (2-26)) ist die Dämpfung proportional zur Geschwindigkeit dA/dt, und diese ist umso größer, je weiter das System ausschwingt.

Die mathematische Formulierung der erzwungenen Schwingung gestaltet sich beim Federpendel (Abb. 6.1) einfacher als beim Schwerependel. Deshalb wollen wir dieses Beispiel herausgreifen. Schreiben wir wieder wie in Gl. (6-2) bzw. (6-10) die Kräftebilanz an, so müssen wir jetzt die periodische äußere Kraft F mitberücksichtigen und erhalten, falls diese Kraft durch $F = F_0 \cos(\omega t)$ beschrieben wird:

$$m\frac{d^2 A}{dt^2} + r\frac{dA}{dt} = DA = F_0 \cos(\omega t). \tag{6-13}$$

Diese Gleichung stellt wie Gl. (6-2) und (6-10) eine Differentialgleichung dar, allerdings enthält sie einen zusätzlichen Term, der nicht die Variable A enthält. (Eine solche Differentialgleichung nennt man *inhomogen*.) Sie besitzt als Lösung die *Amplitudenfunktion der erzwungenen Schwingung A(t)*:

$$A(t) = \frac{\frac{F_0}{m}}{\sqrt{\left(\omega_0^2 - \omega^2\right)^2 + 4\delta^2\omega^2}}\cos(\omega t - \varphi_0), \tag{6-14a}$$

wobei $A_0 = \dfrac{\frac{F_0}{m}}{\sqrt{\left(\omega_0^2 - \omega^2\right)^2 + 4\delta^2\omega^2}}$ die Amplitude, m die Pendelmasse, ω_0 die Eigenfrequenz, ω die Frequenz der periodischen äußeren Kraft und δ die Dämpfungskonstante des Pendels, $\delta = r/(2m)$, bedeuten. Die Phasendifferenz φ_0 der Amplitudenfunktion $A(t)$ zur äußeren Kraft $F(t)$ ist eine Funktion der Erregerfrequenz ω:

$$\varphi_0 = \arctan\frac{2\delta\omega}{\omega_0^2 - \omega^2}, \tag{6-14b}$$

wobei arc tan die *Umkehrfunktion* der in Anhang A5 beschriebenen Tangens-Funktion ist.

Die Abhängigkeit der Phasendifferenz φ_0 und der Amplitude A_0 von der Erregerfrequenz ω sind für verschieden große Dämpfungsfaktoren δ in Abb. 6.6 dargestellt.

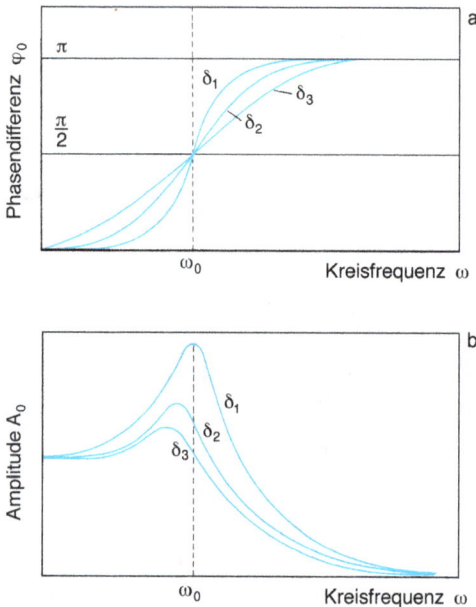

Abb. 6.6: Erzwungene Schwingung: (a) Abhängigkeit der Phasendifferenz φ_0 und (b) der Amplitude A_0 von der Frequenz ω der äußeren Erregerkraft $F(t) = F_0 \cos \omega t$ für verschiedene Dämpfungsfaktoren $\delta (\delta_1 < \delta_2 < \delta_3)$.

Bei kleinen Erregerfrequenzen ω ist die Phasendifferenz φ_0 nahezu null und die Amplitude A_0 unabhängig von ω; d. h., das Pendel folgt der erregenden Kraft $F(t)$ ohne Verzögerung mit der Amplitude $A_0 \approx \frac{F_0}{m\omega_0^2}$.

Mit wachsender Erregerfrequenz nehmen φ_0 und A_0 zu.

Bei $\omega = \omega_0$ schließlich erhalten wir $\varphi_0 = \pi/2$, und A_0 wird sehr groß. Dieser Zustand kennzeichnet die *Resonanz* zwischen erregender äußerer Kraft $F(t)$ und schwingungsfähigem System. Im Resonanzfall läuft die erzwungene Schwingung der erregenden Kraft um $\pi/2$ hinterher, wodurch dieser Gelegenheit gege-

ben ist, das System stets im richtigen Takt anzustoßen und die Schwingung *aufzuschaukeln*. In Gl. (6-14a) wird dann wegen $\omega = \omega_0$ der Nenner klein und die Amplitude A_0 maximal.

Bei verschwindend kleiner Dämpfung ($\delta \approx 0$) wird im Resonanzfall der Nenner in Gl. (6-14a) sogar null und die Amplitude A_0 (mathematisch) unendlich groß. (In der Natur wird der Vorgang vorher durch Zerstörung (Resonanzkatastrophe) beendet werden: ein Beispiel dafür, dass eine mathematische Beschreibung von Naturvorgängen nicht immer für alle Bereiche der Variablen zutrifft.)

Bei sehr hohen Erregerfrequenzen ($\omega \gg \omega_0$) in Abb. 6.6a hinkt die erzwungene Schwingung um $\varphi_0 \approx \pi$ der äußeren Kraft $F(t)$ hinterher; d. h., die erzwungene Schwingung erfolgt jetzt *gegenphasig* zur Kraft $F(t)$. Mathematisch heißt das:

$\sin(\omega t - \pi) = -\sin(\omega t)$. Dadurch wirkt $F(t)$ bremsend auf die Schwingung, und nach Gl. (6-14a) wird bei genügend großer Erregerfrequenz ω die Amplitude A_0 praktisch null.

Das Phänomen der *Resonanz* ist also durch die Phase der Bewegung, bezogen auf die Phase der äußeren Kraft, bedingt. Ihre Stärke, d. h. ihre Amplitude F_0 geht hier lediglich linear in die Bewegungsamplitude A_0 ein. Der Einfluss der Dämpfung auf die erzwungene Schwingung macht sich im Wesentlichen dadurch bemerkbar, dass mit größer werdendem δ die Resonanzkurve $A_0(\omega)$ in Abb. 6.6b flacher und breiter verläuft und das Maximum von ω_0 weg zu kleineren Frequenzen hin verschoben wird.

Einschwingvorgang Greift an einem zunächst ruhenden schwingungsfähigen Gebilde (z. B. Federpendel) von außen her eine periodische Kraft mit der Frequenz ω an, so wird sich die erzwungene Schwingung nicht sofort einstellen; dazu ist einige Zeit notwendig, während der das Pendel komplizierte, nicht periodische Bewegungen ausführt. Einen derartigen *Einschwingvorgang* hat jeder schon einmal erlebt, der versucht hat, einen an einer Schnur hängenden Gegenstand in Pendelschwingungen zu versetzen. Seine Dauer wird dabei durch die Frequenz ω und ebenso durch die Dämpfung δ bestimmt: Je kleiner δ, desto länger währt der Einschwingungsvorgang. Er ist abgeschlossen, wenn die erzwungene Bewegung periodisch geworden ist und mit der Frequenz ω der äußeren Kraft erfolgt. Wir werden Einschwingvorgänge bei den Musikinstrumenten in Abschnitt 7.11 näher kennenlernen.

6.5 Anharmonische Schwingungen

Unter den Begriff der *anharmonischen Schwingungen* fallen alle periodischen Bewegungen, die nicht durch eine einzelne Sinus- und/oder eine einzelne Cosinus-Funktion beschrieben werden können.

Beispiele hierfür sind in Abb. 6.7 dargestellt. Zu ihnen gehört auch das in Abb. 6.7c gezeigte und in Abschnitt 15.1.2 behandelte Elektrokardiogramm (EKG).

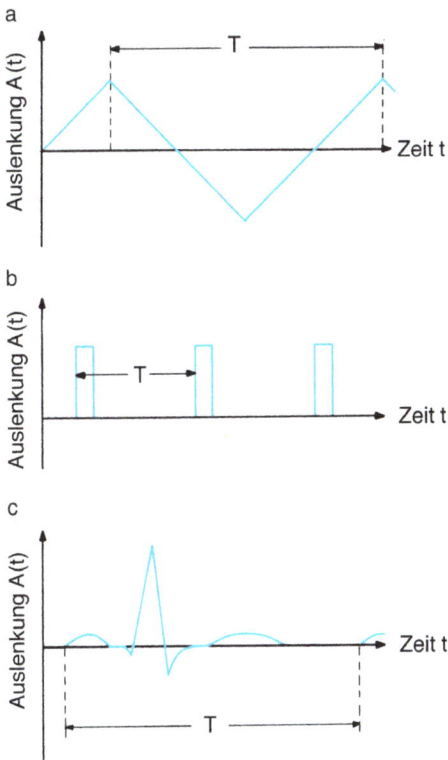

Abb. 6.7: Anharmonische periodische Vorgänge: (a) Dreieckschwingung, (b) Rechteckimpulsfolge, (c) Elektrokardiogramm (EKG).

In Abschnitt 6.5.2 werden wir sehen, dass man anharmonische Schwingungen ebenfalls durch trigonometrische Funktionen beschreiben kann, und zwar durch eine Überlagerung von i. A. unendlich vielen Sinus- bzw. Cosinus-Schwingungen unterschiedlicher Frequenzen.

6.5.1 Überlagerung von harmonischen Schwingungen

Zur Beschreibung der Überlagerung *(Superposition)* von harmonischen Schwingungen wollen wir annehmen, dass an dem Federpendel aus Abschnitt 6.1 nicht nur *eine*, sondern *zwei* periodische Kräfte zugleich angreifen. Jede der beiden Kräfte für sich bewirkt eine erzwungene harmonische Schwingung des Pendels; die Gesamtbewegung des Pendels ergibt sich dann aus der Überlagerung beider Schwingungen.

Im Normalfall ist die Überlagerung linear *(lineare Superposition)*. Die resultierende Auslenkung ist:

$$A_{\mathrm{res}}(t) = A_1(t) + A_2(t) \text{ für alle } t.$$

Wir können drei Fälle unterscheiden:

1. Die Frequenzen ω_1 und ω_2 der beiden periodischen Kräfte sind gleich. Dann beobachten wir als Überlagerung beider Schwingungen wieder eine harmonische Schwingung, deren Amplitude von der Phasenverschiebung φ_0 zwischen beiden Einzelschwingungen bestimmt wird. Die resultierende Schwingung $A_{\mathrm{res}}(t)$ erhalten wir, indem wir in der grafischen Darstellung (Abb. 6.8) Punkt für Punkt (d. h. für alle t) die Einzelamplituden addieren:

$$A_{\mathrm{res}}(t) = A_{0,1}\sin(\omega t - \varphi_0) + A_{0,2}\sin(\omega t).$$

(6-15)

Ist $\varphi_0 = 0$, so ergibt sich *konstruktive Überlagerung* $A_{\mathrm{res}}(t) = (A_{0,1} + A_{0,2}) \sin(\omega t)$ (Abb. 6.8a).

Sind beide Teilschwingungen jedoch um $\varphi_0 = -\pi(\text{oder} + \pi)$ gegeneinander verschoben, sind sie also *gegenphasig*, so schwächen sie sich, und falls ihre Amplituden $A_{0,1}$ und $A_{0,2}$ gleich sind, heben sie sich gegeneinander auf *(destruktive Überlagerung)*, sodass die resultierende Schwingungsamplitude dauernd null ist (Abb. 6.8b).

 2. Die Frequenzen ω_1 und ω_2 sind verschieden, aber ω_2 ist ein *ganzzahliges* Vielfaches von

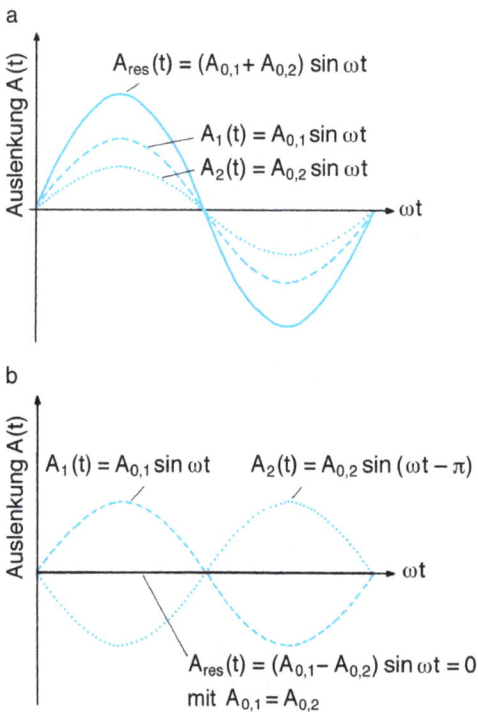

Abb. 6.8: Überlagerung von harmonischen Schwingungen: (a) maximale Verstärkung bei konstruktiver Superposition, (b) Auslöschung bei destruktiver Superposition.

ω_1. Dann ergibt sich wieder eine periodische Bewegung. Allerdings ist sie nicht harmonisch, wie wir im folgenden Abschnitt 6.5.2 sehen werden.

3. Die Frequenzen ω_1 und ω_2 unterscheiden sich, aber die eine ist *kein ganzzahliges* Vielfaches der anderen. Zu diesem Fall finden wir über-

haupt keine streng periodische harmonische Bewegung mit einer einzigen Frequenz mehr, sondern z. B. eine *Schwebung* (Abschnitt 6.5.3).

6.5.2 Zerlegung anharmonischer Schwingungen in harmonische Teilschwingungen

Der im vorigen Abschnitt genannte Fall 2 lässt sich auch umkehren, denn der mathematische *Satz von Fourier* besagt:

> Jeder *anharmonische* (d. h. nichtharmonische), periodische Vorgang lässt sich in eine Summe von (i. A. unendlich vielen) harmonischen Teilschwingungen, d. h. Sinus- und Cosinus-Schwingungen, zerlegen, deren Frequenzen ganzzahlige Vielfache einer Grundfrequenz ω sind.

Die Amplitudenfunktion $A(t)$ einer beliebigen *anharmonischen* Schwingung lässt sich demnach in der folgenden Form der *Fourier-Reihe* anschreiben:

$$A(t) = a_0 + a_1 \cos \omega t + a_2 \cos 2\omega t + a_3 \cos 3\omega t + \ldots$$
$$+ b_1 \sin \omega t + b_2 \sin 2\omega t + b_3 \sin 3\omega t + \ldots$$
$$(6\text{-}16a)$$

Eine andere Schreibweise von Gl. (6-16a) ist:

$$A(t) = \sum_{n=0}^{\infty} [a_n \cos(n\omega t) + b_n \sin(n\omega t)]. \quad (6\text{-}16b)$$

Die Konstante a_n und die Konstante b_n bestimmen die Größe des Beitrags der n-ten Cosinus- bzw. n-ten Sinus-Schwingung. Werden a_n und b_n mit wachsendem n genügend klein – dies ist bei den meisten Anwendungen der Fall –, so kann die Summe nach einer endlichen Anzahl von Teilschwingungen abgebrochen werden. Die *Grundfrequenz* ω ist gleich der Frequenz der anharmonischen Schwingung.

Eine weitere Schreibweise erhält man, wenn man zusammenfasst: $a_n \cos(n\,\omega t) + b_n \sin(n\,\omega t) = c_n \sin(n\,\omega t + \varphi_n)$.

Dann ergibt sich anstelle von Gl. (6-16b):

$$A(t) = \sum_n c_n \sin(n\omega t + \varphi_n). \qquad (6\text{-}16c)$$

Die mathematische Methode zum Auffinden der Konstanten a_n und b_n – der sogenannten *Fourierkoeffizienten* – aus der Amplitudenfunktion bezeichnet man als *Fourier-Analyse* von Schwingungen. Heute wird sie mit Computerprogrammen sehr einfach durchgeführt. In dem *Frequenzspektrum* der Fourier-Koeffizienten ist die Form der anharmonischen Schwingung enthalten. Wir werden der Fourier-Analyse bei der Diskussion anharmonischer Wellen (z. B. akustischer Wellen) wieder begegnen (Abschnitt 7.6). Praktisch wichtig ist, dass man bei beliebig komplizierten Schwingungen sich zur Vereinfachung der Beschreibung oft auf die *dominierende* Fourier-Komponente, d. h. eine einzelne harmonische Schwingung, beschränken kann.

6.5.3 Schwebung

Eine *Schwebung* kommt zustande, wenn zwei harmonische Schwingungen nahezu gleicher Frequenz $(\omega_1 = \omega_1 + \Delta\omega \approx \omega_2)$ überlagert werden.

Mathematisch wird diese Superposition wieder einfach durch Addieren der beiden Amplitudenfunktionen der Teilschwingungen formuliert, z. B.:

$$A(t) = A_1(t) = A_2(t) = A_0(\cos \omega_1 t + \cos \omega_2 t), \qquad (6\text{-}17)$$

wobei wir zur Vereinfachung angenommen haben, dass $A_{0,1} = A_{0,2} = A_0$ gilt.

Mittels der trigonometrischen Umformung für $\cos(\alpha) + \cos(\beta)$ (siehe Anhang A5) erhalten wir anstelle der Gl. (6-17):

$$A(t) = 2A_0 \cos\left(\frac{\omega_1 - \omega_2}{2}t\right) \cos\left(\frac{\omega_1 + \omega_2}{2}t\right). \qquad (6\text{-}18)$$

Es war vorausgesetzt, dass die Frequenzen beider harmonischer Schwingungen nahezu gleich seien, also $\omega_1 = \omega_2 + \Delta\omega \approx \omega$, wobei $\Delta\omega \ll \omega_1$.

Wir können nun schreiben: $\omega_1 + \omega_2 \approx 2\omega_2 + \Delta\omega \approx 2\omega$ und $\omega_1 - \omega_2 = \Delta\omega$.

Mit dieser Vereinbarung erhalten wir aus Gl. (6-18):

$$A(t) = 2A_0 \cos\left(\frac{\Delta\omega}{2}t\right) \cos(\omega t). \qquad (6\text{-}19)$$

Eine Schwebung stellt sich somit nach Gl. (6-19) als eine Schwingung $\cos(\omega t)$ mit der Frequenz ω dar, wobei die resultierende, zeitabhängige Amplitude $B_0 = 2A_0 \cdot \cos(\Delta\omega/2 \cdot t)$ periodisch mit der Frequenz $\Delta\omega/2$ verändert *(moduliert)* wird (Abb. 6.9).

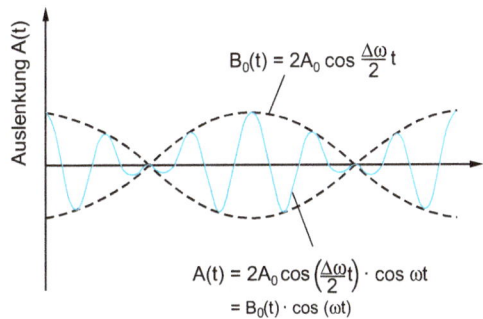

Abb. 6.9: Schwebung (gestrichelt: Amplitudenmodulation).

Diese *zeitliche Modulation* der resultierenden Amplitude erfolgt umso langsamer, je weniger sich die beiden Frequenzen unterscheiden. Ein Beispiel für eine Schwebung ist die Superposition der Schwingungen von zwei Stimmgabeln fast gleicher Frequenz. Die Schwebung ist dann als periodisch zu- und wieder abnehmende Lautstärke hörbar. Wir werden auf die Schwebung in Bezug auf Musikinstrumente (Abschnitt 7.10) noch einmal zurückkommen.

6.6 Gekoppelte Pendel

6.6.1 Zwei gekoppelte Pendel

Verbinden wir zwei gleiche ungedämpfte Pendel entsprechend Abb. 6.10 durch eine schwache Spiralfeder miteinander, so kann dieses System Schwingungen durchführen, die eine Zwischenstellung zwischen den freien und den erzwungenen Schwingungen einnehmen, weil jetzt erzwingende Kräfte auf die einzelnen Pendel einwirken, die nur schwach über die Feder angekoppelt sind. Wird das Pendel II in der Zeichenebene der Abb. 6.10a z. B. nach rechts ausgelenkt, so übt es über die Kopplungsfeder auf Pendel I eine Kraft aus und lenkt dieses ebenfalls nach rechts aus. Lässt man das eine Pendel schwingen, so regt es daher das andere, anfänglich ruhende Pendel über die Kopplungsfeder allmählich zu Schwingungen an. Der Energievorrat dieses Systems ist konstant (er ist gleich der durch die anfängliche Auslenkung des Pendels II gespeicherten potentiellen Energie), und die auf das Pendel I übertragene Energie wird nun dem Pendel II entzogen. Nach einiger Zeit ist die gesamte Schwingungsenergie von II auf I übertragen worden, sodass Pendel II zum Stillstand kommt, während das Pendel I seine größte Schwingungsamplitude erreicht.

Danach übernimmt Pendel I die Rolle, die das Pendel II gespielt hat, und es läuft derselbe Vorgang in umgekehrter Richtung ab: Pendel I regt Pendel II allmählich zur Schwingung an und gibt seine Energie an Pendel II, bis es selbst zur Ruhe kommt.

Neben der Eigenschwingung der beiden einzelnen Pendel tritt infolge ihrer Kopplung also ein weiterer periodischer Vorgang auf, nämlich das periodische Wechseln der Schwingungsenergie von einem Pendel zum anderen. Auch dies ist ein *Schwebungsvorgang*. Die Schwingungsenergie wird dabei umso rascher ausgetauscht, je steifer die Kopplungsfeder, d. h., je fester die Kopplung ist.

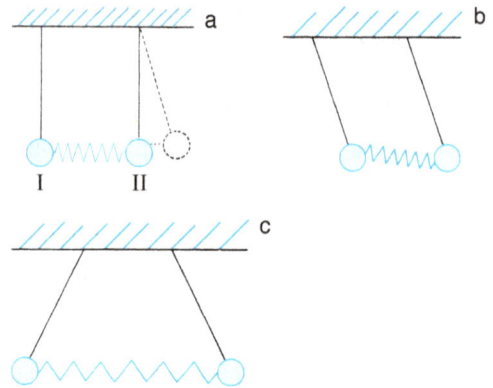

Abb. 6.10: Zwei gekoppelte Fadenpendel (a) und ihre beiden Eigenschwingungen: (b) gleichphasig, (c) gegenphasig.

In Abb. 6.11 ist der zeitliche Verlauf der Schwingungen A_I und A_{II} beider Pendel dargestellt. Wir sehen, dass jede dieser beiden Amplitudenfunktionen eine Schwebungskurve wie in Abb. 6.9 ist.

Aus dem vorigen Abschnitt wissen wir, dass diese durch die Überlagerung zweier harmonischer Schwingungen mit geringfügig sich voneinander unterscheidenden Frequenzen ω_1 bzw. ω_2 entsteht.

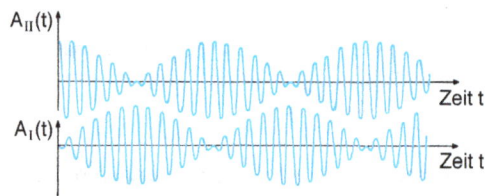

Abb. 6.11: Schwingungen $A_I(t)$ und $A_{II}(t)$ der beiden gekoppelten Pendel I und II aus Abb. 6.10.

Die beiden harmonischen Schwingungen, wir nennen sie die *Eigenschwingungen der gekoppelten Pendel*, lassen sich auch leicht gezielt einzeln anregen. Lässt man nämlich beide Pendel im Gleichtakt schwingen, so spielt die Kopplung zwischen ihnen (wenn die Pendel gleich sind) keine Rolle, da der Abstand beider

Pendel während des ganzen Schwingungsvorgangs der gleiche bleibt (Abb. 6.10b). Die Frequenz dieser Eigenschwingung, ω_1, stimmt also mit der des einzelnen, nicht gekoppelten Pendels überein. Die zweite Eigenschwingung mit der Frequenz ω_2 erhalten wir, wenn beide Pendel gegeneinander schwingen (*Gegentakt*, Abb. 6.10c); dann wird die Kopplungsfeder maximal beansprucht, und zu der rücktreibenden Kraft des Einzelpendels kommt noch eine durch die Kopplungsfeder bedingte Zusatzkraft hinzu. Die Schwingungen erfolgen dadurch etwas rascher als im ersten Fall, d. h., ω_2 ist etwas größer als ω_1.

Außer diesen Eigenschwingungen können – abhängig von den Anfangsbedingungen – viele andere Schwingungsformen des Systems angeregt werden. Ihnen gegenüber sind aber die beiden Eigenschwingungen mit den Anfangsbedingungen $A_I(t=0) = A_{II}(t=0)$ und $A_I(t=0) = -A_{II}(t=0)$ dadurch ausgezeichnet, dass *keine* Schwebung auftritt, wenn sie angeregt werden. Alle anderen Schwingungsformen zeigen hingegen Schwebungseffekte, da in ihnen beide Eigenschwingungen zugleich – wenn auch mit geringerer Stärke – angeregt sind.

6.6.2 Übergang von der Pendelkette zu Eigenschwingungen ausgedehnter Körper

Koppeln wir mehr als zwei Federpendel in einer Kette z. B. durch Federn aneinander, so wächst die Zahl der Eigenschwingungen des Systems mit der Zahl der Einzelpendel. Neben Schwingungsformen, bei denen sich die Pendelkörper längs ihrer Verbindungsgeraden bewegen (*Longitudinalschwingungen*, Abb. 6.12a), können die Körper auch senkrecht zur Verbindungsachse ausgelenkt werden und *Transversalschwingungen* (Abb. 6.12b) ausführen.

Um beide Arten von Schwingungen zu unterscheiden, gibt man die Amplitude als Vektor

$\vec{A}_0$ an, dessen Richtung die Schwingungsrichtung ist. Es ist aber üblich, für beide Schwingungsformen (longitudinal und transversal) in der grafischen Darstellung nur den Betrag der Auslenkung gegen die Zeit aufzutragen. So kann eine Kurve wie in Abb. 6.3 sowohl eine longitudinale wie eine transversale Schwingung beschreiben, und man muss, um beide Fälle zu unterscheiden, den Schwingungstyp gesondert angeben.

Allgemein gilt, dass die *Gesamtzahl* der longitudinalen wie auch der transversalen Eigenschwingungen einer Kette aus N gekoppelten Pendeln jeweils gleich N ist. Das Beispiel $N = 2$ wurde bereits ausführlich behandelt.

Stößt man das System in beliebiger Weise an, so entstehen normalerweise Schwingungen, die sich als Überlagerung aller Eigenschwingungen ergeben und komplizierte Schwebungseffekte zeigen. In Abb. 6.12 sind die longitudinalen und die transversalen Eigenschwingungen eines Systems aus drei gekoppelten Federpendeln dargestellt. Die Eigenschwingungen A und A' haben die niedrigsten Eigenfrequenzen, wir nennen sie daher longitudinale bzw. transversale *Grundschwingung*. Die Schwingungen B und B' bzw. C und C' heißen die erste bzw. zweite

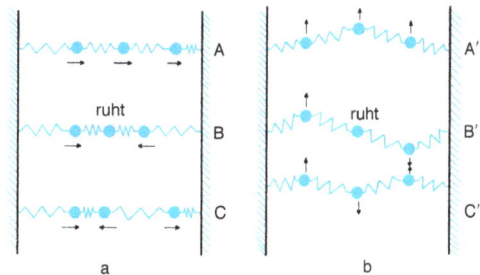

Abb. 6.12: Grundschwingungen (A, A'), erste Oberschwingungen (B, B') und zweite Oberschwingungen (C, C') eines Systems aus drei gekoppelten Federpendeln:
(a) Longitudinalschwingungen,
(b) Transversalschwingungen.

Oberschwingung. Sie haben höhere Eigenfrequenzen, da bei ihrer Anregung die Kopplungsfedern stärker beansprucht werden.

Moleküle, auch *Bio-Moleküle*, stellen wegen der chemischen Bindungskräfte zwischen ihren atomaren Bausteinen schwingungsfähige Systeme dar. Sind diese frei im Raum beweglich, fallen die äußeren Federn (zur Wand) in Abb. 6.12 weg.

Die Zahl der möglichen Eigenschwingungen beträgt dann bei N Atomen $3N$-5 für lineare und $3N$-6 für nichtlineare Moleküle. Diese Eigenschwingungen können sowohl durch Wärmezufuhr als auch, falls die atomaren Bausteine elektrische Ladungen tragen, durch elektromagnetische Wellen, d. h. durch Licht, angeregt werden. Bei organischen Molekülen liegen die Anregungsfrequenzen zumeist im infraroten Spektralbereich (Abschnitt 17.1). Das Frequenzspektrum ist oft *charakteristisch* für die chemische Molekülstruktur. Deshalb ist die (infrarot-optische) *Molekül-Absorptionsspektroskopie* zu einer der Standardmethoden chemischer Analyse, insbesondere von Bio-Molekülen (Abschnitt 18.4), geworden.

Aus Abschnitt 5.1.2 wissen wir, dass jeder *Festkörper* ein ausgedehntes System schwingungsfähiger Gebilde darstellt (nämlich der durch Bindungskräfte elastisch aneinandergekoppelten Atome oder Ionen). Bindungskräfte spielen die Rolle der Federkräfte unserer Pendelkette. Freilich ist die Zahl N der Gitterteilchen riesig, und zudem sind sie nicht in linearen Ketten, sondern räumlich, z. B. als regelmäßig aufgebaute Kristall, oder als ungeordneter, unregelmäßiger Atomklumpen, angeordnet. Auch in diesem Fall unterscheiden wir longitudinale und transversale Eigenschwingungen.

Die Schwingungen der Atome eines kristallinen Festkörpers, die *Gitterschwingungen,* sind bei genügend hoher Temperatur allesamt durch Wärmebewegung angeregt, und zwar mit Amplituden, die im Vergleich zu den Atomabständen sehr klein sind. Im Rahmen der *Festkörperphysik* werden sie als *Quasiteilchen* beschrieben und als *Phononen* bezeichnet.

Betrachtet man den Festkörper als kontinuierliches elastisches Medium, so können makroskopische Schwingungen, also solche mit Amplituden, die um Größenordnungen größer sind als der Atomabstand, auftreten, die sich in diesem Festkörper fortpflanzen, was wir als *Welle* im folgenden Abschnitt genauer betrachten werden. Ist der Festkörper endlich lang, so können *stehende Wellen* auf-

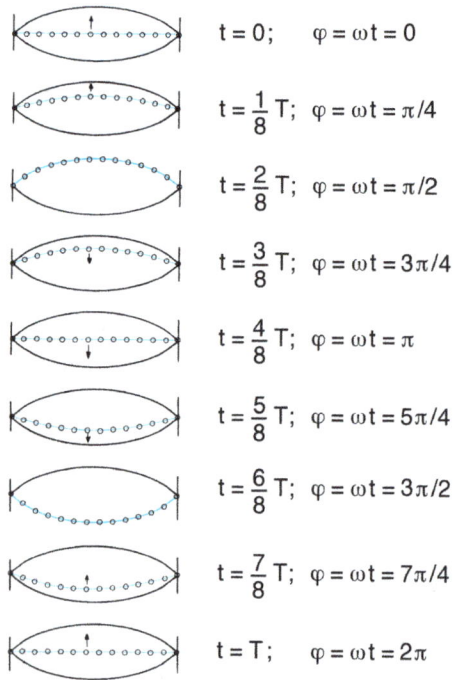

$t = 0; \quad \varphi = \omega t = 0$

$t = \frac{1}{8} T; \quad \varphi = \omega t = \pi/4$

$t = \frac{2}{8} T; \quad \varphi = \omega t = \pi/2$

$t = \frac{3}{8} T; \quad \varphi = \omega t = 3\pi/4$

$t = \frac{4}{8} T; \quad \varphi = \omega t = \pi$

$t = \frac{5}{8} T; \quad \varphi = \omega t = 5\pi/4$

$t = \frac{6}{8} T; \quad \varphi = \omega t = 3\pi/2$

$t = \frac{7}{8} T; \quad \varphi = \omega t = 7\pi/4$

$t = T; \quad \varphi = \omega t = 2\pi$

Abb. 6.13: Linke Spalte: Transversale Grundschwingung einer an beiden Enden eingespannten stabförmigen Pendelkette aus 14 gekoppelten Oszillatoren, die eine Sinus-Schwingung ausführt. Die dick gezogenen schwarzen Linien geben die Maximalauslenkung des Stabes an. Rechte Spalte: Momentan-Auslenkungen zu neun Zeiten zwischen t = 0 und t = T. Zugehörige Momentanphasen φ.

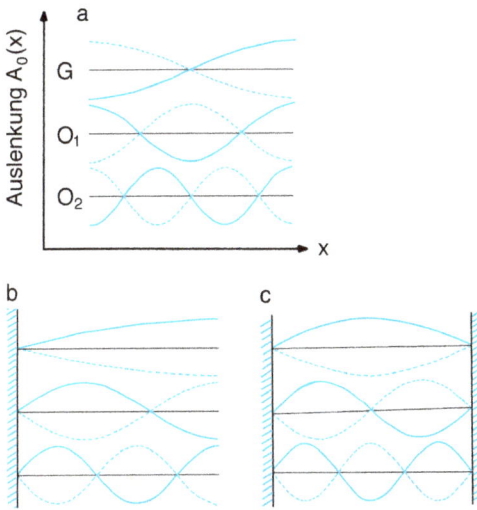

Abb. 6.14: Transversale Grundschwingung *G* und die ersten beiden Oberschwingungen O_1 und O_2 eines Stabes: (a) frei schwingend, (b) an einem Ende fest eingespannt, (c) an beiden Enden fest eingespannt. (Analoge Bilder erhält man auch für die longitudinalen Eigenschwingungen, da die Ordinate nur den Betrag, nicht aber die Richtung der Auslenkung angibt).

treten, die letztlich auch wieder *Eigenschwingungen* des Festkörpers darstellen

In Abb. 6.13 sind für die *transversale Grundschwingung* eines an beiden Enden fest eingespannten Stabes Momentaufnahmen der lokalen Durchbiegungen zu verschiedenen Zeiten skizziert. Wir können uns zur Vereinfachung aber auch darauf beschränken, anstelle dieser Bildserie den Verlauf der *Maximal*auslenkung (Amplitude) längs des Stabes darzustellen. Dies zeigt Abb. 6.14, die die örtlich variierenden Amplituden der Eigenschwingungen mit den niedrigsten Eigenfrequenzen (die Grundschwingung und die ersten zwei Oberschwingungen) für einen Stab darstellt, der frei schwingt (Abb. 6.14a) bzw. an einem (Abb. 6.14b) oder an beiden Enden (Abb. 6.14c) fest eingespannt ist.

7 Wellen Teil I: Mechanische und akustische Wellen

Wie schon in der Einleitung zu Kap. 6 herausgestellt wurde, lassen sich wie die Schwingungen auch Wellen durch einen weitgehend einheitlichen Formelapparat beschreiben, unabhängig von der Art der Welle (Wasserwelle, elektromagnetische Welle usw.). Wir werden diese Beschreibung im Folgenden wieder anhand von mechanischen Systemen veranschaulichen, weil diese Systeme die einfachsten und übersichtlichsten sind.

Ganz besonders bieten sich uns für die Veranschaulichung der mathematischen Zusammenhänge und Gesetze die *akustischen Wellen* oder *Schallwellen* an, weil die *Akustik*, d. h. die Lehre vom Schall, wegen Stimme und Gehör, aber auch wegen therapeutischer Anwendungen von *Ultraschall* für die Medizin von großer Bedeutung ist. Es gibt aber spezielle Wellenphänomene, die hauptsächlich für elektromagnetische Wellen wichtig sind. Diese werden hier noch nicht vorgestellt, sondern erst, wenn *nach* der Einführung von elektrischen und magnetischen Wechselfeldern in Kap. 14 die Natur elektromagnetischer Wellen verständlich zu machen ist. Daher werden in Kap. 18 weitere Eigenschaften von Wellen vorgestellt werden.

7.1 Ausbreitung von Schwingungen in Wellenfeldern

Ein ins Wasser geworfener Stein regt die Wassermoleküle in und nahe der Oberfläche zu Schwingungen an; diese Schwingungen breiten sich kreisförmig um das Erregerzentrum als Welle aus (Abb. 7.1). Die Kopplungskräfte zwischen den Wassermolekülen haben zur Folge, dass die Verschiebungen eines jeden Moleküls auf Nachbarbereiche übertragen werden und sich somit durch das ganze Medium fortpflanzen. Wichtig ist, dass dies mit *endlicher* Geschwindigkeit geschieht.

Abb. 7.1: Kreisförmig von einer punktförmigen Quelle sich ausbreitende Wasserwellen (entnommen aus Bergmann/Schaefer: Lehrbuch der Experimentalphysik, Band 1, Mechanik, Relativität, Wärme, Walter de Gruyter, Berlin, New York, 1998).

Wird in einem System, das aus vielen untereinander gekoppelten, schwingungsfähigen Gebilden besteht, an einer bestimmten Stelle ein Schwingungsvorgang angeregt, so breitet sich dieser mit endlicher Geschwindigkeit räumlich aus.

Die räumliche Ausbreitung der Schwingung kann in einer, in zwei oder in drei Raumdimensionen erfolgen. Das von den Rädern eines herannahenden Zuges erzeugte Geräusch pflanzt sich beispielsweise hauptsächlich längs der Schienen in *einer* Richtung fort. Bei der Wasserwelle beobachten wir ihre Ausbreitung in der Ebene der Wasseroberfläche (wenngleich auch tiefere Wasserschichten mitwirken). Schall oder Licht kann sich in alle Richtungen des Raums ausbreiten und dabei Kugelwellen bilden (Abb. 7.2).

Die sich räumlich (ein-, zwei- oder dreidimensional) ausbreitende Schwingung nennen wir eine *Welle* und die Gesamtheit der in einem Raumbereich existierenden Wellen ein *Wellenfeld*.

https://doi.org/10.1515/9783110691658-009

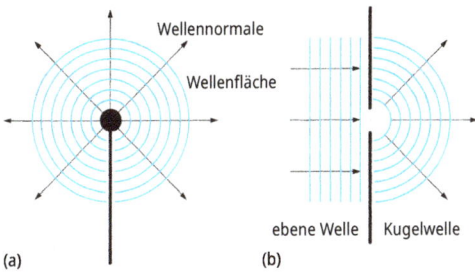

(a)   (b)

Abb. 7.2: Kugelwellen: (a) Schallwellen eines Kugelstrahlers; (b) vereinfachte Darstellung der Lichtwellen hinter einer von einer ebenen Welle beleuchteten Lochblende (siehe hierzu auch Abschnitt 18.2.3).

Allgemein gilt, dass sich nur der Bewegungsvorgang, nicht aber die schwingenden Teilchen selbst in unserer Wasserwelle längs der Oberfläche ausbreiten: Die Wassermoleküle vollführen lediglich Schwingungen um ihre Ruhelagen, alle mit derselben Frequenz, aber mit variierender Phase. Dies sieht man, wenn ein Blatt auf dem Wasser schwimmt, das dann infolge einer Welle auf und ab tanzt, aber nicht durch die Welle über weite Strecken längs der Oberfläche transportiert wird.

Das gilt für alle Arten von Wellen in einheitlichen (homogenen) Medien. Allerdings ist die gegen das Ufer anlaufende Wasserwelle ein Gegenbeispiel. Hier ist das Ausbreitungsmedium wegen des seichten Meeresbodens nicht einheitlich: Durch Bremsung der Welle am Meeresboden verzögert, entsteht Brandung, und die Welle transportiert tatsächlich Wasser, Boote und Schwimmer in Richtung zum Ufer.

Vergleichen wir die Schwingungsbewegung mit der eines Blattes an einer anderen Stelle des Wellenfeldes, so sehen wir: Beide tanzen nicht mit gleicher Phase, sondern mit einer bestimmten Phasendifferenz, und diese hängt vom gegenseitigen Abstand ab.

Mit dem Bewegungszustand breitet sich auch der in ihm enthaltene Energieinhalt aus. Die Zerstörungskraft eines gegen das Land anlaufenden *Tsunamis* ist ein Beispiel dafür.

Es ist nun nicht überraschend, dass die zur Beschreibung einer Schwingung in Kap. 6

eingeführten Größen *Amplitude, Frequenz, Schwingungsdauer* und *Phase* auf die Welle übertragen werden können. Daneben sind zu deren vollständiger Beschreibung jedoch weitere Größen wie *Polarisation, Wellenlänge* und *Ausbreitungsgeschwindigkeit* erforderlich, die im Folgenden eingeführt werden.

Ebene Wellen Wir wollen die Ausbreitung von Wellen in *einer* Richtung x betrachten, d. h. eine eindimensionale Welle. Eine solche Schallwelle z. B. ist dadurch gekennzeichnet, dass zu jedem Zeitpunkt die Wellenflächen, d. h. die Bereiche einheitlicher Phasenkonstante, zueinander parallele *Ebenen* sind. Die am einfachsten zu beschreibende Welle ist dann diejenige, bei welcher an jedem Ort x eine harmonische Schwingung

$$A(t) = A_0 \sin(\omega t - \varphi) \qquad (7\text{-}1)$$

erfolgt. Wir nennen sie eine *harmonische Welle*, in Analogie zur harmonischen Schwingung (Abschnitt 6.2). Entscheidend für die Welle ist nun, dass die Phasenkonstante φ sich längs der Ausbreitungsrichtung x linear mit dem Ort ändert: $\varphi = kx$, wobei k eine Konstante ist, auf deren Bedeutung wir weiter unten eingehen werden.

Im Argument der trigonometrischen Funktion in Gl. (7-1) ist also eine zeitabhängige Variable (ωt) und eine ortsabhängige Variable (kx) enthalten. Wir werden sehen, dass erst deren Zusammenspiel zur Ausbreitung der Welle führt und dass beide Variablen über die *Ausbreitungsgeschwindigkeit* miteinander verknüpft sind.

Für die simultane zeitliche und räumliche Amplitudenfunktion der harmonischen Welle erhalten wir also:

$$A(t, x) = A_0 \sin(\omega t - kx). \qquad (7\text{-}2a)$$

Diese Welle ist dadurch ausgezeichnet, dass sie zur Zeit $t = 0$ am Ort $x = 0$ die Auslenkung $A = 0$ hat. Wellen mit anderen *Anfangsbedingungen* (Abschnitt 6.2) erfassen wir mit der verallgemeinerten Schreibweise

$$A(t,x) = A_0 \sin(\omega t - kx + \varphi_0), \qquad (7\text{-}2b)$$

φ_0 ist eine *Phasenkonstante*. (Wir könnten auch die Schreibweise $-\varphi_0$ anstelle von $+\varphi_0$ wählen.)

Gl. (7-2a) und (7-2b) gelten für eine eindimensionale Welle und auch für Wellen an Oberflächen und in dreidimensionalen Medien, die sich nur in *einer* Richtung x ausbreiten, die *ebenen Wellen*.

Ebene Wasserwellen können wir z. B. dadurch erzeugen, dass wir wie in (Abb. 7.3) gezeigt ein Brett in einem Wasserbecken periodisch hin- und herschieben. Die Welle wird auf der ganzen Breite des Troges angeregt, aber so, dass von jedem Punkt des dreidimensionalen Wellenfeldes eine Welle gemäß Gl. (7-2) weiterläuft.

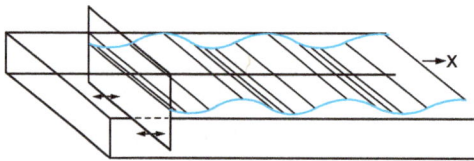

Abb. 7.3: Ebene Wasserwelle in einem Wassertrog, erzeugt durch ein bewegtes Brett.

In Abb. 7.2 und 7.3 stellen die Linien senkrecht zur Ausbreitungsrichtung der Welle, die *Wellennormalen*, Orte gleicher Phase dar. Im allgemeinen Fall der dreidimensionalen Welle liegen die Orte gleicher Phase auf einer Fläche, die wir *Wellenfläche* nennen. Sie kann gekrümmt oder im Falle der ebenen Welle eben sein.

> Bei der Wasserwelle beschreibt A die Auslenkung von Flüssigkeitsmolekülen, bei Schallwellen die Auslenkung von Gasmolekülen und bei elektromagnetischen Wellen die Größe elektrischer und magnetischer Wechselfelder (Abschnitt 14.9.7).
>
> Gl. (7-2) enthält drei Variable t, x und A und benötigt eigentlich eine *dreidimensionale* grafische Darstellung.
>
> Wir können uns diese aber vereinfacht grafisch veranschaulichen, indem wir einen festen Ort

(x = konstant) wählen und dort über längere Zeit den in Abb. 7.4 skizzierten *zeitlichen* Verlauf der Auslenkung beobachten. Sie stellt eine Schwingung mit der Phasenkonstanten $\varphi = kx$ dar. Ebenso können wir die *räumliche* Verteilung der Auslenkung zu einem festen Zeitpunkt (t = konstant), eine Momentaufnahme also, betrachten und erhalten den in Abb. 7.4b dargestellten räumlichen Verlauf längs der Ausbreitungsrichtung. Nun ist $\omega t = \varphi$ eine Phasenkonstante.

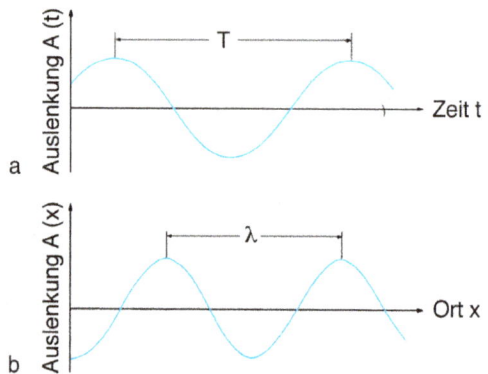

Abb. 7.4: (a) Zeitabhängigkeit einer Welle an einem festen Ort x, (b) Ortsabhängigkeit der Welle zu einem festen Zeitpunkt t (T: Schwingungsdauer; λ: Wellenlänge).

Kugelwellen In der *ebenen* Welle ist die Größe der Wellenamplitude A_0 eine Konstante, also unabhängig vom Abstand r des Beobachtungspunktes x von der Erregerquelle.

Anders liegen die Verhältnisse bei der *Kugelwelle* (Abb. 7.2b), die sich von einer punktförmigen Erregerquelle gleichmäßig in *alle* Richtungen des Raums ausbreitet. Hier nimmt die Amplitude mit zunehmendem Abstand r in jeder beliebigen Raumrichtung von der Quelle aus ab, auch wenn die Welle nicht durch absorptionsbedingte Dämpfung abnimmt, und zwar hat die Amplitudenfunktion die Form

$$A(t,r) = \frac{B_0}{r} \sin(\omega t - kr), \text{ d. h. } A_0 = \frac{B_0}{r}, \quad (7\text{-}3)$$

wobei B_0 eine Konstante ist. Offenbar nimmt A_0 mit wachsendem Abstand r ab.

Der Grund für diese r-Abhängigkeit von A_0 ist, dass sich die Welle und die in ihr gespeicherte Energie mit zunehmender Entfernung von der Quelle auf einen größeren Raumbereich verteilt. Da die durch eine beliebige Querschnittsfläche, z. B. ein Flächenelement auf einer Kugelfläche mit der Quelle im Mittelpunkt, transportierte Energie mit dem Abstand der Fläche von der Quelle quadratisch abnimmt (vergleiche hierzu Abb. 7.2a), muss die Amplitude entsprechend Gl. (6-9) linear abnehmen.

7.2 Beschreibung von Wellenfeldern

Zur Beschreibung von Wellenfeldern werden weitere Größen wie *Wellenlänge, Polarisation* und *Ausbreitungsgeschwindigkeit* benötigt.

Wellenlänge Die Phasenkonstante in Gl. (7-1), $\varphi = kx$, variiert mit dem Ort x; Abb. 7.4b zeigt, dass sich dadurch zu jedem Zeitpunkt eine sinusförmige Verteilung der Auslenkungen in Ausbreitungsrichtung einstellt.

> Die Schwingungszustände zu einem Zeitpunkt wiederholen sich periodisch in der Ausbreitungsrichtung; sie stimmen in ihrer Phase an allen Orten überein, die um einen gewissen Abstand voneinander entfernt sind. Diesen Abstand nennen wir die *Wellenlänge* λ der Wellen. Auf die Wasserwelle bezogen bedeutet dies: λ ist z. B. der Abstand zwischen je zwei benachbarten Wellenbergen.

Nun wiederholt sich die Sinus-Funktion in Gl. (7-1) periodisch, wenn sich die *Phasenkonstante* um ein Vielfaches von 2π ändert. Daher bewirkt eine Ortsänderung Δx um λ eine Phasenänderung $\Delta\varphi$ um 2π, und wir finden $\Delta\varphi = 2\pi = k\Delta x = k\lambda$ oder für die Konstante k, die auch als *Wellenzahl* bezeichnet wird:

$$k = \frac{2\pi}{\lambda}.\qquad (7\text{-}4)$$

Vergleichen wir noch einmal die beiden Abb. 7.4a und 7.4b, so wird Folgendes deutlich:

Die Wellenlänge λ beschreibt die räumliche Periodizität, die Schwingungsdauer T die zeitliche Periodizität der Welle.

Polarisation Die Polarisation beschreibt die Richtung der räumlichen periodischen Auslenkung in der Welle bezogen auf die Richtung der Wellenausbreitung. Erfolgt die Auslenkung längs der Ausbreitungsrichtung, dann sprechen wir von *longitudinaler Welle*, erfolgt sie senkrecht zur Ausbreitungsrichtung, handelt es sich um eine *transversale Welle*.

Für beide Wellenarten gelten die grafischen Darstellungen der Abb. 7.4a und Abb. 7.4b gleichermaßen.

(Diese zeitliche bzw. räumliche Darstellung einer Welle in einem rechtwinkligen Koordinatensystem, auf dessen Ordinatenachse der *Betrag* der Auslenkung aufgetragen wird, darf nicht mit dem wirklichen Bild der Welle verwechselt werden, bei dem auch die Richtung der Auslenkung unterschiedlich sein kann!) Longitudinal ist eine Schallwelle in Gasen, transversal z. B. die elektromagnetische Welle (Abschnitt 14.9.7). Die Amplituden-Gln. (7-2) beschreiben beide Typen von Wellen. Wie bei der Schwingungsrichtung ist die Polarisation der Welle *zusätzlich* anzugeben. Dies kann dadurch geschehen, dass man die Schwingungsrichtung zum Betrag der Amplitude A_0 hinzunimmt und die Amplitude als Vektorgröße auffasst, wodurch auch die Auslenkung A in Gl. (7-2) zur *Vektorgröße* wird:

$$\vec{A} = A\,\vec{e},\qquad \vec{A}_0 = A_0\,\vec{e},\qquad (7\text{-}5)$$

wobei mit $\vec{e}$ der Einheitsvektor in Schwingungsrichtung gemeint ist.

> Bei longitudinalen Wellen weist dieser Vektor in Ausbreitungsrichtung. Bei der transversalen Welle sind die Verhältnisse insofern komplizierter, als hier beliebig viele Polarisationsrichtungen in der Ebene senkrecht zur Ausbreitungsrichtung, der *Schwingungsebene*, möglich sind.

Die Polarisation transversaler Wellen spielt insbesondere bei elektromagnetischen Wellen und deren Spezialfall, den Lichtwellen, eine große Rolle. Daher wird in Abschnitt 18 ausführlich darauf eingegangen werden.

Hier nur so viel: Als *linear polarisiert* bezeichnet man diejenige transversale Welle, bei der die Schwingungsamplitude stets in einer Richtung senkrecht zur Ausbreitungsrichtung liegt (Abb. 18.30). Unpolarisiert ist eine Welle, die alle Polarisationszustände zugleich enthält. Bei *zirkular* (Abb. 18.31) und *elliptisch polarisierten* Wellen läuft die Amplitude auf einem Kreis bzw. einer Ellipse in einer Ebene senkrecht zur Ausbreitungsrichtung um.

Ausbreitungsgeschwindigkeit einer Welle Die Ausbreitungsgeschwindigkeit ist die Geschwindigkeit, mit der sich die Welle, also z. B. ein Wellenberg einer Wasserwelle, längs der Ausbreitungsrichtung fortpflanzt.

Während der Zeit einer Schwingungsdauer T hat sich ein vom Erregerzentrum einer Wasserwelle auslaufender Wellenberg gerade um die Strecke einer Wellenlänge λ vom Zentrum entfernt (dort ist die Welle dann mit dem Erregerzentrum gerade wieder *in Phase*). Die Ausbreitung der Welle um die Strecke λ erfolgt also in der Zeit T, und wir erhalten für die Ausbreitungsgeschwindigkeit c:

$$c = \frac{\lambda}{T} \quad \text{bzw.} \quad c = \lambda \nu \left(\nu = \frac{1}{T} : \text{Frequenz} \right). \quad (7\text{-}6)$$

Diese Beziehung gilt allgemein für jede Art von Wellen. In voneinander verschiedenen Medien breitet sich eine Welle im Allgemeinen unterschiedlich schnell aus; c ist also vom Ausbreitungsmedium abhängig.

Gleichung (7-6) gilt unter der Voraussetzung, dass sich der Schwingungszustand einer Welle *geradlinig* im Raum ausbreitet. (Im Bild der modernen Physik bedeutet das für Licht, dass Photonen sich in *atomar homogener, transparenter* Materie geradlinig bewegen. Die

Geradlinigkeit wird übrigens auch für *extrem ausgedehnte* „homogene" Systeme wie den Weltraum angenommen. Voraussetzung ist allerdings, dass das Licht sich dort nicht in der Nähe großer stellarer Massen bewegt.)

Die Geradlinigkeit gilt aber nur, wenn das Ausbreitungsmedium ein einheitliches c aufweist. Sie gilt beispielsweise nicht an der *Grenzfläche* zwischen zwei verschiedenen transparenten Stoffen mit unterschiedlichem c, wo die Ausbreitungsrichtung abrupt geändert werden kann *(Brechung)*. Auch wenn die Ausbreitung der Welle durch enge Öffnungen, einen Spalt oder eine Blende behindert wird, treten Abweichungen von der geradlinigen Ausbreitung auf; wir bezeichnen sie als *Beugung*. In den Abschnitten 18.2 und 18.3 werden wir im Zusammenhang mit elektromagnetischen Wellen genauer auf diese Vorgänge eingehen.

Mit Gl. (7-6) können wir für die ebene Welle anstelle von Gl. (7-2) andere Schreibweisen einführen, die ebenfalls häufig verwendet werden:

$$A(t, x) = A_0 \sin 2\pi (t/T - x/\lambda) \quad \text{oder}$$

$$A(t, x) = A_0 \sin 2\pi \nu (t - x/c) = A_0 \sin \omega (t - x/c)$$
$$(7\text{-}7)$$

Wir wollen nun weitere Wellengrößen einführen und diese am Beispiel der Schallwellen veranschaulichen. Zugleich wollen wir in der *Akustik* gebräuchliche, spezielle Bezeichnungen vorstellen.

7.3 Akustik

Als Akustik bezeichnet man allgemein den Teil der Wellenlehre, der auf Schallwellen beruht. In Materie aller Aggregatzustände können sich periodische Auslenkungen der untereinander gekoppelten Atome und Moleküle als elastische Wellen räumlich ausbreiten. Ist die Wellenlänge sehr groß gegen die mittleren Atomabstände, so nennen wir diese Wellen *Schallwellen* oder *akustische Wellen*. Sie können weiter unterteilt werden in *Infraschall* (niedrige Frequenzen), *Hörschall* und *Ultraschall* (hohe Frequenzen) und bei noch höheren Frequenzen *Hyperschall*.

Diese Wellen überlagern sich der stets vorhandenen *Wärmebewegung* der Materieteilchen.

Schwingt die Membran eines Lautsprechers, so schiebt sie periodisch die angrenzenden Luftschichten vor sich her, wodurch ein geringfügiger Überdruck entsteht, oder saugt sie zurück, wodurch die Membran einen geringfügigen Unterdrück erzeugt (Abb. 7.5). Diese Bewegungen der Gasmoleküle und die daraus folgenden makroskopischen Druckunterschiede im Gas breiten sich als *longitudinale Schallwellen* aus.

Um Missverständnisse zu vermeiden, sei besonders betont, dass Schallwellen nicht durch geordnete Wellenbewegung *einzelner* Gasmoleküle zustande kommen, sondern durch geordnete Wellen im kollektiven, makroskopischen Vielteilchensystem des ganzen Gases. Man könnte sagen, eine Schallwelle sei ein *Schwarm-Effekt* im gekoppelten Vielteilchensystem des Gases. Dabei tragen die einzelnen Teilchen nanoskopisch kleine Bewegungen bei.

Wenn die Schall-Frequenz im *Hörbereich* liegt, dann genügt es, um *hörbar* zu sein, dass die Amplitude der Druckschwankungen 10^{-4} Pa und

die zugehörige Maximalauslenkung der Gasmoleküle 10^{-10} m (das ist weniger als ein Moleküldurchmesser!) betragen.

Schallwellen sind (im Gegensatz zu elektromagnetischen Wellen) an Materie gebunden. Im Vakuum kann sich Schall nicht ausbreiten. In Gasen und Flüssigkeiten sind Schallwellen longitudinal. In elastischen Festkörpern können auch transversale Schallwellen angeregt werden.[*]

Frequenzbereiche des Schalls Der eigentliche Frequenzbereich der Akustik ist der Bereich, für den das menschliche Ohr als Empfänger empfindlich ist. Dieser *Hörbereich* liegt zwischen 16 Hz *(untere Hörgrenze)* und 20.000 Hz *(obere Hörgrenze)*. Am empfindlichsten ist das menschliche Ohr bei Frequenzen zwischen 2 und 4 kHz.

Die *Grundtöne* von Musikinstrumenten reichen bis etwa 4 kHz (vgl. Abb. 7.6): Der Bereich von dort bis zur *oberen Hörgrenze* wird durch *Obertöne* (vgl. Abschnitt 7.5) ausgefüllt.

Unterhalb weniger Hertz nimmt das Ohr nicht mehr einen einheitlichen *Ton* wahr, sondern es kann die zeitlichen Änderungen der Welle *innerhalb* einer Periode als „knatterndes Geräusch" auflösen.

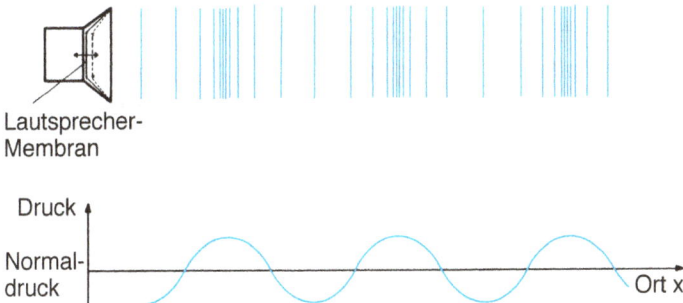

Abb. 7.5: Schwingung einer Lautsprechermembran erzeugt geringfügige periodische Dichteänderungen der Luft (Über- und Unterdruck), die sich als longitudinale Schallwellen ausbreiten.

---

[*](**Anmerkung:** Wir dürfen Schallwellen in Materie nicht mit *Materiewellen* verwechseln, mit denen wir in der Quantentheorie die Wellennatur mikroskopischer und nanoskopischer Materie beschreiben (Abschnitt 18.6)).

Die *Sprache* umfasst einen Frequenzbereich von etwa 100 bis 2.000 Hz.

Um eine einheitliche Tonhöhenskala für Musikinstrumente (die z. B. in einem Orchester gemeinsam spielen) zu erreichen, wurde der *Kammerton a* ursprünglich mit einer Frequenz v_a = 432 Hz als Stimmton international festgelegt. 1939 wurde er auf v_a = 440 Hz erhöht, wodurch – wegen größerer benötigter Saitenspannung – die Töne von Streichinstrumenten heute schärfer klingen als in früheren Jahrhunderten. In den letzten vergangenen Jahren wurde die Tonhöhe des Kammertons (versuchsweise) weiter erhöht.

Unterhalb von 16 Hz beginnt per definitionem der Bereich des *Infraschalls*. Jenseits der oberen Hörgrenze von etwa 20.000 Hz liegt der Bereich des *Ultraschalls*, für den das menschliche Ohr (nicht aber z. B. das Hundeohr) unempfindlich ist. Oberhalb von 10^9 Hz schließlich beginnt der *Hyperschall*-Bereich.

Schallfeldgrößen Die Gesamtheit der einen Raum erfüllenden Schallwellen bezeichnet man als *Wellenfeld* oder spezieller als *Schallfeld*. Zu seiner Beschreibung dienen die *Schallfeldgrößen*, auf die wir im Folgenden näher eingehen wollen, da sie für *Sprechen* und *Hören* und damit auch *medizinisch* wichtig sind.

Als einfachstes Beispiel wollen wir wieder eine sich in einer Richtung x in Luft ausbreitende ebene Schallwelle betrachten. Die durch die Schallerregung bewirkten momen-tanen Auslenkungen $A(t, x)$ der Gasmoleküle, die sich im Abstand x von der Schallquelle befinden, können dann durch Gl. (7-7) beschrieben werden, wobei A_0 in dieser Gleichung als *Schallamplitude* bezeichnet wird.

Die Geschwindigkeit v der periodischen Teilchenbewegung um die Ruhelage (v hat direkt nichts mit der Ausbreitungsgeschwindigkeit der Gl. (7-6) zu tun!) ergibt sich aus Gl. (7-7) durch Differentiation nach der Zeit:

$$v = \frac{dA}{dt} = \frac{2\pi}{T} A_0 \cos\left(2\pi\left(\frac{t}{T} - \frac{x}{\lambda}\right)\right). \qquad (7\text{-}8)$$

Die Geschwindigkeit v der mechanischen Bewegung des Gasteilchen-Kollektivs ändert sich also periodisch wie A, allerdings, worauf das Auftreten der Cosinus-Funktion hinweist, um $\pi/2$ phasenverschoben.

In der Literatur werden entweder die Geschwindigkeit v oder ihr Maximalwert die *Schallschnelle* genannt.

$$v_0 \frac{2\pi}{T} A_0 = \omega A_0 \qquad (7\text{-}9)$$

Die periodischen Auslenkungen der Moleküle in einer longitudinalen Schallwelle führen zu periodischen *Druckschwankungen* im Schallfeld. Diese Druckschwankungen werden beschrieben durch den *Schallwechseldruck* Δp.

Die Druckschwankungen Δp in einem Gas überlagern sich dem normalen Druck, d. h. beispielsweise dem Atmosphärendruck p_a, und ergeben zusammen mit ihm den Gesamtdruck

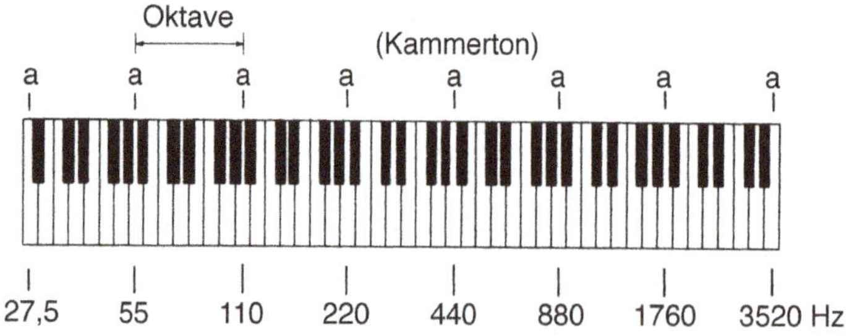

Abb. 7.6: Tonumfang des Klaviers.

$$p = p_a + \Delta p. \qquad (7\text{-}10)$$

In Abschnitt 10.1 werden wir sehen, dass Druck und Molekülgeschwindigkeit miteinander zusammenhängen. Bei der Schallausbreitung erfolgen die periodischen Druckänderungen mit der gleichen Phase wie die zeitliche Änderung der Geschwindigkeit:

$$\Delta p = p_0 \cos 2\pi(t/T - x/\lambda). \qquad (7\text{-}11)$$

Die Schallwechseldruck-Amplitude p_0 ist proportional zur (mittleren) Gasdichte ϱ, der Schallgeschwindigkeit c im Gas und der Schallschnelle v_0:

$$p_0 = \varrho \, c \, v_0. \qquad (7\text{-}12)$$

Wir werden im Folgenden näher auf die sehr komplizierte Art eingehen, mit der der *Hörapparat* des Menschen die Intensität von Schallwellen in die *subjektive* Empfindung des Hörens umsetzt. Den minimalen Schallwechseldruck, der einen Höreindruck hervorruft, nennen wir die *untere Schallschwelle*. Sie beträgt bei $\nu = 1$ kHz in Luft $3 \cdot 10^{-5}$ Pa. Andererseits erreicht der Schallwechseldruck in sehr starken, auch therapeutisch wirksamen Schallfeldern die Größe von einigen Pascal.

Schallgeschwindigkeit Die Schallgeschwindigkeit c, mit der sich die Druckschwankungen längs der Ausbreitungsrichtung der Schallwelle fortpflanzen (vgl. Abb. 7.5), wird – wie bei allen Wellen – durch Gl. (7-6) bestimmt.

Bei Schallwellen können wir unter günstigen Alltagsumständen direkt beobachten, wie groß die Ausbreitungsgeschwindigkeit ist. Nehmen wir an, wir schauen einem weit entfernten Tennisspieler beim Spiel zu, dann erreicht uns das Geräusch eines jeden Schlages deutlich später, als wir den Schlag gesehen haben: Das Schallsignal hat in der Luft mit einer Ausbreitungsgeschwindigkeit von ca. $3 \cdot 10^2$ m/s eine längere Laufzeit benötigt als das optische, sich mit Lichtgeschwindigkeit (ca. $3 \cdot 10^8$ m/s) ausbreitende Signal, das uns praktisch un-mittelbar erreicht. Wenn wir die Entfernung Δx zum Spieler kennen und die Verzögerung des Schalls gegen das Lichtsignal Δt z. B. per Stoppuhr messen, erhalten wir die Größe der Schallgeschwindigkeit aus $c = \Delta x / \Delta t$.

Ein anderes Beispiel: Blitz und Donner eines Gewitters treffen nacheinander bei einem Beobachter ein. Zählt man die Sekunden zwischen beiden, dann kann man die Entfernung des Gewitters aus $x = ct$ mit ($c \cong 3 \cdot 10^2$ m/s) ausrechnen.

Die Entfernungsmessung mittels *Echolotung* (mit akustischen Wellen) oder mittels *Radar* (mit elektromagnetischen Wellen) basiert ebenfalls auf der Messung der *Laufzeit* von Wellen. Ein abgehackter kurzer Wellenzug wird von einer elektronischen Quelle ausgesandt, an einem Hindernis reflektiert und vom am Ort der Quelle befindlichen Beobachter als *Echo* nach einer Zeitspanne Δt wieder registriert. Misst man diese Zeitspanne, so ergibt sich der doppelte Abstand zwischen Beobachter und Hindernis aus $2l = c \, \Delta t$, wobei c die Ausbreitungsgeschwindigkeit der Welle ist.

Übrigens verwenden Fledermäuse dieses Echolot-Prinzip (Abb. 7.7) im Flug, sowohl zur eigenen Orientierung als auch zur Jagd nach Insekten. Sie stoßen ganze Spektren von geordneten Ultraschall-Schreien aus, die bis zu 100 Dezibel stark sein können, und vermögen deren Echos in extremer Weise zu analysieren.

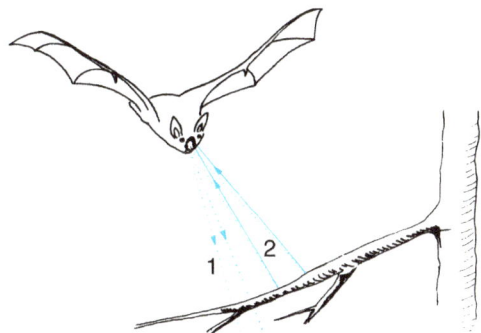

Abb. 7.7: Echolot-Prinzip bei der Ortung der Fledermaus. (Die Ultraschallwellen 1 gehen am Hindernis vorbei, die Wellen 2 werden reflektiert und registriert.)

Die *Schallgeschwindigkeit* ist i. A. in unterschiedlichen Stoffen verschieden; ihre Größe hängt von den elastischen Eigenschaften des Ausbreitungsmediums ab und auch von der Polarisation der Welle.

a) In *Gasen* ist der *Kompressionsmodul* (Abschnitt 5.2) die für die Geschwindigkeit entscheidende Größe. Er ist – bei idealem Gaszustand – gleich dem herrschenden Druck *p*. Nun erfolgen aber die Druckänderungen so rasch, dass die mit Kompression und Ausdehnung verbundenen geringfügigen Temperaturschwankungen nicht durch die Umgebung ausgeglichen werden können, sodass die Schallausbreitung *adiabatisch* (Abschnitt 9.3) abläuft und folglich der *Adiabatenexponent* ϰ die Schallausbreitung mitbestimmt. Für die Schallgeschwindigkeit in Gasen gilt:

$$c = \sqrt{\kappa\, p / \varrho}, \; (p = Druck, \; \varrho = Dichte). \qquad (7\text{-}13a)$$

c erweist sich im Experiment als unabhängig von der Frequenz, d. h. der Tonhöhe des Schalls. Daher können wir Klänge und Akkorde auch in größerer Entfernung von der Schallquelle ungestört empfangen. Wäre es anders, würden die einzelnen in Klängen enthaltenen Töne (Abschnitt 7.11) nach unterschiedlichen Laufzeiten beim Hörer eintreffen, und die Wiedergabe von Konzerten in großen Sälen wäre verzerrt und damit unmöglich. Wächst die Temperatur, so breitet sich (bei konstantem Druck *p*) der Schall schneller aus, da die Gasdichte abnimmt.

b) In *Flüssigkeiten* ist die longitudinale Schallgeschwindigkeit analog zu Gl. (7-13a) durch den Modul der adiabatischen Kompression, *K* (Abschnitt 5.2.2), gegeben:

$$c = \sqrt{K / \varrho}. \qquad (7\text{-}13b)$$

c) In *Festkörpern* sind mehrere Schallgeschwindigkeiten zu unterscheiden. Für *longitudinale* bzw. *transversale* Wellen gilt:

$$c_{long} \sim \sqrt{E / \varrho} \;\; \text{bzw.} \;\; c_{trans} \sim \sqrt{G / \varrho}, \qquad (7\text{-}13c, d)$$

E = Elastizitätsmodul; *G* = Torsionsmodul.

In Flüssigkeiten und Gasen können keine Transversalwellen angeregt werden, da dort *G* = 0.

Die Proportionalitätskonstante in Gl. (7-13c) und in Gl. (7-13d) hängt von der Geometrie des

Schall-leitenden Körpers ab. Beispielsweise ist sie in Gl. (7-13c) bei einem langen Stab gleich 1; in diesem Fall bezeichnet man die longitudinale Schallgeschwindigkeit als *Dehnwellen-Geschwindigkeit* c_{dehn}.

Allgemein gilt für Festkörper: $c_{long} > c_{dehn} > c_{trans}$.

In Tab. 7.1 sind Werte der Schallgeschwindigkeit einiger Stoffe zusammengestellt.

Tab. 7.1: Schallgeschwindigkeiten.

Material			c_{Schall} in ms^{-1} bei 20 °C
Gase	CO_2		276
	Luft		343
	N_2		404
Flüssigkeiten	C_3H_6O	(Aceton)	1.190
	C_6H_6	(Benzol)	1.324
	H_2O		1.485
Festkörper	Pb	(long.)	2.200
		(trans.)	700
	Cu	(long.)	4.700
		(trans.)	2.300
	Glas	(long.)	4.000–5.500
		(trans.)	2.500–3.500

Energiegrößen der Welle In jeder Welle ist *Energie* gespeichert, die mit der Ausbreitungsgeschwindigkeit der Welle von der Quelle wegtransportiert wird. Unter der *Energiedichte* ϱ_E versteht man den zeitlichen Mittelwert der pro Volumen *V* im Wellenfeld enthaltenen Feldenergie *E*: $\varrho_E = E/V$.

Als *Strahlungsleistung (Energiestrom) P* bezeichnen wir die pro Sekunde durch eine beliebige Querschnittsfläche transportierte Energie:

$$\text{Strahlungsleistung } P = \text{Energie} / \text{Zeit}. \qquad (7\text{-}14a)$$

Typische Schall-Leistungen sind in Tab. 7.2 zusammengestellt.

Analog zur Schwingung (Gl. (6-9)) ist die in der Welle gespeicherte Energie proportional zum Quadrat der Amplitude der Welle A_0 (siehe hierzu auch Abschnitt 17.2).

Tab. 7.2: Typische Schall-Leistungen in [Watt / m²].

Sprache	10^{-5}
Saiteninstrument	10^{-3}
Blasinstrument	10^{-1}
Zimmerlautsprecher	10
Großlautsprecher	10^2
Sirene	10^3

Als *Intensität (Energiestromdichte) I* einer Welle ist die pro Sekunde und pro Einheit der Querschnittsfläche fließende Energie, also die Energiestromdichte, definiert (Abb. 7.8):

$$\text{Intensität } I = \text{Energie} / (\text{Zeit Fläche}) \qquad (7\text{-}14b)$$

$$= \text{Energiestrom} / \text{Fläche}.$$

Die Einheit der Intensität ist demnach J s⁻¹ m⁻² oder W m⁻².

Für die *Intensität* gilt die allgemeine Beziehung: Intensität ist proportional zum Quadrat der Amplitude:

$$I \sim \text{A}_0{}^2. \qquad (7\text{-}14c)$$

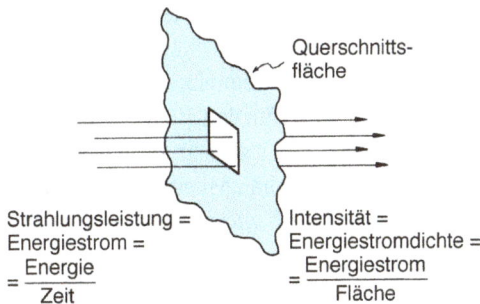

Abb. 7.8: Zur Definition der Intensität (Gl. 7-14 b).

Schallstärke und Lautstärke Für die *medizinische* Akustik sind besonders zwei Schallfeldgrößen von Bedeutung: zum einen die *Intensität* als physikalische Größe sowie die *Lautstärke* als bezüglich des Ohrs physiologisch *gewichtete* Messgröße.

Die *Schallintensität oder Schallstärke I* ist entsprechend Gl. (7-14b) definiert als die pro Zeiteinheit und Flächeneinheit einfallende Schallenergie. Die SI-Einheit ist Watt m⁻².

Um einen sinnvollen zeitlichen *Mittelwert* für die Intensität zu erhalten, muss die Messdauer größer sein als die Schwingungsdauer *T* der Welle, damit in der Messung über mindestens eine ganze Schwingungsperiode gemittelt wird.

Auch für die Schallstärke besteht die für alle Arten von Wellen gültige Proportionalität zwischen Intensität und Amplitudenquadrat (vgl. Gl. 7-14c). Der genaue Zusammenhang lautet im Falle des Schalls für den zeitlichen *Mittelwert der Intensität*:

$$I = \frac{1}{2} Z (A_0 \omega)^2. \qquad (7\text{-}15a)$$

Z wird der *Wellenwiderstand* oder die *Impedanz* genannt. Bei Schallwellen in Gasen steht *Z* für ϱ *c*. Aufgrund der Gln. (7-12) und (7-9) kann man hierfür auch Folgendes schreiben:

$$I = \frac{p_0^2}{2Z}. \qquad (7\text{-}15b)$$

Die Schallstärke lässt sich also auch durch Schalldruck p_0 und Schallwellenwiderstand Z darstellen.

Hier lernen wir einen *allgemeinen Zusammenhang* kennen: Die Wellenausbreitung kann als *Energiestrom* gedeutet werden, und dieser ist durch einen *Widerstand* im Ausbreitungsmedium begrenzt. Diese Beziehung gilt analog auch für die Strömung von Flüssigkeiten und für den elektrischen Strom.

In diesen beiden Beispielen entsteht der Strom durch eine *Potentialdifferenz*, d. h. eine Spannung (siehe die Diskussion des elektrischen Stroms in Abschnitt 14.5), und das Verhältnis aus Potentialdifferenz und Strom ist der Widerstand. Bei der Welle ist es der *Wellenwiderstand Z*. Für die Schallausbreitung ergibt er sich als Quotient aus der Druckdifferenz Δ*p* und der Teilchengeschwindigkeit v: Setzt man nämlich Gl. (7-12) in Gl. (7-11) ein, so erhält man bei Berücksichtigung von Gl. (7-9) die Beziehung:

$$\frac{\Delta p}{v} = \rho c = Z. \qquad (7\text{-}16)$$

Will man die Leistungen P_1 und P_2 zweier Schallquellen vergleichen, so kann man das *Pegelmaß* (Gl. (6-8)) heranziehen und erhält:

$$z = 10 \cdot \log_{10}\left(\frac{P_1}{P_2}\right) = 20 \cdot \log_{10}\left(\frac{A_{0,1}}{A_{0,2}}\right). \qquad (7\text{-}17)$$

z ist eine (dimensionslose) Zahl; man hat ihr als Einheit den Namen *Dezibel (dB)* gegeben.

Die beiden Formeln in Gl. (7-17) unterscheiden sich dadurch, dass einmal die Zahl 10 und einmal 20 auftritt. Das ist *kein* Druckfehler: Setzen wir nämlich die zu den Leistungen proportionalen Quadrate der Amplituden ein, $z = 10 \cdot \log_{10}(A^2_{0,1}/A^2_{0,2})$, wobei $\log_{10}(...)$ den *dekadischen Logarithmus* (siehe Anhang A.5) bedeutet, so erhalten wir nach Umformung den zusätzlichen Faktor 2. Wir finden also denselben Zahlenwert für z, ob wir nun von Amplituden oder Strahlungsleistungen ausgehen.

Bei guten CD-Spielern wird z. B. der Unterschied der Tonamplituden zur Amplitude von Störgeräuschen (Störwellen) mit 74 dB angegeben, und das bedeutet, dass die Amplituden beider Schallwellen im Verhältnis 5.000 : 1 stehen.

Auch die Qualität von schallabsorbierenden Baumaterialien kann man in dB angeben: Werden von einem Baustoff in einer Schicht von 1 m Dicke 95 % einer Schallwelle absorbiert, so ist der Unterschied der Wellenamplituden vor und hinter dem Schallschlucker 26 dB.

Schallstärke ist die wesentliche physikalische Größe der *akustischen Physik*. Die Beschreibung des *subjektiven, physiologischen* Höreindrucks benötigt eigene Charakterisierungsgrößen, zu denen die *Lautstärke* gehört.

Das Ohr zeigt innerhalb des Hörbereichs eine besondere Fähigkeit, sich verschieden hohen Schallintensitäten anzupassen. (Das gilt ähnlich für das Helligkeitsempfinden des Auges.) Im Frequenzbereich um 1 kHz ist das Ohr in der Lage, Schall-Intensitäten von 10^{-12} W/m^2

gerade noch wahrzunehmen. Man nennt diese untere Grenze die *untere Hörschwelle*. Noch etwas niedriger liegt die untere Hörschwelle übrigens im Bereich um 3 kHz. Damit ist eine prinzipielle Empfindlichkeitsgrenze erreicht, denn wäre das Ohr noch empfindlicher, so würde es vermutlich das Rauschen der Blutströmung und (bei niedrigem Druck) den Aufprall der infolge der Wärmebewegung auf das Trommelfell prasselnden Gasmoleküle *hören*.

Andererseits werden Schallintensitäten erst bei etwa 10^{-1} W/m^2 als schmerzhaft empfunden, d. h., die *Schmerzschwelle* liegt bei dieser Frequenz um 11 Zehnerpotenzen über der unteren Hörschwelle! Es ist unglaublich, dass der Hörapparat dies zu bewältigen vermag. Der Grund: Die *subjektiv* empfundene *Lautstärke* wächst nicht linear mit der Schall-Leistung, sondern näherungsweise *proportional zum Logarithmus* der Intensität *(Weber-Fechner'sches Gesetz).* Dieses Gesetz gilt analog auch für das subjektive Helligkeitsempfinden beim *Sehen* (Abschnitt 19.5.3). Es ist eine wesentlich schwächere Abhängigkeit von der Intensität, und aus den 11 Zehnerpotenzen wird der Faktor 11 (siehe Anhang A5).

Da die Schallempfindlichkeit des Ohres im Hörbereich mit der Frequenz stark variiert, ist die Schall-Leistung für den Höreindruck nicht allein entscheidend. Vielmehr ist der *physiologische* Effekt der Abhängigkeit des Hörapparates von der Frequenz wichtig; dies wird bei der Definition des *subjektiven Lautstärke-Maßes Phon* mitberücksichtigt. Das geschieht, indem man die zu messende Lautstärke bei der Frequenz v mit einem Referenzton der Frequenz $v_0 = 1$ kHz (bei der das Ohr sehr empfindlich ist) vergleicht und dessen Lautstärke variiert, bis beide Töne dem Ohr als gleich laut *erscheinen*. Man berechnet dann das Verhältnis der so gefundenen Intensität des Referenztones I_{ref} bei 1 kHz und der Intensität der unteren Hörschwelle bei 1 kHz ($I_0 = 10^{-12}$ W/m^2), bildet daraus den Logarithmus, multipliziert mit dem Zahlenfaktor 10 und hat dann schließlich

das (dimensionslose) *Lautstärke-Maß* L_N:

$$L_N = 10 \cdot \log_{10}\left(\frac{P_1}{P_2}\right) = 20 \cdot \log_{10}\left(\frac{A_{0,1}}{A_{0,2}}\right). \qquad (7\text{-}18)$$

Obwohl L_N dimensionslos ist, definiert man eine Einheit, nämlich *Phon*.

Die Lautstärke-Einheit *Phon* unterscheidet sich vom Pegelmaß *Dezibel* der Gl. (7-17) dadurch, dass bei ersterer die Frequenzabhängigkeit der Empfindlichkeit des Hörorgans mitberücksichtigt wird. *Dezibel* ist eine *physikalische* Einheit, *Phon* hingegen eine *subjektive, physiologische*.

Ein Beispiel: Für einen Lautstärke-Eindruck von 40 Phon bei einer Frequenz von 50 Hz ist eine tausendfach größere Schallintensität erforderlich als bei 500 Hz oder 1 kHz.

Einige typische Lautstärken sind in Tab. 7.3 zusammengefasst. Die Angabe 0 *Phon* bedeutet entsprechend Gl. (7-18) nicht etwa, dass man gar nichts hört, sondern dass $I_{ref} = I_0$ wird und damit die Lautstärke an der unteren Hörschwelle liegt. Als gesundheitsschädlich gilt heute eine dauernde Beschallung mit mehr als 70 Phon. Bei 110 Phon reichen 30 s für eine irreversible Schädigung des Hörapparates.

Tab. 7.3: Lautstärken.

	Lautstärke (Phon)
Schmetterlingsgeräusch (Hörschwelle)	0
Taschenuhr (1 m entfernt)	20
Schnakensummen	30
Sprache normal	50
Gesundheitsschäden bei dauernder Beschallung	70
Straßenlärm	80
Beat-Musik	90
irreversible Ohr-Schädigung (*Tinnitus*) nach 8 h	90
Walkman (volle Stärke)	110
Presslufthammer (1 m entfernt)	120
irreversible Ohrschädigung nach 1/2 min.	120
Kesselschmiede (Schmerzempfindung)	130

In Abb. 7.9 ist die für die medizinische *Audiometrie* (subjektive Hörprüfung) wichtige Frequenzabhängigkeit der Lautstärke grafisch dargestellt: In einer doppelt-logarithmischen Darstellung ist auf der Abszisse die Schallfrequenz aufgetragen. Die Ordinate zeigt sowohl die Schallintensität I und den Schallwechseldruck p als auch Pegel- und Lautstärkemaß für eine Schar von Kurven konstanter Lautstärke zwischen 0 und 120 Phon.

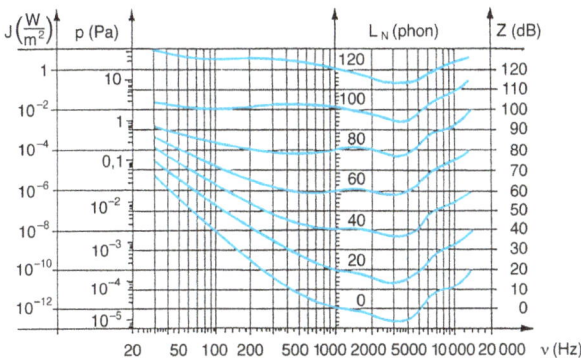

Abb. 7.9: Frequenzabhängigkeiten der Schallfeldgrößen Schallstärke J, Schalldruck p, Lautstärke L_N und Pegelmaß z (beachten Sie die unterschiedlichen Ordinatenskalen!). Die Kurven geben L_N = const. an.

7.4 Der Doppler-Effekt

Zu Gl. (7-6) haben wir bemerkt, sie gelte für jede Art von Wellen, wenn wir die Ausbreitung in einer Richtung betrachten. Nun müssen wir eine Einschränkung machen: Bei der Herleitung wurde stillschweigend vorausgesetzt, dass Quelle und Beobachter der Welle sich beide bezüglich des Ausbreitungsmediums *in Ruhe* befinden. Der *Doppler-Effekt* beschreibt die Konsequenzen, wenn diese Voraussetzungen nicht erfüllt sind. Wir wollen mit einem Urlaubsbeispiel beginnen:

Laufen Meereswellen in gleichmäßiger Folge gegen eine Küste an, so werden wir, wenn wir ruhig im Wasser stehen, in einer bestimmten Zeit t von einer gewissen Anzahl n von aufeinanderfolgenden Wellenbergen getroffen. Die Größe n/t ist gerade die Frequenz ν_0 der Welle:

$$\frac{n}{t} = \nu_0 = \frac{c}{\lambda}.$$

Rennen wir aber vor den Wellen mit einer Geschwindigkeit υ davon, so wird die Anzahl der Wellen n', die uns in derselben Zeit t treffen, kleiner und die dazugehörende Frequenz ν' ebenso:

$$\nu' = \frac{n'}{t} = \frac{c-\upsilon}{\lambda} = \nu_0 \left(1 - \frac{\upsilon}{c}\right). \qquad (7\text{-}19)$$

Dabei ist λ die im Wasser gemessene Wellenlänge. Entscheidend ist die Ausbreitungsgeschwindigkeit bezüglich des *bewegten* Beobachters, und diese ist die Relativgeschwindigkeit $c - \upsilon$. Sie wird null und damit auch die Frequenz ν', wenn wir uns mit derselben Geschwindigkeit bewegen, mit der sich die Welle ausbreitet: $\nu' = 0$, wenn $c = \upsilon$. Wir laufen dann beispielsweise mit einem Wellenberg mit.

Laufen wir aber den Wellen mit der Geschwindigkeit υ entgegen, dann wird die Anzahl n'' der uns im gleichen Zeitraum t treffenden Wellenberge größer sein als n, und zwar umso größer, je größer unsere Ge-

schwindigkeit υ ist. Die neue Frequenz ν'' berechnet sich zu:

$$\nu'' = \frac{n''}{t} = \frac{c+\upsilon}{\lambda} = \nu_0 \left(1 + \frac{\upsilon}{c}\right), \qquad (7\text{-}20)$$

wobei nun die Relativgeschwindigkeit zwischen Beobachter und einem Wellenberg $c + \upsilon$ ist.

Entsprechende Änderungen der Wellenlänge (und damit auch der Frequenz) treten auf, wenn der Beobachter ruht und die Quelle, die die Welle erzeugt, sich bewegt.

Im täglichen Leben begegnet uns dieser zweite Fall häufig. Fährt beispielsweise ein hupendes Auto schnell an uns vorbei, so hören wir beim Herannahen das Hupsignal mit höherer Tonhöhe (größerer Frequenz) als beim Davonfahren.

Für diesen Fall wollen wir die Änderung der Wellenlänge – bezüglich der ruhenden, schallübertragenden *Umgebung* und des Beobachters – betrachten. Zwischen der Aussendung zweier aufeinanderfolgender Wellenberge der Schallwelle, die im Zeitabstand T folgen, hat sich die Lage des Autos verändert, sodass der zweite Wellenberg an einem anderen Ort erzeugt wird als der erste. Wir wollen vorerst annehmen, dass sich die Schallquelle vom ruhenden Betrachter fortbewegt. Wir müssen dann zur Wellenlänge bei ruhender Quelle λ_0 die während einer Schwingungsdauer T von der Quelle zurückgelegte Strecke $s = \upsilon T$ hinzuzählen, wobei υ deren Geschwindigkeit ist:

$$\lambda' = \lambda_0 + \upsilon T = \lambda_0 + \upsilon \frac{\lambda_0}{c} = \lambda_0 \left(1 + \frac{\upsilon}{c}\right). \qquad (7\text{-}21)$$

Bewegt sich andererseits die Quelle auf den ruhenden Beobachter zu, wird die Wellenlänge verkürzt:

$$\lambda'' = \lambda_0 \left(1 - \frac{\upsilon}{c}\right). \qquad (7\text{-}22)$$

Für die beiden Fälle ergeben sich mit Gl. (7-6) die gegenüber der Frequenz v_0 bei ruhender Quelle veränderten Frequenzen:

$$v' = \frac{v_0}{1 + \frac{v}{c}} \qquad (7\text{-}23)$$

und

$$v' = \frac{v_0}{1 - \frac{v}{c}}. \qquad (7\text{-}24)$$

Die Phänomene, dass

1. der sich bewegende Beobachter eine andere Frequenz registriert als der ruhende Beobachter (Gl. (7-19), (7-20)) und
2. eine sich bewegende Quelle eine andere Wellenlänge erzeugt als eine ruhende gleichartige Quelle (Gl. (7-21), (7-22)), bezeichnen wir als *Doppler-Effekt*.

Die vier verschiedenen Effekte sind in Abb. 7.10 zusammengefasst. Ein Vergleich zwischen den Gln. (7-19) und (7-23) bzw. (7-20) und (7-24) macht deutlich, dass das Ausmaß der Frequenzänderung nicht nur von der Geschwindigkeit

v abhängt, sondern auch davon, ob sich die Quelle *oder* der Beobachter bewegt (vgl. Abb. 7.10). Dieser Unterschied rührt daher, dass in den Gln. (7-21) und (7-22) bzw. (7-23) und (7-24) neben der Relativgeschwindigkeit zwischen Quelle und Beobachter auch die Relativgeschwindigkeit bezüglich des wellenübertragenden Mediums (z. B. Luft) implizit berücksichtigt wurde, und zwar insofern, als λ_0 (bzw. v_0) in diesem Medium definiert ist, d. h., von einem in diesem Medium ruhenden Beobachter zu messen ist. Beide Ergebnisse gehen ineinander über, wenn $v \ll c$ ist, da man dann $(1 \pm v/c)^{-1} \approx 1 \mp v/c$ schreiben kann. Bewegen sich Quelle *und* Beobachter relativ zum Medium, dann sind die Gln. (7-19), (7-20), (7-23) und (7-24) miteinander zu kombinieren.

Der Doppler-Effekt tritt bei allen Wellenerscheinungen auf, also auch beim Licht. Hier wird allerdings die Gesetzmäßigkeit komplizierter, weil man bei den großen Zahlenwerten der Lichtgeschwindigkeit für die Addition der Geschwindigkeiten Gl. (1-13) aus der Relativitätstheorie verwenden muss. Ein weiterer

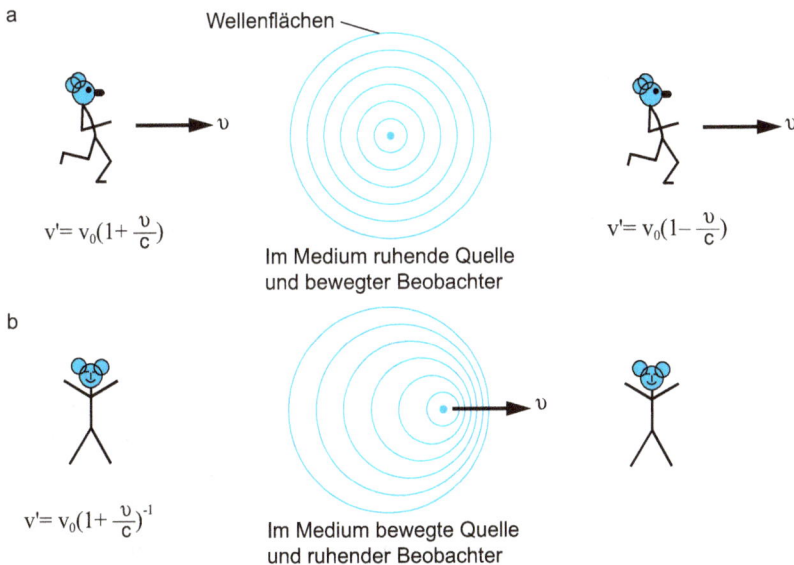

a

Wellenflächen

v

$v' = v_0\left(1 + \dfrac{v}{c}\right)$

Im Medium ruhende Quelle und bewegter Beobachter

v

$v' = v_0\left(1 - \dfrac{v}{c}\right)$

b

$v' = v_0\left(1 + \dfrac{v}{c}\right)^{-1}$

v

Im Medium bewegte Quelle und ruhender Beobachter

Abb. 7.10: Die vier verschiedenen Fälle des Doppler-Effekts bei Schallwellen.

prinzipieller Unterschied ist, dass die Ausbreitung des Lichts im Gegensatz zu Schallwellen nicht an ein Medium gebunden ist.

Gemessene optische Spektren von *Sternen* und *Galaxien* zeigen Spektrallinien, die chemischen Elementen (zumeist Wasserstoff) zugeordnet werden können. Die Messung von Wellenlängen bestimmter Spektrallinien im Licht ferner Galaxien hat das äußerst überraschende Ergebnis gebracht, dass diese gegenüber der irdischen Spektralanalyse, d. h. den entsprechenden im Labor gemessenen Spektrallinien, mehr oder weniger zu höheren Werten verschoben sind *(Rotverschiebung z)*. Sieht man den Grund im Doppler-Effekt, so folgt daraus, dass sich alle Gestirne voneinander fortbewegen. Diese *Fluchtgeschwindigkeit* ist umso größer, je weiter sie entfernt sind. Diese Beobachtung lässt sich durch die Annahme deuten, dass sich das Weltall *ausdehnt*. Unser astronomisches und astrophysikalisches Weltbild beruht also weitgehend auf der messbaren Rotverschiebung der optischen Spektren von Galaxien und deren Interpretation durch den Doppler-Effekt.

Oft interpretiert man das Produkt $z\,c$ (wobei c die Lichtgeschwindigkeit bedeutet) im Sinne des *Doppler-Effekts* als *Fluchtgeschwindigkeit*, die sich mit der Entfernung D der Gestirne verändert.

Mithilfe einer *indirekten*, auf den Helligkeiten der Gestirne beruhenden Kalibrierung kann man dann Angaben zur Entfernung D einer Quelle ermitteln.

Das *Hubble'sche Gesetz* postuliert eine (näherungsweise) lineare Beziehung zwischen D und z: $z\,c \approx H_0\,D$.

H_0 ist der *Hubble-Parameter*, eine der fundamentalen Größen der *Kosmologie*. Heute gilt der Wert $H_0 = 2{,}3 \cdot 10^{18}$ s^{-1} (SI-Einheit) als der wahrscheinlichste.

Die Anwendung des Hubble-Gesetzes ist die häufigste Methode, große astronomische Entfernungen zu messen und daraus die Struktur des Weltalls zu modellieren. Bei Entfernungen jenseits von einer Milliarde Lichtjahren funktioniert keine andere Entfernungsmessmethode.

7.5 Gedämpfte Wellen

Die Triebwerksgeräusche eines Düsenflugzeugs sind für uns am Boden umso leiser, je höher das Flugzeug fliegt. Dies ist einleuchtend, denn die Schallenergie der von den Triebwerken auslaufenden *Kugelwelle* (Abb. 7.11a) verteilt sich mit zunehmendem Abstand von der Quelle auf immer größere Raumbereiche, und die auf unseren Schallempfänger, das Ohr, auftreffende Schall-Leistung nimmt daher mit dem Abstand ab. Dies hat nichts mit einer materiellen Dämpfung der Welle zu tun; es ist ein einfacher Geometrieeffekt.

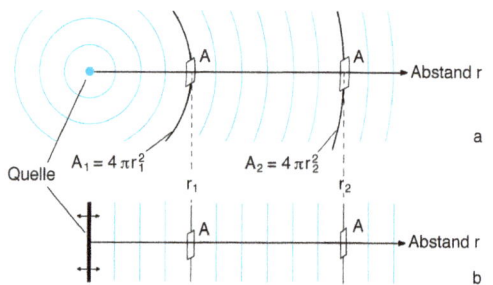

Abb. 7.11: Abhängigkeit der Schall-Leistung vom Abstand von der Quelle: (a) Kugelwelle, (b) ebene Welle.

Die Gesamtstrahlungsleistung S verteilt sich bei der Kugelwelle im Abstand r_1 auf die Kugelfläche A_1 und im Abstand r_2 auf die Kugelfläche A_2. Auf die Empfängerfläche A fällt in beiden Fällen der Anteil

$$S\frac{A}{A_1} = S\frac{A}{4\pi r_1^2} \quad \text{bzw.} \quad S\frac{A}{A_2} = S\frac{A}{4\pi r_2^2}.$$

Die Intensität einer vom Flugzeug emittierten Kugelwelle nimmt also proportional zu $1/r^2$ mit zunehmendem Abstand r ab.

Anders liegen die Verhältnisse bei der Ausbreitung einer *ebenen Welle* (Abb. 7.11b). Aus Geometriegründen ändert sich hier die Intensität der auf einen Empfänger treffenden Wellen nicht mit dem Abstand von der Quelle. Eine solche Welle verliert an Strahlungsleistung nur dann, wenn das Ausbreitungsmedium die Welle *dämpft*, d. h., wenn es die emittierte Welle absorbiert oder streut.

Ein Beispiel: Das ins Meerwasser eindringende *Sonnenlicht* nimmt mit dem Abstand von der Wasseroberfläche an Intensität ab (es wird absorbiert und an Schwebeteilchen gestreut), weil die in der Lichtwelle enthaltene Energie in andere Energieformen (hauptsächlich in Wärmeenergie) umgewandelt wird oder/und aus der Ausbreitungsrichtung heraus in andere Richtungen gestreut wird. In größeren Meerestiefen ist es daher auch bei Tage dunkel.

Die *Schalldämpfung* im Meerwasser hingegen ist sehr gering, weitaus geringer als in Luft, weshalb sich Wale oder Robben unter Wasser über sehr weite Entfernungen von mehr als 20 km durch akustische Signale verständigen können.

Schallwellen werden aber besonders stark in lockerem Material, z. B. Samtstoff, Styropor usw., absorbiert; aus diesem Grund hört man beispielsweise bei Regen oder Schnee schlechter als bei klarem Wetter.

Für die Abnahme der Amplitude einer ebenen Welle längs der Ausbreitungsrichtung *x* in einem absorbierenden Medium, $A_0 = A_0(x)$, gilt häufig ein *exponentieller* Ansatz, der analog ist dem der zeitlichen Abnahme, $A_0 = A_0(t)$, bei der gedämpften Schwingung (Abschnitt 6.3):

$$A_0(x) = A_{0,0}\, e^{-\delta x}, \qquad (7\text{-}25)$$

wobei $A_{0,0}$ die Amplitude bei $x = 0$ und δ die Dämpfungskonstante sind.

Gleichung (7-25) gilt *allgemein* für Absorption und Streuung jeder Art von Wellen, so z. B. für die Dämpfung von Schallwellen in einer Hauswand und für die Extinktion von Röntgenstrahlen in biologischem Gewebe. Die Konstante δ ist ein Maß für die räumliche Dämpfung der Welle, man bezeichnet sie als *Dämpfungs-* oder *Extinktionskonstante*. Die Dämpfung (Extinktion) setzt sich i. A. aus Absorption (d. h. Umwandlung der Wellenenergie in andere Energieformen) und Streuung (d. h. Verteilung der Wellenenergie in Richtungen, die nicht mit der der ebenen Welle übereinstimmen, sodass diese geschwächt wird) zusammen.

In Abschnitt 18.3.2 wird die Diskussion des Absorptionsgesetzes Gl. (7-25) nochmals aufgenommen und auf elektromagnetische Wellen angewandt werden. Dort werden wir auch eine anschauliche Begründung für das Auftreten einer Exponentialfunktion in Gl. (7-25) geben.

Als ein anderes Maß der Dämpfung können wir wie bei der Schwingung (Abschnitt 6.3) das *logarithmische Dekrement* Λ (Gl. (6-12)) verwenden, das jetzt aber nicht das zeitliche, sondern das räumliche Abklingen beschreibt. An die Stelle der zeitlichen Periodizität T tritt daher die Wellenlänge λ als Maß für die räumliche Periodizität:

$$\Lambda = \delta\lambda = \ln\left[A_0(x)/A_0(x+\lambda)\right]. \qquad (7\text{-}26)$$

7.6 Anharmonische Wellen: Schallwellen als Beispiel

Entsprechend der Unterscheidung zwischen harmonischen und anharmonischen Schwingungen (in Abschnitt 6.5) wird auch zwischen *harmonischen* und *anharmonischen Wellen* unterschieden.

Als *anharmonisch* bezeichnet man alle Wellen, die nicht durch eine Sinus- und/oder Cosinus-Funktion beschrieben werden.

Dazu gehören die von *Streich- und Blasinstrumenten* erzeugten Schallwellen. Sie sind zwar periodisch mit λ und T, haben jedoch komplizierte Amplitudenfunktionen. Es gibt auch Wellen, die nicht *streng* periodisch sind. Dazu gehören z. B. die Schallwellen von Schlaginstrumenten, aber auch die der gesprochenen Sprache, die Radiowellen, bei denen sich Frequenz oder Amplitude mit der Zeit unregelmäßig ändern (diese Änderung beinhaltet gerade die transportierte Information, nämlich Sprache, Musik usw., die über die Radiowelle als Trägerwelle ausgesandt wird (Abschnitt 14.9.7 und 16.2.4).

Da die sich ausbreitende Welle an jedem Ort zu einer Schwingung führt, kann man die Methode der in Abschnitt 6.5.2 für Schwingungen eingeführten *Fourier-Analyse* auf Wellen erweitern und jede nichtharmonische, aber streng periodische Welle als eine Überlagerung von *harmonischen* Wellen darstellen. Die *anharmonische* Welle lässt sich demnach in eine Reihe (Summe) von harmonischen Wellen verschiedener Frequenzen zerlegen. Damit kommt der harmonischen Welle eine ganz besondere Bedeutung zu. Das gilt wieder für jede Art von Wellen; in diesem Abschnitt wollen wir uns im Weiteren auf Schallwellen beschränken. (Wir werden dabei sehen, dass die Fourier-Analyse nicht nur ein mathematischer Formalismus ist, sondern dass ihr physikalische Vorgänge zugrunde liegen.)

Analog zu Gl. (6-16b) können wir die Amplitudenfunktion einer anharmonischen Welle als *Fourier-Reihe* darstellen:

$$A(t,x) = \sum_{n=0}^{\infty}[a_n \cos n(\omega t - kx) + b_n \sin n(\omega t - kx)].$$

(7-27)

Fassen wir die beiden zur gleichen Frequenz $n \cdot \omega$ gehörenden Terme $a_n \cos n\,(\omega t - kx)$ und $b_n \sin n\,(\omega t - kx)$ zusammen, so erhalten wir einen phasenverschobenen Term $c_n \sin [n(\omega t - kx) + \varphi_n]$, wobei Amplitude c_n und Phasenkonstante φ_n durch die Amplituden a_n und b_n bestimmt sind, und aus Gl. (7-27) wird:

$$A(t,x) = \sum_{n=0}^{\infty} c_n \sin[n(\omega t - kx) + \varphi_n]. \qquad (7\text{-}28)$$

Beim Schall tragen die unterschiedlichen Arten von Wellen besondere Namen:
Eine rein Sinus- oder Cosinus-förmige (also harmonische) Welle heißt *Ton* (Abb. 7.12a), eine periodische, nichtharmonische Welle heißt *Klang* (Abb. 7.12b), die Welle mit ungleichmäßiger Frequenz und/oder Amplitude wird *Geräusch* (Abb. 7.12c) genannt, und schließlich ist die einmalige, kurzzeitige Schallerregung ein *Knall* (Abb. 7.12d).

Ein *Klang* entsteht also durch die Überlagerung von vielen *Tönen*, deren Frequenzen ganzzahlige Vielfache einer Grundfrequenz ω $(= n\,\omega_0, n = 1, 2 ...)$ sind. Diese Töne werden als die *Obertöne* zur Frequenz ω_0 bezeichnet und nach der Laufzahl n nummeriert. So spricht man vom 1., 2., 3. Oberton des *Grundtons*, wenn $n = 2, 3, 4$ ist. (Dem Grundton kommt $n = 1$ zu.) Jeden Klang kann man demnach durch Angabe der Amplituden c_n der Obertöne charakterisieren, die gleichzeitig mit dem Grundton angeregt werden. Wir können also das Ergebnis einer *Klanganalyse* so darstellen, dass wir all die Klanganteile *(Töne)* als Funktionen der Frequenz ω grafisch auftragen und so das *Spektrum* des Klangs erhalten (Abb. 7.12 b).

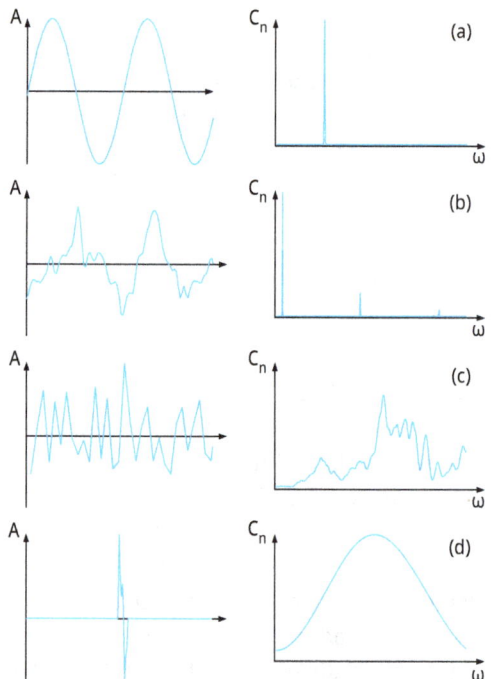

Abb. 7.12: (a) Amplitudenfunktion und Spektrum eines Tons; (b) Amplitudenfunktion und Spektrum eines Klangs; (c) Amplitudenfunktion und Spektrum eines Geräusches; (d) Amplitudenfunktion und Spektrum eines Knalls.

Tab. 7.4: Frequenzverhältnisse v_n : v_m zwischen verschiedenen Tönen des *Monochords* und Bezeichnungen der entsprechenden Tonintervalle.

v_n:v_m	Tonintervalle
2:1	Oktave zum Grundton
3:2	Quint
4:3	Quart
5:3	Sext
5:4	große Terz
9:8	große Sekunde
15:8	Septime
16:15	kleine Sekunde

Das gesamte akustische Spektrum, d. h. Grundton und alle im Hörbereich liegenden Obertöne, formen zusammen die *Klangfarbe* des Klangs mit der Grundfrequenz ω_0. Das Ohr vermag die im Klang enthaltenen Obertöne zumeist nicht zu trennen, aber für den akustischen Gesamteindruck mit zu verwerten. Eine Trompete liefert eine andere Klangfarbe als ein auf derselben Tonhöhe (Grundfrequenz) angestrichenes Cello; das liegt an den in beiden Fällen unterschiedlichen Amplitudenfunktionen der Obertöne zum selben Grundton. Aber auch bei ein und demselben Instrument ist das Spektrum der Obertöne nicht fest vorgegeben, sondern wird durch die Art der Anregung des Klangs bestimmt. Während man bei einer Sinus-ähnlichen Schwingung der Saite einer Geige einen leeren, uncharakteristischen Klang empfindet, weicht der typische durch einen Bogen angestrichene Klang wesentlich von einer einfachen harmonischen Schwingung ab.

Das Ohr ist in der Lage, die Frequenzen und Amplituden (d. h. die Tonhöhen und Lautstärken) der in $A(x, t)$ der Gl. (7-28) enthaltenen Töne als *Tonhöhe*, *Klangfarbe* und *Lautstärke* wahrzunehmen, *nicht* jedoch deren Phasenlagen φ_n zueinander. Es vermag also z. B. nicht zwischen den beiden Wellen der Abb. 7.13 zu

unterscheiden, in denen mit unterschiedlichen Phasenbeziehungen die beiden gleichen Töne enthalten sind. Wäre dies anders, so könnte man keine Orchestermusik im herkömmlichen Sinne hören, denn dann müssten die Musiker ihre Einsätze *phasengerecht* einhalten, d. h. auf Zeiten der Größenordnung der Schwingungsdauer ($\approx 10^{-3}$ s) genau. Die Klanganalyse kann sich daher auf die Angabe des Spektrums der c_n (Abb. 7.12b) beschränken, während zur vollständigen Fourier-Analyse zusätzlich das Spektrum der Phasenkonstanten φ_n gehören würde.

Auch ein *Geräusch* oder einen *Knall* kann man als Überlagerung von Tönen darstellen, allerdings reichen dazu nicht mehr die Obertöne der Gl. (7-28) als ganzzahlige Vielfache des Grundtons aus. Vielmehr sind im Spektrum ganze kontinuierliche Frequenzbereiche enthalten. Ein solches Spektrum nennt man deswegen ein *kontinuierliches Spektrum*. Abb. 7.12c und 7.12d zeigen Beispiele für die Amplitudenverteilung über die verschiedenen Frequenzen bei einem Geräusch und einem Knall.*

Nichtlineare Effekte; nichtlineare Physik

Harmonische Schwingungen/Wellen entstehen, wenn ein *lineares Kraftgesetz* wie in Gl. (6-2) für die Rückstellkraft $F_{rück} = D \cdot A$ gilt, die Auslenkung A also proportional zu (oder „li-

---

*Anmerkung:** Auch bei Versuchen, Computer direkt durch gesprochene Worte zu steuern oder Sprache künstlich zu erzeugen, spielt die Zusammensetzung von Sprachgeräuschen aus einzelnen Tönen eine zunehmende Rolle.

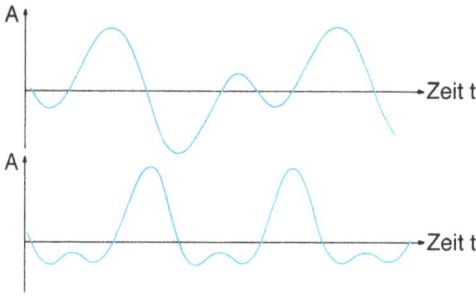

Abb. 7.13: Das Ohr vermag nicht zwischen den beiden gezeichneten Klängen zu unterscheiden, die durch die Überlagerung der gleichen zwei Töne, jedoch mit unterschiedlicher Phasendifferenz, entstanden sind.

near abhängig von") der Rückstellkraft ist. Diese Beziehung gilt nicht mehr, wenn die Kraft und damit die Auslenkung sehr groß werden. Beispielsweise ist die Verformung einer Rückstellfeder bei extrem starker Dehnung durch ihre Materialeigenschaften behindert. Dann gilt allgemein ein *nichtlineares* Kraftgesetz. Es führt zu Abweichungen von der harmonischen Form der Schwingung, d. h. von der einfachen Sinus- (oder Cosinus-)Form.

> Die nichtharmonische Bewegungsform der Schwingung/Welle lässt sich formal durch eine Fourier-Reihe darstellen, also durch eine Reihe von Sinus-Funktionen unterschiedlicher Frequenzen (Oberschwingungen).

Ein Beispiel aus der *nichtlinearen Optik:* Regt man ein optisch transparentes Material durch eine extrem intensive, harmonische Welle (d. h. beispielsweise mit *Laser-Licht* einer Eigenfrequenz) an, so entstehen in dem System mehrere harmonische Wellen, die sich durch eine harmonische Welle der Grundfrequenz sowie – als *nichtlinearer Effekt* – durch weitere harmonische Oberwellen mit Vielfachen der Grundfrequenz darstellen lassen. Aus rotem Laserlicht kann man so mit einem „nichtlinearen Kristall" (z. B. einem Kalium-Dihydrogen-Phosphat-Kristall, KDP) grünes „frequenzverdoppeltes Licht" erzeugen.

Lineare Ursache-Wirkung-Prozesse (mathematisch beschreibbar durch *lineare* Gesetze der Form $y = ax + b$) bilden einen wesentlichen Inhalt der Physik. Daraus ist aber nicht zu folgern, dass sich die Natur allgemein so verhält. Speziell wenn es um Materie-Eigenschaften, z. B. um *weiche Biomaterie*, geht, sind auch *nichtlineare* Effekte wichtig. Als Beispiel sei das *Hooke'sche* Gesetz genannt (Gl. 5-3). Es beschreibt die Dehnung fester Materie, wie Knochen oder Hautgewebe, durch ein lineares Gesetz zwischen Dehnung und angreifender Kraft. Es kann zugleich als Kraftgesetz für mechanische, harmonische longitudinale Schwingungen und Wellen in fester Materie dienen. Bei hohen Kräften geht aber die *elastische Dehnung* in die *plastische Verformung*, dann in das *Kriechverhalten* und schließlich in den *Zerreiß-Vorgang* über (siehe Abb. 5.9). Die drei letzten Prozesse sind nicht durch das *lineare* Hooke'sche Gesetz beschreibbar, das nur für einen beschränkten Variablenbereich gilt. Das Hooke'sche Gesetz ist also nur das Gesetz der „linearen Näherung" für kleine Dehnungen.

Die *Physik* ist historisch für die Beschreibung unseres Alltags in Natur und Technik mit zumeist mäßigen Werten physikalischer Größen entwickelt worden, und daher steht der lineare Teil der Physik als Näherung üblicherweise im Vordergrund. Das i. A. sehr komplexe Naturgeschehen ist zudem durch lineare Näherungsgesetze mathematisch einfacher zu formulieren. Für spezielle Fälle von Variablen mit extremen, großen Werten ist die Hinzunahme von nichtlinearen Effekten erforderlich, die allerdings die mathematische Beschreibung oftmals erheblich erschweren oder gar unmöglich machen.

Es ist heute möglich, im Labor physikalische Variable mit extremen Werten zu erzeugen, beispielsweise so hohe Drücke, dass Kohlenstoff (Graphit) in Diamant umgewandelt wird.

Mit Lasern kann man heute extreme Variable auch aus dem Gebiet der Optik, beispielsweise elektromagnetische Felder, erzeugen, deren Kräfte diejenigen der inneratomaren Bindungskräfte von Materie weit übersteigen. Und in der Astrophysik sind extreme Werte von Ortskoordinaten, von Zeiten, Geschwindigkeiten, von Kräften, Energien, Massen usw. vorherrschend. Daher gewinnt die *nichtlineare* Physik immer mehr Bedeutung.

Für die Praxis auch der *medizinischen* Physik bedeutet das, dass man bei Anwendung linearer physikalischer Näherungsgesetze stets deren begrenzte Gültigkeitsbereiche abschätzen sollte. Wenn nichtlineare Erweiterungen zur Interpretation physikalischer Messungen erforderlich werden, kann dies erhebliche Erschwerungen mit sich bringen oder gar eine Lösung unmöglich machen. Man muss aber ebenso erwähnen, dass die Entwicklung digitaler Computer gewaltige Fortschritte ermöglicht und bei vielen komplexen Problemen, die früher unlösbar erschienen, hochpräzise Lösungen geliefert hat. Dadurch hat die lineare Physik, wie sie auch im vorliegenden Buch noch überwiegt, für die Erklärung komplexer Physik durch einfache Näherungsmodelle an Bedeutung verloren.

7.7 Überlagerung von Wellen; Interferenz

Von der Möglichkeit, Schwingungen oder Wellen zu überlagern, haben wir schon bei der *Fourier-Analyse* (Abschnitt 6.5.2 und 7.6) Gebrauch gemacht. Hier wollen wir auf die Erscheinung der *Interferenz* eingehen. Ausführlich wird dies in Abschnitt 18.1 geschehen, da Interferenzerscheinungen besonders für optische, elektromagnetische Wellen von Bedeutung sind.

Treffen an einem Ort x mehrere Wellen aufeinander, so überlagern sie sich, und es entsteht dort eine Schwingung, deren Auslenkung $A(t, x)$ sich zu jedem Zeitpunkt t durch Addition der Einzelauslenkungen $A_1(t, x)$, $A_2(t, x)$ usw. ergibt:

$$A(t,x) = A_1(t,x) + A_2(t,x) + \dots \qquad (7\text{-}29)$$

Diese Art der Überlagerung wird wie bei den Schwingungen (Abschnitt 6.5.1) auch als *lineare* oder *ungestörte Superposition* bezeichnet, da sich jede Welle so ausbreitet, als seien die anderen nicht vorhanden.

Gemeint ist damit, dass weder Amplitude noch Frequenz oder Phase einer einzelnen Welle durch die gleichzeitige Existenz der anderen Wellen verändert werden. Da Wellenfelder zumeist Räume erfüllen, die groß gegen ihre Wellenlänge sind, findet Überlagerung in ausgedehnten Raumbereichen statt. Man nennt diesen Spezialfall der einfachen, ungestörten Überlagerung von Wellen *Interferenz*.

Bei optischen Wellen sehr hoher Intensitäten in einem materiellen Ausbreitungssystem (z. B. Laserstrahlung in einem Festkörper) kann es zu *nichtlinearer* (Abschnitt 7.6) Überlagerung kommen, die von der Interferenz abweicht, weil jede Einzelwelle durch die Existenz der anderen beeinflusst und verändert wird.

Bei der *Superposition* von *transversalen* Wellen muss auch deren *Polarisation* mitberücksichtigt werden: Das bedeutet, dass die einzelnen Auslenkungen als Vektoren $A\,\vec{i}$ zu addieren sind.

Nur im speziellen Fall, dass die einzelnen Wellen *gleiche* Polarisation besitzen, genügt es wie in Gl. (7-29), die einzelnen skalaren Beträge A_i zu addieren.

Ein Beispiel hierfür ist das in Abb. 7.14 gezeigte momentane Interferenzbild, das durch Superposition zweier kreisförmiger Wasserwellen gleicher Wellenlänge entsteht. An jedem

Ort x addieren sich die dort angeregten Schwingungen, wie dies bereits in Abb. 6.8 dargestellt wurde. In dem Bild kann man Bereiche erkennen, in denen die resultierende Amplitude praktisch null ist *(destruktive Interferenz, Auslöschung)*; dort erfolgen die *lokalen* Einzelschwingungen gegenphasig (Phasendifferenz π, 3π, 5π, usw.) und schwächen einander. An anderen Stellen des Wellenfeldes in Abb. 7.14 ist die resultierende Amplitude besonders groß *(konstruktive Interferenz, maximale Verstärkung)*; hier sind die Einzelschwingungen *in Phase*, d. h., ihre Phasendifferenz ist entweder 0 oder 2π, 4π usw.

Abb. 7.14: Momentanbild der Interferenzfigur, die durch lineare Superposition zweier nebeneinander erzeugter kreisförmiger Wasserwellen gleicher Wellenlänge entstand (entnommen aus Bergmann/Schaefer: Lehrbuch der Experimentalphysik, Band 1, Mechanik, Akustik, Wärme, Walter de Gruyter, Berlin, New York, 1998).

In dem Fall, dass die miteinander interferierenden Wellen *unterschiedliche* Wellenlängen haben, sind die Verhältnisse komplizierter; dann liegen die Orte der Auslöschung und der maximalen Verstärkung i. A. nicht mehr räumlich fest, sondern laufen mit der Zeit sehr schnell über den ganzen Interferenz-

bereich, d. h., es entsteht keine *räumlich feste* und damit sichtbare *Interferenzfigur*.

7.8 Das Huygens'sche Prinzip

Das *Huygens'sche Prinzip* gibt nähere Einsicht in die lineare Ausbreitung von Wellen unter Berücksichtigung des Interferenzeffekts. Es besagt:

> Jeder von einer Welle getroffene Punkt eines Wellenfeldes kann selbst wieder als Quelle einer *sekundären* Kugelwelle *(Huygens'sche Elementarwelle)* angesehen werden, die so lange und mit gleicher Phase emittiert, wie die Primärwelle einfällt.

In Materie kann an jedem Ort x ein Oszillator eine solche Sekundärquelle von Elementarwellen sein, z. B. bei Schallwellen ein schwingendes Atom, jedoch kann auch jeder Punkt im Vakuum als Ausgangspunkt elektromagnetischer Wellen aufgefasst werden, sobald er von der Primärwelle erreicht wird. Jede einzelne Elementarwelle kann äußerst intensitätsschwach sein, ihre Anzahldichte ist aber sehr groß. Eine beobachtbare Welle ergibt sich erst, wenn durch Überlagerung vieler Elementarwellen eine Verstärkung auftritt. Die durch Interferenz aller Elementarwellen resultierende Welle ist dann die nach den Gesetzen der Wellenausbreitung sich fortpflanzende und beobachtbare Welle. Wir können daher das Huygens'sche Prinzip auch folgendermaßen ausdrücken:

> Die Ausbreitung jeder realen Welle kann durch Überlagerung (Interferenz) von Huygens'schen Kugelwellen (Elementarwellen) beschrieben werden, die durch die einfallende Welle in jedem Raumpunkt des Wellenfeldes angeregt werden und selbst wieder neue Elementarwellen erzeugen.

Diese willkürliche, aber sehr praktische Zerlegung beliebiger realer Wellen in einander überlagernde Kugelwellen lässt sich mathematisch begründen, findet aber auch ihre Rechtfertigung in der Anschaulichkeit, mit der in diesem Modell komplizierte Fälle der Wellenausbreitung wie *Brechung* oder *Beugung* plausibel gemacht werden können.

Abb. 7.15 zeigt das Huygens'sche Prinzip, angewandt auf eine ebene Welle, die sich in *x*-Richtung ausbreitet. Alle Elementarwellen von Sekundärquellen auf einer Wellenfläche haben dabei dieselbe Phase. Die seitlich laufenden Anteile der einzelnen Kugelwellen heben sich aber durch auslöschende Interferenz weg, sodass die aus den Kugelwellen resultierende Welle wieder eine ebene Welle ist. Betrachtet man nicht nur diese Wellenfläche, sondern die gesamte Welle im Raum, so kann man zeigen, dass die rückwärts laufenden Anteile der elementaren Kugelwellen durch Interferenz mit anderen, nachfolgenden Kugelwellen ausgelöscht werden und so die resultierende Welle sich wirklich in Vorwärtsrichtung als ebene Welle ausbreitet.

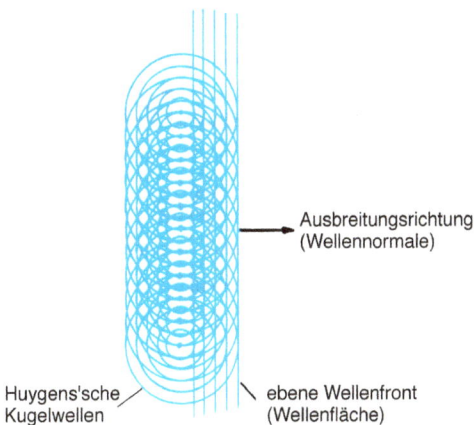

Ausbreitungsrichtung
(Wellennormale)

Huygens'sche / \ ebene Wellenfront
Kugelwellen (Wellenfläche)

Abb. 7.15: Huygens'sches Prinzip: Zusammensetzung einer ebenen Welle (ebene Wellenfronten) aus kugelförmigen Elementarwellen (Momentanbild zu einer bestimmten Zeit *t*).

Aber nicht zur Darstellung ebener Wellen ist das Huygens'sche Prinzip wichtig – es macht diese eher umständlicher –, sondern für die Wellenausbreitung in komplizierten Fällen.

Jedes *Hindernis* im Wellenfeld verändert nämlich die Erzeugung, die Ausbreitung und die Überlagerung der Elementarwellen, sei es, dass sich beim Übergang von einem zu einem anderen Stoff die Ausbreitungsgeschwindigkeit ändert oder dass durch Hindernisse ein Teil der Elementarwellen unterdrückt, absorbiert oder reflektiert wird und damit nicht mehr zu der Interferenz beiträgt. Einfache Beispiele sind die Brechung, die Beugung oder die Reflexion der Wellen. Diese sind insbesondere für die Wellenoptik und für optische Instrumente wichtig, weshalb wir die Anwendung des Huygens'schen Prinzips auf diese Beispiele auf das Abschnitt 18 verschieben. Die genannten Beispiele werden in Abschnitt 7.9 ohne das Huygens-Prinzip vorab behandelt.

7.9 Wellen an der Grenzfläche zwischen verschiedenen Medien

In homogenen, nicht absorbierenden Stoffen wird die Ausbreitung einer ebenen Welle durch Gl. (7-2) beschrieben, und die Ausbreitungsgeschwindigkeit *c* ist eine durch das Material bestimmte Größe.

Wird das Medium jedoch durch ein anderes begrenzt, so kann sich die Welle nicht ungestört durch die *Grenzfläche* zwischen beiden hindurch ausbreiten, und wir beobachten – unabhängig von der Art der Welle – im Prinzip stets folgende Erscheinungen:

1. Breitet sich die Welle im zweiten Medium langsamer aus als im ersten, ist also $c_2 < c_1$, so bedeutet das, dass gemäß Gl. (7-6) die Wellenlänge verringert wird. Die Frequenz und damit die

Schwingungsdauer T ist durch die Quelle vorgegeben und bleibt unverändert.

2. Trifft die ebene Welle schräg auf eine ebene Grenzfläche – wir wollen diese der Einfachheit halber als glatt und eben ansehen –, so ändert sie *abrupt* ihre Ausbreitungsrichtung, und es gilt – wieder unabhängig von der Natur der Welle – für die ebene Welle das *Brechungsgesetz* (Abb. 7.16).

(„Abrupt" soll hier heißen: in einer dünnen Grenzschicht mit einer Dicke der Größenordnung von λ.)

$$\frac{\sin \alpha_1}{\sin \alpha_2} = \frac{c_1}{c_2}, \qquad (7\text{-}30)$$

wobei c_1 und c_2 die Ausbreitungsgeschwindigkeiten in den verschiedenen Medien sind. Die Winkel α_1 und α_2 kennzeichnen die Ausbreitungsrichtungen in beiden Medien.

Dem Abschnitt 18.3.1 vorgreifend, sei schon hier erwähnt, dass im Spezialfall optischer Wellen das Verhältnis c_1/c_2 den Namen *Brechungsquotient* und, speziell auf das Vakuum als erstes Medium bezogen, den Namen *Brechungsindex n* trägt. Eine Herleitung des *Brechungsgesetzes* mithilfe des Huygens'schen Prinzips von Abschnitt 7.8 werden wir in Abschnitt 18.3.1 am Beispiel der elektromagnetischen Wellen bringen.

Die einfache Form des Brechungsgesetzes der Gl. (7-30) gilt wie erwähnt nur für *nicht absorbierende* Ausbreitungsmedien, bei denen nur der Brechungsindex n an der Grenzfläche verändert wird und damit die Ausbreitungsgeschwindigkeit und -richtung.

In *absorbierenden* Medien nimmt mit der Wellenausbreitung die *Amplitude ab*, und dies muss berücksichtigt werden, indem man deren Abnahme durch eine zusätzliche *Absorptionsgröße* beschreibt.

Der reelle Brechungsindex n und die Absorptionsgröße k können zu einer *komplexen Größe* (siehe Anhang A), dem *komplexen Brechungsindex*, $\underline{n} = n + i\,k$, zusammengefasst werden, wobei der *imaginäre Anteil k* die *Absorptionskonstante* genannt wird. Die Größe i bedeutet die *imaginäre Einheit* (siehe Abschnitt 18.3.3).

Als Gedächtnishilfe merken wir noch an: Beim Übergang von einem Stoff mit größerer Ausbreitungsgeschwindigkeit zu einem anderen mit kleinerer Geschwindigkeit wird die Welle zum *Einfallslot*, d. h. der senkrechten Achse auf der Grenzfläche, hin gebrochen und im umgekehrten Falle vom Lot weg.

3. Nicht die gesamte Strahlungsleistung pflanzt sich in das zweite Medium fort; vielmehr wird an der Grenzfläche ein Bruchteil in das erste Medium zurück *reflektiert*. Das wird im nachfolgenden Abschnitt *Reflexion* detaillierter beschrieben werden.

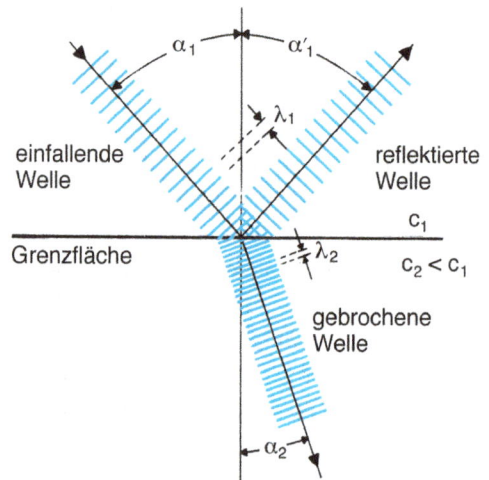

Abb. 7.16: Reflexion und Brechung einer ebenen Welle an einer Grenzfläche zwischen zwei Stoffen mit unterschiedlichen Ausbreitungsgeschwindigkeiten c_1 und c_2.

Reflexion und Transmission von Wellen

Trifft eine Schallwelle auf eine ebene Felswand, so wird ein Teil zurückgeworfen (reflektiert); es entsteht ein *Echo*. Trifft eine Welle senkrecht aus einer Richtung $\vec{z}$ auf die Wand, so kehrt sich die Ausbreitungsrichtung um, und die Welle läuft nach der Reflexion in der Richtung $-\vec{z}$ zurück. Ein Teil der Welle dringt in die Felswand ein und wird dort absorbiert. Ist das zweite Medium hingegen beispielsweise eine transparente Wasserschicht, so läuft dieser Teil in diesem zweiten Medium weiter.

Bei schrägem Einfall wird die Welle in diejenige Richtung reflektiert, die aus dem *Reflexionsgesetz* folgt. Es besagt, dass Einfallswinkel a_1 und Reflexionswinkel a'_1 betragsmäßig gleich sind:

$$a_1 = a'_1, \qquad (7\text{-}31)$$

und dass Einfalls- und Reflexionsrichtung mit der Flächennormalen, dem *Lot*, in einer Ebene liegen, die gemeinsam die *Einfallsebene* festlegen (Abb. 7.17).

Dem Reflexionsgesetz werden wir in Abschnitt 19.3.1 im Zusammenhang mit optischer Strahlung wiederbegegnen.

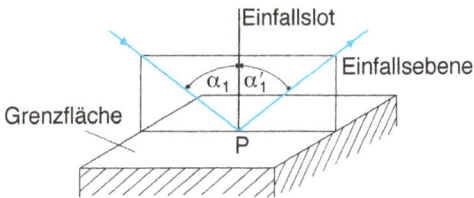

Abb. 7.17: Reflexionsgesetz: Einfallender Strahl, reflektierter Strahl und das Lot auf der Fläche liegen in einer Ebene, der Einfallsebene.

Der reflektierte Anteil der Welle ist bei gleichem Einfallswinkel a_1 umso größer, je mehr sich die beiden Stoffe bezüglich ihrer Ausbreitungsgeschwindigkeit unterscheiden. (Von Totalreflexion, Abschnitt 19.3.6, sei hier abgesehen.) Bei *absorbierenden Stoffen* wird die Größe des reflektierten Anteils wesentlich auch durch die Stärke der Absorption mitbestimmt.

Die Gln. (7-30) und (7-31) geben nur die *Richtung* der Ausbreitung an. Zur quantitativen Beschreibung der zugehörigen reflektierten *Intensitäten* definiert man folgende Größen:

(1) Der reflektierte Anteil der Welle wird durch den *Reflexionskoeffizienten r* angegeben, der gleich dem Verhältnis aus den Amplituden der reflektierten Welle $A_{0,r}$ und der einfallenden Welle $A_{0,e}$ ist, oder durch das *Reflexionsvermögen* (den *Reflexionsgrad*) R als Verhältnis der zugehörigen Intensitäten (die proportional zum Quadrat der Amplituden sind):

$$r = A_{0,r}/A_{0,e} \qquad (7\text{-}32a)$$

und

$$R = I_{refl}/I_{ein} = r^2 . \qquad (7\text{-}32b)$$

(2) Entsprechend definieren wir für den durch die Grenzfläche *durchgelassenen, gebrochenen* Teil der Intensität der einfallenden Welle das *Transmissionsvermögen* (den *Transmissionsgrad*):

$$T = I_{durch}/I_{ein}. \qquad (7\text{-}32c)$$

(3) Tritt die Welle in ein absorbierendes Medium ein, so bestimmt Gl. (7-32c) die Intensität unmittelbar hinter der Grenzfläche; diese nimmt dann auf dem weiteren Weg durch die Probe gemäß dem Absorptionsgesetz Gl. (7-25) weiter ab. Der Vorgang wird durch das *Absorptionsvermögen* (den *Absorptionsgrad*) beschrieben:

$$A = I_{abs}/I_{ein}, \qquad (7\text{-}32d)$$

wobei I_{ein} nun die Intensität *nach* dem Reflexionsverlust ist.

(4) Der *Energieerhaltungssatz* liefert eine Beziehung zwischen diesen Größen: Wird die Welle nicht absorbiert, so muss die Summe aus der reflektierten und der durchgelassenen Intensität gleich der einfallenden Intensität sein: $R + T = 1$. (Geben wir R und T in Prozent an, so erhalten wir $R + T = 100 \%$). Absorbiert aber der reflektierende Stoff zusätzlich, dann gilt: $R + T + A = 1$.

Allgemein werden R, T und A durch den *Wellenwiderstand Z* (Gl. 7-16) bestimmt, der die beiden an der Grenzfläche zusammentreffenden Medien charakterisiert. Beispielsweise ist bei senkrechtem Einfall ($a_1 = 0$) der Reflexionskoeffizient gegeben durch:

$$r = (Z_1 - Z_2)/(Z_1 + Z_2), \qquad (7\text{-}33)$$

wobei Z_1 und Z_2 die Wellenwiderstände der beiden aneinandergrenzenden Medien sind. Diese Gleichung gilt für beliebige Arten von Wellen, wenngleich Z für jede Wellenart anders definiert ist. Für *Schallwellen* z. B. ist Z das Produkt aus der Dichte des Schall-leitenden Mediums und der zugehörigen Schallgeschwindigkeit c (Gln. (7-15) und (7-16)). Im Falle von Lichtwellen wird Z durch den Brechungsindex n des Mediums (Abschnitt 18.3.1 und 19.3.3) bestimmt.

Bei nichtsenkrechtem Einfall und bei absorbierenden Stoffen sind die Verhältnisse wesentlich komplizierter.

Reflexion von Schallwellen In einem Konzertsaal gibt es unzählige Schall-Echos, die wegen der längeren Ausbreitungswege gegen den direkt zum Hörer gelangenden Schall bis zu einigen Sekunden zeitlich verzögert sein können und dadurch für den *Nachhall* des Raums charakteristisch sind. Die Schallreflexionen entscheiden also durch viele akustische Effekte über die gute oder schlechte *Akustik* eines Saales.

Am Beispiel der Schallwelle wollen wir den Reflexionsvorgang noch genauer betrachten: Wegen der stark unterschiedlichen elastischen Deformation (siehe Abschnitt 5.2.2) von Gasen und festen Stoffen unter dem Einfluss von Kräften ist die Amplitude einer Schallwelle in Luft wesentlich größer als in einer festen Wand. Unmittelbar an der reflektierenden (fast) starren Wand können wegen der Starrheit fester Körper Luftmoleküle kaum durch die Schallwelle ausgelenkt werden; hier ist also zu allen Zeiten die Amplitude der Schallwelle (fast) null. Auch die von der *eindringenden* Welle verursachten Auslenkungen der Atome innerhalb der Wand sind gering. Dies alles hat zur Folge, dass bei der Reflexion an der festen Wand die *Phasenkonstante* der Welle sprunghaft um den Wert π verändert wird, ein Phänomen, das man als *Phasensprung bei der Reflexion am dichteren Medium* bezeichnet In Abschnitt 7.10 wird der Phasensprung am Beispiel einer Seilwelle erläutert werden. Eine Reflexion tritt aber auch auf, wenn die Welle im dichteren Medium – z. B. in der Wand – verläuft und auf die Grenzfläche zum dünneren Medium – z. B. zur Luft – auftrifft. Das Reflexionsvermögen ist in beiden Fällen zahlenmäßig gleich!

Wesentlicher Unterschied zwischen der Reflexion am dichteren und am dünneren Medium ist aber, dass die Phasenkonstante der Welle bei Reflexion am dünneren Medium unverändert bleibt, hier also *kein Phasensprung auftritt*.

Die Bezeichnungen *dichteres* bzw. *dünneres* Medium im Zusammenhang mit der Reflexion und Brechung von Wellen haben übrigens nur bei Schall mit der *Dichte* des Materials zu tun; bei anderen Arten von Wellen (z. B. Lichtwellen) ist nur gemeint, dass die Ausbreitungsgeschwindigkeit einer Welle im (bei Lichtwellen „optisch") „dichteren" Medium kleiner ist als im („optisch") „dünneren" Medium.

7.10 Stehende Wellen

Stehende Wellen sind ein spezielles Beispiel für Interferenz von Wellen, die sich, aus entgegengesetzten Richtungen kommend, überlagern. Ein besonders einfacher Fall ist die Überlagerung von zwei eindimensionalen Wellen gleicher Frequenz auf einem Seil oder einem Stab. Ein langes, an einem Ende an einer Mauer festgeknüpftes Seil wollen wir am freien Ende periodisch auf und ab bewegen. Dabei läuft eine transversale Welle längs des Seils, wird am festgebundenen Ende reflektiert – und zwar mit dem in Abschnitt 7.9 beschriebenen Phasensprung um π –, und die reflektierte Welle überlagert sich der hinlaufenden. (Abb. 7.18).

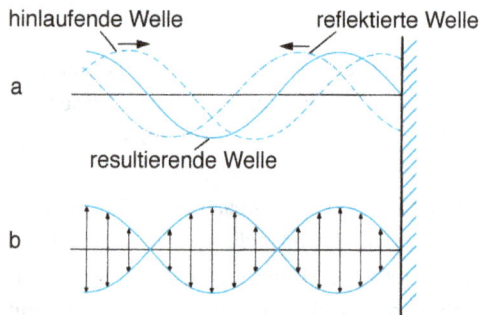

Abb. 7.18: (a) Hinlaufende und am festgebundenen Ende reflektierte Seilwelle und Superposition der beiden zur resultierenden Welle (Momentanbild), (b) stehende Welle (Verlauf der resultierenden Amplitude). Die Pfeile zeigen die sich mit dem Ort ändernden Maximalauslenkungen.

Den *Phasensprung* können wir uns hier folgendermaßen veranschaulichen: Die auf das festgebundene Ende des Seils zulaufende Welle würde eine Auslenkung des Seilendes bewirken, die zeitlich zwischen $+A_0$ und $-A_0$ oszilliert, wenn das Seilende nicht festgebunden und die Ausbreitung der Welle nicht behindert wäre. Da aber das Seilende an der Mauer fixiert ist, muss die aus hin- und zurücklaufender Welle resultierende Auslenkung dort zu allen Zeiten (praktisch) null sein. Bei Überlagerung zweier Wellen, hier der hin- und der rücklaufenden, kann aber wie in Abschnitt 7.7 gezeigt nur dann die resultierende Auslenkung dauernd null sein, wenn die beiden sich an dem Grenzbereich überlagernden Wellen um den Phasenwinkel π (oder allgemeiner π, 3π, 5π usw.) gegeneinander verschoben sind, also die eine Welle an der Grenzfläche mit dem Phasensprung auf das Festhalten des Seilendes reagiert, und das gerade so, dass die Amplitude der *resultierenden* Welle null wird.

Anders liegen die Verhältnisse bei einer Welle, die an einem *freien* Ende des Seils oder, allgemeiner gesagt, die an der Grenze zu einem *dünneren* Medium reflektiert wird. Beispiele sind die im Wasser gegen die Wasseroberfläche anlaufende Schallwelle oder die elastische Welle auf einem in der Mitte festgehaltenen Stab, dessen Enden frei in der Luft schwingen können. Dort besteht keine Notwendigkeit, dass die Auslenkung der resultierenden Welle null ist, und deshalb wird hier die einlaufende Welle ohne Phasensprung reflektiert (Abb. 7.19).

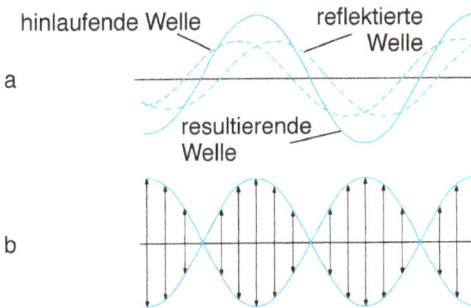

Abb. 7.19: (a) Hinlaufende und am freien Ende reflektierte Seilwelle und Superposition der beiden (Momentanbild), (b) stehende Welle (Verlauf der resultierenden Amplitude). Die Pfeile zeigen die sich mit dem Ort ändernden Maximalauslenkungen.

Die Überlagerung von hin- und rücklaufender Welle in einem *beliebigen Abstand x* vom festgebundenen Seilende ergibt folgende resultierende Amplitudenfunktion $A(t, x)$ (wobei wir der Einfachheit halber angenommen haben, dass die Welle vollständig reflektiert worden sei, sodass die Amplituden von hin- und rücklaufender Welle gleich sind):

$$A(t, x) = A_0 \sin(\omega t - kx) + A_0 \sin((\omega t + kx) + \pi).$$
$$(7\text{-}34)$$

Die einander entgegengesetzten Laufrichtungen beider Wellen sind in den *verschiedenen Vorzeichen* im Argument der Sinus-Funktion enthalten. Mit der im Anhang A5 angegebenen trigonometrischen Beziehung $\sin \alpha + \sin \beta = 2 \sin((\alpha + \beta)/2) \cos((\alpha - \beta)/2))$ können wir der Amplitudenfunktion der Gl. (7-34) eine andere Form geben:

$$A(t, x) = 2A_0 \sin(\omega t + \pi/2) \cos(-kx - \pi/2)$$
$$= 2A_0 \cos(\omega t) \sin(kx).$$
$$(7\text{-}35)$$

Die Amplitudenfunktion der resultierenden Welle am Ort x sieht nun ganz anders aus als die der hinlaufenden Welle, denn in Gl. (7-35) stehen *Ort x* und *Zeit t* nicht mehr im Argument *derselben* Sinus-Funktion, sondern das *örtliche* und das *zeitliche* periodische Verhalten der Welle treten *getrennt* in zwei verschiedenen trigonometrischen Funktionen auf. Dies hat wesentliche Konsequenzen: Fassen wir nämlich das Produkt $2A_0 \cdot \sin(kx)$ als neue Amplitude A'_0 auf, so haben wir an allen Orten des Seils eine *einheitliche*, durch $\cos(\omega t)$ beschriebene Schwingung, deren Amplitude A'_0 jedoch bezüglich des Ortes *x-sinusförmig moduliert* ist. An den Orten x, wo A'_0 null ist, ist die Auslenkung zu *allen* Zeiten null. Diese Orte nennen wir *Schwingungsknoten;* sie liegen an den Stellen $x = 0$, $\lambda/2$, λ, $3\lambda/2$, ... An allen anderen Orten x ist $A(t, x)$ nur zu *denjenigen* Zeiten t gleich null, bei denen $\cos(\omega t)$ gleich null wird. An Stellen, wo der Sinus in A'_0 die Werte $+1$ oder -1 annimmt, wird die Amplitude maximal werden. Dort befinden sich *Schwingungsbäuche;* sie liegen bei $x = \lambda/4$, $3\lambda/4$, $5\lambda/4$, ... Die Abstände zwischen benachbarten Knoten *oder* zwischen benachbarten Bäuchen betragen also jeweils $\lambda/2$, zwischen aufeinanderfolgenden Knoten *und* Bäuchen λ/4. Wir sehen, dass die Knoten und Bäuche bei dieser Welle *räumlich festliegen*, d. h., die Maximalauslenkungen *laufen nicht* wie bei der üblichen Welle längs der Ausbreitungsrichtung. Daher nennt man die durch Gl. (7-35) beschriebene Welle eine *stehende Welle*.

> Der Name „stehende Welle" scheint ein Widerspruch in sich zu sein, aber wir müssen berücksichtigen, dass sie durch Überlagerung *zweier* sich ausbreitender, „laufender Wellen" entsteht und erst durch die *ortsfesten* Strukturen der Knoten und Bäuche zustande kommen.

> Während die Schwingungsamplitude A_0 einer *laufenden, ebenen Welle* an allen Orten gleich ist (wenn wir von Absorption absehen) und sich von Ort zu Ort die Phasenkonstante der zugehörigen Schwingung periodisch ändert, ist es bei der *stehenden Welle* gerade umgekehrt: Die Phasenkonstante der Schwingung ist für alle Orte gleich (in Gl. (7-35) ist sie null), während die Amplitude A'_0 periodisch mit dem Ort variiert.

Was geschieht nun, wenn wir auch das zweite Ende des Seils befestigen und das Seil zu Schwingungen anregen? In diesem Fall laufen *zwei Wellen* in entgegengesetzter Richtung entlang des Seils, werden an den beiden Enden reflektiert (mit Phasensprung π, da es sich nun um *zwei feste Einspannungen* des Seils handelt) und überlagern sich. Eine stehende Welle kann sich jetzt nurmehr für *bestimmte* Wellenlängen ausbilden, denn wegen der zwei Halterungen muss an jedem Ende des Seils ein Knoten liegen. Mithilfe von Gl. (7-35) können wir heraussuchen, welche stehenden Wellen diese Bedingung erfüllen: Es sind dies die Wellen, bei denen der Abstand zwischen zwei bestimmten Knoten gleich der *Seillänge L* ist. Sind diese um die Strecke $n \cdot \lambda/2$ voneinander entfernt (der Abstand zweier benachbarter Knoten ist ja gleich λ/2), so ist:

$$n\frac{\lambda}{2} = L (n = 1,\ 2,\ 3...). \qquad (7\text{-}36a)$$

Bei fortwährender Anregung der Primärwelle wachsen die Schwingungsbäuche immer weiter an. Diesen laufenden Wachstumsprozess, wobei die Phasenlagen gerade so sind, dass die resultierende Welle ständig verstärkt wird, nennt man *Resonanz*.

Für eine Darstellung solcher stehenden Wellen *eines Seils* können wir auf Abb. 6.14c zurückgreifen, denn sie sehen genauso aus wie die *Eigenschwingungen* eines an beiden Enden fest eingespannten Stabes. Nur haben wir jetzt ein *anderes* Modell, nämlich das der *Interferenz* zweier laufender Wellen, zur Erklärung herangezogen.

Es bleibt noch der andere Fall zu betrachten, dass nämlich *ein* Ende des Seils frei und *das andere* fest eingespannt ist. Aus dem bisher Gesagten folgt, dass die nun erzeugbaren *stehenden Wellen* an einem Ende einen Schwingungsbauch und am anderen einen Schwingungsknoten haben. Für deren Resonanz-Wellenlängen gilt jetzt

$$n\frac{\lambda}{4} = L (n = 1, 2, 3...). \qquad (7\text{-}36b)$$

> Stehende Wellen auf einem schwingungsfähigen System endlicher Größe haben also spezielle, *diskrete* Wellenlängen und Frequenzen, die im Falle eindimensionaler Wellen durch die Gln. (7-36a) und (7-36b) festgelegt sind. Die zugehörigen Frequenzen nennt man *Eigenfrequenzen* in Analogie zur *Eigenfrequenz* eines schwingungsfähigen Systems (Abschnitt 6.6.2). Eine Anregung dieser stehenden Wellen ist durch eine entsprechende periodische Erregung möglich, sodass auch hier der Begriff Resonanz angewendet wird.
>
> Gl. (7-36a) gilt als allgemeine *Resonanzbedingung* für ein Seil, eine Saite oder einen Stab sowohl mit *zwei freien* als auch mit *zwei fest eingespannten Enden*.

Die meisten *Musikinstrumente* beruhen auf Resonatoren solcher Art als *Klangerzeuger*. Man kann sie in *zwei große Gruppen* unterteilen: die *Saiten-instrumente*, wie sie bisher prinzipiell beschrieben wurden, und die *Blasinstrumente*, bei denen in Luftsäulen in Hohlräumen stehende Schallwellen für die Erzeugung von musikalischen Klängen angeregt werden. Die für diese Instrumente geforderte und seit vielen Jahrhunderten mit hoher Meisterschaft erzeugten speziellen Formen der *Resonator-Gehäuse* tragen wesentlich zur Klangfülle und Klangvielfalt bei.

Als zwei Beispiele dafür seien der Klangkörper der Geige und die komplizierte Metallkonstruktion einer Basstuba genannt.

Anwendungen stehender Schallwellen: Musikinstrumente

Die meisten Musikinstrumente basieren auf der Klangerzeugung durch Resonanz stehender Wellen.

Auf gespannten *Saiten* aus Metalldrähten, aus organischem Naturdarm oder Ähnlichem erzeugt, dienen sie bei den *Saiteninstrumenten*, wie beispielsweise der Gitarre, beim Klavier und bei den Streichinstrumenten zur Erzeugung von Klängen.

Beachten Sie, dass zumeist im allgemeinen Sprachgebrauch der Musik das als *Ton* bezeichnet wird, was in der Akustik als *Klang* definiert ist! Entsprechend werden Klänge durch den in ihnen enthaltenen Grundton gekennzeichnet.

Man spricht beispielsweise vom *Kammer-Ton a* auf dem Klavier, *obwohl* der Klang des Klaviers mit dem Grundton der Frequenz $\nu_0 = 440$ Hz gemeint ist.

Regt man die Saite einer Geige über *Gleit- und Haftreibung* der mit *Kolophonium* bestrichenen Haarbespannung des *Bogens* oder die Saite eines Klaviers durch Schlag mit einem *Filz-Hammer* an, so wird als *Ton* die Grundschwingung (mit $n = 1$ in Gl. (7-36a)) erzeugt. Der Bogen verursacht also eine Resonanzanregung. Als *Resonator* wirkt dabei die Saite zusammen mit dem luftgefüllten Holzkörper des Instruments. Es ist wesentlich dieser Resonanzkörper, der die Schwingungen in Schallwellen in der umgebenden Luft umwandelt, die dann in die Umgebung abgestrahlt werden.

Hält man die Saite mit dem Finger auf dem *Griffbrett* fest, dann wird dadurch die Länge L und nach Gl. (7-36a) auch die Wellenlänge λ verkürzt. Auf diese Weise lassen sich weite Bereiche

unterschiedlicher Frequenzen ν, also spezielle Resonanzfrequenzen von höheren Tönen erzeugen.

Eine andere, beim Stimmen des Instruments genutzte Möglichkeit, die Tonhöhe zu ändern, besteht darin, die Spannung der Saite zu verändern; dadurch ändert sich zwar die Wellenlänge nicht (bei $n = 1$: $\lambda/2 = L$), aber mit variierter *elastischer Spannung* verändert sich die Ausbreitungsgeschwindigkeit c der Wellen in der Saite und nach Gl. (7-6) damit auch die Frequenz ν.

Neben den *Grundschwingungen* lassen sich auch stattdessen die *Oberschwingungen* ($n = 2, 3, \ldots$ in Gl. (7-36a)) anregen, wenn man die Saite an den Stellen $L/2$, $L/3$ usw. leicht mit einem Finger berührt und dadurch dort einen Schwingungsknoten erzwingt *(Flageolett-Töne)*.

Drückt man stattdessen die Saite an irgendeiner Stelle des Griffbretts kräftig nieder, hat das den Effekt einer entsprechend verkürzten Saite mit einem anderen Grundton.

Auch die Klangerzeugung in *Blasinstrumenten* beruht auf stehenden Wellen. In einer von einem Rohr (z. B. einer Klarinette) eingeschlossenen Luftsäule, dem *Resonator*, werden durch Auslenkung der Gasmoleküle (über das Anblasen des *Mundstücks*) longitudinale Schallwellen erzeugt, die dann nach außen abgestrahlt werden. Die Amplitude des Drucks in der stehenden Welle ist dabei umgekehrt proportional zu der der Auslenkung der Gasmoleküle. An den Orten, an denen die Gasmoleküle mit der Maximalauslenkung schwingen *(Schwingungsbauch)* ist die Druckschwankung null *(Druckknoten)*; sie ist hingegen am größten, wo ein *Schwingungsknoten* liegt und die Moleküle *nicht* ausgelenkt werden *(Druckbauch)*. An den Orten der Schwingungsbäuche liegen also Druckknoten, an den Orten der Schwingungsknoten liegen Druckbäuche.

Die Klangfarbe von Blasinstrumenten wird in erster Linie durch die Rohrform und das Material (Blech oder Holz) der jeweiligen Instrumente beeinflusst. Aber auch die Öffnungen und die Form des Mundstücks üben eine klangformende Wirkung aus.

Pfeifen (z. B. die der Orgel oder die der Panflöte) können an einem Ende offen und am anderen abgeschlossen sein. Eine stehende Welle hat dann einen *Knoten der Auslenkung* am geschlossenen Ende und einen *Bauch* am offenen Ende, wo die Schallabstrahlung nach außen am stärksten ist. Daher gilt Gl. (7-36b), und die Frequenz des Grundtons ist halb so groß wie bei der beidseitig geschlossenen oder der beidseitig offenen Pfeife, für die beide Gl. (7-36a) gilt. Der erste Oberton hat dann entsprechend 3/2 dieser Frequenz, sodass sich ein Frequenzverhältnis zwischen erstem Oberton und Grundton von 3 : 1 ergibt, was zu einem anderen wahrgenommenen Klangbild führt

Resonanz: Klänge von Musikinstrumenten entstehen also durch Anregung stehender Wellen, von denen Schallwellen in die umgebende Luft abgestrahlt werden. Gemeinsam ist allen Instrumenten, dass die Klänge durch *Resonanz* erzeugt werden, d. h., dass Eigenschwingungen des Instruments angeregt werden. Üblicherweise wird die Klangerzeugung durch einen Resonanzkörper, z. B. den *Geigenkorpus*, zusätzlich verstärkt.

Durch eine feste Kopplung mit einer äußeren periodischen Kraft (z. B. über eine sich hin und her bewegende Schubstange) könnten wir im Prinzip eine eingespannte Saite auch zu erzwungenen Schwingungen bei Frequenzen außerhalb der Resonanz (d. h. bei einer von der Eigenfrequenz abweichenden Frequenz) anregen. Dann laufen auf der Saite Wellen hin und her, die sich mehr oder weniger durch Interferenz auslöschen, wobei sich aber keine ortsfesten Knoten oder Bäuche ausbilden und daher die entstehenden Amplituden klein bleiben. Nur dann, wenn die Wellenlänge mit Gl. (7-36a) verträglich ist, wird daraus eine stehende Welle, deren Amplitude durch die erregende Kraft (d. h. den *Bogenstrich*) immer weiter aufgeschaukelt wird: Es entsteht also durch den Resonanzvorgang eine große Amplitude, und das schwingungsfähige Gebilde wirkt als *Resonator*.

Als Resonatoren fungieren beispielsweise auch (wie wir oben gesehen haben) ein einfaches Weinglas, der luftgefüllte Hohlraum einer Trompete oder der *Mund- und Kehlkopf-Raum* beim *Sprechen* oder *Singen*.

Die äußere periodische Kraft kann auch durch eine auf den Resonator auftreffende Schallwelle realisiert werden. Außerordentlich effektive Resonatoren sind z. B. die hochsymmetrischen, dünnwandigen gläsernen Trinkgefäße in der *Glasharmonika* (siehe Abschnitt 7.5). Bei ihnen kann die Grundfrequenz besonders stark, aber wegen ihrer besonders geringen inneren Dämpfung Oberton-arm angeregt werden.

In dem Beispiel der *Glasharmonika* werden eigentümlich klare Klänge (oft poetisch als *Sphärenklänge* bezeichnet) erzeugt, die wesentlich nur *eine* Frequenz enthalten und damit eher einem Spektrum reiner *Töne* als dem bei anderen Musikinstrumenten typischen *Klang-Spektrum* ähneln.

Von dem Heldentenor *Enrico Caruso* erzählt man, er habe Weingläser durch Erzeugung einer *Resonanzkatastrophe* zum Zerspringen gebracht, indem er deren Resonanzklang mit seiner vollen Stimme sang.

Resonanzerscheinungen spielen auch bei anderen als mechanischen bzw. akustischen Wellen eine wichtige Rolle. So beruht z. B. die Anregung einer Fernsehantenne durch *elektromagnetische Wellen* ebenso auf Resonanz wie die Anregung von Materie (z. B. eine Laserröhre) durch *Absorption von Lichtwellen* und die Resonanz von *Quarzkristallen* durch ein angelegtes elektrisches Wechselfeld, die die Steuerung des Taktes von hochpräzisen *elektrischen Uhren* übernehmen.

7.11 Schallempfindungen: Akustik der Musik

Das Ohr empfindet die *Frequenz* einer Schallwelle als Tonhöhe; die Intensität und damit die Amplitude registriert es als Lautstärke (siehe Gl. (7-18)). Darüber hinaus vermag es die Zusammensetzung von Klängen zu erkennen, sei es die Beimischung von Obertönen zum Grundton (die *Klangfarbe*) oder die Mischung verschiedener Klänge zu *Akkorden*. Unempfindlich dagegen ist das Ohr, wie wir in Abschnitt 7.7 sahen, gegen *Phasenbeziehungen* zwischen den einzelnen, im Klang enthaltenen Tönen.

Reine Töne im Sinne einer harmonischen Welle mit einer einzigen Frequenz lassen sich mit keinem Musikinstrument erzeugen (wenn man von elektronischen Geräten absieht), obwohl der Musiker von Tönen spricht. Vielmehr entstehen stets *Klänge* mit einer durch das Instrument und die Spielweise gekennzeichneten *Klangfarbe*. Dies beruht auf der Beimischung von Oberschwingungen, die gleichzeitig mit der Grundschwingung angeregt werden.

Hierzu hat sich im Laufe der Geschichte eine sehr umfangreiche Systematik herausgebildet, die sowohl für den theoretischen Wissenschaftler, den praktischen Musiker als auch den aktiven Komponisten von großer Bedeutung ist:

Im Rahmen der traditionellen europäischen Musik wurden aus dem Tonspektrum des gesamten Hörbereichs bestimmte Töne ausgewählt und in *Tonleitern* (siehe Abb. 7.20) angeordnet. Diese Tonleitern sind in einer Reihe von Oktaven gegliedert. Der Frequenzumfang einer Oktave reicht von einer beliebig herausgegriffenen *tiefsten Frequenz* v_1 und Wellenlänge λ_1 bis zur doppelten Frequenz $v_2 = 2v_1$ beziehungsweise der halben Wellenlänge λ_2. Jede Oktave der sogenannten *chromatischen Tonleiter* enthält zwölf *Halbtöne*.

Kompositionen *traditioneller* Musik bauen jedoch nicht auf diesen 12 Tönen auf, sondern auf *sieben* Tönen, die für die *Dur-* und die *Moll-Tonleitern* speziell daraus ausgewählt werden.

Anstelle des Frequenzspektrums verwendet man zur Darstellung dieser Töne die *Notenschrift*. In ihr tragen alle Töne Namen, die dem Alphabet entnommen sind (Abb. 7.20). Alle um eine oder mehrere Oktaven voneinander entfernten gleichen Töne tragen dieselbe Bezeichnung. Die dazwischen liegenden Töne bilden eine *Tonart*. (Als Beispiel für den Ton a siehe Abb. 7.6.)

Um die *zwölf* verschiedenen Töne der *chromatischen Tonleiter* festzulegen, wurden zwei Systeme eingeführt, die *reine Stimmung* und die *temperierte Stimmung*. Wichtiger Vorteil der letzteren ist, dass sie die Möglichkeit eröffnet, jede in einer *beliebigen* Tonart komponierte Melodie in irgendeine andere Tonart zu *transponieren*. Nachteil ist allerdings, dass die dabei erzeugten Töne nicht durch reine Intervalle (ganzzahlige Frequenzverhältnisse) voneinander getrennt sind, wie das bei der *reinen Stimmung* der Fall ist.

Die (musikalischen) Töne der *reinen Stimmung* findet man am einfachsten mit dem *Monochord*, einem Holzkasten mit einer einzigen darüber gespannten Saite. Ist deren Länge gleich L, so hat der Grundton dieses Instrumentes nach Gl. (7-36a) die Wellenlänge $\lambda_0 = 2L$ und mit Gl. (7-6) die Frequenz $v_0 = c_{Saite} / \lambda_0$. *Obertöne* kann man erzeugen, indem man die Monochordsaite anzupft und zugleich an einer bestimmten Stelle fest berührt, wodurch dort ein Schwingungsknoten erzwungen wird. Diese Art der Anregung unterscheidet sich von der bei Streichinstrumenten dadurch, dass sich eine spezielle stehende Welle auf *beiden* Teilen der durch den Knoten geteilten Saite ausbildet. (Bei Streichinstrumenten spricht man von *Flageolett-Tönen*.)

Man kann verschiedene Methoden der Klangerzeugung unterscheiden: Bei vielen Streichinstrumenten wie z. B. der Geige können durch freie Wahl der Knoten-Orte die Tonhöhen kontinuierlich verändert werden. Eine Variante ist, die Saite zu zupfen wie bei der Gitarre. Bei vielen Blasinstrumenten werden hingegen durch Betätigung von Luftklappen an den Resonanzkammern nur diskrete Tonhöhen-Änderungen erzeugt.

Am Monochord können wir entstehende Obertöne einfach überblicken. Zupfen wir die Monochordsaite sehr kräftig an, so werden mögliche *Eigenschwingungen* der Saite mit mehr oder weniger großer Stärke zugleich angeregt. Zupft man jedoch nur leicht an, so entsteht ein weniger greller, d. h. tonähnlicher Klang mit geringerer Obertonbeimischung.

Hält man die Saite in der Mitte fest, dann entsteht der erste Oberton mit halber Wellenlänge $\lambda_2 = \lambda_1/2$ und doppelter Frequenz $v_1 = 2v_0$. Andere Obertöne ergeben sich, wenn die Saite bei $1/3L$, $1/4L$, $1/5L$ usw. festgehalten wird. Die zugehörigen Frequenzverhältnisse $v_0 : v_1 : v_2 \ldots$ sind dann $1 : 2 : 3 \ldots$ usw. Die Namen der *Frequenzintervalle* zwischen einigen benachbarten Tönen und ihre Frequenzverhältnisse sind in Tab. 7.4 zusammengestellt:

Die *Intervalle*, d. h. *Frequenzabstände* der Obertöne zum Grundton ($n = 1$), sind beim ersten Oberton ($n = 2$) die *Oktave* auf dem Grundton, beim zweiten Oberton ($n = 3$) die *Quint* über dem ersten Oberton, beim dritten Oberton ($n = 4$) die *Quart* über dem zweiten Oberton usw. Diese Folge von Resonanztönen nennt man die *Ober-*

tonreihe, und ihre Frequenzen sind zugleich die der Summanden in der *Fourier-Reihe*, Gl. (7-28).

Nach dem *Satz von Fourier* (Abschnitt 6.5.2 und 7.6) lässt sich daher jeder Klang in diese Obertöne zerlegen. Die Klänge einer auf dem Ton a angeregten Geige und einer Oboe unterscheiden sich im Wesentlichen durch die Intensitäten der Obertöne. Je intensiver diese sind, desto heller und härter klingt das Instrument.

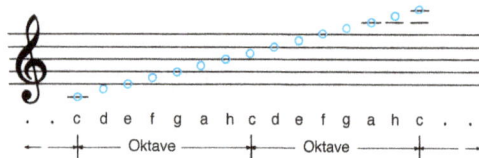

Abb. 7.20: Beispiel einer Tonleiter in Notenschrift mit Bezeichnung der Töne über zwei Oktaven (C-Dur-Tonleiter).

Die Klangfarbe wird jedoch durch das Obertonspektrum erst bestimmt, wenn der *Einschwingvorgang* (Abschnitt 6.4) nach dem Einsetzen der Anregung abgeklungen ist. Bei *kurzen* Klängen wird dieser Zustand oft gar nicht erreicht (z. B. beim Klavier), und dann sind der *Einschwingvorgang* und die darin enthaltene Mischung von Frequenzen mitverantwortlich für den Klangcharakter.

Bei der Aufzeichnung und Übertragung von Audio-Inhalten (Sprache; Musik) muss der erfasste Frequenzbereich bis zur Hörgrenze von 20 kHz reichen, um auch die Obertöne zu transportieren und damit Töne und Klänge möglichst wirklichkeitsnah wiederzugeben. Gängige sparsame digitale Aufzeichnungsformate wie mp3 und aac machen sich zunutze, dass das mittlere (!) menschliche Gehör nur bestimmte Ausschnitte aus dem Frequenzspektrum für ein wirklichkeitsgetreues Klangempfinden benötigt.

Werden (musikalische) Töne gleichzeitig erzeugt, so entstehen *Akkorde* (z. B. der *Dreiklang* aus Grundton – Terz – Quinte). Physikalisch gesehen, stellen also Musikstücke Aufeinanderfolgen von Akkorden dar.

Aus den Intervallen, die zwischen den Obertönen des Monochords auftreten, lassen sich nun *verschiedenartige Tonleitern (Dur- und Molltonleiter)* aufbauen. Untereinander werden sie mit einem Strichcode unterschieden (z. B. a oder c). Die sieben Haupttöne der Dur-Tonleitern z. B. bilden mit dem Grundton die Intervalle Große *Sekunde, Terz, Quart, Quint, Sext* und *Septime*. Das nächstfolgende Intervall ist dann die *Oktave* (Abb. 7.20), und es wiederholt sich die Tonfolge, nun um eine Oktave höher. In Tab. 7.4 in Abschnitt 7.6. sind die Frequenzverhältnisse der Intervalle einer Tonleiter zusammengestellt. Auf jedem dieser Töne kann man wieder eine Tonleiter, beispielsweise in *temperierter* Stimmung, aufbauen, indem man z. B. Monochorde anderer Längen L verwendet. Die meisten gleich-

namigen Töne aus verschiedenen Tonleitern unterscheiden sich dann aber, wenn auch geringfügig, so doch hörbar, in ihren Frequenzen. So entsteht bei der *reinen Stimmung* für die verschiedenen Tonleitern eine riesige Zahl von Tönen *leicht* unterschiedlicher Frequenzen. Um ihre Zahl zu reduzieren, teilt man bei der *temperierten Stimmung* die Intervalle anders ein, und zwar so, dass jede Oktave der *chromatischen Tonleiter* in zwölf Intervalle mit gleichem Frequenzverhältnis unterteilt ist und die Frequenzen benachbarter Halbtöne stets im Verhältnis $v_n : v_{n+1} = 1 : (^{12}\sqrt{2}) = 1 : 1,0595$ zueinanderstehen. Auf diese Weise stimmen die Töne gleichen Namens aus verschiedenen Tonleitern in ihren Frequenzen exakt überein, was bei Musikinstrumenten mit (beim Stimmen) festgelegten Frequenzen wie z. B. dem Klavier einen großen Vorteil darstellt. Allerdings weichen in dem Fall die Intervalle wie Terz, Quarte, Quinte von denen der reinen Stimmung minimal ab. Beispielsweise ergeben *sieben* dieser Halbtonintervalle eine *Quinte*; ihre Frequenz verhält sich dann aber zu der des Grundtons nicht mehr genau wie 3 : 2 (wie bei der reinen Stimmung), sondern wie $v_n : v_{(n+1)} = (^{12}\sqrt{2}) : 1 = 2,995 : 2$. Die aus *zwölf* Halbtönen aufgebaute Oktave entspricht aber wieder exakt der der reinen Stimmung: $(^{12}\sqrt{2})^{12} : 1 = 2 : 1$.

Mit den Vereinbarungen der reinen oder temperierten Stimmung sind zwar die Beziehungen zwischen den Tönen geregelt, ihre Frequenzen ergeben sich daraus aber erst, wenn wenigstens die Frequenz *eines* Tones *absolut* festgelegt ist. Dazu definierte man international den *Kammerton a* und setzte dessen Frequenz 1939 auf $v = 440$ Hz fest. Im deutschen Sprachraum haben sich 432 bzw. 443 Hz zur Stimmung von Musikinstrumenten durchgesetzt.

Werden in einem Musikstück mehrere Töne gleichzeitig erzeugt, so empfindet das Ohr den entstehenden *Akkord* als umso wohlklingender, d. h. harmonischer, je einfacher das Zahlenverhältnis zwischen deren Frequenzen ist. (Die Quint mit $\nu_n : \nu_m = 3 : 2$ klingt angenehmer als die Septime mit $\nu_n : \nu_m = 15 : 8$.)

7.12 Stimme und Gehör des Menschen

Stimme: Die Stimme dient der Erzeugung von Geräuschen und damit zu wesentlichen Teilen der menschlichen Kommunikation und von Klängen zur Erzeugung von Gesang.

Wichtigster Teil des menschlichen Stimmorgans ist die spaltförmige *Stimmritze* in der *Luftröhre*, die von zwei schwingungsfähigen Membranen, den *Stimmbändern,* begrenzt wird. Oberhalb befindet sich der *Resonanzraum* des Kehlkopfes mit seiner Verbindung zu *Rachen-, Mund-* und *Nasenhöhle*. Unterhalb sind die miteinander verbundenen Lufträume von *Trachea, Bronchien, Lungenalveolen* und *Brustkorb*. Wie Abb. 7.21a zeigt, ist bei normaler Atmung die Stimmritze weit geöffnet, sodass Ein- und Ausatmungsluft ungehindert passieren können. Bei *Stimmgebung* rücken entsprechend Abb. 7.21b die Stimmbänder zusammen, die Atemmuskulatur bewirkt eine Erhöhung des Luftdrucks und damit eine entsprechend hohe Geschwindigkeit der durch die Stimmritze hindurchströmenden Luft. Dies führt wegen der Elastizität der Stimmbänder

zu leichter Erweiterung der Stimmritze, damit zu einem Druckabfall, und die Stimmritze verengt sich wieder. In dem Wechselspiel zwischen der Elastizität der Stimmbänder, dem Druck und der Strömungsgeschwindigkeit der Luft werden die Stimmbänder und zugleich die Luft im Resonanzraum zu Schwingungen angeregt, wie es in Abb. 7.21c schematisch dargestellt ist. Da das Stimmorgan über den Mund akustisch an die Luft des Außenraums angekoppelt ist, wird Schall abgestrahlt.

Die Frequenz der Schwingungen der Stimmbänder kann man durch Anspannung der Kehlkopfmuskulatur variieren. Wegen der unterschiedlichen Länge der Stimmbänder (im Mittel 18,2 mm bzw. 12,6 mm) ist der Variationsbereich bei Männern und Frauen unterschiedlich. Es gibt jedoch innerhalb der beiden Geschlechter wiederum beträchtliche individuelle Abweichungen von den Mittelwerten. Die tiefstmögliche Frequenz beim Bass liegt unter 100 Hz, während die höchstmögliche beim Koloratur-Sopran etwa 1.500 Hz beträgt. (Die „Königin der Nacht" singt in der *Zauberflöte* ihren höchsten Ton bei 1.470 Hz.)

Den mit den Stimmbändern erzeugten Tönen sind Obertöne kaum beigemischt. Die Klangfarbe der Stimme wird erst durch die Form der Resonanzräume, des *Rachens* und der *Nasenhöhle* und insbesondere durch die *Mundstellung* erzeugt. Beim Sprechen von *stimmhaften Lauten* spielen die *Stimmbänder* eine wesentliche Rolle bezüglich der Grundfre-

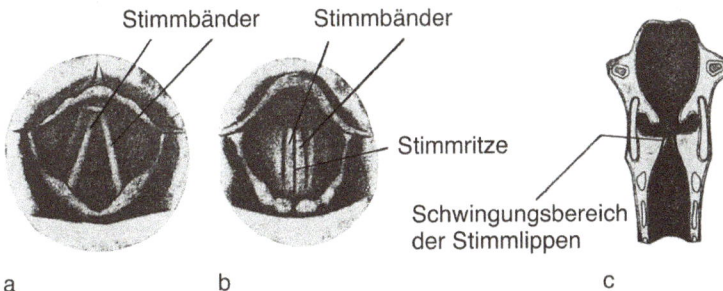

Abb. 7.21: Stimmerzeugung: (a) Kehlkopfeingang bei ruhiger Atmung, (b) bei Stimmgebung, (c) halbschematischer Längsschnitt durch den Kehlkopf mit der Darstellung der Stimmlippen- (oder Stimmbänder-)Schwingung.

quenz der angeregten Schallwelle. Bei den *stimmlosen* Lauten sind an der Schallerzeugung vor allem die mit der Atemluft angeblasenen Hohlräume und der enge Querschnitt in Rachen-, Mund- und Nasenhöhle beteiligt.

Gehör: Der Weg des Schalls von der Aufnahme bis ins Innere des Ohrs (Abb. 7.22) erfolgt zunächst auf *zwei* physikalisch hochkomplexen, getrennten Bahnen. Die *eine* läuft über *Gehörgang, Trommelfell, Gehörknöchelchen* und *ovales Fenster* zum inneren Ohr. Neben dieser *Luftleitung* müssen wir auch die *Knochenleitung* betrachten, bei der die Schallwellen über Schwingungen der Schädelknochen zu den Sinneszellen des *Cortischen Organs* gelangen. Jedoch wird ein Ton über die Knochenleitung i. A. etwa 30 dB schwächer gehört als über die Luftleitung, d. h., die Knochenleitung ist im Wesentlichen nur für *Schwerhörige* von Bedeutung, deren *Mittelohr* geschädigt ist. Auch bei Hörgeräten wird die Knochenleitung einbezogen.

Bei *Luftleitung* überträgt das *Trommelfell* die Schallschwingungen über die im Mittelohr in der *Paukenhöhle* liegenden Gehörknöchelchen *Hammer, Amboss* und *Steigbügel* auf das ovale Fenster des *Labyrinths* und damit auf die im Labyrinth befindliche wässrige *Perilymphe*, indem diese zu erzwungenen Schwingungen angeregt wird. Da das ovale Fenster bzw. die Fußplatte des Steigbügels eine wesentlich kleinere Fläche hat als das Trommelfell und zudem die Gehörknöchelchen noch teilweise als *Hebel* wirksam sind, ist der Druck der Schallwellen in der Perilymphe etwa 20-mal größer als am Trommelfell. Damit kommt dem *Mittelohr* eine Anpassungsfunktion bei der Übertragung vom Medium Luft zum wässrigen Medium der Perilymphe zu. Die *Eigenfrequenz* der Übertragungsstrecke im Mittelohr liegt zwischen 1 und 3 kHz. Dies ist auch der Bereich für die Schallwahrnehmung, in dem das Ohr am empfindlichsten ist, da Frequenzen nahe oder bei der Eigenfrequenz besonders gut übertragen werden. Bei großen Lautstärken vermag das Ohr seine *Empfindlichkeit* um bis zu 15 dB herabzusetzen, indem die Bewegung der Hörknöchelchen durch Muskelspannung gedämpft wird.

Dies sind, kurz zusammengefasst, die physikalischen Gründe, die zu der dem *Weber-Fechner'schen Gesetz* (Gl. 7-18; Tab. 7.3) näherungsweise folgenden dynamischen Empfindlichkeit des Ohres führen.

Die Umsetzung der mechanischen Schwingungen in *Aktionspotentiale* (Abschnitt 15.1.1), die zum *Zentralnervensystem* geleitet werden, erfolgt in der Ohrschnecke im Innenohr, die in Abb. 7.22b vereinfacht skizziert ist. Sie besteht aus einem spiralförmig aufgewickelten Kanal, wobei die *Basilarmembran* in der Schnecke eine große Zahl von *Querfasern* enthält, von denen die längsten (0,5 mm) in der *Schneckenkuppel* und die kürzesten (0,08 mm) am Anfang der Schneckengänge liegen. Durch die unterschiedlichen Längen werden die Querfasern von Wellen verschiedener Wellenlängen unter-

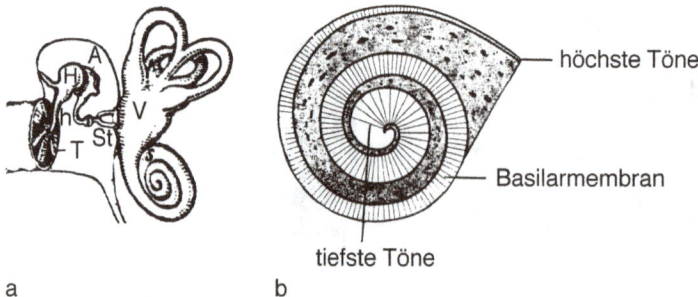

a   b

Abb. 7.22: (a) Mittelohr mit Trommelfell T, Hammer H, dessen Stiel h, Amboss A und Steigbügel St, Labyrinth mit Vorhof V und Schnecke S, (b) Ohrschnecke (Cortisches Organ).

schiedlich angeregt. Damit erfolgt eine räumliche Zuordnung der Frequenzen zu gewissen Orten der Basilarmembran und auch zu verschiedenen Fasern der daran ansetzenden *Hör-Nerven.*

Für das *Richtungshören* nützt der Organismus die unterschiedliche Laufzeit des Schalls zu den beiden Ohren bei *schräger Kopfhaltung* aus. Der Unterschied in der Laufzeit zwischen den Ohren bestimmt sich aus dem Abstand und der Schallgeschwindigkeit. Die Schwelle für das Richtungshören liegt bei Winkeln von 3° bis 5°, d. h., es können noch Differenzen der Laufzeiten zu den beiden Ohren von 10^{-5} s im Zentralnervensystem verarbeitet werden.

Das *Entfernungshören,* d. h. die Fähigkeit, aus dem Schallsignal die *Entfernung* zur Schallquelle abzuschätzen, ist beim Menschen nur schwach ausgeprägt. Es geschieht im Wesentlichen über die *Frequenzabhängigkeit* der Schalldämpfung auf dem Weg zum Ohr.

Auf dem Gehör basierende medizinische Diagnosemethoden: Ebenso wie man durch *Klopfen* feststellen kann, ob ein Fass leer oder voll ist, kann man aus den Schallsignalen beim *Beklopfen* der Körperoberfläche Informationen über den Zustand der darunterliegenden Körperpartien gewinnen. Das entstehende Geräusch wird durch ein kompliziertes Zusammenwirken von Resonanzen und von frequenzabhängigen Reflexions- und Absorptionsvorgängen erzeugt. Diese *Perkussion* genannte Methode wird in der Medizin besonders angewandt, um *erste* Informationen über krankhafte Veränderungen im Bauch- und Brustbereich zu erhalten.

Die Geräusche, die durch Herz oder Lunge im Körper selbst erzeugt werden, hört man *außen* wegen der starken *Reflexion* von Schallwellen, die im *Körperinnern* gegen die Körperoberfläche anlaufen, kaum (siehe auch Abschnitt 7.9). Zu ihrer Verstärkung verwendet man das *Stethoskop.* Es besteht aus einer *Metallglocke* zur Schallaufnahme, deren Form so gewählt ist, dass das Geräusch durch Resonanz verstärkt wird. Durch verschieden starken *Andruck* auf die Körperoberfläche lässt sich die Resonanzfrequenz verändern. Der Schall wird dann durch *Schläuche* weitergeleitet und dem Ohr des untersuchenden Arztes zugeführt. Eine solche *Führung* der Schallwellen verhindert, dass sich die Wellen in den ganzen Außenraum ausbreiten und dabei ihre Intensität abnimmt (siehe Gl. (7-3)). Die Lautstärke ist daher etwa so groß, als würde man das Ohr direkt auf den Körper auflegen.

> Diese Methode der Schall-Leitung durch Rohre oder Schläuche wurde übrigens auch in Großflugzeugen zur Übertragung von Informationsansagen, Musik, Filmklängen etc. verwendet, um Störungen der Bordelektronik durch zusätzliche elektronische Übertragungssysteme zu vermeiden.
>
> Analog zur akustischen Schall-Leitung lassen sich auch Lichtwellen führen (siehe Lichtleiter, Abschnitt 19.3.6).

7.13 Ultraschall

Der *Ultraschall* mit Frequenzen jenseits der oberen Hörgrenze von 20 kHz hat aufgrund seiner technischen und medizinischen Anwendungen zunehmend Bedeutung erlangt. Er wird beispielsweise durch einen geeignet geschnittenen *Quarzkristall* erzeugt, der mit elektrischen Kontakten versehen ist und durch ein elektrisches Hochfrequenz-Wechselfeld zu mechanischen Schwingungen (je nach Kristallgröße von 20 kHz bis 100 MHz) angeregt werden kann. Diese auch in einigen anderen Stoffen neben Quarz gefundene Eigenschaft nennt man *piezoelektrischen Effekt* (vgl. hierzu Abschnitt 14.7.7). Die zugehörigen Wellenlängen in Luft reichen dann von 10^{-2} m bis 10^{-6} m.

> Der *Schwingquarz* wirkt am effektivsten bei derjenigen Frequenz, bei der er in *mechanische* Resonanzschwingungen gerät. Diese Eigenschwin-

gung ist nach Gl. (7-36a), die auch hier in Näherung anwendbar ist, von den Außenmaßen des Quarzkristalls, insbesondere der Plattendicke abhängig: Je dünner die Kristallplatte ist, umso höher ist die Eigenfrequenz.

Die Schwingungsfrequenzen von Quarz sind derart präzise konstant, dass Schwingquarze in Präzisionsuhren *(Quarzuhren)* als *Taktgeber* verwendet werden.

In der Technik können Werkstücke mit Ultraschall auf Fehler im Gefüge, wie z. B. Risse, untersucht werden, ohne dass sie dabei zerlegt oder zerstört werden müssen *(zerstörungsfreie Werkstoffprüfung)*. Gemessen werden dazu die an den Fehlern entstehenden akustischen Streuwellen.

Mit Ultraschall lassen sich auch gut Pulver und Flüssigkeiten mischen und fein verteilte Emulsionen herstellen. Im Ultraschallgefäß *(Ultraschallbad)* können Gegenstände ohne mechanische Hilfsmittel gereinigt werden. In der Zahnarztpraxis wird z. B. *Zahnstein* mit Ultraschall entfernt.

Es ist sogar gelungen, zur Materialprüfung *Ultraschall-Mikroskope* zu bauen. Sie arbeiten bei Frequenzen um 100 MHz und lassen bis zu 5 mm kleine Inhomogenitäten im Inneren von Material erkennen. (Die eigentliche Vergrößerung wird allerdings nicht akustisch, sondern optisch vorgenommen, und zwar mithilfe eines das Schallfeld abrasternden fokussierten Laserstrahls.)

In der Medizin hat die *Ultraschalltechnik* sowohl in der Diagnostik als auch in der Therapie vielseitige Bedeutung. So kann man mit Ultraschall innere Organe abbilden, und man erhält dabei ähnliche Informationen wie bei der Röntgendiagnostik. Ultraschalldiagnostik wird zunehmend wichtiger, weil sie im Gegensatz zur Röntgendiagnostik strahlungsunschädlich ist.

Wir wollen daher im folgenden Abschnitt auf dieses Diagnoseverfahren näher eingehen, zumal dies die Gelegenheit bietet, die Grundlagen der Schallausbreitung nochmals zusammenzufassen.

Ultraschall und Stoßwellen in der Medizin:
Zur Diagnostik verwendete Ultraschallintensitäten (~1 mWcm^{-2}) sind unschädlich. Physiologische Effekte treten erst bei höheren Leistungen auf. Da Ultraschall bis in *tiefliegende Gewebeschichten* einzudringen vermag, bewirkt die Absorption seiner Energie, dass dort Wärme entwickelt wird. (Mit *Infrarot-Bestrahlung* kann man nur die Körperoberfläche erwärmen.) Bei Intensitäten von ca. 1 Wcm^{-2}, die man durch Bündelung der Wellen lokalisieren kann, wird die Temperatur des Gewebes um einige Grad erhöht *(Ultraschall-Diathermie)*.

Durch das Zusammenspiel dieser Wärmewirkung, mit der durch die Druckschwankungen im Ultraschall-Feld bedingte mechanische *Mikromassage* des Gewebes können eine Reihe komplizierter chemischer Vorgänge in den Gewebezellen therapeutisch gesteuert werden. Man könnte hierzu im Prinzip auch Hörschall verwenden, aber Ultraschall hat einen entscheidenden Vorteil: Die bei gleichen Maximalauslenkungen der Moleküle des Gewebes übertragene Leistung ist bei Ultraschall um Größenordnungen höher als bei Hörschall (Gl. (7-15a)). So ist die Intensität von Ultraschall einer Frequenz von 1 MHz um das 10^6-fache höher als bei Hörschall mit 1 kHz und gleicher Auslenkungsamplitude. Entsprechend größer ist auch die *Wärmeentwicklung* im zu behandelnden Organ. Bei 35 Wcm^{-2} beträgt die *Schalldruckamplitude* 10 bar, d. h. das Zehnfache des Atmosphärendrucks! Zudem kann man Ultraschall wegen seiner kleinen Wellenlängen auf kleine Raumbereiche *bündeln*, d. h., in kleinen Objekten große Ultraschall-Intensitäten konzentrieren. Diese können ausreichen, um beispielsweise *Nierensteine* zu zertrümmern *(Lithotripter)*.

Weiches Gewebe wird allerdings erst bei Intensitäten der Größenordnung 1 kWcm^{-2} zerstört.

Als Rüstzeug für das Verständnis der verschiedenen Ultraschallmethoden benötigen wir Gl. (7-32a) bzw. Gl. (7-33) für das Reflexionsvermögen und Gl. (7-32c) für das Transmissionsvermögen sowie Gl. (7-25) für die Dämpfung von Wellen.

Als *Ultraschallsender* dient ein *Schwingquarz* (auch *Transducer* genannt). Er vermag aber nicht nur als *Sender* zu wirken, sondern auch als *Empfänger*, denn umgekehrt erzeugt er mit dem *piezoelektrischen Effekt* elektrische Wechselspannungen, wenn er von einer Schallwelle getroffen wird und in deren Takt zu mechanischem Mitschwingen angeregt wird.

Für die im Folgenden beschriebenen Methoden verwendet man zumeist keine lang ausgedehnten Wellenzüge, sondern kurzdauernde, schnell einsetzende und wieder abklingende Wellenzüge, sogenannte *Ultraschall-Pulse,* die aber doch so lang sind, dass sie mehrere Wellenlängen enthalten. Schickt man einen solchen Puls durch eine Körperpartie, so wird er auf vier verschiedene Weisen beeinflusst, die alle zu Diagnosezwecken genutzt werden:

1. Der Puls wird gemäß Gl. (7-25) von unterschiedlichen Substanzen unterschiedlich stark *absorbiert*. Einige Zahlenwerte sind in Tab. 7.5 angegeben. Eine Messung der Intensitätsabnahme zwischen Sender und Empfänger gibt also Aufschluss über Eigenschaften der durchlaufenen Substanzen.

2. Die *Ausbreitungsgeschwindigkeit c* des Ultraschallpulses hängt ebenfalls von der Art der durchlaufenen Substanz ab (Tab. 7.5) und damit auch die Laufzeit t, für die sich $\tau = \sum s_i/c_i$ ergibt, wenn die Welle nacheinander verschiedene Substanzen durchläuft und s_i die Dicke der i-ten Substanz bedeutet. (Allgemein gilt: Laufzeit = Laufstrecke/ Geschwindigkeit.)

Gibt man den Senderpuls und den Empfängerpuls auf ein *Oszilloskop* oder, neuerdings, auf einen *digitalen Zähler*, so ist die Laufzeit direkt aus der gegenseitigen Verschiebung der beiden Impulse auf dem Schirm abzulesen. Es ist üblich, nicht einen einzelnen Puls, sondern eine *periodische Pulsfolge* (400–1.000 Impulse pro Sekunde) zu verwenden, damit man das Oszilloskop triggern kann (vgl. hierzu Abschnitt 16.1.4). (Die Laufzeiten liegen bei einigen µs, sodass der Empfängerpuls lange vor dem nächstfolgenden Senderpuls registriert wird.)

3. Der Puls wird gemäß Gl. (7-32a) bzw. (7-33) an Grenzflächen, an denen sich die Wellenimpedanz Z ändert, mehr oder weniger stark *reflektiert*: Es entstehen *Echos*. Entsprechend den Zahlenwerten der Tab. 7.5 reflektieren beispielsweise bei 1 MHz die Grenzflächen zwischen

Tab. 7.5: Geschwindigkeit, Wellenimpedanz und Dämpfungskonstante von Schallwellen für einige in der Medizin wichtige Substanzen. (Bei hohen Frequenzen werden diese Größen frequenzabhängig.).

Substanz	Schallgeschwindigkeit c (m s^{-1})	Schallimpedanz Z (kg s m^{-2})	Dämpfungskonstante δ (m^{-1})
Luft	$3,4 \cdot 10^2$	$4,3 \cdot 10^2$	~0
Wasser	$14,8 \cdot 10^2$	$1,48 \cdot 10^2$	$14,8 \cdot 10^2$
Muskeln	$15,8 \cdot 10^2$	$1,64 \cdot 10^2$	13
Knochen	$40,4 \cdot 10^2$	$7,68 \cdot 10^2$	170

Muskel und Knochen ca. 40 % der Pulsintensität. Registriert man das Echo, so lässt sich aus der Laufzeit die Lage der Grenzfläche im Körper bestimmen.

4. *Bewegt sich* das reflektierende Objekt, so kommt der *Doppler-Effekt* ins Spiel, und nach Abschnitt 7.4 wird die Frequenz der reflektierten Welle gegenüber der der Primärwelle verändert. Auf diese Weise lassen sich die *Bewegung des Herzens* oder der *Blutfluss* in einzelnen Gefäßabschnitten messen (Ab.7.23).

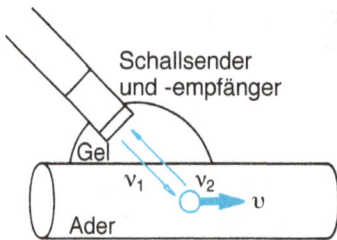

Abb. 7.23: Blutfluss-Messung über den Doppler-Effekt von Ultraschallwellen. v_1 und v_2 sind die Frequenzen der einfallenden und der am bewegten Objekt, einem Blutkörperchen, reflektierten und/oder gestreuten Welle. (Das *Gel* dient zur Verbesserung der Schallankopplung, da es die Änderungen der *Wellenimpedanz* an den Grenzflächen des Körpers und damit die Reflexion herabsetzt. Schallsender und Empfänger sind im *Schallkopf* zusammengefasst.)

Bildaufnahme-Verfahren mittels Ultraschalls (Sonografie): Das Untersuchungsverfahren der *Sonografie* ist der *optischen Kohärenztomografie* (Abschnitt 17.12.2) verwandt. Dort wird jedoch Laserlicht anstelle des Ultraschalls verwendet. Zur Lokalisierung von Strukturen im Körper werden drei Registriermethoden angewandt:

a) Beim sogenannten *A-scan* wird die oben (unter 3.) geschilderte Puls-Echomethode ausgenutzt, wobei der Schwingquarz auf einer bestimmten Stelle der Körperoberfläche fest aufliegt. Damit lassen sich Hindernisse (z. B. ein *Hirntumor*) in ihrem Abstand von der Körperoberfläche nachweisen.

b) Verschiebt man den Schwingquarz auf der Körperoberfläche und registriert nacheinander die verschiedenen Echos, so lässt sich die *seitliche Ausdehnung* eines Hindernisses feststellen; man erhält auf diese Weise ein zweidimensionales Bild von Form und Größe *(B-scan).* Ein Beispiel zeigt Abb. 7.24.

c) Nimmt man solche *B-scan-Bilder* aus allen möglichen Richtungen auf, so kann man daraus im Prinzip das räumliche, *dreidimensionale Bild* des reflektierenden Hindernisses rekonstruieren (ähnlich wie der Baumeister aus den zweidimensionalen Grundriss-, Aufsichts- und Seitenansichtsplänen des Architekten das dreidimensionale Bauwerk errichten kann). Zur *Rekonstruktion* ist allerdings neben einer riesigen Menge von Messdaten eine komplizierte mathematische Auswertung erforderlich; sie kann nur mit einem leistungsfähigen Computer vorgenommen werden. Diese Methode, die *Computer-Tomografie*, wird nicht nur bei der Ultraschalldiagnose, sondern z. B. auch bei der Bildaufnahme mittels *Kernresonanz* (Abschnitt 21.1.3) bzw. mittels *Röntgenstrahlen* (Abschnitt 21.3.4) angewendet.

Das *Struktur-Auflösungsvermögen* von Ultraschallbildern ist durch die Wellenlänge λ begrenzt (vgl. Abschnitt 20.3); Strukturen kleiner als etwa λ sind nicht auszumachen. Im Prinzip sollte daher die Frequenz möglichst groß sein. Nun steigt aber mit der Frequenz die Absorption im biologischen Gewebe, sodass man – als Kompromiss zwischen Auflösungsvermögen und Durchstrahlbarkeit – Frequenzen zwischen 1 und 5 MHz verwendet, die Wellenlängen von ca. 0,5 mm entsprechen. In der dadurch bedingten Begrenzung der Detail-Auflösung liegt ein wesentlicher Nachteil gegenüber der Röntgendiagnostik.

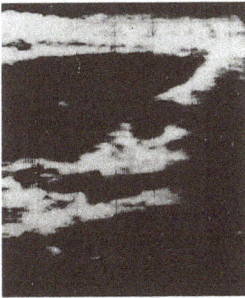

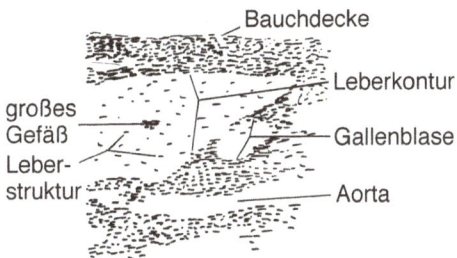

Abb. 7.24: Ultraschallbild der Leber.

tiert einen *tortenähnlichen* Ausschnitt (Sektor) aus dem Herzen. Es werden solche *Querschnittsbilder* in schneller Reihenfolge aufgenommen (25 bis 30 pro Sekunde), wodurch die Bewegung des Herzens und der Klappen innerhalb des Sektors in natürlicher Geschwindigkeit dargestellt wird. Welches Querschnittsbild des Herzens man erhält, hängt davon ab, wo der Ultraschallkopf aufgesetzt wird. Wird er dort aufgesetzt, wo man die *Herzspitze* fühlt, dann erhält man den sogenannten *Vierkammerblick*, wie er in Abb. 7.25 dargestellt ist.

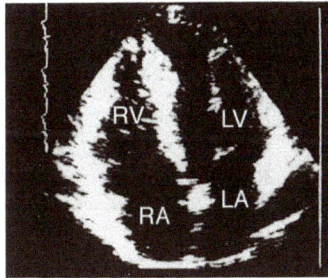

Abb. 7.25: Vierkammerblick bei sektorförmiger Aufnahme des Herzens. RV: rechter Vorhof; LV: linker Vorhof; RA: rechter Ventrikel; LA: linker Ventrikel.

Setzt man aus Tab. 7.5 die Werte der *Schallimpedanz Z* von Luft und Gewebe in Gl. (7-33) ein, so stellt man Folgendes fest: Bei Übertragung aus Luft werden bereits 99,9 % der auffallenden Schallintensität an der Körperoberfläche reflektiert, dringen also praktisch gar nicht erst in den Körper ein. Daher ist zwischen Schwingquarz und Körper ein *Übertragungsmedium* erforderlich. Dazu kann eine Flüssigkeit oder ein *Gel* dienen (siehe Abb. 7.23). Bei Verwendung von Wasser wird beispielsweise die reflektierte Intensität auf unter 1 % gesenkt.

Ein spezielles Beispiel der Ultraschalldiagnose ist die *Echokardiografie*. Von einem Schallkopf aus werden fächerförmig Ultraschallstrahlen durch das Herz gesandt und die dadurch erhaltenen Ultraschallzeilen im *B-scan* (siehe oben) zweidimensional aneinandergereiht. Somit erhält man die Darstellung eines Querschnitts durch das Herz, in der die echoproduzierenden Grenzflächen des Herzens als *helle*, die Hohlräume des Herzens als *dunkle* Bereiche erscheinen. Mit einer modernen *digitalen Methode* werden etwa 100 untereinander liegende Ultraschallzeilen in einem Sektor mit ca. 80 Grad Öffnungswinkel aneinandergereiht, und das lässt Wände und Klappen des ausgeloteten *Herzquerschnitts* in der exakten räumlichen Anordnung erscheinen. Die sich ergebende Abbildung repräsen-

Lithotripter: Mechanische Druckwellen in Form von *Stoßwellen* lassen sich zur *Zertrümmerung* von *Nierensteinen* therapeutisch anwenden. Stoßwellen werden z. B. durch einen elektrischen *Unterwasserfunken* erzeugt. Anders als gewöhnlich in der Medizin angewendete Ultraschallwellen besitzen *Stoßwellenimpulse* ein breites, kontinuierliches Frequenzspektrum. Die explosionsartige Druckausbreitung bei der Funkenbildung läuft im Wasser mit Überschallgeschwindigkeit ab. Dabei entsteht im Zeitverlauf der erzeugten Stoßwelle eine extrem steile Anstiegsflanke mit hoher Druckamplitude bis zu 1 kbar (Abb. 7.26a). Da das Wasser, in dem die Stoßwellen erzeugt werden, ähnliche akustische Eigenschaften hat wie biologisches Gewebe, gibt es kaum *Energieverluste* beim Eintritt der Stoßwelle in den Körper des Patienten, der zur Behandlung im Wasser gelagert ist oder durch ein Gel kontaktiert wird. Zur optimalen Ausnutzung der Energie der Stoßwelle wird der Funken im Brennpunkt eines *Ellipsoid-Hohlspiegels* gezündet, in dessen *zweitem* Brennpunkt sich der zu zertrümmernde Nierenstein befindet. Die von dem ersten Brennpunkt ausge-

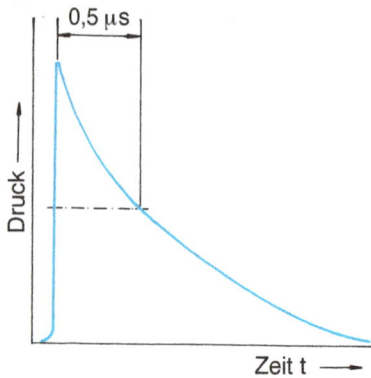

a

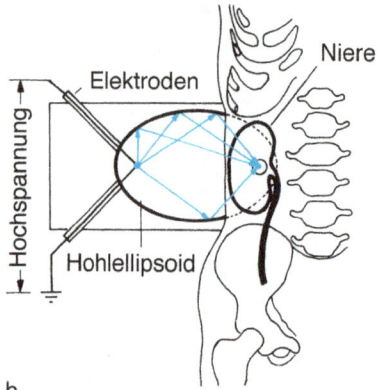

b

Abb. 7.26: (a) Zeitlicher Verlauf einer Stoßwelle, (b) räumliche Anordnung bei der Lithotripsie.

hende Ultraschallwelle wird durch Reflexion dann im anderen Brennpunkt *fokussiert* (Abb. 7.26b). Die Einjustierung des Patienten erfolgt beispielsweise über zwei senkrecht zueinander angeordnete Röntgenanlagen. Die Patientenliege ist so gestaltet, dass sie den Patienten exakt lagert, aber für die Stoßwellen und die Röntgenkontrolle einen freien Durchtritt lässt.

Die Auslösung der Stoßwellen wird durch die R-Zacke des EKG (Abb. 14.34) *getriggert*, um Interaktionen zwischen Stoßwellen und Herzaktion zu vermeiden. Die Stoßwelle wird also in der *refraktären Phase* des Herzens ausgelöst, in der dieses *nicht stimulierbar* ist. Bei mehrfacher Beaufschlagung der Nierensteine mit Stoßwellen werden diese sukzessive in sandartige bis stecknadelgroße Stücke zersprengt.

Wärmelehre

8 Wärme und Temperatur

8.1 Einleitung

Aus dem Abschnitt über das *molekulare Bild der Aggregatzustände* (Abschnitt 5.1.2) wissen wir:

> *Wärme* ist verknüpft mit der ungeordneten Bewegung, der *Wärmebewegung* der Atome oder Moleküle, und *Temperatur* ist ein Maß für deren kinetische Energie.

Gasteilchen bewegen sich, wenn sie nicht gerade auf ein Nachbarteilchen prallen, nach allen Richtungen frei und ungeordnet durch den ihnen zur Verfügung stehenden Raum. Die Atome oder Moleküle der festen Stoffe dagegen besitzen feste Gleichgewichtslagen, um die sie Schwingungen ausführen. Die Flüssigkeiten nehmen eine Zwischenstellung ein. Die gesamte in einem Körper gespeicherte Energie der Wärmebewegung nennen wir die *Wärmeenergie* oder *Wärmemenge*, die der Körper enthält. Zum Wärmeinhalt trägt nur der Anteil der ungeordneten Bewegung bei, nicht aber eine gleichsinnige Bewegung aller Teilchen infolge einer Bewegung der Substanz als Ganzes.

Der Schluss könnte naheliegen, Wärme sei ein Problem der Kinematik und folglich die Wärmelehre nur ein Sondergebiet der Mechanik. Dem steht aber im Wege, dass es aussichtslos ist, die Bewegung der riesigen Zahl von Atomen und Molekülen in einer normalen Probe ($6 \cdot 10^{23}$ pro mol) detailliert beschreiben zu wollen. Praktisch möglich ist einzig eine statistische Behandlung, die auf makroskopische Mittelwerte führt. Diese fällt aber insofern aus dem Rahmen der Mechanik von Einzelteilchen, als deren Basisgrößen Länge, Masse und Zeit keine geeignete Darstellung des kollektiven Phänomens der ungeordneten Bewegung von Teilchen in einem Stoff ermöglicht. Diese lässt sich jedoch über-

sichtlich beschreiben, wenn man für die Wärmelehre eine weitere Basisgröße, die *absolute Temperatur T* mit der SI-Einheit *Kelvin* (K), einführt.

> Die Temperatur ist als Mittelwert definiert und somit nur auf einen aus vielen Bausteinen bestehenden Stoff, nicht aber auf die individuelle Bewegung eines einzelnen seiner Atome oder Moleküle anwendbar.

Später werden noch weitere Größen wie etwa der *Druck* (Abschnitt 10.1) besprochen, die auf dem Durchschnittsverhalten einer Vielzahl gleicher Teilchen in statistischem Gleichgewicht beruhen. Die Beschreibung von Zuständen solcher Ensembles mit diesen als makroskopisch bezeichneten Größen ist Inhalt der *Thermodynamik*.

8.2 Wärmeenergie/Wärmemenge

Um die Temperatur eines Stoffes zu erhöhen bzw. zu reduzieren, muss ihm Wärmeenergie zugeführt bzw. entzogen werden. Häufig geschieht das dadurch, dass der Stoff mit einem anderen von höherer (bzw. tieferer) Temperatur in Berührung gebracht oder mit diesem vermischt wird. Mischt man beispielsweise 1 kg Wasser von 300 K mit 1 kg Wasser von 340 K, so erhält man nach kurzer Durchmischungszeit 2 kg Wasser mit der *einheitlichen* Temperatur von 320 K. Diesem Versuch liegt ein Gesetz zugrunde, welches besagt, dass Wärmeenergie beim thermischen Kontakt vom Körper der höheren Temperatur T_2 zu dem der tieferen Temperatur T_1 übertragen wird und dass der Wärmeübergang erst dann beendet ist, wenn sich in beiden Körpern gleiche Temperatur eingestellt hat. Bei nicht zu großen Temperaturänderungen erweist sich die übertragene *Wärmemenge Q* als proportional zur Temperaturdifferenz zwischen An-

https://doi.org/10.1515/9783110691658-010

fangs- und Endzustand. Es ist üblich, die von einem System aufgenommene Wärmemenge positiv, die abgegebene Wärmemenge aber negativ zu zählen.

Als Einheit für die Wärmemenge Q verwendet man die Energieeinheit des SI, das Joule (J).

Vor der Einführung des SI wurde für die Energieform Wärme eine spezielle Einheit, die Kalorie (cal), verwendet. Die zur Erwärmung von 1 g Wasser um 1 K (genau: von 287,65 K auf 288,65 K) erforderliche Wärmemenge wurde 1 cal genannt und das Tausendfache davon als Kilokalorie (kcal) bezeichnet. Der Umrechnungsfaktor zwischen beiden Einheiten der Energie, das sog. *Wärmeäquivalent,* ist gegeben durch: 1 cal = 4,187 Joule.

8.3 Wärmekapazität

Die Wärmemenge Q, die nötig ist, um eine beliebige Substanz der Masse m um 1 K zu erwärmen, nennen wir deren *Wärmekapazität C.*

Die Wärmekapazität hängt ab von der Art der Substanz (chemische Zusammensetzung, Aggregatzustand etc.) und ist proportional zu ihrer Masse; ihre SI-Einheit ist J K^{-1}:

$$C = cm. \qquad (8\text{-}1)$$

Den Quotienten $c = C/m$ bezeichnen wir als *spezifische Wärme (spezifische Wärmekapazität).* Er gibt diejenige Wärmemenge an, die pro Masseneinheit einer Substanz zu deren Erwärmung um 1 K erforderlich ist. Als Einheit ergibt sich somit für c:

J kg^{-1} K^{-1} (im SI) (bzw. cal kg^{-1} K^{-1}).

Statt auf 1 kg als Masseneinheit können wir auch auf die Stoffmenge 1 mol beziehen und erhalten dann die *Molwärme (molare Wärme-*

kapazität) C_{mol} mit der Einheit J mol^{-1} K^{-1} (oder cal mol^{-1} K^{-1}).

Insgesamt gilt also für die Wärmemenge Q, die nötig ist, um die Masse m eines Stoffes (mit der spezifischen Wärme c) von T_1 auf T_2 zu erwärmen:

$$Q = mc(T_2 - T_1) = C(T_2 - T_1). \qquad (8\text{-}2)$$

Die spezifische Wärme der Stoffe hat bei verschiedenen Temperaturen unterschiedliche Werte, c ist also von T abhängig (Tab. 8.1). Bei nicht zu großen Temperaturänderungen (kleiner etwa 100 K) können wir diese Abhängigkeit bei vielen Stoffen vernachlässigen und mit konstantem c rechnen.

Tab. 8.1: Spezifische Wärmekapazitäten c (in J kg^{-1} K^{-1}) von Flüssigkeiten und Festkörpern bei verschiedenen Temperaturen.

Äther	20 °C	$2{,}250 \cdot 10^3$
Wasser	0 °C	$4{,}218 \cdot 10^3$
	20 °C	$4{,}182 \cdot 10^3$
	40 °C	$4{,}179 \cdot 10^3$
	60 °C	$4{,}185 \cdot 10^3$
	80 °C	$4{,}197 \cdot 10^3$
Eis	−10 °C	$2{,}303 \cdot 10^3$
	−30 °C	$1{,}884 \cdot 10^3$
Glas	0 °C	$0{,}494 \cdot 10^3$
	20 °C	$0{,}837 \cdot 10^3$
Fe	20 °C	$0{,}452 \cdot 10^3$
Cu	20 °C	$0{,}377 \cdot 10^3$
Ag	20 °C	$0{,}235 \cdot 10^3$
Pb	20 °C	$0{,}130 \cdot 10^3$

Sind mit der Erwärmung eines Körpers 1 durch Kontakt mit einem anderen Körper 2, der wärmer ist, weder Arbeitsaufwand noch chemische Reaktionen verbunden, so gilt der Energiesatz (Abschnitt 4.1) in der speziellen Form: Die Summe der Wärmeenergien beider Körper ist während des Wärmeaustausches konstant; die Wärmemenge, die Körper 1 aufnimmt, ist gleich der von Körper 2 abgegebenen. Genau genommen gilt dies nur, wenn der Wärmeaustausch in einem abgeschlossenen System abläuft, also keine Wärmeenergie mit der Umgebung ausgetauscht wird. Um Wärmeaustausch bei Wärmeexperimenten möglichst klein zu halten, verwendet man Gefäße mit guter Wärmeisolierung *(Kalorimeter)*.

In der Bilanz der beteiligten Wärmeenergien muss die Erwärmung des Gefäßes mitberücksichtigt werden, wozu man dessen Wärmekapazität $C_{Kalorimeter}$ kennen muss:

$$C_2(T_2 - T_4) = C_1(T_4 - T_1) + C_{Kalorimeter}(T_4 - T_3). \quad (8\text{-}3)$$

Hierbei bedeuten: T_1, T_2, T_3 = Temperaturen von Körper 1, Körper 2 und Kalorimeter vor dem Wärmeaustausch; T_4 = einheitliche Endtemperatur, oft auch Mischungstemperatur genannt.

Mit Gl. (8-1) und (8-3) lässt sich aus einem Wärmeaustauschexperiment die spezifische Wärme c_1 eines Körpers 1 bestimmen, wenn C_2 und $C_{Kalorimeter}$ bekannt sind. Häufig wird als Substanz 2 Wasser verwendet und der Versuch in einem Mischungskalorimeter durchgeführt.

Unter den festen und flüssigen Körpern besitzt das Wasser die höchste spezifische Wärme (Tab. 8.1). Dies ist für das Klima bedeutungsvoll, denn die ungeheuren Wassermengen der Meere mit ihrer enormen Wärmekapazität verhindern große Temperaturunterschiede zwischen Tag und Nacht und zwischen den verschiedenen Jahreszeiten. So betragen die jahreszeitlichen Temperaturschwankungen im ozeanischen Klima der Färöer Inseln etwa 8 K, im kontinentalen Klima von Sibirien am gleichen Breitengrad aber 62 K.

Die hohe spezifische Wärme des Wassers ist auch wichtig für die Temperaturregulation des menschlichen Organismus, der zu etwa 70 % aus Wasser besteht. Er besitzt demnach eine große Wärmekapazität, und zur Veränderung seiner Temperatur sind entsprechend große Wärmemengen erforderlich.

8.4 Temperaturskalen

Als Basisgröße der Wärmelehre wird die Temperatur T eingeführt. Ihre SI-Einheit ist *Kelvin* (K); sie ist nach dem alten SI durch den Tripelpunkt des Wassers festgelegt. Im neuen SI ist sie über die Boltzmann-Konstante k definiert (Abschnitt 1.1.2 und 13.3.7.6)

Der Tripelpunkt des Wassers ist sehr genau einstellbar und beträgt 273,16 K (siehe Abb. 13.6).

Nur geringfügig (0,01 K) weicht davon die Definition der *absoluten Temperaturskala* ab. Sie ist festgelegt durch den Eispunkt (273,15 K; das ist die Gleichgewichtstemperatur von Eis und Wasser bei einem Druck von p = 101325 Pa = 1 atm) und den Dampfpunkt (373,15 K; das ist die Gleichgewichtstemperatur von Wasser und gesättigtem Dampf bei p = 101325 Pa). Diese Temperaturspanne wird mithilfe einer (von den thermischen Eigenschaften der zur Temperaturmessung verwendeten Stoffe) unabhängigen Messmethode festgelegt, die sich auf den Nutzeffekt der sogenannten *idealen Wärmekraftmaschine* gründet. Das Verhältnis der durch eine solche Maschine aufgenommenen bzw. abgegebenen Wärmemengen Q_1 und Q_2 wird dabei dem Verhältnis der beiden zugehörigen Temperaturen T_1 und T_2 der Maschine gleichgesetzt:

$$\frac{T_1}{T_2} = -\frac{Q_1}{Q_2}. \quad (8\text{-}4)$$

(Das negative Vorzeichen in Gl. (8-4) zeigt an, dass die Wärmemenge Q_2 abgegeben wird.) Genaueres dazu findet sich in Abschnitt 12.3.

Die so entstandene Skala heißt *thermodynamische Temperaturskala*. Sie verknüpft die Temperatur eines Stoffes mit seinem (inneren) Energiegehalt.

Neben der SI-Einheit Kelvin wird noch häufig die Temperatureinheit *Grad Celsius* (°C) verwendet. Die *Celsius-Skala* ist so festgelegt, dass der Eispunkt der Temperatur 0 °C und der Siedepunkt des Wassers der Temperatur 100 °C entspricht; die Intervallteilung stimmt mit der Kelvin-Skala überein.

Also ist eine Temperaturdifferenz von 1 °C gleich der von 1 K.

> Die Temperatur t der Celsius-Skala ergibt sich aus der Kelvin-Skala durch Verschiebung um
>
> $$273,15°: \quad t = T - 273,15 \text{ K}. \qquad (8\text{-}5)$$

In angelsächsischen Ländern findet die *Fahrenheit-Skala* Anwendung. Für die Umrechnung der absoluten Temperatur T und der Celsius-Temperatur t in Fahrenheit-Temperatur t_F gelten die Gleichungen:

$$t_F = 1,8 \, (T - 273,15 \text{ K}) + 32 \text{ K},$$

$$t_F = 1,8t + 32°C. \qquad (8\text{-}6)$$

Also entspricht der in Celsius-Graden gemessenen Körpertemperatur von 37 °C eine Fahrenheit-Temperatur von ungefähr 100 °F.

8.5 Temperatur-Messgeräte

Viele physikalische Stoffgrößen zeigen ausgeprägte Abhängigkeiten von der Temperatur. So sind z. B. die Länge eines Stabes oder das Volumen einer Flüssigkeit, der Druck eines Gases und der elektrische Widerstand eines Metalldrahtes von der Temperatur abhängig. Auf diesen Abhängigkeiten beruht die Wirkungsweise von Temperatur-Messgeräten *(Thermometern)*. Soweit sie auf elektrischen Größen basieren, werden Thermometer heute in der Regel als digitale Messgeräte (Abschnitt 16.1.2) ausgeführt.

8.5.1 Ausdehnungsthermometer

> Innerhalb nicht allzu großer Temperaturbereiche wachsen Volumen bzw. Druck von Gasen (Abschnitt 9.2) und die Abmessungen fester und flüssiger Körper (Abschnitt 13.1) linear mit der Temperatur an.

Beim *Gasthermometer* wird die Temperatur indirekt über den Gasdruck p bestimmt. Der durch Temperaturerhöhung bei konstant gehaltenem Volumen bewirkte Druckanstieg berechnet sich nach dem *2. Gay-Lussac'schen Gesetz* (vgl. Abschnitt 9.2) aus der Temperatur t (in °C) bzw. T (in K) und dem bei 0 °C herrschenden Gasdruck p_0:

$$p = p_0 \left(1 + \frac{t}{273,15 \text{ K}} \right) = p_0 \frac{T}{273,15 \text{ K}}. \qquad (8\text{-}7)$$

Diese Gleichung zeigt, dass die Dimensionen von t und T gleich sind und sich die Einheiten °C und K deshalb gegenseitig herauskürzen.

Mit dem z. B. durch ein Flüssigkeitsmanometer gemessenen Gasdruck (Abb. 8.1) ist nach Gl. (8-7) die Temperatur T über die Höhe h der Flüssigkeitssäule und damit über den Druck des Gases im Kolben bestimmt.

Die sich dabei für T ergebende Temperaturskala ist praktisch mit der thermodynamischen Temperaturskala identisch.

Von den *Flüssigkeitsthermometern* waren die mit Quecksilber (Hg) gefüllten lange Zeit die wichtigsten. An ein Hg-gefülltes Gefäß ist eine Kapillare angeschmolzen, in die hinein das Hg sich bei Erwärmung ausdehnt (Abb. 8.2a). Die Steighöhe ist ein Maß für die Temperatur. Hg-Thermometer werden von −38 °C bis etwa + 300 °C verwendet, und es lassen sich Ablesegenauigkeiten von 0,01 °C erreichen. Heute verwendet man Flüssigkeitsthermometer mit organischen Flüssigkeiten. Im Gegen-

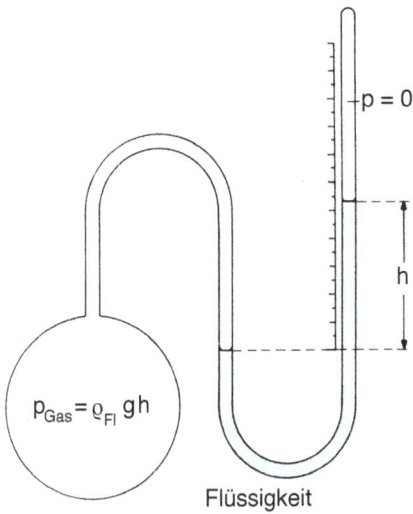

Abb. 8.1: Gasthermometer.

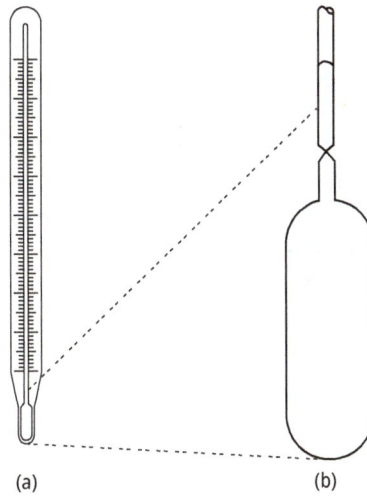

Abb. 8.2: Quecksilberthermometer: (a) Gesamtansicht, (b) Verengung der Kapillare beim Fieberthermometer.

satz zu Hg sind diese Flüssigkeiten nicht giftig. Einige haben zudem den Vorteil, auch für Temperaturbereiche unter −38 °C verwendet werden zu können. Die Messgenauigkeit dieser Thermometer ist zumindest um eine Zehnerpotenz geringer als die der Hg-Thermometer.

Stimmt ein Hg-Thermometer bei 0 °C und 100 °C mit der thermodynamischen Temperaturskala überein, so sind Temperaturanzeigen bei 50 °C um etwa $^1/_{10}$ °C zu hoch, weil sich der Ausdehnungskoeffizient (vgl. Abschnitt 13.1) des Quecksilbers selbst geringfügig mit der Temperatur ändert.

Das *Fieberthermometer* ist ein spezielles Flüssigkeitsthermometer zur Messung der Körpertemperatur. Mit ihm werden Temperaturen in der Nähe der Körpertemperatur (Messbereich 30–42 °C) bis auf $^1/_{10}$ °C genau gemessen. Zur besseren Ablesung wird bei diesem Thermometer die maximale Anzeige fixiert, sodass die Ablesung erst nach der Messung zu erfolgen braucht.

Dies erreicht man (Abb. 8.2b) durch eine Verengung am unteren Ende der Kapillare. Bei Erwärmung wird die Flüssigkeit infolge ihrer Volumen-

ausdehnung durch den Engpass in die Kapillare hineingepresst. Beim Abkühlen reißt der Flüssigkeitsfaden an dem Engpass ab; die Flüssigkeitssäule hält so die maximale Temperaturanzeige aufrecht. Vor der nächsten Messung muss erst die Flüssigkeit aus der Kapillare herausgeschleudert werden („Herunterschlagen" der Anzeige des Thermometers).

Heute verwendet man zumeist elektronische Fieberthermometer. Die Temperatur wird als Spannung gemessen unter Ausnutzung der Temperaturabhängigkeit des spezifischen Widerstands ϱ eines elektrischen Leiters bzw. der Leitfähigkeit σ eines Halbleiters (Abschnitt 15.2.4). Die Temperatur wird digital angezeigt (Abschnitt 16.1.2).

Von den auf der Ausdehnung fester Metalle beruhenden Ausdehnungsthermometern ist das *Bi-Metall-Thermometer* das gebräuchlichste. Der temperaturempfindliche Teil, ein meist spiralenförmig gewickelter Blechstreifen, besteht aus zwei Metallen mit unterschiedlichen thermischen Ausdehnungskoeffizienten (siehe Abschnitt 13.1), die zusammengelötet oder aufeinandergenietet sind (Abb. 8.3). Wird das eine Ende des Streifens an einem festen Zapfen gelagert und das andere Ende an einer drehbaren, mit einem Zeiger versehenen Achse befestigt, dann wird diese und damit der Zeiger bei einer Temperaturänderung gedreht. Die Messgenauigkeit beträgt etwa 1 % des Skalenumfangs. Bi-Metall-Streifen werden auch benutzt, um bei Erreichen einer bestimmten Temperatur einen elektrischen Kontakt zu öffnen oder zu schließen und so eine automatische Temperaturregelung (bei Etagenheizungen, bei elektrischen Heizkissen, bei Bügeleisen, Kühlschränken usw.) herzustellen.

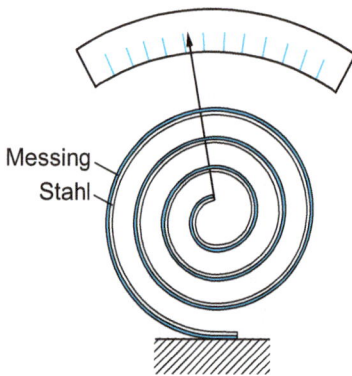

Abb. 8.3: Bi-Metall-Thermometer.

8.5.2 Thermoelement

Berühren zwei verschiedene Metalle M1 und M2 einander, so entsteht im unmittelbaren Kontaktbereich durch Übertritt von Elektronen von einem zum anderen Metall eine *Kontaktspannung* U_{12} (siehe Abschnitt 15.1.1). U_{12} hängt von der Temperatur ab. Ein Thermoelement besteht aus zwei verschiedenen Metalldrähten, die so zusammengelötet sind, dass wie in Abb. 8.4 gezeigt zwei Kontaktstellen entstehen. Sind beide Kontaktstellen auf gleicher Temperatur, dann sind die beiden Kontaktspannungen U_{12} und U_{21} von gleichem Betrag und einander entgegengesetzt, sodass sie sich gegenseitig aufheben. Im Stromkreis

existiert keine resultierende Spannungsquelle, und demnach fließt durch das Messgerät kein Strom. Werden die beiden Lötstellen jedoch auf unterschiedliche Temperaturen t_1 bzw. t_2 gebracht, dann ist die Summe $U_{12} + U_{21}$ von 0 verschieden, und die als *Thermospannung* bezeichnete Summenspannung erzeugt in dem Kreis einen Strom, der durch das Messgerät angezeigt wird. Zur Temperaturmessung hält man eine der beiden Lötstellen auf konstanter Temperatur (z. B. auf $t_1 = 0$ °C durch Eintauchen in schmelzendes Eis). Die andere Lötstelle wird an die Stelle gebracht, deren Temperatur t_2 zu messen ist. Die Empfindlichkeit gebräuchlicher Thermoelemente liegt bei etwa 10^{-5} Volt/Grad, die von Eisen-Konstantan z. B. bei $5 \cdot 10^{-5}$ Volt/Grad. Die Vorzüge solcher Thermometer sind ihre große Empfindlichkeit, kleine Wärmekapazität und damit schnelle Anzeige und ihr großer Anwendungsbereich (–270 °C bis 2.000 °C). Thermoelemente müssen sorgfältig geeicht werden, da ihre Empfindlichkeit stark temperaturabhängig ist.

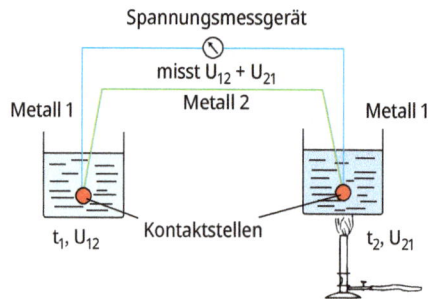

Abb. 8.4: Thermoelement.

8.5.3 Widerstandsthermometer

Widerstandsthermometer beruhen auf der Änderung des elektrischen Widerstands R (genauer des spezifischen Widerstands ϱ (Abschnitt 14.5.2)) eines elektrischen Leiters mit der Temperatur. Bei geeigneter Eichung ist der Zahlenwert von R daher ein Maß für die

Temperatur. Zur Erhöhung der Messempfindlichkeit von R und damit von t bedient man sich zumeist der Wheatstone'schen Brücke (siehe Abschnitt 16.1.6). Häufig verwendet wird das Platin-Widerstandsthermometer. Es ermöglicht so genaue Messungen, dass mit ihm die Temperaturskala zwischen −183,97 °C (Sauerstoff-Siedepunkt) und 630,5 °C (Antimon-Erstarrungspunkt) festgelegt wird. Seine Reproduzierbarkeit und Genauigkeit beträgt bei sorgfältiger Messung bis zu 10^{-4} Grad. Bei tiefen Temperaturen (bis 1 Kelvin) werden neben Thermoelementen Kohle-Widerstandsthermometer verwendet.

8.5.4 Digitalthermometer

Der spezifische Widerstand ϱ eines elektrischen Leiters bzw. die Leitfähigkeit σ eines Halbleiters (Abschnitt 15.2.4) sind temperatursensitive Größen. In *elektronischen Thermometern*, z. B. zur Messung der Körpertemperatur, wird eine Spannung gemessen. Die Thermometer sind entsprechend ϱ bzw. σ am Temperatursensor proportional zur Temperatur eingestellt. Der als Temperatursensor wirkende elektrische Leiter bzw. Halbleiter ist dabei Teil eines stromdurchflossenen Leiterkreises. Beim Digitalthermometer wird die kontinuierliche Änderung der Temperatur nicht analog, sondern digital angezeigt, d. h., die elektrische Spannung, obwohl auch sie sich kontinuierlich ändert, wird nur schrittweise abgemessen, sodass sich die Gesamthöhe des Signals durch Abzählen der in ihm enthaltenen Einzelschritte ergibt (Abschnitt 16.1.2). Das Zählergebnis, umgerechnet auf die Temperatur, wird dann mit Leuchtziffern angezeigt. Eine sehr gängige Anwendung dieser Methoden findet sich etwa in den modernen Fieberthermometern.

9 Ideale Gase

9.1 Zustandsgrößen, Zustandsgleichung

> Der ideale Gaszustand (das *ideale Gas*) wird durch zwei Eigenschaften charakterisiert:
> 1. Der Durchmesser der Atome oder Moleküle ist vernachlässigbar klein gegenüber dem mittleren Abstand zum nächsten Nachbarn.
> 2. Die Teilchen üben – außer beim Zusammenstoß – keinerlei Wechselwirkung aufeinander aus.

Alle realen Gase nähern sich dem idealen Gaszustand bei hohen Temperaturen und niedrigen Drucken; bei Edelgasen genügen dazu bereits Zimmertemperatur und Atmosphärendruck.

Der Zustand einer vorgegebenen Menge eines idealen Gases wird durch *Zustandsgrößen* oder *Zustandsvariablen* beschrieben; dies sind Temperatur T, Druck p und Volumen V. Bei einer gegebenen Gasmenge sind diese thermodynamischen Zustandsgrößen nicht unabhängig voneinander veränderbar, sondern sie sind durch die *Zustandsgleichung idealer Gase* miteinander verknüpft:

$$pV = nRT. \tag{9-1}$$

Hierbei ist n die in mol (Abschnitt 1.1.2) gemessene Stoffmenge. Die Konstante R, die *allgemeine Gaskonstante*, hat den Zahlenwert:

$$R = 8{,}31\,\mathrm{J\,mol^{-1}K^{-1}}. \tag{9-2}$$

Der thermodynamische Zustand eines Gases ist demnach eindeutig bestimmt, wenn außer n und R zwei der Zustandsvariablen bekannt sind. Damit man zur Charakterisierung einer Gasmenge nicht alle drei Größen (T, p und V) angeben muss, hat man die sogenannten *Normalwerte* eingeführt. Hierunter versteht man eine Temperatur von $T_0 = 273{,}15$ K (0 °C) und einen Druck von $p_0 = 101.325$ Pa (760 Torr; 1 atm). Setzt man Normalwerte voraus, so genügt zur Charakterisierung einer Gasmenge die Angabe des Volumens. Bei Experimenten geht man umgekehrt so vor, dass man das bei einem Druck p_1 und einer Temperatur T_1 gemessene Volumen V_1 in ein Volumen V_0 bei dem Druck p_0 und der Temperatur T_0 umrechnet:

$$\frac{p_1 V_1}{T_1} = \frac{p_0 V_0}{T_0}; \quad V_0 = \frac{p_1 V_1 T_0}{T_1 p_0}. \tag{9-3}$$

$$T_0 = 273{,}15\,\mathrm{K}, \quad p_0 = 101325\,\mathrm{Pa}.$$

Unter Normalbedingungen beträgt das *molare Volumen*, d. h. das Volumen, das ein Mol eines idealen Gases einnimmt, $22{,}4 \cdot 10^{-3}\,\mathrm{m^3\,mol^{-1}}$.

9.2 Zustandsänderungen

Zu einfachen Beziehungen zwischen zwei Zustandsgrößen gelangt man, wenn bei der Zustandsänderung eines idealen Gases die dritte Zustandsgröße konstant gehalten wird. Die grafischen Darstellungen dieser Beziehungen nennt man *Zustandsdiagramme*.

Bei *isothermen Zustandsänderungen* bleibt die Temperatur konstant (T = konst.), und wir erhalten aus Gl. (9-1) das nach *Boyle-Mariotte* benannte Gesetz:

$$pV = \text{konst.} \tag{9-4}$$

Stellt man den Zusammenhang zwischen p und V bei konstantem T grafisch dar, so erhält man die in Abb. 9.1a gezeichneten Hyperbeln, die man als *Isothermen* der betreffenden Gasmenge bezeichnet.

https://doi.org/10.1515/9783110691658-011

(a)

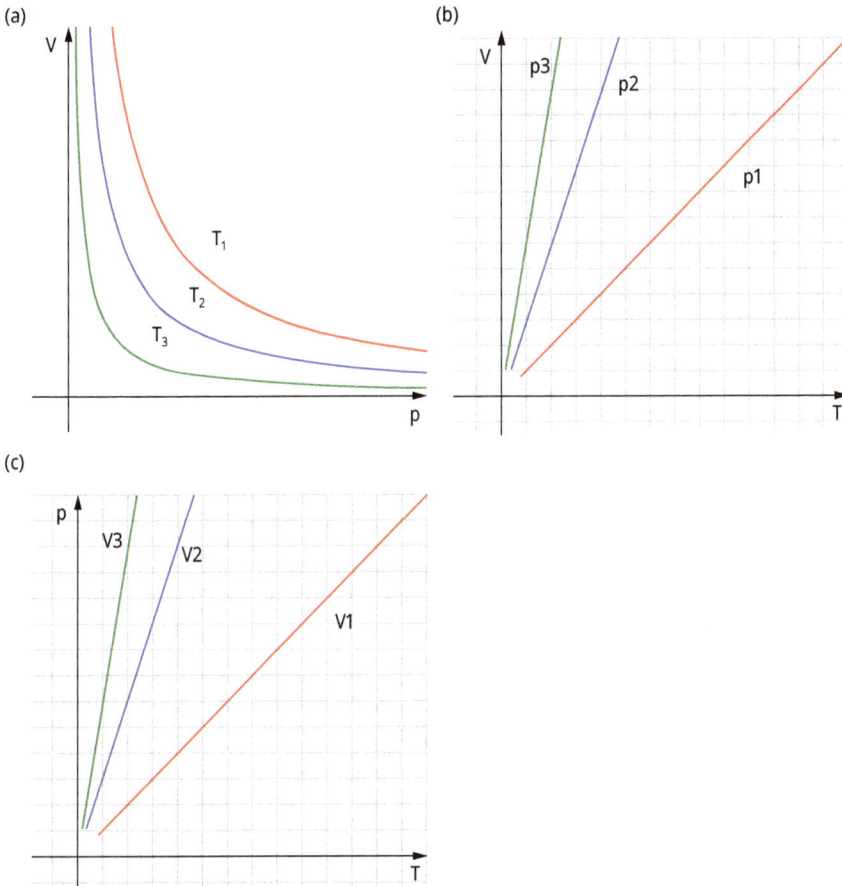

(b)

(c)

Abb. 9.1: (a) Isothermen des idealen Gases, $T_1 > T_2 > T_3$, (b) Isobaren des idealen Gases, $p_1 > p_2 > p_3$, (c) Isochoren des idealen Gases, $V_1 > V_2 > V_3$ (alle Kurven schematisch).

Bei *isobaren Zustandsänderungen* bleibt der Druck konstant. Folglich ergibt sich aus Gl. (9-3) $V = V_0 T/T_0$ oder mit Gl. (8-5):

$$V = V_0 \left(1 + \frac{t}{273,15\,\text{K}}\right). \tag{9-5}$$

Diesen Zusammenhang bezeichnet man auch als *1. Gay-Lussac'sches Gesetz* (vgl. Abb. 9.1b).

Der Faktor $\lambda = 1/273,15\ \text{K}^{-1}$ hat in Gl. (9-5) die Bedeutung des *thermischen Volumen-Ausdehnungskoeffizienten* (vgl. Gl. (13-2) in

Abschnitt 13.1). Dieser ist für alle Gase im idealen Gaszustand gleich.

Zustandsänderungen mit konstant bleibendem Volumen (V = konst.) werden als *isochore Zustandsänderungen* (vgl. Abb. 9.1c) bezeichnet. Für sie gilt eine der Gl. (9-5) analoge Beziehung, nämlich das *2. Gay-Lussac'sche Gesetz:*

$$p = p_0 \left(1 + \frac{t}{273,15\,\text{K}}\right). \tag{9-6}$$

9.3 Adiabatische Zustandsgleichungen

Ändert sich der thermodynamische Zustand eines Gases *adiabatisch,* d. h. ohne dass Wärmeenergie durch die Wände des Gefäßes, in dem sich das Gas befindet, an die Umgebung abgegeben oder von außen aufgenommen wird, so erfolgen Änderungen der drei Zustandsgrößen p, V und T stets so, dass gilt:

$$pV^{\varkappa} = konst. \qquad (9\text{-}7)$$

Diesen Zusammenhang bezeichnen wir als *adiabatische Zustandsgleichung.* Sie lässt sich unter Verwendung anderer Zustandsgrößen auch folgendermaßen ausdrücken:

$$TV^{(\varkappa-1)} = konst. \qquad (9\text{-}8)$$

oder

$$T_p^{\left(\frac{1}{\varkappa}-1\right)} = konst. \qquad (9\text{-}9)$$

Der *Adiabaten-Exponent* $\varkappa$ ist eine für die Gasart charakteristische Konstante. (Bei O_2: $\varkappa = 1{,}3$; bei He: $\varkappa = 1{,}5$.)

9.4 Zustandsgleichung von Gasgemischen

Befinden sich mehrere verschiedene ideale Gase in demselben Gefäß, dann breitet sich jedes über das ganze Volumen aus, als ob die anderen nicht vorhanden wären. Der Gesamtdruck des Gasgemisches ist dann die Summe der Teildrucke p_i der einzelnen Gase *(Dalton'sches Gesetz):*

$$p = \sum_i p_i. \qquad (9\text{-}10)$$

Für jede Komponente i gilt die Zustandsgleichung

$$p_iV = n_iRT,$$

wobei n_i die in mol gemessene Stoffmenge des i-ten Gases bedeutet. Als *Zustandsgleichung von Gasgemischen* erhalten wir demnach:

$$pV = \sum_i p_iV = \sum_i n_iRT. \qquad (9\text{-}11)$$

Auch unsere Umgebungsluft und damit die Atemgase stellen ein Gasgemisch dar. Die eingeatmete Luft hat je nach Luftfeuchtigkeit einen unterschiedlichen Wassergehalt, während die trockenen Bestandteile in einem konstanten Verhältnis zueinander stehen: 20,93 % O_2, 0,03 % CO_2 und 79,04 % N_2 und Edelgase. Die ausgeatmete Luft ist wegen des vorausgegangenen Kontaktes mit den Lungenalveolen mit Feuchtigkeit gesättigt. Bei einer Temperatur von 37 °C entspricht das einem Wasserdampfdruck von 6.276 Pa (= 47,06 Torr). Die Zusammensetzung der trockenen Bestandteile der ausgeatmeten Luft ist abhängig von der Intensität der Atmung. Im Mittel können wir mit 16 % O_2, 4 % CO_2, 80 % N_2 und, in geringen Mengen, Edelgasen rechnen.

Um Gasvolumina miteinander vergleichen zu können, müssen sie auf einheitliche Bedingungen umgerechnet werden. In der Physiologie am gebräuchlichsten sind die Standardbedingungen STPD (Standard Temperature and Pressure, Dry: 0 °C, 101,32 kPa = 760 mmHg, trocken) und BTPS (Body Temperature and Pressure, Saturated: 37 °C, 101,32 kPa = 760 mmHg, wasserdampfgesättigt). Das STPD ist der Normzustand des trockenen Gases bei 0 °C und das BTPS der des wasserdampfgesättigten Gases bei Körpertemperatur. Wird in einem Experiment z. B. bei einer Temperatur von 20 °C und 740 mmHg ein trockenes Gasvolumen von 2,5 l bestimmt, so lässt sich dieses folgendermaßen (siehe Gl. (9-3)) auf die Standardbedingung STPD umrechnen:

$$V_{\text{STPD}} = \frac{2,5 \cdot 740 \cdot 273,15}{760 \cdot 293,15} \, l = 2,27 \, l.$$

Entsprechend würde sich für V_{BTPS} ergeben:

$$V_{\text{BTPS}} = \frac{2,5 \cdot 740 \cdot 310,15}{(760 - 47,06) \cdot 293,15} \, l = 2,75 \, l.$$

47,06 mmHg ist der Wasserdampfdruck bei 37 °C.

10 Kinetische Gastheorie

Die in den vorangegangenen Abschnitten beschriebenen Zustandsgleichungen der idealen Gase geben das Verhalten einer riesigen Zahl von Atomen oder Molekülen wieder. Wir können daraus zunächst nichts entnehmen über das Verhalten einzelner Moleküle. Es war für die physikalische Erkenntnis ein bedeutender Schritt, dass man mit der *kinetischen Gastheorie* den makroskopischen Größen p und T die Mittelwerte mechanischer Größen der Moleküle zuordnen konnte. Damit wurde insbesondere der Begriff der Temperatur erst richtig deutbar. In dieser Theorie geht man von folgenden Voraussetzungen aus:

1. Das Gas sei im idealen Gaszustand.
2. Die Moleküle befinden sich in ungeordneter translatorischer Bewegung (Wärmebewegung).
3. Die Zusammenstöße von Molekülen untereinander und mit der Behälterwand sind elastisch und befolgen die Erhaltungssätze für Energie und Impuls des mechanischen elastischen Stoßes (siehe Abschnitt 4.3).

10.1 Gasdruck

Nach der kinetischen Gastheorie wird der Druck eines Gases auf die Behälterwand durch die elastischen Stöße der Moleküle auf die Wand verursacht. Die ungeordnete Bewegung der Moleküle stellen wir uns vereinfacht so vor, dass je ein Drittel der Moleküle sich in einer der drei Raumrichtungen x, y und z bewegt, davon z. B. ein Sechstel in positiver und ein Sechstel in negativer x-Richtung. Auf eine Gefäßwand, die senkrecht zur x-Richtung steht, bewegt sich also ein Sechstel aller Moleküle zu. Weiter vereinfachend wollen wir vorerst annehmen, der Geschwindigkeitsbetrag v aller Moleküle sei gleich. Während einer Sekunde erreichen von den Molekülen mit dieser Flugrichtung diejenigen die Wand, die in einer Säule der Länge $x = v$ (m/s) 1 (s) enthalten sind.

Das betrachtete Gasvolumen V enthalte N Moleküle, d. h. pro Volumeneinheit $\bar{n} = N/V$ Moleküle. Also ist die Zahl der Stöße auf die Flächeneinheit der betrachteten Wand pro Sekunde:

$$z = \bar{n}\frac{v}{6}, \text{ mit der Dimension: } \frac{\text{Zahl der Stöße}}{\text{Zeit} \cdot \text{Fläche}}.$$

Jeder Stoß erfolgt so wie in Abschnitt 4.3 ausgeführt, dass das Molekül beim senkrechten Aufprall und der nachfolgenden Reflexion den Impuls $p' = 2mv$ auf die starre Wand überträgt. Also wird durch alle Stöße pro Flächeneinheit und Zeiteinheit der Gesamtimpuls

$$z(2mv) = \frac{\bar{n}mv^2}{3} \tag{10-1}$$

übertragen. In Abschnitt 2.2.8 haben wir gesehen, dass die Kraft F gleich der zeitlichen Änderung des Impulses ist ($F = \mathrm{d}p'/\mathrm{d}t$). Damit ist unsere Größe *Impuls pro Zeit und Flächeneinheit* gleichzusetzen mit der *Kraft pro Flächeneinheit*, d. h. dem Druck p:

$$p = \frac{\bar{n}mv^2}{3}. \tag{10-2}$$

Somit ist der Druck im Gas auf die ungeordnete Bewegung der Gasteilchen zurückgeführt. (Im SI-System müssen sowohl Impuls als auch Druck mit dem Buchstaben p bezeichnet werden. Zur Unterscheidung haben wir hier den Impuls mit p' bezeichnet.)

https://doi.org/10.1515/9783110691658-012

10.2 Kinetische Energie und Temperatur

Erweitern wir Gl. (10-2) mit dem Gasvolumen V, so erhalten wir:

$$pV = \frac{Nmv^2}{3}. \qquad (10\text{-}3)$$

Mit Gl. (9-1) haben wir die Zustandsgleichung der idealen Gase kennengelernt. Vergleichen wir die beiden Gln. (9-1) und (10-3), so ergibt sich:

$$\frac{Nmv^2}{3}. = nRT. \qquad (10\text{-}4)$$

Gl. (10-4) besagt:

Die mittlere kinetische Energie $mv^2/2$ der ungeordneten *thermischen Bewegung* der Gasteilchen ist proportional zur absoluten Temperatur T des Gases:

$$\frac{mv^2}{2} = \frac{3nRT}{2N} = \frac{3kT}{2}. \qquad (10\text{-}5)$$

Dividieren wir die Zahl N der Moleküle durch die Stoffmenge, so erhalten wir $N/n = N_A$, wobei N_A die Zahl der Moleküle pro mol angibt. Sie hat den Wert $6{,}022 \cdot 10^{23}$ mol^{-1} und heißt *Avogadro-(oder Loschmidt-)Konstante*. Die Konstante k in Gl. (10-5) ergibt sich damit zu $k = nR/N = R/N_A$. Sie wird als *Boltzmann-Konstante* bezeichnet und hat den Wert $k = 1{,}3805 \cdot 10^{-23}$ J K^{-1}.

10.3 Freiheitsgrade und Gleichverteilungssatz

Die Translationsbewegung der Gasteilchen kann in allen Raumrichtungen erfolgen. In einem Koordinatsystem (x, y, z) lässt sich die Geschwindigkeit $\vec{v}$ als Vektor darstellen, dessen Länge (siehe Anhang) $v = \sqrt{v_x^2 + v_y^2 + v_z^2}$ beträgt. Also können wir die kinetische Energie als Summe der Anteile in den drei Koordinatenrichtungen darstellen:

$$E_{kin} = \frac{m}{2}v^2 = \frac{m}{2}v_x^2 + \frac{m}{2}v_y^2 + \frac{m}{2}v_z^2.$$

Durch Stöße ändert sich die Richtung jedes Teilchens fortlaufend, wobei keine der Koordinatenrichtungen vor den anderen bevorzugt ist. Über lange Zeit betrachtet sind daher die Mittelwerte für die drei Anteile der kinetischen Energie gleich groß.

Wird jeder der drei Koordinatenrichtungen ein sog. *Freiheitsgrad der Translation* zugeordnet, dann kann die mittlere kinetische Energie auf diese drei Freiheitsgrade aufgeteilt werden. So entfällt also nach Gl. (10-5) auf jeden Freiheitsgrad als mittlere Energie der Translationsbewegung pro mol $^1/_2\ RT$ bzw. pro Molekül $^1/_2\ kT$.

Dieser Befund lässt sich experimentell sehr gut für einatomige Gase wie He oder Ar bestätigen; bei zwei- und mehratomigen Gasen wie N_2 und O_2 jedoch zeigen sich wesentliche Abweichungen. Diese sind dadurch bedingt, dass bei mehratomigen Molekülen zugeführte Wärmeenergie die Moleküle außer zur Translation auch zur Rotation anregen kann.

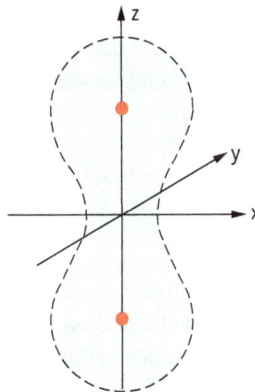

Abb. 10.1: Hantel-modell eines zweiatomigen Moleküls mit zmei Rotationsfreiheitsgraden.

Betrachten wir hierzu ein wie in Abb. 10.1 orientiertes zweiatomiges Molekül. Da die Atommassen im Wesentlichen auf die Kerne konzentriert sind, wird das Trägheitsmoment und damit die Rotationsenergie bei Drehung um die z-Achse (Gl. (2-13)) verschwindend klein.

Rotationsenergie wird aber benötigt für Rotation um die x- und die y-Achse. Zu den drei Freiheitsgraden der Translationsbewegung kommen bei zweiatomigen Molekülen dadurch noch zwei *Freiheitsgrade der Rotation* hinzu.

Im *Gleichverteilungssatz* wird nun das Ergebnis für die Translationsbewegung verallgemeinert. Er besagt, dass der Wärmeinhalt eines Stoffes pro Freiheitsgrad und mol den Wert $^1/_2$ *RT* annimmt. Daher beträgt der Wärmeinhalt pro mol für ein aus zweiatomigen Molekülen bestehendes Gas $^5/_2$ *RT*. Bei drei- und mehratomigen Molekülen (deren Atome nicht linear, sondern räumlich angeordnet sind) tritt ein dritter Freiheitsgrad der Rotation hinzu. Der entsprechende Wärmeinhalt pro mol beträgt somit *3RT*.

Bei hohen Temperaturen können zwei- und mehratomige Gas-Moleküle zusätzlich zu Schwingungen ihrer Atome gegeneinander angeregt werden, denen weitere Freiheitsgrade, die *Schwingungsfreiheitsgrade*, zugeordnet werden. In diesem Fall verteilt sich die Wärmeenergie auf kinetische und potentielle Energie, sodass die Verhältnisse wesentlich komplizierter werden.

10.4 Geschwindigkeitsverteilung

Den vorangehenden Abschnitten lag die vereinfachende Annahme zugrunde, dass sich alle Moleküle mit gleicher Geschwindigkeit v bewegen. Ein Molekül bewegt sich mit geradlinig gleichförmiger Geschwindigkeit jedoch nur so lange, bis es auf ein zweites Teilchen prallt. Dabei ändern sich i. A. sowohl die Beträge als auch die Richtungen der Geschwindigkeiten beider Stoßpartner. Die Zeit zwischen zwei aufeinanderfolgenden Stößen bezeichnen wir *als freie Flugzeit*, die dabei zurückgelegte Strecke als *freie Weglänge*. Da beide von Stoß zu Stoß verschieden sein können, gibt man die Mittelwerte über eine sehr große Zahl von Stößen an, also die *mittlere freie Flugzeit* τ bzw. die *mittlere freie Weglänge* λ. Beispielsweise beträgt λ in N_2-Gas bei 10^5 Pa ($\cong 1$ atm) $\lambda = 6{,}5$ μm.

Diese Modellvorstellung konnte schon sehr früh experimentell nachgewiesen werden: Beobachten wir ein unter dem Mikroskop gerade noch sichtbares Teilchen, das in einer Flüssigkeit oder in einem Gas schwebt, so sehen wir, dass dieses Teilchen niemals in Ruhe ist, sondern eine dauernde Bewegung ausführt, die umso lebhafter ist, je kleiner das Teilchen und je höher die Temperatur ist (*Brown'sche Molekularbewegung*).

Alle Moleküle ändern also mit der Zeit ihre Geschwindigkeit. Sinnvoll ist es daher, nur anzugeben, welcher Bruchteil der Moleküle zu einem bestimmten Zeitpunkt Geschwindigkeiten innerhalb eines Intervalls zwischen v und $v + dv$ besitzt. Zwar sind es in jedem Zeitintervall andere Moleküle, der Bruchteil der Moleküle, die diesem Intervall zugeordnet sind, bleibt aber unverändert. Die Verteilung der Moleküle auf die verschiedenen Geschwindigkeitsintervalle der Breite dv zwischen $v = 0$ und $v = \infty$, die *Geschwindigkeitsverteilung* also, wird durch die *Boltzmann'sche Verteilungsfunktion* beschrieben:

$$\frac{dN}{N} = 4\pi \left(\frac{m}{2\pi kT}\right)^{3/2} e^{-\frac{mv^2}{2kT}} v^2 \, dv. \qquad (10\text{-}6)$$

Dabei bedeuten dN die Zahl der Moleküle im Geschwindigkeitsintervall zwischen v und $v + dv$, N die Gesamtzahl aller Moleküle, k die Boltzmann-Konstante und m die Molekülmasse. Der Verlauf der Verteilungsfunktion ist in Abb. 10.2 für zwei verschiedene Temperaturen grafisch dargestellt. Die meisten Mole-

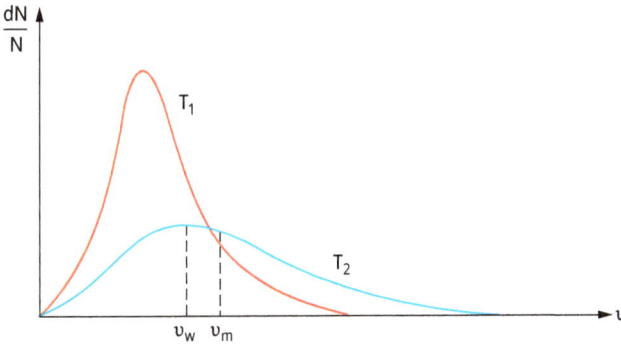

Abb. 10.2: Geschwindigkeitsverteilung zweier auf T_1 bzw. T_2 erwärmter Gase ($T_2 > T_1$).

küle haben eine Geschwindigkeit nahe v_w. Dort hat die Kurve ein Maximum. Diese Geschwindigkeit v_w wird als die *wahrscheinlichste Geschwindigkeit* bezeichnet. Sowohl sehr kleine als auch sehr große Geschwindigkeiten ($v \ll v_w$ und $v \gg v_w$) kommen nur selten vor. Mit zunehmender Temperatur ($T_2 > T_1$) steigt der Zahlenwert von v_w an, aber die Verteilung aller Geschwindigkeiten wird breiter.

Berücksichtigen wir in einer genaueren Berechnung für den Druck in Abschnitt 10.1 die Geschwindigkeitsverteilung, so tritt an die Stelle der einheitlichen Geschwindigkeit v nicht etwa die wahrscheinlichste Geschwindigkeit v_w, sondern eine *mittlere Geschwindigkeit* v_m, die wegen der unsymmetrischen Form der Verteilungsfunktion um 22 % höher ist: $v_m = 1,22 v_w$. (Diese Geschwindigkeit entsteht durch quadratische Mittelung: $v_m^2 = \sum_i v_i^2 / N$.)

Mit v_m in Gl. (10-5) erhalten wir für die *mittlere* (translatorische) kinetische Energie der Wärmebewegung eines Moleküls:

$$\frac{1}{2} m v_m^2 = \frac{3}{2} kT. \qquad (10\text{-}7)$$

Ein Zahlenbeispiel: Bei Zimmertemperatur beträgt v_m von N_2-Molekülen etwa 500 m/s. Dieser Wert liegt über der Schallgeschwindigkeit in Luft von ca. 330 m/s.

10.5 Volumenarbeit

Durch einen Kolben soll ein in einem Zylinder befindliches Gas komprimiert werden (Abb. 10.3). Dazu muss auf den Kolben die Kraft $\vec{F}$ wirken, wodurch der Kolbendruck p_K = F/A (A = Querschnittsfläche des Kolbens) auf das Gas entsteht. Dem wirkt der Gasdruck p entgegen, und stets stellt sich dasjenige Volumen ein, bei dem gilt: $p = p_K$.

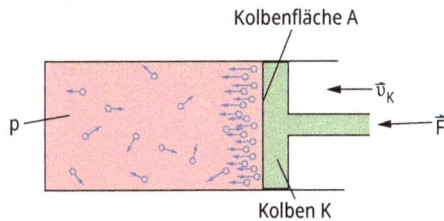

Abb. 10.3: Temperaturerhöhung eines Gases durch Umsetzen geordneter kinetischer Energie in ungeordnete kinetische Energie. Die Pfeile der Gasteilchen zeigen ihre Bewegung an. Der Druck im Innern des Gases ist konstant.

Indem wir den Kolben um eine infinitesimal kleine Strecke ds verschieben, verrichten wir am Gas die Volumenarbeit

$$dW = F\,ds = pA\,ds = p\,dV. \qquad (10\text{-}8)$$

Erfolgt dieser Vorgang adiabatisch, d. h., ohne dass von außen Wärme zugeführt oder abgezogen wird, dann wird die Temperatur des Gases im Kolben erhöht. Dies lässt sich folgendermaßen anschaulich verstehen: Der in Abb. 10.3 in den gasgefüllten Zylinder hineinbewegte Kolben K schiebt einzelne Gasmoleküle vor sich her und überträgt kinetische Energie auf sie. Diejenigen Moleküle, die sich unmittelbar vor der Kolbenfläche A befinden, erfahren also eine zunächst geordnete zusätzliche Bewegung. Durch Stoßprozesse mit anderen Molekülen und der Gefäßwand wird diese geordnete Bewegung rasch in ungeordnete, d. h. Wärmebewegung umgewandelt und auf die Umgebung übertragen. Die kinetische Energie der ungeordneten Molekularbewegung nimmt also zu, und dies bedeutet eine Temperaturerhöhung.

Würden wir dem Gas eine Wärmemenge dQ zuführen, dann könnte es Volumenarbeit verrichten. Dabei würde wegen der Wärmezufuhr der Gasdruck geringfügig über den Außendruck p_K ansteigen, und das Gas könnte – bei freier Verschiebbarkeit des Kolbens – sein Volumen vergrößern. Auf diese Weise würde die zugeführte Wärmemenge dQ in mechanische Arbeit $p \, dV$ (gegen die äußere Kraft $\vec{F}$) umgewandelt werden.

10.6 Wärmekapazität von Gasen

Der Energieinhalt pro mol und Freiheitsgrad eines idealen Gases ergab sich in Abschnitt 10.3 zu $\frac{1}{2} RT$.

Als molare Wärmekapazität C_{mol} folgt unter Anknüpfung an Abschnitt 8.3 für ein Gas mit z Freiheitsgraden:

$$C_{mol,V} = \frac{dQ}{dT} = \frac{z}{2} R. \qquad (10\text{-}9)$$

Der Index V soll darauf hinweisen, dass die Temperaturänderung bei konstantem Volumen vorgenommen wird.

Nur unter dieser Bedingung wird die *gesamte* zugeführte Wärme zur Temperaturerhöhung des Gases verwendet. Im anderen Fall, wenn bei konstant gehaltenem Druck (p = konst.) die Wärmemenge dQ dem Gas zugeführt wird, muss zusätzlich zur Temperaturerhöhung des Gases auch noch mechanische Arbeit (Volumenarbeit) der Gl. (10-8) gegen den äußeren Druck verrichtet werden. Demnach ergibt sich unter Berücksichtigung von Gl. (10-8) die Differenz

$$C_{mol,p} \, dT - C_{mol,V} \, dT = p \, dV.$$

Die Volumenarbeit $p \, dV$ berechnen wir für p = konstant aus der Zustandsgleichung (9-1)

$$p \, dV = nR \, dT$$

und erhalten als Differenz der molaren Wärmekapazitäten ($n = 1$):

$$C_{mol,p} - C_{mol,V} = R. \qquad (10\text{-}10)$$

Dieser aus dem Modell des idealen Gaszustands folgende Zusammenhang stimmt näherungsweise mit experimentellen Ergebnissen überein (Tab. 10.1).

Tab. 10.1: Spezifische Wärmekapazitäten c_p und c_V (in J kg^{-1} K^{-1}) und molare Wärmekapazitäten $C_{mol,p}$ und $C_{mol,V}$ (in J mol^{-1} K^{-1} bzw. in Vielfachen von R) von zweiatomigen Gasen bei ca. 0 °C.

Gas	c_p	c_V	$C_{mol,p}$	$C_{mol,V}$
O_2	0,917	0,657	29,35 (3,53 R)	21,02 (2,53 R)
N_2	1,038	0,741	29,09 (3,50 R)	20,72 (2,49 R)
H_2	14,236	10,095	28,51 (3,43 R)	20,11 (2,43 R)

Allgemein ergeben sich aus Gln. (10-9) und (10-10) für atomare und molekulare Gase folgende molare Wärmekapazitäten:

Einatomige Gase ($z = 3$):
$C_{mol,p} = \frac{5}{2} R, C_{mol,V} = \frac{3}{2} R$;
Zweiatomige Gase ($z = 5$):
$C_{mol,p} = \frac{7}{2} R, C_{mol,V} = \frac{5}{2} R$;

Dreiatomige Gase (z = 6):

$$(z = 6): \quad C_{\mathrm{mol,p}} = 4R, C_{\mathrm{mol,V}} = 3R.$$

Die in Gl. (10-5) erfolgte Verknüpfung der Energie der Teilchenbewegungen mit der Temperatur eines (idealen) Gases und die daraus resultierenden Betrachtungen der Wärmekapazität der Gase in Bezug auf die Freiheitsgrade der Bewegung lässt sich auch auf Festkörper anwenden. In Abschnitt 8.1 hatten wir die Wärme fester Stoffe mit den Schwingungen ihrer Bausteine, etwa im Kristallgitter, um ihre Gleichgewichtslagen verbunden. Daraus ergeben sich für die potentielle und die kinetische Energie von Schwingungen entlang jeder der drei Raumachsen x, y und z insgesamt sechs Freiheitsgrade und somit an Energie $3kT$ pro Teilchen. Für ein Mol eines Festkörpers ist demnach die Energie $E_{\mathrm{mol}} = N_A 3kT = 3RT$ und damit die spezifische molare Wärmekapazität $C_{\mathrm{mol}} = 3R$. Nimmt man aus Tabelle 8.1 z. B. die spezifische Wärmekapazität von Silber ($c_{\mathrm{Ag}} = 0{,}235 \cdot 10^3$ J kg^{-1} K^{-1}) und multipliziert diesen Wert mit der relativen Atommasse 107 (Summe von Protonen und Neutronen im Atomkern), so erhält man für $C_{\mathrm{mol}} = 25{,}24$ J mol^{-1} K$^{-1} \sim 3R$ (mit $R = 8{,}31$ J mol^{-1} K^{-1} aus Gl. (9-2)). Dieser als Dulong-Petit'sche Regel bezeichnete Zusammenhang gilt allgemein für metallische Festkörper in guter Näherung bei Temperaturen > 20 °C.

Wendet man das Bild der in den Freiheitsgraden der Bewegung gespeicherten Wärmeenergie auf die Werte von c in Tab. 8.1 für Flüssigkeiten an, so wird klar, dass in ihnen noch weitere Freiheitsgrade der Energieaufnahme verfügbar sein müssen.

11 Reale Gase, Van der Waals'sche Zustandsgleichung

Das Modell des idealen Gases beruht auf zwei Vereinfachungen (Abschnitt 9.1): Erstens wird das Eigenvolumen der Moleküle als beliebig klein angenommen, und zweitens bleiben die Wechselwirkungskräfte zwischen den Gasteilchen unberücksichtigt. Bei hohen Temperaturen und niedrigen Drücken beschreibt dieses Modell das Verhalten wirklicher Gase richtig, es versagt aber außerhalb dieses Bereichs. So würde aus der Zustandsgleichung (Gl. (9-1)) folgen, dass bei konstantem Druck das Volumen eines Gases beim Nullpunkt der absoluten Temperatur gleich null wäre. Tatsächlich kann es jedoch nicht unter eine durch das *Eigenvolumen* aller Moleküle bestimmte Grenze verringert werden. Außerdem lässt das Modell der idealen Gase die Möglichkeit zum Übergang in den flüssigen Zustand *(Kondensation)* nicht zu, der ja durch die Wechselwirkungskräfte

zwischen den Molekülen verursacht wird. In wirklichen Gasen erzeugen diese Wechselwirkungskräfte durch gegenseitige Anziehung der Moleküle einen zusätzlichen Druck, den *Binnendruck,* der zum Außendruck zu addieren ist. Er wird umso größer, je geringer der Molekülabstand, d. h. das Gasvolumen, ist.

Eigenvolumen und Binnendruck können durch Korrekturglieder in der Zustandsgleichung idealer Gase berücksichtigt werden. Dadurch erhält man als *Zustandsgleichung für ein Mol eines realen Gases:*

$$\left(p + \frac{a}{V^2}\right)(V - b) = RT \qquad (11\text{-}1)$$

(Van-der-Waals-Gleichung)

Die Größen a und b sind von der Natur des betrachteten realen Gases abhängige Konstanten. Durch a/V^2 wird der Binnendruck

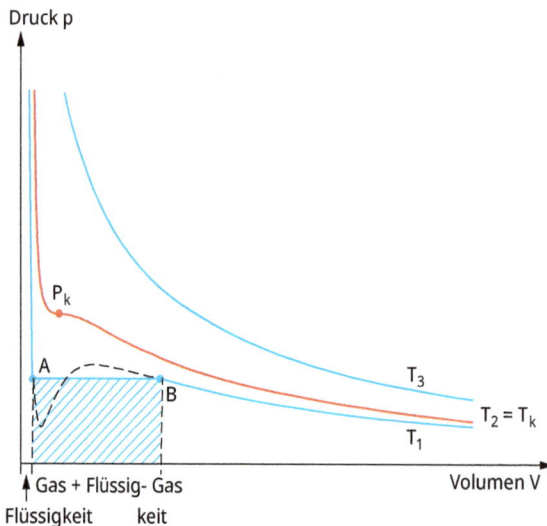

Abb. 11.1: Zustandsdiagramm eines realen Gases für verschiedene Temperaturen, $T_1 < T_2 = T_K < T_3$. Die ausgezogenen Kurven stellen die Isothermen eines realen Gases (z. B. CO_2) dar; die punktierten Kurventeile entsprechen der *van der Waals'schen* Zustandsgleichung. Für $T_3 > T_K$ ergibt sich die Isotherme des idealen Gases; d. h., bei hohen Temperaturen und niedrigen Drücken verhält sich ein reales Gas nahezu wie ein ideales Gas.

https://doi.org/10.1515/9783110691658-013

zum Außendruck p hinzuaddiert. Durch das sogenannte *van der Waals'sche Kovolumen b* wird der Einfluss des Eigenvolumens ($b \approx 4$-fache des Eigenvolumens der Moleküle) auf das gesamte Gasvolumen V berücksichtigt.

Die Gaskonstante R ist dieselbe wie beim idealen Gas; sie wird daher auch als *allgemeine Gaskonstante* bezeichnet. In Abb. 11.1 sind schematisch das pV-Zustandsdiagramm nach Gl. (11-1) und Messergebnisse an realen Gasen eingezeichnet. Man sieht deutlich, dass Gl. (11-1) die experimentellen Befunde sowohl im Bereich kleiner als auch großer Volumina richtig beschreibt, nicht aber im schraffierten Zwischenbereich.

Beginnen wir bei einer Temperatur T_1 unterhalb der *kritischen Temperatur* T_K (siehe weiter unten) mit der isothermen Kompression eines realen Gases, so erhöht sich sein Druck (Bereich rechts von B). Dann aber bleibt bei weiterer Volumenverringerung der Druck bis zum Punkt A konstant. Von B ab beginnt sich das Gas zu verflüssigen, zu *kondensieren*. Das heißt, aus dem Gas entsteht zunehmend Flüssigkeit. Es können also Gas (Dampf) und Flüssigkeit als Aggregatzustände (Phasen) desselben Stoffes im Gleichgewicht existieren *(Koexistenzbereich)*. Erst wenn das Gas vollständig in Flüssigkeit umgewandelt ist (Bereich links von A), steigt bei weiterer Kompression wieder der Druck, jetzt aber viel schneller, da die Kompressibilität der Flüssigkeit erheblich geringer ist als beim Gas (Tab. 5.2).

Sowohl im Bereich der Gasphase als auch der Flüssigkeitsphase beschreibt die Zustandsgleichung Gl. (11-1) das Verhalten richtig, im Koexistenzbereich jedoch nicht. Dort liefert sie einen S-förmigen Verlauf, im Gegensatz zum Experiment, das hier eine waagerechte Gerade für die Isotherme ergibt.

Übersättigung und Siedeverzug Durch geeignete Versuchsbedingungen lassen sich sowohl bei A als auch bei B kleine Stücke der van der Waals'schen S-Kurve experimentell verifizieren.

Fehlen, wenn man den Punkt B erreicht, *Keime*, an denen die Kondensation des Gases einsetzen kann, so verzögert sich diese, und der Existenzbereich der rein gasförmigen Phase erstreckt sich geringfügig über B hinaus (*Übersättigung* des Gases). Bringt man in diesen übersättigten Zustand künstlich Kondensationskeime, so tritt die Kondensation schlagartig ein (künstlicher Regen durch Ag-Jodid-Kristalle; Nebelspuren in der *Wilson-Nebelkammer* durch Kondensation an Ionen, die als Keime wirken). Übersättigung kann auch erreicht werden, wenn die Temperatur eines Gases an der Grenze des Koexistenzbereichs abgesenkt wird und aus Mangel an Kondensationskeimen der gasförmige Zustand erhalten bleibt *(Unterkühlung)*.

Andererseits kann man eine Flüssigkeit unter besonderen Versuchsbedingungen auf Drucke knapp unterhalb des zu Punkt A gehörigen Drucks bringen, ohne dass Verdampfung auftritt *(Siedeverzug)*. Auch hier ist das Fehlen geeigneter Keime die Ursache. In der *Blasenkammer* wird in diesem Zustand die Verdampfung von flüssigem Wasserstoff durch Ionen als Keime ausgelöst, und so wird deren Weg durch Dampfbläschen sichtbar gemacht.

Kritischer Punkt In Abb. 11.1 sind zu verschiedenen Temperaturen gehörende Isothermen eingezeichnet. Es ist deutlich zu erkennen, dass der Koexistenzbereich mit steigender Temperatur immer enger wird. Bei einer bestimmten Temperatur T_K verschwindet er ganz. Oberhalb dieser *kritischen Temperatur* ist also eine Koexistenz und damit die Verflüssigung des Gases auch mit beliebig hohen Drücken nicht mehr möglich. Der Punkt P_K im Zustandsdiagramm wird der *kritische Punkt* genannt; die zugehörigen Zustandsgrößen p_K und V_K heißen *kritischer Druck* und *kritisches Volumen*.

12 Hauptsätze der Wärmelehre

Von *R. Mayer* wurde 1842 zum ersten Mal die Wärme als spezielle Form der Energie in das Prinzip der Erhaltung der Energie einbezogen. Auf das Gebiet der Wärmelehre angewandt, bezeichnet man den Energieerhaltungssatz als den *1. Hauptsatz der Wärmelehre*. Er besagt, dass die verschiedenen Formen der Energie ineinander umgewandelt werden können.

Der 1. Hauptsatz gestattet jedoch keine Aussage darüber, welche Energieumwandlungen in der Natur wirklich ablaufen, inwieweit beispielsweise Wärmeenergie in Arbeit umgewandelt werden kann. Diese Frage hängt sehr eng mit derjenigen nach der Richtung der in der Natur ablaufenden Vorgänge zusammen. Antworten hierzu ergeben sich aus dem *2. Hauptsatz der Wärmelehre* und dem hieraus entwickelten Begriff der *Entropie*.

12.1 Innere Energie

Als *innere Energie U* eines Gases bezeichnet man die gesamte im Gas gespeicherte Energie. Diese umfasst sowohl die Wärmemenge als auch die im Gas gespeicherte mechanische und elektrische Energie.

Auch die Bindungsenergie von Molekülen, Flüssigkeiten oder Festkörpern ist eine Form der inneren Energie, und auch die in Abschnitt 13.3.7.1 behandelten *latenten Wärmen (Verdampfungs-* und *Schmelzwärme)* müssen bei Änderungen der inneren Energie berücksichtigt werden.

Die innere Energie ist in gewissem Sinne vergleichbar mit der potentiellen Energie, die wir in der Mechanik kennengelernt haben. In beiden Fällen handelt es sich um die Speicherung von Energie, die man zumindest teilweise dazu benutzen kann, um Arbeit zu verrichten. Genau wie die potentielle Energie ist auch die innere Energie nur bis auf eine Kon-

stante festgelegt, da nur ihre Änderung und nicht ihr Betrag messbar ist.

Für ein Mol eines idealen Gases lässt sich die Änderung der inneren Energie U, die mit einer Temperaturänderung vom Zustand 1 (T_1) zum Zustand 2 (T_2) bei konstant gehaltenem Volumen V verbunden ist (*isochore* Zustandsänderung), mit Gl. (10-9) angeben:

$$U_2 - U_1 = \int_1^2 C_{mol,\,V}\, dT$$
$$= C_{mol,\,V}(T_2 - T_1). \qquad (12\text{-}1a)$$

Die Änderung der inneren Energie ergibt sich hier aus dem Produkt der Molwärme und der Temperaturänderung.

Für Systeme unter konstantem Druck p und deren Veränderungen (*isobare* Zustandsänderungen) ist eine andere Größe, die *Enthalpie H*, geeignet. Sie ist definiert als Summe von innerer Energie und Volumenarbeit:

$$dH = C_{mol,\,p}\, dT = dU + p\,dV. \qquad (12\text{-}1b)$$

Bei einer Stoffumwandlung oder der Bildung einer chemischen Verbindung ist die Enthalpie der Endprodukte, H_{end}, i. A. nicht gleich der Summe der Enthalpien der Ausgangsstoffe H_{anfang}. Die Differenz $\Delta = H_{end} - H_{anfang}$ nennt man *Wärmetönung*. Ist Δ größer als null, so erfolgt der Prozess unter Wärmeaufnahme (*endothermer* Prozess), im anderen Fall wird Wärme frei (*exothermer* Prozess). Ein exothermer Vorgang ist die Verdauung von Nahrungsmitteln, ein endothermer das Verdampfen von Wasser (siehe auch Abschnitte 13.3.7.2 und 13.3.7.3).

12.2 Der 1. Hauptsatz der Wärmelehre

Nach Definition der Größen *Wärmemenge Q*, *Volumenarbeit W* und *innere Energie U* können wir jetzt den 1. Hauptsatz der Wärmelehre formulieren. Er lautet:

https://doi.org/10.1515/9783110691658-014

Die Summe der einem System von außen zugeführten Wärme dQ und der an ihm verrichteten Arbeit dW ist gleich der Zunahme der inneren Energie dU des Systems:

$$dU = dQ + dW, \qquad (12\text{-}2)$$

Dem 1. Hauptsatz zufolge kann Wärmeenergie nicht aus nichts entstehen oder spurlos verschwinden, sondern nur zulasten oder zugunsten einer anderen Energieform. Durch Einbeziehung der Wärme Q in das Energieprinzip erhält der bereits aus der Mechanik bekannte Energieerhaltungssatz eine umfassendere Bedeutung. Der 1. Hauptsatz lässt sich nicht nur für ideale Gase, sondern für die innere Energie beliebiger Stoffe in beliebigen Aggregatzuständen angeben.

Eine andere Formulierung des 1. Hauptsatzes ist:
Ein *perpetuum mobile 1*. Art ist unmöglich.
Dieser Satz sagt aus, dass man keine periodisch arbeitende Maschine konstruieren kann, die mehr Arbeit verrichtet, als sie Energie in Form von Wärme verbraucht (*perpetuum mobile* 1. Art). Aus dem Energiesatz folgt, dass ein solches *perpetuum mobile* auch unter Einbeziehung aller anderen Energieformen (z. B. chemischer oder elektrischer Energie) unmöglich ist.

12.3 Reversible und irreversible Prozesse

Nach dem 1. Hauptsatz sind alle Energieformen ineinander umwandelbar, wenn nur ihre Summe unverändert bleibt. Es zeigt sich jedoch, dass in der Natur nicht alle diese Umwandlungsprozesse auch beobachtet werden.

So ist die Umwandlung von potentieller Energie in Wärme (und Verformungsenergie) – etwa beim vom Dach fallenden Dachziegel – ein alltäglicher Vorgang, seine Umkehrung aber, die Anhebung des Ziegels auf das Dach unter Abkühlung der Erde und des Ziegels, ist bislang nicht beobachtet worden.

Ein reibend bewegter Körper verliert kinetische Energie durch Umwandlung in Reibungswärme, die Umkehrung dieses Vorgangs, die Beschleunigung des Körpers bei gleichzeitiger Abkühlung der reibenden Umgebung, ist jedoch ebenfalls nie beobachtet worden.

Ein drittes Beispiel ist der Wärmefluss in einem an einem Ende erhitzten Stab. Er erfolgt stets zum kalten Ende hin, wodurch ein Temperaturausgleich bewirkt wird; nie fließt Wärme in umgekehrter Richtung, wodurch das kalte Ende kälter und das warme Ende des Stabes wärmer würde.

Offensichtlich können manche Prozesse in der Natur nur in *einer* Richtung, nicht aber umgekehrt erfolgen. Man nennt sie *irreversibel* (nicht umkehrbar). Vielfach sind solche Prozesse irreversibel, bei denen andere Energieformen in Wärme umgewandelt werden.

Die Wärme nimmt unter den Energieformen eine besondere Stellung ein, da es nicht möglich ist, Wärme vollständig in andere Energieformen zu verwandeln.

Ein Energieumwandlungsprozess, der in beiden Richtungen erfolgen kann, wird als *reversibel* (umkehrbar) bezeichnet. Ein Beispiel ist etwa der Wechsel zwischen kinetischer und potentieller Energie beim ungedämpften Fadenpendel (Abschnitt 6.1).

Ein weiteres Beispiel für einen reversiblen Energieumwandlungsvorgang ist der *Carnot'sche Kreisprozess*. Er ist ein idealisiertes Modell zur Umwandlung von Wärme in mechanische Arbeit, wie sie typisch ist für Wärmekraftmaschinen (Dampfmaschine, Benzinmotor usw.).

Die verschiedenen Zustandsänderungen, die ein (ideales) Gas beim Carnot'schen Kreisprozess erfährt und die im Idealfall unendlich langsam ablaufen sollen, damit sich das Gas dauernd im Gleichgewicht befindet, sind in Abb. 12.1 in einem p-V-Diagramm grafisch dargestellt. Ein kompletter Kreislauf setzt sich demnach zusammen aus zwei isothermen und zwei adiabatischen Prozessen. Während der isothermen Änderungen soll das Gas mit genügend großen Wärmebädern in Kontakt sein, sodass durch vollständigen Wärmeaustausch ein isothermer Vorgang aufrechterhalten wird. Für die vier Teilprozesse lässt sich jeweils die vom Gas nach außen abgegebene mechanische Arbeit berechnen. (Abgegebene Arbeiten werden dabei mit negativem Vorzeichen versehen.)

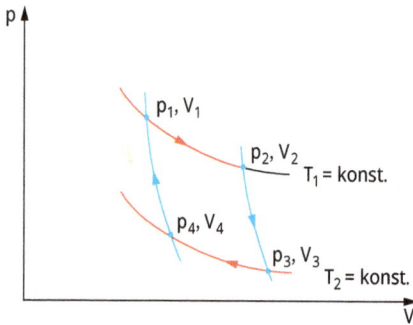

Abb. 12.1: *p-V*-Diagramm des Carnot'schen Kreisprozesses.

1. Isotherme Ausdehnung vom Zustand 1 (p_1V_1) in den Zustand 2 (p_2V_2). Da die Temperatur konstant ist, bleibt auch die innere Energie konstant. Nach dem Energieerhaltungssatz wird sämtliche vom Gas nach außen abgegebene Arbeit $-A_1$ in Form von Wärmeenergie Q_1 dem umgebenden Wärmebad entnommen. Gemäß Gl. (12-2) und Gl. (9-1) ist die abgegebene Arbeit $-A_1$:

$$-A_1 = Q_1 = \int_1^2 p\,dV = \int_1^2 nRT_1\frac{dV}{V} = nRT_1\ln\frac{V_2}{V_1}.$$

$$(12\text{-}3)$$

2. Adiabatische Ausdehnung von 2 (p_2V_2) nach 3 (p_3V_3). Sie erfolgt ohne Wärmeaustausch mit der Umgebung. Also ist die nach außen abgegebene Arbeit $-A_2$ gleich der Abnahme der inneren Energie (Gl. (12-1)):

$$-A_2 = nC_{\text{mol, V}}(T_1 - T_2).$$

$$(12\text{-}4)$$

3. Isotherme Kompression von 3 (p_3V_3) nach 4 (p_4V_4). Hierbei wird dem Gas Arbeit zugeführt. Die entsprechende Wärmemenge $-Q_3$ wird an das Wärmebad abgegeben:

$$A_3 = -Q_3 = nRT_2\ln\frac{V_4}{V_3}.$$

$$(12\text{-}5)$$

4. Adiabatische Kompression von 4 (p_4V_4) nach 1 (p_1V_1). Dieser Schritt ist genau die Umkehrung von Schritt 2:

$$-A_2 = nC_{\text{mol, V}}(T_1 - T_2).$$

$$(12\text{-}6)$$

Es wird dem Gas die gleiche Arbeit $A_4 = -A_2$ zugeführt, die beim Schritt 2 vom Gas nach außen abgegeben wurde.

Durch Addition der vier Teilprozesse lässt sich die insgesamt von dem Gas abgegebene Arbeit ermitteln. Da $A_2 = -A_4$, braucht man bei dieser Bilanz nur die beiden isothermen Teilprozesse zu berücksichtigen:

$$-A = -A_1 + A_3 = nR\left(T_1\ln\frac{V_2}{V_1} + T_2\ln\frac{V_4}{V_3}\right).$$

$$(12\text{-}7)$$

Nach Gl. (9-8) gilt: $T_1V_2^{\aleph-1} = T_2V_3^{\aleph-1}$ und $T_1V_1^{\aleph-1} = T_2V_4^{\aleph-1}$.

Hieraus ergibt sich durch Division:

$$\left(\frac{V_2}{V_1}\right)^{\aleph-1} = \left(\frac{V_3}{V_4}\right)^{\aleph-1} \text{ oder } \frac{V_2}{V_1} = \frac{V_3}{V_4}.$$

$$(12\text{-}8)$$

Damit lässt sich Gl. (12-7) umwandeln in:

$$-A = nR(T_1 - T_2)\ln\frac{V_2}{V_1}.$$

$$(12\text{-}9)$$

Dies ist die insgesamt beim Durchlaufen des Kreisprozesses von der Maschine abgegebene Arbeit.

Aus dem Wärmebad mit der Temperatur T_1 wird also die Wärmemenge Q_1 entnommen, und die (kleinere) Wärmemenge $-Q_3$ wird an das Wärmebad mit der Temperatur T_2 abgegeben. Den Quotienten aus abgegebener Arbeit und der dem Wärmebad entnommenen Wärme bezeichnen wir als *Wirkungsgrad η* des Kreisprozesses:

$$\eta = -\frac{A}{Q_1} = \frac{nR(T_1 - T_2)\ln\frac{V_2}{V_1}}{nRT_1\ln\frac{V_2}{V_1}} = \frac{T_1 - T_2}{T_1} = 1 - \frac{T_2}{T_1}. \tag{12-10}$$

Der Wirkungsgrad ist demnach umso größer, je größer die Temperaturdifferenz zwischen den beiden Wärmebädern ist. Daher lässt man Wärmekraftmaschinen bei möglichst großen Temperaturdifferenzen arbeiten. Der Wirkungsgrad kann aber nie gleich 1 werden, es sei denn $T_2 = 0$; d. h., dass auch mit dieser idealisierten Maschine niemals Wärme vollständig zur Verrichtung von Arbeit verwendet werden kann. Es wird während des Vorgangs stets ein Teil der Wärmeenergie (der Anteil $-Q_3$) vom warmen zum kalten Wärmebad überführt, also nicht genutzt. Dieses Beispiel betont die Sonderstellung der Wärmeenergie, die darin besteht, dass sie nicht vollständig in andere Energieformen umgewandelt werden kann.

Aus den Gln. (12-3), (12-5), (12-8) folgt weiter:

$$\frac{Q_1}{T_1} = -\frac{Q_3}{T_2}; \tag{12-11}$$

das ist die Bezeichnung, die wir in Gl. (8-4) bereits zur Definition der thermodynamischen Temperaturskala verwendet haben. Die Größe Q/T bezeichnet man als *reduzierte Wärmemenge* oder *Entropie*.

12.4 Entropie

Diejenige Größe, die die Richtung von irreversiblen Zustandsänderungen festlegt, ist die *Entropie S*. Neben Temperatur, Druck, Volumen und Wärmemenge ist sie eine wesentliche Zustandsgröße der Wärmelehre.

Jedem System wird ein bestimmter Entropie-Inhalt S zugeordnet. Für eine *reversible Änderung* vom Zustand 1 zum Zustand 2 ergibt sich für die Änderung ΔS_{rev} der Entropie:

$$\Delta S_{\text{rev}} = S_2 - S_1 = \int_1^2 \frac{dQ}{T}, \tag{12-12}$$

mit der SI-Einheit J K^{-1}.

Die Größe dQ ist die zugeführte Wärmemenge und T die absolute Temperatur. Einen reversiblen Prozess können wir so führen, dass wir vom Zustand 1 zum Zustand 2 und auf beliebige Weise wieder zurück zum Zustand 1 kommen. Für einen solchen *Kreisprozess* gilt, dass die resultierende Änderung der Entropie null ist:

$$\Delta S = \int_1^2 \frac{dQ}{T} + \int_2^1 \frac{dQ}{T} = 0.$$

Ein Beispiel: Lassen wir eine bestimmte Flüssigkeitsmenge bei der Temperatur T durch Wärmezufuhr verdampfen und lassen wir bei derselben Temperatur anschließend durch Wärmeentzug die Gasmenge wieder kondensieren, so hat sich die Entropie der Flüssigkeit bei diesem Kreisprozess nicht geändert.

Bei *irreversiblen* Zustandsänderungen lässt sich die Entropieänderung nicht durch eine einfache Beziehung entsprechend Gl. (12-12) angeben. Allgemein gilt aber, dass bei einem irreversiblen Prozess für den Übergang vom Zustand 1 zum Zustand 2 die Entropiezunahme stets größer ist als die nach Gl. (12-12) definierte Größe

$$\int_1^2 dQ/T: \quad \Delta S_{irrev} > \Delta S_{rev}. \tag{12-13}$$

Allgemein gilt, dass bei reversiblen Zustandsänderungen in einem abgeschlossenen System die Gesamtentropie konstant bleibt (durch die Zustandsänderungen werden Entropiebeträge nur ausgetauscht), wogegen bei irreversiblen Zustandsänderungen die Gesamtentropie im abgeschlossenen System stets wächst. Sie kann jedoch nie abnehmen.

Für das einfache Beispiel der Mischung zweier Flüssigkeiten unterschiedlicher Temperatur (irreversibler Prozess) wollen wir nachrechnen, wie groß der Entropiezuwachs beim Mischungsvorgang ist. Als Flüssigkeiten wählen wir 1 kg H_2O von 313,15 K (= 40 °C) und 1 kg H_2O von 273,15 K (= 0 °C); nach erfolgter Mischung (siehe Abschnitt 8.1) ergeben sich 2 kg H_2O von 293,15 K (= 20 °C). Die zur Erwärmung bzw. Abkühlung um ΔT benötigte bzw. abgegebene Wärmemenge beträgt nach Gl. (8-2) $\Delta Q = mc\Delta T$ bzw. für infinitesimal kleine Temperaturintervalle $dQ = mc\,dT$. Mit Gl. (12-12) erhalten wir so den Entropiezuwachs:

$$\Delta S = \int\limits_1^2 \frac{mc}{T}\,dT = mc\ln\frac{T_2}{T_1}. \qquad (12\text{-}14)$$

Die Zustände 1 und 2 unseres Beispiels sind gekennzeichnet durch die Temperaturen T_1 = 273,15 K (bzw. 313,15 K) und T_2 = 293,15 K. Demnach ergibt sich für den Entropiezuwachs:

$$\Delta S = 1 \cdot 4{,}18 \cdot 10^3 \left(\ln\frac{293{,}15}{273{,}15} + \ln\frac{293{,}15}{313{,}15} \right) \mathrm{J\,K^{-1}}$$

$$= 19{,}5\,\mathrm{J\,K^{-1}}.$$

Neben der in Gl. (12-12) dargestellten Definition für die Entropie gibt es eine weitere Möglichkeit, die Entropie zu beschreiben:

> Die Entropie S eines Systems ist ein Maß für die Wahrscheinlichkeit, dass sich ein spezieller Zustand des Systems realisieren lässt.

Dieser Definition liegt zugrunde, dass ein Zustand eine umso höhere Wahrscheinlichkeit aufweist, je geringer die Ordnung innerhalb des Systems ist. In der Definition kommt zum Ausdruck, dass Entropie ein Maß für den *Ordnungsgrad des Systems* darstellt. Dies lässt sich an unserem Beispiel veranschaulichen: Der Zustand, bei dem alle Moleküle in einer Flüssigkeit im Mittel dieselbe thermische Geschwindigkeit besitzen, ist durch einen geringeren Ordnungsgrad (größere Unordnung) charakterisiert als derjenige Zustand, bei welchem die Moleküle je zur Hälfte zwei verschiedene mittlere thermische Geschwindig-

keiten (zwei Flüssigkeiten mit verschiedenen Temperaturen) besitzen. Größere Unordnung bedeutet größere Entropie. Der Entropiezuwachs wird durch den Mischvorgang bewirkt. Der Mischvorgang ist also irreversibel.

12.5 Der 2. Hauptsatz der Wärmelehre

In der Tatsache, dass sich Wassermengen verschiedener Temperatur von selbst so mischen, dass sich eine einheitliche Mischtemperatur einstellt, kommt ein allgemeingültiges Naturprinzip zum Ausdruck. Wir bezeichnen dieses Prinzip als den *2. Hauptsatz der Wärmelehre:*

> Alle Vorgänge in einem abgeschlossenen System verlaufen in dem Sinne, dass sich Ordnung, soweit irgend möglich, in Unordnung umwandelt. Der Endzustand ist also immer derjenige, in dem der Ordnungszustand des Systems den niedrigsten Grad erreicht hat. Der 2. Hauptsatz besagt demnach, dass ein abgeschlossenes System einem Zustand mit maximaler Entropie zustrebt.

In anderen Worten: Von selbst verlaufen nur diejenigen Vorgänge, bei denen die Entropie wächst. Da die Umwandlung *gerichteter Bewegung* in *ungeordnete Wärmebewegung* stets eine Zunahme der Entropie bedingt, ist jetzt verständlich, warum der in Abschnitt 12.3 erläuterte Vorgang der Abbremsung einer Bewegung durch Reibung nicht umkehrbar ist. Durch dieses Entropie-Prinzip werden irreversible Naturvorgänge einer bestimmten Richtung beschrieben, in der sie von selbst ablaufen.

Nach dem 1. Hauptsatz der Wärmelehre wäre es z. B. möglich, durch eine Maschine dem Meer Wärme zu entziehen und diese völlig in mechanische Arbeit zu verwandeln, etwa um ein Schiff anzutreiben. Eine solche Maschine, die dadurch Arbeit verrichten kann, dass sie einem Wärmereservoir Wärmeenergie entzieht, nennt man ein

perpetuum mobile 2. Art. Der 2. Hauptsatz verbietet jedoch diesen Vorgang. Man kann den 2. Hauptsatz daher auch formulieren:
Ein *perpetuum mobile* 2. Art ist unmöglich.

Es wird ausdrücklich betont: Der 2. Hauptsatz bezieht sich auf *abgeschlossene* Systeme (Abschnitt 4.1). In einem *offenen* System, das mit seiner Umgebung in Stoff- und Energieaustausch steht, kann durch Einflüsse von außen die Entropie auch abnehmen. Solche offenen Systeme sind z. B. lebende Organismen.

12.6 Energiebilanz beim lebenden Organismus

Jeder lebende Organismus stellt im physikalischen Sinne ein System dar, für das der 1. Hauptsatz der Thermodynamik und auch die Aussagen über die Reaktionswärmen (Abschnitt 13.3.7.3) voll gültig sind. Da jeder lebende Organismus mit seiner Umgebung im Austausch steht, kann er im physikalischen Sinne nur gemeinsam mit dieser Umgebung als abgeschlossenes System betrachtet werden. Da der Organismus einen hohen Ordnungsgrad aufweist, ist er thermodynamisch sehr instabil. Wir wissen bereits vom 2. Hauptsatz, dass thermodynamische Systeme umso unwahrscheinlicher sind, je höher ihr Ordnungsgrad bzw. je kleiner ihre Entropie ist. Daher bedarf es einer ständigen Energiezufuhr, um die Ordnung aufrechtzuerhalten. Leistet der Organismus zusätzlich äußere Arbeit, z. B. Muskelarbeit, so muss hierfür weitere Energie bereitgestellt werden.

Die Energiezufuhr erfolgt bei allen Lebewesen im Wesentlichen in Form von chemischer Energie, d. h. durch Nahrungsmittel aus energiereichen chemischen Verbindungen. Durch Oxidation (Verbrennung) dieser Verbindungen zu H_2O und CO_2 wird Energie freigesetzt. Demnach ist die wichtigste Größe zur

Charakterisierung von Nahrungsmitteln ihre Verbrennungswärme. Man gibt daher den *Nährwert* in Joule (früher in Kalorien) an. Allerdings kann der Organismus viele Substanzen nicht vollständig oxidieren, und man muss daher zwischen der physikalischen Verbrennungswärme (vgl. Abschnitt 13.3.7.3) bei vollständiger Oxidation und den physiologischen Brennwerten bei der im Organismus erfolgenden Oxidation unterscheiden. Der Nährwert von Nahrungsmitteln ist natürlich durch ihren physiologischen Brennwert gekennzeichnet. Befindet sich der Organismus in Ruhe, so verrichtet er keine *äußere* Arbeit, wenn wir von der geringfügigen Arbeit zur Beschleunigung der Atemluft absehen. Alle innerhalb des Organismus erfolgenden Energieumsetzungen wie z. B. die Arbeit des Herzens und der Atemmuskulatur enden letztlich in der Erzeugung von Wärme. Damit der Körper auf konstanter Temperatur bleibt, wird diese Wärme vollständig nach außen abgegeben. Aus der im Ruhezustand pro Zeiteinheit abgegebenen Wärmemenge kann man daher den gesamten Energieumsatz pro Zeit messen; er wird als *Grundumsatz* bezeichnet. Er ist notwendig, um den geordneten Zustand des Organismus aufrechtzuerhalten. Er liegt bei etwa $8 \cdot 10^6$ Joule (2.000 kcal) pro Tag. Verrichtet der Organismus zusätzlich eine äußere Arbeit W pro Tag, so muss der Energieumsatz um den Betrag W/ε größer werden. ε ist der *Wirkungsgrad* für die Umwandlung von chemischer in mechanische Energie durch den Organismus. Da der Wirkungsgrad ε wesentlich kleiner als 1 ist, entsteht bei der Verrichtung von äußerer Arbeit zusätzliche, über den Grundumsatz hinausgehende Wärmeenergie, die ebenfalls nach außen abgeleitet werden muss. Durch gleichzeitige Messung der durch einen Muskel erbrachten mechanischen Arbeit und der entwickelten Wärme lässt sich der Wirkungsgrad ε für die im Muskel durchgeführte chemisch-mechanische Energieumwandlung bestimmen.

Er wurde zu 20 % gemessen, d. h., 80 % der eingesetzten chemischen Energie werden in Wärme umgewandelt.

Es ist ein Merkmal aller Lebewesen, dass sie in einem beständigen Austausch von Masse und Energie mit der Umgebung stehen. Dabei wird Nahrung aufgenommen, und ihre nicht verwertbaren Bestandteile sowie Wärme werden wieder abgegeben, ohne dass sich das biologische System selbst verändert; es befindet sich also im Gleichgewicht. Dieser Gleichgewichtszustand wird durch den Begriff *Fließgleichgewicht* gekennzeichnet.

13 Thermodynamische Eigenschaften von Stoffen

13.1 Thermische Ausdehnung

Erwärmen wir einen festen oder flüssigen Körper, so ändern sich dessen Abmessungen. Beispielsweise vergrößert sich die Länge l eines Stabes bei Erwärmung um ΔT gemäß

$$l = l_0(1 + a \cdot \Delta T). \qquad (13\text{-}1)$$

a heißt *linearer Ausdehnungskoeffizient* mit der Einheit K^{-1}.

Der Koeffizient a ist bestimmt durch die Art des Stoffes und dessen Aggregatzustand und ist selbst von der Temperatur abhängig, was jedoch nur bei größeren Temperaturintervallen $(\Delta T \geq 100\ K)$ berücksichtigt werden muss.

Temperatur-induzierte Längenänderungen fester Stoffe spielen ebenso wie die in Abschnitt 5.2.2 behandelten Druck- bzw. Zug-induzierten Ausdehnungen eine wichtige Rolle bei der Beurteilung ihrer Materialeigenschaften.

Für die Änderung des Volumens V gilt eine der Gl. (13-1) analoge Beziehung (die wir bereits bei idealen Gasen kennengelernt haben):

$$V = V_0(1 + \gamma\Delta T). \qquad (13\text{-}2)$$

γ wird als *kubischer Ausdehnungskoeffizient* bezeichnet. Näherungsweise gilt $\gamma = 3a; \gamma$ ist wie a ebenfalls nur in kleinen Temperaturintervallen als konstant anzusehen.

Die thermische Ausdehnung von Flüssigkeiten ist i. A. um zwei Größenordnungen höher als die von Festkörpern. Einige Werte von a und γ für feste und flüssige Stoffe sind in Tab. 13.1 zusammengestellt.

Die thermische Ausdehnung lässt sich bei festen Körpern im atomaren Bild des Kristalls, wie es in

Tab. 13.1: Linearer Ausdehnungskoeffizient a in K^{-1} für einige feste Stoffe und kubischer Ausdehnungskoeffizient γ in K^{-1} für einige Flüssigkeiten.

	a		γ
Glas	$0{,}090 \cdot 10^{-4}$	Wasser	$1{,}3 \cdot 10^{-4}$
Pt	$0{,}090 \cdot 10^{-4}$	Hg	$1{,}8 \cdot 10^{-4}$
Fe	$0{,}123 \cdot 10^{-4}$	Ethanol	$11{,}0 \cdot 10^{-4}$
Cu	$0{,}167 \cdot 10^{-4}$	Chloroform	$12{,}8 \cdot 10^{-4}$
Al	$0{,}239 \cdot 10^{-4}$	Ethylether	$16{,}2 \cdot 10^{-4}$

Abschnitt 5.1.2. entwickelt wurde, erklären. In Abb. 5.6 wurde gezeigt, dass die Potentialkurve unsymmetrisch zur Gleichgewichtslage r_0 verläuft. Erhöht man die Temperatur durch Wärmezufuhr, so steigt die mittlere Gesamtenergie, und die Amplituden der thermischen Schwingungen nehmen zu (die Umkehrpunkte A bzw. B der Schwingungen liegen auf der Potentialkurve, denn dort ist die Schwingungsenergie ausschließlich potentielle Energie). Da die Punkte B sich stärker zu großen Abständen verschieben, wenn Energie zugeführt wird, als die Punkte A zu kleineren Abständen, so verlagert sich die Gleichgewichtslage r_0, die Gitterkonstante also, bei zunehmender Temperatur zu größeren Werten. Das Kristallgitter dehnt sich aus. Die thermische Ausdehnung aller festen Körper beruht demnach auf der Unsymmetrie der Potentialkurve.

Das Wasser zeigt, bedingt durch seinen großen Anteil an Wasserstoffbrückenbindungen, bezüglich seiner thermischen Ausdehnung ein anomales Verhalten. Zwischen 0 °C und 4 °C dehnt es sich bei Erwärmung nicht aus, sondern zieht sich zusammen: a ist negativ. Erst oberhalb von 4 °C wird a_{H_2O} wieder positiv. Die Dichte des Wassers ist also bei 4 °C am größten. Diese Anomalie ist bedeutungsvoll für die im Wasser lebenden Organismen. Kühlt sich im Winter ein Gewässer infolge von Lufttemperaturen unter 4 °C ab, so sinkt Wasser, das 4 °C erreicht hat, wegen seiner größeren Dichte auf den Grund. Das unter 4 °C abgekühlte Wasser bleibt dagegen an der Oberfläche und gefriert dort bei weiterer Abkühlung. Bei genügender Wassertiefe sinkt auf diese Weise die Temperatur auf dem Grund im Winter nicht unter 4 °C, sodass die Gewässer nicht völlig gefrieren.

https://doi.org/10.1515/9783110691658-015

13.2 Wärmeübergang, Wärmetransport

> Die Ausbreitung der Wärme erfolgt durch *Wärme-strahlung*, *Wärmeleitung* und *Konvektion*.

Alle Körper strahlen Wärme ab (Emission) und nehmen *Wärmestrahlung*, die von anderen Körpern ausgeht, auf (Absorption). Die Wärmestrahlung ist wie das Licht eine elektromagnetische Strahlung, die wir in Abschnitt 17.9 behandeln werden. Durch sie kann Wärmeenergie auch im materiefreien Raum transportiert werden (Beispiel: die Sonneneinstrahlung durch den Weltraum auf die Erde). Welche Energie ein Körper durch Wärmestrahlung abgibt, ist nur von seiner Eigentemperatur abhängig, aber nicht von der Temperatur der Umgebung.

Die *Wärmeleitung* erfolgt nur in Materie und setzt ein Temperaturgefälle voraus. Sie ist ein Transportphänomen. Die Größe, die dabei transportiert wird, ist die thermische Energie der Atome oder Moleküle. Durch Wärmeleitung kann Wärme stets nur von heißen zu kälteren Bereichen transportiert werden. Sie stellt einen irreversiblen Vorgang dar, und der Fluss der Wärmeenergie vom heißen zum kälteren Bereich ist mit einer Zunahme der Entropie verbunden.

Wir betrachten als einfaches Beispiel einen Stab der Länge l und der Querschnittsfläche A. Seine beiden Enden seien mit Wärmereservoirs (z. B. mit Wasser gefüllte große Gefäße) verbunden, die sich auf den verschiedenen, festen Temperaturen T_1 und T_2 befinden (Abb. 13.1). Dabei soll T_1 größer sein als T_2. Wartet man genügend lange, dann bildet sich ein stationäres Temperaturgefälle $(T_1 - T_2)/l$ in dem Stab.

> Die pro Zeit durch den Querschnitt A hindurchströmende Wärmemenge Q/t ist dem Temperaturgefälle und dem Querschnitt A proportional:
>
> $$\frac{Q}{t} = \frac{\lambda A (T_1 - T_2)}{l}. \qquad (13\text{-}3)$$
>
> λ wird als *Wärmeleitzahl*, *Wärmeleitfähigkeit* oder *Wärmeleitvermögen* bezeichnet, sie ist für das Material des Stabes charakteristisch. Ihre SI-Einheit ist J m^{-1} s^{-1} K^{-1}.

Schlechte Wärmeleiter sind Luft, Holz, Glas, Wasser, Styropor etc. Besonders gute Wärmeleiter sind Metalle (Tab. 13.2).

Bei Gasen findet man das überraschende Ergebnis, dass λ vom Druck und damit bei konstanter Temperatur von der Teilchenzahldichte unabhängig ist, wenn der Druck nicht unter 10 Pa ($\approx 10^{-1}$ Torr) sinkt. Unterhalb dieser Grenze wird λ mit abnehmendem Druck kleiner. Daher werden zur thermischen Isolierung spezielle Gefäße mit doppelten Wänden und evakuiertem Zwischenraum gebaut (Dewar-Gefäß, Thermosflasche).

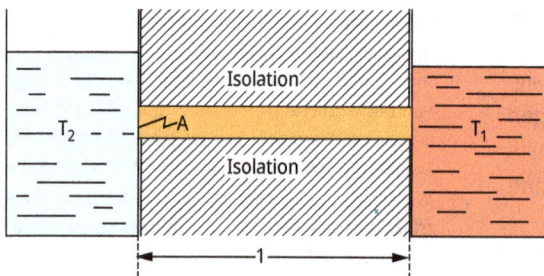

Abb. 13.1: Zur Definition der Wärmeleitzahl ($T_1 > T_2$).

Ag	427
Al	237
Pt	71
Glas	0,76
Wasser	0,56
Luft	0,026

Bei der Wärmeleitung wird die Wärmeenergie von Molekül zu Molekül durch Stöße weitergegeben. Darüber hinaus finden wir in Flüssigkeiten und Gasen eine andere, mit Materietransport gekoppelte Art des Wärmetransports, die *Konvektion*. Sie beruht auf der thermischen Volumenausdehnung, wodurch die Dichte erwärmter Schichten abnimmt. Diese wärmeren Schichten mit geringerer Dichte erfahren in kälterer Umgebung mit größerer Dichte einen Auftrieb und steigen nach oben, wogegen kalte Schichten im Schwerefeld nach unten sinken. Dadurch kann die in den wärmeren Schichten gespeicherte Wärmeenergie sehr schnell über große Entfernungen transportiert werden. (Beispielsweise erwärmt sich ein Wasserkessel über einem Holzfeuer wegen der kleinen Wärmeleitzahl von Luft nicht durch Wärmeleitung, sondern im Wesentlichen durch Konvektion.) Durch Behinderung der Konvektion lässt sich die Wärmeisolierung wesentlich erhöhen (Wärmeisolation durch Bekleidung).

Im Allgemeinen tragen alle drei Mechanismen (Wärmestrahlung, -leitung und Konvektion) zum Wärmetransport in einer Heizanordnung (z. B. einem Heizkörper in Luft) bei. Zur einfachen Beschreibung des *gesamten* Vorgangs kann man sich der pauschalen Größe *Wärmeübergangszahl* α_w bedienen. In ihr sind die verschiedenen Arten des Wärmetransports sowie die geometrischen Verhältnisse der betrachteten Heizanordnung berücksichtigt. α_w ist von der Beschaffenheit der Oberflächen und den Strömungsverhältnissen in

den beteiligten Medien abhängig. Die Wärmeübergangszahl ist definiert durch

$$\frac{dQ}{dt} = \alpha_w O(T_1 - T_2), \qquad (13\text{-}4)$$

wobei O die Oberfläche des Heizkörpers ist. Die SI-Einheit von α_w ist J m^{-2} s^{-1} K^{-1}.

13.3 Stoffgemische

Viele feste, flüssige und gasförmige Stoffe lösen sich in Flüssigkeiten, mit denen sie in Berührung gebracht werden. Die so entstandene *Lösung* ist gekennzeichnet durch eine vollständige Mischung der Teilchen der gelösten Substanz mit denen des Lösungsmittels. In vielen Fällen sind alle Mischungsverhältnisse möglich. Dies gilt insbesondere für Lösungen von Flüssigkeiten in Wasser. Manche Stoffe dagegen sind nur begrenzt löslich. Lösungen der höchstmöglichen Konzentration des gelösten Stoffes nennen wir gesättigt. Die *Sättigungskonzentration* hängt von der Temperatur der Lösung ab. Der Anteil einer festen Substanz, der nicht in Lösung gegangen ist, bildet den sogenannten *Bodenkörper.*

Das Verständnis von Lösungen und deren Eigenschaften ist für die Medizin von wesentlicher Bedeutung. Kann man doch den Organismus als eine Zusammensetzung verschiedener Flüssigkeitsräume betrachten, wobei das gesamte Stoffwechselsystem durch Eigenschaften der verschiedenen Flüssigkeitsräume und durch den Austausch von gelösten Stoffen zwischen diesen Räumen, dem Vasalraum, Extrazellularraum und Intrazellularraum bestimmt wird.

13.3.1 Gehaltsangaben von Lösungen

Der Gehalt einer Lösung lässt sich durch verschiedene Größen beschreiben (Tab. 13.3).
1. Die wichtigste Konzentrationsangabe ist die *Stoffmengenkonzentration* c_i oder kurz *Kon-*

zentration (SI-Einheit: mol m^{-3}, übliche Einheit: mol l^{-1}). Die Begriffe Molarität und molare Lösung sollen nicht mehr verwendet werden. Bei der Stoffmengenkonzentration wird die Stoffmenge des gelösten Stoffes auf das Volumen der Lösung, nicht des Lösungsmittels, bezogen

Tab. 13.3: Gehaltsangaben von Lösungen.

Messgröße	Definition	Einheit
Stoffmengenkonzentration (Konzentration; früher: Molarität) Molalität	Stoffmenge eines gelösten Stoffes durch Volumen der Lösung Stoffmenge eines gelösten Stoffes durch Masse des Lösungsmittels	mol m^{-3} (oder mol l^{-1}) mol kg^{-1}
Massenkonzentration	Masse eines gelösten Stoffes durch Volumen der Lösung	kg m^{-3} (oder g l^{-1})
Stoffmengenanteil	Stoffmenge eines gelösten Stoffes durch Stoffmenge aller in der Lösung vorhandenen Stoffe	1
Massenanteil	Masse eines gelösten Stoffes durch Masse aller in der Lösung vorhandenen Stoffe	1
Volumenanteil	Volumen eines gelösten Stoffes durch Gesamtvolumen der Lösung	1

2. Eine weitere Konzentrationsangabe ist die *Molalität* b_i (SI-Einheit: mol kg^{-1}). Sie gibt die Stoffmenge des gelösten Stoffes bezogen auf die Masse des Lösungsmittels an. Bei verdünnten Lösungen ist der Zahlenwert der Konzentration in mol l^{-1} und der Molalität in mol kg^{-1} praktisch gleich.

3. Die *Massenkonzentration* β_i (SI-Einheit: kg m^{-3}, übliche Einheit: g l^{-1}) ist die Masse eines gelösten Stoffes bezogen auf das Volumen der Lösung.

4. Neben diesen Konzentrationsangaben lässt sich eine Lösung auch durch die Größen *Stoffmengenanteil*, *Massenanteil* und *Volumenanteil* angeben. Alle drei Größen haben die Dimension 1 und können auch in Prozent angegeben werden.

> Der *Stoffmengenanteil* x_i (früher: Molenbruch) ist definiert als das Verhältnis der Stoffmenge n_i des gelösten Stoffes i zur gesamten Stoffmenge n_{ges} aller in der Lösung vorhandenen Stoffe: $x_i = n_i / n_{ges}$.
>
> Der *Massenanteil* w_i gibt an, welche Masse m_i einer gelösten Substanz in der gesamten Masse m_{ges} der Lösung enthalten ist: $w_i = m_i / m_{ges}$.
>
> Bei der Mischung verschiedener Flüssigkeiten und bei Gasgemischen wird die Angabe des *Volumenanteils* φ_i bevorzugt. Er ist das Verhältnis aus dem Volumen des gelösten Stoffes V_i vor der Mischung und dem Gesamtvolumen V_{ges} der Lösung oder der Mischung: $\varphi_i = V_i / V_{ges}$. Bei Gasen ist die Angabe des Volumenanteils nur dann sinnvoll, wenn V_i vorher auf *Normalbedingungen* ($T = 273{,}15$ K, $p = 101{,}325$ kPa = 1 atm) umgerechnet wurde. In der Medizin wird der Volumenanteil häufig bei der Analyse der Atemgase benutzt.

13.3.2 Echte Lösung, kolloidales System, grobe Dispersion

Bei Stoffgemischen (dispersen Systemen) unterscheiden wir je nach Zerteilungsgrad (Dispersionsgrad) zwischen *echten Lösungen, kolloidalen*

Systemen und *groben Dispersionen.* In echten Lösungen sind Stoffe als Atome, Ionen oder Moleküle (mit niedriger molarer Masse) gelöst. Bei ihnen findet keine Entmischung statt, wenn man sie über längere Zeit stehen lässt. Sie sind stabil und bilden ein homogenes System. In kolloidalen und grob dispersen Systemen sind dagegen größere Bereiche nebeneinander vorhanden, die aus unterschiedlichen Materialien (kolloidale Teilchen bzw. Lösungsmittel) bestehen. Kolloidale Teilchen können zwischen 10^2 und 10^{10} Atome oder Moleküle enthalten, wobei die Grenzen zu den echten Lösungen einerseits und den groben Dispersionen (mit noch größeren Teilchen) andererseits fließend sind.

Kolloidale Teilchen sind zu klein, um im Lichtmikroskop sichtbar zu sein, man kann sie aber durch das von ihnen gestreute Licht (Tyndall-Effekt, Abschnitt 18.5.2) oder mit dem Elektronenmikroskop (Abschnitt 20.4) nachweisen. Falls die Viskosität des Lösungsmittels nicht zu groß ist, unterliegen diese Teilchen einer intensiven Wärmebewegung (Brown'sche Molekularbewegung, Abschnitt 10.4), welche bei kleinen kolloidalen Teilchen in Flüssigkeiten oder Gasen die Sedimentation (Abschnitt 5.3.3.2.2) verzögert oder gar verhindert. In flüssigen Systemen ist eine Abscheidung dispergierter Stoffe aus der Flüssigkeit durch Zentrifugation (Abschnitt 5.3.3.2.2) möglich.

Ein besonderes Merkmal disperser Systeme ist die große Gesamtoberfläche (bzw. -grenzfläche) aller Teilchen. Je kleiner man bei konstanter Substanzmenge die Teilchen macht, umso größer wird die Gesamtoberfläche. Zum Beispiel wird durch Zerteilen eines kompakten Stoffes mit einem Volumen von 1 cm³ in 100 nm bzw. 10 nm große Teilchen die Gesamtoberfläche auf das 10^5 bzw. 10^6-Fache vergrößert. Chemische Prozesse, die bevorzugt an Grenzflächen ablaufen (z. B. heterogene Katalyse), werden daher zumeist in kolloidalen Systemen durchgeführt.

Wegen der hohen in den Grenzflächen der Teilchen gespeicherten Grenzflächenenergie (Abschnitt 5.3.1) sind kolloidale Systeme nicht stabil. Ohne zusätzliche Stabilisierungsmaßnahmen (z. B. Bildung von Ionenschichten an den Grenzflächen in Hydrosolen) klumpen die Teilchen von selbst zusammen, wodurch die gesamte Grenzfläche verkleinert und ein Teil der gespeicherten Grenzflächenenergie freigesetzt wird (*Koagulation, Koaleszenz*).

Beispiele für Kolloide:

Aerosol	(feste Teilchen in Gas, z. B. Rauch)
Aerosol	(flüssige Teilchen in Gas, z. B. Nebel)
Sol (Suspension)	(feste Teilchen in Flüssigkeit, z. B. Ag in H_2O (argentum colloidale))
Emulsion	(flüssige Teilchen in Flüssigkeit, z. B. Milch)
Schaum	(Gas in Flüssigkeit, z. B. Schlagsahne)
Disperse Festkörper	(feste Teilchen in fester Matrix, z. B. fotografisches Filmmaterial)

Beispiele für Makromoleküle in kolloidalen Systemen:

Faserproteine (Keratin), Kugelproteine (Hämoglobin), Polymerknäuel

Kolloidale Systeme, speziell Eiweiße (Enzyme und Fermente), sind im biologischen Bereich von großer Bedeutung. So ist der Eiweißgehalt des Blutplasmas wichtig für die Steuerung des Wasseraustauschs in den Blutkapillaren, für die Konstanthaltung des pH-Wertes im Blut usw.

Für Materiepartikel, deren Größe in die Längenskala von Nanometern fällt, hat sich die Bezeichnung *Nanopartikel* eingebürgert. Durch die Nanostrukturierung lassen sich oftmals völlig neuartige Materialeigenschaften erzeugen.

13.3.3 Henry-Dalton'sches Gesetz

Gase sind in Flüssigkeiten bis zu einem gewissen Grad löslich (z. B. CO_2 in Sprudelwasser). Ihre Sättigungskonzentration hängt von Temperatur und Druck ab. Sie ist direkt proportional dem Druck des Gases über der Lösung. Dies ist in Worten ausgedrückt der Inhalt des *Henry-Dalton-Gesetzes*. Dieser Zusammenhang gilt auch, wenn mehrere Gase (z. B. Luft) in einer Flüssigkeit gelöst werden; die Konzentration einer Gaskomponente in der Lösung ist dann proportional ihrem Partialdruck über der Lösung.

Beim Durchgang von Blut durch die Lunge nimmt die Konzentration molekularen Sauerstoffs im

Blut wegen des erhöhten O_2-Partialdrucks in den Lungenalveolen schlagartig zu. Trotzdem würde der Sauerstofftransport im Blut auf der Basis eines in einer Flüssigkeit gelösten Gases bei Weitem nicht ausreichen, um den Körper mit genügend Sauerstoff zu versorgen. Durch die chemische Bindung von O_2 an das Hämeisen im Hämoglobin kann jedoch die Menge des transportierten molekularen Sauerstoffes bis fast auf das Hundertfache der im Plasma gelösten Sauerstoffmenge gesteigert werden.

13.3.4 Hydratation, Solvatation

Den Lösungsvorgang ionogener Festkörper oder elektrisch polarer Moleküle in Wasser bezeichnet man als *Hydratation*.

Die dabei entstehenden Hydrat-Komplexe (z. B. $[Fe(H_2O)_4]^{++}$, $[Fe(H_2O)_6]^{+++}$) sind gekennzeichnet durch elektrostatische Wechselwirkung zwischen Festkörperionen (z. B. Fe^{++}, Fe^{+++}) oder Molekülen einerseits und Wasserdipolen (H_2O) andererseits.

Wird anstelle des Wassers ein anderes Lösungsmittel verwendet, dessen Moleküle ebenfalls ein elektrisches Dipolmoment besitzen (z. B. Alkohol), spricht man allgemein von *Solvatation* und *Solvat-Komplexen*.

Solvat-Komplexe (Hydrate, Alkoholate usw.) sind umso beständiger, je größer das elektrische Dipolmoment des Lösungsmittels und je kleiner der Abstand ist, bis zu dem sich der Dipol des Lösungsmittelmoleküls dem Ion oder Molekül des zu solvatisierenden Stoffes nähern kann. Die Zahl *(Solvatationszahl)* der direkt angelagerten Lösungsmitteldipole hängt von Größe und Ladung der Ionen oder Moleküle ab. Sie beträgt meist 4, 6 oder 8; darüber hinaus können sich weitere Dipole schwächer gebunden anlagern. Da das Solvat durch anziehende elektrostatische Wechselwirkung zwischen gelöstem Stoff und

Lösungsmitteldipolen zustande kommt, wird bei der Solvatbildung *Solvatationswärme* frei. Dies ist die Energie, die nötig wäre, um das Ion oder Molekül von seiner Solvathülle wieder zu befreien.

Eiweißstoffe neigen wegen ihrer elektrisch polarisierten Bestandteile zur Solvatation. Dies verhindert ihre gegenseitige Annäherung und damit ihre Ausflockung *(Koagulation)*. Ihre Lösungen sind daher in geeigneten Lösungsmitteln beständig.

Kolloidale Metalle neigen dagegen nur wenig zur Solvatbildung. Sie lassen sich jedoch dadurch in beständige Kolloide verwandeln, dass ihnen solvatisierende Stoffe (sogenannte *Schutzkolloide* wie Gelatine) hinzugefügt werden, die eine Hülle bilden. Dadurch gelingt es, in der Medizin verwendete Kolloide über längere Zeiträume injektionsfähig zu erhalten.

13.3.5 Diffusion

Mischt man zwei verschiedene Flüssigkeiten oder Gase miteinander, so geschieht dies hauptsächlich durch Verwirbelungen und Strömungen beim Einfüllvorgang (Mischung durch Konvektion). Überschichten wir die Stoffe vorsichtig, um die Konvektion zu vermeiden, so beobachten wir trotzdem eine mit der Zeit zunehmende Durchmischung. Sie kommt durch *Diffusion* zustande. Infolge der Wärmebewegung und der wiederholten Zusammenstöße der Moleküle untereinander breiten sich die Moleküle beider Substanzen gleichmäßig im ganzen Volumen aus. Höhere Temperatur, d. h. größere Molekulargeschwindigkeit, bewirkt eine größere Diffusionsgeschwindigkeit. Der Mischungsvorgang durch Diffusion findet erst ein Ende, wenn sich im gesamten Volumen einheitliche Konzentrationen aller Mischpartner eingestellt haben.

Durch Diffusion geht ein geordneter Zustand in einen ungeordneten über, es handelt sich also um einen irreversiblen Vorgang, der mit Entropieerhöhung verbunden ist.

Die Diffusion ähnelt in dieser Hinsicht der Wärmeleitung. Auch die formale Beschreibung der Diffusion durch das *1. Fick'sche Gesetz* ist derjenigen der Wärmeleitung analog (wir wollen hier infinitesimal kleine Größen verwenden):

$$\frac{dn}{dt} = -Dq\frac{dc}{dx}. \qquad (13\text{-}5)$$

Der Stoffmengenfluss $\frac{dn}{dt}$ durch die Querschnittsfläche q ist also dem Konzentrationsgradienten $\frac{dc}{dx}$ proportional. Die Proportionalitätskonstante D ist der *Diffusionskoeffizient* mit der SI-Einheit $m^2\,s^{-1}$.

Die Diffusion ist bedeutsam für den Austausch von Gasen, Nährstoffen und Schlackenstoffen zwischen dem Blut und den verschiedenen Geweben. Der Übergang des Sauerstoffs beispielsweise von den Lungenalveolen bis zur Bindung an das Hämoglobin in den Erythrozyten erfolgt ebenso durch Diffusion wie derjenige in den Blutkapillaren vom Hämoglobin zu den Zellen der verschiedenen Gewebe. Ganz ähnlich liegen die Verhältnisse bei der Verteilung der Nährstoffe auf die Gewebe und beim Abtransport von CO_2 zur Lunge und von Schlackenstoffen zur Niere. Da die Diffusion ein relativ langsamer Vorgang ist, kann sie für die Versorgung der Gewebe bei erhöhtem Bedarf zur limitierenden Größe werden.

13.3.6 Osmose

Poröse Trennwände, deren Porengröße so beschaffen ist, dass die Moleküle eines Lösungsmittels hindurch diffundieren können, nicht jedoch die Teilchen einer gelösten Substanz, nennen wir *semipermeabel* (halbdurchlässig). Befinden sich auf den beiden Seiten der semipermeablen Membran in dem in Abb. 13.2 gezeigten Gefäß zwei Lösungen gleicher Art, jedoch mit verschiedenen Konzentrationen des gelösten Stoffes ($c_1 < c_2$), so stellen wir fest, dass der Flüssigkeitsspiegel im linken Steigrohr sinkt und im rechten entsprechend ansteigt. Der Grund für dieses Verhalten ist, dass das Lösungsmittel zu der Gefäßseite diffundiert, in der sich die Lösung mit der höheren Konzentration befindet. Dadurch wird der Konzentrationsunterschied zwischen beiden Flüssigkeiten verringert. Der Transport des Lösungsmittels durch die Trennwand dauert so lange an, bis der mit dem Höhenunterschied h auf der rechten Seite verbundene erhöhte hydrostatische Druck ein weiteres Eindringen des Lösungsmittels verhindert. Im Gleichgewicht ist die Differenz der hydrostatischen Drücke (siehe Gl. (5-13)) auf beiden Seiten entgegengesetzt gleich der Differenz der *osmotischen Drücke* Δp_{osm} in den Lösungen links und rechts von der Membran. Durch Messung von h lässt sich Δp_{osm} bestimmen.

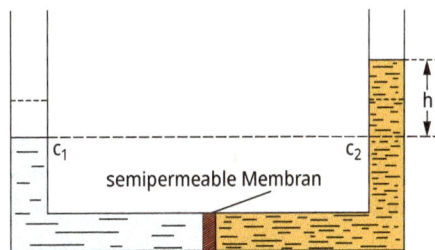

Abb. 13.2: Osmose ($c_1 < c_2$).

Bei geringen Konzentrationen der gelösten Substanz lässt sich der osmotische Druck p_{osm} nach dem *Van't-Hoff'schen Gesetz* berechnen, das formal mit der Zustandsgleichung idealer Gase übereinstimmt:

$$p_{osm}V = nRT. \qquad (13\text{-}6)$$

n ist dabei die Stoffmenge des im Volumen *V* gelösten Stoffes.

Der osmotische Druck ist also nach Gl. (13-6) der Druck, den die gelösten Teilchen auf die für sie undurchlässige Wand ausüben würden, wenn das Lösungsmittel nicht vorhanden wäre und sich die Teilchen wie ein ideales Gas verhalten würden. Wesentlich ist, dass in Gl. (13-6) nur die Menge, nicht aber die chemische Natur der gelösten Stoffe eingeht.

Sind in einer Lösung mehrere Substanzen mit den Stoffmengen n_i vorhanden, so ergibt sich analog zu Gl. (9-11) der osmotische Gesamtdruck $p_{\text{ges.osm}}$ als Summe der Einzeldrücke:

$$p_{\text{ges.osm}} V = \sum_i n_i RT. \qquad (13\text{-}7)$$

Bei Stoffen, die in einem Lösungsmittel dissoziieren, sind für n_i die Stoffmengen der entstehenden Ionen und der verbleibenden undissoziierten Substanz einzusetzen. Außerdem ist zu beachten, dass nur diejenigen Teilchen effektiv zur Differenz der osmotischen Drücke $\left(\Delta p_{osm} = p_{osm}^{rechts} - p_{osm}^{links}\right)$ beitragen, für die die eingebaute Membran undurchlässig ist.

Der osmotische Druck im Organismus Da in allen Flüssigkeitsräumen des Organismus (Intrazellularraum, Extrazellularraum, Vasalraum) Moleküle und Ionen gelöst sind, ist entsprechend ihren Konzentrationen in diesen Flüssigkeitsräumen ein osmotischer Druck vorhanden. Alle Zellmembranen sind für Wasser und zum Teil auch für gelöste Stoffe permeabel. Im Gleichgewichtszustand hat der osmotische Gesamtdruck in allen Flüssigkeitsräumen den gleichen Wert von $7 \cdot 10^5$ Pa ($\approx$ 7 Atmosphären). Dies besagt jedoch nicht, dass in allen Flüssigkeitsräumen die Konzentrationen der verschiedenen Moleküle und Ionen gleich sind, es besagt nur, dass die Summe der Konzentrationen aller gelösten Stoffe, die in

Gl. (13-7) zum osmotischen Druck beitragen, gleich ist. Einzelne Ionenarten sind in den Flüssigkeitsräumen mit beträchtlich unterschiedlichen Konzentrationen enthalten. So ist im Intrazellularraum die Konzentration des Kaliums etwa 30-mal so groß wie im Extrazellularraum, und für Natrium ist das Konzentrationsverhältnis gerade umgekehrt.

Wegen der Konstanz des osmotischen Gesamtdrucks im ganzen Körper können seine Auswirkungen am intakten Organismus nicht beobachtet werden. Sie lassen sich jedoch eindrucksvoll an einzelnen Zellen, z. B. an Erythrozyten, sichtbar machen, die man dem Organismus entnimmt und in Lösungen verschiedener Konzentration bringt. Ist in der Lösung der osmotische Gesamtdruck geringer als in den Erythrozyten *(hypotone Lösung)*, so diffundiert zunächst Wasser durch die semipermeablen Zellwände in die Erythrozyten. Ist die Hypotonie genügend groß, so führt das Hineindiffundieren des Wassers zu einer Quellung der Zelle und, falls die Elastizitätsgrenze der Zellmembran überschritten wird, zum Platzen (Hämolyse). Dadurch, dass man feststellt, bei welcher Konzentration der Lösung die Erythrozyten platzen, überprüft man deren *osmotische Resistenz*, d. h. die Elastizität der Erythrozytenmembran. Bringt man Erythrozyten in eine Lösung, deren osmotischer Gesamtdruck größer ist als der der Blutzellen *(hypertone Lösung)*, so hat dies einen Wasserverlust und damit ein Schrumpfen der Zellen zur Folge. Nur bei gleichem osmotischem Gesamtdruck in Zelle und Lösung *(isotone Lösung)* findet kein Wassertransport und damit auch keine Formveränderung der Erythrozyten statt. Werden Gewebeproben dem Organismus entnommen und für Experimente im nativen Zustand verwendet, so müssen sie demnach in isotoner Lösung aufbewahrt werden. Bei der Injektion von hypotonen bzw. hypertonen Lösungen in den Organismus kommt es ebenfalls zu Formveränderungen der Organ-

zellen. Um dies zu vermeiden, sollen nur isotone Lösungen injiziert werden. Eine solche ist
z. B. die zum Blutplasma isoosmotische Lösung
von 9 g NaCl in 1 l Wasser; ihr osmotischer
Druck beträgt 0,79 MPa und ist damit 7,9-mal
größer als der normale Atmosphärendruck.

Osmotische Arbeit der Niere Die Niere ist im
Organismus das wichtigste Organ zur Konstanthaltung des osmotischen Drucks. Hierbei wird
durch die Niere jedoch nicht nur global der osmotische Druck geregelt. Vielmehr erfolgt die
Ausscheidung der gelösten Stoffe aus dem Blutplasma selektiv. Es werden diejenigen Stoffe
ausgeschieden, die für den Organismus Abfallprodukte darstellen, und von den für den Organismus wichtigen Substanzen diejenigen, von
denen aufgrund der Nahrungszufuhr eine zu
hohe Konzentration im Plasma vorliegt. Bei der
Aufbereitung des Urins aus dem Plasma werden
insbesondere die Abfallprodukte beträchtlich
angereichert, was durch entsprechende osmotische Arbeit der Niere erreicht wird. Am men-
genmäßig wichtigsten Abfallprodukt, dem
Harnstoff, soll dies erläutert werden. Im Plasma
sind normalerweise 0,005 mol l^{-1} Harnstoff gelöst. Im Urin dagegen sind es im Mittel 0,33 mol
l^{-1}. Bei einer Urinmenge von 1,5 l pro Tag entspricht also dessen Gehalt an Harnstoff demjenigen von ca. 100 l Plasma, d. h. 0,5 mol Harnstoff. Physikalisch entspricht dies dem
folgenden Sachverhalt: Aus 100 l einer 0,005 molaren Harnstofflösung sind 98,5 l Wasser entgegen dem osmotischen Druck abzupressen. Dazu
ist die folgende Volumenarbeit erforderlich:

$$W_{osm} = - \int\limits_{100}^{1,5} p\,dV$$

$$= -0,5RT \int\limits_{100}^{1,5} \frac{dV}{V}$$

$$= 0,5RT(\ln 100 - \ln 1,5)$$

$$= 5.410\,\text{Joule} = 1,29\,\text{kcal}.$$

13.3.7 Phasenübergänge

13.3.7.1 Umwandlungswärmen

Thermodynamische Zustandsänderungen
eines Stoffes bewirken, dass sich die Wechselwirkungskräfte zwischen seinen Bausteinen (Atome, Ionen) ändern. Dies kann zur
Folge haben, dass der Stoff von einem Aggregatzustand in einen anderen übergeht (Abschnitt 5.1.2). Aus diesem Grund verwandelt
sich ein Festkörper bei Erwärmung in eine
Flüssigkeit und bei weiterer Temperaturerhöhung in ein Gas. Diese Zustände eines chemisch einheitlichen Stoffes bezeichnet man
auch als *Phasen* eines Stoffes. Zu den genannten können im Festkörper weitere unterschiedliche Phasen hinzukommen, z. B. wenn
der Festkörper in verschiedenen Kristallstrukturen existieren kann.

Führen wir einem Stück Eis einen zeitlich
konstanten Wärmestrom $\left(\frac{Q}{t} = \text{konst.}\right)$ zu und
messen wir seine Temperatur, so zeigt sich,
dass die Temperatur entsprechend der Erhöhung der inneren Energie des Eises mit der zugeführten Wärmemenge steigt. Bei Erreichen
der Schmelztemperatur T_{sm}, wenn also die Phasenumwandlung von Eis zu Wasser erfolgt,
bleibt die Temperatur trotz weiterer Wärmezufuhr konstant (Abb. 13.3 und Tab. 13.4). Sie
steigt erst wieder, wenn alles Eis in Wasser umgewandelt ist. Der gleiche Vorgang wird bei Erreichen der Siedetemperatur T_{si} beobachtet.

Nach Abb. 13.3 ist offensichtlich Wärmeenergie er-
forderlich, um die Phasenübergänge *fest – flüssig*
(Schmelzen) bzw. *flüssig – gasförmig* (Sieden) zu er-
möglichen, ohne dass diese Wärmemengen eine
Temperaturerhöhung bewirken. Man nennt diese
Wärmemengen, die zur Umwandlung verschiedener
Phasen ineinander erforderlich sind, *latente Wärmen*
oder *Umwandlungswärmen* Q_U.

Bezogen auf die Masse bzw. die Stoffmenge der
Substanz werden sie als *spezifische* bzw. *molare*

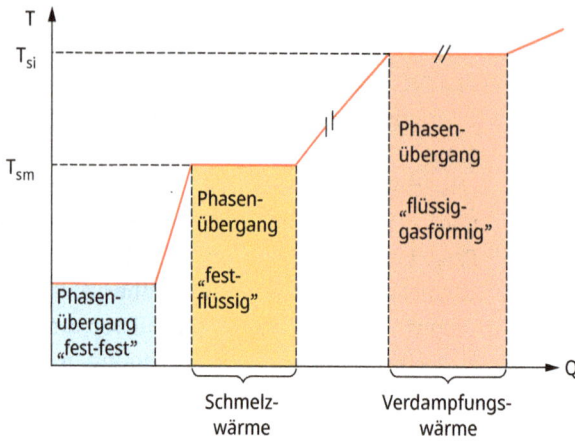

Abb. 13.3: Umwandlungswärmen.

Tab. 13.4: Spezifische Umwandlungswärmen Q_U in J kg^{-1} von Wasser.

Phasenübergang	Q_U
fest – flüssig (Schmelzen)	$3{,}35 \cdot 10^5$
fest – gasförmig (Sublimation bei 0 °C)	$\approx 26 \cdot 10^5$
flüssig – gasförmig (Verdampfen)	$22{,}6 \cdot 10^5$

Umwandlungswärmen bezeichnet. Dazu gehören die *spezifische Schmelzwärme* und die *spezifische Verdampfungswärme*. Die als Umwandlungswärmen bezeichneten Energien sind erforderlich, um gegen Bindungskräfte Arbeit zu verrichten, sei es, um beim Schmelzvorgang die Kristallstruktur aufzubrechen oder um bei der Verdampfung die Abstände zwischen den Molekülen genügend zu vergrößern.

Neben den Umwandlungen *fest – flüssig* und *flüssig – gasförmig* ist auch die Phasenumwandlung *fest – gasförmig* möglich. Diesen Vorgang nennt man *Sublimation*, die dazu nötige latente Wärme pro kg Substanz die *spezifische Sublimationswärme*. Als Beispiel sei die Sublimation von festem CO_2 *(Trockeneis)* genannt. In Näherung ist die Sublimationswärme gleich der Summe aus Schmelzwärme und Verdampfungswärme,

denn zur Sublimation ist sowohl die Zerstörung der Festkörperstruktur als auch die Volumenvergrößerung beim Übergang zum Gaszustand erforderlich.

Zu den latenten Wärmen zählt auch die zur Umwandlung verschiedener Kristallstrukturen eines Festkörpers nötige Wärmeenergie (Phasenübergang *fest – fest*). Beispiele sind die Strukturumwandlungen von Eis bei ca. −80 °C und von Zinn bei ca. 20 °C *(Zinnpest)*.

Senken wir die Temperatur eines Gases, so wird die Kurve der Abb. 13.3 in umgekehrter Reihenfolge durchlaufen. Die Verdampfungswärme, die als latente Wärme im Gas gespeichert ist, wird wieder an die Umgebung abgegeben, wenn das Gas die Siedetemperatur T_{si} erreicht und bei dieser Temperatur zur Flüssigkeit *kondensiert*. Derselbe Vorgang wiederholt sich, wenn die Schmelztemperatur T_{sm} erreicht wird und die Flüssigkeit bei dieser Temperatur *erstarrt*.

13.3.7.2 Lösungswärmen

Beim Lösen einer festen Substanz in einer Flüssigkeit wird die Gitterstruktur an der Phasengrenzfläche zwischen Festkörper und Flüssigkeit aufgebrochen, und die gelösten Teilchen breiten sich infolge der Wärmebewegung in der Flüssigkeit gleichmäßig aus. Lösen sich im speziellen Fall nur Ionen mit gleichnamiger elektrischer Ladung, dann können rücktreibende Coulomb-Kräfte dem Lösungsvorgang Einhalt gebieten (vgl. Abschnitt 14.2.2). Ist zum Lösen Arbeit gegen die Kohäsionskräfte nötig, so wird der Flüssigkeit Energie entzogen, wodurch sich diese abkühlt. Dieser Effekt ist besonders ausgeprägt bei Ammoniumnitrat oder Salmiaksalz und Wasser. Umgekehrt gibt es Lösungsvorgänge, beispielsweise von Ätznatron oder Calciumchlorid in Wasser, bei denen Wärme entsteht. Dabei wird durch besonders starke Wechselwirkungen zwischen den gelösten Teilchen und den Teilchen des Lösungsmittels mehr Energie frei, als zur Auflösung des Kristallgitters nötig ist. Je nachdem, ob bei der Lösung eines Stoffes insgesamt Wärmeenergie verbraucht oder freigesetzt wird, nennt man die Lösungsreaktion *endotherm* oder *exotherm*. Verläuft der Lösungsvorgang endotherm, so wird er mit steigender Temperatur begünstigt, die Sättigungskonzentration des gelösten Stoffes nimmt mit der Temperatur zu. Umgekehrt wird die Löslichkeit eines Stoffes, der sich unter Wärmeabgabe (exotherm) löst, mit zunehmender Temperatur sinken. Je mehr Wärme beim Lösen verbraucht bzw. frei wird, desto stärker wird sich die Löslichkeit bei Variation der Temperatur ändern, desto steiler verlaufen die sogenannten *Löslichkeitskurven* (Abb. 13.4). Die entstehende bzw. verbrauchte Wärme kann entweder auf die Masse oder die Stoffmenge der gelösten Substanz bezogen werden. Wir sprechen dann entweder von *spezifischer* oder *molarer Lösungswärme*.

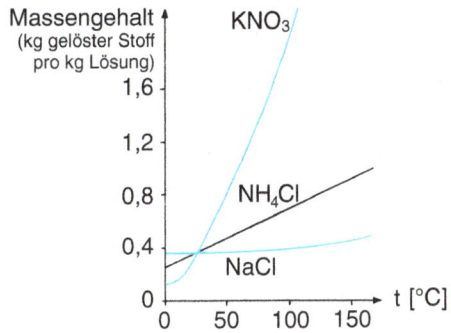

Abb. 13.4: Löslichkeitskurven für NaCl, NH_4Cl und KNO_3 in H_2O.

13.3.7.3 Reaktionswärmen

Jede chemische Reaktion besteht darin, dass chemische Bindungen, d. h. Wechselwirkungen zwischen Atomen, geändert werden. Diese Wechselwirkungen können bei den Reaktionsprodukten stärker oder schwächer sein als bei den Ausgangsstoffen. Entsprechend wird bei der Reaktion Energie mit der Umgebung ausgetauscht, und zwar meist in Form von Wärmeenergie. Sie wird als *Bildungswärme* oder *Wärmetönung* der Reaktion bezeichnet, und man unterscheidet zwischen *exothermen* Prozessen (mit Wärmeentwicklung) und *endothermen* Prozessen (unter Wärmeaufnahme ablaufende Prozesse). Diese Bildungswärme lässt sich kalorimetrisch (Abschnitt 8.3) bestimmen und in die Reaktionsformel symbolisch einbeziehen, indem wir z. B. für die exotherme Reaktion von Pb und S schreiben:

$$[Pb] + [S] = [PbS] + 7{,}7 \cdot 10^3 \text{ J},$$

wobei die eckigen Klammern andeuten sollen, dass es sich um jeweils ein Mol fester Substanz handeln soll. Also haben 1 mol festen Bleis und 1 mol festen Schwefels zusammen einen um 7,7 kJ höheren Energieinhalt als 1 mol PbS. Der 1. Hauptsatz besagt nun, dass die Energiedifferenz immer dieselbe sein muss, wie auch die Reaktion abläuft, ob direkt oder über Zwischenstufen. Man kann also Teilreaktionen kalorimetrisch ausmessen und damit auf kompliziertere Reaktionen schließen, die der direkten Messung schwerer zugänglich sind. Ebenso kann man die Wärmetönung von Reaktionen durch Differenzbildung bestimmen.

> Ein Beispiel: Will man die Bildungswärme einer organischen Verbindung ermitteln, so verbrennt man einmal die Verbindung und dann die Ausgangssubstanzen. Der Unterschied der bei den beiden Verbrennungen frei werdenden Wärmemenge ist dann gleich der gesuchten Bildungswärme.

13.3.7.4 Dampfdruck

Ist ein Gefäß teilweise mit einer Flüssigkeit gefüllt und verschlossen, so befinden sich auch in dem Raum über der Flüssigkeit Moleküle des flüssigen Stoffes, denn einige Flüssigkeitsmoleküle haben der Boltzmann'schen Geschwindigkeitsverteilung zufolge Geschwindigkeiten, die ausreichen, um gegen die Oberfläche anzulaufen und diese zu durchdringen, d. h. zu verdampfen. Ihre Zahl hängt nach Gl. (10-6) von der Temperatur der Flüssigkeit ab; sie steigt mit wachsender Temperatur. Da nur die schnellsten Moleküle, deren Translationsenergie sehr viel größer ist als die mittlere thermische Energie, die Flüssigkeit verlassen, kann sich der Rest der Flüssigkeit bei dem Verdampfungsvorgang merklich abkühlen; ihm wird *Verdampfungswärme* entzogen. Die Abkühlung infolge Verdampfung ist zu spüren, wenn man sich z. B. Äther über die Hand schüttet. Auf demselben Prinzip beruht die örtliche Anästhesierung, z. B. durch Äthylchlorid.

Treffen Moleküle aus der Gasphase wieder auf die Flüssigkeitsoberfläche, so können sie dort kondensieren. Sie werden also von der Flüssigkeit wieder eingefangen. So stellt sich an der Oberfläche bei konstanter Temperatur ein dynamisches Gleichgewicht ein, indem ebenso häufig Moleküle aus der Flüssigkeit in den Gasraum gelangen, wie umgekehrt Moleküle aus dem Gas wieder kondensieren.

> Für H_2O bei Raumtemperatur stellt sich dieses Gleichgewicht bei einem Druck des Dampfes über der Flüssigkeit (Sättigungsdampfdruck) von 2.400 Pa ($\approx$ 18 Torr) ein. Pro Sekunde und m^2 der Oberfläche passieren dann etwa 10^{26} Moleküle die Oberfläche in Richtung Gas und ebenso viele kondensieren. Da aber pro m^2 Oberfläche nur 10^{19} Moleküle Platz haben, können wir ausrechnen, dass die Aufenthaltsdauer der Moleküle an der Oberfläche nur etwa 10^{-7} s beträgt.

Die Zahl der in einem Gefäß pro Sekunde verdampfenden Moleküle und damit der *Sättigungsdampfdruck* p_s hängen nur von der jeweiligen Temperatur der Flüssigkeit ab, nicht aber vom äußeren Druck. Auch die Anwesenheit anderer Gase lässt den Sättigungsdampfdruck, d. h. den Partialdruck, unbeeinflusst. Wenn die Flüssigkeit schließlich vollständig verdampft ist, entsteht durch weitere Wärmezufuhr sogenannter *überhitzter* oder *ungesättigter* Dampf.

Befindet sich eine Flüssigkeit in einem offenen Gefäß, so werden die Moleküle in der Gasphase wegdiffundieren, und nach und nach wird die gesamte Flüssigkeit verschwinden.

> Den *Verdampfungsvorgang* an der Flüssigkeitsoberfläche unterscheiden wir vom *Siedevorgang*. Erhöht man die Temperatur einer Flüssigkeit in einem offenen Gefäß, so wird bei einer bestimmten Temperatur ihr Sättigungsdampfdruck gleich dem konstanten Außenluftdruck, und es können sich gegen den auf der Flüssigkeit lastenden Außendruck im Innern der Flüssigkeit Gasblasen bilden. Die Verdampfung von der Oberfläche bezeichnen wir als *Verdunsten*, und die Verdampfung aus dem ganzen Flüssigkeitsinnern nennen wir *Sieden*.

Die Verdunstung ist besonders bedeutsam für die Regelung der Körpertemperatur. Bei hohen Außentemperaturen, wenn also durch Wärmeleitung und Wärmestrahlung (vgl. Gl. (13-3)) nicht genügend Energie abgegeben werden kann, kommt es zur Absonderung von Schweiß. Bei dessen Verdunstung wird der Oberfläche des Körpers die entsprechende Verdunstungswärme entzogen, wodurch es zur Abkühlung kommt.

Die Siedetemperatur T_{si} hängt vom Außendruck ab, wobei dieser durch die Differenz von Gesamtdruck im Gasraum und Partialdruck der Flüssigkeit gegeben ist. Ist der Außendruck geringer als 10^5 Pa ($\approx$ 1 atm), so siedet Wasser bereits bei Temperaturen unter 100 °C. In der Atmosphäre nimmt der Druck mit der Höhe ab, deshalb sinkt der Siedepunkt von Wasser alle 300 m um etwa 1 °C. Auf der Zugspitze kocht Wasser daher schon bei etwa 90 °C. Andererseits steigt T_{si}, wenn der Außendruck erhöht wird. Dies hat man sich früher z. B. in den Hochdruckdampfmaschinen zunutze gemacht; auch die Wirkung des *Schnellkochtopfs* beruht darauf, dass man durch größeren Druck den Siedepunkt des Wassers erhöht.

In der Atmosphäre stellt sich infolge der Verdunstung aus Gewässern, Erde und Pflanzen ein H_2O-Partialdruck ein, der geringer ist als der Sättigungsdampfdruck. Der Wasserdampfgehalt, den wir auch als *absolute Luftfeuchtigkeit* (SI-Einheit $kg(H_2O)/m^3$) bezeichnen, liegt also unter dem bei der herrschenden Temperatur maximal möglichen Wert. Wir können diesen Zustand auch durch die Angabe der *relativen Luftfeuchtigkeit* charakterisieren, indem wir angeben, wie viel Prozent von der maximal möglichen Luftfeuchtigkeit die bei der vorgegebenen Temperatur herrschende absolute Luftfeuchtigkeit beträgt.

Wie an der Phasengrenze *flüssig-gasförmig*, so wird auch über einem festen Körper ein Dampfdruck erzeugt, und zwar durch *Sublimation*. Für den Sättigungs-Sublimationsdruck gilt gleichermaßen, dass er von der Temperatur abhängt. Der Sublimationsdruck über einem fes-

ten Körper ist normalerweise wesentlich niedriger als der Dampfdruck über einer Flüssigkeit.

> Zusammenfassend stellen wir fest: Die Zahl der pro Sekunde aus einer Oberfläche austretenden Moleküle hängt nur von der Temperatur ab, die Zahl der rückkondensierenden jedoch vom Dampfdruck.

Sorgt man dafür, dass dieser Dampfdruck kleiner ist als der Sättigungsdampfdruck (bzw. Sättigungs-Sublimationsdruck), so wird der flüssige (feste) Stoff so lange verdampfen (sublimieren), bis er verschwunden ist.

Blasen wir über eine Tasse mit heißem Kaffee, so kühlt er nicht nur durch Konvektion mit der kälteren Atemluft ab, sondern auch, weil wir damit den Dampfdruck des verdunstenden Wassers herabsetzen. Technische Anwendung des Verdampfungsvorgangs finden wir bei der Salzgewinnung, bei der H_2O aus Meerwasser durch Sonneneinstrahlung verdunstet oder Salzsole *eingekocht* wird. Die Sublimation wird technisch genutzt bei der *Gefriertrocknung* (Lyophilisation). Hierbei wird eine wasserhaltige Substanz (z. B. Kaffee, Milch, Proteine usw.) gefroren (–20 bis –50 °C), und dann wird durch Vakuumpumpen das sublimierende Wasser abgesaugt, bis die Trockensubstanz übrig bleibt. Vorteil der Gefriertrocknung gegenüber dem Einkochen ist, dass der Vorgang bei tiefen Temperaturen ablaufen kann und dabei wichtige Teile der Substanz unverändert erhalten bleiben (Eiweißgerinnung bei Temperaturen über ca. 40 °C). Die Gefriertrocknung dient auch als Verfahren für die Fixierung von Gewebeschnitten zur lichtmikroskopischen bzw. elektronenmikroskopischen Beobachtung. Wegen der besseren Erhaltung der Zellstruktur wird sie hierfür in zunehmendem Maße angewandt.

13.3.7.5 Dampfdruckreduzierung, Siedepunkterhöhung und Gefrierpunktsreduzierung

Lösen wir einen nichtflüchtigen Stoff (etwa: Salz) in einem Lösungsmittel (z. B. Wasser), so wird die Zahl der Moleküle des Lösungsmittels in der Flüssigkeitsoberfläche geringer; es können somit weniger Lösungsmittelmoleküle bei sonst gleichen Bedingungen aus der Oberfläche verdampfen. Andererseits wird die Rückkondensation von Lösungsmittelmolekülen aus der Gasphase in die Flüssigkeit nicht beeinflusst. Bei gleicher Temperatur ist deshalb der Dampfdruck des Lösungsmittels über einer Lösung geringer als über dem reinen Lösungsmittel. Der gelöste Stoff bewirkt also bei festgehaltener Temperatur eine *Dampfdruckerniedrigung* Δp des Lösungsmittels. Sie ist proportional zur Konzentration der gelösten Substanz. Da die Flüssigkeit bei derjenigen Temperatur siedet, bei der ihr Dampfdruck gleich dem äußeren Luftdruck ist, hat die Erniedrigung des Dampfdrucks eine *Siedepunkterhöhung* zur Folge (siehe Abb. 13.5).

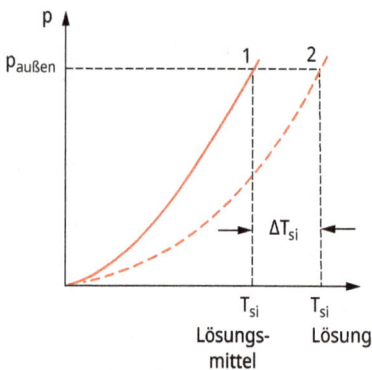

Abb. 13.5: Siedepunkterhöhung ΔT_{si} (im Diagramm stark übertrieben). (1) Dampfdruckkurve des Lösungsmittels, (2) Dampfdruckkurve der Lösung.

Von Raoult wurde gefunden, dass die Siedepunkterhöhung ΔT_{si} bei niedrigen Konzentrationen des gelösten Stoffes zur Molalität b der Lösung (Abschnitt 13.3.1) proportional ist:

$$\Delta T_{si} = T_{si,\,\text{Lösung}} - T_{si,\,\text{Lösungsmittel}} = Ab. \quad (13\text{-}8)$$

Dabei ist A *(ebullioskopische Konstante)* für alle Lösungen *desselben* Lösungsmittels gleich, unabhängig von der Art des gelösten Stoffes. Bei Wasser als Lösungsmittel ergibt sich für die Konstante A der Wert 0,5 K kg mol^{-1}.

Infolge der gelösten Teilchen ist auch der Gefrierpunkt einer Lösung von dem des Lösungsmittels verschieden, und zwar ist er niedriger; eine Lösung zeigt also eine *Gefrierpunktreduzierung*. Wir können uns vorstellen, dass die gelösten Atome als Fremdkörper die Ausbildung der regelmäßigen Gitterstruktur beim Gefrieren behindern und dass daher die thermische Energie weiter herabgesetzt werden muss, damit dennoch die Kristallisation einsetzt. Beim Abkühlen gefriert zuerst das reine Lösungsmittel. An der Grenzfläche zwischen Lösung und festem Lösungsmittel wirken die gelösten Teilchen mit, Lösungsmittelmoleküle aus dem festen Verband herauszulösen. Hieraus folgt, dass die *Schmelzwärme* der Lösung geringer sein muss als die des reinen Lösungsmittels. Dies bedeutet, dass der Schmelzvorgang in der Lösung bei niedrigerer Temperatur als im reinen Lösungsmittel einsetzt. Diese Erniedrigung des Schmelzpunktes (Gefrierpunktes) der Lösung gegenüber dem reinen Lösungsmittel ist nach Raoult wiederum proportional zur Molalität der Lösung:

$$\Delta T_{sm} = T_{sm,\,\text{Lösungsmittel}} - T_{sm,\,\text{Lösung}} = Bb. \quad (13\text{-}9)$$

Bei Wasser hat B *(kryoskopische Konstante)* den Wert 1,86 K kg mol^{-1}.

Das Messverfahren zur Bestimmung der Gefrierpunktreduzierung nennt man *Kryoskopie* (und die entsprechenden Geräte *Kryoskope*). Da die Gefrierpunktreduzierung ebenso wie der osmotische Druck von der Anzahl der gelösten Teilchen abhängt, lassen sich über ihre Messung das Molekulargewicht des gelösten Stoffes oder bei Berücksichtigung von Gl. (13-6) der osmotische Druck bestimmen. In der Medizin werden Kryoskope zur Messung des osmotischen Drucks von Blutseren benutzt.

Eine weitere praktische Anwendung der Gefrierpunktreduzierung sind *Kältemischungen*. In konzentrierten wässrigen Kochsalzlösungen liegt der Erstarrungspunkt bei −20 °C. Kältemischungen wendet man an, indem man z. B. im Winter Salz auf die Straßen streut, um deren Vereisung zu verhindern.

13.3.7.6 Koexistenz von Phasen, Phasengleichgewichte

Neben der Möglichkeit, dass eine Substanz nur in einem Aggregatzustand bzw. in einer Phase vorhanden ist, gibt es thermodynamische Zustände, d. h. bestimmte Werte von p und T, bei denen zwei Phasen im Gleichgewicht nebeneinander vorliegen.

Bei einem bestimmten Wert für Druck und Temperatur existieren sogar alle drei Aggregatzustände im Gleichgewicht nebeneinander. Dieser Punkt wird der *Tripelpunkt* (p_T, T_T) genannt.

Dieses Verhalten lässt sich im *p-T*-Zustandsdiagramm veranschaulichen. In Abb. 13.6 ist es für H_2O dargestellt. Bei niedriger Temperatur, aber genügend hohen Drücken liegt H_2O ausschließlich als Eis vor (roter Bereich), im Bereich mittlerer Drücke und Temperaturen existiert es in der flüssigen Phase (blau unterlegter Bereich), bei höheren Temperaturen dagegen nur in der Gasphase (gelber Bereich). Fällt der *p-T*-Zustand dagegen auf die Kurve (1), die *Sublimationskurve,* so kann das Eis sublimieren, es ist also mit der gasförmigen Phase im Gleichgewicht. Die Kurve (2), die *Schmelzkurve,* trennt die Bereiche fester und flüssiger Phase voneinander. Für alle Zustände, die durch p- und T-Werte auf dieser Kurve gekennzeichnet sind, stehen feste und flüssige Phase im Gleichgewicht. Schließlich kann der *p-T*-Zustand auf die Kurve (3), die *Dampfdruckkurve,* fallen, längs der die flüssige und gasförmige Phase koexistieren. Die Dampfdruckkurve endet beim *kritischen Punkt (p_K, T_K)*, den wir bereits bei der Diskussion der realen Gase kennengelernt haben (Abschnitt 11).

Im Schnittpunkt der Kurven (1), (2) und (3), dem sogenannten *Tripelpunkt,* sind alle drei Phasen miteinander im thermodynamischen Gleichgewicht.

Die Koexistenzkurven gelten nur für Gleichgewichtszustände. Da es bei thermischen Prozessen oft sehr lange dauert, bis sich ein Gleichgewicht eingestellt hat, können während der Einstellungszeit unterschiedliche Phasen auch außerhalb der Koexistenzkurven nebeneinander existieren. Ein Beispiel ist der Eiswürfel in einem Getränk, der sich in einem Nichtgleichgewichtszustand langsam auflöst.

Die Steigung dp/dT der drei *Koexistenzkurven* bei einer vorgegebenen Temperatur T wird durch die *Clausius-Clapeyron'sche Gleichung* mit der zugehörigen molaren Umwandlungswärme Q_U verknüpft:

$$\frac{\mathrm{d}p}{\mathrm{d}T} = \frac{Q_U}{T(V_a - V_b)}. \qquad (13\text{-}10)$$

Hier bedeuten V_a und V_b die Volumina, die ein Mol eines Stoffes in den beiden Phasen a und b einnimmt. Auf der Schmelzkurve ist für die Umwandlungswärme Q_U die Schmelzwärme einzusetzen, auf der Dampfdruckkurve entsprechend die Verdampfungswärme.

Nähert man sich auf der Dampfdruckkurve dem kritischen Punkt (KP in Abb. 13.6), so geht die Verdampfungswärme gegen null; zugleich wird der Unterschied der Volumina der flüssigen und der gasförmigen Phase geringer. Am kritischen Punkt haben beide Phasen gleiche Dichte; daher ist oberhalb KP eine Unterscheidung zwischen Gas und Flüssigkeit nicht mehr sinnvoll. Auf eine Eigenheit des *p-T*-Diagramms von H_2O sei hingewiesen: Die Schmelzkurve (2) ist leicht nach links geneigt. Physikalisch bedeutet dies, dass man aus dem festen Zustand nahe der Kurve durch Kompression in den flüssigen Zustand gelangt. Dieses Verhalten hängt mit der *Dichteanomalie* des Wassers (Abschnitt 13.1) zusammen. Durch Übergang in den flüssigen Zustand kann sich bei der Kompression das Volumen verringern.

Erfolgt der Verdampfungsvorgang an Luft, d. h. bei konstantem Außendruck, so müssen wir beachten, dass der Druck p im Phasendiagramm nicht den Außendruck, sondern den Partialdruck des Wasserdampfes angibt. Befinden wir uns auf der Verdampfungskurve bei einem Partialdruck, der kleiner ist als der Außendruck, so erfolgt die Verdampfung nur an der Flüssigkeitsoberfläche, und wir nennen den Vorgang *Verdunsten.* Bei Zu-

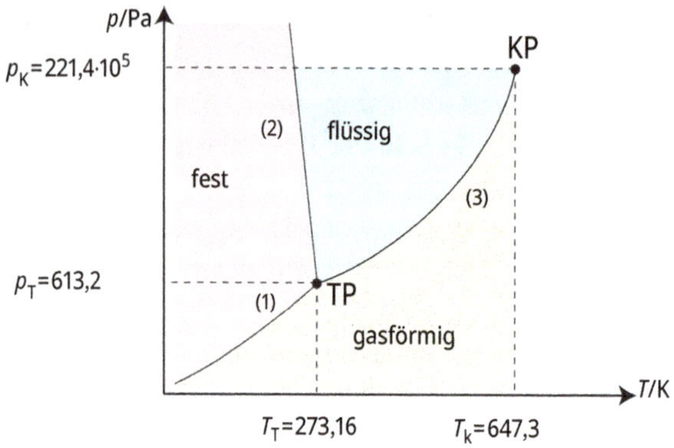

Abb. 13.6: *p*-*T*-Zustandsdiagramm (Phasendiagramm) von Wasser: (1) Sublimationskurve, (2) Schmelzkurve, (3) Dampfdruckkurve.

nahme der Temperatur steigt der Sättigungsdampfdruck. Erreicht er den Wert des Außendrucks, so kann der Verdampfungsvorgang aus dem gesamten Flüssigkeitsvolumen durch Bildung von Dampfblasen erfolgen, weil jetzt der Dampfdruck in den Gasblasen gleich dem Außendruck ist. Diesen Vorgang haben wir als *Sieden* kennengelernt.

Betrachten wir als Beispiel die Herstellung von Trockeneis. Festes CO_2 (Trockeneis) spielt als Kühlmittel im Labor eine große Rolle. Es entsteht, indem man aus einer unter Überdruck stehenden Flasche flüssiges CO_2 ausströmen lässt (sie muss dazu auf dem Kopf stehen!). Die Abkühlung durch Verdampfung und adiabatische Ausdehnung ist so groß, dass CO_2-Schnee entsteht. Bei Normaldruck liegt der Gleichgewichtszustand des Trockeneises auf der Sublimationskurve; CO_2 schmilzt also nicht wie normales (Wasser-)Eis. Da die Schmelzkurve von CO_2 leicht nach rechts neigt, lässt sich festes CO_2 bei geeigneter, festgehaltener Temperatur unter Druckerniedrigung verflüssigen.

Elektrizitätslehre

14 Elektrische und magnetische Größen

14.1 Vorbemerkung

Mit der Beschreibung elektrischer Phänomene betreten wir kein völlig neuartiges Feld von Naturerscheinungen. Vielmehr haben wir die elektrischen Kräfte bereits als die Ursache des atomaren (mikroskopischen) Aufbaus aller Materie kennengelernt und gesehen, dass es – genau genommen – die elektrischen Kräfte sind, die die mechanischen und thermischen Eigenschaften der Stoffe bestimmen. Dass wir trotzdem von den elektrischen Ursachen bei den makroskopischen Theorien der Mechanik und Wärme absehen konnten, hat folgenden Grund:

Elektrische Ladungen können beiderlei Vorzeichen tragen. Da sich beim Aufbau makroskopischer Stoffe die elektrischen Ladungen beiderlei Vorzeichens gegenseitig kompensieren können – die Summe aller Ladungen dann also gleich null ist –, sind makroskopische Körper meist elektrisch neutral. Bei ihrer Beschreibung durch makroskopische Größen (Elastizitätsmodul, Viskosität, Wärmeleitung etc.) können wir daher deren elektrische Ursachen außer Acht lassen. Erst zur Erklärung im mikroskopischen Modell müssen diese herangezogen werden.

Nur wenn sich in makroskopischen Körpern die elektrischen Ladungen nicht vollständig kompensieren, also ein Ladungsüberschuss eines Vorzeichens besteht, beobachten wir an ihnen makroskopische Wirkungen elektrischer Kräfte. Da diese Ladungsüberschüsse normalerweise äußerst klein sind, erscheinen uns im Alltag die resultierenden elektrischen Kräfte – verglichen etwa mit den (schwachen) Gravitationskräften – nicht in der Stärke, die der Gesamtzahl der Ladungen ohne Berücksichtigung ihrer Vorzeichen entspräche. In den folgenden Abschnitten wollen

wir uns hauptsächlich mit den makroskopischen Auswirkungen der elektrischen Kräfte, den Spannungen, Strömen, Widerständen etc. befassen. Dabei soll nach der Einführung von Ladung und Spannung die elektrische Stromstärke am Anfang stehen, da diese im Internationalen Einheitensystem (SI) als Basisgröße verwendet wird.

14.2 Ladung

14.2.1 Ladungsmenge

Wie die Masse, so ist auch die elektrische Ladung Q (oft auch als Kleinbuchstabe q; da es in diesem Abschnitt nur um die elektrische Ladung gehen wird, werden wir das „elektrisch" der Kürze wegen weglassen) eine Eigenschaft der Materie. Träger dieser Ladungen sind Elementarteilchen (Abschnitt 21.1.1). Während Ladung stets an Masse gebunden ist, lässt sich dies nicht allgemein umkehren: Es gibt Elementarteilchen, die zwar Masse, jedoch keine Ladung besitzen (z. B. das W-Boson). Die (abgeleitete) SI-Einheit der elektrischen Ladung ist *Coulomb* (C); sie setzt sich, wie wir noch sehen werden (Abschnitt 14.4), aus den Basiseinheiten Ampere und Sekunde zusammen: *1 Coulomb = 1 Amperesekunde* (As). Die durch einen Blitz zwischen Wolke und Erde transportierte Ladungsmenge beträgt größenordnungsmäßig 1 C.

> Träger der kleinsten bekannten stabilen negativen elektrischen Ladung ist das Elektron; man nennt diese Ladung (vom Betrag) die *Elementarladung e*. Ihr Zahlenwert beträgt in SI-Einheiten: $e = 1{,}602 \cdot 10^{-19}$ C. Das positiv geladene Proton trägt ebenfalls eine Elementarladung, jedoch positiven Vorzeichens.

https://doi.org/10.1515/9783110691658-016

An dieser Stelle sei auf eine begriffliche Unschärfe hingewiesen: Mit „Ladung" wird manchmal die Elementarladung gemeint oder aber die „Gesamtladung", auch „Ladungsmenge" genannt.

Die Kraft zwischen den Ladungen geladener Elementarteilchen ist größer als diejenige zwischen ihren Massen. So ist die elektrische Kraft (Coulomb-Kraft) zwischen zwei Elektronen rund 10^{42}-mal so groß wie deren Massenanziehungskraft (Gravitationskraft bei gleichem Abstand).

Die elektrischen Ladungen können im Gegensatz zur Masse unterschiedliche Vorzeichen aufweisen. Daraus resultiert, dass die elektrischen Wechselwirkungskräfte (Abschnitt 5.1.1) sowohl anziehend als auch abstoßend sein können. Als wesentliche Konsequenz aus dieser Tatsache wurde in der Vorbemerkung bereits die Möglichkeit erwähnt, dass elektrische Ladungen im Gegensatz zu Gravitationsladungen sich in ihrer Wirkung kompensieren können, sodass makroskopische, kondensierte Materie trotz ihrer großen Zahl von Elektronen und Protonen ebenso wie Atome *von außen* elektrisch neutral erscheinen.

Mit der elektrischen Ladung Q eines Körpers gibt man die Summe aller in ihm enthaltenen Elementarladungen an, wobei bei der Summenbildung die Ladungsvorzeichen zu berücksichtigen sind. Entzieht man einem elektrisch neutralen Atom eine negative Elementarladung (durch Wegnahme eines Elektrons), so ist der Rest, *Kation* genannt, nach außen hin Träger einer positiven elektrischen Elementarladung. Stellen Z_p bzw. Z_e die Zahlen positiver bzw. negativer Elementarladungen im Atom dar, so gilt für ein einfach (zweifach, dreifach ...) geladenes Kation:

$$Z_p - Z_e = 1, 2, 3, ...$$

Erhält umgekehrt ein Atom ein zusätzliches Elektron und kann es dieses festhalten, so besitzt es negative Überschussladung und wird als *Anion* bezeichnet. Je nach der Zahl der fehlenden oder überschüssigen Elektronen kann also ein Körper (Atom, Molekül, makroskopischer Körper) positiv oder negativ geladen sein.

Ladungen können weder erzeugt noch vernichtet werden, d. h., die Summe aller Ladungen in einem abgeschlossenen System ist konstant. Dieses Gesetz wird als *Erhaltungssatz für die elektrische Ladung* bezeichnet.

Kontinuierliche und gequantelte Größen Die physikalischen Größen der klassischen Physik wie Energie oder elektrische Ladung sind, makroskopisch betrachtet, durchweg kontinuierlich veränderlich. Dies gilt nicht mehr in der mikroskopischen Welt der Atome bzw. Elementarteilchen. Hier erweisen sich, wie die Quantentheorie lehrt, Energie, Drehimpuls, elektrische Ladung usw. als physikalische Größen, die nur in diskreten Schritten geändert werden können; sie sind *gequantelt*. Sie sind diskontinuierlich, und für ihre kleinstmöglichen Mengen ist die Bezeichnung *Quant* oder *Elementar-Quantum* eingeführt worden. Das Quant der elektrischen Ladung ist die Elementarladung. Wegen begrenzter Messgenauigkeit ist es unmöglich, bei großen Ladungsmengen die diskontinuierliche Änderung durch Zugabe einzelner Elektronen zu messen. Lädt man z. B. eine Kondensatorplatte mit 10^{10} Elektronen auf, so gibt es keine Messmethode, die gestatten würde, die Änderung der Gesamtladung zu messen, wenn ein einzelnes Elektron hinzukommt. Die Ladung erweist sich makroskopisch somit als quasikontinuierlich, und wir können im Rahmen der klassischen Elektrizitätslehre die Ladungsmenge Q als stetige veränderliche Größe ansehen, solange sie sich aus einer großen Anzahl von Elementarladungen zusammensetzt.

Entsprechendes gilt übrigens, wie wir später sehen werden, für die Intensität des Lichtes. Sie ist im mikroskopischen Bild proportional der Anzahl von *Lichtquanten* pro Zeit und Fläche und damit eine diskontinuierliche, im makroskopischen Bild als Lichtenergie pro Zeit und Fläche aber eine kontinuierliche Größe. Ein weiteres Beispiel ist der radioaktive Zerfall. Hier kann sich die Zahl radioaktiver Atome nur in ganzzahligen Schritten ändern. Das makroskopische Zerfallsgesetz (Abschnitt 21.2.3) jedoch beschreibt den radioaktiven Zerfall als kontinuierlichen Vorgang.

14.2.2 Kraft zwischen elektrischen Ladungen

Als Kraft zwischen zwei Punktladungen haben wir bereits in Abschnitt 5.1.1 die *Coulomb-Kraft* kennengelernt:

$$F = \frac{1}{4\pi\varepsilon_0} \frac{Q_1 Q_2}{r^2}, \qquad (14\text{-}1)$$

wobei Q_1 und Q_2 die Ladungsmengen und r den Abstand zwischen beiden Ladungen bedeuten und die Konstante $\varepsilon_0 = 8{,}855 \cdot 10^{-12}$ C V^{-1} m^1 die *elektrische Feldkonstante* ist, eine Naturkonstante wie die Gravitationskonstante (die komplizierte Form der Proportionalitätskonstanten im Vergleich zur Gravitationskraft ist dadurch bedingt, dass die mathematische Formulierung zur Zeit der Entdeckung der Coulomb-Kraft schon deutlich weiter fortgeschritten war als zu Newtons Zeiten). Die Richtung des Kraftvektors $\vec{F}$ weist längs der Abstandsgeraden.

Bei ausgedehnten geladenen Körpern findet man im Prinzip die resultierende Kraft dadurch, dass man alle zwischen den einzelnen Ladungen wirkenden Kräfte vektoriell addiert. Dabei kann, wie wir schon am Beispiel der Dipolkräfte (Abschnitt 5.1.1) gesehen haben, die Abhängigkeit der resultierenden Kraft vom Quadrat des Abstands verloren gehen. Für die Wechselwirkung zwischen permanenten Dipolen gilt $F \sim 1/r^4$. Zwei gegeneinander isolierte ebene Platten *(Plattenkondensator)* mit den Flächen A, die mit der Ladung $+Q$ bzw. $-Q$ aufgeladen sind, ziehen sich gegenseitig mit einer resultierenden Kraft an, die unabhängig vom Abstand der Platten ist (Tab. 14.1), solange dieser nicht zu groß wird.

Tab. 14.1: Abstandsabhängigkeit der Kraft für verschiedene Ladungskonfigurationen.

Anordnung der Ladungen		Abstandsabhängigkeit der Kraft
	zwei Punktladungen	$F \sim \dfrac{1}{r^2}$
	Punktladung vor ebener leitfähiger Platte	$F \sim \dfrac{1}{r^2}$
	zwei Dipole	$F \sim \dfrac{1}{r^4}$
	zwei ebene, gegeneinander isolierte, entgegengesetzt geladene Platten	F unabhängig von r (bei nicht zu großem Abstand)

14.3 Die elektrische Spannung

In der Mechanik haben wir *Spannungen* wie die Zugspannung, die Druckspannung und die Oberflächenspannung kennengelernt. In der Elektrizitätslehre begegnet uns der Begriff der Spannung erneut, hat hier jedoch eine andere Bedeutung als in der Mechanik, wie wir in diesem Abschnitt sehen werden.

14.3.1 Elektrische Arbeit und elektrisches Potential

Zwei mit Ladungen entgegengesetzten Vorzeichens Q_1 bzw. Q_2 elektrisch geladene Körper sollen sich im Abstand r_0 gegenüberstehen. Verschieben wir nun den einen Körper längs der Strecke r entgegen der zwischen beiden Körpern wirkenden anziehenden Coulomb-Kraft $\vec{F}$ (Gl. (14-1)), so muss dazu nach Gl. (3-2) die Verschiebungsarbeit W verrichtet werden:

$$W = \int_{r_0}^{\vec{r}_0 + \vec{r}} \vec{F} d\vec{r}. \qquad (14\text{-}2)$$

Analog zum Verschieben einer Masse gegen die Gravitationskraft durch Hubarbeit ist das Ergebnis des Prozesses potentielle Energie in dem aus den beiden Körpern gebildeten System. Losgelassen werden sich die beiden Körper aufgrund der Coulomb-Kraft wieder aufeinander zubewegen, wobei die potentielle Energie in kinetische Energie umgewandelt wird.

Wollen wir nun den Einfluss der Ladung Q_1 auf die potentielle Energie des Systems betrachten, so führen wir als neue physikalische Größe den Quotienten W/Q_1 ein:

$$\varphi = \frac{W}{Q_1} = \frac{1}{Q_1} \int_{r_0}^{\vec{r}_0 + \vec{r}} \vec{F} d\vec{r}. \qquad (14\text{-}3a)$$

φ bzw. W/Q_1 wird als das *elektrische Potential* bezeichnet. Für die Differenz zwischen zwei elektrischen Potentialen (wobei das eine auch z. B. null sein kann) wird der Begriff *(elektrische) Spannung* mit dem Symbol U verwendet. Ihre SI-Einheit ist Joule/Coulomb und wird mit dem neuen Namen *Volt* (V) bezeichnet.

Von der elektrischen Spannung leitet sich eine in der Atom- und Kernphysik häufig verwendete (Pseudo-)Energieeinheit ab:

Verschiebt man nämlich eine elektrische Elementarladung e um die Spannung $U = 1$ V, so ist dazu die Energie

$$W = 1\,\mathrm{V} \cdot 1{,}602 \cdot 10^{-19}\,C = 1{,}602 \cdot 10^{-19}\,\mathrm{J} \qquad (14\text{-}3b)$$

erforderlich. Diesen Energiebetrag bezeichnet man als 1 *Elektronenvolt* (mit der Abkürzung eV).

14.3.2 Spannungsquellen

Ganz allgemein ist eine *Spannungsquelle* dadurch gekennzeichnet, dass sie zwei Anschlüsse

(Pole) besitzt, zwischen denen eine Potentialdifferenz, also eine Spannung, besteht.

Galvanische Elemente waren die ersten künstlichen Quellen elektrischer Energie. Das Prinzip eines galvanischen Elements als *Gleichspannungsquelle* beruht auf der unterschiedlichen *Lösungstension* (Löslichkeit) verschiedener Materialien in einem Elektrolyten.

Tauchen wir einen Metallstab in eine Flüssigkeit, dann gehen wegen der zwischen den Metallionen und Flüssigkeitsteilchen bestehenden Adhäsionskräfte einzelne positive Metallionen in Lösung (*Solvatation*, Abschnitt 13.3.4). Die Leitungselektronen bleiben aber im Metallstab zurück. Mit zunehmender Ladungstrennung baut sich daher zwischen dem Innern des Metalls und der Lösung eine elektrische Spannung auf.

Verschiedene Metalle, z. B. Zink (Zn) und Kupfer (Cu), besitzen unterschiedliche Lösungstensionen, d. h. unterschiedliches Bestreben, in Lösung zu gehen. Aus diesem Grunde ist die Spannung zwischen Zn-Stab und Lösung L, U (Zn, L) verschieden von der zwischen Cu-Stab und Lösung L, U (Cu, L). Damit entsteht eine Spannung zwischen Zn-Stab und Cu-Stab (Abb. 14.1); sie ergibt sich zu:

$$U(\mathrm{Zn, Cu}) = U(\mathrm{Zn, L}) - U(\mathrm{Cu, L}). \qquad (14\text{-}4)$$

In reinem H_2O ist die Lösungstension von Zn und Cu und damit die Spannung U (Zn, Cu) sehr gering. Man kann sie durch Zugabe einer Säure wie z. B. Schwefelsäure vergrößern und erhält dadurch einen *Elektrolyten*, der wesentlich effektiver ist. Die in Abb. 14.1 gezeigte Anordnung vermag also als Spannungsquelle zu dienen; man nennt sie ein *galvanisches Element*. Wegen der höheren Lösungstension des Zn gegenüber der des Cu ist verständlich, dass das Element seinen negativen Pol beim Zn hat. Diesen nennt man die negative *Elektrode*, den Cu-Stab die positive Elektrode.

Der Lösungstension entgegen wirkt die zwischen den gelösten Metallionen und den

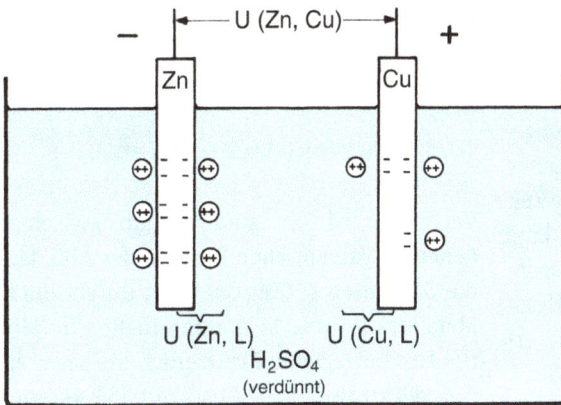

Abb. 14.1: Galvanisches Element.

Elektroden sich aufbauende Coulomb-Kraft; sie ist umso größer, je mehr Ionen in Lösung gehen. Dadurch ist der Auflösung der Metallelektroden – und auch der Ladungstrennung – eine Grenze gesetzt. Im Gleichgewicht stellen sich konstante Spannungen U (Zn, L), U (Cu, L) und U (Zn, Cu) ein.

Neben dem [Zn, Cu, H_2SO_4]-Element gibt es eine Vielzahl anderer galvanischer Elemente, z. B. in der klassischen Autobatterie (Blei-Säure-Akku) [Pb, PbO_2, H_2SO_4]. Die heutzutage weit verbreitete Alkaline-Zelle (Alkali-Mangan-Zelle) verwendet eine wässrige Lösung von Kaliumhydroxid als alkalischen Elektrolyt. Die *Kathode* (positive Elektrode) liegt außen und ist ein innen mit Mangandioxid beschichteter Metallbecher; die in der Mitte der Zelle liegende *Anode* (negative Elektrode) besteht aus Zinkpulver. Dieses galvanische Element weist eine Leerlaufspannung von 1,5 V auf, durch Reihenschaltung mehrerer Zellen können Vielfache dieser Spannung (3 V, 4,5 V, 6 V usw.) erzielt werden.

Spannungsreihe Ordnet man verschiedene Elektrodenmaterialien nach abnehmender Lösungstension in einer Reihe, so ergibt sich die *Volta'sche Spannungsreihe*:

Li Al Zn Fe Cd Ni Pb H Cu Ag Hg Au Pt

Diese Reihenfolge besagt, dass irgendein Material, wenn man es in eine Elektrolytlösung bringt, gegenüber allen links von ihm stehenden Materialien eine geringere Lösungstension hat und daher die positive Elektrode wird, während es gegenüber allen rechts von ihm stehenden zur negativen Elektrode wird. Die Spannung eines galvanischen Elements ist daher umso größer, je weiter die beiden Elektrodenmaterialien in der Spannungsreihe voneinander entfernt sind. Als Folge dieser Spannungsreihe hat man z. B. im Mund von Patienten, denen Plomben von Metalllegierungen unterschiedlicher Lösungstension eingesetzt wurden (z. B. Gold und Quecksilber-Amalgam), schon Spannungen bis zu 2 V nachgewiesen.

Werden dem einen galvanischen Element Ladungen entnommen (genau genommen werden die Ladungen von einer auf die andere Elektrode verschoben), so kommt es zum Verbrauch der Elektroden. Diese elektrochemische Reaktion kann irreversibel (einmal nutzbare Zelle) oder reversibel (wiederaufladbare Zelle: Akkumulator) verlaufen.

Die durch die Klimaschäden durch Kohlendioxid gegebene Notwendigkeit CO_2-emissionsfreier Fahrzeugantriebe hat der Speicherung elektrischer Energie in galvanischen Elementen eine herausragende Bedeutung verliehen. Die heutzutage am weitesten dafür eingesetzte Zelle verwendet Lithium-Cobalt(III)-oxid als positive und Graphit als negative Elektrode sowie Lithiumhexafluorophosphat in wasserfreien Lösungsmitteln als Elektrolyt, womit eine Zellspannung von 3,6 V erzielt wird.

Galvanische Elemente liefern *Gleichspannung*, d. h. zeitlich konstante Spannung von einigen Volt.

Dagegen liefert die an das elektrische Netz angeschlossene Steckdose zu Hause oder im Labor *Wechselspannung*, d. h. periodisch mit der Zeit sich ändernde Spannung (Abschnitt 14.9.2). Eine Periode dauert hier $^1/_{50}$ s, und die Effektivspannung beträgt 230 V (Abschnitt 14.9.8). Wechselspannung wird mit der Dynamomaschine erzeugt (Abschnitt 16.2.1).

Auch in biologischen Organismen entstehen Spannungen. Im Prinzip handelt es sich dabei um schwache elektrolytische Elemente in Zellen oder deren Trennwänden (Membranen). Die *biologischen Spannungen* sind häufig zeitlich nicht konstant. Einigermaßen periodisch wiederkehrend sind z. B. die Spannungssignale, die unser Herz beim Kontrahieren liefert und die in einem *Elektrokardiogramm* (EKG) aufgezeichnet werden können. Die Größenordnung biologischer Spannungen liegt bei 100 mV (vgl. Abschnitt 15.1 und 16.1.3). Bei *elektrischen Fischen* (Zitteraal, Zitterrochen, Zitterwels) ist eine Vielzahl biologischer Spannungsquellen hintereinandergeschaltet, sodass sich eine Gesamtspannung bis zu 500 V aufsummiert und die Tiere dadurch eine gefährliche Waffe besitzen.

14.4 Der elektrische Strom

Verbinden wir Zn- und Cu-Stab, zwischen denen im galvanischen Element der Abb. 14.1 die Spannung U (Zn, Cu) liegt, durch einen Metalldraht (Abb. 14.2), dann fließen im Metall frei bewegliche Elektronen, die sog. *Leitungselektronen* (vgl. Abschnitt 15.2.4), vom negativen Zn-Pol zum positiven Cu-Pol, um die Ladungsunterschiede auszugleichen.

Einen Ladungsfluss bezeichnen wir als *elektrischen Strom I*. Dabei ist die Größe von *I* durch die pro Zeit *t* durch den Leiterquerschnitt hindurchfließende Ladungsmenge *Q* gegeben:

$$I = \frac{Q}{t}. \qquad (14\text{-}5a)$$

Die *Stromstärke I* ist eine der sieben Basisgrößen des SI mit der SI-Einheit *Ampere* (A). Bei zeitlich veränderlichen Strömen ist der *Momentanwert* der Stromstärke durch den Differentialquotienten $I = dQ/dt$ definiert. Beziehen wir die Ladung, die pro Zeit *t* durch den Leiterquerschnitt hindurchfließt, auch auf

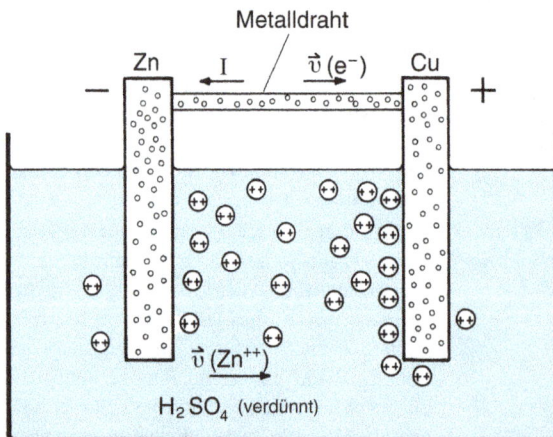

Abb. 14.2: Elektrischer Strom im Galvanischen Element [Zn, Cu, H_2SO_4]: Negative Ladungen (Elektronen) fließen durch den Metalldraht und positive Ladungen (Zn^{++}-Ionen) durch die verdünnte Schwefelsäure vom Zn- zum Cu-Stab ($\vec{v}$ ist die Geschwindigkeit der Ladungsträger).

die Fläche A des Leiterquerschnitts, dann erhalten wir die Stromdichte j:

$$j = \frac{I}{A}, \text{ mit der SI-Einheit A m}^{-2}. \qquad (14\text{-}5b)$$

Außer dem Strom im Metalldraht fließt auch in der Lösung ein Strom. Dort sind Ionen die Ladungsträger. Da das Zn eine gegenüber dem Cu größere Lösungstension besitzt, wandern vornehmlich Zn^{++}-Ionen zur Cu-Elektrode.

Wenn ein Zn^{++}-Ion in Lösung geht, bleiben entsprechend der positiven Ladung des Ions zwei frei bewegliche Elektronen im Zn-Stab zurück. Sie bewegen sich unter dem Einfluss der Spannung U (Zn, Cu) durch den Metalldraht zum positiven Cu-Stab. Gelangt nun ein Zn^{++}-Ion aus der Lösung zum Cu-Stab, so neutralisiert es sich, indem es an der Oberfläche des Cu-Stabes zwei Elektronen aufnimmt. Das neutrale Zn-Atom schlägt sich dann am Cu-Stab nieder. Damit ist ein Zn^{++}-Ion der Lösung entnommen, und es kann am Zn-Stab ein neues Ion in Lösung gehen, wobei zwei Elektronen zurückbleiben. Dieser Vorgang wiederholt sich, bis sich der Cu-Stab nach und nach mit einer metallischen Zn-Schicht überzieht. Danach ist das galvanische Element als *Ladungspumpe* verbraucht.

Die Leistungsfähigkeit eines galvanischen Elements bei Stromfluss ist dadurch bestimmt, wie schnell Ladungen voneinander getrennt werden, d. h., wie viele Zn^{++}-Ionen pro Sekunde in Lösung gehen können; dies hängt z. B. von der Größe der Metallelektroden ab. In der Autobatterie (Abschnitt 15.2.3), einem Element mit Pb-PbO$_2$-Elektroden, sind deshalb die Elektroden als Platten ausgebildet. Die Leistungsfähigkeit einer biologischen Spannungsquelle (Abschnitt 15.1) ist gegenüber einer solchen Batterie um den Faktor 10^5 bis 10^6 geringer.

Die durch den Draht zum Cu-Stab fließenden Leitungselektronen können wir mit einem Strommessgerät, einem *Amperemeter,* anzeigen. (Über die technische Funktionsweise von Strom- und Spannungsmessgeräten wird Abschnitt 16.1 Auskunft geben.) Wird der Strom I durch eine Gleichspannung U hervorgeru-

fen, so behält die dadurch bedingte Bewegung der Ladungsträger im Draht immer dieselbe Richtung bei. Als *Stromrichtung* ist vor ca. 200 Jahren (mangels besseren Wissens) die Flussrichtung der positiven Ladungsträger vom negativen zum positiven Pol der Spannungsquelle definiert worden; die Elektronen in einem Metalldraht fließen also stets entgegen der so definierten Stromrichtung.

Legen wir an einen Leiter eine Wechselspannung, dann ändern die Leitungselektronen ihre Geschwindigkeit nach Betrag und Richtung, wie es ihnen die zeitlich sich ändernde Spannung $U(t)$ aufzwingt. Entsprechend ändert sich auch die Stromrichtung *(Wechselstrom).*

14.5 Widerstand, Leitwert

14.5.1 Leiter, Nichtleiter

Alle Stoffe enthalten Ladungsträger in außerordentlicher Menge (Elektronen, Protonen oder Ionen). Das elektrische Verhalten der Stoffe hängt entscheidend davon ab, wie beweglich ihre Ladungsträger sind.

Stoffe mit mehr oder weniger frei beweglichen Ladungsträgern (Elektronen im Metall, Ionen in der Lösung des galvanischen Elements) bezeichnen wir als *Leiter.* Stoffe mit nicht frei beweglichen (nicht wanderungsfähigen) Ladungsträgern bezeichnen wir als *Nichtleiter* oder *Isolatoren.* Sind nur wenige freie Ladungsträger vorhanden, so sprechen wir von einem *Halbleiter* (vgl. Abschnitt 15.2.4).

Beim Porzellan, das als Isolator bei Hochspannungsleitungen verwendet wird, sind alle Ladungsträger (Ionen und Elektronen) derart fest an ihre Plätze im Atomverband gebunden, dass nur äußerst große elektrische Kräfte die Bindungskräfte überwinden und die Ladungsträger über größere Entfernungen bewegen könnten.

Die beweglichen Elektronen in einem Leiter würden durch die elektrische Kraft, die beim Anlegen einer Spannung an den Leiter auf sie wirkt (Gl. (14-3)), gleichmäßig beschleunigt werden, wenn nicht der Leiter dem Elektronenfluss einen Reibungswiderstand entgegensetzen würde. Dieser Reibungswiderstand ist die Folge von Stoßprozessen der negativ geladenen Elektronen mit den positiv geladenen Atomrümpfen. Je höher die Geschwindigkeit der Elektronen, umso häufiger die Stöße, umso größer also die Reibung. Ist die Reibungskraft ebenso groß wie die beschleunigende elektrische Kraft, so bewegen sich die Elektronen mit konstanter Geschwindigkeit. Somit hängt der mittlere elektrische Widerstand eines Körpers entscheidend von dieser Reibungskraft ab. Die durch das Zusammenwirken von äußerer Kraft und Reibungskraft bedingte Bewegung mit konstanter Geschwindigkeit haben wir schon bei der in einer viskosen Flüssigkeit unter dem Einfluss der Schwerkraft fallenden Kugel kennengelernt (vgl. Abschnitt 5.3.3.2.2).

Die Spannung bewirkt ein Gefälle für den Fluss elektrischer Ladungen. Sie erfüllt damit eine Funktion ähnlich der Druckdifferenz bei laminarer Strömung von Flüssigkeiten. Dort wird die Stromstärke durch die Druckdifferenz (Abschnitt 5.3.3.2.2), die zwischen Rohranfang und -ende liegt, und durch den Strömungswiderstand bestimmt. Ganz analog gilt für den elektrischen Fall:

> Die elektrische Stromstärke I wird durch die elektrische Spannung U und den *elektrischen Widerstand R* bestimmt: $I = \frac{U}{R}$. Die SI-Einheit des Widerstands, VA^{-1}, trägt den Namen *Ohm* (Ω). Den Kehrwert von R bezeichnen wir als *Leitwert G*, mit der SI-Einheit AV^{-1} = *Siemens* (S).

Wir können diesen Sachverhalt auch andersherum interpretieren: Fließt durch ein Leiterstück mit dem Widerstand R ein Strom I (weil eine Spannungsquelle angeschlossen ist), so

nimmt die Potentialdifferenz entlang des Leiters kontinuierlich ab, oder anders ausgedrückt, so *fällt* an diesem Leiterstück die Spannung $U = I \cdot R$ ab *(Spannungsabfall)*.

Im folgenden Kapitel beschreiben wir, wie sich Widerstand und Leitwert eines Stoffes aus seinen Materialeigenschaften bestimmen lassen.

14.5.2 Spezifischer Widerstand, spezifische Leitfähigkeit

> Der elektrische Widerstand R eines Körpers hängt von seiner Dimensionierung (Länge l, Querschnitt A) und vom Material, aus dem er besteht, ab:
>
> $$R = \varrho \frac{l}{A}. \tag{14-6}$$
>
> Die Konstante ϱ bezeichnet man als den *spezifischen Widerstand* (die *Resistivität*) des betreffenden Materials, mit der SI-Einheit Ωm.

Die Resistivität ändert sich mit der Temperatur:

$$\varrho(t) = \varrho_{20}[1 + \alpha(t - 20\,°C)]. \tag{14-7}$$

Die Größe ϱ_{20} gibt den Wert des spezifischen Widerstands bei 20 °C und ($t - 20$ °C) die Temperaturdifferenz in °C zu 20 °C an. Der Temperaturkoeffizient α (mit der Einheit $°C^{-1}$) ist wie ϱ_{20} eine Stoffkonstante. Beispielsweise bei Kohle und bei elektrolytischen Leitern ist α negativ, d. h., ihr elektrischer Widerstand nimmt mit zunehmender Temperatur ab. Umgekehrt ist es bei Metallen: Dort steigt der Widerstand. Das unterschiedliche Temperaturverhalten von Metall- und Kohlewiderständen lässt sich mit folgendem einfachen Versuch experimentell nachweisen: Nach gleichzeitigem Einschalten einer Metallfadenglühlampe und einer Kohlefadenlampe beobachten wir rasches Aufleuchten des Metallfadens, während der Kohlefaden erst etwa nach einer Sekunde seine volle Lichtstärke zeigt, da sein Widerstand mit steigender Temperatur sinkt. (Eine physikalische Begründung der unterschiedlichen Temperaturabhängigkeiten von ϱ_{Kohle} und ϱ_{Metall} findet sich in Abschnitt 15.2.4.)

Tab. 14.2 enthält die spezifischen Widerstände und Temperaturkoeffizienten einiger Materialien. Die Zahlen hängen sehr von der Reinheit des Stoffes ab. Abgesehen von Silber (das teuer ist), hat Kupfer den geringsten spezifischen Widerstand; es eignet sich daher gut zum Leitungsbau. Dennoch wird für Freileitungen heutzutage nur Aluminium verwendet. Da es nicht ganz die doppelte Resistivität, dafür aber weniger als ein Drittel der Dichte von Kupfer hat, kommt man bei einer Aluminium-Leitung mit weniger Material (Masse) aus als bei einer Kupfer-Leitung.

Je kleiner ϱ ist, desto besser leitet der betreffende Stoff den elektrischen Strom. Man nennt daher den reziproken Wert von ϱ die *spezifische elektrische Leitfähigkeit*:

$$\sigma = \frac{1}{\varrho}, \tag{14-8}$$

mit der Dimension *Leitwert/Länge* und der SI-Einheit S m^{-1}.

14.5.3 Strom-Spannungs-Kennlinie von Leitern

Variieren wir die an einem Leiter anliegende Spannung, so können wir die Änderung des Stroms messen. Entsprechend dem Stromstärke-Druckdifferenz-Diagramm für Flüssigkeiten (Abb. 5.32) tragen wir dann in einem Diagramm die Spannung U gegen den elektrischen Strom I auf und erhalten als Steigung dieser *Kennlinie* den elektrischen Widerstand R. In Abb. 14.3 haben wir einen elektrischen Leiter mit Widerstand R zwischen die Pole einer Spannungsquelle geschaltet und die zugehörige *I-U*-Kennlinie gezeichnet. Aus den Achsenabschnitten ΔU und ΔI lässt sich der Widerstand $R = \Delta U/\Delta I$ berechnen. Ist die *I-U*-Kennlinie eine Gerade, so bedeutet das, dass der Widerstand einen konstanten Wert unabhängig von den Größen von Strom und Spannung besitzt.

Tab. 14.2: Spezifischer Widerstand ϱ und Temperaturkoeffizient α.

Material	ϱ (Ω m) bei 20 °C	α (°C^{-1})
Ag	$1{,}6 \cdot 10^{-8}$	+0,004
Cu	$1{,}7 \cdot 10^{-8}$	+0,004
Au	$2{,}3 \cdot 10^{-8}$	+0,004
Al	$2{,}7 \cdot 10^{-8}$	+0,0047
Fe	$9 - 15 \cdot 10^{-8}$	+0,0045
Pt	$10{,}8 \cdot 10^{-8}$	+0,0035
Hg	$95{,}8 \cdot 10^{-8}$	+0,001
Kohle	$50 - 100 \cdot 10^{-8}$	−0,0008
Konstantan	$50 \cdot 10^{-8}$	0
H$_2$SO$_4$ (15%ig)	$184 \cdot 10^{-8}$	<0
KOH (15%ig)	$185 \cdot 10^{-8}$	<0
H$_2$O	$\approx 2 \cdot 10^{5}$	–
(mehrfach destilliert)	$>10^{12}$	–
Glas, Porzellan, Kunststoffe	$>10^{13}$	–

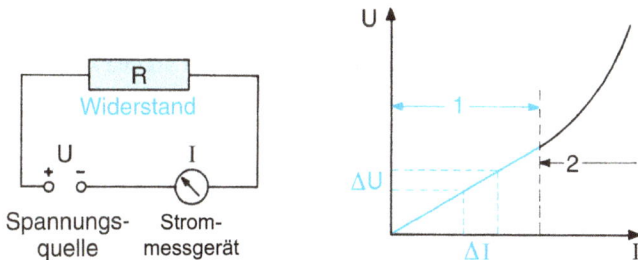

Abb. 14.3: Strom-Spannungs-Kennlinie eines Leiters mit Widerstand R, welcher an eine Gleich-spannungsquelle U angeschlossen ist und vom Strom I durchflossen wird. Bereich 1 ist der *Ohm'sche Bereich* mit R = konstant; im Bereich 2 ist R nicht konstant.

Im speziellen Fall, wenn der Widerstand R bezüglich der Variablen U und I konstant und damit die Stromstärke proportional zur Spannung ist, nennt man die Beziehung

$$U = RI \qquad (14\text{-}9)$$

das *Ohm'sche Gesetz*. Widerstände mit dieser Eigenschaft (Bereich 1 in Abb. 14.3) heißen *Ohm'sche Widerstände*.

Zusammenhang zwischen Stromdichte und elektrischer Feldstärke Setzen wir in das durch Gl. (14-9) formulierte Ohm'sche Gesetz den durch Gl. (14-6) beschriebenen Widerstand ein, so erhalten wir

$$I = \frac{1}{\varrho}\frac{A}{l}U \text{ bzw. } \frac{I}{A} = \frac{1}{\varrho}\frac{U}{l}. \qquad (14\text{-}9a)$$

Der Quotient I/A beschreibt die Stromdichte j (Gl. (14-5b)) und der Quotient $1/\varrho$ die Leitfähigkeit σ (Gl. (14-8)). Der Quotient aus Spannung U, die zwischen den Enden des Leiters der Länge l liegt, und der Länge l selbst wird als *elektrische Feldstärke E* bezeichnet; sie ist in jedem Stück des Leiters konstant (siehe hierzu Abschnitt 14.7). Mit den Quotienten $I/A = j$, $1/\varrho = \sigma$ und $U/l = E$ erhalten wir eine zu Gl. (14-9) äquivalente Formulierung des Ohm'schen Gesetzes:

$$j = \sigma E. \qquad (14\text{-}10)$$

Bei konstanter Leitfähigkeit σ besteht also zwischen Stromdichte j und elektrischer Feldstärke E im (Ohm'schen) Leiter eine lineare Beziehung.

Abweichungen vom Ohm'schen Gesetz sind bei elektronischen Bauelementen wie der Halbleiterdiode (Abschnitt 15.2.4) oder bei manchen Widerständen zu finden, die sich beim Stromdurchgang z. B. erwärmen und sich dadurch verändern. Diese Abweichungen machen sich in der Strom-Spannungs-Kennlinie durch nichtlinearen Kurvenverlauf bemerkbar (Bereich 2 in Abb. 14.3). Den durch die Steigung $R = \mathrm{d}U/\mathrm{d}I$ in diesem nichtlinearen Bereich definierten Widerstand bezeichnen wir, um ihn vom konstanten Widerstand des Bereichs 1 zu unterscheiden, als *differentiellen* (Nicht-Ohm'schen) *Widerstand*.

14.6 Netzwerke

Beim Bau elektrischer Geräte sind oftmals komplizierte Kombinationen von elektronischen Bauteilen erforderlich. Der Schaltplan eines Fernsehapparates macht deutlich, dass dort Hunderte solcher Bauteile zu einem *Netzwerk* zusammengeschaltet sind. Als Netzwerk bezeichnen wir eine aus mehreren verzweigten Leitern aufgebaute Schaltung; wie jedes Netz ist es durch *Knoten* und *Maschen* charakterisiert. Soll in dem Netzwerk Strom fließen, dann muss es eine Spannungsquelle enthalten und zu einem Stromkreis geschlossen sein. Die Spannungsquelle dient dabei als Ladungspumpe.

14.6.1 Schaltbilder

Zur Skizzierung elektrischer Netzwerke wurde eine spezielle Bildschrift entwickelt, die in Deutschland nach DIN normiert ist, die zur Anfertigung von *Schaltbildern* (Schaltplänen) dient. Die wichtigsten Symbole werden im Folgenden angegeben:
- *Elektrische Leiter* werden durch Striche gekennzeichnet; sie sollen dem Stromtransport dienen, aber keinen Widerstand besitzen: ——.
- Verzweigungen (Knoten) von elektrischen Leitungen werden dargestellt durch ⊥.
- Ein Schalter (zum Öffnen/Schließen des Stromkreises) erhält das Symbol ——/—.
- Ein Ohm'scher Widerstand wird durch ein Rechteck dargestellt: —☐—, ggf. zusätzlich mit dem Buchstaben R, der neben dem Rechteck stehen oder eingeschrieben sein kann: —[R]—.

- Kondensatoren (Kapazitäten) kennzeichnet man mit —||—.
- Spulen (Induktivitäten) kennzeichnet man mit —⌇⌇⌇—.
- Spannungsquellen werden allgemein durch die symbolische Darstellung ihrer Klemmen (Pole) gekennzeichnet: —o o—.

   Eine genauere Charakterisierung kann durch die Angabe erfolgen, ob es sich um eine Gleichspannung $U-$ oder eine Wechselspannung $U\sim$ handelt. Im angelsächsischen Sprachbereich werden statt der Symbole „$-$" und „$\sim$" die Bezeichnungen DC *(direct current)* bzw. AC *(alternating current)* verwendet.

- Ein galvanisches Element wird durch die Metallplatten im Elektrolyten dargestellt: —||—.

   Dabei ist der kürzere Strich der Minuspol. Wollen wir verdeutlichen, dass in einer *Batterie* zur Erzeugung höherer Spannungen mehrere galvanische Zellen in Serie geschaltet sind, dann verwenden wir folgendes Symbol: —|⁻|||⁺|—.

- Für ein Strommessgerät (auch *Amperemeter* genannt) steht das Symbol —Ⓐ—.
- Für ein Spannungsmessgerät (auch *Voltmeter* genannt) steht das Symbol —Ⓥ—.

Mit diesen Zeichen können wir bereits einfache Stromkreise wie den in Abb. 14.3 gezeigten darstellen. Wichtig ist: Schaltpläne stellen nie die tatsächliche räumliche Anordnung der Bauelemente im Netzwerk dar; vielmehr steht die Übersichtlichkeit des Plans im Vordergrund.

14.6.2 Innenwiderstand einer Spannungsquelle

Im unbelasteten Zustand (ohne Stromfluss) liegt an den Polen einer Spannungsquelle eine bestimmte Spannung, die sogenannte *Leerlaufspannung* oder *Urspannung* U_0 (früher *elektromotorische Kraft*, EMK, genannt) an. Für die Größe dieser Spannung ist unwesentlich, wie lange die Spannungsquelle braucht, um U_0 aufzubauen. Schließen wir aber einen *Verbraucher* (eine *Last*, wie man häufig sagt) an die Spannungsquelle an, sodass Strom durch den Verbraucher fließt, dann ist für die Effektivität der Quelle entscheidend, wie schnell sie Ladungen unterschiedlichen Vorzeichens zu trennen vermag. Kann sie ebenso viele Ladungen pro Sekunde trennen, wie aufgrund des äußeren Stroms neutralisiert werden können, so bleibt die Spannung zwischen den Klemmen unverändert, andernfalls sinkt die Spannung zwischen den Anschlussklemmen. Um die bei der Belastung der Quelle sich einstellende Spannung von der Leerlaufspannung U_0 zu unterscheiden, wird sie als *Klemmenspannung* U_K bezeichnet.

In einer Taschenlampenbatterie sinkt U_K bereits stark ab, wenn ein Strom von mehr als 1 A durch den Verbraucher fließt; bei einer leistungsstarken Autobatterie geschieht dies erst, wenn beim Anlassen kurzfristig Ströme von etwa 100 A fließen.

Die Wechselbeziehung zwischen Strom und Klemmenspannung der Quelle wollen wir mithilfe eines Ersatzschaltbildes für die Spannungsquelle erläutern. Hierzu führen wir den *Innenwiderstand* der Spannungsquelle R_i ein (Abb. 14.4). Wir ersetzen also die Quelle in Gedanken durch das Modell eines Innenwiderstands R_i und einer fiktiven Quelle, die auch unter Belastung unverändert die Spannung U_0 liefert. Sobald ein Strom I durch diese Anordnung fließt, wird infolge des Spannungsabfalls an R_i die Klemmenspannung U_K kleiner als U_0: $U_K = U_0 - IR_i$. Die Größe des Innenwiderstands R_i kennzeichnet also, wie stark die Klemmenspannung U_K der Gleichspannungsquelle bei Belastung sinkt.

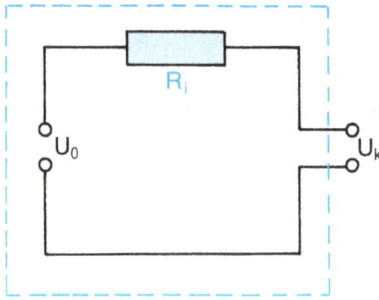

Abb. 14.4: Ersatzschaltbild einer Gleichspannungsquelle mit Innenwiderstand R_i.

Damit ist R_i ein Maß für die Leistungsfähigkeit der Spannungsquelle.

Einige Zahlenwerte: Eine Autobatterie besitzt einen Innenwiderstand von etwa 10^{-2} Ω, eine Taschenlampenbatterie etwa 1 Ω, eine biologische Spannungsquelle (Abschnitt 15.1) etwa 100 M Ω. Der extrem hohe Innenwiderstand biologischer Spannungsquellen führt dazu, dass man diese Spannungen nicht mit herkömmlichen Spannungsmessgeräten messen kann, da der durch das Messgerät fließende Strom bereits ausreicht, um die Klemmenspannung praktisch auf null absinken zu lassen (siehe hierzu Abschnitt 16.1.3).

Sind die Klemmen einer Spannungsquelle wie in Abb. 14.5 über einen elektrischen Leiter (mit Widerstand R_a) miteinander verbunden, dann fließt in dem Stromkreis der Strom I. Der Gesamtwiderstand dieses Stromkreises ist, da die

Widerstände R_i und R_a hintereinandergeschaltet sind, durch die Summe (siehe Abschnitt 14.6.3)

$$R = R_i + R_a$$

gegeben.

Am Widerstand R_i erfolgt der Spannungsabfall:

$$U_i = IR_i. \tag{14-11}$$

Entsprechend gilt für den Spannungsabfall am äußeren Widerstand R_a:

$$U_K = IR_a. \tag{14-12}$$

Die Leerlaufspannung U_0 teilt sich also auf in U_i und U_K:

$$U_0 = U_i + U_K. \tag{14-13}$$

Fassen wir diese Gleichungen zusammen, so ergibt sich für die Klemmenspannung U_K:

$$U_K = U_0 - IR_i = U_0 - \frac{U_0}{R}R_i = \frac{U_0}{R_i + R_a}R_a. \tag{14-14}$$

Der Gl. (14-14) entnehmen wir, dass die Klemmenspannung U_K linear mit der Strombelastung I sinkt. Je größer der äußere Widerstand R_a ist, umso kleiner ist I und umso weniger sinkt U_K gegenüber U_0 ab. Bei offenem Stromkreis ist $R_a = \infty$ (*Leerlauf*), und an den Klemmen liegt U_0. Schließen wir umgekehrt die Pole durch einen Leiter mit $R_a \ll R_i$, verursachen wir also einen *Kurzschluss*, dann fällt U_K praktisch auf null. Die Quelle wird mit der größtmöglichen Stromstärke

$$I \approx \frac{U_0}{R_i} \tag{14-15}$$

belastet, was ihr aber nicht zugemutet werden sollte, weil dann die gesamte elektrische Energie im Innern der Quelle umgesetzt wird und diese innerhalb kurzer Zeit zerstört.

14.6.3 Kirchhoff'sche Gesetze des elektrischen Stroms

Vergleichen wir die Leitungselektronen in einem System von elektrischen Leitern mit den Flüssigkeitsmolekülen in einem System von Röhren, so können wir die für die Flüssigkeitsströmung in Abschnitt 5.3.2.2 angegebenen Gesetze direkt auf die elektrische Stromleitung

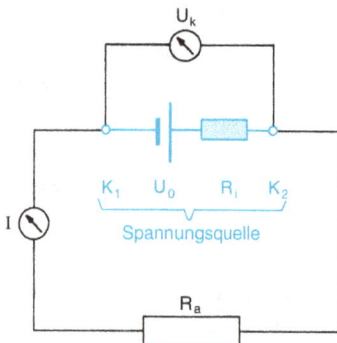

Abb. 14.5: Zur Definition von *Leerlauf* ($R_a \gg R_i$) und *Kurzschluss* ($R_a \ll R_i$) einer Spannungsquelle (K_1, K_2: Klemmen).

übertragen. Für die Verteilung eines Stroms auf die Leiter in einem Netzwerk gelten zwei Regeln, die *Knoten-* und die *Maschenregel:*

1. Knotenregel: An jedem Verzweigungspunkt *(Knoten)* mehrerer Leitungen ist die Summe der zufließenden Ströme gleich der Summe der abfließenden Ströme.

2. Maschenregel: In jedem geschlossenen Stromkreis *(Masche)* ist die Summe aller Spannungen der enthaltenen Spannungsquellen gleich der Summe aller Spannungsabfälle an elektronischen Bauelementen. (Dabei müssen die Vorzeichen der Spannungen beachtet werden.)

Wir wenden diese beiden Kirchhoff'schen Gesetze auf einige Schaltungen an:

1. Zwei hintereinander *(in Reihe, in Serie)* geschaltete Widerstände R_1 und R_2 sind an eine Spannungsquelle mit der Urspannung U_0 (Innenwiderstand R_i) angeschlossen (Abb. 14.6).

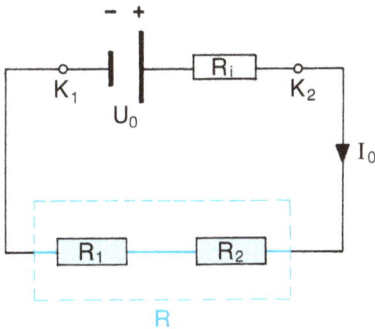

Abb. 14.6: Hintereinanderschalten von Widerständen.

Nach dem 2. Kirchhoff'schen Gesetz gilt:

$$U_0 = I_0 R_i + I_0 R_1 + I_0 R_2. \qquad (14\text{-}16)$$

Bezeichnen wir den Gesamtwiderstand von R_1 und R_2 mit R, so gilt ebenfalls:

$$U_0 = I_0 R_i + I_0 R. \qquad (14\text{-}17)$$

Durch Vergleichen der Gln. (14-16) und (14-17) erhalten wir:

$$R = R_1 + R_2. \qquad (14\text{-}18)$$

Bei *in Reihe* geschalteten Widerständen ist also der *Gesamtwiderstand* gleich der *Summe der Einzelwiderstände.*

2. Zwei Widerstände, R_1 und R_2, sind *parallelgeschaltet* und an eine Spannungsquelle mit der Urspannung U_0 (Innenwiderstand R_i) angeschlossen (Abb. 14.7).

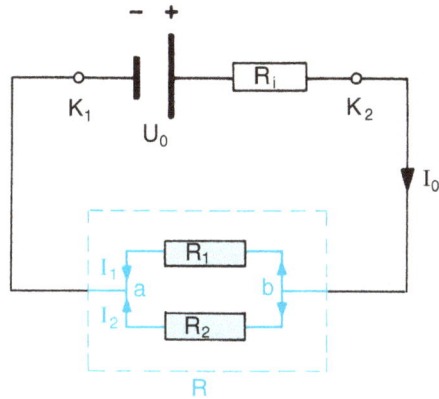

Abb. 14.7: Parallelschalten von Widerständen.

Für die beiden Knoten a und b gilt nach dem 1. Kirchhoff'schen Gesetz:

$$I_0 = I_1 + I_2. \qquad (14\text{-}19)$$

Wenden wir ferner das 2. Kirchhoff'sche Gesetz auf die beiden geschlossenen Teil-Stromkreise $K_1 - a - R_1 - b - K_2$ und $K_1 - a - R_2 - b - K_2$ an, dann erhalten wir:

$$U_0 = I_0 R_i + I_1 R_1, \qquad (14\text{-}20a)$$

und:

$$U_0 = I_0 R_i + I_2 R_2. \qquad (14\text{-}20b)$$

Bezeichnen wir den Gesamtwiderstand zwischen den Knoten a und b mit R, so können wir schreiben:

$$U_0 = I_0 R_i + I_0 R. \qquad (14\text{-}20c)$$

Aus den drei Gln. (14-20a), (14-20b) und (14-20c) folgt:

$$I_1 R_1 = I_2 R_2 = I_0 R. \qquad (14\text{-}21)$$

Einsetzen der aus Gl. (14-21) berechneten Teilströme $I_1 = I_0\, R/R_1$ und $I_2 = I_0\, R/R_2$ in Gl. (14-19) liefert:

$$I_0 = I_0 \frac{R}{R_1} + I_0 \frac{R}{R_2}. \qquad (14\text{-}22)$$

Daraus erhalten wir:

$$\frac{1}{R} = \frac{1}{R_1} + \frac{1}{R_2}. \qquad (14\text{-}23)$$

Das Reziproke des Gesamtwiderstands zweier parallelgeschalteter Widerstände ist also gleich der Summe der Kehrwerte der Einzelwiderstände. Oder mit dem Leitwert G als dem Kehrwert des Widerstands ausgedrückt:

$$G = G_1 + G_2. \qquad (14\text{-}23a)$$

Bei *parallelgeschalteten* Widerständen ist also der *Gesamtleitwert* gleich der *Summe der Einzelleitwerte*.

14.7 Elektrostatisches Feld

Von der Mechanik her kennen wir bereits den Unterschied zwischen Statik und Dynamik. In entsprechender Weise unterscheiden wir in der Elektrizitätslehre statische und dynamische Vorgänge. In diesem Kapitel behandeln wir die physikalischen Wirkungen eines zeitlich konstanten *(elektrostatischen)* Feldes. In den Abschnitten 14.8 und 14.9 werden vornehmlich zeitabhängige elektrische *(elektrodynamische)* Größen betrachtet.

14.7.1 Kraftwirkung auf eine Ladung im Feld

Das Coulomb'sche Gesetz (Gl. (14-1)) beschreibt die Wechselwirkung zwischen zwei Ladungen, nicht aber, auf welche Weise die Kraft über den Raum zwischen den Ladungen vermittelt wird. Dies geschieht über das *elektrische Feld*, das wir im Abschnitt 14.5.3 bereits kennengelernt hatten. Wir werden später sehen, dass sich die Kraftwirkung nur mit endlicher Geschwindigkeit *(Lichtgeschwindigkeit)* über das Feld im Raum ausbreiten kann. Ein elektrisches Feld wird bereits durch eine einzelne Ladung Q in dem sie umgebenden Raum erzeugt (so, wie eine Masse ein Gravitationsfeld hervorruft). Bringen wir eine weitere Ladung q (*Probeladung* genannt) in die Nähe von Q, dann überlagern sich die Felder von beiden, und so erfährt q im Feld von Q und umgekehrt Q im Feld von q eine Kraftwirkung. Verschieben wir q in der Umgebung von Q, so können wir für jeden Ort die Kraftwirkung messen.

Die *Feldstärke* $\vec{E}$ des elektrischen Feldes um die Ladung Q ist gegeben durch den Quotienten aus der Kraft $\vec{F}$ (die das Feld auf die Probeladung q ausübt) und der Ladung q:

$$\vec{E} = \frac{\vec{F}}{q}. \qquad (14\text{-}24)$$

$\vec{E}$ ist eine Vektorgröße wie die Kraft $\vec{F}$, und q ist ein Skalar. Mit Gl. (14-1) erhalten wir für den Betrag der elektrischen Feldstärke in der Umgebung von Q:

$$E = 14\pi\varepsilon_0\gamma \frac{Q}{r^2}. \qquad (14\text{-}25)$$

Wie das Gravitationsfeld (Abschnitt 2.2.2.1) ist auch das elektrische Feld ein Vektorfeld. $\vec{E}$ besitzt die Richtung von $\vec{F}$, wenn q positiv ist; die Richtung von $\vec{E}$ ist der von $\vec{F}$ entgegengesetzt, wenn q negatives Vorzeichen hat. Die Felder mehrerer Ladungen überlagern sich derart, dass sich deren Feldstärken in jedem Punkt des Raums vektoriell addieren.

Wir können das elektrische Feld grafisch durch *Feldlinien* veranschaulichen. Die Stärke des Feldes ist dabei durch die Dichte der Feldlinien gegeben, seine Richtung durch deren Richtung. Als Richtung der Feldlinien ist defi-

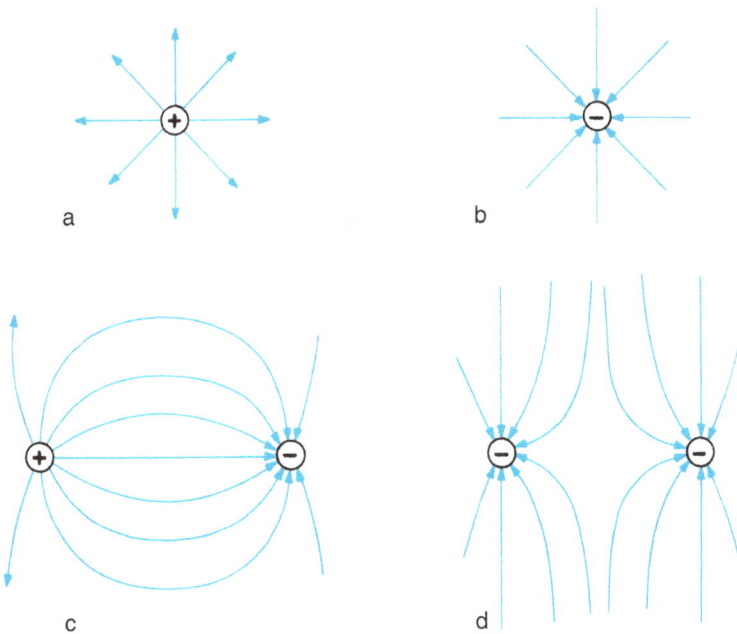

Abb. 14.8: Feldlinienverlauf: (a) um eine positive Ladung, (b) um eine negative Ladung, (c) zwischen einer positiven und einer negativen Ladung, (d) zwischen zwei negativen Ladungen. (Bei (a), (b) und (d) ist angenommen, dass sich jeweils Ladungen entgegengesetzten Vorzeichens in sehr großer Entfernung befinden, von denen die Feldlinien ausgehen bzw. auf denen sie enden.).

niert worden, dass sie von positiven Ladungen ausgehen (Abb. 14.8a) bzw. auf negativen Ladungen enden (Abb. 14.8b).

Ist in einem Bereich des Raums an jedem Punkt die Feldstärke nach Betrag und Richtung gleich, so ist das Feld dort *homogen*. Dann sind die Feldlinien parallele Geraden. Zwischen Punktladungen aber sind die Felder, wie die Abb. 14.8c und 14.8d zeigen, *inhomogen*.

Bewegen sich Ladungen in einem elektrischen Feld infolge der dadurch vermittelten Kraft, so fließt ein elektrischer Strom.

14.7.2 Arbeit und Energie im elektrischen Feld

In Abschnitt 14.3.1 wurde der Begriff der elektrischen Spannung über die Arbeit bei der Verschiebung zweier Ladungen gegeneinander eingeführt. Unter Verwendung des Feldbegriffs wollen wir diese Definition nun präzisieren.

Soll im Feld $\vec{E}$ um die positive Ladung Q die negative Ladung q von Q wegverschoben werden, ist nach Gl. (3-1) und (14-24) die Arbeit

$$dW = \vec{F}\,d\vec{s} = q\vec{E}\,d\vec{s} = qE\,ds\,\cos\left(\vec{E},\,d\vec{s}\right)$$
$$(14\text{-}26)$$

zu verrichten. Die Arbeit für einen endlich großen Weg, z. B. von einem Punkt a zu einem Punkt b, ergibt sich daraus zu:

$$W_{ab} = q_1 \int_a^b E\,ds\,\cos\left(\vec{E},\,d\vec{s}\right). \qquad (14\text{-}27)$$

Soll die Ladung q völlig von der Ladung Q getrennt werden, so muss sie unendlich weit von Q weggeschafft werden; erst dann ist die Coulomb-Kraft der Gl. (14-1) null. Die dazu nötige Arbeit (praktisch genügt eine endliche, aber große Entfernung) ist:

$$W_{a\infty} = a \int_a^\infty E \, ds \, cos\left(\vec{E}, \, \mathrm{d}\vec{s}\right). \qquad (14\text{-}28)$$

Die Größe $\varphi_a = W_{a\infty}/q$ hatten wir bereits als das *elektrische Potential* kennengelernt.

Jedem Punkt im *Vektorfeld $\vec{E}$* ist demnach ein skalares Potential φ zugeordnet. Die *Potentialdifferenz* zwischen zwei Punkten a und b

$$\Delta\varphi = \varphi_a - \varphi_b = \frac{W_{\mathrm{ab}}}{q_1} \qquad (14\text{-}29)$$

hatten wir als *elektrische Spannung U* zwischen den Punkten a und b bezeichnet,

$$\Delta\varphi = U. \qquad (14\text{-}30a)$$

Die Spannung U zwischen den Punkten a und b ist also gleich der Arbeit, die aufzuwenden ist, um die Ladung q im elektrischen Felde $\vec{E}$ von a nach b zu verschieben, dividiert durch diese Ladung. Der Energiezuwachs W_{ab}, den die Ladung dadurch erfahren hat, ist die *potentielle Energie* der Ladung im Punkt b gegenüber dem Punkt a. Wird der Abstand zwischen zwei Ladungen mit ungleichnamigen Ladungsvorzeichen vergrößert, dann erhöht sich dabei die potentielle Energie (denn die Coulomb-Kraft wirkt in diesem Falle anziehend), andernfalls, bei gleichnamigen Ladungen, wird die potentielle Energie erniedrigt. Wir diskutieren zwei einfache Fälle:

1. In dem Feld zwischen zwei parallelen geladenen Metallplatten (*Plattenkondensator*, siehe Abschnitt 14.7.3) soll eine kleine Probeladung q von der einen Platte zur anderen Platte so verschoben werden, dass der Weg $\vec{s}$ parallel zu $\vec{E}$ ist (Abb. 14.9); q soll also entlang der elektrischen Feldlinien verschoben werden $(cos\,(\vec{E}, \mathrm{d}\vec{s}) = cos\,0° = 1)$. Im Plattenkonden-

sator ist $\vec{E}$ überall konstant (homogenes Feld), und so ergibt sich aus den Gln. (14-27) und (14-29) eine einfache Beziehung zwischen dem Feld $\vec{E}$ und der Spannung U zwischen den Platten:

$$U = \int_0^d \vec{E} \, \mathrm{d}\vec{s} = Ed. \qquad (14\text{-}30b)$$

2. Verschieben wir dagegen die Ladung q senkrecht zu den elektrischen Feldlinien von a nach b (Abb. 14.9) so steht $\vec{E}$ senkrecht auf $\vec{s}\,(cos\,(\vec{E}, \mathrm{d}\vec{s}) = cos\,90° = 0)$. Für die Potentialdifferenz $\Delta\varphi$ ergibt sich dann nach Gl. (14-27) zwischen den Punkten a und b der Wert null.

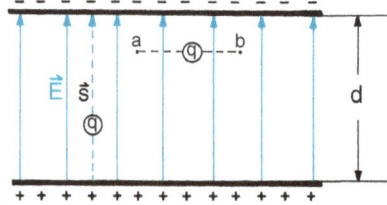

Abb. 14.9: Zur Berechnung der Spannung U zwischen den Platten eines Kondensators.

Alle Punkte einer zur Richtung der Feldlinien *senkrechten* Fläche haben gleiches Potential und demnach gegeneinander die Spannung null. Solche Flächen heißen *Äquipotentialflächen* (φ = konstant). Im Plattenkondensator sind dies Ebenen parallel zu den Platten (Abb. 14.10a). Im Feld einer einzelnen Punktladung sind dies konzentrische Kugelflächen (Abb. 14.10b).

Bringen wir Ladung auf die elektrisch leitende Oberfläche einer Metallplatte, dann verschiebt sie sich so lange, bis alle Kräfte zwischen den Ladungsträgern im Gleichgewicht sind. Es besteht dann keine Potentialdifferenz mehr zwischen verschiedenen Punkten der Oberfläche. Die leitende Oberfläche eines Körpers ist demnach stets eine Äquipotentialfläche (φ = konstant); auf ihr stehen die elektri-

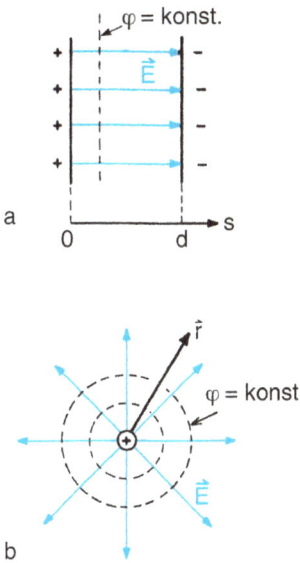

Abb. 14.10: Feldlinien- und Äquipotentialflächenverlauf (φ = konst.): (a) in einem Plattenkondensator, (b) um eine Punktladung.

schen Feldlinien senkrecht. Dies erklärt, wieso die Feldlinien im Kondensator, wie Abb. 14.11 zeigt, so verlaufen, dass sie senkrecht auf die Plattenoberfläche auftreffen.

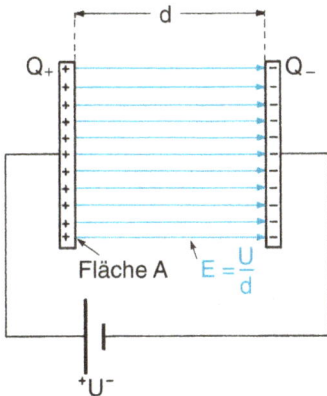

Abb. 14.11: Zur Definition der Kapazität.

Eine spezielle Äquipotentialfläche ist wegen der Leitfähigkeit der Erde die Erdoberfläche.

Schließt man z. B. das Metallgehäuse eines elektrischen Gerätes über einen Leiter an die Erde, so wird es Teil dieser Äquipotentialfläche, das Metallgehäuse wird dadurch *geerdet*. Häufig wird dem Potential an der Erdoberfläche willkürlich der Wert null zugeordnet. Ein weiteres Beispiel für eine Äquipotentialfläche lernen wir in Abschnitt 14.7.5 in Form des *Faraday-Käfigs* kennen.

14.7.3 Kondensator und Kapazität

Ein *Kondensator* besteht im einfachsten Fall aus zwei gleich großen, gegeneinander isolierten Metallplatten (Abb. 14.11). Schließen wir die beiden Platten an die Klemmen einer Batterie mit Spannung U an, dann fließt auf die mit dem Minuspol der Batterie verbundene Platte eine negative Ladung Q_-, und auf der anderen Platte wird eine gleich große Zahl von Leitungselektronen abgezogen, wodurch die positive Ladung Q_+ zurückbleibt. Insgesamt ist also die Ladungsmenge Q von der einen Platte zur anderen transportiert worden. Man sagt hierzu: Der Plattenkondensator ist *aufgeladen,* und die Ladung des Kondensators hat den Betrag Q. Der Raum zwischen den Platten ist nach Gl. (14-30b) von einem elektrischen Feld der Feldstärke $E = U/d$ erfüllt, wobei d der Plattenabstand ist. Die Feldlinien sind im Innern des Kondensators parallel und gleich dicht; das Feld ist also homogen. Genau gilt dies nur, sofern der Abstand d sehr viel kleiner als die Abmessungen der Fläche A der Platten ist. Wiederholt man das Experiment mit Kondensatoren unterschiedlicher Plattenabstände und Plattenflächen und mit verschiedenen Spannungen, so zeigt sich:

Die Ladung Q auf dem Plattenkondensator ist der Spannung U und der Fläche A direkt und dem Abstand d umgekehrt proportional:

$$Q \sim \frac{A}{d} U. \qquad (14\text{-}31)$$

Im SI-System haben wir als Proportionalitätskonstante die *elektrische Feldkonstante* (Abschnitt 14.2.2) zu verwenden und erhalten:

$$Q = \varepsilon_0 \frac{A}{d} U. \qquad (14\text{-}32)$$

Die Größen A und d sind charakteristisch für einen konkreten Kondensator, sodass es zweckmäßig ist, die den Kondensator charakterisierende *Kapazität* zu definieren:

$$C := \frac{Q}{U}. \qquad (14\text{-}33)$$

Beim Plattenkondensator gilt für diese Kapazität:

$$C_{PK} = \varepsilon_0 \frac{A}{d}. \qquad (14\text{-}34)$$

C hat die Einheit 1 *Coulomb Volt*$^{-1}$ = 1 *Farad* (F).

Die Kapazität 1 F ist sehr groß, sodass in elektrischen bzw. elektronischen Geräten verbaute Kondensatoren Kapazitäten typischerweise im Bereich von Picofarad (pF), Nanofarad (nF) oder Mikrofarad (μF) aufweisen. Kondensatoren mit Kapazitäten im Farad-Bereich werden Superkondensatoren genannt und finden beispielsweise im Automobilbereich als schnelle Energiespeicher Anwendung.

Setzen wir z. B. für d und A die Zahlenwerte $d = 10$ mm, $A = 100$ cm^2 ein, so ergibt sich $C = 8{,}9 \cdot 10^{-12}$ F $= 8{,}9$ pF. Hierbei ist vorausgesetzt, dass sich zwischen den Platten Vakuum befindet. Bringt man stattdessen einen nichtleitenden Stoff (Dielektrikum) zwischen die Platten, so muss Gl. (14-34) abgeändert werden (Abschnitt 14.7.5).

Um größere oder kleinere Kapazitäten zu erhalten, kann man mehrere Kondensatoren in geeigneter Weise zusammenschalten. Dabei zeigt sich:

1. Bei *Hintereinanderschalten* zweier Kondensatoren lädt sich die Kombination mit der resultierenden Kapazität C_{res} beim Anlegen einer Spannung mit

der Ladung Q gemäß $Q = C_{res}U$ auf. Die Gesamtspannung $U = U1 + U2$ verteilt sich auf die beiden Kondensatoren gemäß den Einzelkapazitäten: $Q = C_1 U_1$; $Q = C_2 U_2$. Daher ergibt sich $Q = C_{res}\left(\frac{Q}{C_1} + \frac{Q}{C_2}\right)$, womit der reziproke Wert der resultierenden Kapazität C_{res} gleich der Summe der Kehrwerte der Einzelkapazitäten C_1 und C_2 ist:

$$\frac{1}{C_{res}} = \frac{1}{C_1} + \frac{1}{C_2}. \qquad (14\text{-}35)$$

2. Bei *Parallelschaltung* addieren sich die Einzelkapazitäten zur resultierenden Gesamtkapazität:

$$C_{res} = C_1 + C_2. \qquad (14\text{-}36)$$

In diesem Fall verteilt sich die Gesamtladung Q entsprechend den Kapazitäten: $Q = Q_1 + Q_2$ mit $Q_1 = C_1 U, Q_2 = C_2 U$. So finden wir: $Q = C_{res}U = (C_1 + C_2)U$. Daraus folgt Gl. (14-36). Anschaulich: im Fall zweier gleicher Plattenkondensatoren ist die Parallelschaltung also gleichbedeutend mit einer Verdoppelung der Plattenflächen, die Serienschaltung mit einer Verdoppelung des Plattenabstands.

14.7.4 Kräfte auf einen Dipol im Feld

Zwei Punktladungen Q_+ und Q_- von gleichem Betrag, aber entgegengesetztem Vorzeichen, in festem Abstand l stellen einen *elektrischen Dipol* dar (den wir in Abschnitt 5.1.1 kennengelernt haben). Er wird durch das *Dipolmoment* $\vec{m}$ mit dem Betrag

$$m = Ql \text{ und der SI-Einheit C m} \qquad (14\text{-}37)$$

charakterisiert. Q ist der Betrag der Ladungen. Die Richtung von $\vec{m}$ weist längs der Verbindungsgeraden von der negativen zur positiven Ladung.

1. Bringen wir den Dipol in ein homogenes elektrisches Feld, und zwar so, dass die Dipolachse parallel zum elektrischen Feld liegt (Abb. 14.12a), dann greift $\vec{E}$ an der positiven Ladung Q_+ und die gleich große,

aber entgegengerichtete Kraft $\vec{F}_2 = Q_-\vec{E}$ an der negativen Ladung Q_- an. Die resultierende Kraft $\vec{F}_{res} = \vec{F}_1 + \vec{F}_2$ ist null; der Dipol ist in diesem Fall kräftefrei.

Im inhomogenen Feld dagegen sind die elektrischen Felder am Orte von Q_+ bzw. Q_- verschieden, und es ergibt sich eine resultierende Kraft $\vec{F}_{res}$ ungleich null.

2. Schließt die Dipolachse mit den Feldlinien eines homogenen Feldes dagegen den Winkel α ein (Abb. 14.12b), dann wirken wiederum die Kräfte $\vec{F}_1 = Q_+\vec{E}$ bzw. $\vec{F}_2 = Q_-\vec{E}$ parallel bzw. antiparallel zum Feld. Die zur Dipolachse senkrechten Kraftkomponenten $F_{\perp 1} = Q_+E \sin\alpha$ und $F_{\perp 2} = Q_-E \sin\alpha$ bilden nun ein an der Dipolachse l angreifendes *Kräftepaar*, dessen Drehmoment mit dem Betrag

$$M_{el} = F_{\perp}\,l = QEl \sin\alpha = mE \sin\alpha \qquad (14\text{-}38)$$

bestrebt ist, den Dipol in Feldrichtung einzustellen.

Im homogenen Feld dreht sich der Dipol dadurch so lange, bis $\alpha = 0$ ist, wogegen im inhomogenen Feld zum Drehmoment noch eine resultierende Kraft hinzukommt, die eine zusätzliche Translationsbewegung des Dipols bewirkt.

14.7.5 Materie im Feld

Wir wollen nun untersuchen, wie sich Materie verhält, die wir in ein elektrisches Feld (z. B. in einen Plattenkondensator) bringen. Es wird sich zeigen, dass dabei elektrische Leiter anders auf das Feld reagieren als nichtleitende Stoffe.

Leiter im Feld Auf die in einem Metall mehr oder weniger frei beweglichen Elektronen wirkt im elektrischen Feld eines Plattenkondensators nach Gl. (14-24) die Kraft $\vec{F} = -e\vec{E}$. Dabei sollen sich Metall und Kondensatorplatten nicht berühren, damit kein Strom fließen kann. Die Elektronen wandern unter dem Einfluss von $\vec{E}$ zur Oberfläche A des Metalls (Abb. 14.13a). Die positiven Metallionen sind dagegen nicht frei beweglich und bleiben an ihren Gitterplätzen. Es wird also durch das äußere elektrische Feld negative und positive Ladung getrennt, und dies geschieht so lange, bis die zwischen den Überschussladungen Q_+ und Q_- auf den beiden Oberflächen des Metallstücks wirkende Coulomb-Kraft der ladungstrennenden Kraft des äußeren elektrischen Feldes das Gleichgewicht hält (Abb. 14.13b). Die Ladung Q_+ ist dann entgegengesetzt gleich der auf der negativ geladenen Kondensatorplatte befindlichen negativen Ladung Q^k_-, und Entsprechendes gilt für die Ladung Q_- und Q^k_+.

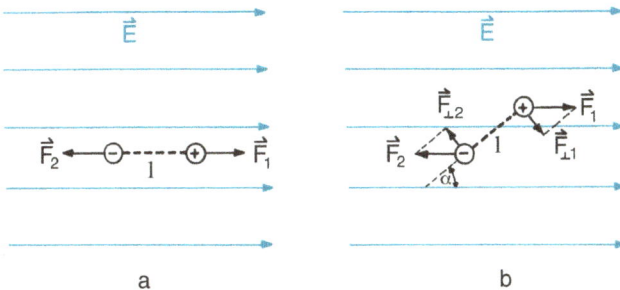

Abb. 14.12: Kräfte auf einen elektrischen Dipol im homogenen elektrischen Feld: (a) $\vec{m}$ parallel $\vec{E}$, (b) $\vec{m}$ bildet den Winkel α mit $\vec{E}$.

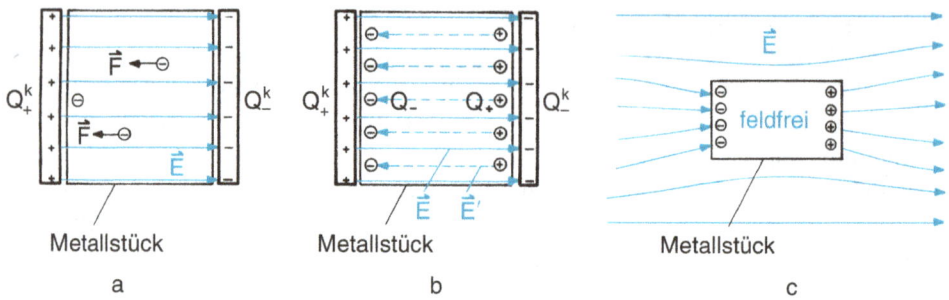

Abb. 14.13: Elektrischer Leiter im elektrischen Feld.

Der Vorgang der Aufladung der Metalloberflächen im äußeren elektrischen Feld wird als *Influenz* bezeichnet, die Oberflächenladungen nennt man die *Influenzladungen*.

Da mit den Influenzladungen Q_+ und Q_- ein elektrisches Feld $\vec{E}$ verknüpft ist, kann das stationäre Gleichgewicht auch folgendermaßen beschrieben werden: Die Ladungstrennung geht unter dem Einfluss des äußeren Feldes $\vec{E}'$ so lange weiter, bis das mit zunehmender Ladungstrennung größer werdende Gegenfeld $\vec{E}_i$ dem äußeren Feld $\vec{E}$ entgegengesetzt gleich wird. Im Innern des Metallstücks herrscht dann also das resultierende elektrische Feld:

$$\vec{E}_{res} = \vec{E} - \vec{E}_i = 0, \qquad (14\text{-}39)$$

und zu weiterer Ladungsverschiebung besteht kein Anlass mehr. Gl. (14-39) bringt zum Ausdruck, dass jeder Leiter, der sich in einem äußeren elektrostatischen Feld befindet, in seinem Inneren feldfrei ist (Abb. 14.13c). Das ist gleichbedeutend damit, dass sich der gesamte Leiter trotz des äußeren Feldes auf konstantem Potential befindet.

Abschirmung elektrischer Felder durch Leiter An der Tatsache, dass jeder Leiter, der sich in einem elektrischen Feld befindet, in seinem Innern feldfrei ist, kann sich auch nichts ändern, wenn wir aus dem Innern des

Metallstücks ein Stück herausschneiden, sodass ein Hohlraum entsteht (Abb. 14.14a). Dies kann man dazu nutzen, einen Raum von elektrischen Feldern völlig abzuschirmen. Man umgibt ihn dazu mit metallischen Wänden, auf deren Außenseite Influenzladungen entstehen. Eine derartige Anordnung nennen wir einen *Faraday-Käfig*. Lebenserhaltend ist das Prinzip des Faraday-Käfigs für Passagiere in einem Flugzeug oder Auto mit Metallkarosserie, die ohne Schaden bleiben, wenn es vom

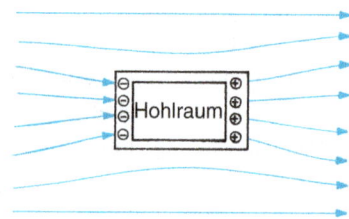

a

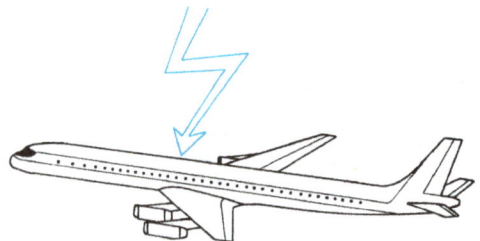

b

Abb. 14.14: Abschirmung elektrischer Felder durch Leiter.

Blitz getroffen wird (Abb. 14.14b), weil sich die Ladungsmenge des Blitzes sofort auf der äußeren Metalloberfläche verteilt und damit das Innere feldfrei bleibt.

Dielektrikum im Feld Influenz wird, wie wir gesehen haben, durch frei bewegliche Ladungsträger bewirkt; ein nichtleitender Stoff *(Dielektrikum)* dagegen enthält keine frei beweglichen Ladungen. Die in ihm enthaltenen Ladungsträger (Ionen und Elektronen) sind mehr oder weniger fest an Gleichgewichtslagen gebunden, um die sie sich im elektrischen Feld nur geringfügig verschieben können, wenn wir den Stoff zwischen die Platten eines geladenen Kondensators bringen. In jedem Teilchen (Atom, Molekül usw.) werden dabei durch das äußere Feld negative und positive Ladungsträger geringfügig gegeneinander verschoben, wobei aber insgesamt das Teilchen neutral bleibt (sofern es ohne Feld neutral war). Man sagt hierzu: Jedes Teilchen wird *polarisiert*; es wird zum elektrischen Dipol. Da dies bei allen Teilchen des Stoffes geschieht, heben sich die Wirkungen der Dipole im Innern des Stoffes auf, und übrig bleiben, wie Abb. 14.15 zeigt, für eine Wirkung nach außen die Dipole an den Oberflächen.

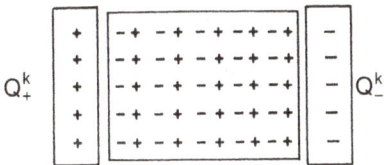

Abb. 14.15: Dielektrikum im Feld.

Als *Polarisation P des Dielektrikums* bezeichnen wir dessen auf die Volumeneinheit bezogenes elektrisches Dipolmoment, $P = m/V$.

Die aus der Polarisation resultierenden Ladungen ΔQ_+ und ΔQ_- an den Oberflächen des Dielektrikums influenzieren gleich große zusätzliche Ladungen entgegengesetzten Vorzeichens ΔQ^K_- auf der negativen bzw. ΔQ^K_+ auf der positiven metallischen Kondensatorplatte (K steht für Kondensatorplatte). Die effektive Ladung auf den Kondensatorplatten wird also erhöht, indem aus der Spannungsquelle weitere Ladungen auf die Platten fließen; die Ladung im Kondensator nimmt infolgedessen insgesamt um ΔQ zu:

$$Q' = Q + \Delta Q.$$

Q war die Ladung des durch die Spannung U aufgeladenen Kondensators ohne Dielektrikum (Abb. 14.16a), Q' dagegen bezeichnet die Ladung des Kondensators bei gleicher Spannung mit Dielektrikum (Abb. 14.16b). Schreiben wir Gl. (14-33) für die beiden Fälle an, so erhalten wir:

$$Q = CU \tag{14-40a}$$

und

$$Q' = C'U. \tag{14-40b}$$

Q' ist größer als Q, d. h., die Kapazität des Kondensators hat sich durch Zugabe eines Dielektrikums vergrößert. Wir können diesen Zuwachs durch einen dimensionslosen Faktor ε_{rel} ausdrücken, den wir *Dielektrizitätszahl* (oder *relative Dielektrizitätskonstante*) nennen:

$$C' = \varepsilon_{rel}C. \tag{14-41a}$$

(Häufig wird mit ungenauem Sprachgebrauch ε_{rel} einfach als Dielektrizitätskonstante oder *DK* bezeichnet.) Tabelle 14.3 enthält einige Beispiele für die Dielektrizitätszahl ε_{rel}. Die Kapazität des Plattenkondensators, die sich nach Gl. (14-34) zu $C = \varepsilon_0 \frac{A}{d}$ ergeben hatte, verändert sich also durch das Dielektrikum:

$$C = \varepsilon_{rel}\varepsilon_0 \frac{A}{d}. \tag{14-41b}$$

Die Größe $\varepsilon = \varepsilon_{rel}\varepsilon_0$ bezeichnen wir als *absolute Dielektrizitätskonstante* mit der SI-Einheit F m^{-1}.

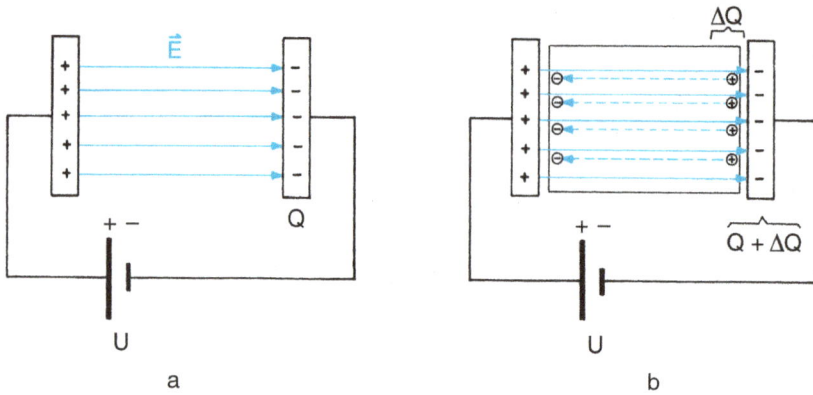

Abb. 14.16: Kondensator: (a) ohne Dielektrium, (b) mit Dielektrikum.

Tab. 14.3: Dielektrizitätszahlen ε_{rel} (mit Gleichspannung gemessen).

Dielektrikum	Vakuum	Luft	Glas	Glimmer	Benzol	Nitrobenzol	Wasser
ε_{rel}	1	≈1	4–7	4–8	2,3	36	81

14.7.6 Energieinhalt des elektrischen Feldes

Um einen Plattenkondensator aufzuladen, ist nach Gl. (14-29) die Arbeit W erforderlich, die als *elektrische Feldenergie* im Kondensator gespeichert wird:

$$W = \int_0^{U_{max}} Q'\,dU. \qquad (14\text{-}42)$$

Dabei ist Q' die von *einer* Kondensatorplatte zur *anderen* durch Anschließen an eine Spannungsquelle verschobene Ladung, und dU ist die dadurch verursachte Änderung der Kondensatorspannung. Ist der Kondensator schließlich mit der Ladung $\pm Q_{max}$ aufgeladen, so hat sich zwischen den Platten die Spannung U_{max} aufgebaut. Mit den Gln. (14-40b) und (14-41b) folgt daraus:

$$W = \frac{1}{2}CU_{max}^2 = \frac{1}{2}\varepsilon_{rel}\varepsilon_0\frac{A}{d}U_{max}^2. \qquad (14\text{-}42a)$$

Mit der für das homogene Feld des Plattenkondensators gültigen Beziehungen $E = U/d$ ergibt sich für die *elektrische Feldenergiedichte* $\varrho = W/V = W/Ad$:

$$\varrho = \frac{1}{2}\varepsilon_{rel}\varepsilon_0 E^2 = \frac{1}{2}DE. \qquad (14\text{-}43)$$

Die als *Verschiebungsdichte* bezeichnete Größe $\vec{D} = \varepsilon_{rel}\varepsilon_0\vec{E} = \varepsilon_0\vec{E} + \vec{P}$ setzt sich aus dem Feldbeitrag des Vakuums $\left(\varepsilon_0\vec{E}\right)$ und dem der Polarisation $\vec{P}$ des Dielektrikums zusammen: $\vec{P} = (\varepsilon_{rel} - 1)\varepsilon_0\vec{E}$. Aufgrund des starken permanenten elektrischen Dipolmoments (Abb. 5.5) der Wassermoleküle ist Wasser extrem polarisierbar ($\varepsilon_{rel} = 81$, Tab. 14.3).

14.7.7 Piezo- und Pyroelektrizität

Ein aus Ionen aufgebauter Kristall kann auch anders als durch Anlegen eines elektrischen Feldes polarisiert werden. Wird er durch Zug oder Druck deformiert, so können in seinem

Innern elektrische Dipole entstehen, was zur Folge hat, dass das Material polarisiert wird und – wie bereits beim Dielektrikum beschrieben – sich die Oberfläche des Kristalls elektrisch auflädt *(Piezoelektrizität)*. Dieses Verhalten zeigen besonders Quarz, Seignettesalz usw. Man verwendet den piezoelektrischen Effekt vielfach zur elektrischen Messung von mechanischem Zug und Druck.

Wird ein piezoelektrischer Kristall nicht mechanisch deformiert, sondern erwärmt, was ja auch eine Deformation (Ausdehnung) zur Folge hat, dann wird er dadurch ebenfalls polarisiert *(Pyroelektrizität)*.

Bei der Umkehrung des piezoelektrischen Effekts wird durch elektrische Aufladung der Oberfläche z. B. eines Quarzplättchens dieses mechanisch deformiert. Wird die Aufladung periodisch umgepolt, dann wird der Quarz dadurch zu mechanischen Schwingungen angeregt. Stimmt deren Frequenz mit einer Eigenfrequenz des Quarzplättchens überein, dann schwingt es in Resonanz. *Schwingquarze* besitzen als Ultraschallsender und als Frequenzstabilisator in Quarzuhren große technische Bedeutung.

Eine weitere Anwendung des inversen piezoelektrischen Effekts stellen *lineare Stellelemente (Piezo-Aktuatoren)* dar, bestehend aus einem Stapel von piezoelektrischen Scheiben mit elektrischen Kontakten. Legt man eine Spannung an, so verlängern oder verkürzen sich die Stapel, je nach Polung der Spannung. Auf diese Weise lassen sich Positionsänderungen von Objekten längs einer Achse reversibel und präzise (von weniger als einem Atomdurchmesser) vornehmen. Die atomare Strukturauflösung von Raster-Sonden-Mikroskopen (Abschnitt 20.5) wird durch den Einsatz solcher piezoelektrischen Stellelemente ermöglicht.

14.8 Magnetfeld

Schon im Altertum war bekannt, dass sich Stücke bestimmten Eisenerzes (Magneteisenstein, Fe_3O_4) gegenseitig anziehen oder, falls sie drehbar gelagert sind, eine bestimmte Ruhelage in Bezug auf die geografische Nord-Süd-Richtung annehmen. Mit diesem *Magnetkompass* lernen wir eine weitere Kraft kennen, die *magnetische Kraft*. Diese Kraft braucht nicht als prinzipiell neuartig neben die schon in Abschnitt 2.2.2 erwähnten Grundkräfte (*Kernkräfte, elektromagnetische Kraft* und *Gravitationskraft*) eingereiht zu werden, sondern stellt eine besondere Art der elektromagnetischen Kraft dar. Sie ist zwar erstmals an bestimmten Substanzen beobachtet worden, ihre Grundlagen sind jedoch besser im Zusammenhang mit stromdurchflossenen elektrischen Leitern zu verstehen. Wir wissen bereits, dass *elektrostatische* Kraft durch das elektrische Feld vermittelt wird, das sich zwischen ruhenden elektrischen Ladungen ausbildet. Die *magnetostatische* Kraft wirkt in Analogie dazu über magnetische Felder, welche entstehen, wenn elektrische Ladungen bewegt werden. Anders ausgedrückt:

> Das elektrostatische Feld wird von der (zeitlich konstanten) Ladungsdichte, das magnetostatische Feld dagegen von der (zeitlich konstanten) Stromdichte erzeugt.

Magnetfelder können dabei von makroskopischen Strömen in elektrischen Leitern wie auch von Ringströmen der Elektronen auf ihren Bohr'schen Bahnen im Atom erzeugt werden. Nicht durch dieses klassische Bild lassen sich allerdings die magnetischen Eigenschaften erklären, die viele Elementarteilchen (Elektron, Proton, Neutron) besitzen und die wir als *Spin* (Abschnitt 14.8.2 und 21.1.3.) bezeichnen.

14.8.1 Feldstärke und magnetische Induktion

Sehr einfach lassen sich magnetische Kraftwirkungen in der Umgebung stromdurchflossener Leiter durch Eisenfeilspäne nachweisen. Steckt man einen stromdurchflossenen Draht durch eine Oberfläche (Abb. 14.17) und streut Späne darauf, dann ordnen sie sich zu konzentrischen Kreisen um den Leiter als Achse an, wenn wir das Brett leicht erschüttern (um die Reibung zu überwinden). Wir sehen durch dieses qualitative Experiment, dass der Raum um den Leiter von einem magnetischen Feld umgeben ist, in welchem sich die Eisenfeilspäne wegen ihrer magnetischen Eigenschaften, auf die wir im Folgenden noch näher eingehen werden, ausrichten und zu Ketten zusammenschließen, die dann die Feldrichtung anzeigen.

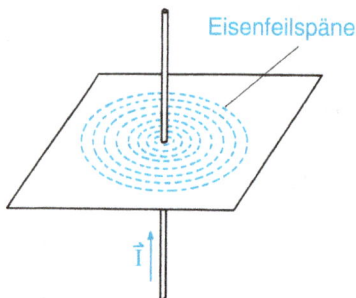

Abb. 14.17: Nachweis des magnetischen Feldes, das durch einen stromdurchflossenen Leiter erzeugt wird, mit Eisenfeilspänen. Sie ordnen sich längs der Feldlinien an und machen diese dadurch sichtbar.

> Das magnetische Feld lässt sich ebenso wie das elektrische Feld durch Feldlinien veranschaulichen. Um einen geraden, stromführenden Leiter bilden sie geschlossene, konzentrische Feldlinien.

Für die Richtung der Feldlinien eines geraden stromdurchflossenen Leiters gilt die *Rechte-Hand-Regel*: Wenn der gestreckte Daumen der rechten Hand die Richtung des Stromes $\vec{I}$ angibt, dann zeigen die um den Daumen greifenden Finger die Richtung der magnetischen Feldlinien $\vec{H}$ an (Abb. 14.18). Mit dieser Regel lässt sich auch das Feldlinienbild eines Kreisstroms (Abb. 14.19a) und einer langgestreckten stromdurchflossenen Spule (Abb. 14.19b) konstruieren. Im Innern der Spule ist die Feldlinien-Dichte am größten, und bei genügend langer Spule ist dort die Feldlinien-Dichte konstant, d. h. das Feld homogen.

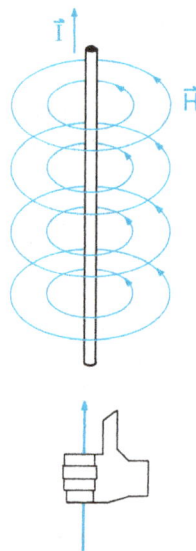

Abb. 14.18: Magnetische Feldlinien $\vec{H}$ um einen stromdurchflossenen Leiter (Rechte-Hand-Regel).

Aus den Abb. 14.18 und 14.19 sehen wir, dass die durch elektrische Ströme erzeugten magnetischen Feldlinien stets geschlossen sind. Hierin unterscheiden sich elektrische und magnetische Felder ganz wesentlich:

> Während elektrische Felder von elektrischen Ladungen ausgehen und auf elektrischen Ladungen enden, sind magnetische Feldlinien geschlossen; denn es gibt keine *isolierten magnetischen Ladungen (Monopole)*, von denen sie ausgehen oder auf denen sie enden könnten. Magnetische Körper stellen stets magnetische Dipole dar, deren beide Pole man „Nordpol" bzw. „Südpol" nennt.

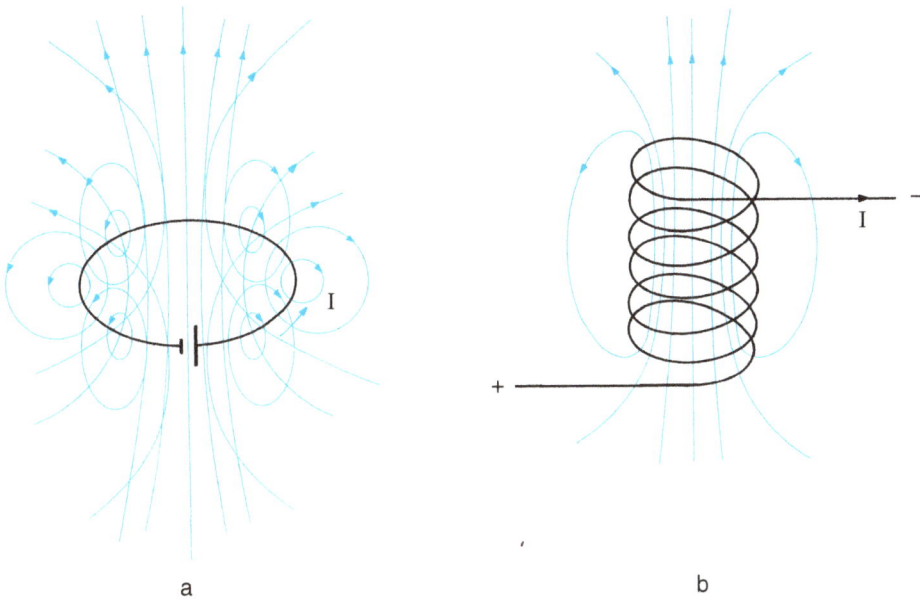

Abb. 14.19: Magnetische Feldlinien: (a) um einen Kreisstrom, (b) in einer stromdurchflossenen Spule.

Mangels besserer Kenntnis wurde den Enden der Kompassnadel, die sich im Magnetfeld der Erde in Nord-Süd-Richtung einstellt, je ein magnetischer Pol zugeordnet. Das zum geografischen Nordpol weisende Ende wurde magnetischer Nordpol und das zum geografischen Südpol weisende Ende wurde magnetischer Südpol genannt. Diese historische Zuordnung darf jedoch nicht darüber hinwegtäuschen, dass es keine isolierten magnetischen Pole entsprechend den isolierbaren elektrischen Ladungen gibt, sondern nur magnetische Dipole. Dies lässt sich dadurch nachprüfen, dass man z. B. eine Kompassnadel, die je einen magnetischen Nord- und Südpol enthält, in Stücke zerbricht, wobei man mit jedem Stück wieder eine Kompassnadel, d. h. einen neuen magnetischen Dipol mit Nord- und Südpol, erhält (Abschnitt 14.8.2).

Im Innern einer langen, dünnen Spule können wir mit einem *Magnetometer*, d. h. einem Messgerät für Magnetfelder, feststellen, dass die Kraftwirkung und damit die *magnetische Feldstärke H* vom Strom *I*, von der Spulenlänge *l* und der Windungszahl *n* der Spule abhängt.

Bei Verwendung von SI-Einheiten ergibt sich folgender Zusammenhang für die Feldstärke *H* im In-nern der Spule und den messbaren Größen *I*, *l* und *n*:

$$H = I\frac{n}{l}, \text{ mit der SI-Einheit A m}^{-1}. \tag{14-44}$$

Der äußere Feldlinienverlauf eines *Permanentmagneten* (Abb. 14.20a) ähnelt dem einer stromdurchflossenen Spule. Im Innern des Permanentmagneten jedoch weicht der Feldlinienverlauf von dem einer stromdurchflossenen Spule ab; die $\vec{H}$-Linien sind in Abb. 14.20a nicht mehr geschlossen. Dies hat damit zu tun, dass sich das effektive Feld in magnetischen Materialien von dem im Vakuum unterscheidet. Demnach ist es sinnvoll, zusätzlich zum Magnetfeld $\vec{H}$ eine physikalische Größe zu definieren, die den magnetischen Zustand eines Materiestücks im Magnetfeld beschreibt. In Analogie zur *elektrischen Polarisation* (*P* = elektrisches Moment/Volumen) ist dies die *Magnetisierung* (*J* = magnetisches Moment/Volumen mit der SI-Einheit A m^{-1}). Genau wie die elektrische Polarisation $\vec{P}$ den Beitrag des Di-

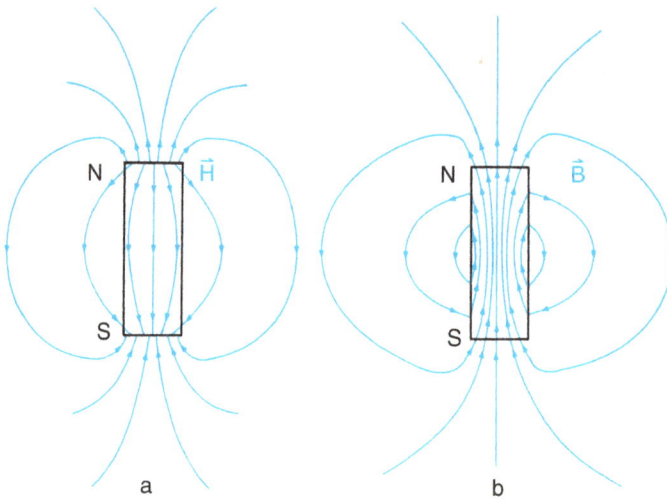

Abb. 14.20: Feldlinienverlauf in einem Permanentmagneten: (a) Die $\vec{H}$-Liniendichte ändert sich beim Durchgang durch Materie sprunghaft, (b) $\vec{B}$-Linien sind auch beim Durchgang durch Materie geschlossen.

elektrikums zur Verschiebungsdichte $\vec{D}$ zeigt (Abschnitt 14.7.6), so stellt $\vec{J}$ den Beitrag des Magneten zum gesamten Magnetfeld $\vec{H}_{\text{gesamt}}$ dar: $\vec{H}_{\text{gesamt}} = \vec{H} + \vec{J}$. Anstelle von $\vec{H}_{\text{gesamt}}$ verwendet man jedoch eine andere Größe, $\vec{B}$, die bis auf eine Konstante μ_0 mit $\vec{H}_{\text{gesamt}}$ identisch ist.

> *Magnetische Induktion* $\vec{B}$ (mit der Einheit 1 Tesla (T) = 1 V s m^{-2}) und magnetische Feldstärke $\vec{H}_{\text{gesamt}}$ sind einander proportional. Im materiefreien Raum ($\vec{J}$ = 0) ist bei Verwendung von SI-Einheiten die *Induktionskonstante* (magnetische Feldkonstante) μ_0 die Proportionalitätskonstante:
>
> $$\vec{B} = \mu_0 \vec{H}, \tag{14-45}$$
>
> $$\mu_0 = 1{,}256 \cdot 10^{-6} \text{V s A}^{-1}\text{m}^{-1}. \tag{14-46a}$$
>
> Im materieerfüllten Raum ($\vec{J} > 0$) gilt die Beziehung:
>
> $$\vec{B} = \mu_{\text{rel}}\mu_0\vec{H}. \tag{14-46b}$$

Hierbei berücksichtigt die *relative Permeabilität* μ_{rel}, die als eine dimensionslose Materialkonstante auch *Permeabilitätszahl* genannt wird, die magnetischen Eigenschaften der Materie und beschreibt das Verhalten der Materie im magnetischen Feld in ähnlicher Weise wie die relative Dielektrizitätskonstante ε_{rel} das Verhalten im elektrischen Feld (Abschnitt 14.7.5). Im Gegensatz zu ε_{rel}, das nie kleiner als eins ist, kann μ_{rel} auch (positive) Werte kleiner als eins annehmen.

Wir nennen einen Stoff

- *diamagnetisch*, wenn μ_{rel} kleiner als 1 ist;
- *paramagnetisch*, wenn μ_{rel} nur wenig größer als 1 und unabhängig von der Feldstärke H ist;
- *ferromagnetisch*, wenn μ_{rel} sehr groß gegen 1 (bis ca. 10^6) ist und zudem von der Feldstärke H abhängt: $\mu_{\text{rel}} = \mu_{\text{rel}}(H)$.

Ferromagnete sind z. B. Eisen, Kobalt, Nickel und Verbindungen, die diese Metalle enthalten. Sie spielen als Permanentmagnete eine große Rolle, da sie magnetisierbar sind, also auch nach Wegnahme des äußeren Magnetfeldes das innere Magnetfeld behalten. Die Magnetisierung kommt dadurch zustande, dass die ferromagnetischen Stoffe *Elementarmagnete* (magnetische Dipole) enthalten, die sich bei Anlegen eines äußeren Feldes mehr oder weniger in dessen Richtung einstellen und diese Parallelstellung durch die gegenseitige Wechselwirkung stabilisiert wird. Sind alle Elementarmagnete ausgerichtet, dann hat B seinen *Sättigungswert* erreicht. Um das innere Magnetfeld zum Verschwinden zu bringen, muss von außen ein entgegengesetzt gerichtetes Magnetfeld angelegt werden. Es kommt zu einer *Hysterese* (wie bei viskoelastischen Stoffen, Abschnitt 5.3.3.2.1), bei deren Durchlaufen Energie in Form von Wärme in dem Material deponiert wird. In *Transformatoren* (Abschnitt 16.2.3), in denen das Magnetfeld ständig seine Richtung ändert, verwendet man aus diesem Grund *weichmagnetische* Materialien, die nur eine sehr schwache Hysterese zeigen.

14.8.2 Kräfte auf einen magnetischen Dipol

In Abschnitt 14.7.4 haben wir erfahren, dass ein elektrischer Dipol im äußeren homogenen elektrischen Feld durch das Drehmoment $\vec{M}'_{el}$ gedreht wird, bis die Dipolachse und die Richtung des äußeren Feldes einander so weit wie möglich parallel gerichtet sind. Bei einem magnetischen Dipol im äußeren homogenen Magnetfeld geschieht dasselbe. Ein Drehmoment $\vec{M}_{mag}$ richtet den magnetischen Dipol parallel zu den Feldlinien des äußeren Feldes aus (Abb. 14.21). Im *Kompass* ist dieses Beispiel realisiert; dort ist die Kompassnadel (magnetischer Dipol) frei drehbar gelagert und stellt sich stets in die Richtung der Feldlinien des Erdmagnetfeldes ein. Analog zu Gl. (14-38) ist das Drehmoment M_{mag} durch das magnetische Dipolmoment m (mit der SI-Einheit A m^2), das Feld B und den Winkel α zwischen Dipolachse und B bestimmt:

$$M_{mag} = mB \sin \alpha. \qquad (14\text{-}47)$$

Ist das Magnetfeld inhomogen, dann kommt – genau wie beim elektrischen Fall (Abschnitt

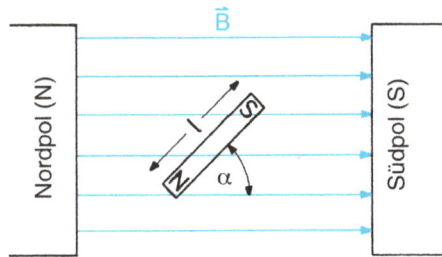

Abb. 14.21: Magnetischer Dipol im Feld $\vec{B}$.

14.7.4) – zum Drehmoment noch eine Kraft hinzu.

Da es keine voneinander isolierten magnetischen Pole gibt, sondern stets nur Nord- und Südpol gemeinsam, d. h. nur magnetische Dipole, lässt sich das magnetische Dipolmoment m_{magn} nicht wie das elektrische Dipolmoment ($m_{el} = Ql$) darstellen.

Auch die Elektronen auf den *Bohr'schen Bahnen* der Atome besitzen ein magnetisches Moment, das in Einheiten des sogenannten *Bohr'schen Magnetons* $\mu_B = 9{,}27 \cdot 10^{-24}$ A m^2 angegeben wird. Hinzu kommt ein mit dem *Elektronenspin S* verknüpftes magnetisches Moment, das für $S = h/4\pi$ (h = Planck'sche Konstante) den Wert μ_B annimmt. Auch Proton und Neutron weisen einen *Spin* auf; die damit verbundenen magnetischen Momente sind allerdings wesentlich kleiner als das des Elektrons.

14.8.3 Lorentzkraft

Bewegte elektrische Ladungen sind, wie wir in Abschnitt 14.8.1 gesehen haben, stets von einem Magnetfeld umgeben. Bewegen sich die Ladungen in einem äußeren – etwa durch einen Permanentmagneten erzeugten – Feld B_a, so werden sich beide Felder einander überlagern. Das hat zur Folge, dass in dem durch Abb. 14.22 skizzierten Experiment das stromdurchflossene Drahtstück nach rechts verschoben wird, d. h., es wirkt eine Kraft.

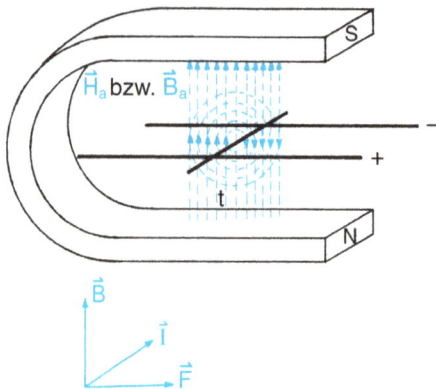

Abb. 14.22: Kraft auf einen stromdurchflossenen Leiter. Auf die beiden festen Leiterdrähte ist ein Drahtstück quer aufgelegt, das durch die Lorentzkraft $\vec{F}_L$ nach rechts verschoben wird.

Bewegen sich elektrische Ladungen senkrecht zu einem Feld $\vec{B}$, so wirkt die resultierende Kraft, die Lorentzkraft $\vec{F}_L$, sowohl senkrecht zur Richtung des Stroms $\vec{I}$ als auch senkrecht zu $\vec{B}$ auf die Ladungsträger.

Der Betrag der Lorentzkraft auf eine einzelne bewegte Elementarladung e ist in diesem Fall (Magnetfeld und Bewegungsrichtung der Ladungen senkrecht zueinander) gegeben durch das Produkt aus magnetischer Induktion B, Ladung e und Geschwindigkeit v der Ladung:

$$F'_L = evB. \tag{14-48}$$

Die gesamte auf den stromdurchflossenen Leiter wirkende Lorentzkraft ergibt sich aus der Summe aller Teilkräfte F'_L. Bei n mit gleicher Geschwindigkeit v bewegten Ladungen e ist dies:

$$F_L = \sum_n F'_L = \sum_n evB = nevB. \tag{14-49}$$

Nehmen wir an, dass der Leiter von Gleichstrom der Stärke I durchflossen wird, dann lässt sich Gl. (14-49) umformen ($nevB = QvB = QBl/t = IBl$), und wir erhalten für die

auf ein Leiterstück der Länge l wirkende Kraft F_L:

$$F_L = IBl. \tag{14-50}$$

Setzen wir in Gl. (14-50) B in V s m^{-2}, I in A und l in m ein, dann ergibt sich F_L in der Einheit Newton.

Bewegen sich die Ladungen nicht senkrecht zur Magnetfeldrichtung, sondern unter einem beliebigen Winkel α, so bewirkt nur die Komponente der Geschwindigkeit senkrecht zum Magnetfeld eine Lorentzkraft, und wir erhalten für deren Betrag:

$$F_L = evB \sin \alpha. \tag{14-51}$$

Die Richtungen der Vektoren $\vec{F}$, $\vec{v}$ und $\vec{B}$ zueinander sind durch die Dreifingerregel der rechten Hand festgelegt: $\vec{F}$, $\vec{I}$ und $\vec{B}$ stehen senkrecht aufeinander, wie durch Mittelfinger, Daumen und Zeigefinger der rechten Hand in Abb. 14.23 angedeutet. Der Zusammenhang zwischen $\vec{F}$, $\vec{v}$ und $\vec{B}$ kann auch durch das Vektorprodukt $\vec{F} = q(\vec{v} \times \vec{B})$ beschrieben werden.

Da F_L der Gl. (14-48) stets senkrecht auf der momentanen Bewegungsrichtung der Elektronen steht, werden diese auf Kreis- oder Spiralbahnen gezwungen. Obwohl ihre momentane Bewegungsrichtung durch die Lorentzkraft dabei ständig verändert wird, wird durch F_L dennoch keine Arbeit W an den Elektronen verrichtet, denn W ist nach Abschnitt 3.1 gegeben durch das Produkt aus Weg und Komponente der Kraft *längs* des Weges. Da die Lorentzkraft stets senkrecht auf dem Vektor der Geschwindigkeit und damit auch senkrecht auf dem Weg steht, gibt es keine Komponente in Wegrichtung.

Die Lorentzkraft wird z. B. beim Elektronenmikroskop (Abschnitt 20.4) ausgenutzt, um Elektronenstrahlen in gewünschter Weise abzulenken. Weitere Anwendungen der Ablenkung von geladenen Teilchen im Magnetfeld finden wir beim *Massenspektrografen,* in dem Ionen und Molekülgruppen nach ihrer Masse und Ladung selektiert werden, und in *Teilchenbeschleunigern* (Abschnitt 21.3.2).

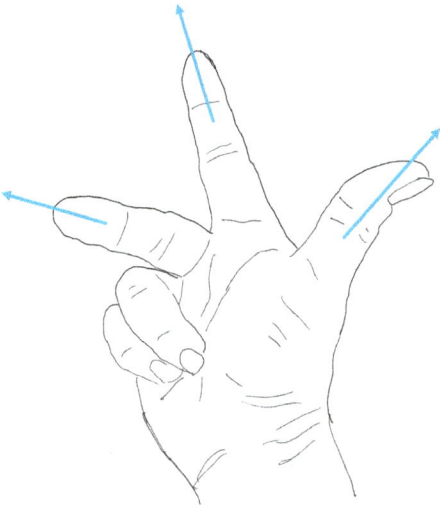

Abb. 14.23: Dreifinger-Regel der rechten Hand zur Festlegung der Richtung von $\vec{F}$, $\vec{v}$ und $\vec{B}$ bei der Lorentzkraft.

14.8.4 Induktionsvorgänge

Bisher zeigte sich eine Verknüpfung zwischen elektrischem und magnetischem Feld dadurch, dass ein Magnetfeld durch den von einem elektrischen Feld verursachten Stromfluss entsteht. Umgekehrt kann ein elektrisches Feld durch ein Magnetfeld erregt werden; dazu ist aber notwendig, dass sich dieses Magnetfeld, genauer der *magnetische Fluss Φ*, zeitlich ändert.

> Die Erzeugung elektrischer Felder durch zeitlich veränderliche Magnetfelder bezeichnet man als *elektromagnetische Induktion*.

(Der physikalische Effekt der *elektromagnetischen Induktion* darf nicht verwechselt werden mit der physikalischen Größe *magnetische Induktion* aus Abschnitt 14.8.1.) Um das *Induktionsprinzip* zu erläutern, führen wir den magnetischen Fluss Φ ein. Anschaulich entspricht er der Zahl der *B*-Feldlinien durch eine Fläche *A* und ist damit der *B*-Feldliniendichte proportional. Er kann durch das Skalarprodukt der magnetischen Induktion $\vec{B}$ mit der Fläche $\vec{A}$,

die von den Feldlinien durchsetzt wird, ausgedrückt werden:

$$\Phi = \vec{B}\vec{A} = BA \cos \alpha$$

Der Vektor $\vec{A}$ gibt die Größe der Fläche und die Richtung ihrer Flächennormalen $\vec{n}$ (der Senkrechten auf die Fläche) an: $\vec{A} = A\vec{n}$. Φ hat die SI-Einheit:

$$1 \text{ Tesla m}^2 = 1 \text{ Weber (Wb)}.$$

Wird die Fläche von den Feldlinien senkrecht durchdrungen, d. h., ist der Winkel zwischen $\vec{B}$ und $\vec{n}$ null, dann ist mit $\cos(0°) = 1$ der magnetische Fluss Φ gegeben durch:

$$\Phi = BA. \tag{14-52}$$

Löst man diese Gleichung nach *B* auf, dann wird klar, weshalb man die magnetische Induktion auch als *magnetische Flussdichte* bezeichnet. *B* ist der magnetische Fluss pro Querschnittsfläche *A*.

Einige einfache Versuche mit einem Stabmagneten und einer an ein *Elektrometer* angeschlossenen Leiterschleife (Abb. 14.24) zeigen, wie elektrische Felder erzeugt werden:

Leiterschleife

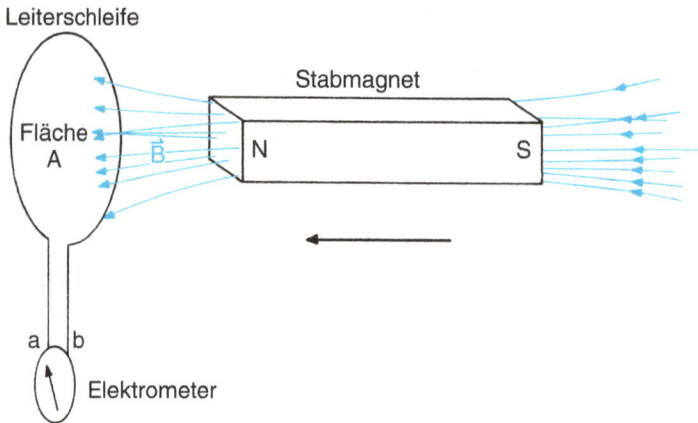

Abb. 14.24: Erzeugung einer Induktionsspannung U_{ind} durch Hineinschieben eines Stabmagneten in eine Leiterschleife. U_{ind} wird durch den Ausschlag am Elektrometer angezeigt.

1. Nähern wir den Nord- oder Südpol des Magneten der Schleife, so zeigt das Elektrometer einen Ausschlag. Es ist also während der Bewegung des Stabmagneten Ladung in der Leiterschleife auf das Elektrometer transportiert worden. Das ist gleichbedeutend mit der Feststellung: *Zwischen den Leiterenden a und b wurde eine Spannung U induziert*, die den Ladungstransport bewirkt. Verwenden wir bei gleichen Versuchsbedingungen einen Stabmagneten mit größerer magnetischer Induktion B, dann zeigt das Elektrometer einen größeren Ladungstransport an.

2. Wir können auch die Leiterschleife im Feld des Magneten drehen. Ist dann die zeitliche Änderung des magnetischen Flusses $d\Phi/dt$ in der Schleifenfläche A genauso groß wie im ersten Versuch, dann schlägt das Elektrometer ebenso weit aus wie zuvor.

Aus diesen einfachen Induktionsversuchen folgt, dass die in einer Leiterschleife induzierte Spannung U_{ind} gleich ist der zeitlichen Änderung des magnetischen Flusses Φ in der Leiterschleife. Die Messung zeigt, dass das Vorzeichen der induzierten Spannung

der Änderung des magnetischen Flusses entgegengerichtet ist (siehe Abschnitt 14.8.7):

$$U_{ind} = -\frac{d\Phi}{dt}. \tag{14-53}$$

Wird die Änderung von Φ bei konstanter Fläche durch eine Änderung von $\vec{B}$ erreicht (Beispiel 1), so können wir Gl. (14-53) auch in der Form schreiben:

$$U_{ind} = -\vec{A}\frac{d\vec{B}}{dt}. \tag{14-54}$$

Bei konstantem $\vec{B}$ und einer zeitlichen Änderung von $\vec{A}$ (Beispiel 2) ergibt sich:

$$U_{ind} = -\vec{B}\frac{d\vec{A}}{dt}. \tag{14-55}$$

Gl. (14-55) ist die Grundlage für die Erzeugung von *Wechselspannungen* (Abschnitt 14.9). Wird nämlich eine Leiterschleife in einem Feld mit konstantem $\vec{B}$ gedreht, so hängt der magnetische Fluss nach Gl. (14-52) nur vom Winkel α zwischen der Flächennormalen und der Richtung der $\vec{B}$-Feldlinien ab. Ist die Drehgeschwindigkeit konstant, so ist $\alpha = \omega t$, und es ergibt sich:

$$\Phi = BA \cos \omega t,$$

$$U_{\text{ind}} = \frac{d\Phi}{dt} = \omega BA \sin \omega t = U_0 \sin \omega t. \quad (14\text{-}56)$$

Die durch die Drehbewegung der Leiterschleife erzeugte zeitabhängige Spannung ist also sinusförmig.

Die technische Ausführung eines solchen *Spannungsgenerators*, die *Dynamomaschine*, wird in Abschnitt 16.2.1 vorgestellt.

14.8.5 Selbstinduktion

Jeden stromführenden Leiter umgibt, wie wir gesehen haben, ein magnetisches Feld $\vec{H}$. Biegen wir den Leiter zu einer Schleife, so schließt diese den in Abschnitt 14.8.4 definierten magnetischen Fluss Φ ein. Schalten wir in der Schleife einen Strom I ein oder aus, so baut sich ein $\vec{H}$- und $\vec{B}$-Feld auf oder ab und gibt Anlass zu einer zeitlichen Änderung des Flusses Φ. Nach Gl. (14-54) ist dies aber gerade die Bedingung, unter welcher in der Leiterschleife eine Spannung induziert wird.

Da es die zeitliche Änderung des *eigenen* Stroms ist, die im Leiter die Spannung U_{ind} induziert, spricht man bei dieser Erscheinung von *Selbstinduktion*. Es gilt:

$$U_{\text{ind}} \sim \frac{dI}{dt}. \quad (14\text{-}57)$$

Die Proportionalitätskonstante ist die *Induktivität L* mit der SI-Einheit V s A^{-1}, die auch den Namen *Henry* (H) trägt. Wir erhalten so:

$$U_{\text{ind}} = -L \frac{dI}{dt}. \quad (14\text{-}58)$$

Das negative Vorzeichen in Gl. (14-58) berücksichtigt die Tatsache, dass U_{ind} der von außen angelegten Spannung entgegengerichtet ist, falls der Strom I eingeschaltet wird, $dI/dt > 0$, ihr aber gleichgerichtet ist, falls der Strom abgeschaltet wird, $dI/dt < 0$.

Die Induktivität L einer Leiterschleife oder Spule hängt von deren Bau und Material ab. Große Windungszahl n, großer Spulenquerschnitt A und kleine Spulenlänge l erzeugen eine große Induktivität. Bringt man in die Spule ein Material mit hoher Permeabilität, so wächst L (siehe Gl. 14-46b). Allgemein gilt:

$$L = \mu_{\text{rel}} \mu_0 \frac{n^2 A}{l}. \quad (14\text{-}59)$$

14.8.6 Energieinhalt des magnetischen Feldes

Wird eine Spule mit n Windungen an eine Gleichspannungsquelle angeschlossen, so steigt der Stromfluss wegen der entgegengerichteten induzierten Spannung nicht sprunghaft, sondern zeitlich verzögert auf seinen Endwert an. Während dieses Anstiegs wird auch der magnetische Fluss vom Wert null auf seinen Endwert aufgebaut. Die beim Aufbau des magnetischen Flusses im Magnetfeld gespeicherte Energie wird dem Stromkreis entnommen. Sie kann mit Gl. (14-58) und Gl. (14-96) durch das Produkt aus Stromstärke, induzierter Spannung und dem Zeitintervall dt ausgedrückt werden:

$$dW = -I U_{\text{ind}}\, dt = I L \frac{dI}{dt}\, dt = L I\, dI. \quad (14\text{-}60)$$

Ist der Strom von null auf den Wert $I_{\max}$ angewachsen, so beträgt die im Magnetfeld gespeicherte potentielle Energie:

$$W = \int_0^{I_{max}} L I\, dI = \frac{L I_{max}^2}{2}. \quad (14\text{-}61)$$

Diesen Ausdruck kann man mit Gl. (14-59) auch folgendermaßen umschreiben:

$$W = \frac{1}{2} \mu_{\text{rel}} \mu_0 \frac{n I_{max}}{l} \frac{n I_{max}}{l} l A. \quad (14\text{-}62)$$

Setzen wir Gl. (14-44) ein, dann erhalten wir daraus:

$$W = \frac{1}{2}\mu_{rel}\mu_0 H^2 V,$$

$(V = lA = Volumen\ der\ Spule).$ (14-63)

Damit ergibt sich für die *Energiedichte ϱ des Magnetfeldes* im Innern der Spule:

$$\varrho = \frac{W}{V} = \frac{1}{2}\mu_{rel}\mu_0 H^2 = \frac{1}{2}BH.$$ (14-64)

Der Vergleich der Gln. (14-43) und (14-64) zeigt die formale Analogie der elektrischen und magnetischen Feldenergiedichten. Beide werden uns in Abschnitt 17.2 im Zusammenhang mit der Feldenergie des elektromagnetischen Wellenfeldes wiederbegegnen.

14.8.7 Lenz'sche Regel

Die *Lenz'sche Regel* gibt Auskunft über die Richtung der durch Induktion oder Selbstinduktion erzeugten Spannungen und Ströme. Sie sind stets so gerichtet, dass sie der Ursache, durch welche sie erzeugt wurden, entgegenwirken. Da Induktion oder Selbstinduktion auf der Änderung eines bestehenden Zustands beruhen, können wir die Wirkung von Induktion und Selbstinduktion auch so ausdrücken: Durch sie ist das System bestrebt, den bestehenden Zustand so lange wie möglich aufrechtzuerhalten. Dies ist eine Folge des Energiesatzes, was sich durch folgendes Beispiel veranschaulichen lässt: Ein langer Stabmagnet wird in eine feststehende Leiterschleife (Abb. 14.24) geschoben; dadurch wird in der Schleife ein Strom induziert, dessen Feld $\vec{B}$ so gerichtet ist, dass der Stabmagnet in seiner Bewegung behindert wird. Wäre die Richtung von $\vec{B}$ umgekehrt, so würde die Bewegung beschleunigt, wodurch der induzierte Strom und mit ihm das Magnetfeld wachsen würde, was wieder den Magneten

beschleunigen würde, usw. Ohne äußere Kräfte würde dadurch die Bewegungsenergie des Magneten wachsen, im Widerspruch zum Energieerhaltungssatz.

Das Abbremsen von Bewegung durch induzierte Ströme wird in *Wirbelstrombremsen* ausgenutzt, die ohne Reibung und damit ohne Verschleiß arbeiten. Da die Bremswirkung umso größer ist, je schneller die Änderung des Magnetfeldes ist, je größer also die Geschwindigkeit ist, sind solche Wirbelstrombremsen bei hohen Geschwindigkeiten am wirksamsten. Eingesetzt werden sie z. B. zum Abbremsen des ICE-3 aus hohen Geschwindigkeiten.

14.8.8 Magnetfelder im menschlichen Körper

Obwohl die vom menschlichen Körper erzeugten magnetischen Felder sehr schwach sind (10^{-9} bis 10^{-14} Tesla; zum Vergleich das Magnetfeld der Erde $\approx 10^{-4}$ Tesla), ist es mit der jüngsten Entwicklung hochempfindlicher Magnetometer und feldfreier Labors (analog dem Faraday-Käfig zur Abschirmung elektrischer Felder) möglich, Magnetfelder bis herab zu Werten von 10^{-14} Tesla zu messen. Die Aufnahme einer topografischen *Magnetfeldkarte* bestimmter Körperregionen liefert ähnlich wichtige diagnostische Informationen wie die entsprechende Vermessung elektrischer Potentiale. In diesem Zusammenhang wollen wir erläutern, wie die Magnetfelder im Körper entstehen.

1. Magnetfelder werden durch bewegte elektrische Ladungen erzeugt. Der Ladungsfluss von hauptsächlich Na^+-, K^+- und Cl^--Ionen in Muskelgewebe und Nerven ist eine der Ursachen für das Vorhandensein von Magnetfeldern im und um den Körper. Von Herz und Gehirn ist bekannt, dass sie von Ionen-Strömen durchflossen werden. Die von diesen Strömen erzeugten elektri-

schen Spannungen können mit Elektroden auf der Haut vermessen werden. Wir erhalten so durch den Strom im Herzmuskel das *Elektrokardiogramm* (EKG) und durch die Gehirnströme das *Elektroenzephalogramm* (EEG). Dieselben Ströme erzeugen magnetische Felder, die mit einem empfindlichen Magnetometer aufgenommen das *Magnetokardiogramm* (MKG) bzw. das *Magnetoenzephalogramm* (MEG) ergeben. Die Aufnahme von MEG-Signalen an vielen räumlich verteilten Punkten *außerhalb* des Schädels bietet die Möglichkeit, Bereiche *im* Gehirn zu lokalisieren, die als Stromquelle für die Erzeugung des MEG verantwortlich sind. Mit dieser Methode gelingt es z. B., Epilepsie-Zentren im Gehirn nachzuweisen.

2. Neben den unter 1. erwähnten zeitabhängigen und relativ schwachen Magnetfeldern (10^{-9} bis 10^{-14} Tesla) werden im und um den Körper zeitunabhängige stärkere Magnetfelder ($\leq 10^{-8}$ Tesla) von ferromagnetischen Teilchen (z. B. Magnetit, Fe_3O_4) hervorgerufen, die sich irgendwo im Körper festgesetzt haben. Durch die Aufnahme einer statischen Magnetfeldkarte lassen sich Menge, Verteilung usw. dieser Teilchen z. B. in der Lunge von Grubenarbeitern nachweisen. Verwendet man magnetische Teilchen als Tracer, dann lassen sich Veränderungen der Lunge bereits in einem viel früheren Stadium feststellen, als es durch Aufnahme eines Röntgen-Bildes möglich wäre.

3. *Magnetic-Particle-Imaging* (MPI, Bildgebung mittels superparamagnetischer Teilchen) ist eine Methode, bei der die Verteilung magnetischer Nanopartikel (Abschnitt 5.1.2 und 5.4) im menschlichen Körper bestimmt wird. Sie bestehen vorzugsweise aus Eisenoxid, haben einen optimalen Kerndurchmesser von 30 nm und werden mit einem speziellen Überzug, z. B. Dextran, versehen, damit sie nicht zusammenklumpen. Anders als bei der *magnetischen Resonanztomografie* (MRT), bei der der Einfluss eines äußeren Magnetfeldes auf die magnetischen Eigenschaften von körpereigenen Protonen gemessen wird (Abschnitt 21.1.3), wird beim MPI die Magnetisierung der in den Körper eingeschleusten Nanopartikel

(„Tracer"-Partikel) detektiert. Dazu wird die Untersuchungsregion mit einem Gradientenfeld (dem sogenannten Selektionsfeld) und einem homogenen, zeitlich oszillierenden Magnetfeld (dem Anregungsfeld) belegt. Das Gradientenfeld erzeugt einen feldfreien Punkt (FFP) im Messvolumen, in dem die magnetischen Eisenoxidteilchen vom Anregungsfeld periodisch ummagnetisiert werden können. Außerhalb des FFPs sind die Partikel in Sättigung und reagieren nicht auf das Anregungsfeld. Aufgrund der nichtlinearen Magnetisierungseigenschaft der Partikel prägt die periodisch sich ändernde Magnetisierung der Partikel innerhalb des FFPs dem primär angelegten sinusförmig oszillierenden Magnetfeld Beiträge (Oberwellen) auf, die sich durch Fourier-Analyse (Abschnitt 6.5.2) extrahieren lassen und als Maß für die Konzentration der Partikel dienen. Bislang erreicht man im Experiment eine räumliche Auflösung von ca. 1 mm bei einer zeitlichen Auflösung von ca. 40 Bildern pro Sekunde. Diese bildgebende Methode befindet sich in der Entwicklung; ihr klinischer Einsatz ist bislang nicht etabliert, wird aber für folgende Anwendungsbeispiele als vielversprechend vorgeschlagen:

– Bei der Wächterlymphknotenbiopsie (Mammakarzinom) führt alternativ zur nuklearmedizinischen Methode anstelle der Verteilung radioaktiver Tracer die Verteilung magnetischer Tracer zum Auffinden der befallenen Lymphknoten ohne Strahlenbelastung.

– *In-vivo*-Bilder eines schlagenden Herzens sind bei Bildfrequenzen von 25 Bildern pro Sekunde realisierbar. Derartige Echtzeitaufnahmen des Herzens ermöglichen eine genauere Diagnostik z. B. der Herzklappenfunktion oder der Herzkranzgefäße ohne Strahlenbelastung, als sie bei der CT geschieht. Diese Anwendung wurde an Mäuseherzen bereits erfolgreich erprobt.

– Katheteruntersuchungen lassen sich mit größerer Präzision durchführen, wenn mit magnetischen Nanopartikeln beschichtete Katheter, die mit MPI beobachtet werden können, zum Einsatz kommen.

14.9 Zeitabhängige Spannungen und Ströme

14.9.1 Ein- und Ausschaltvorgänge

14.9.1.1 Einschalt- und Ausschaltvorgang beim Kondensator

Bislang haben wir angenommen, dass nach Verbindung der Platten eines Kondensators mit einer Gleichspannungsquelle der Spannung U_0 dieselbe Spannung U_0 zwischen den Kondensatorplatten liegt. Auf welche Weise sich diese Spannung beim Verbinden der Platten mit der Spannungsquelle einstellt, wie also ein Kondensator *aufgeladen* wird, soll im Folgenden untersucht werden. Dazu betrachten wir den Schaltkreis der Abb. 14.25a. Durch den Schalter S_1 (bei geöffnetem Schalter S_2) legen wir an das aus dem Widerstand R und dem Kondensator C bestehende Netzwerk, an das sogenannte *RC-Glied*, die Spannung U_0 an. Also Folge bewegen sich Ladungen, fließt also ein Strom, der den Kondensator auflädt.

Nach der Kirchhoff'schen Maschenregel gilt, dass die Summe der augenblicklichen Spannungsabfälle am Widerstand, $U_R = IR$, und am Kondensator, $U_C = Q/C$, gleich sein muss der angelegten Spannung U_0:

$$U_0 = IR + \frac{Q}{C}. \tag{14-65}$$

Um den zeitlichen Verlauf des *Aufladevorgangs* zu erhalten, differenzieren wir Gl. (14-65) nach der Zeit:

$$\frac{dU_0}{dt} = \frac{dI}{dt}R + \frac{dQ}{dt}\frac{1}{C}. \tag{14-66}$$

Die zeitliche Änderung der Klemmenspannung dU_0/dt ist null, da wir U_0 als Gleichspannung, d. h. zeitlich konstant, vorausgesetzt haben. Da dQ/dt gerade gleich dem Strom I ist (Gl. (14-5a)), vereinfacht sich Gl. (14-66) zu:

$$0 = \frac{dI}{dt}R + I\frac{1}{C} \text{ bzw.} \tag{14-67}$$

$$\frac{dI}{I} = -\frac{1}{RC}dt. \tag{14-68}$$

Wir können nun fragen, wie groß der Strom zur Zeit t ist. Dazu integrieren wir Gl. (14-68) und erhalten (siehe Anhang):

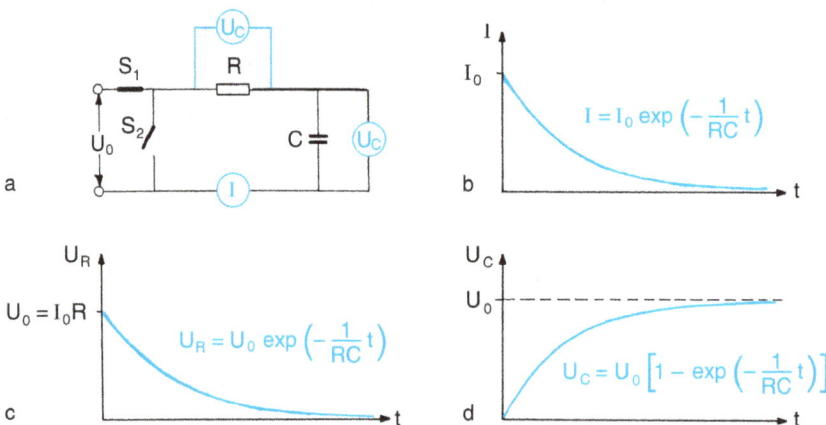

Abb. 14.25: Aufladen eines Kondensators über einen Widerstand R: (a) Schaltkreis, (b) Aufladestrom $I(t)$, (c) Spannungsabfall $U_R(t)$, (d) Kondensatorspannung $U_C(t)$.

$$\int \frac{dI}{I} = \ln I = -\frac{1}{RC}t + K, \qquad (14\text{-}69)$$

wobei K eine Integrationskonstante ist. Die Zeit t wollen wir vom Einschalten der Spannungsquelle an zählen. Zur Zeit $t = 0$ fließe der Strom I_0 durch den Widerstand R. Setzen wir die Anfangswerte $t = 0$ und $I = I_0$ ein, so erhalten wir die Integrationskonstante K:

$$\ln I_0 = K. \qquad (14\text{-}70)$$

Es ergibt sich schließlich:

$$\ln \frac{I}{I_0} = -\frac{1}{RC}t. \qquad (14\text{-}71)$$

Für den Aufladestrom $I(t)$ finden wir, dass er exponentiell mit der Zeit abnimmt (Abb. 14.25b):

$$I = I_0 e^{-\frac{1}{RC}t}. \qquad (14\text{-}72)$$

Das Produkt aus R und C bezeichnen wir als *Zeitkonstante* τ des *RC*-Gliedes:

$$\tau = RC, \text{ mit der SI-Einheit s.} \qquad (14\text{-}73)$$

Große Zeitkonstante bedeutet, dass der Aufladevorgang langsam vor sich geht.

Die exponentiell fallende Stromstärke zeigt Abb. 14.25b. Die Exponentialfunktion (sie wird im Anhang genauer diskutiert) gehört zu den wichtigsten in der Physik auftretenden Funktionen. Den genauen Wert null erreicht I in Gl. (14-72) erst nach unendlich langer Zeit; näherungsweise (z. B. bis 99,9 %) ist jedoch der Kondensator bereits in kürzerer Zeit aufgeladen, und diese Zeit ist abhängig von der Konstanten $1/RC$ in der Exponentialfunktion. Dies ist auch anschaulich klar: Je größer einerseits die Kapazität C des Kondensators gewählt wird, desto länger dauert es, bis der Kondensator aufgeladen ist. Bei großem Widerstand R kann nur ein geringer Strom fließen, und auch dies führt dazu, dass der Kondensator nur langsam aufgeladen wird.

Für die am Kondensator zur Zeit t anliegende Spannung U_C erhalten wir:

$$U_C = U_0 - IR = U_0 - I_0 R e^{-\frac{1}{RC}t}, \qquad (14\text{-}74a)$$

wobei die Größe $I_0 R e^{-\frac{1}{RC}t}$ den zeitlichen Verlauf des am Widerstand R auftretenden Spannungsabfalls U_R darstellt. Die Spannung U_R sinkt also allmählich vom Wert U_0 beim Einschalten ($t = 0$; $U_0 = I_0 R$) auf null ab (Abb. 14.25c). Zugleich steigt die Spannung U_C am Kondensator von null auf den Wert U_0 an, und wir können für Gl. (14-74a) auch schreiben:

$$U_C = U_0 - U_0 e^{-\frac{1}{RC}t} = U_0 \left(1 - e^{-\frac{1}{RC}t} \right). \qquad (14\text{-}74b)$$

Das Zeitverhalten von U_C beim Aufladevorgang ist in Abb. 14.25d dargestellt.

Schließen wir in Abb. 14.25a den Schalter S2 und öffnen S1 gleichzeitig, nachdem der Kondensator vollständig aufgeladen ist ($U_C = U_0$), so wird die Spannungsquelle von dem *RC*-Glied getrennt, und dieses wird zugleich kurzgeschlossen. Dann fließen die Elektronen von der negativ geladenen Kondensatorplatte zur positiv geladenen Platte; der Kondensator entlädt sich. Auch dieser *Entladevorgang* folgt einem Exponentialgesetz, und zwar gilt, wenn wir nun die Zeit t von dem Augenblick des Kurzschließens an zählen:

$$U_C = U_0 e^{-\frac{1}{RC}t}. \qquad (14\text{-}75)$$

Der zeitliche Verlauf von U_C ist für diesen Fall in Abb. 14.26 wiedergegeben.

Übertragung eines Spannungsimpulses durch ein RC-Glied Wir wollen nun an das *RC*-Glied kurzfristig die Spannung U_0 anlegen und dann wieder abschalten. Der zeitliche Verlauf der Spannung U hat dann die Form eines rechteckigen Spannungsimpulses (*Rechteckimpuls*, Abb. 14.27a). Ist seine Dauer kurz, dann kann der Entladevorgang am Kondensator bereits einsetzen, bevor der Aufladevorgang abgeschlossen ist (was ja, siehe oben, genau genommen erst nach unendlich lan-

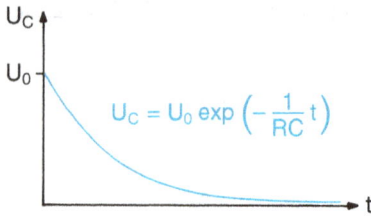

$$U_C = U_0 \exp\left(-\frac{1}{RC}t\right)$$

Abb. 14.26: Zeitlicher Verlauf der am Kondensator anliegenden Spannung $U_C(t)$ während seiner Entladung.

ger Zeit der Fall wäre), und wir erhalten einen Spannungsverlauf $U_C(t)$ am Kondensator, wie ihn die Abb. 14.27b, c wiedergeben. Sie zeigen das Verhalten eines RC-Gliedes beim Anlegen eines Spannungsimpulses unter den zwei Bedingungen, dass die Zeitkonstante τ kleiner als die Dauer T des Im-

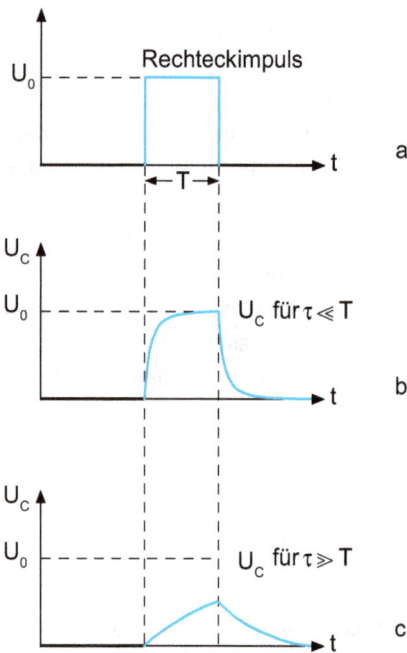

Abb. 14.27: Übertragung eines Rechteckimpulses durch ein RC-Glied: (a) Rechteckimpuls $U(t)$, der von links auf das RC-Glied gegeben wird, (b) Kondensatorspannung $U_C(t)$ (Antwortimpuls) für $\tau \ll T$, (c) Antwortimpuls für $\tau \gg T$ (hierbei ist zu beachten, dass die Entladung nicht wie bei (b) der Formel $U_c = U_0\, e^{-t/\tau}$ folgt, sondern $U_c = U_0 (1 - e^{-t/T})\, e^{-t/\tau}$, da die Entladung einsetzt, bevor der Kondensator ganz aufgeladen war).

pulses ist (Abb. 14.27b) bzw. dass τ größer als T ist (Abb. 14.27c). Wir sehen: Je langsamer Auf- und Entladevorgang bezogen auf die Impulsdauer T sind, desto stärker wird der Rechteckimpuls der Spannungsquelle bei der Übertragung durch das RC-Glied verzerrt. Entsprechend wird auch die Spannung am Widerstand R beeinflusst.

14.9.1.2 Ein- und Ausschaltvorgang bei der Spule

Die Zeitkonstante τ der Gl. (14-73) gibt an, wie schnell sich das elektrische Feld in einem Kondensator aufbaut. Auch der Aufbau des Magnetfeldes in einer Spule benötigt nach dem Einschalten des Stroms eine gewisse Zeit. Sie ist umso größer, je höher der Ohm'sche Widerstand der Spulenwicklung R ist. Legen wir die Spannung U_0 an die Spule, so entsteht die Induktionsspannung der Gl. (14-58): $U_{ind} = -L\, dI/dt$. Die Größe des momentanen Stroms wird dann von der effektiven Spannung $U_0 - L\, dI/dt$ bestimmt:

$$U_0 - L\frac{dI}{dt} = IR. \tag{14-76a}$$

Entsprechend dem Vorgehen im vorigen Abschnitt können wir daraus die Zeitabhängigkeit von I berechnen und erhalten

$$I = \frac{U_0}{R}\left(1 - e^{-\frac{R}{L}t}\right), \tag{14-76b}$$

für den Anstieg des Stroms in der Spule nach dem *Einschalten* der Spannung ($t = 0$).

Nach *Abschalten* der Spannung braucht es einige Zeit, bis der Strom auf null abgeklungen ist, denn der Abbau des Magnetfeldes in der Spule bewirkt eine Induktionsspannung, die nach der Lenz'schen Regel (Abschnitt 14.8.7) nun der ursprünglich angelegten Spannung gleichgerichtet ist und so den Strom noch einige Zeit aufrechterhält:

$$I = \frac{U_0}{R}\, e^{-\frac{R}{L}t}; \tag{14-76c}$$

t zählt vom Moment des Abschaltens an.

Auch für die Spule *(RL-Glied)* können wir eine *Zeitkonstante* τ einführen, denn die Größe L/R in Gl. (14-76c),

$$\tau = \frac{L}{R}, \qquad (14\text{-}77)$$

hat die Dimension der Zeit.

Abb. 14.28 zeigt das durch Gl. (14-76b) bzw. (14-76c) beschriebene Ein- und Ausschaltverhalten des Spulenstroms $I(t)$.

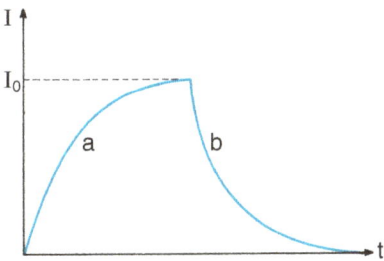

Abb. 14.28: (a) Ein- und (b) Ausschaltverhalten des Stromes $I(t)$ in einer Spule.

14.9.2 Sinusförmige Wechselspannungen und Wechselströme

Während mobile elektronische Geräte ausnahmslos mit Gleichspannung aus galvanischen Zellen betrieben werden, gilt für ans Stromnetz angeschlossene Geräte das Gegenteil: Haushalte werden nur mit Wechselspannungen versorgt. *Wechselspannungen* und *-ströme* sind dadurch gekennzeichnet, dass sie sich nach Betrag und Richtung mit der Zeit periodisch ändern. Die Vorteile einer Wechselspannung gegenüber einer Gleichspannung liegen einmal darin, dass man ihre Spannung bzw. Stromstärke mithilfe von Transformatoren (siehe Abschnitt 16.2.3) ohne große Energieverluste beliebig variieren kann und so beispielsweise in einem Fernsehgerät die 230-Volt-Wechselspannung aus der Steckdose sowohl in 15.000 Volt für die Beschleunigungsspannung als auch in 6 Volt für die Heizung der Kathode transformieren kann. Auch zum Transport elektrischer Energie sind hohe Spannungen *(Hochspannung)* von Vorteil, da dann die Stromstärke kleiner ausfällt, sodass geringere Verluste am Ohm'schen Widerstand der Überlandleitungen (Abb. 14.29) auftreten. In den Umspannstationen am Ort des Verbrauchers wird diese Hochspannung von 230.000 Volt wieder auf die üblichen 230 Volt heruntertransformiert und dem Verbraucher zugeführt. (Ein Rechenbeispiel hierzu werden wir bei der Besprechung der elektrischen Leistung in Abschnitt 14.9.8 geben.) Diese dem Versorgungsnetz zu entnehmende Spannung bezeichnet man auch als *Netzspannung*. Ein weiterer entscheidender Grund für die Verwendung von Wechselspannung ist die Tatsache, dass mit Ausnahme der Photovoltaik alle Techniken zur Stromerzeugung (sei es primär aus Kohle, Gas, Kernkraft, Wasser oder Wind) auf dem Induktionsprinzip (Abschnitt 14.8.4) in rotierenden Generatoren, sogenannten *Dynamomaschinen* (Abschnitt 16.2.1), beruhen, wobei stets Wechselspannung generiert wird

Mittels geeigneter elektrischer Bauteile lassen sich sowohl Wechselspannungen in Gleichspannungen (Gleichrichter) als auch Gleichspannungen in Wechselspannungen (Wechselrichter) umwandeln. Diese Gleich- und Wechselrichter gewinnen mit dem Übergang zur Elektromobilität enorm an Bedeutung, da die Akkumulatoren von Elektrofahrzeugen natürlich als galvanische Elemente Gleichspannung liefern, während für den Betrieb der Motoren typischerweise Wechselspannung zum Einsatz kommt. Gleiches gilt für Photovoltaik-Anlagen, deren Gleichspannung zum Einspeisen in das Stromnetz in eine Wechselspannung gewandelt werden muss.

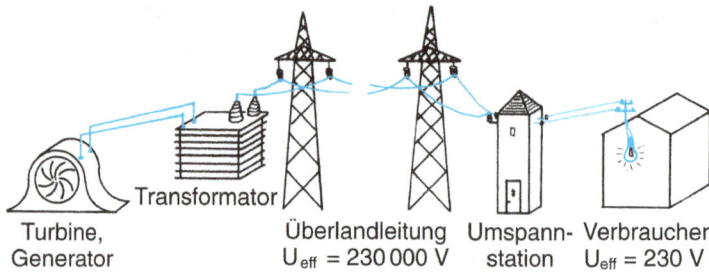

Turbine, Generator — Transformator — Überlandleitung U_{eff} = 230 000 V — Umspann- station — Verbraucher U_{eff} = 230 V

Abb. 14.29: Transport elektrischer Energie vom Kraftwerk zum Verbraucher.

Die in Dynamomaschinen erzeugte Wechselspannung weist einen sinusförmigen Zeitverlauf auf:

$$U(t) = U_0 \, sin(\omega t) = U_0 \, sin\left(2\pi\frac{t}{T}\right). \tag{14-78}$$

Abb. 14.30 zeigt den zeitlichen Verlauf einer sinusförmigen Wechselspannung $U(t)$, wie man ihn mit einem Oszillografen (siehe Abschnitt 16.1.4) aufzeichnen kann. Für die grafische Darstellung können wir auf der Abszisse entweder den Phasenwinkel ωt (im Bogenmaß) oder die zugehörige Zeit t auftragen.

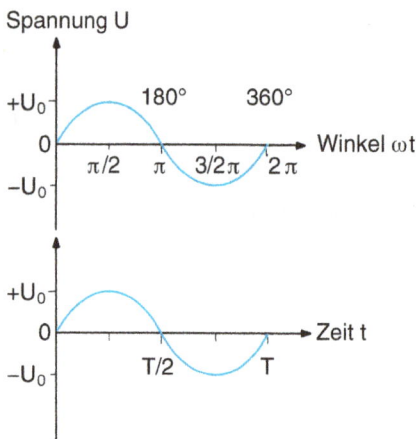

Abb. 14.30: Sinusförmige Wechselspannung $U(t)$.

U_0 ist die Spannungsamplitude, $\omega = 2\pi\nu$ die Kreisfrequenz und $T(=1/\nu)$ die Schwingungsdauer. Die Frequenz ν der Netzspannung an der Steckdose beträgt in den meisten Ländern 50 Hz, lediglich in Nordamerika und einigen wenigen anderen Ländern 60 Hz. Die Spannung $U(t)$ wechselt also periodisch zwischen den Maximalwerten U_0 und $-U_0$, wobei der eine Pol der Steckdose auf konstantem Erd-Potential *(Null-Leiter)* liegt, während das Potential des zweiten Pols zwischen $+U_0$ und $-U_0$ wechselt. Den Wert $\frac{U_0}{\sqrt{2}}$ bezeichnet man als den *Effektivwert* U_{eff} der Wechselspannung (Abschnitt 14.9.8). Für das Netz in Deutschland gilt U_{eff} = 230 Volt, in den USA U_{eff} = 120 Volt.

Liegt die Spannung $U(t)$ an einem Ohm'schen Widerstand R, so fließt ein Strom, der sich ebenfalls sinusförmig mit der Zeit ändert.

$$I(t) = \frac{1}{R}U(t) = \frac{U_0}{R} \, sin(\omega t) = I_0 sin(\omega t). \tag{14-79}$$

Wir werden aber in Abschnitt 14.9.5 sehen, dass Gl. (14-79) nicht mehr gilt, wenn der Wechselstromkreis neben Ohm'schen Widerständen auch kapazitive oder induktive Widerstände enthält. Dann nämlich besteht zwischen Strom und Spannung eine *Phasendifferenz* φ, d. h., die periodischen Verläufe von Strom und Spannung sind zeitlich gegeneinander verschoben (vgl. Abb. 14.31). Der durch die Spannung der Gl. (14-78) erzeugte Strom ist dann allgemein gegeben durch:

$$I(t) = I_0 \sin(\omega t - \varphi). \qquad (14\text{-}80)$$

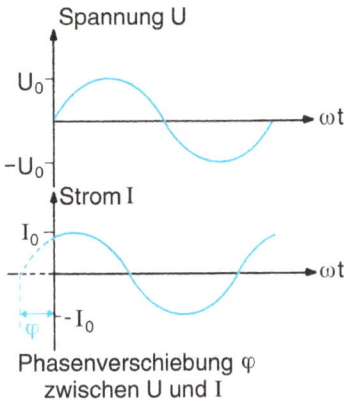

$$U_3 = U_{0,3} sin\left(\omega t + \frac{4\pi}{3}\right). \qquad (14\text{-}81c)$$

Diese Kombination dreier Spannungen heißt *Dreiphasen-Spannung*, die zugehörigen Ströme *Dreiphasen-* oder *Drehstrom*.

Abb. 14.31: Phasenverschiebung zwischen $U(t)$ und $I(t)$, falls der Wechselstromkreis nicht ausschließlich Ohm'sche Widerstände enthält: $U(t) = U_0 \sin \omega t$ $I(t) = I_0 \sin(\omega t - \varphi)$. (In unserem Beispiel ist φ negativ.).

Die Phasendifferenz φ entspricht, wie in Abschnitt 6 gezeigt wurde, einer Zeitverschiebung Δt, im vorliegenden Fall zwischen dem Verlauf von Strom und Spannung um $\Delta t = \varphi/\omega$.

14.9.3 Dreiphasen-Spannung, Drehstrom

In der Technik besitzt eine weitere Art von Wechselstrom große Bedeutung.

Dieser *Drehstrom* wird meist dann verwendet, wenn große elektrische Leistungen verbraucht werden, also für große Maschinen, starke Motoren usw. Er wird im Prinzip dadurch erzeugt, dass man nicht *eine* Spule im Magnetfeld des Generators (Abschnitt 16.2.1) rotieren lässt, sondern *drei* Spulen, die gegeneinander um je 120° gedreht angeordnet sind. Die in den Spulen entstehenden Induktionsspannungen (siehe Gl. (14-56)) sind dann um den Winkel 120° ($\cong 2\pi/3$) in der Phase gegeneinander verschoben:

$$U_1 = U_{0,1} sin(\omega t), \qquad (14\text{-}81a)$$

$$U_2 = U_{0,2} sin\left(\omega t + \frac{2\pi}{3}\right), \qquad (14\text{-}81b)$$

Da zur Fortleitung der drei Ströme derselbe Null-Leiter (Potentialreferenz) verwendet werden kann, kommt man anstelle von sechs mit insgesamt vier Leitungen aus, nämlich dem Null-Leiter und den drei Phasen. Verbraucher können entweder zwischen jeder der Phasen und dem Null-Leiter angeschlossen werden oder zwischen je zwei der drei Phasen.

Im technischen Dreiphasen-Netz betragen die Effektivwerte der Teilspannungen der drei Phasen gegen den Null-Leiter jeweils 230 V; zwischen je zwei der drei Phasen liegt dann eine Spannung mit dem Effektivwert 400 V.

Es ist heute üblich, die Haushalte mit Dreiphasen-Spannung zu versorgen. Im Verteilerkasten, in dem sich Hauptsicherungen und Stromzähler befinden, werden daraus Teilspannungen mit 230 V Effektivspannung entnommen, die dann zu den Wandsteckdosen geführt werden. Stärkere Verbraucher wie der Elektroherd werden dagegen meist direkt mit dem Drehstrom betrieben, wozu man diese an spezielle, vierpolige Steckdosen anschließt.

14.9.4 Nicht sinusförmige Wechselspannungen, Spannungsimpulse

Wiederholt sich ein Spannungsverlauf periodisch, so sprechen wir von Wechselspannung, auch wenn die Spannung nicht sinusförmig ist. Folgen dagegen Spannungsimpulse in unregelmäßiger Folge aufeinander, so nennen wir dies eine *Impulsfolge*. Beispiele für nicht sinusförmige Wechselspannungen sind die Sägezahnspannung und die Rechteckspannung (Abb. 14.32).

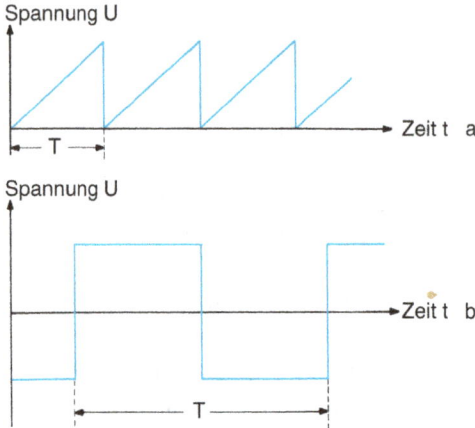

Abb. 14.32: Nicht sinusförmige Wechselspannungen: (a) Sägezahnspannung, (b) Rechteckspannung.

Biologische Spannungen sind durchweg nicht sinusförmig, können aber periodisch sein, z. B. das EKG (Abb. 14.33a, b). (In Abschnitt 15.1.2 wird erläutert, wie ein EKG zustande kommt.)

Nicht harmonische (d. h. nicht sinusförmige) Spannungsverläufe lassen sich, wie dies in Abschnitt 6.5.2 schon für periodische mechanische Bewegungen gezeigt wurde, entsprechend dem *Satz von Fourier* als Summe von sinusförmigen Teilspannungen unterschiedlicher Frequenzen darstellen:

$$U(t) = \sum_{n=0}^{\infty} a_n cos(n\omega t) + \sum_{n=0}^{\infty} b_n sin(n\omega t).$$

$$(14\text{-}82)$$

Diese Darstellung wird allgemein zur Analyse nicht sinusförmiger Signale verwendet, in der Medizin z. B. zur Auswertung des EKG, EEG oder der zeitlichen Änderung der Blutfüllung der Herzkammern.

14.9.5 Wechselstromkreise

Wird Wechselspannung an elektrische Bauelemente wie Ohm'scher Widerstand, Spule (Induktivität) oder Kondensator (Kapazität) angelegt, so ist auch der Zeitverlauf des Stroms sinusförmig. Dabei kann es jedoch zu einer Phasenverschiebung zwischen Strom und Spannung kommen, was bedeutet, dass das Verhältnis der Momentanwerte von Spannung und Strom zeitlich nicht konstant ist:

$$\frac{U}{I} = \frac{U_0}{I_0} \frac{sin(\omega t)}{sin(\omega t - \varphi)}.$$

$$(14\text{-}83)$$

Jedoch ist das Verhältnis der Amplituden U_0 und I_0 konstant.

Zur quantitativen Beschreibung der Vorgänge im Wechselstromkreis ist es also sinnvoll, eine Größe einzuführen, die das Verhältnis der *Amplituden* von Spannung und Strom mit der Einheit Ohm sowie die Phasendifferenz angibt. Diese Größe (eigentlich Kombina-

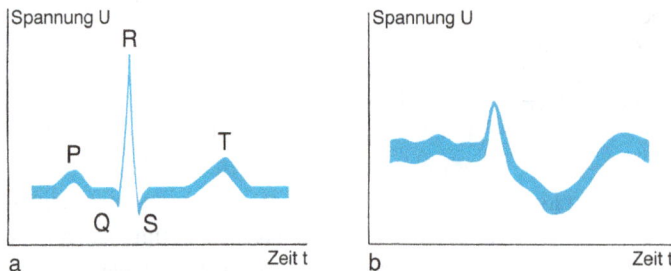

Abb. 14.33: Darstellung der Periode des EKG: (a) eines ruhenden gesunden Menschen, (b) eines Herzkranken.

tion zweier Größen) wird *Impedanz* genannt. Dabei wird das Verhältnis der Amplituden

$$R_\sim = \frac{U_0}{I_0} \qquad (14\text{-}84)$$

Betrag der Impedanz genannt.

14.9.5.1 Kapazitiver Widerstand

Legt man eine Gleichspannung an einen Kondensator, so wird er wie in Abschnitt 14.9.1 beschrieben mit einer Zeitkonstanten $\tau = RC$ aufgeladen und baut seine Ladung erst wieder ab, wenn die Gleichspannung abgeschaltet wird. Außer während der Auf- und Entladezeit der Größenordnung τ fließt kein merklicher Strom. Das heißt, der Kondensator hat für Gleichstrom praktisch einen unendlich hohen Widerstand. Dies ist auch anschaulich klar: Zwischen den beiden Platten des Kondensators besteht keine elektrisch leitende Verbindung.

Eine sinusförmige Wechselspannung der Kreisfrequenz ω hingegen bewirkt, dass der Auf- und Entladungsvorgang sich mit der Frequenz ω dauernd wiederholt, also dauernd Ströme in wechselnder Richtung fließen.

> Wegen der Zeitverzögerung des Auf- und des Entladevorgangs mit der Zeitkonstante τ wirkt der Kondensator im Wechselstromkreis als ein endlicher Widerstand; der Betrag der Impedanz, der *kapazitive Wechselstromwiderstand*, ist dabei gegeben durch
>
> $$R_\text{kap} = \frac{U_0}{I_0} = \frac{1}{\omega C}. \qquad (14\text{-}85)$$
>
> Je höher ω und je größer C, umso mehr Ladung fließt pro Zeiteinheit und umso kleiner ist R_kap. Bei $\omega \to 0$ (Gleichstrom) dagegen wird R_kap unendlich groß.

Zwar bestimmt ein kapazitiver Widerstand den Wechselstromfluss, im Gegensatz zum Ohm'schen Widerstand wird dabei aber keine Energie in Wärme umgewandelt. Stattdessen wird elektrische Energie im Kondensator nur gespeichert. Der zufließende Strom baut ein elektrisches Feld auf. Kehrt aber der Wechselstrom sein Vorzeichen um, so wird das Feld wieder abgebaut, und der Kondensator gibt die gespeicherte Feldenergie (Abschnitt 14.7.6) wieder an die Spannungsquelle zurück. Dieser Vorgang wiederholt sich periodisch. Man nennt den Kondensator einen *Blindwiderstand*, um ihn vom Ohm'schen *Wirkwiderstand* zu unterscheiden, der elektrische Energie in Wärme umwandelt (siehe Abschnitt 15.2.4). Beim kapazitiven Widerstand folgt die Spannung am Kondensator U_C um eine Phasendifferenz von $\varphi = 90°$ verzögert dem Strom. So hat U_C sein Maximum, wenn die Ladung auf den Platten maximal ist, und das ist gerade dann erreicht, wenn der Strom wieder auf null abgefallen ist.

Für die Hochfrequenz-(HF-)Technik ist der Kondensator ein wichtiges Hilfsmittel, um Gleichströme, die durch den Kondensator unterbrochen werden, von den überlagerten Wechselspannungen abzukoppeln.

Wird eine nicht sinusförmige Wechselspannung (die nach dem *Fourier-Theorem* als eine Mischung von Sinusspannungen verschiedener Frequenz betrachtet dargestellt werden kann) an eine Serienschaltung von Ohm'schem und kapazitivem Widerstand, ein *RC*-Glied (Abb. 14.34a), gelegt, so wirkt der Kondensator für die in der Wechselspannung enthaltenen niederfrequenten sinusförmigen Anteile (siehe Gl. (14-83)) als größerer Widerstand als für die hochfrequenten Anteile. Die niederfrequenten Anteile werden also stärker geschwächt, die hochfrequenten können leichter passieren. Damit wird die Form des Wechselspannungs-Signals verändert, denn in Gl. (14-82) werden die Fourier-Komponenten verschieden stark geändert. Aus diesem Grund werden *RC*-Glieder auch als Frequenzfilter verwendet, die hochfrequente sinusförmige Anteile leiten, aber niederfrequente blockieren *(Hochpass-Filter)*.

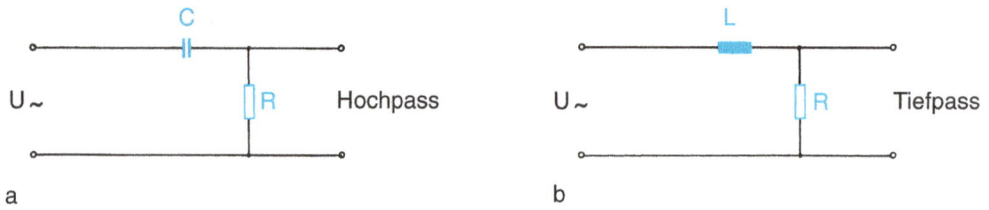

Abb. 14.34: Wechselstromwiderstände: (a) *RC*-Glied als Hochpass-Filter, (b) *RL*-Glied als Tiefpass-Filter.

14.9.5.2 Induktiver Widerstand

Auch eine aus einem Leiter gewickelte Spule stellt – und zwar zusätzlich zum Ohm'schen Widerstand R der Drahtwicklungen – einen Wechselstromwiderstand dar. Legt man eine Gleichspannung an eine solche Spule, so wird mit der Zeitkonstanten $\tau = L/R$ ein Magnetfeld aufgebaut, das erst wieder zusammenbricht, wenn man die Gleichspannung abschaltet. In der Zwischenzeit fließt ein durch R begrenzter Gleichstrom. Eine Wechselspannung bewirkt dagegen, dass sich in der Spule ein magnetisches Feld periodisch auf- und abbaut. Die magnetische Feldenergie wird dabei abwechselnd der Spannungsquelle entzogen und ihr wieder zugeführt. Daher stellt, wie der Kondensator, auch die Spule im Wechselstromkreis einen *Blindwiderstand* dar, man nennt ihn auch *induktiven Wechselstrom-Widerstand* oder *Drossel*.

Wie im Fall des kapazitiven Widerstands sind auch hier Strom und Spannung gegeneinander in der Phase verschoben, denn das durch den sinusförmigen Wechselstrom in der Spule periodisch auf- und abgebaute Magnetfeld verursacht nach Gl. (14-58) eine cosinusförmige Induktionsspannung. Im induktiven Widerstand (ohne R) eilt also die Spannung dem Strom um $\varphi = 90°$ voraus. Der zusätzliche Ohm'sche Widerstand bewirkt, dass $\varphi < 90°$ wird.

Die Größe des *induktiven Widerstands* hängt von der Induktivität L der Spule ab:

$$R_{\text{ind}} = \frac{U_0}{I_0} = \omega L. \qquad (14\text{-}86)$$

Wir sehen, dass sich R_{ind} bezüglich der Frequenz invers zum kapazitiven Widerstand verhält: R_{ind} wird mit zunehmender Frequenz größer; bei Gleichstrom hingegen verschwindet er. (Der Ohm'sche Widerstand R des Spulendrahtes bleibt jedoch unverändert. Während nahezu reine Kapazitäten leicht zu realisieren sind, haben Spulen stets einen Ohm'schen Widerstand, es sei denn, sie sind supraleitend.)

Aus diesem Grunde kann auch die Kombination von R und R_{ind}, das sogenannte *RL*-Glied (Abb. 14.34b), als Frequenzfilter dienen: Es lässt niederfrequente sinusförmige Anteile einer nicht sinusförmigen Wechselspannung leichter passieren als hochfrequente. Man nennt es daher *Tiefpass-Filter*.

14.9.5.3 Wechselstromkreise mit Ohm'schem, kapazitivem und induktivem Widerstand

Schalten wir in einem Wechselstromkreis einen Ohm'schen Widerstand R, einen kapazitiven Widerstand $1/\omega C$ und einen induktiven Widerstand ωL in *Serie* (Abb. 14.35a), dann gilt auch für diesen Fall, dass Strom und Spannung gegeneinander in der Phase verschoben werden.

Das Problem ist nun, für ein vorgegebenes U_0 den zugehörigen Wert I_0 sowie die Phasenverschiebung zu berechnen. Nach der Kirchhoff'schen Maschenregel muss die Summe der Spannungsverluste an den hinter-

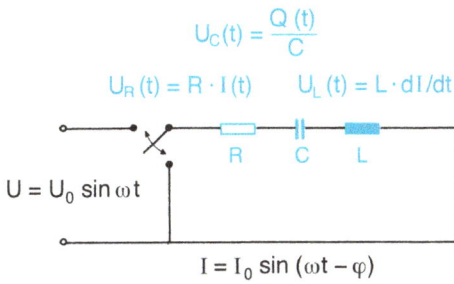

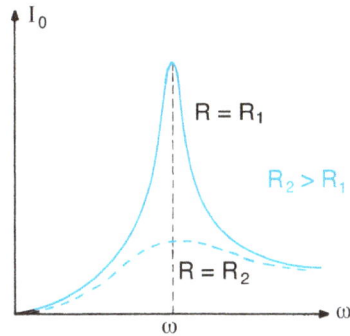

a   b

Abb. 14.35: Serienschaltung von Wechselstromwiderständen: (a) Schaltkreis, (b) Abhängigkeit der Wechselstromamplitude I_0 von der Kreisfrequenz ω für zwei verschieden große Ohm'sche Widerstände $R = R_1$ bzw. $R = R_2$, aber unveränderter Kapazität C bzw. Induktivität L.

einandergeschalteten Wechselstromwiderständen (siehe Gln. (14-65) und (14-76a)) gleich sein der Quellenspannung U in der Wechselstromquelle:

$$L\frac{dI}{dt} + RI + \frac{1}{C}Q = U. \qquad (14\text{-}87)$$

Differenzieren wir Gl. (14-87) nach der Zeit, so erhalten wir eine

Differentialgleichung 2. Ordnung für den Strom:

$$L\frac{d^2I}{dt^2} + R\frac{dI}{dt} + \frac{1}{C}I = \frac{dU}{dt}. \qquad (14\text{-}88)$$

Setzen wir hier $U = U_0 \sin(\omega t)$ und $I = I_0 \sin(\omega t - \varphi)$ ein, so ergibt sich für den Betrag des Wechselstromwiderstands:

$$R_\sim = \frac{U_0}{I_0} = \sqrt{R^2 + \left(\omega L - \frac{1}{\omega C}\right)^2}. \qquad (14\text{-}89)$$

Bei Gleichstrom-Kreisen genügte die Kenntnis des Widerstands R, um den Strom aus der Spannung berechnen zu können. Bei Wechselstrom-Kreisen hingegen ist außer dem Wechselstromwiderstand auch die Phasenverschiebung wichtig. Von ihr hängt, wie wir später (in Gl. (14-104)) sehen werden, die Leistungsaufnahme des Stromkreises ab.

Für den Tangens des Phasenwinkels j ergibt sich aus Gl. (14-88):

$$\tan\varphi = \frac{\omega L - \frac{1}{\omega C}}{R}. \qquad (14\text{-}90)$$

Wir können nun Spezialfälle diskutieren:

1. Es sei $L = 0$ und $1/C = 0$. Dann ist $R_\sim = R$ und $\tan\varphi = \varphi = 0$.
2. Es sei $1/C = 0$ und $R = 0$, d. h., $R_\sim$ sei rein induktiv. Dann ist $\tan\varphi = \infty$, d. h. $\varphi = +90°$; der Strom ist gegenüber der Spannung also um $\pi/2$ verzögert.
3. $R_\sim$ sei rein kapazitiv, d. h. $L = 0$, $R = 0$. Dann ist $\tan\varphi = -\infty$ und $\varphi = -90°$; der Strom eilt der Spannung um $\pi/2$ voraus.

Für den Fall der in Abb. 14.36 skizzierten *Parallelschaltung* von Kapazität und Induktivität mit Ohm'schem Widerstand ergibt sich aus entsprechenden Überlegungen:

$$R_\sim = \frac{U_0}{I_0} = \frac{1}{\omega C}\sqrt{\frac{R^2 + (\omega L)^2}{R^2 + \left(\omega L - \frac{1}{\omega C}\right)^2}} \qquad (14\text{-}91)$$

und

$$\tan\varphi = \frac{\omega L - \omega C(R^2 + \omega^2 L^2)}{R}. \qquad (14\text{-}92)$$

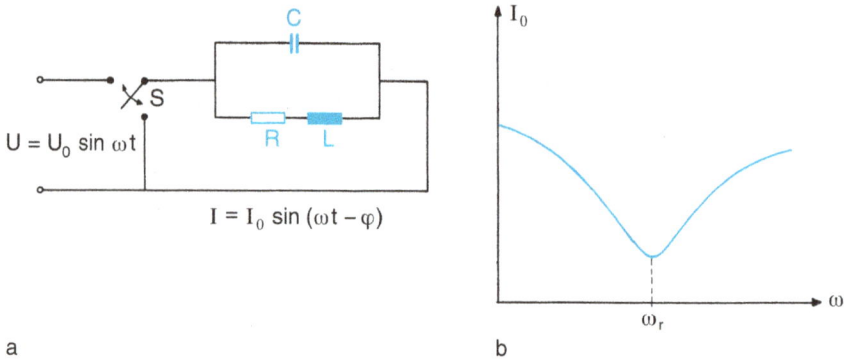

Abb. 14.36: Parallelschaltung von Wechselstromwiderständen: (a) Schaltkreis, (b) Abhängigkeit der Wechselstromamplitude I_0 von der Kreisfrequenz ω.

14.9.6 Resonanz-Schwingkreise

Im *Serien-Schwingkreis* des vorigen Kapitels nimmt der Wechselstromwiderstand $R_\sim$ der Gl. (14-89) bei konstantem Ohm'schem Widerstand R seinen kleinsten Wert an, wenn die Differenz der Blindwiderstände $(\omega L - 1/\omega C)$ null wird. Dies geschieht bei der *Resonanzfrequenz*

$$\omega_r = \sqrt{\frac{1}{LC}}. \qquad (14\text{-}93)$$

Dann ist nach Gl. (14-89) der Wechselstromwiderstand U_0/I_0 gleich dem Ohm'schen Widerstand R, und nach Gl. (14-90) ist der Phasenwinkel zwischen I und U gleich null.

In Abb. 14.35b ist der Verlauf der Stromamplitude I_0 bei fester Spannungsamplitude U_0 in Abhängigkeit von der Frequenz der angelegten Wechselspannung für zwei verschieden große Ohm'sche Widerstände aufgetragen. Wir sehen, dass diese Kurve der Resonanzkurve der erzwungenen mechanischen Schwingung in Abb. 6.4 ähnelt. Tatsächlich handelt es sich um eine *erzwungene elektrische Schwingung*; die zugehörige freie Schwingung bei $\omega = \omega_r$ beobachten wir, wenn wir durch den Schalter S in Abb. 14.35a die Spannungsquelle abkop-

peln und den Spannungsverlauf im Kreis z. B. mit einem Oszillografen verfolgen. Im mathematischen Formalismus der Differentialgleichung, Gln. (14-87) und (14-88), bedeutet dies, dass wir U und dU/dt gleich null setzen und somit zur Differentialgleichung einer gedämpften Schwingung gelangen, wie wir sie für mechanische Schwingungen bereits in Abschnitt 6.3 kennengelernt und gelöst haben.

> Bei der freien elektrischen Schwingung werden periodisch zwei verschiedene Energieformen ineinander umgewandelt: Es sind dies die magnetische Feldenergie in der Spule (Abschnitt 14.8.6) und die elektrische Feldenergie im Kondensator (Abschnitt 14.7.6), die Schwingung ist jedoch gedämpft, weil der Ohm'sche Widerstand als Wirkwiderstand die Feldenergien zunehmend in Wärme umwandelt.

Der in Abb. 14.35a gezeigte *Serien-Schwingkreis* besitzt technische Bedeutung als selektiver Frequenzfilter. Da er aus einer Kombination von Hochpass-Filter und Tiefpass-Filter (Abschnitt 14.9.5) besteht, lässt er im Wesentlichen nur Ströme bei derjenigen Frequenz passieren, bei welcher sich die Wirkungen von Kapazität und Induktivität gegeneinander aufheben, also bei der Resonanzfrequenz ω_r (Abb. 14.35b).

Auch bei Parallelschaltung von Spule und Kondensator (Abb. 14.36) können elektrische Schwingungen angeregt werden. In diesem *Paral-*

lel-Schwingkreis ist die Resonanzfrequenz ω_r dieselbe wie beim Serienschwingkreis (Gl. (14-93)), vorausgesetzt, C und L haben dieselben Werte. Auch hier *pendeln* elektrische und magnetische Feldenergien. Seine Eigenschaften als Frequenzfilter sind jedoch völlig andere: Wegen der Parallelschaltung können Ströme hoher Frequenz leicht den Hochpass-Filter des Kondensators passieren; Ströme niedriger Frequenz passieren den Tiefpass der Induktivität. Dagegen werden Ströme mit Frequenzen nahe der Resonanzfrequenz von beiden Filtern zurückgehalten; sie werden herausgefiltert *(Sperrkreis).*

In der Funktechnik dient speziell der geschlossene Parallel-Schwingkreis zur Erzeugung hochfrequenter elektromagnetischer Schwingungen, wie sie für die Ausstrahlung und den Empfang von Radiowellen erforderlich sind. Erst mit der *Rückkopplung* (Kap. 22) ist es möglich, geschlossene Schwingkreise trotz ihrer Dämpfung zu dauernden Schwingungen anzuregen. Dafür wird dem Kreis ein kleiner Teil seiner Energie entnommen, durch eine Elektronenröhre (Triode, Abschnitt 15.2.1) oder einen Transistor (Abschnitt 15.3.2) verstärkt und im richtigen Takt wieder zugeführt. Ist die so zugeführte Leistung (siehe Abschnitt 14.9.8) gleich der Verlustleistung (zu der neben den Ohm'schen Verlusten noch Verluste durch Abstrahlung einer angekoppelten Antenne kommen), so kann die Schwingung beliebig lange aufrechterhalten werden. Der rückgekoppelte Schwingkreis ist somit eines der grundlegenden Bauelemente von Sendern und Empfängern von Radio-, Fernseh-, Mikrowellen usw. (siehe auch Abschnitt 16.2.4).

Induktive Rückkopplung mit dem Transistor
Die in der Spule L_E (vgl. Abb. 14.37) erzeugte Flussänderung $d\Phi/dt$ induziert in der Spule L_B eine Spannung, die zugleich als Steuerspannung zwischen Basis und Emitter des Transistors dient. (Die Funktionsweise des Transistors wird in Abschnitt 15.3.2 beschrieben.) Dadurch wird der Emitterstrom gesteuert, sodass die Schwingung im Kreis im richtigen Takt dauernd neu angeregt wird. Zudem wird aber auch der Kollektorstrom gesteuert, der durch den Arbeitswiderstand R_L fließt. Der Spannungsabfall an R_L kann über den Kondensator C_2 als Hochfrequenzsignal (HF) der Schaltung entnommen werden.

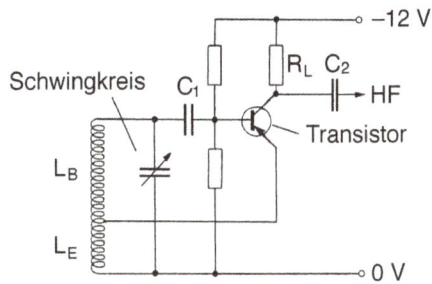

Abb. 14.37: Induktive Rückkopplung mit einem pnp-Transistor.

14.9.7 Elektromagnetische Wellen

Durch geeignete Wahl von Kapazität C und Induktivität L lassen sich nach Gl. (14-93) im Schwingkreis beliebige Frequenzen erzeugen. Dies kann, wie aus den Gln. (14-34) und (14-59) hervorgeht, durch spezielle Dimensionierung der Kapazität und Induktivität erreicht werden. Um Frequenzen größer als etwa 10^8 Hz zu erhalten, genügt im Prinzip bereits ein Stück leitender Draht, wenn man ihn durch geeignete Rückkopplung zu Schwingungen anregen kann. Dann sind Kapazität und Induktivität nicht mehr lokalisiert, sondern über den ganzen Draht verteilt. Man kann sich diesen sogenannten *Hertz'schen Dipol* wie in Abb. 14.38 angedeutet aus dem Parallel-Schwingkreis entstanden denken. Elektrische bzw. magnetische Felder, die im Schwingkreis (a) noch auf den Kondensatorzwischenraum bzw. den Spulenraum beschränkt waren, umgeben jetzt den gesamten Dipol, wenn Elektronen im Draht hin- und herfließen. Das elektrische Feld ist am größten, wenn sich die Elektronen an einem Ende des Drahtes gesammelt haben (Abb. 14.39a). Sie strömen zurück, und wenn im Moment des Ladungsausgleichs der Strom am größten ist, ist auch dessen Magnetfeld maximal. Die Elektronen fließen dann weiter

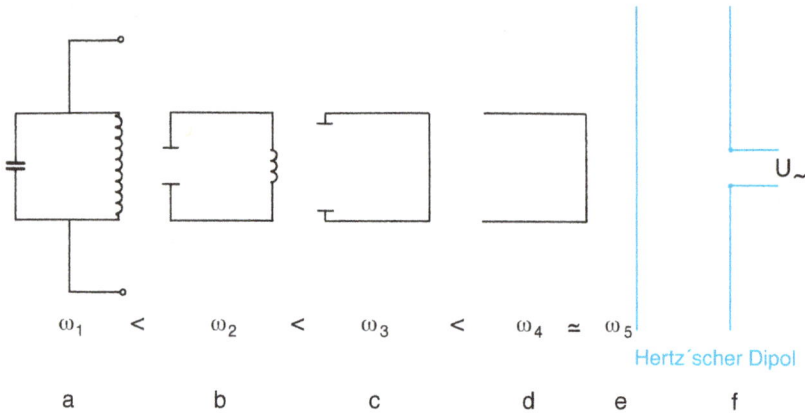

$$\omega_1 \quad < \quad \omega_2 \quad < \quad \omega_3 \quad < \quad \omega_4 \quad \approx \quad \omega_5$$

Hertz'scher Dipol

a   b   c   d   e   f

Abb. 14.38: Entstehung eines Hertz'schen Dipols (einer Antenne) durch Übergang vom Schwingkreis (a) zum einfachen Leiterstück (e, f). ω_i sind die entsprechenden Resonanzfrequenzen.

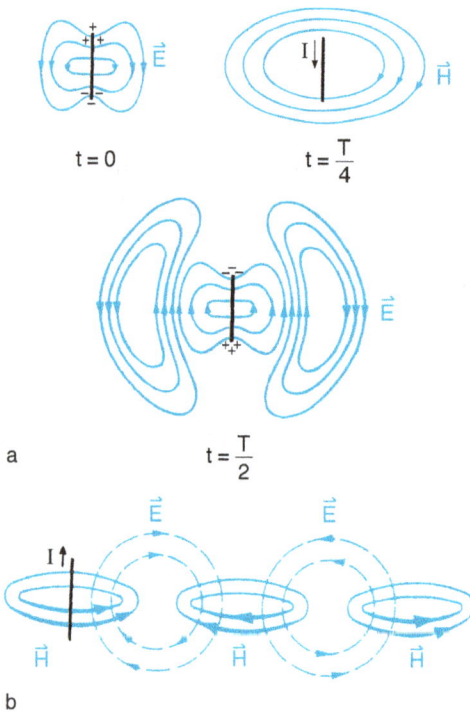

Abb. 14.39: (a) Entstehung elektromagnetischer Wellenfelder am Hertz'schen Dipol. $T (= 1/\nu)$ bedeutet die Schwingungsdauer, (b) Verkettung elektrischer und magnetischer Wechselfelder.

und sammeln sich am anderen Drahtende, wobei wieder das elektrische Feld (jetzt aber mit umgekehrtem Vorzeichen) anwächst; dieser Vorgang wiederholt sich periodisch.

Eine ganz wesentliche Eigenschaft des Schwingkreises ist, dass sich die Felder bei hohen Frequenzen vom Draht ablösen, wobei sich die elektrischen Feldlinien schließen, und sich mit Lichtgeschwindigkeit fortbewegen. Die elektrischen Felder wiederum erzeugen magnetische Felder mit geschlossenen Feldlinien, deren zeitliche Änderungen dann wieder elektrische Felder erzeugen, sodass eine Verkettung elektrischer und magnetischer Wechselfelder, sogenannte *elektromagnetische Felder*, entstehen (Abb. 14.39b). Der Hertz'sche Dipol (die Antenne) erzeugt also freie elektromagnetische Felder, die sich als elektromagnetische Wellen im Raum ausbreiten.

Der Dipol dient somit als *Sende-Antenne* für hochfrequente elektromagnetische Wellen. Nahe dem Dipol ist die Verteilung elektrischer und magnetischer Felder sehr kompliziert *(Nahfeld)*, weitab hingegen (im *Fernfeld*) stellt sich eine transversale Welle ein, wobei elektrischer Feldvektor $\vec{E}$ und magnetischer Feldvektor $\vec{H}$ senkrecht aufeinander stehen.

In Abb. 14.40a ist besonders zu beachten, dass nun $\vec{E}$-Feld und $\vec{H}$-Feld gleichphasig sind, d. h. für eine herausgegriffene Ausbreitungsrichtung x gilt:

$$\vec{E} = \vec{E}_0 \sin(\omega t - kx); \vec{H} = \vec{H}_0 \sin(\omega t - kx),$$
$$(14\text{-}94)$$

während beide Felder im Nahfeld um $T/4$ zeitlich gegeneinander verschoben aufeinander folgen.

> Die von einem Dipol emittierte Strahlung ist am intensivsten in den Richtungen *senkrecht* zum Draht. Dagegen wird in Richtung des Dipols nichts ausgestrahlt; von dort gesehen ist ja auch keine Ladungsverschiebung zu erkennen (*Strahlungscharakteristik*, Abb. 14.40b).

Der Dipol kann nicht nur als Sender, sondern auch als Empfangsantenne wirken. Wird er von einer elektromagnetischen Welle getroffen, so entstehen Ströme im Takt der Welle, die abgegriffen und (wie z. B. im Radio, Abschnitt 16.2.4) verstärkt werden können.

Wir haben gesehen, dass sich mit Schwingkreisen elektromagnetische Wellen verschiedener Frequenzen $\omega = 2\pi\nu$ erzeugen lassen.

Die Wellenlängen λ, die sich gemäß der Gleichung

$$\lambda = \frac{c}{\nu} \qquad (14\text{-}95)$$

aus der Frequenz ν und der Lichtgeschwindigkeit c berechnen lassen, dienen als Maß, um das *Spektrum der elektronischen Wellen* grob in Langwellen, Mittelwellen, Kurzwellen, Ultrakurzwellen und Mikrowellen einzuteilen. Mit diesen durch Schwingkreise und Antennen zu erzeugenden Wellen ist aber das Spektrum der elektromagnetischen Wellen noch lange nicht erfasst.

Wie Abb. 14.41 zeigt, schließen sich zu kurzen Wellen hin die Infrarot- und Lichtwellen an, zu noch kürzeren Wellen folgen Ultraviolett-, Röntgen- und γ-Strahlung.

Im Spektrum der elektromagnetischen Wellen, das sich über 18 Zehnerpotenzen der Frequenz bzw. Wellenlänge erstreckt, erweist sich das sichtbare Licht als ein sehr eng begrenzter Bereich. Dass im Folgenden ein ganzer Abschnitt dennoch der *Optik*, d. h. im We-

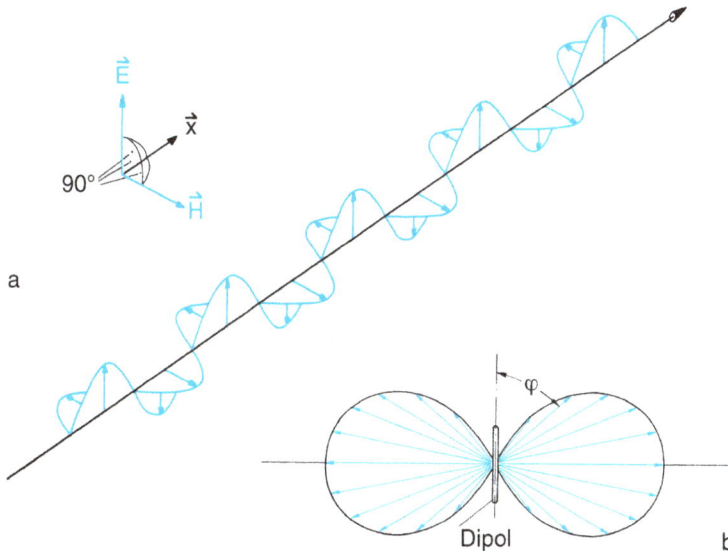

Abb. 14.40: (a) Linear polarisierte elektromagnetische Welle zu einem Zeitpunkt t. (b) Strahlungscharakteristik eines Dipols. Die Länge der Vektoren gibt die unter dem Winkel φ vom Dipol abgestrahlte Strahlungsintensität $S = C \sin^2 \varphi / r^2$ an. Die Strahlungscharakteristik hat man sich rotationssymmetrisch zur Dipolachse vorzustellen.

		Wellenlänge in m	Frequenz in Hz	Energie in eV
Rundfunkwellen		10^4	$3 \cdot 10^4$	$1{,}25 \cdot 10^{-10}$
	Langwellen	$10^3 = 1$ km	$3 \cdot 10^5$	$1{,}25 \cdot 10^{-9}$
	Mittelwellen	10^2	$3 \cdot 10^6$	$1{,}25 \cdot 10^{-8}$
		10^1	$3 \cdot 10^7$	$1{,}25 \cdot 10^{-7}$
	Kurzwellen	$10^0 = 1$ m	$3 \cdot 10^8$	$1{,}25 \cdot 10^{-6}$
	UHF→ Radar→	10^{-1}	$3 \cdot 10^9$	$1{,}25 \cdot 10^{-5}$
	Ultrakurzwellen	$10^{-2} = 1$ cm	$3 \cdot 10^{10}$	$1{,}25 \cdot 10^{-4}$
		$10^{-3} = 1$ mm	$3 \cdot 10^{11}$	$1{,}25 \cdot 10^{-3}$
optische Wellen		10^{-4}	$3 \cdot 10^{12}$	$1{,}25 \cdot 10^{-2}$
	Oberfläche Mensch→ Wärme (IR) Strahlen	10^{-5}	$3 \cdot 10^{13}$	$1{,}25 \cdot 10^{-1}$
		$10^{-6} = 1\,\mu$m	$3 \cdot 10^{14}$	$1{,}25$
	sichtbares Licht	10^{-7}	$3 \cdot 10^{15}$	$1{,}25 \cdot 10^1$
	Ultraviolette Strahlen	10^{-8}	$3 \cdot 10^{16}$	$1{,}25 \cdot 10^2$
Röntgenstrahlen / Gammastrahlen	weiche Röntgen- strahlen	$10^{-9} = 1$ nm	$3 \cdot 10^{17}$	$1{,}25 \cdot 10^3$
	harte Röntgen- strahlen	$10^{-10} = 1$ Å	$3 \cdot 10^{18}$	$1{,}25 \cdot 10^4$
	ultraharte Röntgen- strahlen	10^{-11}	$3 \cdot 10^{19}$	$1{,}25 \cdot 10^5$
		$10^{-12} = 1$ pm	$3 \cdot 10^{20}$	$1{,}25 \cdot 10^6$
		10^{-13}	$3 \cdot 10^{21}$	$1{,}25 \cdot 10^7$
		10^{-14}	$3 \cdot 10^{22}$	$1{,}25 \cdot 10^8$

Abb. 14.41: Spektrum elektromagnetischer Wellen (UHF = Ultrahochfrequenz; IR = Infrarot).

sentlichen dem sichtbaren Licht, gewidmet ist, hat seinen Grund darin, dass wir für diesen Spektralbereich mit dem Auge ein hochempfindliches Wahrnehmungsinstrument besitzen und dass ein großer Teil menschlicher Kommunikation auf optischem Wege erfolgt.

14.9.7.1 Ausbreitungsgeschwindigkeit elektromagnetischer Wellen

Im Vakuum, d. h. im materiefreien Raum, breiten sich elektromagnetische Wellen aller Frequenzen mit exakt derselben Geschwindigkeit, der *Vakuum-Lichtgeschwindigkeit*, aus. Ihr Zahlenwert ist

$$c = 299792458 \ \text{m s}^{-1}$$

(näherungsweise $3 \cdot 10^8$ m s^{-1} oder 300000 km s^{-1}).
Die Basiseinheit *Meter* ist durch c festgelegt (vgl. Abschnitt 1.1.2).

Die Vakuum-Lichtgeschwindigkeit ist zugleich die obere Grenze für alle Geschwindigkeiten, mit denen sich Energie oder Materie fortzubewegen vermögen. Diese von der Relativitätstheorie postulierte obere Grenze hat die in den Abschnitten 2.1 und 3.2 beschriebene Geschwindigkeitsabhängigkeit der Masse bzw. Energie eines Körpers zur Folge. Aus ihr ergibt sich, dass jede Masse unendlich groß würde, wenn ihre Geschwindigkeit v den Wert c annähme. Nach dem Newton'schen Kraftgesetz (Gl. (2-2)) wäre dann auch eine unendlich große Kraft erforderlich, um diese Masse über die Geschwindigkeit $v = c$ hinaus zu beschleunigen.

Die Existenz dieser Geschwindigkeit, die experimentell gesichert ist, hat überraschende Konsequenzen. Es gibt Elementarteilchen, die bei ihrem Zerfall γ-Strahlung aussenden. Selbst wenn sie bis nahe an die Lichtgeschwindigkeit heran beschleunigt werden (z. B. $v = 0,999c$), strahlen sie in ihrer Bewegungsrichtung γ-Quanten mit einer Geschwindigkeit aus, die nicht etwa gleich $c + 0,999c$, sondern gleich c ist, ganz so, als würde die Strahlungsquelle ruhen (vgl. hierzu die Erläuterungen im Anschluss an Gl. (1-13)).

14.9.7.2 Ausbreitungsrichtung elektromagnetischer Wellen

Die meisten elektromagnetischen Wellen sind *Transversalwellen*. Im vorliegenden Fall stehen die Feldvektoren $\vec{E}$ und $\vec{H}$ sowie die Ausbreitungsrichtung der im Wellenfeld enthaltenen Stromdichte $\vec{S}$ senkrecht aufeinander. Nach den Gesetzen der Vektormultiplikation (siehe Anhang) folgt die als *Poynting-Vektor* bezeichnete Energiestromdichte $\vec{S}$ aus dem Vektorprodukt

$$\vec{S} = \vec{E} \times \vec{H}.$$

Auf die Bedeutung des Betrags von $\vec{S}$ als *Intensität* der elektromagnetischen Welle kommen wir in Abschnitt 17.2 zu sprechen.

14.9.7.3 Maxwell'sche Gleichungen

Die Verknüpfung zwischen elektrischen und magnetischen Feldern ist von *Maxwell* in Form von Gleichungen zusammengefasst worden, deren mathematische Formulierung aber recht kompliziert ist; deshalb verzichten wir darauf, sie anzugeben, und fassen ihren physikalischen Inhalt in Worte.

Ein magnetisches Wirbelfeld wird erzeugt, wenn ein elektrischer Strom fließt oder wenn sich (z. B. in einem Kondensator) ein elektrisches Feld zeitlich ändert. Als Wirbelfeld bezeichnet man ein Feld, das wie in Abb. 14.42a gezeigt, aus konzentrischen geschlossenen Feldlinien besteht. Ein elektrisches Wirbelfeld wird erzeugt, wenn sich die magnetische Induktion eines Magnetfeldes zeitlich ändert (Abb. 14.42b).

Die Maxwell'schen Gleichungen gelten auch für die Felder im materiefreien Raum, sie beschreiben die Ausbreitung elektromagnetischer Wellen (Abschnitt 14.9.7.2).

14.9.8 Leistung des elektrischen Stroms

Die Arbeit im elektrischen Feld haben wir bereits in Abschnitt 14.7.2 kennengelernt: Wird die Ladung q vom Punkt a zum Punkt b, zwischen denen die Potentialdifferenz U liegt, verschoben, so wird dadurch nach Gl. (14-27) die Arbeit $W_{ab} = qU$ verrichtet. Verbindet

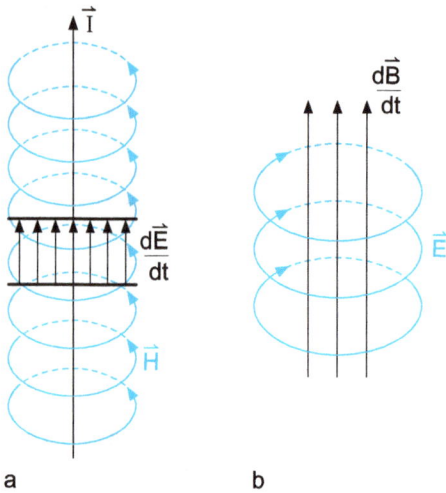

a   **b**

Abb. 14.42: Zu den Maxwell'schen Gleichungen: (a) Ein elektrischer Strom oder ein zeitlich sich änderndes elektrisches Feld erzeugen magnetische Wirbelfelder, (b) ein zeitlich sich änderndes Magnetfeld erzeugt ein elektrisches Wirbelfeld.

man nun die Punkte a und b durch einen elektrischen Leiter, so fließt ein Strom I, und in der Zeit t strömt die Ladungsmenge $q = It$ von b nach a zurück. (Wir wollen annehmen, der Strom sei während dieser Zeit konstant.) Die als potentielle Energie in der Ladung q gespeicherte Arbeit wird dabei freigesetzt, indem sie z. B. in Wärme umgewandelt wird und den Draht aufheizt. Die während der Zeit t verrichtete *elektrische Arbeit* ist:

$$W_{ab} = UIt. \tag{14-96}$$

Gl. (3-12) definiert die Leistung als den Quotienten aus Arbeit und Zeit. Für die *elektrische Leistung* ergibt sich somit aus Gl. (14-96):

$P = UI$, mit der SI-Einheit Watt (W).   (14-97)

Es gilt: 1 W = 1 V · 1 A. Nach Gl. (14-97) lässt sich die Energieeinheit des SI daher auch angeben als: 1 Joule = 1 Ws. Die im Alltag üblichere Kilowattstunde (kWh) ist das $3{,}6 \cdot 10^6$-Fache der Wattsekunde (Ws): 1 kWh = $3{,}6 \cdot 10^6$ Ws.

Der Zusammenhang zwischen Leistung, Spannung, Stromstärke und Widerstand lässt sich aus Gl. (14-97) ableiten, indem wir in diese das Ohm'sche Gesetz $U = RI$ einsetzen:

$$P = \frac{U^2}{R} = I^2 R. \tag{14-98}$$

Hält man die Spannung U konstant, so wächst die verbrauchte Leistung mit abnehmendem Widerstand R. Bleibt hingegen der Strom konstant, steigt die Leistung proportional zu R.

Fließt der Strom in einem Draht mit dem Ohm'schen Widerstand R, so wird die in der Zeit t verbrauchte Energie vollständig in Wärmeenergie, die *Joule'sche Wärme* (siehe hierzu Abschnitt 15.2.4), umgewandelt, und der Draht erhitzt sich.

Eine Glühlampe mit dem Aufdruck „230 V, 60 W" verbraucht die elektrische Leistung von 60 W zur Erhitzung der Glühwendel, wenn sie an 230 V angeschlossen wird. Von der glühenden Wendel werden ihrerseits nur etwa 5 W als Licht abgestrahlt. Glühlampen sind deshalb als Lichtquellen wenig effektiv (sie werden seit 2014 nicht mehr im Handel angeboten). Eine weitaus günstigere Lichtausbeute liefern LEDs (Abschnitt 17.12.1): Eine LED mit 10 W elektrischer Leistung liefert etwa die gleiche Helligkeit wie eine Glühlampe mit 75 W elektrischer Leistung.

Mit den Gln. (14-97) und (14-98) wird nun auch verständlich, weshalb zum Transport elektrischer Leistung in Überlandleitungen Hochspannung verwendet wird. Nehmen wir an, der Verbraucher benötigte eine Leistung von $P = 2{,}3 \cdot 10^4$ W. Steht am Ende der Überlandleitung lediglich eine Spannung von 230 V zur Verfügung, so muss, um diese Leistung aufzubringen, durch sie ein Strom von $I = P/U = 10^2$ A fließen. Steht aber eine Spannung von 230.000 V zur Verfügung, so braucht für dieselbe Leistung durch die Überlandleitung nur ein Strom von 0,1 A zu fließen. In beiden Fällen geht in der Überlandleitung die Leistung $P = I^2 R$ als Joule'sche Wärme verloren, wenn R der Widerstand der Leitung ist. Aus Gl. (14-98) sehen wir, dass im Fall der Hochspannung wegen des geringeren Stroms die Verlustleistung nur den 10^{-6}ten Teil des Verlustes bei 230 V beträgt. Freilich kann ein normaler Verbraucher mit Hochspannungen dieser Größe nicht arbeiten, sie muss wieder heruntertransformiert werden, aber die geringeren Verluste während des Transportes machen diesen Aufwand und auch den Aufwand für besonders isolierte Hochspannungsmasten rentabel. Gleiches gilt im Übrigen auch für das Stromnetz im Haus: Auch dort werden durch die große Spannung von 230 Volt Verluste in der Hausverkabelung minimiert.

Für die allgemeine Definition der Leistung ist unerheblich, ob Gleich- oder Wechselspannung verwendet wird. Zur quantitativen Bestimmung der Leistung von Wechselstrom müssen wir jedoch berücksichtigen, dass sich U und I mit der Zeit ändern. Allgemein erhalten wir aus Gl. (14-97):

$$P = UI = U_0 \sin(\omega t) I_0 \sin(\omega t - \varphi). \quad (14\text{-}99)$$

Nach Gl. (14-99) ist die Leistung selbst eine Funktion der Zeit; wir bezeichnen den zu einer bestimmten Zeit t gehörenden Betrag *P(t)* als *Momentanleistung*. Mit Gl. (14-99) sehen wir sofort, dass bei Wechselspannung und -strom auch negative Momentanleistungen auftreten.

Um zu einer Angabe über die während einer längeren Zeitdauer verbrauchte Leistung zu gelangen, muss der zeitliche *Mittelwert* der Momentanleistung berechnet werden.

Allgemein wird der *Mittelwert* $\langle y \rangle$ *einer Größe y*, die von einer Variablen x abhängt, definiert durch:

$$\langle y \rangle = \frac{\int y(x)\,dx}{\int dx}. \quad (14\text{-}100)$$

Für den einfachen Fall, dass die Phasenverschiebung φ zwischen Strom und Spannung null ist (also nur Ohm'sche Widerstände im Wechselstromkreis vorhanden sind), ergibt sich für die über eine Periodendauer T gemittelte elektrische Leistung:

$$\langle P \rangle = \frac{\int_0^T U_0 I_0 \sin^2(\omega t)\,dt}{\int_0^T dt}. \quad (14\text{-}101)$$

Dieses Integral ist mit den im Anhang angegebenen Formeln zu lösen; wir erhalten:

$$\langle P \rangle = \frac{1}{2} U_0 I_0. \quad (14\text{-}102)$$

Für den allgemeineren Fall, dass $\varphi \neq 0$ (neben Ohm'schen Widerständen befinden sich im Wechselstromkreis auch induktive oder kapazitive Widerstände), ergibt sich für $\langle P \rangle$:

$$\langle P \rangle = U_0 I_0 \frac{\int_0^T (\omega t)\sin(\omega t - \varphi)\,dt}{\int_0^T dt}. \quad (14\text{-}103)$$

Mit dem Additionstheorem für $\sin(\alpha - \beta)$ (siehe Anhang) erhalten wir:

$$\langle P \rangle = U_0 I_0 \frac{1}{T} \int_0^T \sin^2(\omega t) \cos \varphi \, dt$$
$$= \frac{1}{2} U_0 I_0 \cos \varphi. \quad (14\text{-}104)$$

Der Mittelwert $\langle P \rangle = \frac{1}{2} U_0 I_0 \cos \varphi$ ist die auf Dauer der elektrischen Spannungsquelle tatsächlich entzogene elektrische Leistung. Man nennt daher $\langle P \rangle$ auch die *effektive Leistung* oder *Wirkleistung* der angelegten Wechselspannung.

Diese Leistung wird am Ohm'schen Widerstand in Wärmeenergie umgewandelt, was man sich z. B. bei elektrischen Heizkörpern oder Elektroherden zunutze macht. Sie wird, wie Gl. (14-104) zeigt, wesentlich bestimmt durch die Phasendifferenz φ; ist $\varphi = 0$, dann ist der als *Leistungsfaktor* bezeichnete Faktor cos φ gleich 1, und Gl. (14-104) geht in Gl. (14-102) über. Die Momentanleistung schwankt um diesen von der Zeit unabhängigen Wert (Abb. 14.43) der Wirkleistung mit einer Frequenz, die doppelt so groß ist wie die von Spannung und Strom. Die Ursache hierfür liegt darin, dass auch Kondensator oder Spule Energie aus der Spannungsquelle entziehen, die allerdings nicht verbraucht, sondern periodisch wieder an die Quelle zurückgegeben wird. Diese Art der Leistung des elektrischen Wechselstroms bezeichnet man, um sie von der *Wirkleistung* zu unterscheiden, als *Blindleistung*. Von Abschnitt 14.9.5 her wissen wir, dass bei geeigneter Wahl der Wechselstromwiderstände die Phasenverschiebung zwischen Strom und Spannung den Betrag $\varphi = \pm 90°$ annehmen kann. In diesem Fall ist der Leistungsfaktor cos φ gleich null. Es wird also keine Wirkleistung abgegeben, sondern ausschließlich Blindleistung zwischen Spannungsquelle und Wechselstromkreis ausgetauscht. Der zeitliche Mittelwert der Wirkleistung ist in diesem Fall null.

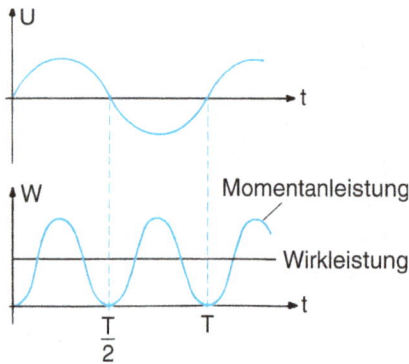

Abb. 14.43: Momentanleistung und Wirkleistung der an einen Verbraucher angelegten Wechselspannung $U(t)$.

Um nun die Frage zu klären, wie groß eine Gleichspannung U_- und ein Gleichstrom I_- sein müssten, um an einem Ohm'schen Widerstand R dieselbe Leistung umzusetzen wie die Wechselspannung $U(t)$ und der Wechselstrom $I(t)$, setzen wir den Betrag der effektiven Leistung aus Gl. (14-102) gleich dem Betrag der Gleichspannungsleistung $P_- = U_- I_-$:

$$\frac{1}{2} U_0 I_0 = U_- I_-,$$

oder mit dem Ohm'schen Gesetz:

$$\frac{1}{2} \frac{U_0^2}{R} = \frac{U_-^2}{R}. \tag{14-105}$$

Hieraus folgt: $U_0 = \sqrt{2} U_-$, und ensprechend gilt:

$$\frac{1}{2} I_0^2 R = I_-^2 R \text{ bzw. } I_0 = \sqrt{2} I_-. \tag{14-106}$$

In der Regel gibt man anstelle der Amplituden U_0 und I_0 zur Charakterisierung von Wechselspannung und Wechselstrom die Werte U_- bzw. I_- aus den Gln. (14-105) bzw. (14-106) an, die als *effektive Spannung* U_{eff} bzw. *effektive Stromstärke* I_{eff} bezeichnet werden. Die Bezeichnung ist naheliegend, da diese Spannungs- bzw. Stromwerte am Ohm'schen Widerstand die gleiche effektive Leistung ergeben wie eine Gleichspannung bzw. ein Gleichstrom mit diesen Beträgen.

Der Wert 230 V der Netzspannung wird als deren *Effektivwert* $U_- = U_{\text{eff}}$ bezeichnet. Die Spannungsamplitude des Netzes beträgt demzufolge:

$$U_0 = \sqrt{2} U_{\text{eff}} = \sqrt{2} \cdot 230\,\text{V} = 325\,\text{V}. \tag{14-107}$$

15 Mikroskopische elektrische Vorgänge

15.1 Biologische Potentiale

15.1.1 Entstehung von Spannungen an Grenzflächen

1. In der Wärmelehre (Abschnitt 8.5.2) haben wir erfahren, dass die beim Berühren zweier verschiedener Metalle zustande kommende *Kontaktspannung* (Abb. 15.1) für die Wirkungsweise des Thermoelements von Bedeutung ist. Durch die Berührungsfläche gehen einige Leitungselektronen von dem einen Metall (2) zu dem anderen (1) über, und zwar vom Metall mit der kleineren Austrittsarbeit zu dem mit der größeren Austrittsarbeit. Somit wird Metall (1) gegenüber Metall (2) negativ geladen, und die in der Berührschicht entstehende Spannung bezeichnen wir als Kontaktspannung. Diese Spannung verhindert, dass weitere Elektronen die Grenzfläche passieren. Da auch die Leitungselektronen eines Metalls an der ungeordneten Temperaturbewegung beteiligt sind und sich aufgrund ihrer hohen Beweglichkeit im Metallgitter ähnlich den Atomen eines idealen Gases bewegen können, ist es nicht verwunderlich, dass bei hinreichender Temperatur einige unter ihnen beim Auftreffen auf die Berührungsschicht genügend kinetische Energie besitzen, um aus dem Metall heraus zu *verdampfen,* wobei sie allerdings jenseits der Berührungsschicht gleich wieder im anderen Metall *kondensieren.* (Den physikalisch äquivalenten Vorgang beim Austritt von Elektronen aus der Glühkathode in der Elektronenröhre werden wir in Abschnitt 15.2.1 als *Glühemission* kennenlernen.) Da die Anzahl der an der *Verdampfung* beteiligten Elektronen stark temperaturabhängig ist, wird klar, dass auch die Kontaktspannung von der Temperatur abhängt. Auf diesem Effekt be-

ruht die Wirkungsweise des Thermoelements, das wir bereits in Abschnitt 8.5.2 kennenlernten.

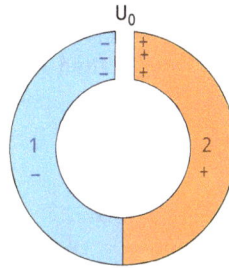

Abb. 15.1: Kontaktspannung zwischen zwei sich berührenden Metallen.

2. Aus dem Kapitel über Spannungsquellen ist uns bekannt, dass zwischen zwei Elektroden gleichen Materials (z. B. Ag), die in einen Elektrolyten eintauchen, keine elektrische Spannung auftritt; sie bilden kein galvanisches Element. Tauchen die beiden gleichen Elektroden jedoch in zwei Elektrolyte unterschiedlicher Ionen-Konzentration c_1 bzw. c_2, so zeigt ein zwischen sie geschaltetes Voltmeter eine schwache Spannung, die *Konzentrationsspannung,* an (Abb. 15.2). Sie entsteht dadurch, dass im Elektrolyten mit geringerer Konzentration (c_1) mehr Ag^+-Ionen von der Elektrode in Lösung gehen als im Elektrolyten mit stärkerer Konzentration (c_2). Die Spannung U zwischen Elektrode und Elektrolyt (c_i) ergibt sich aus:

$$U = \frac{RT}{Fz} \ln \frac{c_i}{c_0}, \qquad (15\text{-}1a)$$

wobei R die allgemeine Gaskonstante, T die absolute Temperatur des Elektrolyten, F die Faraday-Konstante (Abschnitt 15.2.3), z die Ionenwertigkeit, c_i die Ionenkonzentration (c_1

https://doi.org/10.1515/9783110691658-017

oder c_2) und c_0 eine für das Elektrodenmaterial spezifische Konstante bedeuten. Für die gesamte Konzentrationsspannung der in Abb. 15.2 skizzierten Anordnung folgt aus Gl. (15-1a) die als *Nernst'sche Gleichung* bekannte Beziehung:

$$U_{12} = \frac{RT}{Fz}\left(\ln\frac{c_2}{c_0} - \ln\frac{c_1}{c_0}\right) = \frac{RT}{Fz}\ln\frac{c_2}{c_1}. \quad (15\text{-}1b)$$

Für AgNO$_3$ ($z = 1$) bei $T = 291$ K erhalten wir $RT/Fz = 0{,}025$ V. Ist beispielsweise c_2 doppelt so groß wie c_1, dann ergibt sich $U_{12} = 0{,}017$ V.

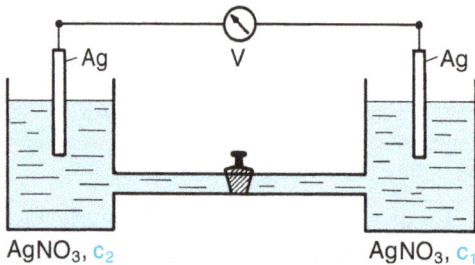

Abb. 15.2: Zur Konzentrationsspannung. Zwei gleiche Elektroden tauchen in zwei Lösungen mit unterschiedlicher Elektrolyt-Konzentration ein. Beide Lösungen können durch den Hahn im Verbindungskanal getrennt bzw. verbunden werden. Anstelle des Hahns kann auch eine semipermeable Membran vorhanden sein.

3. Gl. (15-1b) gibt die tatsächliche Potentialdifferenz zwischen den beiden Elektroden nur näherungsweise an. Wenn der Hahn in Abb. 15.2 geöffnet wird, dann ist mitzuberücksichtigen, dass sich die beiden Elektrolyte durch Diffusion miteinander vermischen. Da i. A. die Beweglichkeiten (Abschnitt 15.2.3) von Anionen (b^-) und Kationen (b^+) verschieden sind, eilt die eine Ionenart der anderen voraus, bis das dadurch entstandene elektrische Feld die weitere Ladungstrennung aufhält. Das so entstandene *Diffusionspotential* U_D (das wie die anderen in diesem Kapitel besprochenen Potentiale eigentlich kein Potential, sondern eine Potentialdifferenz ist) hängt somit von b^- und b^+ ab:

$$U_D = \frac{RT}{Fz}\frac{b^+ - b^-}{b^+ + b^-}\ln\frac{c_2}{c_1}. \quad (15\text{-}2a)$$

Mit b^+ (Ag$^+$) $= 6{,}5 \cdot 10^{-4}$ ms^{-1}/Vm^{-1} und b^-(NO^-_3) $= 5{,}7 \cdot 10^{-4}$ ms^{-1}/Vm^{-1} erhalten wir anstelle von Gl. (15-1b):

$$U_D = 0{,}025 \, \text{V}\,(0{,}53 - 0{,}47)\ln\frac{c_2}{c_1}. \quad (15\text{-}2b)$$

4. Grenzen zwei Elektrolyte unterschiedlicher Konzentration nicht frei aneinander, sondern befindet sich zwischen beiden eine Membran, so wird das entstehende Diffusionspotential durch die Eigenschaften der Membran modifiziert (*Membranpotential*). Die größtmögliche Spannung entsteht dann, wenn nur eine der beiden Ionenarten die Membran passieren kann, d. h., wenn die Permeabilität (Durchlässigkeit) der Membran für die eine Ionenart maximal und für die andere minimal ist:

$$U_{\text{Membr.}} = \frac{0{,}025 \, \text{V}}{z}\ln\frac{c_2}{c_1} \approx \frac{0{,}06 \, \text{V}}{z}\lg\frac{c_2}{c_1}. \quad (15\text{-}3)$$

Insbesondere die zweite Form der Nernst-Gleichung mit dem dekadischen Logarithmus ist in der Physiologie gebräuchlich. Obwohl sich in unserem Organismus die Zellen im osmotischen Gleichgewicht mit dem Extrazellularraum befinden, ist die chemische Zusammensetzung der Elektrolyte innerhalb (i) und außerhalb (a) der Zellmembran sehr unterschiedlich. Der Extrazellularraum enthält hauptsächlich Na$^+$- und Cl$^-$-Ionen. Im Zellinnern machen diese dagegen weniger als 15 % des Elektrolytgehalts aus. Hier wird das Natrium weitgehend durch Kalium ersetzt, dessen Konzentration in der Zelle 30- bis 50-mal größer ist als im Extrazellularraum. Die Zellmembran ist zwar für keine der erwähnten Ionenarten absolut undurchlässig, aber die Durchlässigkeit ist sehr unterschiedlich. Das Membranpotential wird deshalb außer durch Konzentrationen c_i auch durch die Permeabilitäten P_i für die Ionen bestimmt:

$$U_{\text{Membr.}} = 0{,}02V \ln \frac{P_K c_K^a + P_{\text{Na}} c_{\text{Na}}^a + P_{\text{Cl}} c_{\text{Cl}}^i}{P_K c_K^i + P_{\text{Na}} c_{\text{Na}}^i + P_{\text{Cl}} c_{\text{Cl}}^a}.$$

$$(15\text{-}4)$$

Da die Permeabilität für das Kalium wesentlich größer als für das Natrium ist, wird das Membranpotential vor allem durch den Einfluss des Kaliums bestimmt. Dadurch ist die Potentialdifferenz zu beiden Seiten der Zellmembran so gerichtet, dass das Innere der Zelle um etwa 80 mV negativ gegenüber dem Extrazellularraum erscheint. Da die Zellmembran lediglich eine Dicke von etwa $5 \cdot 10^{-9}$ m (ca. 50 Atomdurchmesser) besitzt, hat die elektrische Feldstärke in der Membran den sehr großen Wert von $1{,}6 \cdot 10^7$ V m^{-1}.

Der Aufbau und die Aufrechterhaltung der Konzentrationsdifferenzen zu beiden Seiten der Membran, von denen das Membranpotential abhängt, wird durch energieliefernde chemische Prozesse ermöglicht. Sie bewirken einen Ionentransport, und daher spricht man auch von einer *Natriumpumpe* und einer mit ihr gekoppelten *Kaliumpumpe*. Dieser Ionentransport wird als *aktiver Transport* bezeichnet, da er *gegen* ein Konzentrationsgefälle und bei den Na$^+$-Ionen sogar *gegen* ein elektrisches Potentialgefälle erfolgen muss. Die hierfür benötigte Energie wird durch die Spaltung von energiereichen Phosphatverbindungen, insbesondere von Adenosintriphosphat, gewonnen. Neben diesem aktiven (energieverbrauchenden) Transport gibt es den *passiven Zonentransport,* der entsprechend dem Konzentrationsgefälle erfolgt. Dieser passive Transport hat seine Ursache darin, dass die Zellmembran nicht vollkommen dicht ist, sondern die Ionen durch Poren in der Membran, wenn auch in begrenztem Umfang, diffundieren können. Im Gleichgewicht werden durch den *aktiven Transport* pro Zeiteinheit genauso viele K$^+$-Ionen in die Zelle hineingepumpt, wie über den *passiven Transport* durch die Poren aus der Zelle her-

ausdiffundieren. (Für die Na$^+$-Ionen gilt das Gleiche, nur in jeweils umgekehrter Richtung.) Dieses Fließgleichgewicht kann beispielsweise durch Stoffwechselgifte wie Dinitrophenol oder Cyanid verändert werden, denn die Gifte unterbinden die Energiegewinnung und damit auch den aktiven Transport, wodurch es zu einem Konzentrationsausgleich zwischen dem Zellinnern und dem Extrazellularraum kommt.

5. Nicht nur durch den Einfluss von Giften, sondern auch auf natürliche Weise sind Änderungen des Fließgleichgewichts möglich; insbesondere bei allen erregbaren biologischen Strukturen wie Nerven und Muskeln. Man kann sogar allgemein sagen, dass jede Erregung einer biologischen Struktur mit einer Änderung des Membranpotentials verbunden ist. Das während der Erregungszeit auftretende Membranpotential, das sich von dem beim nichterregten Zustand vorhandenen konstanten Potential sehr wesentlich unterscheidet, bezeichnet man als *Aktionspotential.* Bei der Erregung nimmt die geringe Durchlässigkeit für Na$^+$-Ionen plötzlich um das etwa Hundertfache zu. Durch den dadurch hervorgerufenen starken Na$^+$-Einstrom kommt es zur raschen Änderung des Membranpotentials. Die Vergrößerung der Na$^+$-Permeabilität der Zellmembran hält jedoch nur kurze Zeit an, sodass anschließend wieder der K$^+$-Einstrom überwiegt und sich das normale Ruhepotential einstellt. Um beispielsweise eine Nervenfaser zu erregen, genügt es, das Ruhepotential um einen Betrag von ca. 20 mV zu senken, man sagt, die Membran zu *depolarisieren.* Durch die *Depolarisation* sinkt das Potential auf ca. 60 mV. (Unter bestimmten Bedingungen kann das Ruhepotential erhöht sein. Dies bezeichnet man als *Hyperpolarisation;* dann ist zur Erregung eine größere Depolarisation erforderlich.) Da nun bei Ausbildung eines Aktionspotentials auch die Umgebung der erregten Stelle depolarisiert

wird, kommt es zur Weiterleitung des Aktionspotentials über die gesamte Nervenfaser. Weil die Ausbildung des Aktionspotentials durch stoffliche Änderungen (z. B. Na^+-Einstrom) hervorgerufen wird, ist für seine Entstehung und seine Ausbreitung eine längere Zeit notwendig, als wir sonst von elektrischen Übertragungen gewohnt sind. Die Übertragungsgeschwindigkeit von Aktionspotentialen liegt in der Größenordnung von 10 m/s. Sie ist eine der Ursachen für die Zeitspanne, die immer zwischen einem Reiz und seiner Beantwortung liegt.

15.1.2 Summenpotentiale

Treten die im vorigen Kapitel beschriebenen Aktionspotentiale gleichzeitig an mehreren Nerven- bzw. Muskelfasern auf, so kann man mittels geeigneter Elektroden von der Körperoberfläche die Überlagerung dieser verschiedenen Aktionspotentiale als *Summenpotential* ableiten. Derartige Summenpotentiale und ihre Registrierung haben als *Elektroenzephalogramm* (EEG), *als Elektromyogramm* und vor allem als *Elektrokardiogramm* (EKG) diagnostische Bedeutung erhalten.

Über die elementaren Erregungsprozesse im Gehirn, die dem EEG zugrunde liegen, bestehen noch viele Unklarheiten. In der Summe treten periodische Potentialschwankungen auf, die mit Elektroden von der Kopfhaut abgegriffen und nach hoher Verstärkung registriert werden können. Aufgrund praktischer Erfahrungen werden die *EEG-Wellen* in verschiedene Frequenzbereiche eingeteilt (man sagt in der Praxis Wellen, obwohl es sich eigentlich um Potentialschwingungen handelt). Man unterscheidet dabei α-Wellen (8–13 Hz), β-Wellen (13–30 Hz), ϑ-Wellen (5–7 Hz), δ-Wellen (0,1–4 Hz) und γ-Wellen (> 30 Hz). Den Potentialschwingungen des EEG ist eine zeitlich konstante Komponente überlagert, die man als *Bestandspoten-*

tial bezeichnet. Die Frequenz der EEG-Wellen ist nicht bei allen Individuen gleich, sondern hängt von Reifungsgrad und Aktivitätsniveau des Gehirns ab.

Das *Elektromyogramm* kann man bei der Erregung von Skelettmuskeln an der Körperoberfläche abgreifen. Dabei werden größere Bezirke eines Muskels oder sogar mehrere Muskeln erfasst. Wünscht man eine genauere Lokalisation, so sind Nadelelektroden erforderlich. Die Elektromyographie hat klinisch diagnostische Bedeutung bei der Beurteilung von Nerven- und Muskelerkrankungen, sie hilft aber auch bei Bewegungsanalysen und gewährt Einblicke in die Wirkung von Training und Ermüdung.

Beim Herz geht die Erregung vom Sinusknoten aus, d. h., dort treten bei der Kontraktion die ersten Aktionspotentiale auf, denen die der Vorhöfe und – mit entsprechender Verzögerung – die der gesamten Arbeitsmuskulatur der Kammern folgen. Wegen des zeitlich versetzten Auftretens der Aktionspotentiale in den verschiedenen Abschnitten des Herzes stellt das Summenpotential eine Wechselspannung dar, die charakteristisch für den Erregungsablauf im Herz ist. Größe und Form der Wechselspannung sind zudem noch abhängig davon, an welchen Punkten der Körperoberfläche die Elektroden zur Ableitung der im Herz entstehenden Potentialdifferenz aufgesetzt werden. Eine der möglichen Ableitungen ist das sogenannte *Extremitäten-EKG*, das von dem rechten Arm, dem linken Arm und dem linken Bein abgeleitet wird. Die Abnahme vom rechten Arm und linken Arm heißt Ableitung 1, die vom rechten Arm und linken Bein Ableitung 2 und die vom linken Arm und linken Bein Ableitung 3. Ein normales Extremitäten-EKG zeigt Abb. 14.34a. Die P-Zacke repräsentiert die Erregung der Vorhofmuskulatur, die P-Q-Dauer bezeichnet die Zeit, die die Erregung braucht, um vom Sinusknoten bis zu den Endverzweigungen der Purkinjefasern zu gelangen. Im Zeitpunkt der R-Zacke ist das Summenpotential am größten, da jetzt die Erregung auf die Kammermuskulatur übergreift, die während der gesamten S-T-Strecke vollständig und gleichmäßig erregt ist.

Abweichungen von dieser Normalform treten immer dann auf, wenn irgendwelche Abnormitäten im Erregungsablauf eintreten. Dies ist beispielsweise bei dem in Abb. 14.34b gezeigten EKG nach Hinterwandinfarkt der Fall, bei dem größere Teile der Kammermuskulatur ausfallen. Dadurch kommt es zu einem negativen Summenpotential im Gebiet zwischen S und T, in dem das Summenpotential normalerweise positiv ist (vgl. Abb. 14.34a).

Abweichungen vom normalen Verlauf der Erregung des Herzes treten vor allem dann auf, wenn der Sinusknoten als Schrittmacher ausfällt oder die Überleitung zum Atrioventrikularknoten gestört ist. Zwar übernimmt dieser dann die Schrittmacherfunktion, jedoch nur mit einer Frequenz von etwa 30 Erregungen pro Minute. Diese reduzierte Schlagfrequenz und das damit kleinere Herzminutenvolumen setzen die Leistungsfähigkeit dieser Patienten erheblich herab. Mit einem künstlichen *Herzschrittmacher* vermag ein solcher Patient ein nahezu normales Leben zu führen. Ein Herzschrittmacher ist ein elektronischer Spannungsimpulsgeber, der das Herz zu normaler Schlagfrequenz anregt. Dies wird durch eine elektronische Schaltung bewirkt, die einen Schwingkreis und eine langlebige Batterie enthält und in einem flachen Gehäuse von einigen Zentimetern Durchmesser untergebracht ist. Dieses Gehäuse wird unterhalb des rechten Schlüsselbeins unter der Haut implantiert. Von ihm gehen Elektroden aus, die durch die Schultervene in den rechten Vorhof bzw. in die rechte Herzkammer eingeführt werden. Die einfachsten Schrittmacher sind starrfrequent (ca. 70 Impulse pro Min.) und arbeiten mit einer Elektrode, die am Boden der rechten Herzkammer anstößt. Der starrfrequente Schrittmacher hat den Nachteil, dass nicht auf verbliebene oder wiederkehrende Spontanaktivität bzw. auf unterschiedliche Belastung des Kreislaufs reagiert werden kann. Die Weiterentwicklung führte dazu, dass über zwei separate Elektroden im Vorhof bzw. in der Kammer Signale abgeleitet werden, die dann synchronisierend in den Zeitgeber-Schwingkreis des Schrittmachers eingreifen und eine Impulsunterdrückung bei ausreichender Spontanaktivität oder eine physiologisch optimale Impulsantwort bewirken. Die Frequenzvariabilität eines Schrittmachers ist im Hinblick auf die inzwischen auf mehr als zehn Jahre gestiegene Erwartungszeit der Schrittmacherbatterien von Bedeutung, denn wenn ein sechzigjähriger Patient mit einer Grundfrequenz von 70 Impulsen pro Minute auskommt, dann wird er normalerweise siebzig- oder achtzigjährig 80 Impulse pro Minute benötigen.

15.2 Mechanismen der Stromleitung

Es mag seltsam erscheinen: Wenn sich jemand auf einem Kunststoffsessel durch Reibung elektrisch aufgeladen hat und anschließend durchs Zimmer geht, dann transportiert er elektrische Ladung und erzeugt damit einen elektrischen Strom. Der *Ladungstransport* wird zwar normalerweise durch eine elektrische Spannung verursacht, aber wie unser Beispiel zeigt, kann Ladung auch durch mechanische Kraft bewegt werden. Über den Betrag der Stromstärke wissen wir von Gl. (14-5a) her, dass die im Zeitintervall Δt transportierte Ladung ΔQ den Strom $I = \Delta Q/\Delta t$ verursacht.

Im Folgenden wollen wir den Ladungstransport im Vakuum, in Gasen, in Elektrolyten und schließlich in Metallen und Halbleitern besprechen. Dabei sollte aber im Auge

behalten werden, dass es viele Stoffe, die sogenannten *Isolatoren,* gibt, in denen Stromleitung praktisch nicht auftritt.

15.2.1 Stromleitung im Vakuum

Im Vakuum können sich geladene Teilchen
(Elektronen, Protonen, Ionen usw.) frei bewegen und verursachen so einen elektrischen
Strom. Durch elektrische oder magnetische
Felder kann man sie beschleunigen, ablenken
oder bündeln. Technisch wird diese Möglichkeit vielfältig genutzt, so z. B. in der Elektronenröhre, der Oszillografenröhre, der Röntgenröhre und beim Elektronenmikroskop.
Bei all diesen Geräten sind die Ladungsträger
Elektronen. Es gibt aber auch technische Geräte, in denen Ströme durch andere Teilchen
erzeugt werden. In der Elementarteilchen-
physik untersucht man in den Vakuumkam-
mern von Beschleunigern eine große Vielfalt
durch Stoßprozesse erzeugter Objekte, und in
Massenspektrometern kann man Stoffe nach
ihrer chemischen Zusammensetzung analysieren, indem man sie ionisiert und die Ionen
im Vakuum durch elektrische oder magnetische Felder ablenkt. Die Analyse beruht darauf, dass die Ablenkung von Ladung und
Masse und damit von der chemischen Natur
der Teilchen abhängt.

Im Folgenden wollen wir die Erzeugung
und Beschleunigung von Elektronenstrahlen
im Vakuum am Beispiel der *Elektronenröhre*
erläutern. Sie besteht (Abb. 15.3) im Wesentlichen aus zwei Teilen, nämlich der Quelle der
Elektronen und der Elektrodenanordnung zur
Beschleunigung und zum Wiedereinfang. Betrachten wir zunächst die Elektronenquelle
etwas genauer. Sie beruht auf dem Prinzip der
Glühemission. Um aus dem geheizten Metallfa-
den der *Glühkathode K* Leitungselektronen
vom Metall abzulösen, muss Arbeit – die sogenannte *Austrittsarbeit* – verrichtet werden.

Selbst bei Weißglut ist die *mittlere* kinetische
Energie der Leitungselektronen niedriger als
diese Austrittsarbeit. Allerdings haben – ähnlich den Atomen in einem Gas – nicht alle
Elektronen exakt dieselbe Energie; vielmehr
weisen sie bezüglich ihrer thermischen Bewegung eine Geschwindigkeitsverteilung wie in
Abb. 10.2 auf. Auch bei Zimmertemperatur
gibt es also einige wenige Elektronen, deren
kinetische Energie ausreicht, um die Austrittsarbeit zu verrichten. Es sind die schnellsten
Elektronen, die beim Anlauf gegen die Oberfläche die Anziehungskräfte der positiven Ionen
überwinden können. Ihre Zahl wächst, wenn
das Metall aufgeheizt wird, denn dadurch verschiebt sich die Verteilungskurve der Abb. 10.2
insgesamt zu höheren Geschwindigkeiten. Dieser Vorgang der Glühemission ist vergleichbar
mit dem Verdunsten von Molekülen einer
Flüssigkeit, deren Zahl ebenfalls, wie wir in
Abschnitt 13.3.7 gesehen haben, mit der Temperatur wächst.

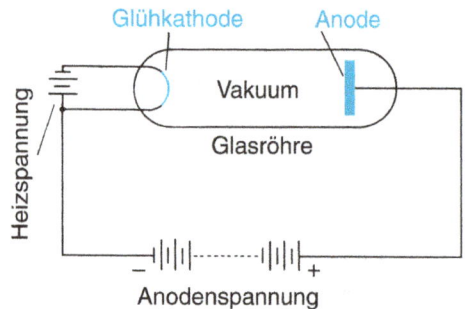

Abb. 15.3: Elektronenröhre (Diode).

Die emittierten Elektronen können durch weitere Elektroden beschleunigt und je nach
Zweck der Röhre gebündelt werden. In der
Diode steht der *Kathode* die (positive) Anode
gegenüber. Liegt zwischen beiden die Spannung $U_A = x$ Volt, dann wird ein aus der Katho-
denoberfläche (mit der Geschwindigkeit $v_0 \sim 0$)
austretendes Elektron zur Anode hin beschleunigt und erreicht dort die kinetische Energie

$E_{kin} = mv^2/2 = x$ eV (siehe Abschnitt 14.3.1). Bei Elektronenröhren beträgt die Anodenspannung etwa 10^2 V, in Oszillografenröhren ca. 3.000 V und in Röntgen-Röhren ca. 10^4 bis 10^5 V. Durch die Bewegung der Elektronen entsteht ein Strom, der *Anodenstrom.*

Prallen die Elektronen auf die Anode, so wird ihre kinetische Energie im Wesentlichen in Wärme umgesetzt, d. h., die Anode wird aufgeheizt. Beim Abbremsen der Elektronen entsteht zusätzlich elektromagnetische Strahlung in Form von Röntgenstrahlung. Ein geringer Teil trägt zur elektronischen *Anregung* des Anodenmaterials bei, was zur Emission von charakteristischer Röntgenstrahlung führt (Abschnitt 21.3.1).

Diode und Triode Wird an die Elektronenröhre zwischen Kathode und Anode eine Wechselspannung angelegt, dann fließt ein Anodenstrom, solange die Kathode gegenüber der Anode auf negativem Potential liegt. Bei Umpolung, d. h., wenn die Spannung zwischen Kathode und Anode ihr Vorzeichen ändert, ist der Anodenstrom null, da dann die aus der Kathode emittierten Elektronen durch das elektrische Feld zu dieser zurückgetrieben werden. Aus der nicht beheizten Anode treten so gut wir keine Elektronen aus. Die Elektronenröhre wirkt also als *Gleichrichter* (Röhrendiode) mit einer Strom-Spannungs-Kennlinie ähnlich der einer Halbleiterdiode (Abb. 15.101 und 5.11).

Die Triode ist eine Diode mit zusätzlicher Steuerelektrode. Damit ist gemeint, dass man den Strom zwischen Kathode und Anode (den Anodenstrom) durch diese Elektrode in seiner Stärke steuern kann, ohne große elektrische Leistung dafür zu verbrauchen (geringer Stromfluss zwischen Kathode und Steuerelektrode). Die Steuerelektrode besteht aus einem Metallnetz (Gitter) zwischen Kathode und Anode und wird negativ gegenüber der Kathode aufgeladen. Die von der Kathode kommenden Elektronen werden daher abgestoßen, und nur ein Teil kann durch die Maschen des Netzes hindurch weiter zur Anode fliegen. Dieser Anteil hängt von der Größe der negativen Spannung am Gitter ab: Die Gitterspannung steuert also den Anodenstrom. Schwankungen der Gitterspannung werden so auf den Anodenstrom übertragen. Die Triode dient also als *Verstärker-*

röhre für elektrische Signale. Heutzutage werden aus Platz- und Kostengründen Halbleiter-Transistoren (Abb. 15.12) als Verstärker benutzt, lediglich im Bereich hochwertiger Audiokomponenten finden Röhren wegen des geringeren Rauschens noch Anwendung.

Eine besondere Form der Elektronenröhre, das *Magnetron*, wird zur Generation von Mikrowellen genutzt.

15.2.2 Stromleitung in Gasen

Um die Stromleitung in Gasen zu untersuchen, füllen wir eine Elektronenröhre mit Gas und betrachten die Wechselwirkung der zwischen Kathode und Anode beschleunigten Ladungsträger mit den Gasmolekülen. Wir können auch auf die Heizung der Kathode verzichten. Dann ist zwar der Strom wesentlich geringer, aber doch nicht ganz null, da immer einige Gasmoleküle ionisiert sind, die im elektrischen Feld zwischen Kathode und Anode beschleunigt werden und beim Aufprall auf sie Elektronen herausschlagen. Im Gegensatz zur Stromleitung im Vakuum können nun die Elektronen bzw. Ionen nicht die ganze Strecke zwischen den Elektroden unbehindert durchfliegen, sondern werden nach einer von der Dichte des Gases abhängigen Strecke, der *freien Weglänge*, auf Gasmoleküle stoßen und beim Zusammenstoß ihre Bewegungsenergie teilweise oder ganz an diese abgeben. Bis zum nächsten Zusammenstoß kann ein Elektron dann erneut im elektrischen Feld beschleunigt werden. Der Zuwachs an kinetischer Energie zwischen zwei Stößen, ΔE_{kin}, ist bestimmt durch die Potentialdifferenz (Beschleunigungsspannung), die über die Strecke einer freien Weglänge herrscht; ΔE_{kin} lässt sich also dadurch vergrößern, dass man entweder die Gesamtspannung zwischen den Elektroden erhöht oder aber die Gasdichte verringert und so die freie Weglänge vergrößert. Überschreitet die Potentialdifferenz längs der freien Weglänge einen bestimmten Grenzwert, so steigt die Stromstärke sprunghaft an. Das kommt davon, dass nun die kinetische Energie eines Elektrons ausreicht, beim Aufprall auf ein neutrales Gasmolekül dieses zu ionisieren, indem z. B. ein Elektron aus der Elektronenhülle herausgeschlagen wird. Dazu muss natürlich die beim Stoß übertragene Energie größer sein als die Bindungsenergie (Ionisationsenergie) des Elektrons im Molekül. Durch diesen Vorgang der *Stoßionisation* werden aus dem primären Ladungsträger insgesamt drei Ladungsträger (Abb. 15.4), welche dann wieder im elektrischen Feld beschleunigt werden, bis sie 1. entweder im Gasraum oder an der Wand der Röhre mit anderen Ladungsträgern zusammentreffen und sich gegenseitig neutralisieren *(Rekombination)* oder 2. auf die Elektroden aufprallen und dort zusätzlich Ladungsträger herausschlagen oder 3. durch Stoß zusätzlich neutrale Gasmoleküle ionisieren, die dann wieder beschleunigt werden, usw. In kurzer Zeit wächst so die Zahl der Ladungsträger lawinenartig an und damit auch der Strom zwischen Kathode und Anode. Dieses Phänomen bezeichnen wir als *Gasentladung*, wobei der Begriff *Entladung* andeutet, dass durch den Stromfluss eine vorhandene Ladung zwischen den Elektroden reduziert wird, wenn nicht ständig Ladung nachgeliefert wird.

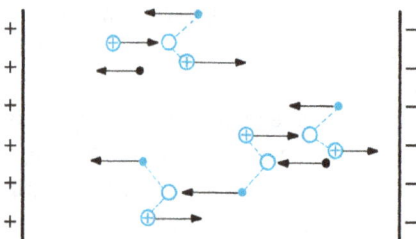

Abb. 15.4: Lawinenartige Ladungsträgererzeugung durch Stoßionisation (○ neutrales Molekül; ● Elektron; ⊕ positives Ion).

Bei der *unselbstständigen Gasentladung* nimmt diese zusätzliche Ladungsträgererzeugung mit Abnahme der Beschleunigungsspannung wieder ab, da dann mehr Ladungsträger rekombinieren, als durch Stoßionisation neu erzeugt werden. Übersteigt die Beschleunigungsspannung einen bestimmten Wert, so entsteht die *selbstständige Gasentladung*, bei der jeder Ladungsträger auf seinem Weg zu seiner Elektrode so viele neue Ladungsträger schafft, dass auch nach Abnahme der Spannung der Strom nicht mehr abbricht; dann entstehen mehr Ladungsträger, als durch Rekombination verschwinden. In kurzer Zeit wächst dadurch der Strom zwischen Kathode und Anode so stark an, dass die an die beiden Elektroden angeschlossene Spannungsquelle praktisch kurzgeschlossen wird. Dies lässt sich nur vermeiden, indem man zur Strombegrenzung entweder einen Ohm'schen Widerstand oder – bei Anlegen einer Wechselspannung an die Elektroden wie in Abb. 15.5 – einen induktiven Widerstand *(Drossel)* verwendet.

Gasentladungen sind mit der Erzeugung von Licht verbunden, das bei den Stoßprozessen durch elektronische Anregung (Abschnitt 17.5) und bei der Rekombination zuvor gebildeter Ionen entsteht. Gasentladungsröhren werden deshalb technisch als *Lichtquellen* verwendet. Bei stromschwachen Gasentladungen ist die Lichtausbeute geringer *(Glimmentladung)* als bei stromstarken *(Bogenentladung)*. In der *Kohlebogenlampe* oder beim Blitz *brennt* eine stromstarke Gasentladung bei Atmosphärendruck. *Hg-, Na-* und *Xe-Dampflampen* sind Hochleistungslichtquellen, die durch Gasentladung unter teilweise hohen Drücken des Füllgases (ca. 10^2 bar) betrieben werden. *Leuchtstoffröhren* hingegen (Abb. 15.5) arbeiten bei niedrigem Gasdruck (ca. 10^{-2} mbar); 60 % der durch Quecksilber, das als Gasfüllung verwendet wird, entstehenden Strahlung liegt im UV; sie wird durch Fluoreszenzstoffe

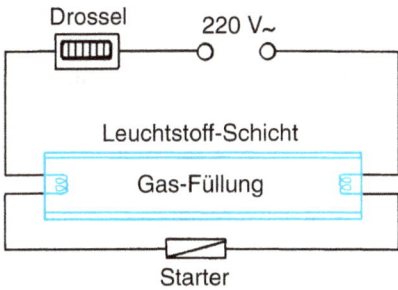

Abb. 15.5: Leuchtstoffröhre mit Drossel zur Strombegrenzung und mit Starter zur primären Elektronenauslösung. (Beim Einschalten der 230-V-Netzspannung fließt zunächst kein Strom durch die Röhre, sondern durch den Starter, und erwärmt zugleich die Elektroden der Röhre. Nach einigen Sekunden unterbricht ein Schalter im Starter den Stromfluss, wodurch in der Drossel durch Induktion ein Spannungsstoß entsteht, der die Leuchtstoffröhre zündet.).

(Leuchtstoffe) an der Röhrenwand in sichtbares Licht umgewandelt.

Als weitere Anwendungen der Gasentladung werden wir in Abschnitt 21.2.7 die Ionisationskammer, das Proportional- und das Geiger-Müller-Zählrohr zum Nachweis von ionisierender Strahlung kennenlernen.

15.2.3 Stromleitung in Elektrolyten

Diesen Leitungsmechanismus haben wir bereits in Abschnitt 14.4 kurz besprochen. Wir wollen hier noch einmal ausführlicher darauf eingehen. Tauchen wir zwei an eine Spannungsquelle angeschlossene und mit einem Strommessgerät verbundene Elektroden in mehrfach destilliertes und dadurch extrem reines Wasser, so sehen wir: Es fließt fast kein Strom. Wasser ist ein sehr schlechter Leiter (vgl. Tab. 14.2). Geben wir aber etwas Salz, Säure oder Base in das Wasser, das damit zu einem *Elektrolyten* wird, so steigt der Stromfluss sprunghaft an.

Säuren, Basen und Salze werden in Wasser hydratisiert (Abschnitt 13.3.4) und da-

durch in Paare entgegengesetzt geladener Ionen aufgespalten (*elektrolytische Dissoziation*, z. B. NaCl → Na$^+$ + Cl$^-$), und diese bilden die Ladungsträger für den Stromtransport im Elektrolyten.

Der *Dissoziationsgrad* eines Elektrolyten ist definiert durch:

Dissoziationsgrad

$$= \frac{\text{Zahl der} \in \text{Ionen gespalteten Moleküle}}{\text{Zahl der gelösten Moleküle}}.$$

Bei vollständiger Dissoziation hat der Elektrolyt einen Dissoziationsgrad von nahezu 1 *(starker Elektrolyt)*, bei unvollständiger Dissoziation ist er wesentlich kleiner als 1 *(schwacher Elektrolyt)*. In schwachen Elektrolyten nimmt der Dissoziationsgrad mit wachsender Verdünnung zu *(Ostwald'sches Verdünnungsgesetz)*.

Der Stromtransport in einem einfachen Elektrolyten mit zwei Ionenarten (z. B. Na$^+$ und Cl$^-$) setzt sich stets aus zwei Teilströmen zusammen, nämlich dem Strom der positiven Kationen (Na$^+$) zur Kathode und dem Strom der negativen Anionen (Cl$^-$) zur Anode. Beide Ionenarten können verschiedene *Beweglichkeiten b$^+$* bzw. b$^-$ besitzen (Beweglichkeit = Geschwindigkeit des Ions/Feldstärke E). Ihre Konzentrationen im Elektrolyten n^+ bzw. n^- sind gleich, wenn der Elektrolyt nach außen elektrisch neutral ist. Die gesamte *Stromdichte (j = I/A)* lässt sich dann schreiben:

$$j = (n^+ b^+ e^+ + n^- b^- e^-)E. \qquad (15\text{-}5)$$

Diese Gleichung gilt nicht nur für Elektrolyte, sondern für die Ladungsträger aller Arten von Leitern.

Wegen ihrer gegenseitigen elektrostatischen Anziehung sind die Ionen von Wolken entgegengesetzt geladener Ionen bzw. von elektrisch polaren Lösungsmittelmolekülen (z. B. H$_2$O) umgeben, was ihre Beweglichkeit im Lösungsmittel unter dem Einfluss eines elektrischen Feldes drastisch einschränkt. Aus diesem Grund ist die Leitfähigkeit von Elektrolyten ca. 10^4-mal kleiner als die von Metallen. Je höher die Konzentration im Elektrolyten ist, desto leichter können sich diese Ionenwolken aufbauen. Mit abnehmender Konzentration lässt deren hemmender Einfluss immer mehr nach, was eine Zunahme der Beweglichkeit der Ionen zur Folge hat. Dies gilt insbesondere für starke Elektrolyte (Dissoziationsgrad ≈ 1). Der Ordnungszustand, d. h., die Größe und Ausdehnung der Ionenwolke ist umso geringer, je höher die Temperatur ist. Aus diesem Grunde nimmt die Leitfähigkeit der Elektrolyte im Gegensatz zu der von Metallen mit wachsender Temperatur zu (vgl. Abschnitt 14.5.2 und Tab. 14.2). Bei schwachen Elektrolyten kommt hinzu, dass sich auch der Dissoziationsgrad mit der Temperatur verändert.

Aufgrund der gegenüber Gasen wesentlich höheren Dichte von Flüssigkeiten ist die mittlere freie Weglänge in Elektrolyten sehr gering, und die Ladungsträger können zwischen den Stößen nur wenig kinetische Energie durch das Feld aufnehmen. Energien wie die, welche zur Gasentladung führen, werden daher nicht erreicht.

Polarisationserscheinungen Der im Elektrolyten mit elektrischem Strom verbundene Materietransport führt normalerweise zur Abscheidung der Ionen an den Elektroden oder zu sekundären chemischen Prozessen, wodurch die elektrolytischen Vorgänge in ihrer Vielfalt sehr kompliziert werden. Tauchen z. B. zwei Elektroden *gleichen* Materials in einen Elektrolyten, so sollte diese Anordnung nach dem, was wir bis jetzt über Spannungsreihe und galvanische Elemente (Abschnitt 14.3.2) gelernt haben, kein galvanisches Element darstellen und als Spannungsquelle untauglich sein. Durch eine Vorbehandlung der Elektroden kann sich trotzdem eine sogenannte *Polarisationsspannung* zwischen den beiden Elektroden aufbauen. Dies können wir beobachten, wenn wir z. B. zwei Platinelektroden in eine verdünnte Säure tauchen und sie über ein Amperemeter mit den Polen einer Gleichspannungsquelle (U_0 ca. 1 V) verbinden. Dann geht schon kurze Zeit nach dem Anschalten von U_0 der durch den Stromkreis *Elektrode 1 – Spannungsquelle – Amperemeter – Elektrode 2 – Elektrolyt* fließende Strom erheblich zurück. Der Grund hierfür ist, dass sich an der Platin-Kathode gasförmiges H_2 und an der Platin-Anode gasförmiges O_2 aus den Dissoziationsprodukten von H_2O abscheidet. Die Elektroden beladen sich zunehmend mit diesen Gasen, und dadurch entsteht praktisch ein galvanisches Element mit Wasserstoff- und Sauerstoff-Elektrode. Die Spannung dieses Elements beträgt 1 V; sie ist der von außen angelegten Spannung U_0 entgegengerichtet, wodurch es zum Abfall der Stromstärke kommt. Diese elektrolytische Polarisation der Elektroden tritt bei allen galvanischen Elementen auf, bei denen Elektrolyseprodukte an den Elektroden abgeschieden werden. Sie lässt sich dadurch vermeiden, dass die Elektrolyseprodukte durch chemische Reaktionen beseitigt werden. H_2 kann beispielsweise durch oxidierende Substanzen wie Braunstein abgefangen werden, wobei dann H_2O entsteht.

Es gibt galvanische Elemente, sogenannte *Sekundärelemente*, bei denen die Polarisationserscheinungen gezielt zur Spannungserzeugung verwendet werden. Wir wollen dies am Beispiel des *Bleiakkumulators* (der *Autobatterie*) näher erläutern. Er besteht aus zwei Bleiplatten, die in Schwefelsäure (H_2SO_4) eintauchen und sich deswegen mit einer Schicht von $PbSO_4$ überziehen. Schalten wir ihn nun an eine äußere Spannungsquelle, dann fließt ein Strom, und es kommt an den Elektroden zu den folgenden chemischen Reaktionen:

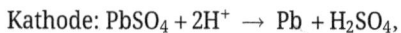

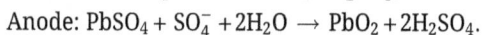

Kathode: $PbSO_4 + 2H^+ \rightarrow Pb + H_2SO_4$,
Anode: $PbSO_4 + SO_4^- + 2H_2O \rightarrow PbO_2 + 2H_2SO_4$.

Diesen Vorgang nennt man *Aufladen der Batterie*. Die Reaktionsprodukte Pb und PbO_2 bilden im verdünnten H_2SO_4 ein galvanisches Element; es liefert die Spannung 2,1 V. Von dem aufgeladenen Akkumulator kann so lange elektrische Energie entnommen werden, bis sich Pb und PbO_2 wieder vollständig in $PbSO_4$ zurückgebildet haben. Dies geschieht, indem die obigen Reaktionen in umgekehrter Richtung ablaufen. Typische Autobatterien können z. B. einen Strom von 1 A über 70 und mehr Stunden aufrechterhalten.

> Als wichtige Konsequenz der beschriebenen Polarisation ergibt sich, dass die Leitfähigkeit σ eines Elektrolyten nicht mittels Gleichspannung bestimmt werden darf, da wegen der möglicherweise an den Messelektroden auftretenden Polarisationsspannungen die effektive Spannung kleiner als die angelegte ist und sogar null sein kann, wodurch fälschlicherweise auf eine zu kleine Leitfähigkeit geschlossen wird. Verwenden wir zur Bestimmung der Leitfähigkeit dagegen Wechselspannung, so kommt es nicht zu diesen Störeffekten, weil der Aufbau der Polarisationsspannung Zeiten benötigt, die groß sind gegen die Zeit, in der die Wechselspannung ihr Vorzeichen umkehrt.

Faraday'sche Gesetze Da Ionen nur ganzzahlige Vielfache der Elementarladung tragen können, sei es als Defektladung (Kationen) oder Überschussladung (Anionen), besteht ein fester Zusammenhang zwischen der beim Stromfluss transportierten Ladung und der transportierten Stoffmenge. Trägt ein Ion als Überschussladung eine Elementarladung, so nennen wir es *einwertig*. Allgemein gibt die *Wertigkeit* die Zahl der Überschussladungen (unabhängig vom Ladungsvorzeichen) an. Fließt ein Strom durch eine $AgNO_3$-Lösung, in die zwei Ag-Elektroden eintauchen, so gelangen Ag^+-Ionen zur Kathode und werden dort abgeschieden, indem sie aus der Elektrode ein Elektron aufnehmen. Zugleich wird durch den NO^-_3-Rest an der Anode ein Ag^+ abgelöst,

sodass die Konzentration des Elektrolyten unverändert bleibt. Insgesamt ist dadurch eine Elementarladung von der Anode zur Kathode gelangt und zugleich ein Ag^+-Ion von der Anode zur Kathode. Man kann nun einfach nach einiger Zeit (sagen wir, nach t Sekunden) eine der Elektroden wiegen und aus der Massenänderung die gesamte transportierte Ladung Y und damit den Strom $I = Q/t$ bestimmen. Die Gesetze, die den Zusammenhang zwischen transportierter Ladung und Masse beschreiben, nennt man die *Faraday'schen Gesetze*:

1. Für die elektrolytische Abscheidung eines Stoffes an einer Elektrode benötigt man pro *Mol* die Gesamtladung $Q/\text{mol} = zN_Ae$, wobei die *Avogadro'sche* (oder *Loschmidt'sche*) *Konstante* N_A die Zahl der Ionen im Mol, e die Elementarladung und z die Wertigkeit des Ions angibt. Die Konstante N_Ae wird *Faraday-Konstante F* genannt. In SI-Einheiten hat sie den Wert $F = 96\,484\ \text{C mol}^{-1}$.

2. Bezeichnen wir die Masse eines Ions mit m_I, so wird mit der Ladungsmenge von 96.484 C bei einwertigen Ionen die *molare Masse* N_Am_I transportiert. Bei mehrwertigen Ionen tritt an ihre Stelle das *Grammäquivalent* (molare Masse/Wertigkeit).

Elektrophorese Nicht nur als Ionen gelöste Stoffe, sondern auch kolloidale Teilchen führen zu elektrischer Leitfähigkeit von Lösungen. Diesen Ladungstransport nennt man *Elektrophorese*. (Bezüglich kolloidaler Systeme siehe Abschnitt 13.3.2.)

Kolloidal gelöste Teilchen würden spontan zusammenklumpen (da dies nach dem in Abschnitt 5.1 über die chemische Bindung Gesagten energetisch günstig wäre), wenn sie nicht durch eine *Doppelschicht* von elektrischen Ladungen auf ihrer Oberfläche und in der angrenzenden Flüssigkeit elektrisch geladen wären und sich dadurch gegenseitig abstoßen würden. Elektrische Aufladung führt zur Wanderung der kolloidalen Teilchen und damit zu einem Strom, wenn man zwei Elektroden einer Spannungsquelle in die Lösung eintaucht. Die Elektrophorese hat praktische Bedeutung gewonnen, z. B. bei der Lackierung von Autokarosserien oder zur Trennung von Proteinen. *Proteinmoleküle* zählt man aufgrund ihrer Größe zu den kolloidalen Teilchen. Sie können sowohl positiv als auch negativ geladen sein. Welche Ladung ein Proteinmolekül hat, hängt neben den Moleküleigenschaften sehr stark vom *pH-Wert* der umgebenden Flüssigkeit ab. Durch Elektrophorese kann man beispielsweise die im menschlichen Serum enthaltenen Proteine trennen. Um eindeutige Versuchsbedingungen zu schaffen, führt man die Trennung i. A. in Pufferlösungen mit einem pH > 8 durch. Bei diesem pH-Wert sind alle Proteine negativ geladen, wandern also zur Anode. Die Trennung kann in einer Küvette, in einer Kapillare, in einem Gel oder in einem mit Pufferlösung getränkten Filterpapier-Streifen durchgeführt werden, wobei man dann z. B. von Kapillarelektrophorese oder Gelektrophorese spricht.

Unter dem Einfluss des elektrischen Feldes wandern die Teilchen mit einer konstanten mittleren Geschwindigkeit, die ihrer Ladung direkt und ihrer Masse umgekehrt proportional ist. Proteinmoleküle mit unterschiedlichem Verhältnis von Ladung zu Masse können demnach durch Elektrophorese voneinander getrennt werden, wenn die Wanderungsstrecke zwischen den Elektroden genügend lang ist.

Abbildung 15.6 zeigt die nach der elektrophoretischen Trennung von Blutserum auf einem Filterpapierstreifen mit Amidoschwarz angefärbten Proteine und darüber die photometrische Auswertung der einzelnen Fraktionen. Das Verhältnis der einzelnen Fraktionen zueinander gibt bei verschiedenen Krankheitsbildern wichtige diagnostische Hinweise.

Stromleitung im menschlichen Organismus, Gefahren bei Unfällen Da der menschliche Organismus zu über 70 % aus Wasser besteht, in dem zahlreiche Ionen vorhanden sind, sodass global etwa eine $^1/_3$ molare Lösung vorliegt, stellt er für den elektrischen Strom einen relativ guten elektrolytischen Leiter dar. Die Größe des Stromflusses wird bestimmt durch den Betrag der angelegten Spannung U und den Widerstand R derjenigen Körperteile, durch die der Strom fließt: $I = U/R$. R beträgt beispielsweise zwischen den beiden Händen etwa 800 Ω. Hinzu kommt der Übergangswiderstand zwischen der Haut und den Elektroden, der praktisch verschwindet, wenn die Haut feucht ist, aber auch sehr hohe Werte annehmen kann, wenn die Haut trocken ist. Damit es überhaupt zu einem Stromfluss durch den Organismus kommt, ist es zunächst notwendig, dass der Körper mit *beiden* Polen einer Spannungsquelle in Berührung kommt. Da unser elektrisches Leitungsnetz so geschaltet ist, dass ein Pol mit der Erde verbunden *(geerdet)* wird, fließt bereits Strom, wenn man nur den spannungsführenden Pol berührt und, z. B. in einem feuchten Raum, mit den Füßen eine gute Erdverbindung hat. Kein Strom fließt dagegen, wenn sich zwischen der *Erde* und dem Körper ein guter Isolator befindet, also wenn man z. B. auf trockenem Holz steht.

Wie in jedem elektrischen Leiter wird auch im Körper durch den Stromfluss Joule'sche Wärme entwickelt. Diese wird jedoch erst dann gefährlich, wenn sie lokal so groß wird, dass es zu Verbrennungen kommt. Dazu sind relativ große Ströme nötig, und die Verbrennungen treten dann meist nur an den Ein- und Austrittsstellen des Stroms an der Haut auf, da hier wegen des Übergangswiderstands die Joule'sche Wärme am größten ist. Wesentlich gefährlicher sind die Wirkungen des elektrischen Stroms auf die erregbaren Strukturen, insbesondere auf den Herzmuskel und die Nervenfasern. Hier muss nun

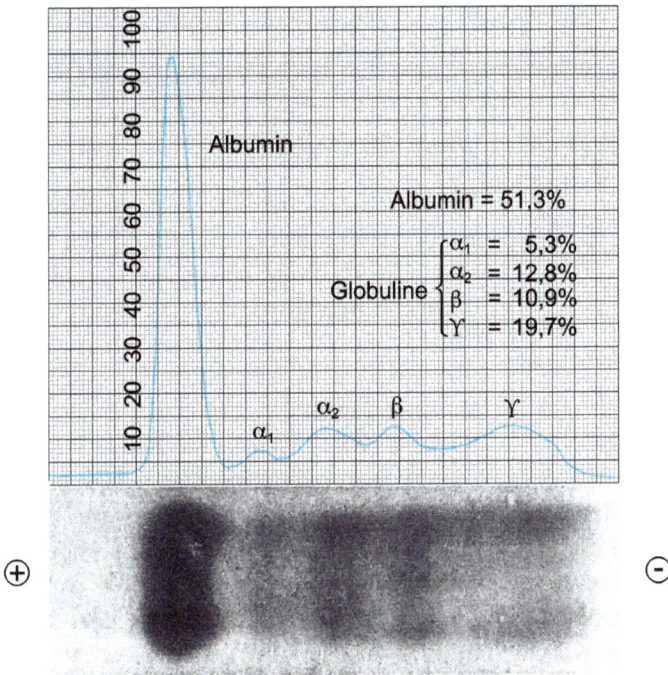

Abb. 15.6: Elektrophoretische Trennung von Serumproteinen (sog. *Serumproteinelektrophorese*), die mit Amidoschwarz eingefärbt wurden. Unten das Foto, darüber die quantitative Auswertung mit dem Photometer.

zwischen Gleich- und Wechselstrom verschiedener Frequenzen unterschieden werden. Der Stromfluss kann wie in Abschnitt 15.1 beschrieben zur Depolarisierung von erregbaren Membranen und damit zur Ausbildung von Aktionspotentialen führen. Dadurch werden Muskelkontraktionen, auch solche des Herzes, eingeleitet. Mit Gleichstrom tritt diese Depolarisation nur beim Ein- und Ausschalten des Stroms auf, aber bei Wechselstrom wiederholt sich die Depolarisation in jeder Periode. Dies führt dann zu Verkrampfungen der Muskeln und zum *Herzflimmern* (kurzes, unregelmäßiges und uneffektives Kontrahieren der Herzkammern), der häufigsten Todesursache bei elektrischen Unfällen. Da jedoch die Auslösung des Aktionspotentials an Stofftransport (Na^+-Einstrom) gebunden ist, reicht bei hochfrequentem Wechselstrom die Zeit der Depolarisation nicht aus, um ein Aktionspotential auszulösen. Daher kann man hoch-

frequente Ströme von nicht zu großer Stärke völlig gefahrlos durch den Organismus leiten. Die größte Gefahr besteht demnach bei den niederfrequenten Wechselströmen, zu denen auch unser technischer Wechselstrom von 50 Hz gehört. Es waren wirtschaftliche Gründe, die zur Wahl einer Wechselspannung für das allgemeine Netz führten, welche für den menschlichen Organismus bei unvorsichtiger Handhabung eine Gefahr darstellt. Eine Verringerung der Spannung würde wesentlich größere Leitungsquerschnitte, eine Herabsetzung der Frequenz wesentlich größere Transformatoren und eine Erhöhung der Frequenz wesentlich größere Leitungsverluste bedeuten. Mit der heutigen Halbleitertechnologie wäre es technisch möglich, das gesamte Stromnetz mit Gleichstrom zu betreiben. Der dafür nötige Aufwand zur Umrüstung von z. B. Umspannstationen (hier wird die Spannung von der für die effiziente Leitung über große Strecken mittels Transformatoren auf bessere handhabbare Spannungen bis hin zur Haushaltsspannung umgewandelt) ist jedoch wirtschaftlich nicht realisierbar.

Für das gefährliche Herzflimmern ist nicht nur die Größe des durch den Körper fließenden Stroms, sondern auch die Dauer des *Elektroschocks* von Bedeutung. Als Faustregel wurde aus Tierexperimenten für 50-Hz-Wechselstrom eine Beziehung zwischen Schockdauer Δt und Maximalstrom I_{max}, bei dem Herzflimmern gerade noch vermieden wird, abgeleitet:

$$I_{max} = 0{,}116 \ (\Delta t)^{-1/2} \text{ in SI-Einheiten.}$$

Hieraus folgt, dass bei einer Schockdauer von 1 s ein 50-Hz-Wechselstrom von 116 mA noch ungefährlich ist, aber bei einer Schockdauer von 4 s nur noch 58 mA verträglich sind. Der Elektroschock, bei dem die Körperoberfläche elektrischen Kontakt bekommt (Makroschock), unterscheidet sich wesentlich vom *Mikroschock,* bei dem Stromkontakt direkt mit dem Körperinnern besteht. Beim Mikroschock muss der Strom nicht erst den großen Hautwiderstand (je nach Feuchtigkeit bis 10^6 Ω) überwinden, sondern kann den Gefäßen folgen und passiert direkt das Herz. Hierbei genügen ca. 10^4-mal kleinere Spannungen als beim Makroschock, um Herzflimmern zu verursachen. Diese gefährliche Situation kann beispielsweise im Operationssaal bei der Arbeit des Arztes am offenen Patienten auftreten oder in der Intensivstation, wenn einem Patienten ein Herzkatheter (aus Metall) gesetzt wurde. Jeder, der entsprechende Arbeit verrichtet, muss sich darüber im Klaren sein, dass derart kleine Spannungen bereits durch induktive Kopplung eines Metallgehäuses oder irgendeiner Leiterschleife an ein unter Spannung stehendes Kabel auftreten. Diese Kopplung erfolgt *ohne* direkte Berührung im Prinzip wie zwischen den Spulen eines Transformators. Deshalb muss im Krankenhaus und speziell im Operationssaal peinlich auf intakte Erdung von Instrumenten und elektrischen Geräten geachtet werden, weil dadurch elektrische Aufladungen und damit Ströme unterbunden werden.

Medizinische Anwendung Diejenigen Wirkungen des elektrischen Stroms, die für den Menschen gefährlich sind, können auch zu medizinischen Anwendungen herangezogen werden. Gleichstrom und niederfrequenter Wechselstrom werden bei verschiedenen Nerven- und Muskelerkrankungen zur Erregung benutzt. Hierbei arbeitet man meist mit zwei Elektroden von sehr unterschiedlicher Fläche. In unmittelbarer Nähe des zu erregenden Muskels setzt man die sogenannte *differente* Elektrode an, während in einiger Entfernung die großflächige *indifferente* Elektrode mit der Haut in Berührung gebracht wird. Dadurch erreicht man, dass unter der differenten Elektrode eine große Stromdichte, unter der indifferenten Elektrode aber nur eine kleine Stromdichte entsteht. Die hohe Stromdichte reicht aus, um eine Depolarisation der erregbaren Zellmembranen zu bewirken, an der anderen Elektrode jedoch tritt keinerlei physiologische Wirkung ein. Während bei Verwendung von Gleichstrom eine Reizung nur beim Ein- und Ausschaltvorgang (sogenannte *Galvanische Reizung*) ausgelöst wird, tritt diese bei Wechselstrom (sogenannte *Faraday'sche Reizung*) rhythmisch mit der verwendeten Frequenz auf.

Hochfrequenter Strom, der nicht zur Erregung von Nervenfasern führt, wird in der *Diathermie* zur Erwärmung von Körperoder Extremitätenabschnitten verwendet. Die betreffenden Abschnitte werden normalerweise zwischen großflächige Elektroden gebracht. Mit diesem Verfahren werden auch tieferliegende Organbereiche durch die Joule'sche Stromwärme erwärmt, was durch Wärmeeinstrahlung von außen nicht möglich ist.

Eine weitere wichtige Anwendung hochfrequenter Ströme ist das *elektrische Schneiden*. Benutzt wird eine großflächige Elektrode, die sich meist unter dem Gesäß des Patienten befindet, und eine sehr kleinflächige Elektrode in Form einer Nadel. Die von der großflächigen Elektrode ausgehenden Feldlinien werden an der Nadel gesammelt, sodass dort die Feldliniendichte sehr groß wird. Dadurch wird die Stromdichte unter der Nadel sehr groß, und es kommt dort zu einer beträchtlichen Wärmeentwicklung bis zum Durchtrennen des Gewebes. Ein wesentlicher Vorteil gegenüber dem mechanischen Schneiden ist, dass kleinere getroffene Blutgefäße durch Koagulation verschlossen werden.

Herzkammerflimmern tritt nicht nur beim Elektroschock (siehe oben), sondern auch bei Herzinfarkt auf. Gelingt es nicht, das Herzflimmern zu unterbinden (zu defibrillieren), dann setzt innerhalb weniger Minuten Herzstillstand ein. Als Therapiegerät wird der *Defibrillator* verwendet; das sind zwei großflächige Elektroden (mit ca. 7,5 cm Durchmesser), die auf ihrer Unterseite mit elektrisch leitender Paste überzogen sind, um beim Aufsetzen auf die Haut oberhalb bzw. unterhalb des Herzes einen geringen elektrischen Übergangswiderstand zu gewährleisten. Beim Entladen eines Kondensators fließt innerhalb einiger Millisekunden über die beiden Elektroden ein Strom von ca. 20 A durchs Herz. Dabei werden alle Muskelfasern des Herzens gleichzeitig kontrahiert, und sie erholen sich dann auch zur gleichen Zeit wieder, wodurch das Herz meist wieder seinen normalen Rhythmus aufnehmen kann.

15.2.4 Stromleitung in Festkörpern

Die elektrische Leitfähigkeit in Festkörpern erstreckt sich über den astronomisch anmutenden Zahlenbereich von mehr als 40 Zehnerpotenzen (Tab. 15.1). In manchen Stoffen sinkt der spezifische Widerstand im *supraleitenden Zustand* bei tiefen Temperaturen sogar auf unmessbar niedrige Werte ab, während andererseits Stoffe wie Glas oder Plastik wegen ihrer extrem geringen Leitfähigkeit zur Isolation elektrischer Leitungen verwendet werden. Nach ihrer Leitfähigkeit lassen sich Festkörper einteilen in Supraleiter, Leiter, Halbleiter und Nichtleiter (Isolatoren), wie in Tab. 15.1 angedeutet. Mit Ausnahme der Supraleiter liegt in allen Stoffen ein ähnlicher Leitungsmechanismus vor: In mehr oder minder großer Zahl vorhandene Ladungsträger werden in ihrer Bewegung im elektrischen Feld durch Stöße mit Atomen oder Ionen behindert.

Supraleiter Bei etwa der Hälfte aller Metalle ist beobachtet worden, dass der spezifische elektrische Widerstand bei Abkühlung unter eine charakteristische Temperatur (*Sprungtemperatur* T_S) sprunghaft auf unmessbar kleine Werte sinkt. Ein Strom in einem supraleitenden Ring kann über Jahre hinweg – ohne Energiezufuhr von außen – fließen, wenn er einmal angeregt ist. Erst bei Erwärmung über die Sprungtemperatur oder durch Anlegen eines starken äußeren Magnetfeldes bricht der Strom zusammen. Eine Erklärung des Mechanismus der Supraleitung ist nur mithilfe der Quantentheorie möglich.

Die praktischen Nutzungsmöglichkeiten von Supraleitern sind vielfältig; allerdings sind sie meistens erschwert durch aufwendige Kühlsysteme mit flüssigem Helium (Siedepunkt 4,2 K), die erforderlich sind, um die nahe dem absoluten Nullpunkt liegenden Sprungtemperaturen zu unterschreiten. Seit einigen Jahren sind bestimmte Metallverbindungen (*Hochtemperatursupraleiter* auf der Basis von Kupferoxiden) bekannt, die selbst oberhalb der Temperatur flüssigen Stickstoffs (Siedetemperatur 77 K) noch supraleitend sind. Kürzlich wurde sogar Supraleitung in einem Material bei Raumtemperatur, allerdings bei sehr hohem Druck, gefunden. Hochleistungs-Elektromagnete enthalten heute meist supraleitende Spulen (*Kryomagnete*, z. B. aus der Legierung Nb_3Sn mit T_S = 18,3 K). Der Transport elektrischer Energie mit Überlandleitungen aus Supraleitern ist bislang keine kostengünstigere Alternative zum konventionellen Transport mit Hochspannungsleitungen.

Leiter Die wichtigsten elektrischen Leiter sind die Metalle. Wie wir in Abschnitt 5.1.1 gesehen haben, zeichnen sich Metalle dadurch aus, dass neben den fest an die Ionenrümpfe gebundenen Rumpfelektronen noch Elektronen vorhanden sind, die wir als *Leitungselektronen* bezeichnen und die sich mehr oder weniger frei zwischen den Gitterionen wie Gasmoleküle in einem festen porösen Material bewegen können. (Aufgrund dieser Analogie spricht man häufig auch vom *Elektronengas* im Metallinnern.) Diese Leitungselektronen dienen als Ladungsträger für den Stromtransport. Liegt an den Enden eines Metallstücks eine elektrische Spannung, so wandern sie zum positiven Pol. Der normalerweise starken ungeordneten Eigenbewegung der Leitungselektronen (ihre mittlere Geschwindigkeit beträgt bei 300 K ca. 10^5 m s^{-1}) überlagert sich eine *Driftbewegung* (von etwa 10^{-2} m s^{-1}) in Richtung der elektrischen Feldlinien. Die Quantentheorie hat gezeigt, dass die Driftbewegung in einem idealen, völlig fehlerfreien Kristallgitter, das zudem stark abgekühlt ist, ähnlich ungestört erfolgt wie im Vakuum. Anders ist dies aber in realen Metallen bei normalen Temperaturen. Metalle weisen oberhalb des absoluten Temperaturnullpunktes stets Gitterfehler auf; außerdem schwingen die Atome eines Gitters infolge der thermischen Bewegung je nach der Höhe der Temperatur mehr oder weniger weit aus ihren Ruhelagen heraus, wodurch die regelmäßige Struktur des Kristallgitters ebenfalls gestört wird. Auf diese Hindernisse prallen die Leitungselektronen, wobei ihre aus der Beschleunigung im Feld herrührende kinetische Energie auf die Atome des Gitters übertragen wird. Dies erhöht deren ungeordnete Bewegung. Ihre thermische Energie steigt, und das bedeutet, dass die durch die elektrische Spannung an den Elektronen verrichtete Arbeit die Temperatur des Kristallgitters erhöht.

> Die Umwandlung der geordneten Driftbewegung der Elektronen im elektrischen Feld in ungeordnete Bewegung der Gitteratome ist gleichbedeutend mit der Verwandlung elektrischer Energie in Wärmeenergie (Joule'sche Wärme).

Da in Metallen nur die Elektronen als Träger für den Ladungstransport infrage kommen, vereinfacht sich Gl. (15-5), und für die spezifische Leitfähigkeit $\sigma = j/E$ erhalten wir:

$$\sigma = n^- e^- b^-, \qquad (15\text{-}6)$$

wobei die *Beweglichkeit* b^- der Leitungselektronen durch die Driftgeschwindigkeit v_D bezogen auf die Stärke des elektrischen Feldes E gegeben ist:

Tab. 15.1: Richtwerte für die spezifische Leitfähigkeit σ einiger Materialien.

Kategorie	Material	$\sigma\ (\Omega^{-1}\,m^{-1})$
Nichtleiter (Isolatoren, Dielektrika)	Bernstein	10^{-26}
	PVC	10^{-16}
	Glas	10^{-14}
	Marmor	10^{-10}
Halbleiter	Si (reinst, 300 K)	1
	Si (dotiert, 300 K)	10^3
Leiter	Fe	10^7
	Cu	10^8
	Pb ($\approx$10 K)	10^7
Supraleiter	Pb (<5 K)	$>10^{20}$

$$b^- = \frac{v_D}{E}. \qquad (15\text{-}7)$$

Die Elektronen bewegen sich, über längere Zeit gemittelt, tatsächlich mit konstanter Driftgeschwindigkeit, denn die Stoßwechselwirkung der Elektronen mit den Atomen des Gitters wirkt wie eine Reibungskraft, die der elektrischen Kraft aus dem angelegten Feld entgegengerichtet ist. v_D stellt sich wie bei der Bewegung einer Kugel in einer viskosen Flüssigkeit (Abschnitt 5.3.3.2.2) so ein, dass die resultierende Kraft null wird. Der Betrag v_D erweist sich als sehr gering: Fließt z. B. durch einen Kupferdraht mit Querschnitt $1\,\text{mm}^2$ ein Strom der Stärke 6 A, so driften die Elektronen mit der geringen Geschwindigkeit von etwa $4 \cdot 10^{-4}\,\text{m}\,\text{s}^{-1}$ durch den Leiter. Die große Geschwindigkeit bei der elektrischen Nachrichtenübertragung beruht also nicht auf der Driftgeschwindigkeit der Elektronen im Draht, sondern sie kommt durch die Ausbreitung des elektrischen Feldes im Leiter zustande, die mit Lichtgeschwindigkeit erfolgt.

Da die Elektronendichte n^- in Gl. (15-6) für jedes Metall eine charakteristische und konstante Größe ist (pro cm^3 sind es größenordnungsmäßig 10^{23} Elektronen), ist die Leitfähigkeit in Metallen nur durch Veränderung der Driftbeweglichkeit b^- zu beeinflussen. Je höher die Temperatur, je stärker also die thermische Bewegung der Gitterbausteine ist, umso häufiger sind Stöße und umso geringer wird die Beweglichkeit. Aus diesem Grunde sinkt in Metallen die Leitfähigkeit σ mit steigender Temperatur oder, anders ausgedrückt, nimmt der spezifische Widerstand ϱ mit steigender Temperatur zu. σ sinkt ebenfalls, wenn eine erhöhte Konzentration an Verunreinigungen oder Gitterfehlern die Beweglichkeit herabsetzt.

Halbleiter Ohne Halbleiter wäre die heutige Informationstechnologie nicht möglich. Sie unterscheiden sich von Metallen dadurch, dass sie keine frei beweglichen Leitungselektronen besitzen. Auch ihre äußeren Valenzelektronen sind – wenn auch schwach – an den Atomrumpf gebunden. Bei einem Teil der Valenzelektronen genügt bereits thermische Energie, um sie von den Atomrümpfen zu lösen und sie beweglich zu machen wie die Leitungselektronen im Metall. Diese thermische Erzeugung von Ladungsträgern wollen wir am Beispiel des Siliziumkristalls näher betrachten. Si hat vier Valenzelektronen, d. h., von seinen 14 Elektronen gehören vier der äußersten Schale an. Abbildung 15.7a zeigt, wie die Si-Atome im Kristall angeordnet sind. Jedes Si-Ion besitzt die Ladung + 4. Es ist von acht Elektronen umgeben, von denen jedoch jedes zwei Nachbarionen zugleich angehört (kovalente Bindung). Somit ist der Kristall elektrisch ungeladen. Bei tiefen Temperaturen sind alle Elektronen gebunden, und der Kristall wirkt als Isolator. Bei Zimmertemperatur dagegen werden infolge der Wärmebewegung des Kristallgitters einzelne Elektronen aus der kovalenten Bindung herausgerissen und können sich frei bewegen (Abb. 15.7b). Was anstelle des Elektrons zurückbleibt, ist eine *Fehlstelle*, auch *Defektelektron* oder *Loch* genannt. Man kann sich ein Loch als Ladungsträger vorstellen, der eine Masse ungefähr gleich jener eines Elektrons hat und dessen Ladung $+e$ beträgt. Im reinen Halbleiterkristall kommen Elektronen und Löcher immer paarweise vor. Beide Ladungsträger sind beweglich und daher verantwortlich für die Leitfähigkeit des natürlichen Siliziums. Die Beweglichkeit eines Loches kommt dadurch zustande, dass es ein Nachbarelektron einfangen kann, an dessen ursprünglichem Ort dann ein neues Loch entsteht. Da im Halbleiter also zwei Sorten von Ladungsträgern zum Stromtransport beitragen, wird hier die Leitfähigkeit beschrieben durch:

$$\sigma = (n^- e^- b^- + n^+ e^+ b^+). \qquad (15\text{-}8)$$

Die Mechanismen, die die Beweglichkeit b^- der Elektronen und b^+ der Löcher einschränken, sind ähnlich wie bei Metallen.

Im Gegensatz zu den Metallen können die Ladungsdichten n^- und n^+ in Halbleitern in weiten Grenzen beeinflusst werden:

1. Dies kann thermisch geschehen. Dabei nehmen n^- und n^+ mit steigender Temperatur außerordentlich stark zu, sodass in Gl. (15-8) die Abnahme von b mehr als wettgemacht wird. Folglich steigt – im Gegensatz zu den Metallen – die Leitfähigkeit der Halbleiter mit steigender Temperatur. Da Kohle zu den Halbleitern zu zählen ist, ist dies auch der Grund für das in Abschnitt 14.5.2 beschriebene unterschiedliche Verhalten von Metallfaden- und Kohlefadenlampe.

2. Eine Beeinflussung von n^- und n^+ ist auch durch angelegte elektrische Felder möglich; diese Möglichkeit wird beim *Transistor* ausgenutzt (siehe Abb. 15.10).

3. Zudem können Loch-Elektronen-Paare auch durch Lichtenergie erzeugt werden; die dadurch entstehende *Photoleitfähigkeit* wirkt sich in einer Halbleiterdiode (siehe Abb. 15.8) so aus, dass der Widerstand drastisch gesenkt wird. Solche Halbleiterelemente (Photowiderstände, Photoelemente usw.) dienen häufig der Messung von Lichtintensitäten (Belichtungsmesser).

4. Bereits geringe Mengen von Fremdatomen (also andere als diejenigen, die das Kristallgitter bilden, man spricht von *Dotierung*) vermögen im Halbleiter dessen Ladungsträgerkonzentrationen n^- und n^+ deutlich zu ändern, was bei geeigneter Wahl der Verunreinigungsatome zur sogenannten n- oder p-Leitung führt. Abbildung 15.7c zeigt, wie ein fünfwertiges Antimon-Atom im Silizium ein zusätzliches Elektron liefert. Das Sb-Ion hat die Ladung + 5, daher ist der Kristall weiterhin elektrisch neutral (keine Nettoladung). Umgekehrt er-

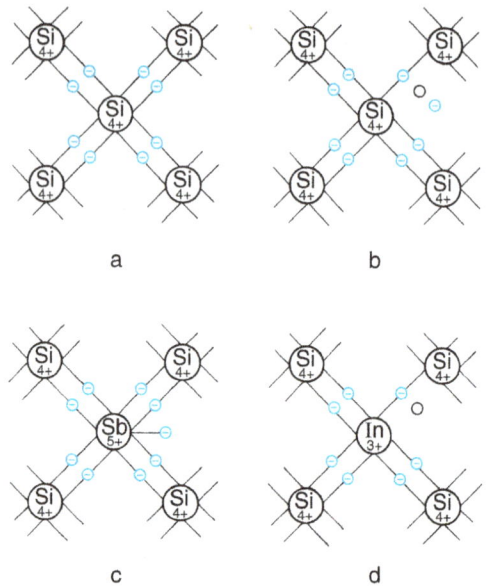

Abb. 15.7: Silizium als Halbleiter: (a) natürliches Silizium bei sehr niedriger Temperatur, (b) bei Zimmertemperatur, (c) n-Silizium, (d) p-Silizium (⊖: Elektron; ○: Loch; die Striche symbolisieren die Bindungen zu den nächsten Nachbarn).

zeugt ein dreiwertiges Indium-Atom ein Loch, das ebenfalls als beweglicher Ladungsträger in Erscheinung tritt (Abb. 15.7d). Auch in diesem Fall bleibt der Kristall elektrisch neutral. Entscheidend ist, welche Ladungsträger beweglich werden und so zum elektrischen Strom beitragen können und welche ortsfest an den Fremdatomen gebunden bleiben und daher nicht zum Strom beitragen. Man spricht dementsprechend bei dotierten Halbleitern je nach Dotierung von *n-Halbleiter* oder *p-Halbleiter*, wobei n- und p- auf das negative bzw. positive Vorzeichen der durch Dotierung erzeugten freien Ladungsträger hinweisen. Eine Dotierung von einem Fremdatom auf 10^8 Atome kann dabei die Leitfähigkeit verzehnfachen. Daraus ist ersichtlich, dass das Ausgangsmaterial einen enorm hohen Grad von Reinheit haben muss.

Auch im dotierten Halbleiter werden infolge der Wärmebewegung spontan Elektron-

Loch-Paare gebildet. Somit befinden sich beispielsweise im n-Halbleiter nicht nur freie Elektronen, sondern auch einige wenige Löcher. Man bezeichnet dann die Elektronen als *Majoritätsträger,* die Löcher als *Minoritätsträger.* Im p-Halbleiter sind die Verhältnisse genau umgekehrt.

Die geeignete Kombination verschieden dotierter Halbleiterelemente hat der modernen Elektronik und Technik sehr viele neue Anwendungsbereiche eröffnet. Insbesondere die *Digitalelektronik* beruht auf der Anwendung von Halbleiterbauelementen. In Abschnitt 15.3 besprechen wir zunächst die beiden einfachsten Halbleiterbauelemente, die *Halbleiterdiode* und den *Transistor,* und daran anschließend die *Digitalelektronik.*

Isolatoren In Metallen sind die Valenzelektronen von den Atomrümpfen abgelöst und somit als Leitungselektronen beweglich. In Halbleitern können sie, da sie nur schwach an die Atomrümpfe gebunden sind, durch Wärmebewegung abgelöst werden, wobei bewegliche Elektronen-Loch-Paare entstehen. In *Isolatoren* sind die Valenzelektronen so fest an die einzelnen Atome im Gitterverband gebunden, dass sie sich – auch mithilfe thermischer Energie – praktisch nicht von diesen Atomen wegbewegen können, sodass kein Ladungstransport möglich ist. Die Leitfähigkeit von Isolatoren ist daher verschwindend klein (Tab. 15.1). Erst bei hohen Temperaturen ändert sich dies; so entwickelt z. B. Glas, das auf ca. 1.000 °C erhitzt worden ist, eine beträchtliche Ionenleitfähigkeit.

15.3 Halbleiterelektronik

15.3.1 Halbleiterdiode

Die Diode besteht aus zwei verschieden dotierten Halbleitern: Lässt man einen p- und einen n-Halbleiter aneinandergrenzen, so sind beiderseits der Trennfläche, die auch *Sperrschicht* genannt wird, die Konzentrationen von Elektronen und Löchern ganz unterschiedlich. Die beiden Trägersorten werden versuchen, sich – wie man das von Gasen und Elektrolyten her kennt – durch Diffusion zu vermischen. Wenn nun an die Diode (Abb. 15.8) eine äußere Spannung U angelegt wird, so ist die Wirkung je nach der Polung von U verschieden. Wenn die p-Seite positiv ist, werden die Majoritätsträger gegen die Sperrschicht und durch diese hindurch getrieben. Für den Strom durch die Sperrschicht stehen viele Träger zur Verfügung; der Strom ist daher groß, und man bezeichnet diese Polung als *Durchlassrichtung* (Abb. 15.8a und 15.9a). Wenn die p-Seite dagegen negativ ist, werden die Majoritätsträger von der Sperrschicht abgesaugt und nur die Minoritätsträger treten durch sie hindurch (Abb. 15.8b). Da letztere in viel geringerer Anzahl vorhanden sind, ist der resultierende Strom, der *Sperrstrom* genannt wird, sehr klein (Abb. 15.9b). Die Diode hat somit in den zwei Richtungen verschiedene Leitfähigkeit; sie wirkt für Wechselströme ebenso wie die Röhrendiode (Abschnitt 15.2.1) als *Gleichrichter.* In Schaltbildern benutzt man für sie das Symbol ▷|.

Im Gegensatz zu *linearen Schaltungen,* in denen die Zusammenhänge zwischen Strömen und Spannungen durch lineare Gleichungen (z. B. das Ohm'sche Gesetz) beschrieben werden, ist die in Abb. 15.9a gezeichnete Gleichrichterschaltung eine *nichtlineare Schaltung.* Die Gleichrichter-Kennlinie (Abb. 15.9b) zeigt einen nichtlinearen Zusammenhang zwischen I und U. Bei negativen Werten von U ist die Diode für den Stromdurchgang gesperrt, was in der Gleichrichter-Kennlinie durch den kleinen *Sperrstrom* I_1 zum Ausdruck kommt. Dieser ändert sich kaum mit der Größe der Spannung. Bei positiver Spannung U ist die

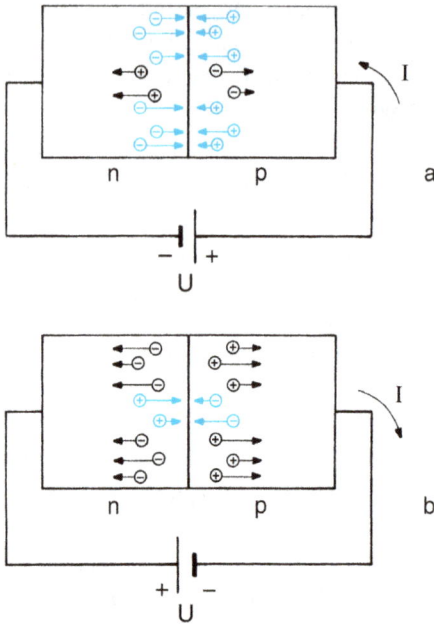

Abb. 15.8: Wirkungsweise einer Diode (der Pfeil rechts außen gibt die Richtung des positiven Stroms an): (a) Vorspannung in Durchlassrichtung, (b) Vorspannung in Sperrrichtung.

Diode in Durchlassrichtung gepolt; es fließt der von U abhängige *Durchlassstrom* I_r.

Technische Bedeutung hat die Diode zur Gleichrichtung von Wechselströmen. Durch Kombination von vier Dioden im Brückengleichrichter (Abb. 15.9a) wird jeweils eine Halbwelle mit der gleichen Polarität weitergegeben. An einem Widerstand fällt dann die in der Abbildung gezeichnete, gleichgerichtete Spannung ab. Gleichgerichtete Spannung ist also keine Gleichspannung; zwar ist ihr Vorzeichen, nicht aber ihr Betrag zeitlich konstant. Die Spannung muss noch mit Kondensatoren *geglättet* werden, bevor aus ihr eine Gleichspannung wird.

Um Hochspannung zu erzeugen, wie sie z. B. zur Spannungsversorgung von Röntgenröhren benötigt wird, transformiert man die Wechselspannung des Netzes auf Hochspannung (Abschnitt 16.2.3) und richtet diese dann

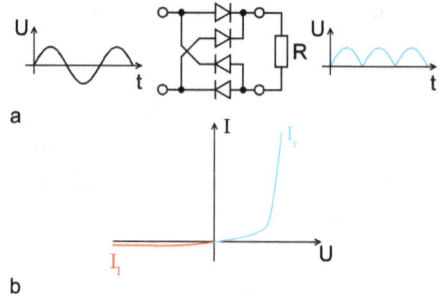

Abb. 15.9: (a) Brückengleichrichterschaltung. Der zeitliche Verlauf der Spannung ist links *vor* der Gleichrichtung und rechts *nach* der Gleichrichtung eingezeichnet. (b) Strom-Spannungs-Kennlinie einer Gleichrichterdiode.

in einer Kombination von Dioden und Kondensatoren gleich.

Eine besondere Form einer Diode stellt die lichtemittierende Diode (engl. *light emitting diode, LED*) dar. Die bei der in Durchlassrichtung betriebenen Diode durch die Sperrschicht tretenden Majoritätsladungsträger rekombinieren (ein Elektron besetzt ein Loch), wobei Energie frei wird. In welcher Form diese Energie frei wird, hängt von der elektronischen Struktur des Halbleitermaterials ab. Das für Computerchips am häufigsten verwendete Halbleitermaterial Silizium ist ein sogenannter *indirekter* Halbleiter. In diesen wird bei der Rekombination der größte Teil der Energie in eine Schwingung des Atomgitters abgegeben, die dann in thermischer Energie resultiert. Bei *direkten* Halbleitern kann die Rekombination wie die Relaxation eines angeregten Elektrons Energie in Form eines Photons, also Licht, liefern. Dieser Prozess weist einen sehr großen Wirkungsgrad auf, weshalb die LED als Leuchtmittel andere Leuchtmittel in vielen Bereichen verdrängt hat. Wird die LED mit einem optischen Resonator kombiniert, stellt sie einen elektrisch gepumpten Laser (Abschnitt 17.12) dar, den man dann als *Laserdiode* bezeichnet. Solche Laserdioden werden für die optische Informationsübertragung (Abschnitt 19.3.7) eingesetzt, ohne die das Internet in seiner heutigen Form nicht möglich wäre.

Gewissermaßen das Gegenstück zur LED stellt die PIN-Photodiode dar. Hier befindet sich eine Schicht undotierten (intrinsischen) Halbleiters zwischen den p- und n-dotierten Schichten einer Diode, die in Sperrrichtung gepolt ist Die Absorption von Licht in dieser intrinsischen Schicht führt zur Bildung eines Elektron-Loch-Paares *(innerer photoelektrischer Effekt)*. Diese Ladungen wandern im elektrischen Feld zur p- respektive n-Schicht, was letztendlich einen Stromfluss darstellt. Diese PIN-Photodioden werden als Lichtempfänger in der Informationsübertragung mit Licht (Abschnitt 19.3.7) eingesetzt. Wird eine hohe Sperrspannung angelegt, kann die ursprünglich durch Absorption erzeugte Ladung durch Sekundärionisation (wie bei Gasentladungsröhren, siehe oben) lawinenartig verstärkt werden; man spricht dann von einer Lawinendurchbruchdiode (engl. *avalanche photo diode, APD)*. Mit einer solchen Diode ist der Nachweis einzelner Photonen möglich, was Anwendung von der hochempfindlichen Fluoreszenzdetektion bis zur *Quantenkryptographie* findet.

Die *photovoltaische Zelle* (Solarzelle) ist ein der PIN-Photodiode ähnliches Bauelement, nur dass hier die durch den inneren photoelektrischen Effekt erzeugten Ladungen durch ein internes Feld getrennt werden, wodurch ein Stromfluss aufrechterhalten werden kann, was der Umwandlung von Lichtenergie in elektrische Energie entspricht.

15.3.2 Transistor

Aufbauend auf der Wirkungsweise der Halbleiterdiode ist der Transistor relativ einfach zu verstehen. Er besteht im Prinzip aus zwei p-n-Trennschichten, die durch drei entsprechend dotierte Halbleiter gebildet werden, also aus miteinander verbundenen dünnen Schichten der Dotierungs-Kombination n-p-n. Man bezeichnet sie auch als Emitter-Basis-Kollektor-Schaltung.

In Abb. 15.10 ist die p-n-Trennschicht am Emitter-Basis-Übergang durch geeignete Polung der Spannungsquelle U_E in Durchlassrichtung gepolt. Deshalb gelangen die beweglichen Löcher von der p-dotierten in die n-dotierte Schicht. Man sagt dazu auch: Die Löcher werden von der p-Elektrode in die n-Elektrode (Basis) emittiert (daher der Name Emitter für diese Elektrode). Sie werden dann unter dem Einfluss der angelegten Spannung U_K und weil die Basis sehr dünn ($\leq 1\ \mu m$), Elektron-Loch-Rekombination also unwahrscheinlich ist, zu $\approx 98\ \%$ als *Kollektorstrom I_K* durch die in Sperrrichtung gepolte n-p-Grenzschicht zum Kollektor und von dort zum negativen Pol der Spannungsquelle U_K hin abgesaugt. Nur $\approx 2\ \%$ gelangen als *Basisstrom I_B* zur Spannungsquelle U_E. Das bedeutet, dass eine Änderung des *Emitterstroms I_E*, die durch eine Veränderung der Spannung im Emitter-Basis-Stromkreis hervorgerufen wird, eine erhebliche Änderung des Kollektorstroms I_K zur Folge hat. Schaltet man nun in Serie zur Gleichspannung U_E eine zeitabhängige *Steuerspannung U_{St}* hinzu, so bewirkt eine kleine Änderung ΔU_{St} eine große Änderung ΔI_E und damit auch eine große Änderung ΔI_K. Dies ist so, weil der Emitter-Basis-Übergang in

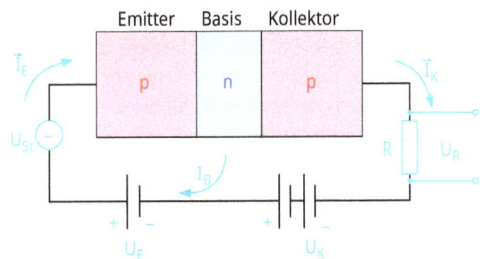

Abb. 15.10: Transistor.

Durchlassrichtung gepolt ist und dafür die steile Kennlinie des Durchlassstroms gilt (Abb. 15.9b): Eine kleine Änderung der Spannung bewirkt eine große Änderung des Stroms. Die Änderung des Kollektorstroms überträgt sich auf die am Widerstand R abgreifbare Spannung $U_R = RI_K$. Damit funktioniert der Transistor als Verstärker ähnlich der Röhrentriode, denn kleine Steuerspannungen U_{St} (z. B. von einem CD-Player oder einer Antenne) bewirken verstärkte Spannungssignale U_R (z. B. zum Betrieb eines Lautsprechers), ohne die Signalform zu verändern.

Damit sich die Signalform der am Widerstand R abgreifbaren Spannung U_R gegenüber der Steuerspannung U_{St} nicht ändert, muss der Verstärker *linear* sein, d. h., U_R muss in ihrer Amplitude proportional U_{St} sein (der Proportionalitätsfaktor U_R/U_{St} ist der *Verstärkungsfaktor*). Ferner sollten möglichst alle Frequenzkomponenten, die im Signal U_{St} vorkommen, mit gleicher Verstärkung und ohne Phasenverschiebung übertragen werden. Die beiden letzten Bedingungen lassen sich aber nicht vollständig erfüllen; kein Verstärker zeigt ein völlig frequenzunabhängiges Verhalten.

15.3.3 Feldeffekt-Transistor

Ein Nachteil des soeben beschriebenen Transistors gegenüber der Röhrentriode ist der, dass zum Steuern ein Basisstrom fließen muss, also eine gewisse elektrische Leistung erforderlich ist, und daher sehr schwache Signale nicht verstärkt werden können. Der *Feldeffekt-Transistor* vermeidet diesen Nachteil. Sein Innenwiderstand beträgt bis zu 10^{15} Ω, sodass praktisch kein Strom fließt und keine Leistung verbraucht wird. Ermöglicht wird dies dadurch, dass die Steuerung über das elektrische Feld in einem Kondensator (ohne leitende Verbindungen und damit ohne Stromfluss) erfolgt. Wie dies realisiert wird, zeigt Abb. 15.11. Auf eine p-leitende Halbleiterschicht (hier p-Si), in die ein n-leitender *Kanal* eingelassen ist, sind drei Elektroden aufgebracht: die Eintrittselektrode S (die hier *Source* oder *Quelle* genannt wird), die Austrittselektrode D (die man als *Drain* oder *Senke* bezeichnet) und die Steu-

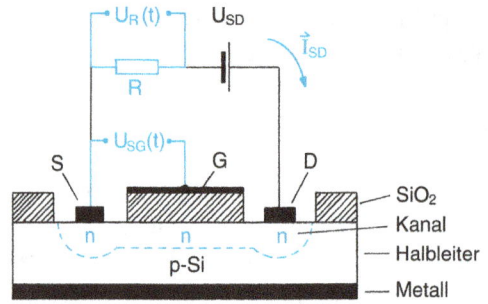

Abb. 15.11: Feldeffekt-Transistor. Er besteht aus einer Metall-, Oxid- und Halbleiterschicht und wird abgekürzt *MOSFET* genannt (**M**etal-**O**xide-**S**emiconductor-**F**ield-**E**ffect-**T**ransistor). Durch die Gate-Spannung U_{SG} wird der Strom zwischen S und D gesteuert.

erelektrode G (das sogenannte *Gate* oder *Tor*). Die Ein- und Austrittselektroden stehen in elektrischem Kontakt miteinander, wobei der zu steuernde Strom durch den Kanal geleitet wird. Die Steuerelektrode ist durch eine Isolierschicht (aus Silizium-Dioxid = Quarz) von der Halbleiterschicht des Kanals getrennt. Wird sie statisch aufgeladen, so wirkt ihr elektrisches Feld durch den Isolator hindurch auf den Kanal und das darunterliegende p-leitende Material.

Im Kanal geschieht nun Folgendes: Ohne Gate-Spannung U_{SG} bildet sich am n-p-Übergang eine Raumladungsschicht, in der die Zahl der Majoritätsträger sehr gering ist *(Verarmungsrandschicht)*. Für den n-leitenden Kanal bedeutet das, dass die gut leitende Schicht um die Dicke der (praktisch trägerfreien) Verarmungsschicht vermindert ist. Schaltet man nun eine Gate-Spannung hinzu, so kann die Raumladungsschicht durch das elektrische Feld je nach Polung verkleinert oder vergrößert werden, und damit wird der Querschnitt der gut leitenden n-Schicht größer oder geringer; sie kann sogar ganz verschwinden. Man steuert also mit der Gate-Spannung den Widerstand des Leiterkanals und damit den Strom zwischen den Elektroden S und D, zwischen denen die Potentialdifferenz U_{SD} liegt. Diese Steuerung des Stroms und damit der am Widerstand R abfallenden Spannung $U_R(t)$ über den *Feldeffekt* erfolgt praktisch leistungslos. Ein weiterer Vorteil dieses Transistors ist der, dass er aus nur wenigen, durch Aufdampftechnik herstellbaren dünnen

Schichten besteht und daher so klein ist, dass er sich gut für integrierte Schaltungen eignet. Durch diese Miniaturisierung ist auch die Geschwindigkeit, mit der Änderungen der Source-Drain-Stromstärke erzielt werden können, sehr hoch, sodass hohe Schaltfrequenzen erreicht werden können, was für schnelle digitale Datenverarbeitung (folgender Abschnitt) essentiell ist.

15.3.4 Digitalelektronik

Die Digitalelektronik hat nicht nur der analogen Elektronik vielfach den Rang abgelaufen (z. B. in der Messtechnik, die wir im nächsten Kapitel besprechen, oder im Funkverkehr), sondern hat ganz neue Bereiche erschlossen, die unter *Automatisierung* (Steuerung, Regelung von technischen Systemen), *Datenverarbeitung* (Registrierung, Auswertung, elektronischer Versand) und *Datenspeicherung* eingeordnet werden können. Die entscheidende Voraussetzung für die technologische Entwicklung der Digitalelektronik war die Entwicklung von extrem schnellen, kleinen und billigen Schaltelementen aus Halbleitern. Mit ihnen wurde es möglich, äußerst komplexe Probleme zu bewältigen, weil diese sich stets durch eine Vielzahl ineinandergreifender einfacher Einzelprozesse, die man nur oft und schnell genug ablaufen lassen muss, darstellen lassen. In modernen integrierten digitalelektronischen Schaltungen (*integrated circuits*, ICs) werden zu diesem Zweck bis zu mehreren Millionen einfache elektronische Schaltelemente pro Quadratmillimeter zusammengesetzt (Abb. 15.12).

Ausgelöst durch die Möglichkeiten der Digitalelektronik, hat sich mit der *Informatik* ein bedeutender Wissenschaftszweig entwickelt, der auch in der Medizin etabliert ist (Medizinische Informatik, Kap. 23). Hier soll mit einigen Beispielen ein erster Einblick vermittelt werden.

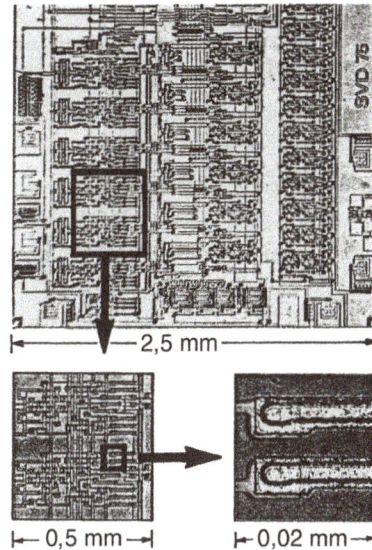

Abb. 15.12: Drei verschieden große Ausschnitte aus einem IC. Der Ausschnitt rechts unten zeigt zwei einzelne Transistoren.

Der Begriff „Digital" leitet sich vom lateinischen Wort *digitus* für Finger ab, wobei es hier um das Zählen mit Fingern geht. Dabei hat ein Finger zwei Zustände, gekrümmt (steht für die Null) und gestreckt (steht für die Eins). Das Grundelement der Digitaltechnik ist demzufolge der Schalter, der eine elektrische Spannung ein- oder ausschaltet. In der Digitalelektronik benutzt man als Schalter Bauelemente, die aus den oben beschriebenen Halbleiterdioden und/oder Transistoren bestehen. (Mechanische Schalter sind im Vergleich dazu wesentlich umständlicher herzustellen und reagieren zu langsam. Der erste Digitalrechner – *Computer* – von Konrad Zuse von 1941 basierte allerdings noch auf elektromechanischen Schaltern). Das Zusammenwirken vieler solcher Schaltelemente lässt sich in übersichtlicher Weise nur mithilfe geeigneter mathematischer Methoden beschreiben. Den beiden Zuständen *geschlossen* und *geöffnet*, durch die sich ein elektrischer Schalter auszeichnet, werden Potentialangaben zugeordnet: Hohes elektrisches Potential (z. B. 5 V), oft gekennzeichnet durch den Buchstaben *H (high)*, und niedriges Potential (z. B. 0 V), bezeichnet mit *L (low)*. Dies legt es nahe, bei der mathematischen Beschreibung von Schaltkreisen anstelle des sonst üblichen *dezimalen Zahlensystems* das auf nur zwei Ziffern beruhende *Dual-* oder *Binärsystem* zu benutzen. Die daraus folgende Beschreibungsmethode nennt man *Schaltalgebra*.

Das *Dezimalsystem* baut auf den zehn arabischen Ziffern 0, 1, 2, ... 9 auf. Jede natürliche Zahl lässt sich durch diese Ziffern darstellen, indem man sie als Summe von Vielfachen von Zehnerpotenzen schreibt, z. B.:

$$283 = 2 \cdot 10^2 + 8 \cdot 10^1 + 3 \cdot 10^0.$$

Jeder Stelle innerhalb einer im Dezimalsystem geschriebenen Zahl kommt also eine bestimmte Zehnerpotenz zu.

Das *Dual-System* benutzt zur Darstellung einer Zahl nur zwei Ziffern, die wir mit 0 und 1 bezeichnen können. (Der Zusammenhang mit den beiden Zuständen des Schalters ist nun deutlich: Der 0 kann man den Zustand *L* und der 1 den Zustand *H* zuordnen.) Jede Zahl wird jetzt als eine Summe von Potenzen von 2 dargestellt, und diese werden nur mit 0 oder 1 multipliziert, da es im Dualsystem nur darauf ankommt, ob eine bestimmte Zweierpotenz in der gegebenen Zahl enthalten ist oder nicht. So lautet z. B. die Zerlegung der oben angegebenen Zahl 283 in Zweierpotenzen:

$$283 = 1 \cdot 2^8 + 0 \cdot 2^7 + 0 \cdot 2^6 + 0 \cdot 2^5$$
$$+ 1 \cdot 2^4 + 1 \cdot 2^3 + 0 \cdot 2^2 + 1 \cdot 2^1 + 1 \cdot 2^0$$
$$= 256 + 0 + 0 + 0 + 16 + 8 + 0 + 2 + 1.$$

Das heißt, in der binären Schreibweise hat die Dezimalzahl 283 die Darstellung 100011011. Man nennt die beiden Dualziffern 0 und 1 *binäre Ziffern* oder *binäre Variablen*, im Englischen *binary digit*, abgekürzt *bit*.

Die Schaltalgebra ist aus logischen Verknüpfungen zwischen binären Variablen und aus Rechenregeln, ähnlich denen im Dezimalsystem (Addition, Multiplikation etc.), aufgebaut. Diese Verknüpfungen entsprechen denen, die in der *mathematischen Logik* zwischen Aussagen

gemacht werden können; denn auch diese Aussagen sind durch zwei Eigenschaften gekennzeichnet: Entweder sie sind wahr oder falsch.

Die einfachsten logischen Verknüpfungen sind:

1. Die *Negation (NICHT, engl. NOT)*: Die durch Negation einer Aussage *A* folgende Aussage *Y* ist wahr, wenn A falsch ist, und falsch, wenn *A* wahr ist.

2. Die *Alternative (ODER, engl. OR)*: Die Aussage *Y* ist wahr, wenn A oder B wahr ist oder beide wahr sind, und nur dann falsch, wenn weder *A* noch *B* wahr sind.

3. Die *Konjunktion (UND, engl. AND)*: Die Aussage *Y* ist wahr, wenn sowohl *A* als auch *B* wahr sind, und andernfalls falsch.

Ihre technische Realisierung finden diese Verknüpfungen dadurch, dass man *wahr* und *falsch* als Schaltzustand 1 (*H*) und 0 (*L*) repräsentiert. Die den drei Verknüpfungen zugeordneten Schaltelemente nennt man *Inverter, ODER-Glied* und *UND-Glied*.

Die Schaltmöglichkeiten solcher Glieder lassen sich in einer Tafel, die man *Funktions-* oder *Wahrheitstafel* nennt, zusammenstellen. Am Beispiel des UND-Gliedes sei dies erläutert: Es wird von einem Schalter dargestellt, der zwei Eingangssignale *A* und *B* mit einem Ausgangssignal *Y* verknüpft (man sagt: *Y* ist eine Funktion von *A* und *B*), und zwar so, dass *Y* dann und nur dann den Wert 1 (H) annimmt, wenn sowohl *A* als auch *B* den Wert 1 haben. Was hierbei am Schalter geschieht, können wir darstellen, indem wir eine Kombination von Spannungsimpulsen (Potential gegenüber Erde) auf die Eingänge *A* und *B* des Schalters geben und nachsehen, welche Spannung am Ausgang *Y* resultiert. Abbildung 15.13 zeigt ein Beispiel.

Die möglichen Zustände des UND-Gliedes sind in der Funktionstafel der Tab. 15.2 zusammengestellt. Diese ist folgendermaßen zu lesen:

Wie für das UND-Glied lässt sich eine Funktionstafel auch für das ODER-Glied und das NICHT-Glied (und für weitere in der Praxis wichtige Glieder, die durch Kombination des UND- oder ODER-Gliedes mit dem NICHT-Glied entstehen) aufstellen. Realisiert werden diese Glieder wie bereits erwähnt durch Halbleiterbauelemente, die als *Gatter (engl. Gate)* bezeichnet werden und folgende Schaltsymbole besitzen:

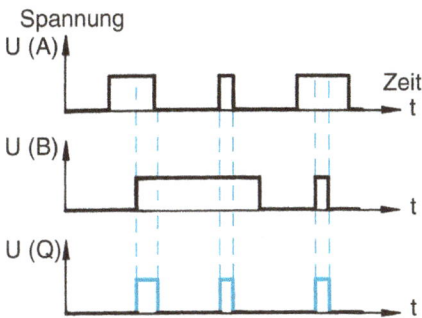

Abb. 15.13: Spannungen an den Eingängen A und B und am Ausgang Y bei einem UND-Glied.

Tab. 15.2: Funktionstafel für das UND-Glied.

Zustand	Eingang	Ausgang
	A B	Y
0	L L	L
1	L H	L
2	H L	L
3	H H	H

Zustand 0: An A und B liegt 0 (L); dann ist auch Y = 0 (L).

Zustand 1, 2: An A oder B liegt 1 (H); dann ist Y = 0 (L).

Zustand 3: An A und B liegt 1 (H); dann ist $Y = 1$ (H).

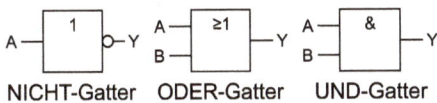

NICHT-Gatter   ODER-Gatter   UND-Gatter

Zur Lösung von Rechenaufgaben lassen sich nun durch Kombination dieser Schaltelemente Schaltungen aufbauen, bei denen sich das Ergebnis in Form von Spannungsimpulsen messen lässt. Dazu rechnet man die Dezimalzahlen ins Dual-System um *(Binär-Codierung)*. Die Art der Kombination von Schaltelementen folgt aus den Rechenregeln für das Dual-System. Wir wollen die Addition als Beispiel näher betrachten. Im Dual-System gelten folgende Regeln:

$0 + 0 = 0$
$0 + 1 = 1$
$1 + 0 = 1$
$1 + 1 = 0$, mit Übertrag einer 1 zur nächsten Dual-Stelle.

Eine mögliche technische Realisierung eines *Addierers* im Dual-System ist in Abb. 15.14 dargestellt. An den Eingängen A und B werden die beiden zu addierenden Zahlen in Form von kurzen Spannungsimpulsen (z. B. 0 (L) $\cong$ 0 Volt und 1 (H) $\cong$ 5 Volt, mit Dauern von einigen ms bis herab zu ns) eingegeben. Die Spannungen an den Ausgängen dienen dazu, weitere Schaltelemente zu schalten, bis schließlich am Ausgang das Signal S (Summe) – wieder in Form einer Spannung – zu messen ist.

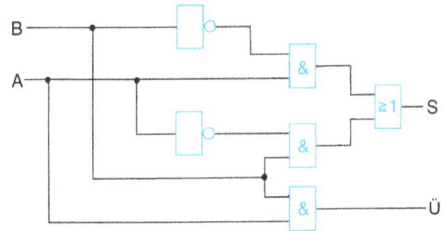

Abb. 15.14: Technische Realisierung eines Addierers aus drei UND-Gliedern, zwei NICHT-Gliedern und einem ODER-Glied. A und B sind die Eingänge. S und Ü geben Summe bzw. Übertrag an.

Neben solchen *rechnenden* Schaltnetzen werden weitere Bauelemente benötigt, die zur *Speicherung* von Daten dienen. Bei den bisher besprochenen Elementen treten am Ausgang logische Folgespannungen auf, solange entsprechende Kombinationen von Spannungen am Eingang anliegen. Zur Speicherung benötigt man dagegen solche Bauteile, die die Information über vorausgegangene Eingangssignale beibehalten. Das leisten sogenannte *Flipflops*, Schalter mit zwei stabilen Zuständen, die durch bestimmte Kombination von Eingangssignalen eingestellt werden und damit die Information eines bit speichern. Wieder ausgelesen werden kann diese Information durch andere Eingangssignale, da die zugehörigen Ausgangssignale am Flipflop für jeden der einstellbaren stabilen Zustände unterschiedlich sind. Ein Flipflop lässt sich aus zwei Schaltelementen aufbauen, die jeweils eine Kombination aus einem NICHT- und einem ODER-Glied sind.

Auf der Basis dieser Schaltalgebra lassen sich Zählschaltungen konstruieren, die unentbehrliche Bestandteile aller digital arbeitenden Mess-, Steuer- und Regelanlagen sind. Wir finden sie beispielsweise auch in dem in Abschnitt 16.1.2 zu besprechenden Digital-Messwerk.

Digitale Informationen werden über Bildschirme oder in speziellen Anzeigeelementen als Ziffern (oder Buchstaben) sichtbar gemacht. Für die direkte Anzeige dienen beispielsweise sogenannte *Siebensegmentelemente*, wie man sie in einfachen Taschenrechnern, beim Digitalvoltmeter oder in älteren Digitaluhren findet. Mit ihnen lassen sich alle Zahlen sowie einige Buchstaben darstellen; z. B.

28.8. 1749

Rechen- und Speicher-Geräte, die mit integrierten digitalelektronischen Bauteilen arbeiten, sind vielseitig in Forschung und Technik im Einsatz. Mithilfe der Schaltalgebra kann für jedes spezielle Anwenderproblem eine eigene optimale Schaltung entwickelt werden, wobei neben dem eigentlichen Entwurf eines Schaltplanes natürlich Gesichtspunkte wie Größe, Rechengeschwindigkeit, Störsicherheit und Wirtschaftlichkeit des Gerätes eine erhebliche Rolle spielen. Moderne (2022) CPUs (*Central Processing Units*, deutsch Haupt-Prozessoren), wie sie in PCs *(Personal Computer)* eingesetzt werden, versammeln 40 Milliarden Transistoren auf einer Fläche von etwa 3 x 3 cm^2.

16 Elektrische Geräte

16.1 Messgeräte

Die elektrische Messtechnik ist so weit entwickelt, dass man heute bemüht ist, jede physikalische Messung, sei es einer mechanischen, thermischen, akustischen, optischen oder auch einer kernphysikalischen Größe, in ein elektrisches Messsignal umzuwandeln, um dieses dann weiterzuverarbeiten bzw. anzuzeigen. Dabei kommt es darauf an, den gewünschten Messwert (z. B. die Temperatur) durch einen geeigneten Signalgeber, d. h. Sensor (z. B. einen temperaturabhängigen elektrischen Widerstand), aufzunehmen und in einer als Signalumformer dienenden elektrischen Schaltung (wie z. B. beim elektronischen Thermometer, Abschnitt 8.5.4) in eine Spannung oder einen Strom umzuwandeln. Die Anzeige erfolgt mit einem Zeigerinstrument, bei dem die elektrische Größe in eine mechanische – nämlich die Drehung eines Zeigers über einer Skala – umgewandelt wird *(analoge Anzeige)* oder direkt als Zahlenwert z. B. auf einem Display *(digitale Anzeige)*. Durch eine analoge Anzeige lassen sich Änderungen der Messgröße sehr gut sichtbar machen, während eine digitale Anzeige besser geeignet ist, den exakten Messwert abzulesen. Aus diesem Grund gibt es auch Kombinationen aus digitaler und analoger Anzeige, wobei dabei die analoge Anzeige oft digital simuliert wird. Die Anzeigeeinheiten in heutigen Autos sind ein Beispiel dafür, in denen ein analog anzeigender Tachometer und zusätzlich die Geschwindigkeit als Zahlenwert in einem Display dargestellt werden.

Ein entscheidender Vorteil der digitalen Erfassung von Messwerten ist, dass diese einfach gespeichert sowie weiterverarbeitet werden können.

Das Blockschaltbild in Abb. 16.1 zeigt schematisch das Messverfahren und die anschließende analoge bzw. digitale Anzeigemöglichkeit. Im Folgenden wollen wir das Drehspul-Messwerk und das Digital-Messwerk behandeln und dann den Vorgang der Strom-, Spannungs- und Widerstandsmessung beschreiben.

16.1.1 Das Drehspul-Messwerk

Zur analogen Anzeige elektrischer Größen wird fast ausschließlich das *Drehspul-Messwerk* verwendet. Das Drehspul-Messwerk misst stets Gleichströme. Werden Stromstärken angezeigt, nennt man es ein *Amperemeter*. Wird es zur Anzeige von Spannungen (als *Voltmeter*) verwendet, so wird ebenfalls ein Strom gemessen,

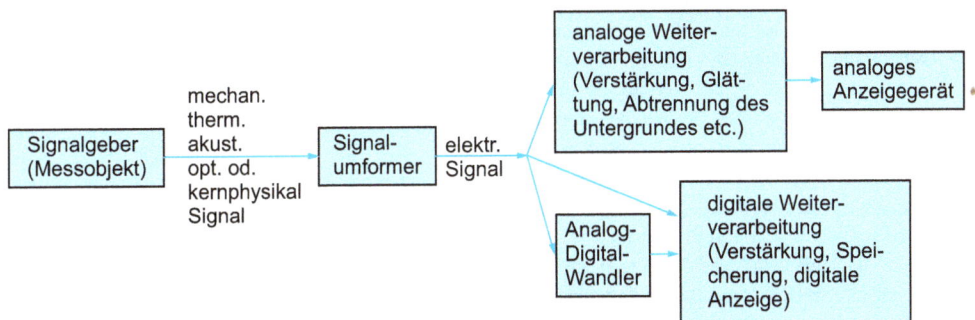

Abb. 16.1: Zur Veranschaulichung analoger bzw. digitaler Messmethoden.

https://doi.org/10.1515/9783110691658-018

nämlich derjenige, der infolge der Spannung durch einen im Messgerät eingebauten Widerstand bekannter Größe R fließt. Mit dem Ohm'schen Gesetz, Gl. (14-9), wird dann die Anzeigeskala in Spannungswerte umgeeicht.

Wechselströme und -spannungen werden gemessen, indem man sie zuvor durch einen im Gerät eingebauten Gleichrichter (siehe Abschnitt 15.3.1) in eine Gleichstromgröße umwandelt. Zur Anzeige gelangt dabei der jeweilige Effektivwert (Abschnitt 14.9.8).

Auch unbekannte Ohm'sche Widerstände lassen sich mit dem Drehspul-Messwerk bestimmen. Dazu wird in das Messgerät eine Spannungsquelle bekannter Urspannung U_0 (Batterie) eingebaut, die an den unbekannten Widerstand angelegt wird. Das Messwerk misst wiederum den Strom I, und mit dem Ohm'schen Gesetz ($R = U/I$) lässt sich die Anzeigeskala in Ω eichen.

In den üblichen *Vielfach-* oder *Universal-Messgeräten* sind all diese Funktionselemente enthalten. Ihr Skalenfeld enthält Skalen für Gleichspannung und -strom, für Wechselspannung und -strom sowie für Widerstände. Durch Umschaltknöpfe lässt sich der der Messgröße am besten angepasste Messbereich einstellen. (Darauf werden wir in Abschnitt 16.1.3 noch näher eingehen.)

Im Drehspul-Messwerk nutzt man die Lorentz-Kraft des zu messenden Stroms zur Anzeige aus. Dieser fließt durch eine Spule, die drehbar im Magnetfeld eines Permanentmagneten aufgehängt ist. An den in Abb. 16.2 eingezeichneten Stromvektoren $\vec{I}_1$ und $\vec{I}_2$ ist zu erkennen, dass der Spulenstrom bezüglich $\vec{B}$ entgegengesetzte Richtungen annimmt. Dementsprechend haben die beiden Lorentz-Kräfte $\vec{F}_{L,1}$ und $\vec{F}_{L,2}$ entgegengesetzte Richtungen und bilden ein Kräftepaar, das nach Gl. (2-9) ein Drehmoment bewirkt und die Drahtschleife um ihre vertikale Achse dreht. (Damit wird klar, warum man mit dem Messwerk Wechselströme nicht direkt messen kann: Die Spule würde mit der Frequenz des Wechselstroms hin- und herzittern und wegen ihrer mechanischen Trägheit

keine messbaren Ausschläge anzeigen. Eine direkte Messung von Wechselströmen ist mit dem *Dreheisenmesswerk* möglich, bei dem jedoch der Ausschlag nicht proportional zur Stromstärke ist, sodass eine nichtlineare Skala zur Anwendung kommt.) Durch einen technischen Kunstgriff – ein Weicheisenkern zwischen den Magnetpolen des Permanentmagneten – wird statt der in Abb. 16.2a gezeichneten Anordnung ein inhomogenes Feld erzeugt (Abb. 16.2b), in dem sich der Betrag des Drehmoments für einen großen Winkelbereich als unabhängig von der Stellung der Drahtschleife erweist (a und l sind Breite und Länge und n die Anzahl der Drahtschleifen):

$$M = naIBl. \qquad (16\text{-}1)$$

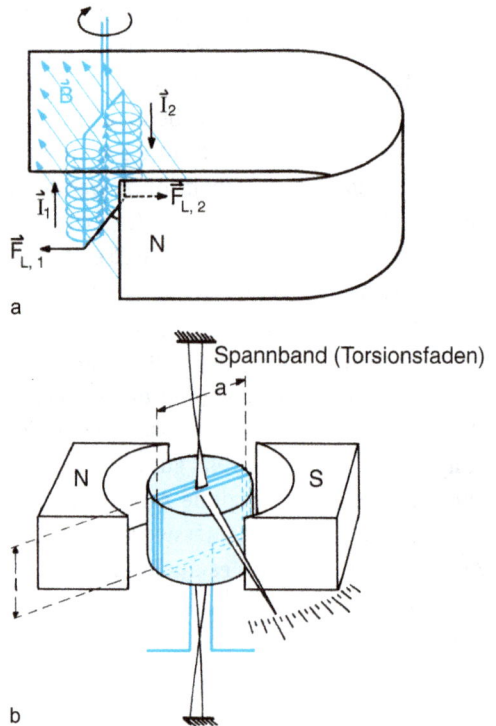

Abb. 16.2: Drehspul-Messwerk: (a) Prinzip, (b) technische Ausführung mit Weicheisenkern zur Erzeugung eines inhomogenen Magnetfeldes.

Ein kleiner Strom I vermag daher die Spule mit dem daran befestigten Zeiger, wenn sie frei aufgehängt ist, im Feld zu drehen. Zum Messgerät wird die Anordnung jedoch erst, wenn dafür gesorgt wird, dass die Drehung, d. h. der Drehwinkel, der Größe des Stroms proportional wird. Dazu setzt man dem Drehmoment der Gl. (16-1) ein mechanisches Drehmoment M_{mech} entgegen, das proportional zum Drehwinkel α wächst:

$$M_{mech} = M_0\alpha. \qquad (16\text{-}2)$$

M_{mech} lässt sich technisch dadurch erzeugen, dass man die Spule an einem Torsionsfaden aufhängt (Abb. 16.2b) oder mit einer Spiralfeder versieht. Die Spule dreht sich nun gerade so weit, bis das elektrisch erzeugte Drehmoment das mechanische aufhebt:

$$M = -M_{mech}\,\text{oder}$$
$$\alpha = CI, \text{ wobei } C \text{ eine Konstante ist.} \qquad (16\text{-}3)$$

Wir können jetzt die Stromstärke durch Messung dieses Winkels bestimmen. Dazu wird beim *Drehspul-Amperemeter* an der Spule ein Zeiger befestigt, der über eine Skala streicht. Für den hochempfindlichen Drehspul-Amperemeter, *Galvanometer* genannt, wäre ein solcher Zeiger zu schwer; man verwendet stattdessen einen *Lichtzeiger*. An der Spule ist ein kleiner Spiegel befestigt, an dem ein Lichtstrahl reflektiert wird und dann auf eine Skala fällt. Solche *Spiegelgalvanometer* sind äußerst empfindlich; mit ihnen kann man Ströme bis zu 10^{-10} A messen, während normale Amperemeter für Ströme zwischen 10^{-3} und 10 A geeignet sind.

16.1.2 Das Digital-Messgerät

Die Digitaltechnik (Abschnitt 15.3.4) hat außerordentlich große Bedeutung erlangt, da es gelungen ist, digitalelektronische Bauelemente sehr preiswert herzustellen. In der Messtechnik erobern sich Digitalgeräte wegen der problemlosen Ablesbarkeit der Messwerte und der erreichbaren hohen Genauigkeit immer mehr Einsatzgebiete.

Das Digital-Messgerät misst im Gegensatz zum Drehspulmesswerk direkt Spannungen und muss für Strom- und Widerstandsmessungen umgeeicht werden; daher auch der Name *Digital-Voltmeter*. Die Messspannung U_{mess} wird in einem *Analog-Digital-Umsetzer* (ADU, engl. *Analog Digital Converter*, ADC) in einen Zahlenwert gewandelt. Es gibt verschiedene Verfahren, einen einer Spannung proportionalen Zahlenwert zu erhalten. In allen diesen Verfahren ist ein Schaltelement wichtig, das den Zustand eines Schalters (ein bit) anhand des Vergleichs zweier Spannungen ändert, ein sogenannter *Komparator*. Bei einer einfachen Form des ADU wird ein Kondensator mit einer konstanten Stromstärke geladen, sodass die Spannung linear mit der Zeit ansteigt. Gleichzeitig wird ein digitales Zählwerk gestartet (einfach gesprochen, eine digitale Stoppuhr). Die zu digitalisierende Spannung wird mit der Spannung am Kondensator im *Komparator* verglichen. Übersteigt die Kondensatorspannung die zu messende Spannung, schaltet der Komparator, und der Zählerwert wird ausgelesen und in eine Spannung umgerechnet (Abb. 16.3). Man erkennt, dass die Spannung bestenfalls mit der Genauigkeit eines Digitalisierungsschrittes bestimmt werden kann, sodass als Messungenauigkeit ± 1 der letzten Stelle des digitalen Wertes angenommen wird. Die Anzahl möglicher Zählerschritte bis zur maximalen zu digitalisierenden Spannung bestimmt die Auflösung und damit die Genauigkeit. Da die Zählwerke im Binärsystem zählen, ist die Zahl dieser Schritte eine Potenz von 2, wobei dafür die Zahl der bits angegeben wird, typisch sind z. B. 8, 12 oder auch 16 bit Auflösung.

Strommessungen sind digital nur indirekt über die durch den Strom I an einem bekannten Widerstand R (Messwiderstand, auch *Shunt*) abfallende Spannung $U = RI$ möglich. Auch das Digital-Messwerk misst wie das Drehspul-Gerät nur Gleichstromgrößen; um Wechselspannungen oder -ströme zu messen, ist es nötig, einen Gleichrichter (vgl. Abschnitt 15.3.1) vorzuschalten.

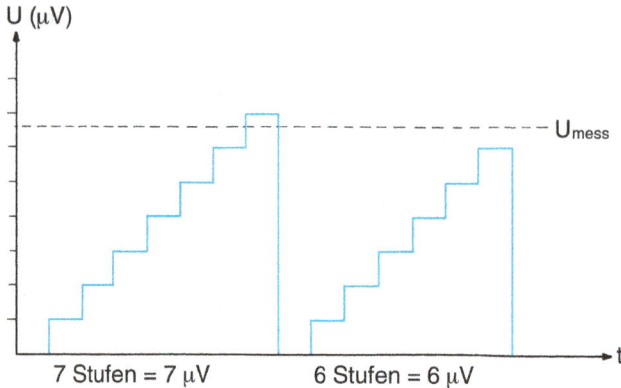

Abb. 16.3: Zur digitalen Messung einer Spannung.

16.1.3 Messung von Strom und Spannung

Das *Amperemeter* wird im Leiterkreis, dessen Strom-stärke gemessen werden soll, in *Serie* zum Lastwider-stand R_L geschaltet (Abb. 16.4). Zur Messung des Spannungsabfalls an R_L wird ein *Voltmeter* dagegen parallel zu R_L gelegt (Abb. 16.5).

Ein *ideales* Messgerät sollte die zu messende Größe nicht beeinflussen. In dieser Hinsicht ist das Drehspul-Messgerät sehr unvollkommen, denn es verändert den zu messenden Strom oder die zu messende Spannung. Dies gilt auch, jedoch in geringerem Maße, für das Digital-Messgerät. Unter Umständen ist die Beeinflus-sung so groß, dass eine sinnvolle Messung un-möglich wird. Daher sind bei der eigentlichen

Messung einige Vorsichtsmaßregeln zu beach-ten, auf die wir im Folgenden eingehen wollen.

Der Grund, weshalb ein Messgerät die zu messende elektrische Größe verfälschen kann, liegt im Innenwiderstand R_i des Messgerätes. R_i hat für jeden Messbereich einen anderen Wert und sollte bei Strommessung möglichst niedrig, bei Spannungsmessung aber möglichst groß sein, was wir weiter unten näher begrün-den werden. Durch das Messprinzip bedingt ist es jedoch so, dass R_i gerade bei den empfind-lichsten Strommessbereichen am größten und bei den empfindlichsten Spannungsmessberei-chen am kleinsten ist, wie Tab. 16.1 zeigt. Hoch-wertige Messgeräte tragen eine solche Tabelle auf ihrer Rückseite.

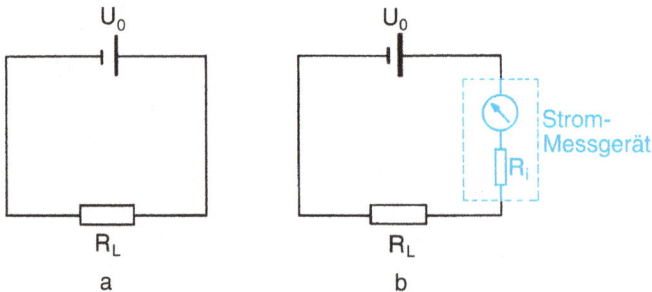

Abb. 16.4: Strommessung: $(a)\, I = \dfrac{U_0}{R_L}$, $(b)\, I' = \dfrac{U_0}{R_i + R_L}$.

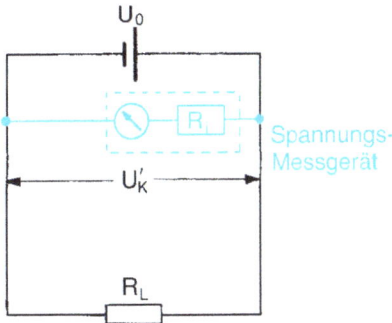

Abb. 16.5: Spannungsmessung. (Der Innenwiderstand des Voltmeters sei R_i.).

Kennt man die Daten des auszumessenden Stromkreises, so lässt sich die Beeinflussung der Messgröße durch das Messgerät folgendermaßen berechnen:

Strommessung An eine Quelle der Spannung U_0 (von ihrer Abhängigkeit von der Belastung wollen wir vorerst absehen) sei ein Lastwiderstand R_L geschaltet (Abb. 16.4a). Dann fließt der Strom $I = U_0/R_L$. Nach Hinzuschalten eines Amperemeters mit Innenwiderstand R_i (Abb. 16.4b) wird der Strom kleiner: $I' = U_0/\,(R_i + R_L)$. Das Verhältnis $I'/I = R_L/(R_i + R_L)$ zeigt an, wie sehr der zu messende Strom I durch R_i verfälscht wird; je kleiner R_i, umso geringer die Verfälschung. Ist für eine quantitative Analyse der Ab-

weichung eines Messwertes I' von I der Lastwiderstand R_L nicht bekannt, so ist zumindest eine Abschätzung des durch R_i bedingten Messfehlers zu empfehlen.

Spannungsmessung Schalten wir ein Voltmeter in den Stromkreis (Abb. 16.5), so wird der zu messende Spannungswert ebenfalls durch den Innenwiderstand R_i des Messgerätes verfälscht, denn der Stromfluss durch das Messgerät stellt eine zusätzliche Belastung der Spannungsquelle dar, was dazu führt, dass die Klemmenspannung U_K vermindert wird. Mit den Gln. (14-14) und (14-23) findet man, dass die Klemmenspannung U_K (die sich wegen des durch R_L fließenden Stroms schon von der Urspannung U_0 unterscheidet) durch Einschalten des Messgerätes auf den Wert U_K verkleinert wird (Abb. 16.5):

$$U_K = U_0 \frac{1}{1 + \frac{R_Q}{R_L} + \frac{R_Q}{R_i}}, \tag{16-4}$$

wobei R_i der Innenwiderstand des auf den entsprechenden Spannungsmessbereich eingestellten Messgerätes und R_Q der Innenwiderstand der Spannungsquelle ist. Nur bei $R_L \gg R_Q$ und $R_i \gg R_Q$ bleibt die Verfälschung von U_K klein.

Ein Beispiel soll zur Vorsicht bei Strom- oder Spannungsmessungen mahnen. Eine Nervenzelle stellt eine galvanische Spannungsquelle mit einer Leerlaufspannung von ca. 100 mV dar. Sie hat einen Innenwiderstand R_Q von ca. 10 MΩ. Wir wollen diese Spannung mit einem Voltmeter messen,

Tab. 16.1: Typische Innenstände R_i für verschiedene Strom- und Spannungsbereiche eines Drehspul- bzw. Digital-Messgerätes.

Drehspul-Messgerät		Digital-Messgerät	
Messbereich	R_i	Messbereich	R_i
0,3 mA	3 kΩ	1 mA (AC, DC)	100 Ω
3mA	150 Ω		
50 mA	30 Ω		
0,3 A	1,5 Ω		
1,5 A	0,3 Ω	1 A (AC, DC)	0,5 Ω
150 mV	500 Ω	10mV – 1 V (DC)	1.000 MΩ
1,5 V	5 kΩ	10 mV – 1.000 V (AC)	1 MΩ
6V	20 kΩ	10 V –1.000 V (DC)	10 MΩ
150 V	500 kΩ		
600 V	2 MΩ		

dessen Innenwiderstand im Messbereich bis 100 mV den Wert $R_i = 100\ \Omega$ hat. Es soll keine zusätzliche Last zugeschaltet sein ($R_L = \infty$). Dann ist nach Gl. (16-4) der angezeigte Spannungswert U_K:

$$U_K = U_0 \frac{1}{1 + \frac{10^7}{10^2}} \approx 10^{-5} U_0. \qquad (16\text{-}5)$$

Die Spannungsquelle wird also bei dem Messvorgang durch das Voltmeter praktisch kurzgeschlossen, sodass nurmehr der 10^{-5}te Teil der Urspannung U_0 angezeigt wird. Eine solche Messung ist also unsinnig; sie verletzt die aus Gl. (16-4) folgende Bedingung $R_i \gg R_Q$ gröblich.

Wir haben gesehen, dass bei einer sinnvollen Spannungsmessung die Quelle nur geringfügig belastet werden darf. Dies lässt sich alternativ zu der oben beschriebenen Bedingung eines großen Innenwiderstands R_i auch dadurch erreichen, dass die Messspannung nurmehr zur Steuerung des Stroms in einer Verstärkerschaltung benutzt wird. Dieser Strom kann dann mit einem unempfindlichen Messwerk (mit kleinem R_i) gemessen werden.

Messbereichserweiterung Den *Messbereich* eines Strom- oder Spannungsmessgerätes bezeichnet man durch denjenigen Strom bzw. diejenige Spannung, bei denen Vollausschlag, d. h. ein Zeigerausschlag über die ganze Skala, erzielt wird. Durch geeignetes Zuschalten von Widerständen gelingt es, sowohl die Strommessbereiche als auch die nach Umeichung der Skala erhaltenen Spannungsmessbereiche zu verändern. In Vielfach-Messgeräten geschieht dies durch einfaches Umschalten von Drehschaltern, wodurch der Innenwiderstand R_i des Gerätes geändert wird.

Größere Ströme kann man messen, wenn man einen kleinen Widerstand zum eigentlichen Messinstrument (Messwerk) parallelschaltet, sodass ein fester Bruchteil des zu messenden Stroms um das Messwerk herumfließt. Unter einer Messbereichserweiterung um den Faktor n wollen wir verstehen, dass das Messwerk Vollausschlag zeigt, wenn der Messstrom n-mal so groß ist wie der Strom

I_{max}, der zum Vollausschlag des Messwerks allein führt. Zur Berechnung des Parallelwiderstands benötigen wir die Kirchhoff'schen Gesetze (Abschnitt 14.6.3): Wenn der Messstrom $I = n I_{max}$ ist, muss der Anteil $(n - 1)\, I_{max}$ am Messwerk vorbei durch den Widerstand R_0 fließen. Da sich bei Parallelschaltung die Ströme umgekehrt verhalten, wie die Widerstände $(n-1) I_{max}/I_{max} = R_i/R_0$, wobei R_i der Eigenwiderstand des Messwerkes ist, finden wir:

$$R_0 = \frac{R_i}{(n-1)}. \qquad (16\text{-}6)$$

Abb. 16.6 zeigt ein Amperemeter mit verschiedenen Messbereichen, das aus Messwerk und verschiedenen, wahlweise einschaltbaren Parallelwiderständen besteht.

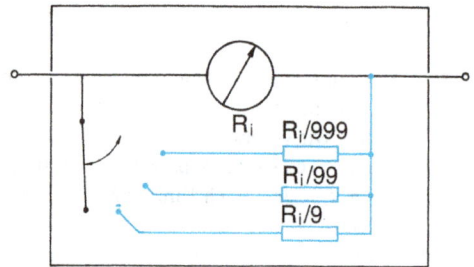

Abb. 16.6: Messbereichserweiterung bei der Strommessung.

Zur Messung großer Spannungen schaltet man einen großen Widerstand in Serie vor das Messwerk, sodass an ihm ein fester Bruchteil der Spannung abfällt und nur der übrige Teil am Messwerk. Die zur Messbereichserweiterung des Voltmeters erforderlichen, in Serie mit dem Messwerk zu schaltenden Widerstände R_0 berechnen wir ebenfalls mit den Kirchhoff'schen Gesetzen: Das Voltmeter soll Vollausschlag zeigen, wenn die angelegte Spannung n-mal so groß ist wie die Spannung U_{max}, die zum Vollausschlag des Messwerks allein führt. Dann muss die Messspannung so aufgeteilt werden, dass U_{max} am Messwerk und $(n - 1)\, U_{max}$ am Vorschaltwiderstand R_0 abfällt. Da bei Serienschaltung die abfallenden Teilspannungen sich verhalten wie die Widerstände $(n - 1)\, U_{max}/U_{max} = R_0/R_i$, erhalten wir für R_0 (Abb. 16.7):

$$R_0 = R_i(n-1). \qquad (16\text{-}7)$$

Abb. 16.7 zeigt ein *Voltmeter* aus Messwerk und Serienwiderständen, die zur Wahl verschiedener Spannungsmessbereiche zugeschaltet werden können.

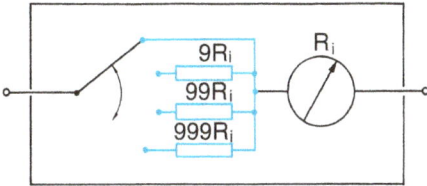

Abb. 16.7: Messbereichserweiterung bei der Spannungsmessung.

16.1.4 Oszilloskop (Oszillograf)

Zur Erfassung sich schnell zeitlich ändernder Spannungen (bzw. Ströme), also Wechselspannungen im verallgemeinerten Sinn, wäre ein Zeigerinstrument viel zu träge, und auch eine extrem schnell wechselnde digitale Anzeige wäre mit dem Auge nicht zu erfassen. Haben die Spannungen einen periodischen Verlauf, so kann man den Zeitverlauf statisch sichtbar machen, indem man eine Kurve des Verlaufs (Spannung auf der Ordinate, Zeit auf der Abszisse) aufzeichnet. Ein Gerät, das diese Aufzeichnung und Darstellung leistet, nennt man *Oszilloskop* (früher auch: *Oszillograf.*) Während viele Jahrzehnte das *Elektronenstrahloszilloskop* den Stand der Technik darstellte, werden heute fast ausschließlich digitale Oszilloskope verwendet. (Die historisch ersten Geräte bestanden aus einem Zeigerinstrument, bei denen an der Zeigerspitze ein Stift befestigt war, der den Zeitverlauf auf einem schnell transportierten Papierstreifen aufzeichnete.)

Von Anwenderseite sind beide Gerätearten sehr ähnlich. Abbildung 16.8 zeigt die üblichen Anzeige-, Anschluss- und Bedienelemente:

1. Das zentrale Anzeigeelement ist ein Bildschirm, auf dem der Spannungsverlauf (oder mehrere Verläufe gleichzeitig bei sogenannten Mehrkanaloszilloskopen) als Kurve in einem Diagramm mit Rasterlinien (je ein Skalenteil, engl. *division* DIV) dargestellt wird.

2. Eine (oder mehrere) Anschlussbuchse(n) als Eingang für die zeitabhängige Spannung, auch Kanal genannt.

3. Eine Anschlussbuchse zur optionalen Einspeisung des Triggersignals (siehe unten).

4. Je Messkanal einen Messbereichs(-dreh-) schalter (Spannungseinheit je Skalenteil, z. B. 1 mV/DIV).

5. Einen (Dreh-)Schalter zur Einstellung der Aufzeichnungsgeschwindigkeit (Zeiteinheit je Skalenteil, z. B. 10 ms/DIV).

6. Einen (Dreh-)Schalter zur Einstellung des Spannungspegels, bei dem der Trigger ausgelöst werden soll.

Mit *Triggerung* bezeichnet man den (Neu-) Start einer zeitabhängigen Messwerterfassung. Zum Zeitpunkt des Triggers beginnt die Aufzeichnung der Kurve am linken Rand des Bildschirms neu. Bei einem periodischen Signal, aber auch bei einem Signal, das zu unregelmäßigen Zeiten auftritt, aber stets den gleichen Verlauf hat, führt das zu einem ruhenden Bild. Der Zeitpunkt der Triggerung kann anhand des aufzuzeichnenden Signals bestimmt werden, indem ein Komparator bei Über-(Unter-) schreitung eines bestimmten Spannungswertes (der Triggerspannung U_T) schaltet. Es ist aber auch möglich, ein anderes Signal am Triggereingang des Oszilloskops zu nutzen.

Bei einem Monitor zur Anzeige eines Elektrokardiogramms (EKG) handelt es sich prinzipiell auch um ein Oszilloskop. Hier wird typischerweise periodisch mit einer Periodendauer von einigen Sekunden getriggert, sodass mehrere Herzschläge in einem Zeitverlauf aufgezeichnet werden.

Bei sich langsam ändernden Spannungen kann das Oszilloskop aber auch im sogenannten rollenden Modus betrieben werden, bei dem die Zeitverlaufskurve kontinuierlich nach links verschoben wird.

Es gibt noch eine Vielzahl weiterer Bedienelemente für spezielle Funktionen, deren Erklärung jedoch den Rahmen dieses Buches sprengen würde.

Bildschirm

Zur zweidimensionalen Darstellung von Bildinhalten wie beim Digital-Oszilloskop, aber auch in vielen anderen Anwendungen wie dem Computer-Monitor, Fernseher, Smartphone-Bildschirm (die Liste ließe sich fast beliebig erweitern) kommen heutzutage im Wesentlichen zwei Techniken zum Einsatz: TFT-LCD und OLED.

Beim TFT-LCD (Thin film transistor liquid crystal display) besteht jeder Bildpunkt (Pixel) aus einem Transistor, der beim Schalten das elektrische Feld in seiner Umgebung ändert. In diesem Feld befindet sich ein *Flüssigkristall* genanntes Material, dessen Moleküle sich im elektrischen Feld ausrichten und dabei den Polarisationszustand (Abschnitt 18.5) von durchtretendem Licht ändern. Dadurch kann die Helligkeit der Lichtquelle, die sich hinter dem LCD befindet, für jedes Pixel variiert werden. So lassen sich in der einfachsten Form Graubilder darstellen, zusammen mit entsprechenden Farbfiltern auch farbige Bilder. Diese LCD haben den Nachteil, dass sie nicht in der Lage sind, das Licht vollkommen zu blockieren, sodass kein „perfektes Schwarz" dargestellt werden kann, was den Kontrast begrenzt.

Beim OLED (organic light emitting diode)-Display wird jeder Bildpunkt durch eine LED (Abschnitt 15.3.1) gebildet, die hier jedoch nicht aus einem anorganischen, sondern einem organischen Material besteht. Durch Variation des Materials können die drei Grundfarben erzeugt werden. Da das OLED auch vollständig schwarz sein kann, sind hier deutlich bessere Kontrastwerte erreichbar. Außerdem wird bei dunklem Bild sehr wenig Energie benötigt, sodass eine permanente Anzeige auch im Betrieb mit Akkus möglich ist.

Die früher sehr gebräuchlichen Elektronenstrahlröhren (auch Kathodenstrahlröhren) zur Bilderzeugung sind nur noch in kleinen Nischen im Einsatz. Dort wird ein in einer Vakuumröhre von einer Kathode (Abschnitt 15.2.1) ausgesendeter gebündelter Elektronenstrahl in elektrischen oder magnetischen Feldern so abgelenkt, dass Zeile für Zeile ein Bild aufgebaut wird. Die Helligkeit des Lichts, das beim Auftreffen des Elektronenstrahls auf den mit einem Leuchtstoff beschichteten Glasschirm erzeugt wird, wird dabei durch die Anodenspannung gesteuert. Im (nicht mehr gebräuchlichen) Elektronenstrahl-Oszilloskop kann der Strahl direkt die Kurve des Spannungsverlaufs auf den Bildschirm schreiben.

Schließlich ist es auch möglich, über eine Gasentladung (Abschnitt 15.2.2) je Pixel einen Bildschirm zu realisieren. Solche Bildschirme, die nur noch in sehr großen Formaten im professionellen Umfeld zum Einsatz kommen, nennt man Plasma-Displays.

16.1.5 Analoge Ladungsmessung

Bewegte Ladungen, Ströme also, erzeugen Magnetfelder, die man, wie wir beim Galvanometer gesehen haben, zur Strommessung ausnutzt. *Ruhende Ladungen* – etwa die Ladungsmenge Q auf den Platten eines Kondensators – lassen sich ebenfalls mit solchen

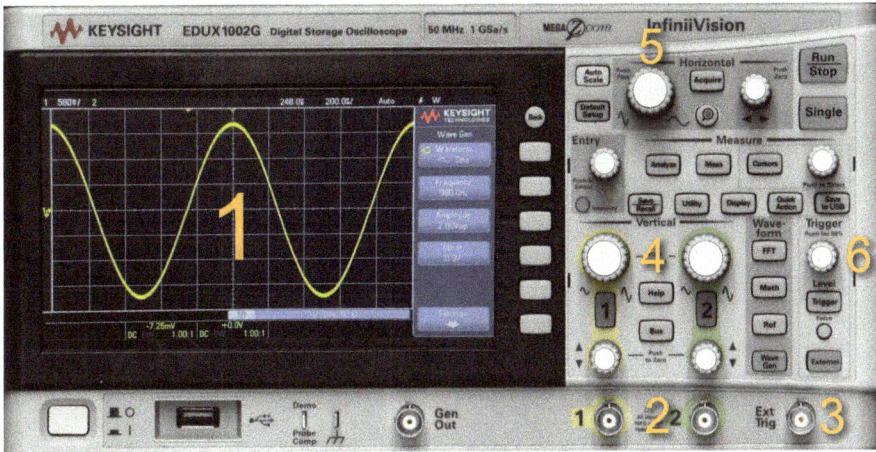

Abb. 16.8: Frontplatte eines Oszilloskops mit Bildschirm, auf dem eine sinusförmige Wechselspannung $U(t)$ als grafische Darstellung wiedergegeben ist.

Strommessgeräten nachweisen, indem man sie nämlich durch das Messgerät abfließen lässt. Ruhende Ladungen lassen sich durch die von ihnen erzeugten elektrischen Felder auch *statisch* messen, wobei die Coulomb'-sche Abstoßung gleichnamiger Ladungen ausgenutzt wird. Solche Ladungs-Messgeräte nennt man *Elektrometer.* Sie stellen ein Beispiel für die Anwendung von Coulomb-Kräften dar, sind aber in dieser analogen Form nur zu qualitativen Demonstrationsversuchen geeignet. Für quantitative Messungen mit hoher Präzision werden heute vornehmlich digitale Methoden verwendet.

Ein einfaches Beispiel für ein Elektrometer ist in Abb. 16.9 dargestellt. In einem Gehäuse H ist ein Kondensator isoliert eingebaut, an dessen einer Platte P_1 eine hauchdünne, leichte Metallfolie als Zeiger Z beweglich aufgehängt ist. Lädt man jetzt die Platte P_1 mit der zu messenden Ladung Q auf, so wird auch die Folie Z gleichnamig aufgeladen. Sie wird daher von der Platte P_1 durch die Coulomb-Kraft (Gl. (14-1)) abgestoßen und zusätzlich von der geerdeten Platte P_2 angezogen. Die Folge

ist, dass das Zeigerblättchen gegen sein Gewicht angehoben wird, und zwar umso stärker, je größer die zu messende Ladung Q ist. Wenn die Skala S geeignet geeicht ist, zeigt sie die Ladung direkt an. Mit hochempfindlichen Elektrometern lassen sich noch Ladungsmengen von einigen Hundert Elementarladungen messen. Eine heute noch gebräuchliche Anwendung ist im *Stabdosimeter* zur Messung ionisierender Strahlung (Abschnitt 21.4) zu finden.

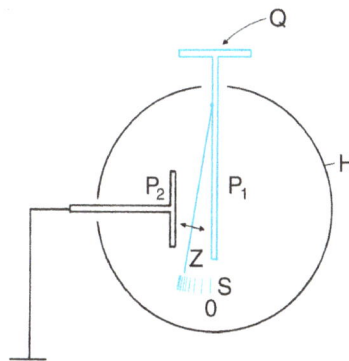

Abb. 16.9: Elektrometer.

16.1.6 Messung von Ohm'schen Widerständen

Um einen Ohm'schen Widerstand R zu messen, genügt es im Prinzip, eine bekannte Spannung U an den Widerstand anzulegen, den durch R fließenden Strom I zu messen und dann nach dem Ohm'schen Gesetz $R = U/I$ zu berechnen. In Vielfach-Messgeräten ist häufig eine Spannungsquelle (Batterie) eingebaut und eine eigene Ohm-Skala auf dem Skalenfeld enthalten.

Zur Präzisionsmessung von Widerständen und auch von Spannungen bedient man sich jedoch sogenannter *Null-Methoden*. Das Prinzip hierbei ist, dass der zu messenden unbekannten Größe eine zweite, kontinuierlich variable Größe entgegengeschaltet wird und mithilfe eines *Null-Gerätes* der Abgleich, d. h. die Differenz der beiden Größen, kontrolliert wird.

Als Beispiel einer Null-Messung wollen wir die Messung Ohm'scher Widerstände mittels der *Wheatstone'schen Brückenschaltung* beschreiben. Wir legen parallel zum Widerstandsdraht AB, der mit einer Ableseskala versehen ist, den zu messenden Widerstand R_x und einen bekannten

Vergleichswiderstand R (Abb. 16.10). In der Leiterschleife $U_0 - A - D - B - U_0$ verschieben wir den Abgriff D, teilen also U_0 auf in U_{AD} und U_{BD}, bis das als *Brücke* zwischen die Punkte C und D gelegte, sehr empfindliche Strommessgerät keinen Brückenstrom mehr anzeigt. Dann liegt zwischen C und D keine Spannung mehr, und die Spannung U_{AC} ist gleich der im Teil der Länge l des Widerstandsdrahtes abfallenden Spannung U_{AD}, und die Spannung U_{BC} ist gleich der über dem Leiterstück der Länge $(l_0 - l)$ abfallenden Spannung U_{BD}. Mit den durch die Zweige ACB und ADB fließenden Strömen I_1 bzw. I_2 gilt nach dem Ohm'schen Gesetz:

$$U_{AC} = U_{AD} \text{ bzw. } I_1 R_x = I_2 \varrho \frac{l}{A} \qquad (16\text{-}8)$$

und

$$U_{BC} = U_{BD} \text{ bzw. } I_1 R = I_2 \varrho \frac{l_0 - l}{A}. \qquad (16\text{-}9)$$

Durch Dividieren der Gl. (16-8) mit Gl. (16-9) erhalten wir schließlich:

$$\frac{R_x}{R} = \frac{l}{l_0 - l} \text{ und } R_x = R \frac{l}{l_0 - l}. \qquad (16\text{-}10)$$

Der unbekannte Widerstand R_x lässt sich also durch die Nullabstimmung der Brücke zwischen C und D aus den bekannten Größen R, l und l_0 berechnen.

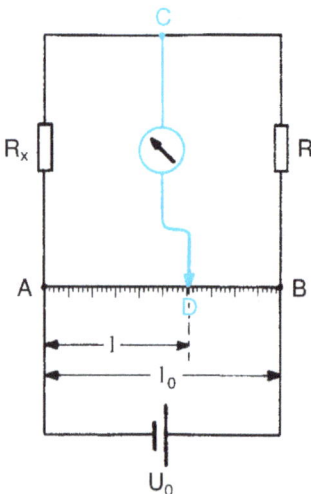

Abb. 16.10: Wheatstone'sche Brückenschaltung zur Messung von elektrischen Widerständen. ϱ und A sind dabei spezifischer Widerstand und Querschnittsfläche des Widerstandsdrahtes.

Will man den Ohm'schen Widerstand eines Elektrolyten messen, so ist diese Methode abzuwandeln, denn in Abschnitt 15.2.3 haben wir gesehen, dass wegen der Polarisation der Elektroden der Widerstand des Elektrolyten mit Gleichstrom nicht zu bestimmen ist. Daher betreibt man die Brückenschaltung der Abb. 16.10 mit Wechselspannung. Das Null-Instrument kann dann durch einen Kopfhörer ersetzt werden, in dem der Brummton der Wechselspannung genau dann verschwindet, wenn die Brücke abgeglichen ist.

Die Wheatstone'sche Brückenschaltung wird auch eingesetzt, um kleine Temperaturdifferenzen in der Kalorimetrie (Abschnitt 8.3) zu messen. Hier werden zwei identische Widerstände mit einem temperaturabhängigen Widerstandswert in zwei Zweigen der Brückenschaltung eingesetzt.

16.1.7 Rauschen

Infolge der thermischen (zufälligen) Bewegungen, denen die Teile (Atome, Moleküle etc.) jedes physikalischen Systems unterworfen sind und die zu geringen unregelmäßigen Änderungen der Energieverteilung im System *(Fluktuationen)* führen, lassen sich Messgrößen nur bis zu einer dadurch bedingten unteren Grenze bestimmen. Sind die Schwankungen des Messsignals durch thermische Einflüsse (das sog. *Rauschen*) wesentlich größer als das Messsignal selbst, so geht dieses im Rauschen unter und kann nicht mehr bestimmt werden. Das Verhältnis von Signalgröße zur Größe der Störung wird durch das *Signal-Rausch-Verhältnis* charakterisiert. Wegen des thermischen Rauschens hätte es keinen Sinn, wenn die Empfindlichkeit von Auge und Ohr größer wäre, da wir dann dieses störende thermische Rauschen wahrnehmen würden. Bei der Übertragung von Funksignalen einer Weltraumsonde lässt sich das Signal-Rausch-Verhältnis dadurch verbessern, dass gewisse Teile des elektrischen Empfängers auf die Temperatur des flüssigen Heliums (4,2 K) abgekühlt werden.

Einer der vielen Vorteile der Digitaltechnik gegenüber der Analogtechnik ist, dass der Einfluss des Rauschens auf die Signalanzeige um Größenordnungen kleiner gehalten werden kann und daher das Signal-Rausch-Verhältnis extrem günstig ist. Nur aus diesem Grund ist es möglich geworden, mit einem nur 100 Gramm schweren Mobiltelefon und entsprechend kleiner Sende- und Empfangsleistung über Satelliten zu telefonieren oder aus der Umgebung des Pluto Satellitensignale zu empfangen, die um viele Zehnerpotenzen unter dem analogen Rauschpegel liegen.

16.2 Technische elektrische Geräte

16.2.1 Dynamo-Maschine

Gleichgültig, ob wir es mit einem Solarthermie-, Kern-, Kohle-, Gas-, Wasser- oder Windkraftwerk zu tun haben, stets wird final die Umwandlung mechanischer Energie in elektrische mit einer Dynamo-Maschine realisiert. Bei Kernkraftwerken und Kraftwerken basierend auf fossilen Energieträgern und auch bei solarthermischen Kraftwerken wird stets zunächst Wärmeenergie generiert, die dann in einer Wärmekraftmaschine (Abschnitt 12.2 und 12.3) in mechanische Energie umgewandelt wird, während Wind- und Wasserturbinen direkt mechanische Energie in elektrische wandeln. Die einzige Technologie zur Bereitstellung elektrischer Energie, die nicht über die Form mechanischer Energie geht, ist die Photovoltaik (Abschnitt 15.3.1).

Die Dynamo-Maschine arbeitet nach dem Induktionsprinzip (Abschnitt 14.8.4). Mit dem mechanischen Drehmoment der Turbine wird eine Spule aus n Leiterschleifen, die auf einen festen Rahmen aufgewickelt sind *(Anker)*, in einem statischen Magnetfeld gedreht (Abb. 16.11a). Nach Gl. (14-53) entsteht dadurch eine Induktionsspannung U_{ind}, die der zeitlichen Änderung des magnetischen Flusses Φ innerhalb der Schleife gleich ist: $U_{ind} = -d\Phi/dt$.

Steht die Spule senkrecht zu den magnetischen Feldlinien, so ist die Fläche am größten und demnach auch der sie durchsetzende magnetische Fluss $\Phi = nBA$ (Abb. 16.11b). Nach einer Drehung um 90° dagegen schneidet die Leiterschleife praktisch überhaupt keine Feldlinien mehr; der sie durchsetzende Fluss ist jetzt null (Abb. 16.11c). Wird die Schleife weitergedreht, so nimmt der sie durchsetzende Fluss wieder zu, jetzt aber – bezogen auf die Schleife – in umgekehrter Richtung. Damit ändert auch die Induktionsspannung ihr Vorzeichen. Anders ausgedrückt: An den Enden der Leiterschleife entsteht eine sich sinusförmig ändernde Wechselspannung, deren Frequenz ν mit der Rotationsfrequenz der Schleife übereinstimmt: $U_{\text{ind}} = U_0 \sin 2\pi\nu t$ (siehe Gl. (14-56)), und die z. B. durch Schleifkontakte abgegriffen werden kann.

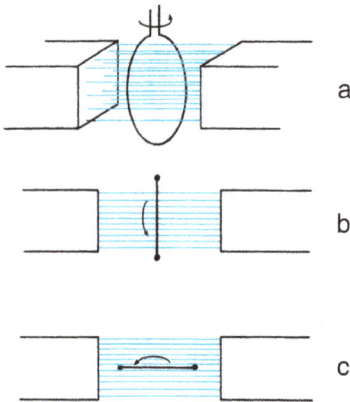

Abb. 16.11: Wirkungsweise eines Elektro-Dynamos: (a) Rotation einer Leiterschleife in einem Magnetfeld. (b) Steht die Fläche A der Leiterschleife senkrecht zu den $\bar{B}$-Linien, dann ist der magnetische Fluß $\Phi = BA$ maximal. (c) Steht die Fläche A der Leiterschleife parallel zu den $\bar{B}$-Linien, dann ist der magnetische Fluss innerhalb der Schleife gleich null.

In der Praxis erzeugt man nicht einfache Wechselspannungen, sondern Dreiphasenspannungen (Abschnitt 14.9.3). Dazu ordnet man mehrere Spulen gegeneinander gedreht auf einem *Rotor* an und verwendet anstelle eines durch seine Größe, sein Gewicht und seine geringe Feldstärke unpraktischen Permanentmagneten einen Elektromagneten *(Stator)*, durch dessen Wicklungen man den Induktionsstrom schickt, sodass er sich die Induktionsflussdichte B selbst schafft. Solche Dynamo-Maschinen in Kraftwerken sind bis zu 20 m lang und liefern einige 100 MW elektrische Leistung. Die Umwandlung der mechanischen Energie in elektrische gelingt technisch heute mit einem Wirkungsgrad, der fast 1 ist. Viel kleiner ist der Wirkungsgrad bei der Umwandlung von Wärmeenergie in mechanische Energie in Wärmekraftmaschinen (Abschnitt 12.3).

16.2.2 Elektro-Motor

Um den Elektro-Motor im Prinzip zu verstehen, brauchen wir nichts Neues zu lernen, denn er stellt eine praktische Anwendung der Umkehrung des *Dynamo-Prinzips* dar. Bei der Dynamo-Maschine wird ein aus n Leiterschleifen gewickelter *Anker* im Magnetfeld mechanisch gedreht, wobei Spannung induziert und Strom erzeugt wird; mechanische Energie wird also in elektrische Energie umgesetzt. Umgekehrt wird beim Elektro-Motor der Strom, der durch die Leiterschleifen geschickt wird, in mechanische Energie des rotierenden Ankers umgesetzt. Schon von der Beschreibung des Drehspul-Messwerkes (Abschnitt 16.1.1) her wissen wir: Schickt man durch eine Leiterschleife in einem Magnetfeld einen Strom, so bewirken die Lorentz-Kräfte an beiden Längsseiten der Leiterschleife ein mechanisches Drehmoment, das zum Antrieb von Maschinen dienen kann. Damit sich die Spule dauernd dreht, muss die Polung des Spulenstroms während jeder Umdrehung einmal geändert werden. Dies geschieht bei der *Gleichstrom-Maschine* durch

Schleifkontakte oder auch durch elektronische Bauelemente am Rotor. Üblicher sind heutzutage *Wechselstrom-Motoren.* Ihr Magnetfeld wird elektrisch in Statorspulen erzeugt. Durch spezielle Konstruktion kann man erreichen, dass (auch bei Belastung) die Drehzahl entweder der Frequenz der Wechselspannung gleich ist oder in einem festen ganzzahligen Verhältnis dazu steht *(Synchron-Motor).* Für eine Reihe spezieller Anwendungen werden sog. *Schritt-Motoren* verwendet, die durch einen elektrischen Impuls, der digital-elektronisch erzeugt wird, um einen festen Winkelschritt $\Delta\Phi$ vorangetrieben werden. Auf diese Weise kann man mit Computern ferngesteuert die Bewegung, z. B. von Robotern, 3-D-Druckern, Uhren usw. zentral steuern.

16.2.3 Transformator

Eine weitere praktische Anwendung der Induktion begegnet uns bei der Aufgabe, aus der Netzspannung von 230 V eine Hochspannung von 50.000 V, wie sie bei der Röntgenröhre benötigt wird, oder eine Spannung von 5 V oder auch 12 V zum Aufladen des Smartphones oder Tablets zu erzeugen. Das Gerät, mit dem Wechselspannung herauf- oder heruntertransformiert wird, nennt man *Transformator* (Abb. 16.12a). Der Strom in der Primärspule I erzeugt einen mit der Frequenz der Primärspannung sich ändernden magnetischen Fluss Φ, der durch die zweite Spule II hindurchgreift. Damit der gesamte Fluss Φ die Sekundärspule durchsetzt, wird er in dem Eisenkern gebündelt, auf den beide Spulen aufgesetzt sind. Nach dem Induktionsgesetz (Gl. (14-53)) entsteht in der Primärspule eine *Selbstinduktionsspannung*

$$U_{\text{ind}} = -n_1 \frac{d\Phi}{dt}, \qquad (16\text{-}11)$$

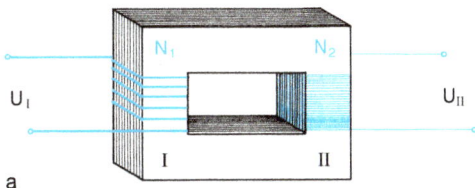

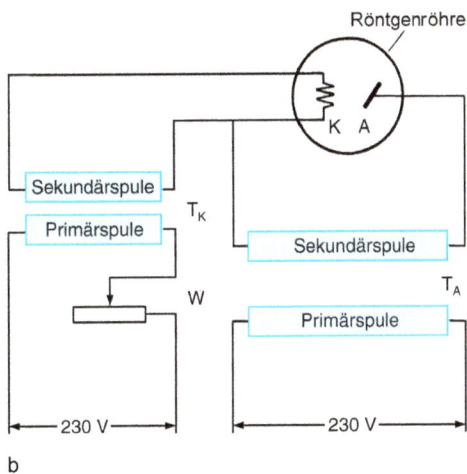

die der von außen angelegten Spannung U_{I} in jedem Moment entgegengesetzt gleich ist:

$$U_{\mathrm{I}} = n_1 \frac{d\Phi}{dt}. \qquad (16\text{-}12)$$

In der Sekundärspule wird die Spannung U_{II} induziert:

$$U_{\mathrm{II}} = -n_2 \frac{d\Phi}{dt}. \qquad (16\text{-}13)$$

Vergleichen wir Gln. (16-12) und (16-13), so sehen wir:

Primär- und Sekundärspannung verhalten sich wie die Windungszahlen der Spulen:

$$\frac{U_{\mathrm{II}}}{U_{\mathrm{I}}} = -\frac{n_2}{n_1}. \qquad (16\text{-}14)$$

Das negative Vorzeichen weist auf die Phasenverschiebung zwischen U_{I} und U_{II} um $\varphi_0 = \pi$ hin.

Abb. 16.12: Transformator: (a) Prinzip, (b) als Beispiel eine einfache Spannungsversorgung von Röntgenröhren.

Die Sekundärspule kann man also als neue Spannungsquelle mit einer gegenüber U_I gemäß Gl. (16-14) veränderten Spannung U_{II} verwenden.

Belastet man die Sekundärseite mit einem Verbraucher, so kann die der Sekundärspannungsquelle entzogene Leistung, $P_{II} = U_{II}I_{II}$, nie höher sein als die Leistung $P_I = U_I I_I$, die von der Primärspule zugeführt wird: $P_{II} \leq P_I$. Dies ist für die praktische Anwendung wichtig:

> Erzeugt man mit einem Transformator eine hohe Spannung U_{II}, so kann man ihm sekundärseitig nur kleine Ströme entziehen. Hohe Ströme, wie sie etwa zum Elektroschweißen benötigt werden, lassen sich dadurch erzeugen, dass man die Netzspannung sekundärseitig auf niedrigere Spannungen heruntertransformiert.

Um einen möglichst hohen Wirkungsgrad des Transformators zu erzielen, sollte das Verhältnis aus Impedanz der Induktivität und Ohm'schem Widerstand der Spule möglichst groß sein. Das kann man auf zwei Wegen erreichen: durch große Querschnitte des Spulendrahtes, was zu entsprechend hohem Gewicht des Transformators führt, oder durch hohe Frequenzen. Heutzutage wird in den allermeisten Fällen der zweite Weg beschritten. Dazu wird die Netz-Wechselspannung zunächst gleichgerichtet und anschließend daraus durch *Schalten* hochfrequente Wechselspannung erzeugt, die dann in einem kleinen und leichten Transformator umgesetzt werden kann. Daran schließt sich dann wieder ein Gleichrichter an. Netzteile, die nach diesem Prinzip funktionieren, werden *Schaltnetzteile* genannt.

Spannungsversorgung von Röntgengeräten Wird ein Röntgengerät mit einem Netzanschluss von 230 Volt Wechselspannung betrieben, so ist, wie Abb. 16.12b zeigt, ein Transformator mit einer doppelten Funktion erforderlich. In der *Heizstromwicklung* des Transformators T_K, die eine geringe Windungszahl hat, wird die Netz-

spannung von 230 Volt herunter auf 4 bis 8 Volt transformiert und liefert einen Strom von einigen Ampere zur Heizung des Glühdrahtes der Kathode K. Auf der Primärseite des Transformators T_K ist ein Regelwiderstand W eingebaut, um die Heizspannung und damit den Elektronen-Strom in der Röntgenröhre zu variieren. Der Hochspannungskreis umfasst den Transformator T_A sowie Kathode K und Anode A der Röntgenröhre. Eine derartige Apparatur, die nur aus Transformator und Röntgenröhre besteht, nennt man einen *Halbwellenapparat*. Da an der Röntgenröhre eine sinusförmige Spannung liegt, fließt immer nur während derjenigen Halbperioden ein Anodenstrom, in der die Kathode negativ und die Anode positiv ist. Demnach wird auch nur während der Hälfte der Zeit Röntgenstrahlung erzeugt. Diese ist zudem noch von sehr unterschiedlicher Strahlungsqualität, da während der wirksamen Halbperiode die Beschleunigungsspannung für die Elektronen sich von null auf ihren Maximalwert und wieder auf null verändert.

Wegen dieser Nachteile ergänzt man diese Prinzipschaltung in leistungsfähigen Röntgengeräten durch einen zusätzlichen Gleichrichter, um die Erzeugung von Röntgenstrahlen (Abschnitt 21.3) gleicher Qualität während der gesamten Einschaltzeit zu erreichen. In kommerziellen Geräten für die Röntgendiagnostik liegen die Röhrenspannungen zwischen 50.000 V und 100.000 V.

Phasenanschnitts-Steuerung Für viele Zwecke lässt sich die Leistungssteuerung statt mit dem Transformator mit einer elektronischen Schaltung durchführen, die im Gegensatz zum Transformator fast verlustlos arbeitet. Zur Leistungssteuerung (z. B. Helligkeitssteuerung einer Lampe) mit dem Transformator wird die Spannungsamplitude verringert, indem mit dem *Drehtransformator* die Windungszahl n_{II} (Gl. (16-14)) kontinuierlich reduziert wird. Dabei bleibt der Spannungsverlauf sinusförmig. Dagegen schaltet man bei der *Phasenanschnitts-Steuerung* die Netzspannung in jeder Halbperiode für ein kurzes Zeitintervall ab (Abb. 16.13), sodass der zeitliche Mittelwert der Leistung $\langle P \rangle = \langle UI \rangle$ geringer wird. Durch Veränderung des *Stromflusswinkels* β lässt sich $\langle P \rangle$ somit kontinuierlich steuern. Im Haushalt wird diese Schaltung, die in den Lichtschalter mit eingebaut ist, als Helligkeitsregler *(Dimmer)* verwendet. Zu beachten ist, dass diese Dimmer nur in engen, durch die spezielle Konstruktion festgelegten Leistungsbereichen optimal funktionieren und dass sie nur dort zur Leistungssteuerung verwendet werden können, wo es nicht auf den zeitlichen Verlauf der Wechselspannung ankommt.

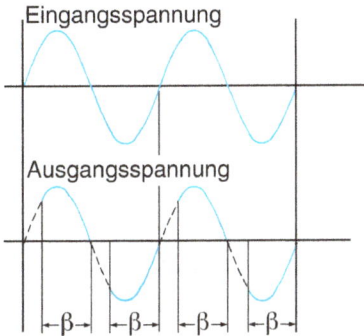

Abb. 16.13: Eingangs- und Ausgangsspannung an einem Dimmer.

16.2.4 Sender und Empfänger

Bei der drahtlosen Kommunikation wird die Möglichkeit genutzt, Informationen mithilfe *elektromagnetischer Wellen* über große Distanzen hinweg kabellos zu übertragen. Elektromagnetische Wellen werden dabei von Hindernissen (Glasfenster, Mauern, Dachziegel ...), deren Ausmaß kleiner als die Wellenlänge ist, nur wenig beeinflusst (falls es sich nicht um geerdete Metallteile handelt), sodass auch z. B. im Innern eines Hauses mit Zimmerantenne gesendet oder empfangen werden kann. Um eine Vorstellung über die Stärke der beim Funkempfang üblichen Feldstärke E zu haben: Sie liegt in der Größenordnung von $E = 10^{-3}$ V m^{-1}. (Zum Vergleich: In einem Plattenkondensator, dessen Platten einen Abstand von 1 cm haben und an denen die Spannung 10 V liegt, hat die Feldstärke den Wert $E = U/d = 10^3$ Vm^{-1}.) Mit großem technischem Aufwand können jedoch noch weitaus schwächere Signale verarbeitet werden, wie sie beispielsweise bei Funkübertragungen aus dem Weltraum er-

zeugt werden. Die zu übertragende Information, sei es Sprache, Musik oder ein Bildsignal, werden der elektromagnetischen Welle aufgeprägt. Dabei wird eine Trägerwelle einer bestimmten Frequenz im Takt der Informationssignale *moduliert* (vgl. nächster Abschnitt). Heutzutage erfolgt drahtlose Kommunikation nahezu ausschließlich digital (bis auf die immer noch weit verbreitete UKW-Radioübertragung). Um eine hohe Informationsbandbreite (übertragene Information/Zeit) zu erzielen, muss dabei mit recht hohen Frequenzen zwischen einigen 10 MHz (digitaler Rundfunk, terrestrisches digitales Fernsehen) bis zu einigen GHz (lokales Funknetzwerk WLAN) gearbeitet werden.

Die Wellenlängen derartiger Wellen sind nach Gl. (14-95) klein, verglichen mit Hindernissen, die üblicherweise die Ausbreitung der Wellen behindern, wie Bodenerhebungen, Häuser, Bäume usw. Die Wellen verhalten sich daher ähnlich wie optische: Sie werden an Hindernissen gestreut oder reflektiert; der Rest der Strahlung breitet sich als freie Welle geradlinig aus. Auf größere Entfernungen kann man daher nur mit einem dichten Netz von Sendestationen senden (beim Rundfunk Abstand ca. 80 km, 5G-Netz im mmWave-Bereich 500 m), die zudem möglichst hoch liegen (Türme, Masten).

Bei *Langwellen* (LW), deren Wellenlängen mit einigen Kilometern über der Größe der erwähnten Hindernisse liegen, hat man diese Schwierigkeiten nicht: Sie breiten sich als *geführte Oberflächenwellen (Bodenwellen)* längs der gekrümmten Erdoberfläche aus und werden nur geringfügig durch Beugung aus ihrer Richtung abgelenkt. So kann man im Prinzip von *einer* Sendestation rund um die Erde empfangen werden; die Wellen können sogar die Erde mehrfach umlaufen.

Mittel- und Kurzwellen (MW, KW) werden – wenn auch nicht so gut wie Langwellen – als Bodenwellen geleitet. Zudem können

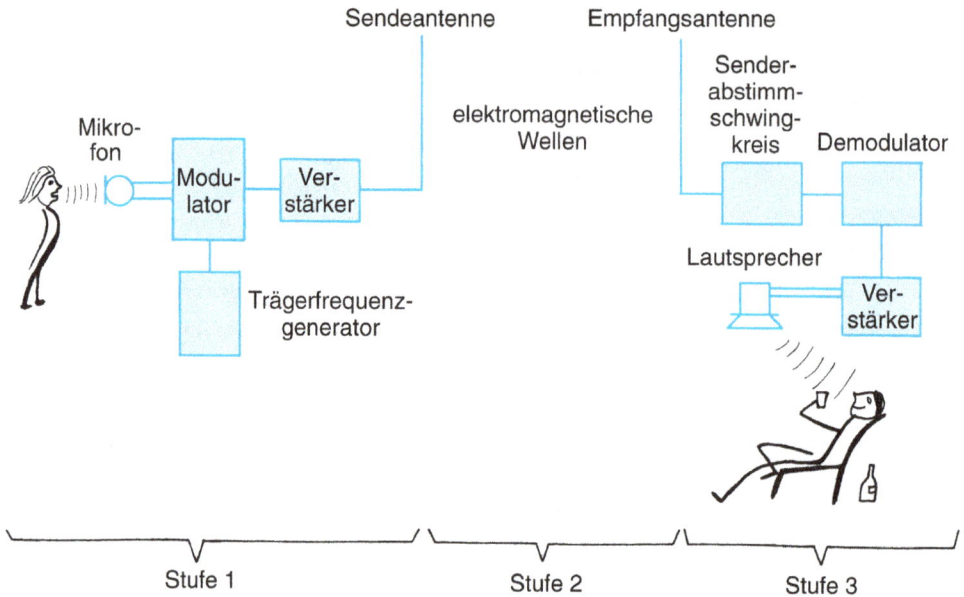

Abb. 16.14: Schallübertragung von der Radiostation zum Empfänger.

sie an elektrisch geladenen Schichten der oberen Lufthülle zur Erde zurückreflektiert und damit auch in großen Entfernungen empfangen werden.

Die Schall- oder Bildübertragung mittels elektromagnetischer Wellen erfolgt in drei Stufen (Abb. 16.14):

1. Im *Sender* wird die monochromatische und kohärente Trägerwelle mit einem rückgekoppelten Schwingkreis (Abb. 16.15) erzeugt; dann wird die Information aufmoduliert, und anschließend wird die Welle gewaltig verstärkt (Sendeleistungen von $\approx 10^3$ kW) und auf die Sendeantennen gegeben.
2. Die von der Sendeantenne ausgestrahlte elektromagnetische Welle breitet sich mit Lichtgeschwindigkeit durch den Raum aus.
3. Beim *Empfänger* laufen im Prinzip die Vorgänge von 1. in umgekehrter Reihenfolge ab, nur eben für geringere Leistungen dimensioniert: Die elektromagnetischen Wellen erzeugen Ströme in der

Antenne, die an einen Schwingkreis gekoppelt ist. Der Schwingkreis enthält einen variablen Kondensator (Drehkondensator), mit dem man ihn auf die Frequenz der Trägerwelle des Senders einstellt. Dann wird er durch die Ströme in der Antenne mehr oder weniger stark zu Schwingungen angeregt. In der sogenannten *Demodulatorstufe* werden dann die

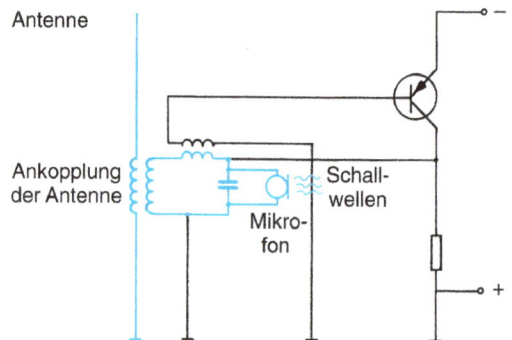

Abb. 16.15: Wirkungsweise eines Senders (vgl. hierzu *Parallel-Schwingkreis* in Abschnitt 14.9.6).

Informationssignale von der hochfrequenten Trägerwelle abgenommen (Demodulation, z. B. durch einen Tiefpass-Filter) und entsprechend weiterverarbeitet.

Modulationsverfahren Will man selektiv, d. h. nur bestimmte Sender, empfangen, dann ist die Abstimmung des Empfängers auf eine Trägerquelle mit fester, dem Sender zugeordneter Frequenz erforderlich. Dieser Welle wird die zu übermittelnde Information aufgeprägt, sie wird *moduliert*. Das einfachste Modulationsverfahren ist die *Amplituden-Modulation*. Dabei wird die Amplitude $A(x, t)$ der Trägerwelle entsprechend dem Amplitudenverlauf $A_S(t)$ z. B. eines Schallsignals verändert:

$$A(x, t) = A_0 A_S(t) \sin (\omega_T t + kx).$$

Dies setzt voraus (vgl. Abb. 16.16a, b, c), dass die Trägerfrequenz ω_T weitaus größer als die des akustischen Signals ist. Die Amplituden-Modulation wird bei Lang-, Mittel- und Kurzwellen-Sendern angewandt. Eine bessere Übertragungsqualität erreicht man mit der *Frequenz-Modulation*. Hierbei wird die Frequenz der Trägerwelle zeitlich verändert. Das führt dazu, dass die momentane Frequenz der Trägerwelle um die Frequenz ω_T

schwankt (Abb. 16.16d). Hier wird natürlich sofort deutlich, dass die Modulationsbreite, also der Frequenzbereich der Modulation, nicht so groß werden darf, dass er eine andere Trägerfrequenz stört.

Bei der heutzutage am weitesten verbreiteten drahtlosen Kommunikationstechnologie, der digitalen Kommunikation, kommt meist eine digitale Phasenmodulation zum Einsatz. Ein Phasensprung von 180° (oder Vielfache von 90° bzw. 45°) kodiert für sogenannte Symbole, in der Regel Binärzahlen. Mit einem 180°-Phasensprung lässt sich ein bit übertragen, mit 90° 2 bit usw. Durch parallele Nutzung eng benachbarter Trägerfrequenzen (Multiplexing) können enorme Bandbreiten von (5G-Netz im mmWave-Bereich) bis zu einigen Gbit/s digital übertragen werden.

Die *Satellitennavigation (GPS: global positioning system)* beruht auf der Auswertung von Positionssignalen, die von künstlichen Satelliten ausgesandt werden. Diese befinden sich auf exakt vermessenen Kreisbahnen in etwa 20.000 km Höhe. Die fortlaufenden Positionssignale werden von Beobachtern auf der Erde, deren Position ermittelt werden soll, registriert. Die laufende Abstandsänderung zwischen Beobachter und vorbeifliegendem Satelliten bewirkt aufgrund des Dopplereffekts eine laufende Änderung der Empfangsfrequenz; deren Änderungsgeschwindigkeit wird im Bordcomputer des Beobachters bestimmt und ist dann ein Maß für den Abstand, in dem die Satellitenbahn seitlich vom Ort des Beobachters verläuft. Genaue Zeitmarken und auf dem neusten Stand gehaltene Bahnparameter des Satelliten werden als Zusatzinformation der Satelliten-Messfrequenz aufmoduliert und stehen dem Empfänger dauernd zur Verfügung. Aus der somit bekannten Satellitenbahn und dem ermittelten seitlichen Abstand des Beobachters ist dessen Position dann mittels *Triangulation* (Abschnitt 1.1.3) bis auf einige Meter genau bestimmbar.

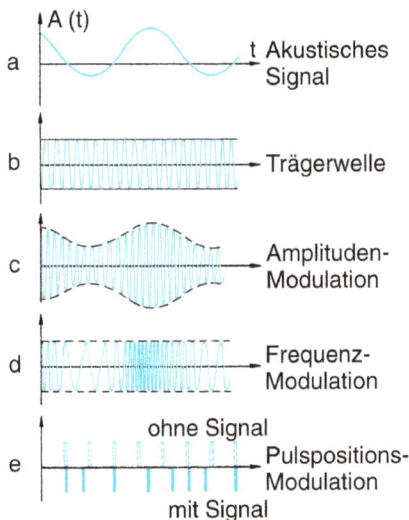

Abb. 16.16: Modulationsverfahren.

Optik

17 Optische Strahlung

17.1 Einleitung

Licht gehört zu den rätselhaftesten physikalischen Phänomenen. Viele Zusammenhänge und Unterschiede zwischen *Licht* und Materie sind grundlegend unbekannt, wobei es das Licht ist, das durch seine vielen außergewöhnlichen und zum Teil sogar widersprüchlichen Eigenschaften besonders hervorsticht.

Die Optik befasst sich mit den physikalischen Eigenschaften von Licht und den sich daraus ergebenden Gesetzen. Licht kann in unterschiedlichen Modifikationen experimentell beobachtet werden; etwa als Strom von Photonen oder als elektromagnetische Wellen und diese wiederum als ausgedehnte, polarisierte oder unpolarisierte Wellen, als Wellenzug, als Puls, als kohärente oder inkohärente Strahlung, mit monochromatischen oder breitbandigen Frequenzspektren unterschiedlicher Farben. Eine der ersten physikalischen Aussagen über das Licht wurde von Newton im Zusammenhang mit seinen experimentellen Arbeiten am Glasprisma formuliert, und sie ist in

> Newtons Theorem festgelegt: Weißes Licht ist heterogen und besteht aus Lichtstrahlen, die Träger unterschiedlicher, unveränderbarer Farben und Brechungseigenschaften sind.

Aus dem heute bekannten, umfangreichen Bereich der Wellenlängen der *elektromagnetischen Wellen* stellt das *sichtbare Licht* nur einen sehr kleinen Ausschnitt dar (Abb. 14.42). Dieser *optische Bereich* im ursprünglichen Sinne nimmt von den mehr als 25 Zehnerpotenzen, über die sich das heute der Messung zugängliche *elektromagnetische Spektrum* erstreckt, lediglich den Wellenlängenbereich zwischen 0,4 μm und 0,8 μm ein. Dieser Bereich ist dadurch ausgezeichnet, dass das *Licht der Sonne* hier am intensivsten ist. Dass wir

für ihn mit dem Gesichtssinn die einzige direkte Wahrnehmungsmöglichkeit für elektromagnetische Strahlung haben (wenn wir vom Wärmeempfinden der Haut bei langwelliger Strahlung absehen), hat dem optischen Bereich eine hervorragende Stellung verschafft und dazu geführt, dass wesentliche Gesetze der Optik bereits 2000 Jahre lang bekannt sind, während man erst im 19. Jahrhundert die Existenz anderer Spektralbereiche elektromagnetischer Strahlung entdeckte. Es zeigte sich, dass Gesetze der klassischen Optik auch dort anwendbar sind. Seither hat der Begriff der Optik die Beschränkung auf den sichtbaren Bereich verloren; man spricht von Ultrarot- (oder Infrarot-)Optik, Ultraviolett-Optik, Röntgen-Optik usw. Auch die Bezeichnung Licht wird zuweilen für nicht sichtbare optische Strahlung verwendet. Mit der Elektronenoptik werde der Begriff der Optik sogar auf Abbildungen mit Strahlungsarten nichtelektromagnetischer Natur erweitert.

Wir wollen elektromagnetische Wellen im Infraroten (IR), Sichtbaren (VIS) und Ultravioletten (UV), die aus atomaren und molekularen Quellen oder aus glühenden Stoffen u. Ä. stammen, als *optische Strahlung* definieren. Hervorzuheben ist der *LASER* als Lichtquelle, der seit seiner Entwicklung in den 1950er-Jahren eine rasante Weiterentwicklung der Optik ausgelöst hat. Nichtoptische, langwellige elektromagnetische Wellen (Lang-, Kurz-, Mikrowellen) werden von Antennen ausgestrahlt, die an Schwingkreise gekoppelt sind (vgl. Abschnitt 14.9.6). Sie werden üblicherweise nicht zur Optik gezählt. Sehr kurzwellige Strahlung (Röntgen- und Gamma-Strahlung) wird auch nicht zum optischen Spektralbereich gerechnet. Das Schaubild auf der nachfolgenden Seite demonstriert, dass unter dem Begriff der Optik drei sehr unterschiedliche Bereiche zusammengefasst sind.

https://doi.org/10.1515/9783110691658-019

Für den *Mediziner* ist die Optik zum Bau diagnostischer und therapeutischer Hilfsmittel (Mikroskop, Photometer, Laserkoagulator, Endoskop usw.) und als Grundlage der *Ophthalmologie,* der Lehre und Theorie der *Augenheilkunde,* von Bedeutung. Kurzwellige Strahlung ist darüber hinaus z. B. für die Erzeugung von *Vitamin D* in der Haut und für die Hautbräunung wichtig, langwellige IR-Strahlung trägt wesentlich zum Wärmehaushalt des Körpers bei.

Unterschiedliche Beschreibungsweisen sind für das Licht erforderlich, wenn wir einerseits seine Ausbreitung im Raum (mit Brechung, Beugung und Reflexion) und andererseits seine Emission und Absorption durch Wechselwirkung mit materiellen (atomaren und makroskopischen) Systemen behandeln wollen:

1. Die Ausbreitung von Licht im Raum erfolgt als transversale elektromagnetische Welle und wird allgemein durch die *Maxwell*'schen Gleichungen (Abschnitt 14.9.7.3) beschrieben. Die Korrektur eines fehlsichtigen Auges mit einer Brille vollständig mit diesen Gleichungen zu berechnen, ist allerdings eine Aufgabe, vor der jeder Physiker zurückschrecken würde. Glück-licherweise lässt sich diese Berechnung – das gilt ebenso für die meisten anderen optischen Abbildungen – durch einfache Näherungsmethoden wie die Strahlengänge der Geometrischen Optik umgehen.

2. Der einzelne Emissions- und Absorptionsvorgang von Licht, also die Wechselwirkung von Licht mit Materie, ist mit dem Bild der elektromagnetischen Welle nur unzureichend zu beschreiben; hier wirkt das Licht wie ein Strom von in ihren geometrischen Ausdehnungen nicht eindeutig bestimmbaren Energiepaketen *(Energiequanten, Photonen).* Diese Elementarprozesse lassen sich erst durch die *Quantentheorie* verstehen. Die Wechselwirkungen von Licht mit Materie, also die Elementarprozesse von Emission, Absorption und Reflexion, können aber im Rahmen der *Quantentheorie* weitgehend quantitativ beschrieben werden.

Dass Licht in zwei extrem unterschiedlichen Erscheinungsformen auftreten kann, bezeichnet man als *Dualität* oder *Welle-Teilchen-Dualismus.* (Siehe hierzu *Materiewellen,* Abschnitt 18.6.) Sie sind sogar teilweise zueinander widersprüchlich: Die Lichtausbreitung

OPTIK: WISSENSCHAFT DES LICHTS		
Physiologische Optik	**Physikalische Optik**	**Technische Optik**
Funktion und Eigenschaften des Auges, des Sehens und des Bild-	Materialoptik:	Abbildungsoptiken:
Erzeugungsapparates	optische Materialeigenschaften, Nanooptik	optische Instrumente, digitale Bildaufbereitung
(Augen, Nerven, Gehirn):	Ausbreitung des Lichts:	Messungen des Lichts:
Bilder-Entstehung, Sensitivität, Farben,	Wellen und Photonen	Lichtquellen, Photometrie, Spektrometrie, Polarisation, Kohärenz
3-dimensionales Sehen	Theorien:	Materialbearbeitung, medizinisch-biologische Anwendungen
Colorimetrie	Strahlenoptik, Elektrodynamik, Quantenoptik	

stellt die räumliche Füllung von ausgedehnten elektromagnetischen Wellenfeldern in den Vordergrund, während die Wechselwirkung von Licht mit Materie zwischen atomar kleinen Elementarteilchen (vorzugsweise Photonen und Elektronen) beschrieben wird.

Ein wichtiger Aspekt der Optik ist die sehr schnelle Entwicklung einer großen Zahl künstlicher, technischer Lichtquellen im 19. bis zum 21. Jahrhundert. In Abb. 17.1 und 17.2 sind einige Beispiele von verschiedenen Lichtquellen zusammengestellt, deren Wellenlängenverteilungen (Farbabhängigkeiten) (Abb. 17.1C und D und die derzeit marktbeherrschende LED in Abb. 17.2) mit dem Tageslicht (Abb. 17.1B) verglichen werden.

In den folgenden Abschnitten wird zur Ausbreitung und zum Wellencharakter des Lichts einiges aus Abschnitt 7 („Wellen I") und Abschnitt 14.9.7 („Elektromagnetische Wellen") benötigt werden. Es sei empfohlen, bei der Lektüre des Abschnitts *Optik* gelegentlich zu diesen Abschnitten zurückzublättern.

17.2 Licht-Messgrößen

Energiegrößen Wir haben bereits in Abschnitt 14.9.7.2 erfahren, dass elektromagnetische Wellenfelder in der Lage sind, Energie – wir nennen sie die *Feldenergie* – zu transportieren. Die Energiedichte ϱ, d. h. die pro Volumeneinheit enthaltene Feldenergie, setzt sich aus elektrischem und magnetischem Anteil zusammen. Ihre Größe ergibt sich aus den Quadraten der Amplituden der am Transport beteiligten elektrischen und magnetischen Felder.

Diese beiden Anteile sind proportional zum Quadrat der Vektoren der elektrischen Feldstärke $\vec{E}$ bzw. der magnetischen Feldstärke $\vec{H}$ und ergeben sich aus Gln. (14-43) und (14-64):

$$\varrho = 1/2 \; (DE + BH) = 1/2 \; \left(\varepsilon_0 \varepsilon_{\mathrm{rel}} E^2 + \mu_0 \mu_{\mathrm{rel}} H^2\right).$$

Die Feldenergie breitet sich wie das elektromagnetische Wellenfeld mit *Lichtgeschwindigkeit c* aus, und für die *Intensität* oder *Energiestromdichte S* (S = Energiedichte x Lichtgeschwindigkeit) folgt daher:

$$S = c \, \varrho = c(\varepsilon_0 \varepsilon_{\mathrm{rel}} E^2 + \mu_0 \mu_{\mathrm{rel}} H^2) \, / \, 2 \qquad (17\text{-}1)$$

mit der *SI-Einheit* W m^{-2}. S gibt also den *Energiestrom* (die *Strahlungsleistung*) pro Einheit der Querschnittsfläche des Lichtbündels an (siehe Gl. (7-14b)).

Als weitere Messgröße dient die *Strahlstärke*, die als Energiestrom pro Raumwinkel mit der *SI-Einheit* W sterad^{-1} definiert ist. Will man angeben, wie ein Körper *beleuchtet* wird, so verwendet man die *Bestrahlungsstärke*. Das ist der auftreffende Energiestrom pro Flächeneinheit des beleuchteten Körpers (wobei die Fläche senkrecht zur Lichtstrahl-Richtung zu messen ist). Ihre *SI-Einheit* ist (wie die der Intensität) W m^{-2}.

Da E und H zu jedem Zeitpunkt zueinander proportional sind (Abschnitt 14.9.7), lässt sich Gl. (17-1) nach einiger Rechnung umformen in

$$S = E \, H. \qquad (17\text{-}2)$$

Gehen wir vom Wellenbild zum Photonenbild der Lichtstrahlung (Abschnitt 17.5) über, so werden in Gl. (17-2) die Wellengrößen ersetzt durch die Energie der Photonen h ν (siehe auch Gl. (17-9)):

$$S = N \, h \, \nu = N \hbar \omega, \qquad (17\text{-}3)$$

wobei N die Anzahl der pro Zeiteinheit durch die Einheit der Querschnittsfläche des Lichtbündels hindurchtretenden Photonen der Energie h ν ist. h ist hierbei die Planck'sche Konstante (das Planck'sche Wirkungsquantum, h = 6,63 · 10–34 J s, deren Entdeckung bei der Herleitung des *Planck'schen Strahlungsgesetzes* um 1900 den Siegeszug der *Quantentheorie* auslöste und die wir schon in Abschnitt 3.3 eingeführt haben. Oft verwendet man statt der Frequenz ν die Kreisfrequenz ω ($\omega = 2\pi \, \nu$), und dann tritt an die Stelle von h in Gl. (17-3) die Konstante h = $2\pi \hbar$, die mit $\hbar$ (sprich: „h quer") bezeichnet wird.

Es ist üblich, die Ausbreitungsrichtung des Energiestroms in die Größe S einzubeziehen, die damit zu Vektor $\vec{S}$, dem Ausbreitungsvektor (auch *Poynting-Vektor* genannt), wird.

Da die Vektoren der elektrischen und der magnetischen Feldstärke, $\vec{E}$ und $\vec{H}$, senkrecht auf der Ausbreitungsrichtung stehen (elektromagnetische Wellen sind Transversalwellen, Abschnitt 14.9.7), erhalten wir einen Vektor in Richtung der Ausbreitung durch das Vektorprodukt (siehe Anhang) aus $\vec{E}$ → und $\vec{H}$:

$$\vec{S} = \vec{E} \times \vec{H} \quad \text{(x bezeichnet hier das Vektorprodukt).}$$
(17-4)

Die Intensität der Gl. (17-2) gibt den Betrag des Poynting-Vektors (17-4) an.

Lichttechnische (photometrische) Größen

Das *menschliche Auge* (zusammen mit der nachgeschalteten *Signalverarbeitung* durch Sehnerv und Gehirn) ist ein *herausragendes* Beispiel für die erfolgreiche Anpassung des menschlichen Körpers an äußere Lebensbedingungen, die im optischen Bereich früher ausschließlich durch Sonne, Gestirne oder brennende Gegenstände bestimmt waren.

Das Auge bestimmt die Intensität von Licht nicht quantitativ, vielmehr passt es seine Empfindlichkeit an die herrschenden Lichtverhältnisse an (*Adaptierung*). Zudem ist die Empfindlichkeit an den Grenzen des Sichtbaren zum Ultravioletten und zum Infraroten (Abb. 14.42) wesentlich geringer als etwa in der Mitte des sichtbaren Spektralbereichs. Gleiche Lichtintensitäten aus verschiedenen Spektralbereichen werden also als verschieden hell empfunden. Wie alle Sinneswahrnehmungen ist die Licht-Wahrnehmung ein subjektiver, d. h. individuell unterschiedlich wahrgenommener Vorgang und damit eigentlich als subjektive Größe nicht objektiv messbar.

Durch den *Trick*, Lichthelligkeits- und Farbempfindungen, die durch Auge und Signalverarbeitung im Gehirn entstehen, durch *Mittelwertbildung* über *viele* Menschen formal numerisch festzulegen, ist es dennoch gelungen, *subjektive* Lichtempfindungen *vergleichbar* und damit *quantitativ messbar* zu machen. Dazu wurden *physiologisch* bewertete, sogenannte *photometrische Messgrößen* und *Einheiten* eingeführt (siehe unten).

Abbildung 17.1a zeigt zwei Empfindlichkeitskurven des Auges. Sie haben ihre Maxima im Gelbgrünen bei 510 nm bzw. 555 nm, also nahe den Wellenlängen, wo das Sonnenlicht am intensivsten ist. Das Empfindlichkeitsmaximum des dunkeladaptierten Auges (*Dämmerungssehen*) bei 510 nm ist gegenüber dem des helladaptierten Auges geringfügig zu kürzeren Wellenlängen verschoben, ähnlich dem Unterschied zwischen Mondlicht und Sonnenlicht.

Um die Helligkeits*empfindungen* des Auges quantitativ messen zu können, werden analog zu den Energiegrößen weitere subjektive Lichtmessgrößen eingeführt, die die Empfindlichkeitskurven des Auges mitberücksichtigen. Sie werden auch als *physiologisch bewertete* Größen bezeichnet und ergeben sich durch Multiplikation der Energiegrößen mit den Werten der relativen gemittelten Augenempfindlichkeitskurven von Abb. 17.1a.

Die von einer Lichtquelle in einen Raumwinkel Ω ausgesandte, physiologisch bewertete Strahlung wird der *Lichtstrom* Φ genannt (SI-Einheit: Lumen, Abschnitt 1.1.2). Der Lichtstrom pro Raumwinkel wird als *Lichtstärke* I bezeichnet: $I = \Phi/\Omega$.

Lichtquellen mit Strahlung unterschiedlicher spektraler Zusammensetzung, die dem Auge (in gleichem Abstand) gleich hell erscheinen, haben per definitionem dieselbe Lichtstärke.

Im *Internationalen Einheiten-System* (SI) ist für die Lichtstärke eine spezielle Basiseinheit, *Candela* (cd), eingeführt worden (siehe Abschnitt 1.1.2).

Als weitere lichttechnische Größe wurde die *Beleuchtungsstärke* B eingeführt. Sie gibt den *Lichtstrom* pro Flächeneinheit des beleuchteten Körpers (senkrecht zur Strahlrichtung gemessen) an. Fällt ein Lichtstrom Φ senkrecht zur Strahlrichtung auf eine Fläche A eines nicht selbst leuchtenden Gegenstands, so ist die Beleuchtungsstärke $B = \Phi/A$. SI-Einheit von B ist *Lux*.

Im Maximum der Empfindlichkeit des helladaptierten Auges (bei 555 nm) entspricht dem

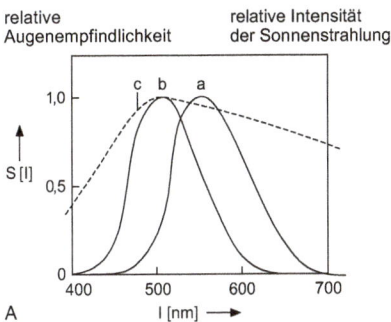

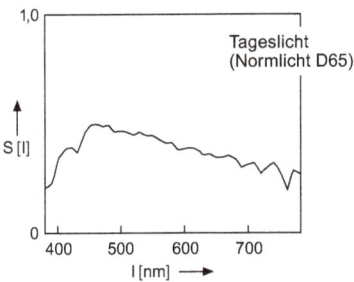

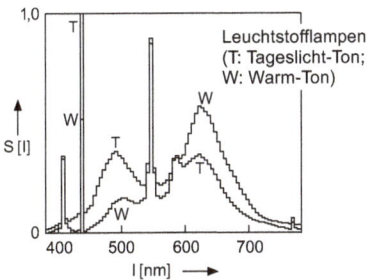

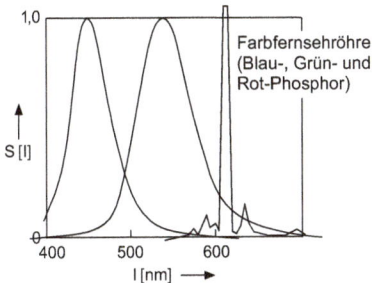

Abb. 17.1: *Lichttechnik* (A): vereinfachte
Empfindlichkeitskurven des Auges (S:rel.Intensität): (a)
Helladaption, (b) Dämmerungssehen, (c)
Sonnenspektrum im sichtbaren Spektralbereich.
Alltagslichtquellen: (B) Tageslichtspektrum, (C)
Leuchtstofflampen-Spektrum im sichtbaren
Spektralbereich, (D) Farben des Fernsehbildschirms.

Lichtstrom 1 Lumen der Energiestrom 1,46 ·
10^3 W. Zum Vergleich: Im Roten ist für einen
gleich starken Lichteindruck etwa die 1000-
fache (energetische) Lichtleistung erforderlich.

Die Leistungsfähigkeit einer Lichtquelle
wird durch die *Lichtausbeute* A beschrieben.
Sie ist definiert als der Quotient aus dem
emittierten Lichtstrom Φ und der dafür erforderlichen (meist elektrischen) Leistung L:

$$A = \Phi/L \text{ mit der Einheit [Lumen/Watt]}.$$

Beispiel: Eine 75 Watt Glühlampe verbraucht
75 W elektrischer Energie und emittiert 850
Lumen. Damit gilt:

A = 11 Lumen/Watt. (Moderne Lichtquellen wie Leuchtstoff-Sparlampen oder *LEDs*
zeichnen sich durch wesentlich höhere *A*-
Werte aus. Details in Abschnitt 17.3.)

17.3 Strahlungsquellen

Optische Strahlung – vom Infraroten bis hin zum Ultravioletten – kann von Atomen oder Molekülen im
gasförmigen, flüssigen oder festen Aggregatzustand
emittiert oder absorbiert werden, zumeist indem
Elektronen der Atome oder Moleküle ihre Energie
und damit die Energiebilanz von Materie ändern. Die
Möglichkeit zu solchen Energieänderungen ist durch
feste Regeln der *Quantentheorie* eingeschränkt, die
wir in den folgenden Abschnitten näher kennenlernen
werden. Die Änderungen erfolgen zumeist durch *Quan-
tensprünge*, die zwischen den durch die *Quantentheorie*
vorgegebenen diskreten *(gequantelten)* elektronischen
Energiezuständen in den *einzelnen* Atomen oder Molekülen von gekoppelten Licht- Materie-Systemen möglich sind. Im Gegensatz zum Alltagsgebrauch der Bezeichnung sind sie extrem klein.

Nebenbei sei darauf hingewiesen, dass der
physikalische *Terminus technicus Quanten-
sprünge* in der *Quantentheorie* allgemein
extrem kleine, sprunghafte, im Allgemeinen
nicht weiter teilbare Elementarprozesse von

Elementarteilchen wie Elektronen oder Energiequanten (Photonen) zwischen quantisierten Energieniveaus von einzelnen Atomen oder Molekülen charakterisiert.

Max Planck entdeckte im Jahr 1900 die kleinste *unteilbare* Einheit der *Wirkung*, das *Wirkungsquant.*

Bei Quanten handelt sich um extrem *kleine, unteilbare Energieänderungen,* beispielsweise durch Absorption oder Emission, eines einzelnen Photons in dem quantisierten Energieniveau-System eines einzelnen Atoms oder Moleküls oder allgemeiner um *winzige* Zustandsänderungen auf atomarer Ebene.

Die einfachsten Verhältnisse finden wir bei der Licht-Emission aus *Gasen* geringer Dichte, bei denen das Spektrum der emittierten Strahlung weitgehend durch das einzelne, isolierte Atom oder Molekül bestimmt wird. Die *Quecksilber-* und die *Natriumdampflampe* sind dafür Beispiele. Bei ihnen entsteht Licht durch eine *Gasentladung* (Abschnitt 15.2.2), die in einem gasgefüllten Glas- oder Quarzglasrohr gezündet wird und bei der Licht aus einzelnen isolierten Atomen oder Molekülen emittiert wird.

> Die Spektren glühender kompakter Körper, in denen Atome und Elektronen so dicht gepackt sind, dass sie sich durch Wechselwirkungskräfte miteinander beeinflussen, unterscheiden sich wesentlich von denen der Gasentladungsquellen.

Dabei ist es von untergeordneter Bedeutung, ob der Körper ein glühendes, unter hohem Druck stehendes Gas (Beispiel: Sonne), eine glühende Flüssigkeit (Beispiel: Glasschmelze) oder ein glühender Festkörper (Beispiel: Wolfram-Draht in einer Glühlampe) ist. Er emittiert umso mehr Strahlung, je stärker man ihn aufheizt, weshalb diese Art der elektromagnetischen Strahlung unter dem Begriff *Temperaturstrahlung* zusammengefasst wird. Der sichtbare Anteil davon wird

auch als *Glühlicht,* der im IR liegende Anteil als *Wärmestrahlung* bezeichnet.

Neben solchen *thermischen* Lichtquellen und den *Gasentladungslampen* sind vor 50 Jahren mit den *Lasern* sehr vielseitige Lichtquellen entwickelt worden. Ihre Art der Lichtanregung und die Eigenschaften ihrer Strahlung unterscheiden sich *wesentlich* von der aller übrigen Lichtquellen. Ihnen ist im Folgenden wegen ihrer großen Bedeutung und auch wegen ihrer vielfältigen Anwendungen in der *Medizin*, ein eigener Abschnitt (17.12) gewidmet.

Von geringerer praktischer Bedeutung sind bis jetzt mit Ausnahme der *Photodioden* (LEDs, light emitting diodes) die *Lumineszenz*-Strahlungsquellen, die wegen ihrer andersartigen Funktionsweise auch als *Kaltlichtlampen* bezeichnet werden.

Die *LED-Lichtquellen* sind Halbleiter-Quellen, die *direkte* Elektronenübergänge zwischen Valenz- und Leitungsband zur Lichtemission mit extrem hoher Effizienz ausnutzen und im Alltagsgebrauch die früher üblichen Glühlampen fast völlig verdrängt haben, da diese nur zu wesentlich geringerem Anteil aus der elektrischen Energie Licht erzeugen,

Abbildung 17.2 zeigt schematisch die Funktion: Der durch elektrischen Strom angeregte direkte Elektronenübergang zwischen Leitungs- und Valenzband eines p-n Halbleiters (Abschnitt 15.3) bewirkt die Emission von blauem Licht. Durch Mischung mit dem gelben Licht eines angeregten Phosphors entsteht weißes Licht, dessen Spektrum im unteren Bild gezeigt wird.

Moderne Lichtquellen Neu entwickelte künstliche Lichtquellen wie Kompakt-Leuchtstofflampen (die auf dem Prinzip der Gasentladung beruhen) oder lichtemittierende Halbleiterdioden, LEDs, weisen keine den Wärmestrahlungsquellen ähnelnde Spektren auf (siehe Abb. 17.1). Wichtig ist, dass sie Licht-Wirkungsgrade auf-

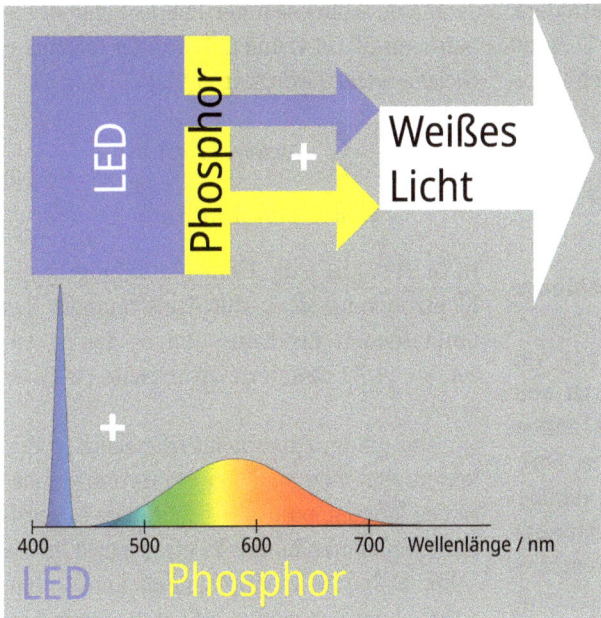

Abb. 17.2: Erzeugung von weißem Licht mittels LED (light emitting diode). Oben: Prinzip, unten: Emissionsspektrum.

weisen, die erheblich größer als die von weißen thermischen Strahlern sind.

Wird eine *direkte Halbleiterdiode* (Abschnitt 15.2.4 und 15.3.1) durch eine Gleichspannung in Durchlassrichtung gepolt, dann fließt ein Elektronenstrom, im n-dotierten Teil im Leitungsband, im p-dotierten Teil im Valenzband. Im Bereich der Sperrschicht *springen* die Elektronen aus dem Leitungsband über die Bandlücke in *Löcherzustände* im Valenzband hinunter und geben pro Elektron die *Bandlückenenergie W* in Form eines Photons der Wellenlänge $\lambda = h\,c / W$ ab. In der Interpretation als *Rekombination von Elektronen und Löchern* wird die Abgabe dieser Photonen als *Rekombinationsleuchten* bezeichnet.

Dieser Typ von Lichtquellen wird aus dünnen semitransparenten Schichten in Halbleitertechnologie produziert. LEDs haben heute die höchsten technisch erreichbaren Licht-Wirkungsgrade. In *physiologischen* Einheiten gemessen, wurde 2012 als höchster Wert für die Lichtausbeute einer Lichtquelle

250 Lumen/Watt erreicht. Das ist nicht mehr weit vom theoretischen Maximum von 350 lm/W entfernt. (Dieser Wert wäre erreicht, wenn die *gesamte* zugeführte elektrische Energie in Licht umgewandelt werden könnte.) In *kommerziellen* LEDs sind Werte um 80 lm/W üblich. (Zum Vergleich: Glühlampen bringen 11, Kompaktröhren 55 lm/W). Die Lichtausbeute ist also mehr als 10-mal besser als die von Glühlampen, und es werden mehr als 30 % der elektrischen Verbrauchsleistung in Licht umgesetzt. Als „Abfall" wird Stromwärme produziert.

Zur Lichtqualität: Die emittierten Frequenzspektren sind schmalbandig, aber *nicht* monochromatisch (siehe Abb. 17.2) und hängen von den Leitungs- und Valenzbandstrukturen der verwendeten Materialien ab.

Heute kann eine Vielzahl von *Farben* vom nahen IR (AlGaAs-Halbleiter mit $\lambda_{max} \approx$ 1000 nm) bis zum UV (AlGaN-Halbleiter mit $\lambda \approx 230$ nm) durch *Auswahl* von Halbleitermaterialien mit *geeignetem* W erzeugt werden.

Um *weiße LED-Leuchtmittel* zu erhalten, werden z. B. *blaue* LEDs (siehe Abb. 17.2) mit einer *gelblichen* Lumineszenzschicht (Ce-dotiertes Yttrium-Aluminium-Granat, YAG) lackiert, wie sie auch in Kompaktleuchtstoffröhren Verwendung findet, deren *primäre Emission* aus UV-Strahlung einer Hg-Gasentladung stammt.

Obwohl LEDs *keine* Wärmestrahlungsquellen (Temperaturstrahler) sind, ist es üblich, den *Weißton* ihrer Strahlung wie beim Ideal-Schwarzen Strahler durch eine *Farbtemperatur* zu charakterisieren, indem man ihr Emissionsspektrum auf das Farbwahrnehmungsspektrum des Auges abbildet und es dort mit dem Planck'schen Strahlungsspektrum bei der entsprechenden Temperatur abgleicht. *Kaltweißem* (tageslichtähnlichem) Licht werden Farbtemperaturen von 5.500 K bis 6.000 K zugeordnet, *warmweißem* (glühlampenähnlicherem) Licht 2.700 bis 3.000 K.

17.4 Bohr'sches Atommodell

Zum Verständnis der Strahlungsquellen müssen wir speziell den in Abschnitt 5 skizzierten Aufbau der *Atomhülle* heranziehen, denn Atome emittieren oder absorbieren Lichtquanten durch Elektronenübergänge zwischen den diskreten Energieniveaus hauptsächlich der *Elektronenhülle*. Wir wollen am *Bohr'schen Atommodell* für ein einzelnes Wasserstoffatom, dem einfachsten Atom des Periodensystems, erläutern, was mit diesen Übergängen gemeint ist.

Das *Wasserstoffatom* besteht aus *einem Proton* als *Kern* und *einem Elektron* in der *Hülle*. Dieses Elektron, so stellte es sich Bohr vor, kreist um den Atomkern wie ein Planet um die Sonne. Es wird durch die zwischen ihm und dem Proton wirkende *Coulomb-Kraft* auf eine Kreisbahn um den Kern ge-

zwungen, wobei sich der Radius r der Kreisbahn mit Gl. (14-1) und (2-7) aus der folgenden *Gleichgewichtsbedingung* ergibt:

$$\frac{1}{4\pi\varepsilon_0}\frac{e^2}{r^2} \;(Coulombkraft)$$
$$= mr\omega^2 \;(Zentrifugalkraft).$$

(17-5)

In Gl. (17-5) ist e die Elementarladung, m die Elektronenmasse, ω die Kreisfrequenz des umlaufenden Elektrons und ε_0 die in Abschnitt 14.7.3 definierte elektrische Feldkonstante.

Um die im Experiment beobachteten diskreten optischen Spektren des H-Atoms erklären zu können, postulierte Bohr, dass es spezielle Kreisbahnen für das Elektron geben müsse (Abb. 17.3), die es durchlaufen kann, ohne dabei elektromagnetische Energie abzugeben oder aufzunehmen (*Bohr'sches Postulat der stationären Bahnen*). Die Annahme geschlossener stationärer Bahnen lässt sich auch durch die Annahme stationärer Werte ihrer Energien, den Energieniveaus, ausdrücken. Wenn ein Elektron seine Energie ändert, dann kann das nur durch einen Quantensprung geschehen, und es wird ein Photon absorbiert oder emittiert. Dies geschieht in der Regel in extrem kurzen Zeiten. Ausnahmen werden später beschrieben werden.

Maximal können zwei Elektronen auf jeder erlaubten Kreisbahn in entgegengesetztem Umlaufsinn um den Kern laufen (*Pauli-Prinzip*). Die erlaubten Kreisbahnen werden mit der *Quantenzahl n* nummeriert. Der stationäre energetische Grundzustand mit der niedrigsten Energie ist die innerste Bahn mit $n = 1$ in Abb. 17.3.

Tatsächlich ist aber die Annahme *nichtstrahlender* Bahnbewegungen der Elektronen ein klarer Widerspruch zur *klassischen*, für makroskopische Systeme geltenden Elektrizitätslehre, nach der ein *kreisendes elektrisch geladenes* Teilchen als *Antenne* wirkt und elektromagnetische Wellen abstrahlt. Erst die Quantentheorie hat für dieses Problem eine Lösung geliefert.

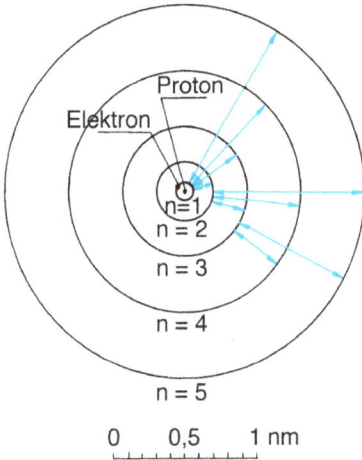

Abb. 17.3: Maßstabsgetreues Bild des Bohr'schen Atommodells des Wasserstoffatoms (gezeichnet bis *zur Quantenzahl n = 5*). Der stabile Grundzustand ist mit *n* = 1 gekennzeichnet. Die Pfeile kennzeichnen mögliche Anregungen/Übergänge des Elektrons von einer Bahn zu einer anderen.

Für das eine Elektron auf der *n*-ten stationären Kreisbahn mit dem Radius r_n (n = 1, 2, 3, ...) lässt sich mit Gl. (17-5) die zeitlich konstante Gesamtenergie $E_n = E_{kin} + E_{pot}$ berechnen:

$$E_n = \frac{e^2}{8\pi\varepsilon_0 r_n} \quad \text{mit } n = 1, 2, 3, \ldots . \qquad (17\text{-}6)$$

Dabei ist angenommen, dass die Energie den Wert null annimmt, wenn r gegen ∞ geht, d. h., wenn Elektron und Kern unendlich weit voneinander entfernt sind (das Elektron also aus dem atomaren System frei wird). Gebundene Zustände eines Elektrons mit geringerem Abstand r und einer geschlossenen Kreisbahn sind dann wie bei der Molekülbindung (Abschnitt 5.1.1) durch eine *negative* Gesamtenergie gekennzeichnet.

Im folgenden Abschnitt werden wir zeigen, wie das Elektron von einer zu einer anderen Bohr'schen Bahn übergehen kann. Die damit verbundene Änderung der Energie E_n ist mit der Absorption oder Emission eines Lichtquants der Energie E_n verknüpft.

Die im Experiment beobachteten Lichtspektren des H-Atoms unterscheiden sich von Bohrs Bild (Abb. 17.3), aber sie lassen sich mit den Energien der Gl. (17-6) quantitativ erklären, wenn man mit Bohr die Annahme macht, dass die Radien der *stationären* Elektronenbahnen durch folgende Beziehung festgelegt sind:

$$r_n = \frac{h^2 \varepsilon_0}{\pi m e^2} n^2. \qquad (17\text{-}7)$$

Die Quantenzahl n ist eine positive ganze Zahl, die von 1 bis unendlich laufen kann, und h ist das bereits in Abschnitt 3.3 eingeführte Planck'sche Wirkungsquantum. Die Gesamtenergien E_n, die das Elektron auf den verschiedenen stationären Bahnen hat (wir nennen sie auch Energieniveaus), finden wir schließlich, indem wir Gl. (17-7) in Gl. (17-6) einsetzen:

$$E_n = \frac{-m e^4}{8\varepsilon_0^2 h^2} \frac{1}{n^2} \quad \text{mit } n = 1, 2, 3, \ldots, \infty. \qquad (17\text{-}8)$$

Da n eine ganze Zahl ist, gibt es nur diskrete Energieniveaus; man nennt sie gequantelt oder quantisiert. (Daraus hat sich die Bezeichnung *Quantentheorie* ergeben.) Die durch diese Quantelungsvorschrift festgelegten Energien sind durch die Zahl n zu charakterisieren, die man daher als *Quantenzahl* (Haupt–Quantenzahl) bezeichnet.

In Abb. 17.3 sind die realen, stationären Elektronenbahnen (auch „Orbitale" genannt) des H-Atoms gezeichnet, wie wir sie heute kennen.

Überlässt man das H-Atom sich selbst, so nimmt das Elektron den Zustand mit n = 1 ein, denn dieser hat die niedrigste Energie und ist daher am stabilsten. Es ist der zuvor eingeführte Grundzustand. Alle anderen Zustände werden als *angeregte* Zustände bezeichnet, da es der Zufuhr einer der diskreten Energien von außen bedarf, um das Elektron auf diese Zustände anzuheben, also anzuregen.

> Bohr wusste bei der Formulierung seines Atommodells noch nichts von der Wellennatur der Elektronen (siehe auch Abschnitt 18.6) und ihrer Dichteverteilung im Atom, wie wir sie bereits in Abschnitt 5.1 und Abb. 5.2 kennengelernt haben. Durch sie wird das Bild des um den Kern wie ein Planet um die Sonne kreisenden punktförmigen Elektrons falsch, da sich der *momentane* Ort des Elektrons zu einer bestimmten Zeit im Atom *nicht* angeben, d. h. *lokalisieren* lässt. Man kann nur seine *Aufenthaltswahrscheinlichkeit* angeben.

Moderne Theorieansätze Bis heute ist es nicht gelungen, den Elektronen eine Partikel-Größe (Durchmesser, Ort) quantitativ zuzuschreiben. Beschreiben wir ein Elektron nicht als einen zu jeder Zeit lokalisierbaren Masse- und Ladungspunkt, sondern mit einer *Wellenfunktion,* deren Quadrat an einem beliebigen Ort ein Maß für die *Aufenthaltswahrscheinlichkeit* des Elektrons an diesem Ort ist, dann dienen anstelle der Bohr'schen Bahnen die räumlichen Ladungsverteilungen, d. h. Aufenthaltswahrscheinlichkeiten, zur Kennzeichnung des Grundzustands und angeregter Zustände (der Orbitale). In diesen ausgedehnten Zuständen können sich Elektronen dauernd aufhalten, ohne elektromagnetische Energie abzugeben oder aufzunehmen (Erweiterung des Bohr'schen Postulats).

Abbildung 17.4 zeigt die Raumbereiche für den Grundzustand ($n = 1$) und den ersten angeregten Zustand ($n = 2$) des *freien* Wasserstoffatoms; zum Vergleich sind die entsprechenden Bohr'schen Kreisbahnen im gleichen Maßstab wiedergegeben. Derartige Raumbereiche sind also dreidimensional (z. B. kugel- oder kugelschalenförmig) anstelle von Kreisbahnen; man

bezeichnet sie auch als *Schalen* (für $n_{Bohr} = 1$ ist es die *K-Schale,* für $n_{Bohr} = 2$ die *L-Schale,* für $n_{Bohr} = 3$ die *M-Schale* usw.). Sie haben also mit den Bohr'schen Kreisbahnen keine Ähnlichkeit, lediglich ihr Schalendurchmesser ist r_n in Abb. 17.4a und 17.4b ähnlich. Den *Ort* eines Elektrons zu einer bestimmten Zeit in diesen Raumbereichen kann man *nicht* angeben, sondern nur seine *statistisch ungeordnete* Aufenthaltswahrscheinlichkeit (Abb. 17.4c).

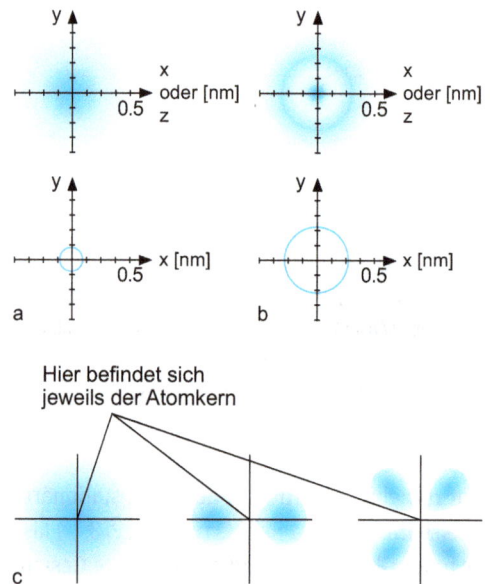

Abb. 17.4: Ladungsverteilung (a) im Grundzustand ($n = 1$) und (b) im 1. angeregten Zustand ($n = 2$) des Wasserstoffatoms. Die Farbtiefe ist ein Maß für die Ladungsdichte. Die Ladungsbereiche muss man sich räumlich vorstellen. Zum Vergleich sind im gleichen Maßstab die Bohr'schen Bahnen gezeichnet. (c) Die drei möglichen Orbitale für $n = 3$.

Eine zweite Schwierigkeit des Bohr'schen Modells liegt in der Interpretation der in Gl. (17-8) eingeführten Quantenzahl n. Heute wird sie als *Hauptquantenzahl* bezeichnet, man weiß aber auch, dass Details des Atomaufbaus durch weitere Quantenzahlen wie die *Nebenquantenzahl,* die *Spin-Quantenzahl* und die *magnetische* Quantenzahl bestimmt werden. Beim Wasserstoff genügt die Kenntnis von n für die zahlenmäßig richtige Interpretation der experimentell ermittelten Emissions- oder Absorptions-Spektren, weil dieses Atom als allereinfachstes nur aus einem Proton und einem Elektron besteht. Dies ist auch der Grund, weshalb das Bohr'sche Atommodell ausschließlich das H-Atom exakt beschreibt.

Von *Sommerfeld* wurde das Bohr'sche Atommodell durch Einführung weiterer Quantenzahlen erweitert. Dies sind die Nebenquantenzahl (oder Drehimpuls-Quantenzahl) und die magnetische Quantenzahl (oder Spin-Quantenzahl). Sie ermöglichen die Erklärung beobachteter Feinstrukturen von optischen Spektren und auch eine näherungsweise Beschreibung der Spektren komplizierter und größerer Atome wie Li, K, Na usw. Auch hier wurde eine weitere Korrektur durch die Quantentheorie erforderlich.

Atome anderer Elemente als Wasserstoff (mit mehr Elektronen und Protonen und zusätzlich mit Neutronen) haben also ebenfalls erlaubte, stationäre Zustände, allerdings liegen deren Energieniveaus anders. Die Ursache ist, dass die elektrische Ladung des Kerns, d. h. die Zahl der Protonen mit der Ordnungszahl des chemischen Elements, zunimmt und sich nun mehrere Elektronen in verschiedenen Energiezuständen aufhalten, zwischen denen zusätzliche (abstoßende) Coulomb-Kräfte wirken.

Die Besetzung der Niveaus mit Elektronen wird durch das *Pauli'sche Ausschließungs-Prinzip* geregelt: Jeder durch alle Quantenzahlen festgelegte Zustand kann nur mit einem Elektron besetzt werden. Die Elektronen eines Atoms müssen sich also auf verschiedene Zustände verteilen. Dabei werden die Zustände mit niedriger Energie bevorzugt besetzt, damit die Gesamtenergie des Atoms minimal wird. (Wie wir bereits aus der Mechanik wissen, ist ein stabiler Gleichgewichtszustand stets durch ein Minimum der Gesamtenergie ausgezeichnet.)

17.5 Emission von Licht aus Atomen

Den Vorgang der *Emission* können wir für das Atom mit der einfachsten Struktur, das H-Atom, am Bohr'schen Modell veranschaulichen, wenn es sich im idealen Gaszustand (d. h. ohne wesentliche Wechselwirkung mit Nachbaratomen) befindet.

Qualitativ gelten die Aussagen, die aus dem Bohr'schen Modell folgen, aber auch für Atome schwererer Elemente. Da sichtbares Licht nämlich meist durch die energiereichsten Elektronen (die *Leuchtelektronen* oder *Valenzelektronen*) in den äußersten *besetzten* Schalen der Atome erzeugt wird, können wir uns die Atome mit *einem* Elektron auf der äußersten besetzten Schale (z. B. Na oder Ag) vereinfachend so vorstellen, dass ein Atom aus einem elektrisch einfach-positiven *Atomrumpf* und nur einem Elektron, dem *Leuchtelektron*, besteht. (Die übrigen Elektronen sind in tiefer liegenden Energiezuständen im Rumpf enthalten und sollen in diesem vereinfachten Modell zur Emission nicht berücksichtigt werden und nichts beitragen.)

Dieses hypothetische Gebilde hat nun Ähnlichkeit mit dem H-Atom; es ist *wasserstoffähnlich* und kann mit dem Bohr'schen Modell interpretiert werden. Das äußerste Elektron ist übrigens nicht nur für die Lichtemission und -absorption wesentlich, sondern auch für die *chemische Bindung*. Daher ist die optische Spektroskopie zu einem wichtigen Hilfsmittel für die *chemische Analyse* und speziell auch für die Aufklärung von biologischen Molekülstrukturen geworden.

Bohr postulierte in seinem Modell, dass das Elektron des H-Atoms von einer Bahn zur anderen übergehen kann, wobei die Differenz zwischen den Energien dieser Bahnen in Form *eines Quants* elektromagnetischer Strahlung vom Atom aufgenommen (absorbiert) oder abgegeben (emittiert) wird. Das Quant ist also zugleich die Energie des involvierten Photons.

Wird ein Elektron angeregt, d. h. auf ein höheres, unbesetztes Energieniveau angehoben – beispielsweise beim Zusammenstoß eines Atoms mit einem im elektrischen Feld einer Gasentladung (z. B. in einer Leuchtstoffröhre) beschleunigten Ion –, so kann es von selbst zu einem Niveau niedrigerer Energie, d. h. zu einem Zustand größerer Stabilität, zurückkehren (vorausgesetzt, dieser Zustand ist unbesetzt). Oft ist das der Grundzustand, da dieser die niedrigste Energie besitzt. Die Energiedifferenz ΔE zwischen dem angeregten Zustand (E_2) und dem Grundzustand (E_1) wird dabei (normalerweise) durch Emission von elektromagnetischer Strahlung abgegeben. Nach dem Energiesatz gilt: $E_2 - E_1 = h\nu$, wobei $h\nu$ die Quantenenergie des emittierten Strahlungsquants, eines Photons, ist.

Je größer die Energiedifferenz ist, desto größer ist auch die Frequenz ν der Strahlung und desto kleiner ist die Wellenlänge:

$$E_2 - E_1 = h\nu = \hbar\omega = h\frac{c}{\lambda}, \qquad (17\text{-}9)$$

wobei h das Planck'sche Wirkungsquantum (Abschnitt 3.3 und 17.2) ist und $\hbar$ eine Abkürzung für $h/2\pi$ bedeutet.

Ein Elektron, das im von Umgebungsatomen isolierten Atom in einen angeregten Zustand angehoben, der Zustand also besetzt wurde, braucht normalerweise weniger als $\Delta t = 10^{-8}$ s an Zeit, um in den Grundzustand zurückzukehren. Es handelt sich also um einen *spontanen* Übergang, der nicht von außen irgendwie angestoßen werden muss.

Im Bild der elektromagnetischen Welle wird während dieser Zeit ein *Wellenzug* ausgesandt, dessen Länge $l = c\,\Delta t$ von der Größenordnung einiger Zentimeter ist, also bei sichtbarem Licht aus einigen Hunderttausend Wellenlängen besteht. Das Atom gibt dabei an das das Atom umgebende und den ganzen Raum füllende elektromagnetische Feld eine festbestimmte „Portion" von Energie ab, nämlich die Quantenenergie $h\nu$. Bringt man zum Nachweis der Strahlung einen *Strahlungsempfänger* (Abschnitt 20.7) in das Feld, so vermag dieser dem

Feld Energie exakt dieser Menge, also ein Quant (oder seltener: Vielfache davon) zu entnehmen, und beispielsweise die Feldenergie in einen elektrischen *Strom* umzuwandeln, der dann mit einem Strommesser angezeigt wird.

Ein solcher Strahlungsempfänger nutzt i. A. den zur *Emission inversen Effekt* der *Absorption* aus, wobei jedes einzelne eintreffende Lichtquant ein Elektron aus dem Grundzustand E_1 eines Empfänger-Atoms in einen *angeregten* Zustand E_2 überführt. Auch hierfür gilt die Energiebilanz von Gl. (17-9), allerdings läuft der Vorgang *zeitumgekehrt* ab.

Diese Vorgänge sind weder im Bild von korpuskularen Materieteilchen und auch nicht mehr im herkömmlichen Bild elektromagnetischer Wellen zu verstehen: Es tritt ein völlig neuartiges Phänomen auf, das erst im Rahmen der Quantentheorie zu deuten ist. Die Energieportionen (*Energiequanten, Lichtquanten* oder *Photonen*) sind proportional zur Frequenz des zugehörigen Wellenfeldes, $E = h\nu$; sie enthalten die *kleinste* für eine bestimmte Frequenz erzeugbare und nachweisbare Strahlungsenergie, nämlich die, die mit einem *gequantelten Elementarprozess* der Emission oder Absorption verbunden ist.

Beim „Sprung" eines gebundenen Elektrons von einer Bahn zu einer anderen wird also nach Gl. (17-9) i. A. genau *ein* Photon emittiert oder absorbiert. Ist bei einem anderen Übergang der Energieabstand der Niveaus größer, kommen *nicht* etwa mehrere Photonen ins Spiel, sondern die Frequenz des *einen* Photons ist dann größer. Nur unter besonderen, *seltenen* Umständen können auch mehrere Photonen zugleich absorbiert oder emittiert werden. Geht jedoch das Leuchtelektron vom angeregten Zustand nicht direkt in den Grundzustand über, sondern in mehreren Schritten über dazwischenliegende weitere Energieniveaus, so können dabei *mehrere* Photonen niedrigerer Frequenzen emittiert werden (*Mehrphotonen-Prozesse*).

Nur durch komplizierte physikalische Hilfsmittel lassen sich Photonen-Energien bzw. Frequenzen ändern, indem diese weiter unterteilt werden. Strahlungsenergie ist also keine *kontinuierlich* veränderbare Größe, sondern *quantisiert*, wie schon zuvor gezeigt wurde. In Gl. (17-3) ist N daher eine ganze Zahl. Die Energie eines einzelnen Photons ist äußerst gering; man benötigt die Energie von etwa 10^{20} Lichtquanten von IR-Licht, um 1 g Wasser um 1 K zu erwärmen. (Wasser absorbiert in bestimmten Spektralbereichen des IR und erwärmt sich dabei.)

Für die elektromagnetische Welle, die vom *einzelnen* Atom ausgesandt wird, hat die *Quantisierung* der Energie die Folge, dass es sinnlos wird, das Quadrat ihrer *Amplitude* als proportional zur Energiestromdichte zu interpretieren, wie wir es für klassische mechanische und elektromagnetische Wellen in Abschnitt 7.1 und 14.9.7 tun. Denn das würde voraussetzen, dass die Energie in einer im Raum ausgedehnten Welle verteilt ist und nicht in Form diskreter Energiepakete. Stattdessen muss man zu einer *anderen Interpretation* greifen:

Das Quadrat der Wellenamplitude an einem Ort gibt die *Wahrscheinlichkeit* an, dass ein Photon absorbiert würde, wenn man an diesen Ort einen Strahlungsempfänger bringen würde.

Diese Interpretation über Wahrscheinlichkeiten ist formal analog zu der, die wir in Abschnitt 17.4 für die Elektronen im Atom kennengelernt haben: Dort war die *Materiewelle*, genauer: deren Amplitudenquadrat (siehe auch Abschnitt 18.6), ein Maß für deren Aufenthalts-Wahrscheinlichkeit, hier ist es die Lichtwelle als Maß für die Nachweiswahrscheinlichkeit eines Photons.

Es ist eine Besonderheit von Licht, dass es durch verschiedene Modelle, die sich zum Teil widersprechen, beschrieben werden kann, die unterschiedliche Experimente adäquat beschreiben.

Zwei Beispiele: die Beugung der Lichtwelle und die Absorption des Photons im Atom. Diese Besonderheit wird *Dualität* (oder: *Dualismus*) des Lichtes genannt und weist darauf hin, dass Licht nicht aus *materiellen* Teilchen besteht.

Diese neuartigen Deutungen des Lichtes sind notwendig, wenn nur einige wenige Photonen

in einem Wellenfeld enthalten sind oder an einem Ort absorbiert werden; ist ihre Zahl jedoch sehr groß wie in der Umgebung üblicher makroskopischer Lichtquellen, so können wir das Quadrat der elektromagnetischen Wellenamplitude doch wieder im klassischen Bild als ein gutes Maß für die (mittlere) Intensität der Strahlung ansehen, denn wir können uns dann die riesig großen Zahlen von Photonen (in einer Alltags-Glühlampe ≈ 1.018 Photonen/sec!) als gleichmäßig über den Raum verteilt vorstellen.

Wir haben hier ein Beispiel für den in Abschnitt 14.2.1 angesprochenen Sachverhalt, dass eine physikalische Größe, die eigentlich diskontinuierlich ist, sich also in diskreten Sprüngen ändert, bei großen Werten in eine quasikontinuierliche Größe übergeht, die mathematisch einfacher zu behandeln ist. Als Vergleichsbeispiel können wir die Verteilung von *Wassermolekülen* heranziehen: Im Wasserstrahl sind so viele Moleküle enthalten, dass wir von *kontinuierlicher* oder *quasikontinuierlicher* Wasserströmung sprechen können. Im verdünnten Wasserdampfstrahl hingegen, in welchem einzelne Moleküle mit zeitlichem Abstand aufeinander folgen, verliert das Modell der kontinuierlichen Strömung seinen Sinn.

Zugleich wird hier eine andere Aussage der Quantentheorie deutlich, nämlich der *eingeschränkte Determinismus* des Einzelprozesses.

So sind der Zeitpunkt oder das Zeitintervall, innerhalb dessen der einzelne Lichtemissionsvorgang stattfindet, nicht *genau* vorhersagbar. Zwar können wir finden, wann die *Wahrscheinlichkeit* für diesen Vorgang am größten ist, wenn wir viele Prozesse in vielen Atomen (z. B. im Wasserstoffgas) betrachten, aber jeder einzelne Vorgang kann etwas früher oder später erfolgen und etwas kürzer oder länger dauern. Diese *Unbestimmtheit* haben wir schon bei der Definition der *Aufenthaltswahrscheinlichkeit* des Elektrons in Abschnitt 17.4 kennengelernt. Es sei nur darauf hingewiesen, dass diese Wahrscheinlichkeit das Quadrat einer bekannten, speziellen quantenmechanischen *Wellenfunktion* darstellt und damit quantitativ berechenbar ist.

Zusammenfassend stellen wir fest: Zur Beschreibung des Lichtes muss dessen *Quantennatur* berücksichtigt werden, wenn nur *wenige* Photonen an einem Prozess beteiligt sind. Dies gilt für den *Elementarvorgang* der Emission und entsprechend für den in Abschnitt 17.8 näher zu beschreibenden Vorgang der Absorption. Die Ausbreitung von Licht hoher Intensität (großer Photonendichte), z. B. das Licht einer Lampe, erfolgt hingegen in guter Näherung wie im Modell der klassischen, ausgedehnten elektromagnetischen Welle.

17.6 Kohärenz, spontane und induzierte Emission

Die eben beschriebene Art der Emission von Licht nennt man spontane Emission. Bei diesem Prozess senden verschiedene Atome z. B. einer Gasentladungs-Lichtquelle (einer Leuchtstoffröhre) weitgehend unabhängig voneinander Lichtquanten aus. Ein in einem Atom gebundenes Elektron, das sich in einem angeregten (energetisch höheren) Zustand befindet, benötigt für die spontane Rückkehr in den Grundzustand eine Zeitdauer zwischen $\Delta t \approx 10^{-13}$ s und 10^{-8} s; danach bricht die Emission ab. Aufgrund der in Abschnitt 17.5 angesprochenen Unbestimmtheit ist völlig offen, wann das Elektron z. B. durch Absorption eines einfallenden Photons erneut angeregt und danach wieder zur Emission veranlasst werden wird. Der Beginn der Emission legt die Phasenkonstante φ_0 des während der Rückkehr des Elektrons in den Grundzustand ausgesendeten elektromagnetischen Wellenzuges fest. Die Emissionsdauer bestimmt die Länge l des Wellenzuges und damit den Ordnungsgrad des Lichtpulses. Dieser Ordnungsgrad wird Kohärenz genannt und seine Länge $l = c \Delta t$ die Kohärenzlänge, wobei c die Lichtgeschwindigkeit bedeutet. Über längere Zeit betrachtet, setzt sich das von einer Lichtquelle emittierte Licht aus einer Vielzahl von kurzen, aus verschiedenen Atomen ausgesandten Wellenzügen mit regellos verteilten Phasenkonstanten zusammen. Diese bilden durch Überlagerung neue Wellenzüge. Solche statis-

tisch ungeordneten Folgen nennt man auch Rauschen, die zugehörigen Quellen Rauschquellen. Ein anderes typisches Beispiel für Rausch-Lichtquellen ist ein hocherhitzter Metalldraht in einer Glühlampe.

Die mittlere Zeit Δt bezeichnet man als die Kohärenzzeit, die zugehörige Länge $l = c \cdot \Delta t$ des emittierten Wellenzuges als die Kohärenzlänge des Lichts. Ist l klein (z. B. nur einige Lichtwellenlängen lang), so ist das Licht inkohärent. Licht mit großer Länge l dagegen nennen wir kohärent. Rauschquellenlicht ist inkohärent.

Zur *quantitativen* Charakterisierung der *Kohärenz* dient der *Kohärenzgrad* ϰ, der zwischen den Grenzen 0 (d. h. inkohärent) und 1 (d. h. vollständig kohärent) variieren kann. Er lässt sich durch ein *Interferenzexperiment* messen, wie es in den Abschnitten 18.1.1 und 18.1.2 beschrieben wird. In einem solchen Experiment entstehen Muster aus hellen und dunklen *Interferenzstreifen*, die bei hoher Kohärenz starken, bei niedriger Kohärenz aber schwachen Kontrast zeigen. ϰ ist daher definiert als $\varkappa = (I_{max} - I_{min})/(I_{max} + I_{min})$, wobei I_{max} und I_{min} die Lichtintensitäten in einem hellen bzw. dem benachbarten dunklen Interferenzstreifen bedeuten.

Der Begriff der *Kohärenz* ist nicht auf einzelne *elektromagnetische* Wellen beschränkt; er charakterisiert ganz allgemein eine Eigenschaft von Wellen:
Zwei verschiedene Wellen sind kohärent zueinander, wenn sie in ihrer Frequenz übereinstimmen und ihre Phasendifferenzen über lange Zeit hinweg gleich sind (und sie damit lange Wellenzüge enthalten). Das quantitative Maß der Kohärenz zweier Wellen ist auch hier der *Kohärenzgrad*.

Eine streng monochromatische, harmonische Welle ist also vollständig kohärent, da sie aus einem einzigen unendlich langen Wellenzug besteht. Oder: Eine durch einen Funksender angetriebene Antenne entsendet UKW-Wellen als elektromagnetische Trägerwellen. Diese sind so lange vollkommen kohärent, wie der Sender arbeitet. (Tatsächlich sind sie durch Rauscheffekte doch begrenzt.)

Das von einem Ensemble von vielen Atomen in einer Glühbirne über längere Zeit ausgesandte Licht besteht aber wie oben beschrieben aus einer Aufeinanderfolge von Wellenzügen, deren Phasenkonstanten weitgehend *unkorreliert* sind; diese Welle ist *inkohärent*. Hier ist der wesentliche Unterschied zu den von Schwingkreisen über Antennen ausgesandten *niederfrequenten* elektromagnetischen Wellen, wie sie für Funk und Fernsehen verwendet werden. Diese Wellen können aus einem einzigen, zeitlich unbegrenzten, aus beliebig langen einzelnen Wellenzügen bestehen und besitzen dann *feste* (d. h. zeitunabhängige) Phasenkonstanten, sind also *kohärent*.

In der Optik spielen kohärente Wellen hauptsächlich beim *Laser* als Lichtquelle (Abschnitt 17.12) eine große Rolle, nicht aber bei Rausch-Lichtquellen, d. h. üblichen Glühlichtlampen, die auf spontaner Emission beruhen. Es sei auf Abschnitt 17.12 vorgreifend erwähnt, dass *Laser* diejenigen Lichtquellen sind, die mit vielen Kilometern Länge die höchsten Kohärenzgrade erreichen können.

Bei *spontaner Emission* kehrt also, wie wir gesehen haben, das Elektron *ohne* Beeinflussung von außen aus einem angeregten Zustand nach einer *charakteristischen, statistisch variierenden* Zeit, der *Lebensdauer des angeregten Zustands*, wieder in ein energetisch tiefer gelegenes Niveau (z. B. den Grundzustand) zurück, wobei i. A. die Energiedifferenz der beiden Niveaus als Lichtquant $h \nu$ abgestrahlt wird (Gl. (17-9)).

Strahlt man aber von außen während der Besetzung eines angeregten Zustands elektromagnetische Strahlung der Frequenz ν ein, sodass sich das Atom in deren Feld befindet, so kann man diese Lebensdauer *verkürzen*, und das Elektron geht *vorzeitig* unter Emission eines Lichtquants der Energie $h \nu$ (enthalten in dem Wellenzug der Länge *l*) in den Endzustand über. Man kann also die vorzeitige Emission durch ein äußeres elektromagnetisches Feld *induzieren*, man ruft sozusagen das angeregte Elektron ab, dass es vorzeitig (verglichen mit der spontanen Übergangszeit) in ein um $h \nu$ niedrigeres Energieniveau des Atoms springt.

Dieser Effekt der *induzierten Emission* (die auch als erzwungene oder stimulierte

Emission bezeichnet wird) ist natürlich besonders wirksam, wenn die entsprechende, durch spontane Emission begrenzte Lebensdauer des angeregten Zustands sehr lang ist. Solche Zustände mit besonders langer Lebensdauer nennt man metastabil.

Zusammenfassend können wir also drei unterschiedliche Elementarprozesse unterscheiden:
1. die *Absorption* einer von außen auffallenden elektromagnetischen Strahlung durch Anheben eines Elektrons (durch einen Quantensprung) in einen Anregungszustand höherer Energie,
2. der durch *spontane Emission eines in einem angeregten Zustand sich befindenden Elektrons, d. h. ohne äußere Einflüsse beeinflusst*, nach einer statistisch unbestimmten Lebensdauer erfolgende Übergang (einen Quantensprung) in einen energetisch niedrigeren Energiezustand (bei einer *Laser-Anregung* ist dieser ein *metastabiler* Zustand),
3. die *induzierte (stimulierte)* Emission, eine durch „äußere" Einflüsse, wie ein einfallendes Photon oder durch einen Stoß mit einem benachbarten Atom, *vorzeitig abgerufene* Rückkehr eines im Anregungszustand befindlichen Elektrons in einen energetisch niedrigeren Zustand, wodurch die Lebensdauer im angeregten Zustand verkürzt wird.

Absorption und induzierte Emission sind also zueinander *inverse* Prozesse. Die spontane Emission erfolgt im Unterschied zu ihnen *ohne* Einwirkung einer von außen eingestrahlten Störung, wie z. B. ein induzierendes elektromagnetisches Wellenfeld (z. B. eine Weißlichtlampe).

Die induzierte Emission ist immer dann sehr stark, wenn die Feldstärke des induzierenden Feldes groß ist. Beim *Laser* nutzt man diesen Effekt aus und erhöht die Feldstärke künstlich durch *Rückkopplung* (siehe Abschnitt 17.12). Die induzierte Emission ist während des zeitlichen Verlaufs der *eingestrahlten, stimulierenden* Welle immer dann maximal, wenn deren Wellenamplitude ihr Maximum erreicht. Dadurch wird dem induziert emittierten Wellenzug eine *feste Phasenbeziehung* zur äußeren Welle aufgezwungen, und er verstärkt dadurch die äußere Welle optimal.

(Wir kennen aus der Mechanik einen ähnlichen Prozess: die erzwungene Schwingung (Abschnitt 6.4). Dort befindet sich bei *Resonanz* die

Schwingung stets in einer solchen festen Phasenbeziehung zur von außen einwirkenden periodischen Kraft, dass sich die Amplitude immer weiter vergrößert.)

> Die induzierte Emission in einem Kollektiv vieler angeregter Atome erfolgt also *kohärent*, und ihre emittierten Wellenzüge aus vielen angeregten Atomen überlagern sich mit der *einfallenden äußeren* Welle zu einem einheitlichen, langen, kohärenten Wellenzug. Aufgrund dieser Eigenschaft, kohärentes Licht erzeugen (bzw. verstärken) zu können, unterscheidet sich der *Laser prinzipiell* von *allen* anderen Lichtquellen.

17.7 Das Emissionsspektrum der Atome

Die stationären Energiezustände für das Elektron im Wasserstoffatom sind mit Gl. (17-8) angegeben worden, sodass wir uns nun die nach Gl. (17-9) möglichen *Elektronenübergänge* zwischen diesen in einem Energieschema (oder *Termschema*) der diskreten Hüllenenergien zusammenstellen können (Abb. 17.5).

ausgesetzt, das Ausgangsniveau ist mit einem Elektron besetzt und das jeweilige Endniveau ist noch nicht besetzt) und dass daher das Atom Photonen mit verschiedenen *diskreten Frequenzen v* (den *Spektrallinien*) emittieren kann. Das Licht einer festen Frequenz nennt man *monochromatisch*; Wasserstoffgas sendet also monochromatische Wellen einer *diskreten* Folge von Frequenzen v aus. Die zugehörigen Photonen haben Quantenenergien $h\,v$. In Abb. 17.6 ist ein Ausschnitt des *Energie-Spektrums* dieser Frequenzen des Wasserstoffatoms aufgezeichnet, wobei nur diejenigen Spektrallinien ausgewählt wurden, deren Endniveau $n = 2$ ist. Das Spektrum besteht aus *Spektrallinien* und wird als *Linienspektrum* bezeichnet. Dargestellt ist für ein erhitztes Wasserstoffgas die emittierte Intensität (sie ist, wie wir von Gl. (17-3) wissen, proportional zur Zahl der pro Zeit emittierten Lichtquanten und zur Energie der Quanten), aufgetragen gegen die Quantenenergie $hv = \hbar\omega$ *(Energie-Spektrum)*. (Die Benennung „… linie" ist den Spektren wie in Abb. 17.5 entnommen.)

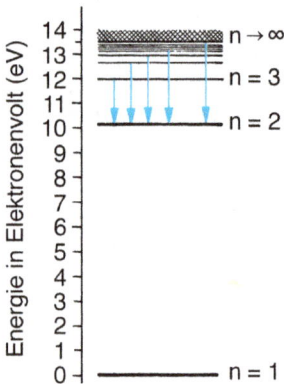

Abb. 17.5: Energieniveauschema des Wasserstoffatoms. Die Pfeile zeigen einige mögliche elektronische Übergänge zum *Niveau* $n_{Bohr} = 2$, verbunden mit Lichtemission, an.

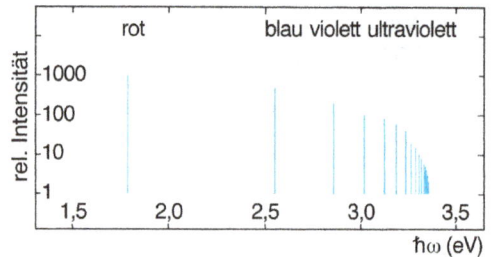

Abb. 17.6: Ausschnitt aus dem Linienspektrum des Wasserstoffatoms ($\hbar\omega$: Photonenenergien; I_{rel}: relative Intensitäten der emittierten Strahlung). Die zugehörigen Elektronenübergänge sind in Abb. 17.5 durch Pfeile eingezeichnet.

Ebenso üblich ist, die Intensität gegen die Frequenz v *(in einem Frequenz-Spektrum)* oder gegen die Wellenlänge *(Wellenlängen-Spektrum)* oder gegen die Wellenzahl *(Wellenzahl-Spektrum)* aufzutragen.

Wir sehen an diesem Energieschema, dass eine Vielzahl von Übergängen möglich ist (vor-

Üblicherweise verzichtet man auf die Angabe der Intensitäten der emittierten Strahlung und stellt das Energie-Spektrum in Form der Abb. 17.7 dar. (Dann hat die Ordinate keine quantitative Bedeutung.)

Diese *Serie* von Linien, startend mit $n_{Bohr} = 2$, nennt man die *Balmer-Serie*. Es gibt mehrere solche Serien mit ansteigender Endzustands-Quantenzahl n_{Bohr}, die eigene Namen tragen: *Lyman*-Serie, *Balmer*-Serie, *Brackett*-Serie, *Pfund*-Serie.

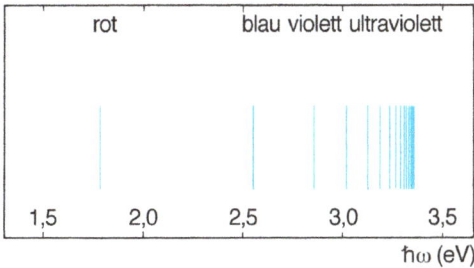

Abb. 17.7: Ausschnitt aus dem Energie-Spektrum des H-Atoms ohne Angabe der Linienintensitäten. (Diese Darstellung ist üblicher als die der Abb. 17.6). Der Ausschnitt enthält die Übergänge zwischen $n_{Bohr} = 2$ und $n'_{Bohr} = 3, 4, 5, ..., \infty$.

Für das Wasserstoffatom können wir aus Gln. (17-8) und (17-9) direkt die Quantenenergien (und daraus auch die Frequenzen und Wellenlängen) berechnen:

$$E_n - E'_n = h\nu_{n,n'} = R\left(\frac{1}{n^2} - \frac{1}{n'^2}\right) \text{ mit}$$

$$R = \frac{m\,e^4}{8\,\varepsilon_0^2\,h^2}, \tag{17-10}$$

wobei n und n' die den Energieniveaus des *Anfangs*- und des *Endzustandes* zugeordneten Zahlenwerte der Bohr'schen Hauptquantenzahl sind. R nennt man die *Rydberg-Konstante*; sie hat den Zahlenwert $R = 13,6$ eV.

Die Spektren anderer im Gaszustand voneinander isolierter Atome sind ebenfalls *Li-*nien-*Spektren*, ihr Aufbau ist jedoch wegen der größeren Anzahl von Hüllenelektronen, die sich alle untereinander energetisch beeinflussen, und zusätzlicher *Feinstrukturen der Linien* komplizierter, sodass es keine der Gl. (17-10) ähnliche einfache Beziehung gibt. Die Linien im sichtbaren Teil des Spektrums stammen dabei zumeist von den äußeren Hüllenelektronen, den *Valenzelektronen*, die auch für die chemische Bindung wesentlich sind.

Die *Anregung* eines Elektrons (d. h. das Anheben auf ein höheres Energieniveau) kann auf unterschiedliche Weisen erfolgen: In der *Gasentladung* (oder – als technischer Anwendung – der *Leuchtstofflampe*) befindet sich das Leuchtgas in einer Glas- oder Quarz-Röhre oder einem ähnlichen Behältnis unter niedrigem Druck. Die zur Anregung notwendige Energie wird aus der Bewegungsenergie von elektrisch geladenen Stoßpartnern, z. B. Ionen oder Elektronen, genommen, die in einem von außen angelegten elektrischen Feld beschleunigt worden sind und untereinander Stoßprozesse ausführen.

Eine Anregung kann auch erfolgen, wenn man Atomen genügend thermische Bewegungsenergie erteilt. Sprühen wir z. B. eine Kochsalzlösung in die *Bunsenbrennerflamme*, so verdampft sie, und es entstehen isolierte Na-Atome, von denen einige – wegen der hohen Temperatur der Flamme und der daraus folgenden schnellen thermischen Bewegung – durch Stöße untereinander auf ein höheres Energieniveau angehoben und zur Emission angeregt werden. Dadurch entsteht eine leuchtend *gelb* verfärbte Bunsen-Flamme, und man kann *Linien-Spektren* des Na-Atoms beobachten.

Tatsächlich hat die Strahlung einer Spektrallinie *nicht* exakt *eine* Frequenz, sondern umfasst ein – wenn auch *schmales* – Frequenzintervall $\Delta\nu$. Bei hohem Gasdruck, d. h. häufigen Zusammenstößen von Atomen, wächst $\Delta\nu$, die Spektrallinien werden *stoßverbreitert*, da die Emissionsdauer dadurch verkürzt wird. Ein wichtiges Beispiel hierfür ist die *Sonne*, deren Gase durch riesige Gravitationskraft und hohe Temperatur so hohem Druck unterliegen, dass die Breiten der Spektrallinien das ganze sichtbare Spektrum überdecken und die Sonne ein kontinuierliches Spektrum weißen Lichtes emittiert (Abschnitt 17.9).

17.8 Absorption von Licht in Atomen und Molekülen

Nicht nur durch Stöße mit anderen Atomen, Ionen und Elektronen kann ein Hüllenelektron eines Atoms auf ein höheres Energieniveau gebracht *(angeregt)* werden.

Fällt elektromagnetische Strahlung der Frequenz ν auf ein Atom, so wirkt das elektrische Feld auf die elektrischen Ladungen von Kern und Elektronenhülle. Stimmt die Frequenz (und damit die Quantenenergie) mit einer der Spektrallinien des Atoms überein, so kann ein Elektron aus dem Energieniveau E_1 in ein höheres Energieniveau E_2 gehoben werden, indem ein Photon aus der einfallenden Strahlung absorbiert wird.

Das Photon verschwindet dabei, und seine Energie wird von dem Elektron in Form von kinetischer und potentieller Energie aufgenommen.

Für diesen Absorptionsprozess gilt der Energiesatz:

$$E_2 - E_1 = h\nu. \qquad (17\text{-}11)$$

Wir können, wie bei der Emission, aus der Gesamtheit der atomaren Energiezustände diejenigen Frequenzen zusammenstellen, für die Quanten absorbiert werden können. Beim Wasserstoffatom ergibt sich wieder die Formel Gl. (17-10). Das *Absorptionsspektrum* lässt sich also analog zu Abb. 17.7 darstellen, allerdings bedeu-

ten die Linien in diesem Fall, dass aus einer auf die Probe fallenden Strahlung mit kontinuierlichem Spektrum (z. B. *weißem* Licht) bei deren Frequenzen Strahlungsenergie absorbiert wird. Aus dem weißen Spektrum fallen diese Linien als dunkle Teile heraus. Man nennt sie *Absorptions-Spektrallinien*. Bei anderen chemischen Atomsorten sind diese Spektren, wie auch bei der Emission, komplizierter und linienreicher.

Das Spektrum der absorbierten Strahlung weist also in unserem vereinfachten Modell in einem weißen Licht-Spektrum Linien bei denselben Frequenzen auf wie das Emissionsspektrum; d. h., auch das Absorptionsspektrum von isolierten Atomen ist ein für die Atomart charakteristisches Linienspektrum.

In der Realität sind allerdings Absorptions- und Emissionslinien nicht so gleichartig, weil neben der dominierenden *Coulomb-Kraft* zwischen Elektron und Proton viele zusätzliche, schwächere Wechselwirkungsprozesse zu geringfügigen Änderungen der Spektren (zusätzliche schwächere Linien, Linienverbreiterungen etc.) führen.

Absorptions- und Emissionsspektren sind also nur *ähnlich* zueinander. Beide geben direkten Aufschluss über die elektronische Struktur des Atoms, d. h. die Anzahlen und die energetischen Lagen der Energieniveaus. Dies macht man sich bei der *Spektralanalyse* zur Identifizierung von Atomarten zunutze (Abschnitt 18.4).

Molekül- und Cluster-Spektren *Moleküle* (aus wenigen Atomen/Ionen) und *Makro-Moleküle* (aus bis zu *T*ausenden Atomen/Ionen) sind nano- bis mikroskalige Materiepartikel mit besonderen Eigenschaften:

(1) Jedes Molekül besteht aus Atomen/Ionen einer strikt definierten Anzahl chemisch gleichartiger oder unterschiedlicher Sorten in wohldefinierten geometrischen Strukturen. Ihre relativen Häufigkeiten sind festgelegt,

sodass man die Struktur des Moleküls durch eine *Summenformel* quantitativ beschreiben kann. Diese erlaubt eine Klassifizierung von Molekülen im Kollektiv.

(2) Wesentlich für *Makromoleküle* ist, dass in Kollektiven vieler Individuen alle in ihren geometrischen Atomanordnungen übereinstimmen. Ein *Freiheitsgrad* sind die Bindungswinkel zwischen benachbarten Atomen/Ionen, wodurch unterschiedliche atomare Strukturen und damit auch variable chemische Eigenschaften und Reaktionsmöglichkeiten entstehen.

Ist die Zahl der Atome wesentlich kleiner als etwa 10^2, so werden in vielen Arten von Molekülen Emissions- und Absorptionsspektren mit wenigen voneinander getrennten Gruppen von *diskreten* Linien gefunden, den *Molekülbanden*. Allerdings erhält man wegen der zumeist komplexen Strukturen weniger Information als bei den Atomspektren. Kollektive von Molekülen können über ungesättigte chemische Bindungen sich bis zu makroskopischer Materie zusammenlagern. Alternativ können sie auch in flüssigen Einbettmedien dispergiert werden. Als Beispiel seien *rote Blutkörperchen* genannt.

Für unsere *medizinischen* Informationen ist am wichtigsten, dass Moleküle und Molekülverbände sich in der Natur selbstständig und bevorzugt zu makroskopischer organischer und biologischer Materie zusammenbauen können und so die Basis auch für lebendes Material formen. Diese Art von Molekülen besteht zumeist aus wenigen ionogenen, nichtmetallischen Elementen, wie C, O und N, und baut auch die Zellenstruktur lebender Materie auf.

Cluster hingegen weisen in der Regel keine Strukturen mit detaillierten atomaren Regelmäßigkeiten auf, sondern bestehen zumeist aus statistisch ungeordneten oder schwach in ihren Bindungswechselwirkungen korrelierten Atomhaufen. In Clustern aus *metallischen* Atomen/Ionen wie Cu, Ag, Au, Fe, Pd etc. über-

wiegen aber oft *kugelförmige* Mehrschalen-Strukturen. Wichtig ist, dass Cluster oft physikalische und chemische Eigenschaften aufweisen, die weitgehend von denen makroskopischer Materie derselben Elemente abweichen, sodass seit einiger Zeit eine eigene Material-Sparte, die *Clustermaterie*, mit sonst unbekannten physikalischen, mechanischen, thermischen, elektrischen und magnetischen Eigenschaften wichtig geworden ist.

Die *neu* gefundenen Eigenschaften sind abhängig von der Partikelgröße: Besteht ein kleines Cluster aus weniger als etwa tausend Atomen, dann sind die Materialgrößen molekül-ähnlich, und sie nähern sich bei Zunahme der Clustergröße denen des massiven Materials. Vornehmlich durch Koaleszenz und Koagulation können sich in flüssigen oder festen Einbettmedien *Kolloide (Sole)* bilden. Misst man beispielsweise optische *Extinktionsspektren*, d. h. Absorption und Streuung, so zeigt jedes einzelne Cluster individuelle optische Spektren, dessen Linienstrukturen sich im Kollektiv überlagern und zu breiten, wenig geordneten Gesamtspektren des *Cluster-Kollektivs* führen. Bestehen beispielsweise die Cluster aus guten Metallen, dann überwiegen in deren optischen Eigenschaften häufig kollektive, phasengekoppelte *Anregungen* des Leitungselektronen-Plasmas (die sogenannten *Plasmonen*), wodurch in vielen Fällen intensive Farben entstehen, wie ein leuchtendes Gelb in kleinen Ag-Clustern oder Rubin-Rot in kolloidalem Gold. Mit wachsender Clustergröße wechseln beispielsweise letztere zu tiefblauer Farbe, ein Verhalten, das bei massiven Goldproben unbekannt ist.

Moleküle können in vielen Fällen zur Spektralanalyse herangezogen werden und Auskunft geben über die enthaltenen Atome oder Ionen und deren geometrische Anordnung. Spektren größerer Cluster geben im Gegensatz dazu kaum detaillierte Informationen

zu strukturellen Details von *Clustern*. Bei größeren Molekülen oder Clustern werden die
Spektren alle zunehmend unspezifisch. Sie
gehen mit zunehmender Molekülgröße bzw.
Clustergröße in breitbandige, quasikontinuierliche und schließlich kontinuierliche Spektren
kompakter makroskopischer Materie über.
Dieser *Übergangsbereich* vom Molekül zum
Festkörper gehört zu den typischen Eigenschaften von *Nanomaterie* (Abschnitt 5.4) und
ist von besonderem Interesse, weil sich nicht
nur die optischen Spektren stark ändern, sondern viele andere physikalische und chemische Materialeigenschaften.

Entsprechendes gilt auch für die Spektralanalyse von Biomolekülen. Ein Beispiel zeigt
die Analyse des menschlichen *Hämoglobins*
(mit ca. 10^4 Atomen). Mit ihrer Hilfe lassen
sich spezielle, noch vorhandene Absorptionsli-
nien zur Identifikation des sauerstoffbelade-
nen bzw. des sauerstofffreien Zustands verwenden (siehe Abb. 18.28a).

17.9 Emission und Absorption glühender Stoffe

Im Folgenden sollen die komplizierten Spektren *kompakter, makroskopischer Materie* ein-
gehender behandelt werden.

Atome im engen Verband des festen Zustands, der Flüssigkeit oder auch des Gases
unter extrem hohem Druck, wie in der
Sonne, verhalten sich anders als isolierte
Atome, denn sie beeinflussen einander durch
ihre Wechselwirkungs- und speziell ihre Bindungskräfte. Dies hat zur Folge, dass die Zahl
der Elektronen-Energieniveaus zunimmt und
diese nicht mehr dem *Einzelatom*, sondern
dem Stoff als *Ganzem* zuzuordnen sind. Im
makroskopischen Festkörper können die Bausteine auf atomarer Skala regelmäßige Kristallstrukturen bilden, und ihre optischen Eigenschaften werden durch einheitliche, die

ganze Probe charakterisierende *Energieband-
Strukturen* beschrieben. Eine Beeinflussung
ist besonders stark durch die äußeren Hüllenelektronen, bei Metallen die Leitungselektronen, die die Lichtemission von Strahlung
im Sichtbaren und IR bewirken. Sie sind es
auch, die wesentlich zur *chemischen Bindung*
beitragen. Hinzu kommen andersartige Anregungen wie beispielsweise die Schwingungen
der Atome als *Gitterbausteine* im *Kristallgitter*, die ebenfalls zu Absorption und Emission
elektromagnetischer Strahlung führen können. Die Folge ist wieder, dass elektromagnetische Strahlung nicht nur bei diskreten Frequenzen von einzelnen Elektronen emittiert
oder absorbiert wird, sondern in breiten,
praktisch kontinuierlichen Bereichen des Frequenzspektrums. Ein Beispiel gibt das Absorptionsspektrum der Abb. 17.8. Diese Spektren
nennen wir, um sie von den Linienspektren
der Atome und den Bandenspektren der Moleküle zu unterscheiden, *kontinuierliche Spektren.* Weder Emissions- noch Absorptionsspektren fester und flüssiger Körper haben also
Ähnlichkeit mit den Linienspektren isolierter
Atome bzw. Moleküle.

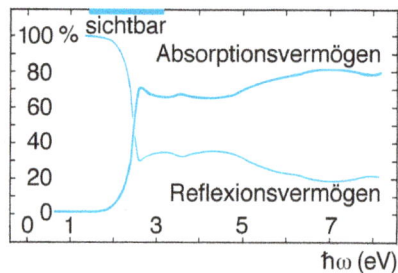

Abb. 17.8: Kontinuierliche Spektren des
Absorptionsvermögens und des Reflexionsvermögens
eines massiven Stückes Gold (bei Raumtemperatur).

Strahlt man Licht auf eine Festkörper-Probe, d. h. kondensierte Materie, ein, so kann im *gesamten* optischen
Spektrum Absorption erfolgen. Ein Teil der absorbier-

ten Energie kann durch Emission wieder *re-emittiert* werden, durch komplizierte Folgeprozesse wird aber der größte Teil der absorbierten Energie in *thermische Energie* umgewandelt. Man kann also allgemein sagen, dass die Absorption optischer Strahlung zur Erwärmung des Absorbers führt. (Es gibt jedoch Ausnahmen, die in Abschnitt 17.11 zusammengestellt sind.)

Analog gibt es den *inversen Prozess*: Erhitzen wir einen festen oder flüssigen Körper oder ein Gas unter hohem Druck, dann beobachten wir *Lichtemission* mit einem kontinuierlichen, zumeist breitbandigen Spektrum, die *Temperaturstrahlung (thermische Strahlung)*, die umso intensiver wird, je höher die Temperatur ist. Zugleich kann sich das Spektrum mit zunehmender Temperatur zu kürzeren Wellenlängen verschieben.

Bei niedrigen Temperaturen, z. B. der *Körpertemperatur des Menschen*, besteht diese Strahlung im Wesentlichen aus Infrarot (*Wärmestrahlung*, Abschnitt 17.3); sie kommt zum größten Teil durch kollektive Schwingungsanregung (Wärmebewegung) elektrisch geladener Bausteine des Körpers zustande.

Enthält das Emissionsspektrum eines Stoffes bei höherer Temperatur auch sichtbares Licht, so sagen wir, der Körper *glüht*. Bei starkem Erhitzen wird ein Gegenstand nacheinander dunkelrot, hellrot, gelb und weiß glühend.

Dies machte man sich früher z. B. in der *Glühlampe* als Lichtquelle zunutze, in der eine dünne Spirale aus Metalldraht (oft waren es besonders hochtemperaturstabile Osmium-Wolfram-Legierungen) durch die Joule'sche Wärme eines elektrischen Stroms aufgeheizt wurde, bis sie bei ungefähr 3.000 K hellgelb glühend wurde und ein Teil ihrer thermischen Strahlung in den sichtbaren Spektralbereich fiel. Der größere Teil der elektrischen Leistung (90–95 %) dient allerdings in Glühlampen nicht der Lichtemission, sondern, unerwünscht, der *Wärmeerzeugung*. Da das Glühlampen-Spektrum sich (wenn auch mit unterschiedlicher Intensität) vom infraroten

über den ganzen sichtbaren Bereich erstreckt, erscheint das Licht nicht farbig, sondern praktisch *weiß*. Bei diesem *Farbeindruck* spielt auch der physiologische Effekt eine Rolle, dass das Auge sich auf Frequenzgemische von Licht ähnlich dem der Sonne einstellen kann, um es als *Weiß* wahrzunehmen.

Durch Emission von thermischer Strahlung verliert der erhitzte Körper Wärmeenergie; er kühlt sich also ab, wenn ihm nicht ständig Energie zugeführt wird.

17.10 Temperaturstrahlung und Temperaturgleichgewicht

Ein heißer Körper und ein kälterer emittieren beide Temperaturstrahlung, aber entsprechend ihren Temperaturen in unterschiedlichem Maße. Bei niedrigen Temperaturen besteht sie, wie schon betont, im Wesentlichen aus infraroter Wärmestrahlung, d. h. aus Lichtquanten niedriger Energie bzw. elektromagnetischer Strahlung langer Wellenlängen. Die Emission führt zu unterschiedlichen Wärmeverlusten beider Körper. Stehen beide Körper nebeneinander, so absorbieren die beiden gegenüberliegenden Seiten Temperaturstrahlung des Nachbarn, ihre gesamten Wärmeenergien werden dabei in unterschiedlichem Maße geändert. Die Bilanz der ausgetauschten Energien führt dazu, dass der heiße Körper abkühlt, der kältere aber sich erwärmt. Neben der Wärmeleitung und der Konvektion trägt also elektromagnetische Strahlung zum Wärmetransport bei. Im Gegensatz zur Wärmeleitung muss kein direkter Kontakt des Körpers mit seiner Umgebung bestehen, denn Temperaturstrahlung kann sich als elektromagnetische Strahlung auch im Vakuum ausbreiten.

Die Übertragung von Wärmeenergie des glühenden *Sonnenballs* auf die Erde erfolgt ausschließlich durch Temperaturstrahlung; dies schafft die Voraussetzung zur Existenz von Leben auf der Erde. Wenn wir vereinfachend annehmen, dass die Sonnenstrahlen auf dem Wege durch die dünne Schicht der *Atmosphäre* nicht geschwächt werden, so fällt auf eine Fläche auf der Erde, die senkrecht zur Einfallsrichtung des Sonnenlichtes steht, 1,36 kW als Wärmeleistung pro m². Man nennt diesen Wärmeleistungswert *Solarkonstante*. Tatsächlich wird ein Teil der Strahlung aber doch in der Atmosphäre absorbiert und rückgestreut, sodass die Erdoberfläche eine Wärmeleistung pro Flächeneinheit von etwa 1 kW m^{-2} aufnimmt. Zugleich strahlt die Erde, entsprechend ihrer niedrigeren Temperatur in geringerem Maße, selbst Wärmestrahlung in den Weltraum ab.

Die emittierte Temperaturstrahlung hängt ausschließlich von der Temperatur und den optischen Eigenschaften des strahlenden Körpers, nicht aber von der Umgebungstemperatur ab. (Allerdings wird natürlich ein Körper bei hoher Umgebungstemperatur erhitzt, wenn man nicht geeignete Vorkehrungen zur *Konstanthaltung* seiner Temperatur trifft, und dann ändert sich auch die *Temperaturstrahlung*!) Sie wird von allen Körpern bei *beliebiger* Temperatur abgestrahlt. Ist der Körper wärmer als seine Umgebung, so hat die von ihm ausgehende Strahlung eine höhere Intensität als diejenige, die er aus seiner Umgebung absorbiert. Es ist umgekehrt, wenn der Körper kälter als seine Umgebung ist. Dies führt zum *Ausgleich* von Temperaturdifferenzen zwischen einem Körper und seiner Umgebung. Im *Temperaturgleichgewicht* der beiden oben betrachteten Körper schließlich ist die pro Zeiteinheit von jedem der Körper ausgestrahlte und aus der Umgebung absorbierte Energie genau gleich. Wir werden aber sehen, dass das nicht bedeuten muss, dass die Temperaturen von Körper und Umgebung dann gleich sind.

Natürlich liegen ganz andere Verhältnisse vor, wenn der Körper selbst Wärmeenergie *erzeugt*. Ein Beispiel ist die Sonne, in der infolge von im Innern ablaufenden Kernreaktionen (Abschnitt 21.2.1) dauernd Wärmeenergie erzeugt wird.

17.10.1 Thermische Emission und Absorption

Temperaturstrahlung kann quantitativ durch einfache Bilanzgleichungen beschrieben werden.

Die von der Flächeneinheit der Oberfläche eines Körpers in den Halbraum der Umgebung pro Zeiteinheit ausgestrahlte Energie der Temperaturstrahlung wird als Emissionsvermögen (*E*) bezeichnet (*E* ist also – im Gegensatz zum Absorptionsvermögen oder zum Reflexionsvermögen, die wir weiter unten kennenlernen werden – als eine dimensions-behaftete Größe definiert worden.). *E* hängt außer von der Temperatur auch von speziellen Eigenschaften der Oberfläche des strahlenden Körpers ab. Diese Eigenschaften bestimmen, wie viel der von außen auffallenden Strahlungsenergie absorbiert und wie viel reflektiert und rückgestreut wird.

Als *Absorptionsvermögen (Absorptionsgrad) A* definieren wir das Verhältnis von absorbierter zu auffallender Strahlungsleistung *P* (das als dimensionslose Zahl auch in Prozent angegeben werden kann):

$$A = \frac{P_{\text{abs}}}{P_{\text{auffallend}}}. \qquad (17\text{-}12)$$

Der nicht absorbierte Anteil wird an den Oberflächen reflektiert bzw. gestreut. Wir wollen der Einfachheit halber annehmen, diese Oberflächen seien eben, glatt und spiegelnd. Der an einer Oberfläche reflektierte Strahlungsanteil wird durch das *Reflexionsvermögen* (den *Reflexionsgrad*) *R* charakterisiert:

$$R = \frac{P_{\text{auffallend}} - P_{\text{abs}}}{P_{\text{auffallend}}} \qquad (17\text{-}13)$$

$$\text{oder } R = 1 - A. \qquad (17\text{-}14)$$

Diese Größen wurden allgemein bereits in Abschnitt 7.8 eingeführt und werden in Abschnitt 19.3 nochmals behandelt. Gleichung (17-14) können wir auch umgekehrt lesen: Die Summe aus Reflexionsvermögen und Absorptionsvermögen ist gleich 1 (bzw. 100 %).

Diese einfache Beziehung gilt natürlich nur für Körper, die so dick sind, dass alle eindringende Strahlung im Innern absorbiert wird. Für dünnere oder schwach absorbierende Proben, durch die ein Teil der Strahlung hindurchtritt, muss noch das *Transmissionsvermögen* (der *Transmissionsgrad*)

$$T = \frac{P_{\text{durch}}}{P_{\text{auffallend}}} \qquad (17\text{-}15)$$

berücksichtigt werden, wobei P_{durch} der nicht absorbierte, die Probe an ihrer Rückseite wieder verlassende Anteil ist. Es gilt dann sinngemäß: $T + R + A = 1$ (bzw. 100 %). Wichtig ist, dass A, R und T einer realen Probe kleiner als 1 sind und i. A. mit der Frequenz der Strahlung in einer für das Material und die Probenbeschaffenheit charakteristischen Weise variieren, wodurch Farbe und Glanz der Probe entstehen.

Eigentlich muss auch der Anteil, der an der Rückseite reflektiert wird, in die Bilanz hinzugenommen werden. Bei genügender Probendicke wird er in der Probe auf dem Rückweg zusätzlich absorbiert.

Emissions- und Absorptionsvermögen hängen wie schon erwähnt von der Beschaffenheit der *Oberflächen* ab. Beispielsweise werden die sehr kleinen Werte von E und A eines *Metallspiegels* größer, wenn man seine Oberfläche mit Ruß bedeckt, sie also *schwärzt*. Das gilt sowohl für Frequenzbereiche der Wärmestrahlung (im IR) als auch für die Temperaturstrahlung im Sichtbaren und UV.

Da Absorption und Emission durch gleichartige Vorgänge verursacht werden, sind sie nicht unabhängig voneinander. Ganz allgemein gilt:

Das Verhältnis von Emissions- zu Absorptionsvermögen ist für beliebige Oberflächen gleich.

$$\frac{E}{A} = \text{konstant.} \qquad (17\text{-}16)$$

Man bezeichnet einen Körper als *Schwarzen Körper* oder *Ideal-Schwarzen Körper*, wenn er das Absorptionsvermögen 1 besitzt, also alle auffallende Strahlung absorbiert und vollständig in Wärme umwandelt. Nach Gl. (17-16) hat er zugleich das höchstmögliche Emissionsvermögen aller (auf gleicher Temperatur befindlichen) Körper. Aus Gl. (17-14) folgt zudem $R = 0$.

Viele reale Stoffe erfüllen in begrenzten Spektralbereichen diese Bedingung in guter Näherung, so z. B. ein berußter Körper, der im Sichtbaren (nicht aber im UV) schwarz ist. Es gibt aber keinen realen Stoff, dessen Absorptionsvermögen für alle Wellenlängen gleich 1 ist, der also als Ideal-Schwarzer Körper gelten könnte.

Es gibt dennoch eine Möglichkeit, einen Ideal-Schwarzen Körper zu konstruieren, um nicht nur die Absorption, sondern auch die Emission experimentell untersuchen zu können. Das *Absorptionsvermögen* 1 besitzt die als Schwarzer Körper wirkende *Öffnung eines Hohlkörpers*, der elektrisch geheizt werden kann (Abb. 17.9).

Ist die Öffnung genügend klein gegenüber den Dimensionen des Hohlkörpers, so werden durch sie *von außen* einfallende Lichtstrahlen im Innern so oft hin und her reflektiert und gestreut, bis sie schließlich *vollständig* absorbiert sind. Die Wahrscheinlichkeit, dass diese im Innern reflektierten und gestreuten Strahlen wieder die Öffnung verlassen, ist umso geringer, je kleiner die Öffnung und je größer der Hohlraum ist. Das Absorptionsvermögen kann also unabhängig von der Wellenlänge stets praktisch gleich 1 gemacht werden.

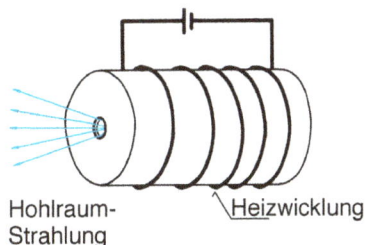

Hohlraum-Strahlung   Heizwicklung

Abb. 17.9: Erhitzter Hohlraum zur Realisierung eines *Ideal-Schwarzen Körpers*.

Auch bezüglich des *Emissionsvermögens* ist ein solcher Schwarzer Körper gegenüber anderen Körpern ausgezeichnet: Aus Gl. (17-16) sehen wir, dass er wegen $A = 1$ für alle Wellenlängen das höchstmögliche Emissionsvermögen besitzt. Die aus der Öffnung austretende *Temperaturstrahlung* der inneren Hohlraumwände ist also gleich der Strahlung eines Ideal-Schwarzen Körpers, der dieselbe Temperatur hat wie die Innenwände des Hohlraums. Man bezeichnet diese Strahlung daher auch als *Hohlraumstrahlung*. Durch Aufheizen kann man diese gezielt verändern. Zwar haben derartige Strahlungsquellen außer zur Kalibrierung anderer Strahlungsquellen keine praktische Bedeutung, sie waren aber von grundsätzlichem Interesse bei der Aufklärung der *Strahlungsgesetze* und haben den Anstoß zur Entwicklung der *Quantentheorie* gegeben.

Auch der *menschliche Körper* stellt eine Quelle ständiger Wärmestrahlung dar. Er ist aber kein Ideal-Schwarzer Körper. Sichtbare und UV-Strahlungsanteile sind gering. Wenn die Körpertemperatur wie üblich höher als die Umgebungstemperatur ist, verliert der Körper also laufend Energie infolge dieser Strahlung. Der Energieverlust als Teil des *Grundumsatzes* muss durch Nahrungsumsetzung im Körper wieder zugeführt werden. Dies ist ein typisches Beispiel für ein *Fließgleichgewicht* (Abschnitt 4.1).

17.10.2 Strahlungsgesetze

Die historische Entwicklung gab der Theorie und der Praxis der Temperaturstrahlung und insbesondere der Schwarzkörper-Strahlung besondere Bedeutung. Viele Eigenschaften des Lichtes wurden durch eingehende experimentelle und theoretische Untersuchungen der Schwarzkörper-Strahlung aufgeklärt, und zugleich wurde damit das Tor zur Quantentheorie aufgestoßen.

Die experimentelle Untersuchung der Strahlungsgesetze basierte auf speziellen, *breiten* Strahlungsspektren des thermischen Lichtes, wie sie z. B. in der Praxis der thermischen Festkörper-Lichtquellen (z. B. der Glühlampen) entstehen.

Eine direkt auf den *Lichtquanten* beruhende Theorie, wie sie heute auf der Basis der nichtthermischen, kohärenten, monochromatischen Photonen des Lasers praktiziert wird, gibt direktere und übersichtlichere Zugänge zum Verständnis des Lichtes. Dennoch gehört die Schwarzkörper-Strahlung auch heute zu den Grundlagen der theoretischen Optik und wird in den folgenden Abschnitten des vorliegenden Buches kurz behandelt.

Die wesentlichen Resultate für die Schwarzkörper-Strahlung wurden in *mehreren Strahlungsgesetzen* zusammengefasst, die im Folgenden vorgestellt werden:

Kirchhoff'sches Strahlungsgesetz Die Gl. (17-16) gilt für beliebige Flächen. Für $A = A_{\text{schwarz}} = 1$ können wir den Zahlenwert der Konstanten für jede Temperatur angeben:

$$\frac{E}{A} = E_{\text{schwarz}}. \qquad (17\text{-}17)$$

Diese Beziehung bezeichnen wir als *Kirchhoff'sches Strahlungsgesetz*.

In Worten: Bei jeder Temperatur ist für alle Körper das Verhältnis von Emissionsvermögen zu Absorptionsvermögen gleich dem Emissionsvermögen E_{schwarz} des Schwarzen Körpers bei gleicher Temperatur. Daher ist der Schwarze Körper für *Mess- und Kalibrierzwecke* wichtig. Das Kirchhoff'sche Gesetz ist unter anderem auch wichtig für das Verständnis und die Konstruktion von *Sonnenkollektoren* zur Nutzung der Sonnenenergie und von Wärmeschutzfenstern.

Gleichung (17-17) gilt sowohl für die insgesamt übertragene Strahlungsleistung eines beliebigen Wellenlängenspektrums als auch für jede einzelne Wellenlänge λ getrennt:

$$\frac{E(\lambda, T)}{A(\lambda, T)} = E_{\text{schwarz}}(\lambda, T). \qquad (17\text{-}18)$$

Ist also das Emissionsvermögen eines Körpers für einen bestimmten Spektralbereich besonders groß, so muss dort auch das Absorptionsvermögen sehr hoch sein.

Von den Atomspektren ist uns das bereits bekannt: Absorptions- und Emissionslinien liegen bei denselben Frequenzen. Erinnern wir uns aber: Das Absorptionsvermögen des Ideal-Schwarzen Körpers ist unabhängig von Wellenlänge und Temperatur stets gleich 1. Atome im Gas stellen also nie Schwarze Körper dar, da sie nur *frequenzselektiv* absorbieren und emittieren. Breitere schwarze Spektralbereiche findet man nur bei Festkörpern, z. B. ist rußförmiger Kohlenstoff im Sichtbaren, nicht aber im ultravioletten Spektralbereich schwarz. Umgekehrt ist das im Sichtbaren *absorptionsfreie Glas* in breiten infraroten Spektralbereichen schwarz.

Stefan-Boltzmann'sches Gesetz Dieses Gesetz betrifft die *Emission* und beschreibt, wie sich die über *alle* Wellenlängen von $\lambda = 0$ bis $\lambda = \infty$ integrierte Gesamtstrahlungsleistung pro Flächeneinheit, E_{SB}, des Schwarzen Körpers mit der Temperatur ändert. Es gilt:

$$E_{\text{SB}} = \sigma\, T^4. \qquad (17\text{-}19)$$

Die Konstante σ hat den Wert $5{,}67 \cdot 10^{-8}$ W m^{-2} K^{-4}.

E_{SB} ist also proportional zur *vierten Potenz* der absoluten Temperatur T und ändert sich deswegen extrem stark mit der Temperatur. Verdoppeln wir beispielsweise die Temperatur des Wolframfadens einer Glühlampe von 1.000 auf 2.000 K, so wächst die Gesamtstrahlungsleistung auf das 16-Fache an.

Angenähert gilt das Stefan-Boltzmann'sche Gesetz auch für *reale* Stoffe (d. h. nichtschwarze Körper mit $A(\lambda) < 1$); für sie ist aber

der Zahlenwert von σ kleiner und vom Material abhängig und kann für unterschiedliche Wellenlängen verschieden sein.

Planck'sches Strahlungsgesetz Das Stefan-Boltzmann'sche Gesetz (Gl. (17-19)) macht eine Aussage für die *Gesamtstrahlung* über den ganzen Wellenlängen- bzw. Frequenzbereich.

Die Wellenlängenabhängigkeit und die Frequenzabhängigkeit der Temperaturstrahlung des Schwarzen Körpers bei einer beliebigen Temperatur T werden durch das Planck'sche Strahlungsgesetz beschrieben. Wir geben es hier mit der Frequenz als Variable an. Wählt man stattdessen die Wellenlänge, so sieht die Formel etwas anders aus.

$$E_s(\nu)\mathrm{d}\nu = \frac{2h\nu^3}{c^2}\frac{1}{e^{h\nu/kT} - 1}. \qquad (17\text{-}20)$$

E_s $(\nu)\mathrm{d}\nu$ ist die Strahlungsleistung, die pro Oberflächeneinheit des Schwarzen Körpers im Frequenzintervall zwischen ν und $\nu + \mathrm{d}\nu$ ausgestrahlt wird (k = Boltzmann-Konstante, c = Lichtgeschwindigkeit, h = Planck'sches Wirkungsquantum).

Exakt gilt auch dieses Gesetz nur für Ideal-Schwarze Körper, näherungsweise aber auch für reale Stoffe.

Das für die ganze moderne Physik grundlegende Planck'sche *Wirkungsquantum* h tauchte in diesem Gesetz erstmals auf, denn Planck führte zu dessen Herleitung den Begriff des *Lichtquantums* ein. Er nahm an, dass sich in den Wänden eines als Schwarzer Körper wirkenden Hohlraums Oszillatoren mit bestimmten Eigenfrequenzen ν befinden, welche Energiequanten abgeben können, deren Energie der Frequenz proportional ist. Die Proportionalitätskonstante ist gerade das Planck'sche Wirkungsquantum, $E = h\,\nu$.

Abbildung 17.10 zeigt die *spektrale Verteilung* der Schwarzkörper-Strahlungsintensität bei verschiedenen Temperaturen. Man sieht, dass die Gesamtstrahlung, d. h. die Fläche unter den Kurven, mit T sehr stark zunimmt, während sie sich gleichzeitig zu höheren Frequenzbereichen (d. h. zu kleineren Wellenlängen) hin verschiebt.

Die Temperatur T kann auch zur Charakterisierung der *Farbe* einer (thermischen) Lichtquelle dienen. Bei niedrigem T erscheint die *emittierte Strahlung* rötlich (*Rotglut*). Sie verschiebt sich zum *Blau-Weißen*, wenn T ansteigt. Daher heißt T auch die *Farbtemperatur*.

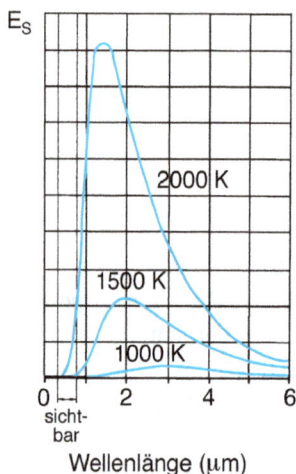

Abb. 17.10: Spektrale Verteilung der Strahlung eines Schwarzen Körpers bei verschiedenen Temperaturen: (a) 1.000 K, (b) 1.500 K, (c) 2.000 K. (Als Variable wurde hier nicht wie in Gl. (17-20) die Frequenz gewählt, sondern die Wellenlänge.).

Die beiden Effekte der Temperaturzunahme und der Frequenzverschiebung waren bereits vor Entdeckung des *Planck'schen Strahlungsgesetzes* mit dem *Stefan-Boltzmann'schen Gesetz* und dem *Wien'schen Verschiebungsgesetz* beschrieben worden. Integriert man nämlich Gl. (17-20) über alle Frequenzen von null bis unendlich, so erhält man für die Gesamtstrahlungsleistung pro Flächeneinheit, E_{sg}, das Stefan-Boltzmann'sche Gesetz (Gl. (17-19)). Die Abhängigkeit der Frequenzverteilung von der

Temperatur behandelt das Wien'sche Verschiebungsgesetz, das ebenfalls implizit in Gl. (17-20) enthalten ist; es hat historische Gründe, dass man ihm einen eigenen Namen gegeben hat.

Wien'sches Verschiebungsgesetz: Die Verschiebung des Intensitätsmaximums in Abb. 17.10 mit der Temperatur folgt einem einfachen Gesetz, das direkt aus dem Planck'schen Strahlungsgesetz resultiert:

$$\lambda_{max} = C_W / T \qquad (17\text{-}21)$$

Die Wellenlänge maximaler Intensität ändert sich also umgekehrt proportional zur absoluten Temperatur. Die Konstante C_W hat dabei den Wert $2{,}9 \cdot 10^{-3}$ K m.

Dieses Gesetz gilt angenähert auch für viele reale, d. h. nichtschwarze Körper. So hat die von einem Menschen ausgesandte Wärmestrahlung in Übereinstimmung mit Gl. (17-21) bei $\lambda \approx 10$ μm ihr Maximum.

Dieser Effekt wird in *Infrarot-Fieberthermometern* genutzt. In *Glühlampen* sind bei unterschiedlichen Temperaturen die Intensitätsmaxima *ungefähr* dort, wo sie bei Schwarzen Körpern liegen, z. B. für $T = 1.000$ K bei 2,9 μm und für $T = 2.000$ K bei 1,4 μm.

Bei beiden Temperaturen fällt das *Maximum* weit ins Infrarote. Eine Glühlampe ist demnach im Wesentlichen *nicht* eine *Lichtquelle* im Sichtbaren, sondern eine *Wärmestrahlungsquelle* (siehe Abb. 17.10). Beleuchtung mit Glühlampen führt daher zu überflüssiger Wärmeproduktion. Aus diesem Grund wurden *normale Glühlampen* in der EU mittels gesetzlicher Regelung aus dem Verkauf gezogen und durch die LEDs ersetzt, als diese technisch ausgereift waren.

In der Glühlampen-Emission sind also nur einige Prozent der elektrischen Leistung als *sichtbares Licht* enthalten, wenn auch bei den oben angegebenen Temperaturen in unterschiedlichem Maße, und daher glüht die Lampe bei 1000 K schwach *dunkelrot*, bei 2000 K dagegen *hellgelb*.

Selbst bei der extrem hohen Gebrauchstemperatur von *Halogenglühlampen* (≈ 3.500 K) ist der Anteil der sichtbaren Strahlung noch weniger als 10 %. Im Spektrum des Sonnenlichtes ist dagegen bei einer Temperatur der Sonnenoberfläche von 5.700 K (das ist die Oberflächentemperatur; im Innern ist die Sonne einige Millionen K heiß) das Maximum in den Bereich des sichtbaren Lichtes gerückt, nämlich zu $\lambda_{max} \approx 0{,}5$ μm.

Moderne Lichtquellen, die auf dem Prinzip der Gasentladung beruhen, oder LEDs (siehe Abschnitt 17.3) weisen keine den Planck'schen Kurven ähnelnde Spektren auf, da sie keine Wärmestrahler sind. Ihr Licht-Wirkungsgrad ist aber erheblich höher.

17.11 Fluoreszenz, Phosphoreszenz, Lumineszenz

Die Anregung eines Atom-Elektrons kann durch Einstrahlen von Licht der passenden Frequenz erfolgen: Es gibt aber auch andere Anregungsmechanismen. Dazu gehören:

1. Stöße des Atoms mit geladenen Teilchen (Elektronen oder Ionen), die im elektrischen Feld einer Gasentladung (Abschnitt 15.2.2) beschleunigt wurden *(Stoßanregung)*,
2. Stöße des Atoms mit anderen neutralen Atomen, deren Bewegungsenergie durch hohe Temperatur genügend groß ist *(thermische Anregung von Gasen)*,
3. *Lumineszenz*. Sie ist die übergeordnete Bezeichnung für Erzeugung von Licht durch eine Vielzahl von Anregungsarten, die nicht über Erwärmung oder eine Gasentladung zur Emission führen (nichtthermische Emission, Kaltlicht).

Zu Kaltlicht gehören *Radiolumineszenz* (bei Anregung eines Elektronensystems mit α-, β- oder γ-Strahlung) und *Tribolumineszenz* (tritt auf bei der mechanischen Zerteilung von Festkörpern, d. h. dem Aufbrechen chemischer Bindungen). *Lumineszenz* wird z. B. deutlich emittiert beim Zerbrechen von Kreide oder Zucker; auch beim Abreißen von Plastik-Klebestreifen ist dieser Effekt im Dunkeln zu beobachten).

Sonolumineszenz entsteht bei Einstrahlung von sehr intensivem Ultraschall in Flüssigkeiten, die zur Bildung und Wiedervernichtung von Gasblasen und einer damit verbundenen Lichtemission führt.

Chemolumineszenz entsteht, wenn die bei einer exothermen chemischen Reaktion frei werdende Energie direkt, d. h. ohne Umweg über Erhitzung, in Strahlungsenergie umgewandelt wird.

Ein Beispiel ist das Leuchten von *Glühwürmchen*, das durch *enzymatisch* gesteuerte Oxidation einer organischen Verbindung, des *Luziferins*, entsteht. Weitere Beispiele sind *Lichtemissionszentren* auf der Körperoberfläche von Meerestieren, die in tiefen Wasserschichten leben.

Unter den Überbegriff Lumineszenz gehören auch die Anregungsmechanismen von Fluoreszenz und Phosphoreszenz:

Bei dem Vorgang der *Absorption* elektromagnetischer Strahlung (Abschnitt 17.8) haben wir bisher *offengelassen*, was *nach* Absorption mit dem durch das absorbierte Lichtquant angeregten Atom geschieht. Neben anderen Reaktionen, die in den elektronischen Grundzustand zurückführen (z. B. durch Umwandlung von Wärme in *kondensierte* Materie), besteht die Möglichkeit, dass das angeregte Elektron unmittelbar (d. h. in Zeiten der „natürlichen" Lebensdauer des angeregten Zustands, also in $\leq 10^{-8}$ s) wieder auf das Energieniveau zurückspringt, von dem es angehoben wurde, und dabei ein Lichtquant emittiert wird, das *dieselbe* Energie und Frequenz hat wie das zuvor absorbierte *(Resonanzfluoreszenz)*.

Das Elektron kann alternativ auch über *mehrere* andere, zwischen dem Anfangs- und dem Endniveau liegende Niveaus stufenweise in den Ausgangszustand zurückkehren und dabei auch mehrere Lichtquanten verschiedener Frequenzen (z. B. im Infraroten) aussenden *(Fluoreszenz)*.

Auch wenn das eingestrahlte Licht gerichtet ist, also z. B. als *paralleles* Strahlenbündel einfällt, verteilt sich die Fluoreszenzstrahlung *diffus* auf alle verschiedenen Raumrichtungen.

In vielen Flüssigkeiten und Festkörpern beobachtet man Fluoreszenz – besonders nach Absorption von ultravioletter Strahlung –, allerdings entstehen meist nicht Spektrallinien, sondern breite Emissionsbanden, da viele ähnliche Prozesse nebeneinander stattfinden können.

Ein Beispiel: In der *Leuchtstoffröhre* brennt eine *Quecksilber-Gasentladung*, die bevorzugt ultraviolette Strahlung erzeugt. Diese wird durch Fluoreszenz in einer auf die Innenseite der Glasröhre aufgebrachten Farbschicht in *weißes* Licht umgewandelt. (Die UV-absorbierende Glasröhre verhindert, dass Teile der gesundheitsschädlichen UV-Strahlung nach außen dringen.)

Als weiteres Beispiel wollen wir die *Weißmacher* in Waschmitteln erwähnen. Solche Fluoreszenzstoffe wandeln den UV-Anteil des Tageslichtes (oder z. B. von Disco-Beleuchtung) in bläuliches Licht um und täuschen so vor, dass die Wäsche sauber sei.

Wird absorbierte Strahlung erst in längeren Zeitspannen, die bis zu Tagen und sogar bis zu vielen Jahrhunderten dauern können, wieder als Strahlung re-emittiert, so nennt man den Vorgang *Phosphoreszenz*. (Die Bezeichnung hat übrigens nichts mit dem chemischen Element Phosphor zu tun.) Dieses Nachleuchten findet man in Kristallen, in denen geringe Mengen von Schwermetallen als Verunreinigungen enthalten sind, und auch in organischen Stoffen.

Ein Beispiel ist Cu-dotiertes ZnS. Dieses Material wird nicht nur durch elektromagnetische Strahlung, sondern auch durch auftreffende schnelle Elektronen zum Leuchten angeregt und wurde daher früher in Schwarz-Weiß-Fernsehröhren, im Oszilloskop und heute noch im Elektronenmikroskop für den Bildschirm verwendet.

Eine interessante Anwendung der Lumineszenz ist aus der *Archäologie* bekannt: In prähistorischen Keramiken oder Backsteinen sind oft lumineszierende Bestandteile enthalten, die im Laufe der Jahrhunderte durch laufenden, langsamen Abbau angeregter Elektronen ihre Lumineszenzfähigkeit verringern. Aus der in der Gegenwart gemessenen, *noch* vorhandenen Lumineszenz-Intensität lässt sich das *Alter* der Keramiken bestimmen (*Lumineszenz-Archäologie*).

Weitere Arten der Re-Emission eingestrahlter elektromagnetischer Strahlung stellen die Reflexion an glatten Oberflächen und die elastische (d. h. frequenzerhaltende) Lichtstreuung an rauen Oberflächen, körnigen Pulvern, Kolloiden, Nanopartikeln u. Ä. dar. Bei der Streuung erfolgt die Ausstrahlung auch in Richtungen, die sich von der Einfalls- und der Reflexionsrichtung des anregenden Lichtes unterscheiden. Eine Besonderheit von Reflexion und Streuung ist, dass sie auch in Spektralbereichen auftritt, in denen das streuende oder reflektierende Material absorptionsfrei ist.

Ein Beispiel dazu: *Einkristalle* aus *Steinsalz* sind im Sichtbaren meistens farblos und durchsichtig. Wir können sie nur wahrnehmen, weil sie an der Oberfläche Licht reflektieren. *Streusalz* dagegen ist wegen des intensiven, ungerichteten Streulichtes an den Pulverkörnern weiß und undurchsichtig.

Fluoreszenz in der Nanobiophotonik Die *Fluoreszenzmikroskopie* ist eine weit verbreitete Mikroskopie-Methode insbesondere in den Lebenswissenschaften (Abschnitt 20.3).

Dabei kann die *Autofluoreszenz* bestimmter Proteine bzw. Nukleinsäuren genutzt werden. Weitaus häufiger werden jedoch die abzubildenden Strukturen *fluoreszenzmarkiert*. Darunter versteht man die Ankopplung einer fluoreszierenden Entität an die abzubildende Struktur, z. B. Proteine, Fettsäuren oder Nukleinsäuren. Dabei kommen verschiedene fluoreszierende Stoffe zum Einsatz: organische Farbstoff-Moleküle, fluoreszierende Proteine oder *Quantenpunkte*. Farbstoff-Moleküle werden typischerweise chemisch an die Zielstruktur gekoppelt, was innerhalb lebender Zellen (*in-vivo*) nur sehr eingeschränkt möglich ist. Sie zeichnen sich allerdings durch eine große Fotostabilität aus (d. h., sie werden nicht so schnell durch das Anregungslicht irreversibel chemisch verändert) sowie durch eine große Quantenausbeute der Fluoreszenz (Verhältnis von Fluoreszenzphotonen zu Absorptions-Übergängen), weshalb sie in *In-vitro*-Experimenten (außerhalb der Zelle) bevorzugt werden.

Im Gegensatz zu den synthetischen organischen Farbstoff-Molekülen haben *fluoreszierende Proteine* mit dem *Grün Fluoreszierenden Protein* (abgekürzt *GFP*) als bekanntestem Vertreter den Vorteil, dass sie mittels molekularbiologischer Methoden auf genetischer Ebene mit dem Zielprotein verbunden werden können, man spricht von einem *Fusionsprotein*. Damit sind in *In-vivo*-Experimente bzw. Mikroskopie (*in der Zelle*) möglich.

Quantenpunkte sind wenige Nanometer große Halbleiterkristalle, deren Fluoreszenzwellenlänge durch die Größe bestimmt wird, sodass sie sehr gut für Mehrfarb-Mikroskopie geeignet sind. Ihre Ankopplung geschieht oft mithilfe von spezifischen Antikörpern. Da diese Halbleiter-Nanokristalle von Zellen über den Prozess der *Endozytose* aufgenommen werden können, sind auch hier *In-vivo*-Experimente möglich.

Mit geeigneten Mikroskopie-Verfahren (Abschnitt 20.3) ist es möglich, diese Fluoreszenz-Emitter *einzeln* sichtbar zu machen, wofür der Begriff der *Nanobiophotonik* verwendet wird.

17.12 LASER (Light Amplification by Stimulated Emission of Radiation)

17.12.1 Funktionsweise und Eigenschaften

Wie in Abschnitt 17.6 dargestellt, sind gewöhnliche Lichtquellen, wie z. B. Glühlampen, meistens *Rauschquellen* und emittieren durch spontane Emission Strahlung geringer Kohärenz und großer Bandbreite. Ein aus einer solchen Quelle emittierter Lichtstrahl besteht aus *Wellenbündeln* bzw. *Photonen*, die sich in einem statistischen Zustand extremer *Unordnung* befinden, und es erfordert komplizierte Experimente, diesen Ordnungszustand auch nur geringfügig zu verbessern. Eine Ausnahme stellt allerdings das aus isolierten gasförmigen Atomen *spektralrein* emittierte Licht dar.

1960 erzeugte *Theodore Maiman* zum ersten Mal *sichtbares Laserlicht* mit einem *Festkörper-Laser (*einem *Rubin-Laser)*, nachdem es zuvor schon gelungen war, diese Art der Strahlung in Edelgasen anzuregen (*z. B. He-Ne-Gas-Laser)*.

Laserlicht unterscheidet sich durch seinen extremen Ordnungszustand der statistischen Photonenverteilung, der es heute auch erlaubt, *einzelne* Photonen und Wechselwirkungen zwischen ihnen experimentell mit hoher Präzision zu untersuchen. Die Entdeckung des *Lasers* löste in der Forschung eine gewaltige Lawine aus, die innerhalb weniger Jahre die gesamte Optik radikal *revolutionierte*, und bis heute steigt die Zahl von neuen Entdeckungen, Experimenten und neuartigen Geräten auf dem Gebiet der *Laser-Optik* mit zunehmender Geschwindigkeit.

Der Laser hat sowohl auf den Gebieten der experimentellen und technischen wie der *theoretischen* Optik auch *grundlegende* Fortschritte gebracht. Zwar hatte die Entwicklung zu Beginn nur zögernd begonnen, jetzt aber ist die Optik allgemein zu einem der wichtigsten Gebiete der experimentellen und der theoretischen Physik geworden, und es ist nicht übertrieben zu sagen, der Laser habe das *Mittelalter* der Optik beendet und habe *neue Weltbilder* geschaffen. Ein Nebenresultat ist, dass die theoretische Optik des Lichtes nicht mehr auf dem Schwarzen, thermischen Strahler aufgebaut wird, sondern auf der wesentlich elementareren Laserlicht-Quelle. Sie hat auf experimenteller wie auch theoretischer Seite wesentlich tiefere Einblicke in Eigenschaften des Einzelphotons und in Wechselwirkungen einzelner Photonen untereinander ermöglicht.

Die *LASER-Strahlung* ist eine grundlegend von anderen Lichtquellen ausgehende Lichtemission verschiedene Form des Lichtes mit besonderen optischen Eigenschaften und mit vielen grundlegend neuen Realisations- und Variationsmöglichkeiten. Sie ermöglicht damit den Zugang sowohl zu einem tiefergehenden Grundlagenverständnis als auch zu weitgefächerten und wichtigen praktischen und technischen *Anwendungen*.

Sehr viele erfolgreiche experimentelle, technische und theoretische Untersuchungen haben zum Verständnis grundlegender, zuvor unbekannter Eigenschaften und Verhaltensweisen des Lichtes geführt. Man könnte zu Recht in Analogie etwa zu Atom-, Kern- und Elementarteilchen-Physik pauschal von einem neuen Bereich der *Photonen-Physik* sprechen, der ebenso das einzelne Photon und die Informationstechnologie sowie die Anwendung des Laserstrahls als Präzisionswerkzeug in prak-

tisch der *gesamten* Physik und ebenso in der Materialbearbeitungstechnik umfasst.

Es sollte aber nicht übersehen werden, dass trotz der Erfolge bei solchen technischen Anwendungen das Licht als grundlegendes Phänomen nichtmaterieller Substanz weiterhin rätselhaft bleibt.

Mit dem Laser ist es gelungen, durch Ausnutzung der *stimulierten (induzierten) Emission* eine Quelle für optische Strahlung hoher Kohärenz und hoher Strahlungsleistung zu entwickeln, die auch für den *medizintechnischen* Bereich neue Gebiete zur Anwendung der Optik erschlossen hat.

Es gibt Laser, in denen Laserstrahlung in *Gasen* oder auch in *Flüssigkeiten* erzeugt wird; es überwiegen aber die *Festkörperlaser*. Man unterscheidet zwischen einer großen Zahl von unterschiedlichen Lasern, die ihre Lichtstrahlung kontinuierlich, permanent erzeugen (*continuous wave* – oder *cw-Betrieb*), und solchen, die periodisch Folgen kurzer (ms) bis ultrakurzer (fs und as) Pulse mit langen Dunkelpausen dazwischen emittieren (*Puls-Betrieb*).

Die einfache Skizzierung des Prinzips eines der ersten historischen Gas-Laser zeigt Abb. 17.11. Eine Zusammenstellung von derzeit gängigen Laser-Typen wird in Tab. 17.1 gegeben.

Gemeinsam sind der heute mit einer großen Anzahl unterschiedlicher Lasertypen erzeugbaren Laserstrahlung folgende Eigenschaften:

1. Das Licht ist fast völlig *monochromatisch*, d. h., die Linienbreiten (Abschnitt 17.7) sind extrem schmal. Es kann in dieser Eigenschaft das mit Spektrometern (Abschnitt 20.7) monochromatisch gemachte Spektrallampen-Licht um viele Größenordnungen übertreffen. Die Linien-Maxima unterschiedlicher Laser-Materialien können im infraroten, im sichtbaren oder im ultravioletten Spektralbereich liegen.

Eine Neuentwicklung sind *Dioden-Laser* aus einer *Fabry-Perot-Diode* aus Halbleiter-Materialien. Sie zeichnen sich durch besondere Vielseitigkeit, Leistungsfähigkeit und lange Lebensdauern aus, weshalb sie häufig für kommerzielle Geräte wie satellitengesteuerte Abstandssensoren in modernen Autos, für Nachrich-

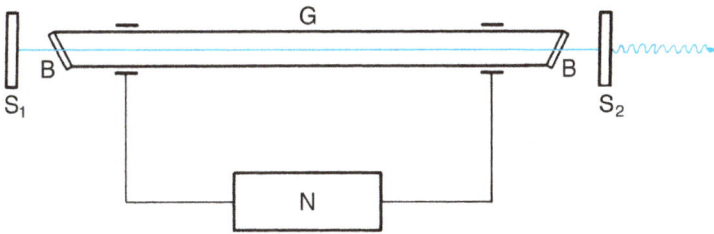

Abb. 17.11: Prinzip eines der ersten He-Ne-Gas-Laser. G: gasgefülltes Rohr, in dem eine Gasentladung gezündet ist. B: Fenster, unter dem Brewster-Winkel (Abschnitt 18.5.2.3) geneigt, um Reflexionen zu unterdrücken. S_1, S_2: Spiegel (S_1 reflektiert $\approx 100\,\%$, S_2 lässt $\approx 2\,\%$ der Strahlung nach außen). N: Spannungsversorgung für die Gasentladung. (In der Praxis sind heutzutage Fenster und Spiegel zumeist in das Gasgefäß integriert.).

tenübertragungen bis zum Mond und für nanoskopische Analysen eingesetzt werden.

Für jegliche Art mechanischer Materialbearbeitung in der Industrie sind Hochleistungs-Laser entwickelt worden, die auf Dauer mehr als 10 Kilowatt Strahlungsleistung in *einer* Laserlinie liefern (z. B. CO_2-Laser bei $\lambda = 10{,}6\,\mu m$).

Besonders wichtig ist die Verwendbarkeit von Lasern für physikalische Präzisionsexperimente zur besseren Bestätigung vieler Grundlagen der Physik mit besonders hoher Genauigkeit, und sie werden neuerdings auch zur Festlegung von *Eichnormalen* physikalischer Basis-Einheiten verwendet (siehe Abschnitt 1.1).

Anwendungen in unterschiedlichen Sektionen der *Medizin* sind inzwischen zahlreich geworden, beispielsweise für berührungsfreie, nichtinvasive *Dialyse-Messgeräte* und für *Operationen*, z. B. zur Korrektur von *Netzhautschäden* oder für *Zahnbehandlungen*. Als eher exotische Anwendung sei die Entfernung von unerwünschten *Tattoos* erwähnt.

Es gibt aber auch Lasertypen, bei denen diskrete einzelne Laserlinien aus breiten Spektralbereichen durch Veränderung der Betriebsbedingungen ausgewählt werden können *(durchstimmbare Laser)*. Eine andere Variante sind Laser, die mehrere, regelmäßige, in diskreten Frequenzschritten geordnete Linien, sog. *Frequenz-Kämme*, emittieren.

2. Üblicherweise breitet sich Laser-Licht in schmalen, parallelen Lichtbündeln von zylindrischem Querschnitt mit beugungsbegrenzter Divergenz aus. Daher hat es auch in sehr großen Entfernungen noch einen kleinen Strahldurchmesser. Um größere Objekte zu beleuchten, sind spezielle *Aufweitungsoptiken* erforderlich.

Aufgrund der Strahleigenschaften kann Laserlicht beugungsbegrenzt fokussiert werden (Fokusdurchmesser ist in etwa die Hälfte der Lichtwellenlänge). Das wird bei der Materialbearbeitung genutzt: Zum einen können damit sehr hohe Energiedichten erzielt werden, die zum Schneiden von Werkstoffen genutzt werden, zum anderen ist eine hohe Präzision in der Fotolithografie, in der Halbleiterstrukturierung und in der Produktion von Mikroprozessoren mit einigen Hundert Millionen Transistoren je mm^2 unabdingbar.

3. Das Laserlicht ist weitgehend *kohärent* mit Kohärenzlängen von einigen Millimetern bis zu vielen Kilometern.

4. Bei den meisten Lasertypen ist die emittierte Strahlung auf wenige *diskrete Frequenzen* beschränkt.

Kurzzeit- und Ultrakurzzeit-Pulslaser Wie zuvor erwähnt, entwickelt sich der Laser zunehmend zu einem vielseitig – auch in den *biomedizinischen* und *nanobiomedizinischen* Bereichen – angewendeten Werkzeug.

Für die meisten Bearbeitungen von Materie ist nicht die verfügbare Energie, sondern die Leistung, also Energie pro Zeitintervall, entscheidend. Sie erfordern also Laserstrahlung *hoher Leistungen*. Während die erreichbare, zeitgemittelte *Dauer-Strahlungsleistung* des Lasers durch seine Konstruktion und technische Realisierung vorgegeben ist, kann die *Momentanleistung* gezielt durch Zerteilen des Strahls in kurze, aufeinander folgende

Strahlungspakete *(Laserpulse)* mit mehr oder weniger langen strahlungslosen Zwischenzeiten um *viele* Größenordnungen erhöht werden. Je kürzer bei einem Laser vorgegebener gemittelter Energie die Zeitintervalle der Pulse gewählt werden, umso höher kann *kurzzeitig* die Momentanleistung werden. Zur Zerstörung einer biologischen Zelle beispielsweise braucht es hohe Leistung, die aber nur kurzzeitig zur Verfügung stehen muss. Daher verwendet man vielfach *Puls-Laser.*

Anstatt eines *Dauerstrichlasers* im *continuous wave-(cw-)Betrieb* hoher Leistung, der viel Energie verbrauchen und letzten Endes viel Wärmeenergie erzeugen würde, kann die Gesamtenergie *sehr niedrig* sein, wenn der Laser nur kurze, gut auf das Objekt fokussierte Laser-*Pulse* aussendet und in den Zeiten zwischen den Pulsen inaktiv ist.

In der *Medizin* reichen für die die operative *Zerstörung* von weichem *Biomaterial* kurzzeitig sehr hohe elektrische Feldstärken, um *chemische Bindungen* aufzubrechen. Je kürzer man die Pulslängen einstellt, umso geringer ist die zusätzliche, in der Umgebung eines Operationsortes gelegene, Gewebe zerstörende Wärme. Man kann heute solche Pulse *mit optischen Mitteln* gezielt zeitlich komprimieren, sodass der Puls am Operationsort enorme Momentanleistungen besitzt, die *jedes* zu operierende Material durch Umwandlung in einen kurzeitigen Plasmazustand zerstören können, ohne jedoch dass in der weiteren Umgebung schädliche Strahlenschäden angerichtet werden.

Der Operationsvorgang bewirkt, dass das zu operierende Objekt in einen *Plasma-Zustand*, d. h. eine gasförmige Ansammlung von Ionen und Elektronen ohne jegliche „Erinnerung" an die frühere molekulare Strukturordnung verwandelt wird.

Ein komprimierter Laserpuls von beispielsweise 30 fs Dauer besteht aus einem etwa 10 μm dicken (bzw. etwa zehn Wellenlängen langen) *Lichtscheibchen,* das sich mit Lichtgeschwindigkeit fortbewegt. Die *Momentanleistung* eines *Pulslasers* kann *außerordentlich* groß sein. Beispielsweise kann sie der mittleren Leistung entsprechen, die man erhalten würde, wenn man das *gesamte* auf die Erde auftreffende Sonnenlicht auf eine Bleistiftspitze fokussieren könnte. Allerdings würde die Dauer solcher Laserpulse dann oft nur mehr Bruchteile von Femtosekunden dauern.

Ein anderes Beispiel: Die elektrischen Felder in einem ausreichend kurzen Laserpuls können so groß sein wie die zwischen Elektron und Kern in einem Atom. Der Grund für die extreme Momentanleistung ist die immens kurze Dauer des Laserpulses. Die in einem Puls gespeicherte Gesamtenergie E_{gesamt} ergibt sich aus dem Produkt von Maximumsleistung P_{max} und Pulsdauer τ: $E_{gesamt} \sim P_{max} \cdot \tau$. Wird τ beispielsweise um 12 Zehnerpotenzen verkleinert, dann erhöht sich P_{max} um etwa 12 Zehnerpotenzen. Wenn der Laser aber nur zehn Pulse pro s mit einer Dauer von jeweils 30 fs emittiert, dann ist er die meiste Zeit *inaktiv*, verbraucht also im zeitlichen Mittel nur wenig Energie. Derartige Laser sind heute als kleine Tischgeräte (Anschlussleistung etwa 20 kW) erhältlich. Sie basieren üblicherweise auf dem Ti-Sa-Laser *(Titan-Saphir-Laser,* siehe Tab. 17.1) oder dem YAG-Laser *(Ytterbium-Aluminum-Garnet-Laser).*

Wegen der extrem hohen Feldstärken beruhen chemische Reaktionen typischer *biomedizinischer* Anwendungen vorwiegend auf *nichtlinearer Wechselwirkung* des Lichtes mit der Bio-Materie. Dabei ist für die Praxis wichtig, dass kurze Pulse Gewebe gezielt verändern oder zerstören können, ohne durch weitere Wärmeerzeugung umgebendes Gewebe in Mitleidenschaft zu ziehen (oder beispielsweise bei der Zahnbehandlung durch Wärmeentwicklung zusätzliche Zahnschmerzen zu verursachen).

Im Folgenden sind einige typische Daten für einen *speziellen,* in der Praxis eingesetzten *Laser* zusammengefasst:

Beispiel eines Lasers Titan-Saphir-Laser (Ti-Sa-Laser): Schmalbandige Laserlinie mit Maximum bei $\lambda = 800$ nm. Peak-Lage bei $h \cdot \nu \approx$ 1,5 eV. Einzelpuls-Gesamtenergie: 1 μJ bis 1 Joule. Einzelpuls-Dauer: $10^{-13} - 10^{-15}$ s (daher der Name *Femtosekunden-Laser).* Momentan-Intensität im Pulsmaximum P_{max}: 10^{20} W/cm^2. Zugehörige elektrische Feldstärke: 10^{11} V/cm (das ist 10^2-mal größer als das Feld im H-Atom zwischen Elektron und Kern). Lichtdruck im Laser-Fokus: einige Gigabar.

Man muss bei Pulsbetrieb zwischen *Puls-leistung* und *mittlerer Leistung* unterscheiden. Während der Pulsdauer seien Pulsenergie und Pulsdauer beispielsweise 0,1 Joule und 0,1 s. Dann ist die mittlere Pulsleistung während des Pulses $P_p = 0,1$ J/0,1 s = 1 W. Nehmen wir an, der Laser habe eine Pulsfolgefrequenz von 1 s^{-1}, dann beträgt die mittlere Leistung $P_m =$ 0,1 J/1 s = 0,1 W. Es gibt z. B. Laser, die Pulsenergien von 1 J, aber Pulsdauern von nur 1 ms haben. Dann unterscheiden sich P_p und P_m noch stärker voneinander. Nehmen wir als Pulsfolgefrequenz 10 s^{-1} an, so ist $P_{puls} = 1$ MW, aber $P_{mittel} = 10$ W. Fokussiert man einen solchen Puls so weit, wie es möglich ist (durch Beugungseffekte liegt die untere Grenze für den Fokus-Durchmesser bei etwa 1 mm (Abschnitt 18.2.3)), so erhält man eine Bestrahlungsstärke *während* der Pulsdauer von 10^{18} W m^{-2}. Die mittlere Bestrahlungsstärke beträgt dagegen – und auch dies ist noch ein hoher Wert! – 10^{13} W m^{-2}.

Bei der Wechselwirkung *extremer Ultra-kurzzeit-Laserpulse* mit *jeder* Art von Materie nimmt diese kurzzeitig Zustände an, die man sonst nur mit riesigen *Elementarteilchen-Beschleunigern* erzeugen kann. Zusätzlich entstehen Röntgen-, Elektronen- und Ionen-Strahlungen hoher Energien, die emittiert werden.

Eine für die Anwendung *negative* Eigenschaft von Laserlicht muss aber auch erwähnt werden: Wegen ihrer besonders hohen Kohärenz, d. h. *Interferenzfähigkeit,* eignet sich Laserstrahlung *nicht* zu normalen Beleuchtungszwecken bei optischen Abbildungen (z. B. in konventionellen Mikroskopen), da dann die Bilder in der Praxis mit Interferenzfiguren übersät sind (siehe hierzu Abschnitt 18.1, das gilt, wenn das Objekt als Ganzes beleuchtet wird, nicht aber für das *konfokale Mikroskop* (Abschnitt 20.3), in dem das Objekt *abgerastert* wird).

In folgenden Abschnitten werden Beispiele zur Anwendung von Lasern in der *Medizin* und die speziellen Anforderungen an diese Laser besprochen. Zunächst soll aber wegen seiner Wichtigkeit die prinzipielle Funktionsweise des Lasers dargestellt werden. Zusätzlich werden in Tab. 17.1 gängige Laser-Typen zusammengestellt.

Erzeugung der Laserstrahlung Laserstrahlung wird durch das Zusammenwirken mehrerer Funktionselemente bzw. Effekte erzeugt:

1. Man benötigt ein *Laser-aktives* Medium mit einem *metastabilen* Anregungszustand (Abschnitt 17.6) und einen *Anregungsmechanismus* zur dauernden Neubesetzung dieses Niveaus, der effektiv genug ist, *Inversion* der Besetzung des AnregungsZustands zu erreichen. *Laser-aktive* Stoffe sind dadurch ausgezeichnet, dass diese Anregungen zur Besetzung von langlebigen, *metastabilen* Zuständen E_m führen, indem z. B. die angeregten Elektronen vom *Pump-Niveau* E_i auf ein solches Niveau *herunterspringen* (Abb. 17.12b). Von dort können dann Elektronen *nicht* in den üblichen kurzen Zeiten von $\leq 10^{-8}$ s *spontan* in den Grundzustand E_0 zurückgelangen; ihre Aufenthaltsdauer im metastabilen E_m ist wesentlich größer. Daher sammeln sich nach und nach in

vielen Atomen Elektronen in diesen Niveaus an: Die Zahl der Elektronen ist in diesem Niveau größer als im Grundzustand. Diese Inversion durch Energiezufuhr wird als *Pumpen* bezeichnet. Die Energiezufuhr kann durch Licht (optisches Pumpen), elektrischen Strom (elektrisches Pumpen) sowie in speziellen Fällen durch chemische Reaktionen (chemisches Pumpen) erfolgen.

2. Trifft nun eine Lichtwelle der Frequenz $\nu = (E_m - E_0)/h$ auf diese Atome, so bewirkt ihr elektrisches Feld, dass Elektronen aus den metastabilen Zuständen *induziert* (und instantan) in den Grundzustand E_0 übergehen und dabei ein Photon der Energie $h\nu$ in das Wellenfeld emittieren (Abb. 17.12c). Die so durch *stimulierte* Emission aus E_m *phasengleich (kohärent)* verstärkte Lichtwelle im Spiegel-Resonator kann weitere Emissionen aus den metastabilen Zuständen E_m anderer Atome abrufen, die Intensität der Lichtwelle wird verstärkt.

Das Laser-aktive Medium kann ein dotierter Kristall, ein dotiertes Glas, eine Flüssigkeit oder ein Gas sein. Im Laufe der Zeit ist eine große Zahl solcher Materialien entdeckt worden. Das Problem ist, dass das induzierte Strahlungsfeld im Laser diejenige Frequenz haben muss, die dem elektronischen Übergang zwischen elektronischem Grund- und Anregungszustand zukommt. Damit trägt diese Strahlung auch *selbst* zur Anregung bei, sie wird wieder absorbiert. Dies schwächt aber das *induzierte* und *induzierende* Feld, anstatt es zu verstärken. Im Normalfall besetzen mehr Elektronen den energetisch stabilen Anfangszustand als den angeregten Zustand. Dadurch ist die Absorptionswahrscheinlichkeit größer als die Wahrscheinlichkeit der induzierten Emission.

Nur dann, wenn es gelingt, dass *mehr* Elektronen den angeregten Zustand besetzen, als sich im Anfangszustand befinden, wenn

also eine *Besetzungsinversion* der beteiligten Energieniveaus erreicht wird, dann überwiegt die Emission, und die Welle im Laser wird verstärkt.

Wir können also als *Laser-Bedingung* formulieren: Die *induzierte Emission* muss intensiver als die gleichzeitig auftretende Absorption sein. Das heißt, von den beiden am Laserübergang beteiligten Energieniveaus muss der angeregte Zustand eine größere Besetzung als der Grundzustand aufweisen, es muss *Besetzungsinversion* herrschen. Dies lässt sich dadurch erreichen, dass die Anregung (d. h. die Besetzung des angeregten Zustands mit Elektronen) durch einen Mechanismus (z. B. eine Gasentladung, Abschnitt 15.2.2) erfolgt, in den *nicht* die Energieniveaus des Laserübergangs involviert sind, und dass der angeregte Zustand eine ausreichend lange Lebensdauer bezüglich spontaner Emission hat, damit sich möglichst viele Elektronen im angeregten Zustand sammeln. Deren Rückkehr in den Grundzustand wird dann durch induzierte Emission bewirkt:

Das einfachste *Modell* für den Anregungsmechanismus eines Laser-aktiven Stoffes ist das *Drei-Niveau-System* (Abb. 17.12). In Abb. 17.12 sind willkürlich drei Niveaus E_i eingezeichnet. Für das Drei-Niveau-System aus den Niveaus E_0, E_m und E_1 würde *ein* Niveau E_1 reichen.

Der Weiterentwicklung sind *Vier-Niveau-Laser* zu verdanken, deren Effizienz deutlich höher ist. Bei ihnen sind zwei eng benachbarte Zustände E_0 vorhanden, wobei das höhere Niveau (fast) unbesetzt ist, was den Übergang des Elektrons in den Endzustand erleichtert.

3. Zumeist erfolgt eine frequenzselektive Verstärkung des elektromagnetischen Strahlungsfeldes im Lasermaterial durch optische Rückkopplung, um die induzierte Emission in schmalen Frequenzbereichen zu erhöhen.

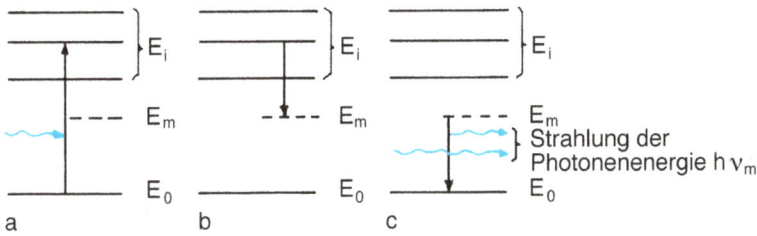

Abb. 17.12: Der einfachste Laser: das Drei-Niveau-System. (a) Absorption, (b) spontaner Übergang vom angeregten Zustand E_i in den metastabilen Zustand E_m, (c) stimulierte Emission. (E_0: Grundzustand; E_m: metastabiler Zustand; E_i: angeregte Zustände).

Zu diesem Zweckt dient als *optischer Resonator* meist ein Paar von Spiegeln, zwischen denen die durch *induzierte Emission* bereits erzeugte elektromagnetische Welle hin und her reflektiert wird, wobei *stehende Wellen*, ähnlich wie in Abschnitt 7.9 für die Musikinstrumente besprochen, ausgebildet werden können. Bei jedem Durchlauf der elektromagnetischen Welle durch den Resonator wird deren Intensität durch stimulierte Emission verstärkt, solange die Besetzungsinversion durch Pumpen aufrechterhalten wird.

Die induzierte Emission ist in den Amplitudenbäuchen der stehenden Lichtwelle besonders stark und in den Knoten besonders gering, sodass die emittierten Wellenzüge sich mit der bereits vorhandenen stehenden Welle im Resonator *phasengerecht* und *kohärent* überlagern. Eigentlich sollte dadurch die Intensität dieser Welle immer weiter ansteigen. Wenn aber einer der beiden Spiegel des Resonators weniger als 100 % reflektierend ist (*Reflektivität R* beispielsweise nur 98 %), wird die Rückkopplung kleiner; ein Teil der elektromagnetischen Welle wird aus dem Resonator *ausgekoppelt,* und dieser Anteil ist die Strahlung, die der Laser als *Lichtquelle* emittiert. Für den Resonator können hochreflektierende *dielektrische* Spiegel (Abb. 18.5) verwendet werden (z. B. mit R = 98 % bei Gas-Lasern) oder aber in Festkörper-Lasern direkt die Endflächen des Laser-

kristalls selbst. (Deren R ist üblicherweise wesentlich kleiner).

Halbleiter-Laser Obwohl die Qualität seiner Laserstrahlung wegen größerer *Strahldivergenz* und *schlechterer Monochromasie* und *Kohärenz* geringer ist als die anderer Laser-Typen, erobert sich der Halbleiter-Laser zunehmend den Markt, da er kleiner und preisgünstiger ist und mit den Techniken der integrierten Elektronik herstellbar ist.

Der Halbleiterlaser ist ein elektrisch gepumpter Festkörper-Laser, bei dem das Pumpen auf dem Stromdurchgang durch die Sperrschicht einer *p-n-Halbleiter-Diode* basiert. In Abschnitt 15.3.1 wurde darauf hingewiesen, dass Elektronen und Löcher bei Stromfluss durch die Sperrschicht sich neutralisieren, d. h. *rekombinieren* können. Bewegliche Elektronen, die aus dem n-dotierten Bereich in den p-dotierten Bereich übertreten, werden von den dort zahlreich vorhandenen Löchern eingefangen. Durch die Neutralisierung ursprünglich räumlich getrennter Ladungen entgegengesetzten Vorzeichens wird *Energie* frei, und diese kann bei geeigneter Bauweise der Diode zum großen Teil als Licht emittiert werden. Eine solche Diode nennt man *Leuchtdiode* (oder *light emitting diode, LED*, Abschnitt 17.10).

Der nächste Schritt zum Halbleiter-Laser ist nun im Prinzip einfach: Wir müssen einen

Licht-Resonator durch spiegelnde Wände schaffen, und wir müssen (durch Steigerung des Stroms) erreichen, dass die *Laser-Bedingung* erfüllt wird und der *Rekombinationsvorgang* durch *induzierte Emission* erfolgt.

Typische Beispiele wurden auf der Basis von Verbindungshalbleitern (GaAs oder AlGaAs) aufgebaut. (Die geläufigsten Halbleiter Si und Ge sind für diese Zwecke nicht geeignet, da sie indirekte Halbleiter sind.)

In der folgenden Tab. 17.1 sind für technische und *medizinische* Anwendungen wichtige Lasertypen und ihre wesentlichen Eigenschaften zusammengestellt:

17.12.2 Laser in der Medizin

Laser finden vielfältige und zunehmende Anwendungen in der Medizin, von der Forschung bis zum Einsatz in der Praxis. Da Wechselwirkungen von Laserstrahlung mit biologischer Materie stark mit der Wellenlänge der Strahlung und mit der Intensität variieren, wendet man für spezielle Zwecke unterschiedliche Typen von Lasern an.

Die Nutzung von Laserstrahlung ist nicht auf die Körperoberfläche beschränkt: Durch Verwendung von Lichtleitfasern verbunden mit Endoskopen (Abschnitt 19.3.6) zum Transport der Strahlung und zur Beobachtung können auch im Körperinnern medizinische Behandlungen mit Laserstrahlung vorgenommen werden.

Die Wechselwirkungen bei Laserbestrahlung von biologischer Materie lassen sich grob klassifizieren:

1. lichtinduzierte Reaktionen im Gewebe und in inkorporierten Fremdstoffen (photochemische Reaktionen)
2. thermische und nichtthermische Zerstörung (photothermische Prozesse bzw. Photo-Ablation)
3. Eiweißgerinnung durch Laser-Erhitzung (Photo-Koagulation)
4. Schneiden und Verdampfen von Gewebe (Laser-Chirurgie)
5. mechanische Zerstörung durch Schockwellen infolge explosionsartiger, laserinduzierter Verdampfung (Laser-Lithotripsie, Photo-Disruption, Photo-Ablation).

Kurzwellige Laserstrahlung bewirkt in biologischen Substanzen vor allem *photochemische* Prozesse, bei langwelliger Strahlung (IR) überwiegt die *Wärmewirkung*. Wird Gewebe beispielsweise auf eine Temperatur von 50 °C gebracht, so tritt Schädigung nach etwa 5 min ein, bei 70 °C ist diese bereits nach 1 s vorhanden, während bei 100 °C die Zerstörung praktisch sofort beginnt. Dies nutzt man in der Medizin zur lokalen und gezielten Zerstörung aus, z. B. bei Operationen. Beispielsweise werden beschädigte Blutgefäße durch Auslösung von *Photokoagulation* verschlossen, sodass Blutungen vermieden werden können. Meistens werden *Puls-Laser* eingesetzt, die in regelmäßiger und steuerbarer Wiederholung kurze und energiereiche Lichtpulse aussenden. Typisch sind Pulsenergien von 0,1 J und Pulsdauern von 0,1 s. Je länger die Einwirkungszeit der Strahlung auf biologisches Gewebe ist, desto stärker wird durch Wärmeleitung auch die Umgebung des bestrahlten Bereichs erhitzt.

Die *Eindringtiefe W* in das Gewebe ist umgekehrt proportional zur Absorptionskonstante K: $W = 1/K$.

Bei Pulsdauern unter 10^{-9} s (*Nanosekundenpulse, Picosekundenpulse, Femtosekundenpulse*) spielt die Wärmeleitung in Umgebungsbereiche hinein hingegen keine wesentliche Rolle mehr.

Da menschliches *Gewebe* zu mehr als 70 % aus Wasser besteht, ist insbesondere der Absorptionskoeffizient des Wassers für die unterschiedlichen Laser-Typen wichtig. Dieser ist zusammen mit der mittleren Eindringtiefe in

Tab. 17.1: Lasertypen und ihre Eigenschaften.

Laser-Typ	Anregungs-mechanismus	Emissions-wellenlängen	Leistungen	Puls(p)- oder Dauer(cw)-Betrieb	Medizinische Anwendung
Gas-Laser He-Ne-Laser	Gasentladung E_i im Ne, E_m, E_0 im He Energieübertragung von Ne zu He durch Stöße	632,8 nm + weitere schwächere	~1 mWatt	cw	ja
Ar-Ionen-Laser Kr-Ionen-Laser	Ionisierung der Gase im Magnetfeld	Serie von Linien Ar: 514,5 ... 454,5 nm	1–10^2 Watt	cw	ja
	Gasentladung hoher Stärke	Kr: 799,3 ... 457,7 nm			
CO_2-Laser	Gasentladung	Hauptlinie: 10,6 µm	Industrie-Laser: 10^4 Watt (cw)	p, cw	ja
Eximer-Laser (Edelgas-Halogen-Verbindungen)	Gasentladung Bildung von Eximeren (z. B. Xe_2, KrF, ArF)	Xe_2: 171–175 nm KrF: 249 nm ArF: 193 nm	Einzelpulse: GWatt	p Dauer: ≥ 5–50 ns	ja
Farbstoff-Laser (viele organische Farbstoff-Moleküle (z. B. Rhodamin) in flüssigen Lösungsmitteln)	Pumpen mit Licht (Blitzlampe, Laser) Photoionisation	abhängig vom Farbstoff 300–1.200 nm Da viele Moleküllinien: durchstimmbar. Beispiel: Rhodamin 6G: 610 nm ± 15 nm	cw: ~ 10^1 Watt Einzelpulse: 10^7 Watt	p, cw sehr kurz: > 10 fs	
Festkörper-Ionen-Laser z. B.: Rubin-Laser (Cr-Ionen in Al_2O_3)	Pumpen mit Licht (Blitzlampe, LED, Laser)	Rubin: 694,3 nm	Einzelpulse: 10^7 Watt	meist p sehr kurz: TiSa ≥1 fs	
Titan-Saphir-Laser (TiSa-Laser) (Ti-Ionen in Al_2O_3)		TiSa: 660–1.060 nm			

(fortgesetzt)

Tab. 17.1 (fortgesetzt)

Laser-Typ	Anregungs-mechanismus	Emissions-wellenlängen	Leistungen	Puls(p)- oder Dauer(cw)-Betrieb	Medizinische Anwendung
Alexandrit-Laser (Cr-Ionen in Chrysoberyll)		Alexandrit: 710–820 nm	Alexandrit cw: 1 Watt		
Lanthaniden-Ionen in Y-Al-Granat (Nd/YAG, Er/YAG, Ho/YAG, Tm/YAG)		Nd/YAG: 1.064 nm Yb/YAG: 1.030 nm Ho/YAG: 2,1 µm		cw	ja
Faser-Laser (Er-, Ho-, Tm-, Yb-Ionen in Glasfaser)		Er-Faser: 1.535–1.580 nm Tm-Faser: 1.930 nm		190 fs	ja
Halbleiter-Laser z. B. GaAs	Ladungsrekombination bei Stromfluss durch die Sperrschicht einer Halbleiter-Diode	Je nach Halbleiter- und Dotierungsmaterial vom infraroten bis zum blauen Spektralbereich	cw: bis 1 kWatt	meist cw	Ja

Abhängigkeit von der Wellenlänge in Abb. 17.13 dargestellt. Zusätzlich sind die Hauptemissionslinien einiger Laser-Typen eingezeichnet.

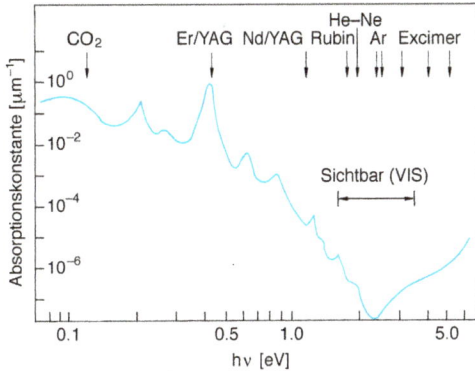

Abb. 17.13: Zur medizinischen Anwendung von Lasern. Dargestellt sind das Absorptionsspektrum von Wasser als dem wesentlichen Bestandteil biologischen Gewebes und Emissionslinien unterschiedlicher Laser-Typen.

Die *Eindringtiefe W* in Gewebe ist umgekehrt proportional zur Absorptionskonstante K: $W = 1/K$.

Im Folgenden werden einige Beispiele für medizinische Laser-Anwendungen zusammengestellt:

Die langwellige infrarote Strahlung des CO_2-Lasers ($\lambda = 10{,}6$ μm) wird vom Gewebe stark absorbiert, sodass die erzeugte Wärme lokalisiert bleibt. Daher wird dieser Laser oft für die Laser-Chirurgie eingesetzt. Die kurzwelligere Strahlung des Neodym/YAG-Lasers ($\lambda = 1{,}06$ μm) dagegen kann bis zu einigen Millimetern ins Gewebe eindringen und wird durch Streuung im Gewebe auf große Bereiche verteilt. Sie ist für Tumorzerstörung und Gewebe-Koagulation sowie zur Blutstillung besonders geeignet.

Die Laserlinie des Er/YAG-Lasers (Erbium-Yttrium-Aluminium-Garnet-Laser) fällt mit der stärksten Absorptionsbande des Wassers bei 2,9 μm zusammen und hat daher die geringste Eindringtiefe (etwa 1 μm).

Die Strahlung des im Sichtbaren emittierenden Argon-Gas-Lasers wird stark von Hämoglobin und Melanin absorbiert, aber nur wenig in blutleerem Gewebe.

Der Argon-Laser wird allgemein in der Dermatologie sowie in der Augenheilkunde für Operationen an der Netzhaut eingesetzt. Die Fokussierung des Laserstrahls geschieht im letzteren Fall durch das Auge selbst; typisch sind Fokusflächen von 50 μm Durchmesser.

Mit der kurzwelligen UV-Strahlung des Excimer-Lasers werden Sehkorrekturen an der Hornhaut vorgenommen. Für die Bearbeitung von Zähnen eignen sich besonders Er/YAG- und Excimer-Laser. Zahnschmelz lässt sich durch CO_2-Laser zur Kariesprophylaxe glätten.

Die Praxiseignung von Laserbehandlungen ist derzeit, beispielsweise in der Zahnheilkunde, ein sehr intensives Forschungsgebiet und lässt weitere Überraschungen erwarten.

Optische Kohärenztomografie (OCT) IR-Laserstrahlen haben in weichem Körpergewebe erhebliche Eindringtiefen. An Gewebelnhomogenitäten im Körperinnern (z. B. Netzhaut, Stimmlippen, Hautkrebs) wird ein Teil zurückreflektiert und gestreut, und dieser überlagert sich mit dem einfallenden Bündel zu einer Interferenzfigur, einem *Interferogramm*, wenn die Strahlung hinreichend kohärent ist. Hat der Lichtstrahl nur eine *partielle* Kohärenz (begrenzte Kohärenzlänge, Abschnitt 18.1.1), so bildet sich ein Interferenzmuster nur dann, wenn die Lage des Hindernisses im Körperinneren weniger weit von der Körperoberfläche entfernt ist, als der Kohärenzlänge entspricht. Auf diese Weise kann man dessen Position berührungsfrei bestimmen. Durch Änderung der Kohärenzlänge mittels der Breite des Frequenzspektrums kann die Messtiefe variiert und ein axiales Tiefenprofil dargestellt werden.

Rastert man das Präparat unter variierten Einfallswinkeln ab, so lässt sich mittels eines

Computerprogramms aus den Datensätzen der Interferogramme ein dreidimensionales *Tomogramm* gewinnen. Zur Kalibrierung wird ein zusätzliches *Michelson-Interferometer* (Abschnitt 18.1.2) benutzt. Diese Methode heißt *Optische Kohärenztomografie (OCT)*.

Anwendungen findet das Verfahren neuerdings häufiger in der *Augenheilkunde* zur berührlosen Untersuchung des Augenhintergrundes (Netzhautdicke etwa 300 mm, axiale Strukturauflösung ≥ 3 µm) und zu Hautuntersuchungen. (Eine analoge Methode mit Schallwellen ist übrigens das *Sonogramm*.)

Die Anzahl der medizinischen Laser-Anwendungen wächst laufend; einige weitere seien aufgelistet: Messung der Blutzirkulation, Netzhautverschweißung, Abtragung von Hornhaut zur Korrektur von Fehlsichtigkeit (z. B. LASIK-Verfahren), Endoskopie, Laserskalpell für Schnitte, Verödungen und Gefäßkoagulation, Epilation, Abtrag und Bohrung von Zahn-Hartsubstanz, Wurzelkanalbehandlung, Nieren- und Harnleitersteinbeseitigung und als eher exotisches Beispiel die Beseitigung von Tätowierungen.

Gesundheitsgefährdungen durch Laser und Vorsichtsmaßnahmen Bei der Arbeit mit Lasern ist unbedingt zu vermeiden, dass der Strahl zufällig direkt auf das Auge treffen und die Netzhaut beschädigen kann. Da er praktisch ein Parallelstrahl ist, bleibt er auch viele Meter vom Laser entfernt noch gefährlich. Das gilt auch dann, wenn der Strahl zuvor irgendwo reflektiert oder gestreut wurde und den behandelnden Arzt aus unerwarteten Richtungen trifft. Die Verwendung von Laser-Schutzbrillen ist daher bei Laserbehandlungen für alle Beteiligten vorgeschrieben. Diese Brillen filtern selektiv die schmalen Laserlinien unterschiedlicher Laser aus und erscheinen daher oftmals völlig farblos und durchsichtig. Da sich die Frequenzen unterschiedlicher Laser-Typen unterscheiden, ist im Prinzip für jeden Laser-Typ eine andere Schutzbrille erforderlich. Wichtig ist, darauf hinzuweisen, dass Laserstrahlungen, die Körperteile direkt oder indirekt durch ihr Streulicht treffen, wegen der konzentrierten elektromagnetischen Energie zu gefährlichen Gesundheitsgefahren führen. Je nach der Intensität, Wellenlänge und möglichen Bestrahlungsdauer ihrer Strahlung sind Laser in verschiedene Gefahrenklassen eingeteilt, die von amtlich bestellten Laserschutzbeauftragten kontrolliert werden. Die Sicherheitsbestimmungen sind in der offiziellen Schrift EN 60601-2-22 enthalten.

18 Wellen Teil II: Wellenoptik

Das Spektrum elektromagnetischer Wellen kann anstatt nach der Wellenlänge (Abb. 14.47) auch nach der Art ihrer Entstehung und den dadurch bedingten Eigenschaften der Wellen klassifiziert werden:

1. Mit elektromagnetischen Schwingkreisen (Abschnitt 14.9.6) kann man niederfrequente, harmonische Wellen mit gleichbleibender Amplitude und Phasenkonstante über beliebig lange Zeiten erzeugen; diese Wellen sind kohärent (Abschnitt 17.6) und monochromatisch.

2. Die infrarote, sichtbare, ultraviolette und Röntgen-Strahlung entsteht in Atomen, und zwar meist durch Übergänge von Elektronen zwischen elektronischen Zuständen (Quantenzuständen) bzw. zwischen Elektronenbahnen. Bei üblichen Rauschquellen (Abschnitt 17.6) ist sie weitgehend inkohärent und polychromatisch. Mit speziellen Geräten (Monochromatoren) kann die spektrale Bandbreite der Strahlung eingeengt werden, die Strahlung wird monochromatischer, und die Kohärenzlänge nimmt zu. Da dies durch Ausfiltern geschieht, wird aber die Intensität der Strahlung dadurch geringer.

3. Mit Lasern (Abschnitt 17.12) kann Strahlung im IR-, VIS- und UV-Bereich und auch Röntgenstrahlung mit hoher Monochromasie, hoher Kohärenz und hoher Intensität erzeugt werden.

Im folgenden Kapitel werden wir sehen, dass Kohärenz eine notwendige Voraussetzung zur Beobachtung von Welleneigenschaften ist, deren wichtigste die *Interferenz* ist. In Abschnitt 17.6 wurde bereits gezeigt, dass die Interferenz – *vice versa* – zur Messung der Kohärenzeigenschaften von Licht dienen kann.

18.1 Interferenz von Wellen

18.1.1 Interferenzfähigkeit

Auch elektromagnetische Wellen folgen dem in Abschnitt 7.6 behandelten Superpositionsprinzip.

Das bedeutet, dass zwei (oder mehrere) Wellen, die sich im selben Raumbereich in Richtungen $\vec{s}_1$ bzw. $\vec{s}_2$ ausbreiten, sich überlagern können, und zwar so, dass zu jeder Zeit in jedem Raumpunkt die momentanen Feldstärken des elektrischen und des magnetischen Feldes vektoriell addiert werden:

$$\vec{E} = \vec{E}_1 + \vec{E}_2 \text{ und } \vec{H} = \vec{H}_1 + \vec{H}_2.$$

Dabei werden die Feldstärken der einen Welle durch die Anwesenheit der anderen Welle also nicht verändert (lineare Superposition). Bei sehr großen Feldstärken, wie sie mit Lasern erzeugbar sind, gilt dies zwar weiterhin für Wellen, die sich im Vakuum ausbreiten, aber nicht mehr, wenn sich die Wellen in Materie ausbreiten (nichtlineare Effekte.).

Die Polarisation P bzw. das Dipolmoment (Abschnitt 14.7.5.4) können nicht beliebig anwachsen, wenn das elektrische Feld erhöht wird. Bei kleinen bis mittleren Feldstärken E des einfallenden elektrischen Feldes folgt P proportional zu E, hängt also *linear* von E ab: Wir sprechen vom *Linearitätsbereich*. Bei sehr starken Feldern (wie sie heute z. B. durch Laser *routinemäßig* erzeugt werden können) gilt dies aber nicht mehr. Dann wächst P nicht mehr linear mit E, *sondern zunehmend langsamer*. Dies bezeichnet man als nichtlinearen Effekt oder auch nichtlineare Optik (siehe Abschnitte 7.5.1 und 20.3.9).

Das Gebiet der *nichtlinearen Optik* wird zunehmend auch für medizinische Forschung und die Praxis wichtig.

Wir konzentrieren uns aber im Folgenden wesentlich auf die *lineare Optik*. Wir wollen dazu weiter annehmen, zwei sich überlagernde Wellen seien harmonisch, vollständig kohärent, gleichartig linear polarisiert (Abschnitt 18.5.1) und monochromatisch, dann gilt nach Gl. (14-94) für die beiden Wellen:

https://doi.org/10.1515/9783110691658-020

$$\vec{E}_1 = \vec{E}_{1,0} \sin (\omega t - \vec{k} \cdot \vec{s}_1),$$

$$\vec{E}_2 = \vec{E}_{2,0} \sin (\omega t - \vec{k} \cdot \vec{s}_2), \qquad (18\text{-}1)$$

wobei s_1 und s_2 die Abstände von den Quellen der beiden Wellen angeben. (Entsprechende Gleichungen gelten für $\vec{H}$.) Im *Überlagerungsbereich* (Abb. 18.1) gibt es wie bereits in Abschnitt 7.6 beschrieben Orte, an denen die resultierenden Feldstärkenamplituden größer sind als die Einzelfeldstärken (*konstruktive*, d. h. *verstärkende* Interferenz), und auch Orte, an denen das Umgekehrte der Fall ist (*destruktive*, d. h. *auslöschende* Interferenz).

Wir wollen den Vorgang der optischen Interferenz an zwei Beispielen genauer betrachten: An bestimmten Orten unterscheiden sich die Momentanphasen Ψ (d. h. die Argumente der Sinus-Funktionen) um Vielfache von 2π, die Sinus-Funktionen selbst sind dort also gleich. Die Vektoraddition von $\vec{E}_1$ und $\vec{E}_2$ führt dann zur maximalen resultierenden Verstärkung (Abb. 18.2a):

$$\vec{E}_{\text{res}} = (\vec{E}_{1,0} + \vec{E}_{2,0}) \sin \Psi$$

mit

$$\Psi = \omega\, t - k\, s_1 = \omega\, t - k\, s_2 + n\, 2\pi, \quad n = 0, \pm 1, \pm 2, \ldots$$
$$(18\text{-}2)$$

Mit der trigonometrischen Beziehung $\sin(\Psi + (2n+1)\,\pi) = -\sin\Psi$ ergibt sich dann (Abb. 18.2b):

$$\vec{E}_{\text{res}} = (\vec{E}_{1,0} - \vec{E}_{2,0}) \sin \Psi. \qquad (18\text{-}3)$$

An anderen Orten, wo sich die Phasen der beiden Wellen dauernd um einen Winkel $(2\,n+1)\,\pi$ unterscheiden (bzw. die Wellen um *ungerade* Vielfache von $\lambda/2$ gegeneinander räumlich verschoben sind), ist die resultierende Welle am schwächsten. Bei Übereinstimmung der beiden Amplituden ist an diesen Orten die resultierende Amplitude sogar für alle Zeiten gleich null (*Auslöschung*).

Dies ist kein Verstoß gegen den Energieerhaltungssatz: Die Wellenenergie wird bei dem Interferenzvorgang in die benachbarten Maxima verlagert und verstärkt diese zusätzlich. In den Maxima entsteht nämlich die doppelte Amplitude

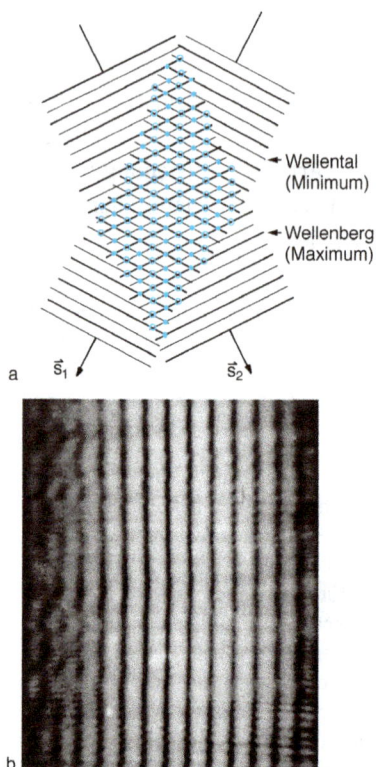

a $\quad \vec{s}_1 \qquad\qquad \vec{s}_2$

b

Abb. 18.1: (a) Schematische Darstellung des Momentanbildes der Interferenz zweier ebener Wellen gleicher Wellenlänge (die •-*Punkte* bedeuten maximale Verstärkung, die o-*Punkte* bedeuten Abschwächung). $\vec{s}_1$ und $\vec{s}_2$ geben die Ausbreitungsrichtungen an. (b) Interferenzstreifen, wie sie im Experiment der Abb. (a) auf einer Fotoplatte registriert werden, die man senkrecht zur Zeichenebene in den Überlagerungsbereich stellt.

und, da die Intensität proportional zum Quadrat der Amplitude ist, die vierfache Intensität.

Bei anderen Phasendifferenzen als n 2π oder $(2\,n+1)\,\pi$ gibt es Abschwächung oder Verstärkung, die zwischen den in Gln. (18-2) und (18-3) formulierten Extremfällen liegen. (Völlig analog zur Superposition des elektrischen Anteils der Welle addieren sich die magnetischen Einzelfeldstärken $\vec{H}_1$ und $\vec{H}_2$ zur resultierenden Feldstärke $\vec{H}_{\text{res}}$.

Im dreidimensionalen Überlagerungsbereich zweier ebener Wellen stellt sich auf diese Weise ein kompliziertes Muster ein, in dem in regelmäßiger Folge große und kleine Amplituden der resul-

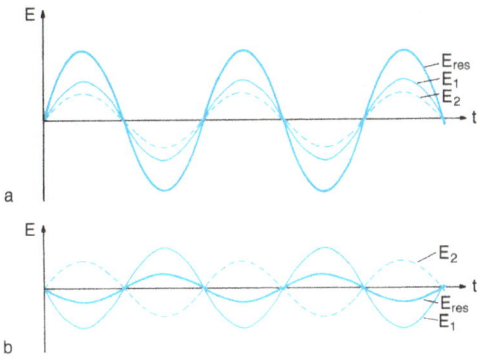

Abb. 18.2: Interferenz zweier Wellen an einem festen Ort für verschiedene Zeiten: (a) Die Wellen sind gleichphasig und führen zu maximaler Verstärkung von E_{res}, (b) die Wellen sind um $T/2$ gegeneinander verschoben und führen zu maximaler Abschwächung.

tierenden elektrischen und magnetischen Feldstärke aufeinander folgen. Entscheidend ist, dass diese Muster ortsfest sind und wir sie daher über längere Zeiten beobachten können. Wir bezeichnen dieses Muster als *Interferenzfigur;* die zugehörige Intensitätsverteilung lässt sich zum Beispiel auf einem fotografischen Film registrieren, den wir im Überlagerungsbereich aufstellen (Abb. 18.1).

Aus der Interferenz wurden in Abschnitt 17.6 eine Definition und eine Messvorschrift für die *Kohärenz* angegeben, und wir können nochmals zusammenfassen:

Allgemein gilt, dass wir bei kohärentem Licht in jedem Punkt und zu jedem Zeitpunkt die Feldstärken zu addieren haben (da sie auch negativ werden, ist Auslöschung möglich); bei inkohärentem Licht genügt es, die dem Quadrat der Feldstärken proportionalen Intensitäten zu addieren (die stets größer null sind). Zwei Wellen sind in einem Raumbereich kohärent zueinander, wenn durch ihre Überlagerung Interferenzmuster (Hell-Dunkel-Muster wie z. B. die Interferenzstreifen in Abb. 18.1) entstehen, die (während der Beobachtungsdauer) räumlich festliegen.

Führen wir nun stattdessen ein Überlagerungsexperiment mit zwei *inkohärenten* Lichtwellen durch, die aus kurzen Wellenzügen mit sich unregelmäßig ändernden Phasenkonstan-

ten bestehen, dann tritt zwar zu jeder Zeit wieder die ungestörte Superposition auf, die Maxima und Minima verändern aber wegen der sich nach Ablauf einer *Kohärenzzeit* (Abschnitt 17.6) ändernden Phasendifferenzen ihre Lage. Das Auge und der Sehapparat, die nur relativ langsame Veränderungen (mit Bilddauern kleiner als 10^{-2} s) verfolgen können, vermögen diese Superpositionsbilder *nicht einzeln* zu erkennen, sondern sehen lediglich einen gleichmäßig hellen, verschmierten Bildbereich.

Entsprechendes geschieht, wenn sich zwei Wellen *verschiedener* Frequenz überlagern; auch dann verändert sich das momentane Interferenzmuster so schnell, dass es vom Auge nicht erkannt werden kann. Das Auge kann Änderungen nur bis zu 1/20 s auflösen und erkennt daher nur eine räumlich und zeitlich gemittelte Helligkeit. Zwei Wellen sind also *inkohärent* zueinander, sowohl wenn die Phasendifferenzen sich schnell ändern als auch wenn die Frequenzen sich unterscheiden. Übrigens gilt Analoges, wenn die beiden Lichtwellen nicht monochromatisch, d. h. breitbandig, sind.

Es mag nun scheinen, als sei mit Licht aus üblichen Lichtquellen (mit Ausnahme des Lasers) keine räumlich feste, beobachtbare Interferenzfigur zu erzeugen. Das trifft tatsächlich zu für aus zwei *verschiedenen* Lichtquellen kommendes Licht. Spaltet man aber das Licht ein und derselben Lichtquelle, beispielsweise mit *halbdurchlässigen* Spiegeln, in zwei *Teilbündel* auf wie in Abb. 18.3 gezeigt, so folgen in beiden Teilbündeln die einzelnen Wellenzüge mit gleichen Abständen und fester Phasendifferenz aufeinander.

Wir wollen annehmen, dass das Licht aus der Quelle nur einen *engen* Frequenzbereich umfasst, also praktisch monochromatisch ist.

Löschen sich bei der Überlagerung der beiden Teilbündel an irgendeinem Ort zwei Wellenzüge gegenseitig aus, so tun dies auch alle nachfolgenden. Die aus *einer* Lichtquelle stammenden Teilwellen können also bei ge-

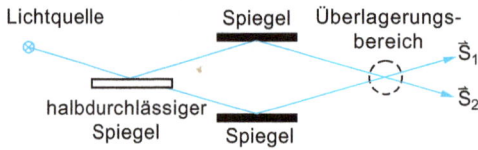

Abb. 18.3: Schematischer Aufbau eines Experiments zur Erzeugung von Interferenzen wie in Abb. 18.1. Die kohärenten Teilwellen werden durch Aufspaltung an einem *teildurchlässigen* Spiegel erzeugt.

eigneter optischer Anordnung zueinander *kohärent* sein. Erst wenn die eine Teilwelle zeitlich so weit gegenüber der anderen verzögert oder durch einen längeren Weg räumlich verschoben wird, dass beide um mehr als die *Kohärenzlänge* der Welle gegeneinander verschoben sind, können die Teilwellen nicht mehr *ortsfeste* Interferenzmuster erzeugen, sind also *nicht mehr kohärent* zueinander.

Dies zeigt, dass zueinander kohärente Wellen allmählich in inkohärente übergehen können; dazwischen liegt der Bereich der partiellen *Kohärenz* (Abschnitt 17.6). Mit solchen Wellen kann man zwar noch Interferenzmuster erzeugen, aber ihr Hell-Dunkel-Kontrast nimmt mit dem *Grad der Kohärenz* ab.

Auch im Alltag kann man Interferenzfiguren beobachten, die von Licht erzeugt werden. Beispiele sind die farbigen *Newton'schen Ringe,* welche schillernde Farben in Seifenblasen, in Ölschichten verschmutzter Gewässer oder auf Schmetterlingsflügeln hervorrufen.

18.1.2 Anwendung der Interferenz: die Interferometrie

Interferenzfiguren im Überlagerungsbereich kohärenter Wellen ändern sich schon deutlich, wenn die interferierenden Teilwellen in der Phasendifferenz nur um Bruchteile von 2π geändert werden, d. h., räumlich gegen-

einander verschoben werden. Interferenz setzt also nicht direkt messbare Phasendifferenzen in gut beobachtbare Intensitätsschwankungen innerhalb der Interferenzfigur um. Hiervon macht man messtechnischen Gebrauch bei den *Interferometern.* Dies sind optische Präzisionsmessgeräte für kleinste Längenänderungen und auch für Brechungsindexänderungen.

Im Interferometer wird eine Lichtwelle (besonders geeignet ist dazu Laserlicht wegen seiner guten Kohärenz) in zwei oder mehrere Teilwellen aufgespalten, z. B. so, wie es in Abb. 18.3 skizziert ist. Diese legen unterschiedliche optische Wege zurück und werden dann wieder zusammengeführt. Die im Überlagerungsbereich entstehenden *Interferenzmuster* können beobachtet und die Positionen der hellen und dunklen Streifen ausgemessen werden. Wird einer der Spiegel *geringfügig* verschoben oder wird der Brechungsindex einer durchsichtigen Flüssigkeit (z. B. durch Temperaturänderung) und damit die Wellenlänge verändert, so ändert sich die Position der Streifen.

Mit der Anordnung der Abb. 18.3 lassen sich auf diese Weise kleinste *Längenänderungen* messen, wenn man einen der beiden Spiegel an einem sich (etwa durch Temperaturerhöhung oder durch ein *piezoelektrisches* Stellelement) sich in seinem Ort ändernden Objekt befestigt und die dadurch entstehende Verschiebung der Interferenzstreifen misst. Mit *komplizierten Interferometern* kann man heute Längen oder Längenänderungen bis unter 5 nm messen.

Auf interferometrischem Wege kann man heute also Längen und Längenänderungen bis zu etwa 1/100 der Wellenlängen des sichtbaren Lichts bzw. 10 bis 20 Atomabstände im Festkörper messen.

Aus den Abständen der Streifen im Interferenzmuster können auch direkt Lichtwellenlängen mit höchster Präzision bestimmt werden.

Der geläufigste *Interferometer*-Typ ist das *Michelson-Interferometer.*

Diese Anordnung (Abb. 18.4) stellt einen *anderen* Interferometer-Typ dar, der sich zur Bestimmung geringster Konzentrationen oder

Konzentrations*änderungen* gasförmiger, flüssiger oder fester Substanzen durch Messung ihres *Brechungsindex* (Abschnitt 18.3.1) eignet.

In diesem Fall wird die *eine* durch die mit einer Messsubstanz gefüllte Küvette laufende Welle wegen der bei Änderungen der Konzentration, des Brechungsindex und der Wellenlänge veränderten *Ausbreitungsgeschwindigkeit* gegenüber der *anderen* Teilwelle verzögert, was wieder zu einer Verschiebung des Interferenzstreifensystems gegenüber dem Bild bei *leerer* Küvette führt.

Auf diese Weise lassen sich Brechungsindexänderungen von der relativen Größenordnung 10^{-5} messen. Da sich der Brechungsindex einer gelösten Substanz mit der Konzentration von darin gelösten anderen Substanzen ändert, erhält man aus der Interferometermessung auch deren Konzentration.

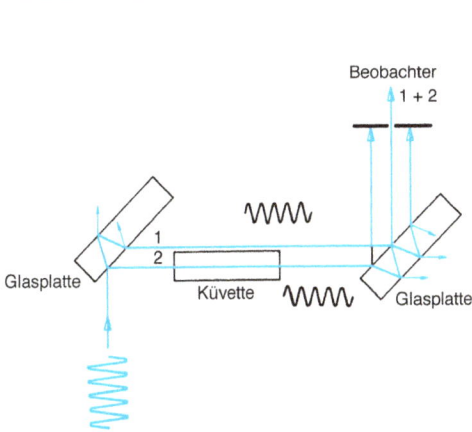

Abb. 18.4: Interferometer. Die Welle wird durch die linke Glasplatte in zwei räumlich gegeneinander versetzte und gegeneinander phasenverschobene Teilwellen aufgespalten. Die *eine* Teilwelle durchläuft den *leeren* Raum, die *andere* durchläuft die Küvette. In der Küvette ist ein Stoff enthalten, dessen Brechungsindex bestimmt werden soll. Er bewirkt eine zusätzliche Phasenverschiebung zwischen den Teilwellen. Diese *bleibt übrig*, nachdem die Phasenverschiebung von der linken Platte durch die unterschiedlichen Reflexionen an beiden Oberflächen der rechten Glasplatte wieder rückgängig gemacht worden ist. Zugleich werden dadurch die beiden Teilwellen zur Überlagerung gebracht, sodass *Interferenz* entsteht.

Eine weitere Anwendung findet die *Interferenz* für die Zerlegung von Licht in seine *Spektralfarben*. Das einfachste Beispiel dafür ist der *Interferenzfilter*. Im Prinzip braucht man dazu nur ein dünnes, durchsichtiges Plättchen (z. B. eine Aufdampfschicht aus *Kryolith* auf einem dicken Glasträger). An beiden Grenzflächen der dünnen Schicht in Abb. 18.5 (hier ohne Glasträger) wird ein Teil der senkrecht einfallenden ebenen Lichtwelle (1) reflektiert, und die so entstandenen Teilwellen (2) und (3) (hier der Deutlichkeit halber nebeneinander gezeichnet) können miteinander interferieren. Auch die durchlaufende Teilwelle (1) interferiert, und zwar mit den mehrfach (an G_2 und G_1) reflektierten Wellen, z. B. mit der Welle (4).

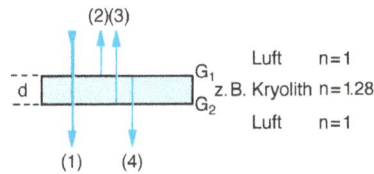

Abb. 18.5: Prinzip der Interferenz an einer dünnen Schicht *(Interferenzfilter)*. Gezeichnet ist der einfallende Strahl, der durchgehende Strahl (1) und drei (z. T. *mehrfach*) reflektierte Strahlen (2), (3) und (4). (Der Deutlichkeit halber sind die reflektierten Strahlen nach rechts seitlich versetzt gezeichnet.).

Es hängt nun von der Schichtdicke d im Vergleich zur Wellenlänge ab, ob die Interferenzen der reflektierten bzw. der durchgehenden Wellen verstärkend oder auslöschend sind. Dabei gilt allgemein: Wenn sich die reflektierten Wellen bei einer bestimmten Dicke (oder, falls die Dicke fest vorgegeben ist, bei einer bestimmten Wellenlänge) gerade maximal schwächen, so verstärken sich die durchgehenden Wellen maximal, und umgekehrt. Für gewisse Wellenlängen λ_1 wirkt eine solche Schicht für das durchgehende Licht als Sperre (*Sperrfilter*), für andere Wellenlängen λ_2 ist sie besonders gut durchlässig (*Durchlassfilter*).

Wellenlängen zwischen λ_1 und λ_2 werden teilweise durchgelassen und teilweise reflektiert, und zwar werden sie umso besser durchgelassen, je näher sie bei λ_2 liegen. Die Schicht wirkt also als *Farbfilter* begrenzter Bandbreite. Durch geeignete Wahl der Schichtdicke *d* lassen sich Interferenzfilter für alle *gewünschten Wellenlängen* herstellen. Engere spektrale Durchlassbereiche *(Bandbreiten)* sind erreichbar, wenn man statt einer einzelnen Schicht Pakete mehrerer verschiedener Schichten übereinanderschichtet, sodass die Zahl der Reflexionen und der interferierenden Teilwellen größer wird.

> Solche Interferenzfilter haben die herkömmlichen Farbfilter, die auf selektiv absorbierenden Farbpigmenten beruhen, weitgehend verdrängt. Sie werden auch zur Entspiegelung von optischen Linsen und Brillengläsern verwendet.

Die erforderliche Dicke des einfachen Filters (ohne Glasträger) in Abb. 18.5 lässt sich leicht bestimmen, indem man die Phasendifferenzen der interferierenden Teilwellen berechnet. Im Schichtinnern ist die Wellenlänge gegenüber der in Luft verkürzt: $\lambda' = \lambda_{\text{Luft}}/n$ (*n* = Brechungsindex, siehe hierzu Abschnitt 18.3.1). Damit sich die Wellen (1) und (4) maximal verstärken, muss die Phasendifferenz ein Vielfaches von 2π betragen, d. h., Welle (4) muss in der Schicht einen Weg zurücklegen, der um $m\lambda'$ ($m = 1, 2, 3, \ldots$) länger ist. Bei senkrechtem Lichteinfall ist dieses zusätzliche Wegstück gleich $2d$, sodass die *Durchlass-Wellenlängen* λ'_{d} des Filters gegeben sind durch die Bedingung:

$$2d = m\,\lambda'_{\text{d}} \text{ mit } m = 1, 2, \ldots, \qquad (18\text{-}4)$$

und die *Sperr-Wellenlängen* λ'_s entsprechend durch

$$2d = (2m + 1/2)\lambda'_s \text{ mit } m = 0, 1, 2, \ldots \qquad (18\text{-}5)$$

(Diese Bedingungen haben eine andere Form, wenn die Schicht auf einem Glasträger mit großem *n* aufgebracht ist, und auch, wenn wie in der Praxis üblich, viele Interferenzschichten aus unterschiedlichem Material übereinandergeschichtet sind.)

Eine spezielle Form des Interferenzfilters ist der *Verlauf-Interferenzfilter*, bei dem die Interferenzschicht keilförmig ist und die Schichtdicke d in einer Richtung von einer Seite zur anderen auf das Doppelte anwächst. Dadurch ist die Durchlassbedingung (Gl. (18-4)) für unterschiedliche Wellenlängen an verschiedenen Orten des Filters erfüllt, und man kann alle gewünschten Spektralfarben des sichtbaren Lichts ausfiltern, wenn man ein schmales Bündel des einfallenden Lichts auf unterschiedliche Stellen des Filters fallen lässt.

18.1.3 Holografie

Optische Strahlung lässt sich ebenso wie ionisierende Strahlung auf fotografischem Wege registrieren (Abschnitt 21.2.7). Dabei ist die Schwärzung des Filmmaterials ein Maß für die während der Belichtungszeit aufgetroffene Gesamtenergie der Strahlung und damit auch für deren Intensität. Bringt man also einen Film in die Bildebene eines optischen Instruments, z. B. einer fotografischen Kamera, so zeichnet er die Intensitätsverteilung in dieser Ebene auf. Man registriert dabei vom räumlichen Bild eines dreidimensionalen Gegenstands nur die in der Filmebene bestehende zweidimensionale (flächenhafte) Helligkeitsverteilung.

> Mit der Holografie ist es möglich, auf fotografischem Wege Bilder auf einem Film zu speichern, die bei geeigneter Betrachtung mit den Augen räumlich (dreidimensional) erscheinen, wie das abgebildete Objekt selbst.

Beleuchten wir einen *dreidimensionalen* Gegenstand, so entstehen an den beleuchteten Oberflächen und Strukturen durch Reflexion, Streuung und Beugung *Sekundärwellen*, deren Amplituden sich durch Farbe und Oberflächenbeschaffenheit und deren Phasenkonstanten sich aus der *räumlichen* Struktur des

Gegenstands ergeben. Aus diesen Streuwellen lässt sich mit einer Linse ein *räumliches* (reelles oder virtuelles) Bild des Gegenstands entwerfen, wobei sich die Streuwellen im Bildbereich ungestört superponieren. Das nennen wir eine *optische Abbildung*.

Will man aber eine Abbildung auf einem fotografischen Medium (Film) so speichern, dass sich das *räumliche* Bild später daraus wieder rekonstruieren lässt, so reicht nicht die Information über *Intensitäten*. Dann benötigt man zusätzlich Informationen über *Amplituden* *und* Phasen. Es genügt also nicht, wie bei der üblichen Fotografie nur die Intensitätsverteilung der Lichtwellen in der Bildebene auf einer Fotoplatte zu registrieren, sondern man muss *zusätzlich* Informationen über die Phasenkonstanten der Streuwellen speichern. Zu diesem Zweck sind die Phasenkonstanten in den *Objektwellen,* die durch die Streuung des Lichts am Objekt entstanden sind, aufzuzeichnen. Phasen lassen sich aber nicht *direkt* aufzeichnen, wohl aber *interferometrisch,* indem man durch Interferenz der Objektwelle mit einer dazu *kohärenten Referenzwelle* ein räumlich festes Interferenzmuster erzeugt und dieses z. B. fotografisch oder durch eine elektronische Bildkamera aufzeichnet und so Informationen über Amplitude *und* Phase der Objektwellen festhält (Abb. 18.6a).

Optische Interferenzmuster sind wegen der kurzen Lichtwellenlängen derart fein strukturiert, dass ein sehr feinkörniges Filmmaterial zu ihrer Aufzeichnung erforderlich ist. Auf dem Foto selbst ist also nur das Interferenzmuster festgehalten, aus dem wir bei direkter Betrachtung keinerlei Ähnlichkeit mit dem abzubildenden Objekt erkennen können. Eine Aufnahme eines solchen Interferenzmusters bezeichnet man als *Hologramm*. Um ein Bild des Objekts selbst sichtbar zu machen, beleuchtet man dann in einem zweiten Schritt (Abb. 18.6b) den entwickelten Film mit kohärentem Licht aus derselben Richtung,

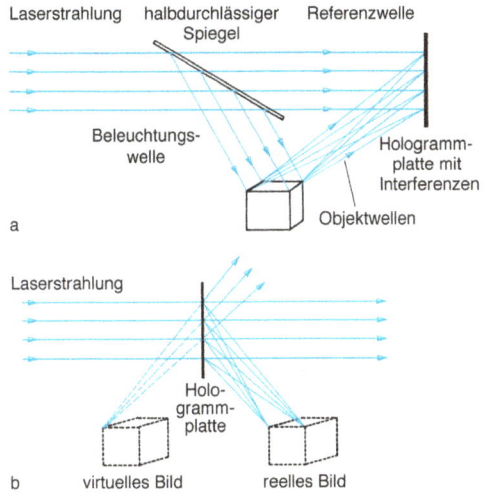

Abb. 18.6: (a) Anordnung zur Herstellung eines Hologramms, (b) Anordnung zur Betrachtung eines Hologramms. Es entstehen ein *reelles* und ein *virtuelles* dreidimensionales Bild.

aus der die Referenzwelle bei der Aufnahme fiel, und es entstehen durch Beugung (Abschnitt 18.2) an den Interferenzmustern zwei abgebeugte Lichtbündel, von denen das eine ein räumliches reelles Bild hinter dem Hologramm und das andere ein räumliches virtuelles Bild (Abschnitt 19.3.2.1) vor dem Hologramm erzeugt. Beide Bilder können mit dem Auge direkt beobachtet werden, wobei die Ansicht des virtuellen Bildes sich mit der Position des Beobachters so ändert wie die Ansicht des Gegenstands (zum Zeitpunkt der Aufnahme) selbst; bei stereoskopischem Sehen mit beiden Augen erscheint dann das Bild dreidimensional, d. h. plastisch.

Um deutliche Interferenzmuster auf dem Hologramm zu erzeugen, müssen natürlich Beleuchtungswelle und Referenzwelle monochromatisch und zueinander kohärent sein, daher bedient man sich zur Aufnahme von Hologrammen des Laserlichts. Normalerweise benötigt man auch für die Betrachtung monochromatisches, kohärentes Licht. Die sogenannten *Weißlichthologramme,* auf denen Interferenzmuster von mehreren Wellen verschiedener Frequenzen gespeichert sind, können jedoch auch mit Tageslicht betrachtet werden. (Üblich sind auch Halogen-Spotlight-Lampen).

Technisch wird die Holografie unter anderem genutzt, um *kleinste Verformungen* in der Größenordnung der Lichtwellenlänge nachzuweisen (Abb. 18.7). Gegenüber der normalen Interferometrie hat dies den Vorteil, dass man zugleich ein Bild des verformten Körpers erhält. Will man allerdings z. B. ein Porträt aufnehmen, benötigt man dazu einen Laser, der kurze Lichtpulse aussendet (*Puls-Laser*, Abschnitt 17.12), da die Hautoberfläche in *ununterbrochener Bewegung* ist, wodurch die Interferenzmuster nur *kurzzeitig* räumlich und zeitlich stabil sind und das holografische Bild schneller fluktuiert, als es das Auge zeitlich auflösen kann.

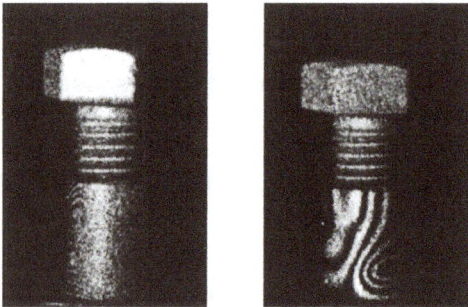

Abb. 18.7: Interferometrischer Nachweis der Verformung eines Gewindestücks beim Eindrehen einer Schraube. Die holografisch hergestellten Bilder sind bei unterschiedlichen Einschraubtiefen aufgenommen; die Streifen zeigen Verformungen um Vielfache einer Wellenlänge (~5 · 10⁻⁷ m). (Für die Aufnahme danken wir Herrn Prof. J. Gutjahr.).

18.2 Beugung elektromagnetischer Wellen

18.2.1 Beugung an Spalten

In Abschnitt 7.7 haben wir das *Huygens'sche Prinzip* als ein anschauliches und sehr nützli-

ches Modell für die Wellenausbreitung mit Hindernissen kennengelernt. Es beruht auf der Interferenz zueinander kohärenter Kugelwellen, der Huygens'schen *Elementarwellen*.

> Trifft Licht auf enge Öffnungen oder kleine Gegenstände, so wird es gebeugt, d. h., aus der geradlinigen Ausbreitungsrichtung abgelenkt. Im Gegensatz zur Brechung (Abschnitt 18.3.1) ist nicht erforderlich, dass das Licht dabei in ein Medium mit *anderem* Brechungsindex übergeht.

Besonders übersichtlich ist dies am *Spalt* zu beobachten. Eine ebene, monochromatische Welle treffe auf einen engen Spalt der Breite d. Dann können nur noch diejenigen Huygens'schen Elementarwellen, die *in der Spaltöffnung* angeregt werden, zur Ausbreitung der Welle *hinter* dem Spalt beitragen. Das führt dazu, dass die Welle hinter dem Spalt keine ebene Wellenfront mit geradliniger Ausbreitung in einer Richtung mehr hat. Es heben sich dann nämlich die seitlichen Anteile der Kugelwellen nicht mehr alle durch Interferenz weg, sondern es entsteht z. B. eine Welle, wie in Abb. 18.8 stark schematisch vereinfacht dargestellt ist. Ist die Öffnung ein sehr enges Loch bzw. ein Spalt, so stellt die Welle eine auslaufende Kugelwelle bzw. Zylinderwelle dar.

Wir wollen dies an einigen Beispielen näher betrachten:

Enger Einfachspalt ($d < \lambda$) Einen anschaulichen Versuch zur Beugung kann man selbst durchführen. In einen Pappdeckel schneidet man einen 1 cm breiten Schlitz und stellt den Deckel senkrecht in eine Wasserwanne. Mit einem zweiten Pappdeckel erzeugt man ebene Wellen, die auf den Spalt zulaufen. Dann sieht man hinter dem Spalt eine einzelne, *fast kreisförmige Oberflächenwelle* weiterlaufen (Abb. 18.8). Auf die Lichtwelle übertragen bedeutet das, dass die Überlagerung der Elementarwellen aus dem engen Bereich des Spaltes zu einer zylinderförmigen Welle führt, die sich in jeder Ebene senkrecht zum Spalt ähnlich wie die zweidimensionale Oberflächenwelle auf dem Wasser ausbreitet.

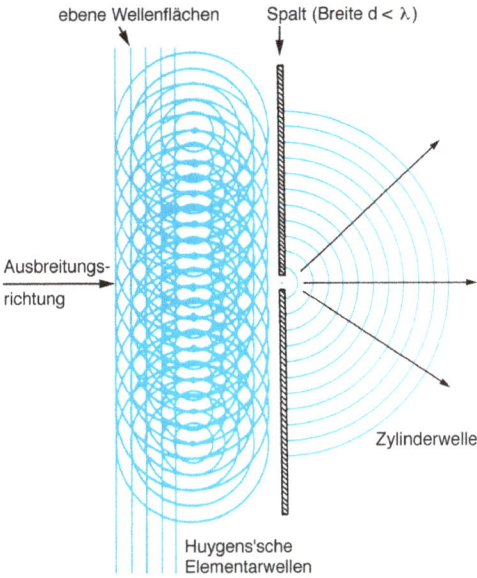

Abb. 18.8: Momentanbild einer monochromatischen Welle hinter einem engen Spalt ($d < \lambda$), auf den eine ebene Welle auftrifft. Die ebene Welle ist entsprechend Abb. 7.15 durch *ihre Huygens'schen Elementarwellen* und die durch deren Überlagerung resultierenden ebenen Wellenflächen charakterisiert.

Doppelspalt Betrachten wir nun eine Kombination von zwei *engen, parallelen Spalten* ($d < \lambda$), deren Abstand D aber größer als die Wellenlänge ist (Abb. 18.9). Wir greifen je eine Huygens'sche *Sekundärquelle* in beiden Spalten mit dem Abstand D heraus. Die Überlagerung der von diesen beiden Quellen ausgehenden Wellen ergibt zu einem bestimmten Zeitpunkt das Interferenzbild wie in Abb. 18.9 skizziert. Wir sehen im Überlagerungsbereich der Wellen Orte mit Verstärkung und mit Abschwächung. Entsprechend können wir beliebig viele Huygens'sche Sekundärquellen in beiden Spaltöffnungen paarweise derart zusammenfassen, dass je zwei den Abstand D haben und die gleiche Interferenzfigur liefern wie in Abb. 18a. Die *momentane* Interferenzfigur der Abb. 18.9 verändert sich mit der Zeit, denn die Kugelwellen breiten sich aus, und damit laufen die Interferenzmaxima längs der eingezeichneten Linien. In deren Richtungen, gekennzeichnet durch die Winkel a_n, ist also die Amplitude und damit die Intensität der resultierenden Welle stets maximal.

Zwischen je *zwei* dieser Richtungen liegt bei Winkeln α_m eine Richtung, längs der sich die Elementarwellen gerade löschen, sodass dort die resultierende Welle verschwindet. In den Richtungen a_n haben die beiden Teilwellen gerade den Gangunterschied $s = n\ \lambda$. Abbildung 18.11 zeigt, dass diese Winkel *festgelegt* sind durch die in Tab. 18.1 angegebenen Verstärkungsbedingungen.

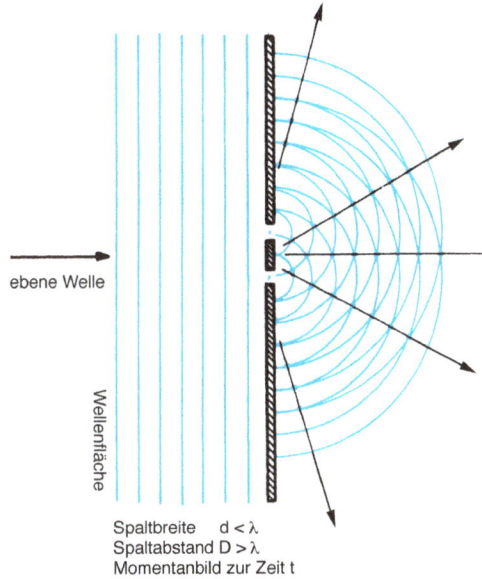

Abb. 18.9: Momentanbild der Beugung einer monochromatischen Welle am *Doppelspalt*. (Mit einer Sammellinse können Strahlen gleicher Richtung im Beugungsbild in einem Strich gesammelt werden.).

Auslöschung tritt in den Richtungen a_m ein, bei denen die Gangunterschiede zwischen den beiden Elementarwellen $\lambda/2$, $3\lambda/2$, $5\lambda/2$ ... betragen. Allgemein gilt also die in Tab. 18.1 angegebene *Minimum-Bedingung*.

Wir bezeichnen die Maxima und Minima, die zu den Winkeln α_n bzw. α_m gehören, als Maxima *n*-ter und Minima *m*-ter Ordnung. So gehört beispielsweise das *ohne* Richtungsänderung die Spalte durchlaufende Licht dem Maximum 0. Ordnung an. Je ein Maximum *n*-ter bzw. Minimum *m*-ter Ordnung liegt auf beiden Seiten der 0. Ordnung. Abb. 18.10 zeigt die Anordnung eines Doppelspalt-Beugungsversuchs mit Maxima bis zur 3. Ordnung.

Breiter Einfachspalt *(d > λ)* Die Fälle 1 und 2 sind einfach überschaubar, weil wir uns damit begnügen können, eine bzw. zwei Elementarwellen stellvertretend für *alle anderen* zu untersuchen. Komplizierter ist der Fall, dass der Einzelspalt *breiter* ist als die Wellenlänge. Dann sind nämlich auch schon beim Einfachspalt Interferenzfiguren zu beobachten. Allerdings gelten hier für die Winkel α_n bzw. α_m andere Bedingungen als beim Doppelspalt (siehe Tab. 18.1).

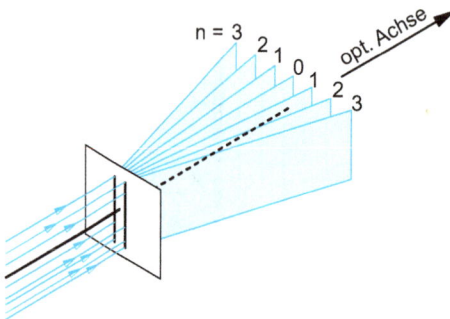

Abb. 18.10: Schematische Darstellung des entstehenden Streifenmusters mit den durch den Index *n* gekennzeichneten Interferenzmaxima für $n \leq 3$. (Abbildungslinsen sind zur Vereinfachung weggelassen, und die komplizierteren Verhältnisse unmittelbar hinter den Spalten sind nicht berücksichtigt.).

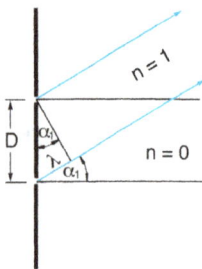

Abb. 18.11: Interferenz am Doppelspalt. Bedingung für den Winkel des ersten Nebenmaximums. (Gezeichnet sind nur die Strahlen, die zum 0. und 1. Maximum führen.).

Die Intensitäten der Maxima nehmen mit der Ordnungszahl *n* sehr schnell ab; schon in den beiden ersten Nebenmaxima zu beiden Seiten der 0. Ordnung sind nurmehr je 4,5 % der Intensität des Maximums 0. Ordnung enthalten. Abbildung 18.12

zeigt die Intensitätsverteilung im Beugungsbild, das weit hinter dem Spalt aufgezeichnet wurde.

Nicht nur Spalte oder Kreisblenden (wie z. B. die Pupille des Auges) erzeugen Beugungsbilder. Ersetzen wir die Spaltblende durch einen dünnen Draht entsprechender Dicke, den wir ins Licht halten, so entsteht im Bereich des geometrischen Schattens ebenfalls eine Beugungsfigur, die der am Spalt entstandenen weitgehend entspricht.

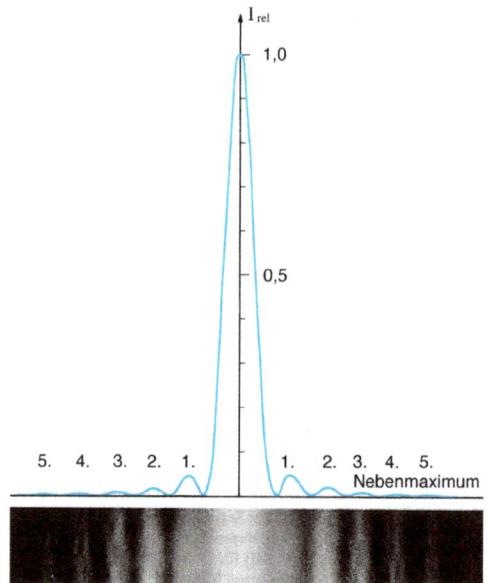

Abb. 18.12: Beugung am weiten Einfachspalt $(d \gg \lambda)$: (a) Intensitätsverteilung im Beugungsbild: (I_{rel} = Intensität bezogen auf die Intensität im Maximum), (b) Fotografie eines Experiments. (Durch einen fotografischen Kunstgriff wurden die Nebenmaxima in ihrer Intensität stark hervorgehoben, um sie sichtbarer zu machen.).

Allgemein gilt: Eine Blende *beliebiger* Form erzeugt eine *ähnliche* Beugungsfigur wie ein undurchsichtiger Gegenstand von der Gestalt der Blendenöffnung.

Aus den Gleichungen der Tab. 18.1 können wir ablesen, dass sich die Beugungserscheinungen in immer *engeren* Winkelbereichen abspielen, wenn die Spaltbreite *d* zunimmt, und bei Spaltbreiten, die sehr groß sind verglichen mit der Lichtwellenlänge, folgen Maxima und Minima *so dicht* aufeinander, dass Beugungserscheinungen kaum mehr zu beobachten sind. Dann breitet sich das Licht praktisch geradlinig durch den größten Teil der Öffnung aus.

Die praktische *Konsequenz*: Wenn abzubildende Strukturen wesentlich größer sind als die Wellenlänge des verwendeten Lichts, dann kann man auf die komplizierte *Wellenoptik* verzichten und mit der *geometrischen Optik* (Kap. 19) die Lichtwege und das Zustandekommen eines Bildes beschreiben.

Beugung spielt keine wesentliche Rolle, wenn Öffnungen (Blenden) in ihren Abmessungen gegenüber den Lichtwellenlängen groß sind. Dies kennzeichnet den Gültigkeitsbereich der geometrischen Optik.

18.2.2 Das Beugungsgitter

Von praktischer Bedeutung für die spektrale Zerlegung von Licht ist das Beugungsgitter (*Strichgitter*). Es besteht aus einer großen Zahl paralleler Einzelspalte mit gleichen Abständen (der Gitterkonstante g, Abb. 18.13). Man kann Furchen in eine Glasplatte ritzen, und die Zwischenräume wirken dann als *lichtdurchlässige* Spalte. Einfacher erhält man Beugungsgitter, indem man Interferenzstreifen-Muster fotografiert (*holografische Gitter*). Es gibt optische Gitter mit über 1.000 Spalten pro mm.

Neben der *Einzelspaltbeugung* entstehen durch das *gesamte Gitter* Auslöschungen und Verstärkungen wie beim Doppelspalt, jetzt aber aufgrund der Interferenz von Wellen *jedes* Spaltes mit denen seines nächsten, übernächsten, dritt-

Tab. 18.1: Beugung eines Parallel-Lichtbündels mit senkrechtem Einfall auf die beugenden Objekte.

Beugungsobjekt	Winkel maximaler Intensität (Beugungswinkel a_n; Glanzwinkel γ_n) (Glanzwinkel def. in Abb. 18-19) $n = 0, 1, 2, 3 \dots$	Winkel minimaler Intensität (Beugungswinkel a_m) $m = 1, 2, 3 \dots$
Einfach-Spalt Spaltbreite $d > \lambda$	$\sin a_n = (1/d)\,(2n+1)\,(\lambda/2)$ (ohne $n=0$) Hinzu kommt noch das Maximum 0. Ordnung bei $a = 0$.	$\sin a_m = (1/d)\,(m+1)\lambda$
Draht Durchmesser $d > \lambda$	Im geometrischen Schatten: Beugung ähnlich wie beim Spalt	
Doppelspalt Spaltabstand D	$\sin a_n = (1/D)n\lambda$	$\sin a_m = (1/2D)\,(2m+1)\lambda$
Lochblende Radius $r > \lambda$		$\sin a_m = (1/2r)\,z_m\,\lambda$ mit $z_m = 1.22; 2.23; 3.24; 4.24 \dots$
Kreisscheibe Radius $r > \lambda$	Im geometrischen Schatten: Beugung ähnlich wie bei Lochblende	
Optisches Strichgitter Gitterkonstante g	Hauptmaxima: $\sin a_n = (1/g)\,n\,\lambda$	
Dreidimensionales Gitter Kubisch mit Gitterkonstanten $a_x = a_y = a_z$	$\sin a_{x,n} = (1/a_x)n_x\lambda$ $\sin a_{y,n} = (1/a_y)n_y\lambda$ $\sin a_{z,n} = (1/a_z)n_z\lambda$	(Laue'sche Gleichungen; simultan zu erfüllen)
Alternative Beschreibung: Netzebenenabstand δ	$\sin\gamma_n = (1/\delta)n(\lambda/2)$	(Bragg'sche Reflexionsbedingung; der *Glanzwinkel λ* ist in Abb. 18.19 definiert.)

nächsten Nachbarn usw. Je größer der Abstand zwischen den beteiligten Spalten ist, umso kleiner sind die Winkel α_m, unter denen Auslöschung zu beobachten ist. Dazwischen liegen *Nebenmaxima*, die intensitätsschwach sind, weil bei diesen Winkeln zugleich Wellen weit voneinander entfernt liegender Spalte sich auslöschen; nur unter wenigen Winkeln tragen *alle* Spalte zu *einem* Interferenzmaximum bei. Diese *Hauptmaxima* liegen bei den Winkeln α_n des *Doppelspaltes* (siehe Tab. 18.1), wenn wir für D die Gitterkonstante g einsetzen

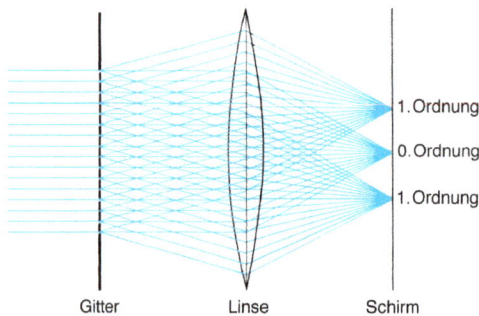

Abb. **18.13:** Beugung am Gitter (die Gitterkonstante ist im Vergleich zur Linse vergrößert gezeichnet.). Die Strahlen hinter dem Gitter geben die Richtungen an, in denen sich die *Huygens'schen Elementarwellen* benachbarter Spalten in ihrer Phase um 0 bzw. $\pm 2\pi$ unterscheiden. *Die Linse sammelt sie in den Intensitätsmaxima 0. und 1. Ordnung auf dem Schirm (Beugungsbild).* Zusätzlich gibt es für $n > 1$ weitere Maxima.

Dies ist plausibel, da für die in Tab. 18.1 definierten Winkel α_n zwischen zwei *benachbarten* Spalten der Gangunterschied genau $n\,\lambda$, zwischen *übernächsten* Spalten genau $2\,n\,\lambda$ usw. beträgt. Die Interferenzfigur des Gitters unterscheidet sich von der des Doppelspaltes dadurch, dass die Maxima *extrem schmal* sind, also extrem schmale helle Streifen entstehen, die durch breite, *praktisch dunkle* Gebiete getrennt sind. Abbildung 18.14 zeigt, dass dieser Effekt bereits deutlich einsetzt, wenn die Zahl der Spalte noch weniger als zehn beträgt.

Allgemein gilt: Je höher die Zahl der Gitterspalte im Wellenfeld ist, desto schmaler werden die Interferenzmaxima, und zugleich werden die Maxima dabei intensitätsstärker.

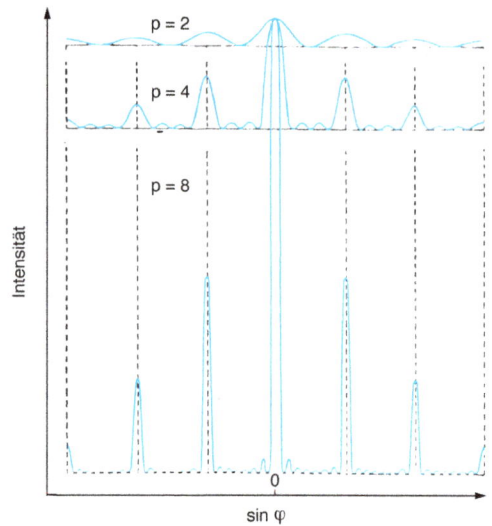

Abb. **18.14:** Intensitätsverteilung im Beugungsbild bei der Beugung an 2, 4 und 8 Spalten mit monochromatischer Beleuchtung. (Der Winkel φ gibt die Abweichung von der geradlinigen Ausbreitung an.).

Gitter als Bestandteil von Monochromatoren Die wesentliche Bedeutung des Gitters für Anwendungszwecke liegt in der Möglichkeit, mit seiner Hilfe *vielfarbiges Licht* in seine *spektralen Bestandteile* zu zerlegen. Für den Bau von *Monochromatoren, Spektralapparaten* und *Photometern* (deren Aufbau in Abschnitt 20.7 näher beschrieben wird) und bei der für die chemische Analyse grundlegend wichtigen *Spektralanalyse* hat das Gitter das früher dafür verwendete *Prisma* (Abschnitt 19.3.5) fast völlig aus dem Labor verdrängt.

Das Funktionsprinzip des *Gittermonochromators* ist einfach: Fällt Licht mehrerer Wellenlängen aus einer Richtung auf das Gitter, so liegen auf einem dahinter angeordneten Beobachtungsschirm die zu verschiedenen Wellenlängen gehörenden Interferenzmaxima als schmale farbige Linien räumlich getrennt nebeneinander (Abb. 18.15), denn aus den Gleichungen der Tab. 18.1 geht hervor, dass die Maxima gleicher Ordnung für größere Wellenlängen bei größeren Winkeln α_n liegen als für kürzere Wellenlängen (ausgenommen ist davon das Maximum 0. Ordnung). Da die Linien beim Gitter sehr schmal sind, wenn man eine optische Anordnung, wie in Abb. 18.13 gezeigt, verwendet, lassen sich auch eng benachbarte Wellenlängen trennen (auflösen), indem man durch eine Spaltblende einzelne Maxima verschiedener Wellenlängen ausfiltert. Mit sehr guten Beugungsgittern gelingt dies z. B. bei sichtbarem Licht ($\lambda \approx 600$ nm) noch für Wellenlängenunterschiede von 10^{-2} nm! Ein Beugungsgitter ist also ein hervorragendes und einfaches Gerät, um mehrfarbiges Licht in seine Spektralbestandteile zu zerlegen, also (nahezu) monochromatisches Licht zu erzeugen. Dazu muss man anstelle des Beobachtungsschirms eine spaltförmige Blende anbringen. Verschiebt man sie über die Orte der verschiedenfarbigen Maxima, so kann man einzelne Wellenlängen des durchgelassenen Lichts aussortieren. In praktisch realisierten Monochromatoren ist diese Anordnung etwas abgewandelt: Es hat sich als praktikabler erwiesen, durch Verdrehen des Gitters die Beugungsmaxima über eine feststehende Spaltblende zu verschieben. Der Drehwinkel ist dann ein Maß für die Wellenlänge des durchgelassenen Lichts.

Man verwendet in *Hochleistungs-Monochromatoren* Gitter mit *komplizierter Struktur* der Striche *(Blaze-Gitter)*, um die ganze Lichtintensität nicht auf viele Beugungsordnungen zu verteilen wie in Abb. 18.13, sondern sie bevorzugt wesentlich in *einer Ordnung* (meist $n = 1$) zu konzentrieren.

Mit dem Gitter kann man nicht nur die spektralen Bestandteile von elektromagnetischen Wellen voneinander räumlich separieren, sondern auch die Wellenlänge des eingestellten Lichts messen. Dazu ist mit der in Tab. 18.1 angegebenen Gleichung nur nötig, die Gitterkonstante g zu kennen und die Winkel α_n zu bestimmen.

18.2.3 Beugung an kreisförmigen Blenden (Beugungsunschärfe)

Beugungserscheinungen sind nicht auf Spalte und Strichgitter beschränkt. Sie sind immer dann zu beobachten, wenn eine Welle auf ein Hindernis fällt, dessen Dimensionen nicht allzu groß sind verglichen mit der Wellenlänge. So beobachten wir auf dem Schirm hinter der Anordnung der Abb. 18.16 nicht etwa einen Schattenwurf der Blende, sondern ein System konzentrischer heller und dunkler Ringe, wenn die Öffnung nur klein genug ist (Abb. 18.17).

Dunkle Ringe erscheinen unter den in Tab. 18.1 angegebenen Winkeln α_m, wobei die dort auftretende Konstante z_m nun im Gegensatz zur Beugung am Spalt nicht ganzzahlig ist.

Auch hier gilt wieder, dass die Beugungsmaxima und -minima umso enger zusammenrücken, je größer die Blendenöffnung ist.

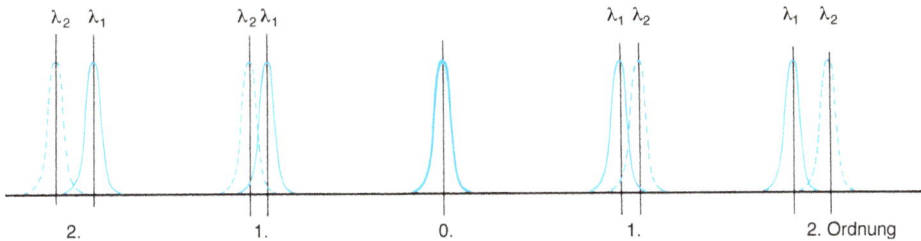

Abb. 18.15: Lage der bezüglich der Intensität normierten Interferenzmaxima 0., 1. und 2. Ordnung im Beugungsbild eines mit zwei Spektralfarben λ_1 und λ_2 beleuchteten Gitters.

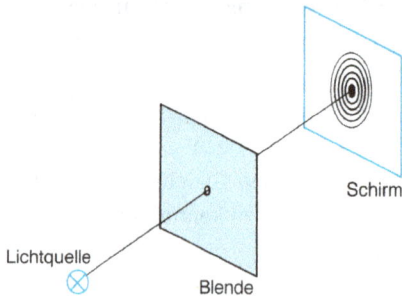

Abb. 18.16: Schematische Darstellung der Beugung an einer runden Lochblende.

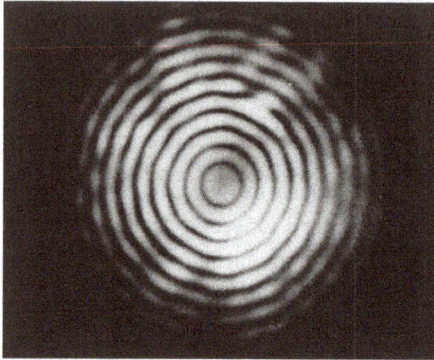

Abb. 18.17: Ergebnis eines Experiments zur Beugung an einer runden Lochblende. (Durch einen fotografischen Kunstgriff wurden die äußeren Ringe in ihrer *Helligkeit* stark hervorgehoben; tatsächlich nimmt die Intensität hier ähnlich stark mit der Beugungsordnung ab wie beim Spalt, vgl. Abb. 18.12).

Wie beim Spalt gilt auch für die Lochblende die Umkehrung: Ersetzt man die Blende durch ein scheibenförmiges Hindernis derselben Größe und Form, so entsteht auch hier ein weitgehend ähnliches Beugungsmuster aus konzentrischen Ringen auf dem Schirm und nicht etwa nur ein geometrischer Schatten (Abb. 18.18).

Die Beugung und die dadurch erzeugte *Beugungsunschärfe* ist für die Optik insbesondere bei *Abbildungen* entscheidend wichtig, da sie die *Auflösung* von Bildern prinzipiell begrenzt.

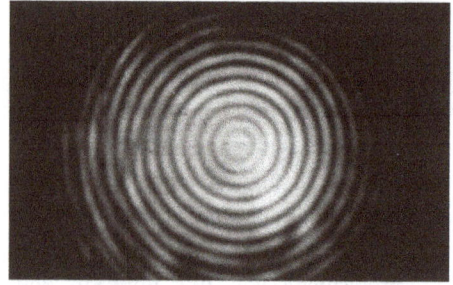

Abb. 18.18: Beugung an einer undurchsichtigen Scheibe, die so groß ist wie die Lochblendenöffnung in Abb. 18.17. (Durch einen fotografischen Kunstgriff wurden die äußeren Ringe in ihrer Helligkeit stark hervorgehoben; tatsächlich nimmt die Intensität ähnlich stark mit der Beugungsordnung ab wie beim Spalt. Die Streifenabstände sind ebenso groß wie in Abb. 18.17.).

Bei *allen* optischen Instrumenten stellen nämlich die *Linsenhalterungen* Lochblenden dar, sodass jede *Abbildung* notwendigerweise mit einer *Beugungsfigur* verbunden ist. Durch eine Linse kann also ein Parallel-Lichtbündel *nie exakt* im Brennpunkt gesammelt werden; stets entsteht dort eine Beugungsfigur, die von der begrenzenden Öffnung für das Lichtbündel herrührt und von deren Durchmesser abhängt.

Entsprechendes gilt für jede Abbildung eines *beliebigen* Gegenstandspunktes. Es ist einer der *wichtigsten* Sätze für optische Abbildungen: *Die Abbildung eines Punktes liefert niemals exakt einen Bildpunkt, sondern stets ein ausgedehntes Beugungsscheibchen.*

Ein optisches Bild wird also infolge der Beugung immer unscharf sein (Beugungsunschärfe).

Daher erhält man selbst mit den größten astronomischen Fernrohren von weit entfernten Sternen nicht etwa scharfe Bilder, auf denen man beliebig feine Strukturen erkennen kann, sondern stets nur deren Beugungsscheibchen, die ein Bild unscharf machen. Auch für das Mikroskop, das Fernglas, die Kamera usw. ist die prinzipielle Grenze der Sichtbarkeit bei der Abbildung extrem kleiner Objekte durch die Beugungsunschärfe gegeben. Die Grenze des *Auflösungsvermögens* wurde von *Ernst Abbe 1871* gefunden (siehe Gl. (20-3)).

Die *Abbe'sche Auflösungsgrenze* stellt die *prinzipielle* Schranke für abbildende Optik dar.

Sie unterscheidet sich damit von *Abbildungsfehlern* (Abschnitt 19.4.11), die durch eine Kombination von entsprechenden Einzellinsen korrigiert werden können. Anders ausgedrückt: Für Abbildungen mit höchsten Qualitätsanforderungen, also solchen, bei denen für die Auflösung das Abbe'sche Limit erreicht werden soll, werden *einzelne* abbildende Linsen in Kameras, Mikroskopen oder anderen optischen Geräten durch *Objektive* ersetzt, die aus bis zu 20 Einzellinsen zusammengesetzt sind.

In der Praxis ist die beugungsbedingte theoretische Grenze für sichtbares Licht bei etwa 0,5 μm erreicht. In seltenen Einzelfällen ist es durch Anwendung komplizierter optischer Methoden dennoch sehr erfolgreich gelungen, sie durch besondere optische Konstruktionen bis auf etwa ein Hundertstel dieses Wertes herabzudrücken.

Aber nicht nur für Licht-Optik ist die Beugung wichtig: Bei *jeder* Art von Wellen tritt sie auf. Die Auflösung extrem feiner Strukturen beispielsweise mit dem *Elektronenmikroskop* reicht bis in den nm-Bereich einzelner Atome hinab (Abschnitt 20.4). Hier handelt es sich aber um *Materiewellen*. Bei der medizinischen *Ultraschalldiagnostik* (Abschnitt 7.13) ist die Auflösung auf ebenfalls durch die Beugung der beteiligten Schallwellen mit Wellenlängen im mm-Bereich auf diese Größenordnung limitiert.

Für die Abbildung im *Auge* ist die *Pupille* die *beugende* Öffnung. Man kann ausrechnen, dass die durch sie auf der Netzhaut entstehenden Beugungsscheibchen Durchmesser haben, die vergleichbar mit dem Abstand benachbarter Sehzellen sind. Die *Detailauflösung* des menschlichen Auges würde also nicht weiter gesteigert werden, wenn die Sehzellen in der Netzhaut dichter lägen.

18.2.4 Beugung von Röntgenstrahlen und energiereichen freien Elektronen

Auch Röntgenstrahlen (siehe Abschnitt 21.3) und energiereiche Elektronenstrahlen sind Wellen, die zur Abbildung verwendet werden können, wenn auch mit bis zu tausendfach kleinerer Wellenlänge als bei sichtbarem Licht. Daher treten auch bei ihnen die bisher besprochenen Beugungsphänomene auf, doch können dazu die beugenden Objekte entsprechend der kleineren Wellenlänge bis zu ungefähr 1.000-mal kleiner sein. Objektstrukturen dieser Größe (0,5 nm) können durch wenige Atome oder Moleküle gebildet sein. In der Forschung ist es gelungen, verschiedene *einzelne* „schwere" Atome aus dem Periodensystem wie Hg oder Au direkt sichtbar zu machen.

Die Verwendung von wesentlich kurzwelligeren Röntgenstrahlwellen (elektromagnetische Wellen) und Elektronenwellen (Materiewellen) anstelle des sichtbaren Lichts zur Abbildung hat große Fortschritte bei der Verschiebung der Abbe'schen Auflösungsgrenze bis hinunter in den *Nanometer-Bereich* gebracht.

Speziell für die *Medizinische Forschung und ihre praktische Anwendung* im Größenbereich der *Zellen* ist die Bilderzeugung mit *Röntgenstrahlungs- und Elektronenmikroskopen* sehr wichtig geworden, wobei die Elektronenmikroskopie mittels Elektronen, d. h. Materiewellen, zurzeit noch wesentlich erfolgreicher ist.

In *Kristallen* sind Atome in der regelmäßigen Form eines *räumlichen Gitters* angeordnet, das infolge der Interferenz der an den einzelnen Atomen *gebeugten* Wellen Beugungsmaxima und -minima liefert, ähnlich wie das in Abschnitt 18.2.2 besprochene lineare optische Beugungsgitter. Beim *räumlichen* Punktgitter sind jedoch *Interferenzbedingungen* in allen *drei* Raumrichtungen simultan zu erfüllen, damit Maxima entstehen (Tab. 18.1).

Diese Beugung ist mit dem Gleichungssystem der drei *Laue-Gleichungen* in Tab. 18.1 schwierig zu handhaben, da *drei* Raumbedingungen *simultan* zu erfüllen sind. Es gibt aber auch eine einfachere Betrachtungsweise. Wir wollen die auf einer beliebig gewählten Gitterebene liegenden Atome im Kristallgitter herausgreifen. Der ganze Kristall baut sich dann aus solchen in regelmäßigem Abstand übereinander geschichteten Ebenen, den *Netzebenen*, auf. In einem Kristall gibt es Netzebenenscharen mit vielen verschiedenen Richtungen.

Zwei Beispiele dafür zeigt Abb. 18.19a. Man kann sich nämlich die Beugung des Röntgenstrahls formal auch als eine „Reflexion" an einer geeigneten Netzebenenschar vorstellen, allerdings tritt sie – im Gegensatz zur normalen optischen Reflexion – nur bei ganz bestimmten Winkeln zwischen Röntgenstrahlrichtung und Netzebene auf, die durch die Interferenz der an benachbarten Netzebenen „reflektierten" Wellen festgelegt sind.

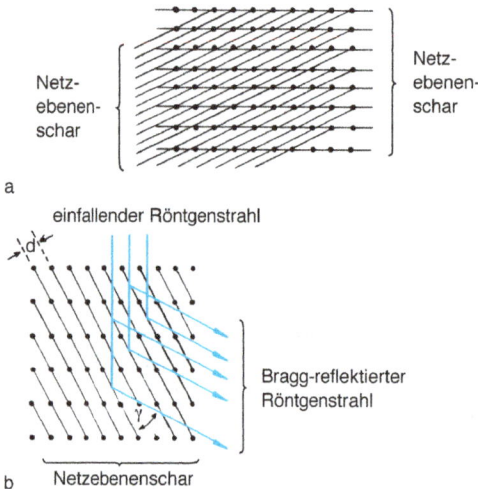

a

einfallender Röntgenstrahl

Bragg-reflektierter Röntgenstrahl

Netzebenenschar

b

Abb. 18.19: (a) Zwei Beispiele von *Netzebenenscharen* in einem Punktgitter. (Die Ebenen hat man sich senkrecht zur Zeichenebene vorzustellen.) (b) *Bragg-Reflexion* von Röntgenstrahlen an einer Netzebenenschar (d: Netzebenenabstand). Von den reflektierten Strahlen sind nur einige als Beispiele gezeichnet.

Diese ausgewählten Winkel werden durch die *Bragg'sche Reflexionsbedingung* erfasst, die besagt, dass maximale Intensität unter einem Ablenkungswinkel γ des Strahls beobachtet wird, der mit einer der Netzebenenscharen die in Tab. 18.1 angegebene Bedingung erfüllt. Dabei ist d der Netzebenenabstand, und λ ist die Röntgenstrahl-Wellenlänge. (Wie Abb. 18.19a zeigt, wird der Winkel γ, der als *Glanzwinkel* bezeichnet wird, nicht wie der Winkel α vom Lot, sondern von der

Netzebene aus gemessen.) Wir können diesen Vorgang mit dem von Licht an einem aus vielen gleichen Schichten bestehenden Interferenzfilter (Abschnitt 18.1.2) vergleichen. Auch dort müssen für maximale Intensität sowohl das Reflexionsgesetz als auch eine Interferenzbedingung zugleich erfüllt sein.

Röntgenbeugung ist eine weitverbreitete Methode, um Gitterstrukturen kristalliner Stoffe aufzuklären, indem man Netzebenenabstände und daraus *Gitterkonstanten* bestimmt.

Die Fotografie eines *Röntgenbeugungsbildes* ist in Abb. 18.39b wiedergegeben Sie ist nicht an einem idealen Einzelkristall, sondern an polykristallinem (d. h. aus vielen mikroskopisch kleinen Kristalliten in unterschiedlichen Orientierungen bestehendem) Material aufgenommen. Bei solchen Proben erhält man nicht einzelne diskrete Beugungsmaxima, vielmehr bilden sich aus den Maxima der vielen Kristallite ganze *Ringsysteme*.

Auch bei biologischen Systemen spielt die Röntgenbeugung eine wichtige Rolle: sie wurde zu einer höchstempfindlichen Methode für die Analyse von Molekülstrukturen entwickelt, wobei allerdings Voraussetzung ist, dass man aus diesen biologischen Makromolekülen einen makroskopischen, regelmäßigen Kristall als Messobjekt züchten kann. Die Züchtung solcher gitterfehlerarmer Kristalle ist wesentliche Voraussetzung und wesentlicher Bestandteil der Röntgenstrukturanalyse.

Diese Strukturanalyse von Molekülen und Festkörpern steht in Konkurrenz mit der Elektronenbeugung und direkten Abbildung mittels des Elektronenmikroskops, wobei letzteres zurzeit erfolgreicher ist.

Es sei angemerkt, dass bei der Aufnahme normaler, makroskopischer Röntgen-Durchleuchtungsbilder in der Medizinpraxis Beugungserscheinungen ohne Bedeutung sind: Hier handelt es sich um den auf einem Röntgen-Film oder einem elektronischen Bildschirm aufgezeichneten Schattenwurf dreidimensionaler grober, makroskopischer Strukturen im Körper, die in unterschiedlichem Maße für die Röntgenstrahlen durchlässig sind. Eine echte Abbildung mithilfe optischer Komponenten (Linsen) wird hierbei nicht vorgenommen (da Linsen für Röntgenstrahlen noch kompliziert und von begrenzter Leistungsfähigkeit sind). Die untere Grenze der Strukturauflösung dieser *Schatten-Röntgenbilder* liegt nur bei einigen Millimetern.

18.3 Ausbreitung elektromagnetischer Wellen in Materie

Im Wesentlichen ist es der elektrische Feldvektor $\vec{E}$ der elektromagnetischen Welle, der mit den Atomen in Wechselwirkung tritt, sobald die Welle auf *Materie* trifft. Denn ein hochfrequentes elektrisches Feld vermag die Ladungsverteilung in einem Atom, Molekül oder Festkörper in ähnlicher Weise zu beeinflussen, wie ein statisches Feld es tut, wenn man *Materie* zwischen die Platten eines *Kondensators* schiebt (Abschnitt 14.7.5).

Dabei werden die Schwerpunkte von positiver und negativer Ladung in den Atomen gegeneinander verschoben (elektrische Polarisation; Abschnitt 14.7.5), und infolge der periodischen Änderung des Feldes werden die Ladungsträger dabei zu erzwungenen Schwingungen angeregt. Diese Reaktion der Materie hat für die elektromagnetische Welle zweierlei Folgen: Erstens wird die Ausbreitungsgeschwindigkeit der Welle geändert, und zweitens wird die Amplitude der Welle in bestimmten Spektralbereichen geschwächt (Absorption).

Auf beide Effekte gehen wir im Folgenden ein.

18.3.1 Der Brechungsindex und das Brechungsgesetz

In Materie kann sich Licht nicht ungehindert ausbreiten, vielmehr wird die elektromagnetische Welle begleitet von einer Welle von Ladungsverschiebungen in den Atomen, einer Polarisationswelle (wobei hier das Wort „Polarisation" nicht den Polarisationszustand der elektromagnetischen Welle, sondern die räumliche Ladungstrennung in den Atomen meint).

Diese inneratomare und zwischenatomare Ladungsverschiebung führt zu einer Verringerung der Ausbreitungsgeschwindigkeit des Lichts. Dies gilt für durchsichtige, d. h. nicht absorbierende Stoffe; in absorbierenden Stoffen sind die Verhältnisse wesentlich komplizierter.

Der Einfluss von Materie auf eine elektromagnetische Welle in absorptionsfreien Spektralbereichen lässt sich charakterisieren, indem man das Verhältnis der Lichtgeschwindigkeit c im Vakuum zu der in dem transparenten, homogenen Medium, c_m, bildet.

$$\frac{c}{c_m} = n \qquad (18\text{-}6a)$$

n heißt *Brechungsindex (Brechzahl)* des Stoffes und ist eine Zahl, d. h. dimensionslos. Der Brechungsindex n steht in direkter Beziehung zur Dielektrizitätskonstante ε_{rel} aus Gl. (14-41): Es gilt: $\varepsilon_{rel} = n^2$.

Der Brechungsindex variiert im optischen Bereich i. A. mit der Frequenz, sodass ε_{rel} keine Konstante ist, sondern als *Dielektrizitätsfunktion* bezeichnet wird.

Bei hohen Intensitäten, d. h. großen Feldstärken E, wird ε_{rel} abhängig von E: $\varepsilon_{rel} = \varepsilon_{rel}$ (E). Zur Beschreibung dient zum einen die lineare *Dielektrizitätskonstante* der Gl. (14-41a) oder, alternativ, im Bereich der Optik der Brechungsindex $n = \sqrt{\varepsilon}$ (Abschnitt 18.3.1). Zusätzlich gibt es weitere, nichtlineare Beiträge zu ε_{rel}, die mit unterschiedlichen Potenzen vom elektrischen Feld abhängen:

$$\varepsilon = \varepsilon_{lin} + \varepsilon_{nl}\,E + \varepsilon_{n2}\,E^2 + \ldots$$

Dabei nennt man ε_{lin} die lineare Dielektrizitätskonstante, ε_{nl} die nichtlineare Dielektrizitätskonstante 1. Ordnung, ε_{n2} 2. Ordnung usw. Entsprechend können wir auch den nichtlinearen Brechungsindex einführen.

Die Änderung der Ausbreitungsgeschwindigkeit ist gleichbedeutend mit einer Änderung der Wellenlänge, da sich die Frequenz *nicht* ändert. Aus der Beziehung $c = \nu\,\lambda$ (Gl. (14 − 95)) folgt dann statt Gl. (18-6a) auch

$$\lambda/\lambda_m = n.$$

Der Grund für den Namen „Brechungsindex" wird klar, wenn wir die *Richtungsänderung* einer schräg auf eine Grenzfläche auftreffenden Lichtwelle untersuchen.

Wir nehmen an, der *Ausbreitungsvektor* einer ebenen Welle, der die Richtung der Lichtstrahlen angibt, falle unter dem Winkel α_1 auf die Grenzfläche zwischen zwei Medien mit unterschiedlichen Brechungsindizes n_1 und n_2 (Abb. 18.20). Dann erfolgt eine abrupte Richtungsänderung der Wellennormalen zum Winkel α_2, bedingt durch die unterschiedlichen Ausbreitungsgeschwindigkeiten c_1 und c_2.

Es gilt das *Brechungsgesetz (Snellius-Gesetz)*, das wir schon in Gl. (7-30) kennengelernt haben:

$$\frac{\sin \alpha_1}{\sin \alpha_2} = \frac{c_1}{c_2} = \frac{n_2}{n_1} \qquad (18\text{-}6b)$$

Wenn Medium 1 Vakuum oder Luft ist ($n_1 \approx 1$), so vereinfacht sich Gl. (18-6b), und wir können den Brechungsindex n_2 direkt durch Messung der Winkel α_1 und α_2 bestimmen.

Einige Zahlenwerte sind in Tab. 18.2 zusammengestellt:

Tab. 18.2: Brechzahlen n einiger Stoffe bei 20 °C für die gelbe Spektrallinie des Natriums ($\lambda = 589$ nm).

Stoff	Brechungsindex
Vakuum	1
Luft bei Normaldruck	1,000272
Wasser	1,333
Diamant	2,417
Glas	1,3 bis 2,1

Zur Begründung von Gl. (18-6b) greifen wir auf das Huygens'sche Prinzip (Abschnitt 7.7) zurück, das uns ermöglicht, den Vorgang an der brechenden Fläche *im Wellenbild* zu beschreiben (Abb. 18.20). Es falle eine *ebene Welle* schräg auf die ebene Grenzfläche vom optisch „dünneren" zum optisch „dichteren" Medium (d. h. $n_2 > n_1$). Die zugehörigen parallelen Lichtstrahlen stehen *senkrecht* auf den Wellenflächen. Wir wählen die Wellenfläche AA' aus. Zur Zeit $t = t_1$ ist sie gerade am Ort A auf der

brechenden Fläche angelangt; von dort zeichnen wir die weiterlaufenden Huygens'schen Kugelwellen für Zeiten $t > t_1$. Die Wellenfläche können wir uns nach Huygens durch Überlagerung beliebig vieler gleichphasiger *sekundärer* Kugelwellen zusammengesetzt denken, von denen wir hier nur *zwei* herausgreifen wollen. Der Punkt A' der Wellenfront trifft auf die Grenzfläche im Punkt B' zur Zeit $t_2 = t_1 + l_1/c_1$. Erst dann beginnen dort die zugehörigen Kugelwellen im zweiten Medium von B' aus loszulaufen. Die Kugelwelle vom Punkt A hingegen hat während des Zeitintervalls $t_2 - t_1$ sich um die Strecke $l_2 = (t_2 - t_1)c_2$ zum Punkt B ausgebreitet. l_2 ist kleiner als l_1, da im optisch dichteren Medium sich das Licht langsamer ausbreitet. Nun können wir zu den beiden Kugelwellen an den Punkten B und B' die Wellenfläche und die darauf senkrecht stehenden Lichtstrahlen einzeichnen, und wir sehen, dass wegen der langsameren Ausbreitung im *zweiten* Medium die Welle, charakterisiert durch die Strahlen, zum *Einfallslot hin gebrochen* wird. Bezeichnen wir noch die Strecke AB' mit L, so erhalten wir: $\sin \alpha_1 = l_1/L = (t_2 - t_1)c_1/L$ und $\sin \alpha_2 = l_2/L = (t_2 - t_1)c_2/L$. Dividieren wir diese beiden Gleichungen durcheinander, so steht das *Snellius'sche Brechungsgesetz* in der Form der Gl. (18-6b) da.

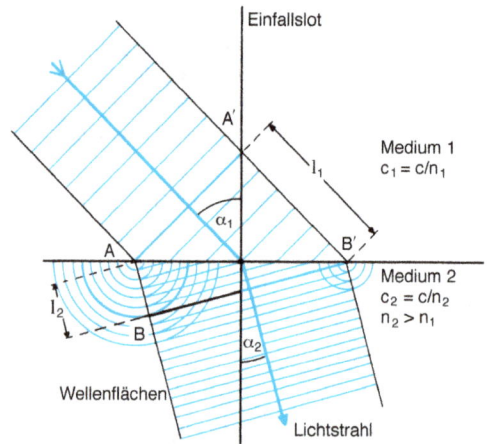

Abb. 18.20: Zur Begründung des *Snellius'schen Brechungsgesetzes* (Gl. 18-6b) mit dem Huygens'schen Prinzip.

Diese Herleitung macht deutlich, dass zwar die Brechung der Lichtstrahlen an der Grenzfläche erfolgt, dass sie tatsächlich aber durch den Unterschied der Volumen-Materialeigenschaften beider Medien, nämlich der verschiedenen Ausbreitungs-Geschwindigkeiten, begründet ist.

Im Bild der geometrischen Optik findet die „Brechung" in der zweidimensionalen Grenzfläche statt; tatsächlich ist im Wellenbild eine Grenzschicht mit einer Dicke der Größenordnung der Wellenlänge in den Brechungsprozess involviert.

In der einfachen Form der Gl. (18-6b) gilt das Brechungsgesetz nur für nicht absorbierende, isotrope Stoffe. Bei *doppelbrechenden* Stoffen z. B. muss die Richtungsabhängigkeit von n berücksichtigt werden. Abbildung 18.25 in Abschnitt 18.3.4 zeigt, dass dann bestimmte Strahlen auch bei *senkrechtem* Einfall gebrochen werden können, also nicht mehr Gl. (18-6b) folgen.

Der Brechungsindex ist in durchsichtigen (dielektrischen) Stoffen stets größer als 1; er hängt zudem von der Frequenz ab, sodass die Ausbreitungsgeschwindigkeit für Wellen verschiedener Frequenzen im Unterschied zum Vakuum nicht mehr dieselbe ist. Die Änderung des Brechungsindex mit der Wellenlänge, $dn/d\lambda$, oder – was im Prinzip gleichbedeutend ist – mit der Frequenz, $dn/d\omega$, wird *Dispersion* genannt. Sie steht in direktem Zusammenhang mit der Absorption, weshalb wir in Abschnitt 18.3.3 nochmals auf die Dispersion zurückkommen werden.

In stark absorbierenden Stoffen (z. B. Metallen) treten verwickelte Verhältnisse auf. An die Stelle der reellen Zahl n tritt eine komplexe Größe aus Realteil (der die Wellenausbreitung beschreibt) und Imaginärteil (der die Absorption erfasst).

Bei starker Absorption kann der Realteil von n für bestimmte Lichtfrequenzen sogar kleiner als 1 sein, und aus Gl. (18-6a) würde folgen, dass c_m größer als c ist. Man kann aber zeigen, dass dies nicht gegen die Existenz der relativistischen Grenzgeschwindigkeit (Abschnitt 14.9.7.1) verstößt, denn in diesem Fall breitet sich die Strahlungsenergie nicht mehr mit der Geschwindigkeit c_m aus.

18.3.2 Das Absorptionsgesetz

Eine durch ein System schwingungsfähiger Bausteine *(Oszillatoren)* laufende Welle, deren Frequenz einer der *Eigenfrequenzen* des Systems entspricht, erzeugt eine *Resonanz*. Wie bei der Schaukel (Abschnitt 6.4), die stets zu gleichen Zeiten mit gleicher Phase angestoßen wird, führt Resonanz allgemein zu einer Amplitudenzunahme. Da in der Realität aber Schwingungen stets gedämpft sind, führt Resonanz zu *Absorption* von Energie aus der erregenden Welle, wie wir dies schon in Abschnitt 6.4 bei den mechanischen Schwingungen kennengelernt haben. Bei elektromagnetischen Wellen freilich *versagt dieses klassische Modell* der erzwungenen Schwingung zur *quantitativen* Beschreibung der Absorption. Erst die *Quantentheorie* vermag den Absorptionsvorgang im Innern eines Atoms *im Detail* zu beschreiben und die Lage der Absorptionsbereiche im Spektrum *richtig* wiederzugeben (Abschnitte 17.7 und 17.8).

Im Folgenden wird die *Theorie der Absorption* auf einfache Grundlagen, d. h. die Einführung des Absorptions- und des *Extinktionsgesetzes*, beschränkt werden.

Wollen wir die insgesamt in einer Probe absorbierte Strahlungsleistung nur *pauschal* beschreiben, dann können wir das in Gl. (17-12) definierte *Absorptionsvermögen* heranziehen.

Wie ändert sich nun die elektromagnetische Welle auf ihrem Weg durch die Probe, wenn ihr *laufend* durch Absorptionsprozesse Lichtquanten, d. h. Energie, entzogen werden, sei es durch Anregung der Elektronen in Atomen, Ionen oder Molekülen, sei es durch Schwingungsanregung von Ionen in Molekülen oder im Festkörper oder auch durch Streuung?

Fällt eine Welle auf Materie (die wir uns vereinfachend als aus atomaren Resonatoren aufgebaut denken können), so erfolgt die Absorption nicht abrupt, vielmehr wird die Intensität nach dem Eindringen und während des Durchlaufens durch die Probe *allmählich* verringert, wobei die Lichtquantenenergie in Energie anderer Formen (wie potentielle oder kinetische Energie, Wärmeenergie usw.) umgewandelt wird, d. h., die Lichtquanten verschwinden und tauchen in anderen Energieformen wieder auf. Normalerweise sind in einer Lichtwelle aber so viele Lichtquanten enthalten, dass die Abnahme praktisch kontinuierlich erfolgt.

Experimentell ist nachgewiesen worden, dass die in einer *dünnen* Schicht am Ort x des absorbierenden Stoffes absorbierte *Strahlungsleistung dP* proportional ist zur Schichtdicke dx und der Strahlungsleistung der Welle $P(x)$ in dieser Schicht:

$$dP = -K \cdot P(x)\, dx, \qquad (18\text{-}7)$$

wobei K eine *Proportionalitätskonstante* ist und das *negative Vorzeichen* darauf hinweist, dass P abnimmt. Wir können auch sagen, dass die *relative infinitesimale Abnahme* dP/P der Strahlungsleistung in jeder Schicht der Dicke dx derselben Probe dieselbe ist, nämlich $-Kdx$ (Abb. 18.21a).

(Gl. (18-7) ist eine Formel, aus der man die in Anhang A.4 behandelte *Exponentialfunktion* herleiten kann.)

Ob ein Stoff bei der Frequenz des einfallenden Lichtes stark oder schwach absorbiert, ist durch die Größe der von den Eigenschaften des Stoffes abhängigen Konstante K, der *Absorptionskonstante*, bestimmt.

Wird die durch die Probe laufende, ebene Welle durch *Streuung* in andere Raumrichtungen umgelenkt, so folgt die Intensitätsabnahme dieser Welle ebenfalls einem Gesetz von der Art der Gl. (18-7), auch wenn *in diesem Falle* nur die Richtung der Photonen, nicht aber ihre Zahl verändert wird. An die Stelle der Absorptionskonstante K tritt dann die *Streuungskonstante K'*.

Die Gesamtschwächung einer Lichtwelle in Materie, also sowohl durch Absorption als auch durch Streuung (wie z. B. bei den *kolloidalen Systemen*, Abschnitt 18.4.2), wird allgemein als *Extinktion* bezeichnet und die zugehörige Verlustgröße $E = K + K'$ als *Extinktionskonstante*.

Nehmen wir nun an, dass die Strahlung eine *dicke* Schicht des absorbierenden Stoffes durchläuft. Dann interessiert es, welcher Bruchteil der Strahlung nach Durchlaufen übrig bleibt. Wir können uns wieder vereinfacht die Probe als ein Paket vieler dünner Schichten vorstellen (Abb. 18.21b). Jede einzelne folgt Gl. (18-7). An einem Beispiel wollen wir zeigen, was geschieht. Wir wollen *willkürlich* annehmen, dass in *jeder* Schicht der Dicke Δx die *Hälfte* der Strahlungsleistung absorbiert wird. (Lichtverluste durch *Reflexionen* an den Grenzflächen zwischen je zwei der dünnen Schichten seien vereinfachend außer Acht gelassen.) Dann ist nach der *ersten* Schicht von der einfallenden Leistung P_0 noch die Hälfte, $P_1 = 1/2 P_0$, nach der *zweiten* wieder die Hälfte der dann noch vorhandenen Strahlung, d. h. $P_2 = 1/4 P_0$, nach der dritten Schicht $P_3 = 1/2 P_2 = 1/8 P_0$ usw. übrig. In Abb. 18.21c ist die nach Durchlaufen von Teilen des Schichtenpakets jeweils übrig bleibende Strahlungsleistung $P(x)$ als Funktion der Schichtdicke $x = N\Delta x$ (N = Zahl der durchlaufenen Einzelschichten) aufgetragen. Verbindet man die Punkte durch eine *glatte* Kurve, so folgt diese einer *abnehmenden Exponentialfunktion* (siehe Anhang A.4.).

In absorbierenden, homogenen Stoffen nimmt die Strahlungsleistung P also exponentiell mit zunehmender Schichtdicke x ab, wenn man die zusätzlichen Reflexionsverluste an den Probenoberflächen außer Acht lässt:

$P(x) = P_0\, e^{-Kx}$ oder in anderer Schreibweise:

$$P(x) = P_0\, exp\,(-Kx). \qquad (18\text{-}8)$$

Ist *Streuung* im Spiel, so tritt an die Stelle der *Absorptionskonstante* K die *Extinktionskonstante E*.

Entsprechend Gl. (18-8) gilt auch für die *Intensität*, d. h. die Strahlungsleistung pro Querschnittsfläche, ein Absorptions- bzw. ein Extinktionsgesetz:

$$I(x) = I_0 e^{-Kx} \quad \text{bzw.} \quad I(x) = I_0 e^{-Ex}, \qquad (18\text{-}9)$$

wenn es sich bei der einfallenden Welle um eine *ebene Welle* handelt (siehe auch Abschnitt 7.4).

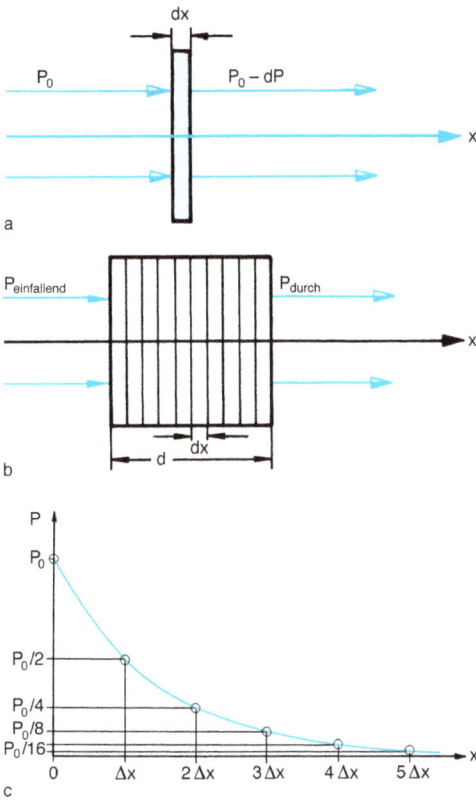

Abb. 18.21: Abnahme der Strahlungsleistung P durch Absorption: (a) in einer *dünnen* Schicht, (b) in einer *dicken* Schicht, die man sich aus vielen dünnen Schichten zusammengesetzt denken kann, (c) Abnahme der Strahlungsleistung P in einer absorbierenden *dicken* Schicht gemäß dem Absorptionsgesetz Gl. (18-8).

Absorptionskonstante bzw. Extinktionskonstante hängen i. A. von der Frequenz des einfallenden Lichtes ab: $K = K(\omega)$ bzw. $E = E(\omega)$.

K hat in Festkörperproben breite und oft große spektrale Absorptionsbereiche. Gase unter *niedrigem* Druck absorbieren dagegen nur in *engen* Spektralbereichen und die Spektren sind Linien- oder Bandenspektren (siehe Abschnitt 17.8). Gase unter *hohem* Druck, Flüssigkeiten und feste Körper dagegen besitzen *ausgedehnte* Spektralbereiche, in denen sie absorbieren, und diese sind oft von Bereichen getrennt, in denen der Stoff mehr oder weniger transparent ist oder gar nicht absor-

biert, d. h. $K = 0$. *Fensterglas* etwa absorbiert sowohl im Ultravioletten als auch im Infraroten, und *nur* im sichtbaren Spektralbereich liegt ein praktisch absorptionsfreies Gebiet mit $K \sim 0$. Diese Spektrallücke fällt bei normalem Glas in den sichtbaren Spektralbereich. Fensterglas ist also *speziell* für unsere Augen durchsichtig. Ein ähnliches Verhalten findet man bei *Wasser.*

Viele *Metalle* sind wegen der starken metallischen Absorption der Leitungselektronen in *keinem* Spektralbereich durchsichtig; ihre Absorptionskonstanten sind übrigens häufig viel *größer* als die der *besten* dielektrischen schwarzen *Pigmentfarben*. Es liegt an dem hohen Anteil *reflektierter* Strahlung, dass die Metalle dennoch nicht schwarz erscheinen. (K gibt nur Auskunft über diejenige Absorption des Lichtes, das durch die Probenoberfläche in das Volumen der Probe schon eingedrungen ist, nachdem der Reflexionsprozess stattgefunden hat. Die Lichtverluste durch *Reflexionsprozesse* an den Probenoberflächen müssen für die Ermittlung des *gesamten* Strahlungsverlustes getrennt berechnet oder gemessen werden.

Oft werden Extinktions- und Absorptionsfähigkeit eines Stoffes auch durch die *Eindringtiefe* charakterisiert. Das ist diejenige Probendicke, längs der die Anfangsintensität auf den 1/e-ten Teil abgenommen hat.

Bestimmt man $K(\omega)$ für einen ausgedehnten Spektralbereich, so erhält man das *Absorptionsspektrum* (bzw., wenn Streuung an den Lichtverlusten mitbeteiligt ist, das *Extinktionsspektrum*). Es ist hierbei gleichermaßen üblich, K bzw. E als Funktion der variablen Wellenlänge λ, der Wellenzahl $1/\lambda$, der Frequenz v, der Kreisfrequenz ω oder der Lichtquantenenergie hv grafisch darzustellen.

Das *Absorptionsspektrum* von *Wasser* wurde bereits in Abb. 17.12 gezeigt. Wasser ist im biologischen und medizinischen Bereich von besonderer Bedeutung, denn es stellt den *Hauptbestandteil des menschlichen Körpers.*

Für den Bereich des *sichtbaren* Spektrums zeigt dies nochmals zusammen mit der *diffusen* Reflexion Abb. 18.22. Andererseits nimmt die Streuung mit abnehmender Wellenlänge zur vierten Potenz zu. Aus diesem Grund kann langwelligeres Licht deutlich tiefer in Gewebe eindringen als kurzwelligeres. Die mittlere *Eindringtiefe* in den menschlichen Körper ist für langwelliges rotes Licht etwa 3 mm, sodass man *hautnahe* Adern erkennen und mit Rotlichtbestrahlung oberflächennahe Organe *erwärmen* kann. Im Langwelligen führt die Absorption im Wesentlichen zur Erwärmung; im Sichtbaren und UV dagegen werden vielfältige chemische Prozesse ausgelöst, wie die Bildung des Vitamins D, die Reaktionen in der Netzhaut und Zerstörungen in Hautzellen (z. B. beim Sonnenbrand). Krankheitsbedingte Veränderungen in den Nebenhöhlen oder Hydrozephalus bei einem Neugeborenen können an der Lichtstreuung mit Rotlicht erkannt werden *(Diaphanoskopie)*.

quenz ω der einfallenden Strahlung, allerdings in unterschiedlicher, stoffspezifischer Weise. In Absorptionsbereichen ist $K(\omega)$ groß, außerhalb davon ist $K(\omega)$ null, und der Stoff ist durchsichtig. In der spektralen Umgebung von Absorptionsbereichen ändert sich aber auch $n(\omega)$ erheblich; die Dispersion $dn/d\omega$, d. h. die Änderung von $n(\omega)$ mit ω, ist häufig sehr stark. Für das einfache Beispiel schmaler Absorptionsbereiche ist dieser Zusammenhang in Abb. 18.23 skizziert: Die Dispersion $dn/d\omega$ ist besonders ausgeprägt nahe der Absorptionsstelle, wird aber auch außerhalb des Absorptionsbereiches nicht null.

> Die Dispersion ist besonders ausgeprägt in der Umgebung der Absorptionsbereiche. Dort tritt sowohl *normale* als auch *anomale Dispersion* auf. In absorptionsfreien Gebieten wächst n mit der Frequenz, $dn/d\omega > 0$ (normale Dispersion). Hingegen nimmt im Absorptionsbereich n mit der Frequenz ab, $dn/d\omega < 0$ (anomale Dispersion).

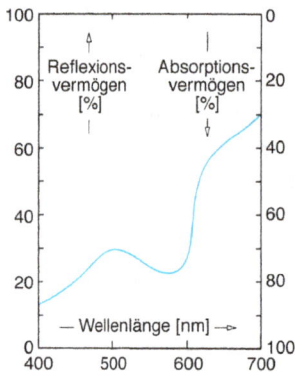

Abb. 18.22: Absorption und (diffuse) Reflexion der Körperoberfläche des Menschen im sichtbaren Spektralbereich (400 nm < λ < 700 nm).

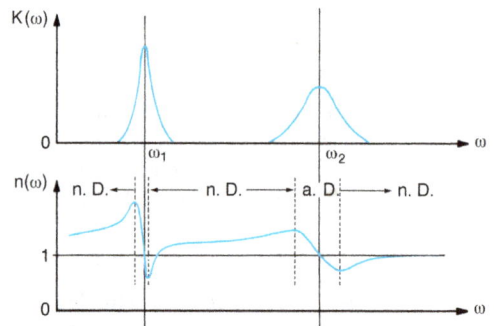

Abb. 18.23: Spektren der Absorptionskonstante $K(\omega)$ und des Brechungsindex $n(\omega)$ eines Stoffes mit schmalen Absorptionsbereichen.

18.3.3 Der Zusammenhang zwischen Absorption und Dispersion

Absorptionskonstante K und Brechungsindex n eines jeden Stoffes ändern sich mit der Fre-

> Für *absorbierende Materialien* hat sich eine *alternative* Darstellung eingebürgert, die darauf beruht, Absorptionsgröße und Brechungsindex in einer *komplexen Zahl* $z = n + i\,K$ gemeinsam zusammenzufassen (Abschnitt 18.3.1), deren Realteil n weiterhin der Brechungsindex ist, der die Wellenausbreitung bestimmt, und deren *Imaginärteil* als Absorptionskoeffizient K

die Absorption beschreibt (*i* bedeutet dabei die *imaginäre Einheit*, siehe Anhang).

Die Tatsache, dass sich *n* auch in *durchsichtigen* Bereichen mit der Frequenz ändert, nutzt man aus, um mithilfe des *Glasprismas* Licht in seine Spektralfarben zu zerlegen (*Prismen-Spektralapparat*, Abschnitte 19.3.5 und 20.6). Die Dispersion bewirkt auch, dass verschiedene monochromatische Bestandteile von Licht sich unterschiedlich schnell in einem Stoff ausbreiten und im Prisma gebrochen werden. Bei $dn/d\omega > 0$ (z. B. Wasser im Sichtbaren) ist blaues Licht schneller als rotes. In der Nähe eines Absorptionsbereiches kann dies umgekehrt sein.

18.3.4 Dichroismus und Doppelbrechung

Im vorigen Abschnitt wurde gezeigt, dass Absorption und spektraler Verlauf des Brechungsindex miteinander verknüpft sind und dass sich der Brechungsindex in der Nähe einer Absorptionsstelle besonders stark mit der Frequenz ändert.

Bei *isotropen Stoffen* – das sind Stoffe, deren atomare Struktur *keine* ausgeprägte Vorzugsrichtung aufweist, wie z. B. eine Flüssigkeit, ein NaCl-Kristall oder Glas – ist die spektrale Lage der Absorptionsbereiche für Licht, das aus verschiedenen Richtungen auf die Probe fällt, gleich, und auch der Brechungsindex hat für eine vorgegebene Frequenz jeweils den gleichen Wert, unabhängig davon, welche Richtung das einfallende Licht hat.

Es gibt aber *anisotrope Stoffe*, z. B. organische Moleküle oder anorganische Kristalle wie etwa Kalkspat oder Turmalin, deren Kristallstruktur eine *Vorzugsrichtung* besitzt. Zu ihnen gehören auch spezielle *Plastikmaterialien*, in denen langgestreckte Moleküle in einer *Vorzugsrichtung* ausgerichtet sind und die

man für den Bau von *Polarisationsfiltern* (Abschnitt 18.5.2) verwendet. In solchen Stoffen sind atomare Bindungskräfte und Resonanzfrequenzen *anisotrop*, und daher hängen Absorption und Brechungsindex beide von der Richtung des elektrischen Feldvektors des Lichts im Kristall ab. Beide ändern sich mit der Richtung und mit dem Polarisationszustand des einfallenden Lichts. (In Abschnitt 18.5 wird die Analyse des Polarisationszustands von Licht und seine Beeinflussung durch *Polarisationsfilter* eingehend behandelt.)

Stoffe mit *richtungsabhängiger* Absorption nennt man *dichroitisch*.

Ein *dichroitischer Stoff* ist in den *absorptionsfreien* Spektralbereichen *doppelbrechend*. Aus Abb. 18.23 geht hervor, dass eine richtungsabhängige Absorption eine *entsprechende* Abhängigkeit des Brechungsindex zur Folge hat. Diese erstreckt sich im Gegensatz zur Absorption auch in die *absorptionsfreien* Spektralbereiche in der Nähe der Absorption und wird als *Doppelbrechung* bezeichnet, da man für unterschiedliche Richtungen und Polarisationen des einfallenden Lichts *unterschiedliche* Werte des Brechungsindex findet.

In dem schematischen Beispiel der Abb. 18.24 sind $K(\lambda)$ und $n(\lambda)$ eines *anisotropen Stoffes* für zwei aus einer vorgegebenen Richtung einfallende Lichtwellen mit zueinander *senkrechter* Polarisation gezeigt.

Bei doppelbrechenden Kristallen gibt es Polarisationsrichtungen der einfallenden Welle, für die das Brechungsgesetz *nicht* gilt. Abbildung 18.25 zeigt einen solchen Fall: Das einfallende natürliche Licht wird in eine senkrecht zur Zeichenebene (ordentlicher Strahl) und eine in der Zeichenebene linear polarisierte Teilwelle (außerordentlicher Strahl) aufgespalten. Der ordentliche Strahl (o.) folgt dem Brechungsgesetz (Abschnitt 18.3.1), wird also bei senkrechtem Einfall nicht gebrochen, der außerordentliche Strahl (a. o.) folgt dem Brechungsgesetz *nicht*, d. h., wird auch bei senkrechtem Einfall auf die Oberfläche des Kristalls gebrochen.

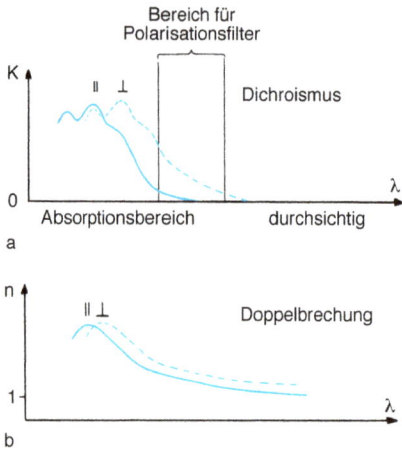

Abb. 18.24: (a) Absorptionsspektren $K(\lambda)$ eines *dichroitischen* Stoffes für zwei senkrecht zueinander linear polarisierte Lichtstrahlen gleicher Richtung. (Der eingezeichnete Bereich für die Anwendbarkeit als *Polarisationsfilter* bezieht sich darauf, dass ⊥-polarisiertes Licht im Filter absorbiert wird, während der Filter für. ∥-polarisiertes Licht fast durchlässig ist.) (b) Doppelbrechung (Spektren des Brechungsindex $n(\lambda)$) eines *dichroitischen* Stoffes für verschieden linear polarisiertes Licht. (⊥ und ∥ bedeuten hier, dass das Licht senkrecht bzw. parallel zu einer ausgezeichneten Richtung des dichroitischen Stoffes polarisiert ist).

18.3.5 Spannungsdoppelbrechung

Durch Einwirkung von *mechanischen* Kräften können *transparente* Stoffe wie Glas, Plexiglas oder Plastikmaterial *doppelbrechend* werden *(Spannungsdoppelbrechung)*, da durch sie die isotrope Anordnung der Gitteratome *deformiert* wird und eine *anisotrope* Vorzugsrichtung entsteht. Durch Messung der infolge der mechanischen Verformungen auftretenden Doppelbrechung kann man die räumliche Verteilung und Größe der mechanischen Spannungen in solchen gezielt verzerrten kristallinen Stoffen bestimmen.

In Abschnitt 18.5.2.2 wird gezeigt werden, wie dieses „künstliche" *anomale* Polarisationsverhalten Einfluss auf den Polarisationszustand durchgehenden Lichts hat und wie man dies zur Sichtbarmachung von *Deformationskräften* in *transparenten* Materialien technisch ausnutzen kann. Diesem

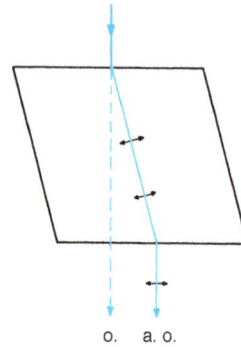

Abb. 18.25: *Doppelbrechung* an einem anisotropen Kalkspatkristall.

Kapitel vorgreifend, wollen wir schon hier den Einfluss auf die *Polarisation* von Licht zeigen. Durch Spannungsdoppelbrechung wird der *Polarisationszustand* des durchgehenden *Lichts* beeinflusst, entweder indem die Polarisationsebene (die durch Poynting-Vektor und Richtung des H- oder E-Feldes aufgespannt ist) gedreht wird oder aber linear polarisiertes Licht *elliptische Polarisation* erhält.

Als eine praktische Anwendung zeigt Abb. 18.26a, wie in einer *verspannten* Plexiglasplatte die *Kräfteverteilung* bei Belastung durch helle und dunkle Streifen sichtbar gemacht werden kann. Abbildung 18.26b gibt ein Beispiel eines solchen Experiments. In der *Medizin* wurden z. B. solche Versuche an aus Plexiglas nachgeformten *Hüftgelenken* durchgeführt, um Belastungen im Sport zu messen.

18.4 Spektralanalyse

Jedes chemische Element ist im gasförmigen Zustand (bei nicht zu hohen Drücken) durch die (schmalen) Spektrallinien seines Absorptionsspektrums oder Emissionsspektrums eindeutig charakterisiert. Dies nützt man in der Praxis seit dem 19. Jahrhundert in weitem Maße durch Anwendung der Spektralanalyse, d. h. der chemischen Analyse mittels optischer Spektren, aus. Moleküle und aus Molekülen aufgebaute Materie kann wegen der

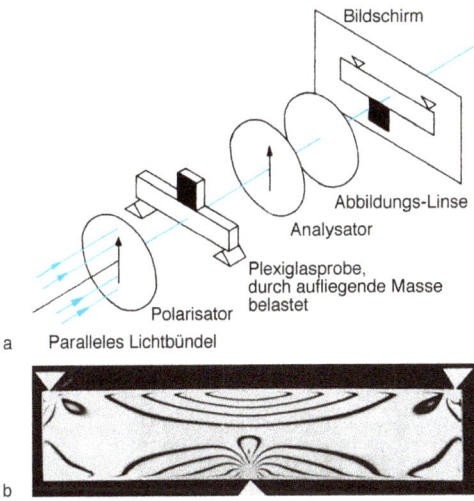

a Paralleles Lichtbündel

b

Abb. 18.26: Spannungsdoppelbrechung in einer an drei durch weiße Dreiecke markierten Stellen belasteten Plexiglasplatte: (a) Prinzip der experimentellen Anordnung, (b) Fotografie des Spannungsbildes. In den dunklen Bereichen ist die Polarisationsebene in der Probe in Auslöschstellung für den Analysator gedreht worden. (Für die Aufnahme danken wir Herrn Prof. H. Ismar.).

elastischen Kopplungskräfte zwischen den Ionen oder Atomen zu mechanischen Schwingungen angeregt werden, die ebenfalls zur Analyse dienen können (Abschnitt 6.6.2).

Die Eigenfrequenzen dieser *Molekülschwingungen* liegen zumeist im Frequenzbereich des fernen (langwelligen) Infraroten (IR). Je größer das Molekül, desto größer ist ihre Zahl. Die elektrischen Ladungen der beteiligten Ionen bilden (im einfachsten Falle) *elektrische Dipole*, die durch elektromagnetische Wellen (also je nach Größe ihrer Eigenfrequenz durch sichtbares Licht oder IR-Strahlung) angeregt werden können. Misst man die wellenlängenabhängige Absorption (das *Absorptionsspektrum*), so liefert dieses Spektrum Informationen über Bindungsstärken und Massen der Ionen, also über die *chemische* Natur und die Struktur der untersuchten Moleküle (*optische Molekülspektroskopie*). Aber bei chemischen Verbin-

dungen, größeren Molekülen oder bei der Kondensation vieler Atome zu Flüssigkeiten oder Festkörpern sind die Spektren *nicht in gleichem Maße* charakteristisch. Daher werden für die Spektralanalyse solcher Proben diese häufig zuvor in den gasförmigen Zustand gebracht.

Bei Molekülen werden die Spektren umso komplizierter, je mehr Atome sich in einer engen Molekülstruktur befinden und sich gegenseitig beeinflussen. Das Aufspalten von Resonanzfrequenzen durch Wechselwirkung zwischen benachbarten Atomen und das dadurch bedingte Entstehen breiter Absorptionsbänder im Spektrum können wir qualitativ vergleichen mit der Kopplung mechanischer Schwingungen in Systemen gekoppelter Resonatoren (Abschnitt 6.6), bei der eine entsprechende Aufspaltung der Resonanzen in Moden unterschiedlicher Frequenzen auftritt. Bei kondensierter Materie geht die Komplexität der Spektren schließlich so weit, dass sich die Spektrallinien und Banden zu (quasi-)kontinuierlichen Spektren überlagern und wenig strukturierte, mehr oder weniger breite spektrale Absorptions- und Extinktionsbereiche mit geringem Aussagewert entstehen.

Die Veränderung von Spektren durch gegenseitige Beeinflussung benachbarter Atome können wir z. B. beim Natrium beobachten. Atomares Natrium im Dampf ist durch die für Na typischen beiden Spektrallinien im Gelben leicht zu identifizieren. Metallisches Na hat dagegen im ganzen sichtbaren Spektralbereich eine uncharakteristische Absorption, die durch die Überlagerung sehr vieler, durch die Wechselwirkung zwischen den Atomen und den Leitungselektronen entstehender Linien zustande kommt, sodass sein Spektrum kaum von denen vieler anderer Metalle zu unterscheiden ist (Abb. 18.27).

Auch die Moleküle eines Lösungsmittels können die Absorption eines darin gelösten Stoffes beeinflussen, sodass sich die Spektren gelöster Atome oder Moleküle von denen isolierter Spezies im Gaszustand unterscheiden. Auch sie können oft aus ihren Spektren identifiziert werden.

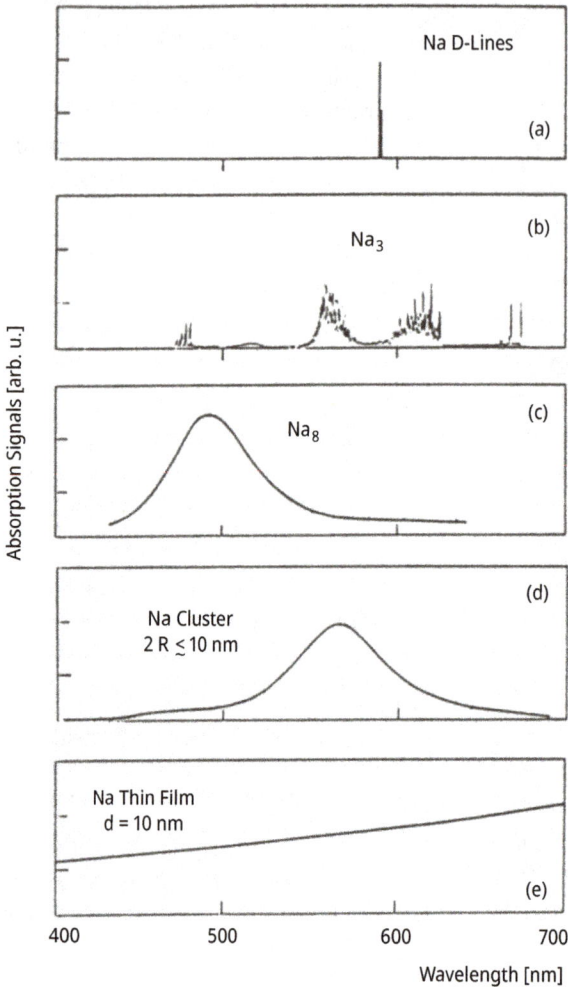

Abb. 18.27: Die Absorptionsspektren von *Natrium-Proben* in verschiedenen Aggregatzuständen, die durch Zusammenlagerung unterschiedlich vieler Na-Atome und deren Wechselwirkung entstehen: (a) das gelbe Spektrum des Spektrallinien-Dubletts von atomarem Natrium-Dampf, (b) Na_3-Molekül-Cluster, (c) Na_8-Molekül-Cluster, (d) Natrium-Cluster mit $2R \sim 10$ nm, (e) dünne Festkörper-Schicht von Natrium-Metall.

Die Spektralanalyse oder photometrische Analyse in speziell ausgewählten Spektralbereichen ist heutzutage zu einer Standardanalysemethode in Chemie, Materialwissenschaften und auch für das medizinische Labor geworden.

Durchgeführt werden Spektralanalysen mit dem *Spektralphotometer,* dessen Funktionsweise in Abschnitt 20.7 beschrieben wird. Abbildung 18.28a zeigt als Beispiel die unterschied-

lichen Extinktionsspektren im Sichtbaren von sauerstoffbeladenem und sauerstofffreiem Hämoglobin aus arteriellem bzw. venösem Blut.

18.4.1 Lambert-Beer'sches Gesetz

Die *Absorptionsspektren* von *Lösungen* setzen sich zusammen aus der Absorption der gelösten Stoffe und der der Lösungsmittel, falls

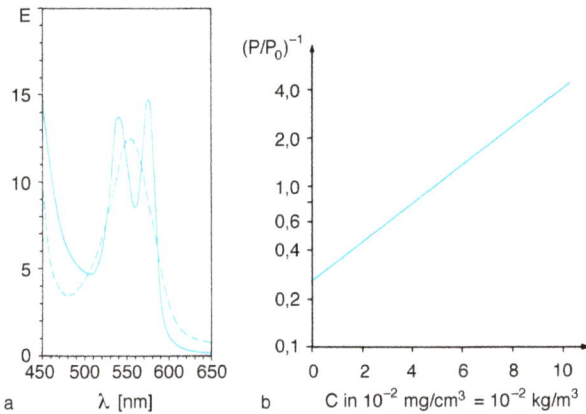

Abb. 18.28: (a) *Extinktionsspektrum* von *sauerstoffbeladenem Hämoglobin* (durchgezogene Kurve) und *sauerstofffreiem Hämoglobin* (gestrichelte Kurve) in Blut; *E*: Extinktionskonstante, *λ*: Wellenlänge, (b) Absorption von Blutplasma bei *λ* = 546 nm in Abhängigkeit von der Konzentration *C* an *Paraaminohippursäure*, einer Substanz zur Überprüfung der Nierenfunktion. Beachten Sie, dass $(P/P_0)^{-1}$ hier in *logarithmischem* Maßstab aufgetragen ist. Durch die Sauerstoffbeladung wird die Absorption des Blutes im roten Spektralbereich (*λ* > 630 nm) herabgesetzt, sodass das Blut eine charakteristische hellkirschrote Durchlicht-Farbe annimmt.

beide nicht bei der Mischung chemisch verändert werden. Die Absorptionsbereiche üblicher Lösungsmittel wie Wasser, Alkohole, Aceton, Benzol usw. liegen außerhalb des Sichtbaren, sodass sie farblos und durchsichtig sind. Die Absorption eines gelösten Stoffes wird im *sichtbaren* Spektralbereich also zumeist nicht von einer Absorption des Lösungsmittels überlagert.

Ist aber auch der gelöste Stoff im Sichtbaren absorptionsfrei oder hat er dort keine charakteristischen spektralen Strukturen, so muss man zur Analyse Absorptionsbereiche im Ultravioletten oder Infraroten zusätzlich ausmessen. Dort liegen aber möglicherweise auch Absorptionsbereiche des Lösungsmittels, sodass man dessen optische Eigenschaften gesondert prüfen muss.

Für viele verdünnte, nicht reagierende Lösungen gilt, dass die spezifische Absorptionskonstante des gelösten Stoffes zu dessen Konzentration C proportional ist:

$$K(\lambda) = K_{sp}(\lambda) \cdot C. \qquad (18\text{-}10)$$

Mit steigender Konzentration ändert sich also oft die Absorption; der charakteristische Verlauf mit der Wellenlänge, der in der spezifischen Absorptionskonstante $K_{sp}(\lambda)$ enthalten ist, bleibt jedoch in vielen Fällen unverändert. Das Absorptionsgesetz (Gl. (18-8)) lautet dann:

$$P(\lambda, x, C) = P_0(\lambda) \cdot e^{-K(\lambda) \cdot x} = P_0(\lambda) \cdot e^{-K_{sp}(\lambda) \cdot C \cdot x},$$
$$(18\text{-}11)$$

und heißt in dieser Form das *Lambert-Beer'sche Gesetz*.

Es ermöglicht die quantitative Bestimmung der Konzentration des gelösten Stoffes, wenn dessen spezifische Absorptionskonstante K_{sp} bekannt ist oder zum Vergleich eine Eichlösung bekannter Konzentration gemessen wird.

Wichtige Voraussetzung für die Gültigkeit von (Gl. 18-11) ist allerdings, dass bei der Mischung von Substanz und Lösungsmittel *keinerlei chemische Reaktionen* auftreten, die das Spektrum von K_{sp} abhängig von *C* machen. Das führt zur Einschränkung der Gültigkeit von Gl. (18-11): Die Gleichung gilt oft nur für *niedrige* Konzentrationen.

Abbildung 18.28b gibt ein Beispiel: Sie zeigt die Absorption von *Blutplasma* bei $\lambda = 546$ nm in Abhängigkeit von der Konzentration der *Paraaminohippursäure*. Die Absorption setzt sich zusammen aus der des Blutplasmas, der der Paraaminohippursäure und der der übrigen im Plasma gelösten Stoffe.

Bei Lösungen mit *mehreren* absorbierenden Bestandteilen setzt sich häufig die Gesamtabsorption K_G additiv aus den durch die Mischung *unveränderten* Einzelabsorptionen K_i ($i = 1, 2, 3, ...$) zusammen. Auch hier gilt die Voraussetzung, dass keine durch chemische Reaktionen zwischen den Komponenten verursachten Änderungen der einzelnen Absorptionsspektren bei der Mischung entstehen.

Der häufigste abweichende Fall ist, dass diese proportional zu den jeweiligen Einzelkonzentrationen anwachsen:

$$K_G = K_1 + K_2 + K_3 + ... = \left(K_{sp,1} \cdot C_1\right)$$
$$+ \left(K_{sp,2} \cdot C_2\right) + \left(K_{sp,3} \cdot C_3\right) + \ldots \quad (18\text{-}12)$$

Das Lambert-Beer'sche Gesetz lautet dann:

$$P(\lambda, x, C_i) = P_0(\lambda) \exp\left(-K_G x\right). \quad (18\text{-}13)$$

Will man die Konzentrationen C_i *aller gelösten* Stoffe bestimmen, so müssen Messungen bei *mehreren* Wellenlängen vorgenommen werden, bei welchen die spezifischen Konstanten $K_{sp,i}$ bekannt sind.

18.4.2 Optische Eigenschaften nanoskaliger Partikel

Nanoskalige Partikel (Abschnitt 5.4) weisen besondere optische Eigenschaften auf, die sie für eine Reihe von Anwendungen einzigartig machen. Sind diese Partikel in einem anderen Medium verteilt, spricht man von *kolloidalen Systemen*. Dabei können sowohl die *kolloidalen Teilchen* als auch das sie umgebende Medium prinzipiell alle drei Aggregatzustände annehmen (z. B. Tröpfchen in Luft: *Aerosol*, Tröpfchen in Flüssigkeit: *Emulsion* etc.). Die *kolloidalen Teilchen* (z. B. kolloidale Metalle, Polymere, Polystyrol-Latex, gelöste Proteine, Fermente oder Toxine) sind im Gegensatz zu den Molekülen in *echten* Lösungen groß genug, dass Licht an ihnen mit erkennbarer Intensi-

tät gestreut wird. Andererseits sind sie teilweise zu klein, um mit dem Lichtmikroskop beobachtbar zu sein. Typische Größen kolloidaler Teilchen liegen zwischen 1 und 10^2 nm.

Licht wird an kolloidalen Nanopartikeln im UV, im VIS und im IR gestreut, speziell auch in den absorptionsfreien Spektralbereichen. Kolloidale Systeme sind daher nie völlig transparent (wenngleich die Streuintensität zu kleinen Teilchengrößen und im Spektrum zu niedrigen Frequenzen gewöhnlich stark abnimmt).

Bei den hier betrachteten Systemen in flüssigen Medien spricht man oft von *kolloidalen Lösungen*, was streng genommen nicht korrekt ist, da der Begriff *echte Lösung* auf Atome, Ionen und Moleküle beschränkt ist. Kolloidale Systeme in *flüssigen* Lösungsmitteln mit üblicher Reinheit erweisen sich als *instabil*, da ihre multipolaren Wechselwirkungskräfte bei längeren Standzeiten unter der *Brown'schen Bewegung* zur Aggregation (*Koagulation*, Zusammenklumpen mit Zwischenschichten zwischen benachbarten Teilchen) oder zur *Koaleszenz* (Zusammen*wachsen* benachbarter Teilchen infolge von Bindungskräften) führen. Erst durch Zugabe von *Stabilisatoren*, oft organische Substanzen, die um die Partikeloberfläche herum eine abstandhaltende und abschirmende Zusatzhülle bilden, können kolloidale Systeme längere Lebensdauern erhalten.)

Die seitliche Lichtstreuung an den kolloidalen Partikeln führt zu einer *Tyndall-Effekt* genannten Leuchterscheinung (Abb. 18.29). Dieser ist einfach zu beobachten, wenn beispielsweise ein gebündelter Lichtstrahl durch mit Wasser verdünnte Milch fällt. Auch die weiße Farbe von Zähnen kommt durch Streustrahlung zustande.

Die Intensität I einer einfallenden ebenen Welle nimmt wegen des durch Streuung in andere Raumrichtungen verschwindenden Anteils mit der Schichtdicke x des kolloidalen Systems ebenso ab wie bei Absorption; es gilt das Extinktionsgesetz (Gl. (18-9)) und das Lambert-Beer'sche Gesetz (Gl. (18-11)), d. h., E ist proportional zur Konzentration der Partikel: $E = E_{sp} \cdot C$.

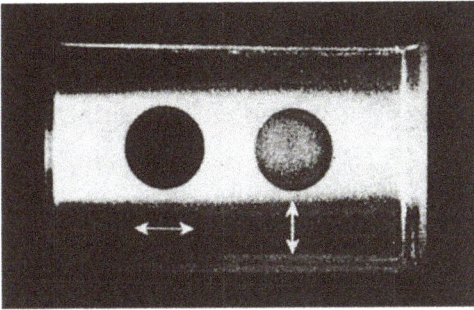

Abb. 18.29: Tyndall-Effekt (Streuung von Licht an einem kolloidalen System). Das Licht fällt in der Zeichenebene in einen Trog mit Wasser, das durch kolloidale Mastixteilchen getrübt ist. Durch die Streuung wird das Lichtbündel senkrecht zur Ausbreitungsrichtung sichtbar. Zwei davor gehaltene Polarisatoren zeigen, dass das Streulicht – wie in Abschnitt 18.5.2.4 erläutert – in senkrechter, nicht aber in waagerechter Richtung polarisiert ist. Daher ist in dieser Polarisationsrichtung kein Streulicht zu beobachten (aus Bergmann/Schaefer: Lehrbuch der Experimentalphysik, Band 3, de Gruyter).

Die spezifische Extinktionskonstante E_{sp} hängt außer von der chemischen Beschaffenheit der Bestandteile auch von der Größe und der Gestalt der Teilchen ab.

Der Streuanteil nimmt stark mit der Teilchengröße zu, bei kleinen Teilchen sogar mit der 6. Potenz des Radius, R^6. Bei sehr kleinen Teilchen ändert sich die Intensität des Streulichts zudem auch sehr stark mit der Wellenlänge: In absorptionsfreien Spektralbereichen ist sie proportional zu $1/\lambda^4$. Daher erscheinen Magermilch oder Tabakrauch bläulich, denn blaues Licht wird wegen der kürzeren Wellenlänge stärker gestreut als rotes. Auch das Blau des Himmels beruht auf diesem Effekt; das an Aerosolen der Atmosphäre (kleinste Wassertröpfchen, Staubpartikel) gestreute Licht enthält bevorzugt blaue Anteile. Ohne diese Streuung wäre der Himmel über uns schwarz wie auf dem Mond. Im *nicht* gestreuten Licht der Sonne bleiben in erster Linie die langwelligen Anteile erhalten, und das ist der Grund, weshalb die Sonne beim Untergang rot erscheint. Wenn die Sonne tief steht, legen die Sonnenstrahlen einen besonders langen Weg durch die Atmosphäre zurück. Bei größeren nicht absorbierenden Teilchen verschwindet diese Abhängigkeit von der Wellenlänge: Grö-

ßere Wassertröpfchen im Nebel oder in Wolken erscheinen im Streulicht weiß. Wassertropfen, deren Größe die Lichtwellenlänge deutlich übersteigt, fallen nicht mehr unter den Begriff der kolloidalen Systeme. Sie zeigen andersartige optische Effekte, wie z. B. den *Regenbogen*, der durch das Zusammenwirken von Reflexion, Brechung und Dispersion zustande kommt.

Neben der Streuung zeigen insbesondere metallische Nanopartikel auch ein ausgeprägtes Absorptionsverhalten. Deren Ursache sind mit zunehmender Teilchengröße *kollektive, größenabhängige optische Anregungen,* die, beginnend bei dem Einzelatom, von dem atomaren Verhalten über das oberflächenbestimmte Nano-Verhalten zum Volumen-Verhalten des massiven Festkörpers wechseln. Darunter fallen bei *Metall-Nanopartikeln* besonders die optisch anregbaren *Oberflächenplasmonen, kollektive* Anregungen der Leitungselektronen-Gesamtheit eines Partikels mit häufig *ungewöhnlicher Farbentwicklung,* die nur im Nano-Bereich existieren. Dabei gehen die breiten energetischen Zustände *(Energiebänder)* der Leitungselektronen in schmalbandige *Plasmonen-Resonanzen der Leitungselektronen-Gesamtheit* mit oftmals sehr intensiven Absorptionspeaks über. Dieser Mechanismus wurde bereits in der mittelalterlichen *Glasmalerei* genutzt: Beim Silbergelb handelt es sich um Silber-Nanopartikel.

18.5 Polarisation elektromagnetischer Wellen

18.5.1 Polarisationszustand

Im Gegensatz zur *longitudinalen* Welle, bei der die Schwingungsrichtung mit der Ausbreitungsrichtung zusammenfällt, sind bei der *transversalen* Welle viele Richtungen für die Schwingung der Felder möglich. Genauer gesagt: Die Schwingungsrichtung kann beliebig innerhalb der *Schwingungsebene F* liegen,

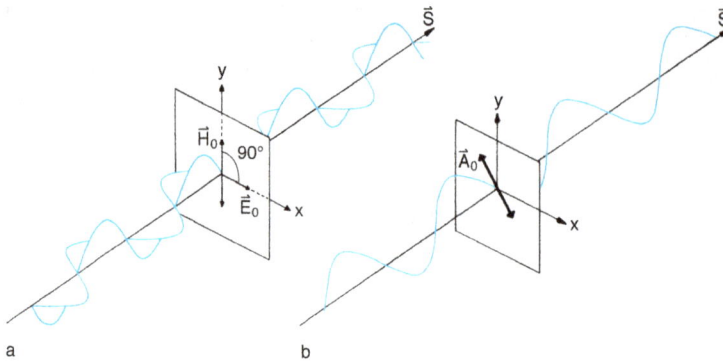

Abb. 18.30: (a) Elektromagnetische Welle, linear polarisiert. Die Amplituden sind hier $\vec{E}_0$ und $\vec{H}_0$. Beide sind richtungsfest in der Schwingungsebene. (b) Linear polarisierte transversale Welle der Polarisationsrichtung 135° (bzw. –45°). Die Amplitude ist mit $\vec{A}_0$ bezeichnet. $\vec{S}$: Ausbreitungsvektor.

die senkrecht auf der Ausbreitungsrichtung $\vec{S}$ steht (Abb. 18.30a).

Zur *eindeutigen* Beschreibung der transversalen Welle muss daher die Schwingungsamplitude als Vektor geschrieben werden, worauf schon in Abschnitt 7.2.2 hingewiesen wurde:

$$\vec{A}_0 = A_0 \cdot \vec{e}. \text{ mit } \vec{e}: \text{ Einheitsvektor in der Einfallsebene.}$$

$$(18\text{-}14)$$

Weist der Einheitsvektor $\vec{e}$ z. B. in die y-Richtung des Koordinatensystems von Abb. 18.30a, so sagen wir: Die Welle ist in y-Richtung polarisiert. Die durch den Vektor $\vec{e}$ und den Vektor der Ausbreitungsrichtung $\vec{S}$ aufgespannte Ebene nennen wir die *Polarisationsebene*. Diese Bezeichnungen gelten allgemein für transversale Wellen.

Die elektromagnetische Welle ist transversal bezüglich beider Feldgrößen, $\vec{E}$ und $\vec{H}$, die sich räumlich und zeitlich periodisch verändern. Beide Vektoren stehen also senkrecht auf der Ausbreitungsrichtung. Unabhängig davon, wie die Polarisationsrichtung der Welle auch sein mag, ist der Winkel zwischen $\vec{E}$ und $\vec{H}$ stets 90° (Abschnitt 14.9.7).

Zur Angabe der *optischen* Polarisation müssen wir nun festlegen, ob die Amplitude A_0 der Gl. (18-14) die elektrische oder die magnetische Feldstärke sein soll. Da die Wechselwirkung von Licht mit Materie in den meisten Fällen durch das elektrische Feld hervorgerufen

wird, hat sich die Richtung des elektrischen Feldvektors als *Polarisationsrichtung* durchgesetzt.

In Abschnitt 7.2 wurde auf die *verschiedenen* möglichen Polarisationszustände elektromagnetischer Wellen hingewiesen:

1. Enthält ein Lichtbündel viele Wellen mit unterschiedlichen Polarisationsrichtungen, sodass keine Richtung besonders ausgezeichnet ist, dann nennen wir es *unpolarisiertes* oder *natürliches Licht*.

2. Enthält das Wellenbündel hingegen zu einem Zeitpunkt t nur in einer Richtung $\vec{e}$ polarisiertes Licht und bleibt diese Polarisationsrichtung auch für beliebige andere Orte und Zeiten im Wellenfeld unverändert, so nennen wir dieses Licht *linear polarisiert* (Abb. 18.30).

3. Daneben gibt es Licht, das zu einem Zeitpunkt t in einer bestimmten Richtung polarisiert ist, diese Richtung sich aber mit der Zeit ändert. Beim *zirkular polarisierten* Licht laufen die Endpunkte der Feldvektoren $\vec{E}$ und $\vec{H}$ gleichmäßig in der Schwingungsebene auf Kreisbahnen um, wobei die *Beträge* der Feldstärken konstant bleiben.

Während jeder Periode der zirkular polarisierten Welle erfolgt ein Umlauf um 360°, die Wellenlänge ist hier also nicht durch periodische Änderung des Betrags, sondern der Richtung der Feldvektoren bestimmt. Ist in Ausbreitungsrichtung gesehen der Umlaufsinn wie beim Zeiger einer Uhr, so nennen wir das Licht rechts-zirkular polarisiert (Abb. 18.31), bei umgekehrtem Umlaufsinn links-zirkular polarisiert.

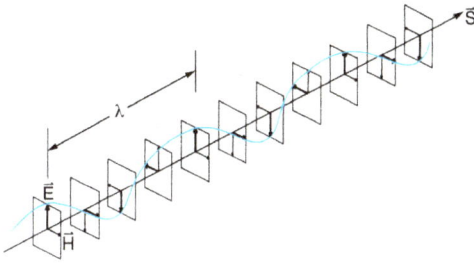

Abb. 18.31: *Rechtszirkular* polarisierte elektromagnetische Welle. $\vec{E}$ und $\vec{H}$ laufen mit konstantem Betrag auf einer Spirale um. Ein voller Umlauf entspricht einer Wellenlänge λ. Der Poynting-Vektor $\vec{S}$ kennzeichnet dabei die Ausbreitungsrichtung.

Eine zirkular polarisierte Welle lässt sich durch Überlagerung von zwei linear polarisierten Wellen derselben Frequenz, Amplitude und Ausbreitungsrichtung erzeugen, die zueinander senkrecht polarisiert sind und zudem eine Phasendifferenz von $\pi/2$ aufweisen. Umgekehrt erhält man linear polarisiertes Licht, wenn eine rechts-zirkulare Welle und eine links-zirkulare Welle mit der Phasendifferenz 0 überlagert werden.

4. Der allgemeinste Fall ist *elliptisch polarisiertes* Licht, bei dem die Feldvektoren wie bei der *zirkularen* Welle rotieren, sich aber zugleich ihre Beträge ähnlich wie bei der *linear* polarisierten Welle periodisch ändern. In Ausbreitungsrichtung gesehen beschreiben die Enden der Feldvektoren damit die Figur einer Ellipse.

5. Unter *Polarisation* haben wir bisher vollständige Polarisation verstanden. Häufig enthält Licht aber *sowohl* Anteile polarisierten *als auch* unpolarisierten Lichts; das Licht ist dann *teilweise polarisiert*. Den Anteil polarisierten Lichts geben wir mit dem *Polarisationsgrad* an. Zum Beispiel ist er gleich 50 %, wenn ebenso viel polarisiertes wie unpolarisiertes Licht in der Welle enthalten ist.

Tab. 18.3: Polarisationszustände von elliptisch und zirkular polarisiertem Licht.

Polarisation	Richtungen der Feldvektoren	Beträge der Feldvektoren
elliptisch polarisiertes Licht	ändern sich zeitlich periodisch (mit der Frequenz) bzw. räumlich periodisch (mit der Wellenlänge)	ändern sich zeitlich periodisch (mit der Frequenz) bzw. räumlich periodisch (mit der Wellenlänge)
linear polarisiertes Licht	zeitlich und räumlich unverändert	ändern sich zeitlich periodisch (mit der Frequenz) bzw. räumlich periodisch (mit der Wellenlänge)
zirkular polarisiertes Licht	ändern sich zeitlich periodisch (mit der Frequenz) bzw. räumlich periodisch (mit der Wellenlänge)	zeitlich und räumlich unverändert

18.5.2 Erzeugung und Untersuchung von linear polarisiertem Licht

Linear polarisiertes Licht lässt sich aus unpolarisiertem Licht durch *Polarisatoren (Polarisationsfilter)* herausfiltern. Sie lassen Licht einer bestimmten Polarisationsrichtung optimal hindurch, während sie für andere Polarisationsrichtungen als unterschiedlich wirkungsvolle Sperre wirken. Zum Nachweis der Polarisation einer Lichtwelle dienen *Analysatoren*.

Bei linear polarisiertem Licht dient als *Analysator* ebenfalls ein Polarisationsfilter, den man in den Strahlengang stellt und um seine Achse drehen kann (Abb. 18.32). Dabei zeigt sich, dass das Licht besonders gut hindurchgelassen wird *(Durchlassstellung)*, wenn der Analysator ebenso ausgerichtet ist wie der *Polarisator*, der das polarisierte Licht erzeugt hat. In der dazu um 90° gedrehten Stellung

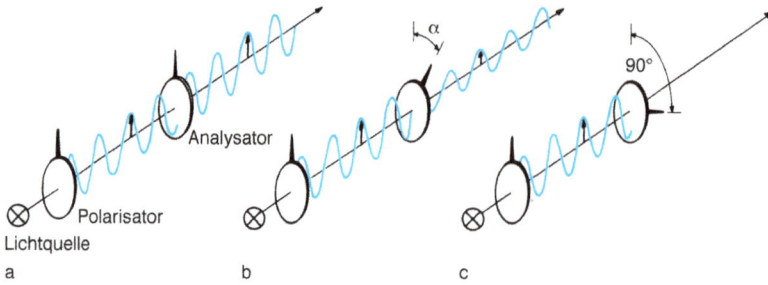

Abb. 18.32: Nachweis des Polarisationszustands von linear polarisiertem Licht: (a) Polarisator und Analysator in Durchlassstellung (Winkel $a = 0$), (b) in einer Zwischenstellung ($a \neq 0$), (c) in Sperrstellung ($a = 90°$).

(der *Sperrstellung*) wird dagegen kein Licht durchgelassen. Zirkular oder elliptisch polarisiertes Licht kann hingegen durch *keine* Stellung des Analysators völlig ausgelöscht werden; bei zirkular polarisiertem Licht ist die den Analysator passierende Intensität unabhängig von dessen Rotation.

Am Beispiel einer Seilwelle kann man sich die Wirkung des Analysators veranschaulichen (Abb. 18.33). Auf dem Seil werde eine linear polarisierte Welle erzeugt. Als *Analysator* verwenden wir das Gitter eines Gartenzauns. Ist die Welle senkrecht polarisiert, passiert sie das Gitter des „Analysators", waagerecht polarisierte Wellen dagegen werden durch den Zaun abgefangen.

$$I_d = I_0 \cdot \cos^2(a). \qquad (18\text{-}15)$$

Dabei bedeutet I_0 die bei Durchlassstellung ($a = 0$) durchgelassene Intensität.

Abbildung 18.34 zeigt, wie diese Beziehung zustande kommt. Von der Amplitude $\vec{A}_0$ der linear polarisierten Welle hinter dem Polarisator wird nur die zur Durchlassrichtung des Analysators parallele Vektorkomponente $\vec{A}_{0\parallel}$ durch den Analysator hindurchgelassen: $\vec{A}_d = \vec{A}_{0\parallel} = \vec{A}_0 \cdot \cos a$. Da die Intensität einer Welle proportional zum Quadrat der Amplitude ist (vgl. Abschnitt 7.2.7), folgt daraus direkt Gl. (18-15).

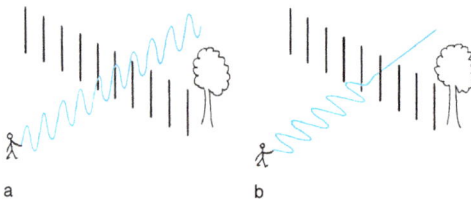

Abb. 18.33: Gartenzaun als *Analysator* für linear polarisierte Seilwellen: (a) Durchlassstellung, (b) Sperrstellung.

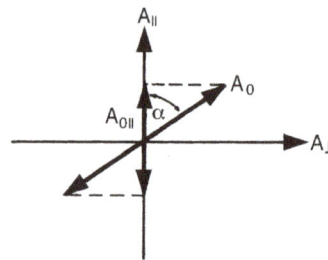

Abb. 18.34: Zur Herleitung des Gesetzes von Malus (Gl. 18-15): Die Lichtwelle breite sich senkrecht zur Zeichenebene aus und habe die Amplitude $\vec{A}_0$.

Wie sich die von der Kombination Polarisator/Analysator durchgelassene Intensität I_d mit dem Winkel α zwischen Polarisator- und Analysatorstellung ändert, beschreibt das *Gesetz von Malus*:

Aus dem *Gesetz von Malus* ergibt sich die für die Praxis wichtige Möglichkeit, mit der Kombination Polarisator/Analysator Lichtintensitäten auf einfache Art und Weise *kontinu-ierlich* und anhand des *Winkels α* messbar zu variieren, und zwar unabhängig von der Wellenlänge des Lichts.

Ein Polarisationsfilter zur Erzeugung linear polarisierten Lichts kann auf einer Reihe von physikalischen Effekten basieren. Die für die technische Anwendung wichtigsten Effekte sind die Polarisation durch *Dichroismus, Doppelbrechung, Reflexion* und *Streuung.*

Polarisation durch Dichroismus Die einfachste Methode, aus natürlichem Licht linear polarisiertes Licht herauszufiltern, beruht auf dem Dichroismus (Abschnitt 18.3.4). Ein Beispiel für einen auf Dichroismus beruhenden Polarisator ist der *Polaroid-Filter,* bei dem kleine anisotrope, absorbierende Kristallnadeln parallel zueinander in eine Plastikfolie eingebettet sind. Fällt Licht auf eine solche Folie, so absorbieren diese Kristalle bei einer bestimmten Polarisationsrichtung $\vec{e}_\perp$ im Sichtbaren, für die dazu senkrechte Polarisationsrichtung $\vec{e}_\parallel$ dagegen ist der Absorptionsbereich ins Ultraviolette verschoben, und die Folie ist daher für sichtbares Licht dieser Polarisation $\vec{e}_\parallel$ durchlässig (vgl. Abb. 18.24a).

Polarisation durch Doppelbrechung Mithilfe der Doppelbrechung (Abschnitt 18.3.4) lässt sich ebenfalls linear polarisiertes Licht aus natürlichem Licht herausfiltern. Allerdings ist diese Polarisationsmethode umständlicher als die mithilfe des Dichroismus.

Ein Beispiel ist das *Nicol'sche Prisma* (kurz auch *Nicol* genannt (Abb. 18.35)), das aus zwei aufeinandergekitteten *Kalkspatprismen* besteht. Kalkspat ist doppelbrechend.

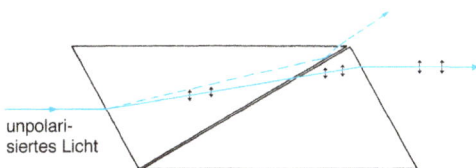

unpolarisiertes Licht

Abb. 18.35: Nicol'sches Prisma aus zwei Kalkspatkristallen zur Erzeugung linear polarisierten Lichts.

Der Kitt im Zwischenraum zwischen den beiden Prismen hat einen kleineren Brechungsindex als der Kalkspat. Ein Strahl natürlichen Lichts wird beim Auftreffen auf das erste Prisma wegen der Doppelbrechung in zwei Teilbündel, den *ordentlichen* und den *außerordentlichen* Strahl, aufgespalten, von denen das eine Bündel in der Zeichenebene polarisiert ist, das andere senkrecht dazu (vgl. Abb. 18.25). Das letztere wird stärker gebrochen und trifft daher auf die verkittete Grenzfläche so flach auf, dass es dort *totalreflektiert* (Abschnitt 19.3.6) und aus dem Prisma nach oben herausgelenkt wird. Der parallel polarisierte Anteil hingegen fällt steiler auf die gekittete Grenzfläche und geht kaum geschwächt durch sie hindurch, da der Winkel der Totalreflexion nicht erreicht wird. So verlässt das *Nicol* in Strahlrichtung nur Licht *einer* Polarisation; das *Nicol* wirkt also als Polarisationsfilter.

Heute gibt es viele Varianten dieses Prinzips mit anderen geometrischen Formen des Kristalls.

Polarisation durch Reflexion an einem durchsichtigen Stoff Ein Bündel natürlichen Lichts, das schräg auf eine Glasplatte trifft, ist nach der Reflexion *teilweise* polarisiert, und zwar steht der *E*-Vektor der bevorzugten Polarisationsrichtung senkrecht zur Einfallsebene. Es ist sogar vollständig polarisiert, wenn der Einfallswinkel gleich dem *Brewster'schen Winkel* α_B ist, der durch die Bedingung

$$\tan \alpha_B = n \qquad (18\text{-}16)$$

festgelegt ist. Für Glas ($n \approx 1{,}5$) ist $\alpha_B \approx 57°$, für Wasser ($n = 1{,}33$) ergibt sich $\alpha_B = 53°$.

Zur Deutung dieser Beobachtung können wir uns als Modell vorstellen, dass die Atome in der Oberfläche der reflektierenden Fläche wie kleine elektrische Dipol-Empfangsantennen wirken (Abb. 18.36), die durch das elektrische Feld der gebrochenen Welle zu Schwingungen angeregt werden und dadurch zugleich als Sender wirken und wieder Wellen abstrahlen. Durch Interferenz benachbarter Dipole entstehen sowohl der *reflektierte* als auch der durchgehende Strahl (Huygens'sches Prinzip, Abschnitt 7.7), die beide transversal polarisiert sind.

Von Abschnitt 14.9.7 wissen wir, dass eine Dipol-Antenne keine transversale Strahlung *in Richtung* ihrer Achse abstrahlen kann, und daher wird bei demjenigen Einfallswinkel α_B, bei dem diese Achse gerade mit der aus dem Reflexionsgesetz (Abschnitt 7.8) folgenden Richtung des reflektierten Strahls zusammentrifft, keine Strahlung reflektiert.

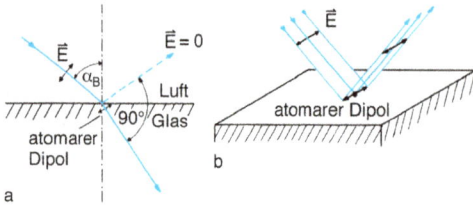

Abb. 18.36: Modell zur Erklärung der Polarisation von Licht bei Reflexion an nicht absorbierenden Stoffen durch Anregung atomarer Dipole: (a) $\vec{E}$ in der Einfallsebene und $\alpha = \alpha_B$: Es wird kein Licht reflektiert; (b) $\vec{E}$ senkrecht zur Einfallsebene: Licht wird reflektiert.

Aus Abb. 18.36 geht hervor, dass dies
1. bei Licht geschieht, dessen elektrischer Vektor $\vec{E}$ in der Einfallsebene schwingt und
2. nur, wenn *reflektierter* und *gebrochener* Strahl senkrecht aufeinander stehen. Das Brechungsgesetz (Gln. 7-30 und 18-6b) lässt sich für diesen Fall umschreiben in:

$$\sin \alpha_B / \sin \alpha_2 = \sin \alpha_B / \cos \alpha_B = \tan \alpha_B,$$

und liefert damit die Bedingung für den *Brewster-Winkel* α_B der Gl. (18-16).

Der Anteil der einfallenden Strahlung, dessen $\vec{E}$- Vektor *senkrecht* zur Einfallsebene schwingt, wird hingegen von den Dipolen zurückgestrahlt (Abb. 18.36b), und so findet man in dem reflektierten Licht nur diesen Polarisationszustand.

Bei der Reflexion an *metallischen* Stoffen sind die Verhältnisse wesentlich komplizierter, da Metalle stark absorbieren. Hier bleibt das reflektierte Licht *nicht linear*, sondern ist i. A. *elliptisch* polarisiert.

Polarisation durch Streuung Wie in Abschnitt 18.4.2 beschrieben, wird an kolloidalen oder makromolekularen Suspensionen Licht gestreut. Verwenden wir unpolarisiertes Licht, so sehen wir Streulicht in allen Richtungen (*Tyndall-Streuung*, Abschnitt 18.4.2). Dieses Streulicht erweist sich je nach Streurichtung als mehr oder weniger polarisiert. Bei sehr kleinen kolloidalen

Teilchen beobachten wir, dass speziell *senkrecht* zur Ausbreitungsrichtung das Streulicht vollständig linear polarisiert ist und sein elektrischer Vektor $\vec{E}$ senkrecht zur Ebene weist, die durch die Richtungen des einfallenden und des gestreuten Lichts festgelegt ist (Abb. 18.29 und 18.37).

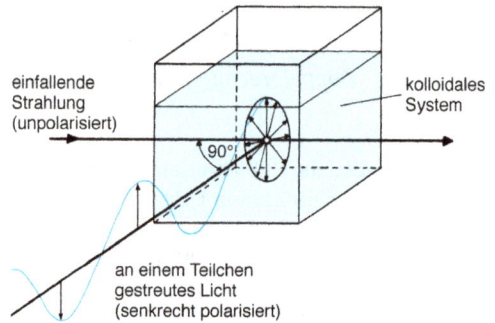

Abb. 18.37: Polarisation durch Tyndall-Streuung an einem nicht absorbierenden kolloidalen System. Senkrecht zur Einfallsrichtung ist das Streulicht senkrecht linear polarisiert (siehe auch Abb. 18.29).

Zur Erklärung können wir wieder die Strahlungseigenschaften von virtuellen Dipol-Antennen heranziehen. Fassen wir jetzt das ganze kolloidale Teilchen in Abb. 18.37 als Dipol auf, so schwingt dieser Dipol nur senkrecht zur Ausbreitungsrichtung des einfallenden Lichts, da dieses ja eine transversale Welle ist. Das Teilchen kann also auch nur entsprechend polarisiertes Licht als Streulicht aussenden.

In der atmosphärischen Luft sind stets kolloidale Teilchen sowie Inhomogenitäten wie Gasdichteschwankungen infolge der Wärmebewegung der Luftmoleküle, Staubteilchen oder Wassertropfen enthalten, die dazu führen, dass das Sonnenlicht gestreut wird (Abschnitt 18.4.2). Hier interessiert uns, dass auch dieses Streulicht *(Himmelsblau)* mehr oder weniger polarisiert ist. In Richtungen senkrecht zur Richtung der Sonnenstrahlen ist der Polarisationsgrad am größten. Es ist nachgewiesen, dass *Bienen* mit ihren Facettenaugen diese Polarisation des Himmelslichts erkennen und zur Orientierung verwenden.

18.5.3 Optische Aktivität und Faraday-Effekt

Ein weiterer Polarisationseffekt ist bei vielen *organischen* Substanzen in wässriger Lösung (Zucker, Stärke, Weinsäure, Serumalbumin) und auch in einigen Kristallen (Quarz) zu beobachten. Die Moleküle dieser Stoffe haben eine *strukturelle Unsymmetrie* (man spricht von *chiral*, abgeleitet von dem altgriechischen Wort für Hand, da die Hand auch nicht symmetrisch ist), die z. B. beim Zucker durch ein *asymmetrisches C-Atom* entsteht, dessen vier Valenzen mit verschiedenen Atomgruppen besetzt sind.

> Wenn linear polarisiertes Licht durch solche Substanzen fällt, so wird die Polarisationsrichtung um die Strahlachse gedreht *(optische Aktivität)*.
>
> Dabei kann die Drehung je nach Art des Stoffes sowohl im Uhrzeigersinn *(Rechtsdrehung)* als auch entgegen dem Uhrzeigersinn *(Linksdrehung)* erfolgen. Bisweilen treten Stoffe gleicher chemischer Konstitution sowohl in rechts- als auch in linksdrehender Form auf (Quarz, Zucker). Bei Mischung beider Formen in gleicher Konzentration wirkt ein solcher Stoff nichtdrehend *(razemisch)*.
>
> Bei Lösungen optisch aktiver Substanzen ist der Drehwinkel der Konzentration C proportional, und es gilt:
>
> $$\alpha = \alpha_0 \cdot C \cdot d, \tag{18–17}$$
>
> wobei d die Dicke der Küvette mit der Lösung ist und α_0 eine spezifische Stoffkonstante, die *spezifische Drehung* genannt wird.

Man braucht also nur die Lösung zwischen einen Polarisator und einen Analysator in Durchlassrichtung zu stellen, den Analysator dann so lange zu drehen, bis wieder maximale Helligkeit des durchgelassenen Lichts erreicht ist, und den Drehwinkel α zu messen, um die Konzentration C des gelösten Stoffes zu bestimmen. Apparate zur Konzentrationsbestimmung aus der optischen Aktivität werden *Polarimeter* genannt; in medizinischen Labors werden sie z. B. zur Zuckerbestimmung im Harn eingesetzt (Abb. 18.38).

Eine weitere, die Polarisation von Licht betreffende Eigenschaft *chiraler* Moleküle ist der Zirkulardichroismus. Hier wird rechts- und linkszirkulares Licht unterschiedlich stark absorbiert. Dieser Effekt ist zudem von der Wellenlänge des Lichts abhängig und wird z. B. zur Bestimmung der Anteile bestimmter geordneter Bereiche, der *Sekundärstrukturelemente*, in Proteinen genutzt.

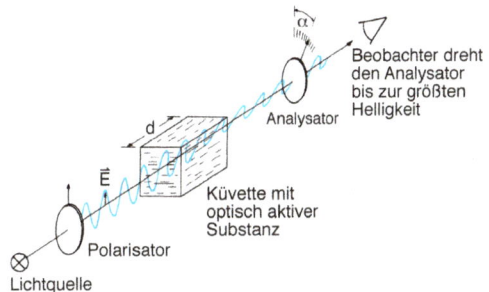

Abb. 18.38: Polarimeter zur Messung der optischen Aktivität einer Lösung.

Bei Stoffen, die optisch *inaktiv* sind, wie z. B. Glas oder Schwefelkohlenstoff, kann man durch Anlegen eines statischen magnetischen Feldes künstlich eine Asymmetrie erzeugen und erreichen, dass die Polarisationsebene eines in Richtung des magnetischen Feldes einfallenden, linear polarisierten Lichtbündels gedreht wird. Der Drehwinkel wächst dabei linear mit der Stärke des Magnetfeldes. Man nennt diese Erscheinung der durch ein Magnetfeld künstlich erzeugten optischen Aktivität den *Faraday-Effekt*.

18.6 Materiewellen

Einen deutlichen Fortschritt der modernen Physik brachte die Erkenntnis, dass *bewegte* Materie Verhaltensweisen zeigt, die im Rahmen der klassischen Physik völlig unverständlich bleiben und nur zu erklären sind, wenn man der bewegten Materie *Welleneigenschaften* zuschreibt. Freilich werden diese Eigenschaften erst deutlich, wenn man mit extrem kleinen

Massen, d. h. im Wesentlichen mit Elementarteilchen, experimentiert, und dies erklärt auch, weshalb sie im Alltag weitgehend unbeobachtet bleiben.

Eine typische Eigenschaft von Wellen ist: Sie werden an Hindernissen *gebeugt*. Wir haben in Abschnitt 18.2 gesehen, dass Wellen durch einen Spalt oder ein Gitter so gebeugt werden, dass eine regelmäßige Beugungsfigur entsteht, vorausgesetzt, die Gitterkonstante ist, verglichen mit der verwendeten Wellenlänge, nicht zu groß. Einem Strahl von Elektronen, die durch eine elektrische Spannung von einigen kV beschleunigt wurden, ist beispielsweise eine Wellenlänge zuzuordnen, die mit etwa 10^{-2} nm weit unter der des sichtbaren Lichts liegt. Also müssen wesentlich kleinere Hindernisse für Beugungsexperimente mit diesen *Materiewellen* benutzt werden als für optische Experimente. Wie im Fall der Röntgenstrahlen (Abschnitt 18.2.4) bietet sich dazu die regelmäßige atomare Struktur kristalliner Festkörper an (Abb. 5.7), die als räumliche Gitter aufgebaut sind. Und tatsächlich wurde beobachtet, dass die *Materiewellen* schneller Elektronen an Kris-

tallgittern gebeugt werden (Abb. 18.39a), ganz entsprechend der Beugung elektromagnetischer Röntgenwellen gleicher Wellenlänge (Abb. 18.39 b). Heute ist die Bestimmung von *Kristallstrukturen* aus der Beugung von Elektronenstrahlen ebenso zur Routinemethode geworden wie die analoge Untersuchung mit Röntgenstrahlen. Beugungs- und Interferenzeffekte hat man beispielsweise auch bei bewegten Neutronen und Protonen gefunden.

Mit Teilcheneigenschaften lassen sich die Beugungs- und Interferenzfiguren nicht deuten, sondern nur unter der Annahme, dass die sich bewegenden Teilchen Welleneigenschaften besitzen. Andererseits gibt es aber viele Experimente, die deutlich zeigen, dass Elektronen bei anderen Experimenten auch als Teilchen anzusehen sind.

Die merkwürdige Eigenschaft der Materie, bei *einem* Experiment Teilcheneigenschaften (z. B. den Impuls $p = mu$) und bei einem *anderen* Experiment Welleneigenschaften (z. B. die Wellenlänge λ) zu zeigen, bezeichnet man als *Welle-Teilchen-Dualismus* oder *Welle-Teilchen-Dualität* (Abschnitt 17.1).

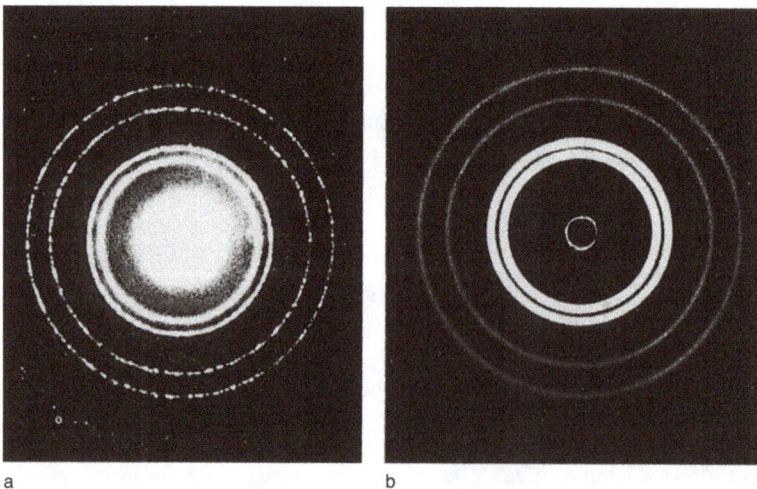

a

b

Abb. 18.39: Beugung von (a) Elektronenstrahlen und (b) Röntgenstrahlen am Kristallgitter von polykristallinem Aluminium; die Wellenlänge der verwendeten Strahlungen ist in beiden Fällen gleich (aus K. Atkins: Physik, de Gruyter).

Einen Zusammenhang zwischen beiden gegensätzlichen (und einander widersprechenden) Bildern stellte *L. de Broglie* mit seinem Vorschlag her, den Impuls des Teilchens p und dessen Wellenlänge λ durch die Beziehung

$$\lambda = \frac{h}{p} = \frac{h}{m \cdot v} \qquad (18\text{-}18)$$

zu verknüpfen, wobei λ heute als *De-Broglie-Wellenlänge* der bewegten Teilchen in einem Teilchenstrahl bezeichnet wird.

Die Wellenlänge λ hängt also von Masse und Geschwindigkeit der Teilchen im Strahl ab, sie wird umso kürzer, je größer m und v sind. h ist das Planck'sche Wirkungsquantum (Abschnitte 3.3 und 17.5).

Welcher Art ist nun diese der Materie zuzuschreibende Welle? Zwar trägt das Elektron eine elektrische Ladung, ebenso wie das Proton, dennoch hat die Materiewelle nichts mit elektromagnetischen Wellen zu tun. (Auch dem elektrisch neutralen Neutron ist eine De-Broglie-Wellenlänge zuzuordnen.) Vielmehr besteht eine physikalische Interpretation der Materiewelle darin, dass deren Intensität an irgendeinem Ort (die wie bei jeder Welle dem Quadrat der Amplitude proportional ist, siehe Abschnitt 7.2.7) die *Wahrscheinlichkeit* beschreibt, dass sich ein Teilchen an diesem Ort aufhält. Wir sprechen daher – ungenau – auch von *Wahrscheinlichkeitswellen*; ungenau deshalb, weil erst das Quadrat der Wellenamplitude mit der Aufenthaltswahrscheinlichkeit verknüpft ist. Die Auslenkung selbst hat keine physikalisch anschauliche Bedeutung, sie kann zudem nicht direkt beobachtet werden. Sie gehorcht jedoch dem mathematischen Formalismus für Wellen, den wir in Kap. 7 in seinen einfachsten Ansätzen kennengelernt haben. Eine Besonderheit ist, dass die Amplitude von Materiewellen keinen Vektor darstellt (wie z. B. bei elektromagnetischen Wellen), Materiewellen also nicht polarisierbar sind.

Für im Atom gebundene, bewegte Elektronen haben wir die Materiewelle bereits in Abschnitt 17.4 kennengelernt. Das Quadrat dieser Materiewelle ist ein Maß für die Aufenthaltswahrscheinlichkeit eines Elektrons im Atom und wird durch *Elektronen-Orbitale* (Abb. 17.3) visualisiert. In diesem Kapitel wird der Begriff der Materiewelle auf freie, bewegte Teilchen erweitert.

Gl. (18-18) gilt ebenso für Elementarteilchen wie für makroskopische Körper, aber deren De-Broglie-Wellenlänge ist wegen der großen Masse so klein, dass Beugungserscheinungen jenseits jeder Beobachtbarkeit liegen. Einem 1 kg schweren Brocken, der mit $v = 1$ m/s bewegt wird, wäre *formal* $\lambda \approx 10^{-25}$ nm zuzuschreiben, d. h. ein unrealistisch kleiner Teil eines Atomdurchmessers. Über derart kleine Größen zu diskutieren, erscheint normalerweise wenig sinnvoll. Wir können daher bei makroskopischen Körpern getrost weiterhin mit der klassischen Mechanik arbeiten, die ausschließlich den Teilchencharakter der Materie berücksichtigt.

Das Unbestimmtheitsprinzip Eine harmonische Welle mit fester Wellenlänge λ, wie sie durch Gl. (7-7) beschrieben wird, ist räumlich nicht begrenzt. Ein *Wellenpaket* dagegen, dessen Ausdehnung begrenzt und dessen Ort lokalisierbar ist, entsteht nach dem Satz von Fourier (Abschnitt 6.5.2 und 7.4) erst durch Überlagerung von vielen harmonischen Wellen verschiedener Wellenlängen. (Beim Schall wäre das Analogon ein *Knall*.) Dies gilt auch für Materiewellen und führte zu einer Konsequenz, die für die Quantentheorie grundlegend ist: Nach Gl. (18-18) sind Teilchen mit konstantem, einheitlichem Impuls p an allen Orten des Raums mit gleicher Wahrscheinlichkeit zu finden, da ihre De-Broglie-Wellenlänge festgelegt und die Welle ausgedehnt ist. Solche bewegten Teilchen sind also nicht lokalisierbar, d. h., ihr Ort ist prinzipiell *unbestimmt*.

Umgekehrt können wir einem Wellenpaket, das auf enge Raumbereiche beschränkt ist und lokalisierbare bewegte Teilchen beschreiben soll, keine *einzelne* Wellenlänge λ und damit nach Gl. (18-18) keinen festen Impuls mv

zuschreiben: Je kürzer das Wellenpaket ist, umso breiter ist nach dem *Satz von Fourier* der Spektralbereich der harmonischen Wellen, aus denen sich das Wellenpaket zusammensetzt, und auch das Intervall möglicher beitragender Impulse. Je genauer wir also den Ort eines durch ein Wellenpaket beschriebenen Teilchens kennen, umso unbestimmter wird der Teilchenimpuls, d. h. der Bewegungszustand. Diese prinzipielle Grenze für die *gleichzeitige* experimentelle Bestimmung von Impuls und Ort eines Teilchens ist quantitativ in der *Heisenberg'schen Unbestimmtheitsrelation (Unschärferelation)* zusammengefasst:

$$\Delta x \cdot \Delta p \geq h, \qquad \text{(18-19a)}$$

wobei Δx und Δp die Genauigkeitsintervalle sind, innerhalb derer der Ort x und der Impuls p von Teilchen in einem Experiment gemeinsam *bestenfalls* bestimmbar sind. Auch hier erscheint wieder das *Planck'sche Wirkungsquantum h.*

Ein Beispiel: In einem *Elektronenmikroskop* (Abschnitt 20.4) haben die Elektronen eine De-Broglie-Wellenlänge von etwa 0,005 nm.

Wollen wir die Wellenlänge, d. h. nach Gl. (18-18) den Impuls, auf 1 % genau bestimmen, so ist die Ortsunschärfe der einzelnen Elektronen Δx etwa 1 nm (das sind etwa fünf Atomdurchmesser). Dadurch wird die Messgenauigkeit des Elektronenmikroskops erheblich eingeschränkt.

Das Unbestimmtheitsprinzip ist nur bei Teilchen mit extrem kleinen Massen von Bedeutung, wie Elektronen, Neutronen, Protonen usw. Wollen wir Ort und Impuls eines makroskopischen Körpers messen, so liefert die Unschärferelation keine praktische Einschränkung der Messbarkeit.

Übrigens gilt eine Unschärferelation nicht nur für die Größen *Ort* und *Impuls*, sondern auch für das Variablenpaar *Energie E* und *Zeit t.*

Analog zu Gl. (18-19a) ergibt sich:

$\Delta E \cdot \Delta t \geq h,$ (18-19b), wobei ΔE und Δt die Genauigkeitsintervalle sind, innerhalb derer die Energie E von Teilchen und die Zeit t des Experiments zugleich experimentell bestimmbar sind.

Ein Beispiel: Gibt Δt die mittlere Lebensdauer eines angeregten Elektronenzustands E_i in einem Atom an, so beschreibt die aus Gl. (18-19b) folgende Relation $\Delta E \sim h/\Delta t$ die Energieunschärfe des elektronischen Übergangs zwischen E_i und dem Grundzustand, d. h. auch die minimale Breite der zugehörigen Spektrallinie. Die Emissionsspektren von Gasen unter hohem Druck (wie im Innern der Sonne) sind gegenüber den Emissionslinien isolierter Gasatome energieverbreitert (breite Frequenzintervalle, Abschnitt 17.7), da wegen der häufigen Stöße zwischen den Atomen in einem hochkomprimierten Gas die elektronischen Übergänge schneller, d. h. innerhalb eines kleineren Δt, erfolgen als bei der Emission von Atomen unter Normaldruck (und wesentlich ohne Stöße).

Die *Stoßverbreiterung* von Spektrallinien ist also eine direkte Folge der Unschärferelation zwischen Lebensdauer Δt und Energieunschärfe ΔE.

(Im Gas der Sonne ist die Stoßverbreiterung sogar so groß, dass man nicht – wie üblicherweise bei Gasen – ein *Linien-Emissionsspektrum* findet, sondern ein *kontinuierliches* Spektrum, das man sonst nur bei Flüssigkeiten oder festen Körpern beobachtet.)

19 Geometrische Optik

19.1 Lichtausbreitung

Optik dient, vereinfachend gesagt, zwei Zwecken: einerseits der Kenntnis und Vorhersage der Ausbreitung der elektromagnetischen Wellen zur Erzeugung von Bildern mittels optischer Instrumente *(Abbildende Optik)* sowie andererseits zum Verständnis der vielseitigen Wechselwirkungen von Licht mit Materie, wie Emission, Absorption usw. *(Intensitätsoptik)*. Wir können auch sagen: Einerseits steht die Richtung, andererseits der Betrag des Ausbreitungsvektors (Poynting-Vektors) des Lichts im Vordergrund.

Die Entwicklung der *Quantentheorie* hat die Intensitätsoptik zu hoher Blüte gebracht. Auch die Abbildende Optik verfügt mit den *Maxwell'schen Feldgleichungen* zur Beschreibung der Ausbreitung der Wellen im leeren oder mit Materie gefüllten Raum über eine sehr leistungsfähige Theorie. Dies gilt im Prinzip, in der Praxis aber ist die Berechnung der dreidimensionalen Felder in optischen Geräten, z. B. in einem modernen Hochleistungsfotoobjektiv, zumeist so kompliziert, dass man sie selbst mit Hochleistungscomputern nur in einfachen Fällen durchführen kann.

Zudem hat sich zur Behandlung optischer Geräte eine stark vereinfachende alternative Beschreibungsmethode für die Abbildende Optik, die *Geometrische Optik*, in der Praxis durchgesetzt, die anstelle der Feldgrößen der elektromagnetischen *Wellen* auf dem Modell des *Lichtstrahls* beruht.

Man kann den *Lichtweg* einfach zur geodätischen Landvermessung mit dem Theodoliten oder in der Astronomie zur Angabe von Entfernungen zwischen Galaxien verwenden. Allerdings verwendet man unterschiedliche Einheiten. (Astronomische Einheit ist das *Lichtjahr*. 1 Lichtjahr L ist die Entfernung, die ein Lichtsignal im Vakuum innerhalb eines Jahres zurücklegt:

$$1\,\text{L} \approx 9{,}5 \cdot 10^{12}\,\text{km}$$

Einzige, aber wichtige Eigenschaft ist, dass der Lichtstrahl *geradlinig* ist.

Einen Hinweis auf die Geradlinigkeit liefert auch die Schattenbildung (Abb. 19.1). Ein nichttransparenter Festkörper erzeugt auf einem Bildschirm eine scharfe Hell-Dunkel-Kante, wenn die Lichtquelle punktförmig ist, aber einen diffusen Halbschatten-Übergang, wenn die Lichtquelle räumlich ausgedehnt ist.

Geringe Abweichungen von der geraden Bahn im Vakuum oder in inhomogenen Medien sind für den Alltag ohne praktische Bedeutung. In der Astronomie wurden Abweichungen durch die *Relativitätstheorie* für Lichtwege in der Nähe großer astronomischer Massen postuliert und experimentell bestätigt.

Im Wesentlichen sind es drei Grundgesetze, die die *Geometrische Optik* bestimmen:

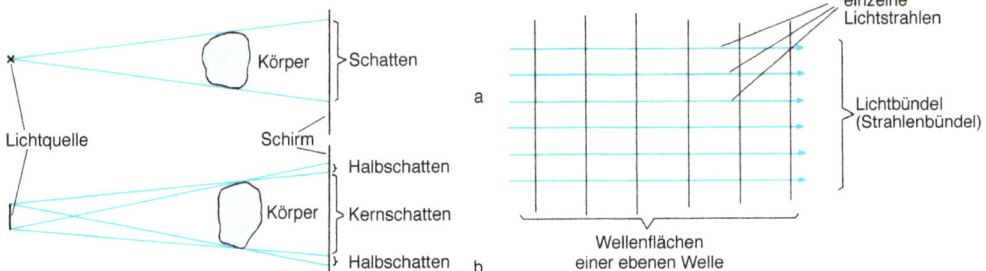

Abb. 19.1: Schattenwurf: (a) punktförmige, (b) ausgedehnte Lichtquelle.

https://doi.org/10.1515/9783110691658-021

1. das Gesetz der geradlinigen Ausbreitungsgeschwindigkeiten
2. das Brechungsgesetz
3. das Reflexionsgesetz

> Das *erste Grundgesetz* der *Geometrischen Optik* besagt:
> Licht breitet sich in *homogenen* Stoffen geradlinig
> aus. Die Ausbreitung einer elektromagnetischen
> Welle ist vereinfacht dadurch zu beschreiben, dass
> man das Modell des *Lichtstrahls* einführt, der die Aus-
> breitungsrichtung angibt.
> Der Lichtstrahl kennzeichnet die Richtung, in die
> sich die Strahlungsenergie des Lichts ausbreitet; sie
> wird durch die Richtung des *Ausbreitungsvektors (Poyn-
> ting-Vektors)* $\vec{S}$ gegeben (Abschnitt 14.9.7.2 und 17.2.1):

$$\vec{S} = \vec{E} \times \vec{H}. \qquad (19\text{-}1)$$

Durch die Gl. (19-1) wird die Wellenoptik mit
der Geometrischen Optik verknüpft, denn aus
Gl. (19-1) folgt, dass der Lichtstrahl sowohl auf
dem Vektor der elektrischen Feldstärke $\vec{E}$ als
auch auf dem der magnetischen Feldstärke $\vec{H}$
senkrecht steht.

Das Modell des Lichtstrahls gibt jedoch
keine Auskunft über die Intensität des Lichts,
d. h. über den Betrag von $\vec{S}$.

> Ein *Lichtbündel* kann durch den Strahl längs seiner
> Mittelachse oder auch durch die das Bündel begren-
> zenden Strahlen gekennzeichnet werden. Lichtstrah-
> len sind *umkehrbar*, d. h., wenn man z. B. Lichtquelle
> und Bild vertauscht, verlaufen die Lichtstrahlen
> genau in umgekehrter Richtung.

Ein Spezialfall elektromagnetischer Wellen
sind die in den Abschnitten 7.1 und 7.7 behandelten *ebenen Wellen* (Abb. 7-1). Da Lichtstrahlen stets senkrecht auf den durch die Vektoren
$\vec{E}$ und $\vec{H}$ aufgespannten *Wellenflächen* (den
Flächen, auf denen die Phasen, d. h. die Argumente der Sinus- oder Cosinus-Funktionen,
gleich sind (siehe Abschnitt 7.1)), stehen, sind
sie in diesem Fall parallel zueinander; man
spricht dann von einem *Parallel-Lichtbündel*.
(Nahezu paralleles Licht erhält man z. B. von

sehr weit entfernten, im Vergleich zum Abstand kleinen Lichtquellen, beispielsweise von
der Sonne.)

Eine auslaufende Kugelwelle (Abb. 7.11)
wird hingegen durch *divergierende* Licht-
strahlbündel dargestellt.

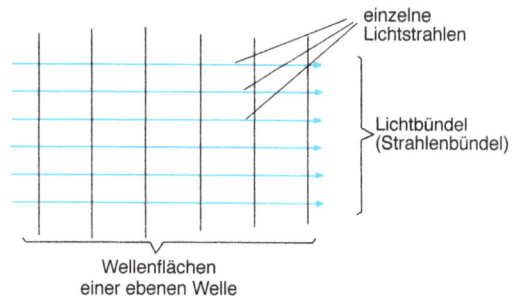

Abb. 19.2: Parallel-Lichtbündel (ebene Welle) mit
Wellenflächen und Wellennormalen (Lichtstrahlen).

Geradlinig verläuft ein Lichtstrahl im Vakuum
und in *optisch homogenen* Stoffen. An der
Grenzfläche zwischen zwei unterschiedlichen
Stoffen hingegen kann sich die Ausbreitungsrichtung durch *Brechung* und *Reflexion* ändern, und der Strahl kann „abknicken". Nicht
geradlinig breitet Licht sich auch in *optisch inhomogenen Stoffen* wie z. B. der *Augenlinse*
aus. Im Laufe der Zeit hat sich zur praktischen
Berechnung optischer Geräte eine komplizierte und auch mathematisch anspruchsvolle
Theorie der Geometrischen Optik entwickelt,
die wir hier allerdings nur in ihren elementaren Grundlagen streifen werden.

In der Praxis ist die Trennung der beiden
Darstellungsformen (elektromagnetische Welle
oder Lichtstrahl) nicht scharf; so haben wir
beispielsweise bei den Abbildungen in Kap. 18,
Wellenoptik, vielfach Licht durch Strahlen charakterisiert.

> Gültigkeitsbedingung für die Geometrische Optik ist,
> dass Wellenphänomene wie z. B. Beugungserschei-
> nungen gering sind, und nach Abschnitt 18.2.3 heißt
> dies, dass der Durchmesser d eines Bündels von

Lichtstrahlen überall groß gegen die Wellenlänge des Lichts λ sein muss ($d \gg \lambda$).

Wichtig sind *Strahlengänge* zur Veranschaulichung optischer Abbildungen (Abschnitt 19.3.2, 19.4) und zur Ermittlung der Funktion optischer Instrumente.

Das Modell des Lichtstrahls ist zum Verständnis der *Interferenz* unzureichend, denn von den Lichtstrahlen der Geometrischen Optik wird angenommen, dass sie unabhängig voneinander sind, sich also überlagern, ohne sich gegenseitig zu beeinflussen (inkohärente, lineare Überlagerung).

Das Zustandekommen und die Eigenschaften *polarisierten* Lichts werden von der Geometrischen Optik ebenfalls nicht erfasst.

19.2 Optische Symbole, Strahlengänge und Bilder

Ein Vorteil der Geometrischen Optik ist, dass man mit ihrer Hilfe sehr einfach *grafische* Darstellungen von Lichtbündeln in optischen Instrumenten, die *Optischen Strahlengänge*, anfertigen kann. Sie stellen zweidimensionale Prinzip-Skizzen dar. Sie müssen nicht die wirkliche geometrische Anordnung der Bauteile im Instrument wiedergeben.

Um solche Strahlengänge übersichtlich gestalten zu können, verwendet man – ähnlich den *Schaltkreisen* in der Elektrizitätslehre – spezielle Symbole. Üblich sind folgende Figuren:

1. Optische Achse: –·–·–·–·–·–
2. Lichtstrahl reell: ⟶
   virtuell: ┈┈┈>
3. Sammellinse: ( ) oder ↑
   Zerstreuungslinse:)(oder |
4. Prisma: △
5. Gitter: ┊

6. Lichtquelle: ⊗
7. Gegenstand: |
8. Blende: |
9. Beobachtung mit dem Auge: ◀▷ oder ⬭

Zur Konstruktion eines Strahlengangs für *Abbildungen* mit den Gesetzen der Geometrischen Optik (Abschnitt 19.3) wählt man aus dem abzubildenden Gegenstand *stellvertretend* einen einzelnen *Gegenstandspunkt* aus und konstruiert den zugehörigen *Bildpunkt*.

Man setzt dabei voraus, dass sich für benachbarte Gegenstandspunkte entsprechend benachbarte Bildpunkte ergeben, und kann so darauf verzichten, das Bild des gesamten ausgedehnten Gegenstands zu konstruieren. Diese Annahme vereinfacht die Methoden der Geometrischen Optik erheblich, und wir werden im Folgenden stets so vorgehen. Es sei aber bemerkt, dass beispielsweise für die technisch *präzise* Konstruktion von Abbildungsoptiken wegen möglicher *Abbildungsfehler* dieses Verfahren nicht ausreicht.

Ein Bild eines Gegenstandes entsteht (Abb. 19.16), wenn die durch Eigenleuchten oder Streureflexion vom *Gegenstandspunkt G* in unterschiedliche Richtungen ausgehenden Lichtstrahlen so in ihrer Richtung abgelenkt werden, dass sie in einem *Bildpunkt B* wieder zusammentreffen. Dazu verwendet man üblicherweise Linsen und Spiegel, d. h. optische Bauelemente, die auf Brechung und/oder Reflexion beruhen. Diese Art eines so entstehenden Bildes heißt *reelles Bild*. Ein Beispiel ist das Bild, das bei der Projektion eines Films auf einem Schirm aufgefangen wird und dort nachgezeichnet oder auf einer fotografischen Schicht festgehalten werden kann.

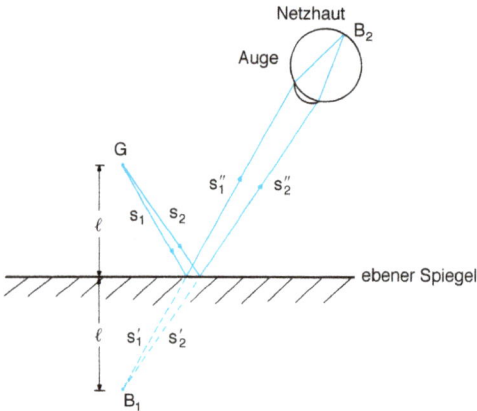

Abb. 19.3: Virtuelles Bild B1 des Gegenstandspunktes G bei Reflexion am Planspiegel. Hornhaut und Augenlinse erzeugen davon ein reelles Bild B2 auf der Netzhaut.

Ein andersartiges Bild, das *virtuelle Bild*, entsteht, wenn nicht die Lichtstrahlen sich in ihrer Ausbreitungsrichtung schneiden, sondern ihre *rückwärtigen* Verlängerungen über G hinaus. Zu dieser zweiten Art von Bildern gehört das Bild im Planspiegel (Abb. 19.3); aber auch mit Hohlspiegeln (Abb. 19.5) und Linsen (Abb. 19.25, 20.1) kann man sie erzeugen

Wir nennen diese Bilder *virtuell* (scheinbar), da sie nicht direkt auf einem Schirm oder auf einem Film aufzufangen, sondern nur mit einer weiteren Abbildung, z. B. dem Auge, oder einem anderen geeigneten optischen Instrument, z. B. einem Kameraobjektiv, zu beobachten sind, wobei erst durch eine nachträgliche, zusätzliche Abbildung davon ein reelles Bild (z. B. auf der Netzhaut, auf einem Sensor oder auf dem fotografischen Film) entsteht.

Reelle Bilder entstehen also, wenn sich die Lichtstrahlen, die von einem Gegenstandspunkt ausgehen, in einem Punkt, dem zugehörigen Bildpunkt, schneiden; sie können z. B. direkt auf einem Film aufgenommen werden. *Virtuelle Bilder* kommen nicht am Schnittpunkt der wirklichen Strahlen zustande, sondern am Schnittpunkt der durch geradlinige *rückwärtige Verlängerung* entstehenden virtuellen Strahlen.

Sie sind für einen Betrachter nur wahrnehmbar mittels einer weiteren Abbildung (z. B. im Auge).

19.3 Reflexion und Brechung in der Geometrischen Optik

Zusammen mit dem Gesetz der geradlinigen Ausbreitung und dem Gesetz der inkohärenten Überlagerung von Lichtstrahlen (Abschnitt 19.1) sind *Brechungsgesetz* und *Reflexionsgesetz* die grundlegenden Gesetze im Rahmen der Geometrischen Optik.

Beide Gesetze wurden bereits in Kap. 7 und 18 eingeführt, sodass sie hier nur so weit nochmals behandelt werden, wie dies für das Folgende erforderlich ist.

19.3.1 Reflexion

Wenn wir uns im Spiegel betrachten, machen wir dabei Gebrauch vom *Reflexionsgesetz* (Abschnitt 7.8). Fällt Licht auf die Grenzfläche zwischen zwei Stoffen (z. B. Luft-Glas, Glas-Metall oder Vakuum-Metall), so wird dort *ein Teil* des Lichts reflektiert. Der nicht reflektierte Anteil tritt in den zweiten Stoff ein, wobei er i. A. in einer anderen Richtung verläuft als der einfallende und der reflektierte Strahl; er wird *gebrochen*.

Die Aufteilung des einfallenden Lichts in reflektiertes und gebrochenes Licht erfolgt, wie für mechanische oder akustische Wellen schon in Abschnitt 7.8 gezeigt wurde. Die Aufteilung ändert sich mit dem *Einfallswinkel* α_1 (Abb. 7.17) und wird bestimmt durch die optischen Materialkonstanten beider Stoffe, d. h. den *Brechungsindex* und die *Absorptionskonstante*.

An einer glatten und ebenen Grenzfläche zwischen zwei verschiedenen Stoffen ist die Richtung des reflektierten Strahls festgelegt durch das *Reflexionsgesetz* Gl. (7-31):

$$\alpha_1 = \alpha_1',$$

wobei einfallender und reflektierter Strahl mit der Flächennormalen, dem *Lot*, in einer Ebene, der *Einfallsebene*, liegen.

Die Grenzfläche zwischen Glas und Luft reflektiert z. B. bei senkrechtem Einfall des Lichts etwa 4 %, ein Metallspiegel dagegen bis zu 99 %. Daher sind übliche Spiegel mit Metall (meist mit Aluminium oder Silber) hinterlegte Glasplatten, wobei das Glas als Träger einer dünnen, spiegelnden Metallschicht dient. Eine alternative Möglichkeit, Licht effizient zu reflektieren, stellen dielektrische Vielfach-Schichten dar (dielektrische Spiegel: siehe Abschnitt 18.1).

An *rauen* Oberflächen wird das aus einer Richtung einfallende Licht mit verschiedenen Intensitäten in unterschiedliche Raumrichtungen reflektiert, es wird *streureflektiert* oder *gestreut*.

Eine *Mattscheibe* aus Glas mit aufgerauter Oberfläche erscheint daher milchig und undurchsichtig, obgleich das Glasmaterial selbst durchsichtig ist. In Wirklichkeit ist jede Oberfläche zumindest in atomaren Dimensionen *uneben*. Als *optisch glatt* bezeichnet man Flächen, deren Oberflächenrauigkeit sehr klein ist, gemessen an der mittleren Wellenlänge des Lichts (für den sichtbaren Bereich $\lambda \approx 550$ nm). Daneben kann die Oberfläche auch großflächig (z. B. durch *Welligkeit* infolge des Herstellungsprozesses) von der ideal ebenen Fläche abweichen. Die obere Grenze dieser Abweichungen an einer Oberfläche wird als *Planität* angegeben und in Bruchteilen oder Vielfachen von λ gemessen. So kann ein hochwertiger optischer Planspiegel z. B. auf $\lambda/10$ plan sein. Auch für Mikroskop-Deckgläser ist gute Planität wichtig.

19.3.2 Abbildung durch Spiegel

Planspiegel Betrachten wir eine Buchseite über einen ebenen Spiegel *(Planspiegel)*, so können wir das Schriftbild aufrecht und seitenrichtig sehen. Wir sehen dabei das *Spiegelbild* des Buches ebenso weit hinter dem Spiegel, wie das Buch vom Spiegel entfernt ist. Dies ist ein einfaches Beispiel für eine *opti-*

sche Abbildung, bei der ein *virtuelles* Bild entsteht. Die Tatsache, dass die Schrift *spiegelverkehrt* erscheint, liegt in deren Asymmetrie begründet: Der Beobachter betrachtet diese gewissermaßen von der falschen Seite.

Der Strahlengang der Abb. 19.3 macht deutlich, wie ein virtuelles Bild am Planspiegel erzeugt wird: Eine punktförmige Lichtquelle befinde sich als abzubildender Gegenstand G im Abstand l vor dem Spiegel. Wir greifen zwei Lichtstrahlen S_1 und S_2 heraus. Ohne Spiegel würden sie sich ungehindert geradlinig ausbreiten. Durch den Spiegel werden die Strahlen jedoch nach dem Reflexionsgesetz in die durch S_1' und S_2'' angegebenen Richtungen umgelenkt und fallen bei Betrachtung mit dem Auge auf die Netzhaut. Dort erzeugen sie ein reelles Bild B_2, das vom Gehirn als Bildeindruck des virtuellen Bildes B_1 registriert wird. B_1 konstruieren wir dadurch, dass wir die reellen (wirklichen) Strahlen S_1' und S_2'' geradlinig *rückwärts* verlängern, wobei wir die gestrichelten virtuellen (scheinbaren) Strahlen S_1' und S_2' erhalten, die sich in B_1 schneiden. Das virtuelle Bild B_1 liegt im Abstand l hinter dem Spiegel. Läge dort der Gegenstand G selbst (allerdings seitenverkehrt) und wäre der Spiegel nicht vorhanden, so würden wir auf der Netzhaut des Auges dasselbe Bild B_2 wahrnehmen. Wir haben in beiden Fällen denselben Bildeindruck, weil unser Gesichtssinn nicht zu unterscheiden vermag, ob die Lichtstrahlen zuvor durch Reflexion oder Brechung in ihrer Richtung geändert wurden oder nicht. Das virtuelle Bild sehen wir deshalb, weil die Bildverarbeitung im Gehirn stets unter der Annahme erfolgt, Lichtwege seien geradlinig.

Hohlspiegel Ersetzen wir den Planspiegel durch einen Spiegel, der die Form einer Kugelfläche, eines Ellipsoids oder eines Paraboloids hat, so können wir mit ihm sowohl virtuelle Bilder als auch reelle Bilder erzeugen. An jedem Auftreffpunkt eines Lichtstrahls auf dem Spiegel gilt wieder das Reflexionsgesetz, wobei wir zur Konstruktion eines reflektierten Strahls (Abb. 19.4) die spiegelnde Fläche um diesen Auftreffpunkt herum durch ihre (ebene) Tangentialfläche ersetzen. Abb. 19.4 zeigt am Beispiel zweier willkürlich herausgegriffener Strahlen am sphärischen Spiegel, dass die vom Gegenstand G ausgehenden Lichtstrahlen im Bild B vereinigt werden. Wir erhalten somit ein reelles

Bild, das umgekehrt ist, d. h., auf dem Kopf steht. Solche reellen Bilder entstehen z. B. bei astronomischen Spiegelteleskopen (Abb. 19.6).

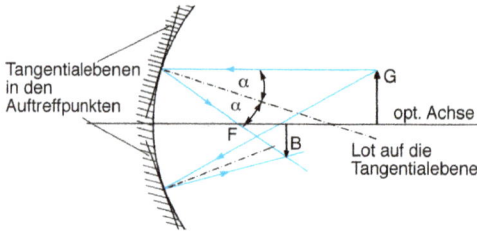

Abb. 19.4: Abbildung am konkaven Hohlspiegel: reelles, verkleinertes, umgekehrtes Bild (G: Gegenstandspunkt, B: Bildpunkt, F: Brennpunkt des sphärischen Hohlspiegels).

Nähern wir den Gegenstand G dem Hohlspiegel genügend, so können wir auch virtuelle Bilder B erzeugen (Abb. 19.5). Ein solches ist aufrecht und vergrößert, d. h., das Bild ist größer als der Gegenstand. Man braucht nur einen Blick in einen Kosmetikspiegel zu werfen, um ein virtuelles, vergrößertes, aufrechtes Bild zu sehen.

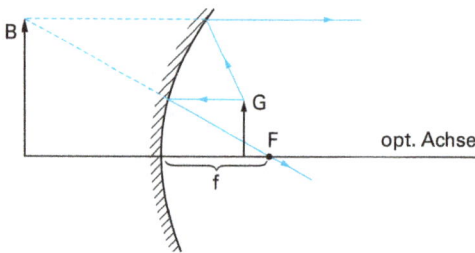

Abb. 19.5: Abbildung am konkaven Hohlspiegel: virtuelles, vergrößertes, aufrechtes Bild (G: Gegenstandspunkt, B: Bildpunkt, F: Brennpunkt des sphärischen Hohlspiegels, f: Brennweite).

Liegt der Gegenstand sehr weit entfernt, treffen also die Strahlen (näherungsweise) parallel auf den Hohlspiegel (z. B. Licht von der Sonne), so werden sie in einem Punkt F, dem *Brennpunkt*, gesammelt. Der Abstand des Brennpunktes vom Spiegelscheitel, die *Brennweite f*, charakterisiert die Abbildungseigenschaften des Hohlspiegels. Aus der Bildkonstruktion mittels des Reflexionsgesetzes ergibt sich für diesen Abstand:

$$f = r/2, \qquad (19\text{-}2)$$

wobei r der Krümmungsradius des Hohlspiegels ist. Der Brennpunkt liegt also halb so weit vom Spiegelscheitel entfernt wie der Krümmungsmittelpunkt.

Freilich gilt die einfache Konstruktion der Abb. 19.4 und 19.5 nur für Strahlen nahe der Symmetrieachse des Spiegels, deren Einfallswinkel zudem klein sind. (In den Abbildungen sind diese Bedingungen der Deutlichkeit halber nicht eingehalten.) Leuchtet man größere Bereiche des Hohlspiegels aus, so entsteht anstelle des Bildpunktes B ein merkwürdiges Gebilde, die sogenannte *Kaustik-Figur* (Abb. 19.7); der Grund hierfür ist, dass bei großen Einfallswinkeln und großen Abständen von der optischen Achse *Abbildungsfehler* (*Öffnungsfehler* des Hohlspiegels) auftreten (Abschnitt 19.4.11).

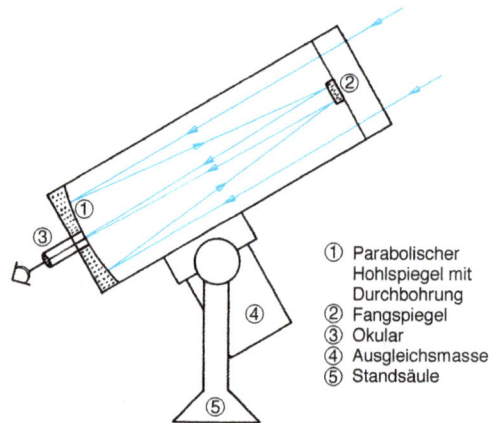

Abb. 19.6: Astronomisches Spiegelteleskop.

① Parabolischer Hohlspiegel mit Durchbohrung
② Fangspiegel
③ Okular
④ Ausgleichsmasse
⑤ Standsäule

19.3.3 Brechung

Brechung wurde für Wellen allgemein in Abschnitt 7.8 und speziell für elektromagnetische Wellen in Abschnitt 18.3 behandelt. Das Brechungsgesetz gehört zu den Grundgesetzen der Geometrischen Optik, und mit dem Modell des Lichtstrahls lässt es sich übersichtlich darstellen.

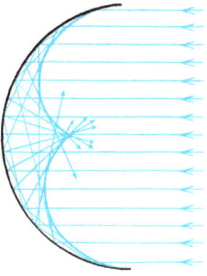

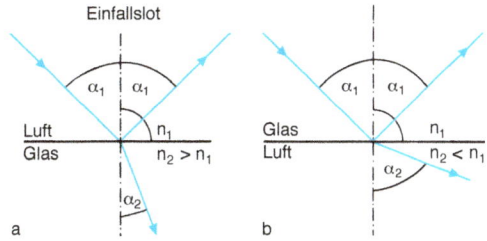

Abb. 19.7: Durch Sonnenstrahlen (breites Parallelstrahlenbündel) am *konkaven* Hohlspiegel mit großer Öffnung erzeugte Brennfläche *(Kaustik-Figur)*.

Abb. 19.8: Brechungsgesetz an der Grenzfläche zwischen Glas und Luft: (a) Der Lichtstrahl wird im optisch dichteren Medium zum Lot hin gebrochen ($n_2 > n_1$). (b) Der Lichtstrahl wird im optisch dünneren Medium vom Lot weggebrochen ($n_2 < n_1$). Zusätzlich wird in beiden Fällen ein reflektierter Strahl beobachtet.

In Abschnitt 18.3.1 wurde gezeigt, dass die Lichtgeschwindigkeit in einem durchsichtigen Medium, c_m, kleiner ist als im Vakuum, c. Um einen quantitativen Zusammenhang zwischen c_m und c herzustellen, wurde über Gl. (18-6a) eine vom Material abhängige Konstante, der *Brechungsindex n*, eingeführt, der in absorptionsfreien Spektralbereichen der Materie $n > 1$ ist. Diese Konstante bestimmt – und daher stammt ihr Name – die Brechung der Lichtstrahlen an der Grenzfläche zwischen zwei verschiedenen Stoffen. Fällt ein Strahl wie in Abb. 19.8 skizziert *schräg* aus dem Medium 1 auf die ebene Grenzfläche zu einem anderen durchsichtigen Stoff (Medium 2), dann tritt er unter Richtungs*änderung* in das Medium 2 ein, er wird *gebrochen*. Zusätzlich entsteht der *reflektierte* Strahl.

Die Winkel α_1 und α_2 hängen über das *Brechungsgesetz* Gl. (7-30) und Gl. (18.6a, b) mit den Ausbreitungsgeschwindigkeiten c_1 und c_2 und den Brechungsindizes n_1 und n_2 der beiden Medien zusammen:

$$\frac{\sin \alpha_1}{\sin \alpha_2} = \frac{c_1}{c_2} = \frac{n_2}{n_1}. \tag{19-3}$$

Mithilfe von Gl. (19-3) lässt sich der Strahlengang an *einer* Grenzfläche konstruieren. Handelt es sich nicht um eine ebene, sondern um eine gekrümmte Fläche (wie bei *Linsen*),

dann legt man – analog zum Fall der Reflexion am Hohlspiegel (Abb. 19.4) – zur Bestimmung der Winkel die *Tangentialebene* in den Auftreffpunkt des Strahls.

Von zwei Medien wird das mit dem kleineren Brechungsindex als das *optisch dünnere*, das mit dem größeren Brechungsindex als das *optisch dichtere* bezeichnet. Im optisch dichteren Medium breitet sich Licht langsamer aus. Dringt Licht also vom optisch dünneren ins optisch dichtere Medium ($n_2 > n_1$), so wird der Strahl zum Einfallslot hin gebrochen (Abb. 19.8a). Läuft das Licht dagegen in umgekehrter Richtung, d. h. vom dichteren zum dünneren Medium, so wird es vom Einfallslot weggebrochen (Abb. 19.8b).

19.3.4 Intensitäten von gebrochenem und reflektiertem Strahl

Die Richtungen von reflektiertem und gebrochenem Strahl werden durch Reflexionsgesetz und Brechungsgesetz festgelegt. Wie schon erwähnt, geben Lichtstrahlen keine Auskunft über *Intensitäten*. Ist deren Kenntnis erforderlich (z. B. zur Bestimmung der Helligkeit eines Bildes), so verwendet man Formeln, die im Rahmen der Wellenoptik hergeleitet werden.

Die *Intensität* bestimmt – neben dem Einfallswinkel – der Brechungsindex. Bei senkrechtem Einfall sind die Verhältnisse am einfachsten:

Das *Reflexionsvermögen* (der *Reflexionsgrad*) ist für den Übergang von einem durchsichtigen Stoff mit Brechungsindex n_1 in einen durchsichtigen Stoff mit dem Brechungsindex n_2 wegen der Gln. (7-33) und (7-32b) und wegen $Z = 1/n$ gegeben durch:

$$R = \frac{(n_2 - n_1)^2}{(n_2 + n_1)^2}. \qquad (19\text{-}4a)$$

Für das *Transmissionsvermögen* (den *Transmissionsgrad*) erhalten wir mit Gl. (7-32c) wegen der Bedingung $R + T = 1$:

$$T = \frac{4n_1 n_2}{(n_2 + n_1)^2}. \qquad (19\text{-}4b)$$

Beispielsweise finden wir für die Grenzfläche zwischen Luft ($n_1 \approx 1$) und einer planen Glasplatte mit $n_2 = 1{,}5$, dass an jeder der beiden Oberflächen etwa 4 % reflektiert und 96 % durchgelassen werden.

19.3.5 Zerlegung von Licht in seine Spektralfarben mithilfe des Prismas

Die Tatsache, dass der Brechungsindex sich mit der Wellenlänge des Lichts ändert (*Dispersion*; Abschnitt 18.3.1) und damit für einen vorgegebenen Einfallswinkel α_1 gemäß Gl. (19-3) der Brechungswinkel α_2 für verschiedenfarbiges Licht unterschiedlich ist, nützt man aus, um mischfarbiges Licht oder Weißlicht in seine *monochromatischen* Bestandteile zu zerlegen.

Für diesen Zweck sind durchsichtige Stoffe in Form eines *Dreikant-Prismas* besonders geeignet, denn Lichtstrahlen werden beim Durchlaufen an den beiden den Prismenwinkel φ einschließenden Grenzflächen in gleicher Richtung abgelenkt (Abb. 19.9), sodass sich die Unterschiede der Brechungswinkel verschiedenfarbiger Strahlen an den beiden Grenzflächen summieren. (Anders ist das bei

spielsweise bei einer schräg durchstrahlten planparallelen Platte: Dort kompensieren sie sich.)

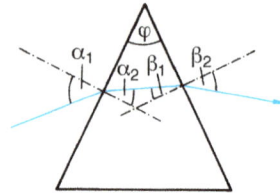

Abb. 19.9: Brechung am Prisma: Strahlengang.

Für sichtbares Licht werden Prismen aus Gläsern mit hoher Dispersion (z. B. *Flintglas*) verwendet. Für das Ultraviolette und das Infrarote nimmt man Quarz, NaCl, KBr usw., da Glas in diesen Spektralbereichen nicht durchsichtig ist.

Lässt man auf das *Prisma* wie in Abb. 19.10 gezeigt ein Parallelbündel weißen Lichts schräg auffallen, so verlassen die darin enthaltenen Wellen verschiedener Wellenlänge das Prisma unter unterschiedlichen Winkeln β_2 (siehe Abb. 19.9). Da in Glas der Brechungsindex vom Roten zum Blauen hin zunimmt (*normale Dispersion*, Abschnitt 18.3.3), wird blaues Licht stärker gebrochen als rotes. Wie die Abb. 19.10 zeigt, sortiert ein Prisma also aus mischfarbigem Licht die in einem Parallelbündel enthaltenen verschiedenen Farben nach verschiedenen Brechungswinkeln. Die monochromatischen Bestandteile haben größere *Kohärenz* als das mischfarbige Licht. Durch eine geeignete optische Anordnung, den *Spektralapparat* oder *Monochromator* (wir werden diesen in Abschnitt 20.7 näher kennenlernen), kann man aus mischfarbigem Licht jede der enthaltenen Spektralfarben durch eine verschiebbare Spaltöffnung hinter dem Prisma aussondern.

Beispielsweise erzeugt ein Prismen-Spektralapparat aus dem Licht einer *Glühlampe* oder der Sonne auf einem Schirm ein in allen sichtbaren Spektralfarben leuchtendes Bild, das *kontinuierliche* Spektrum des thermischen Strahlers, in dem

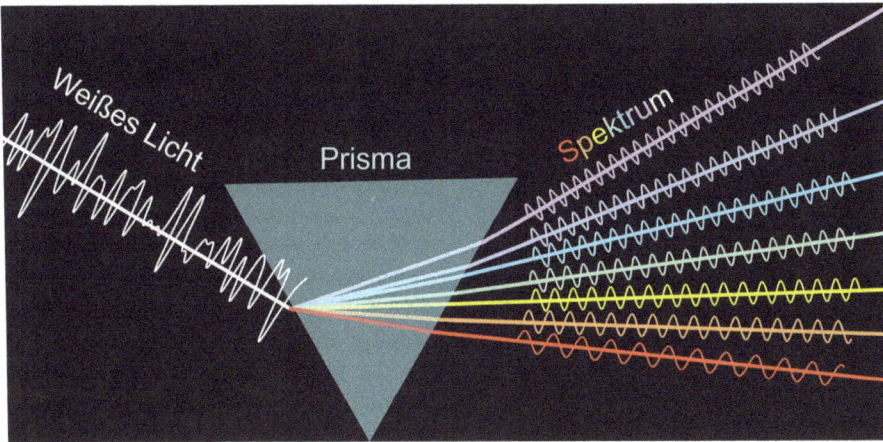

Abb. 19.10: Zerlegung eines inkohärenten weißen Lichtstrahls in kohärente, unterschiedliche monochromatische Wellen durch ein Prisma.

die verschiedenen Farben in der Reihenfolge rot-orange-gelb-gelbgrün-blau-violett nebeneinanderliegen.

Im Licht des leuchtenden *Na-Dampfes* sind dagegen nur einige diskrete Spektrallinien enthalten, wobei zwei gelbe Linien in ihrer Intensität weitaus überwiegen.

In Abb. 19.10 soll angedeutet werden, dass das einfallende, *inkohärente*, weiße Sonnenlicht infolge der von der Wellenlänge abhängigen Brechung des Prismas in monochromatische, *kohärente* Anteile des Lichts räumlich aufgespalten werden.

19.3.6 Totalreflexion

Bei dem Übergang vom optisch dichteren zum dünneren Medium ($n_1 > n_2$) wird in Abb. 19.11 der Strahl 1 vom Lot weggebrochen. Zugleich wird ein Teil der einfallenden Intensität normal reflektiert. Vergrößern wir den Einfallswinkel α_1 (Strahl 1 → Strahl 2 → Strahl 3), so wird bei einem bestimmten Wert $\alpha_1 = \alpha_T$ der Brechungswinkel $\alpha_2 = 90°$; der Strahl 2 läuft parallel zur Grenzfläche und dringt nicht mehr

in Medium 2 ein. Für diesen Grenzfall folgt aus Gl. (19-3) mit sin 90° = 1:

$$\frac{\sin \alpha_T}{\sin 90°} = \sin \alpha_T = \frac{n_2}{n_1}. \qquad (19\text{-}5)$$

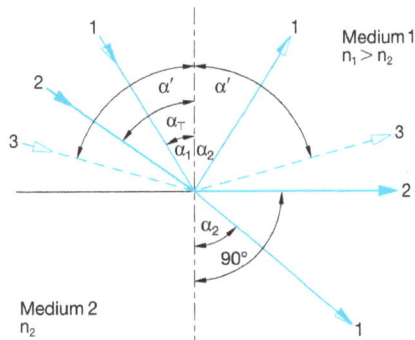

Abb. 19.11: Totalreflexion (α_T = Grenzwinkel der Totalreflexion).

Bei Einfallswinkel $\alpha' > \alpha_T$ ist Gl. (19-3) nicht mehr zu erfüllen, weil sonst sin $\alpha_2 > 1$ werden müsste, was im reellen Zahlenraum nicht möglich ist, da hier die Werte der trigonometrischen Funktionen sin und cos nur zwischen +1 und –1 liegen. Physikalische Konsequenz ist, dass das Licht überhaupt nicht mehr in das zweite Medium eintreten kann. Vielmehr wird z. B. Strahl 3 *vollständig* an der Grenzfläche reflektiert: Es tritt *Totalreflexion* mit Reflexionsvermögen $R = 1$ auf.

Dies lässt sich beobachten, wenn man ein leeres Trinkglas in Wasser eintaucht und zunehmend schräger auf die innere Glaswand schaut. Man sieht dann zusätzlich vor dem Übergang zur Totalreflexion einen farbigen Saum. (Der Winkel der Totalreflexion hängt wegen der Dispersion des Glases und des Wassers geringfügig von der Farbe des Lichts ab.)

Von der in Abschnitt 19.3.1 besprochenen normalen Reflexion unterscheidet sich die Totalreflexion transparenter Materie dadurch, dass der einfallende Strahl nicht in einen reflektierten und einen transmittierten Teilstrahl aufgespalten wird, sondern dass jenseits von α_T das Licht vollständig *(total)* reflektiert wird. Das Reflexionsvermögen ist also exakt 1 (bzw. 100 %), weil *kein* Anteil des Lichts tief in das zweite Medium eintreten kann.

Daher verwendet man zur Strahlenumlenkung in optischen Instrumenten (Prismenfernglas, binokulares Mikroskop usw.) anstelle von Metallspiegeln totalreflektierende Glasprismen (Abb. 19.12).

ATR-Spektroskopie Nur im Rahmen der Geometrischen Optik nehmen wir an, dass Lichtstrahlen *direkt* an der Grenzfläche reflektiert oder totalreflektiert werden. Tatsächlich dringen die Lichtwellen aber bis zu einem Abstand etwa der Lichtwellenlänge in das zweite Medium ein, bis sie total reflektiert werden. Nehmen wir einmal an, das zweite Medium sei Luft. Bringt man nun bis auf etwa den Abstand einer Lichtwellenlänge einen weiteren absorbierenden Stoff an das erste Medium heran, so dringt das elektromagnetische Wechselfeld auch noch in dieses dritte Medium ein. Dadurch wird die Totalreflexion insbesondere in denjenigen Spektralbereichen behindert, in denen dieser dritte Stoff absorbiert. Durch Analyse der reflektierten Intensität kann man daher Auskunft über die optischen Eigenschaften

des *dritten* Stoffes erhalten. Diese Methode der *Behinderten Totalreflexion* (attenuated total reflection, *ATR-Methode*) hat auch für die chemische Analyse praktische Bedeutung erlangt, da der dritte Stoff eine Flüssigkeit sein kann, in die man den ATR-Messkopf einfach eintaucht. Vorteil gegenüber der konventionellen Transmissions-Spektroskopie (Abschnitt 20.7) ist, dass Proben dick und lichtundurchlässig sein können, da nur eine dünne Oberflächenschicht mit dem Licht in Wechselwirkung tritt.

TIRF-Mikroskopie: Der oben beschriebene Effekt des Eindringens des elektromagnetischen Wechselfeldes in das Medium mit dem niedrigen Brechungsindex auf eine Distanz von der Größenordnung der Wellenlänge wird auch genutzt, um Fluoreszenz nur nahe an dieser Grenzfläche für die Mikroskopie anzuregen, sodass kaum Fluoreszenzlicht außerhalb der Abbildungsebene entsteht, das einen hellen und damit störenden Hintergrund ergeben würde.

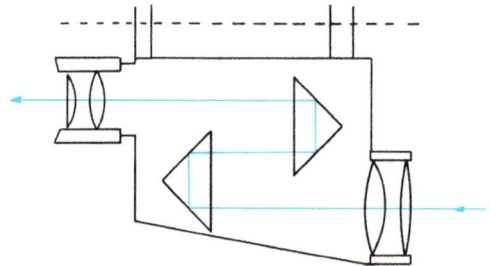

Abb. 19.12: Hälfte eines Prismen-Fernrohrs (Abschnitt 20.6) mit viermaliger Strahlumlenkung mittels Totalreflexion an Glasprismen. (Für starke Vergrößerungen ist ein großer Abstand zwischen beiden Linsensystemen (Objektiv und Okular) erforderlich; durch die Strahlumlenkung kann das Fernrohr dennoch kompakt gebaut werden.).

Flexible Lichtleiter Die Ausnutzung der Totalreflexion zur Weiterleitung von sichtbarem oder UV-Licht in dünnen Fasern aus transparenten Materialien (üblicherweise Glas und Quarz, seltener Kunststoffe oder mit Flüssigkeit gefüllte Rohre) hat – neben der Anwendung zu *optischer Nachrichtenübertragung* (Datentransport) – interessante Anwendungsmöglichkeiten auch in der *Medizin* gefunden.

Dadurch wurden z. B. die früher üblichen, aus vielen Feld- und Abbildungslinsen bestehenden, starren *Endoskope* zur Inspektion von Körperhohlräumen verdrängt (siehe unten).

Man kann heute kilometerlange *optisch isolierte* Glasfasern mit Durchmessern von nur 5 bis 100 µm (d. h. etwa 10 bis 200 Lichtwellenlängen sichtbaren Lichts) herstellen. Dazu genügt allerdings nicht der für normales Gebrauchsglas als Mineral geförderte Quarzsand. Schon kleinste Verunreinigungen mit Fremd-Ionen verringern die Durchlässigkeit langer Glaslichtleiter wesentlich. Das gilt besonders für Fe-Ionen. Aus diesem Grund verwendet man SiO_2 höchster chemischer Reinheit, das synthetisch hergestellt wird.

Die chemisch reinen Glasfasern bestehen aus einem Glaskern mit höherem Brechungsindex n_1 und einem den Faserkern schützenden Mantel aus Glas mit niedrigerem n_2. Diese Mantelhülle kann z. B. für zusätzliches Beleuchtungslicht verwendet werden. Im Faserkern werden Hunderte von Einzelfasern in Bündeln zusammengefasst, indem man Anfang und Ende der Bündel verkittet. Wir werden im folgenden Abschnitt 19.3.7. auf eine besonders wichtige Anwendung der Lichtleitfasern detailliert eingehen.

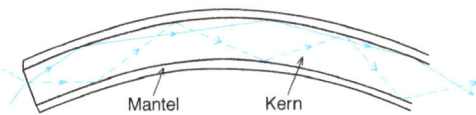

Abb. 19.13: Totalreflexion in einer Glasfaser.

Abbildung 19.13. veranschaulicht die Lichtleitung im Rahmen der *Geometrischen Optik*: Fällt ein Lichtstrahl in der Lichtleiter-Faser genügend schräg auf die Grenzfläche zwischen Kern und Mantel, so wird er im Lichtleiterinnern unter ständig wiederholter Totalreflexion an der inneren Grenzfläche im Zickzackkurs weitergeleitet und tritt schließ-

lich am Faserende wieder aus. Da $R_{total} = 1$, geschieht dies (im Idealfall) im Gegensatz zu einfacher Reflexion ohne Lichtverlust. In der Praxis kann infolge von Oberflächenrauigkeiten und Inhomogenitäten des Glases jedoch ein (sehr geringer) Verlust durch Streuung und auch durch schwache Absorption des Glases nicht vermieden werden. In guten Fasern macht sich dies aber erst bei Längen im Kilometerbereich störend bemerkbar. Eine wichtige Eigenschaft solcher Fasern besteht darin, dass sehr dünne Glasfasern elastisch genug sind, bis auf Krümmungsradien einiger Zentimeter gekrümmt werden zu können, ohne zu brechen. Der Mechanismus der Lichtleitung wird durch starke Krümmung aber praktisch nicht behindert. Allerdings kann durch *Spannungsdoppelbrechung* (Abschnitt 18.3.5) der Polarisationszustand des Lichts verändert werden.

Im Rahmen der *Wellenoptik* betrachtet, bilden sich im Innern des Lichtleiters durch Reflexion an der Grenzfläche zwischen Kern und Mantel stehende Zylinderwellen, über die die Lichtintensität weitergeleitet wird.

Das Prinzip des Lichtleitens kann auch im Infraroten und Ultravioletten angewendet werden. Dazu sind allerdings spezielle, nicht aus Glas bestehende Lichtleiterfasern erforderlich.

An und für sich würde zur Totalreflexion die Grenzfläche Glas/Luft sehr geeignet sein. Damit aber der Lichtstrahl an den Stellen, wo sich zwei Fasern berühren, den Lichtleiter nicht verlassen kann (*optischer Kurzschluss*), müssen die Glasfasern in einem Faserbündel mit einer *Glashülle* als „Isolierschicht" ummantelt sein. Deren Brechungsindex wählt man wesentlich kleiner als den des Fasermaterials (des *Kerns*). Dann findet Totalreflexion an der Grenze Faserkern/Fasermantel an denjenigen Stellen statt, an denen Faser und Mantel in direktem Berührkontakt sind, allerdings mit einem niedrigeren α_{total}.

Wegen ihrer Biegsamkeit können Faser-Lichtleiter in der *Medizin* zum Ausleuchten schwer zugänglicher Hohlräume (z. B. Blase, Verdauungstrakt, Adern) verwendet werden (Abb. 19.14). Überdies lassen sich *geordnete Bündel* herstellen, bei denen die Lage jeder einzelnen Faser in den Bündelquerschnitten an beiden Endflächen des Lichtleiterbündels übereinstimmt. Projiziert man ein Bild auf das eine Ende, so wird es durch den geordneten Lichtleiter als *Rasterbild* ans andere Ende übertragen. Auf diese Weise können selbst kleinste Details bis zur Größenordnung des Faserdurchmessers (ca. 5 µm) von Ferne beobachtet werden. Zur Beleuchtung des betrachteten Objekts kann auch die *äußere* Hülle des Leitersystems dienen.

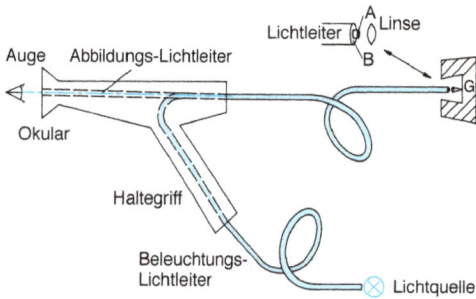

Abb. 19.14: *Lichtleiter-Endoskop* zur Beobachtung in Körperhöhlen in der Medizin.

Der flexible Lichtleiter besteht aus dem geordneten Kern *A* zur Bildübertragung und dem Beleuchtungslichtleiter *B*, der mit einer Lichtquelle verbunden ist. Die *visuelle* Beobachtung des Gegenstands *G* erfolgt über das Okular.

Eine andere Art der Anwendung im Bereich der Medizin ist der Transport von Lichtleistung einer externen Laser-Lichtquelle, beispielsweise für Koagulationsoperationen oder Zahnbehandlungen.
    Die wirtschaftlich bedeutendste Anwendung von Lichtleitfasern liegt im Bereich der *Telekommunikation*. Auf diese wird im folgenden Abschnitt eingegangen.

19.3.7 Optoelektronik

Daten- und *Informationenübermittlung* zwischen Kontinenten, durch Weltmeere, Länder, Städte, Straßen und in Innenräumen erfolgt in zunehmendem Maße auf optischem Wege über Netze *flexibler Lichtleiter (Fasernetze)*, sei es für die *digitale* Nachrichtenverarbeitung, das *Telefon* oder das *Kabelfernsehen*. Globale Glasfaserkabel haben die Nachrichtenübertragung revolutioniert. Datentransport über Lichtleiter hat gegenüber konventionellen Kupferleitungen die Vorteile, a) keine wesentlichen Ohm'schen Energieverluste zu haben, b) keine wesentliche Joule'sche Wärme zu erzeugen, c) den Transport riesiger Datenmengen über viele gleichzeitige Informationskanäle bei gleichzeitiger Verwendung unterschiedlicher Licht-Wellenlängen zu ermöglichen und d) Gewichtsverringerungen auf etwa 1 ‰ zu erlauben. Neben diesen Vorteilen spricht für dieses System der kommerzielle Grund, dass die Rohstoffe für Glas leichter verfügbar und preisgünstiger sind als das früher für elektrische Leitungen nötige Kupfer oder Aluminium.

Das Gebiet der optischen Signal- und Nachrichtenübermittlung als Weiterentwicklung der Nachrichtenelektronik wird *Optoelektronik* genannt.

Allgemein gilt, dass der Informationsfluss über eine Trägerwelle (Abschnitt 16.2.4) umso größer sein kann, je höher deren Frequenz ist. Die Weiterentwicklung von der Langwelle über Mittel- und Kurzwellen zu Ultrakurzwellen führte daher konsequenterweise zu optischen Wellen. An eine *freie* Ausbreitung optischer Wellen in der Atmosphäre wie bei Radiowellen ist allerdings nicht zu denken, denn im Gegensatz zu diesen werden im Freien verlaufende Lichtwellen durch Streuung an Nebel, Wolken, Schnee und Staub stark in ihrer Ausbreitung behindert. Daher kommen nur durch Totalreflexion *geführte Wellen* in Betracht; realisieren lässt sich dies mit den Lichtleiterfasern, die heute mit geringen Dämpfungsverlusten (typisch 1 dB/

km; siehe Abschnitt 6.2) bis zu vielen Hundert Kilometern Länge herstellbar sind. Bündel solcher Fasern können wie herkömmliche Telefonkabel in der Erde verlegt werden und enorme Datenströme (10 Tbit/s je Faser, zum Vergleich: die derzeit schnellsten Breitbandanschlüsse liefern 1 Gbit/s, also 1/1000) übertragen. Als *Sender* dienen dabei lichtemittierende Halbleiter-**D**ioden (LEDs, Abschnitt 17.10.3) oder wegen ihrer guten Kohärenz *Laser*. Meist wird die Lichtquelle selbst mit dem zu übertragenden Signal moduliert, sodass zusätzliche Modulatoren oft entfallen. Dazu werden die verwendeten Lichtquellen sehr schnell ein- und ausgeschaltet (die Schaltzeiten betragen nur wenige Nano- bis Picosekunden). Empfänger sind Fotodetektoren, die das optische Signal wieder in ein elektrisches verwandeln. Das Schema der optischen Nachrichtenübertragung ist in Abb. 19.15 dargestellt.

Die Weiterentwicklung geht dahin, einige der auf dem Weg von der Signalquelle zum Empfänger erforderliche elektrische Bauteile (z. B. die wegen der Lichtverluste längs langer Übertragungsstrecken erforderlichen *Zwischenverstärker*) durch optische zu ersetzen. Verschiedene optische Effekte sind ausgenutzt worden, um spezielle optoelektronische Bauteile zu entwickeln (beispielsweise in Dünnschicht-Halbleiterbauteilen der *Integrierten Optik*). Eine der wichtigen Aufgaben der Integrierten Optoelektronik ist, laufend neue Datenspeicher- und Datentransport-Bauteile zu entwickeln, um die Kapazitäten von *Datentransport* weiter zu erhöhen.

Eine Ausweitung der Optoelektronik vom Datentransport bis zur Datenverarbeitung (vgl. Abschnitt 15.3.4) findet statt, seitdem es gelungen ist, auf optischem oder magnetischem Wege Daten zu lesen und zu speichern. Hierfür sind unterschiedliche Methoden erprobt worden, die alle das Ziel haben, hohe Daten-Speicherdichten zu erreichen. Einfache optische Speicher in Form der mit einem Laserstrahl schreib-/lesbaren CD/DVD haben weite Verwendung gefunden.

Derzeit steht die *Optoelektronik* in Konkurrenz zu anderen Methoden (*magnetische Speicher, USB-Sticks* etc.). Man kann erwarten, dass die Bedeutung des Lichts und der optischen Methoden für die Digitalelektronik weiter wachsen wird, z. B. im Bereich des *Quantum Computings*.

19.4 Abbildung mit Linsen

19.4.1 Abbildung mittels brechender Flächen

Das Auge ist der wichtigste Informationskanal zwischen dem Menschen und seiner Umwelt. Im Laufe von Jahrhunderten wurde eine Vielzahl diesen Informationskanalunterstützender *optischer Instrumente* entwickelt, die auf der Erzeugung optischer Bilder beruhen, die dann in modifizierten Zuständen (vergrößert, verkleinert, gefärbt usw.) vom Auge anstelle des Objekts betrachtet werden können.

Für die Erzeugung *reeller* optischer Bilder ist die Abbildung mit Glaslinsen von größerer praktischer Bedeutung als die Abbildung mit Hohlspiegeln: Erstens lassen sich die bei der Abbildung auftretenden Bildfehler (Abschnitt 19.4.12) mit Linsen einfacher korrigieren, und zweitens liegen, von der Linse gesehen, reelles Bild und Gegenstand auf entgegengesetzten Seiten, was für die Konstruktion optischer Geräte, z. B. von *Kameras*, vorteilhaft ist. Als Linsenmaterial wird für den sichtbaren Bereich eine Viel-

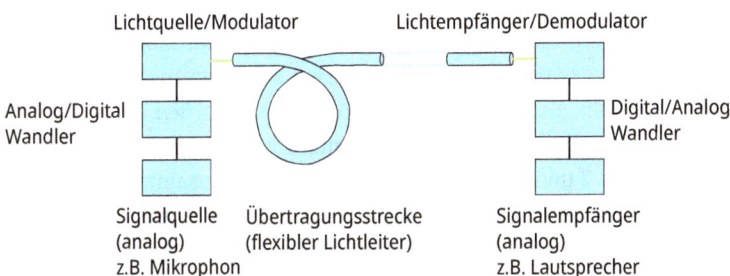

Abb. 19.15: Schema optoelektronischer Nachrichtenübertragung. Schwarze Striche: elektrische Signale, grüne Striche: Lichtsignale.

zahl von Gläsern (Abschnitt 20.1) verschiedener chemischer Zusammensetzungen und unterschiedlicher Brechzahlen und Dispersion verwendet. Für das UV und IR dagegen, wo normales Glas absorbiert, benutzt man Quarzglas bzw. Steinsalz, Flussspat, Germanium oder Silizium als Linsenmaterial.

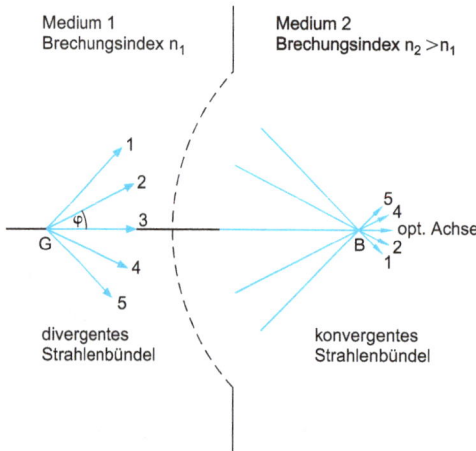

Abb. 19.16: Zur Abbildung durch Brechung: Licht an *einer* gekrümmten Grenzfläche (z. B. am Auge).

Zur Abbildung eines Gegenstands (Abb. 19.16), der entweder beleuchtet wird, sodass Streustrahlung entsteht *(Sekundärstrahler)*, oder aber selbst Licht emittiert *(Primärstrahler)*, müssen die von jedem Gegenstandspunkt G divergent ausgehenden Lichtstrahlen so *konvergent* gemacht werden, dass sie sich allesamt in einem Punkt, dem Bildpunkt B, wieder schneiden. Dieses Prinzip haben wir schon in Abschnitt 19.2 kennengelernt. Geschieht dies durch Brechung an der Grenzfläche zweier durchsichtiger Medien, wie in Abb. 19.16, so müssen dort die Strahlen 1 und 5 stärker gebrochen werden als etwa die Strahlen 2 und 4, während Strahl 3 gar nicht abgelenkt werden soll. Nach dem Brechungsgesetz ist die Brechung umso stärker, je schräger ein Lichtstrahl auf eine Grenzfläche auftrifft. Berechnet man, wie diese Grenzfläche für den Fall der

Abb. 19.16 aussehen müsste, in der – wie z. B. auch beim Auge – das Bild *im* Medium 2 liegt, so findet man wie in der Abbildung durch die gestrichelte Kurve angedeutet eine sehr kompliziert gekrümmte Fläche, die für jede Lage des Gegenstandspunktes eine (geringfügig) andere Form hat, jedoch für kleine Öffnungswinkel ($\varphi < 5°$) durch eine vom Gegenstand her gesehen *konvexe Kugelfläche* angenähert werden kann.

Kugelflächen werden in der technischen Optik für Linsen deshalb üblicherweise verwendet, weil sie einfach herzustellen sind, und zwar auch für wesentlich größere Öffnungswinkel ($\varphi < 45°$). Allerdings müssen dadurch entstehende *Abbildungsfehler* nachträglich wieder korrigiert werden, wozu Kombinationen mehrerer brechender Flächen, d. h. mehrerer Linsen *(mehrlinsige Objektive)*, erforderlich sind.

Einige Beispiele von Objektiven historischer Fotokameras, die Abbildungsfehler korrigieren, werden in Abb. 19.23 gezeigt.

Erst in neuester Zeit sind Versuche erfolgreich, die eigentlich vom Brechungsgesetz geforderten komplizierten *asphärischen* Flächen in Massenproduktion herzustellen *(asphärische Linsen)*.

Abbildungsfehler von Einzellinsen (siehe Abschnitt 19.4.11) nehmen für Strahlenbündel von der Linsenmitte zu Strahlen in den Randbereichen erheblich zu, sodass die Abbildungsqualität für eine einfache Zuordnung von Gegenstandspunkt zu Bildpunkt wie in Abb. 19.16 idealisiert gezeigt nicht mehr möglich ist.

Bei größerem φ treffen in Abb. 19.16 die Randstrahlen bei *sphärischen Grenzflächen* daher nicht mehr genau im Bildpunkt mit den achsnahen Strahlen zusammen, wodurch der Bildpunkt von einem diffusen *Lichthof* umgeben wird. Ein aus vielen Bildpunkten zusammengesetztes Bild wirkt dadurch *unscharf*. Diesen Abbildungsfehler nennt man den *Öffnungsfehler* oder auch *sphärischen*

Fehler (Abschnitt 19.4.11.3). Es besteht aber Interesse, den Öffnungswinkel der vom Gegenstandspunkt *G* ausgehenden und durch die brechende Grenzfläche tretenden Lichtstrahlen sehr groß zu machen, denn je größer dieser ist, umso mehr Licht trifft im Bildpunkt zusammen, desto heller wird also das Bild. Um den sphärischen Abbildungsfehler bei lichtstarken Abbildungen zu verringern, ersetzt man die zwei brechenden Kugelflächen einer einfachen Linse durch komplizierte *Objektive*, die bis zu etwa 20 verschiedene brechende Kugelflächen in einer Aufeinanderfolge von bis zu etwa zehn unterschiedlichen Einfachlinsen enthalten können. Beispiele solcher Objektive für historische Fotokameras zeigt Abb. 19.23.

Wegen der Umkehrbarkeit von Lichtwegen (Abschnitt 19.1) können wir die Punkte *B* und *G* in Abb. 19.16 auch vertauschen und uns vorstellen, dass der Gegenstand *G* im optisch dichteren Medium 2 liege. Um die Lichtstrahlen dann in dem im Medium 1 liegenden Bildpunkt *B* zu sammeln, ist in einfachster Realisierung eine vom Gegenstand her gesehen *konkav* gekrümmte sphärische Kugelfläche nötig.

Der Vorgang der Abbildung ist in Abb. 19.17 im *Wellenbild* anschaulich dargestellt: Vom Gegenstandspunkt *G* gehen Kugelwellen aus, treffen auf die Grenzfläche und werden dort gebrochen. Diejenigen Teile der *Wellenfläche*, die ins Medium 2 eingedrungen sind, laufen dort entsprechend dem größeren Brechungsindex langsamer als die weiter von der optischen Achse entfernten Teile, die noch länger im Medium 1 bleiben. Dadurch kehrt sich die Krümmung der Wellenfläche beim Durchgang durch die sphärische Grenzfläche um, und die Welle läuft als *umgekehrte* Kugelwelle im Bildpunkt *B* zusammen. Die Geometrische Optik drückt diesen Vorgang dadurch aus, dass an der Grenzfläche die (senkrecht auf den Wellenflächen stehenden) Lichtstrahlen zum Bildpunkt hin gebrochen werden.

19.4.2 Die Abbildungsgleichung für eine brechende Fläche

Eine geeignet kompliziert gekrümmte Grenzfläche zwischen zwei durchsichtigen Stoffen kann also von einem im Medium 1 gelegenen Gegenstand im Medium 2 ein Bild erzeugen und wegen der Umkehrbarkeit von Lichtwegen auch umgekehrt.

Für die *Medizin* ist dieser Fall von Bedeutung, weil der Hauptbeitrag zur Abbildung im Auge von der Brechung an der gekrümmten *Luft-Hornhaut-Grenzfläche* (Abschnitt 19.5.1) herrührt. (Die veränderliche *Augen-*

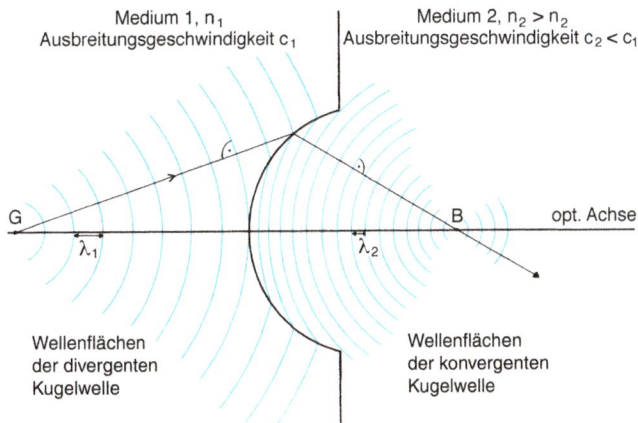

Abb. 19.17: Abbildung durch eine gekrümmte Grenzfläche, dargestellt im Wellenbild ($\lambda_1 > \lambda_2$, da $c_1 > c_2$).

linse besorgt im Wesentlichen nur die Feinkorrektur der Bildschärfe auf der Netzhaut (Abschnitt 19.5.1).)

Bei der Abbildung mittels einer *sphärisch* gekrümmten Grenzfläche besteht eine einfache Beziehung zwischen der Lage des Gegenstands und der des Bildes, die durch die *Abbildungsgleichung* Gl. (19-6) ausgedrückt wird. Sie gilt allerdings mit großer Genauigkeit nur unter der einschneidenden Näherungsannahme, dass der Öffnungswinkel φ_1 in Abb. 19.18 sehr klein ist, d. h. für Lichtstrahlen, die nahe der optischen Achse verlaufen.

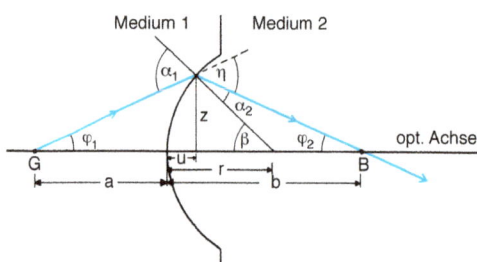

Abb. 19.18: Zur Herleitung der Abbildungsgleichung für *eine* Grenzfläche (Gl. (19-6)).

(Die Bedingung, dass φ_1 sehr klein sei, ist in Abb. 19.18 (wie üblich) der Deutlichkeit der Zeichnung halber nicht beachtet.) Für die Medizin ist dieser Fall von Bedeutung, weil der Hauptbeitrag zur Abbildung im Auge von der Brechung an der gekrümmten **Luft-Hornhaut**-*Grenzfläche* (Abschnitt 19.5.1) herrührt. (Die veränderliche *Augenlinse* besorgt im Wesentlichen nur die Feinkorrektur der Bildschärfe auf der Netzhaut (Abschnitt 19.5.1).)

Bezeichnen wir wie in Abb. 19.18 den Abstand des Gegenstandspunktes G von der brechenden sphärischen Fläche mit a und den Abstand des Bildpunktes mit b, so gilt die *Abbildungsgleichung für eine brechende Fläche*

$$\frac{n_1}{a} + \frac{n_2}{b} = \frac{n_2 - n_1}{r}, \qquad (19\text{-}6)$$

wobei r der Krümmungsradius der sphärischen Grenzfläche ist. n_1 und n_2 sind die Brechungsindizes

der aneinandergrenzenden Stoffe. Wir definieren den Radius r als negativ, wenn der Krümmungsmittelpunkt der brechenden Fläche auf der Seite des Gegenstands liegt (*konkave* Krümmung), und als positiv, wenn er auf der Seite des Bildes liegt (*konvexe* Krümmung).

Für Strahlen, die unter größeren Winkeln als $\varphi_1 \approx 5°$ einfallen, werden die Näherungen, die zu Gl. (19-6) führen, wegen des *Öffnungsfehlers* zunehmend schlechter. Die Bildweite b wird dann vom Winkel φ_1 abhängig, und das bedeutet, dass nicht alle vom Gegenstandspunkt G ausgehenden Strahlen sich in einem *gemeinsamen* Bildpunkt treffen.

In den meisten Abbildungen von Lehrbüchern – so auch hier – sind der Deutlichkeit halber Lichtstrahlen mit viel größeren Winkeln gezeichnet, für die Gl. (19-6) längst nicht mehr gilt. Die *maßstabsgetreue* Abb. 19.19 soll dies veranschaulichen; sie zeigt ein Lichtbündel mit einem Öffnungswinkel von $\varphi_1 = 5°$.

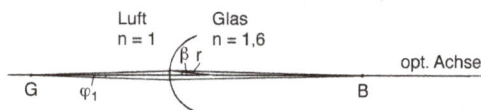

Abb. 19.19: Maßstabsgetreuer Strahlengang mit $\varphi_1 = 5°$.

19.4.3 Spezialfälle der Abbildungsgleichung

Bei der einfachen Abb. 19.18 lassen sich mehrere Spezialfälle der Abbildungsgleichung unterscheiden:

1. Fallen *parallele* Lichtstrahlen auf eine konvexe brechende Fläche, liegt also der Gegenstand (fast) im Unendlichen ($a \approx \infty$), dann schneiden sie sich hinter der brechenden Fläche in einem Punkt, den wir *bildseitigen Brennpunkt* nennen und dessen Bildweite wir als *bildseitige Brennweite* f bezeichnen. Aus Gl. (19-6) folgt für f:

$$\frac{1}{f} = \frac{n_2 - n_1}{n_2} \frac{1}{r}. \qquad (19\text{-}7)$$

2. Liegt der Gegenstand aber so, dass die gebrochenen Strahlen hinter der brechenden Fläche *parallel* verlaufen, der Bildpunkt also *im Unendlichen* liegt ($b \approx \infty$), dann heißt der Gegenstandspunkt *gegenstandsseitiger Brennpunkt*, und als Gegenstandsweite folgt die *gegenstandsseitige Brennweite f*. Aus Gl. (19-6) folgt für f':

$$\frac{1}{f'} = \frac{n_2 - n_1}{n_1} \frac{1}{r}, \text{ und es gilt also: } \frac{1}{f'} = \frac{1}{f} \frac{n_2}{n_1}. \qquad (19\text{-}8)$$

Setzen wir die *beiden Brennweiten f* und f' in Gl. (19-6) ein, so erhalten wir nach kurzer Rechnung als weitere Form der Abbildungsgleichung für *eine* Grenzfläche:

$$\frac{f'}{a} + \frac{f}{b} = 1. \qquad (19\text{-}9)$$

19.4.4 Die Abbildungsgleichung für eine Linse

Soll das Bild im selben Medium wie der Gegenstand liegen (normalerweise Luft mit $n_1 \approx 1$), so ist eine sphärisch gekrümmte zweite Begrenzungsfläche des Mediums 2 nötig, die dann ebenfalls zur Abbildung beiträgt: Somit erhalten wir eine Linse mit Brechungsindex n_2 des Linsenmaterials. Die zwei Einzelabbildungen an den beiden brechenden Flächen einer Linse der Dicke d (Abb. 19.20), nacheinander mit Gl. (19-6) durchgerechnet, ergeben als Beziehung zwischen der Gegenstandsweite a und der Bildweite b:

$$\frac{n_1}{n_2} \cdot d = \frac{1}{\frac{1}{f'_1} - \frac{1}{a}} + \frac{1}{\frac{1}{f_2} - \frac{1}{b}}. \qquad (19\text{-}10)$$

Dabei ist f_1' die gegenstandsseitige Brennweite der ersten brechenden Fläche, und f_2 ist die bildseitige Brennweite der zweiten Fläche.

Ist die Linse sehr dünn ($d \approx 0$), wird daraus die bekannte *Abbildungsgleichung* für eine *dünne Linse*:

$$\frac{1}{a} + \frac{1}{b} = \frac{1}{f_1'} + \frac{1}{f_2} = \frac{1}{f}. \qquad (19\text{-}11)$$

Die zwei Einzelabbildungen an den beiden brechenden Flächen einer Linse kann man sich also ersetzt denken durch einen einzigen Abbildungsvorgang mit der Brennweite f der Linse.

Aus Gl. (19-7) und Gl. (19-8) finden wir als Zusammenhang der Brennweite f mit den Krümmungsradien r_1 und r_2 der beiden Linsenflächen (*Linsenschleiferformel*):

$$\frac{1}{f} = \frac{n_2 - n_1}{n_1} \left(\frac{1}{r_1} - \frac{1}{r_2} \right). \qquad (19\text{-}12)$$

Wenn Gegenstand und Bild im selben Medium liegen und zudem die Linse sehr dünn ist, lässt sich die Linse also durch eine einheitliche Brennweite f charakterisieren, die von r_1, r_2, n_1 und n_2 abhängt.

Das Reziproke der Brennweite, $1/f$, wird als die *Brechkraft* oder der *Brechwert* bezeichnet und erhält die Einheit *Dioptrie* (dpt) mit $1\,\text{dpt} = 1\,\text{m}^{-1}$.
Eine Linse mit der Brennweite $f = 0{,}25\,\text{m}$ hat demnach eine Brechkraft von 4 dpt.

Bei Gegenständen, die verglichen mit der Brennweite weit entfernt sind, ist die Bildweite nur geringfügig größer als die Brennweite. Daher kann man die Brennweite einer dünnen Sammellinse (Brillenglas o. Ä.) leicht abschätzen, indem man auf einem Stück Papier ein Bild der weit entfernten Deckenlampe oder eines Fensterkreuzes entwirft. Die Bildweite ist dann ungefähr gleich der Brennweite.

Eine zweite Methode zur Abschätzung der Brennweite ist, die Sammellinse als Lupe (Abschnitt 20.1) zu verwenden, aber weit weg vom Auge zu halten und sie so lange vom Objekt weg zu verschieben, bis das aufrechte, virtuelle, vergrößerte Bild umschlägt in ein umgekehrtes (reelles) Bild. Dieser Übergang erfolgt, wenn die Gegenstandsweite ungefähr gleich der Brennweite ist.

Die Linsenformel, Gl. (19-11), gilt für sphärische Systeme nur dann präzise, wenn neben der Bedingung $d \approx 0$ die in Abschnitt 19.4.2 für die Einzelabbildung genannten Voraussetzungen erfüllt sind, d. h., für sehr schmale Lichtbündel. Wie bei der einzelnen brechenden Fläche tritt sonst der in Abschnitt 19.4.1 besprochene *Öffnungsfehler* auf. Diese Einschränkungen beziehen sich jedoch nur auf sphärische Einzellinsen; mithilfe von Mehrlinsensystemen *(Objektiven)*, die zur Korrektur von Abbildungsfehlern speziell konstruiert werden, kann man selbst bei großen Öffnungswinkeln von 45° und mehr, wie sie beispielsweise in Mikroskopen üblich sind, einwandfreie Abbildungen erzielen. In Abschnitt 19.4.7 werden wir sehen, dass es möglich ist, mithilfe eines Tricks in der Praxis Gl. (19-11) auch für solche Linsensysteme anzuwenden.

Für die Verwendung der einfach herstellbaren sphärischen Linsen nimmt man üblicherweise den Öffnungsfehler in Kauf und korrigiert ihn nachträglich wieder, indem man Objektive *(Mehrlinsen-Systeme)* einführt. Alternativ kann man auch für eine bestimmte Gegenstandsweite *g* eine einzelne *nichtsphärische* Linse einsetzen, die (mit größerem Herstellungsaufwand) mit dem *exakten* Krümmungsverlauf der realen Grenzflächen versehen sind. Dies betrifft den Öffnungsfehler. Mit Objektiven korrigiert man aber auch andersartige Abbildungsfehler (Abschnitt 19.4.11).

Gleichung (19-11) gehört wohl zu den geläufigsten physikalischen Formeln. Tatsächlich ist sie jedoch, wie die Herleitung zeigt, nur eine *Näherungsbeziehung*, die zudem so grob ist, dass sie bei einfachen Linsen fast nie gilt, wenn man höhere Bildgenauigkeit fordert.

An diesem Beispiel zeigt sich deutlich das Bemühen in der Physik, Zusammenhänge durch möglichst einfache mathematische Beziehungen darzustellen, selbst wenn dies nur mit einer mathematischen *Näherung* unter Einbuße von Allgemeingültigkeit und Exaktheit möglich ist. Sie dienen dann allgemein der übersichtlichen und schnellen Abschätzung eines physikalischen Vorgangs; ihre *quantitative* Auswertung ist aber nur berechtigt, wenn gleichzeitig abgeschätzt wird, wie groß der durch die Näherungsannahmen bedingte Fehler ist (siehe Anhang).

In Zeiten ohne Computer boten vereinfachte Formeln oft die einzige Möglichkeit, mit vertretbarem Zeitaufwand zu numerischen Ergebnissen zu gelangen; heute werden Brillengläser, Foto- oder Mikroskopobjektive u. Ä. ohne Verwendung von Näherungsformeln mit exakten numerischen Computermethoden berechnet und gefertigt.

19.4.5 Klassifizierung von Linsen

In Gl. (19-12) genügt es nicht, die Krümmungsradien r_1 und r_2 der Abb. 19.20 dem Betrage nach einzusetzen, vielmehr muss unterschieden werden, ob die Fläche *konvex* (nach außen) oder *konkav* (nach innen) gekrümmt ist. Die Radien werden als positiv definiert, wenn die Mittelpunkte ihrer Krümmungskreise von dem Gegenstand aus gesehen *hinter* der Linse liegen, als negativ, wenn sie *vor* der Linse liegen.

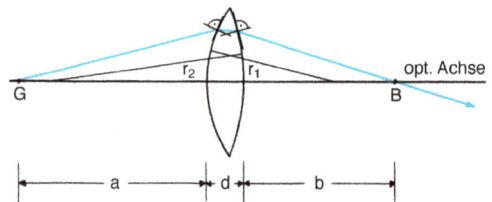

Abb. 19.20: Zur Herleitung der Abbildungsgleichung einer Linse (Gl. (19-11)).

Wir unterscheiden *Sammellinsen*, bei denen axial auf die Linse treffende Strahlenbündel im reellen Brennpunkt *hinter* der Linse gesammelt werden, und *Zerstreuungslinsen*, die auftreffende Strahlen divergent machen, sodass der Brennpunkt virtuell ist und *vor* der Linse liegt.

Beide Linsentypen können verschiedene Formen der brechenden Flächen haben; sie sind in Abb. 19.21 und 19.22 zusammen mit ihren

Bezeichnungen zusammengestellt. Es ist hierbei zu beachten, dass dies für Linsen mit einem Brechungsindex gilt, der größer als der der Umgebung ist (z. B. Glaslinse in Luft oder in Wasser). Das Verhalten kehrt sich um, wenn der Brechungsindex der Linse kleiner als der der Umgebung ist (z. B. Luftblase in Wasser).

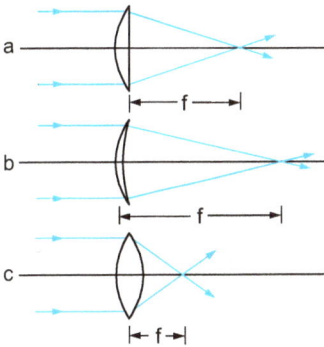

Abb. 19.21: Sammellinsen: (a) Plan-konvex-Linse, (b) Konkav-konvex-Linse, (c) Bikonvex-Linse (f: Brennweite).

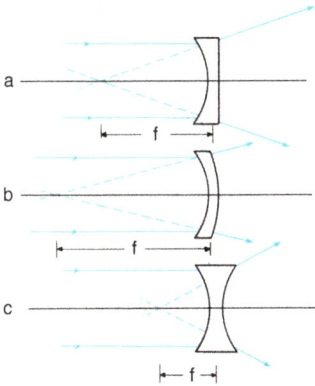

Abb. 19.22: Zerstreuungslinsen: (a) Plan-konkav-Linse, (b) Konvex-konkav-Linse, (c) Bikonkav-Linse (f: Brennweite).

Berücksichtigen wir die Vorzeichen der Krümmungsradien, so erhalten wir aus Gl. (19-12) für Sammellin-

sen positive Brennweiten, $f > 0$, für Zerstreuungslinsen aber negative Brennweiten, $f < 0$.

Zerstreuungslinsen liefern *stets virtuelle* Bilder; die Abbildungs-Gl. (19-11) besagt, dass bei diesen die Bildweiten b negativ sind. Da b von der Linse aus gemessen wird, liegen diese Bilder also vor der Linse.

Sammellinsen dagegen können sowohl reelle als auch virtuelle Bilder entwerfen. Für reelle Bilder folgt aus der Abbildungsgleichung, dass b positiv ist, das Bild also vom Gegenstand gesehen hinter der Linse liegt.

Bei Bikonvex- und Bikonkav-Linsen addieren sich die Beiträge beider Grenzflächen zur Gesamtbrechkraft $1/f$; sie haben also unter den verschiedenen Linsenformen die jeweils stärksten Brechkräfte, d. h. die kürzesten Brennweiten.

Für Brillengläser (Abschnitt 19.5.2) bevorzugt man konkav-konvexe und konvex-konkave Formen, da deren Abbildungsfehler gegenüber den bikonvexen und bikonkaven Formen geringer sind.

> Heute gibt es im Gegensatz zum letzten Jahrhundert preisgünstige Methoden, für spezielle Zwecke auch sogenannte *asphärische* Linsen mit geringen Abbildungsfehlern herzustellen. Die *Gleitsichtbrillen* beruhen auf nichtsphärisch gekrümmten Linsen. Auch die kleinen Abbildungslinsen in einfachen digitalen Kameras oder in mit Kameras versehenen Smartphones sind asphärisch.

19.4.6 Die Abbildungsgleichung für ein System aus zwei Linsen

Gl. (19-10) können wir so interpretieren, dass sich die Abbildungen durch die beiden hintereinander geschalteten brechenden Flächen der Einzellinse zur Gesamtabbildung kombinieren, indem sich die Brechkräfte addieren. Dies gilt analog auch für die Hintereinanderschaltung von mehreren Linsen, also z. B. für die Korrektur des Auges mittels einer *Sehhilfe*.

> Ordnet man zwei dünne Linsen der Brennweiten f_1 und f_2 dicht hintereinander zu einem Linsensystem *(Objektiv)* an, so gilt die Abbildungs-Gl. (19-11) ebenfalls, wenn wir die aus den beiden Linsen resultierende Brennweite f folgendermaßen berechnen:
>
> $$\frac{1}{f} = \frac{1}{f_1} + \frac{1}{f_2}. \qquad (19\text{-}13)$$

Die Einzelbrechkräfte addieren sich also zur *Gesamtbrechkraft*. Legt man beispielsweise die Brille eines Kurzsichtigen mit –5 Dpt und die eines Übersichtigen mit + 5 Dpt aufeinander, so kompensieren sich die Brechkräfte zu null. Vorausgesetzt ist hierbei, dass der Abstand D der beiden Linsen klein ist gegenüber f_1 und f_2.

Wenn diese Bedingung nicht erfüllt ist, dann gilt:

$$\frac{1}{f} = \frac{1}{f_1} + \frac{1}{f_2} - \frac{D}{f_1 f_2}. \qquad (19\text{-}14)$$

Variiert man D, so hat man ein einfaches Beispiel für ein Linsensystem *variabler* Brechkraft (*Vario-Objektiv* oder *Zoom-Objektiv*). Wenn man bei diesen Objektiven D verändert, kann man die Gesamtbrechkraft des Objektivs vergrößern oder verkleinern.

Gleichung (19-14) ist beispielsweise anzuwenden, wenn man *Brillen* zur Korrektur fehlsichtiger Augen berechnen will, da der Abstand D zwischen Brillenlinse und Augenlinse groß ist. Wir werden in Abschnitt 19.5.2 darauf zurückkommen.

Abbildung 19.17 zeigt zur Veranschaulichung im *Wellenbild*, wie eine Abbildung durch *eine* gekrümmte Grenzfläche zustande kommt.

19.4.7 Objektive

Die möglichst perfekte reelle Abbildung von Gegenständen mittels Sammellinsen findet breite Anwendung bei Kameras, Ferngläsern, Mikroskopen, Projektoren oder astronomischen Teleskopen. Solche Sammellinse(-systeme) werden als *Objektive* bezeichnet.

Einfache sphärische Linsen weisen *Abbildungsfehler* auf (siehe Abschnitt 19.4.12) und sind als Objektive nur in begrenztem Maße verwendbar. Seit mehr als 100 Jahren werden daher *Mehrlinsen-Systeme* für die technische *Hochleistungs-Optik* experimentell und theoretisch entwickelt, um Abbildungsfehler zu minimieren.

Dadurch ist es gelungen, für optische Abbildungen (heutzutage auch mit aufwendigen Digital-Methoden) spezielle *Höchstleistungs-Linsen-Systeme* zu entwickeln, die Objektstrukturen bis hinab zu ~ 100 nm aufzulösen in der Lage sind. Zu diesen *Objektiven* gehören *Viellinsen-Systeme* mit bis zu mehr als 20 verschieden gekrümmten brechenden Flächen, Einzellinsen nichtsphärischer Linsenformen, Linsen aus Gläsern unterschiedlicher, auch im UV und im IR absorptionsfreier Brechungsindizes und vieles mehr (siehe auch Abschnitt 20.9.).

Mit der Beschreibung technischer Hochleistungsinstrumente wie Fernrohre, Mikroskope, fotografischer Kameras und natürlich als das wohl komplexeste System das menschliche Auge, wird in Kap. 20 auch auf optische Eigenschaften und Abbildungsmöglichkeiten von Hochleistungsobjektiven im Detail eingegangen.

Als einige der herausragenden Beispiele für solche Objektive seien astronomische Fernrohre, Satelliten-Objektive und millimetergroße Mikro-Objektive für die Mikroelektronik genannt. In Abb. 19.23 werden als historische

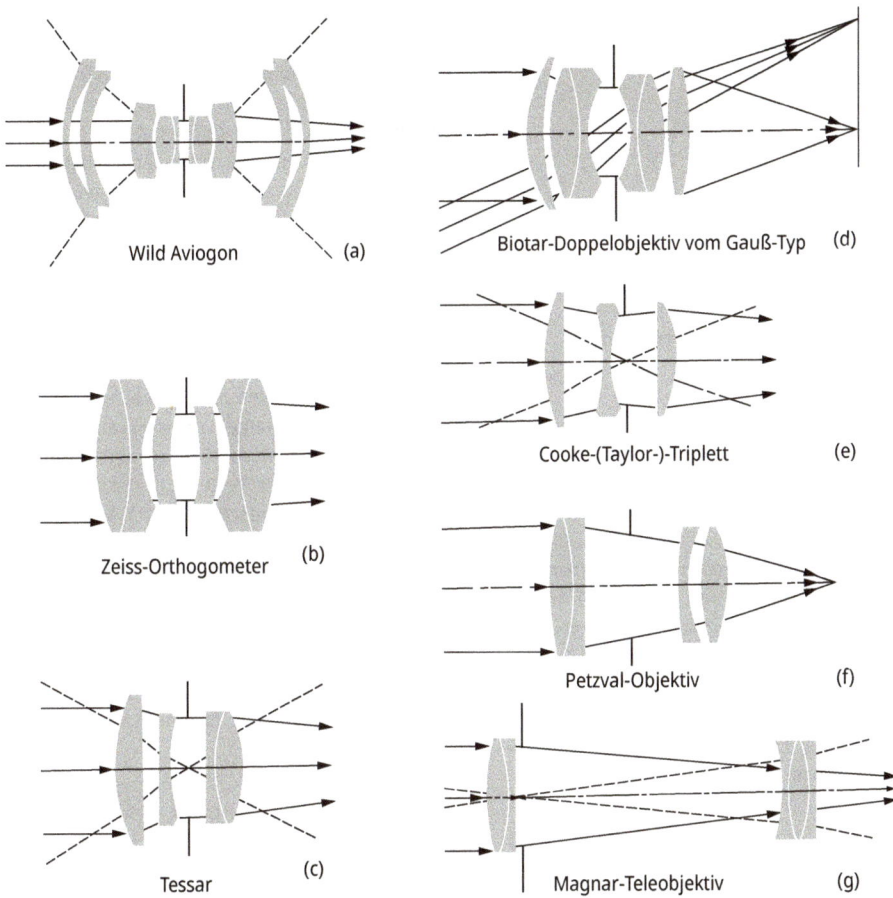

Abb. 19.23: Einige historische Beispiele für abbildende Viellinsen-Systeme (Objektive), die im 19. und 20. Jahrhundert für Fotokameras verwendet wurden.

Beispiele einige Objektive von Fotoapparaten aus dem 19. und 20. Jahrhundert gezeigt.

19.4.8 Kardinalelemente von dicken Linsen und Linsensystemen

Zur Korrektur der zahlreichen optischen Abbildungsfehler (Abschnitt 19.4.12) sind Objektive aus mehreren sphärischen Linsen (Linsensysteme) üblich, deren Dicke im Allgemeinen nicht mehr klein gegen die Brennweite ist. Zudem verwendet man Glassorten mit unterschiedlichen Spektren von Brechungsindex und Dispersion.

Auch das *Auge* ist ein solches System mit mehreren unterschiedlich brechenden Flächen (Abschnitt 19.5.1). Im Prinzip kann eine fehlerarme Abbildung mittels solcher Systeme durch sukzessive Anwendung der Zweilinsen-Gleichung auf jede der brechenden Flächen rechnerisch konstruiert werden. Diese Methode ist aber sehr umständlich, auch wenn heute digitale Algorithmen sie sehr erleichtern. Man kann sie umgehen, indem man eine gegenstandsseitige und eine bildseitige *Hauptebene* H1 bzw. H2 einführt und mit deren Hilfe die Berechnung auf ein *fiktives Ein- oder Zweilinsen-Modell* zurückführt (Abb. 19.24).

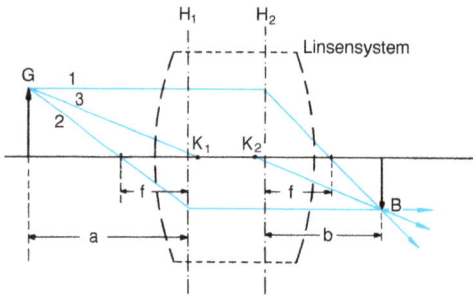

Abb. 19.24: Kardinalelemente von Linsen und Linsensystemen.

Misst man die Gegenstandsweite *a* von der gegenstandsseitigen, die Bildweite *b* von der bildseitigen Hauptebene aus, so gilt die Abbildungs-Gl. (19- 11) auch für Linsensysteme oder für Linsen, deren Dicke groß ist. Beim Auge liegen die Hauptebenen 1,35 mm bzw. 1,65 mm hinter dem *Hornhautscheitel*.

Mit den Hauptebenen führt man ein *optisches Ersatzbild* ein, bei dem die Wege der Lichtstrahlen und ihre Brechungen innerhalb des Linsensystems außer Acht gelassen werden. Wichtig sind nur mehr die Lichtstrahlen zwischen Gegenstand und Objektiv und zwischen Objektiv und Bild (Abb. 19.24).

Die beiden Hauptebenen müssen nicht innerhalb des Linsensystems liegen. Einige Beispiele, bei denen dies nicht der Fall ist, zeigt Abb. 19.25. Durch geeignete Wahl der Lage der Hauptebenen kann man z. B. sehr kompakte, kleine Teleobjektive für Fotoapparate konstruieren. Auch in Operationsmikroskopen liegt eine Hauptebene weit vor dem Objektiv, um viel freien Raum für das Operationsfeld zu schaffen.

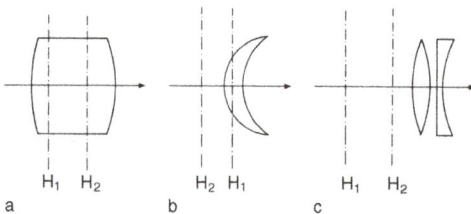

Abb. 19.25: Lage der Hauptebenen H_1 und H_2 der Kombination aus zwei dicken Linsen und einem Linsensystem.

Die *Hauptebenen* lassen sich durch folgende Konstruktion *fiktiver* Strahlen (Abb. 19.24) finden: Achsenparallel einfallende Strahlen (1) sollen das System unbeeinflusst bis zur bildseitigen Hauptebene H_2 durchlaufen und werden dort durch einmalige Brechung wie bei einer dünnen Linse zum bildseitigen Brennpunkt hin gebrochen. Durch den gegenstandsseitigen Brennpunkt gehende Strahlen (2) dagegen sollen an der gegenstandsseitigen Hauptebene H_1 eine einmalige Brechung erfahren und durchlaufen dann als Parallelstrahlen das System. Den dritten ausgezeichneten Strahl des abbildenden Strahlengangs (Abschnitt 19.4.9), den Mittelpunktsstrahl, kann man in Linsensystemen nicht einzeichnen. Es gibt jedoch bei allen Abbildungen einen fiktiven Strahl, der in seiner Richtung durch das System nicht abgelenkt, sondern nur durch den Abstand der Hauptebenen voneinander parallel versetzt wird, nämlich den Strahl (3). Seine Schnittpunkte mit der optischen Achse sind die *Knotenpunkte* K_1 und K_2.

In Abb. 19.24 ist direkt zu sehen, dass die *dünne Linse* sich als ein Spezialfall ergibt, bei dem die Hauptebenen im Innern der Linse zusammenfallen.

Bei Einführung und Kenntnis von Hauptebenen und Knotenpunkten lässt sich eine Abbildung eines Linsensystems (z. B. Objektiv) also ähnlich einfach berechnen oder konstruieren wie mit dünnen Linsen. Dies gilt speziell auch für das *Auge* und dessen Korrekturelemente (Kontaktlinsen oder Brillen). Wir müssen uns dabei aber vor Augen halten, dass die wirklichen Strahlen *innerhalb* des Systems ganz anders verlaufen als die in Abb. 19.24 gezeigten *fiktiven* Strahlen.

19.4.9 Konstruktion von Strahlengängen

Eine optische Abbildung lässt sich im Prinzip exakt berechnen. Mit der Abbildungs-Gl. (19.11) geht das aber nur, wenn man sich auf *achsnahe* Strahlen beschränkt. Übersichtlicher als die numerische Auswertung der Abbildungsgleichung und daher weitgehend üblich ist, zum Entwurf und zum Verständnis eines optischen Aufbaus den *optischen Strahlengang* mit den in Abschnitt 19.2 zusammengestellten Symbolen heranzuziehen und die Abbildung zeichnerisch zu ermitteln.

Um den Strahlengang übersichtlich zu zeichnen, wählt man aus dem gesamten Bündel möglicher, divergent vom Gegenstand ausgehender Lichtstrahlen nur einige aus. Man zeichnet zur grafischen Konstruktion des Bildes B von *einem* Punkt des Gegenstands G solche Strahlen, deren Verlauf ohne weitere Zuhilfenahme der Abbildungsgleichung oder des Brechungsgesetzes bekannt ist. Ihr Schnittpunkt liefert den zugehörigen Bildpunkt B.

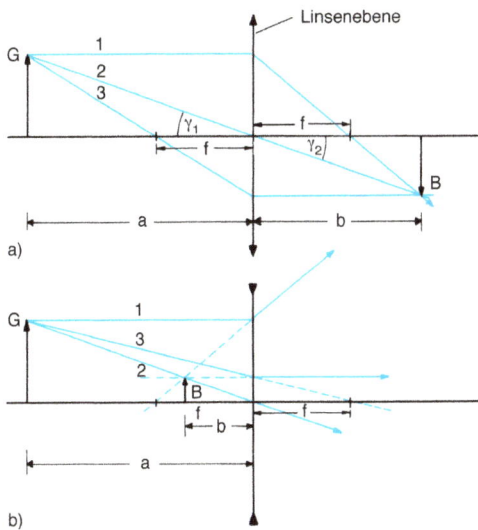

Abb. 19.26: Konstruktion von abbildenden Strahlengängen: (a) an der Sammellinse, (b) an der Zerstreuungslinse.

Diese *auszuwählenden Strahlen* sind für ein reelles Bild einer Sammellinse und für ein virtuelles Bild einer Zerstreuungslinse in Abb. 19.26 gezeichnet:

1. Der *Parallelstrahl* (1) verläuft vom Gegenstandspunkt parallel zur optischen Achse und wird daher zum Brennpunkt hin gebrochen. (Bei der Sammellinse ist es der hinter der Linse liegende Brennpunkt; bei der Zerstreuungslinse zeichnet man den virtuellen Strahl zu dem Brennpunkt, der vor der Linse liegt.)

2. Der *Brennstrahl* (3) geht durch einen Brennpunkt und wird daher so gebrochen, dass er danach parallel zur optischen Achse verläuft. (Bei der Sammellinse ist es der vor der Linse liegende, bei der Zerstreuungslinse der hinter der Linse liegende Brennpunkt.)

3. Der *Mittelpunktsstrahl* (2) geht durch den Durchstoßpunkt der optischen Achse durch die Linsenebene und wird nicht gebrochen.

Das reelle Bild liegt auf der dem Gegenstand entgegengesetzten Seite der Linse, das virtuelle Bild hingegen auf derselben Seite wie der Gegenstand.

Die Strahlengänge wie in Abb. 19.26 nennt man *abbildende Strahlengänge*. Die drei Strahlen sind dabei nützliche Hilfslinien, fiktive Strahlen, die allerdings nicht im Bündel der wirklichen Strahlen enthalten sein müssen, welche den Bildpunkt erzeugen. So wird, wenn man eine Kirche fotografieren will, der von der Turmspitze ausgehende Parallelstrahl nie auf das vergleichsweise winzige Fotoobjektiv treffen.

Um die tatsächlich durch eine vorgegebene Linse laufenden Lichtstrahlen darzustellen, zeichnet man den *Bündelstrahlengang* (Abb. 19.26). Dieser gibt die Begrenzungsstrahlen des wirklich vorhandenen Lichtbündels an (Abb. 19.27a, b). Die Querschnitte dieser Bündel sind durch *Blendenöffnungen* begrenzt, beispielsweise durch die Linsenfassung. Im Gegensatz zum abbildenden Strahlengang, der Auskunft über die Bildlage gibt, ermöglicht der Bündelstrahlengang Aussagen über die relative Helligkeit von Bildpunkten, über das *Gesichtsfeld* und über Abbildungsfehler. Als weiteres Beispiel sind in Abb. 20.4 beide Strahlengänge für das Mikroskop dargestellt.

Komplexe Strahlengänge können durch Anwendung des Brechungsgesetzes für Grenzflächen beliebiger Linsengeometrien mithilfe von Computern berechnet werden. Diese Methode wird als *raytracing* bezeichnet.

Abb. 19.27c zeigt einen Strahlengang für die Kombination eines 6-Linsen-Objektivs und eines unter 45° geneigten Planspiegels. Das Bild entsteht auf dem waagerechten Schirm.

Die Wirkung von Blenden Zwei Blenden begrenzen im Wesentlichen das tatsächlich durch ein optisches System laufende Strahlenbündel: die *Apertur-*

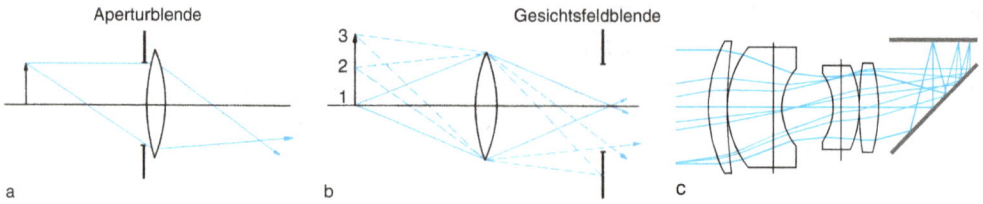

Abb. 19.27: Verwendung von Blenden im Strahlengang: (a) Aperturblende, (b) Gesichtsfeldblende, (c) mit einem Strahlenverfolgungsprogramm erzeugtes Beispiel eines Strahlengangs für eine Anordnung aus sechs Linsen und einem Spiegel.

blende (Abb. 19.27a) und die *Gesichtsfeldblende* (Abb. 19.27b). Die Aperturblende bestimmt die maximalen Öffnungswinkel der von Gegenstandspunkten ausgehenden und in das optische System eintretenden Lichtbündel und damit die durch das System übertragene Lichtleistung, d. h. die Bildhelligkeit. (Ein weit geöffnetes Strahlenbündel liefert ein helleres Bild als ein schmales Bündel.)

Auch für das *Auflösungsvermögen* abbildender Optiken ist der Öffnungswinkel, wie wir in Abschnitt 20.3.3 sehen werden, von Bedeutung.

Als Maß der Aperturblende bei einer Linse oder einem Objektiv gibt man die *relative Öffnung* an, die als das Verhältnis von Blendendurchmesser zu Linsenbrennweite definiert ist. Sie charakterisiert die *Lichtstärke* der Linse. Extrem lichtstarke Fotoobjektive haben beispielsweise eine relative Öffnung von 1 : 1,4 (siehe auch Abschnitt 20.9).

Als *Gesichtsfeld* bezeichnet man diejenige Fläche in der Gegenstandsebene, aus welcher Strahlen durch das abbildende System gelangen kann. Beim Mikroskop beispielsweise ist das Gesichtsfeld derjenige Objektbereich, den man, ohne das Objekt zu verschieben, überblicken kann. Das Gesichtsfeld im Mikroskop ist durch eine schwarze Umrandung begrenzt, die durch die Gesichtsfeldblende (Abb. 19.27b) entsteht.

Das Marianus-Czerny-Abbildungsdiagramm
Die vier Abbildungsmöglichkeiten mit Sammel- und Zerstreuungslinsen – vergrößert, verkleinert, virtuell oder reell – lassen sich in einem Diagramm zusammenfassen, das wir als grafische Darstellung der Abbildungs-Gl. (19-11) auffassen können, und das die Konstruktion von Strahlengängen sehr vereinfacht. Dazu tragen wir wie in Abb. 19.28 skizziert die Gegenstands-

weite a in einer Grafik gegen die Bildweite b auf. Bei reellen Bildern liegen die Bildweiten auf der positiven Halbachse ($b > 0$), bei virtuellen dagegen auf der negativen Halbachse ($b < 0$). Gegenstandsweiten sind normalerweise stets positiv und liegen daher auf der positiven Halbachse. Nun zeichnen wir den Punkt (f, f) ein, wobei f die Brennweite der verwendeten Linse ist. Bei einer Sammellinse ist f positiv, und der Punkt liegt im rechten oberen Quadranten, bei einer Zerstreuungslinse liegt er im linken unteren Quadranten, da f negativ ist. Wenn nun die Gegenstandsweite a auf der Gegenstandsachse eingezeichnet ist, so findet man die zugehörige Bildweite b, indem man a mit

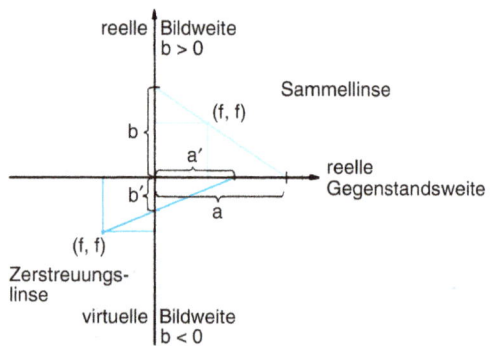

Abb. 19.28: Abbildungsdiagramm (nach *Marianus Czerny*). Konstruiert sind das reelle Bild einer Sammellinse ($f > 0$, $a > 0$, $b > 0$) und das virtuelle Bild einer Zerstreuungslinse ($f < 0$, $a' > 0$, $b' < 0$). (Diese Darstellung wurde von Marianus Czerny in seiner Einführungs-Physik-Vorlesung 1958 an der Universität Frankfurt/Main vorgestellt.)

dem Punkt (f, f) durch eine Gerade verbindet, diese weiter verlängert und ihren Schnittpunkt mit der Bildachse aufsucht.

Anhand des Czerny-*Diagramms* kann man sich auch leicht verständlich machen, wie bei der Sammellinse reelle in virtuelle Bilder übergehen, wenn *a* so klein gewählt wird, dass die Brechkraft nicht mehr ausreicht, die divergenten Objektstrahlen konvergent zu machen. Der Übergang erfolgt bei *a = f*, wobei im Czerny-Diagramm die Größe *b* gegen +∞ läuft und dann nach −∞ umschlägt.

Aus der Konstruktion ergibt sich beispielsweise auch: Eine Sammellinse kann reelle wie virtuelle Bilder liefern, eine Zerstreuungslinse nur virtuelle Bilder. In Abb. 19.28 sind ein reelles Bild einer Sammellinse (Gegenstandsweite *a*, Bildweite *b*) und ein virtuelles Bild einer Zerstreuungslinse (Gegenstandsweite *a′*, Bildweite *b′*) gezeigt.

Mithilfe der Beziehung *b/a = B/G* (Gl. (19-16)), wobei *B* und *G* Bild- bzw. Gegenstandsgröße sind, finden wir außerdem unmittelbar den *Abbildungsmaßstab* der Abbildung.

Zur Orientierung der Bilder im Czerny-Diagramm: Reelle Bilder sind stets umgekehrt, d. h., sie stehen auf dem Kopf, wie etwa das Bild im Auge oder im Fotoapparat. Virtuelle Bilder dagegen sind aufrecht, wie z. B. das Bild, das man mit der Leselupe sieht (Abschnitt 20.1).

19.4.10 Optische Vergrößerung

Für die Anwendung optischer Abbildungen ist die Größe des Bildes, bezogen auf die Größe des Gegenstands, entscheidend wichtig. Mit optischen Instrumenten wie Lupe oder Mikroskop vermögen wir sehr kleine Gegenstände *vergrößert* sichtbar zu machen. Verkleinerte Abbildungen werden in Fotoap-

paraten oder Filmkameras und auch durch das Auge entworfen.

Der *Abbildungsmaßstab*

$$V_A = \frac{B}{G}, \tag{19-15}$$

wobei *B* und *G* die Größen von Bild und Gegenstand bedeuten, gibt an, ob es sich um ein verkleinertes Bild ($V_A < 1$) oder ein vergrößertes Bild ($V_A > 1$) handelt.

In Abb. 19.26a sind die Winkel γ_1 und γ_2 gleich, also gilt $G/a = \tan \gamma_1 = \tan \gamma_2 = B/b$. Damit erhalten wir:

$$V_A = \frac{B}{G} = \frac{b}{a}. \tag{19-16}$$

Die Gegenstandsgröße verhält sich also zur Bildgröße wie die Gegenstandsweite zur Bildweite. Diese Beziehung gilt auch für virtuelle Bilder, wobei man aber den Absolutbetrag $B/G = |b/a|$ verwendet, da hier *b* negativ ist, der Abbildungsmaßstab aber eine positive Größe sein soll. Aus Gl. (19-16) folgt, dass bei einer vergrößerten Abbildung das Bild weiter von der Linse entfernt ist als der Gegenstand, (*b* > *a*), und dass die Vergrößerung mit dem Bildabstand wächst.

Bild und Gegenstand sind gleich groß (*1 : 1-Abbildung*), wenn *b = a* ist.

Aus Gl. (19-11) folgt, dass dies nur für *eine* Gegenstandsweite möglich ist, nämlich für den Abstand der *doppelten* Brennweite: *b = a = 2 f*.

Mit einfachen Sammellinsen kann man mit hoher Bildqualität maximal $V_A ≈ 10$ erreichen. Zwar sollten sich nach der Abbildungs-Gl. (19-11) beliebig große Bilder erzeugen lassen, aber die Abbildungsfehler (Abschnitt 19.4.12) einer einfachen Sammellinse verschlechtern bei hohen Vergrößerungen derart die Bildqualität, dass man zu komplizierten Viellinsensystemen greifen muss. Mit guten Objektiven lassen sich dann Abbildungsmaßstäbe z. B. mit dem Lichtmikroskop von $V_A \approx 100$ erreichen.

19.4.11 Die Schärfentiefe

Wollen wir ein *räumlich* ausgedehntes Objekt abbilden – etwa eine Landschaft fotografieren –, so wird nach Gl. (19-11) nur eine Gegenstandsebene im Abstand a auf dem Film im Abstand b von der bildseitigen Hauptebene des Objektivs scharf abgebildet.

In der Filmebene im Abstand b erscheinen Gegenstände aus anderen Entfernungen mehr oder weniger *unscharf*. Aus Gegenstandspunkten werden dadurch *Bildscheibchen*. Bei der Fotografie nimmt man diese Unschärfe in Kauf, solange sie so gering bleibt, dass sie mit dem bloßen Auge auf dem Bild nicht störend wahrgenommen wird. Zudem verliert das Bild nichts an maximal möglichem Informationsgehalt, wenn diese Bildscheibchen nicht größer sind als die Körnigkeit des (analogen) Filmmaterials (d. h. die Größe der Silberhalogenidkristalle) oder der Pixelabstand eines digitalen Bildsensors.

> Den Bereich derjenigen Gegenstandsweiten in der Umgebung der eingestellten (scharfen) Gegenstandsweite, bei denen die Bildscheibchen diese Größen nicht wesentlich überschreiten, nennt man den *Schärfentiefenbereich*.

Die *Schärfentiefe* ist abhängig von der eingestellten Gegenstandsweite; sie ist umso geringer, je kleiner die Gegenstandsweite ist. Während sie beispielsweise bei fotografischen Landschaftsaufnahmen viele Kilometer bis zum Horizont betragen kann, verwendet man bei Mikroskopie-Aufnahmen spezielle *Dünnschnitte des Objekts*, damit weiter entfernte Objektbereiche, die durch ihre Unschärfe in der Bildebene die Bildqualität beeinträchtigen könnten, überhaupt nicht existieren.

Wie Abb. 19.29 zeigt, hängt die Schärfentiefe zudem von dem Öffnungswinkel des Lichtbündels ab. Mit dem Abstand von der Ebene des scharfen Bildes wächst der Durchmesser des Unschärfe-Scheibchens an, und das umso schneller, je größer der Öffnungswinkel des Lichtbündels ist. Wird die Öffnung des von einem Gegenstandspunkt ausgehenden Bündels durch Einengung mit einer Aperturblende enger gemacht, dann wird die Schärfentiefe einer Abbildung *erhöht*, d. h., ein Unschärfe-Scheibchen bleibt auch in größerem Abstand von der Bildebene noch klein. In Kameraobjektiven ist für diesen Zweck eine veränderbare Blende eingebaut. Eine Lochkamera, deren Ursprung die *Camera obscura* ist, hat eine sehr kleine Blende und keine Linse. Dadurch hat sie im Prinzip eine unendliche Schärfentiefe. Ihr Nachteil ist, dass sie nur sehr wenig Licht sammelt, sodass das Bild sehr dunkel und damit ihr Einsatz auf hellstes Tageslicht beschränkt ist.

Im *Auge* öffnet sich bei schwachen Lichtstärken die *Irisblende* automatisch und vermindert dadurch den Schärfenbereich. Wich-

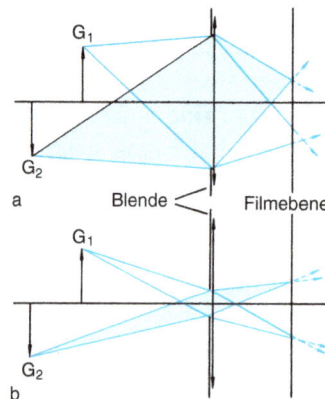

Abb. 19.29: Zur Schärfentiefe: Eine den Gegenstand G_2 auf die Filmebene scharf abbildende Linse entwirft von einem näher (oder ferner) liegenden Gegenstand G_1 in der Filmebene ein Bildscheibchen. Dieses ist (a) groß bei großer Blendenöffnung (starke Unschärfe), (b) kleiner bei kleiner Blendenöffnung (geringere *Unschärfe*).

tig ist dies auch für Fehlsichtige: Sie können im Dämmerlicht noch schlechter sehen.

19.4.12 Abbildungsfehler

Der Planspiegel ist das einzige optische Instrument, das für beliebige Abbildungen keine Abbildungsfehler erzeugt. Optische Abbildungen mit Linsen dagegen sind durch vielfältige Abbildungsfehler beeinträchtigt. Durch zusätzliche Korrekturlinsen und bezüglich der Abbildungsfehler korrigierte Objektive können diese aber verringert werden. Ein gutes Fotoobjektiv enthält z. B. zu diesem Zweck bis an die 20 Linsen (40 Grenzflächen), die aus unterschiedlichen Glassorten bestehen können anstelle einer Einzellinse. Eine Alternative bzw. Ergänzung zu Linsenkombinationen ist die Verwendung nichtsphärischer Linsen, die allerdings für bestimmte Gegenstands- und Bildweiten speziell hergestellt werden müssen.

Neben dem schon in Abschnitt 19.4.1 behandelten Öffnungsfehler gehört zu den Abbildungsfehlern:

Der Astigmatismus nichtsphärischer Linsen Unter den Abbildungsfehlern hat – bei den in Abschnitt 19.5.2 behandelten Fehlsichtigkeiten – der Astigmatismus die größte Bedeutung. Er tritt häufig in der *Augenheilkunde*

als Fehler des Auges auf und muss durch geeignete Brillengläser korrigiert werden.

Es kommt allgemein zu diesem Bildfehler, wenn eine Linsenfläche nicht kugelförmig, sondern *ellipsoidförmig* ist, d. h., wenn die Linse in zwei zueinander senkrechten Ebenen verschiedene Krümmungsradien und damit nach Gl. (19-12) verschiedene Brennweiten hat (Abb. 19.30).

Dadurch wird ein einfallendes paralleles Strahlenbündel (das von einer sphärischen Linse in einem Brennpunkt gebündelt würde) in verschiedenen Abständen von der Linsenebene in zwei zueinander senkrechte Striche abgebildet. Von einem Quadrat als Gegenstand werden dann z. B. in *einer* Bildweite nur die senkrechten, in einer *anderen* nur die waagerechten Seiten scharf abgebildet. Die dazwischenliegenden Bilder sind unscharf (Abb. 19.31). Die astigmatischen Bilder sind zudem verzerrt; aus dem Quadrat wird ein Rechteck, weil sich wegen der verschiedenen Brechkräfte auch die Abbildungsmaßstäbe (Abschnitt 19.4.9) in den zwei zueinander senkrechten Richtungen in der Bildebene unterscheiden.

Das extremste Beispiel einer astigmatischen Linse ist der halbzylindrische Glasstab, auch *Zylinderlinse* genannt (Abb. 19.32): In der zur Stabachse senkrechten Ebene ist der Krümmungsradius endlich, sodass eine endliche Brechkraft resultiert, in der zur Stabachse parallelen Ebene dagegen ist der Krümmungs-

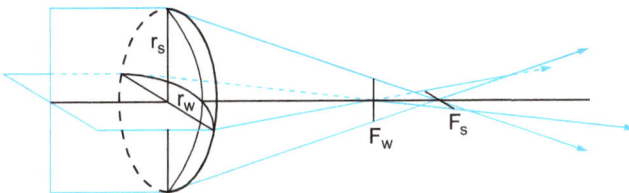

Abb. 19.30: Astigmatismus einer Linse mit Zylinderanteil (waagerechter Krümmungsradius r_w < senkrechter Krümmungsradius r_s). F_w und F_s kennzeichnen die zugehörigen „Brenn-Linien", die an die Stelle der Brennpunkte von Linsen treten.

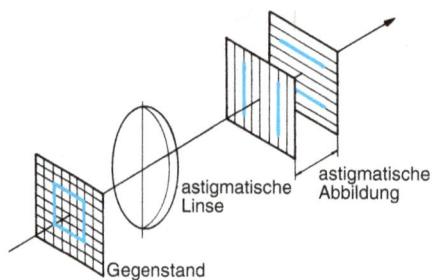

Abb. 19.31: Abbildung mit einer astigmatischen Linse.

radius unendlich, und die Brechkraft ist null. Ein paralleles Lichtbündel wird daher durch eine Zylinderlinse nicht in einem Punkt (wie bei der sphärischen Linse), sondern in einem Strich gesammelt.

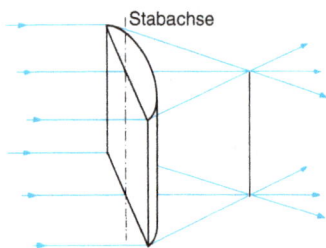

Abb. 19.32: Astigmatismus einer Zylinderlinse.

Beim *Auge* kommt es häufig vor, dass die Hornhaut ungleichmäßig gekrümmt ist, wodurch eine astigmatische Abbildung entsteht.

Zur Korrektur des Astigmatismus einer Linse (z. B. einer deformierten *Hornhaut*), die in zwei zueinander senkrechten Ebenen die Brechkräfte $1/f_1$ und $1/f_2$ hat, kann man daher eine *Brille* mit geeigneter Zylinderlinse der Brechkraft $1/f_3$ hinzufügen, die so angeordnet wird, dass die niedrigere Brechkraft, z. B. $1/f_2$, verstärkt wird, ohne die höhere, z. B. $1/f_1$, zu verändern (dies gilt für den Fall einer sammelnden Zylinderlinse; Zylinderlinsen können natürlich auch Zerstreuungslinsen sein).

Für eine astigmatismusfreie Abbildung muss die Krümmung einer *Korrekturlinse*, d. h.

ihre Brechkraft $1/f_3$, so gewählt werden, dass die resultierenden Brechkräfte in beiden Ebenen gleich werden. Ist der Abstand zwischen astigmatischer Linse und Korrekturlinse klein, so ist nach Gl. (19-13) die Bedingung

$$\frac{1}{f_1} = \frac{1}{f_2} + \frac{1}{f_3} \qquad (19\text{-}17)$$

zu erfüllen, damit in der Bildebene oder auf der Netzhaut ein symmetrisch scharfes Bild entsteht.

Die Stärke des Astigmatismus des *Auges* beschreibt man durch den Unterschied zwischen der größten Brechkraft $1/f_1$ und der kleinsten Brechkraft $1/f_2$ in aufeinander senkrechten Strahlenebenen. Die Größe

$$\delta = \frac{1}{f_1} - \frac{1}{f_2} \qquad (19\text{-}18)$$

heißt *astigmatische Differenz*. Sie wird wie die Brechkraft in Dioptrien (dpt) angegeben.

Der Astigmatismus sphärischer Linsen
Fällt ein Lichtbündel *schräg* auf eine sphärisch gekrümmte Linsenfläche, so sind in zwei zueinander senkrechten Einfallsebenen die Krümmungsradien ebenfalls verschieden. Abbildungen eines Gegenstands durch Strahlenbündel, die gegen die optische Achse geneigt sind, sind also auch bei sphärischen Linsen astigmatisch.

Der Öffnungsfehler oder sphärischer Fehler Bei Linsen mit sphärisch gekrümmten Flächen tritt, wie wir in Abschnitt 19.4.1 gesehen haben, für mäßige und große Öffnungswinkel (>5°) der *Öffnungsfehler* auf. Das Brechungsgesetz ergibt für *achsferne* Strahlen bei einer sphärischen Sammellinse einen Bildpunkt, der näher an der Linse liegt als für *achsnahe* Strahlen. Dieser Abbildungsfehler lässt sich verkleinern, indem man die gesamte Brechung in mehrere Schritte jeweils geringerer Brechung zerlegt, d. h., Linsensysteme mit mehreren schwächer gekrümmten Linsen verwendet, sodass schließlich die Einfallswinkel auf die einzelnen Linsenoberflächen auch für achsferne Strahlen klein werden.

Auch bei sphärischen *Hohlspiegeln* tritt der Öffnungsfehler auf; anstelle des Brennpunktes entsteht die komplizierte *Kaustik* genannte Figur (Abschnitt 19.3.2.2, Abb. 19.7). Er lässt sich nur korrigieren, indem man den Spiegel asphärisch macht. Ein Beispiel ist der *Parabolspiegel*, der parallel einfallende Strahlen in einem Punkt sammelt, unabhängig davon, wie breit das Bündel ist, also keine Kaustik aufweist. Bringt man umgekehrt eine Lichtquelle in diesen Punkt, so sendet der *Parabol-Scheinwerfer* ein Parallel-Lichtbündel besonders großer Reichweite aus. Allerdings gilt dies nur für achsparallele Strahlen, sodass der Parabolspiegel für die Abbildung eines Gegenstands ungeeignet ist.

Die Bildfeldwölbung Bei einfachen Linsen liegt das Bild einer Gegenstands*ebene* nicht exakt in einer Ebene, sondern auf einer gekrümmten Bildfläche. Das Bild in einer Abbildungsebene (Sensorchip einer Digitalkamera oder fotografischer Film) wird dadurch zum Rand hin unscharf, da dort die Bildpunkte nicht mehr in der Abbildungsebene liegen. Durch Linsensysteme, die man *Aplanate* nennt, lässt sich das Bildfeld ebnen.

Beim gesunden *Auge* folgt durch die Krümmung der Netzhaut der gekrümmten Bildfläche, so dass dieser Fehler nicht auftritt.

Der Farbfehler oder chromatische Fehler Er wird durch die *Dispersion* (Abschnitt 18.3.3) des Linsenmaterials verursacht, tritt also bei Spiegeln nicht auf. Da der Brechungsindex n von durchsichtigen Linsenmaterialien mit der Wellenlänge des verwendeten Lichts variiert, $n = n(\lambda)$, hat nach Gl. (19-12) jede Linse für *verschiedenfarbiges* Licht unterschiedliche Brennweiten (Abb. 19.33). Ein Gegenstand, der weißes Licht aussendet, wird also hintereinanderliegende Bilder verschiedener Farben liefern, sodass im Bild

daher Kanten von einem *Farbsaum* umgeben sind. Der Farbfehler kann durch Kombination von Sammel- und Zerstreuungslinsen aus Linsenmaterialien mit unterschiedlicher Dispersion, sogenannte *Achromate*, vermindert werden.

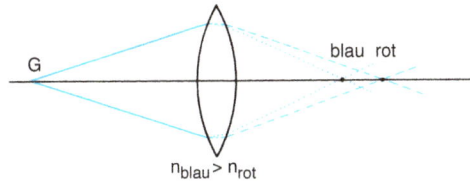

Abb. 19.33: Farbfehler einer Sammellinse.

Auch beim *Auge* tritt der Farbfehler auf; da das Auge aber für Rot und Blau, also an den Grenzen des sichtbaren Spektrums, weniger empfindlich ist als für Gelb und Grün (im Zentrum des Sichtbaren), fallen die farbigen Säume in der Regel beim Sehen nicht störend auf.

Die Verzeichnung Sie beruht nicht auf Linseneigenschaften, sondern kann auftreten, wenn Blenden im Strahlengang etwa zur Änderung der Schärfentiefe falsch angeordnet werden (Abschnitt 19.4.10). Liegt die Blende nicht in unmittelbarer Nähe der Linse, sondern zum Gegenstand hin verschoben, so werden weit ab von der optischen Achse liegende Gegenstandsbereiche mit *kleinerem* Abbildungsmaßstab abgebildet als achsnahe. Als Folge davon wird ein Quadrat *tonnenförmig* verzeichnet. Bei anderer Lage der Blende kann die Verzeichnung auch *kissenförmig* sein.

19.5 Das Auge und der visuelle physikalische Bildbearbeitungsapparat

Licht und *Farbe* sind nicht da, wo wir sie sehen, sondern sie entstehen erst als Sinnesempfindung im Gehirn eines Betrachters. Wo kein Betrachter existiert, gibt es weder Licht noch Farben. Streng genommen gibt es in der Physik als Wissenschaft der Materie und der Energie *keine* Farben. Der Mensch verfügt mit dem „Sehen" eindeutig über einen seiner wichtigsten Wahrnehmungs- und Kommunikationskanäle.

Daher soll im Folgenden dieses Sinnesorgan als *Beispiel* für die prinzipielle, vorwiegend physikalische Funktionsweise der Details des *Seh-Vorgangs* näher behandelt werden. Dazu beschränken wir uns darauf, aus der Fülle von Forschungsinformationen ein grobes – und bisweilen auch widersprüchliches – Bild des Sehvorgangs zusammenzustellen.

Kommunikation über den Bild-Informationskanal erfolgt durch den Sehapparat aus Auge, Sehnerv und Gehirn. Dabei kommt dem Auge nur die Aufgabe zu, ein Bild auf der mit Licht- und Farbsensoren *(Pixel)* bestückten Netzhaut zu erzeugen und das Bild durch diese Sensoren für den Transport durch den Sehnerv in elektrische Signale umzuwandeln. Die Bildverarbeitung erfolgt im Gehirn. Sie ist außerordentlich komplex und bisher wenig erforscht.

Das menschliche Auge stellt, physikalisch gesehen, ein kompliziertes, optisches System dar, das folgende Funktionen erfüllt:

Das Auge besteht aus dem Augapfel, in dem auf der Netzhaut ein optisches Bild entworfen wird, das in fotosensitiven Mikrosensoren in ein elektrisches Bild umgewandelt wird, und einer großen Zahl von über den Sehnerv angekoppelten Zellen für die weiteren Stufen der Bildbearbeitung im Gehirn.

1. Es wird in jedem der beiden Augen ein Bild eines Ausschnitts der direkten Umgebung erzeugt *(optische Abbildung)*.
2. Durch Rezeptoren werden *elektrische* Pulsfolge-Signale erzeugt, die über Nervenfasern zum Gehirn geleitet werden und dort verarbeitet werden *(Bildverarbeitung)*.
3. Durch einen unbewusst erfolgenden Regelungsvorgang wird die Bildschärfe auf der Netzhaut geregelt *(Akkommodation)*.
4. Entsprechend wird auch die Bildhelligkeit geregelt *(Adaptation)*: Dies erfolgt mittels der *Irisblende, deren* relative Öffnung zwischen 1 : 2 und 1 : 8,5 variieren kann.
5. Durch Mischung der (zweidimensionalen) Netzhautbilder beider Augen im Gehirn entsteht ein räumlicher Eindruck der Gegenstände *(räumliches* Sehen).
6. Da es auf der Retina unterschiedlich farbempfindliche Rezeptoren gibt, kann aus der Farbmischung des in das Auge fallenden Lichtbündels ein Farbeindruck entstehen *(Farbsehen)*.

Die Augen vieler Tiere unterscheiden sich bezüglich vieler Details ihrer physikalischen und biophysikalischen Funktionen und ihrer Fähigkeiten weitgehend von denen des Menschen. Dies gilt z. B. für die Farbempfindlichkeit, die optische Bildschärfe oder das Blickfeld.

Die einfachste Art von *Lichtempfindlichkeit* ist bei dem *Schlangenstern* zu finden, der kein zentrales Nervensystem besitzt und dessen nur schwach ausgeprägtes Seh- und Orientierungsvermögen auf Tausenden auf der ganzen Körperoberfläche verteilten lichtempfindlichen Zellen mit (tagsüber) orientierungsempfindlichen Farbpigmenten beruht.

Andererseits haben einige Raubvogel-Arten, wie z. B. der Steinadler, Sehschärfen von bis zum Zehnfachen der Sehschärfe des Menschen und können Mäuse aus 1000 Meter Höhe erkennen. Ihre extrem gute Sehfähigkeit entsteht infolge einer speziellen Vergrößerungsmethode für die Umgebung der *fovea centralis*. Wale nutzen Infraschall-Signale und orten ihre Gegner unter Wasser über Entfernungen von vielen Kilometern. Sie kommunizieren miteinander über noch wesentlich größere Entfernungen. Rentiere nehmen mittels Kontrastüberhöhung Spuren im hellen Schnee wahr. Und die Facettenaugen von Bienen sind nicht nur intensitäts- und farbempfindlich, sondern können auch lokal variierende Polarisationszustände im Tageslicht unterscheiden. Sie nutzen dies für ihre eigene Orientierung und für die Dokumentation von weit entfernten Futterplätzen und die Information des eigenen Bienenvolkes darüber.

Bei Katzen tritt das Licht zweimal durch die Netzhaut, wodurch ihre Sehempfindlichkeit wesentlich erhöht wird. Und die beiden Augen des Chamäleons, die sich an der Seite des Kopfes befinden, können unabhängig voneinander die ganze Rundum-Umgebung beobachten. Auch die Spektralempfindlichkeit der Augen variiert in der Tierwelt erheblich. So ist das Rentier im nahen UV-Spektralbereich empfindlich, um Kontraste im Schnee besser wahrnehmen zu können. Übrigens ist auch der Mensch, der eine *Staroperation* hinter sich hat, für UV empfindlich.

Als weitere Beispiele seien das aus Tausenden von Einzelaugen zusammengesetzte Facettenauge von Libellen und das Stielauge mit 360-Grad-Rundumsicht einer Krabbenart erwähnt. Unklar scheint noch immer zu sein, ob die Erzeugung von Fluoreszenzlicht auf der Haut von Tiefseefischen zu deren visueller Kommunikation beiträgt.

Alle *Sinneswahrnehmungen* entstehen durch die Kombination von Signalerzeugungen und -empfang in Sensoren und ihre weitere Bearbeitung in Gehirn und/oder Nervensystem.

Die im Auge erzeugten Signale werden über das *neuronale Netz* im Körper weitergeleitet und verteilt. Dieses Netz besteht aus *Neuronen* (Nervenzellen), die untereinander durch Schaltstellen, *Synapsen,* miteinander verbunden sind. Synapsen bestehen aus zwei durch den *synaptischen Spalt* voneinander getrennten Teilen. Sie leiten nicht nur Körpersignale weiter, sondern haben zusätzliche aktive Funktionen für deren Veränderungen bei dem Übertritt über den Spalt, wie Speicherung von Daten oder Lernen und Vergessen durch Manipulationen an den Datensätzen.

Etwa 40 % aller externe Informationen bearbeitender Gehirn-Areale dienen dem *Sehen,* d. h. dem strukturerkennenden und farbempfindlichen (dem *bildmäßigen) Wahrnehmen* der Umwelt. In der Fachliteratur ist zu finden, dass man bis jetzt mehr als 30 verschiedene *visuelle,* mehr oder weniger *voneinander räumlich getrennte Areale* im Gehirn identifiziert hat, und an Wahrnehmung, Interpretation und Reaktion auf visuelle Reize sind etwa 60 % der gesamten *Großhirnrinde* beteiligt. Wegen dieser Komplexität und Vielseitigkeit wird das Sehen als eines der „Meisterwerke der Evolution" bezeichnet.

Im Folgenden werden einige weitere Hinweise gegeben, die die Komplexität des Sehvorgangs verdeutlichen:

Begonnen werden soll mit einer allgemeinen Bemerkung: Sensoren bearbeiten vorzugsweise beschränkte Teile der von Objekten ausgehenden und auf das Auge auftreffenden Informationen von „bedeutsamen" Wahrnehmungs- und „Aufmerksamkeitsbereichen". Andere Teile der Informationen werden als weniger „bedeutsam" eingestuft, nicht wahrgenommen und entsorgt.

Im *temporalen, visuellen Cortex* sind beispielsweise Bereiche identifiziert worden, die spezifisch auf Hände und Gesichter ansprechen.

Eine Bilderkennung benötigt mit Laufzeiten und Schaltzeiten etwa 150 ms. Das subjektive Bild wird nach dessen Aufbau für bestimmte Zeiten im visuellen *Gedächtnis* gespeichert und kann für die Steuerung von Handlungen genutzt werden. Danach wird es durch neuere Informationen verdrängt *(überschrieben).* Wahrnehmung und Speicherung werden dauernd wiederholt, solange Aufmerksamkeit für das „erkannte" Objekt besteht. Auftretende Lücken werden dabei durch das *Kurzzeit-Gedächtnis* gefüllt. Um detaillierte Informationen zu erfassen, wenn „unser Blick auf das Objekt fällt", *konzentriert* sich die visuelle Bildverarbeitung auf spezifische, „bedeutende" Aspekte. Andere unwichtige und auch weiter entfernt von der *fovea centralis* liegende Bildbereiche werden unter Umständen bei dem Wahrnehmungsprozess gar nicht bemerkt.

Wahrnehmung und Kommunikation über den visuellen Informationskanal erfolgen durch den *Sehapparat* aus Auge, Sehnerv und Gehirn.

Die Fotorezeptoren des Auges sind über die Netzhaut verteilt, aber nicht gleichförmig (insgesamt sind es 120 Millionen *Stäbchen* und sechs Millionen *Zapfen*.) Die *Netzhaut* ist dabei mehr als ein passiver Sensor, vielmehr ähnelt sie im Prinzip – aber natürlich nicht in der Realisierung – einem Computer mit Bildbearbeitungsprogramm.

Fixieren wir ein Objekt, dann werden die Augen so gedreht, dass das geometrisch-optische Bild auf die *fovea centralis* (die *Sehgrube*) abgebildet wird, wo die Dichte der Fotorezeptoren (mit Ausnahme des zentralen Durchstoßpunktes des Sehnervs, wo sich keine Rezeptoren befinden) am größten und das Detailsehen höchstauflösend ist. Dieser Netzhautbereich ist beschränkt auf nur 2° des gesamten Gesichtsfeldes, das sind nur 0,01 % der Netzhautfläche. In der *fovea* befinden sich 150.000 Ganglienzellen pro mm^2, es sind ausschließlich Zapfenzellen und weitere spezielle lichtempfindliche Ganglienzellen. Erregbare Rezeptoren sind von einem *gegensteuernden* und einem *signalhemmenden*, rezeptiven Feld umgeben. Durch diese Anordnung werden eine präzise Detailauflösung und zugleich ein großes Gesichtsfeld gewährleistet.

Aufbau und weitere Funktionen des *Auges* werden im Folgenden kurz zusammengefasst:
Die Aufgabe des menschlichen *Auges* ist wesentlich darauf beschränkt, durch eine optische Abbildung auf der Netzhaut ein Bild zu erzeugen, es durch lokale Sensoren in Pixel-Signale eines *elektrischen Bildes* umzuwandeln und dieses für den Transport über die Sehnerven in digitalisierter Form *(Kodierung)* vorzubereiten.

Physikalisch gesehen ist das Auge ein kompliziertes optisches/elektrisches System, bestehend aus dem abbildenden System der Hornhaut und der Linse, den fotosensitiven Zellen selbst und einem großen Anhang von weiteren angekoppelten Zellen für die weiteren Stufen der Datenbearbeitung. In den Rezeptor-Systemen laufen nach der fotochemischen Aktivierung durch Photonen weitere chemische Reaktionen zur Verstärkung der fotoelektrischen Signale um einen Faktor 6000 ab.

Den *Augenhintergrund* überziehen (von außen nach innen) die *Lederhaut*, die *Aderhaut* und die *Netzhaut*. Auf der letzteren entsteht das optische Bild. Sie enthält die Licht-Rezeptoren, und zwar die helligkeits- und farbregistrierenden *Zapfenzellen* und die lediglich helligkeitsregistrierenden (aber wesentlich empfindlicheren) *Stäbchenzellen*. Die Stäbchen reagieren langsamer auf Lichtpulse als die Zapfenzellen.

Abbildung 19.34 zeigt einen mikroskopischen Querschnitt der Netzhaut. Diese Zellen erzeugen Signale, die an das Gehirn weitergeleitet werden. Die nachgeschaltete Bildverarbeitung macht aus einer optischen Anordnung von Licht-Pixeln, mit wegen optischer Abbildungsfehler *nur mäßiger optischer Bildqualität (Zitat Helmholtz)* ein äußerst sensitives, optimiertes Wahrnehmungsorgan.

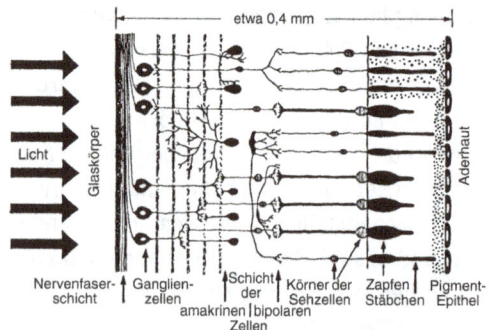

Abb. 19.34: Querschnitt durch die Netzhaut eines menschlichen Auges (nach Bergmann/Schaefer: Lehrbuch der Experimentalphysik, Band 3, de Gruyter).

Das wesentlich durch die Augenlinse und die gekrümmte Luft-Hornhaut-Grenzfläche erzeugte *optische Bild* auf der Netzhaut ist reell, verkleinert und auf dem Kopf stehend. Es ist ein *zweidimensionales* Bild. Erst in den weiteren Bearbeitungsstufen wird daraus ein subjektiver Wahrnehmungseindruck, der wieder *aufrecht stehend, vergrößert und dreidimensional* ist.

Wichtig ist, darauf hinzuweisen, dass die Bildanalyse der Wahrnehmung offenbar qualitativ und nicht quantitativ oder mit numerischer oder linearer Bearbeitung erfolgt. In jedem Auge wird nahe der *fovea centralis* der Netzhaut ein Bild eines Ausschnitts der direkt wahrgenommenen Umgebung erzeugt. Die *fovea* (mit Ausnahme ihres Zentrums, wo der Sehnerv das Auge verlässt) enthält nur Zapfen, ist aber von einem Wall dicht gepackter Stäbchenzellen umgeben. Das Entstehen von dreidimensionaler Raum- und Tiefenwahrnehmung gehört zu den noch weitgehend ungeklärten Teilen des Sehens *(räumliches Sehen).*

Sind die betrachteten Objekte zweidimensional, dann kann die von *Leonardo da Vinci* entwickelte *Linearperspektive* hilfreich sein, d. h. die Einführung eines *Fluchtpunkts für parallele Linien,* um die Dreidimensionalität eines Bildes *vorzutäuschen.* Ebenso vermag z. B. bei Gemälden die *Farbperspektive* (*Verblauung* von Farben mit zunehmender, gemalter Bildtiefe) eine räumliche, dreidimensionale Bildwirkung vorzutäuschen.

Die räumliche *Auflösungsfähigkeit* des visuellen Systems ist in der *fovea centralis* am besten und beträgt weniger als 1°.

Im Zentrum der *fovea* ist der *blinde Fleck* unter 15° gegen die optische Achse verschoben. Der blinde Fleck ist frei von Rezeptoren. Er ist wegen einer Korrekturfunktion des Sehapparats beim normalen Sehen nicht bemerkbar oder störend.

Visuelle „Tricks" helfen für jedes einzelne Auge und beruhen wesentlich auf dem im Gedächtnis gespeicherten Wissen über die wahrgenommenen Objekte.

Wichtig ist, dass unser angelerntes, in drei verschiedenen Arten von Gedächtnis, dem *ikonischen Gedächtnis* (für große Informationsmengen mit Speicherzeiten $t \sim 1$ sec), dem *Kurzzeit-Gedächtnis* (mit $t < 1$ sec) und dem visuellen *Langzeit-Gedächtnis* (mit Zeiten bis zu Jahren), dort im Lauf des Lebens gesammeltes „Wissen" zur Interpretation und zum Verständnis von Informationsinhalt wesentlich beitragen.

Zur Speicherung erfolgt eine *Zerlegung* des geometrisch-optischen Netzhautbildes in Bilddetails und eine *Neuordnung.*

Dies geschieht nicht nach der realen räumlichen Strukturanordnung, sondern nach allgemeineren Ordnungsprinzipien und Merkmalen, wie Farbe, parallelen Linien, Ecken usw., sowie zeitlichen Veränderungen. Nach *speziellen Codes* werden Teile in unterschiedlichen, im *zentralen Nervensystem* verteilten visuellen Arealen umgeordnet und schließlich zu einem neuartigen, vernetzten und manipulierbaren, dreidimensionalen, subjektiven, *virtuellen Endbild der Wahrnehmung* geformt, das aber nun mit vielen *Lebens- und Körperfunktionen* in Wechselwirkung treten kann, um Handlungen wie z. B. diejenigen, welche auf Handarbeit beruhen, aber auch durch allgemeine Verhaltenssteuerung das Denken, das Erinnern, die Fantasie, die Schöpferkraft, kurz: wesentliche Lebensfunktionen, mitzubestimmen.

Nochmals: Die vom Objekt ausgehenden optischen Informationen werden als elektrochemische Puls- und Wechselstrom-Signale, die *Neuronen,* über das zentrale Nervensystem in Gehirn und Körper verteilt. Das geschieht innerhalb von $\sim 1/10$ Sekunde. Die Informationsverarbeitung ist offenbar hochgradig parallel. Man hat zwei isolierte Systeme von *Strombahnen* hoher Selektivität entdeckt: den Wo-*Strom* für Positions- und Bewegungs-Informationen und als zweiten den *Was-Strom* für das Erkennen von Objekten.

Rund 80 % der über den Sehnerv laufenden visuellen Signale stammen aus dem Bereich der *fovea centralis*. Die Kommunikation läuft in den *neuronalen Netzen* im Wesentlichen anders ab als in *allen Arten* von technischen Computern und lässt kaum Vergleiche als *sinnvoll* erscheinen. Als ein wichtiges Ergebnis ist gefunden worden, dass der Mensch etwa 10^{10} Neuronen besitzt, wobei jedes über 10.000 Verbindungen mit benachbarten Synapsen verfügen kann, die über etwa 4 km Nervenbahn pro mm^3 miteinander verknüpft sind.

19.5.1 Optische Abbildung im Auge

Vier Bestandteile des Augapfels (Abb. 19.35a) tragen zur geometrisch-optischen Abbildung bei: die Hornhaut, das Kammerwasser, die Linse und der gallertartige Glaskörper. Kammerwasser und Glaskörper besitzen beide einen Brechungsindex von $n = 1,336$. Die Linse wirkt wie eine einfache Bikonvexlinse mit dem Brechungsindex $n = 1,437$. Tatsächlich ist ihre Form nicht exakt sphärisch. Auch besteht sie nicht aus homogenem Material, sondern aus einigen Tausend übereinanderliegenden elastischen Schichten, die sich in ihrem *Brechungsindex* sehr geringfügig voneinander unterscheiden, sodass das Licht an jeder Schichtgrenze gebrochen wird. Die Fokussierung der Lichtstrahlen erfolgt also über das ganze Schichtsystem der Linse, verteilt in vielen Einzelschritten.

Zur Brechung beitragende Flächen sind die gekrümmten Grenzflächen Luft/Hornhaut, Hornhaut/Kammerwasser, Kammerwasser/Linse und Linse/Glaskörper. Die Brechkraft dieses gesamten Linsen-Systems zur Erzeugung der optischen Abbildung eines Objekts auf der Netzhaut beträgt im Ruhezustand etwa 60 dpt.

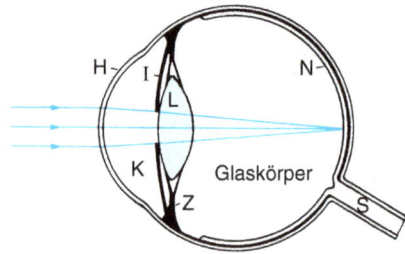

a

H – Hornhaut	N – Netzhaut
I – Iris (Blende)	Z – Ziliarmuskel
K – Kammerwasser	S – Sehnerv
L – Linse	

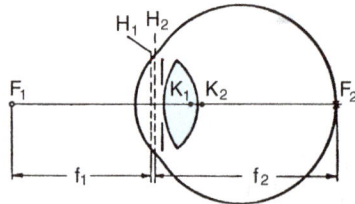

b

Abb. 19.35: (a) Das Auge als optisches Instrument, (b) Lage der Brennpunkte F_1, F_2, der Hauptebenen H_1, H_2 und der Knotenpunkte K_1, K_2 im Auge (nach Bergmann/Schaefer: Lehrbuch der Experimentalphysik, Band 3, de Gruyter).

Die zugehörige Brennweite ist $f \approx 16{,}7$ mm. Den Hauptbeitrag zur Abbildung eines Objekts liefert die Grenzfläche Luft/Hornhaut. Die Linse realisiert die Feineinstellung der Bildschärfe für unterschiedliche Gegenstandsweiten a.

Durch einen unbewusst erfolgenden Regelungsvorgang der durch die *Ziliar-Muskeln und die Zonulafasern* verformbaren elastischen Augenlinse wird die Bildschärfe im Auge geregelt *(Akkommodation)*.

Beobachtungsobjekte können entweder Gegenstände selbst oder aber *reelle* oder *virtuelle* Bilder davon sein, die durch andere optische Instrumente erzeugt wurden. Die Art des auf der Netzhaut erzeugten Bildes ist überraschend, da sie überhaupt nicht mit unserem subjektiven Seh-Eindruck übereinstimmt: Das reelle Bild eines Menschen in

20 m Entfernung wird 1,5 mm groß und auf dem Kopf stehend auf der Netzhaut abgebildet. Ursache ist die sehr kurze Brennweite des Auges. Von der physikalischen Optik her beurteilt, ist die Qualität der Abbildung im Auge mäßig. Das gilt sowohl für den Strahlengang als auch für die Detektoren der Netzhaut. *Helmholtz* verglich den Augapfel mit modernen optischen Instrumenten und fand seine Konstruktionsmerkmale „sehr primitiv". Es ist die Datenverarbeitung in Netzhaut-Anhang und Gehirn, die aus dem Auge ein zu bewunderndes Sinnesorgan macht.

Die untere Größenbegrenzung des Wahrnehmungsvermögens des Auges liegt darin, dass z. B. zwei nebeneinanderliegende Gegenstandspunkte nicht mehr getrennt beobachtet *(aufgelöst)* werden können, wenn das Auge sie unter einem Winkel sieht, der kleiner ist als etwa eine Bogenminute. Dann nämlich fallen deren Bilder auf der Netzhaut nicht mehr auf verschiedene Empfangszellen, sondern auf ein und dieselbe, und erzeugen nur *ein* Signal. Dem Winkel von einer Bogenminute entspricht ein Abstand der beiden benachbarten Gegenstandspunkte von 1/10 mm, wenn sie sich in *deutlicher Sehweite* $s_0 = 25$ cm vor dem Auge befinden.

Die optische Abbildung im Auge ist aus mehreren Gründen kompliziert:

(1) Zum einen sind die Abstände der brechenden Einzel-Elemente und ihre Dicken nicht klein gegen die Brennweite, sondern vergleichbar.

(2) Gegenstand und Bild liegen in Medien mit unterschiedlichen Brechungsindizes, daher sind die Kardinalelemente des Auges (Abschnitt 19.4.7) wichtig. Sie sind in Abb. 19.35b maßstabsgerecht dargestellt. Zum anderen durchdringt das einfallende Licht eine Schicht unterschiedlicher, zum Sensorsystem gehörender Zellen (Ganglienzellen, Zwischenneuro-

nenschicht), bevor es die Rezeptorzellen auf der Netzhaut erreicht.

(3) Das optische Bild im Auge wird auf der Netzhaut scharf entworfen, und damit liegt die Bildweite fest. Scharfe Bilder von Gegenständen in verschiedenen Abständen können daher nur dadurch erzielt werden, dass mittels der Akkommodation die Brechkraft der Linse verändert wird. Mit anderen Worten: Gl. (19-4.7) ist bei *festem b* nur dann zu erfüllen, wenn f_{linse} für jedes *a* geeignet eingestellt wird.

Bei Einstellung des Auges auf *Unendlich* ist der Ziliarmuskel *entspannt,* und die Zonulafasern sind *angespannt.* Dadurch wird der Linsenkörper gedehnt und abgeflacht. Bei *Akkommodation* auf ein näher liegendes Objekt wird der Ziliarmuskel angespannt, und die Zonulafasern werden entspannt; dadurch geht die Dehnung der Linse zurück, sie wölbt sich stärker, und ihr Krümmungsradius wird kleiner. Nach Gl. (19-12) wird somit die Brechkraft $1/f_{\text{Linse}}$ größer, wenn der zu beobachtende Gegenstand näher an das Auge heranrückt.

Die beiden Grenzen des Akkommodationsbereichs werden durch den *Fernpunkts* (beim normalsichtigen Auge im Unendlichen) und den *Nahpunkt* gekennzeichnet. Der Nahpunkt s_N liegt bei Jugendlichen in $s_N = 10$ cm Entfernung. Infolge einer Erschlaffung des Ziliarmuskels rückt er mit zunehmendem Alter vom Auge weg und liegt z. B. bei einer 60-jährigen Person im Mittel bei $s_N \approx 200$ cm. Um den ganzen Entfernungsbereich vom Unendlichen bis zum Nahpunkt bei $s_N = 10$ cm zu überstreichen, genügt es, dass die Linse um etwa 0,5 mm dicker wird. Der Krümmungsradius verändert sich dabei von etwa 10 mm auf 5,3 mm, was eine Zunahme der Brechkraft um etwa 14 dpt bewirkt.

Aus den Abständen von Fernpunkt und Nahpunkt, s_F und s_N, definiert man als Maß der Akkommodationsfähigkeit die *Akkommodationsbreite X: X = 1/s_N - 1/s_F*. Die Akkommodationsbreite X ist wichtig zur Kennzeichnung der Korrekturmöglichkeit fehlsichtiger Augen durch Brillen und andere Sehhilfen.

In der Natur sind auch andere Methoden der Akkommodation zu finden: Bei vielen Tieren ist die Brechkraft der Augenlinse fest und – wie beim Fotoapparat – wird zur Schärfeneinstellung die Linse verschoben und damit die Bildweite angepasst.

Die *Licht-Rezeptoren* sind nicht regelmäßig in der Netzhaut angeordnet. Insgesamt verteilen sich 120 Millionen Stäbchen und 6,5 Millionen Zapfen über einen Winkelbereich von etwa ± 60° um die *fovea centralis* herum und legen damit das *Gesichtsfeld* des Auges fest. Am dichtesten sind sie nahe der Augenachse *konzentriert*, wo das Bild bei direktem Hinsehen entsteht. Dieser Bereich, der *Gelbe Fleck (fovea centralis)* mit seinem Zentrum, der *Netzhautgrube*, umfasst einen Winkelbereich von l° bis 1,5°. Hier sind die Sehzellen nur etwa 4 µm voneinander entfernt. Es überwiegen die Zapfenzellen, wovon jede über eine eigene Nervenfaser mit der Sehrinde des Gehirns verbunden ist. Daher ist hier die *Bildschärfe* am größten, und Bilddetails können getrennt wahrgenommen werden, wenn sie auf benachbarten Zellen liegen. Auch der Farbeindruck ist hier am stärksten. Die rund 6,5 Millionen Zapfen, die für die Grundfarben *Rot* oder *Grün* oder *Blau* empfindlich sind, verteilen sich auf diese ungefähr im Verhältnis 10 : 10 : 1. Weiter entfernt von der Augenachse nehmen die Stäbchenzellen zu, die mit dem Mittelhirn verbunden sind. Die Bildschärfe ist hier wesentlich geringer, einmal wegen der größeren Rezeptorabstände, zum anderen, weil hier nicht jede Zelle eine eigene Nervenleitung besitzt, sondern mehrere Stäbchen und Zapfen an gemeinsame Fasern angeschlossen sind. Stäbchen sind wesentlich hell-dunkel-empfindlicher, sodass sie beim Dämmerungssehen wirksamer sind.

Durch diese Anordnung der Sehzellen ist die Qualität des in den Rezeptorsignalen enthaltenen Bildes nur mäßig, aber auch das stellt wohl eine *biologische Optimierung* dar, weil auf diese Weise direktes Sehen (mit dem Gelben Fleck) und zugleich Überwachung eines größeren Sehfeldes durch indi-

rektes Sehen möglich ist, und stets die Details hervorgehoben werden, auf die man direkt blickt. Wegen der höheren Empfindlichkeit der Stäbchenzellen kann sich dies jedoch im Dunkeln ins Gegenteil umkehren: Man sieht u. U. *seitlich* schwache Strukturen, die aber verschwinden, wenn man sie durch direktes Hinsehen fixieren will, so dass man versucht sein kann, „Gespenster zu sehen".

19.5.2 Fehlsichtigkeit

Für medizinische Untersuchungen des Auges ist es besonders wichtig, die Netzhaut *sehen* zu können. Dies lässt sich einfach bewerkstelligen, wenn man dazu das abbildende System des Auges selbst verwendet. Bei jeder Abbildung kann man wie bereits beschrieben Objekt und Bild vertauschen. Würde also die Netzhaut Licht aussenden, dann würde davon ein reelles Bild an derjenigen Stelle außerhalb des Auges entstehen, auf die das Auge gerade akkommodiert ist. Das Problem ist also, den Augenhintergrund von außen zu beleuchten. Die Standardmethode zur Untersuchung der Netzhaut ist bis heute die von Helmholtz *entwickelte Ophthalmoskopie*, die *Augenspiegelung*. Sie besteht in einer Beleuchtung der Netzhaut durch den optischen Apparat des Auges hindurch und der Beobachtung des reflektierten Lichts mit einer Lupe. Das geschieht mit dem *Augenspiegel* (Abb. 19.36). In modernen Ausführungen sind eine Lichtquelle und auswechselbare Linsenoptiken eingebaut, die zugleich die Beobachtung des reflektierten Lichts mit unterschiedlichen Vergrößerungen ermöglichen.

Die optisch bedingten Abbildungsfehler, die auch beim *gesunden* Auge auftreten, wurden in Abschnitt 19.4.12 zusammengestellt. Zusätzliche *Fehlsichtigkeit* des Auges liegt vor, wenn das scharfe Bild im Auge nicht auf der Netzhaut liegt, sondern davor *(Kurzsich-*

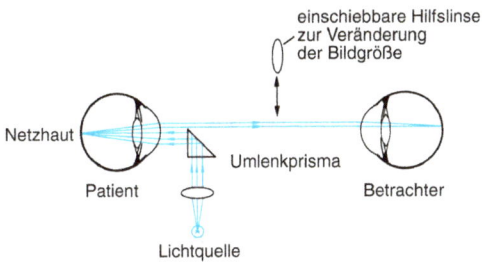

Abb. 19.36: Prinzip des Augenspiegels (der Name ist irreführend; heute wird die Netzhaut nicht mehr wie bei Helmholtz durch einen Hohlspiegel und eine Kerze, sondern durch eine normale Lichtquelle und ein Umlenkprisma beleuchtet).

tigkeit, Myopie) oder dahinter *(Übersichtigkeit, Hypermetropie)* (Abb. 19.37). Dies kann seine Ursache in einer zu *großen* bzw. zu *geringen* Länge des Augapfels (normale Länge ≈ 23 mm) bei normalem optischem Apparat und/oder in Störungen des optischen *Apparats* selbst haben. Heutzutage sind weltweit Kinder zu etwa 50 % kurzsichtig. Es wird vermutet, dass ihre Augen infolge von Überbelastung im Nahebereich zu sehr in die Länge wachsen. Durch Sehhilfen (*Brillen* oder *Kontaktlinsen*) kann solche Fehlsichtigkeit korrigiert werden. Die erforderliche Brechkraft einer Brille ist mit Gl. (19-14) zu berechnen, denn Brillengläser werden in einem Abstand vor dem Auge getragen, der von gleicher Größenordnung wie die Brennweite des Auges ist, und daher ist *D* in dieser Gleichung nicht zu vernachlässigen.

In der *Praxis* wird die passende Korrekturlinse allerdings meistens nicht berechnet, sondern durch Ausmessen bzw. Probieren gesucht.

Die zu schwache Brechkraft des übersichtigen Auges lässt sich durch eine Sammellinse verstärken (Abb. 19.37b). Das kurzsichtige Auge wird dagegen durch eine Zerstreuungslinse korrigiert, deren (negative) Brechkraft die zu große Brechkraft des Auges nach Gl. (19-14) herabsetzt (Abb. 19.37a). Auch die *Weitsichtigkeit* (d. h. *Alterssichtigkeit, Pres-*

byopie), die auf altersbedingter Verhärtung der Augenlinse und daraus folgendem Mangel an Akkommodationsfähigkeit beruht, kann durch Sammellinsen, allerdings nur für eine begrenzte Akkommodationsbreite, korrigiert werden.

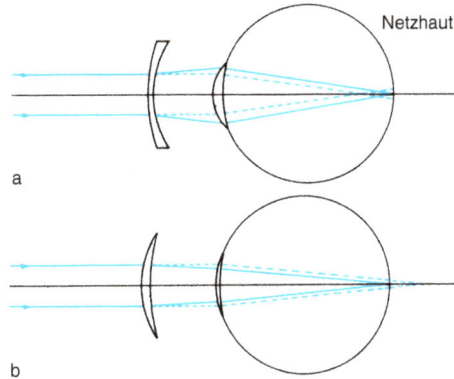

Abb. 19.37: Korrektur der (a) Kurzsichtigkeit bzw. (b) der Übersichtigkeit des Auges mit einer Zerstreuungs- bzw. einer Sammellinse (gestrichelte Strahlen: Abbildung eines *a* → ∞ liegenden Gegenstands ohne Korrekturlinse).

Als Linsenform wählt man für *Brillen* zumeist den *Meniskus,* d. h. konkav-konvexe bzw. konvex-konkave Linsen (siehe Abb. 19.21, 19.22), da dann die Bildfehler kleiner bleiben, wenn sich der Augapfel dreht und die Lichtstrahlen aus randnahen Bereichen der Brillengläser kommen.

Zur Korrektur der Presbyopie ist eine *Gleitsichtbrille* in besonderem Maß geeignet. Dort ändern die (nichtsphärischen!) Brillengläser in vertikaler Richtung kontinuierlich ihre Brennweite, sodass der obere Linsenbereich eine Korrektur für das *Fernfeld* und der untere Bereich eine Korrektur für den Nahbereich (z. B. zum Lesen) bewirkt. Nachteil ist, dass das Scharfstellen eine Neigung des Kopfes nach oben bzw. unten erfordert.

Eine *alternative* Methode der Korrektur von Fehlsichtigkeit besteht darin, direkt auf die Hornhaut eine die Abbildung korrigierende *Kontaktlinse* aufzusetzen, die dort durch Adhäsion haftet. Im Wesentlichen wirkt sie dadurch, dass die für die Abbildung wichtige gekrümmte Grenzfläche Luft/Hornhaut durch die Grenzfläche Luft/Kontaktlinse ersetzt wird, deren Krümmung man genau so wählt, dass es zu einer Korrektur der Fehlsichtigkeit kommt. (Der Beitrag der Grenzfläche Hornhaut/Kontaktlinse zur Abbildung ist wegen des kleinen Brechungsindexunterschieds zwischen Kontaktlinsenmaterial (Glas oder Plastik) und feuchter Hornhaut nur gering.)

Eine neue Art der Fehlsichtigkeitskorrektur erfolgt durch *Augenlasern*. Dadurch kann die Verwendung von Brillen vermieden werden. Die heute dabei üblichen verschiedenen Methoden haben gemeinsam, dass durch Änderungen der *mittleren* Brechkraft des *Hornhaut-Linse*-Systems des Auges, die durch Abtragung mit einem fokussierten Laserstrahl erfolgt, die Fehlsichtigkeit des Auges korrigiert wird.

19.5.3 Empfindlichkeit des Sehapparates

Die Rezeptor-Zellkörper in der Netzhaut enthalten das lichtempfindliche Pigmentmolekül *Rhodopsin*, mit dessen Aktivierung der Umwandlungsprozess einzelner einfallender Photonen beginnt. Er ist mit einem *Axon* und einer komplexen *Synapse* verbunden, und die ersten Bearbeitungsstufen des Wahrnehmungsprozesses erfolgen in einer Vervielfachungs-Kaskade. d. h. in einer Reihe nachgeschalteter aktivierbarer Zellen-Reaktionen.

Der *primäre Sehvorgang* beruht auf der Lichtempfindlichkeit des *Pigmentmoleküls Rhodopsin*. Dessen Anregung bewirkt, dass es durch einfallende Photonen (nach mehreren Aktivierungszwischenstufen) zur *Schließung* bzw. *Öffnung* von Kalium-Kanälen (K +) in den Zellwänden führt. Bei Lichteinfall schließen sie, und im Dunkeln werden sie geöffnet, und durch diese Schaltung werden die Potentialdifferenzen zwischen den Innen- und den Außenwänden der Zellen verändert, wodurch elektrische Impulse auf den Nerven transportiert werden.

Zwei Aktivierungszwischenstufen erzeugen Intensitätsverstärkungen, die bis zum 6×10^6-Fachen der primären Photonen-Einfallsintensität führen können.

Die Verstärkungskaskade ist im Detail bekannt. Sie besteht aus den Molekülen Rhodopsin > Transducin > Phosphodiesterase > CGMP und liefert die zugehörigen Verstärkungsfaktoren 1 : 3.000 : 1 : 2.000. Dadurch entstehen starke elektrische Pulse, die durch *Na +-Kanäle* in den Zellwänden in die Zellen eindringen können und die weiteren Bearbeitungen des Sehvorgangs ermöglichen.

In Abschnitt 17.2.2 wurde darauf hingewiesen, dass die Frequenzabhängigkeit der *Augenempfindlichkeit* dem *Sonnenspektrum* angepasst ist. Wie Abb. 17.1 zeigt, fällt sie von ihren Maxima im Gelbgrünen rasch sowohl zum Roten als auch zum Blauen hin ab, sodass dort der *Farbfehler* der Augenoptik nicht stört (Abschnitt 19.4.11). Der sichtbare Spektralbereich erstreckt sich von 380 nm bis 760 nm.

Zum Roten und Infraroten erfolgt der Abfall gerade so, dass die Strahlung eines schwarzen Körpers bei Bluttemperatur, d. h. ungefähr auch die Eigenstrahlung des menschlichen Körpers selbst, die zum fernen IR hin ansteigt, nicht wahrgenommen wird. Dadurch wird ein störender Dunkelreiz beim Sehen vermieden.

Zum Ultravioletten hin wird die Strahlung, die für die Netzhaut schädlich wäre, abgeschirmt. Dies geschieht zu etwa gleichen Teilen durch Absorption in der Hornhaut und in der Augenlinse, weniger durch Glaskörper und Kammerwasser. Linsenfreie Augen (z. B. nach einer Staroperation) sind daher bis ins nahe Ultraviolett empfindlich.

Im Vergleich zur IR-Strahlung kann das Auge durch UV-Strahlung wegen der höheren Lichtquantenenergien viel leichter geschädigt werden, sodass besondere Vorsicht beim Arbeiten mit UV-Lichtquellen geboten ist und stets Schutzbrillen zu tragen sind.

Das Auge arbeitet nicht als *passives* Messinstrument, sondern kann sich selbst *aktiv* der Helligkeit der Umgebung in extremem Ausmaß anpassen. Diese *Adaptation* erfolgt zum einen durch eine Regelung der Pupillengröße mittels der *Irisblende* (Abb. 19.33a), sodass die *relative Öffnung* des Auges (zwischen 1 : 2 und 1 : 8,5) und damit der auf die Netzhaut treffende Lichtstrom variiert werden kann. Wie dieser Regelvorgang im Einzelnen abläuft, wird in Kap. 22 behandelt. Wäre es möglich, die Pupille noch enger zu machen, so würde die Beugung an ihr die Bildschärfe, die, wie in Abschnitt 19.5.1 erwähnt wurde, durch die Anordnung der Sehzellen in der Netzhaut bestimmt ist, wesentlich beeinträchtigen.

Zum anderen kann das Auge bei *schwachen* Lichtreizen auf helligkeitsempfindliche (aber farbunempfindliche) Rezeptoren in der Netzhaut umschalten (*Dämmerungssehen* mittels der *Stäbchenzellen*, siehe Abschnitt 19.5.6). Im Experiment zeigt sich, dass das Auge etwa 20 min in völliger Dunkelheit bleiben muss, bis es seine höchste Empfindlichkeit erreicht hat. Diese liegt bei einigen Photonen des sichtbaren Lichts. (Die *Lichtempfindlichkeit* des Auges L^* ist umso geringer, je höher die einfallende Lichtintensität L ist.)

Die Helligkeitsempfindung ΔL wächst nicht linear mit der Lichtintensität L, sondern folgt ungefähr deren Logarithmus:

$$\Delta L^*_{min} \propto \Delta L/L \ \text{bzw.}\ L^* = L_0 \cdot \log\left(L/L_0\right),$$

wobei L_0 die untere Sehschwelle des Auges bedeutet. Es gilt also das *Weber-Fechner'sche Gesetz* (siehe Abschnitt 7.2). Das Auge kann zwischen Dämmerung und hellem Sonnenschein etwa zehn Dekaden an Leuchtdichte-Änderung verarbeiten. Das Auge misst aber nicht direkt Lichtintensitäten, vielmehr wird (ähnlich dem Fotoapparat) zur Erzeugung eines *subjektiven* Helligkeitseindrucks die auf die Netzhaut auf-

fallende Lichtleistung während einer gewissen Dauer, der *Summierungszeit*, aufsummiert. Durch deren Veränderung ist eine weitere Helligkeitsanpassung möglich: Bei Helladaptation beträgt die Summierungszeit etwa 0,05 s und steigt bei Dunkeladaptation auf 0,5 s. Infolge dieser Adaptationsmöglichkeiten (die das Auge als objektives Messgerät für Lichtintensitäten oder Lichtleistungen unbrauchbar machen), ist das Auge dem Unterschied zwischen Tages- und Nachthelligkeit in hervorragender Weise angepasst: Zwischen Blendung und unterer Reizschwelle liegen zehn bis zwölf Zehnerpotenzen der Helligkeit!

Die untere Reizschwelle liegt bei etwa $3 \cdot 10^{-17}$ Watt (bzw. $2 \cdot 10^{-14}$ Lumen). Das sind etwa 50 Photonen während der Summierungszeit. Schaut man dagegen aus 1 m Entfernung auf eine 100-W-Glühlampe, so trifft auf die Netzhaut eine Leistung von ca. 10^{-6} W! Bei weiterer Steigerung der Strahlungsleistung versagt die Adaptation, und das Auge wird geschädigt. (Das ist besonders bei den mit Lasern erzeugbaren hohen Strahlungsintensitäten zu beachten, beispielsweise auch bei *Laser-Pointern*.)

19.5.4 Bildwahrnehmung

Im Verlauf der Bildentstehung im Auge wird eine Auswahl von durch das Auge erkannten Teilen des betrachteten Objekts vorgenommen, die als „wesentlich" eingeschätzt werden und daher registriert werden.

Diese „Konzentration auf das Wesentliche" können wir folgendermaßen leicht selbst beobachten: Versuchen Sie einmal, während Sie diese Zeile (mithilfe des Gelben Flecks) lesen, zugleich den Text zehn Zeilen höher oder tiefer zu erkennen. Sie werden sehen, dass das fast *unmöglich* ist, obwohl Sie wahrnehmen, dass dort die Buchseite noch nicht zu Ende ist. Sollte dort aber plötzlich eine Fliege landen, so wird das Gehirn die Augenstellung automatisch so verändern, dass jetzt deren Bild auf den Gelben Fleck fällt.

Die unterschiedlichen Nervenfasern verlaufen, wie Abb. 19.35 zeigt, vom Augeninnern gesehen *vor* den Rezeptoren. Sie werden an einer Stelle als Bündel aus dem Auge herausgeführt, und an dieser Stelle ist das Auge daher lichtunempfindlich *(Blinder Fleck)*.

Einzelheiten der Reizerzeugung, Reizleitung und Reizverarbeitung darzustellen, würde über den Rahmen dieses Buches weit hinausgehen. Es sei nur noch erwähnt, dass die Signalerzeugung mit einer andauernden Zitterbewegung des Auges (Frequenz bis ~ 100 Hz, Amplitude 10–20 Bogensekunden) verknüpft ist und dass Experimente gezeigt haben, dass der Seheindruck verschwindet, wenn man diese Bewegung künstlich behindert.

Zeitlich veränderliche Vorgänge vermag der Sehapparat nur begrenzt zu erkennen. So hat der Kinobesucher den Eindruck gleichmäßig ablaufender Filmhandlungen, während tatsächlich die einzelnen Filmbilder mit einer Frequenz von 25 s^{-1} *ruckartig* durch den Filmprojektor gezogen werden. Auch das *periodische* Flackern von Leuchtstoffröhren mit einer Hell-Dunkel-Frequenz von 100 Hz infolge der angelegten Wechselspannung wird uns nicht bewusst.

Zur Bildverarbeitung gehört auch das *räumliche (stereoskopische) Sehen.* Infolge des Abstands zwischen beiden Augäpfeln, der zu unterschiedlichen *Blickrichtungen* führt, unterscheiden sich die auf beiden Netzhäuten entworfenen zweidimensionalen Bilder geringfügig. Aus diesem Unterschied vermag das Gehirn die *dreidimensionale, räumliche Struktur* des betrachteten Gegenstands zu rekonstruieren. Dazu ist allerdings erforderlich, dass die beiden Bilder zur Deckung kommen, wozu sich ein bestimmter, von der Gegenstandsentfernung abhängiger Winkel, der *Konvergenzwinkel*, zwischen den Achsen bei-

der Augäpfel einstellt. Diese *Konvergenz*, die einen Winkelbereich von etwa 30° umfasst, wird vom Gehirn automatisch zugleich mit der Akkommodation geregelt. Versagt dies, so sieht man Doppelbilder.

Der Mechanismus des stereoskopischen Sehens kann genutzt werden, um einen räumlichen („3-D" genannten) Bildeindruck dadurch zu erzeugen, dass den beiden Augen Bilder mit entsprechend verschiedenen Aufnahmewinkeln angeboten werden. Im Gegensatz zur *Holografie* (Abschnitt 18.1.3), bei der aus dem Hologramm-Foto ein *wirklich* dreidimensionales, virtuelles Bild erzeugt wird, das das Auge als solches wahrnimmt, liegt hier nur ein subjektiver, erst im Gehirn entstehender Raumeindruck vor. Diese auch als *Virtual Reality* bezeichnete Methode ist durch verschiedene Techniken möglich, die in den meisten Fällen an eine Brille gekoppelt sind. Bei *Shutter*-Brillen, meist auf LCD basierend, lassen sich die beiden Seiten der Brille sehr schnell schalten und dazu synchron wird jeweils das von links bzw. rechts aufgenommene Bild gezeigt. Eine weitere Möglichkeit besteht darin, beide Teilbilder mit zueinander senkrecht polarisiertem Licht (Abschnitt 18.5.) zu zeigen und Brillengläser mit zueinander senkrecht orientierten Polarisationsfiltern zu verwenden. Die einfachste Möglichkeit, die allerdings dann keine Farbdarstellung der Bilder mehr erlaubt, ist eine Farbcodierung der beiden Teilbilder (meist rot/grün) und die Verwendung einer Brille mit entsprechenden Farbfiltern.

Prinzipiell ist es bei Druckerzeugnissen auch möglich, beide Teilbilder *nebeneinander* im Augenabstand zu drucken. Die räumliche Betrachtung ohne spezielle Filterbrille setzt in dem Fall jedoch voraus, dass man in der Lage ist, die Kopplung zwischen Akkommodation auf die Nähe und Konvergenz willkürlich zu übersteuern.

Zuletzt sei erwähnt, dass der Sehapparat in manchen Fällen das optische Bild auch aus Optimierungsgründen verfälscht. So werden bei der Bildverarbeitung die Grenzen zwischen geringfügig unterschiedlich hellen Strukturen verstärkt, um die Erkennbarkeit zu steigern *(Kontrastüberhöhung)*. Während der Sehapparat nicht in der Lage ist, Lichtintensitäten *absolut* zu bestimmen, wie wir in Abschnitt 19.5.3 gesehen haben, ist er durch die Kontrastüberhöhung in extremem Maße befähigt, qualitative Intensitätsvergleiche *simultan* vorzunehmen.

19.5.5 Vergrößerung bei Betrachtung mit dem Auge

Subjektiv erscheint uns ein Objekt (der Gegenstand selbst oder ein durch eine optische Abbildung erzeugtes Bild davon) umso größer, je näher es dem Auge ist, denn das abbildende System des Auges entwirft ein umso größeres Bild auf der Netzhaut, je näher der Gegenstand rückt.

Zur Bestimmung der *Vergrößerung* bei Betrachtung mit dem Auge ist Gl. (19-16) ungeeignet. Abgesehen davon, dass es schwierig wäre, die Größe des Netzhautbildes zu messen, ist zu beachten, dass visuelle Eindrücke nur zum Teil durch die Optik des Auges zustande kommen. Wie schon in Abschnitt 19.5.1 besprochen, ist das reelle Bild auf der Netzhaut gegenüber dem zu betrachtenden Objekt umgekehrt und wegen der kurzen Brennweite des Auges stets extrem verkleinert. Ein Mensch in 20 m Entfernung wird 1,5 mm groß und auf dem Kopf stehend auf der Netzhaut abgebildet. Nach Gl. (19-16) gilt also: $V_A \ll 1$.

Die *Vergrößerung* bei Betrachtung mit dem Auge wird daher über den *Sehwinkel* definiert. Ein *objektiv messbares Maß* für die Vergrößerung bei Betrachtung mit dem Auge

ist der Sehwinkel ε, den die Verbindungsgeraden zweier benachbarter Gegenstandspunkte G_1 und G_2 mit dem Auge bilden (Abb. 19.38). Je näher das Objekt dem Auge ist, desto größer ist ε. Wenn es sich in der *deutlichen* Sehweite s_0 befindet, dann bezeichnen wir den Sehwinkel mit ε_0.

Um einen normierenden Bezugspunkt zu haben, wird festgelegt, die *subjektive Vergrößerung* des Auges sei 1, wenn sich der Gegenstand oder ein mit dem Auge zu betrachtendes Bild davon im Abstand $s_0 = 25$ cm, der sogenannten *deutlichen Sehweite*, befindet.

Bringt man also einen Gegenstand näher als $s_0 = 25$ cm an das Auge heran, so erscheint er vergrößert, ist er weiter entfernt, so erscheint er verkleinert.

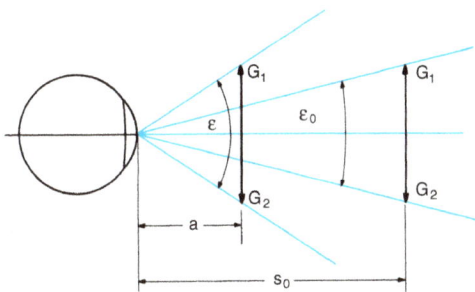

Abb. 19.38: Zur Definition der *subjektiven Vergrößerung* bei Betrachtung mit dem Auge.

Als *(subjektive) Vergrößerung* definiert man

$$V_s = \frac{\tan \varepsilon}{\tan \varepsilon_0}. \qquad (19\text{-}19)$$

Daraus ergibt sich mit den geometrischen Beziehungen der Abb. 19.37:

$$V_s = \frac{s_0}{a}. \qquad (19\text{-}20)$$

Das Auge kann durch *Akkommodation* auf unterschiedliche Abstände a scharfstellen, wobei V_s größer oder kleiner 1 sein kann. Die Grenze der Vergrößerung bei *direkter*

Betrachtung ist ungefähr durch den (alters-abhängigen) *Nahpunkt* des Auges ($a = 10$ cm) gegeben: Bringt man einen Gegenstand noch näher an das Auge, so kann dieses nicht mehr ausreichend akkommodieren, und der Gegenstand erscheint unscharf. Bei direkter Betrachtung kann man also ungefähr eine 2,5-fache Vergrößerung erreichen. In Abschnitt 20.1 wird gezeigt, dass man mithilfe von optischen Geräten wie der *Lupe* die subjektive Vergrößerung V_s wesentlich stärker erhöhen kann.

19.5.6 Farbsehen

Die *Farbempfindung* kommt durch ein kompliziertes Zusammenspiel von physikalischen Eigenschaften der Strahlung und den *subjektive Farbeindrücke* erzeugenden Vorgängen des primären Netzhautreizes und der Weiterverarbeitung visueller, elektrischer Signale im Gehirn zustande. Es wurde schon gezeigt, dass es neben den schwarz-weiß-empfindlichen Stäbchenzellen die drei Arten von *Zapfenzellen* gibt, die speziell auf die drei Farben (Blau, Grün und Rot) empfindlich sind. Die Maxima ihrer selektiven Empfindlichkeiten liegen etwa bei 420 nm, 535 nm und 565 nm. Jedem Zapfentyp ist also eine Farbe zuzuordnen, die man auch als *Urfarbe* bezeichnet. Es hängt wohl mit der beschränkten Zahl in der Natur vorhandener Farb-Molekül-Arten zusammen, dass das menschliche Auge nur auf *drei Grundfarben*, den *Primärfarben* Violettblau, Grüngelb und Orangerot, *maximal* empfindlich ist. Diese Farben sind im normalen *Weißlicht-Spektrum* enthalten. Es gibt aber auch Farben, die im Spektrum *nicht* vorkommen, z. B. *Magentarot*, das nur dadurch im Sehorgan hervorgerufen werden kann, dass gleichzeitig langwelliges und kurzwelliges Licht auf dieselben Netzhautsensoren fällt. Als weitere herausragende Farben

werden oft auch sechs *bunte* und die zwei *unbunten* Farben (*Schwarz* und *Weiß*) im Spektrum genannt; sie werden als *Grundfarben* bezeichnet.

Es erscheint überraschend, dass es gelungen ist, im sichtbaren, kontinuierlichen Spektrum des normalsichtigen Menschen neben diesen wenigen Primärfarben etwa fünf bis sechs Millionen unterschiedliche Farbabstufungen an *Mischfarben* zu unterscheiden. Zu deren Wahrnehmung ist aber keine entsprechende Vielzahl von unterschiedlichen Rezeptoren erforderlich, vielmehr reichen die Grundfarben (*Primärvalenzen*) der *Helmholtz'schen Dreifarbentheorie* oder alternativ die vier *Hering'schen Urfarben* – oder *Komplementärfarben* – und die zugehörigen drei Arten von Grundfarben-Rezeptoren (siehe Abschnitt 19.6).

Der Grund für diese anscheinende Diskrepanz ist, dass es neben den (spektralreinen) Primärfarben die zweite Art von Farben gibt: die *Mischfarben*. Im Prinzip sind praktisch die meisten Farben miteinander mischbar, wobei deren Konzentrationen den resultierenden *Farbton* mitbestimmen. Nur wenige Grundfarben sind *unmischbar*.

Inzwischen sind *Weiß* und *Schwarz* als sogenannte *unbunte* Farben (oder unbunte *Graufarben*) anerkannt. Mit der Beimischung der beiden können z. B. aus leuchtkräftigen Spektralfarben *gedämpfte, unbunte*, sowie durch Grauanteile zum *Matten* hin veränderte Farbtöne erzeugt werden.

Eine systematisch geordnete Gesamtdarstellung *aller* sichtbaren realen, spektral zerlegbaren Farben wurde von der *Internationalen Beleuchtungskommission CIE* im Jahre 1931 entwickelt, um einen internationalen Standard für die Farbmetrik festzulegen, damit jeder Farbnuance („*Farbart*") ein fester Platz im Farbraum gegeben wird. Abbildung 19.39 zeigt den *CIE Spektralfarbenzug*. Die äußere Umrandung des *Farbfeldes* wird durch die monochromatischen, gesättigten *Spektralfarben* des

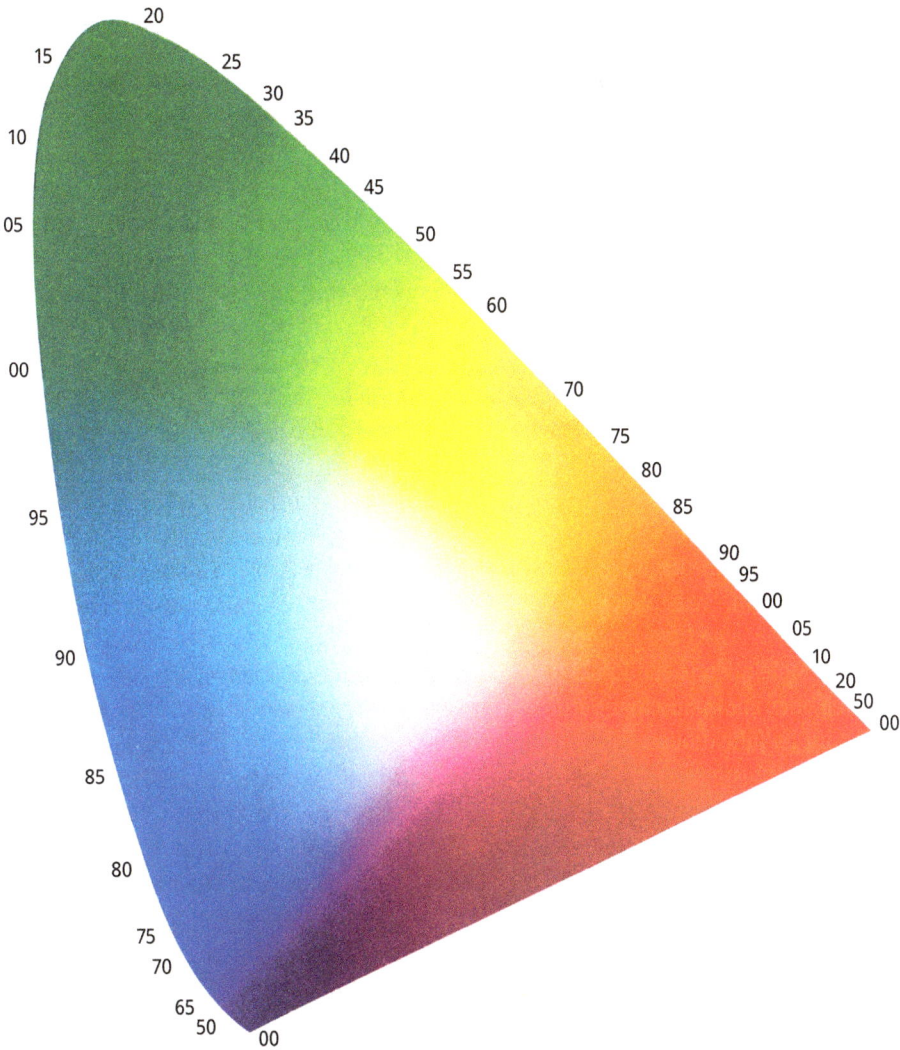

Abb. 19.39: Der CIE-Farbraum und der die Farbfläche umgebende Spektralfarbenzug S. Die beiden seitlichen Umgrenzungen enthalten die Spektralfarben, die untere Gerade, die *Purpurgerade, enthält* die im Spektrum nicht vorkommenden Farben. Von S zum Zentrum, dem „Weißpunkt", nimmt die Konzentration beigemischter Farbe *Weiß* zu und der Farbton wird zunehmend gedämpft.

sichtbaren Spektralbereichs von $\lambda = 400$ nm bis $\lambda = 700$ nm gebildet. Sie schließt die *Farbfläche* ein. Diese ist einerseits durch die zwei schräg verlaufenden, durch die reinen, leuchtenden Spektralfarben gebildeten Ränder begrenzt und andererseits durch die *untere* (fast waagerechte) Grenze, die *Purpurgerade. Ihre Farben* kommen nicht im Spektrum des wei-

ßen Lichts vor. Das Auge kann aber besondere Farben wie Braun, Purpur oder Rosa, die auf der Purpurgeraden liegen, registrieren.

Die sogenannte „Schuhsohle" (deren Name durch die Form der Farbfläche suggeriert wird) stellt die *Raumdiagonal-Fläche* des kartesischen *Farbraums* (mit den Halbachsen {Blau–Grün–Gelb–Rot}) dar.

Das Innere der Farbfläche ist mit Farbpunkten veränderlicher *Leuchtkraft* gefüllt. Das *Zentrum* bilden wahlweise die beiden alternativen *Unbuntpunkte* (der *Weißpunkt* und der *Schwarzpunkt*), wobei in der „Schuhsohle" jedes der (dicht liegenden) Pixel auf der Fläche eine einzelne Farbart *(Farbton)* bedeutet. Die *Mischung* der Spektralfarben mit Weiß/Schwarz, deren Konzentrationen vom Rand der Farbfläche, wo sie null sind, bis zum Weißpunkt/Schwarzpunkt im Zentrum zunehmen, bewirkt, dass die Farbsättigungen und Leuchtkraft der Farben von den Spektralfarben des Randes mit zunehmender Weiß-/Schwarz-Beimischung abnehmen und *gedeckte* Farben entstehen.

Die meisten Farben in der Natur und in der Technik entstehen, wie zuvor gezeigt wurde, durch elektronische Übergänge in Atomen, Ionen oder Molekülen (siehe Kap. 17), die der organischen oder anorganischen Natur angehören. Bis zum 18. Jahrhundert wurden nur wenige Farben für künstlerische Zwecke hergestellt. Viele erforderten extrem komplizierte Herstellungsarbeiten, und oft hatten sie die Nachteile, nicht über längere Zeiten *lichtecht* zu sein oder gar wegen hoher Giftstoffgehalte (wie z. B. As in grünen Farben) lebensgefährlich giftig zu sein.

Die Farben unserer frühen Vorfahren waren natürlichen Ursprungs. Man kann sie entsprechend unterschiedlicher Konsistenz in zwei Gruppen aufteilen: die *pulverartigen Pigmente*, die in Flüssigkeiten unlöslich sind, und die *Farbstoffe*, die in *Flüssigkeiten echte Lösungen* bilden. Zumeist handelt es sich dabei um *wässrige Lösungen;* heutzutage werden auch *organische Lösungsmittel* verwendet. Seit mehr als 3.000 Jahren bis zur Mitte des 19. Jahrhunderts wurden farbige Pigmentmaterialien auch aus der anorganischen Natur verwendet. Diese wurden zumeist durch Zerreiben von farbigen Mineralien erzeugt und mit organischen *Bindemitteln (z. B. Ölen, Leim, Harzen, Ei-*

Dotter, Feigensaft ect.) vermischt. Dadurch haften die *Pigmentpulver* auf den *Bildträgern* oder auf zu bemalenden Gebäudeteilen *oder Leinwänden.* Die meisten Ausgangsstoffe erzeugte man aus Pflanzen und Tieren wie die schon in der römischen Kaiserzeit benutzte *Purpur-Meeresschnecke. Berühmte Pigmentfarben* sind aus zermahlenem Mineralgestein wie *Lapis-Lazuli* hergestellt, das das für alle Zeiten teuerste Blau lieferte und seit frühen ägyptischen Zeiten aus der berühmten Fundstelle am Khaiber-Pass in Afghanistan geliefert wurde. Als Malerfarbe wird es *Ultramarin* genannt.

Beispiele natürlicher Pigmentfarben sind auch das *Rubinrot* aus fein gemahlenen Edelsteinen oder das *Preußisch-Blau,* erstmals gemischt aus den Materialien Kochenille-Läuse, tierischem Fett und Blut, Alaun und Eisensulfat. Preußisch-Blau diente später dem Chemiker und Physiker *Herschel für die Erfindung* und einen später industriell weiterentwickelten *Fotokopier-Prozess* zur Herstellung von *Blaupausen.*

Man erzeugte Ausgangsstoffe für Farben auch aus einheimischen Pflanzen (z. B. *Indigo-Blau* aus den Samen der *Färberwaid-Pflanze,* einem gewöhnlichen Unkraut).

Es gibt ungefähr 3.000 natürliche farbige Mineralien (die etwa 15.000 Namen haben), aber vorwiegend sind es nur acht Elemente der Übergangsmetalle Ti, Va, Cr, Mn, Fe, Co, Ni, Cu, die früher die meisten mineralischen Farbpigmente aus der Natur lieferten.

Erst gegen Ende des 19. Jahrhunderts begann der Siegeszug in der *anorganischen* und *organischen* Chemie, künstliche Farben *synthetisch* herzustellen. Deren Zahl ist bis heute immens angewachsen, und seitdem ist unsere Welt unglaublich *bunt* geworden.

Es sei darauf hingewiesen, dass *andersartige,* leuchtende Farben auch *ohne* Farbpigmente erzeugt werden können, nämlich durch *Interferenz* von Lichtwellen in transparenten oder reflektierenden dünnen Schichten und Schichtpaketen mit Dicken in der Größenordnung der Lichtwellenlänge (siehe Kap. 18).

Beispiele für *Interferenzfarben* in Schichtsystemen sind Schmetterlingsflügel oder Ölschichten auf nassem Straßenpflaster.

Ein weiteres Beispiel anderer Art ist der Edelstein *Opal,* der aus einer dichten und regelmäßigen Packung von kolloidalen SiO_2-Kügelchen in einer kristallinen Nanostruktur besteht, deren Gitterkonstante durch die Größe der einzelnen Nanopartikel gegeben ist. Ein gleichartiges, wegen Interferenzeffekten leuchtend farbiges Nanomaterial kann beispielsweise auch aus dicht gepackten Tabakmosaik-*Viren* erzeugt werden. Eine bisher noch wenig erforschte Art unbekannter Vielfalt stellen die organischen Farben von selbstleuchtenden Tiefsee-Organismen dar.

Die Farbkraft von Mischfarben lässt sich während der Signalverarbeitung im Gehirn künstlich verstärken. Hier seien nur zwei Beispiele angegeben: Ein heller, lokalisierter Farbfleck oder die Grenze zwischen zwei verschieden hellen Flächen bewirken den *Helligkeits-Simultan-Kontrast*, eine Kontrastverstärkung, die die Sichtbarkeit von Strukturen und die subjektiven Farbintensitäten erhöht. Ebenso gibt es den *Farb-Simultan-Kontrast*, bei dem Beiträge von Komplementärfarben und Grenzflächen zusätzlich die Leuchtkraft verstärken. Die Ursache ist, dass jeder Rezeptor in der Netzhaut aktivierende und hemmende Wahrnehmungen von Komplementärfarben registriert.

Das *Farbempfinden* unterschiedlicher Personen ist individuell und weder vergleichbar noch quantifizierbar. Da letzteres aber für Technik und Praxis, beispielsweise bei der Reproduktion von Bildern oder der Neulackierung einer Autokarosserie, erforderlich ist, hat man die *Farbmetrik (Colorimetrie)* entwickelt.

Bei *Körperfarben* unterscheidet man *Auflichtfarben (Remissionsfarben)* opaker, streuender, absorbierender und undurchsichtiger Gegenstände und *Durchlichtfarben* transparenter Körper. Trifft z. B. weißes Licht auf einen Gegenstand, der rotes Licht streut und/oder reflektiert, so erscheint dieser rot. Ist er aber transparent oder durchscheinend (wie es bei vielen farbigen Edelsteinen der Fall ist), dann kann die Transmissionsfarbe des durchgehenden Lichts Grün sein.

Allgemein kann man sagen: Die Durchlichtfarbe eines transparenten oder durchscheinenden farbigen Objekts entsteht durch denjenigen Teil des Lichts, der *nicht* absorbiert wird.

Obwohl Weiß oft als Farbe bezeichnet wird, hat es einen ganz wesentlichen Unterschied zu spektralen Farben: Ihm ist keine distinkte Wellenlänge oder Frequenz in der Farbfläche zuzuordnen. Es ist das Zentrum der Farbfläche von Abb. 19.39 und besetzt den *Weißpunkt*.

Durchläuft man die Farbfläche von einem Rand des *Spektralfarbenzugs* zum Unbuntpunkt, so nimmt für *alle* auf dem Weg liegenden Farben die Dämpfung bei gleichbleibendem Farbton zu.

Zusammenfassend: Es gibt keine eindeutige Beziehung zwischen physikalischen Eigenschaften wie der Wellenlänge der Strahlung, seinem Spektrum und dem *subjektiven* Farbeindruck.

Viele physikalisch unterschiedliche *Wellenphänomene* weisen, wie Vergleiche in früheren Kapiteln zeigen, Ähnlichkeiten in ihrem *physikalischen Verhalten* auf, allerdings auch grundlegende Unterschiede. Zwischen dem alltäglichen Vorgang der Mischung von *Licht* und der Mischung von *Schall* unterschiedlicher Frequenzen mit begrenztem Kohärenzgrad (also z. B. übliche Musikinstrumente) ist übrigens ein wesentlicher Unterschied:

Die Mischung optischer Farben liefert *eine* neue Mischfarbe, während in einem Musikstück bei gleichzeitiger Mischung zweier Töne in dem entstehenden *Klang* weiterhin beide als Individuen in Form eines *Intervalls* hörbar bleiben. (Das wird sich erst ändern, wenn der Schall voll kohärent wird und sich die Wellen geordnet überlagern.)

Theorien der Farbmetrik

Als *subjektive* Empfindung erscheinen *Farben* nicht objektiv messbar und klassifizierbar. In der Praxis ist aber speziell die *Farbmetrik* als das Teilgebiet der Farbenlehre erforderlich, das sich mit der für die Technik wichtigen Quantifizierung und Systematisierung von Farben befasst.

Bei Körperfarben sind für viele Vergleichszwecke *Farbtafeln* ausreichend, deren festgelegte Farben man mit der zu untersuchenden vergleicht. Von Helmholtz, Hering, Grassmann, Ostwald, Schrödinger und vielen anderen sind anspruchsvolle theoretische Grundlagen, darunter auch die *Theorie der Farbmetrik*, entwickelt worden. Sie beruht unter anderem auf dem Kompromiss, dass die bei jedem Menschen individuellen spektralen *Empfindlichkeitskurven* der drei (vier) Arten von Zapfen-Rezeptoren (Abb. 19.40) durch statistisch ermittelte *Mittelwertskurven*, die *Grundspektralwerte*, ersetzt wurden, die gesetzlich (von der *Commission Internationale d'Eclairage, CIE*) festgelegt sind.

Zum Abschluss des Kapitels: Es sei noch einmal auf das Problem hingewiesen, dass sich die *subjektive* Farbempfindung des Gesichtssinns in Grenzen dem realen *Spektrum* des *vorhandenen* Lichts anpasst. Die Farben eines Gemäldes bei Sonnen- wie bei Glühlampenlicht kann ein Betrachter subjektiv durch Anpassung des Sehsinns als weitgehend gleich erkennen, auch wenn sich die spektra-

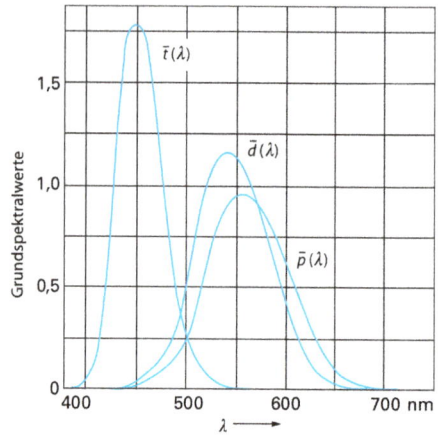

Abb. 19.40: Gemittelte spektrale Empfindlichkeitskurven (*Grundspektralwerte*) der drei Zapfenarten des menschlichen Auges (Bergmann-Schaefer-Optik-de-Gruyter-Verlags).

len Zusammensetzungen der beiden Lichtquellen stark unterscheiden.

Es gab und gibt sehr zahlreiche Versuche, Klassifizierungslisten und passende Messvorschriften für Farbtafeln zu entwerfen. Auch wenn es prinzipiell nicht möglich ist, subjektive physikalische Größen *exakt und quantitativ* zu ordnen, sind verschiedene empirische Methoden entwickelt worden, um direkt durch visuelle Vergleiche für viele Alltagszwecke subjektive Farbempfindungen in ein System zu bringen.

Eine andere einfache Klassifizierung hat *Helmholtz* gegeben. Danach wird jede Farbe durch eine Variable für den *Farbton* festgelegt, die *Farbvalenz*, und diese wieder durch drei Kenngrößen charakterisiert. Um dies tun zu können, muss das besonders komplizierte Problem der Beleuchtung des Objekts zuvor behandelt werden. Wenn wir ein Gemälde einmal unter Sonnenlicht am Mittag und ein anderes Mal am Abend und einmal mit einer Glühlampenbeleuchtung betrachten, werden die drei Zapfenarten unterschiedliche Farbempfindungen in der Netzhaut liefern. Die *Hel-*

ligkeit jeder Grundfarbe wird zur Angleichung der resultierenden Mischfarben geeignet gesteuert. Durch eine Mischung der drei unterschiedlichen Nervensignale für die drei Grundfarben entsteht ein einheitlicher, subjektiver Farbeindruck des Bildes. Diese Methode der *trichromatischen Mischung* wird auch in der heutigen Technik genutzt, um die ganze Vielfalt der subjektiven Farben in allen Varianten zu erzeugen und mit dem Gesichtssinn zu erfassen. Dazu gehören die Erzeugung eines Bildes auf dem Farbbild-Fernsehschirm ebenso wie auf anderen elektronischen Bildmedien, aber auch die technische Reproduktion von gerasterten oder nichtgerasterten Farbbildern für Druckprodukte.

Bei der üblichen *Rastermethode* zerlegt man dazu die zu erzeugende farbige Fläche in ein *einfaches Gitter* von Rasterpunkten. Jedes Rasterelement *(Pixel)* besteht wiederum aus drei Sensoren, d. h. Punkten verschiedener Basisfarben. Diese liegen so dicht nebeneinander, dass ihre Abstände bei direkter Beobachtung aus deutlicher Sehweite unterhalb der Auflösungsgrenze des Auges liegen und nicht getrennt wahrgenommen werden können. Daher wird im Auge eine Mischung der drei Teile des Pixels vorgenommen. Durch die Mischung der Nervensignale entsteht nach einer komplizierten Weiterverarbeitung ein einheitlicher *subjektiver* Farbeindruck. Die wahrgenommene Farbe kann (wie bei dem Fernsehschirm) durch die elektrische Steuerung der Intensitäten der drei Teile eines Pixels präzise eingestellt werden. (Auf dem gerasterten Bildschirm können Sie die farbigen Rasterpunkte mit einer Lupe leicht erkennen; auch hier sind die Abstände so gewählt, dass sie bei direkter Beobachtung nicht aufgelöst und nicht einzeln erkannt werden können.)

Beim *Dreifarbendruck* auf Papier kann man die Rasterung ebenfalls verwenden.

Die drei Basisfarben der Druckmaschinen, die Bücher, Zeitschriften und Ähnliches farbig drucken, sind Gelb, Cyan (Blaugrün) und Magenta (Purpurrot), die der subtraktiven Farbmischung unterliegen. Das Bild selbstleuchtender Bildschirme (Smartphone, Tablet, Notebook etc.) dagegen ist aus den Basisfarben Rot, Grün und Blau durch additive Farbmischung zusammengesetzt.

Es gibt wie in Abschnitt 19.5.4 gezeigt, drei Arten von farbempfindlichen *Zapfen* in der Netzhaut, die unterschiedliche spektrale Empfindlichkeiten aufweisen (Abb. 19.40). Merkwürdig erscheint, dass zweider spektralen Empfindlichkeitskurven in Abb. 19.40 sehr eng nebeneinander imSpektrum liegen. Als Grund dafür wird vermutet, dass der Zapfen für die grüne Farbwahrnehmung (den die meisten Säugetiere nicht besitzen) das Resultat einer Genduplikation ist.

Die drei Parameter, deren Kenntnis zur eindeutigen Festlegung einer Farbe erforderlich sind, sind
(1) die *Farbart* (die durch die zugehörige Wellenlänge des Spektrums festzulegen ist),
(2) die *Farbsättigung* (die durch Zumischung der unbunten Farben *Weiß/Schwarz* von einer brillanten Spektralfarbe zu einer unbunteren, grauen oder gedeckten Farbe zu verändern ist).
(3) die *Helligkeit*.

Die drei Arten von farbempfindlichen *Zapfenzellen* zeigen unterschiedliche spektrale Empfindlichkeiten (Abb. 19.40). Durch die Mischung ihrer Nervensignale entsteht nach einer komplizierten Weiterverarbeitung ein einheitlicher subjektiver Farbeindruck. Die Bestimmungsgröße für die Eigenschaften einer aus den drei *Primärfarben* zusammengesetzten Farbe ist die *Farbvalenz*.

Die Farbmetrik beruht auf mehreren Gesetzen, deren Grundlegendes das *Graßmann'sche Gesetz* ist. Es lautet:
Jede Farbe lässt sich aus der additiven Mischung von drei festgelegten Primärfarben erzeugen (wobei diese nicht selbst miteinander mischbar sein dürfen).

Beispiele sind {Rot-Grün-Blau} oder alternativ die Summen aus je zwei von ihnen {d. h. Gelb/Cyan – (Blaugrün) – Magenta – (Purpurrot)}. Diese Grundfarben stehen übrigens nicht direkt mit den Maxima der drei Zapfenarten in Beziehung. Es können im Prinzip auch andere Kombinationen von Primärfarben ausgewählt werden.

Daraus folgt die von *Helmholtz* ausgearbeitete Basis der *Dreifarbentheorie*. Den Intensitäten der drei gewählten Primärfarben kann man die Achsen eines Kartesischen Koordinatensystems, des *Farbraums*, zuordnen, und jede Farbe lässt sich dann als *Farbvalenzvektor* darstellen, dessen Komponenten die Farbwerte der Primärfarben sind. Es gelten zur Beschreibung der Erzeugung von Mischfarben die Gesetze der *Vektoraddition im Farbraum*.

Eine alternative Theorie beruht auf dem von *Hering* entwickelten Prinzip der *Gegenfarben* (*Komplementärfarben*):

In einem dreidimensionalen, rechtwinkligen Koordinatensystem ordnet man die *Farborte* von {Grün} auf der negativen *x-Halbachse* von –100 bis 0 Skalenteilen bzw. die der Gegenfarbe {Rot} auf der positiven Halbachse von 0 bis +100 an.

Analog werden auf der *y*-Achse {Blau} von –100 bis 0 und {Gelb} von 0 bis +100 abgetragen.

1976 übernahm die CIE das *Hering'sche Vierer-System* und nannte das System das *CIELAB-System*. In diesem erhält jede *Farbnuance ihren Platz in dem rechtwinkligen Farbraum*.

Wir haben also vier Halbachsen für *vier Grundfarben*.

In diesem System kann man auf der z-Achse zusätzlich die *Helligkeit* von –100 Skalenteilen{Schwarz} bis +100 Skalenteilen {Weiß} einzeichnen. So erhält man auch in diesem Farbraum für jede Farbvalenz einen eindeutigen Koordinaten-Punkt.

20 Einige abbildende und spektroskopische Instrumente

20.1 Glas

Wegen der großen Bedeutung von *Glas* für den gesamten Bereich Optik sollen hier die wesentlichen Eigenschaften von *Glas* vorgestellt werden. Glas im allgemeinen Sinn beschreibt feste Stoffe, deren mikroskopische Struktur jedoch ungeordnet ist, also der einer Flüssigkeit entspricht, im Gegensatz zur geordneten Struktur der Kristalle. Die für die Optik im engeren Sinn wichtigste Eigenschaft von Glas ist seine Transparenz im sichtbaren Spektralbereich des Lichts.

Chemischer Hauptbestandteil sind die *Glasbildner*, denen z. B. für optische Gläser bis zu 20 unterschiedliche Zusätze – ein großer Teil des Periodensystems der Elemente – zumeist in geringen Mengen zugemischt werden, die die unterschiedlichen Details physikalischer und chemischer Eigenschaften bestimmen.

Auch transparente Kunststoffe werden oft mit dem Begriff *Glas* bezeichnet.

Eine Besonderheit des Glaszustands ist, dass der Übergang zwischen Flüssigkeit und Festkörper nicht scharf ist, sondern die Viskosität der Schmelze in einem gewissen Temperaturbereich graduell zunimmt. Dadurch sind neben dem Auswalzen (Flachglas für Fenster) besondere Bearbeitungsformen wie das *Glasblasen* oder das *Ziehen* von Glasfasern möglich. Die weitere Bearbeitung des Glases erfolgt durch Schneiden und Schleifen.

Glas wird im Alltag ebenso häufig verwendet wie in modernsten Hochtechnologien. Einige Beispiele sind Haushaltsmaterialien, Linsen, Sehhilfen, Lichtleitfasern, terrestrische und astronomische Fernrohre, Lichtleiter für Nachrichtentechnik, Baumaterialien und Schmuckmaterialien. Wegen der enormen Variationsbreite ihrer physikalischen und chemischen Eigenschaften einerseits und ihrer technologisch sehr einfachen Herstellbarkeit und Bearbeitbarkeit (wenngleich auch nur bei hohen Temperaturen) andererseits werden die wichtigen Komponenten optischer Technik, wie *Linsensysteme,* aber auch andere Gegenstände wie *Vorratsbehältnisse mit höchsten Reinheitsgraden* auch *heute weitgehend aus Gläsern gefertigt.*

Als wohl frühestes archäologisches Fundstück wird ein Rezept für die gezielte Herstellung von mit Kupfer blau oder rot gefärbtem Kupferglas gehalten, das *Assurbanipal* in Syrien vor 2.700 Jahren auf einer Keilschrifttafel dokumentieren ließ. Glas ist vermutlich eine Zufallsentdeckung der Menschen in der Übergangszeit von der Stein- zur Bronzezeit, die in Sand- und Wüstengebieten lebten und bei hohen Temperaturen Kupfer für die Bronzeherstellung im Sand schmolzen. In der Natur ist Glas aber auch als Meteorit und als Vulkan-Auswurf (*Lava, Bimsstein, Obsidian*) zu finden. Schaumartiger, unter Druck mit Gasblasen gefüllter Bimsstein, der wegen intensiver diffuser Lichtstreuung weiß ist, und schwarzer kompakter Obsidian entstehen bei schneller Abkühlung in Luft oder Wasser. Bims und Lava haben etwa gleiche Zusammensetzung, aber völlig unterschiedliche Materialeigenschaften.

Der auf Wasser schwimmende Bims wird noch heute bisweilen als Baustoff verwendet; schon die gewaltige Kuppel der *Hagia Sofia* wurde wegen des geringen Gewichts aus Bimsstein gefertigt (360–537 n. Chr.). Dagegen wurde der schwere, glänzende Obsidian seit der Steinzeit wegen seiner Glasstruktur (die in sehr dünnen Spaltschichten lichtdurchlässig ist) als scharfkantiges Schneidwerkzeug benutzt. Ein Sonderfall *natürlichen* Glases sind die kleinen *Tektite*, die in geringem Maße erdweit (z. B. in den Rändern des *Nördlinger Meteorkraters*) vorkommen und die nach aktueller wissenschaftlicher Meinung von Meteoreinschlägen vor einer Million Jahren auf der Mondoberfläche herrühren.

Mit der vor 2.000 Jahren in Phönizien erfundenen *Glasbläserpfeife* und anderen einfachen Glasbläser-Werkzeugen wurden bis in das letzte Jahrhundert hinein von Glasbläsern Gebrauchsglas geschmolzen oder vor dem offenen heißen Glasofen oder in der Gasflamme Kunst- und

https://doi.org/10.1515/9783110691658-022

Hohlgläser, technische Glasapparaturen und Ähnliches geschaffen („geblasen"). Dabei ist bis heute der entscheidende Parameter, denjenigen schmalen Temperaturbereich der *flüssigen* Glasschmelze in der oft bis 2.500 Tonnen großen Ofenwanne einzustellen, bei dem die Viskosität des weichen und zähen Zustands eine leichte mechanische Verformung ermöglicht, die bei anschließender Abkühlung stabil wird.

Der wichtigste Glasbildner von Glas im engeren Sinn ist Siliziumdioxid (dessen kristalline Form Quarz ist). Normales, einfaches Gebrauchsglas wird aus Quarzsand, Soda und Kalk und geringen Mengen von Zusatzstoffen wie Blei, Zinn, Aluminium, Germanium, Bor, Phosphor oder Arsen, Mangan oder Knochen bei Temperaturen um 1.300 °C *erschmolzen*. Die Zusätze reduzieren die hohe Schmelztemperatur des reinen Quarzes um einige Hundert Grad und tragen zur typischen Glasstruktur bei.

Die häufigsten Gläser sind:

1) *Quarz-Soda-Kalk-Glas*. Ihre bei Weitem meistverwendeten Bestandteile sind Si-Oxid, Na-Oxid, gebrannter Kalk, Kaliumkarbonat oder andere Kalium-Mineralien. Es liefert das bis ins 19. Jahrhundert meistverwendete billige Gebrauchsglas.

2) *Bor-Silikat-Glas* (z. B. Duran®). Es ist das chemisch und mechanisch widerstandsfähigste technische Glas. Speziell wird es als stoßfestes Laborglas, feuerfestes Geschirr, Spiegel, Fensterglas, Beleuchtungsgläser usw. gebraucht.

3) *Blei-Aluminiumoxid-Glas*. Blei ersetzt oft das CaO_2. Es wird zu Erzeugung kostbarer, schwerer Kunstgläser verwendet. Es hat einen großen Brechungsindex und eine große Dispersion.

Heute gibt es an die 500 verschiedene Sorten Spezial-Glas, die durch Beimischung bzw. Dotieren mit ungefähr der Hälfte aller Elemente des Periodensystems erzeugt werden können. Hunderte von Dotiersorten und -mischungen brechen dabei schon im flüssigen Zustand die

locker vernetzten Quarzstrukturen auf und können dabei unterschiedliche physikalische und physikochemische Materialeigenschaften in weiten Bereichen annehmen. Beispielsweise wird „Milchglas" durch Beigabe von Flussspat oder Knochenmehl getrübt. Als spezielle Beispiele seien Spezialgläser für Festkörper-Laser genannt (siehe Abschnitt 17.12). Beispiele für variierbare Eigenschaften sind der Brechungsindex (im Sichtbaren zwischen 1,2 und 5,5 variierbar), die Dispersion, optische Transmission, Dichte, mechanische und thermische Eigenschaften, Bruchfestigkeit und dielektrische, elektrische und magnetische Eigenschaften.

Aufgrund ihrer Ätzbarkeit, Lösbarkeit, Verformbarkeit (durch Schmelzen, Überfangen, Glasblasen, Schleifen, Schneiden, Bohren, Polieren usw.) eröffnen Gläser der optischen Technologie ein riesiges Feld von Anwendungsgebieten für Gebrauchsgläser, Kunstgläser und Gläsern für Geräte der optischen Technik.

Von besonderer Bedeutung ist heute ein extremer Reinheitsgrad für die *Lichtleitfaser-Optik*, die zunehmend für Kommunikation und Datenübertragung die früher üblichen Kupferkabel ersetzt. Dies wird klar, wenn man sich vergegenwärtigt, dass z. B. ein Lichtsignal in einer 100 km langen Lichtleitfaser in einer „Schichtdicke" von 100 km Absorptions-/Streuverluste erleidet (siehe Abschnitte 19.3.6 und 19.3.7).

Über lange Zeiten gelang eine Verbesserung von Glasprodukten nur durch handwerkliches und chemisches Probieren. Erst im 19. Jahrhundert erfolgte ein Entwicklungssprung (z. B. durch von Fraunhofer, Schott, Zeiss und Abbe) zu ausgedehnter systematischer wissenschaftlicher Weiterentwicklung, um hohe Glasqualitäten zu erzielen, wie sie heute für Glasoptiken, Elektrotechnik-Produkte und Lichtleiterkommunikation erforderlich und üblich ist. Während heute etwa 95 % des Glases mit einfachem Silizium-Natron-Kalk-

Glas hergestellt wird, werden die restlichen 5 % als Spezialgläser mit besonderen hochtechnischen Eigenschaften für viele (auch medizinische) Glasanwendungen verwendet.

Glaskeramik entsteht durch ein spezielles Herstellungsverfahren, das auf der Kombination der Zugabe von Kristallbildnern und einer speziellen Wärmebehandlung basiert. Wegen seiner Härte und entzündungshemmenden Wirkung wird es z. B. in der Kieferorthopädie als Knochenersatzstoff verwendet, der nicht wieder abgestoßen wird, sondern mit der Knochensubstanz verwächst. Glaskeramik ist zudem wesentlich weniger bruchgefährdet als normales Glas.

Glaskeramiken werden im noch flüssigen Zustand mit Keimen aus *Mikro-* und *Nanopartikeln* vermischt, an denen die Glasschmelze bis zu 90 % zu kleinen Kristallen auskristallisiert. Bei Temperaturerhöhung zeigen diese ein *anomales* Verhalten: Sie *schrumpfen* und kompensieren so die thermische Ausdehnung des Grundglases, sodass das Material wegen geringerer thermischer Ausdehnung als bei gewöhnlichem Glas plötzliche *Temperatursprünge* bis zu 800 Grad unbeschadet übersteht.

Es wird z. B. für *Ceran-Kochfelder* in Küchenherden eingesetzt. Ein anderes Anwendungsbeispiel ist der mit 3,6 m Durchmesser größte und mit 26 Tonnen schwerste astronomische Hohlspiegel in Cala Alta aus Glaskeramik *Zerodur*. Seine Schmelzzeit betrug 21 Tage, seine spannungsfreie Abkühlzeit 481 Tage. Es dauerte drei Jahre, bis der Spiegel auf 0,1 mμ Oberflächenrauigkeit geschliffen war.

Glaskeramik zeigt außerordentliche mechanische Eigenschaften: Man kann sie spanabhebend bearbeiten, d. h., drehen, bohren oder fräsen wie ein metallisches Werkstück.

Sicherheitsglas ist ein bruchsicheres *Mehrschichtensystem*, wie es für *Windschutzscheiben* in Autos zur Vermeidung scharfer, gefährlicher Splitter bei Unfällen Verwendung findet. Es wird mittels der *Sandwich-Technik* hergestellt und besteht aus mindestens zwei separaten Glasscheiben, die durch dazwischengelegte reißfeste Folie miteinander verklebt sind.

Jenaer Glas Diese Glassorte ist wegen ihrer *Bruchfestigkeit, Temperaturbeständigkeit, Temperaturwechsel-Beständigkeit* und *chemischen Stabi-*

lität ein bevorzugtes Material für den Gebrauch im *Haushalt, in der Chemie-Industrie* und speziell für *medizinische Gefäße etc.*

Quarzglas Man kann durch Reduzieren der Alkali- und Erdalkali-Bestandteile *Quarzglas* erzeugen, das wesentlich aus SiO_2 besteht, allerdings gelingt dies erst bei Temperaturen über *1.500 °C*. Dieses Material hat überragende mechanische Eigenschaften, die denen des extrem harten *kristallinen* Quarzes ähneln, ist aber glasartig *isotrop*. Es zeigt *mikrokristalline*, quarzartige, atomare *Kettenbildung*, die aber im Unterschied zu der des einkristallinen *Edelsteins Quarz* infolge von hoher *Fehlordnungsdichte* unvollständig ausgebildet ist.

Auch die optischen Eigenschaften sind außergewöhnlich: Der *Transparenzbereich* von Quarzglas erstreckt sich über das Sichtbare hinaus sowohl weit ins Ultraviolette als auch weit ins Infrarote, allerdings nicht so weit wie *kristalliner* Quarz. Quarzglas existiert in unterschiedlichen Modifikationen und wäre wegen seiner Vielseitigkeit ein ideales Material für die Optik, wäre seine Bearbeitung nicht für den Glasbläser oder die Maschine wegen der erwähnten hohen Bearbeitungstemperatur mit großem Aufwand verbunden.

Transparente Kunststoffe Als *Ersatz* für das i. A. sehr zerbrechliche Glas werden heutzutage auch amorphe, stabilere, aber elastische *Kunststoffe* in einen Glaszustand versetzt, es werden also teilgeordnete Molekülketten erzeugt. Beispiele sind Polymethylmethacrylat (auch Acrylglas genannt, unter anderem mit den Markennamen *Plexiglas®*), Polycarbonat und Cycloolefin-Copolymere. Aus diesen lassen sich Linsen z. B. für den Einsatz in Smartphone-Kameras herstellen, aber auch bei Brillengläsern haben diese Hochleistungspolymere Glas weitestgehend verdrängt.

20.2 Lupe

Ein virtuelles Bild kann nicht auf einem Schirm sichtbar gemacht, fotografiert oder vermessen werden (Abschnitt 19.2); dazu ist eine weitere Abbildung erforderlich, die daraus ein reelles Bild erzeugt. Das kann speziell auch die Abbildung im Auge sein.

Als *Lupe* dient eine Sammellinse großer Brechkraft, wenn man mit ihr ein virtuelles, aufrechtes, vergrößertes Bild eines Gegenstands entwirft, das dann mit dem Auge betrachtet wird. Mit dem Abbildungsdiagramm in Abschnitt 19.4.8 können wir uns klarmachen, dass dieses Bild entsteht, wenn die Gegenstandsweite a kleiner oder gleich der Brennweite f ist.

Das virtuelle Bild kann im Prinzip für die Betrachtung mit dem Auge irgendwo zwischen unendlich und dem Nahpunkt des Auges liegen. Am bequemsten ist es aber für das Auge, wenn das Bild im Unendlichen ist, d. h. $a = f$, $b = -\infty$, denn dann braucht das Auge nicht zu akkommodieren (Abb. 20.1a). Das ist auch für die Verwendung der Lupe im Lichtmikroskop (Abb. 20.4) wichtig. Nach Gl. (19-19) ist die aus der Vergrößerung des Sehwinkels definierte *subjektive Vergrößerung* in diesem Fall (Abb. 20.1):

$$V_s = \frac{\tan \varepsilon}{\tan \varepsilon_0} = \frac{s_0}{f}. \qquad (20\text{-}1)$$

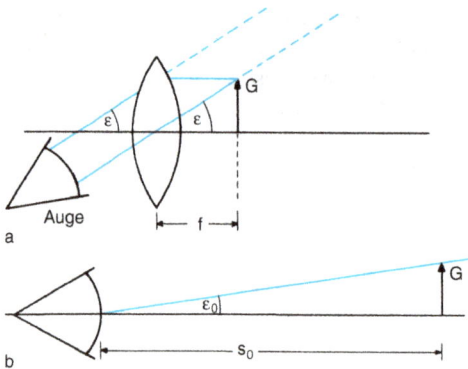

Abb. 20.1: Betrachtung eines Gegenstands mit dem Auge: (a) durch die Lupe, (b) in deutlicher Sehweite.

Der Abstand Auge – Lupe tritt in Gl. (20-1) nicht auf. In Abb. 20.1 ist der Sehwinkel ε unabhängig von diesem Abstand. Je größer letzterer wird, desto kleiner wird allerdings das Bildfeld und desto stärker beeinflussen Abbildungsfehler die Bildqualität.

Gl. (20-1) zeigt, wieso mit der Lupe größere subjektive Vergrößerungen als mit dem bloßen Auge zu erreichen sind: Man kann f erheblich kleiner wählen als den Nahpunktabstand des Auges. Ist beispielsweise $f = 2{,}5$ cm, so ist $V_s = 10$, da die deutliche Sehweite $s_0 = 25$ cm beträgt. Durch Bildfehler ist der Vergrößerung mit der Lupe allerdings bei etwa $V_s = 30$ eine Grenze gesetzt.

20.2 Projektionsapparate

Zur Vergrößerung eines Gegenstands wird bei diesen Apparaten im Gegensatz zur Lupe kein virtuelles, sondern ein reelles Bild erzeugt, das auf einen Bildschirm geworfen (projiziert) und dort mit dem Auge beobachtet wird.

Mit guten Projektionsobjektiven sind Abbildungsmaßstäbe (Abschnitt 19.4.9) von der Größenordnung 100 möglich, beispielsweise zur Vergrößerung eines wenige Zentimeter großen Filmbildes auf eine meterhohe Leinwand im Kino.

Ist der Gegenstand transparent (fotografisches Negativ, Dia), so kann er im Durchlicht beleuchtet werden. Dazu dient eine spezielle *Beleuchtungsoptik*, die den Gegenstand gleichmäßig ausleuchtet, der *Kondensor*.

Beispiele für Projektionsapparate sind der *Dia-Projektor* (Abb. 20.2), der *Film-Projektor* und der *fotografische Vergrößerungsapparat*. In digitalen Projektoren (*Beamer*) ist der Gegenstand entweder ein LCD (Abschnitt 16.1.4), das dort wie ein Dia wirkt, oder ein DMD (*Digital Mirror Device*), bei dem die Gegenstands-„Punkte" mikroskopisch kleine, einzeln ansteuerbare Spiegel sind, deren Verkippung zur Helligkeitssteuerung genutzt wird.

Undurchsichtige Objekte werden im *Episkop* von den Seiten beleuchtet, und das Streulicht liefert dann das Licht für das Bild auf der Leinwand. Mit dieser Objektbeleuchtung erreicht man allerdings nicht die Bildhelligkeit des Durchlichtverfahrens.

Ein *Overhead-Projektor* entspricht dem Prinzip des Dia-Projektors (Abb. 20.2), mit dem Unterschied, dass anstelle des Dias eine DIN-A4-Transparentfolie als Objekt dient, die bedruckt oder auch während einer Präsentation beschrieben werden kann.

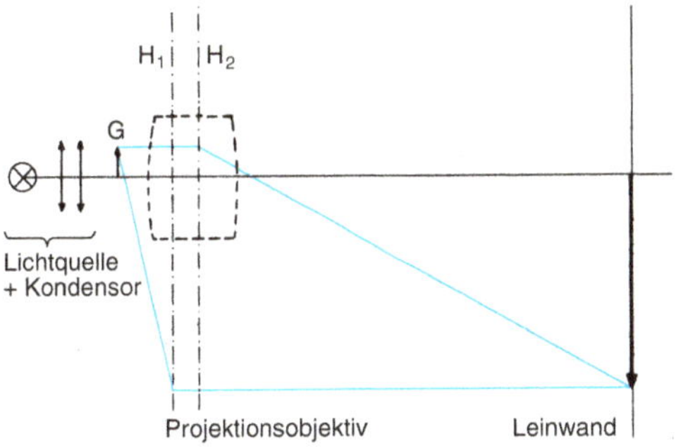

Abb. 20.2: Projektionsapparat (Dia-Projektor, Film-Projektor).

Die optische Abbildung im Projektor *(Beamer)* erfolgt im Prinzip wie beim Dia-Projektor, allerdings ist es gelungen, die Bildhelligkeit und Bildqualität durch Verwendung moderner Optik und extrem lichtstarker Lichtquellen wesentlich zu steigern.

20.3 Lichtmikroskop

Mikroskope sind wichtige Instrumente für die *Lebenswissenschaften*, weil die Größen vieler biologischer Strukturen wie Zellen, Bakterien, Viren usw. unterhalb der Auflösungsgrenze des Auges liegen. Im Laufe der Zeit sind viele Arten von Mikroskopen entwickelt worden, durch die der beobachtbare Größenbereich bis zu einzelnen Molekülen verschoben wurde. Den generellen Aufbau mit den verschiedenen Optionen der Beleuchtung, Kontrastgestaltung und Bildaufnahme zeigt Abb. 20.3.

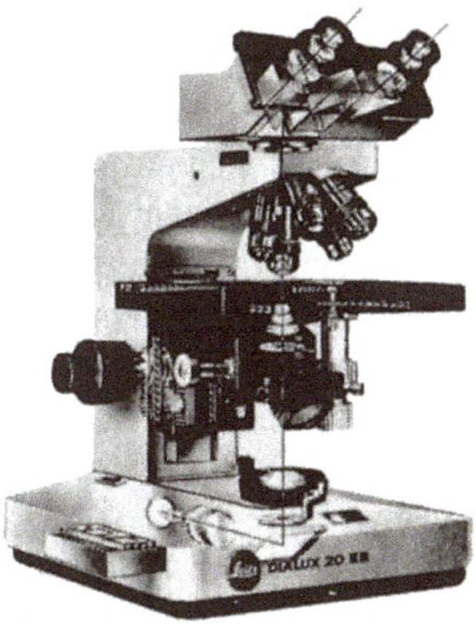

Abb. 20.3: Variationsmöglichkeiten moderner Lichtmikroskope (Leitz-Dialux; nach J. Grehn, Laborpraxis).

Prinzipieller Aufbau und Abbildung Das primäre und wichtigste abbildende Linsensystem im Lichtmikroskop ist das *Objektiv*, das von dem betrachteten Gegenstand, hier meist Objekt genannt, ein stark vergrößertes, reelles, umgekehrtes Bild erzeugt.

Moderne Mikroskop-Objektive sind mit Computer-optimierten Hauptebenen kompakt und aus bis zu etwa 20 sphärischen und nichtsphärischen Linsen aus unterschiedlichen Glassorten zusammengesetzt, um die hohen Anforderungen bezüglich der Bildqualität zu erfüllen.

Das vom Objektiv erzeugte reelle Bild wird *Zwischenbild* genannt, da es typischerweise mit einem zweiten abbildenden Linsensystem nochmals eine Abbildung erfährt. Bei der Beobachtung mit dem Auge wird dieses zweite Linsensystem als *Lupe* verwendet, die *Okularlinse*, die vom Zwischenbild dann ein – nochmals vergrößertes – virtuelles Bild erzeugt, das mit dem Auge betrachtet wird. Um ermüdende Akkommodation des Auges zu vermeiden, wird das virtuelle Bild ins Unendliche ($b = -\infty$) verlegt. Das reelle Zwischenbild liegt demzufolge in der Brennebene der Okularlinse.

Um Einschränkungen des *Bildfeldes* zu vermeiden, wird am Ort des reellen Zwischenbildes eine weitere Linse angeordnet, die *Feldlinse*. Beide Linsen, die Feld- und die Okularlinse, sind typischerweise in einem Bauteil, einfach *Okular* genannt, untergebracht.

Um die Größe eines Objektes zu *messen*, kann in der Zwischenbildebene eine transparente Scheibe mit einer aufgebrachten Skala, die *Okular-Mikrometer-Skala*, eingesetzt werden (in vielen Okularen ist sie bereits fest eingebaut). Man sieht dann mit der Okularlinse Zwischenbild und Mikrometer-Skala gleichzeitig scharf und kann die das Zwischenbild überdeckenden Skalenstriche abzählen. Damit erhält man die Größe des Zwischenbildes, und die Gegenstandsgröße berechnet sich dann aus der angegebenen Objektivvergrößerung allein. Es ist dabei auch zweckmäßig, das Okularmikrometer für das verwendete Objektiv zu *kalibrieren*, indem man als Objekt eine in 1/100-mm-Schritten geteilte Skala, die *Objekt-Mikrometer-Skala*, betrachtet. Damit sieht man die Skalen von Okular-Mikrometer und Objekt-Mikrometer gleichzeitig, kann also die Okular-Skala kalibrieren.

Bei den typischerweise in Laboren benutzten Mikroskopen sind Objektivvergrößerungen zwischen ein- und 100-fach und Okularvergrößerungen zwischen 6- und 25-fach üblich. Die gesamte Abbildung im Mikroskop liefert ein *umgekehrtes* Bild, denn das reelle Zwischenbild ist umgekehrt, während die nachfolgende virtuelle Abbildung durch das Okular die *Bild-Orientierung* unverändert lässt. Abbildung 20.4 zeigt den *abbildenden Strahlengang* (a) und den *Bündel-Strahlengang* (b) des Lichtmikroskops (siehe Abschnitt 19.4.8).

> Zusammengefasst: Im Lichtmikroskop werden in einer *Zweischritt-Abbildung* eine Objektiv-Abbildung mit reellem Zwischenbild und eine Okular-Abbildung mit virtuellem Bild des Zwischenbildes hintereinandergeschaltet. Üblicherweise besteht das Okular

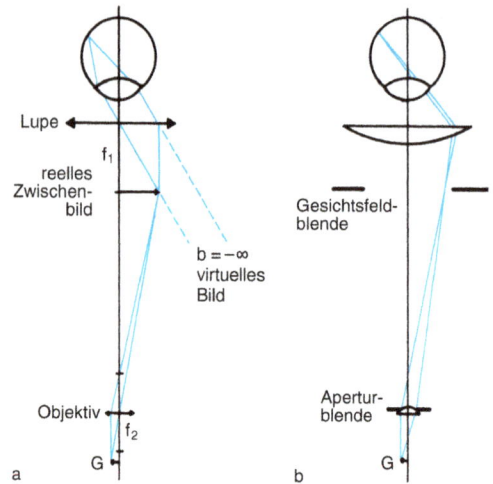

Abb. 20.4: Lichtmikroskop: (a) abbildender Strahlengang, (b) Bündel-Strahlengang.

selbst aus zwei Linsen: die *Okularlinse* und die *Feldlinse*.

Dabei multiplizieren sich Abbildungsmaßstab des Objektivs und subjektive Vergrößerung des Okulars zur Gesamtvergrößerung:

$$V_{gesamt} = V_{Objektiv} \cdot V_{Okular}. \qquad (20\text{-}2)$$

Soll ein Mikroskop trotz starker Objektivvergrößerung kompakt bleiben (d. h., soll nach Gl. (19-11) die Bildweite klein bleiben), so muss die Objektivbrennweite entsprechend klein sein. Ein 100-fach vergrößerndes Objektiv hat daher eine Brennweite von nur $f \approx 2\,\text{mm}$. Dies ist der Grund dafür, dass für eine korrekte Abbildung das Objektiv aus mehreren Linsen zusammengesetzt ist, um optische Abbildungsfehler (siehe Abschnitt 19.4.11) zu korrigieren.

Objektiv und Okular haben in klassischen Mikroskopen im Mikroskop-Tubus einen *festen Abstand* voneinander. Wie beim Auge ist also für die Objektiv-Abbildung die Bildweite vorgegeben. Sie ist grob gemessen gleich der Tubuslänge (ca. 160 mm). Die Scharfeinstellung des Mikroskops erfolgt durch Veränderung der Gegenstandsweite mittels einer Grob- und einer Feineinstellungsschraube, die entweder den ganzen Tubus oder aber den Objekt-Tisch verschieben. Mikroskope mit *Infinity- (Unendlich-) Optik* erzeugen das Zwischenbild mit einer Kombination aus Objektiv und *Tubuslinse* mit einem parallelen Strahlengang zwischen diesen beiden Linsensystemen. Das hat den Vorteil größerer Flexibilität bei der Konstruktion, da der Abstand zwischen Objektiv und Tubuslinse wegen des Parallelstrahlengangs variierbar ist.

Um trotz der festen Bildweite im weiten Bereich unterschiedliche Vergrößerungen erzielen zu können, sind Mikroskope mit *Wechselobjektiven* und *Okularen* verschiedener Brennweiten ausgerüstet. Objektiv- bzw. Okularvergrößerung sind auf diesen eingraviert, sodass man mit Gl. (20-2) die Gesamtvergrößerung jeder Kombination leicht ermitteln kann.

Zur Präsentation bzw. Dokumentation mikroskopischer Bilder mit einer Kamera kann ein digitaler Bildsensor (früher: fotografischer Film) entweder direkt am Ort des reellen (Zwischen-)Bildes des Objektivs platziert werden, oder es wird mit einer weiteren Optik *(Projektiv)* ein reelles Bild des Zwischenbildes in der Sensor- (Film-)Ebene generiert.

Beleuchtung Mit unterschiedlicher Art der Beleuchtung kann man entweder Durchstrahlungs-Objekte (z. B. mit einem Mikrotom geschnittene Dünnschichtpräparate) oder Oberflächen-Objekte (z. B. ein Stück Haut) beobachten. Entweder wird das ganze Bildfeld auf einmal beleuchtet, oder es wird mit einem engen Strahl gescannt und abgerastert. Das Licht wird entweder von einer externen Quelle eingestrahlt (Fremdstrahler) oder aber vom Objekt selbst erzeugt (Selbststrahler). In der Biologie/Medizin beruhen die meisten Selbststrahler auf Fluoreszenz (siehe unten). Die Beleuchtung ist nicht nur für die Bildhelligkeit wichtig, sondern besonders bei hohen Vergrößerungen auch für die Bildqualität. Bei kleinen Vergrößerungen (und geringem erforderlichem Auflösungsvermögen) genügt ein am Präparattisch angebrachter schwenkbarer Plan- oder Hohlspiegel zur Beleuchtung des Präparats mit Tageslicht oder durch eine Lampe. Bei hohen Vergrößerungen müssen starke Lichtquellen und spezielle Beleuchtungssysteme, die *Kondensor-Optiken,* benutzt werden, von denen in Abb. 20.5 zwei Beispiele gezeigt werden. Sie bestehen aus mehreren Linsen, die das Licht unter großem Beleuchtungs- (Öffnungs-)Winkel auf das Objekt konzentrieren.

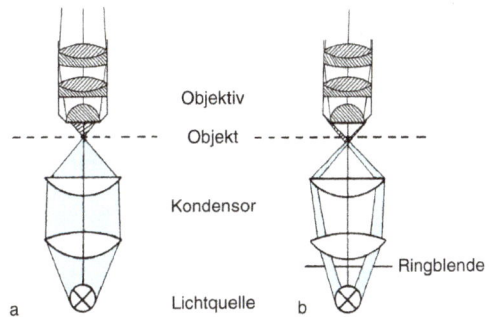

Abb. 20.5: Verwendung des Kondensors bei der (a) Hellfeld- und (b) Dunkelfeldmethode.

Etwas vereinfachend kann man sagen: Die Bildqualität im Mikroskop ist von der *Beleuchtungsoptik* ebenso sehr abhängig wie von der *Abbildungsoptik.* Für die Praxis des Hochauflösungsmikroskopierens gilt daher: Die richtige Auswahl des Kondensors ist ebenso wichtig wie die der Abbildungsoptik aus Objektiv und Okular, d. h., der Strahlengang *vor* dem Objekt ist ebenso wichtig wie der Strahlengang *hinter* dem Objekt. Man sollte sich also nicht wundern, dass bei hohen Vergrößerungen selbst das beste Mikroskop unscharfe Bilder liefert, wenn man nicht auf die richtige Objektbeleuchtung achtet.

Transparente Objekte können im *Durchlicht* beobachtet werden, wenn sie genügend dünn sind (Abb. 20.5a). Bei undurchsichtigen Objekten kann man nur das von der Oberfläche gestreute Licht verwenden *(Auflicht)*; auch dazu dienen spezielle Kondensoren.

Mit der *Dunkelfeld-Methode* (Abb. 20.5b) erreicht man, dass bei Durchlicht nur das am Objekt gestreute bzw. gebeugte Licht, nicht aber das direkt von der Lichtquelle kommende Licht in das Objektiv trifft. Dies geschieht durch eine Ringblende im Kondensor. Im Bild erscheinen dann streuende Strukturen im Objekt gegen dunklen Hintergrund, wodurch Bildkontraste deutlicher werden können.

Auflösungsvermögen und Bildqualität Mit wachsender Vergrößerung nimmt die Schärfentiefe (Abschnitt 19.4.10) einer Abbildung ab. Verwendet man jedoch dünne Präparate (Dünnschnitte, Mikrotomschnitte, Ultra-Mikrotomschnitte), dann bleiben die Bilder auch bei großen Vergrößerungen scharf, wenn die Objektdicke den Schärfentiefenbereich nicht überschreitet.

Für die *Abbildungsqualität* eines Mikroskops ist nicht einfach die Vergrößerung entscheidend, sondern die Größe der Objektstrukturen, die man im Bild noch unterscheiden kann. Würde z. B. ein Mikroskopbild nachträglich auf eine Kinoleinwand weitervergrößert werden, so hätte man zwar die Vergrößerung erhöht, würde aber auf der Leinwand im Wesentlichen nur dieselben Strukturen erkennen, die bereits im Mikroskopbild zu sehen sind. Es würde sich damit also um eine nutzlose *Leervergrößerung* handeln. Weitaus wichtiger als die Vergrößerung ist also die *Detailauflösung* eines Mikroskops. Sie wird begrenzt durch das Objektiv, denn das Okular kann nur diejenigen Details weitervergrößern, die bereits im reellen Zwischenbild enthalten sind.

Als Maß für die Detailauflösung wird die *Auflösungsgrenze δ* in der Gegenstands-(Fokus-)Ebene herangezogen, der Mindestabstand zweier Gegenstandspunkte in der Gegenstandsebene, die im Bild gerade noch getrennt wahrgenommen werden können. Sie stellt die prinzipielle Grenze für die Abbildung kleinster Strukturen unabhängig von der Vergrößerung dar.

Der *Auflösung* sind durch die Welleneigenschaften des Lichts, nämlich durch die Beugung des Lichts an den Objektstrukturen (Abschnitt 18.2.3), Grenzen gesetzt *(Abbe'sche Auflösungsgrenze)*; es gilt

$$\delta \underset{\sim}{>} \frac{\lambda}{n \sin \alpha}. \tag{20-3}$$

λ ist die mittlere Wellenlänge des zur Objektbeleuchtung verwendeten Lichts, n der Brechungsindex des Materials zwischen Objekt und Objektiv, und a ist der halbe Öffnungswinkel des Objektivs (Abb. 20.6). Die Größe ($n \cdot \sin \alpha$) ist die *numerische Apertur* (abgekürzt: NA).

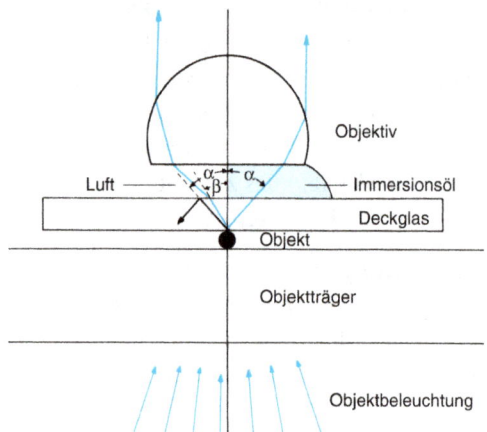

Abb. 20.6: Zur Definition des Auflösungsvermögens im Lichtmikroskop. Durch Totalreflexion am Deckglas wird links der Aperturwinkel von α auf β herabgesetzt. Rechts wird dies durch *Immersionsöl* verhindert, dessen Brechungsindex (ungefähr) gleich dem des Deckglases ist.

Der Zahlenwert der NA ist meist auf der Objektivfassung angegeben. Die besten Mikroskopobjektive weisen NAs auf, die nahe an den maximalen Wert $n \cdot \sin \alpha = n$ entsprechend einem Öffnungswinkel von 90° heranreichen.

Gl. (20-3) ist allgemeingültig für die Abbildung durch Wellen, also auch für IR, Röntgenstrahlen oder Elektronenstrahlen. Hier ist es sehr wichtig, darauf hinzuweisen, dass λ in Gl. (20-3) die *Vakuumwellenlänge* des Lichts ist. Teilt man diese durch den Brechungsindex n, so ergibt sich die Wellenlänge im Medium mit diesem Brechungsindex, wobei sich das Medium zwischen Gegenstand und abbildender Linse befindet. Dieses Medium wird als *Immersionsmedium* bezeichnet, wobei die Verwendung von Luft den Standardfall darstellt und nicht gesondert bezeichnet wird. Bei der Mikroskopie *lebender* Zellen, die sich in einem wässrigen Medium befinden, wird häufig Wasser als Immersionsmedium verwendet. Sind die Proben *fixiert* oder dünne Schnitte und mit einem *Mikroskop-Deckglas* abgedeckt, wird ein *Immersionsöl* mit dem Brechungsindex des Deckglases verwendet (Abb. 20.6). Es wird deutlich, dass es wichtig ist, dass das Medium den gesamten Raum zwischen Gegenstand und Linse ausfüllt, wie es bei der Verwendung von Immersionsöl der Fall ist. Ohne das Öl werden Strahlen mit einem großen Öffnungswinkel an der Grenzfläche Glas/Luft total reflektiert und können so nicht zur Abbildung beitragen. Nur Strahlen mit einem kleineren Öffnungswinkel β erreichen das Objektiv, sodass das Auflösungsvermögen dann entsprechend schlechter ist.

Die wichtigste Aussage der Gl. (20-3) ist: Je kleiner λ und je größer n, also je kleiner die Wellenlänge im Medium zwischen Gegenstand und Linse, desto kleiner ist δ.

Die Auflösungsgrenze für konventionelle Lichtmikroskopie liegt im sichtbaren Bereich bei etwa 200 nm. Wegen der Wellennatur des Lichts ist es also prinzipiell nicht sinnvoll, mit dem klassischen Lichtmikroskop eine obere Grenze von $V_{\text{gesamt}} \approx 2.000$ zu überschreiten, und es ist nicht möglich, Objektstrukturen sichtbar zu machen, die deutlich kleiner als λ sind.

Das *optische Nahfeld-Mikroskop* (*scanning near field optical microscope*, SNOM) basiert trotz des Namens nicht auf der Abbildung mit Wellen, sondern auf der kurzreichweitigen Wechselwirkung stark lokalisierter elektrischer Wechselfelder, was es ermöglicht, die Abbe'sche Beugungsgrenze der Gl. (20-3) um mehr als den Faktor 10 zu unterbieten.

UV-Licht hat eine kleinere Wellenlänge als sichtbares Licht, sodass sich damit prinzipiell kleinere Strukturen abbilden lassen. In biologischen Proben wird UV-Licht jedoch stark absorbiert und gestreut und ist mit dem Auge auch nicht zu sehen. Zudem wären dafür Linsen aus reinem Quarzglas notwendig, die wie besprochen, nur sehr schwer herzustellen sind. In der Mikroskopie wird deshalb UV nicht verwendet. In der Halbleiterindustrie werden Nanometer-kleine Strukturen jedoch mit UV hergestellt.

Eine drastische Verkleinerung der Wellenlänge ist durch die Verwendung *schneller Elektronen*, die sich als Materiewellen ausbreiten (Abschnitt 18.6) statt Licht, möglich (siehe Abschnitt 20.4). Die den bewegten Elektronen zuzuschreibende Materiewellenlänge ist etwa drei Größenordnungen kleiner als die von sichtbarem Licht, sodass das mit dem *Elektronenmikroskop* erzielbare Auflösungsvermögen um ebenfalls drei Größenordnungen besser ist. Bezüglich verfügbarer Wellenlängen wären Röntgenstrahlen nahezu so geeignet wie Elektronenstrahlen. Wegen der sehr schwachen Wechselwirkung mit Materie ist der erzielbare Kontrast jedoch sehr schwach, und auf Brechung basierende Linsen sind für Röntgenstrahlung nicht möglich, sodass *Röntgenmikroskope* im Gegensatz zu *Elektronenmikroskopen* (Abschnitt 20.4) kaum Verwendung finden.

In jüngster Zeit ist eine Vielzahl neuartiger lichtoptischer Mikroskope entwickelt worden, die die Abbe'sche Auflösungsgrenze weit unterschreiten und teilweise sogar den Nachweis (aber nicht die Abbildung, (das können nur Elektronenmikroskope!) einzelner Atome und Moleküle ermöglichen. Sie sind insbesondere in den *Biowissenschaften* sehr wichtig geworden, z. B. um spezielle Biomoleküle in der *lebenden* Zelle nachweisen zu können. Solche Mikroskope beruhen darauf, auf die herkömmliche breitflächige externe Beleuchtung des Objektes durch eine Lampe zu verzichten und stattdessen entweder durch einen scharf gebündelten Laserstrahl punktweise *abzurastern* und damit *lokal* beschränktes Streulicht zu erzeugen oder die zu untersuchenden Atome oder Moleküle selbst zur Lichtemission zu veranlassen. Man registriert dann die Beugungsscheibchen der atomaren/molekularen Lichtquellen, ohne aber deren Feinstruktur auflösen zu können. Kennt man so die Orte der Objekte, dann kann man eine Bild-Analyse auf atomarer bzw. nanoskopischer Größenskala vornehmen. Zur Anregung atomarer oder molekularer Lichtemission dienen z. B. die chemisch selektive, durch ultraviolettes Licht anregbare *Fluoreszenz* oder die durch IR-Strahlung eines Lasers induzierte *Zwei-Photonen-Anregung*, worauf in den folgenden Kapiteln eingegangen werden wird.

Amplituden- und Phasenobjekte Bei der *konventionellen* Durchlichtmikroskopie entstehen Kontraste dadurch, dass der Gegenstand eine räumlich variierende Transmission aufweist. Bei biologischen und medizinischen Präparaten sind diese Unterschiede jedoch oft sehr gering, wenn man sich den Aufbau einer Zelle aus mit Membranen umschlossenen, mit Wasser gefüllten Hohlräumen verdeutlicht. Häufig färbt man diese daher mit besonderen Farbstoffen ein. Ihre Strukturen werden dadurch erkennbar, dass sie durch Absorption und Streuung die Intensität (oder Amplitude) des durchgehenden Lichts ändern; sie heißen deswegen *Amplitudenstrukturen*.

Neben diesen können sich Strukturen im Präparat auch in Unterschieden allein des Bre-

chungsindex auswirken, ohne dass Absorption auftritt. Wegen der dadurch bedingten unterschiedlichen Ausbreitungsgeschwindigkeiten des Lichts in verschiedenen Präparatbereichen werden die *Phasenbeziehungen* der Lichtwellen im Lichtbündel geändert (wie dies z. B. auch bei Hologrammen (Abschnitt 18.1.3) der Fall ist). Durch Anwendung physikalischer Interferenztechniken (Abschnitt 18.1.2) ist es gelungen, auch diese Strukturen farbloser, durchsichtiger Objekte mit dem Mikroskop sichtbar zu machen *(Phasenkontrastverfahren)*.

Beim *Phasenkontrastverfahren* lässt man die durch das Objekt gelaufene Lichtwelle mit einer Referenzwelle interferieren. In Bereichen *destruktiver Interferenz* sinkt die Intensität der resultierenden Lichtwelle, während sie bei *konstruktiver Interferenz* ansteigt. Auf diese Weise werden Phasenschwankungen in der *Objektwelle* in Helligkeitsschwankungen umgewandelt und können vergrößert sichtbar gemacht werden.

Während beim Phasenkontrastverfahren die Beleuchtungswelle und die Objektwelle räumlich voneinander getrennt sind, verlaufen beim *Differentialinterferenzkontrast* zwei senkrecht zueinander polarisierte Wellen in einem unter der Auflösungsgrenze liegenden Abstand durch die Probe. In Bereichen mit sich ändernder optischer Weglänge (Dicken- und/oder Brechungsindexunterschiede) kommt es zu einer Phasenverschiebung dieser Wellen relativ zueinander, die schlussendlich zu einer Drehung der Polarisation führt, die mit einem Polarisationsfilter in eine Helligkeitsänderung transformiert wird.

Polarisationsmikroskopie Sind Bereiche des Objektes doppelbrechend (Abschnitt 18.3.4), wie dies bei speziellen Kristallen, bei mechanisch verspannten Gläsern (Spannungsdoppelbrechung, Abschnitt 18.3.5) oder auch bei organischen und anorganischen Substanzen der Fall sein kann, die aus einer Lösung eingetrocknet wurden, so lassen sich diese Strukturen unterschiedlicher Polarisationen mit polarisiertem Licht sichtbar machen. Lässt man nämlich polarisiertes Licht durch eine solche Probe fallen, so wird der Polarisationszustand des Lichts in den verschiedenen Objektbereichen in unterschiedlichem Maße verändert. Seine Polarisationsrichtung kann gedreht werden, oder es wird zu elliptisch polarisiertem Licht. Durch einen nachgeschalteten Analysator werden im *Polarisationsmikroskop* diese Änderungen in Unterschiede der Lichtintensität umgewandelt.

Da die Doppelbrechung von der Frequenz des Lichts abhängt (siehe Abschnitt 18.3.4), entstehen im Polarisationsmikroskop häufig Bilder in prachtvoll leuchtenden Farben. Für die Polarisationsmikroskopie werden allerdings *Mikroskopobjektive* benötigt, die den Polarisationszustand des Lichts nicht beeinflussen. Solche Objektive sind entsprechend gekennzeichnet.

Fluoreszenzmikroskopie Spezielle Gewebe- und Zellstrukturen (z. B. weiße Blutkörperchen), aber auch gezielt bestimmte Proteinmoleküle lassen sich besonders gut sichtbar machen, wenn sie mit *fluoreszierenden Markerstrukturen*, entweder organischen Farbstoffen, fluoreszierenden Proteinen oder Quantenpunkten (Abschnitt 17.11), eingefärbt werden. Durch geeignete Farbfilter für die Beleuchtung (z. B. violett) und in der Beobachtung (z. B. grün) ist es möglich, nur das langwelligere Fluoreszenzlicht (vgl. Abschnitt 17.11) sichtbar zu machen. Dabei erfolgt in der Regel die Beobachtung und Beleuchtung von der gleichen Seite durch das Mikroskopobjektiv *(Epifluoreszenz)*, wobei die Trennung von Anregungs- und Fluoreszenzlicht an einem farbselektiven *(dichroischen)* Spiegel erfolgt. Fluoreszenzmikroskopie ist eine Standard-Mikroskopie-Methode in den Lebenswissenschaften und die Basis für andere moderne Mikroskopieverfahren, auf die im Folgenden eingegangen werden soll.

Konfokales Laser-Raster-Mikroskop Dieses auf einem *neuartigen* Prinzip beruhende Lichtmikroskop wird in der *biologischen und medizinischen* Forschung eingesetzt und wird in naher Zukunft auch für die medizinische Praxis wichtig sein. Im *konfokalen Laser-Raster-Mikroskop* (confocal laser scanning microscope, CLSM) wird ein Laserstrahl auf einen beugungsbegrenzten Punkt in der Probe fokussiert. Das dabei angeregte Fluoreszenzlicht wird durch das Objektiv (bzw. die Tubuslinse) auf eine sehr kleine Lochblende fokussiert, sodass nur Licht aus dem Punkt, in dem eine Anregung durch den Laser erfolgt, diese Blende passieren und detektiert werden kann. Da Anregung und Detektion in einem gemeinsamen Fokus in der Probe liegen, nennt man dieses Schema *konfokal*. Auf diese Weise wird Licht, das außerhalb dieses Fokus (auch in die Tiefe!) entsteht, effektiv unterdrückt. Das eigentliche Bild entsteht durch eine systemati-

sche räumliche Bewegung *(Rastern)* des Fokuspunktes in der Probe. Damit sind innerhalb einer lebenden, räumlich ausgedehnten Zelle scharfe Schnittbilder möglich, so, als hätte man einen dünnen Schnitt einer fixierten Zelle angefertigt. Die eigentliche Auflösung ist gegenüber dem konventionellen Fluoreszenzmikroskop durch die doppelte Nutzung einer Punktspreizfunktion leicht verbessert, aber immer noch durch Beugung limitiert.

Stimulierte Emissionsverarmungsmikroskopie Bei dieser Mikroskopiemethode (engl.: stimulated emission depletion microscopy: STED microscopy) wird ausgenutzt, dass die Entvölkerung eines angeregten Zustands durch stimulierte (induzierte) Emission (Abschnitt 17.6) einen nichtlinearen Verlauf hat (Sättigungsverhalten). Diese Nichtlinearität erlaubt eine Art Abbildung, die einen kleineren Kreis als das *beugungsbegrenzte Airy-Scheibchen* liefert, indem man um den Laserfokus zur Fluoreszenzanregung wie im CLSM einen Ring eines Lasers projiziert, der stimulierte Emission anregt. Mit dieser Methode erreicht man ein Auflösungsvermögen, das etwa 10-fach besser ($\delta \approx 20$ nm) als das konventionelle Mikroskop ist.

Stochastische Lokalisierungsmikroskopie Während die *Trennung* zweier Airy-Scheibchen durch deren Größe limitiert ist (Beugungslimit), kann deren *Ort (Lokalisierung)* im Prinzip mit unbegrenzter Genauigkeit (praktisch liegt diese bei etwa 1 nm) bestimmt werden. Das macht man sich zunutze, um markierte Strukturen dadurch abzubilden, dass man Punkte auf diesen Strukturen nacheinander *lokalisiert*. Voraussetzung ist, dass verschiedene Punkte nicht gleichzeitig leuchten. Durch verschiedene, hier nicht näher beschriebene Prozesse kann man es erreichen, dass die fluoreszierenden Strukturen zufällig (stochastisch) an- und ausgehen *(blinken)*, sodass eine Lokalisierung Bild für Bild möglich ist. Im Gegensatz zu den zuvor vorgestellten Rastermethoden werden hier die Bilder auf konventionelle Weise mit einer Kamera aufgenommen. Aus den ermittelten Orten wird dann die Struktur rekonstruiert. Aufgrund der Genauigkeit der Lokalisierung sind im Prinzip Auflösungen von etwa 1 nm möglich, wofür allerdings aufgrund der Zufälligkeit des Blinkens sehr viele Einzelbilder aufgenommen werden müssen, was entsprechend viel Zeit in Anspruch nimmt. Eine Verbesserung lässt sich dadurch erzielen, dass man leuchtende Farbstoffe so intensiv anregt, dass sie photochemisch zerstört werden.

CARS- (Coherent Anti-Stokes Raman Scattering-)Mikroskopie Die *CARS-Mikroskopie* beruht auf der kohärenten, nichtlinearen Kurzzeit-Laserspektroskopie. Während für die Fluoreszenzmikroskopie in der Regel eine gezielte Markierung der Zielstrukturen notwendig ist, kommt die CARS-Mikroskopie ohne diese Markierung aus. Darüber hinaus ist sie hochspezifisch für die chemische Zusammensetzung der Probe, da der Kontrast auf der Anregung von Molekülschwingungen (Abschnitt 18.4), die wie ein Fingerabdruck eines Moleküls hochspezifisch sind, beruht.

Detaillierte Erklärungen der speziellen Mikroskopie-Methoden liegen außerhalb des Rahmens dieses Buches.

20.4 Elektronenmikroskop

Mit energiereichen Elektronenstrahlen lassen sich Objekte auf ähnliche Weise abbilden wie mit Licht, da man schnell bewegten Elektronen Welleneigenschaften mit wohldefinierten Wellenlängen zuordnen kann (Abschnitt 18.6). Die Bezeichnung *Elektronen-Optik* betont diese Analogie. Diese Elektronen-Wellen sind quantentheoretische *Materiewellen* und nicht elektromagnetischen Ursprungs. Zugleich reagieren Elektronen wegen ihrer negativen elektrischen Elementar-Ladung mit statischen und dynamischen elektrischen und magnetischen Feldern. Diese Felder werden genutzt, um die Eigenschaften eines Elektronenstrahls und die *elektronenoptische Abbildung* zu formen. Die Abbildung erfolgt analog zum Lichtmikroskop in drei Stufen:

(1) Eine glühende Wolframdraht-Kathode erzeugt freie Elektronen im HV/UHV, die zu einem schmalen Elektronenstrahl einheitlicher Geschwindigkeit beschleunigt werden.

(2) Das *Objektiv* erzeugt ein *Zwischenbild*, das durch eine *Projektiv*-Optik ins *Endbild* weiter vergrößert wird.

(3) Das *Endbild* wird auf einem *Lumineszenz-Schirm* sichtbar gemacht und auf Film oder durch einen elektronischen Sensor erzeugt und gespeichert.

Strahlen bewegter Elektronen unterscheiden sich prinzipiell in ihrer Dynamik von Licht: Sie haben eine

wohldefinierte *Ruhemasse* und können beliebige Geschwindigkeiten unterhalb der relativistischen Grenze der Vakuum-Lichtgeschwindigkeit annehmen, wobei die Masse sich mit der Geschwindigkeit relativistisch verändert.

Das *Durchstrahlungs-Elektronenmikroskop* wurde von einem Experten als „eines der wichtigsten wissenschaftlichen Instrumente unserer Zeit" mit seinem großen Potential zur Entwicklung der Mikro- und Nanoelektronik bezeichnet. Später wurde es auch als das „wundervollste und erfolgreichste Instrument unserer Zeit" gelobt, wobei sicherlich ebenfalls an das großartige Potential dieses Gerätes für die bis heute andauernde Weiterentwicklung der Mikro- und Nanoelektronik gedacht wurde.

Die Erfindung und Weiterentwicklung des Durchstrahlungs-Elektronenmikroskops ging einen sehr *unübersichtlichen* Weg, der spannend genug ist, um einen knappen Einblick zu geben. Am Anfang stand der Vorschlag von *Louis de Broglie*, sich im Vakuum bewegenden freien Elektronen auch *Wellencharakter* zuzuschreiben. De Broglie gelang es allerdings nicht, seinen Vorschlag zu begründen, und so wurde bei der ganzen Entwicklung des Elektronenmikroskops das Bild des korpuskularen Elektrons zugrunde gelegt. Die *theoretische Elektronenoptik* wurde von H. Busch in Berlin begründet, allerdings mit dem Ziel, das schon in den frühen 20er-Jahren von dem späteren Nobelpreisträger *D. Gabor* entwickelte Hochspannungs-Oszilloskop zu verbessern.

Zum Ende der 20er-Jahre wurden die ersten Experimente zur Erzeugung einer Abbildung mittels magnetostatischer Felder fokussierter Elektronenstrahlen durch den damaligen Diplomanden und späteren Nobelpreisträger *E. Ruska* und die Doktoranden *Max Knoll* und *B. von Borries* an der Technischen Hochschule in Berlin durchgeführt. Deren Arbeiten erstreckten sich bis weit in die 40er-Jahre.

In Berlin wurden zu gleicher Zeit in verschiedenen Forschungsinstituten (Technische Hochschule, AEG, später auch Siemens & Halske etc.) von zahlreichen Wissenschaftlern in vielen Entwicklungsschritten zwei unterschiedliche Konzepte entwickelt:

1. Die Formung des Elektronenstrahls mittels *magnetostatischer* Linsen (Spulen) durch Ruska, von Borries, Knoll etc. und

2. mittels *elektrostatischer* Felder (Kondensatoren) durch Brüche, Boersch, Mahl, Johannson etc.

Später kam als drittes Konzept das von dem Privatgelehrten M. von Ardenne in Berlin und Dresden mithilfe der von ihm entwickelten *Raster-Technik* gebaute *Raster*-Elektronenmikroskop hinzu.

Gemeinsam war, dass die künftige Bedeutung des manipulierbaren Elektronenstrahls früh erkannt wurde und die Forschung weitgehend durch Konkurrenzen zwischen den Berliner Gruppen vorangetrieben wurde.

In dem Wettlauf zwischen den beiden Konzepten erwies sich das *magnetische* Instrument als das überlegene sowohl in der Technik als auch in der Qualität und Auflösung der erzeugten Bilder.

Praktische Bedeutung – insbesondere auch für die Durchstrahlung *biologischer* Präparate – hat die Magnetlinsen- Elektronenmikroskopie wegen der im Vergleich zur Lichtmikroskopie rund 1.000-fach höheren Vergrößerungs- und Auflösungsmöglichkeiten von Strukturen erhalten. Allerdings ist der technische Aufwand wesentlich größer.

In den meisten Elektronenmikroskopen werden freie Elektronen durch Glüh- oder Feldemission im Ultrahochvakuum (Abschnitt 15.2.1) erzeugt und dann durch elektrische Spannungen von 10 kV bis 100 kV (in Extremfällen bis 1 MV) beschleunigt. Die Geschwindigkeiten solcher Elektronen betragen ca. 50 % der Vakuum-Lichtgeschwindigkeit, sodass bereits eine relativistische Massenzunahme (Abschnitt 2.1) von ca. 15 % zu beobachten ist. Diesen Elektronen sind Wellenlängen von weniger als 1/10 eines Atomdurchmessers zuzuordnen.

Das Transmissions-Elektronenmikroskop (TEM) Um Linsensysteme für die Abbildung mit Elektronenwellen zu bauen, dient nicht wie bei optischen Systemen der Brechungsindex, der für Röntgenstrahlung in üblicher Materie stets sehr nahe bei $n = 1$ liegt. Für die Konstruktion des abbildenden Systems, das wie beim Lichtmikroskop aus einzelnen Lin-sen aufgebaut ist, macht man sich stattdessen zunutze, dass Bahnen *(Trajektorien)* von frei fliegenden Elektronen durch ihre elektrische Ladung in elektrischen oder in magnetischen Feldern gezielt abgelenkt werden können. Entsprechend wurden zwei Typen von TEMs mit elektrischen und alternativ mit magnetischen Linsensystemen entwickelt. Die Funktion der Linsen zur „Beleuchtung" *(Kondensor)* und Abbildung *(Objektiv)* übernehmen geeignete regelbare inhomogene, statische, höchststabilisierte Magnetfelder. Trifft der Elektronenstrahl auf die zu beobachtenden Objektstrukturen, so wird er durch Beugung und Streuung abgelenkt, und dies auf von der Probenstruktur abhängige Weise. Werden durch einen bestimmten Objektbereich Elektronen stark abgelenkt, so werden sie hinter dem Objektiv durch eine *Aperturblende* abgefangen und tragen nicht mehr zum Bild bei, wodurch der *Bildkontrast* entsteht. Die Bildinformation ist also in den Unterschieden der Elektronendichte der von verschiedenen Objektbereichen kommenden und nahe der optischen Achse verlaufenden (und damit zur Abbildung beitragenden) Strahlen enthalten. Mehrere Elektronenlinsen entwerfen mit diesen Strahlen ein vergrößertes Bild des Objektes. Auf einem Lumineszenzschirm – wie bei der Fernsehröhre – oder mit einer CCD-Kamera wird daraus ein sichtbares Bild. Die optische Anordnung des TEM entspricht damit dem Lichtmikroskop mit einer Projektionsoptik (Abschnitt 20.3.1) anstelle des Okulars.

In Abb. 20.7 sind die beiden Mikroskope, das TEM und das Lichtmikroskop, vergleichend schematisch dargestellt, um die prinzipielle Ähnlichkeit herauszustellen. Für die Bildaufnahme haben in aktuellen Elektronenmikroskopen digitale Bild-Sensoren die früher üblichen fotografischen Filme vollständig verdrängt. In Abb. 20.8 sind der Tubus und das Schaltpult eines TEM zu sehen.

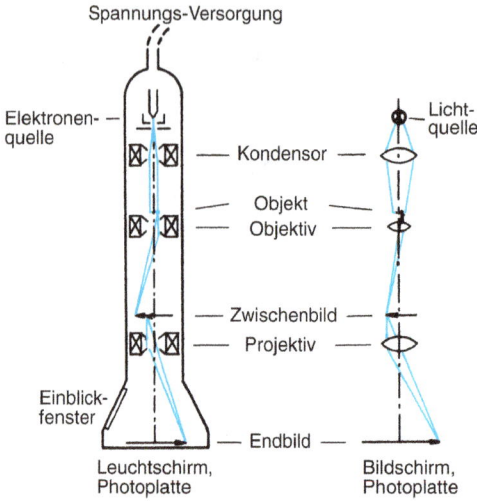

Abb. 20.7: Prinzip des Transmissions-Elektronenmikroskops (links) im Vergleich zu dem des lichtoptischen Projektionsmikroskops (rechts). Es sind jeweils die abbildenden Strahlengänge gezeichnet.

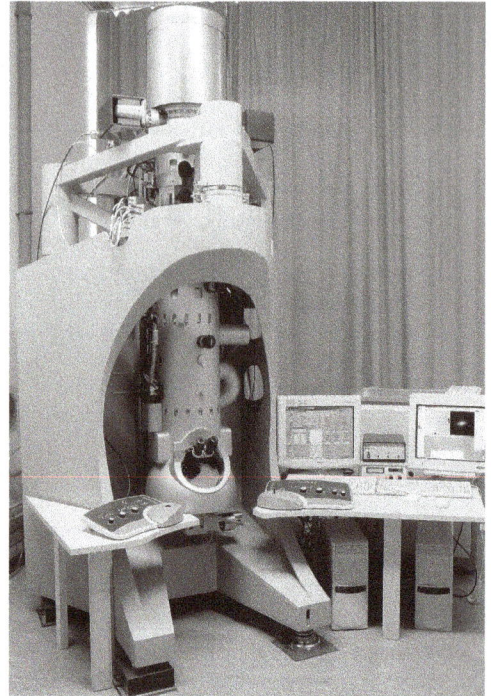

Abb. 20.8: Hochleistungs-Elektronenmikroskop für konventionelle Transmissionsmikroskopie mit Elektronenenergien von bis zu 100 keV (PACEM, Fa. Carl Zeiss).

Mit Elektronenmikroskopen lassen sich heute bis zu $5 \cdot 10^5$-fache Vergrößerungen erreichen und Strukturen erkennen, die nurmehr $\approx 0{,}1$ nm ($= 10^{-10}$ m) voneinander entfernt sind. Diese extreme Auflösung brachte die Naturwissenschaften einen großen Schritt vorwärts, denn sie ermöglicht die direkte Beobachtung in molekularen und atomaren Dimensionen.

Objektstrukturen lassen sich aber auch beim TEM nur begrenzt sichtbar machen. Das liegt neben der beugungsbedingten Auflösungsgrenze entsprechend Gl. (20-3) auch am *Bildkontrast*, der speziell bei leichten Atomen (C, O, N, H ...) wegen der geringen Elektronenstreuung an ihnen sehr klein ist. Wegen des geringen Bildkontrasts liegt die Auflösungsgrenze in biologischen Präparaten noch klar über dem Atomdurchmesser und deutlich über der Beugungsgrenze der Gl. (20-3). Nur bei Atomen hoher Atommasse (Hg, Au, U) ist der Kontrast groß genug, sodass Beugungsbegrenzung die Auflösung limitiert, und es gelingt heute, diese Atome direkt sichtbar zu machen.

Beispielsweise haben Elektronen, die mit einer Spannung von 50 kV beschleunigt wurden, eine De-Broglie-Wellenlänge (Abschnitt 18.6) von $\lambda = 5 \cdot 10^{-3}$ nm, das ist etwa der 10^{-5}-te Teil der Wellenlänge sichtbaren Lichts.

Man sollte nach Gl. (20-3) daher bei Elektronenmikroskopen ein 10^5-fach größeres Auflösungsvermögen erwarten, aber bisher erzielt man sehr gute elektronenoptische Abbildungen nur mit schmalen Elektronen-Bündeln, deren numerische Apertur kaum über 1 % der eines guten Lichtmikroskops hinaus verbessert werden konnte. Daher ist das Auflösungsvermögen auf etwa das 10^3-Fache des Lichtmikroskops beschränkt. Wenn es in Zukunft gelingen sollte, diese technische Schwierigkeit zu überwinden, so wird es möglich sein, mit dem Elektronenmikroskop auch leichtere Atome sichtbar zu machen und damit auch Strukturen organischer und biologischer Moleküle routinemäßig direkt zu bestimmen, wozu auch heute üblicherweise noch komplizierte indirekte Röntgenstrahlmethoden an eigens für diese Zwecke gezüchteten Einkristallen angewendet werden müssen.

Ein Elektronenstrahl kann sich nur im Vakuum *ungehindert* ausbreiten. Daher muss der Tubus des Elektronenmikroskops, der zwischen 1 und 2 m lang ist, auf gutes Hochvakuum oder auf UHV gebracht werden. Eine Folge ist, dass *lebende* Objekte praktisch nicht beobachtet werden können.

Für Elektronenstrahlen sind Objekte nur durchstrahlbar, wenn diese dünner als ≈ 0,1 mm sind, denn i. A. werden Elektronenstrahlen stärker durch Materie geschwächt als sichtbares Licht, und vollkommen durchsichtige Stoffe, wie man sie in der Lichtoptik kennt, gibt es für Elektronen überhaupt nicht. Der Schärfentiefenbereich (Abschnitt 19.4.10) im Objekt ist bei großen Vergrößerungen extrem klein (ca. 10 nm). Dies bringt erheblichen Aufwand bei der Probenpräparation mit sich und hat zur Entwicklung komplizierter Methoden geführt (für biologische Proben siehe weiter unten).

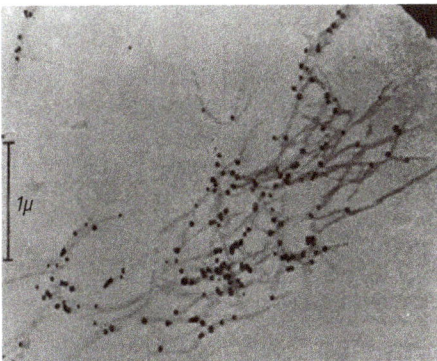

Abb. 20.9: Sehr frühes TEM-Bild der Dekoration von stäbchenförmigen Tabak-Mosaik-Viren durch Au-Nanopartikel (G. A. Kausche, H. Ruska Kolloid Z. 21, 89 (1939)).

Analytische Elektronenmikroskopie In den letzten Jahren ist es gelungen, mit dem Elektronenmikroskop zusätzlich zur Abbildung auch hoch *ortsaufgelöste chemische* Analysen der Zusammensetzung einer Probe durchzuführen. Man kann also z. B. ein „Kohlenstoffbild" erzeugen, in dem nur Objektstrukturen dargestellt werden, die C-Atome enthalten. Sind in der Probe z. B. auch Schwefelverbindungen enthalten, dann kann man sie im „Schwefelbild" sichtbar machen.

Im Folgenden seien einige weitere der Fortschritte aufgezählt, die die Elektronenmikroskopie in den letzten Jahren gemacht hat:

1. Durch zusätzliche *Korrekturlinsen* zur hardwaremäßigen Verringerung von Abbildungsfehlern (hauptsächlich der *Aberration*) ist es gelungen, die Auflösung von Einzelatomen zu verbessern.

2. Im Bereich der *Höchstauflösung*, in dem die exakte Form der Elektronenwellen bei der Bildentstehung wichtig ist, ist durch ausgereifte *Computer-Auswertprogramme* die fast abbildungsfehlerfreie Rekonstruktion der auslaufenden Elektronenwellen mithilfe von Computer-Simulationen üblich geworden. Auflösungsgrenzen bis hinunter zu 0,5 nm können auf diese Weise erreicht werden.

3. Im Bereich der Probenpräparation, der Herstellung dünnster Schichten, konnte durch *Ätzung* mit Ionenstrahlen (*focused ion beam (FIB)* z. B. mit Ba-Ionen) die Anwendbarkeit des TEM durch höhere Qualität der erforderlichen Dünnst-Proben wesentlich erhöht werden.

4. Die Abbildung im TEM erfolgt normalerweise mittels der *elastisch* am Objekt gestreuten Elektronen. Der wohl wichtigste Fortschritt ist, dass durch Ausnutzung der *nichtelastischen Wechselwirkung* der Elektronen für einen Teil der Probe das TEM neben der Bilderzeugung auch für die *chemische Mikroanalyse* benutzt werden kann.

Man erhält also zugleich ein hochaufgelöstes Bild und eine *chemische und ortsaufgelöste* atomare Analyse des Bildausschnitts der Probe.

Auf eine Probe auftreffende Elektronen erzeugen in atomaren und molekularen Details der Probe für die in der Probe enthaltenen Atome spezifische *elektronische Anregungen* und verlieren dadurch die zugehörige Anregungsenergie.

Diese *nichtelastisch* gestreuten Elektronen können *getrennt* von den elastischen zur Abbildung gebracht werden, und zwar mit vergleichbarer Auflösung. Durch die genaue Analyse mittels *ortsaufgelöster Elektronenenergieverlust-Spektroskopie* ist eine chemische Analyse der atomaren Bestandteile der TEM-Proben nicht nur qualitativ, sondern *quantitativ* möglich, und das TEM wird vom Bildgeber zum *Analysegerät*. Die Grenzen liegen derzeit (bei besonders geeigneten Proben, zu denen aber biologische nicht gehören) bei etwa 1 nm Ortsauflösung und 0,1 eV Energieauflösung.

Alternativ kann man übrigens auch die durch den Elektronenbeschuss aus den Probenatomen emittierten *charakteristischen* Röntgenstrahlen (Abschnitt 21.3.1) auswerten.

Bio-Elektronenmikroskop (Bio-TEM) In den Lebenswissenschaften war das TEM bisher nur eingeschränkt verwendbar, weil man wegen des erforderlichen Vakuums *lebende* Zellen oder *lebendes* Gewebe nicht hochauflösend untersuchen konnte. Biologische Präparate werden heute meist als Dünnschnitte durch Ultra-Mikrotome aus dicken Proben geschnitten; mit ihnen können Dicken unter 0,05 μm hergestellt werden. Als üblichste Methode hat sich seit Jahrzehnten die Deposition der Probe auf einer ultradünnen, im Lichtbogen hergestellten Kohlenstoff-Schicht *(Multischicht-Graphen)* bewährt. Außerdem können die meist kontrastarmen biologischen Präparate aus Atomen leichter Elemente entweder durch chemische „Einfärbung" mit stoffselektiven Kontrastmitteln oder durch Überdampfen mit einem dünnen Schwermetallfilm aus schräger Richtung kontrastiert werden (*Beschattung*). Spezielle biologische Moleküle wie Proteine lassen sich auch durch Goldkolloide markieren, die mit passenden Antikörper-Molekülen belegt sind (Abb. 20.9). *Goldkolloide* liefern im TEM kontrastreiche Bilder und zeigen damit die Anwesenheit und Verteilung der Moleküle an. Allerdings kommt es durch solche Probenmanipulationen zum Abtöten lebender biologischer Präparate. Hier hatte daher die optische Mikroskopie ihre Domäne. Um mit dem TEM höhere Vergrößerungen zu er-

reichen, wurden biologische Proben tiefgefroren *(Cryomikroskopie)* und dann (mit Diamantmessern) dünn geschnitten, durch Ba-Ionen *(focused ion beam, FIB)* dünngeätzt oder in Matrixmaterialien (z. B. *Epoxy-Harz*) eingebettet.

Neuerdings sind nun die ersten Experimente gelungen, durch die Konstruktion von winzigen, nur einige 10^2 nm dicken *Mikroküvetten* mit dünnsten, für den Elektronenstrahl teildurchlässigen Fenstern aus verlustarmen Materialien während des TEM-Betriebs *lebende* Zellen in Gasatmosphäre *(gas cells)* und sogar in Flüssigkeiten *(liquid cells, liquid flow cells)* unterschiedlicher Temperatur zu halten. Es ist (bisher nur in Forschungslabors) mit dem *BIO-TEM* gelungen, diese Küvetten zu kompletten *Mikrolabors* auszubauen, beispielsweise für chemische Reaktionen biologischer Materialien mit Gasen, mit Flüssigkeitszu- und -abführungen oder sogar als elektrochemische Zellen, um chemische Reaktionen an lebendem biologischem Gewebe mit Auflösung bis zu 1 nm *in vivo* durchzuführen.

Das Raster-Elektronenmikroskop (REM) Die Entwicklung eines speziellen Elektronenmikroskops mit extrem großer Schärfentiefe in der Objektebene ist mit dem *Raster-Elektronenmikroskop* (REM), auch *Sekundärelektronenmikroskop* (SEM) genannt, gelungen. Es ist besonders zur Abbildung von Objektoberflächen geeignet. Die Vergrößerung überdeckt den ganzen Vergrößerungsbereich des Lichtmikroskops, geht aber mit einer Auflösungsgrenze von ~ 5 nm weit darüber hinaus. Abbildung 20.10 zeigt als Beispiel das Porträt eines *Marienkäfers*.

Man erkennt in Abb. 20.10 den Kopf mit den Facettenaugen und die gefalteten Vorderbeine. In Analogie zum Lichtmikroskop kann man das TEM als Durchlicht- und das SEM als Auflicht-Mikroskop ansehen, wobei letzteres den Vorteil hat, dass man keine Dünnschnitte benötigt, sondern massive Proben betrachten kann. Das SEM hat aber den Nachteil, nur die Oberfläche, nicht aber innere Strukturen der Proben zu zeigen.

Das REM unterscheidet sich vom herkömmlichen Elektronenmikroskop in einem Punkt wesentlich: Das Bild wird wie beim Laserscanning-Mikroskop durch eine Raster-Bewegung eines fokussierten Elektronenstrahls Punkt für Punkt *(Rastertechnik)*

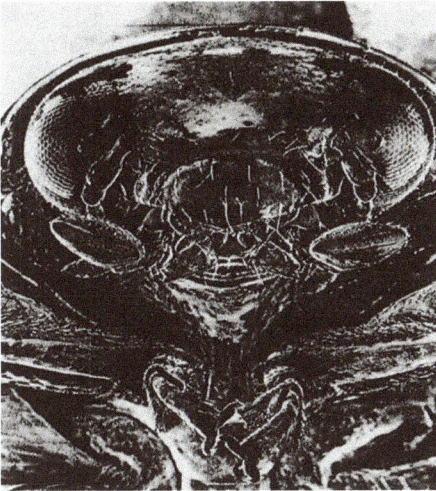

Abb. 20.10: Raster-Elektronenmikroskop (REM): „Porträt" eines Marienkäfers in 46-facher Vergrößerung. (Wir danken Herrn G. Kleer für diese Aufnahme.).

sende Mikroskopie wird also vorerst die Domäne des herkömmlichen TEM bleiben.

Korrelative Licht- und Elektronen-Mikroskopie (CLEM) Ein Nachteil des TEM ist die geringe Eindringtiefe des Elektronenstrahls in der Probe. Das SEM ist auf die Untersuchung von dünnsten, oft atomaren, monolagen-dicken Bereichen von Oberflächen beschränkt. Durch die *Kombination* von Elektronenmikroskop und lichtoptischem Mikroskop *in einem Gerät* mit *korrelierter* digitaler Bedienungssteuerung ist es gelungen, die Vorzüge beider Instrumente in einer Einheit zu integrieren *(Korrelative Licht- und Elektronenmikroskopie (CLEM))*. Durch einfaches Umschalten kann man an derselben Probenstelle von einer zur anderen Beobachtungsart wechseln und beide Bilder simultan auf dem Bildschirm sichtbar machen. Beispielsweise ist ein CLEM-Gerät auf dem Markt, in dem ein höchstauflösendes TEM für Strukturanalyse und chemische Elementanalyse mit einem Fluoreszenzmikroskop mit großem Bildfeld und großer Tiefenauflösung kombiniert sind.

aufgezeichnet. Ein eng gebündelter Elektronenstrahl trifft auf einen Probenbereich und löst dort Sekundärelektronen aus, deren Intensität je nach Eigenschaft der Oberfläche verschieden ist. Diese Elektronen werden *nicht* durch Elektronenlinsen in ein Bild abgebildet, sondern durch einen Detektor registriert. Das Signal dieses Detektors für jeden Punkt in der Probe, der durch die Rasterbewegung angefahren wird, ergibt dann das Bild.

Vergleichen wir mit dem Lichtmikroskop, so besteht das REM nur aus der Kondensor-Optik, während die abbildende Optik durch den Sekundärelektronen-Detektor ersetzt ist. Der Vorteil seiner großen Schärfentiefe hat dazu geführt, dass das Raster-Elektronenmikroskop auch in dem bisher dem Lichtmikroskop vorbehaltenen Bereich geringer Vergrößerungen eingesetzt wird (siehe Abb. 20.10).

Zudem kann auch das REM – ebenso wie das TEM – mit Zusatzeinrichtungen zur chemischen Analyse betrachteter Objektbereiche mittels der beim Aufprall der Elektronen ebenfalls emittierten Röntgenstrahlung herangezogen werden *(Röntgenanalyse)*. Bisher ist es allerdings nur selten gelungen, die Auflösungsgrenze des REM wesentlich unter 5 nm zu bringen; die *höchstauflö-*

20.5 Raster-Sonden-Mikroskopie (SPM)

Eine *neue* Art der *bildmäßigen Darstellung* von Oberflächen oder Molekül-Strukturen bis hinunter zu atomarer Auflösung ist die *Raster-Sonden-Mikroskopie* (scanning probe microscopy, SPM). Je nach Sonde wird das P im Kürzel SPM durch den/die entsprechenden die Sonde bezeichnenden Buchstaben ersetzt.

Das gemeinsame Funktionsprinzip dieser Geräte ist, dass kein direktes Bild erzeugt wird, sondern die Probe durch eine über ihre Oberfläche bewegte, *sehr feine Sonde* Punkt für Punkt erfasst wird und das Signal der Sonde das entsprechende punktweise bei der Rasterbewegung aufgenommen Bild ergibt (vgl. LSM, RTM).

Die entscheidenden Charakteristika der SPM sind:
1. dass die Empfindlichkeit auf die atomare erste Ebene der Oberfläche beschränkt ist und dass
2. verschiedene Arten von Wechselwirkungs-Sonden, die durch P gekennzeichnet werden, verwendet werden können, um unterschiedli-

che Eigenschaften von Oberflächen atomar aufzulösen. In den meisten Fällen ist die Sonde eine sehr feine Spitze aus einem Festkörper.

Mit SPM gelingt es, Strukturen von Probenoberflächen oder gezielt erzeugte lokale strukturelle Baufehler mit besser als atomarer Auflösung zu analysieren. Der Abstand zwischen Probenoberfläche und Sonde ist so gering, dass atomare und molekulare *elektromagnetische* Kraftfelder *(Nahefelder)* oder auch *magnetostatische Felder, thermische Felder, chemische Oberflächen-Reaktionen, unterschiedliche physikalische Oberflächeneigenschaften etc.* in dem Spalt zwischen Probenfläche und Sondenspitze untersucht werden können. Hier sollen die wichtigsten SPM-Verfahren kurz vorgestellt werden.

Raster-Tunnel-Mikroskop (STM) Bei diesem englisch *Scanning-Tunnelling-Microscope* (STM) genannten Mikroskopieverfahren ist die Sonde eine Spitze eines (elektrisch leitenden) Metalldrahtes, und das Signal ist der auf dem quantenmechanischen *Tunneleffekt* beruhende elektrische Strom zwischen der Spitze und der elektrisch leitenden Probe, wobei sich beide meist in einem Vakuum befinden. Damit ist eine atomare Auflösung der Oberfläche möglich; ein STM-Bild der Oberfläche eines Eiskristalls zeigt Abb. 20.11.

Raster-Kraft-Mikroskop (SFM) Dieses englisch *Scanning-Force-Microscope* (SFM) oder *Atomic Force Microscope* (AFM) genannte Mikroskopieverfahren basiert auf der Messung der Kraft zwischen einer Spitze (meist aus kristallinem Material wie Silizium) und der Probe. Um diese Kraft zu messen, ist die Spitze am Ende eines biegsamen Streifens, *cantilever* genannt, angebracht. Die Durchbiegung dieses Streifens ist proportional zur Kraft und wird mittels eines an diesem Streifen reflektierten Laserstrahls gemessen. Auch damit ist eine atomare Auflösung der Oberfläche möglich. Im

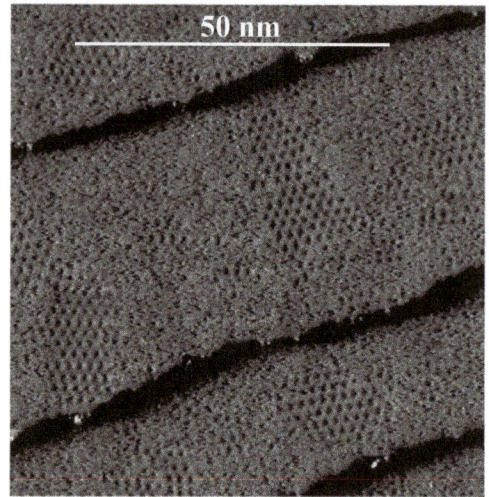

Abb. 20.11: Raster-Tunnelmikroskop-Bild von teilweise zu Eis gefrorenen Wasserschichten. Die Eiskristalle sind an einer regelmäßigen Überstruktur (keine atomare Struktur!) zu erkennen. (Wir danken Herrn Prof. T. Michely für das Bild.).

Gegensatz zu STM kann das AFM auch in einem wässrigen Medium eingesetzt werden, sodass es eine breite Anwendung in den Lebenswissenschaften findet.

Optisches Nahfeld-Raster-Mikroskop (SNOM) Die englische Abkürzung SNOM steht hier für *Scanning Nearfield Optical Microscope*, wobei die eigentliche Abbildung mit der bisher behandelten Optik nichts gemein hat. Das Signal entsteht durch die Wechselwirkung des elektrischen Nahfeldes an einer Struktur (Spitze bzw. Apertur), die viel kleiner als die Wellenlänge des Lichts ist. Durch dieses Nahfeld kann zum Beispiel Fluoreszenz in der Probe angeregt werden. Die Intensität dieser Fluoreszenz wird dann als Signal punktweise bei der Rasterbewegung aufgenommen und als Bild dargestellt.

Röntgen-Mikroskopie *Röntgen-Mikroskope* werden selten eingesetzt. Ihre Wellenlängen und Auflösungsgrenzen liegen zwischen denen von Licht- und Elektronen-Mikroskop. Quellen sind entweder *Röntgenröhren* oder neuerdings Elementarteilchen-Beschleuniger, die elektromagnetische *Synchrotronstrahlung* emittieren. Letztere liefern eine wesentlich bessere Strahlqualität und erlauben es, die Frequenz kontinuierlich zu variieren. Gegenüber den Elektronenstrahlen ist ein Vorteil von Röntgenstrahlung die große Eindringtiefe, die die Durchstrahlung von makroskopischem Material, wie z. B. auch von Reisegepäck, Gemälden usw., ermöglicht. Sie wird auch bei dem üblichen *medizinischen Röntgendurchleuchtungsgerät* zur Sichtbarmachung von Strukturen im Körperinnern ausgenützt. Allerdings ist bei diesem die dabei angestrebte Vergrößerung gering, und die Abbildung beschränkt sich auf einfache *Schattenwurf-Projektion*.

Schwach erkennbare Strukturen, wie Hohlräume, können dabei durch Kontrastmittel sichtbarer gemacht werden. Erst bei hohen Vergrößerungen in speziell konstruierten *Röntgen-Mikroskopen* werden echte Abbildung, Beugung und Interferenz wichtig. Dazu werden unterschiedliche abbildende Elemente (z. B. Spiegeloptiken, Röntgen-Linsen) eingesetzt. Das Hauptproblem bei refraktiven Linsen liegt darin, dass fast alle Materialien im Röntgenbereich Brechungsindizes haben, die sich nur sehr gering von dem des Vakuums ($n = 1$) unterscheiden, und daher nach Gl. (19.12) nur sehr lange Brennweiten erreicht werden. Alternativ können beugende Linsen, die *Fresnel-Zonenplatten*, eingesetzt werden. Detektoren können fotografische Filme, Lumineszenzschirme, Szintillationsdetektoren oder CCD-Kameras sein. Auch beim Röntgen-Mikroskop kann der Kontrast durch Einfärbung verstärkt werden.

20.6 Fernrohr

Im Gegensatz **zum Licht-Mikroskop**, das zur Vergrößerung kleinster Objekte dient, wird das Fernrohr zur Betrachtung großer, weit entfernter Objekte verwendet. Dennoch sind beide ähnlich aufgebaut. Auch im Fernrohr liegt eine *Zweischritt-Abbildung* vor: Durch ein *Objektiv* wird ein reelles Zwischenbild erzeugt, von dem eine *Lupe* ein im Unendlichen liegendes *virtuelles Bild* entwirft, das wiederum mit dem *Auge* betrachtet wird.

Im *Kepler'schen Fernrohr* (Abb. 20.12) ist das Bild umgekehrt, kann aber z. B. durch Umkehrprismen oder eine weitere Linse in ein aufrecht stehendes Bild umgewandelt werden (*Prismenglas*, Abb. 19.12). Da der zu beobachtende Gegenstand gemessen an der Brennweite des Objektivs beim Fernrohr gewöhnlich sehr weit entfernt ist, liegt das Zwischenbild praktisch in der Brennebene des Objektivs. Damit das virtuelle Bild der Lupe im Unendlichen liegt, ist diese Ebene zugleich auch die Brennebene der Lupe.

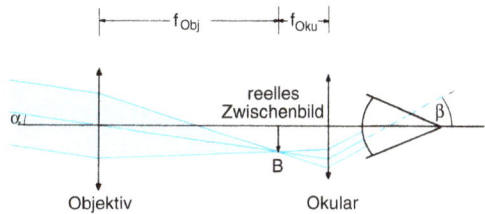

Abb. 20.12: Kepler'sches Fernrohr.

Die subjektive Vergrößerung des Fernrohrs ist entsprechend Abschnitt 19.5.6 definiert durch

$$V_s = \frac{\tan(\text{Sehwinkel hinter dem Instrument})}{\tan(\text{Sehwinkel ohne Instrument})}$$

$$= \frac{\tan \beta}{\tan \alpha}.$$

$$(20\text{-}4)$$

In Abb. 20.12 folgt für den Mittelpunktstrahl durch das Objektiv: $\tan \alpha = B / f_{\text{Objektiv}}$, und entsprechend gilt: $\tan \beta = B / f_{\text{Okular}}$, wobei B die Größe des reellen Zwischenbildes ist. Mit Gl. (20-4) erhalten wir dann:

$$V_s = \frac{f_{\text{Objektiv}}}{f_{\text{Okular}}}. \qquad (20\text{-}5)$$

Bei *astronomischen Fernrohren* erreicht man hohe Vergrößerungen dadurch, dass f_{Objektiv} sehr groß (im Bereich einiger Meter) gewählt wird. Man fotografiert dann direkt das Zwischenbild, indem man in dessen Ebene den Film oder einen Detektor bringt. Es mag zunächst verwirren erscheinen, dass dann der Abbildungsmaßstab V_A der Gl. (19-16) wesentlich kleiner als 1 ist, also eine verkleinerte Abbildung erfolgt; aber dies bedeutet lediglich, dass z. B. das mit dem Fernrohr fotografierte Bild des Mondes kleiner als der Mond selbst ist. Die subjektive Vergrößerung V_s nach Gl. (20-5) ist hingegen wesentlich größer als 1.

Die prinzipielle Auflösungsgrenze des Fernrohrs ist – wie bei anderen optischen Instrumenten – durch die Beugung des Lichts bedingt. So sind mit Fernrohren zwar die erdnahen Planeten noch einigermaßen strukturreich zu beobachten, die viel größeren, aber weiter entfernten Fixsterne erscheinen dagegen lediglich als strukturlose Beugungsscheibchen (Abschnitt 18.2.3), deren Größe nur vom Aufbau des verwendeten Fernrohrs abhängt. Die Helligkeit von Fixsternbildern ist bestimmt durch den Durchmesser der Aperturblende, der durch den Objektivdurchmesser gegeben ist. Daher baut man Fernrohre mit Objektivdurchmessern bis zu 5 m, die allerdings mit einem Hohlspiegel anstelle eines in dieser Größe kaum mehr herstellbaren Linsen-Objektivs ausgerüstet sind (Abb. 19.6). Neuerdings hat man durch getrennte Aufstellung einzelner *Spiegelsegmente*, deren Bildregistrierungen digital-elektronisch gekoppelt sind, mit Abständen der Segmente von bis zu 30 m noch wesentlich größere relative Öffnungen und damit höhere Auflösung erreicht.

20.6.1 Adaptive Optik

Auch mit dem am besten korrigierten Objektiv lassen sich die durch die Beugungsbegrenzung (Gl. 20-3) festgelegte optimale Strukturauflösung einer Abbildung und die optimale Bildschärfe nicht ganz erreichen (Abschnitt 20.3), wenn das Medium zwischen Objekt und Objektiv nicht vollständig *homogen* ist. Das gilt auch für örtliche, statistisch schwankende Variationen des Brechungsindex der Luft infolge von Luftdruck-Schwankungen. Deshalb liefert ein Satelliten-Fernrohr bessere Bildqualitäten als ein irdisches Fernrohr.

Zwei Beispiele sollen das veranschaulichen:

Beispiel 1 Das *Funkeln der Sterne* am Nachthimmel wird durch kleine, sich dauernd statistisch verändernde räumliche und zeitliche Schwankungen der Gasdichte in der Atmosphäre verursacht. Da der Brechungsindex von Gasen mit der Dichte zunimmt, führt dies zu statistisch ungeordneten Schwankungen des *lokalen* Brechungsindex und zu Schwankungen der Lichtgeschwindigkeit (Gl. 18-6a) und damit der *lokalen Momentanphase* der Lichtwelle. Die Wellenfläche (Abschnitt 19.1, Abb. 19.17) wird durch die lokalen Phasenvariationen bis zu mehreren Wellenlängen in unregelmäßiger Weise „aufgeraut". Dadurch wird die Fokussierbarkeit in der Bildebene durch das Objektiv verschlechtert, das Bild wird *unscharf.*

Beispiel 2 Das *Auge:* Um den Augenhintergrund durch optische Abbildung mit dem „Augenspiegel" sichtbar zu machen, muss das Licht zweimal durch Hornhaut, Linse und Glaskörper laufen. Alle drei sind zwar transparent, aber geringfügige Fehler in der Struktur des Auges führen zu lokalen Dichtefluktuationen und damit zu *lokalen* Brechungsindex-Änderungen. *Zeitliche* Schwankungen sind hier geringer als bei *Beispiel 1*, da das Auge aus kompakter Materie besteht. Eine Folge ist, dass man mit normaler optischer Abbildung die einzelnen Sehzellen (Stäbchen und Zäpfchen) *in vivo* nicht sichtbar machen kann. Wenn man aber diese Fluktuationen der Lichtgeschwindigkeit kennt, indem man mit einem *Phasenanalysator* die lokalen Phasen misst, dann kann man per Computer die Welle zu jeder Zeit und an jedem Ort korrigieren und so ein *korrigiertes* Bild erzeugen, das das theoretische Auflösungsvermögen erreicht. Man kann aber auch experimentell die Phasenfehler kompensieren und so das korrigierte Bild direkt erzeugen. Dies geschieht neuerdings mittels der *adaptiven Optik.* Beim Auge kann man damit zudem häufige lokale *Augenfehler* diagnostizieren, die normalerweise subjektiv nicht wahrgenommen werden, weil sie durch die Bildverarbeitung im Gehirn laufend korrigiert werden.

Die experimentelle Anordnung der adaptiven Optik, die in ein Teleskop oder ein Mikroskop integriert werden kann, besteht aus drei Teilen:

1. Die Phasenanalyse der Wellenfläche in Echtzeit. Sie erfolgt mit einem *Wellenfront-Analysator.*

2. Der *adaptive Spiegel.* Er wird zwischen Objekt und abbildendem Objektiv in den Strahlengang gebracht. Er besteht aus einer elastisch verformbaren, mit Silber o. Ä. belegten, ebenen Plastikfolie. Auf seiner Rückseite sind in regelmäßiger Anordnung zahlreiche mechanische (z. B. piezoelektrische, siehe Abschnitt 14.7.7) Stellelemente angebracht, die *lokal* den Spiegel längs der optischen Achse verschieben und damit eine Berg- und Talstruktur erzeugen können. Wenn diese „Aufrauhung" des adaptiven Spiegels der Wellenfront des Lichts entgegengerichtet ist, wird diese bei Reflexion am adaptiven Spiegel gerade rückgängig gemacht und es entsteht ein korrigiertes, d. h. im Prinzip fehlerfreies Bild.

3. *Die Stellelemente* werden in Echtzeit über einen sehr schnellen Computer mit den Daten des Phasenanalysators angesteuert, um auf dem ursprünglich ebenen Spiegel die aus den Phasenschwankungen folgende Berg- und Talstruktur als Oberflächenrelief entgegengesetzt zu erzeugen. Bei der Reflexion der Welle am adaptiven Spiegel werden dadurch die Fluktuationen ausgeglichen. Wenn in einem kurzen Zeitraum lokal ein Teil der Welle wegen des größeren Brechungsindex und daher (höherer) Lichtgeschwindigkeit vorausgeeilt ist, trifft er auf ein Tal des Spiegels und wird erst etwas später reflektiert, sodass die Wellenfläche geglättet wird und damit durch das folgende Objektiv eine „ideale" Abbildung erfolgen kann, als wäre das Ausbreitungsmedium homogen gewesen.

Mithilfe der adaptiven Optik ist kürzlich erstmals gelungen, die Verteilung von *Stäbchen und Zap-* *fen im lebenden Auge* zu fotografieren. Bei terrestrischen astronomischen Teleskopen gelang es sogar, die Auflösungsgrenze um mehr als eine Größenordnung zu verbessern, sodass sie sich mit Teleskopen messen kann, die, um die atmosphärischen Schwankungsprobleme zu vermeiden, in Satelliten installiert sind.

20.7 Spektral-Photometer

Spektral-Photometer dienen der praktischen Aufnahme optischer Spektren unterschiedlicher Art (Abschnitt 18.4). Diese dienen zur Aufklärung der chemischen Zusammensetzung *(Spektralanalyse)*, der Konzentrationsbestimmung sowie der Untersuchung physikalischer Eigenschaften von Proben aus den Bereichen der Technik, Chemie, Physik, Biologie, Medizin usw. Wie Abb. 20.13 zeigt, bestehen sie im Prinzip aus Lichtquelle, Spektralapparat (Monochromator), Detektor, elektronischem Verstärker und Anzeigegerät.

Als Monochromatoren werden heute fast ausschließlich *optische Gitter* (Abschnitt 18.2.2) verwendet, aber auch *Prismen* (Abschnitt 19.3.5), *Interferenz-Verlauf-Filter* (Abschnitt 18.1.2) oder ein *Satz von Filtern* verschiedener Durchlasswellenlängen sind dazu geeignet.

Die Abbildungen 20.14 und 20.15 zeigen den jeweils prinzipiellen Aufbau konventioneller Geräte.

Da die zu untersuchenden Lichtquellen oft komplizierte Emissionsspektren haben und auch

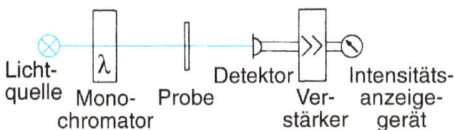

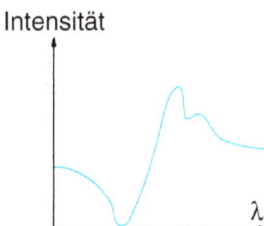

Abb. 20.13: Prinzip des Spektralphotometers; unten ein schematisches Spektrum.

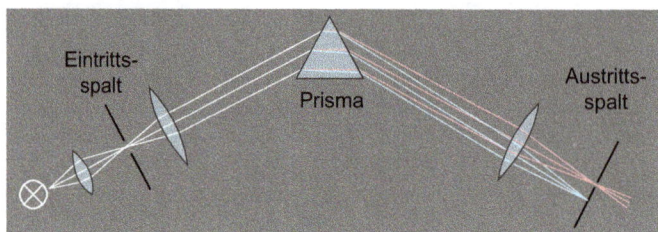

Abb. 20.14: Prismenspektralapparat.

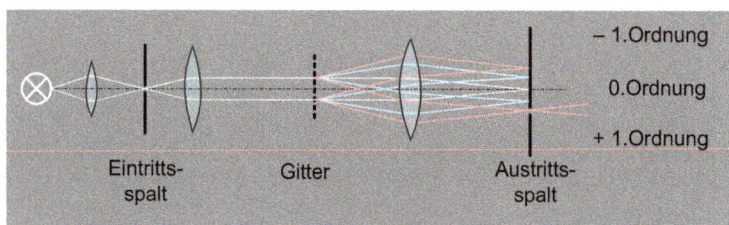

Abb. 20.15: Gitterspektralapparat.

Transmission des Monochromators und Sensitivität des Detektors sich mit der Lichtwellenlänge ändern, muss ein Photometer *kalibriert* werden. Dies geschieht durch eine Vergleichsmessung des Spektrums *ohne* Probe oder mit einer bekannten Vergleichsprobe, entweder mit denselben optischen Komponenten *(Einstrahlphotometer)* oder mit einem zweiten, weitgehend identischen Strahlengang (evtl. mit einer kalibrierten Vergleichslichtquelle, *Zweistrahlphotometer*, Abb. 20.16), sodass Probe und Vergleichsprobe nicht bei jeder Messwellenlänge ausgetauscht werden müssen.

In konventionellen Geräten werden die Wellenlängen des Monochromators mittels eines Motors zum Drehen des Prismas oder Gitters *seriell* (d. h. eine Wellenlänge nach der anderen) eingestellt und Probe und Detektor nacheinander mit Licht der jeweils eingestellten Wellenlänge beleuchtet.

Eine moderne Variante ist, stattdessen alle Wellenlängen hinter Prisma oder Gitter *zugleich* auf die Probe und dann auf unterschiedliche, voneinander isolierte Teile eines besonderen Detektors *(Photodioden Arrays* aus 512 oder 1.024 nebeneinander angeordneten Einzeldetektoren) fallen zu lassen. Diese *parallele* Messtechnik des *Vielkanal-Spektrometers (multichannel- spectrometer)* verkürzt die Messdauer eines Spektrums auf (üblicherweise) wenige Millisekunden und

ermöglicht es, auch Proben zu analysieren, die sich (z. B. bei einer chemischen Reaktion) mit der Zeit verändern.

Den gleichen *Vorteil der gleichzeitigen Messung* des *gesamten* Spektrums hat auch das *Fourier-Spektrometer*, das zu einem Standardanalysegerät im chemischen Labor geworden ist. Das Messprinzip beruht auf der Fourier-Analyse (einer komplizierten mathematischen Analyse) des Messsignals, das durch periodische Änderung des Plattenabstands eines Interferometers (Abschnitt 18.1.2) gewonnen wird, in dem sich die Probe befindet. Dieses Spektrometer wird hauptsächlich im infraroten Spektralbereich eingesetzt, in dem Moleküle Absorptionsbanden aufgrund von Molekülschwingungen haben. Die gemessenen Spektren können im angeschlossenen Computer mit einer Bibliothek von Spektren bekannter Moleküle verglichen werden, sodass *automatisiert* sowohl eine *qualitive* als auch *quantitative* chemische Analyse der Probe möglich ist.

Bei der *Absorptions-Spektralanalyse* werden breitbandige, hochintensive Primär-Lichtquellen eingesetzt. Die Probe befindet sich in der Probenhalterung zwischen Monochromator und Empfänger, und man vergleicht bei jeder am Monochromator eingestellten Wellenlänge die ohne und mit Probe im Strahlengang registrierte Intensität aus der Lichtquelle. Daraus erhält man jedoch *nicht direkt* die Absorptionskonstante der Gln. (18-9) und (18-11), denn die angezeigte Intensität ist zusätzlich um die an den Proben-(oder Küvetten-)Oberflächen reflektierte Intensität geschwächt.

Bei der Untersuchung *verdünnter Lösungen* kann man diesen Anteil durch das *Zwei-Küvetten-Verfahren* eliminieren (Abb. 20.16), das praktischerweise in einem Zweistrahlphotometer angewendet wird. In diesem Fall ist die an der Küvette reflektierte Intensität praktisch ebenso groß wie bei einer mit reinem Lösungsmittel gefüllten Vergleichsküvette. Vergleicht man nun die Intensitäten hinter der Vergleichsküvette und hinter der Probenküvette, so enthalten beide Messwerte denselben Reflexionsverlust. Division beider Intensitäten ergibt mit Gl. (18-9):

$$\frac{I(\lambda)_{\text{Probe}}}{I(\lambda)_{\text{Vergleich}}} = e^{-K(\lambda)\cdot d} \qquad (20\text{-}6)$$

bzw.

$$K(\lambda)\cdot d = \ln\left(\frac{I(\lambda)_{\text{Vergleich}}}{I(\lambda)_{\text{Probe}}}\right).$$

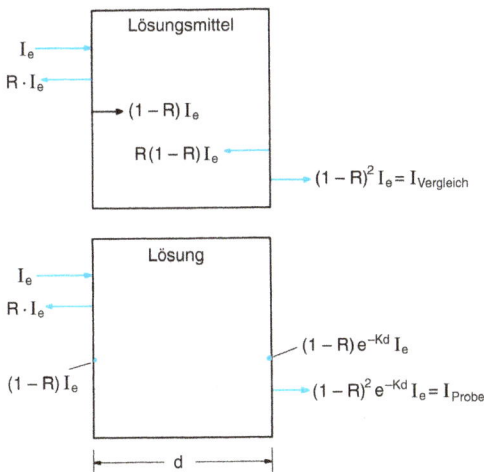

Abb. 20.16: Zwei-Küvetten-Verfahren zur Absorptionsmessung verdünnter Lösungen (I_e: Intensität des einfallenden Strahls; R: Reflexionsvermögen der Küvettenfenster; K: Absorptionskonstante der Lösung; d: Küvettendicke.) Von oben nach unten sind die Intensitäten der einzelnen Teilbündel angegeben. (Der Deutlichkeit halber sind die Teilstrahlen in der Höhe gegeneinander versetzt.).

Bei kommerziellen Photometern wird im angeschlossenen Computer direkt die Absorptionsgröße $K(\lambda)\cdot d$ berechnet und grafisch dargestellt. Abbildung 18.28 zeigt als ein Beispiel einer spektralphotometrischen Messung Absorptionsspektren von *Hämoglobin*.

Schwierigkeiten können bei der Absorptionsanalyse von gelösten Substanzen niedriger Konzentration auftreten, weil dann zwei *starke* Lichtsignale miteinander verglichen werden, die sich nur *geringfügig* voneinander unterscheiden. Die *Nachweisempfindlichkeit* wird daher durch ein ungünstiges *Signal-Rausch-Verhältnis* (vgl. Abschnitt 16.1.7) eingeschränkt.

Deutlich empfindlicher ist die *Fluoreszenzspektroskopie,* auch *Fluorimetrie* genannt, mit der sich sogar einzelne Moleküle nachweisen lassen. Hier wird das Fluoreszenzlicht nach Anregung mit einer Lichtquelle spektral aufgelöst detektiert. Die große Empfindlichkeit ist möglich, wenn das Licht, das zur Anregung dient, vollständig unterdrückt werden kann, d. h., den Detektor nicht erreicht, sodass im Prinzip kein Hintergrundsignal vorhanden ist, (Analogie: Sterne sind am Nachthimmel sichtbar, da dann – im Gegensatz zum Tag – kein Sonnenlicht als Hintergrund stört.) sowie durch außerordentlich empfindliche Lichtdetektoren, die im besten Fall einzelne Photonen nachweisen können (siehe folgender Abschnitt 20.8). Da Fluoreszenz bei organischen Substanzen verbreitet ist, werden *Spektralfluorimeter* in der biochemischen Analytik häufig verwendet.

Die *Fluoreszenzspektroskopie* ist eine Form der *Emissionsspektroskopie.* Darunter werden alle Methoden zusammengefasst, die durch Materie *emittiertes* Licht spektroskopisch charakterisieren. Diese Emission kann durch Licht (Fluoreszenz), thermisch (Thermolumineszenz), elektrisch (Elektrolumineszenz), chemisch (Chemolumineszenz) oder biologisch (Biolumineszenz) verursacht sein.

20.8 Strahlungsmessgeräte

Licht ist an sich *nicht direkt sichtbar* und messbar, denn elektromagnetische Strahlung lässt sich nur durch ihre inelastische *Wechselwirkung mit Materie* nachweisen. Sie wird dabei entweder gestreut oder absorbiert, und dabei wird die elektrische und magnetische Feldenergie in andere Energieformen in materiellen Systemen, z. B. den Zellen der Netzhaut, in potentielle und kinetische Energie von Elektronen oder Ionen umgewandelt. Als Folgeprodukt dieser Umwandlung kann dann beispielsweise ein elektrischer Strom gemessen werden.

Versuche, Licht *direkt sichtbar* zu machen, enden stets in Energie-Umwandlung, d. h., die Photonen werden „vernichtet" oder gestreut, und ihre Energie bzw. ein Teil ihrer Energie taucht dem Energieerhaltungssatz folgend in einem materiellen System auf.

Wegen der vielseitigen Möglichkeiten der Weiterverarbeitung *elektrischer* Signale bevorzugt man Strahlungsdetektoren, die elektrische Signale ausgeben, auch wenn eine mehrfache Energieumwandlung (z. B. Licht ⇒ Wärmeenergie ⇒ elektrische Energie) dazu erforderlich wird. So wird eine Strahlungsmessung durch Bestimmung elektrischer Größen wie Strom, Spannung oder Widerstandsänderung möglich. Mit zunehmender Automatisierung der Beobachtung und Steuerung von Prozessen wird deren Charakterisierung durch *Sensoren* immer wichtiger, die Messwerte physikalischer Größen aufnehmen und direkt der Datenverarbeitung zuführen. Optische Strahlungsmessgeräte werden daher heute häufig als Sensoren ausgelegt.

Strahlungs-Thermoelement Es misst die Erwärmung eines möglichst schwarzen Strahlungsabsorbers und wird meist zur Messung langwelliger Strahlung (Infrarot) eingesetzt. Im einfachsten Fall ist dazu eine Lötstelle eines *Thermoelements* (Abschnitt 8.5.2) an einem geschwärzten Blech angebracht. Dieses absorbiert die auffallende Strahlung, wobei seine Temperatur steigt. Die zweite Lötstelle des Thermoelements wird auf konstanter Temperatur gehalten (z. B. 20 °C), und so kann der Temperaturanstieg wie beim gewöhnlichen Thermoelement gemessen werden.

Zur Steigerung der Empfindlichkeit ist in einer *Thermosäule* eine große Zahl von Lötstellen zusammengeschaltet. Der wesentliche Vorteil gegenüber anderen Strahlungsmessgeräten ist, dass bei *geeigneter Schwärzung* der Empfangsfläche das Absorptionsvermögen über einen weiten Spektralbereich gleich 1 ist (siehe Abschnitt 17.10.1) und damit die Nachweisempfindlichkeit unabhängig

von der Frequenz der Strahlung ist und nicht *kalibriert* werden muss.

Strahlungsmessgeräte mit äußerem Photoeffekt Unter *äußerem Photoeffekt* versteht man die Auslösung von Elektronen aus einer Materialoberfläche, wobei die dazu nötige Energie nicht, wie bei der Glühemission (Abschnitt 15.2.1), sondern durch Wärme (Abschnitt 15.2.1), sondern durch *direkte* Absorption elektromagnetischer Strahlung aufgebracht wird. In dieser *Photozelle* stehen sich in einem Vakuumgefäß zwei Elektroden gegenüber, die an eine Gleichspannungsquelle angeschlossen sind. Fällt durch ein Fenster Licht auf die großflächige Kathode, so werden Elektronen aus der Oberfläche freigesetzt und zur Anode hin beschleunigt. Der dadurch erzeugte Anodenstrom kann gemessen werden; er ist ein Maß für die auffallende *Strahlungsleistung*. Er ist jedoch sehr klein und muss nachverstärkt werden.

Im *Photoelektronenvervielfacher (Photomultiplier)* kommen zu diesem Zweck weitere Elektroden (*Dynoden*) hinzu. Die wenigen (oder das eine) durch äußeren Photoeffekt aus der Kathode herausgeschlagenen Elektronen werden zur ersten Dynode hin derart stark beschleunigt, dass ihre kinetische Energie ausreicht, um aus der Oberfläche dieser Dynode weit mehr Elektronen abzulösen, als aus der Oberfläche der Kathode primär emittiert wurden und auf die erste Dynode aufgetroffen sind. Die aus der ersten Dynode freigesetzten sekundären Elektronen (daher der Name *Sekundärelektronenvervielfacher*) werden nun zu einer weiteren Elektrode, der zweiten Dynode, hin beschleunigt, um dort erneut Elektronen abzulösen. Deren Zahl ist wiederum höher als die der aufgetroffenen Elektronen. Durch Hintereinanderschalten mehrerer solcher Dynodenstufen entsteht ein *Lawineneffekt*, und es gelingt, im Multiplier Stromverstärkungen bis zum 10^{10}-Fachen zu erreichen, sodass man einzelne Photoelektronen *zählen* kann. Eine technisch vereinfachte Variante ist der *Channel-Multiplier*, der wegen seiner geringen Größe für ein- oder zweidimensionale ortsauflösende Detektorarrays *(Channel Plates)* eingesetzt wird.

Die nach dem Prinzip des *äußeren Photoeffekts* arbeitenden Empfänger haben den Nachteil, dass ihre Empfindlichkeit von der Frequenz der Strahlung abhängt. Multiplier sind zum Nachweis von Infrarot jenseits von $\lambda \sim 1\,\mu m$ weniger geeignet, da IR-Quantenenergien für den äußeren Photoeffekt bei vielen Materialien nicht ausreichen.

Strahlungsmessgeräte mit innerem Photoeffekt Im Innern eines *Halbleiters* können durch Einstrahlung von Licht Ladungsträger innerhalb der *Bandstruktur* freigesetzt werden *(innerer Photoeffekt)*, die aber *nicht* durch die Probenoberfläche hindurch in den Außenraum austreten.

Dieser Vorgang ist ähnlich der thermischen Erzeugung von freien Ladungsträgern in Halbleitern (Abschnitt 15.2.4), allerdings wird die Energie durch Photonen zugeführt. Wegen der freigesetzten Elektronen ändert sich der elektrische Widerstand des Halbleiters, was z. B. über eine *Wheatstone'sche Brückenschaltung* (Abschnitt 16.1.6) mit einer angelegten Spannung gemessen werden kann. Dieser Effekt wird im *Photowiderstand* zur Lichtmessung eingesetzt.

Besonders empfindlich für den inneren Photoeffekt sind Halbleiterbauelemente mit einer Sperrschicht (nicht dotiert, eigen- bzw. intrinsisch leitend) zwischen n- und p-leitendem Gebiet, die *PIN-Dioden*. Als *Photodiode* wird diese PIN-Diode in Sperrrichtung betrieben, d. h., auch die Grenzschicht zwischen n- und p-leitendem Gebiet verarmt an Ladungsträgern und es fließt zunächst kein Strom. Werden in der Sperrschicht durch Licht freie Ladungsträger erzeugt, kommt es zu einem Stromfluss, der das Detektorsignal darstellt.

Wird eine ausreichend hohe Spannung in Sperrrichtung angelegt, werden die durch das Licht erzeugten Elektronen im Halbleiter auf so hohe Energien beschleunigt, dass sie, ähnlich wie an den Dynoden des Photomultipliers, sekundäre Ladungsträger erzeugen können. Auch hier kommt es dann zu einem lawinenartigen Vervielfältigungsprozess, sodass einzelne Photonen mit solchen *Avalanche-Photodioden* nachgewiesen werden können.

Eine *Solarzelle* ist ähnlich aufgebaut wie eine Photodiode, nur dass von außen keine Spannung angelegt wird. Hier entsteht eine Spannung aufgrund der Trennung der durch Licht erzeugten Ladungsträger im elektrischen Feld zwischen n- und p-leitendem Gebiet.

Photodioden können in einem Halbleiterchip sehr klein in großer Zahl als Arrays hergestellt werden, wodurch man linear oder flächig ortsauflösende Lichtdetektoren erhält. Lineare Arrays finden wie in Abschnitt 20.7. erwähnt z. B. Anwendung in der Spektroskopie, während flächige Arrays, die mit dem CCD eine besondere

Ausprägung haben, zur Bildaufnahme (siehe Kamera, Abschnitt 20.9) genutzt werden.

Thermographie Die von einem Körper emittierte *Infrarot-Strahlung* lässt sich dazu verwenden, die Temperaturverteilung, beispielsweise auf der Oberfläche des menschlichen Körpers, zu bestimmen.

Die Gründe hierfür haben wir zum Teil bereits kennengelernt:

1. Ein Ideal-Schwarzer Körper emittiert (über alle Wellenlängen integriert) pro Flächeneinheit eine Gesamtstrahlungsleistung, die der vierten Potenz der Temperatur des Körpers proportional ist (Gl. (17-19)). Dies gilt annähernd auch für nicht völlig schwarze Körper.

2. Das spektrale Maximum der emittierten Strahlungsleistung liegt nach Gl. (17-21) bei einer Wellenlänge, die der Temperatur des Körpers umgekehrt proportional ist. Beispielsweise ist bei $T = 308$ K (d. i. 35 °C, Hauttemperatur des Menschen) die Wellenlänge $\lambda_{max} \approx 10$ μm; bei $T = 1.000$ K ist $\lambda_{max} \approx 2{,}9$ μm.

Ein Problem für die Strahlungsmessung ist, dass einerseits IR-Strahlung im Wellenlängenbereich zwischen 2,5 und 8 μm von Luft absorbiert wird, andererseits normale Strahlungsdetektoren und IR-Filme nur für Wellenlängen unterhalb von ca. 1 μm empfindlich sind. IR-Detektoren, die im Wellenlängenbereich um 10 μm empfindlich sind, bestehen aus speziellen Halbleiter-Photodioden (z. B. Quecksilber-Cadmium-Tellurid, mit großer Empfindlichkeit bei 8–15 μm) und werden zumeist als Photowiderstände geschaltet (Abschnitt 15.2.4). Um die zusätzliche, durch die Temperatur des Sensors bewirkte *thermisch* angeregte Leitfähigkeit *(Dunkelleitfähigkeit)* in diesen Dioden zu unterdrücken, werden Präzisionsinstrumente bei tiefer Temperatur, z. B. bei der Temperatur des flüssigen Stickstoffs (77 K), betrieben.

Um mithilfe von *IR-Strahlung* ein sichtbares Bild zu erzeugen, können seriell (d. h. Punkt für Punkt nacheinander abtastende) oder parallel (d. h. mit zweidimensionalen Detektorarrays (Bildsensoren)) arbeitende Anordnungen verwendet werden. Üblich ist als *serielle* Methode die *Rastertechnik* mit Kopplung an einen Bildschirm, die wir schon mehrfach (Abschnitte 16.1.4, 20.3–20.5) dargestellt haben. Dabei wird die vom Gegenstand emittierte IR-Strahlung ortsaufgelöst registriert.

So entsteht ein *Wärmebild (Thermogramm)* des untersuchten Gegenstandes auf dem Schirm.

Normale Glas- und Quarzlinsen sind im IR-Bereich ungeeignet, da sie dort absorbieren. Stattdessen werden zur Fokussierung der Strahlung auf den Detektor Spiegel oder die im IR durchsichtigen Germanium-Linsen verwendet. Zur Rasterung führt man das *Gesichtsfeld* der IR-Optik durch geeignete Bewegung des Spiegels (bzw. der Linse) zickzackförmig über die zu untersuchende Probenoberfläche. Der schematische Aufbau einer solchen IR-Kamera ist in Abb. 20.17 skizziert. Hier ist der Planspiegel um seine *senkrechte* und seine *waagerechte* Achse beweglich. Die von einem Körper emittierte *Infrarot-Strahlung* lässt sich dazu verwenden, die Temperaturverteilung, beispielsweise des menschlichen Körpers, oder die Wärmeisolierung eines Wohnhauses abzubilden. Für moderne Geräte bedient man sich auch der *Paralleltechnik* (Abschnitt 20.7), da diese ohne bewegliche Teile auskommt.

Die *Thermographie* findet vielfältige Anwendung – so z. B. bei Nachtsichtgeräten, Infrarot-Kameras für Wildtiere oder auch beim Aufspüren von *Wärmelecks* in beheizten Gebäuden. Die Oberflächentemperatur eines Hauses lässt sich nämlich mit der IR-Kamera auch aus großer Entfernung (bis auf ca. 0,1 °C genau) messen. Damit kann man feststellen, wo eine Hauswand schlecht wärmege-

dämmt ist oder wo sich andere Wärmelecks befinden (Abb. 20.17).

In der *medizinischen Thermographie* besteht die Aufgabe darin, aus auffälligen Veränderungen des Thermogramms auf pathologische Prozesse zu schließen. Letztere können durch Entzündungen aufgrund gesteigerten Stoffwechsels und vermehrter Gefäßbildung bei hautnaher Lokalisation das Temperaturprofil der Hautoberfläche verändern. Beispielsweise kann man *Gefäßverengungen durch Rauchen* nachweisen, da durch verringerten Blutfluss die lokale Temperatur herabgesetzt wird. Allerdings bereitet es zurzeit noch Schwierigkeiten, diese Thermogramme nach objektiven und reproduzierbaren Kriterien physiologisch zu interpretieren.

20.9 Kamera

Während zur Entstehungszeit der Fotografie (unbewegte Bilder) und Kinematografie (bewegte Bilder) die Kamera spezialisierten Profis vorbehalten war, hat sie sich über ein Hobby zu einem festen Bestandteil des Alltags entwickelt, da in jedem Smartphone heute eine qualitativ hochwertige und auch vom Laien leicht

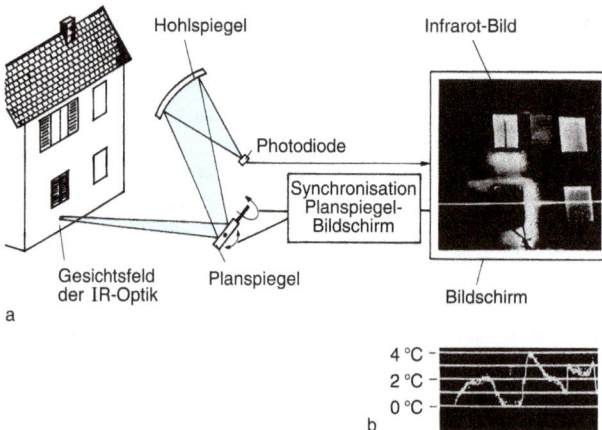

Abb. 20.17: Prinzip der Infrarot-Kamera: (a) Der Planspiegel wird um zwei zueinander senkrechte Achsen oszillierend gedreht, damit das Gesichtsfeld der IR-Optik zickzackförmig über die Oberfläche der Hauswand geführt wird. Im Infrarot-Bild auf dem Bildschirm zeigen die hellen Bereiche Wärmelecks in der Hauswand an. Der Heizkörper unter dem Fenster oben links strahlt einen großen Teil seiner Wärme durch die Wand nach außen ab. (b) Entlang der weißen Linie im IR-Bild ist das Temperaturprofil der Hauswand grafisch dargestellt (Fa. ATOMIKA, München).

bedienbare Foto- und Filmkamera steckt. Am prinzipiellen Aufbau hat sich allerdings nur wenig geändert.

Der Aufbau von analogen und digitalen Foto-, Film- oder Videokameras ist weitgehend übereinstimmend und besteht aus vier Funktionselementen, die in Abb. 20.18 am Beispiel einer digitalen Systemkamera gezeigt sind: 1. die bilderzeugende, bezüglich der Abbildungsfehler hochkorrigierte Optik *(Foto-Objektiv)* mit Entfernungseinstellung, 2. eine *Blende* zur Steuerung der Lichtintensität und der Schärfentiefe, 3. ein *Verschluss* zum Steuern der Dauer der Lichtaufnahme und (4) die eigentliche *Bildspeicherung* auf dem analogen lichtempfindlichen Film oder einem elektronischen Bildsensor.

Dazu kommen zum Finden des Bildausschnitts verschiedene Möglichkeiten: 1. ein *Sucher* genanntes Teleskop mit einem Abbildungsmaßstab, der dem des Objektivs angepasst ist, 2. in einer *Spiegelreflexkamera* ein hinter dem Objektiv befindlicher klappbarer Spiegel, der das durch das Objektiv fallende Licht reflektiert, sodass im Sucher das entsprechende Bild entsteht, und der im Moment der Bildaufnahme herausgeklappt wird, oder 3. das Signal des digitalen Bildsensors bei digitalen Kameras (z. B. in *Smartphones*).

Zur Scharfeinstellung wird bei der Kamera (im Unterschied zum Auge) der Bildabstand verändert, indem das Objektiv gegen den Film oder den Sensor verschoben wird. Diese Verschiebung kann zum einen manuell erfolgen, meist durch ein Feingewinde. Bei einer Spiegelreflexkamera kann dabei direkt die Bildschärfe kontrolliert werden. Deutlich weiter verbreitet ist die motorische Verstellung, die zudem meist automatisch so geregelt wird, dass eine scharfe Abbildung des Objektes *(Autofokus)* sichergestellt wird. Dabei sind zwei Dinge beachtenswert: Zum einen muss auf geeignete Weise festgelegt werden, welches Objekt im Bildfeld (es kann dort ja Objekte mit verschiedener Gegenstandsweite geben) scharf abgebildet werden soll, und zweitens muss es ein geeignetes Messverfahren geben, das den Abstand dieses Objektes bzw. dessen Schärfe im Bild quantitativ erfassen kann. Für beides gibt es eine so große Zahl an technischen Realisierungen, dass deren Beschreibung den Rahmen dieses Buches sprengen würde.

Um den *Bildausschnitt* (die *Vergrößerung*) variieren zu können, wird bei höchsten Ansprüchen an die Bildqualität zwischen Objektiven unterschiedlicher Brennweite gewechselt; andernfalls kommen Objektive mit variabler Brennweite *(Zoom-Objektive)* zum Einsatz. Prinzipiell kann auch ein Ausschnitt des Bildes auf dem Film/Sensor nachträglich vergrößert werden (bei Digitalkameras *digitaler Zoom* genannt), was aber stets auf Kosten der Auflösung geht.

Durch eine variable *Aperturblende* wird die auf den Film oder den Sensor auftreffende *Intensität* des Lichts gesteuert. Die lichtstärksten Objektive haben *relative Öffnungen* bis zu 1 : 0,95. Diese Zahlenkombination gibt das Verhältnis von Aperturblendendurchmesser zur Brennweite an. Je größer die relative Öffnung, desto größer ist die Lichtstärke, desto geringer ist aber die Schärfentiefe (Abschnitt 19.4.10). Für die *Belichtung*, also die gesamte Lichtmenge bei der Aufnahme, ist aber als zweiter Faktor neben der durch die Blende kontrollierten *Intensität* die *Belichtungszeit* ausschlaggebend. Diese wird durch einen *Verschluss* realisiert, der mechanisch oder – bei digitalen Sensoren – elektronisch arbeiten kann und Verschlusszeiten von – elektronisch – einigen µs bzw. – mechanisch – 1/4000 s bis zu beliebiger Dauer erlaubt.

Alle vorgenannten Bauteile können in digitalen Kameras wegen des wesentlich empfindlicheren und damit auch kleineren Bildsensors deutlich kleiner ausfallen.

Durch geeignete Kombination von Blendeneinstellung und Belichtungszeit kann man

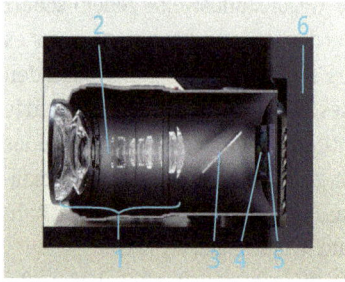

Abb. 20.18: Ein Schnitt durch eine digitale System-Kamera: 1: Objektiv, 2: Blende, 3: Spiegel, 4: Verschluss, 5: Sensor, 6: Elektronik.

entweder schnell bewegte Objekte mit geringer Schärfentiefe oder ruhende Objekte mit hoher Schärfentiefe fotografieren. Die Auswahl dieser Werte geschieht in den Digitalkameras der Smartphones und *Handys* automatisch, ist aber je nach Modell im *Profi-Modus* auch manuell möglich.

Mechanische *Bildstabilisatoren* dienen der Verringerung von Bildunschärfen infolge Verwackelns während länger dauernder Aufnahmen. Diese können im Objektiv selbst oder im Bildsensor eingebaut sein. Sie basieren auf Sensoren, die die Bewegung der Kamera aus der Beschleunigung über die Kraft nach dem 2. Newton'schen Axiom ermitteln. Die Stabilisierung geschieht durch *Gegenneigung* spezieller mechanischer Elemente, die in Sekundenbruchteilen erfolgt.

Analog- und Digitalkameras unterscheiden sich wesentlich durch ihre Methoden des eigentlichen *Fotografierprozesses*. Bei den *Analog-Kameras* beruht die Bilderzeugung auf einem photochemisch reagierenden lichtempfindlichen Film auf Silberhalogenid-Basis, in dem *nach der Belichtung* in nasschemischen Reaktionen *Silber-Nanopartikel* erzeugt werden (*Schwarz-Weiß-Entwicklung*, Details siehe unten). Das *Primärbild* wird anschließend chemisch verstärkt und stabilisiert *(Fixierung)*. Es dient als *Negativ* und wird optisch auf *Positiv-Fotopapier* übertragen *(Vergrößerung etc.)*.

Später gelang es, vollfarbige Bilder mit allen Farben des sichtbaren Spektrums aufzunehmen.

Heutzutage wird mit der *Analog-Kamera* auf einem auf einer Plastik-Folie aufgebrachten, photochemisch reagierenden, dünnen, *lichtempfindlichen Film fotografiert*, der seit dem Beginn der LEICA-Technik üblicherweise Platz für 36 *Kleinbild-Negative* der Größe 24 x 36 mm^2 hat.

Dieser Film enthält *Emulsionen* mit Silberverbindungen (üblicherweise *Silberhalogenide*). Das bei der *Aufnahme* auffallende Licht löst lokale photochemische *Reduktionsprozesse* in den Silbersalzkristallen aus, wobei molekulare Silber-*Nanopartikel* und atomare *Gitterbaufehler* entstehen. Bei Bestrahlung mit Licht entsteht das aus molekularen Silberaggregaten (z. B. Ag$_3$) bestehende unsichtbare *latente Bild*. Es ist zu *feinkörnig*, um sichtbar zu sein. Durch den *chemischen Entwicklungsprozess, d. h.* durch Eintauchen in eine *Entwicklerflüssigkeit*, wird aus den als *Keimen* dienenden Silber-Nanopartikeln des unsichtbaren *latenten* Bildes ein sichtbares Bild erzeugt: Die *Silber-Keime werden* extrem vergrößert, indem aus der Lösung freigesetzte Silber-Ionen angelagert werden. Dabei wachsen die Keime bei der anschließenden chemischen *Entwicklungsreaktion* bis zu Silber-Körnern im Größenbereich von *Nanopartikeln* und bis zu noch größeren Silber-Aggregaten. Während die Nanopartikel des latenten Bildes gelb sind, haben die makroskopischen, unregelmäßigen Silberpartikel des Endbildes graue bis schwarze Farben.

Diese liefern mit den optischen Bildpunkten das Schwarz-Weiß-Bild des fotografierten Objekts. Man nennt diese Reaktion die *Entwicklung* des *Negativs*, weil die am stärksten vom einfallenden Licht getroffenen Silberkeime am schnellsten und besonders unregelmäßig wachsen. In einem anschließenden *Fixierungsbad* wird der nicht belichtete Anteil der Silber-Verbindungen aus der Filmschicht herausgelöst. Im letzten Schritt, der *Wässerung*, wird das nicht belichtete Silber aus der Emulsion und aus der Lösung ausgewaschen.

Das nun sichtbare, aber licht*unempfindliche* Schwarz-Weiß-Bild ist ein *Negativ in Grautönen*, dessen *Hell-Dunkel-Strukturen invers* sind zu dem realen fotografierten Objekt. *Der getrocknete Negativ-Film* ist dann stabil und unempfindlich gegen weiteren Lichteinfall.

Schließlich wird von dem durchscheinenden Negativ auf einem *lichtempfindlichen Fotopapier* (mit einer dem Film ähnlichen *Silberhalogenid-Emulsion*) durch eine *homogene Weißlicht-Belichtung* durch das transparente erste Negativ hindurch mit einem Projektor, dem *Vergrößerungsapparat* mit beliebiger Vergrößerung, und einen weiteren analogen nasschemischen Prozess, Entwicklungs- und Fixierprozess, ein *sekundäres Negativ-Bild* des transparenten *primären Negativs* erzeugt, das damit ein *lichtfestes Positiv-Bild* der Hell-Dunkel-Struktur des fotografierten Objektes ist, das das *endgültige Bild (Abzug)* in der gewünschten Größe darstellt. Solche endgültigen Bilder können in beliebig vielen Kopien für Dokumente, Kinofilme etc. hergestellt werden. Der nasschemische Prozess besteht wie beim Negativ wiederum aus den Schritten *Entwicklung, Fixierung* und *Wässerung*.

Die geniale Idee dieser Analogfotografie liegt in der Zweistufigkeit des Verfahrens, also zunächst ein Negativ zu erzeugen, dessen Negativ dann das eigentliche Positiv-Bild darstellt.

Ein grundsätzlich anderer photochemischer Prozess wird bei Diapositiv-Filmen genutzt, bei denen direkt ein Positiv-Bild auf dem transparenten Film entsteht, das dann mit einem Dia-Projektor (Abschnitt 20.2) betrachtet werden kann.

Die Einführung von Digitalkameras brachte einen großen Fortschritt in der Automatisierung der Bildspeicherung, aber auch aufwendigere Bildbearbeitung. Die wichtigste Neuerung der Digitalfotografie war der Wegfall der langwierigen nasschemischen Prozesse (Entwicklung/Fixierung), sodass die digital erzeugte Fotografie nach dem „Knipsen" betrachtet und so auch kontrolliert werden kann. *Digitalkameras* enthalten statt des analogen Films einen elektronischen *Bildsensor (Bild-Chip)* mit angeschlossener digitaler Datenverarbeitung (eingebauter Computer). Der lichtempfindliche Bildsensor besteht aus einem zweidimensionalen Array von kleinen Halbleiter-Photodetektoren (Photodioden oder CCDs, siehe auch Abschnitt 20.8). Der Sensor wandelt das in jedem Photodetektor *(Pixel)* einfallende Licht für jede Farbe in ein elektrisches Signal.

Die Zahl der *Pixel* liegt heute zwischen 10 und 100 Millionen (10–100 Megapixel). Die Sensorfläche im Vollformat beträgt maximal wie das Analog-Negativbild 24 × 36 mm (es gibt jedoch im professionellen Bereich auch noch größere *Mittelformat*-Sensoren). Auf der anderen Seite kann die Fläche auch wesentlich kleiner sein als ein Analogfilmbild, sodass man sie z. B. in Smartphones und Handys integrieren kann. Man kann so nur einige Zentimeter oder Millimeter große Spezialkameras bauen. Der in die Digitalkamera eingebaute Computer hat auch entsprechende elektronische Netzanschlüsse. Dadurch können die Bilder bzw. Filme in Echtzeit weltweit verfügbar gemacht werden.

Im Gegensatz zur analogen Kamera können die digitalen Bilddaten nachträglich weiter bearbeitet werden, z. B. kann Bildhelligkeit, Kontrast, Schärfe und Bildinhalt verändert werden. Durch solche Bildmanipulationen verlieren Digitalfotos allerdings ihren Dokument-Charakter.

In Analogkameras stellen der Film bzw. der *Abzug* auf Fotopapier die Datenspeicher dar. Bei entsprechender Lagerung kann ein Negativ oder Abzug viele Jahrzehnte aufbewahrt werden. Allerdings nimmt die Bildqualität durch chemische Prozesse ab. Aus diesem Grund und auch wegen der Möglichkeiten der digitalen Bearbeitung und weiteren Prozessierung wird auch analoges Filmmaterial oft nachträglich digitalisiert.

Die Speicherung digitaler Bilder erfolgt auf entsprechenden Speichermedien, z. B. in der Kamera zunächst auf SD-Karte, dann auf Festplatten oder langlebigen optischen Speichermedien. Dabei tritt über einen gewissen Zeitraum kein Qualitätsverlust auf, es muss nur dafür gesorgt werden, dass das Speichermedium entsprechend haltbar ist und dass es auch später noch Geräte zum Auslesen desselben gibt. Dieses Problem ist allerdings ein generelles bei der Speicherung digitaler Daten, das heute durch Anfertigung von Datenkopien *(Cloud)* reduziert wird.

21 Atomkerne, Ionisierende Strahlung

21.1 Atomkerne

21.1.1 Elementarteilchen

Die Suche nach elementaren, unteilbaren Teilchen, aus denen sich die Materie zusammensetzt, ist ein wesentlicher Teil der Physik, aber auch der Kulturgeschichte der Wissenschaften insgesamt, und er ist bis heute nicht abgeschlossen. Ein Meilenstein war zunächst die Erkenntnis, dass alle Materie, unabhängig von ihrem jeweiligen Aggregatzustand, aus elementaren Bestandteilen, den *Atomen*, aufgebaut ist. Im chemischen Sprachgebrauch sind dies die *Elemente*, und ihre Eigenschaften und Beziehungen zueinander sind im *Periodensystem der Elemente* dargestellt. Die Atome selbst, so der Stand zu Beginn des 20. Jahrhunderts, sind wiederum zusammengesetzt aus der Atomhülle und dem Atomkern. Die Hülle wird von den *Elektronen* besetzt. Den Atomkern bilden die als *Nukleonen* bezeichneten *Neutronen* und *Protonen*. Diese drei Teilchen wurden bis etwa zur Mitte des 20. Jahrhunderts als *Elementarteilchen* angesehen, ein Bild, das sich seither stark diversifiziert hat. Aus heutiger Sicht bestehen die Nukleonen ihrerseits wieder aus drei weiteren Teilchen aus der Gruppe der sogenannten *Quarks*. Auch das *Strahlungsquant* der elektromagnetischen Strahlung, das *Photon*, zählt zu solchen Teilchen, das sich aber von anderen dadurch unterscheidet, dass es nur bei Bewegung mit Lichtgeschwindigkeit existieren kann. Ein weiteres Teilchen mit dieser Eigenschaft ist das *Neutrino*, das sich sonst aber wesentlich vom Photon unterscheidet. Die gesamte Vielfalt der Materie wird durch die unterschiedliche Zahl und Anordnung dieser nach heutigem Kenntnisstand elementaren Teilchen bedingt.

Insgesamt kennt man zurzeit eine große Zahl (mehrere Hundert) von kurzlebigen Masseteilchen mit Lebensdauern im Bereich mehrerer Tage bis hin zu kürzesten Zeiten (10^{-22} s). Diese entstehen durch Wechselwirkungen von Atomkernen und Elementarteilchen, und sie wandeln sich wiederum in andere Teilchen um, d. h., sie sind Produkte von Kern- oder Elementarteilchenreaktionen. Solche Reaktionen können z. B. in der Höhenstrahlung beobachtet oder in Teilchenbeschleunigern (Abschnitt 21.3.2) künstlich ausgelöst werden. Die Fülle der Teilchen wird neben ihrer Lebensdauer durch ihre Masse, ihre Ladung und gegebenenfalls sonstige Parameter wie etwa Geschwindigkeit (beim Photon) charakterisiert. Von den oben genannten Teilchen sind das *Elektron negativ* und das *Proton positiv* geladen; *Neutron*, *Neutrino* und *Photon* besitzen *keine elektrische Ladung*. Eine Klassifizierung der Teilchen wird heute im sogenannten *Standardmodell* mittels sechs *Quarks* und sechs *Leptonen* (d. h. *leichten* Teilchen) vorgenommen. Diese Bausteine lassen sich in drei „Generationen" ordnen. Von Bedeutung sind hier nur die Teilchen der ersten Generation, in der neben Elektron und Neutrino als Leptonen die beiden „up" (u) und „down" (d) genannten Quarks existieren. Letztere haben eine quantisierte Ladung, nämlich 2/3 bzw. –1/3 des Wertes des Ladungsquants (Elementarladung des Elektrons). Das Proton wird dann aus zwei u und einem d Quark gebildet, woraus die Ladung + 1 resultiert. Das Neutron besteht aus einem u und zwei d Quarks, wodurch sich die resultierende Ladung null ergibt.

Eine früher eingeführte Einteilung, die sich an der Teilchenmasse orientiert und auch heute noch praktikabel ist, ergibt folgende Gruppierung:

https://doi.org/10.1515/9783110691658-023

1. Hadronen: a) *Baryonen*, mit Massen größer als dem 1800-Fachen der Elektronenmasse; hierzu gehören Proton und Neutron, b) *Mesonen*, mit Massen größer als 250 Elektronenmassen.
2. Leptonen: mit Massen kleiner als 250 Elektronenmassen. Hierzu gehören das Elektron sowie das Neutrino.
3. Photonen: mit Ruhemasse null und Bewegung mit Lichtgeschwindigkeit.

Bei dieser Einteilung wird erkennbar, dass man ein Massen-Bezugselementarteilchen, aus dessen Masse sich alle anderen Massen als ganzzahlige Vielfache ergeben würden, experimentell lange Zeit nicht hat nachweisen können. Daher auch die Normierung auf die Masse des Elektrons, die den schwer vorstellbar kleinen Wert von $9,11 \cdot 10^{-31}$ kg besitzt. Erst vor Kurzem hat man mit dem Nachweis des *Higgs-Teilchens* in dieser Hinsicht Erfolg gehabt und konnte diese Lücke im Standardmodell schließen. Andererseits existiert für die Ladung (sieht man von den Quarks ab, die in der Natur aber nie einzeln auftreten) ein Quant, die *Elementarladung e* (Abschnitt 14.2.1), aus der sich die Ladung aller anderen in der Natur vorkommenden Ladungen Q als ganzzahlige Vielfache ergibt:

$Q = ne$ wobei n eine ganze Zahl (positiv oder negativ) ist.

Zu allen Teilchen existieren *Antiteilchen*, die dieselbe Masse haben. Zu elektrisch geladenen Teilchen gehören Antiteilchen mit entgegengesetzter Ladung. Das praktisch wichtigste Antiteilchen ist das *Positron*, das man als ein elektrisch positives Elektron ansehen kann. Wenn ein Teilchen auf ein Antiteilchen trifft, tritt der Prozess der *Zerstrahlung* ein, d. h., beide Teilchen zerstrahlen zu elektromagnetischer, energiereicher Strahlung.

21.1.2 Aufbau der Atomkerne

Im weiteren Verlauf betrachten wir die Struktur der Atomkerne im vereinfachten Bild. Sie sollen aus den *Nukleonen*, also den Elementarteilchen Proton und Neutron, bestehen. Beide besitzen etwa die gleiche Masse. Die Gesamtzahl der positiven Elementarladungen der Protonen charakterisiert die positive Ladung des Atomkerns. Diese Anzahl ist gleich der Zahl der Elektronen in der Hülle des entsprechenden Atoms, also der *Ordnungszahl Z*, und bestimmt somit, zu welchem chemischen Element der betreffende Kern gehört. Von fast allen Elementen gibt es Kerne mit unterschiedlicher Neutronenzahl. So existieren drei Atomkernarten des Wasserstoffs: ein Kern H (Hydrogenium), der nur aus einem Proton besteht, ein Kern D (Deuterium), der zusätzlich zum Proton ein Neutron, und ein dritter T (Tritium), der zusätzlich zwei Neutronen enthält. Beim Helium existieren Kerne, die neben den zwei Protonen 1, 2, 3, 4, 5 oder 6 Neutronen enthalten. Die verschiedenen Atome mit Kernen von gleicher Protonen-, aber unterschiedlicher Neutronenzahl bezeichnet man als *Nuklide*, die Kerne selbst als *Isotope* eines chemischen Elements.

Zur Kennzeichnung eines Nuklids wird die folgende abkürzende Schreibweise benutzt: ^A_ZX. Dabei bedeuten X das Symbol des chemischen Elements, *A* die *Zahl der Nukleonen* (oft auch *Massenzahl* genannt, siehe S. 451, vorletzter Absatz) und Z die *Ordnungszahl*. Da X und Z dieselbe Information beinhalten, wird häufig lediglich die Darstellung ^{A}X verwendet: So bezeichnet z. B. ^{12}C einen Kohlenstoffkern mit 12 Nukleonen, und da Kohlenstoff im Periodensystem die Ordnungszahl $Z = 6$ hat, sind in diesem Kern sechs Protonen und sechs Neutronen enthalten.

Fast alle natürlich vorkommenden chemischen Elemente sind Gemische mehrerer Isotope. Das Kalium (K) z. B. besteht zu 93,1 % aus ^{39}K, zu 6,88 % aus ^{41}K und zu 0,02 % aus ^{40}K. Überall, wo Kalium natürlich vorkommt (also auch in chemischen Verbindungen), ist diese prozentuale Zusammensetzung gleich. Solche konstanten Mischungsverhältnisse gibt es bis auf wenige Ausnahmen bei allen natürlichen Isotopen der verschiedenen Elemente. Neben den natürlichen Isotopen gibt es eine große Zahl künstlich, beispielsweise in Teilchenbeschleunigern (Abschnitt 21.3.2) herstellbarer Isotope, die alle radioaktiv sind. Natürliche und künstliche Isotope kann man in einem Schema (Atomkern- oder *Nuklidkarte* genannt) darstellen, ähnlich dem Periodensystem der Elemente. Ein Ausschnitt einer solchen Karte für die leichtesten Elemente ist in Abb. 21.1 dargestellt. Aufgetragen sind für die Nuklide in einem Diagramm jeweils die Zahl der Protonen über der Zahl der Neutronen.

Wie ergibt sich nun die Masse des Kerns? Wir haben bereits in der Mechanik die Masse eines Protons mit $m_P = 1{,}6724 \cdot 10^{-27}$ kg angegeben und zudem gesagt, dies sei auch etwa die Masse eines Neutrons (genauer: $m_n = 1{,}6749 \cdot 10^{-27}$ kg). Die Masse eines Atomkerns ergibt sich aber nicht genau als Summe der Massen der in ihm vorhandenen Protonen und Neutronen. Die gefundenen Werte sind immer, wenn auch nur geringfügig, kleiner als die Summe der Protonen- und Neutronen-Massen. Die Differenz Δm bezeichnet man als:

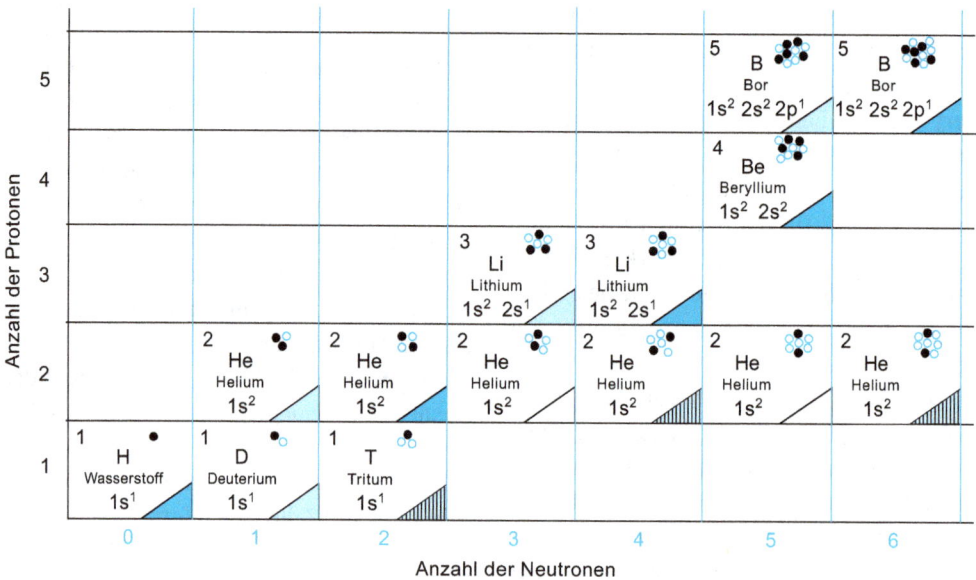

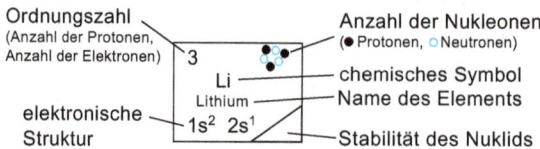

Abb. 21.1: Nuklidkarte. Ausschnitt für die leichtesten Elemente. Nuklid-Stabilität: ◺, stabil, Majoritätsnuklid; ◿, stabil, Minoritätsnuklid; ◿, instabil; ◿, extrem instabil.

Massendefekt. Er entsteht beim Zusammenbau der Nukleonen zum Kern, hat also etwas mit der Bindung der Nukleonen im Kern zu tun. Die Erklärung liefert das Prinzip der Äquivalenz von Masse und Energie (Gl. (3-10)):

$$E = m \cdot c^2.$$

Danach ist dem Massendefekt Δm die *Energie* $E = \Delta m \, c^2$ zugeordnet. Diese Äquivalenz ist allerdings bei einer Kernumwandlung (Abschnitt 21.2.1) dadurch eingeschränkt, dass stets die Anzahl der Nukleonen erhalten bleibt *(Nukleonenerhaltungssatz)*; es kann also kein Nukleon ganz in Energie umgewandelt werden.

Wenn also bei der Bildung eines Kerns aus den Nukleonen die Bindungsenergie ΔE_B frei wird, so tritt damit ein Massendefekt von $\Delta m = \frac{\Delta E_B}{c^2}$ ein. Ein Beispiel hierfür ist die folgende Kernreaktion, durch die ein Proton und ein Neutron zu einem Deuteron werden:

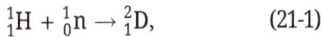

$$^1_1\text{H} + {}^1_0\text{n} \rightarrow {}^2_1\text{D}, \qquad (21\text{-}1)$$

mit einem Massendefekt von

$$\Delta m = m_H + m_n - m_D = 2{,}4 \cdot 10^{-3} m_H. \qquad (21\text{-}2)$$

Das Energieäquivalent von m_H ist 0,94 GeV. Also werden bei der Bildung des Deuteriumkerns $0{,}94 \cdot 2{,}4 \cdot 10^{-3}$ GeV = 2,25 MeV frei. Diese Energie wird tatsächlich als hochenergetische γ-Strahlung bei der Absorption von Neutronen in flüssigem Wasserstoff beobachtet.

Man sieht aus der Größe der Bindungsenergie, dass die Nukleonen im Atomkern sehr fest gebunden sind. Diese Bindungsenergien sind die größten Wechselwirkungsenergien, die wir in der Physik überhaupt kennen (vgl. Tab. 3.1). Sie sind um mehrere Zehnerpotenzen größer als die chemischen Bindungsenergien. Die Bindungskräfte innerhalb der Atomkerne sind aber nur über sehr kurze Entfernungen (nämlich den Durchmesser des jeweiligen Kerns) wirksam. Daher brauchen sie bei Wechselwirkungen der

Atomkerne mit Elementarteilchen meist nicht berücksichtigt zu werden; hierbei überwiegen bei Weitem die elektrischen Kräfte der positiven Kernladung. Erst wenn die Elementarteilchen in unmittelbare Nähe des Kerns gelangen, werden die Kernbindungskräfte wirksam.

Da der Massendefekt nur sehr klein ist und zudem Proton und Neutron die nahezu gleiche Masse besitzen, legt es der ganzzahlige Aufbau der Kerne aus den Nukleonen nahe, ein relatives Massensystem für Kerne festzulegen. Da überdies die Masse des Elektrons im Verhältnis dazu vernachlässigbar ist, gilt dieses relative *Massensystem* sowohl für Kerne als auch für Atome. Dieses System ist insofern sinnvoll, als relative Massenunterschiede extrem genau z. B. mit massenspektroskopischen Methoden zu messen sind. Als Bezugspunkt wurde die Masse des Isotops ^{12}C des Elements Kohlenstoff genommen. Die als *atomare Masseneinheit* m_u oder als *vereinheitlichte Atommassenkonstante* u bezeichnete Größe ergibt sich zu

$$m_u = (1/12)m\left(^{12}\text{C}\right) = 1\,u = 1{,}66 \cdot 10^{-27}\text{kg}.$$

In diesem relativen Massensystem haben Protonen und Neutronen – mit der Genauigkeit von zwei Stellen nach dem Komma – die gleiche Masse. Damit ist es auch gerechtfertigt, die Nukleonenzahl als *Massenzahl*, d. h. als Zahl der relativen Masseneinheiten, zu bezeichnen (siehe oben).

Darauf aufbauend lassen sich ähnlich wie bei chemischen Gleichungen die Kernumwandlungen einfach bilanzieren, wie bereits in Gl. (21-1) vorgestellt. Wir geben zwei weitere Beispiele:

1. Kernreaktion: $^2\text{D} + {}^2\text{D} \rightarrow {}^1\text{n} + {}^3\text{He}.$

In Worten: Treffen zwei Deuteriumkerne (D) aufeinander, so entstehen ein Neutron (n) und ein 3-Heliumkern (^{3}He). Dies ist eine *Kernfusion*. Die hochgestellte Zahl bedeutet dabei die Zahl der Nukleonen; ihre Summe bleibt konstant.

2. Elementarteilchenreaktion: $\gamma \rightarrow e^- + e^+$.

In Worten: Ein γ-Quant (ein Photon genügend großer Energie), das auf einen Atomkern prallt, zerfällt in ein Elektron (e^-) und ein Positron (e^+) *(Paarbildung)*. Die hochgestellten Zeichen „–" und „+" weisen auf das Vorzeichen der elektrischen Ladung hin. Dieses Beispiel ist eine direkte Bestätigung der Äquivalenz von Masse und Energie (Gl. (3-10)), denn die Reaktion bedeutet, dass die Bewegungsenergie des Photons (das Photon hat keine Ruhemasse) in zwei Massen umgewandelt wird (vgl. Abschnitt 21.3.3).

21.1.3 Kernmagnetische Resonanz, Magnetresonanztomografie (MRT)

Wie in Abschnitt 14.8 und 14.8.2 erwähnt, besitzen sowohl die Elektronen als auch die Nukleonen, also Proton und Neutron, einen *Spin* genannten Eigendrehimpuls. Dieser macht sich bei der Wechselwirkung mit einem äußeren Magnetfeld bemerkbar. Bis auf wenige, aber zum Teil biologisch bedeutsame Ausnahmen (z. B. Deuterium (^{2}D) oder Stickstoff (^{14}N)) hat ein Atomkern nur dann einen resultierenden Spin, den *Kernspin*, wenn er aus einer ungeraden Zahl von Nukleonen besteht. Atomkerne mit Spin verhalten sich (analog zu den Elektronen) anschaulich gesehen wie rotierende Kreisel, in die längs der Kreiselachse eine Magnetnadel eingesetzt ist. Das *magnetische Moment* $\vec{m}$ dieses Kreisels, das für Atomkerne wesentlich kleiner als für Elektronen ist, lässt sich dann wie ein magnetischer Dipol durch ein statisches Feld $\vec{B}$ in Feldrichtung orientieren (vgl. Abschnitt 14.8.2). Wird die Magnetnadel durch kurzzeitige Einwirkung eines zusätzlichen Feldes $\vec{B}'$ mit anderer Orientierung als $\vec{B}$ um den Winkel α ausgelenkt, so ist das durch Gl. (14-47) angegebene Drehmoment $M = mB \sin \alpha$ bestrebt, sie in die ursprüngliche Feldrichtung von $\vec{B}$ zurückzudrehen. Dies wird jedoch durch die Eigenrotation des Kreisels verhindert, genauso wie ein rotierender Spielkreisel trotz des Einflusses der Schwerkraft nicht einfach umkippt. Stattdessen beginnt der Kreisel zu taumeln, d. h., seine Drehachse rotiert (und damit auch sein magnetisches Moment). Diese Rotation nennt man *Präzession*. Sie erfolgt beim Kernspin (bzw. auch Elektronenspin) um die Richtung des Feldes $\vec{B}$ herum, und ihre Kreisfrequenz ω_0 ist proportional zum Betrag von $\vec{B}$, also $\omega_0 = \gamma B$. Die Konstante γ (*gyromagnetisches Verhältnis* genannt) ist für jede Atomkernsorte eine charakteristische Größe. Die Präzessionsbewegung lässt sich von außen anregen, indem man mit einem hochfrequenten Feld $\vec{B}'$ die oben beschriebene Auslenkung periodisch wiederholt. Stimmt nun die Kreisfrequenz ω von $\vec{B}'$ genau mit der Präzessionsfrequenz ω_0 einer speziellen Atomkernsorte überein, so wird die Rotation des magnetischen Moments dieser Atomkernsorte stets im richtigen Takt angestoßen, und es entsteht Resonanz. Dies nennt man *kernmagnetische Resonanz* (bzw. *nuclear magnetic resonance*, abgekürzt *NMR*). (Die entsprechende Anwendung bei Elektronen wird als *Elektronenspin-Resonanz (ESR)* bezeichnet).

Energetisch kann man die Vorgänge mit einem Termschema darstellen (Abb. 21.2). Es gibt zwei Einstellmöglichkeiten für den Kernspin in einem äußeren Magnetfeld, zum einen parallel zum Magnetfeld, zum anderen antiparallel (anschaulich: mit seiner Kreiselachse), die sich energetisch unterscheiden. Die Energiedifferenz ist ΔE, und sie ist proportional zum äußeren Magnetfeld. Eine mit zunehmendem Magnetfeld wachsende Mehrheit der Spins stellt sich parallel ein (n_). Strahlt man bei einem gegebenen Wert B_0 des Magnetfeldes B die Frequenz ν_0 einer elektromagnetischen Welle auf die Probe, sodass gilt *(Resonanzbedingung)* $\Delta E = h\nu_0 = \omega_0/2\pi = \gamma B_0$ (h = Planck-Konstante), so werden die Kernspins vom energetisch niedrigeren in das höhere Niveau (n_+) gehoben. Spektroskopisch ist die Methodik also eine Absorptionsspektroskopie. Man fährt etwa bei konstanter Freqenz ν_0, die über eine Spule an die zu untersuchende Probe abgestrahlt wird, das äußere Magnetfeld linear hoch und erhält bei einem bestimmten Wert entsprechend der obigen Gleichung eine Resonanzlinie. Da sich die – einzeln sehr kleinen – Beiträge aller in der Probe enthaltenen Kerne einer Sorte aufaddieren, entsteht ein messbarer Effekt, der mit der Anzahl dieser Kerne in der Probe anwächst. Je höher die Energiedifferenz ΔE der beiden Niveaus ist, umso mehr stehen die Kernspins im unteren Niveau zur Absorption zur Verfügung und erhöhen die Signalintensität. Man versucht also, eine möglichst große Energiedifferenz durch Erhöhung des äußeren Magnetfeldes zu erzeugen; entsprechend steigt so die Frequenz der einzustrahlenden elektromagnetischen Welle. Liegen die Atome, deren Kernresonanz man beobachtet, in unterschiedlichen chemischen Bindungszuständen vor, so wird dadurch die Resonanzfrequenz geringfügig geändert *(chemische Verschiebung)*. Damit erhält man bei der Messung mehrere Resonanzen, deren Frequenzlage Schlüsse auf die Bindungszustände zu ziehen erlaubt. Aus diesem Grund wird die Kernmagnetresonanz als spektroskopische Technik in der Chemie z. B. zur Aufklärung von Molekülstrukturen und in der Physik z. B. zur Untersuchung von strukturabhängigen Materialeigenschaften verwendet. Bei diesen Untersuchungen ist ein sehr homogenes äußeres Magnetfeld eine wichtige Voraussetzung, um die kleinen, strukturbedingten Unterschiede der Resonanzantwort der Kerne auflösen zu können. Die Probenvolumina sind daher bei der NMR-Spektroskopie auch entsprechend klein.

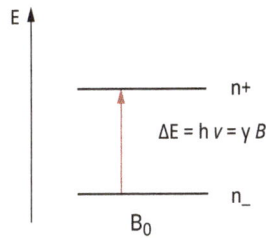

Abb. 21.2: Termschema der Resonanzabsorption eines NMR-Übergangs.

Neben der Resonanzbedingung ist bei dieser Art von Spektroskopie der Begriff *Relaxationszeit* von Bedeutung. Es gibt hier zwei unterschiedliche Zeiten, zum einen die *longitudinale*, zum anderen die *transversale Relaxationszeit*, benannt mit T_1 bzw. T_2. Beide wirken sich auf die Breite der Resonanzlinie(n) aus und – wichtig in dieser Betrachtung – geben Auskunft über die chemische Situation, in der die Kerne, deren Resonanz gemessen wird, sich befinden. T_1 ist ein Maß für die Zeit, nach der die Kerne vom angeregten Niveau auf das Grundniveau wieder zurückkehren und zu neuer Anregung zur Verfügung stehen. T_2 gibt die Zeit an, in der die Phasengleichheit der angeregten Kerne sich verläuft. Beide Zeiten sind wichtig für die Breite und Form der Resonanzlinie. Ohne hier weiter auf die etwas komplizierten physikalischen Aspekte der Relaxationsmechanismen einzugehen, werden wir später kurz auf ihre Rolle bei der (kernmagnetischen) Magnetresonanztomografie (MRT)-Darstellung eingehen.

Um die kernmagnetische Resonanz in der Medizin als ein *abbildendes Verfahren* einsetzen zu können, müssen die Resonanzlinien einer speziellen Atomkernsorte mit den Orten, etwa im Körper des Patienten, korreliert werden, an denen sie gemessen werden *(Ortskodierung)*, und die spezifische Antwort des Kerns aufgrund der Zahl seines Vorkommens und seiner Umgebungsbedingungen muss ortsabhängig sein. Als Kern wird vornehmlich der Wasserstoffkern, das *Proton,* betrachtet, und die Ortsabhängigkeit seiner Antwort wird zunächst zweidimensional, in Schichtaufnahmen, untersucht. Schematisch ist die Anordnung wie in Abb. 21.3a gezeigt.

Der zu untersuchende Patient wird in einem statischen Magnetfeld mit einer sich räumlich längs der Körperachse ändernden (z-Achse genannt), zeitlich konstanten Feldstärke $\vec{B}$ (also in einem statischen Feldgradienten) gelagert. Dieses Feld wird zum einen erzeugt durch den eigentlichen Magneten, eine Röhre um den Patienten herum, der den Grundwert des Magnetfeldes erzeugt. Dessen Änderung entlang z wird dann durch überlagerte Felder von Gradientenspulen bewirkt, sodass das Feld an jeder Stelle von z einen anderen Wert besitzt. Die Resonanzbedingung $\omega_0 = \gamma B_0$ bei Vorgabe der Hochfrequenz ω_0 ist dann nur für eine bestimmte Querschnittschicht entlang z mit passendem $\vec{B}$ erfüllt. Innerhalb dieser Schicht (xy-Ebene) ist über zusätzliche Spulen (aus Gründen der Übersichtlichkeit nicht eingezeichnet) ebenfalls ein Feldgradient einstellbar. Diese Gradienten tasten das Untersuchungsobjekt, jeweils senkrecht aufeinander stehend, ab. Damit sind die gemessenen Resonanzlinien eindeutig mit der Ortsabhängigkeit des statischen Feldes $\vec{B}$ entlang z und den Feldern in der xy-Schicht korreliert, und man erhält die räumliche Dichteverteilung der Kernsorte in der Schicht. Aus der Rückprojektion der Resonanzantwort kann man auf die räumliche Form des abgetasteten Objekts schließen (schematisch an einem Ringobjekt in Abb. 21.3b dargestellt). Ändert man nun kontinuierlich die Kreisfrequenz ω des Hochfrequenzmagnetfeldes in einer Hochfrequenzspule, hier im Beispiel um den

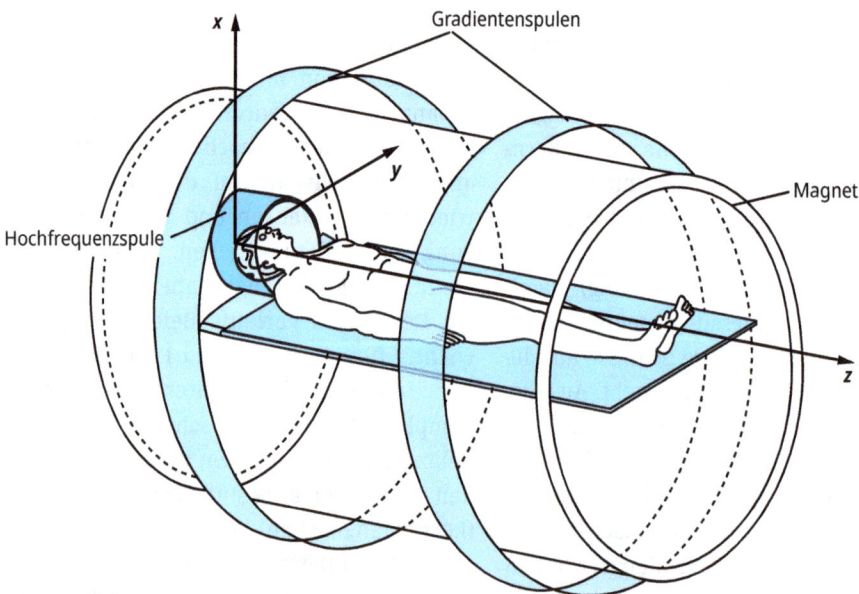

Abb. 21.3a: Schematischer Aufbau eines MRT-Gerätes mit supraleitendem Magneten, Gradientensystem und Hochfrequenzspule für den Kopf.

Kopf herum gelegt, so lassen sich nacheinander alle Schichten (im Beispiel also des Kopfes) entlang der z-Achse des Patienten abtasten. Mit dieser Methode, der *Kernresonanz-* oder *MR-Tomografie* (MRT) (Tomografie, griech.: „Schichtzeichnung") gelingt es also, aus der Ortskorrelation der gemessenen Resonanzlinien in der xy-Ebene eine dreidimensionale Darstellung des menschlichen Körpers entlang z zu berechnen. Hierzu sind leistungsstarke Computer erforderlich. Die Computerbilder geben aufgrund der bei der Kernresonanz verwendeten Resonanzfrequenz des Wasserstoffkerns die Dichteverteilung des Wasserstoffs (bzw. des Protons) und seine Umgebungsstruktur im Körper des Patienten wieder. Insbesondere sind die Zeiten T_1 und T_2 für Fragen des Kontrasts und der Umgebung wichtig. Wichtungen der Darstellung mit T_1 und T_2 werden zumeist getrennt gefahren und bilden gleiche Schichten kontrastmäßig unterschiedlich ab. So wird die diagnostische Qualität der Abbildungen verbessert.

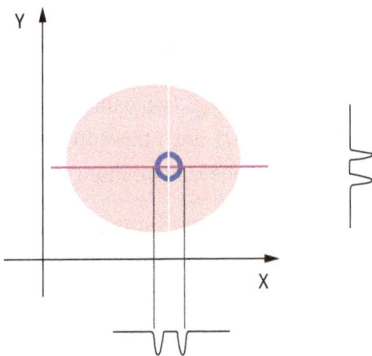

Abb. 21.3b: Resonanzantwort eines ringförmigen Objekts in einem xy-Querschnitt mit Feldern von konstanten x- bzw. y-Werten.

Die ersten Publikationen zu dieser Technik erfolgten Anfang der 1970er-Jahre. In kurzer Zeit ist die Kernresonanz-Tomografie zu einer Routinemethode geworden, die infolge ihrer relativen Unschädlichkeit wesentliche Vorteile gegenüber der Röntgen-Tomografie (Abschnitt 21.3.4) besitzt. Es werden Geräte mit statischen Feldern bis zu $B = 2$ Tesla und Hochfrequenzfelder mit Frequenzen bis zu 82 MHz verwendet, die einen erheblichen technischen Aufwand bedingen. Abb. 21.4 zeigt ein zweidimensionales Teilbild eines Wasserstoff-Kernresonanz-Tomogramms eines menschlichen Schädels, welches das beachtliche Auflösungsvermögen dieser Methode demonstriert.

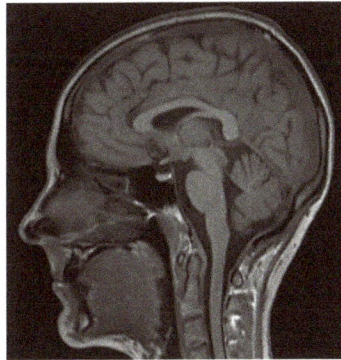

Abb. 21.4: NMR-Tomogramm des menschlichen Schädels.

21.2 Radioaktivität

21.2.1 Kernumwandlungen

Wie in Abschnitt 21.1 dargestellt, besteht jeder Atomkern aus einer bestimmten Anzahl von Protonen und Neutronen, die durch Kern-Bindungskräfte zusammengehalten werden. (Allerdings muss noch einmal auf eine prominente Ausnahme von dieser Regel hingewiesen werden, nämlich auf das Wasserstoff-Isotop ^1H, einen Kern ohne Neutron.) Für alle anderen Kerne stellt sich die Frage, ob jede beobachtete Kombination von Protonen und Neutronen einen *stabilen* Atomkern ergibt oder ob unter bestimmten Bedingungen *Instabilität* im Kern eintritt und dieser sich dann umwandelt. Betrachtet man die Zusammensetzung leichter Isotope wie ^{12}C oder ^{16}O, von denen wir wissen, dass sie stabil sind, so kommt bei diesen auf ein Proton im Kern jeweils ein Neutron dazu; die Nukleonenzahl ist dann doppelt so groß wie die Ordnungszahl. Mit dieser Regel wäre Deuterium (^{2}D) das *reguläre* Wasserstoff-Isotop. Nehmen wir uns die Nuklidkarte von Abb. 21.1 unter diesem Blickwinkel noch einmal etwas genauer vor. Bei Protonenzahlen oberhalb von zwei kommt mindestens *ein* Neutron auf *ein* Proton (nur bei Wasserstoff, wie schon gesagt, aber auch bei Helium gibt es jeweils ein Isotop mit geringerer Neutronenzahl pro Proton). Stabil sind nach der Karte in jedem Fall die Kerne, bei denen die Neutronenzahl gleich der Ordnungszahl ist. Zusätzliche Neutronen stabil im Kern unterzubringen, ist bei leichten Elementen offenbar schwierig. So ergibt der Übergang von Deuterium zu Tritium (^{3}T) ein instabiles Nuklid, ein *Radionuklid*. Kerne von Helium mit mehr als zwei Neutronen sind auch instabil. Bei Kohlenstoff ist die Zugabe eines Neutrons zu ^{12}C unter Bildung von ^{13}C noch nicht mit Instabilität verknüpft, ein weiteres Neutron ergibt jedoch das instabile ^{14}C. Eine Besonderheit stellt das Element Beryllium (Be) dar. Es kommt zu 100 % als $^{9}_{4}$Be vor *(Reinelement)* und hat somit ein Neutron mehr im Kern, als die Regel ist. Würde man die Nuklidkarte von Abb. 21.1 zu schwereren Atomen hin fortsetzen, ließe sich feststellen, dass zunehmend mehr als ein Neutron pro Proton im Kern benötigt wird, je schwerer der Kern wird, ohne dass Instabilität eintritt. Die anfängliche Steigung von 1 der durch die stabilen Kerne gelegten Kurve wird zu höheren Massenzahlen dadurch geringer und nähert sich dem Wert 1/2, das heißt, für ein zusätzliches Proton sind zwei zusätzliche Neutronen notwendig, um die Stabilität zu erhalten. Als schwerstes stabiles Nuklid wurde bis vor Kurzem Wismut ^{209}Bi angesehen; bei ihm entfallen auf 83 Protonen

126 Neutronen. Inzwischen wurde auch ^{209}Bi als instabil erkannt. Es wird durch α-Emission in ^{205}Tl umgewandelt (Abb. 21.5a), allerdings mit einer unvorstellbar großen Halbwertszeit von etwa 10^{19} Jahren.

Radionuklide wandeln sich ohne äußere Einwirkung in stabilere Nuklide um. Dabei kann die Zahl der Protonen bzw. die der Neutronen geändert werden, sodass ein neuer Atomkern entsteht, der nun seinerseits entweder eine stabile oder wieder eine, wenn auch weniger instabile Konfiguration von Protonen und Neutronen darstellt. Ein Beispiel für ein instabiles Nuklid ist der Kern des Radium-226 (^{226}Ra) mit 88 Protonen und 138 Neutronen (siehe Tab. 21.1).

Die spontane Umwandlung von instabilen Atomkernen bezeichnen wir als *Radioaktivität* oder – was sprachlich nicht ganz korrekt ist – als *radioaktiven Zerfall.* (Es handelt sich dabei aber nicht um einen Zerfall in kleinere Bruchstücke, wie bei der *Kernspaltung*, sondern um eine Umwandlung des instabilen Nuklids in ein Nuklid von ähnlicher Nukleonenzusammensetzung.) Charakteristisch für die Umwandlung ist die Emission verschiedener Kernbausteine sowie elektromagnetischer Strahlung. Letztere wird als *Gammastrahlung* (γ-Strahlung) bezeichnet. Je nach der Art der Emission unterscheiden wir verschiedene Umwandlungsarten:

1. Bei der *α-Umwandlung* wird aus dem Kern ein *α-Teilchen* emittiert, das aus zwei Protonen (p) und zwei Neutronen (n) besteht, also identisch mit dem Kern eines Heliumatoms ist. Demnach hat der Folgekern diese Nukleonen weniger und ist damit ein Isotop eines chemischen Elements mit einer um zwei verringerten Ordnungszahl geworden.

Das α-Teilchen wird mit hoher Geschwindigkeit ($\approx 10^7\,\mathrm{ms^{-1}}$) aus dem Kern herausgeschleudert. Ursache dafür ist, dass die Differenz der Bindungsenergien von Ausgangs- und Folgekern bei der Kernumwandlung zumindest teilweise als Bewegungsenergie des emittierten Teilchens freigesetzt wird. Eine derartige Kernumwandlung kann in einem *Energieterm-Schema* wie in Abb. 21.5a dargestellt werden. Die Gesamtenergien von Ausgangs- und Folgekern sind durch waagerechte Linien bezüglich der eingezeichneten Energieskala E schematisch markiert. Die Energiedifferenz ΔE gibt die bei der Umwandlung frei werdende Energie an. Den Übergang durch α-Teilchen-Emission symbolisiert der Pfeil nach links unten. Er deutet an, dass sich die Ordnungszahl des Kerns um 2 verringert hat und dass entsprechend ein anderes chemisches Element entstanden ist.

In dem gezeigten Beispiel haben die α-Teilchen eine einheitliche Energie von etwa 3 MeV; dies entspricht einer Geschwindigkeit von $1{,}2 \cdot 10^7\,\text{ms}^{-1}$, wie sich durch folgende Umrechnung zeigen lässt:

$$\frac{mv^2}{2} = 3\,\text{MeV} = 4{,}8 \cdot 10^{-13}\,\text{J},$$

$$m_a = 6{,}7 \cdot 10^{-27}\,\text{kg},$$

$$v = \left(\frac{2 \cdot 4{,}8 \cdot 10^{-13}}{6{,}7 \cdot 10^{-27}}\right)^{1/2}\,\text{ms}^{-1} = 1{,}2 \cdot 10^7\,\text{ms}^{-1}.$$

Da alle bei dieser Umwandlung freigesetzten α-Teilchen die gleiche Energie haben, bezeichnet man sie auch als *monoenergetisch*. Der α-Zerfall ist charakteristisch für sehr schwere, instabile Kerne mit Neutronenmangel, da durch ihn am meisten Masse verloren werden kann. Da aber pro Proton ein Neutron emittiert wird, werden zu viele Neutronen verloren, als dass direkt eine stabile Position in der Nuklidkarte eingenommen werden könnte; weitere Zerfälle folgen.

2. Bei der β^--*Umwandlung* werden ein Elektron (β^--*Teilchen*) und ein *Antineutrino* ($\bar{\nu}$) emittiert. Diese Umwandlung ist charakteristisch für Kerne, die instabil sind, weil sie zu viele Neutronen enthalten (siehe die oben besprochenen ^{3}H und ^{14}C). Die beiden emittierten Teilchen entstehen bei der Umwandlung eines Neutrons in ein Proton. Also besitzt der Folgekern ein Proton mehr, aber ein Neutron weniger als der Ausgangskern, sodass die Massenzahl gleich geblieben ist, die Ordnungszahl aber um 1 zugenommen hat und wieder ein chemisch neues Element entstanden ist.

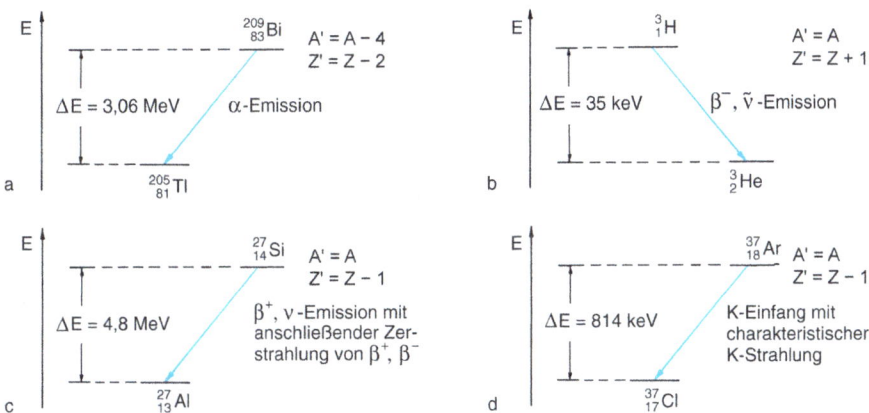

Abb. 21.5: Energieterm-Schema von Kernumwandlungen, (a) von $^{209}_{83}$Bi (Wismut) in $^{205}_{81}$Tl (Thalllium) druch α-Emission, (b) von $^3_1$H (Tritium) in $^3_2$He (Helium) durch β^-- und $\bar{\nu}$-Emission, (c) von $^{27}_{14}$Si (Silizium) in $^{27}_{13}$Al (Aluminium) durch β^+- und $\bar{\nu}$-Emission und (d) von $^{37}_{18}$Ar (Argon) in $^{37}_{17}$Cl (Chlor) durch K-Einfang. Die Schräge der Pfeilrichtungen symbolisiert den Verlust (schräg links) bzw. Gewinn (schräg rechts) von Protonen (Änderung der Ordnungszahl). A und A' stehen für die Nukleonenzahl vor und nach der Umwandlung, Z und Z' für die jeweilige Ordnungszahl.

Im Umwandlungsschema (Abb. 21.5b) wird der β^--Übergang durch einen Pfeil nach rechts unten dargestellt (Erhöhung der Ordnungszahl). Der Unterschied der Bindungsenergien der beiden Kerne, ΔE, ist gleich der Summe der kinetischen Energien von Elektron und Antineutrino. Übernimmt beispielsweise das Elektron 70 % dieser Energie, dann verbleiben für das Antineutrino 30 %. Die Aufteilung der kinetischen Energien auf Elektron und Antineutrino ist nicht bei allen β-Umwandlungen des in Abb. 21.5b skizzierten Typs gleich, vielmehr ergibt sich bei Betrachtung von sehr vielen Umwandlungen in einer Probe mit gleichartigen Kernen für beide Teilchenarten eine charakteristische Verteilungskurve der Bewegungsenergien, wie sie z. B. in Abb. 21.6 für die Elektronen dargestellt ist. Als Abszisse ist hierbei die Energie E der β^--Teilchen aufgetragen und als Ordinate die Anzahl der Teilchen, die eine Energie innerhalb eines Intervalls zwischen E und $E + \mathrm{d}E$ besitzen. Eine entsprechend korrespondierende Energie- bzw. Geschwindigkeitsverteilung haben die emittierten Antineutrinos, sodass die Gesamtenergie beider Teilchen dieselbe ist. Man sieht, dass in diesem β^--*Energiespektrum* alle Energiewerte zwischen null und derjenigen Maximalenergie vorkommen, die der vollen Energiedifferenz ΔE der Abb. 21.5b entspricht. Teilchen mit der Energie null oder der Maximalenergie kommen jedoch sehr selten vor. Am häufigsten treten β^--Teilchen auf, deren kinetische Energie E_β etwa 1/3 der Maximalenergie beträgt.

3. Bei einer *Positronenumwandlung oder β^+-Umwandlung* (Abb. 21.5c) wird im Kern ein Proton (p) in ein Neutron (n), ein *Positron* (β^+) und ein *Neutrino* (ν) umgewandelt, wobei Positron und Neutrino aus dem Kern emittiert werden. Der Folgekern besitzt demnach gegenüber dem Ausgangskern eine um 1

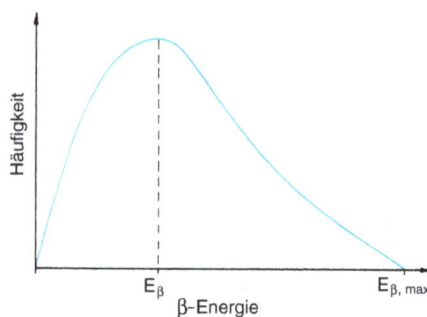

Abb. 21.6: Verteilung (Spektrum) der kinetischen Energie der β^--Teilchen bei β-Umwandlung.

niedrigere Ordnungszahl. Die Massenzahl verändert sich nicht.

Das frei werdende Positron ist äußerst kurzlebig, denn bei Wechselwirkung mit einem der den Kern umgebenden Hüllenelektronen, seinem Antiteilchen, zerstrahlen beide; sie wandeln sich um in zwei γ-Quanten, also in elektromagnetische Strahlung. Diesen Prozess nennt man *Zerstrahlung* oder *Elektron-Positron-Vernichtung*. Die beiden γ-Quanten fliegen in einem Winkel von 180° auseinander. Jedes γ-Quant trägt eine Energie von 0,51 MeV mit sich fort; das entspricht nach Gl. (3-10) der Hälfte der gesamten Ruhemasse von Positron und Elektron. Diese γ-Energie ist somit charakteristisch für alle Positronenstrahler.

4. Bei der Kernumwandlung, die als *K-Einfang* (Abb. 21.5d) bezeichnet wird, geht ein Proton (p) in ein Neutron (n) über durch *Einfang* eines Elektrons von der *K*-Schale der Elektronenhülle des Atoms. Folglich wird bei dieser Kernumwandlung die Ordnungszahl um 1 vermindert, während die Massenzahl gleich bleibt.

Der leere Platz in der *K*-Schale der Elektronenhülle wird anschließend durch ein Elektron aus einer der äußeren Schalen besetzt, wobei charakteristische elektromagnetische *K-Strahlung* entsteht. Da diese Strahlung durch Elektronenübergänge in der Atomhülle entsteht (Abschnitt 21.3), gehört sie in den Bereich der Röntgenstrahlen.

Bei allen bisher beschriebenen Umwandlungen ändert sich die Ordnungszahl des Atomkerns, und so entstehen Kerne eines anderen chemischen Elements. Der Unterschied in den Bindungsenergien von Ausgangs- und Folgekern wird allerdings nur bei einigen Radionukliden vollständig von den emittierten Teilchen als Bewegungsenergie übernommen. Bei den meisten bleibt ein Rest dieser Energiedifferenz ΔE für kurze Zeit im Folgekern zurück, der sich damit in einem energetisch angeregten Zustand befindet. Diese überschüssige Energie gibt der Kern nach kurzer Zeit in Form von γ-Quanten ab und geht dabei gleichzeitig in seinen energetischen Grundzustand, d. h. den Zustand niedrigster Gesamtenergie, über.

So sieht man beispielsweise bei dem in Abb. 21.7a gezeigten Energieterm-Schema der β^--Umwandlung des Radionuklids ^{131}J (Jod), dass nur bei 1 % aller Umwandlungen direkt der Grundzustand von ^{131}Xe (Xenon) erreicht wird. Die dabei emittierten β^--Teilchen besitzen eine Maximalenergie $E_{\beta,\max}$ (siehe Abb. 21.6) von 968 keV. Bei 87 % der Umwandlungen dagegen wird zunächst ein angeregter Zustand des ^{131}Xe-Kerns erreicht, der eine gegenüber dem Grundzustand um 364 keV erhöhte Ener-

gie hat. Die hierbei emittierten β^--Teilchen können also nur eine Maximalenergie von 968 – 364 = 604 keV besitzen. Die Energie des angeregten ^{131}Xe-Kerns wird beim Übergang in den Grundzustand als γ-Strahlung abgegeben. Im Schema der Abb. 21.7a ist dieser Übergang durch den senkrechten Pfeil 2 symbolisiert. Weitere 9 % der β-Umwandlungen erfolgen über einen zweiten, 3 % über einen dritten angeregten Zustand des ^{131}Xe. Die emittierten β^--Teilchen haben in diesen Fällen Maximalenergien von 344 und 248 keV und die entsprechenden γ-Quanten Energien von 624 und 720 keV. Die Umwandlung des radioaktiven Jod-131 kann also auf vier verschiedenen *Zerfallskanälen* erfolgen. Welcher Weg bei einem einzelnen Kern beschritten wird, ist zufällig. Die genannten Prozentzahlen ergeben sich als Mittelwerte aus der Umwandlung sehr vieler Kerne. Trägt man die prozentuale Verteilung der γ-Quanten gegen ihre Energien grafisch auf, so ergibt sich das in Abb. 21.7b gezeigte γ-*Spektrum*. Es ist im Gegensatz zum β-Spektrum der Abb. 21.6 ein Linienspektrum mit den für ^{131}J charakteristischen Linien bei 364, 624 und 720 keV. Ganz ähnlich werden auch bei den meisten anderen Kernumwandlungen zusätzlich zur α-, β^--, K-Strahlung oder zur Zerstrahlung γ-Strahlen emittiert.

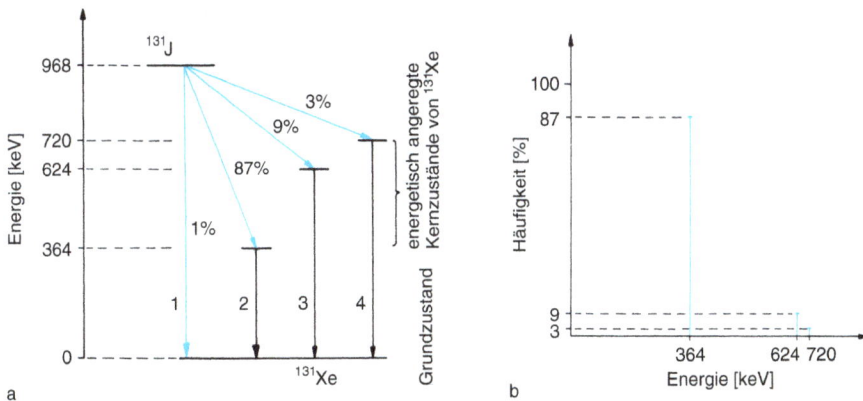

Abb. 21.7: (a) Umwandlungsschema von ^{131}J. (b) γ-Spektrum von ^{131}J: Auftragung der Spektralen Häufigkeit über der Energie.

Die wenigen Radionuklide, die bei der Umwandlung direkt den Grundzustand erreichen, nennt man *reine α-, β⁻, K-* oder *Positronenstrahler*. Reine γ-Strahler gibt es nicht, da der γ-Emission zunächst immer eine Emission von Teilchen vorausgeht. Bei einigen Radionukliden bleiben allerdings die Folgekerne über längere Zeiten (bis zu einigen Tagen oder Jahren) im angeregten Zustand. Solche Kerne nennt man *metastabil*, sie werden durch ein *m* neben der Massenzahl gekennzeichnet, z. B. ⁵⁷ᵐFe (metastabiles Eisen 57). Metastabile Kerne können aufgrund ihrer „Langlebigkeit" chemisch von den Ausgangskernen abgetrennt werden, wodurch man Präparate erhält, die ausschließlich γ-Strahlen emittieren.

21.2.2 Natürliche Radionuklide

Die Gesetzmäßigkeiten des radioaktiven Zerfalls wurden an natürlich vorkommenden Radionukliden entdeckt. Diese sind oft Teil einer *Zerfallsreihe*, also einer Abfolge mehrerer Zerfälle, wie sie bei schweren Nukliden vorkommen. Die Massen dieser Nuklide sind größer als die des schwersten, in diesem Zusammenhang als stabil anzusehenden Elements, des Bi. Die bekannteste solcher Reihen ist die in Tab. 21.1 dargestellte *Uran-Radium-Reihe*; sie umfasst 16 Zerfälle. Charakteristisch für die *natürlichen radioaktiven Zerfallsreihen* ist, dass bei der Umwandlung der Nuklide mit Ausnahme des letzten Glieds der Reihe stets wieder Radionuklide, d. h. instabile Kerne, entstehen. Alle natürlichen Zerfallsreihen enden bei verschiedenen stabilen Isotopen des Bleis. Unter den Radionukliden der natürlichen Zerfallsreihen befinden sich sowohl α- als auch β-Strahler, und bei den meisten Umwandlungen werden noch zusätzlich γ-Strahlen emittiert. Natürliche Radionuklide am Beginn einer Zerfallsreihe besitzen sehr lange Halbwertszeiten (Gl. (21-5)), bezogen auf das Alter der Erde.

Die grafische Darstellung dieser Zerfallsreihe in Abb. 21.8 gibt einen Eindruck über die starken Verschiebungen von Ordnungs-

Tab. 21.1: Uran-Radium-Zerfallsreihe. (Die Zahlen in Klammern geben die relative Häufigkeit des Übergangs an. Beim internen Übergang („i. Ü.") wird Kernenergie auf die Hüllenelektronen übertragen.) a = annum (Jahr), d = dies (Tag), h = hora (Stunde), m = Minute, s = Sekunde.

Element	Halbwertszeit	Art des Zerfalls und Strahlenenergie (MeV)		
		α	β	γ
$^{238}_{92}$U	$4{,}5 \cdot 10^9$ a	4,18	–	0,045 (0,22)
$^{234}_{90}$Th	24,1 d	–	0,2 (0,8) 0,11 (0,2)	0,09 (0,2)
$^{234}_{91}$Pa	1,14 m 6,7 h	–	2,32 (0,99) I. Ü. (0,015) 1,2 (0,1) 0,45 (0,9)	0,8 0,85(2)
$^{234}_{92}$U	$2{,}5 \cdot 10^5$ a	4,76	–	0,047 (0,26)
$^{230}_{90}$Th	$8 \cdot 10^4$ a	4,68 (0,75) 4,61 (0,25)	–	0,068 (0,25)
$^{226}_{88}$Ra	1620 a	4,78 (0,94) 4,6 (0,06)	–	0,068 (0,06)

Tab. 21.1 (fortgesetzt)

Element	Halbwertszeit	Art des Zerfalls und Strahlenenergie (MeV)		
$^{222}_{86}$Em	3,825 d	5,486	–	–
$^{218}_{84}$Po	3,05 m	5,99 (0,99)	–	–
$^{214}_{82}$Pb	26,8 m	–	0,65	0,05
$^{214}_{83}$Bi	19,7 m	5,50 (0,45)	3,17 (0,23)	mehrere Energien
		5,44 (0,55)	1,65 (0,77)	
$^{210}_{81}$T	1,32 m	–	1,8	–
$^{214}_{84}$Po	$1,6 \cdot 10^{-4}$ s	7,68	–	–
$^{210}_{82}$Pb	22 a	–	0,018	0,047 und andere Energien
$^{210}_{83}$Bi	5,02 d	–	1,17	–
$^{210}_{84}$Po	138,3 d	5,3	–	0,8
$^{206}_{82}$Pb	stabil			

zahlen Z und Massenzahlen A als Folge der Umwandlungen und ebenso über die Verzweigungen der Umwandlungen am Ende der Reihe.

Neben der Uran-Radium-Reihe gibt es weitere natürliche Zerfallsreihen. Sie gehen aus von Ac (Actinium), Np (Neptunium) und Th (Thorium). Außer den in diesen Reihen zusammengefassten Radionukliden kommen in der Natur noch die Radionuklide ^{3}H (Tritium), ^{14}C (Kohlenstoff), ^{40}K (Kalium) und ^{87}Rb (Rubidium) vor.

^{40}K ist im natürlichen Isotopengemisch des Kaliums mit einer Häufigkeit von 0,02 % enthalten, und da Kalium ein wesentlicher Bestandteil aller lebenden Zellen ist, ist auch das ^{40}K in allen Lebewesen vorhanden. Gleiches gilt für die Radionuklide ^{3}H und ^{14}C, die durch Neutronen der *Höhenstrahlung* (siehe nächsten Absatz) immer wieder nachgebildet werden. Daneben haben auch einige Radionuklide der natürlichen Zerfallsreihen, insbesondere ^{226}Ra (Radium), ^{210}Pb (Blei) und ^{210}Po (Polonium), in Spuren Eingang in den Biozyklus ge-

funden und sind in vielen Lebewesen (auch im Menschen) nachweisbar. Neben der Höhenstrahlung sind die in der gesamten Erdrinde in Spuren vorhandenen Radionuklide die Ursache für eine ständige Strahleneinwirkung auf die Lebewesen, die als *natürliche Strahlenexposition* bezeichnet wird. Sie beträgt in der Bundesrepublik im Mittel $8 \cdot 10^{-8}$ Gy h^{-1} (zur Einheit Gy siehe Abschnitt 21.4).

Die *Höhenstrahlung*, auch kosmische Strahlung genannt, ist eine Teilchenstrahlung, die aus dem Weltraum auf die Erde einfällt. Die kosmischen Teilchen besitzen teilweise sehr hohe Energien und geben durch ihr Verhalten Aufschluss über hochenergetische Wechselwirkungen. Als ursprünglicher Beschleunigungsmechanismus kommen vor allem ausgedehnte, zeitlich veränderliche Magnetfelder im Weltall in Betracht.

In der *Primärstrahlung* aus dem Weltraum sind 85 % Protonen, 14 % α-Teilchen und Atomkerne von Lithium bis Eisen enthalten. Durch Wechselwirkung mit der Erdatmo-

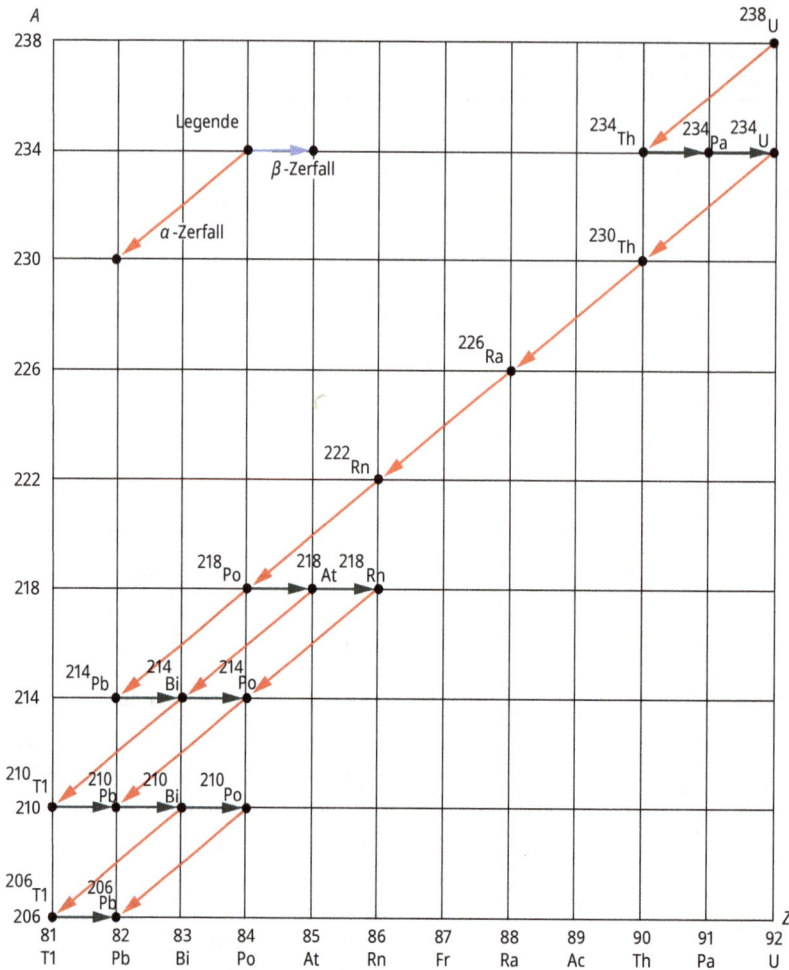

Abb. 21.8: Grafische Darstellung der Uran-Radium-Zerfallsreihe.

sphäre setzt sich diese Primärstrahlung bereits 10 km oberhalb der Erdoberfläche vollständig in Sekundärstrahlung um. In ihr sind vorwiegend Neutronen enthalten, bei denen sich bezüglich der Energie ein Gleichgewichtsspektrum ausbildet, das von 10^{-2} eV (thermische Energie) bis 10^4 MeV reicht und ein deutliches Maximum bei 1 MeV hat. Auf dem weiteren Weg durch die Atmosphäre ändert sich dieses Gleichgewichtsspektrum praktisch nicht mehr, die Intensität jedoch

wird durch weitere Wechselwirkungsprozesse abgeschwächt.

Zwischen der Erdoberfläche und einer Höhe von 16 km nimmt die *Strahlenexposition* durch die Höhenstrahlung um den Faktor 500 zu. Sie beträgt auf Meeresniveau etwa $2 \cdot 10^{-8}$ Gy h^{-1}, in 4 km Höhe $2 \cdot 10^{-7}$ Gy h^{-1} und in 20 km Höhe 10^5 Gy h^{-1}. Bei den heute im Luftverkehr üblichen Flughöhen ist also die natürliche Strahlenexposition erheblich höher als auf der Erdoberfläche.

21.2.3 Zerfallsgesetz

Die einzelnen Umwandlungen in einem Radionuklid-Präparat erfolgen zeitlich und räumlich völlig unkorreliert. Es lassen sich daher lediglich statistische Aussagen über diesen Vorgang bei einer großen Anzahl vorhandener Kerne machen. Diese fasst man im „Zerfallsgesetz" zusammen, das eher *Gesetz der radioaktiven Umwandlung* heißen sollte (siehe Abschnitt 21.2.1). Danach ist die Zahl dn der sich im Intervall zwischen den Zeiten t und $t + dt$ umwandelnden Kerne proportional zur Zahl der vorhandenen, instabilen Kerne $n(t)$ und zur Größe des Zeitintervalls dt. Mit einer Proportionalitätskonstante λ ergibt sich dann:

$$\mathrm{d}n = -\lambda n\, \mathrm{d}t, \qquad (21\text{-}3)$$

wobei λ als *Zerfallskonstante* bezeichnet wird.

Das negative Vorzeichen weist darauf hin, dass mit zunehmender Zeit die Zahl $n(t)$ der instabilen Kerne abnimmt. Durch Integration zwischen den Grenzen 0 und t folgt aus Gl. (21-3) (siehe Anhang):

$$n(t) = n_0 \cdot \mathrm{e}^{-\lambda t}. \qquad (21\text{-}4)$$

Dabei ist n_0 die Zahl der instabilen Kerne zur Zeit $t = 0$ und $n(t)$ die Zahl der zur Zeit t noch nicht umgewandelten Kerne. Die Zerfallskonstante λ kennzeichnet die Häufigkeit der Umwandlungen und ist für die einzelnen Radionuklide charakteristisch; ihr Kehrwert $1/\lambda$ wird als *mittlere Lebensdauer* τ bezeichnet: $\tau = 1/\lambda$.

Da bei Proben aus sehr vielen Kernen in gleichen Zeiten prozentual gleich viele Kerne zerfallen, kann anschaulich auch nach der Zeit gefragt werden, nach welcher gerade die Hälfte der zum Zeitpunkt $t = 0$ vorhandenen instabilen Kerne sich umgewandelt hat. Für diese Zeit, als *Halbwertszeit* $T_{1/2}$ bezeichnet, gilt nach Gl. (21-4) die Beziehung $n_0/2 = n_0 \cdot \mathrm{e}^{-\lambda T_{1/2}}$. Diesen Ausdruck können wir umformen und erhalten:

$$T_{1/2} = \ln 2/\lambda. \qquad (21\text{-}5)$$

Man kann also die Umwandlung eines Radionuklids entweder durch die Zerfallskonstante λ oder die anschaulichere Halbwertszeit $T_{1/2}$ charakterisieren. Beispiele für Halbwertszeiten sind in Tab. 21.1 aufgeführt. Sie können einen Bereich von Sekunden bis 10^9 Jahren überstreichen.

Den aus Gl. (21-3) folgenden Differentialquotienten

$$-\frac{\mathrm{d}n}{\mathrm{d}t} = \lambda n = A \qquad (21\text{-}6)$$

bezeichnen wir als *Aktivität A* des betrachteten radioaktiven Präparates. Sie gibt an, wie viele Kerne sich in diesem Präparat pro Zeiteinheit umwandeln, und ist daher proportional zur Anzahl n der instabilen Kerne im Präparat. Die Einheit der Aktivität ist das Becquerel (Bq). *1 Bq entspricht einer Umwandlung pro Sekunde.*

Früher benutzte man als Einheit der Aktivität das Curie (Ci), 1 Ci entspricht $3{,}7 \cdot 10^{10}$ Umwandlungen pro Sekunde. Dies ist gerade die Aktivität von 1 g ^{226}Ra.

Radioaktive Präparate werden im Allgemeinen durch die Angabe des Radionuklids und der Aktivität A zu einem bestimmten Zeitpunkt gekennzeichnet. Da die Aktivität gemäß Gl. (21-6) der Zahl n der noch vorhandenen radioaktiven Kerne proportional ist, ergibt sich für die Zeitabhängigkeit der Aktivität die gleiche exponentielle Gesetzmäßigkeit wie für die Zahl $n(t)$ der Kerne

$$A(t) = A_0 \cdot \mathrm{e}^{-\lambda t},$$

und mit den Gln. (21-4) und (21-6) findet man:

$$A(t) = -\lambda \cdot n_0 \cdot e^{-\lambda t}. \qquad (21\text{-}7)$$

Ist eine radioaktive Substanz in nichtaktivem Material (Luft, Wasser, Erde usw.) verteilt, so bezieht man die Aktivität auf dessen Volumen oder Masse und verwendet die Einheiten Bq/m^3, Bq/l bzw. Bq/kg. Oberflächenkontamination wird durch die Aktivität pro Fläche charakterisiert, die zugehörige Einheit ist Bq/m^2.

Die grafische Darstellung des Zerfallsgesetzes ist in Abb. 21.9 gezeigt. Sowohl für die Teilchenzahl n als auch die Aktivität A erhält man den typischen Verlauf eines exponentiellen Abfalls der auf die Anfangswerte n_0 und A_0 normierten Werte von A und n mit der Zeit t. In jeweils einer Zeitspanne der Länge $T_{1/2}$ sinken die Werte auf die Hälfte der zu Beginn vorhandenen Zahlen; so ist nach vier Halbwertszeiten noch 1/16 der Ausgangswerte vorhanden. Für praktische Abschätzungen kann als Merkregel festgehalten werden, dass nach sechs Halbwertszeiten die Anfangsaktivität A_0 auf etwa 1 %, nach zehn Halbwertszeiten auf etwa 0,1 % abgefallen ist. Man geht in der Praxis davon aus, dass ein Radionuklid nach zehn Halbwertszeiten als nicht mehr aktiv angesehen wird. Eine grafisch einfachere Darstellung in der Form einer Geraden erhält man durch halblogarithmische Auftragung von Abb. 21.9 (vgl. Anhang, Abb. A.9).

> Die Exponentialfunktion z. B. von Gl. 21-4 beschreibt einen Zusammenhang, der nur für große Teilchenzahlen gilt. Bei kleinen Zahlen n werden statistische Schwankungen wirksam, die nicht in Form einer kontinuierlichen Funktion zu erfassen sind. So ist etwa der letzte aktive Kern nach endlicher Zeit umgewandelt, während die Exponentialfunktion erst null wird, wenn die Variable t *unendlich* groß wird.

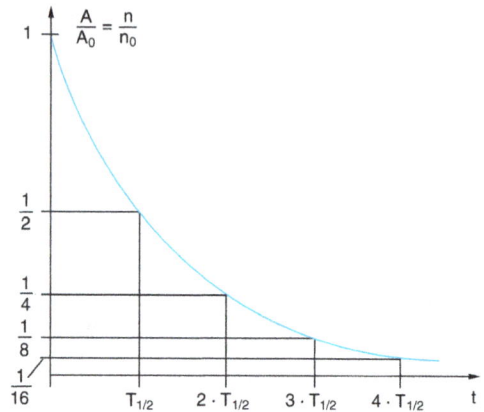

Abb. 21.9: Grafische Darstellung des radioaktiven Zerfallsgesetzes; die Zeitachse ist in Vielfache der Halbwertszeit $T_{1/2}$ geteilt.

21.2.4 Radioaktives Gleichgewicht

Bei vielen radioaktiven Umwandlungen ist der aus einem Nuklid entstehende Folgekern selbst wieder instabil (vgl. Tab. 21.1). Durch den Zerfall des Ausgangsnuklids *(Muttersubstanz)* wird dann also pro Zeiteinheit eine gewisse Anzahl Kerne des Folgeproduktes *(Tochtersubstanz)* gebildet, die sich ebenfalls wieder umwandeln, wobei Art der Umwandlung und Halbwertszeit im Allgemeinen anders sind. Die Häufigkeit dieser Folgeumwandlungen ist begrenzt durch die Geschwindigkeit, mit der aus der Muttersubstanz die Tochtersubstanz gebildet wird. Sind zum Zeitpunkt $t = 0$ nur Kerne der Muttersubstanz vorhanden, so wird zunächst die Tochtersubstanz rasch zunehmen. Damit steigt aber deren Aktivität, d. h., immer mehr Kerne der Tochtersubstanz zerfallen ihrerseits. Damit wird mit wachsender Zeit die Zuwachsrate der Tochtersubstanz immer geringer und geht schließlich gegen null, wenn pro Sekunde ebenso viele Tochterkerne zerfallen, wie aus der Muttersubstanz des Präparates neu erzeugt werden. Diesen Zustand bezeichnen wir als *radioaktives Gleichgewicht*. Am einfachsten ist die Einstellung des Gleichgewichts zu übersehen, wenn die Halbwertszeit der Muttersubstanz (M) sehr groß gegenüber derjenigen der Tochtersubstanz (T) ist. Dann kann man näherungsweise annehmen, dass die Aktivität dn_M/dt der Muttersubstanz konstant bleibt und folglich pro Zeiteinheit stets die gleiche Anzahl von Kernen der Tochtersubstanz gebildet wird. Es ergibt sich dann folgende Beziehung für die zeitliche Änderung der Zahl n_T der Kerne der Tochtersubstanz:

$$\frac{dn_T}{dt} = \frac{dn_M}{dt} - \lambda_T n_T. \qquad (21\text{-}8)$$

Diese Differentialgleichung hat folgende Lösung:

$$n_T = \frac{\lambda_M}{\lambda_T} n_M \left(1 - e^{-\lambda_T t}\right). \qquad (21\text{-}9)$$

In Abb. 21.10 ist die Ausbildung des radioaktiven Gleichgewichts dargestellt: zunächst steigt die Zahl der Tochterkerne rasch, aber nach einer Zeit von etwa sechs Halbwertszeiten der Tochtersubstanz ist das radioaktive Gleichgewicht weitgehend erreicht; die Aktivitäten von Mutter- und Tochtersubstanz sind dann gleich. Bei genauer Rechnung muss man die Abnahme der Muttersubstanz mitberücksichtigen, wodurch die mathematische Ableitung wesentlich komplizierter wird

In der medizinischen Anwendung sind derartige *Mutter-Tochter-Systeme* wichtig für die Gewinnung kurzlebiger Radionuklide, die man wegen ihrer kurzen Halbwertszeit unmittelbar vor der Anwendung in der Klinik aus einem Mutter-Tochter-System (das in diesem Falle auch als *Generator-System* bezeichnet wird) gewinnt. Die Radionuklide sollen nur während der eigentlichen Anwendung strahlen und danach möglichst schnell ihre Aktivität verlieren, um Patient und Umgebung nicht unnötiger Strahlenbelastung auszusetzen. Hierbei ist die Muttersubstanz sta-

bil und die Tochtersubstanz labil an einen Träger (z. B. Ionenaustauscher) gebunden. Wegen der labilen Bindung kann die Tochtersubstanz durch geeignete Verfahren von dem Träger und der Muttersubstanz abgelöst werden. In dem Träger beginnt dann die Einstellung des radioaktiven Gleichgewichts aufs Neue, und nach einer Zeitdauer von einigen Halbwertszeiten der Tochtersubstanz hat man erneut die Möglichkeit, radioaktive Tochtersubstanz zu gewinnen. Die Lebensdauer eines solchen Generatorsystems, d. h., die Zeit, während der Tochtersubstanz mit genügender Aktivität entnommen werden kann, ist begrenzt durch die Halbwertszeit der Muttersubstanz.

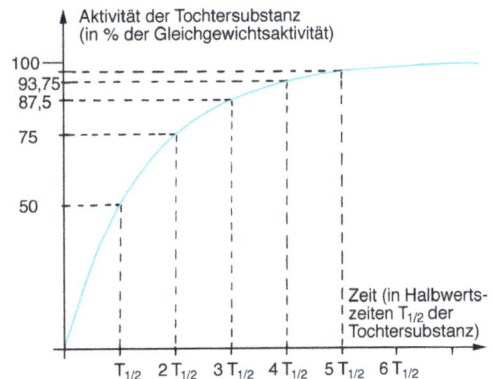

Abb. 21.10: Radioaktives Gleichgewicht. Die Zeit auf der Abszisse ist in Vielfachen der Halbwertszeit $T_{1/2}$ angegeben.

Ein Beispiel für die Anwendung kurzlebiger Radionuklide ist das metastabile Technetium ^{99m}Tc, das in der Natur nicht vorkommt, aber in einer künstlich erzeugten Umwandlungsreihe, die aus stabilem ^{98}Mo z. B. durch Aktivierung mit Neutronen (vgl. Abschnitt 21.2.10) ein instabiles ^{99}Mo erzeugt, das unter anderem in das ^{99m}Tc zerfällt. Die Halbwertszeit des ^{99}Mo beträgt etwa 66 Stunden, die des ^{99m}Tc etwa 6 Stunden. Die geringe Halbwertszeit des letzteren Nuklids macht es für die medizinische Anwendung insbesondere in der diagnostischen Schilddrüsenszintigrafie interessant, wo es das früher eingesetzte ^{131}J, das eine Halbwertszeit von rund 8 Tagen besitzt, verdrängt hat.

21.2.5 Wechselwirkung energiereicher geladener Teilchen mit Materie

Beim Eindringen von α- oder β^--Teilchen in Materie kommt es zu mechanischen Stößen oder zur elektronischen Wechselwirkung mit den Atomen des bestrahlten Stoffes, wobei die eingedrungenen Teilchen abgebremst und eingefangen (absorbiert) werden. Die Teilchenstrahlung kann deshalb nur bis zu einer gewissen Tiefe in Materie eindringen; sie hat in Materie eine begrenzte *Reichweite*. Diese hängt einerseits von der Dichte des Absorbermaterials und andererseits von Masse, Ladung und Geschwindigkeit der Teilchen ab. Hauptsächlich geht die kinetische Energie der Teilchen durch Wechselwirkung mit den Hüllenelektronen des Absorbermaterials verloren. Die Elektronen der Atomhülle werden dabei entweder auf energetisch höhere Bahnen gehoben *(Anregung)* oder aus dem Atom herausgeschleudert *(Ionisation)*. Das bei der Ionisation frei werdende Elektron und den positiven Atomrest bezeichnet man als *Ionenpaar* oder *Ladungspaar* und die Energie, die zur Erzeugung eines Ionenpaares notwendig ist, als *Ionisationsenergie*; sie ist für die einzelnen Elemente verschieden und liegt mit wenigen Ausnahmen zwischen 4 und 14 eV.

Da die kinetischen Energien von α- und β^--Teilchen aus Kernumwandlungen zwischen 100 keV und 10 MeV betragen, können von einem eingestrahlten Teilchen bis zu 10^5 Ionenpaare gebildet werden. Der Weg von α- und β^--Teilchen durch Materie ist daher von Ionenpaaren gesäumt. Allerdings unterscheidet sich die Absorption von α-Teilchen wesentlich von der Absorption der β-Teilchen bezüglich der im Absorber erzeugten Ionisationsdichte:

Bei α-Teilchen ist wegen ihrer gegenüber Elektronen erheblich größeren Masse ($m_a = 7344 m_{el}$) und der Ladung ($q_a = 2 \, |q_{el}|$) die Wahrscheinlichkeit für Ionenpaarbildung wesentlich größer als bei β^--Teilchen; α-Teilchen erzeugen daher hohe Ionisationsdichten und besitzen nur kurze Reichweiten, während bei gleicher Energie die Reichweite der β^--Teilchen wesentlich größer ist. Hinzu kommt, dass die schweren α-Teilchen ihre Richtung bei Wechselwirkungen mit den Kernen praktisch nicht verändern, während bei den leichteren β^--Teilchen häufige Richtungsänderungen vorkommen.

Für das Eindringen eines Strahls von *monoenergetischen α-Teilchen* in Materie ergibt sich ein Intensitätsverlauf, wie er in Abb. 21.11a gezeigt ist. Mit zunehmender Wegstrecke im Absorber bleibt zunächst die Intensität praktisch konstant. Ab einer gewissen Dicke fällt sie dann aber schnell ab, wenn nämlich durch Wechselwirkungen die kinetische Energie der Teilchen aufgebraucht ist. Die Reichweite ist von der Dichte des Absorbermaterials und von der Geschwindigkeit der Teilchen abhängig. Trägt man den Energieverlust der Teilchen pro Wegstrecke auf, so ergibt sich ein deutliches Maximum (Bragg-Maximum genannt) bei der mittleren Reichweite R. Es wird dort sehr viel Energie an den Absorber abgegeben, sodass die verbleibende Energie sehr schnell auf geringe Werte abfällt und die Teilchen „stecken" bleiben; die Bahn der Teilchen ist zu Ende (Abb. 21.11b).

In biologischem Gewebe haben z. B. α-Teilchen mit einer kinetischen Energie von 5 MeV eine Reichweite von $6 \cdot 10^{-5}$ m.

In Metallen ist aufgrund der weitaus größeren Dichte die Reichweite bedeutend kleiner als im Gewebe. Daher können α-Teilchen

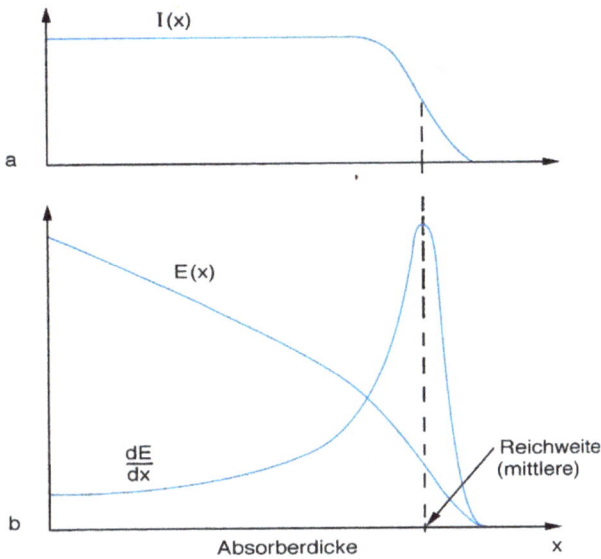

Abb. 21.11: (a) Intensitätsverlauf (Zahl der Teilchen) eines Strahles monoenergetischer α-Teilchen in Abhängigkeit von der Absorbedicke. (b) Verlust der Energie der Teilchen pro Wegstrecke x (dE/dx) im Absorber und Verlauf der Gesamtenergie.

schon durch dünne Metallfolien vollständig abgeschirmt werden.

Die β^--Teilchen besitzen von ihrer Entstehung her verschiedene Energien (siehe Abb. 21.6). Daher müssen auch die Reichweiten jeweils unterschiedlich sein. Für die β^--Strahlung eines Radionuklids kann es daher wegen ihrer kontinuierlichen Energieverteilung keine einheitliche Reichweite geben. Trägt man wie in Abb. 21.12 die Intensität I dieser *nicht-monoenergetischen β^--Strahlung* in Abhängigkeit von der Absorbedicke d halblogarithmisch auf, so ergibt sich über einen großen Bereich von d ein linearer Zusammenhang zwischen log I und d. Das bedeutet, dass die nicht monoenergetische β^--Strahlung in diesem Bereich mit der Absorbedicke exponentiell abnimmt. Daher wird oft für β^--Strahlung eines Radionuklids nicht die maximale Reichweite, sondern die *Halbwertsdicke D* angegeben, bei der die Intensität auf den halben Wert der Anfangsintensität I_0 abgeklungen ist.

Als Merkgröße kann gesagt werden, dass in biologischem Gewebe β^--Teilchen mit 1 MeV ungefähr 10^{-2} m tief eindringen, also erheblich tiefer als die α-Strahlen.

Qualitativ entsprechen die Wechselwirkungen anderer geladener Teilchen wie Protonen oder leichter und schwerer Atomkerne mit Materie denen von α- und β-Teilchen. Quantitative Unterschiede ergeben sich jedoch durch die unterschiedlichen Massen und Ladungen der Teilchen. Allgemein gilt: Je größer Masse und Ladung eines Teilchens, umso geringer ist bei gleicher kinetischer Energie seine Reichweite und desto größer die erzeugte Ionenpaardichte.

21.2.6 Wechselwirkung von Neutronen mit Materie

Neutronen sind keine Produkte des Zerfalls natürlicher Radionuklide. Sie entstehen unter anderem bei der Kernspaltung in Reak-

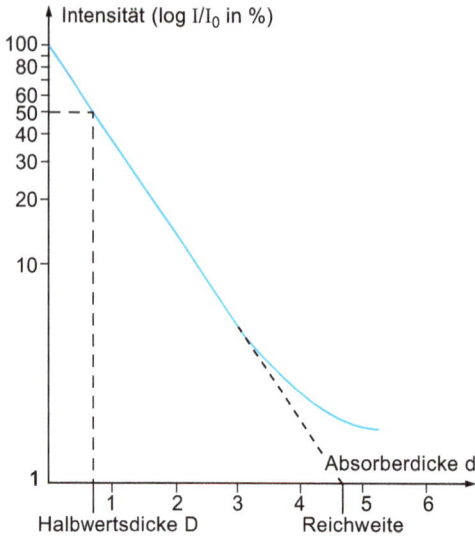

Abb. 21.12: Intensitätsverlauf der β^--Strahlung eines Radionuklids in Abhängigkeit von der Absorberdicke in halblogarithmischer Auftragung.

toren und können als freie, energiereiche Teilchen für Kernreaktionen eingesetzt werden. Neutronen besitzen keine elektrische Ladung, daher ist die Stärke ihrer Wechselwirkung mit Materie wesentlich geringer als bei geladenen Teilchen. Lediglich direkte Stöße mit den Atomkernen, die nach den Stoßgesetzen der klassischen Mechanik behandelt werden können, sind von Bedeutung.

Die Übertragung der kinetischen Energie eines Neutrons auf einen Atomkern ist dann am größten, wenn beide etwa gleiche Massen besitzen (vgl. Abschnitt 4.3). Daher sind Substanzen mit hohem Wasserstoffgehalt (z. B. H_2O oder Paraffin) für die Abbremsung von schnellen Neutronen am wirksamsten.

Durch die beim Zusammenstoß übertragene kinetische Energie werden die getroffenen Atomkerne beschleunigt und geben dann ihrerseits die gewonnene Energie durch Wechselwirkung an die umgebende Materie ab, wie sie für geladene Teilchen beschrieben wurde.

So kommt es auf diesem indirekten Wege auch bei der Absorption von Neutronen zur Bildung von Ionenpaaren (Abschnitt 21.2.5); man bezeichnet Neutronenstrahlen daher auch als *indirekt ionisierende Strahlen.*

21.2.7 Strahlungsdetektoren

Die bei der Absorption eines α- oder β^--Teilchens oder auch eines γ-Quants im absorbierenden Material entstehenden Ionenpaare und angeregten Zustände von Hüllenelektronen können zum Nachweis der jeweiligen Strahlung benutzt werden. Liefern die entstehenden Ionenpaare das Messsignal, so spricht man von *Ionisationsdetektoren.* Wird dagegen die Licht- oder Röntgenemission bei der Rückkehr der Hüllenelektronen vom angeregten Zustand in den Grundzustand für die Bildung des Messsignals benutzt, so spricht man von *Szintillationsdetektoren.* Ionisationsdetektoren sind die Ionisationskammer, das Proportionalzählrohr, das Geiger-Müller-Zählrohr, der Halbleiterdetektor und in weiterem Sinne auch die fotografische Emulsion. Bei den drei zuerst genannten Geräten werden Gase als Detektormaterial benutzt.

1. In der *Ionisationskammer,* die schematisch in Abb. 21.13 dargestellt ist, tragen lediglich die von der Strahlung im Gas erzeugten Ionen zum Messstrom bei. Sie werden durch die von außen angelegte Kammerspannung an den Elektroden gesammelt. Der Strom ist proportional zu der mittleren Anzahl der von der Strahlung pro Zeiteinheit erzeugten Ionenpaare. Er ist sehr gering, und daher kann man im Allgemeinen mit den Ionisationskammern einzelne Teilchen nicht nachweisen, sondern nur intensive Strahlung bzw. über einen längeren Zeitraum akkumulierte Detektionsereignisse.

2. Durch höhere Kammerspannung werden die Ionen stärker beschleunigt. Bei genügend hoher Spannung reicht die kinetische Energie einiger Ionen aus, um beim Zusammenstoß mit Gasmolekülen diese ihrerseits zu ionisieren. Auch diese Sekundär-Ionen werden beschleunigt und können ebenfalls wiederum ionisieren. Dadurch wächst die Zahl der insgesamt gebildeten Ionenpaare an, und es kommt zur unselbstständigen Gasentladung (vgl. Abschnitt 15.2.2). Bis zu einer bestimmten Elektrodenspannung, bei der die selbstständige Entladung einsetzt, ist die Gesamtzahl der in der Gasentladung erzeugten Ionenpaare der durch die Strahlung erzeugten Anzahl der Primär-Ionen proportional, die wiederum der Energie der einfallenden ionisierenden Teilchen proportional ist. Eine in diesem Spannungsbereich betriebene Ionisationskammer nennen wir *Proportionalzählrohr*. Bei ihm ist die Größe des einzelnen elektrischen Impulses proportional zu der im Zählrohr absorbierten Energie des einfallenden Teilchens. Nun ist das Messsignal durch die unselbstständige Gasentladung so weit verstärkt, dass man im Unterschied zur Ionisationskammer einzelne Teilchen nachweisen kann.

3. Bei noch weiterer Erhöhung der Kammerspannung entsteht in zunehmendem Maße ultraviolettes Licht, wenn die Kammer mit geeignetem Gas gefüllt ist, wobei es durch Fotoeffekt (Abschnitt 21.3.3) zu weiteren Ionisationen im gesamten Kammervolumen kommt. Der dabei auftretende Stromstoß ist im Gegensatz zum Proportionalzählrohr unabhängig von der absorbierten Energie der Strahlung. Durch Beimengung geeigneter Stoffe zum *Zählgas* muss dafür gesorgt werden, dass die Ionenbildung nach jedem Stromstoß wieder unterbrochen wird, d. h., keine selbstständige Gasentladung (Abschnitt 15.2.2) des Zählrohrs einsetzt. Ein in diesem Spannungsbereich betriebenes Zählrohr nennt man *Geiger-*

Müller-Zählrohr. Bei ihm genügt die Bildung von nur wenigen Primär-Ionenpaaren, um einen Stromstoß auszulösen.

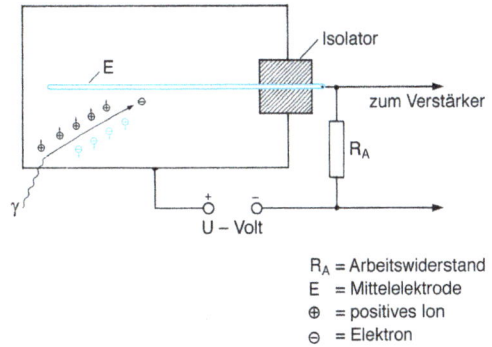

R_A = Arbeitswiderstand
E = Mittelelektrode
$\oplus$ = positives Ion
$\ominus$ = Elektron

Abb. 21.13: Schemaskizze einer Ionisationskammer.

4. Die gebräuchlichsten *Halbleiter-Ionisationsdetektoren* sind Germanium- oder Siliziumkristalle mit geringem Lithiumzusatz. Sie haben gegenüber Gasdetektoren den Vorteil hoher Dichte und geringer Ionisierungsenergie. Die höhere Dichte des Detektormaterials bedingt eine größere Absorptionswahrscheinlichkeit für die Strahlung und damit eine Steigerung der Nachweiswahrscheinlichkeit. Wegen der geringeren Ionisierungsenergie können ionisierende Teilchen mehr Ionenpaare erzeugen als im Gasdetektor, und so sind die Messsignale stärker.

5. In der *fotografischen Emulsion* aus Silberbromid (AgBr) werden kleine AgBr-Kristallkörner in Gelatine oder Polymerschichten eingebettet. Sie werden durch Ionisation aktiviert, sodass sie entwickelbar werden wie normale Fotografien. Bei Bestrahlung mit α-, β- oder γ-Strahlung werden einigen Ionen in den Körnern Elektronen entrissen, die sich an Ag^+-Ionen anlagern und sie zu neutralen Ag^0-Atomen reduzieren. Es entstehen dadurch Keime, von denen beim chemischen *Entwicklungsvorgang* die Reduktion der Ag^+-Ionen im ganzen Kristallkorn zu metallischem, schwarzem Silber

ausgeht. Nach der Entwicklung wird somit entlang der Bahn eines ionisierenden Teilchens eine Schwärzung sichtbar. In Medizin und Biologie werden fotografische Emulsionen hauptsächlich in der *Autoradiografie* verwendet. Hierbei wird die Emulsion auf einen Gewebeschnitt aufgebracht, und es lässt sich anhand der Schwärzung feststellen, in welchen Bereichen eines Gewebes oder auch einzelner Zellen bestimmte radioaktiv markierte Substanzen abgelagert wurden.

6. Bei den *Szintillationsdetektoren* unterscheidet man zwischen organischen und anorganischen Szintillatorsubstanzen. Als anorganische Substanzen werden Einkristalle mit hoher Dichte verwendet. Das bekannteste Detektormaterial ist NaI(Tl). Das Symbol (Tl) bedeutet, dass in dem Natriumiodid-Kristall geringe Spuren von Thallium eingelagert sind, die als Aktivator für die Auslösung von *Szintillationen* (Lichtblitzen) durch die einfallende Strahlung dienen. In einem derartigen Kristall werden unabhängig vom jeweiligen Betrag der einfallenden Strahlungsenergie etwa 9 % davon in Photonen von sichtbarem oder ultraviolettem Licht umgewandelt (Ausbeute). Da der Kristall für Photonen im sichtbaren Wellenlängenbereich transparent ist, kann man jeden einzelnen Wechselwirkungsvorgang im Kristallinnern an einem schwachen Lichtblitz erkennen. Diese Lichtblitze lassen sich durch Fotodetektoren wie den *Photomultiplier* (Abschnitt 20.8) in elektrische Signale umformen. Wegen der (gegenüber Gasdetektoren) hohen Dichte des Detektormaterials besteht auch für γ-Quanten eine hohe Nachweiswahrscheinlichkeit.

Die organischen Szintillatoren sind meist Benzolderivate, die in kristalliner Form oder in Lösungen verwendet werden. Da sie auch im gelösten Zustand ihre Eigenschaft als Szintillator beibehalten, kann man die aktive Substanz, deren Strahlung gemessen werden soll, direkt im flüssigen Detektor lösen. Dadurch kann die Strahlung ohne zusätzliche, auf dem Weg zum Detektor erfolgte Absorptionsverluste gemessen werden, was besonders bei den energiearmen β^--Strahlen von ^{3}H und ^{14}C von großer Bedeutung ist. Die beiden Radionuklide ^{3}H und ^{14}C sind für die biologische und medizinische Anwendung besonders wichtig, da sich durch ihren Einbau ein großer Teil organischer Verbindungen radioaktiv markieren lässt.

Die von den Ionisationsdetektoren oder Photomultipliern der Szintillationsdetektoren gelieferten elektrischen Impulse werden i. A. nach elektronischer Verstärkung einem elektronischen Zählgerät zugeleitet. Trotz ihres komplizierteren Aufbaus (der Multiplier ist als Zwischenstufe erforderlich) sind die Szintillationsdetektoren wegen ihrer hohen Nachweiswahrscheinlichkeit die Standardgeräte zur Strahlungsmessung geworden.

Eine besondere Form der Szintillationsdetektoren sind die in der Medizin verwendeten γ-Kameras (Abb. 21.14). Sie dienen der Anfertigung von *Szintigrammen* (Abschnitt 21.2.8), d. h. der Aufnahme der ortsaufgelösten Verteilung von im Menschen befindlichen radioaktiven Substanzen. Bei den γ-Kameras ist der Detektor ein scheibenförmiger NaI(Tl)-Kristall (Durchmesser bis zu 55 cm, Dicke 1,2 cm), dem ein *Parallellochkollimator* vorgeschaltet ist, damit nur weitgehend achsenparallele γ-Strahlen in den Kristall einfallen, auf den eine größere Anzahl von Photomultipliern aufgekittet ist. Bei Absorption eines γ-Quants im Kristall erhält derjenige Multiplier die meisten Lichtquanten, der sich unmittelbar über dem Absorptionsort befindet. Weiter entfernte erhalten entsprechend weniger Quanten. Ein Vergleich der verschiedenen Ausgangssignale in der Ortungselektronik ergibt den Absorptionsort, der durch ein x- und ein y-Signal bestimmt wird. Dadurch wird die Abbildung der

Verteilung der Radionuklide erreicht. Mit der Summe der Ausgangssignale aller Multiplier ergibt sich ein der Gesamtzahl der von einem γ-Quant erzeugten Lichtquanten und damit ein der Energie des γ-Quants proportionaler Impuls (z-Signal). Eine einfache Art der Datenausgabe wird realisiert, indem ein Lichtpunkt auf einer Elektronenstrahlröhre (Oszillograf) durch jedes einzelne zur Energie der nachzuweisenden γ-Strahlen passende z-Signal ausgelöst wird. Die Orte der Lichtpunkte sind durch die x- und y-Koordinaten der Ortungselektronik festgelegt. Durch die Aufnahme der Lichtpunkte während der Messzeit auf eine fotografische Schicht ergibt sich das Bild der Verteilung (Abb. 21.14). Für anspruchsvollere Auswertungen werden Absorptionsereignisse im NaI(Tl)-Kristall mit ihren Ortsinformationen x, y in einem Auswerterechner gespeichert.

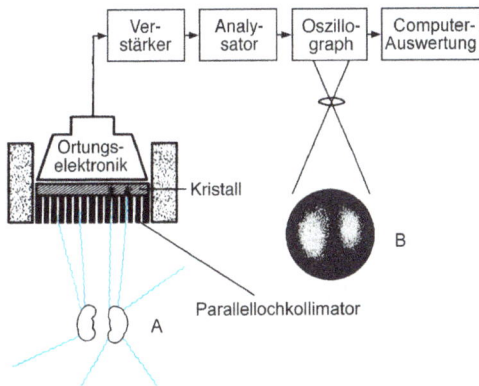

Abb. 21.14: Schematische Darstellung der Analyse der Speicherung von Radiopharmaka mit der Gamma-Kamera. Das zu untersuchende Objekt A, etwa die Schilddrüse, liefert ein Bild B auf Grund seiner Emission von γ-Strahlung.

Bei *Emissions-Computertomografen* z. B. wird der Kopf der γ-Kamera um den Patienten herumgeführt, wobei eine Vielzahl von Einzelaufnahmen registriert wird. Aus ihren Intensitätsprofilen kann, ähnlich wie beim Kernresonanz- (Abschnitt 21.1.3) bzw. beim Röntgen-Computertomografen (Abschnitt 21.3.4), die räumliche Verteilung der radioaktiven Substanz im Körper des Patienten rekonstruiert werden.

Die Emissionstomografie ist in der Nuklearmedizin von großer Bedeutung. Mit ihr werden schichtweise Radioaktivitätsverteilungen im Organismus abgebildet. Je nach dem zugrunde liegenden physikalischen Zusammenhang werden SPECT und PET unterschieden. SPECT steht für Single-Photon-Emission Computer Tomography, PET für Positron-Emissionstomografie. Bei SPECT besteht die Kamera aus einem oder mehreren Detektorköpfen, die um das Untersuchungsobjekt rotieren und die aus dem Organismus austretenden Strahlen ortsabhängig aufnehmen. Die Strahlung wird durch inkorporierte γ-Strahler erzeugt. Bei PET werden Positronenstrahler eingesetzt. Typische Isotope dafür sind ^{11}C, ^{13}N, ^{15}O und ^{18}F. Sie besitzen einen Protonenüberschuss im Kern, sodass sich ein Proton in ein Neutron und ein Positron umwandelt. Zwei gegenüberliegende Detektoren werden im sogenannten PET-Scanner dazu verwendet, die aus der Zerstrahlung von Positron und Elektron koinzident gebildeten Photonen (Abschnitt 21.2.1) zu registrieren, die in einem Winkel von 180° richtungskorreliert sind. Diese Richtungskorrelation zusammen mit der zeitlichen Koinzidenz der beiden Photonen und ihrer diskreten Energie ermöglicht einen sehr empfindlichen und ortsspezifischen Nachweis der Emissionsereignisse. Als bildgebendes Verfahren in Kombination mit der Computertomografie (Abschnitt 21.3.4) wird die PET-Technik erfolgreich zur Tumorlokalisation eingesetzt. Ein schematischer Aufbau ist in Abb. 21.15 gezeigt.

7. Die prinzipielle Wirkungsweise der *Blasen-* und der *Nebelkammer* zum Nachweis ionisierender Strahlung haben wir bereits in

Abschnitt 11 kurz angesprochen. Hier soll noch nachgetragen werden, wie sich α- und β^--Strahlen auf direkte Weise in der Blasen- oder Nebelkammer voneinander unterscheiden lassen.

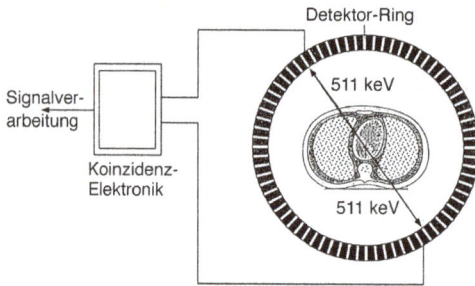

Abb. 21.15: Schematischer Aufbau einer PET-Messanordnung.

Legen wir ein permanentes Magnetfeld $\vec{H}$ an die Kammer, dann erfahren geladene Teilchen (nicht aber γ-Quanten) nach Gl. (14-48) eine Lorentzkraft $\vec{F}_L$ und werden senkrecht zu $\vec{H}$ und ihrer Flugrichtung $\vec{v}$ auf Kreisbahnen abgelenkt. Aufgrund unterschiedlicher Ladung bewegen sich dabei α- und β^--Teilchen in verschiedene Richtung.

Die Radien der beobachteten Kreisbahnen ergeben sich aus der Gleichheit von Lorentzkraft (Zentripetalkraft) F_L und Zentrifugalkraft F_T. Mit den Gln. (1-21), (2-9) und (14-48) erhalten wir für $F_L = F_T$:

$$\mu_0\,H\,e\,v = m\frac{v^2}{r}, \tag{21-10}$$

oder nach r aufgelöst:

$$r = \frac{mv}{\mu_0\,H\,e}. \tag{21-11}$$

Aus Gl. (21-11) folgt, dass der Radius der Kreisbahnen in der Kammer proportional zur Masse und Geschwindigkeit der ionisierenden Teilchen ist (und damit über deren Impuls Auskunft gibt).

21.2.8 Medizinische Anwendung von Radionukliden, Bestrahlungstechniken

Über ihren Einsatz in den bildgebenden Verfahren (γ-Kamera, PET) hinaus spielen Radionuklide in der Medizin eine große Rolle in einer Vielzahl weiterer Anwendungen.

Bereits kurz nach der Entdeckung der natürlichen Radioaktivität (durch Becquerel (1896)) wurde um die Jahrhundertwende, in Platinkapseln eingeschlossen, ^{226}Ra zur intrakavitären Strahlentherapie (Bestrahlung in Körperhöhlen), insbesondere zur Behandlung des Uteruskarzinoms, verwendet. Durch die Platinkapseln wurden die α- und die β^--Strahlen vollständig absorbiert, und es kamen nur die γ-Strahlen der Folgeprodukte der Ra-Zerfallsreihe (Tab. 21.1) zur Wirkung, wodurch eine zu hohe Strahlenbelastung (Verbrennung) des unmittelbar anliegenden Gewebes verhindert wurde.

Durch Kernreaktoren mit ihrem hohen Neutronenfluss können heute viele Radionuklide mit sehr hohen Aktivitäten künstlich erzeugt werden. Von diesen hat das ^{192}Ir mit einer Energie der γ-Strahlen von 161 keV und einer geringen Reichweite das ^{226}Ra bei der intrakavitären Strahlentherapie abgelöst. Die Präparate werden nicht mehr wie früher manuell in die Körperhöhlen eingebracht, sondern zur Verbesserung des Strahlenschutzes des Personals in einem Schlauchsystem elektrisch oder pneumatisch an den Bestrahlungsort transportiert.

Für die äußere Strahlentherapie (Strahlenquelle außerhalb des Körpers) werden ^{137}Cs und vor allem ^{60}Co benutzt, deren Energie und Reichweite größer ist. Die von diesen Radionukliden ausgehenden γ-Strahlen mit Quantenenergien von 0,66 MeV bzw. 1,1 MeV und 1,3 MeV sind zur Bestrahlung von tiefer im Organismus liegenden Krankheitsherden wesentlich besser geeignet, als die mit normalen Röntgenröhren erzeugten Röntgenstrahlen, deren Quantenenergien maximal etwa 0,3 MeV betragen. Derartige Bestrahlungsgeräte auf Radionuklidbasis bezeichnet man als *Tele-Curie-Einheiten*; in ihrem Strahlerkopf sind Aktivitäten von ca. 10^{14} Bq (ca. $3 \cdot 10^3$ Ci) untergebracht. Abbildung 21.16a zeigt einen Querschnitt durch einen solchen Strahlerkopf. Sein Bleimantel absorbiert alle Strahlung mit Ausnahme derjenigen, die auf das Austrittsfenster trifft. Durch Bleiblenden am Fenster kann die gewünschte Größe der bestrahlten Fläche (Feldgröße) eingestellt werden.

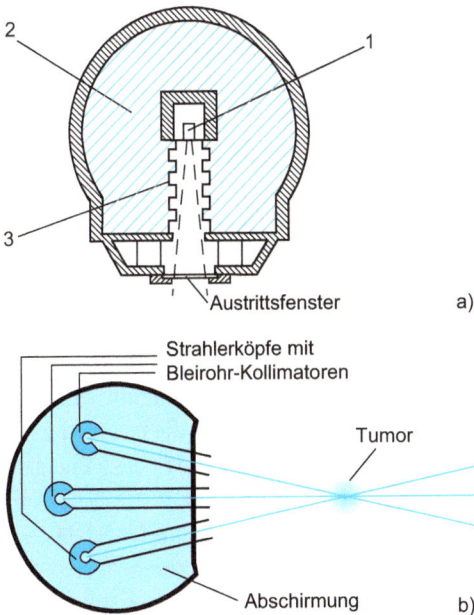

Abb. 21.16: a) Querschnitt durch den Strahlerkopf einer Tele-Curie-Einheit. 1) Strahlenquelle, 2) feste Bleiabschirmung, 3) bewegliche Bleiabschirmung zur Einstellung des Strahlenfeldes, 4) Austrittsfenster; b) Schema-Zeichnung einer Gammknife Apparatur.

Oberstes Ziel bei der Strahlentherapie ist eine Fokussierung der Strahlenwirkung auf den Tumor unter weitgehender Schonung des gesunden Gewebes. Eine Weiterentwicklung der

Tele-Curie-Einheit vor diesem Hintergrund wurde mit der Konstruktion der *Gammaknife* genannten Apparatur angestrebt. Verbunden mit diesem Namen ist die Assoziation der γ-Strahlung einerseits und ihre quasichirurgische Wirkung auf den Tumor, einem Herausschneiden nahekommen. Dies wird durch Fokussierung der γ-Strahlung erreicht wie in Abb. 21.16b schematisch dargestellt. Die radiale Anordnung einer Reihe von Strahlerköpfen und die durch Bleirohre an den Austrittsfenstern der Köpfe erzwungene Kollimation bewirkt die Fokussierung der γ-Strahlung auf den Tumor. Aufgrund der Geometrie und der Größenverhältnisse war diese Bestrahlungsanordnung hauptsächlich bei Hirntumoren indiziert. Technische und vor allem Entsorgungsprobleme der Radionuklide haben diese Methode aber in neuerer Zeit zugunsten des weiter unten beschriebenen Cyberknifes in den Hintergrund gedrängt.

Bei sogenannter *Pendelbestrahlung* (Abb. 21.17) pendelt während der Behandlung der Strahlerkopf auf einer Kreisbahn um den Patienten, der so gelagert ist, dass der zu behandelnde Krankheitsherd im Mittelpunkt des Kreises liegt. Dadurch ist das Strahlenbündel dauernd auf den Herd ausgerichtet, während es zu verschiedenen Zeiten verschiedene Bereiche des umgebenden Gewebes und der Hautoberfläche trifft. Somit werden auch bei starker Bestrahlung die Oberflächenschichten und Umgebungsbereiche weitgehend geschont. In der heutigen Strahlentherapie sind die Tele-Curie-Einheiten weitgehend durch Linearbeschleuniger (Abschnitt 21.3.2) ersetzt worden, wobei zumeist Elektronen beschleunigt werden; das Prinzip der Pendelbestrahlung bleibt unverändert bestehen.

Die gegenwärtig modernste Ausführung der Kombination von einem Linearbeschleuniger zur Strahlenerzeugung mit dem Prinzip der Pendelbestrahlung zur Therapieoptimierung stellt das *Cyberknife* genannte System dar. Ein

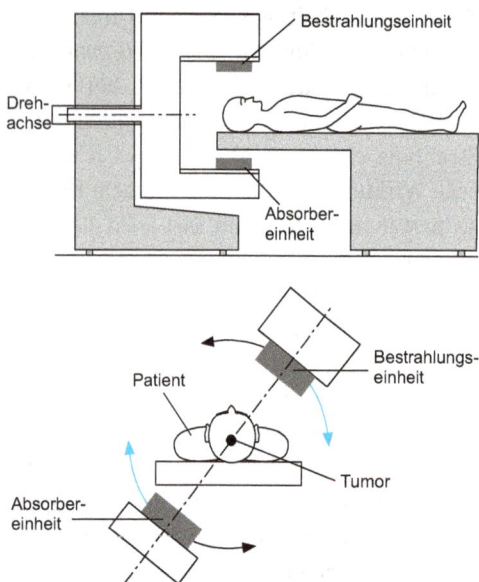

Abb. 21.17: Schemaskizze der Geräteanordnung einer Pendelbestrahlung. Der Bleiabsorber dient zum Strahlenschutz der Umgebung.

Linearbeschleuniger (siehe Abschnitt 21.3.2) für Elektronen von nur etwa 0,5 m Länge sitzt auf einem um sechs Achsen beweglichen Roboter und „pendelt" in beliebigen Raumrichtungen sehr schnell, immer den Tumor im Fokus, wobei allerdings eine Strahlenkollimation wie etwa beim Gammaknife nicht effizient möglich ist. Durch aktuelle Methoden der Tumorlokalisation (Computertomografie, siehe Abschnitt 21.3.4) lassen sich bei der Bestrahlung z. B. auch atmungsbedingte Organbewegungen und damit verbundene Verschiebungen des Tumors ausgleichen.

Ebenfalls mit einem Linearbeschleuniger lassen sich auch geladene Teilchen mit höherer Ruhemasse als der des Elektrons (Ionen) beschleunigen. Allerdings sind dabei die technischen Anforderungen an die Beschleuniger aufgrund der Teilchenmassen erheblich größer. Für einen Einsatz in der Strahlentherapie werden oft Protonen, aber auch schwerere Ionen wie die von Kohlenstoff oder Sauerstoff genutzt. Der Grund für die strah-

lentherapeutische Bedeutung beschleunigter Ionen lässt sich aus einem Vergleich der Abb. 21.11 und 21.12 ableiten. Schwere Ionen wie im Beispiel etwa α-Teilchen verlieren ihre Energie und Intensität durch Wechselwirkung mit der Materie, die sie durchlaufen, signifikant erst am Ende ihres Weges (Reichweite), wobei die Energieabgabe in einem begrenzten Wegstück am Ende maximal wird (Bragg-Maximum). Beschleunigte Elektronen oder β-Teilchen hingegen verlieren, angenähert analog zu Röntgen- und γ-Strahlen (siehe Abschnitt 21.3), vom Beginn ihres Durchgangs durch Materie gleichmäßig ihre Intensität, sodass man für sie statt einer Reichweite eine Halbwertsschichtdicke definieren muss. Bei Tumoren kommt daher nur ein je nach Abstand des Tumors von der Körperoberfläche mehr oder weniger großer Teil der Strahlenintensität des Anfangs zur Wirkung.

Bei schweren Ionen lässt sich die Lage des Bragg-Maximums der Energieabgabe bei gegebenem Gewebe durch die Anfangsenergie des Teilchens verschieben; daher besteht grundsätzlich die Möglichkeit, die maximale Energiedeponierung räumlich in den Tumor zu legen, bei entsprechender Beschleunigung des Teilchens. Gerade hier liegt aber die technische Herausforderung: Selbst bei relativ hohen Energien besitzen geladene Ionen wie z. B. α-Teilchen nur eine sehr geringe Reichweite im Gewebe (siehe blau unterlegten Text S. 466, rechte Spalte). Für den strahlentherapeutischen Einsatz sind daher extrem hohe Energien notwendig. Die dafür erforderlichen Beschleuniger lassen sich deshalb nur an wenigen Zentren etablieren.

In der medizinischen und biologischen Forschung werden künstlich hergestellte Radionuklide *(Tracer)* auch häufig zur *Markierung* von biologisch wichtigen Substanzen verwendet. Hierzu dienen vor allem die Radionuklide ^{14}C und ^{3}H, aber auch ^{35}S und ^{32}P, die bei der chemischen oder biologischen Synthese in Form von chemisch einfachen Verbindungen zugesetzt werden. Durch die von den Radionukliden ausgehenden Strahlen gelingt es, die Verteilung von Substanzen in Organismen und ihre Um- und Abbauarten zu bestimmen. Als ein Beispiel für derartige Anwendungen zeigt Abb. 21.18 die mit ^{3}H markierten Chromosomen von Mäusezellen. Die Markierung wurde erreicht durch Injektion von Thymidin, einer Ausgangssubstanz für die DNS-Synthese, in das ^{3}H eingebaut war. Die Darstellung in Abb. 21.18 wurde durch Autoradiografie gewonnen, indem die β^--Strahlen des Tritiums durch Schwärzung einer dünnen fotografischen Schicht sichtbar gemacht wurden.

Auch zur routinemäßigen medizinischen Diagnostik werden Radionuklide verwendet.

Durch Injektion von markierten Substanzen in den Körper und Messung der emittierten γ-Strahlen außerhalb des Körpers können Funktionsabläufe und eventuelle krankhafte Veränderungen dargestellt werden. Als Beispiel hierfür zeigt Abb. 21.19 die vorübergehende Speicherung von injiziertem ^{59}Fe im Knochenmark und das zeitlich verzögerte Auftauchen der ^{59}Fe-Aktivität im peripheren Blut. Da sich ein großer Teil des im Organismus vorhandenen Eisens im Hämoglobin der Erythrozyten befindet, geben derartige Messungen einen Einblick in den normalen oder gestörten Ablauf der Erythropoese.

In zunehmendem Maße gelingt es, radioaktiv markierte Substanzen zu entwickeln, die

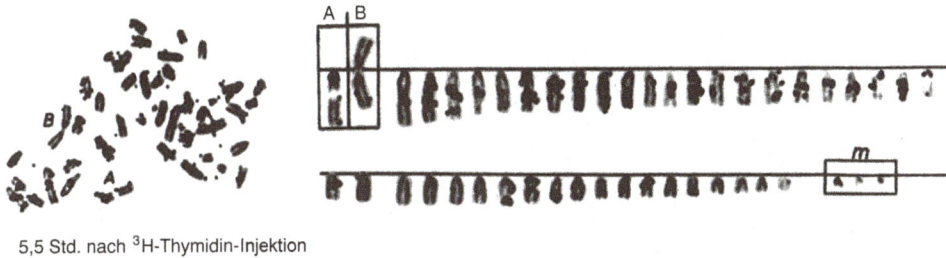

5,5 Std. nach ^{3}H-Thymidin-Injektion

Abb. 21.18: Autoradiografie von Chromosomen (mit 3H-Markierung) aus Mäusezellen.

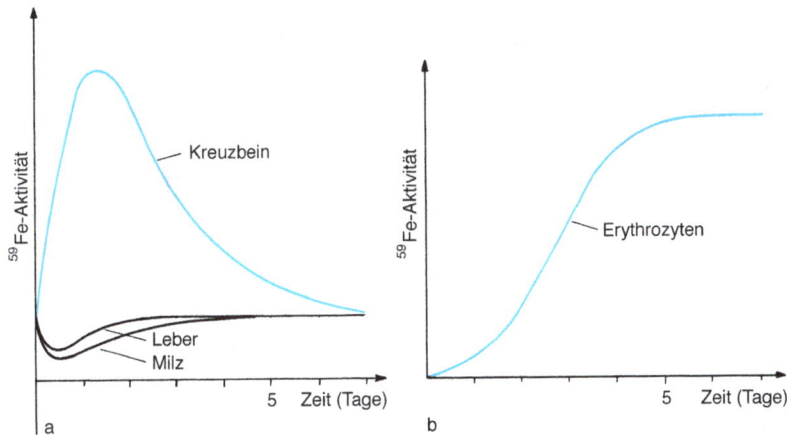

Abb. 21.19: ^{59}Fe-Aktivität in Abhängigkeit von der Zeit t nach der Injektion. Gemessen an verschiedenen Organen (a) und den Erythrozyten (b)

sich mehr oder minder selektiv in bestimmten Organen ablagern. Durch abbildende Systeme (Szintillationszähler mit Ortungselektronik) kann in einem sogenannten *Szintigramm* aus der ausgesandten γ-Strahlung die Aktivitätsverteilung und damit das speichernde Organ selbst sichtbar gemacht werden. Abbildung 21.20 zeigt als Beispiel ein Szintigramm einer normalen linken Niere und einer rechten Niere mit einem Speicherdefekt am oberen Pol. Der Speicherdefekt ist auf den Ausfall von funktionstüchtigem Nierenparenchym zurückzuführen. Solche Szintigramme können von den verschiedensten Organen und ihren Teilbereichen angefertigt werden; sie haben in den letzten Jahren mehr und mehr Bedeutung in der medizinischen Diagnostik erlangt.

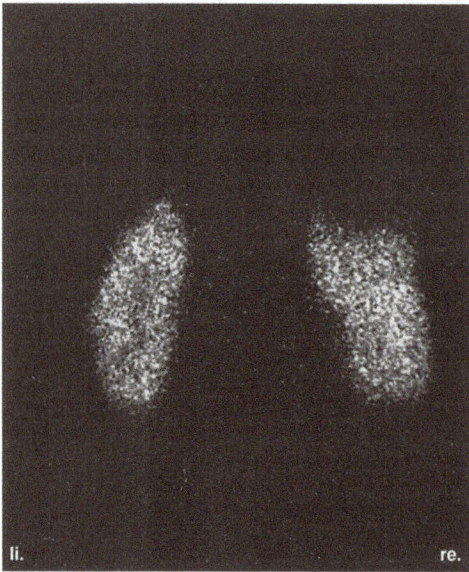

Abb. 21.20: Szintigramm einer normalen linken Niere und einer rechten Niere mit Speicherdefekt am oberen Pol (Injektion von 4 mCi ^{99m}Tc-DTPA).

Sehr große Bedeutung in der gesamten praktischen Medizin haben *radioimmunologische Verfahren* erlangt, die zur Bestimmung der Konzentration biologisch wichtiger Substanzen in Körperflüssigkeiten, insbesondere im Blutplasma, dienen. Hierbei werden die radioaktiv markierten Stoffe nicht dem Patienten verabreicht, sondern erst der entnommenen Plasmaprobe zugesetzt. Wie aus der Immunologie bekannt ist, binden die Antikörper nur diejenigen Antigene, gegen die sie gerichtet sind. Werden also im Tierorganismus Antikörper gegen die zu bestimmenden Substanzen gezüchtet, so können diese wegen der hohen Spezifität noch in sehr geringen Konzentrationen in einer komplexen Lösung wie dem Plasma bestimmt werden. Die radioaktive Markierung des Antikörpers oder des Antigens wird meist mit ^{125}I oder ^{3}H vorgenommen. Im einfachsten Fall hat man für die Bestimmung einer Substanz (Antigen A) den spezifischen Antikörper AK und markiertes Antigen A$^+$ zur Verfügung. Bringt man in eine gemeinsame Lösung eine definierte Menge [AK] des Antikörpers, eine definierte Menge des markierten Antigens [A$^+$] und ein bestimmtes Volumen, in dem die Konzentration [A] von A zu bestimmen ist, so gelten für A und A$^+$ die gleichen Reaktionsgleichungen, die bei Überschuss der Antigene folgende Form annehmen:

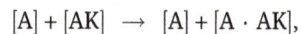

$$[A] + [AK] \; \rightarrow \; [A] + [A \cdot AK],$$

$$[A^+] + [AK] \; \rightarrow \; [A^+] + [A^+ \cdot AK].$$

Da das Bindungsvermögen des spezifischen Antikörpers für A und A$^+$ gleich ist, gilt für die Konzentrationen:

$$\frac{[A]}{[A \cdot AK]} = \frac{[A^+]}{[A^+ \cdot AK]}.$$

Je mehr von A in der gemeinsamen Lösung vorhanden ist, desto geringer wird auch der gebundene Anteil von A$^+$ sein. Den genauen Zusammenhang verschafft man sich durch eine Eichreihe, bei der man in die gemeinsamen Lösungen bekannte Konzentrationen von A gibt. [A +] oder [A$^+$ · AK] können über ihre radioaktive Markierung gemessen werden, nachdem durch geeignete Methoden A^+ und $A^+ \cdot AK$ voneinander getrennt wurden. Drückt man $[A^+ \cdot AK]$ in der gemessenen relativen Einheit der Impulsraten aus, so ergibt sich gemäß Abb. 21.21 eine Standardkurve. Aus dieser Kurve kann bei unbekannten Proben nach Bestimmung von $[A^+]$ die Konzentration von A abgelesen werden.

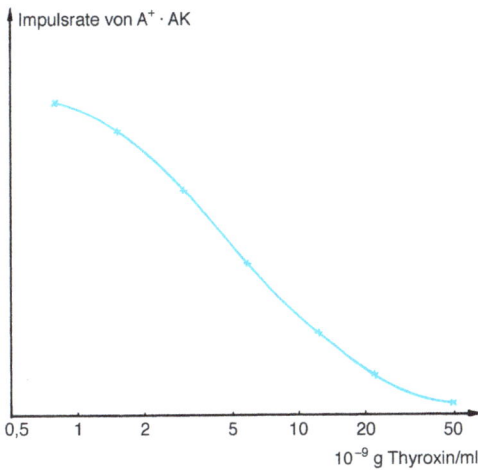

Abb. 21.21: Standardkurve zur radioimmunologischen Bestimmung des Schilddrüsenhormons Thyroxin im Plasma (x: Messpunkte)

Durch radioimmunologische Verfahren können in vielen Fällen Hormonkonzentrationen bis zu Konzentrationen in der Größenordnung 10^{-12} g/ml bestimmt werden. Sie sind damit normalen chemischen Verfahren in ihrer Empfindlichkeit weit überlegen und zudem relativ einfach durchzuführen.

21.2.9 Kernspaltung und Kernfusion

In Abschnitt 21.1 wurde bereits erwähnt, dass bei der Bildung von Atomkernen aus Nukleonen wegen der Bindungskräfte Massendefekte auftreten. Diese können mit großer Genauigkeit experimentell bestimmt werden. Aus

ihnen ergibt sich die bei der Bindung frei werdende Bindungsenergie EB der Kerne. Auf die Gesamtzahl der Nukleonen im Kern bezogen erhält man dann die Bindungsenergie pro Nukleon für den betreffenden Kern. Abbildung 21.22 zeigt die so bestimmte *spezifische Bindungsenergie* E_B/M in Abhängigkeit von der Massenzahl M der Kerne. Hier ist wie üblich die Bindungsenergie positiv angenommen, also als die Energie, die bei Bildung der Kerne frei wird. Für den Kern selbst ist die Energie negativ, d. h., eine stärkere Bindung reduziert die Energie des Systems. Bei der Uranspaltung beträgt der relative Massendefekt etwa 0,1 %.

Auffällig in Abb. 21.22 sind der steile Anstieg und die ausgeprägten Schwankungen bei leichten Kernen sowie das sehr flache Maximum bei etwa der Massenzahl 70. Aus dieser Abbildung ergeben sich zwei interessante Schlüsse:

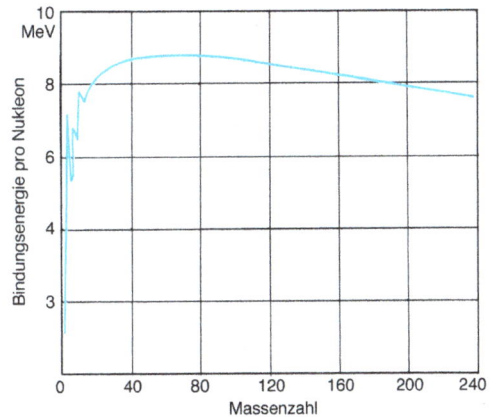

Abb. 21.22: Spezifische Bindungsenergie E_B/M in Abhängigkeit von der Massenzahl M der Kerne.

1. Die Bindungsenergie pro Nukleon E_B/M, die z. B. beim Zusammenbau eines Urankerns der Masse 235 aus seinen Nukleonen frei wird, ist kleiner als diejenige, die man erhält, wenn aus der gleichen Anzahl von Nukleonen zwei Kerne mittlerer Massenzahl gebildet werden. Wenn es also gelingt, einen ^{235}U-

Kern in zwei etwa gleich große Teile zu spalten, so wird dabei Energie frei. Die bei dieser *Kernspaltung* pro Nukleon frei werdende Energie ist gleich der Differenz der spezifischen Bindungsenergien des Urans einerseits und seiner Spaltprodukte andererseits.

2. Wenn zwei Kerne des schweren Wasserstoffs (Deuterium) $^2_1$D, die zusammen zwei Protonen und zwei Neutronen enthalten, zu einem $^4_2$He-Kern verschmelzen, wird, wie wir aus dem steilen Anstieg der Kurve sehen, bei dieser *Kernfusion* ebenfalls Energie frei. Sie ist bezogen auf die Masseneinheit etwa zehnmal größer als bei der Kernspaltung.

Man kann also durch Kernprozesse Energie gewinnen, wenn man entweder sehr schwere Kerne in Bruchstücke spaltet oder aber sehr leichte Kerne zu schwereren Kernen verschmilzt. Die Spaltung wurde erstmals am ^{235}U-Kern nachgewiesen. Trifft ein Neutron auf den Kern, so gerät er in so heftige innere Schwingungen, dass er in zwei große Teile zerbricht, z. B.:

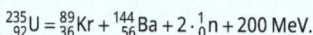

$$^{235}_{92}U = {}^{89}_{36}Kr + {}^{144}_{56}Ba + 2 \cdot {}^1_0 n + 200 \text{ MeV}.$$

Beim Spaltungsprozess ist die Summe der Protonen in den Folgekernen gleich derjenigen im Ausgangskern, aber die Neutronenzahl ist geringer, denn pro Spaltung werden i. A. zwei oder drei Neutronen frei. Diese besitzen nach ihrer Freisetzung hohe kinetische Energien von mehreren MeV. Nach Abbremsen sind sie in der Lage, weitere Kerne zur Spaltung anzuregen; dadurch kann eine *Kettenreaktion* ausgelöst werden. Da in 1 g natürlichen Urans ca. $2 \cdot 10^{19}$ spaltbare Atome des Isotops $^{235}_{92}$U enthalten sind, wird bei vollständiger Spaltung eine Energie von $6 \cdot 10^8$ Joule/g $= 1{,}7 \cdot 10^2$ kWh/g freigesetzt.

Eine Nutzung der Kernspaltung ist durch den Bau von *Kernreaktoren* möglich geworden. Das Uran-Brennmaterial befindet sich innerhalb der von Metall umschlossenen Brennelemente in einem *Moderator*, wozu heute meistens Wasser verwendet wird. Im Moderator werden die freigesetzten Neutronen so weit verlangsamt, dass sie weitere Kernspaltungen mit größter Wahrscheinlichkeit auslösen können. Zur Steuerung des Spaltungsprozesses befinden sich Cadmiumstäbe zwischen den Brennelementen. Cadmium hat einen hohen Absorptionskoeffizienten für Neutronen. Durch Ein- und Ausfahren der Cadmiumstäbe zwischen den Brennelementen können mehr oder weniger Neutronen im Cadmium abgefangen werden, wodurch die Häufigkeit der Spaltungen und damit die freigesetzte Energie kontrollierbar ist. Diese Energie wird vom Moderator, also vom Wasser, als Wärme aufgenommen (Primärkreis). Über einen Wärmeaustauscher gelangt die Wärme in einen zweiten Wasserkreislauf (Sekundärkreis); dadurch bleibt das etwa durch Undichtigkeit mit radioaktivem Material in Kontakt gekommene Wasser des Primärkreises getrennt vom Sekundärkreis. Der beim Sieden des im Sekundärkreis befindlichen Wassers entstehende Dampf vermag dann Turbinen anzutreiben und elektrischen Strom zu erzeugen. Die größten heute in Betrieb befindlichen Kernreaktoren haben eine elektrische Leistung von 1660 Megawatt (MW). Wegen der hohen Radioaktivität der Folgeprodukte (sie ist wesentlich höher als die der Ausgangsprodukte) besteht ein wesentliches Problem der Nutzung der Kernenergie in der Entsorgung der verbrauchten Brennelemente.

Die zweite Art der Energiegewinnung aus der Bindungsenergie von Atomkernen, die *Kernfusion*, ist z. B. durch die beiden folgenden Verschmelzungen möglich:

$$^2D + {}^2D \rightarrow {}^3He + {}^1n + 3{,}25 \text{ MeV},$$

$$^7Li + {}^1H \rightarrow 2 \cdot {}^4He + 17{,}3 \text{ MeV}.$$

Die zur Bindung der Nukleonen notwendigen Kernkräfte haben nur eine äußerst kurze Reichweite. Bei größeren Abständen überwiegen die Coulombschen Abstoßungskräfte der positiven Ladungen der Atomkerne. Die Fusion zweier Kerne ist daher nur möglich, wenn sie mit großer kinetischer Energie aufeinander zufliegen, sodass sich die Kerne (gegen die Coulomb-Kraft) genügend annähern können und die anziehenden Kernkräfte in einem Fusionsprozess wirksam werden. Hierzu sind Geschwindigkeiten der Teilchen erforderlich, die – wenn die Bewegung thermisch ist – Temperaturen von etwa 10^8 Kelvin entsprechen. Derartige Temperaturen zerstören aber jedes Gefäßmaterial. Hier liegen die technologischen Schwierigkeiten bei den Versuchen, kontrollierte Kernfusionen in einem Reaktor ablaufen zu lassen. Man versucht – mit bislang unzureichendem Erfolg – die Ausgangskerne in einem Gas hochionisierten Materials *(Plasma)* zu isolieren und dieses Plasma durch starke Magnetfelder von den Gefäßwänden des Reaktors fernzuhalten. Ein konzeptionell anderer Ansatz besteht darin, das zu fusionierende Material in einem kleinen Volumen mit einem Laser-Puls hoher Intensität so schnell zu erhitzen, dass die Atome aufgrund ihrer Trägheit ausreichend nahe beieinander bleiben, um die Fusion zu ermöglichen.

Die kontrollierte Kernfusion hätte gegenüber der Kernspaltung den weiteren großen Vorteil, dass Deuterium als Ausgangsmaterial für die Fusion in beliebiger Menge zur Verfügung steht, im Gegensatz zu Uran als Ausgangsmaterial für die Spaltung (Deuterium ist im natürlichen Wasser zu 0,015 % in Form von D_2O enthalten).

Kernfusionsprozesse haben zur Bildung vieler Elemente im Universum geführt, und sie bilden auch die Grundlage der enormen Strahlungsleistung der Sterne und unserer Sonne.

21.2.10 Künstliche Kernumwandlung, Aktivierung

Die einfachste künstliche Kernumwandlung ist ein *(n, γ)-Prozess*. Bei ihm nimmt ein Atomkern ein Neutron auf. Damit wird die Massenzahl um 1 erhöht, die Protonenzahl bleibt gleich; es entsteht also ein neues Isotop des Ausgangselements. Der Unterschied in der Bindungsenergie der Kerne vor und nach der Reaktion wird als γ-Quant nach außen abgegeben. Ein Beispiel für einen solchen Prozess ist die Erzeugung des künstlichen Kobaltisotops ^{60}Co aus dem natürlichen ^{59}Co:

$$^{59}Co + {}^1n \rightarrow {}^{60}Co + \gamma\text{-Quant.}$$

Damit Neutronen einen (n, γ)-Prozess auslösen, müssen sie eine bestimmte Energie haben, um in den Kern einzudringen und dort festgehalten zu werden. Ist ihre Energie jedoch wesentlich größer, so schlagen sie aus dem Kern ein Proton heraus. Diese Kernreaktion wird als *(n, p)-Reaktion* bezeichnet. Hierbei ist der neu entstandene Kern ein Isotop des nächstniedrigen Elements. Ein Beispiel hierfür ist:

$$^{14}_{7}N + n \rightarrow {}^{14}_{6}C + p.$$

Dieser Prozess wird z. B. in der oberen Schicht der Erdatmosphäre durch die kosmische Höhenstrahlung ausgelöst und führt zu einer ständigen Bildung von ^{14}C aus ^{14}N. Damit ist ^{14}C als natürliches Radionuklid dauernd vorhanden, obwohl seine Halbwertszeit „nur" etwa 5.500 Jahre beträgt. Gebunden in CO_2 liefert es die Grundlage der ^{14}C-Altersbestimmung z. B. von Holz.

Die beiden angegebenen Reaktionen nennt man auch *neutronenaktiviert*. Sie führen zu radioaktiven Kernen. Da zu deren Erzeugung Neutronen benötigt werden, werden die Reaktionen meist im Kernreaktor (Abschnitt 21.2.9) durchgeführt. Denn dieser ist wegen der Spaltungsreaktion auch eine starke Neutronenquelle. Von medizinisch großer Bedeutung ist auch die Aktivierung von stabilem Molybdän ^{98}Mo zu instabilem ^{99}Mo durch eine (n, γ)-Reaktion. Das aktive Nuklid zerfällt als β-Strahler unter anderem durch Bildung eines metastabilen Technetium-Isotops, das zur Schilddrüsen-Szintigrafie anstelle des aktiven Iodids eingesetzt wird (vgl. Abschnitte 21.2.4 und 21.2.7).

Kernumwandlungen erfolgen nicht nur durch Beschuss von Atomen mit Neutronen. Jedes Teilchen oder γ-Quant, das genügend energiereich ist, um in den Kern einzudringen, kann eine Kernumwandlung hervorrufen. Die dazu notwendigen hohen Energien kann man für geladene Teilchen in Teilchenbeschleunigern (Abschnitt 21.3.2) erreichen, bei denen die Teilchen durch elektrische Spannung auf sehr hohe Geschwindigkeiten beschleunigt werden.

21.3 Röntgenstrahlen

21.3.1 Bremsstrahlung, charakteristische Strahlung

Röntgenstrahlen sind elektromagnetische Wellen mit hoher Energie. Sie werden in Hochvakuum-Elektronenröhren *(Röntgenröhren)* erzeugt, deren prinzipiellen Aufbau als Diode, bestehend aus Kathode und Anode, wir bereits in Abschnitt 15.2.1 kennengelernt haben (siehe Abb. 15.3). Allerdings weist die technische Ausführung einer Röntgenröhre, wie sie in Abb. 21.23 skizziert ist, deutliche Unterschiede gegenüber der normalen Diode auf. Diese sind im Wesentlichen durch die erheblich höheren Spannungen bedingt, mit denen Röntgenröhren betrieben werden. Die Anode besteht aus massivem Schwermetall, bei den in der Medizin verwendeten Röhren

i. A. aus Wolfram. Zwischen Kathode und Anode liegt je nach Verwendungszweck der Röntgenstrahlung eine elektrische Spannung von 40 kV bis 300 kV. Aus dem Glühdraht der Kathode treten beim Aufheizen Elektronen aus, die infolge der Spannung in Richtung auf die Anode beschleunigt werden. Dort treffen sie mit hoher Geschwindigkeit und entsprechend großer Energie auf. Bei 100 kV Beschleunigungsspannung beträgt die Geschwindigkeit etwa 50 % der Lichtgeschwindigkeit. Die Bewegungsenergie der Elektronen geht beim Aufprall auf die Anode verloren und wandelt sich vorwiegend in Wärme um. Die Anode wird am Auftreffpunkt der Elektronen, am sogenannten Brennfleck, so stark aufgeheizt, dass bei Röntgenröhren hoher Leistung besondere Kühlvorrichtungen erforderlich sind, um ein Schmelzen zu verhindern. Nur ein kleiner Anteil der von den Elektronen mitgebrachten Energie, ca. 1 %, wird in elektromagnetische Strahlung hoher Energie, in *Röntgenstrahlung*, umgewandelt. Durch zwei verschiedene Prozesse der Wechselwirkung der beschleunigten Elektronen mit dem Anodenmaterial entstehen Strahlen unterschiedlicher spektraler Verteilung, die *Röntgenbremsstrahlung* und die *charakteristische Röntgenstrahlung*.

1. *Röntgenbremsstrahlung* entsteht, indem die ankommenden Elektronen über Coulomb-Abstoßung durch die Elektronen in dem Metall der Anode abgebremst werden, wobei viele im Detail unterschiedliche Bremsvorgänge möglich sind. Dementsprechend sind die Energien der bei der Abbremsung ausgesandten Röntgen-Quanten sehr verschieden. Insgesamt entsteht daher ein breites Spektrum von Röntgenstrahlen mit unterschiedlichsten Energien.

Abbildung 21.24 zeigt die Intensität der Bremsstrahlung in Abhängigkeit von der Wellenlänge bei verschiedenen Anodenspannungen. Das Spektrum ist kontinuierlich. Es ist

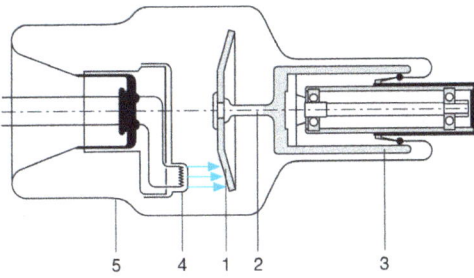

1 Anodenteiler aus Wolfram
2 Molybdänwelle
3 kugelgelagerter Rotor
4 Kathode mit Glühwendel
5 evakuierter Glaskolben

Abb. 21.23: Technische Ausführung einer Röntgenröhre (Maßstab etwa 1:4). Um eine Überhitzung der Anode am Auftreffpunkt der Elektronen (Brennfleck) zu verhindern, ist die Anode als Drehteller ausgebildet. Durch die Drehung der Anode treffen die Elektronen (blau) zu verschiedenen Zeiten auf verschiedene Punkte dieses Tellers auf.

unabhängig vom Anodenmaterial. Die Gesamtintensität der Bremsstrahlung nimmt mit wachsender Anodenspannung von IV bis I zu. Zu jeder Anodenspannung gehört eine bestimmte kürzeste Wellenlänge, die *Grenzwellenlänge* λ_G, die mit wachsender Anodenspannung immer kleiner wird. Die Existenz der Grenzwellenlänge ist physikalisch einfach zu verstehen: Die höchstmögliche Quantenenergie hc/λ_G entsteht, wenn das ankommende Elektron in einem einzigen Wechselwirkungsvorgang seine ganze Bewegungsenergie bei der Umwandlung in ein Photon verliert. Das bedeutet für den Zusammenhang zwischen λ_G und der Anodenspannung U:

$$h\nu = \frac{hc}{\lambda_G} = E_{kin} = eU,$$

$$\lambda_G = \frac{hc}{eU}.$$

(21-12)

Demnach ist die Grenzwellenlänge der Anodenspannung umgekehrt proportional. Die Röntgenstrahlen, die in der Medizin zu diagnostischen und therapeutischen Zwecken ver-

wendet werden, stammen aus dem Bremsspektrum.

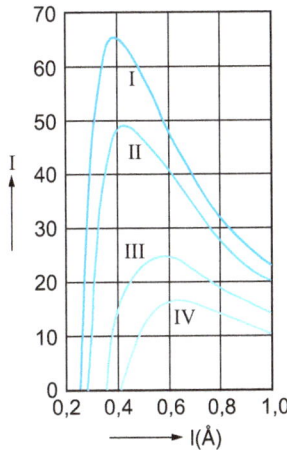

Abb. 21.24: Intensität der Bremsstrahlung in Abhängigkeit von der Wellenlänge bei verschiedenen Anodenspannungen ($U_I > U_{II} > U_{III} > U_{IV}$)

2. Das *charakteristische Röntgenspektrum* besteht im Gegensatz zum Bremsspektrum aus einzelnen Spektrallinien, deren Lage charakteristisch für das Material der Anode ist. Hierbei treten die von der Kathode kommenden Elektronen in Wechselwirkung mit einzelnen Elektronen der inneren Schalen eines Atoms des Anodenmaterials und schlagen dort ein Elektron, beispielsweise der *K*-Schale (Hauptquantenzahl $n = 1$), heraus.

Das Energie-Schema dazu ist in Abb. 21.25a dargestellt. Durch die Ionisation eines Elektrons aus der *K*-Schale wird dort ein Platz frei. Als Folge springt ein Elektron aus einer der äußeren Schalen auf den freien Platz, um die Lücke aufzufüllen und somit die Energie des Atoms zu verringern. Dies kann z. B. ein Elektron aus der *L*-Schale sein (Hauptquantenzahl $n = 2$). Den freien Platz auf der *L*-Schale besetzt dann wiederum beispielsweise ein Elektron aus der *M*-Schale usw. Nach den Bohr'schen Postulaten (Abschnitt 17.4) folgt, dass die Elektronen beim Sprung auf eine weiter innen gelegene Schale Energie E in Form von elektromagnetischer Strahlung abgeben. Diese Strahlung besitzt die Quantenenergie $h\nu = E_i - E_j$. Da es sich bei den Anoden von Röntgenröhren um Schwermetalle handelt, sind die Ladungen der Kerne groß. Allgemein gilt, dass bei schweren Elementen die Energieabstände zwischen den inneren Schalen größer sind als bei leichten Atomen und daher die Strahlung *härter,* d. h. höherenergetisch, ist. Weil jede Atomart für sie charakteristische, diskrete Energieniveaus besitzt, können nur einzelne Frequenzen bzw. Wellenlängen (einzelne Linien) im Spektrum der charakteristischen Röntgenstrahlung enthalten sein. In Tab. 21.2 sind die Quantenenergien und Wellenlängen solcher Linien für verschiedene Anodenmaterialien zusammengestellt. Die Häufigkeit, mit der die einzelnen Übergänge auftreten, ist unterschiedlich und damit die Intensität der Emissionen. Beim Herausschlagen eines Elektrons aus der *K*-Schale sind beispielsweise die Übergänge von der *L*- zur *K*-Schale sehr viel häufiger als die von der *M*- zur *K*- Schale. Alle charakteristischen Röntgenstrahlen, die durch Übergang zur gleichen Schale entstehen, werden zu *Serien* zusammengefasst; für jedes Element gibt es demnach mehrere Serien charakteristischer Röntgenstrahlen, die *K*-, *L*- und *M*-Serie usw. genannt werden. (Die Buchstaben *K, L, M, ...* bezeichnen dabei das Endniveau beim Elektronenübergang.) Die Spektrallinien der charakteristischen Serien der Elemente verschieben sich mit wachsender Ordnungszahl zu kürzeren Wellenlängen. Da sich chemische Bindungen nur in den äußeren Schalen der Atome abspielen, ist das charakteristische Spektrum praktisch unabhängig davon, ob die Atome chemisch gebunden sind oder nicht, und auch unabhängig davon, in welchem Aggregatzustand sie sich befinden. Steigert man die Beschleunigungsspannung, so nimmt die Intensität der charakteristischen Strahlung in ähnlicher Weise zu wie die Intensität der Bremsstrahlung. Die spektrale Lage des charakteristischen Spektrums jedoch bleibt unverändert.

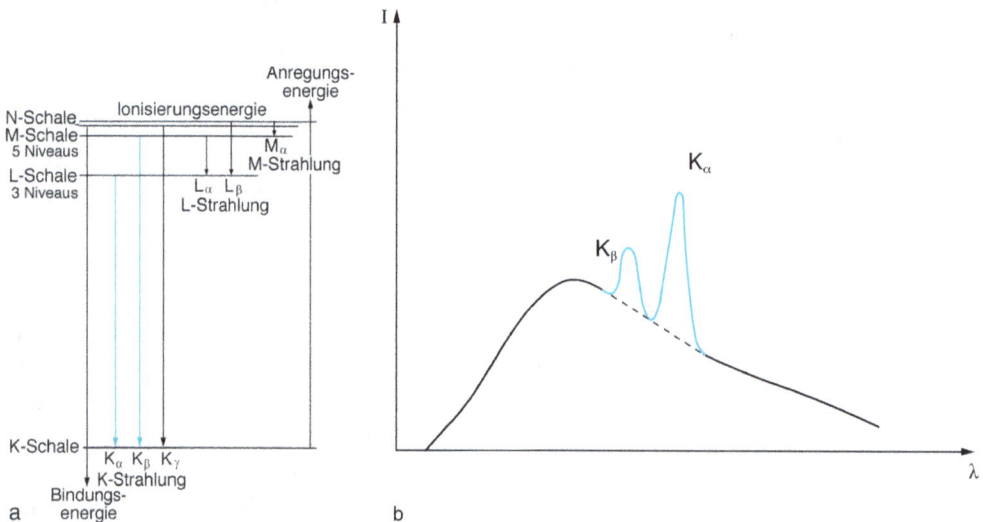

Abb. 21.25: (a) Energieniveauschema zur Erzeugung charakteristischer Röntgenstrahlung und (b) Brems-Spektrum (schwarz) überlagert mit charakteristischen Linien K_α und K_β.

Tab. 21.2: Quantenenergien und Wellenlängen der K_α-Linie verschiedener Anodenmaterialien.

Element	Ordnungszahl Z	Quantenenergie in keV	Wellenlänge in nm
Al	13	1,55	83
Cu	29	8,9	15,4
Ag	47	25	5,6
W	74	69	2,1
Pb	82	88	1,65

21.3.2 Erzeugung ultraharter Röntgenstrahlung durch Teilchenbeschleuniger

Die Eindringtiefe der Röntgenstrahlung in Materie wächst mit zunehmender Photonenenergie (siehe Abschnitt 21.3.3). Daher ist für die Strahlentherapie innerer Organe hochenergetische (also harte) Röntgenstrahlung erforderlich. Mit Röntgenröhren erreicht man Quantenenergien von 300 keV; die bei Umwandlung von Radionukliden entstehenden γ-Quanten haben Energien bis maximal 1,3 MeV. Solche Strahlung reicht oft nicht aus, ein günstiges Verhältnis zwischen niedriger Dosis (siehe Abschnitt 21.4) an der Hautoberfläche und hoher Dosis am zu bestrahlenden Krankheitsherd im Körperinnern zu erreichen. Daher werden in der Medizin zunehmend extrem hohe Quantenenergien verwendet, sogenannte *ultraharte Röntgenstrahlen*, die durch Beschleuniger-Apparaturen erzeugt werden, in denen Elektronen oder Ionen auf eine kinetische Energie von bis zu etwa 50 MeV beschleunigt werden. Diese prallen dann (wie bei der Röntgenröhre) auf einen Metallblock (das *Target*) und lösen aus ihm hochenergetische elektromagnetische Strahlung aus. Elektronenbeschleuniger haben zudem den Vorteil, dass die beschleunigten Elektronen nicht nur zur Erzeugung von Röntgenbremsstrahlung (Abschnitt 21.3.1),

sondern darüber hinaus auch direkt zur Bestrahlung von biologischem Gewebe verwendet werden können.

Eigentlicher Zweck der Entwicklung der Teilchenbeschleuniger, in denen Elektronen-, Protonen-, α-Teilchen- oder Ionenstrahlen mit Energien von normalerweise > 1 MeV erzeugt werden, war und ist die Erforschung der Physik der Atomkerne und Elementarteilchen. Trotz des hohen Kostenaufwands erwies es sich aber als sinnvoll, derartige Geräte auch in der medizinischen Strahlentherapie, und zwar für Strahlung im Energiebereich zwischen 1 MeV und 42 MeV, einzusetzen. Das Prinzip der Teilchenbeschleuniger besteht darin, geladene Teilchen im Vakuum durch elektrische Felder auf große Geschwindigkeiten zu beschleunigen, also vom Grundprinzip ähnlich wie in einer Röntgenröhre, nur dass die Elektronen mehrfach beschleunigt werden,

Als Beispiel diskutieren wir den *Linearbeschleuniger* (Abb. 21.26). Die aus einer Quelle EQ (bei Elektronen z. B. eine glühende Wolframelektrode) kommenden geladenen Teilchen durchfliegen in dem evakuierten Beschleunigungsrohr zylindrische Metallelektroden, um dann auf die Anode EA zu prallen. Diese Elektroden sind so mit den Polen eines Hochfrequenz-Hochspannungsgenerators verbunden, dass sich stets eine positiv geladene Elektrode zwischen zwei negativ geladenen befindet. Die Teilchen werden dadurch im Zwischenraum aufeinanderfolgender Elektroden beschleunigt. Dazu ist es notwendig, dass jeweils im richtigen Augenblick, also beim Durchlaufen der Teilchen durch eine Elektrode, die Hochfrequenzspannung ihr Vorzeichen ändert und so die Teilchen immer auf ein beschleunigendes Spannungsgefälle zwischen den Elektroden treffen. Die Geschwindigkeit der Teilchen nimmt daher in den Zwischenräumen zwischen den Elektroden schrittweise zu. Bei konstanter Frequenz der Hochspannung muss die Länge der Elektrodenzylinder mit wachsender

Geschwindigkeit der Teilchen zunehmen, damit die Teilchen mit der beschleunigenden hochfrequenten Wechselspannung *im Takt* bleiben. Die für Linearbeschleuniger üblichen Frequenzen liegen in der Größenordnung 10 MHz bis 100 MHz, wie sie im Kurzwellenbereich beim Rundfunk verwendet werden. Beträgt die Hochfrequenzspannung 100 kV, so sind 100 Beschleunigungstakte zwischen ebenso vielen Elektroden notwendig, um ein einfach geladenes Teilchen auf eine Energie von 10 MeV zu bringen.

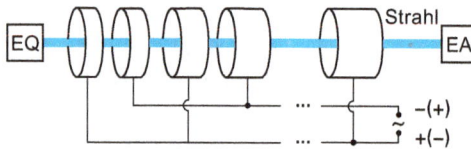

Abb. 21.26: Schematischer Aufbau eines Linearbeschleunigers.

Die *relativistische Massenzunahme* beschleunigter Teilchen (Abschnitt 2.1) hängt von der Teilchengeschwindigkeit ab und kann beträchtlich sein; sie ist bei gleicher kinetischer Energie bei leichten Teilchen wie dem Elektron größer. Man hat (z. B. bei Protonen) schon Massen erzeugt, die das 10^6-Fache der Ruhemasse betragen. Solche Teilchen haben die Lichtgeschwindigkeit als relativistische Grenzgeschwindigkeit fast erreicht, sodass die Energiezunahme im elektrischen Feld nurmehr eine Massenzunahme bewirkt. Wegen der hohen Bewegungsenergien lösen solche Teilchen beim Aufprall auf Materie Kernreaktionen aus, wobei künstliche Radionuklide erzeugt, aber auch in großer Zahl neue, energiereiche Teilchen freigesetzt werden. Mit diesen Teilchen beschäftigt sich die *Elementarteilchenphysik*, um Aufschlüsse über die grundlegende Struktur der Materie zu gewinnen.

Um sehr hohe Beschleunigungsenergien bis in den Bereich von 50 GeV zu erreichen, wäre ein Linearbeschleuniger unrealisierbar lang. Daher zwingt man die bewegten, geladenen Teilchen

in starken Magnetfeldern (Lorentz-Kraft, vgl. Abschnitt 14.8.3) auf Kreisbahnen, die sehr oft durchlaufen werden. Dazu müssen wegen der Zunahme der Geschwindigkeit die Taktfrequenz und wegen der relativistischen Massenzunahme auch das Magnetfeld während des Beschleunigungsvorgangs angepasst bzw. synchronisiert werden. Man nennt diese Beschleuniger *Synchrotron*. Bekannte Beispiele solcher Synchrotrons sind das Deutsche Elektron Synchrotron (DESY, Elektronen-Beschleuniger) in Hamburg oder das europäische Synchrotron CERN (Beschleuniger für schwere Teilchen) bei Genf.

21.3.3 Wechselwirkung von Röntgen- und γ-Strahlung mit Materie

Röntgen- und γ-Strahlen sind hochenergetische elektromagnetische Wellen. Die unterschiedlichen Namen rühren von der Entstehung der beiden Strahlenarten her. Röntgenstrahlen (im englischen Sprachgebrauch *X-rays* genannt) entstehen durch elektronische Übergänge von Hüllenelektronen. γ-Strahlung wird bei Umwandlungen im Atomkern erzeugt (Abschnitt 21.2.1). Die Quantenenergie beider Strahlenarten reicht von einigen keV bis zu mehreren MeV. Da sie sich bei gleicher Quantenenergie physikalisch nicht unterscheiden, läuft ihre Wechselwirkung mit Materie nach den gleichen Gesetzmäßigkeiten ab. Die Stärke dieser Wechselwirkung hängt im Wesentlichen von der Quantenenergie der Strahlung und von den in der bestrahlten Probe enthaltenen chemischen Elementen (Ordnungszahl) ab, weniger vom Aggregatzustand und den chemischen Bindungen in der Probe.

Trifft ein paralleles Bündel von monochromatischen Röntgen- oder γ-Strahlen entsprechend Abb. 21.27

auf einen Absorber, so wird ein Teil der Quanten absorbiert, ein anderer Teil gestreut, und der Rest passiert den Absorber. Formal lässt sich dieser Absorptions- oder Schwächungsvorgang ebenso beschreiben wie die Absorption von Licht (Abschnitt 18.3.2):

$$I = I_0 e^{-\mu d}. \qquad (21\text{-}13a)$$

Dabei bedeuten I_0 die Intensität der einfallenden Strahlung, I die Intensität hinter der bestrahlten Schicht, μ die *Absorptionskonstante* (Schwächungskoeffizient), die in der Optik mit K bezeichnet wird, und d die Schichtdicke des Absorbers.

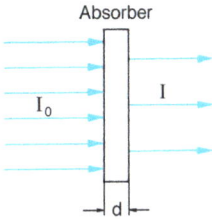

Abb. 21.27: Zur Definition des Schwächungsgesetzes beim Druchgang von Röntgen- und Gammastrahlen durch Materie.

Das Reziproke der Absorptionskonstante, $1/\mu$, hat die Dimension einer Länge; wenn $d = 1/\mu$, so ist die Intensität gerade von I_0 auf $1/e \cong$ 37 % dieses Wertes abgesunken. Man nennt daher $1/\mu$ die *mittlere Reichweite* oder *mittlere Eindringtiefe*. Misst man die Intensität I bei Proben verschiedener Dicke d und trägt wie in Abb. 21.28 die Größe I/I_0 (in logarithmischem Maßstab) gegen d (in linearem Maßstab) auf, so ergibt sich eine Gerade, deren Steigung dem Betrag nach gleich der Absorptionskonstante μ ist. Diese ist abhängig von der Quantenenergie der Strahlung sowie von der Ordnungszahl und der Dichte ϱ des Absorbermaterials, und zwar wird sie kleiner mit zunehmender Strahlungsenergie und mit abnehmender Ordnungszahl und Dichte. Um bei der Beschreibung der Absorption von der Dichte ϱ des Absorbers unabhängig zu sein,

benutzt man häufig den *Massenabsorptionskoeffizienten* $k = \mu/\varrho$. Dann tritt in Gl. (21-13a) an die Stelle von d die *Massenbelegung (oder Flächendichte)* $b = d\varrho$:

$$I = I_0 \cdot e^{-kb}. \qquad (21\text{-}13b)$$

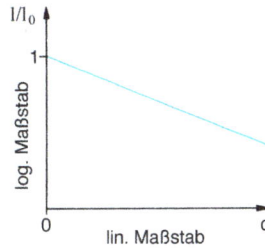

Abb. 21.28: Bestimmung des Schwächungskoeffizienten μ aus der Steigung der Geraden ln $(I/I_0) = -\mu d$. (Gl. (21-13a))

Die Größen μ und k hängen charakteristisch von der Wellenlänge der Strahlung ab. Dadurch ist es z. B. möglich, aus dem kontinuierlichen Spektrum der Bremsstrahlung (Abschnitt 21.3.1) niederenergetische Anteile abzuschneiden; denn bei Bestrahlen eines dünnen Absorbers (z. B. Cu-Film) werden die langwelligen Strahlen wesentlich stärker absorbiert als die kurzwelligen. Derartige Absorber, in der Röntgentechnik als *Filter* bezeichnet, benutzt man in Verbindung mit Röntgenröhren, um den langwelligen Anteil, der nur eine unnötige Strahlenbelastung der Haut verursachen würde, wegzufiltern.

Die mit dem Exponentialgesetz der Gl. (21-13a, b) beschriebene Schwächung der Röntgen- und γ-Strahlen erfolgt durch vier verschiedene physikalische Effekte:

1. *Elastische Streuung*. Ihre Ursache besteht darin, dass die Elektronen der Atomhülle durch einfallende Röntgenstrahlen beliebiger Frequenz zu erzwungenen Schwingungen angeregt werden und dadurch wie ein Hertz'scher Dipol nicht nur als Empfangsantenne wirken, sondern zugleich auch als Senderan-

tenne elektromagnetische Strahlung aussenden. Einfallende und gestreute Röntgenstrahlung haben deshalb die gleiche Wellenlänge. Der Vorgang ist ähnlich der Streuung von Licht an Atomen, Molekülen oder kolloidalen Teilchen. Durch die Streuung erfolgt eine Ablenkung aus der ursprünglichen Ausbreitungsrichtung und bewirkt damit eine Schwächung der Intensität des Primärstrahls.

Die Wellenlänge hochenergetischer Röntgenstrahlung ist wesentlich kleiner als der Atomabstand in einem Festkörper. Besitzt dieser ein regelmäßiges Kristallgitter (Abb. 5.7), so treten Interferenzen der an den verschiedenen Atomen gestreuten Wellen auf, die dazu führen, dass die Streustrahlung den Kristall nur in bestimmten, durch Struktur und Orientierung des Gitters festgelegte Richtungen verlässt *(Röntgenbeugung am Kristallgitter)*. Die Winkel dieser Streustrahlung gegenüber dem einfallenden Primärstrahl lassen sich berechnen, wie es für die Interferenz von sichtbarem Licht hinter dem optischen Gitter in Abschnitt 18.3 beschrieben wurde. Die Analyse von Kristallstrukturen mithilfe der Röntgenbeugung ist heute zu einer Routinemethode geworden (siehe Abb. 18.39b); Voraussetzung ist allerdings die regelmäßige Gitterstruktur der Probe.

Gegenüber den drei im Folgenden zu besprechenden physikalischen Effekten kommt der elastischen Streuung bei der Schwächung von Röntgenstrahlen in dem in der Medizin angewandten Energiebereich (0,1 MeV bis ca. 50 MeV) die geringste Bedeutung zu.

2. Beim *Photoeffekt* (Abb. 21.29) überträgt ein Röntgen- oder γ-Quant bei der Wechselwirkung mit einem Hüllenelektron seine gesamte Energie auf das Elektron, das aus dem Atomverband abgetrennt wird und noch zusätzlich kinetische Energie erhält. Die Quantenenergie der Strahlung ist i. A. groß genug, um auch Elektronen aus inneren Schalen, also der K-, L-, M-Schale usw., herauszuschla-

gen. Der Energieerhaltungssatz fordert für diesen Absorptionsprozess

$$h\nu = A + E_{kin}, \qquad (21\text{-}14)$$

wobei $h\nu$ die Energie des Quants, A die Ablösearbeit für das Elektron und $E_{kin} = mv^2/2$ die kinetische Energie des Elektrons angeben. Das herausgeschlagene Elektron, wegen seiner hohen Energie β^- genannt, verliert später seine kinetische Energie durch Wechselwirkungen mit Hüllenelektronen anderer Atome (siehe Abschnitt 21.3.1).

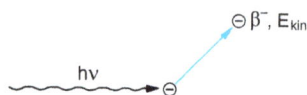

Abb. 21.29: Photoeffekt.

3. Beim *Compton-Effekt* (Abb. 21.30) überträgt das auf ein Hüllenelektron treffende Röntgen- oder γ-Quant nur einen Teil seiner Energie $h\nu$. Nach erfolgter Wechselwirkung verbleibt also ein Quant der Restenergie $h\nu'$; die Energiedifferenz $h(\nu - \nu')$ wird als Ablösearbeit A und als kinetische Energie des abgelösten Elektrons verbraucht:

$$h(\nu - \nu') = A + E_{kin}. \qquad (21\text{-}15)$$

Abb. 21.30: Compton-Effekt.

Die Aufteilung der Energie des einfallenden Quants zwischen Elektron (β^-) und verbleibendem Quant ist sehr unterschiedlich und hängt von der Flugrichtung der Wechselwirkungspartner ab. Damit bei diesem Streuvorgang neben der Gesamtenergie (Gl. (21-15)) auch der Gesamtimpuls erhalten bleibt (Impulserhaltungssatz, Abschnitt 4.2), muss das gestreute Photon seine Richtung gegenüber dem einfallenden Photon ändern. Somit wird es aus der Richtung des Primärstrahls abgelenkt und geht ihm verloren. Es kann anschließend weitere Compton-Prozesse durchlaufen, bis es schließlich in einem abschließenden Photoeffekt seine restliche Energie vollständig abgibt. Bei niedrigen Photonenenergien ist der Compton-Effekt selten, mit zunehmender Quantenenergie wird er jedoch gegenüber dem Photoeffekt immer häufiger.

4. Bei der *Paarbildung* (Abb. 21.31) verschwinden Röntgen- und γ-Quanten hoher Energie ($h\nu > 1{,}02$ MeV) dadurch, dass ihre Energie in die Ruhemassen eines Positrons und eines Elektrons und zusätzlich in kinetische Energie der beiden Teilchen umgewandelt wird. Es wird also aus Strahlungsenergie Materie und Antimaterie erzeugt wie in Abschnitt 3.1 und 21.1 geschildert. Diese direkte Folge der Äquivalenz von Masse und Energie wird durch die Beziehung $E = mc^2$ quantitativ erfasst. Setzen wir für m die Ruhemasse eines Elektrons ein, so finden wir $E = 511$ keV. Da die Masse eines Positrons gleich der eines Elektrons ist, erhalten wir als Energieäquivalent für die Massen eines Elektrons und eines Positrons zusammen den Betrag von 1,02 MeV, also die untere Grenzenergie für die Paarbildung. Die Erzeugung eines einzelnen Materieteilchens aus elektromagnetischer Strahlung ist jedoch unmöglich. Die Paarbildung ereignet sich immer in unmittelbarer Nähe eines Atomkerns, der einen Teil des Impulses und der Energie übernimmt. Die durch Paarbildung entstandenen Positronen und Elektronen treten nach den in Abschnitt 21.2.5 beschriebenen Gesetzmäßigkeiten in Wechselwirkung mit umgebender Materie. So kommt

es bei der Wechselwirkung der Positronen mit den Hüllenelektronen der Atome zur *Zerstrahlung*, dem in Abschnitt 21.2.1 unter Punkt 3 beschriebenen Prozess, der in der Nuklearmedizin in der PET-Diagnostik (Abschnitt 21.2.7) angewendet wird.

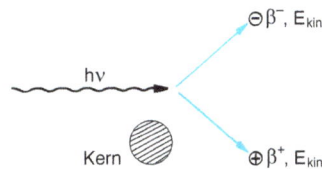

Abb. 21.31: Paarbildung.

Der Photoeffekt überwiegt bei weichen Röntgenstrahlen (kleinen Quantenenergien) und bei Absorptionsmaterialien hoher Ordnungszahlen. Der Compton-Effekt ist der überwiegende Absorptionsmechanismus in absorbierenden Materialien niedriger Ordnungszahl, also z. B. im biologischen Gewebe. Bei hohen Quantenenergien (> 3 MeV) schließlich wird die Paarbildung zum dominierenden Absorptionseffekt.

21.3.4 Röntgenbildaufnahmen

Die Wechselwirkung von Röntgen- oder γ-Strahlen mit Materie führt genau wie die von energiereichen geladenen Teilchen zur Entstehung von Ionenpaaren und angeregten Elektronen in Atomenergiezuständen, und daher können die in Abschnitt 21.2.7 beschriebenen Detektoren auch für diese Strahlen verwendet werden.

Bei der diagnostischen Anwendung der Röntgenstrahlen in der Medizin kommt dem in Abschnitt 21.2.7 beschriebenen fotografischen Verfahren bei der Anfertigung von Röntgenaufnahmen besondere Bedeutung zu. Die Möglichkeit zur röntgenografischen Abbildung ergibt sich aus dem unterschiedlichen Absorptionsvermögen verschiedener Gewebe- und Körperteile bei ihrer Durchleuchtung mit Röntgenstrahlen. Da dieses besonders groß bei Knochen im Vergleich zu Weichteilgewebe ist, lassen sich Skelettanteile besonders gut darstellen. Durch das Injizieren von *Kontrastmitteln* in die Blutgefäße können auch diese sichtbar gemacht werden. Unter Kontrastmitteln versteht man hierbei Lösungen von Substanzen mit Atomen hoher Ordnungszahl, wodurch die Röntgenstrahlung stark absorbiert wird.

Außer von den Unterschieden im Absorptionsvermögen hängt die Detailerkennbarkeit auf dem Röntgenbild auch davon ab, wie gut Details in unterschiedlicher Schwärzung des Films zum Ausdruck kommen. Um eine höhere Schwärzung zu erreichen, werden sogenannte *Verstärkerfolien* verwendet, von denen wie in Abb. 21.32 skizziert der Röntgenfilm bei der Belichtung umgeben ist. In den Verstärkerfolien befinden sich fluoreszierende Substanzen, die bei der Absorption von Röntgenstrahlen UV-Licht (siehe Abschnitt 17.11) emittieren. Die Schwärzung des Films wird dann sowohl durch direkte Absorption von Röntgenstrahlen in der fotografischen Emulsion des Films wie auch zusätzlich durch das UV-Licht der Verstärkerfolien bewirkt. Dadurch wird auch bei geringer Intensität der Röntgenstrahlen eine brauchbare Bildqualität bei geringer Strahlenbelastung des Gewebes erreicht.

Neben den fotografischen Röntgenaufnahmen ist das *Leuchtschirmbild* bei der Durchleuchtung ein übliches Verfahren der Röntgendiagnostik. Dabei wurden früher die auftreffenden Röntgenstrahlen durch die von einem fluoreszierenden Leuchtschirm ausgehende sichtbare Strahlung dargestellt und direkt mit dem Auge beobachtet. Wegen der geringen Lichtausbeute des Schirms war allerdings die Detailerkennbarkeit gering und die Beobachtung nur mit dem dunkeladaptierten Auge möglich. Wesentlich hellere Leucht-

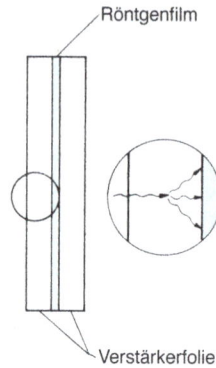

Abb. 21.32: Verwendung von Verstärkerfolien bei Röntgenaufnahmen.

schirmbilder erreicht man heute mit *Bildverstärkern* wie in Abb. 21.33 dargestellt.

In einem evakuierten Glasgefäß befindet sich ein sphärisch gekrümmter Leuchtschirm L auf einer dünnen Aluminiumunterlage. Vom Objekt P wird ein Leuchtschirmbild in L erzeugt. Die Innenseite des Leuchtschirms ist mit einer lichtempfindlichen Schicht K bedeckt, die ähnlich wie eine Photozelle beim Aufprall von Photonen Elektronen emittiert. Dadurch entsteht hinter K eine Elektronenverteilung, deren Dichte der Helligkeitsverteilung auf L entspricht. Durch Anlegen einer Spannung von etwa 25 kV zwischen K und S werden diese Elektronen beschleunigt und auf den Leuchtschirm S fokussiert. Das dort entstehende verkleinerte Bild ist viel heller als das ursprüngliche Durchleuchtungsbild auf L und kann mit einem schwach vergrößernden Okular mit dem Auge beobachtet werden. Die Helligkeitssteigerung durch den Röntgenbildverstärker gegenüber dem normalen Leuchtschirmbild beträgt etwa 1.000 : 1. Dieses Anheben des Helligkeitsniveaus bewirkt eine wesentlich bessere Detailerkennbarkeit bei geringer Strahlendosis, ohne dass bei der Bildbetrachtung das Auge dunkeladaptiert zu sein braucht.

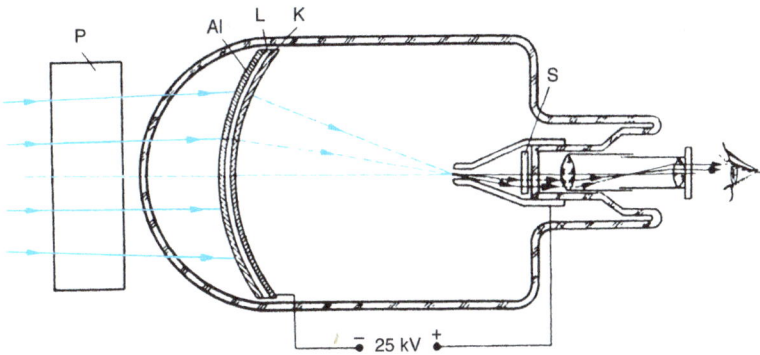

Abb. 21.33: Prinzip des Röntgenbildverstärkers.

Statt der Betrachtung mit dem Auge wird heute nahezu immer eine Digitalkamera benutzt, um das Bild auf einen Monitor zu bringen. Diese Anordnung (Röntgen-Fernsehkette) ermöglicht die computergestützte Bearbeitung und Übertragung der Röntgenbilder (vgl. Kap. 23).

Große Bedeutung in der Röntgendiagnostik hat die *Computertomografie* erlangt, d. h. die Konstruktion dreidimensionaler, ortsaufgelöster Bilder von Körperteilen mittels Computerauswertung von Detektorsignalen. Hierbei wird jeweils ein Querschnitt des Organismus aus verschiedenen Projektionsrichtungen durchstrahlt. Dies wird durch Drehung der Röntgenröhre um den liegenden Patienten erreicht. Der Röntgenröhre gegenüber ist ein System von Strahlungsdetektoren (oft mehrere Hundert) angeordnet, das sich gleichsinnig mit der Röntgenröhre dreht. Während der Drehung werden durch Impulsbetrieb der Röntgenröhre Tausende von Messsignalen erzeugt, wodurch die Absorptionsprofile der verschiedenen Projektionsrichtungen vermessen werden (siehe Abb. 21.34). Diese werden über einen Analog-Digital-Wandler einem Rechner zugeführt, der daraus die unterschiedlichen Absorptionswerte für die einzelnen Elemente des Körperquerschnitts berechnet. Durch die große Anzahl von Messwerten und die hohe elektrische Stabilität der Anordnung gelingt es auch, noch geringe Absorptions- und damit Dichteunterschiede

darzustellen. Man erhält damit auf dem Bildschirm des Rechners hochaufgelöste Schnittbilder, wie es an einem Beispiel in Abb. 21.35 demonstriert wird.

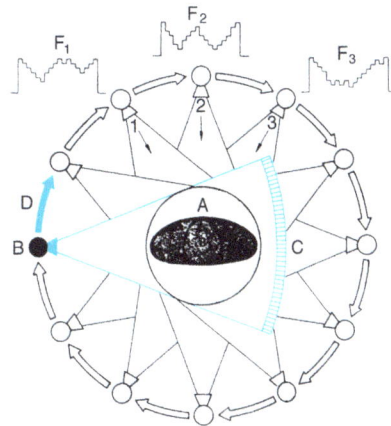

Abb. 21.34: Schematische Darstellung der Anordnung von Röntgenröhre (B), Strahlungsdetektoren (C) und durchstrahltem Volumen (A). In den verschiedenen Stellungen beim Rotieren (D) der Röhre wurden je nach Absorption im Patienten unterschiedliche Intensitätsprofile (angedeutet mit F_1, F_2, F_3) von den Strahlungsdetektoren gemessen.

Die Rekonstruktion mehrerer aufeinanderfolgender Schichten führt schließlich zu einem dreidimensionalen Bild. Entsprechende Aufnahme- und Auswerteverfahren werden auch für die Abbildung von im Körper befindlichen γ-Strahlern (Emissions-Computertomografie, siehe auch PET in Abschnitt 21.2.7) und für die Abbildung mittels Kernmagnetischer Resonanz (Abschnitt 21.1.3) bzw. Ultraschall (Abschnitt 7.12.1) verwendet.

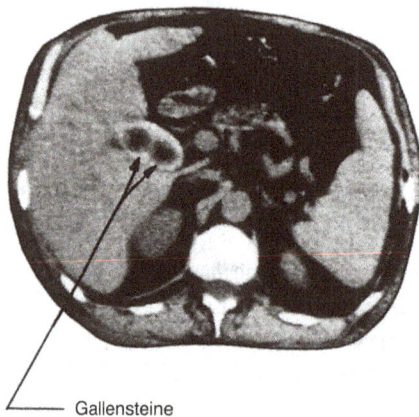

━ Gallensteine

Abb. 21.35: Schnittbild durch das obere Abdomen. In der Gallenblase sind deutlich zwei Gallensteine zu erkennen.

21.4 Dosimetrie

Die biologische Wirkung von ionisierenden Strahlen ist neben biologischen Faktoren vor allem von der pro Masseneinheit des bestrahlten Gewebes absorbierten Strahlungsenergie abhängig. Zu ihrer Kennzeichnung führt man als *Energiedosis* für ionisierende Strahlen den folgenden Quotienten ein:

$$\text{Energiedosis } D = \frac{\text{absorbierte } Strahlungsenergie}{\text{Masse des bestrahlten Gewebes}}.$$
$$(21\text{-}16)$$

Da im SI die Energie in Joule und die Masse in kg angegeben wird, erhält man $J\ kg^{-1}$ als Einheit der Energiedosis. Diese Einheit wird auch als *Gray* (Gy) bezeichnet. Die früher benutzte Einheit *rad* (**r**adiation **a**bsorbed **d**ose)

entspricht 10^{-2} Gy. Es ist zu beachten, dass die so definierte Dosis wesentlich von dem in der Pharmakologie benutzten Dosisbegriff abweicht. Dort versteht man unter Dosis die gesamte Masse des einem Organismus verabreichten Medikaments.

Der Quotient aus Dosis und Bestrahlungszeit heißt *Dosisleistung*, die folglich in $J\ kg^{-1}\ s^{-1}$ angegeben wird. Unter *Volumendosis* verstehen wir das Produkt aus Dosis und bestrahltem Volumen mit der Einheit $J\ kg^{-1}\ m^3$. Bei räumlich ungleichmäßiger Dosisverteilung ist zur Berechnung der Volumendosis das bestrahlte Gesamtvolumen in kleine Bereiche zu unterteilen und für jeden dieser Teilbereiche das Produkt aus Dosis und Volumen zu bilden. Die Integration über die einzelnen Teilbereiche ergibt dann die gesamte Volumendosis.

Die Messung der Dosisgrößen bezeichnet man als *Dosimetrie*. Schwierigkeiten bei der praktischen Dosimetrie in der Medizin ergeben sich insbesondere aus folgenden Tatsachen:

1. Es ist im Allgemeinen nicht möglich, die absorbierte Energie direkt zu messen, da diese bei den in der Medizin üblichen Strahlendosen viel zu klein ist.

2. Der Messung zugänglich sind nur die von der Strahlung in dem definierten Gasvolumen einer Ionisationskammer ausgelösten Ionisationen, nicht aber die interessierende Größe der Energiedosis in Organen. Folglich müssen die Bedingungen einer Messung mit der Ionisationskammer so festgelegt werden, dass daraus die Berechnung der Dosis im gleichartig bestrahlten Gewebe möglich ist.

Aus diesen Gründen verwendet man neben der in Gl. (21-16) definierten Energiedosis noch die *Ionendosis*. Darunter wird die Strahlenmenge verstanden, die in 1 kg Luft durch Ionisation eine bestimmte elektrische Ladung (beiderlei Vorzeichens) freisetzt. Ihre Einheit ist *Röntgen* (R):

$$1\,R = 2{,}58 \cdot 10^{-4}\,C\,kg^{-1}. \qquad (21\text{-}17)$$

Die Ionendosis kann in die Energiedosis umgerechnet werden. Hierzu ist es notwendig, dass bei der Messung der Ionendosis *Elektronengleichgewicht* vorliegt. Das bedeutet, dass von den in der Ionisationskammer durch Ionisation frei werdenden Elektronen genau so viele die Kammer verlassen, ohne angezeigt worden zu sein, wie durch Ionisation außerhalb der Kammer erzeugt werden und in die Kammer eindringen. Nur unter dieser Bedingung ist der gemessene Strom proportional der im Kammervolumen absorbierten Strahlungsenergie. Dann gilt folgende Beziehung zwischen der in Luft gemessenen Ionendosis I und der Energiedosis D_0 im Gewebe:

$$\frac{D_0}{I} = 0{,}87 \cdot 10^{-2}\,\frac{K_0/\varrho_0}{K_L/\varrho_L}. \qquad (21\text{-}18)$$

Hierbei sind K_0 bzw. K_L die *Energietransferkoeffizienten* und ϱ_0 bzw. ϱ_L die Dichten von Gewebe bzw. Luft. In Abb. 21.36 ist der Wert von $\frac{K_0/\varrho_0}{K_L/\varrho_L}$ für verschiedene Gewebearten aufgetragen. Da der Muskel als Repräsentant des Weichteilgewebes angesehen werden kann, sieht man, dass außer für Knochen dieser Quotient für Gewebe praktisch von der Quantenenergie unabhängig ist. Die Bedingung des Elektronengleichgewichts führt wegen der großen Reichweite der bei der Absorption im Gewebe frei werdenden Elektronen zu sehr großen Kammervolumina der Dosimeter *(Fasskammern)*, die in dieser Größe jedoch nur als Eichstandards benutzt werden. Bei den Ionisationskammern, die in der Praxis verwendet werden, erreicht man das Elektronengleichgewicht dadurch, dass die Innenseiten der Kammern aus *luft-*

äquivalentem Material bestehen, das sich in Bezug auf die Absorption von Röntgenstrahlen wie Luft verhält (gleiches mittleres Atomgewicht), aber eine wesentlich höhere Dichte besitzt. Darum genügen bereits dünne Schichten, um Elektronengleichgewicht zu erreichen.

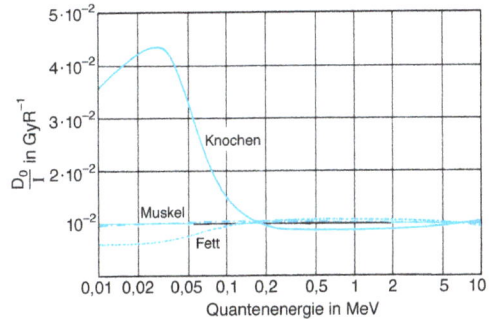

Abb. 21.36: Beziehung zwischen D_0 und I für Fett, Muskel und Knochen in Abhängigkeit von der Quantenenergie der Strahlung. (Die Einheit Gy R^{-1} ist nach Gln. (21-16) und (21-17) identisch mit der Einheit J C^{-1}.)

Neben der Energiedosis als wichtigster Größe hängt die biologische Strahlenwirkung auch von der *Ionisationsdichte* der betreffenden Strahlung ab. Man unterscheidet zwischen *locker* und *dicht ionisierender Strahlung*.

Zu den locker ionisierenden Strahlen gehören Röntgen- und γ-Strahlung, da hier die Wahrscheinlichkeit für einen Wechselwirkungsprozess relativ gering ist und folglich Ionenpaare (vgl. Abschnitt 21.2.5) nur vereinzelt auftreten. Bei den dicht ionisierenden α-Strahlen und den durch Neutronenemission erzeugten Rückstoßkernen dagegen ist die Wahrscheinlichkeit groß, dass im Gewebe in einzelnen Zellen eine große Anzahl von Ionenpaaren gebildet wird. Mit wachsender Ionisationsdichte wächst die biologische Wirkung.

Die unterschiedliche biologische Wirkung der verschiedenen Strahlenarten drückt man durch die *relative biologische Wirksamkeit* RBW aus. Sie ist definiert als Quotient der Energiedosen, die benötigt werden, um denselben biologischen Effekt einerseits mit locker ionisierender und andererseits mit dicht ionisierender Strahlung zu erzielen:

$$
\text{RBW} = \frac{\text{Energiedosis von Röntgen – oder Gammastrahlung}}{\text{Energiedosis der dicht ionisierenden Strahlung}}.
$$

(21-19)

Die RBW ist bei verschiedenen strahlenbiologischen Effekten auch bei der Verwendung der gleichen Strahlarten unterschiedlich. Für die praktische Anwendung, insbesondere beim *Strahlenschutz*, geht man von einer mittleren RBW, dem *Bewertungsfaktor Q*, aus und kann damit die unterschiedliche biologische Wirksamkeit durch die *Äquivalentdosis* ausdrücken:

$$
\text{Äquivalentdosis} = Q \cdot \text{Energiedosis}. \quad (21\text{-}20)
$$

Die Äquivalentdosis hat physikalisch die gleiche Dimension wie die Energiedosis, da Q ein dimensionsloser Bewertungsfaktor ist. Die Einheit der Äquivalentdosis wird mit *Sievert* (Sv) bezeichnet. 1 Sv entspricht einem J kg^{-1}. Die ältere Einheit der Äquivalentdosis ist das *rem* (**r**adiation **e**quivalent **m**en), 1 rem entspricht 10^{-2} Sv. Der Bewertungsfaktor Q ist 1 für Röntgen-, β- und γ-Strahlen, 5 für langsame Neutronen und 20 für schnelle Neutronen und α-Strahlen.

Die in Abschnitt 21.2.7 beschriebenen Nachweisgeräte für Korpuskularstrahlung (α, β) kann man im Prinzip auch als *Dosimeter* verwenden. Gegenüber der mit Luft gefüllten Ionisationskammer haben alle anderen Geräte jedoch den Nachteil, dass bei ihnen der Quotient in Gl. (21-18) für Weichteilgewebe nicht energieunabhängig ist. Daher ist beispielsweise bei der fotografischen Emulsion die Schwärzung bei gleicher Strahlendosis, aber unterschiedlicher Quantenenergie verschieden, d. h., man muss bei unterschiedlichen Energien der Strahlung verschiedene Eichfaktoren benutzen.

21.5 Bemerkungen zum Strahlenschutz

Da durch die ionisierende Strahlung biologische Effekte sowohl an somatischen als auch an genetischen Zellen ausgelöst werden, bedeutet eine erhöhte Strahleneinwirkung sowohl ein Risiko für den Einzelnen als auch für das Erbgut. Die *Aufgabe des Strahlenschutzes* ist es, die sinnvolle Anwendung der ionisierenden Strahlung bei möglichst kleinem Risiko zu ermöglichen.

Die Kenntnisse über die biologischen Effekte stammen zum größten Teil aus solchen medizinischen Anwendungen der ionisierenden Strahlung, bei denen Strahlendosen in der Größenordnung von 10 Gy verwendet wurden. Damit stellt sich die Frage, inwieweit eine Extrapolation bezüglich der biologischen Effekte von solch großen Strahlendosen auf wesentlich kleinere möglich ist. Weiterhin ist bei diesen Überlegungen zu beachten, dass die natürliche Strahleneinwirkung an verschiedenen Orten sehr unterschiedlich ist. Sieht man einmal von Extremwerten ab, so kann man vereinfachend feststellen, dass in Norddeutschland die natürliche Strahleneinwirkung etwa 0,6 mGy/Jahr und in Süddeutschland etwa 1,3 mGy/Jahr beträgt. Trotz dieses Unterschieds um mehr als den Faktor 2 haben sich bisher keine biologischen Effekte gezeigt, die darauf zurückzuführen wären. Dies gilt auch beispielsweise für Kerala in Indien, wo wegen des Monazitsands die natürliche Strahleneinwirkung um mehr als den Faktor 10 größer ist als in der Bundesrepublik.

Die Regelungen des Strahlenschutzes in der Bundesrepublik gehen trotzdem davon aus, dass auch kleinste Strahlendosen biologisch schädigend wirksam sein können. Durch staatliche Verordnung ist geregelt, dass Einzelpersonen maximal einer Aquivalentdosis von 1,5 mSv pro Jahr ausgesetzt sein dürfen. Davon ausgenommen sind die in Strahlenbetrieben Beschäftigten. Sie dürfen pro Jahr maximal eine zusätzliche Bestrahlung von 50 mSv erhalten. Für die Bevölkerung in der Nähe von Kernkraftwerken ist die zusätzliche Aquivalentdosis auf maximal 0,3 mSv festgesetzt. Alle angegebenen Werte beziehen sich auf Ganzkörperbestrahlungen, bei denen also der gesamte Organismus der Strahlung ausgesetzt ist.

Werden nur einzelne Organe betroffen, so gelten je nach deren Strahlensensibilität entsprechend modifizierte Werte. Durch diese Regelungen ist sichergestellt, dass sowohl das berufliche Strahlenrisiko als auch dasjenige der Allgemeinheit sehr klein ist, verglichen mit anderen zivilisatorischen Risiken.

Für die medizinische Anwendung bei Patienten sind keine Grenzwerte festgesetzt, da hier die medizinischen Notwendigkeiten, bedingt durch die vorliegende Erkrankung, das tolerable Risiko bestimmen.

Regelung, Steuerung, Informationsübertragung

22 Regelung und Steuerung

Der folgende Abschnitt ist nicht etwa dem Druckteufel zum Opfer gefallen, sondern soll anschaulich machen, was unter (biologischer) Regelung verstanden wird.

Wenn wir beim Lesen vom Normaldruck zum vorliegenden Abschnitt wechseln, werden unsere Augen plötzlich mit weniger Lichtstrom Φ (Abschnitt 17.2) versorgt. Um gut sehen zu können, bedarf das Auge jedoch eines bestimmten Lichtstroms (Sollgröße) Φ_0, der auf die Netzhaut auftrifft. Damit wir diesen wieder erreichen, stellt sich der Pupillendurchmesser d ziemlich schnell (innerhalb etwa einer Sekunde) auf einen größeren Wert ein. Hierbei nimmt d nicht monoton steigend zu (Kurve a der Abb. 22.1), sondern pendelt erst einige Male hin und her, bevor der neue Wert erreicht wird (Kurve b der Abb. 22.1).

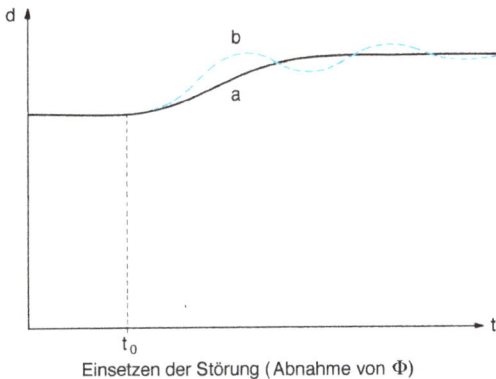

Abb. 22.1: Zeitverhalten des Pupillendurchmessers d bei sprunghafter Abnahme des Lichtstroms Φ.

Wir haben hier ein einfaches biologisches Beispiel für einen

Regelkreis, bestehend aus *Messwerk*, *Regelwerk* und *Stellwerk* (Abb. 22.2).

Auf der Netzhaut (Messwerk) wird der Gesamtlichtstrom Φ gemessen. Die Berechnung der Regelabweichung $\Delta\Phi = \Phi_0 - \Phi$ erfolgt

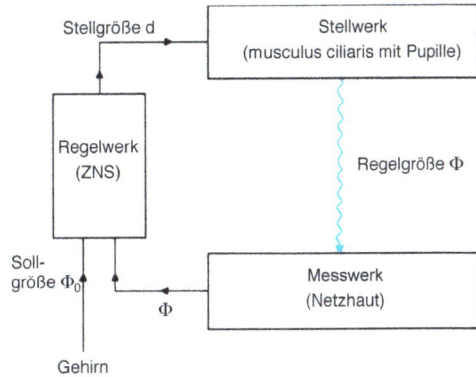

Abb. 22.2: Schema eines Regelkreises am Beispiel der Pupillenreaktion (ZNS = Zentrales Nervensystem).

durch Vergleich mit der Sollgröße Φ_0 im zentralen Nervensystem, ZNS (Regelwerk). Von dort empfängt der Ziliarmuskel (Stellwerk, Abb. 19.33a) Steuersignale, die ihn in unserem Fall zur Vergrößerung des Pupillendurchmessers d (Stellgröße) und damit zur Zunahme der Regelgröße Φ veranlassen.

Der Regelkreis und damit die Regelung überhaupt ist also dadurch charakterisiert, dass die Regelgröße Φ über das Regelwerk auf die Stellgröße d und diese wieder auf die Regelgröße Φ Einfluss nimmt. Eine derartige Wechselbeziehung zwischen Regelgröße und Stellgröße bezeichnen wir als *Rückkopplung*. Denken wir uns die Rückkopplung – aus welchen Gründen auch immer – unterbrochen, d. h., Φ beeinflusst zwar d, d aber nicht mehr Φ, dann liegt ein *aufgeschnittener Regelkreis*, Kennzeichen der *Steuerung*, vor.

Regelung und Steuerung unterscheiden sich somit dadurch voneinander, dass der Wirkungsablauf in einem Regelsystem geschlossen, in einem Steuersystem jedoch offen ist.

https://doi.org/10.1515/9783110691658-024

Soll ein Regelkreis sinnvoll funktionieren, dann muss die durch eine Störung bewirkte Regelabweichung $\Delta\Phi$ durch entsprechendes Gegensteuern des Stellwerks wieder zu null gemacht werden. Diese Art der Rückkopplung nennen wir *Gegenkopplung*. Würde die Rückkopplung infolge eines Funktionsfehlers des Regelkreises mit falschem Vorzeichen ablaufen, dann würde die Regelabweichung $\Delta\Phi$ ständig verstärkt werden, und in unserem Beispiel würde dieser Rückkopplungsmechanismus, den wir dann als *Mitkopplung* bezeichnen, bei Abnahme des Lichtstroms Φ zum Kleinerwerden des Pupillendurchmessers d und damit zur weiteren Abnahme von Φ führen. Wir sehen also, dass nur ein gegengekoppelter Regelkreis Störungen entfernen und Regelabweichungen klein halten kann.

Die Art und Weise, wie Stellgröße $y(t) = d$ und Regelabweichung $x(t) = \Delta\Phi$ mathematisch miteinander verknüpft sind, beschreibt die sog. *Übertragungsfunktion*. Im einfachsten Fall sind $x(t)$ und $y(t)$ proportional zueinander (P-Verhalten, Abb. 22.3a): $y(t) \sim x(t)$. Antwortet das Regelwerk auf einen plötzlichen Sprung von x mit einem linearen Anstieg von y, was durch eine Integration $y \sim \int x \, dt$ beschrieben wird (I-Verhalten, Abb. 22.3b), dann wird die Rückkopplung erst mit einer gewissen Zeitverzögerung voll wirksam. Zur Kompensation solcher Verzögerungen in einer Regelstrecke eignet sich ein Regelwerk, bei dem y auf die Änderung (Differential) der Regelabweichung reagiert: $y \sim \frac{dx}{dt}$ (D-Verhalten, Abb. 22.3c). Regelwerke mit P-, I- oder D-Verhalten sind durch einfache, lineare Übertragungsfunktionen gekennzeichnet. Die Kombination aller drei Funktionen führt zum PID-Regler, mit dem Abweichungen vom Sollwert für physikalische Systeme, deren Verhalten selbst im Wesentlichen durch lineare Zusammenhänge geprägt ist, effizient entfernt werden können. Insbesondere bei kleinen Abweichungen kann man meist von linearem Verhalten ausgehen. Müs-

sen jedoch plötzliche, sehr große Abweichungen ausgeglichen werden oder ist das physikalische System selbst sehr instabil, werden nichtlineare Übertragungsfunktionen benötigt.

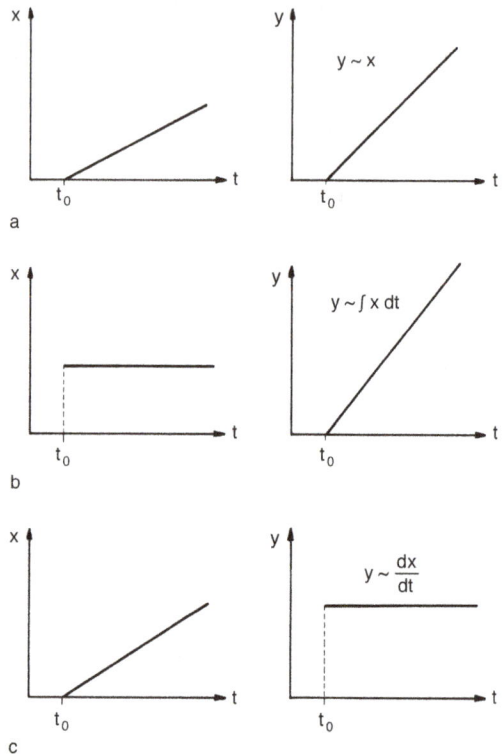

Abb. 22.3: Übertragungsfunktion in (a) einem P-Regler, (b) einem I-Regler und (c) einem D-Regler; $x(t)$ = Regelabweichung, $y(t)$ = Stellgröße.

Ein relativ übersichtlicher Regelkreis im menschlichen Organismus ist die *Blutdruckregelung*. Als Messwerk dienen die Dehnungsrezeptoren in Aorta und Carotis. Im ZNS (Regelwerk) wird die Regelabweichung vom Normalblutdruck (Sollgröße) festgestellt. Von dort empfangen Herzmuskel und periphere Gefäße (Stellwerk) Steuersignale, die z. B. die Schlagfrequenz des Herzens und den Gefäßwiderstand beeinflussen. Dadurch wird die Regelgröße Blutdruck nachgeregelt. Parallel hierzu wird durch hormonelle Einflüsse (Ausschüttung von Adrenalin durch die Nebenniere) eine mehr oder minder starke Füllung der Blutspeicher in Leber und Milz geregelt. Zufluss von Blut aus den Speicherorganen in das allgemeine Gefäßsystem bedeutet dort eine stärkere Füllung und damit einen Druckanstieg. Diese beiden Möglichkeiten zur Blutdruckregelung im Organismus sind durch unterschiedliche Zeitkonstanten gekennzeichnet. Die Regelung mit kleiner Zeitkonstante läuft über das Nervensystem und die mit großer Zeitkonstante auf chemischem Weg über die Hormone ab. Die durch das Nervensystem bestimmte kleine Zeitkonstante ist im Wesentlichen durch die endliche Ausbreitungsgeschwindigkeit der Aktionspotentiale gegeben, während andererseits die große Zeitkonstante im Wesentli-

chen durch die langsamere Durchmischung in den Flüssigkeitsräumen des Organismus bestimmt wird.

Der Regelkreis für den Blutdruck ist mit anderen homöostatischen Regelkreisen, wie beispielsweise der Wärmeregulation, verknüpft. Das bedeutet, dass zwei oder mehr Regelkreise nicht voneinander unabhängig sind, sondern sich gegenseitig beeinflussen. So wird auch der Regelkreis für die Atmung von demjenigen für den Blutdruck beeinflusst, was sich in der Abhängigkeit des *Atemminutenvolumens* vom Blutdruck zeigt. Es ist ganz allgemein eine der charakteristischen Eigenschaften der biologischen Regelung, dass die einzelnen Kreise sehr stark und sehr weitläufig miteinander vernetzt sind.

23 Computergestützte Informationsübertragung in der Medizin (Medizinische Informatik)

Die Wahrnehmung der Umgebung durch den menschlichen Körper (Temperatur, Helligkeit etc.) beruht auf einer komplexen Kette von Abläufen, die mit Signalen von Rezeptoren und Sinnesorganen beginnt und deren Übertragung an das Zentralnervensystem schließlich zur Verarbeitung und Bewertung im Gehirn führt. Diese Kette kann durch eine technische Analogie modelliert werden, eine *Informationskette*, die aus einer Nachrichtenquelle, einer Codiereinrichtung, einem Übertragungskanal sowie einer Decodiereinrichtung und einer Nachrichtensenke besteht. Vereinfacht ausgedrückt besteht die Kette aus einem Sender, einer Übertragungseinrichtung und einem Empfänger. Technisch sind Prototypen solcher Informationsketten somit Kommunikationssysteme wie Rundfunk und Fernsehen, in denen optische und/oder akustische Signale erzeugt, codiert, übertragen, decodiert und empfangen werden. Andere Beispiele sind etwa Datenverarbeitungsanlagen (Computer) oder Computer im Netz. Bei einzelnen Computern kann das Eingabegerät (z. B. die Tastatur) als Nachrichtenquelle und der Bildschirm als der Empfänger angesehen werden. Im Netz stellt ein Computer insgesamt den Sender dar und sind andere die Empfänger. Als Information in diesem Zusammenhang kann entweder das ursprüngliche Signal oder aber das bereits codierte angesehen werden.

Im biologischen System (Mensch) stellt die in der Peripherie sitzende Sinneszelle (als galvanisches Element mit ca. 100 mV Leerlaufspannung; Abschnitt 15.1) gleichzeitig die Nachrichtenquelle und die Codiereinrichtung dar. Den Übertragungskanal bilden die bis zum Zentralen Nervensystem an der Informationsübertragung beteiligten Neuronen, während das Zentrale Nervensystem selbst zugleich als Decodiereinrichtung und Nachrichtensenke (Empfänger) fungiert.

Von besonderer Bedeutung in einer Informationskette ist die Codierung. Sie ist notwendig, damit das Signal übertragen werden kann, d. h., sie ist bedingt durch den Übertragungskanal. Damit am Beispiel der Kommunikation zwischen zwei Computern A und B die an A eingegebene Information auf dem zugehörigen Übertragungskanal, etwa dem Internet, nach B übertragen werden kann, muss sie so codiert werden, dass der Kanal sie übermitteln kann. Daten können am besten übermittelt und auch erkannt werden, wenn sie die einfachste Form einer Alternative, d. h. eine *Ja/Nein-Entscheidung*, beinhalten. Diese Alternative kann in technischen Systemen durch verschiedene *binäre Elemente* realisiert werden. Beispielsweise ist eine bestimmte Stelle auf einem Magnetband magnetisiert oder entmagnetisiert, oder ein Transistor ist in Sperr- oder Durchlassrichtung gepolt. Bei der Informationsübertragung im Nervensystem wird das binäre Element dadurch realisiert, dass das Membranpotential einer Nervenzelle im *erregten Zustand* einen Potentialwert (Aktionspotential) annimmt, der sich wesentlich von dem des *nichterregten Zustands* unterscheidet. Durch die Aneinanderreihung derartiger binärer Elemente lassen sich in technischen Systemen Buchstaben, Zeichen und Ziffern nach dem Digitalprinzip (vgl. Abschnitt 15.3.4) darstellen. Die binären Elemente *(binary digits)* bezeichnet man als *bits*. Die Anzahl der bits, die zur Darstellung eines Zeichens in einem bestimmten Code benötigt werden, nennt man *Coderahmen*.

So sind beispielsweise mit einem Coderahmen von 5 bits $2^5 = 32$ Kombinationen möglich.

https://doi.org/10.1515/9783110691658-025

Diese 32 Kombinationen sind aber für die Übermittlung von Buchstaben-, Ziffern- und Sonderzeichen zu wenig. Auch die gebräuchlichen 6-bit- und 7-bit-Codes sind durch den jeweiligen Zeichenvorrat voll ausgefüllt. Demnach ergibt jede bei der Übertragung auftretende Bildverfälschung ein anderes Zeichen als das ursprünglich eingegebene. Diese Codes geben somit keine Möglichkeit, nur anhand der Bitanordnung einen Übertragungsfehler zu erkennen. Anders ist es bei den 8-bit-Codes, bei denen nicht alle $2^8 = 256$ möglichen Kombinationen durch den für Nachrichtenübertragung notwendigen Zeichenvorrat ausgeschöpft werden. Hier ist es möglich, dass ein Übertragungsfehler bereits an der empfangenen fehlerhaften Bitanordnung erkannt wird. Die nicht zum Zeichenvorrat gehörenden und daher unbenutzten Bitkombinationen eines Codes werden als *Redundanz* bezeichnet. Die Redundanz ist also die Differenz zwischen den vorhandenen und den verwendeten Bitkombinationen. Demnach sind die 8-bit-Codes redundant, Codes mit niedrigerer bit-Zahl sind nicht redundant. Zurzeit werden zur Informationsübertragung der 7-bit-ASCII-Code (erlaubt die Übertragung von Buchstaben-, Ziffern- und Sonderzeichen) bzw. der 8-bit-Code verwendet (letzterer erlaubt zusätzlich die Übertragung von Grafikzeichen).

Für die Übermittlung von „Information" im weitesten Sinne ist die Datenmenge, die in ihrer Gesamtheit diese zu übertragende Information bildet, von großer Bedeutung. Sie resultiert direkt aus der Codierung. Als Beispiel kann ein Bild (etwa eine Röntgenaufnahme) betrachtet werden. Die Umsetzung der zweidimensionalen Orts-Kontrast-Beziehungen des Bildes auf der Röntgenaufnahme in digitale Daten hängt von der Feinheit der Abtastung (Rasterung) des Bildes ab, d. h. der Einteilung der zweidimensionalen Bildfläche in elementare Bildeinheiten, in *Pixel*. Je höher deren Zahl, umso größer die nach der Codierung zu behandelnde Datenmenge und umso besser

die Darstellung der Bildinformation (Auflösung) nach Digitalisierung. Es hat sich eingebürgert, dass man für diese Menge die Maßangabe *Byte* verwendet, wobei bei der üblichen Codierung ein Byte der Zusammenfassung von 8 bit entspricht. Typische zu behandelnde Datenmengen im Bereich der Bildübertragung sind im Bereich von Megabyte (MB), also ca. 10^6 Byte. Für die Geschwindigkeit, mit der diese Menge übertragen wird, also die pro Zeiteinheit durch einen Kanal übertragbare Informationsmenge, verwendet man hingegen die Einheit bit/s. Diese Menge heißt *Kanalkapazität*; sie beträgt bei Breitbandübertragung über größere Entfernungen mit Kupferkabel bis 10^9 bit/s bzw. mit Glasfaserkabel bis 10^{12} bit/s. Zum Vergleich: Die Kanalkapazität des Gehirns beträgt bei visuellem Input ca. 10^7 bit/s (daran beteiligt sind ca. 10^6 Neuronen) und bei auditivem Input ca. 10^5 bit/s (ca. 3.10^4 Neuronen). Um bei Übertragung großer Datenmengen einen möglichen Engpass in der Kanalkapazität zu kompensieren, werden Daten komprimiert, nach Möglichkeit ohne nennenswerten Informationsverlust. Bekannteste Kompressionsformate für Bilddateien sind die JPEG-, für Audiodateien die MP3-Formate.

In der Medizin hat sich in den letzten Jahrzehnten aus der raschen Entwicklung aller mit Information und Informationsübertragung verbundenen Wissenszweige, die man heute unter dem Begriff Informatik zusammenfasst, eine spezielle **Medizinische Informatik** herausgebildet. Sie befasst sich mit der computergestützten Speicherung, Übertragung und Verarbeitung von medizinisch relevanten Daten. Sie will damit die Arbeitsprozesse im Gesundheitswesen durch Bereitstellung entsprechender Informationen unterstützen. Dies gilt für die medizinische Diagnostik und Therapie ebenso wie für die Dokumentation von Patientendaten, für die Abrechnung medizinischer Leistungen, für die Präventivmedizin und für die Epidemiologie. Dazu werden Informationen systematisch strukturiert, klassifiziert und sinnvoll gespeichert. Die dadurch entstehenden wissensbasierten Systeme dienen als Datenreservoir für die Anwendung statistischer Methoden und Evaluationen. Sie bilden etwa die Grundlage für die Einrichtung von Krebsregistern. Sie ermöglichen wissenschaftlich und wirtschaftlich begründbare Aussagen für das Gesundheitswesen einer Region, eines Landes oder sogar eines ganzen Kontinents.

Spezielle Anwendungsbereiche befassen sich mit folgenden Aufgaben:

1. Medizinische Bildverarbeitung, Visualisierung und Mustererkennung. Methodische Aufgabenschwerpunkte bilden die Weiterentwicklung von Verfahren zur 3-D-Bildanalyse bei der Computertomografie (CT), der Magnetresonanztomografie (MRT), der Positronemissionstomografie (PET), der Sonografie, der optischen Resonanztomografie, der nuklearmedizinischen Szintigrafie und der Signalverarbeitung in OP-Sälen und auf Intensivstationen. Entsprechende Datenmengen müssen gespeichert und im Falle der Telemedizin (s. unten) auch übertragen werden (Tab. 23.1).

Tab. 23.1: Bei sonographischen (Ultraschall-) Untersuchungen können auch größere Datenmengen anfallen, da u. U. Farbbilder und/oder Videosequenzen übertragen werden.

medizinische Verfahren	typische Bildauflösung	komprimierte übertragene Datenmenge in MB (Anzahl der Bilder) pro Untersuchung	
Röntgen Thorax	2.048 × 2.400 × 16	ca. 3	(1–2)
CT	512 × 512 × 16	10–20	(50–100)
MRT	256 × 256 × 8	1–2	(50–100)
Sonografie	512 × 512 × 8	1–5	(10–50)

Bei sonografischen (Ultraschall-)Untersuchungen können auch größere Datenmengen anfal-

len, da u. U. Farbbilder und/oder Videosequenzen übertragen werden.

2. Krankenhaus-Informationssysteme optimieren und evaluieren das Management eines Krankenhauses (Einkauf von Geräten und Medikamenten; Bereitstellung von Essen und Wäsche; Einsatz von Personal usw). Sie unterstützen die Dokumentation medizinischer Daten von Patienten und im weiteren Sinne auch von Gesunden, ganz allgemein von medizinischem Wissen. Erbrachte Leistungen werden zentral dokumentiert und abgerechnet. Klinische Arbeitsplätze werden online mit Patientendaten und Fachinformationen versorgt.

3. Evidenzbasierte Medizin (evidence-based medicine = beweisgestützte Medizin) bezieht sich auf systematisch dokumentierte klinische Erfahrungen und wissenschaftliche Studien, die aus einem großen (überregionalen) Einzugsgebiet zusammengetragen und kontinuierlich auf den neuesten Stand gebracht werden. Diese Dokumentation ermöglicht die systematische Suche nach der relevanten Evidenz in der medizinischen Literatur für ein konkretes klinisches oder gesundheitspolitisches Problem sowie die kritische Beurteilung der Validität dieser Evidenz nach klinisch-epidemiologischen Gesichtspunkten.

4. E-health. Der Kunstbegriff „electronic health" ist nicht genau definiert, ebenso wenig wie die Bezeichnungen „online health", „Cybermedizin" oder Ähnliches. Häufig werden mit E-health die Vernetzungsbestrebungen im Gesundheitswesen umschrieben, z. B. durch die elektronische Patientenkarte. Die elektronische Patienten- oder Gesundheitskarte (eGK) soll die Datenübermittlung zwischen Krankenhäusern, Arztpraxen, Krankenkassen, Apotheken und Patienten vereinfachen und kostengünstiger gestalten. Für rund 70 Millionen gesetzlich Krankenversicherte

ist diese Chipkarte in Deutschland vorgesehen. Sie wird im administrativen Teil Daten wie Name, Adresse, Geburtsdatum, Krankenkasse usw. speichern. Vertrauliche Daten werden so abgelegt, dass sie nur nach PIN-Eingabe oder in einer Arztpraxis zugänglich sind. Der vertrauliche medizinische Teil enthält Angaben zur Notfallversorgung, einen Vermerk zum Organspendestatus und spezielle Daten für chronisch Kranke. Da der Speicherplatz begrenzt ist, werden Daten über eingenommene Medikamente, Arztbriefe und die gesamte Krankenakte bei Fachdiensten der Telematik-Infrastruktur abgelegt und sind über gesicherte Knoten zugänglich. Es muss Sicherheit gewährleistet werden, dass unerlaubter Datenzugriff und Datenmissbrauch durch Dritte verhindert wird.

5. Telemedizin. Triebkraft zur Telemedizin ist die räumliche Trennung von Arzt und Patient. Bei Expeditionen in eine entlegene Region (Arktis/Antarktis), bei der Raumfahrt, bei militärischen Einsätzen, in dünn besiedelten Gegenden ist der Bedarf für telemedizinische Anwendungen evident. Aber auch in medizinisch gut versorgten Gebieten wird die Telemedizin immer mehr zu einem Qualitätsstandard, der unerlässlich ist, etwa bei der Patientenüberwachung, bei der Einholung einer Zweitmeinung oder zur Verbesserung von Aus-, Fort- und Weiterbildung.

Bei der *telemetrischen Patientenüberwachung* werden Patienten mit Geräten (z. B. subkutan implantiertem Herzschrittmacher oder Defibrillator, plus extrakorporal verfügbarer Sendeeinrichtung) zur Messung und Übertragung von Vitaldaten (z. B. Blutdruck, Herzfrequenz, Herzflimmern) ausgestattet. Die direkt am Patienten gemessenen Signale werden zunächst analog verstärkt und durch den Sender, den der Patient bei sich trägt, über Funk zum Empfänger übermittelt. Zum Zweck der automatischen EKG-Analyse und -Überwachung werden sie dann in einem Analog-Digital-Converter digitalisiert und nach Weiterverarbeitung auf einem Bildschirm zur Sicht-Anzeige gebracht, auf einem Schreiber registriert oder in einem Datenspeicher konserviert und eventuell zusätzlich zur Steuerung des im Herzschrittmacher integrierten Defibrillators verwendet. Letzterer spricht an, sobald die Analyse außergewöhnliche EKG-Strukturen ergibt. Diese Art der Patientenüberwachung ist auf viele andere Bereiche übertragbar, z. B. auf die Kontrolle der Atmung, des Sauerstoffgehalts im Blut, des Blutdrucks, des Pulses, der Temperatur usw., ermöglicht aber auch Rückmeldungen des Arztes zu den Patienten (Medikamenteneinnahme, Information über den aktuellen Stand der gelieferten Messwerte).

Viele medizinische Fächer greifen inzwischen auf die technischen Möglichkeiten zurück, die sich aus der elektronischen Übertragung von Bildmaterial vom Ort der Untersuchung zum Ort der Diagnosestellung ergeben (Telechirurgie, Teledermatologie, Telekardiologie, Teleneurologie, Teleradiologie usw.). Dadurch entfällt der immer noch verbreitete Versand von Bildern, z. B. durch Kurierdienste. Die elektronische Bereitstellung tomografischer Bilder (z. B. CT, MRT) gehört mehr und mehr zum festen Service einer radiologischen Praxis. Hierbei sind aber auch technische, organisatorische und rechtliche Herausforderungen zu bewältigen: Datenkompression und -übertragung, Gerätebeschaffung und Betriebskosten, Datenschutz.

6. Medizinische Robotik. Die Robotik widmet sich der Entwicklung von Maschinen, die mehr oder weniger autark, durch ein vorbestimmtes Programm festgelegt, Aufgaben zu übernehmen imstande sind. Dieses Fachgebiet umfasst Teilgebiete der Informatik (insbesondere der künstlichen Intelligenz), der Elektrotechnik und des Maschinenbaus. Die Anwendungsbereiche sind vielfältig. Es gibt Spielzeugroboter, Serviceroboter, Industrieroboter, Roboter für den polizeilichen und

militärischen Einsatz, Medizinroboter usw. Die Verwendung von Robotern in der Medizin ist ein relativ junges Forschungs-, Entwicklungs- und Anwendungsgebiet. Sie kommen vornehmlich zum Einsatz, um Ärzte bei Operationen zu unterstützen, da sie in der Lage sind, vordefinierte Funktionen ermüdungsfrei und mit hoher Präzision zu übernehmen. Die Mensch-Maschine-Interaktion stellt hohe Anforderungen an das Robotersystem und ebenso an den beteiligten Arzt, der hier gleichzeitig technische Aufgaben übernimmt. Beispiele für die computergestützte Planung, Navigation und Durchführung neurochirurgischer Operationen sind Eingriffe an der Wirbelsäule etwa beim Freifräsen des Spinalkanals (zur Dekompression des Rückenmarks an bestimmten Stellen) oder beim Setzen von Pedikelschrauben (zur Stabilisierung von Brust- und Lendenwirbel bei Fraktur-, Tumor- oder anders bedingter Deformitäten). Derartige Eingriffe beinhalten ein hohes Operationsrisiko aufgrund der engen Lagebeziehung zwischen Knochen, Nerven und Gefäßen. Daher ist es ein Gewinn, wenn die erforderliche chirurgische Arbeit mit vordefinierter Genauigkeit und zusätzlich ermüdungsfrei durchgeführt werden kann.

Aufgaben und Lösungen

24 Aufgaben

(Der erste Teil der Aufgabennummer weist auf das Kapitel hin, dem die Aufgabe inhaltlich zugehört.)

1.1 Relativitätstheorie

Ein 100 m langes Raumschiff sei mit einer Geschwindigkeit von $v = 4 \cdot 10^4 \, \text{m s}^{-1}$ im All unterwegs.

a) Um wie viel gehen die Borduhren für einen Beobachter auf der Erde gegenüber Erduhren nach 8 Jahren nach?

b) Um wieviel scheint diesem Beobachter das Raumschiff kürzer?

1.2 Raumwinkel

Mit einer (als punktförmig angenommenen) radioaktiven Substanz werde aus 1 m Abstand ein kugelförmiger Tumor mit Durchmesser 10 cm bestrahlt.

a) Welchen Raumwinkel Ω bildet der Strahlenkegel, der den Tumor bestrahlt?

b) Wie ändert sich Ω, wenn der Abstand von 1 m auf 5 m vergrößert wird?

c) Wie groß ist Ω, wenn sich die radioaktive Substanz im Zentrum des Tumors befindet und diesen von innen heraus bestrahlt?

1.3 Beschleunigung, Bremsung

a) Mit welcher geradlinig gleichförmigen Beschleunigung fährt ein Auto an, das in 5 s auf 100 km h^{-1} beschleunigt?

b) Wie groß ist die Zentripetalbeschleunigung, wenn das Auto mit 100 km h^{-1} in eine Kurve mit Krümmungsradius 20 m fährt?

c) Wie groß ist die gleichförmige negative Beschleunigung, wenn jemand aus 1 m Höhe auf den Boden springt und beim Abfedern in 0,5 s abgebremst wird?

2.1 Kraft

Jemand wird von einem 50 g schweren Stein, der eine Geschwindigkeit von 4 m s^{-1} besitzt, am Kopf getroffen. Nehmen wir an, der Stein wird dabei auf einem Weg von 2 mm gleichmäßig abgebremst.

a) Wie groß ist die Kraft, die auf den Schädel eingewirkt hat?

b) Wie groß wäre die Kraft gewesen, wenn der Stein das weichere Hinterteil getroffen hätte, wo er auf einem Weg von 2 cm gleichmäßig abgebremst worden wäre?

2.2 Weg, Geschwindigkeit, Beschleunigung

Die Beschleunigung einer Rakete nehme aufgrund der Tatsache, dass sie dauernd Treibstoff verbraucht und deshalb leichter wird, linear mit der Zeit zu: $a = a_0 t$ mit $a_0 = 0,5 \, \text{m s}^{-3}$.

Wie groß sind erreichte Endgeschwindigkeit und zurückgelegter Weg nach 10 min?

2.3 Druck

a) Wie groß ist der Druck, den eine 50 kg schwere, auf einem Pfennigabsatz von 0,5 cm^2 Fläche balancierende Dame auf ihren Parkettboden ausübt?

b) Wie groß ist zum Vergleich der Druck, den ein 1 t schwerer Elefant auf *einem*

https://doi.org/10.1515/9783110691658-026

Bein (Fußsohlenfläche ca. 700 cm²) balancierend auf den Boden ausübt?

2.4 Reibung

Ein 1 t schweres Auto rast mit einer Geschwindigkeit von 100 km h^{-1} in eine Kurve mit einem Krümmungsradius von 100 m. Kommt das Auto bei gutem Wetter heil durch die Kurve? Wie ist es bei Regenwetter? (Haftreibungszahl von Gummi auf trockenem Asphalt ca. 1 und auf nassem Asphalt ca. 0,7.)

3.1 Abmagerungskur

a) Wie lange müssen Sie „fasten", d. h., dürfen Sie „nur" 8400 kJ (= 2000 kcal) pro Tag essen, anstatt Ihrer normalen Kost von 10500 kJ (= 2500 kcal) pro Tag, um 5,3 kg Körperfett abzubauen? (1 g Fett besitzt einen Energiegehalt von ca. 39 kJ. Als normal sei hier die Kost bezeichnet, bei der Sie Ihr Körpergewicht konstant halten.)
b) Sie können Ihre Kur natürlich anstatt auf geringerer Energieaufnahme auch auf höherer Energieabgabe aufbauen. Wie oft müssten Sie eine Masse von 50 kg einen halben Meter hoch wuchten?

3.2 Energie, Leistung

Wie groß ist jeweils der Energieaufwand, wenn wir einerseits mit einem Auto und andererseits zu Fuß auf ebener Straße 20 km zurücklegen? Der Benzinverbrauch des Autos auf 100 km sei 10 l; der Energieinhalt von Benzin beträgt 32560 kJ pro Liter. Der Fußgänger leistet beim Gehen mit 5 km h^{-1} ca. 70 W.

3.3 Masse-Energie-Äquivalenz

Wie groß ist die bei der Zerstrahlung von Positron und Elektron frei werdende Energie? (Einheiten J bzw. eV). Die Masse von Positron und Elektron ist gleich; siehe Kapitel A.6.

4.1 Impulserhaltung

Die linke Herzkammer stößt pro Schlag ca. 60 g Blut mit einer Geschwindigkeit von ca. 0,5 m s^{-1} nach oben in die Aorta aus (Systole). Die Dauer dieses Vorgangs beträgt ca. 0,1 s. Unmittelbar danach passiert die Druckwelle den Aortenbogen und drückt das Blut in der Körperschlagader nach unten. Wenn Sie sich auf eine sehr empfindliche, schnell anzeigende Waage stellen, können Sie diesen Vorgang verfolgen. Wie ändert sich die Anzeige der Waage, wenn die 60 g Blut aus der linken Herzkammer ausgestoßen werden bzw. wenn das Blut den Aortenbogen passiert hat?

4.2 Drehimpulserhaltung

Eine Eiskunstläuferin beginnt ihre Pirouette mit ausgebreiteten Armen; dabei besitzt sie bei einer Drehzahl von 1 s^{-1} einen Drehimpuls von 31,4 Nm s.
a) Wie groß ist ihr Trägheitsmoment?
b) Auf welche Drehzahl kommt sie, wenn sie durch Anlegen der Arme ihr Trägheitsmoment auf 2,5 kg m² reduziert?

5.1 Elastische Verformung

Die Oberschenkelknochen tragen die Masse m = 80 kg eines aufrecht stehenden Menschen. Wir nehmen an, ein Oberschenkelknochen sei im entlasteten Zustand 50 cm lang, rund und im Mittel 2 cm stark und besitze einen Elastizitätsmodul $E = 1,80 \cdot 10^{10}$ Nm^{-2}. Um wieviel kürzer ist der Knochen, wenn die gesamte Körpermasse

a) auf einem Bein lastet,

b) wenn die Versuchsperson auf zwei Beinen stehend eine Last von 240 kg trägt?

5.2 Bruchfestigkeit

Mit dem Wert für die Druckfestigkeit aus Tab. 5.2 ist die maximale Kraft zu berechnen, mit der ein Oberarmknochen belastet werden kann, ohne dass es zum Bruch kommt. Der äußere Durchmesser des Knochens soll 28 mm betragen, der innere Durchmesser 17 mm.

5.3 Hagen-Poiseuille's sches Gesetz

Durch ein 0,5 m langes Rohr mit 8 mm Durchmesser sollen Flüssigkeiten unterschiedlicher Viskosität laminar fließen ($\eta_{\text{Glyzerin}} = 0,83$ Pa s, $\eta_{\text{Blut}} = 0,0045$ Pa s, $\eta_{\text{H2O}} = 0,001$ Pa s).

a) Wie groß ist jeweils die Volumenstromstärke, falls die Druckdifferenz zwischen den Rohrenden 100 Torr beträgt?

b) Wie stark verringert sich die Stromstärke, wenn der Rohrdurchmesser nur halb so groß ist?

5.4 Sedimentation

a) Wie groß ist das Verhältnis der Sedimentationsgeschwindigkeiten von kugelförmigen Partikeln (z. B. biologischen Makromolekülen) bei Sedimentation im Schwerefeld der Erde bzw. in der Ultrazentrifuge? (Die Zentrifugalbeschleunigung sei 10^6 m s^{-2}.)

b) Welchen Vorteil hat die Sedimentation mit der Ultrazentrifuge gegenüber der im Schwerefeld?

5.5 Turbulente Strömung

Kommt es in der Aorta (ca. 2 cm Durchmesser) zu turbulenter Strömung, wenn die Maximalgeschwindigkeit des Blutes bei der Systole ca. 0,5 m s^{-1} beträgt? (Dichte $\varrho_{\text{Blut}} = 1000$ kg m^3.)

6.1 Pendel

a) Das Pendel einer Standuhr soll eine Schwingungsdauer von 1 s haben. Wie lang muss es sein, wenn es sich um ein *mathematisches Pendel* (Abschnitt 6.2) handelt? (Erdbeschleunigung $g = 9,81$ m s^{-2}).

b) Mit dem Pendel lässt sich g sehr genau messen. Das mathematische Pendel von a) hat am Äquator eine um 2,6 ‰ längere Schwingungsdauer als am Pol. Um welchen Betrag unterscheidet sich also die Erdbeschleunigung am Äquator von der am Pol? (Die Erdbeschleunigung beträgt am Pol $g = 9,83$ m s^{-1}.) Es sind übrigens zwei Effekte, die diesen Unterschied hervorrufen: die Abplattung der Erde an den Polen und die Zentrifugalkraft infolge der Erdrotation, die am Äquator am größten ist.

6.2 Eigenschwingung eines elastischen Festkörpers

Taktgeber in Quarzuhren sind stabförmig geschnittene Quarzkristalle, die durch eine hochfrequente Wechselspannung aus einem Schwingkreis zu mechanischer Eigenschwingung angeregt werden und selbst wieder die Frequenz des Schwingkreises steuern. Dies ist ein Beispiel für einen Regelkreis; durch ihn wird die extreme Ganggenauigkeit dieser Art von Uhren möglich. Wie lange muss ein solcher Schwingquarz sein, damit er in der 2. longitudinalen Oberschwingung mit der Frequenz $\nu = 1$ MHz schwingt? (Elastizitätsmodul und Dichte von Quarz: $E = 7{,}5 \cdot 10^{10}$ Nm^{-2}, $\varrho = 2{,}65 \cdot 10^3$ kg m^{-3}). *Hinweis:* Aus Gl. (7-13c) lässt sich damit die Schallgeschwindigkeit berechnen.

6.3 Gedämpfte Schwingungen

Ein gedämpftes Federpendel werde zu einer freien Schwingung angestoßen und schwinge langsam aus. Bei jeder vollen Schwingung, die 2 s dauere, gehen dabei durch Luft- und Lagerreibung 20 % der Schwingungsenergie verloren.

a) Wie groß ist die im Pegelmaß zweier aufeinanderfolgender Maximalauslenkungen ausgedrückte Dämpfung?

b) Wie groß ist das logarithmische Dekrement?

c) Wie groß ist der Dämpfungsfaktor δ der Gl. (6-12)?

6.4 Erzwungene Schwingungen

Die Amplitude einer erzwungenen Schwingung ist durch Gl. (6-14a) gegeben. Es ist eine einfache Rechenaufgabe, die Frequenz ihres Maximums, die *Resonanzfrequenz,* zu berechnen. (Bedenken Sie, dass A_0 am größten ist, wenn der Ausdruck unter der Wurzel im Nenner am kleinsten ist; so genügt es, dieses Minimum zu suchen.)

Wie groß ist der daraus folgende Maximalwert von A_0?

6.5 Mittelwerte periodisch sich ändernder Größen

Bei periodisch sich verändernden Größen ist es oftmals interessant zu wissen, wie groß ihre Mittelwerte sind. Mittelwerte von Funktionen werden allgemein nach Gl. (14-100) berechnet.

a) *Ein Beispiel:* Die Bewegung des Herzens erfolgt periodisch, und es wird periodisch Blut ausgestoßen. Wichtig ist zu wissen, welche Menge von Blut über längere Zeitdauer gefördert wird. Dazu benötigen wir den (zeitlichen) Mittelwert des Blutstroms. Das ist derjenige Strom, der mit zeitlich konstanter Stärke fließen müsste, damit nach längerer Zeit die gleiche Blutmenge gefördert worden ist wie durch die pulsierende Pumpe des Herzens. Wie groß ist der Mittelwert des Blutstroms, wenn etwa 70 ml pro Herzschlag (*Schlagvolumen*) gepumpt werden und die Pulsfrequenz 100 min^{-1} beträgt? Geben Sie ihn in Einheiten l min^{-1} und ml s^{-1} an.

Hinweis: Hier ist die Berechnung einfacher, wenn in Gl. (14-100) das Integral durch eine Summe ersetzt wird.

b) Für den Mittelwert des Funktionswertes y einer harmonischen Funktion (Sinus, Cosinus) gilt allgemein $\langle y \rangle = 0$. (Beim Beispiel des Pendels ist das anschaulich klar: Sein Ausschlag erfolgt nach beiden Seiten in gleicher Weise, sodass der Mittelwert der Auslenkung null ist, das Pendel sich also über längere Zeit nicht wegbewegt.) Beweisen Sie das allgemein für die Funktionen $y = A \sin x$ und für $y = A \cos x$.

Hinweis: Da sich eine periodische Funktion nach jeder Periode wiederholt, genügt es, das Integral in Gl. (14-100) über eine Periode der Funktion zu erstrecken. (Im Anhang A.5 sind einige Integrale zusammengestellt.)

7.1 Wellenlänge und Phase

a) Auf Mittelwelle sendet Radio Saarbrücken mit der Frequenz 1.421 kHz, auf UKW mit 87,9 MHz. Wie groß sind die zugehörigen Wellenlängen?

b) Zwei Pendel gleicher Frequenz $\nu = 3$ Hz schwingen mit einer Phasendifferenz von $\varphi_0 = \pi/3$. Um welche Zeit Δt sind die Schwingungsbewegungen der beiden gegeneinander verschoben?

7.2 Schallausbreitung

Ein unter Wasser schwimmender Delphin stößt einen Ultraschall-Schrei aus und empfängt nach 7,5 ms ein von einem Hindernis reflektiertes Signal. Wie weit ist dieses Hindernis entfernt? (Die Bewegung des Delphins sei sehr klein, sodass seine Position während der Laufzeit des Signals als fest angenommen werden kann.)

7.3 Überschallflugzeug

In Abb. 24.1a ist gezeigt, wie von einer bewegten Quelle ausgehende Schallwellen aussehen. Dabei ist vorausgesetzt, dass $\upsilon < c$. Flugzeuge können aber schneller als der Schall sein. (Dem Verhältnis aus Fluggeschwindigkeit und Schallgeschwindigkeit gibt man den Namen *Mach*. Beispielsweise spricht man von Mach 2, wenn $\upsilon = 2c$.) Dann fliegt die Quelle ihren eigenen Wellen davon, und es entsteht eine kegelförmige Wellenfront (*Mach-Kegel* oder *Kopfwelle*), die die in Abb. 24.1b skizzierte Form hat.

a) Berechnen Sie, wie sich der Winkel α des Kegels mit der Geschwindigkeit υ verändert.

b) Längs des Kegelmantels addieren sich die Schallamplituden zu sehr großen Werten auf *(Kopfwelle)*; wenn der Kegelmantel die Erdoberfläche erreicht, hört man den

Überschall-Knall, der Fensterscheiben zerspringen lassen kann. Wie weit ist ein mit Mach 2 in 1.000 m Höhe fliegendes Flugzeug schon von einem Punkt z auf der Erde entfernt, den es überflogen hat, wenn diesen der Überschall-Knall trifft?

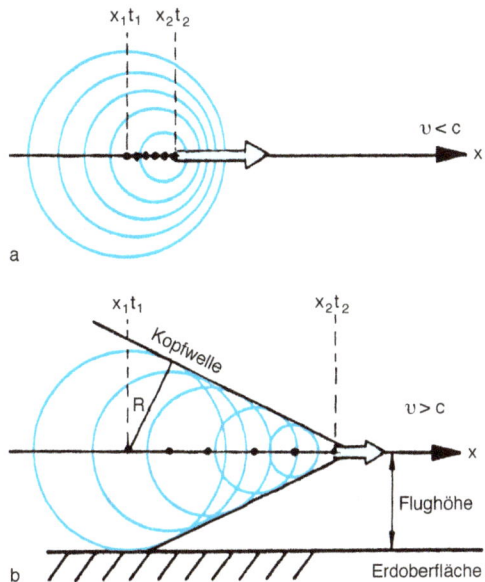

Abb. 24.1: (a) Die Geschwindigkeit υ der Schallquelle ist kleiner als die Schallgeschwindigkeit c. Die Quelle sendet Kugelwellen aus; sie bewegt sich während der Zeit von t_1 bis t_2 vom Ort x_1 zum Ort x_2. Für den Zeitpunkt t_2 sind einige, während dieser Bewegung an verschiedenen Orten emittierte Kugelwellen gezeichnet. (b) Die Schallwelle bewegt sich mit Überschallgeschwindigkeit ($\upsilon > c$). Die Kugelwellen bleiben hinter der Quelle zurück; ihre Einhüllende, die Kopfwelle, bildet den Mach-Kegel.

7.4 Empfindlichkeitsbereich des Ohres

Das Ohr kann in einem extremen Lautstärkebereich arbeiten, der von $L_{N1} = 0$ Phon bis $L_{N2} = 130$ Phon (sofortige Schädigung) reicht. Wir wollen dies für die Frequenz 1 kHz genauer untersuchen:

a) Wie groß ist die Schallintensität in beiden Extremfällen?
b) Wie groß ist die Auslenkungsamplitude der Luftteilchenbewegung in beiden Fällen? Vergleichen Sie diese mit dem Durchmesser eines Sauerstoffmoleküls von 0,24 nm.
c) Wie groß ist die Schallwechseldruckamplitude in beiden Fällen? Vergleichen Sie mit dem Atmosphärendruck.

7.5 Akkorde

Die Waldstein-Sonate endet mit dem unten dargestellten Akkord.
a) Welche Namen haben die Töne?
b) Welche Intervalle (zwischen den benachbarten Tönen) sind in dem Akkord enthalten?
c) Welche Tonintervalle bilden die oberen 3 Töne zum tiefsten Ton?
d) Der Kammerton a′ hat die Frequenz 440 Hz. Der tiefste Ton des Akkordes liegt eine Sext tiefer. Berechnen Sie dessen Frequenz, und geben Sie dann mithilfe des Ergebnisses von c) die Frequenzen der anderen 3 Töne an!

7.6 Frequenz einer gespannten Saite

Haben Sie schon einmal eine Geige oder Gitarre gestimmt? Dann wissen Sie, dass man die Tonhöhe der Saiten variieren kann, indem man durch mehr oder weniger weites Aufwickeln auf den Wirbeln die elastische Zugspannung der Saiten verändert.

a) Was geschieht dabei?
b) Eine Geigensaite aus Stahl ist rund 33 cm lang. Welche Wellenlänge entspricht der Grundschwingung (die Enden der Saite sind fest eingespannt)? (Siehe Gl. (7-36a).)
c) Die Schallgeschwindigkeit längs der Saite hängt von der Spannkraft F nach der Beziehung $c = (Fl/m)^{1/2}$ ab, wobei l und m Länge und Masse der Saite bedeuten. (Die Dichte des Saitenmaterials ist $\varrho = 8 \cdot 10^3$ kg m^{-1}, der Durchmesser sei $d = 0,3$ mm.) Wie groß muss dann die elastische Spannung sein, damit die Frequenz des Kammertons a (440 Hz) entsteht, die Saite also als a-Saite gestimmt ist?

8.1 Wärmekapazität eines Kalorimeters

Um die Wärmekapazität eines Kalorimeters zu messen, füllt man in dieses zunächst eine Menge kalten Wassers, gießt dann heißes Wasser hinzu und beobachtet den Temperaturausgleich.

Welche Größen müssen gemessen werden, um die Wärmekapazität des Kalorimeters bestimmen zu können?

8.2 Erwärmung eines Körpers

Ein PKW wird durch Vollbremsung aus der Geschwindigkeit $v = 100$ km h^{-1} zum Stehen gebracht. Wie groß ist der Temperaturanstieg der Bremsscheiben, wenn während der Bremsung keine Wärme an die Umgebung abgegeben wird?

(Masse des PKW $m_1 = 10^3$ kg; Masse der Bremsscheiben $m_2 = 15$ kg; spezifische Wärmekapazität des Materials der Bremsscheiben 461 J kg^{-1} K^{-1}.)

8.3 Widerstandsthermometer

Ein Platin-Widerstandsthermometer hat bei 0 °C einen Widerstand von 10 Ω und bei 100 °C einen Widerstand von 13,95 Ω. Welche Temperatur t entspricht einem Widerstand von 10,79 Ω, wenn sich der Widerstand linear mit der Temperatur ändert?

9.1 Ausdehnung von Gasen

Die Luft in einem 8 m langen, 6 m breiten und 3 m hohen Raum wird von 10 °C auf 20 °C erwärmt. Der Luftdruck soll unverändert bleiben. Welches Gasvolumen entweicht aus dem Raum? (Die Luft befinde sich im idealen Gaszustand.)

9.2 Adiabatische Kompression

Beim Dieselmotor wird die Zündtemperatur durch Kompression des Treibstoffgemisches erreicht. Der Ausgangsdruck sei $p_1 = 1$ bar, der Enddruck $p_2 = 40$ bar. Die angesaugte Luft habe eine Temperatur $T_1 = 290$ K. Wie hoch ist die Endtemperatur, wenn adiabatische Kompression angenommen wird? ($\varkappa_{Luft} = 1,4$.)

9.3 Sauerstoffverbrauch des Menschen

Das Atemvolumen eines Menschen betrage 6 l min^{-1} bei einer Temperatur von 310 K. Der Partialdruck des Sauerstoffs in der Inspirationsluft ist 197 mbar und in der Exspirationsluft 152 mbar. Wie viele Mole Sauerstoff werden pro Stunde verbraucht?

10.1 Innere Energie eines Gases

Wie groß ist die innere Energie eines einatomigen idealen Gases bei der Temperatur von 300 K?

10.2 Translationsenergie von Gasen

Wie groß ist die kinetische Translationsenergie
a) aller Moleküle eines Mols E_M?
b) eines Moleküls E_m bei einem idealen Gas mit der Temperatur $t = 0$ °C?

10.3 Arbeit, Wärmemenge, innere Energie eines Gases

In einem horizontal liegenden Zylinder mit reibungslos beweglichem Kolben befinde sich ein Mol eines zweiatomigen idealen Gases mit der Temperatur $T = 273$ K. Das Gas wird auf $T = 350$ K erwärmt. Dabei bleibt der Gasdruck konstant, d. h. gleich dem Außendruck.
a) Wie groß ist die Volumenzunahme ΔV?
b) Wie groß ist die vom Gas verrichtete Arbeit ΔW?
c) Wie groß ist die Zunahme der inneren Energie ΔU?
d) Wie groß ist die dem Gas zugeführte Wärmemenge ΔQ?

12.1 Energieumwandlung

Ein Automotor habe einen stündlichen Benzinverbrauch von 12 l bei einer mechanischen Leistungsabgabe von $P = 40$ kW. Wie groß ist der Wirkungsgrad des Motors? ($\varrho_{Benzin} =$

780 kg m^{-3}; Verbrennungswärme H_{Benzin} = 4,5·10^7 J pro kg verbrannten Benzins.)

12.2 Carnot'scher Kreisprozess

In einem Kreisprozess werden von einer Substanz 5.000 J Wärme aufgenommen und 3.500 J Wärme wieder abgegeben.

a) Wie groß ist die während des Kreisprozesses abgegebene Arbeit?

b) Wie groß ist die Leistung P, wenn der Kreisprozess 10-mal pro Sekunde durchlaufen wird?

12.3 Wärmepumpe

Ein Wohnhaus wird mit einer Wärmepumpe beheizt, wobei Wärme aus der Umgebungsluft (t_2 = 4 °C) entnommen und an die Heizkörper (t_1 = 54 °C) abgegeben wird. (Heizleistung bei t_1 = 35 MJ pro Stunde.)

a) Wie groß wäre der Wirkungsgrad η_w (Quotient aus abgegebener Wärme und aufgewandter Arbeit) der Anlage, wenn sie nach dem idealen Carnot'schen Kreisprozess funktionieren würde?

b) Der in der Praxis erreichte Wirkungsgrad ist kleiner als η_w. Er wird als Leistungszahl ε bezeichnet, und es sei ε = 0,5η_w. Wie groß ist die Pumpleistung (in kW) der Wärmepumpe?

13.1 Energieabgabe des menschlichen Körpers

Die Luft, die ein Mensch einatmet, habe eine Temperatur von 20 °C und eine relative Feuchtigkeit von 60 %. Die Luft verlässt die Lunge mit Körpertemperatur und einer relativen Feuchte von 100 %.

(Eingeatmetes Luftvolumen pro Zeit 6 l min^{-1}; Luftdruck 10^5 Pa; Sättigungsdampfdruck des Wassers bei 20 °C 23 mbar, bei 37 °C 63 mbar.)

a) Wie groß ist die Wärmeabgabe pro Stunde durch Erwärmung der Atemluft? (Unter der Annahme, dass in der eingeatmeten Luft nur zweiatomige Gase vorhanden sind, ist $C_{mol,\,p}$ = 7/2 R.)

b) Wie viele Mole Wasserdampf werden pro Stunde in der Lunge gebildet?

c) Wie groß ist die Wärmeabgabe pro Stunde durch den zusätzlich gebildeten Wasserdampf? (Verdunstungswärme des Wassers bei 37 °C: 4,30·10^4 J mol^{-1}.)

13.2 Hämolyse bei osmotischer Druckdifferenz

Eine 0,155 molare Kochsalzlösung ist mit den Erythrozyten isotonisch. In einer 0,069 molaren Kochsalzlösung kommt es zur Hämolyse der Erythrozyten. Man berechne den osmotischen Druck der Erythrozyten unter der Annahme, dass das NaCl vollständig dissoziiert und die gesamte Druckdifferenz bei der Hämolyse wirksam wird. Man nehme eine Temperatur von T = 298 K an.

13.3 Osmotischer Druck

Wie groß ist bei t = 15 °C der osmotische Druck einer Zuckerlösung, die pro Liter Wasser 10 g Zucker enthält? (Molare Masse des Zuckers: 260 g mol^{-1}.)

14.1 Vergleich von Coulomb- und Gravitationskraft

a) Wie groß sind Coulomb- und Gravitationskraft zwischen zwei Protonen im Kern (Abstand ca. 1 fm) bzw. zwischen einem Proton im Kern und einem Elektron auf der 1. Bohr'schen Bahn des H-Atoms (Abstand $a_0 = 0{,}0529$ nm)?

b) Wie groß sind zum Vergleich die Gravitationskräfte zwischen Erde und Mond bzw. zwischen Erde und Sonne? (Abstände: siehe Tab. 1.6; Massen: siehe Tab. 2.1.)

c) Wie groß ist im Bohr'schen Atommodell die stationäre Bahngeschwindigkeit des Elektrons auf der 1. Bohr'schen Bahn des H-Atoms? (Die Stationaritätsbedingung ist durch die Gleichheit der Zentrifugalkraft des Elektrons, Gl. (2-7), und der Coulomb-Kraft zwischen Elektron und Proton, Gl. (14-1), gegeben.)

14.2 Elektrischer Widerstand

Ein Metalldraht aus Kupfer und ein Kohlefaden von je 1 m Länge mit einem Durchmesser von 1 mm sollen als Widerstands-Thermometer verwendet werden. An den Draht bzw. den Faden wird eine Gleichspannung von 10 mV angelegt (siehe Tab. 14.2).

a) Welche Ströme fließen jeweils bei 20 °C?

b) Wie groß ist die Änderung der Stromstärke, wenn stattdessen bei 30 °C gemessen wird?

14.3 Kompensatorische Spannungsmessung

Sie sollen durch kompensatorische Spannungsmessung (Abb. 24.2) die Leerlaufspannung einer Batterie U_x bestimmen. Für die Potentiometerschaltung stehen Ihnen eine zweite Batterie mit $U_0 = 6$ V und $R_i = 2\,\Omega$ und ein Schiebewiderstand aus einem $l_0 = 2$ m langen Cu-Draht mit Durchmesser 0,4 mm zur Verfügung. Angenommen, der Strom I_1

würde 0, wenn Sie den Abgriffpunkt b auf Stellung $l_1 = 20$ cm hätten.

a) Wie groß wären dann der Gesamtwiderstand des Cu-Drahtes, der Strom I_0, die Klemmenspannung U_K der Potentiometer-Batterie und die Batteriespannung U_x?

b) Schauen Sie sich die Resultate einmal genauer an: Können Sie etwas zur Verbesserung der Versuchsdurchführung vorschlagen?

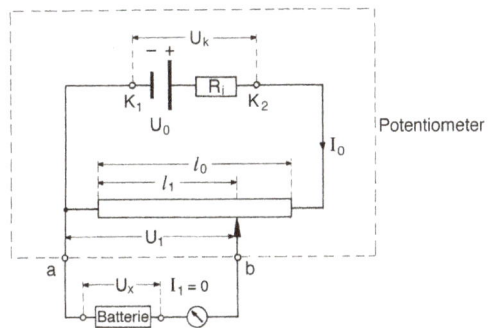

Abb. 24.2: Kompensatorische Spannungsmessung.

14.4 Magnetfeld, Lorentz-Kraft

Eine Spule mit 100 Windungen pro 10 cm Länge wird von einem Strom der Stärke 5 A durchflossen.

a) Wie groß sind magnetische Feldstärke (in Oersted) und magnetische Induktion (in Tesla) im Zentrum der Spule?

b) Wie groß ist die maximale Lorentz-Kraft, die ein Elektron in diesem Magnetfeld senkrecht zu seiner Flugrichtung erfährt, welches zuvor durch die Potentialdifferenz 10^4 V beschleunigt wurde?

c) Wie groß ist der Krümmungsradius der Kreisbahn, auf die das Elektron dann abgelenkt wird?

14.5 Wechselstrom

Durch eine Dynamomaschine wird eine 50-Hz-Wechselspannung von 230 V erzeugt.

a) Formulieren Sie die Zeitabhängigkeit dieser Spannung $U(t)$.

b) Wie groß ist die verbrauchte Wirkleistung, wenn die Wechselspannung an einen Wechselstromwiderstand gelegt wird, der aus Ohm'schem Widerstand 100 Ω, Kapazität 10^{-3} F und Induktivität 10^{-2} H besteht, die in Serie geschaltet sind?

c) Wie groß ist die Wirkleistung, wenn Ohm'scher und induktiver Widerstand in Serie liegen und der Kondensator dazu parallel geschaltet ist?

d) Wie groß ist die Eigenfrequenz eines aus oben angegebenem Ohm'schem, induktivem und kapazitivem Widerstand bestehenden Serienschwingkreises?

e) Wie würde sich die Eigenfrequenz des Serienschwingkreises ändern, wenn man den Kondensator mit Wasser ($\varepsilon_{rel} = 81$) füllen und in die Spule einen Weicheisenkern ($\mu_{rel} = 10^4$) schieben würde?

15.1 Elektrolyt

Beim Anlassen eines Autos liefert die Autobatterie kurzfristig (für ca. 2 s) einen Strom von ca. 80 A.

a) Wie viele Sulfationen bzw. Wasserstoffionen bilden sich dabei in der Batterie?

b) Wie groß ist die Gesamtmasse der gebildeten Wasserstoffionen?

15.2 Elektroschock

Es gibt eine Faustregel dafür, wie groß die Stromstärke I eines 50-Hz-Wechselstroms ist, ab der bei einer Schockdauer Δt Herzflimmern einsetzen kann. Sie lautet: $I = 0{,}116/(\Delta t)^{1/2}$. Wenn ein Opfer bei trockenen Händen einen Körperwiderstand von 10^4 Ω bzw. bei feuchten Händen von 800 Ω hat,

a) wie groß sind jeweils die Ströme, die durch seinen Körper fließen, wenn eine 50-Hz-Wechselspannung von 230 V zwischen den Händen liegt, und

b) wie lange darf der Strom höchstens fließen, ohne dass Herzflimmern einsetzt?

15.3 Driftgeschwindigkeit und Beweglichkeit von Elektronen in Metallen

In einem elektrischen Leiter mit 1 mm² Querschnitt fließe ein Strom der Stärke 6 A.

a) Wie groß ist die Driftgeschwindigkeit der Elektronen? (Die Elektronendichte in Metallen beträgt ca. 10^{23} cm^{-3}.)

b) Wie groß wäre die Driftgeschwindigkeit, wenn die Stromstärke von 6 A konstant gehalten wird, aber der Leiterquerschnitt nun 1 cm² beträgt?

c) Wie groß ist die Beweglichkeit der Elektronen, wenn es sich bei dem Leiter um Kupfer handelt? (Materialkonstante von Cu: siehe Tab. 15.1.)

16.1 Messung biologischer Spannungen

Wie groß müsste bei dem durch Gl. (16-4) beschriebenen Beispiel der Innenwiderstand eines Voltmeters sein, damit der vom Messgerät registrierte Spannungswert höchstens um 1 % von der Leerlaufspannung der Nervenzelle (ca. 100 mV) abweicht? (Die Nervenzelle besitzt als galvanische Spannungsquelle einen Innenwiderstand von ca. 10 MΩ.)

16.2 Messbereichserweiterung von Ampere- und Voltmeter

a) Ein Amperemeter mit 0,5 Ω Innenwiderstand ist für den Messbereich bis 1 A Vollausschlag ausgelegt. Was müssen Sie tun, um auch Ströme bis 10 A messen zu können?

b) Ein Voltmeter mit 5 kΩ Innenwiderstand ist für den Messbereich bis 1 V Vollausschlag ausgelegt. Was müssen Sie tun, um auch Spannungen bis 100 V messen zu können?

16.3 Überlegungen zur Aufnahme eines EKG

a) Weshalb ist es sinnvoller, ein EKG mit zwei Elektroden als nur mit einer Elektrode aufzunehmen?

b) Was könnten die Gründe dafür sein, wenn bei einer Messung anstelle der erwarteten Potentialdifferenzen von ca. 1 mV plötzlich Rauschsignale von 10 mV und mehr auftreten, und wie lassen sich diese Störeffekte vermeiden?

16.4 EEG-Aufnahme

EEG-Signale sind etwa 10-mal kleiner (die Spannungen betragen nämlich nur ca. 0,1 mV) als EKG-Signale. Deshalb fallen die in Aufgabe 16.3b besprochenen möglichen Störeffekte noch stärker ins Gewicht.

a) Angenommen, dem EEG-Signal sei ein Rauschsignal von 10 mV überlagert. Wie groß ist dann das mit dem Oszillografen mit Eingangswiderstand 1 MΩ mitgemessene Rauschsignal, wenn das EEG-Signal mit 2 Elektroden a und b aufgenommen wird, an denen der Hautwiderstand R_a = 1 kΩ und R_b = 10 kΩ beträgt?

b) Wie lässt sich das mitgemessene Rauschsignal um den Faktor 10 verringern?

16.5 Wheatstone'sche Brückenschaltung

a) Wie viele bekannte Ohm'sche Widerstände benötigen Sie, um mit der Wheatstone'schen Brückenschaltung (Abb. 16.13) einen unbekannten Widerstand zu messen?

b) Wenn der Schiebewiderstand der Brücke die Länge l = 1 m besitzt, bei erfolgtem Nullabgleich der verschiebbare Abgriff die Marke 0,5 m (0,75 m) anzeigt und der Referenzwiderstand R = 10 Ω besitzt, wie groß ist dann der unbekannte Widerstand R_x?

c) Die Widerstände sollen die Werte R_x = 10 Ω und R = 20 Ω haben. Der Schiebewiderstand sei ein 2 m langer Cu-Draht. Bei welcher Marke des verschiebbaren Abgriffs wird Nullabgleich erreicht?

16.6 Spannungsversorgung von Röntgengeräten

a) Zur Spannungsversorgung der Röntgenröhre in einem Röntgengerät werden als Heiz-Spannung für die Glühkathode 5 V und als Beschleunigungs-Spannung 10^5 V benötigt. Wie müssen sich die Windungszahlen von Primär- und Sekundärspule der beiden zum Betrieb des Röntgengeräts notwendigen Transformatoren verhalten, falls primärseitig 230 V Netzspannung zur Verfügung stehen?

b) Wie groß ist die Laufzeit von Elektronen, die auf einer Strecke von 0,1 m durch eine Spannung von 10^5 V beschleunigt werden? Wie groß ist das Verhältnis dieser Laufzeit t zur Schwingungsdauer T einer 50-Hz-Wechselspannung? (Relativistische Effekte seien bei dieser Abschätzung vernachlässigt.)

17.1 Lichtquellen

Natriumdampflampen senden hauptsächlich sichtbare Strahlung in einem engen Spektralbereich um $\lambda = 589$ nm aus; ihr *Wirkungsgrad* als Lichtquelle ist sehr hoch, d. h., die zur Aufrechterhaltung der Gasentladung benötigte elektrische Energie wird weitgehend in Lichtenergie umgewandelt. Dabei ist der Wirkungsgrad definiert als (Lichtenergie pro Zeit)/(elektrische Energie pro Zeit). Sie werden als technische Lampen zur Beleuchtung von Lagerplätzen, Bahnhöfen etc. eingesetzt.

a) Wie viele Photonen sendet eine solche Lampe pro Sekunde aus, wenn 20 W elektrische Leistung zugeführt werden und der Wirkungsgrad 50 % beträgt? (Siehe Gl. (17-3).)

b) Welche Farbe entspricht der angegebenen Wellenlänge? Wie sieht ein Gemälde in diesem Licht aus?

17.2 Farben

Aus dem Malunterricht wissen Sie, dass man Grün erhält, wenn man gelbe und blaue Wasserfarbe zusammenmischt.

Nun stellen wir einen gelben und einen blauen Farbglasfilter hintereinander auf und lassen weißes Licht einfallen. Wieso erhalten wir kein grünes Licht?

17.3 Thermische Strahlung des menschlichen Körpers

Das Stefan-Boltzmann-Gesetz (Gl. (17-19)) ergibt die thermische Gesamtstrahlung des *Schwar-*

zen Körpers. Für eine größenordnungsmäßige Abschätzung kann man damit auch die thermische Strahlung des Menschen bestimmen, wenn man berücksichtigt, dass das Absorptionsvermögen und nach dem Kirchhoff-Strahlungsgesetz daher auch das Emissionsvermögen der Haut kleiner ist als beim Schwarzen Körper. Deshalb setzen wir für die Konstante σ in Gl. (17-19) den halben Wert des Schwarzen Körpers ein. Die Körperoberfläche sei 2 m^2.

a) Welche Gesamtstrahlungsleistung wird vom Körper bei einer Körperoberflächentemperatur von 35 °C abgegeben? Welche Energiemenge wird insgesamt während eines Tages emittiert?

b) Um wie viel Prozent erhöht sich die Gesamtstrahlungsleistung, wenn bei einem Fieberanfall die Hauttemperatur auf 39 °C steigt?

c) Die in a) und b) sich ergebenden Energieverluste sind beträchtlich. Wieso müssen sie nicht voll bei der Bestimmung des Grundumsatzes berücksichtigt werden?

17.4 Chemische Wirkung des Lichts

Bei Absorptionsvorgängen verhält sich Licht wie ein Strom von Lichtquanten, die mit einzelnen Atomen oder Molekülen wechselwirken. So kann z. B. ein HJ-Molekül durch Absorption eines Photons geeigneter Wellenlänge dissoziiert werden.

Welche Wellenlänge muss das Licht haben, um *Photo-Dissoziation* zu bewirken, wenn die Dissoziationsenergie (zur Übung in alten Einheiten) $E_D = 70$ kcal mol^{-1} beträgt?

17.5 Arbeitsplatzbeleuchtung

Blendung an einem Arbeitsplatz wird vermieden, wenn die *Leuchtdichte* der den Platz beleuchtenden Lampe, d. h. der von der Flächeneinheit der Lampe in die Raumwinkeleinheit ausgestrahlte Lichtstrom, den Wert 2000 cd m^{-2} nicht überschreitet. Daher umgibt man die eigentliche Lichtquelle (Glühlampe o. Ä.) beispielsweise mit einer Mattglaskugel oder einem Lampenschirm.

Wie groß muss eine solche Mattglaskugel sein, um bei einer Glühlampe von 100 W, die einen Lichtstrom von ca. 1.500 lm ausstrahlen soll, Blendung zu vermeiden? (Wir wollen der einfacheren Abschätzung halber annehmen, dass die Lampe in alle Richtungen gleichmäßig ausstrahlt.)

18.1 Interferenzfarben

Zwischen Glas gerahmte Dias zeigen oft farbige Ringe *(Newton'sche Ringe)* oder Streifen. Diese entstehen, wenn sich eine dünne Luftschicht zwischen Film und Glas befindet und die dort an den Grenzflächen hin- und herreflektierten Lichtwellen mit dem durchgehenden Licht interferieren.

a) Wie dick muss die Luftschicht zwischen Innenseite des Deckglases und Filmoberfläche im Vergleich mit der Wellenlänge λ mindestens sein, damit in Durchsicht ein farbiger Streifen auftritt? (Greifen Sie dazu ein Lichtbündel heraus, das an der Oberfläche des Films reflektiert wird, zurückläuft, dann an der Innenseite des Deckglases nochmals reflektiert wird und nun mit dem nichtreflektierten Anteil des Lichtes interferiert.)

b) Wieso sind die Interferenzstreifen farbig und nicht einfach hell und dunkel?

c) Durch Einlegen eines 0,1 mm dicken Papprähmchens zwischen Film und Deckglas verschwinden die farbigen Streifen. Wieso?

18.2 Brechung

a) Wieso kann man ohne Taucherbrille unter Wasser nicht scharf sehen? (Siehe dazu auch Abschnitt 19.5 und Gl. (19-14).)

b) Welche Wirkung hat die Taucherbrille?

18.3 Absorption

Ein Laserstrahl der Lichtleistung 1 W fällt durch eine 1 cm dicke Küvette mit einer Flüssigkeit, deren Absorptionskonstante für die Wellenlänge des Laserlichts den Wert $K = 2$ cm^{-1} hat. Wie groß ist die Wärmeenergie, die dadurch in der Küvette pro Sekunde erzeugt wird? (Die Reflexionsverluste an den Küvettenwänden seien vernachlässigt.)

18.4 Streuung und Absorption von Licht

a) Können Sie sich denken, wieso die Gefahr eines Sonnenbrands am späten Nachmittag geringer ist als mittags und im Winter geringer ist als im Sommer? (Versuchen Sie, dies qualitativ aus Abschnitt 18.4.2 zu erklären!)

b) Wieso kann man nicht Lichtstrahlen anstelle von Röntgenstrahlen zur Durchleuchtung des menschlichen Körpers verwenden? (Siehe auch Abschnitt 21.3.)

18.5 Polarimeter

Zur Harnzuckerbestimmung nutzt man die optische Aktivität der Zuckermoleküle aus. Die spezifische Drehung (Gl. (18-17)) von Rohrzucker ist für Licht der Natriumdampflampe ($\lambda = 589$ nm) $\alpha_0 = 66,5°$ m^{-1} (g/l)$^{-1}$, wobei die Länge der Küvette in Meter, die Konzentration in Gramm Zucker pro Liter Lösung eingesetzt wird. Wie hoch ist die Konzentration einer Zuckerlösung, welche im Polarimeter bei 10 cm Küvettenlänge eine Drehung von 20° bewirkt?

18.6 Materiewellen und elektromagnetische Wellen

a) Welche Materiewellenlänge hat ein Elektronenstrahl, der in einer Röntgenröhre durch eine Beschleunigungsspannung von 10 kV beschleunigt wurde? (Gln. (14-3a) und (18-18).) Für eine mäßig genaue Abschätzung können wir relativistische Änderungen der Elektronenmasse (Abschnitt 2.1) außer Acht lassen.

b) Diese Elektronen treffen in der Röntgenröhre auf die Anode. Dabei wird ihre Bewegungsenergie zu einem mehr oder weniger großen Anteil in Röntgenstrahlung, d. h. in elektromagnetische Wellen, umgesetzt. Welches ist die kürzeste Wellenlänge (Grenzwellenlänge) der dabei entstehenden Röntgenbremsstrahlung (Gl. (21-12))?

19.1 Doppler-Effekt beim Licht

Die Gln. (7-19 bis 7-24) des Doppler-Effekts gelten nicht für elektromagnetische Wellen, da ja aus der Relativitätstheorie (Abschnitt 1.2.1) folgt, dass auch das von einer *bewegten* Quelle ausgesandte Licht sich mit der unveränderten Lichtgeschwindigkeit c ausbreitet. Die Unterscheidung zwischen den Fällen ruhender Beobachter/bewegte Quelle und bewegter Beobachter/ruhende Quelle verliert dabei ihren Sinn, und nur die *Relativbewegung* ist wichtig. Daher muss Gl. (1-13) in die Formeln für den Doppler-Effekt eingebaut werden. Bei einer sich mit der Geschwindigkeit v vom Beobachter wegbewegenden Quelle gilt dann:

$$v = v_0 \, \frac{1 - v/c}{\left(1 - (v/c)^2\right)^{1/2}} \, .$$

Aus der beobachteten Verschiebung von Spektrallinien ferner Galaxien (*Rotverschiebung*) kann man auf eine Expansion des Weltalls schließen, wenn man die Ursache der Verschiebung im Doppler-Effekt sieht. Nach der Theorie von *Hubble* ist dabei die Expansionsgeschwindigkeit umso größer, je größer die Entfernung s vom Beobachter ist: $v = Hs$. H ist die *Hubble-Konstante* mit dem Zahlenwert $H = 1,6 \cdot 10^{-18} \, \mathrm{s}^{-1}$.

a) Wie schnell bewegt sich eine Galaxie von der Erde weg, wenn eine Spektrallinie des von ihr emittierten Wasserstoffspektrums bei $\lambda = 510$ nm statt bei $\lambda_0 = 486,1$ nm (wie in irdischen Experimenten) beobachtet wird?

b) Wie weit ist diese Galaxie von der Erde entfernt? Wie viele Lichtjahre?

19.2 Reflexion

a) Wieso erscheinen die Spiegelbilder von Wolken, Bäumen usw. in einem ruhigen See dunkler als die Gegenstände selbst?

b) Schutzanzüge für Arbeiter in Gießereien und für Feuerwehrleute sind meist mit einer dünnen Metallschicht überzogen. Warum?

c) Bei durchsichtigen Stoffen wird durchfallendes Licht nur durch Reflexion geschwächt. (Genauer trifft das nur bei glatten Oberflächen zu; andernfalls wird das Licht auch gestreut.) Wie viel Prozent der auf ein Glasfenster fallenden Lichtleistung wird an den beiden Grenzflächen insgesamt reflektiert? Der Brechungsindex des Glases sei $n = 1,51$. (Zur einfacheren Abschätzung wollen wir annehmen, das Licht falle nur senkrecht auf die Scheibe. Dann gilt Gl. (19-4a) für das Reflexionsvermögen.)

19.3 Brechung

Im Prinzip kann man im Wasser stehende Forellen mit der Hand fangen. Versuchen Sie das schräg vom Ufer aus, so greifen Sie bestimmt daneben. Wieso? Sagen Sie nicht, es läge nur daran, dass die Forelle schneller ist. Wie können Sie es besser machen?

19.4 Linsengesetze

a) Wirkt eine Glaskugel (Brechungsindex 1,5) in Luft wie eine Sammel- oder wie eine Zerstreuungslinse?
b) Wirkt eine Luftblase in Wasser wie eine Sammel- oder wie eine Zerstreuungslinse?
c) Unter welchen Umständen wirkt die Glaskugel als Zerstreuungslinse?

Am einfachsten können Sie Ihre Meinung mithilfe von Gl. (19-12) begründen, die allerdings nur qualitativ richtige Aussagen liefert, weil in allen Fällen keine dünne Linse vorliegt.

19.5 Brillen

Es ist üblich, die Brechkraft von Brillengläsern aus ihren Krümmungsradien zu bestimmen. (Dazu muss freilich der Brechungsindex des Glases bekannt sein.) Zur Verminderung der Abbildungsfehler sind Brillengläser meist nicht einfach bikonvex oder bikonkav, sondern konkav-konvex oder konvex-konkav gekrümmt.
a) Wie groß ist die Brechkraft einer konkav-konvexen Linse (Brechungsindex $n = 1,6$) mit $r_1 = 20$ cm, $r_2 = 50$ cm? (Siehe Abb. 19.21.) Welche Fehlsichtigkeit lässt sich damit kor-

rigieren? (Zum Vorzeichen von r siehe Abschnitt 19.4.5.)
b) Wie groß ist die Brechkraft einer konvex-konkaven Linse mit $r_1 = -20$ cm und $r_2 = -50$ cm? (Siehe Abb. 19.22.) Welche Fehlsichtigkeit lässt sich damit korrigieren?
c) Eine der beiden Oberflächen eines Brillenglases ($n = 1,6$) sei asphärisch gekrümmt, und zwar so, dass sie in zwei zueinander senkrechten Ebenen die unterschiedlichen Krümmungsradien $r_1 = 30$ cm und $r_2 = 25$ cm hat. Die andere Oberfläche sei sphärisch gekrümmt mit $r_2 = 1$ m. Wie groß ist die astigmatische Differenz dieses Brillenglases?

19.6 Auge

Ist das Bild einer 25 m von einem Beobachter entfernten, 170 cm großen Person, das auf der Netzhaut des Auges entsteht, a) aufrecht oder umgekehrt, b) reell oder virtuell, c) vergrößert oder verkleinert? Begründen Sie Ihre Meinung. Wie groß ist das Bild?

(Für eine exakte Rechnung müssen die Kardinalelemente (Abschnitt 19.4.7) des Auges berücksichtigt werden. Für eine näherungsweise Abschätzung genügt es aber, das Abbildungssystem durch eine einzelne dünne Linse zu ersetzen, deren Brennweite etwa 23 mm beträgt, und dann Gl. (19-11) anzuwenden.)

19.7 Auflösungsvermögen des Auges

Benachbarte Sehzellen in der Netzhautgrube haben einen Abstand von etwa 5 μm. Das ist dem Abbildungssystem des Auges optimal angepasst. Dazu folgende Frage: Wie groß ist der Durchmesser $2R$ des Beugungsscheibchens (d. h. des durch das erste Beugungsminimum (vgl. Abschnitt 18.2.3, Tab. 18.1) erzeugten dunklen Ringes) auf der Netzhaut bei Abbildung einer weit entfernten punktförmigen Lichtquelle mit dem Auge?

Der Pupillendurchmesser sei $2r = 3$ mm, die Brennweite des Auges $f = 23$ mm, der Brechungsindex des Glaskörpers $n = 1,34$ und die Wellenlänge des Lichtes 500 nm.

20.1 Auflösungsgrenze des Lichtmikroskops

a) Wie hängt die Auflösungsgrenze δ eines Lichtmikroskops von der Vergrößerung V (d. h. dem verwendeten Objektiv) ab? Berechnen Sie δ für ein hochvergrößerndes Objektiv ($V_1 = 100$-fach, numerische Apertur $NA = 0,5$) und für ein schwach vergrößerndes Objektiv ($V_2 = 25$-fach, $NA = 0,1$). Als typische Lichtwellenlänge verwenden wir $\lambda = 600$ nm.

b) Sie fotografieren die bei Verwendung der beiden Objektive entstehenden Bilder und lassen das mit dem schwach vergrößernden Objektiv entstehende Bild fotografisch 4-fach nachvergrößern. Damit erhalten Sie in beiden Fällen die Gesamtvergrößerung V_1. Haben die beiden Bilder nun gleiches δ?

c) Sie verwenden nun zusammen mit dem schwach vergrößernden Objektiv ein 4-mal stärkeres Okular als mit dem stark vergrößernden Objektiv. Auch damit ist die Gesamtvergrößerung in beiden Fällen gleich. Haben nun beide Kombinationen von Objektiv und Okular gleiches δ? Ist es daher besser, ein schwaches Objektiv mit einem starken Okular zu kombinieren oder umgekehrt ein starkes Objektiv zusammen mit einem schwachen Okular zu verwenden?

20.2 Zweistrahlphotometer

a) Leiten Sie die Gl. (20-6) selbst her, um sich mit der Funktionsweise des Zweistrahlphotometers vertraut zu machen.

b) Bei gelbem Licht ($\lambda = 600$ nm) soll ein absorbierender Stoff in wässriger Lösung die spezifische Absorptionskonstante (siehe Gl. (18-10)) $K_{sp} = 5$ m^{-1} (kg m^{-3})$^{-1} = 5$ kg^{-1} m^2 haben, wobei die Konzentration in kg gelöstem Stoff pro m^3 Lösung gemessen ist. Wie groß ist die Konzentration C einer unbekannten Lösung dieses Stoffes, wenn bei einer Küvettenlänge von 10 mm ein Unterschied von 20 % zwischen den Intensitäten I_{Probe} und $I_{Vergleich}$ gemessen wird?

20.3 Wechseloptiken

a) Sie fotografieren einen 50 cm großen Hund, der Sie aus einer Entfernung $a = 5$ m anbellt, mit einer Kleinbildkamera, und zwar einmal mit einem Weitwinkelobjektiv (Brennweite $f_1 = 28$ mm), einmal mit einem Normalobjektiv ($f_2 = 50$ mm) und einmal mit einem Teleobjektiv ($f_3 = 135$ mm). Wie groß kommt der Hund jeweils auf den Film?

b) Wie weit müssten Sie sich dem Hund nähern, um ihn mit Weitwinkel ebenso groß auf den Film zu bekommen wie mit dem Teleobjektiv aus 5 m Entfernung?

21.1 Umwandlung von Masse in Strahlungsenergie

Die Entfernung Sonne – Erde beträgt $1,5 \cdot 10^{11}$ m. Bei senkrechtem Strahlungseinfall erhält die Erde (oberhalb der Atmosphäre) die Strahlungsintensität $I = 1,36 \cdot 10^3$ W m^{-2} (Solarkonstante). Wie viel Materie muss pro Sekunde auf der Sonne umgewandelt werden, um die abgegebene Strahlungsenergie zu decken?

21.2 Kernbindungskräfte

In einem Atomkern, der aus mehreren Nukleonen besteht, haben zwei Protonen den Abstand $r = 10^{-15}$ m. Wie groß ist die Coulomb-Kraft F_C, mit der sich die Protonen gegenseitig abstoßen? Was folgt für die Kernbindungskräfte aus der Tatsache, dass der Kern trotzdem stabil ist?

21.3 Altersbestimmung durch Messung des Gehalts an radioaktivem Kohlenstoff

^{14}C zerfällt nach folgender Kernreaktionsformel:

$$^{14}_{6}C \rightarrow {}^{14}_{7}N + \beta^{-}.$$

Das Holz lebender Bäume enthält so viel ^{14}C, dass sich im Mittel 15,3 Zerfallsakte je Minute und je Gramm Kohlenstoff ereignen. Wie alt ist Holz, bei dem sich nur noch 12,5 Zerfallsakte je Minute und je Gramm Kohlenstoff ereignen? (Halbwertszeit von ^{14}C: $T_{1/2} = 5.568$ Jahre.)

21.4 Bestimmung des Kaliumgehalts

Wegen seines Gehalts an radioaktivem ^{40}K emittiert ein Gramm natürliches Kalium pro Sekunde im Mittel 3,01 Gammaquanten von 1,5 MeV. Wie groß ist der Kaliumgehalt eines Menschen, wenn bei der Messung 84 Gammaquanten von 1,5 MeV registriert werden und der Detektor 21 % der vom ganzen Körper emittierten Gammaquanten erfasst?

21.5 Anzahl der Kernumwandlungen bei einem radioaktiven Präparat

Das radioaktive Isotop $^{33}_{15}$P zerfällt mit einer Halbwertszeit von 25 d unter Aussendung eines Elektrons.

Wie viele Elektronen werden von $m = 1$ μg des Phosphorisotops am ersten Tag emittiert?

21.6 Radioaktives Gleichgewicht

In einem in der Medizin häufig verwendeten Radionuklidgenerator (Mutter-Tochter-System) entsteht aus dem langlebigen ^{113}Sn das $^{113\,m}$In mit einer Halbwertszeit von 1,66 h. In dem Generator befinde sich eine Aktivität von 1,85 GBq an ^{113}Sn. Bei $t = 0$ werde das $^{113\,m}$In vollständig eluiert. Welche Aktivität kann nach 3 h erneut eluiert werden?

21.7 Radioaktive Markierung, Blutvolumenbestimmung

Bei einem Patienten wird eine geringe Menge seiner eigenen Erythrozyten mit ^{51}Cr markiert und reinjiziert. Die in den Körperkreislauf reinjizierte Aktivität A wird zuvor mit 60.000 Imp min^{-1} gemessen. Nach Gleichverteilung der markierten Erythrozyten wird eine Blutprobe von 1 cm^3 entnommen, die eine Aktivität a von 12 Imp min^{-1} hat. Wie groß ist das Blutvolumen V des Patienten?

21.8 Energiegewinnung durch Fusion

a) Wie groß ist die Energie E, die frei wird, wenn zwei Deuteronen sich zu einem Heliumkern vereinigen?

b) Welche Energie E könnte man je kg Helium gewinnen?

c) Wie viele Tonnen Kohle müsste man verbrennen, um die gleiche Energie zu erhalten?

(Mittlere Bindungsenergie pro Nukleon beim Deuteron $E_D = 1,09$ MeV; mittlere Bindungsenergie pro Nukleon beim Helium $E_{He} = 7,06$ MeV; relative Atommasse m_{He} des Heliums 4,0026; Heizwert H der Kohle $2,85 \cdot 10^7$ J kg^{-1}.)

21.9 Strahlendosis

In der Leber ($m = 1,5$ kg) eines Patienten werde zum Zeitpunkt $t = 0$ eine Menge ^{32}P mit der Aktivität 1 MBq aufgenommen. ^{32}P hat eine Halbwertszeit von 14,3 Tagen und emittiert β-Strahlen einer mittleren Energie $\bar{E}_\beta$ von 0,58 MeV. Wie groß ist die Energiedosis D, wenn das ^{32}P vollständig in der Leber verbleibt und die β-Strahlen vollständig absorbiert werden?

21.10 Beschleunigung von Teilchen

In einem Linearbeschleuniger werden Elektronen in hintereinandergeschalteten Stufen beschleunigt. Gesamtbeschleunigungsspannung ist $U = 20$ MV. Um welchen Faktor ist die Masse der beschleunigten Elektronen größer als ihre Ruhemasse?

25 Lösungen

1.1 a) Mit Gl. (1-2a) berechnen wir die relativistische Zeitdehnung:

$$t = \frac{t_0}{\sqrt{1 - \frac{v^2}{c^2}}} = \frac{8 \cdot 365 \cdot 24 \cdot 3600 \text{ s}}{\sqrt{1 - \frac{(4 \cdot 10^4 \text{ m s}^{-1})^2}{(3 \cdot 10^8 \text{ m s}^{-1})^2}}} = 252\,288\,002{,}2 \text{ s.}$$

Die Borduhren gehen also gegenüber Erduhren um <u>2,2 s</u> nach.

b) Mit der Gleichung für die relativistische Längenkontraktion berechnen wir:

$$l = l_0 \sqrt{1 - \frac{v^2}{c^2}} = 100 \text{ m} \cdot 0{,}999\,999\,991 = 99{,}999\,999\,1 \text{ m.}$$

Damit scheint einem Erdbewohner das Raumschiff um <u>0,9 μm</u> kürzer.

1.2 a) $\Omega = \dfrac{A}{r^2}$ (Gl. 1-6)

$$= \frac{(0{,}05 \text{ m})^2 \, \pi}{1 \text{ m}^2} \text{sterad} = \underline{\underline{25 \cdot 10^{-4} \, \pi \text{ sterad.}}}$$

b) $\Omega = \dfrac{(0{,}05 \text{ m})^2 \, \pi}{5^2 \text{ m}^2} \text{sterad} = \underline{\underline{10^{-4} \, \pi \text{ sterad.}}}$

c) $\Omega = \underline{\underline{4\pi \text{ sterad.}}}$

1.3 a) Für die geradlinig gleichförmig beschleunigte Bewegung gilt als Spezialfall Gl. (1-14):

$$a = \frac{v}{t} = \frac{100 \text{ m s}^{-1}}{3{,}6 \cdot 5 \text{ s}} = \underline{\underline{5{,}56 \text{ m s}^{-2}.}}$$

b) Bei der gleichförmigen Kreisbewegung gilt Gl. (1-25):

$$a = \frac{v^2}{r} = \left(\frac{100}{3{,}6}\right)^2 \text{m}^2\text{s}^{-2} \frac{1}{20 \text{ m}} = \underline{\underline{38{,}58 \text{ m s}^{-2}.}}$$

c) Der geradlinig gleichförmige Abbremsvorgang wird wie die geradlinig gleichförmig beschleunigte Bewegung durch $a = v/t$ beschrieben:

$$a = \frac{v}{t} = \frac{(2sg)^{1/2}}{t} = \frac{(2 \cdot 1 \text{ m} \cdot 9{,}8 \text{ m s}^{-2})^{1/2}}{3{,}6 \cdot 5 \text{ s}} = \underline{\underline{8{,}85 \text{ m s}^{-2}.}}$$

2.1 a) Für die geradlinig gleichförmige Abbremsung gelten entsprechende Gesetze wie für die geradlinig gleichförmig beschleunigte Bewegung. Der Bremsweg lässt sich aus Weg-Zeit-Gesetz $s = \frac{a}{2}\,t^2$, Gl. (1-29), bzw. Geschwindigkeit-Zeit-Gesetz $v = at$, Gl. (1-28d), berechnen. Aus diesen beiden Gesetzen folgt durch Eliminieren der Zeit eine Beziehung zwischen negativer Beschleunigung, Bremsweg und Geschwindigkeit: $a = v^2/(2s)$.

https://doi.org/10.1515/9783110691658-027

Diese negative Beschleunigung eingesetzt in Gl. (2-2) liefert schließlich die Kraft, mit der der Stein den Körper trifft:

$$F = m\frac{v^2}{2s} = 0{,}05\,\text{kg} \cdot \frac{\left(4\,\text{m s}^{-1}\right)^2}{2 \cdot 2 \cdot 10^{-3}\,\text{m}} = \underline{\underline{200\,\text{N}}}.$$

b) $0{,}05\,\text{kg} \cdot \dfrac{\left(4\,\text{m s}^{-1}\right)^2}{2 \cdot 2 \cdot 10^{-2}\,\text{m}} = \underline{\underline{20\,\text{N}}}.$

2.2 Beim Start der Rakete sind v_{Anfang} und t_{Anfang} null. Die erreichten Endwerte v_{Ende} und t_{Ende} bezeichnen wir mit v bzw. t. Damit folgt aus Gl. (1-28c):

$$v = \int_0^t a(t)\,dt = \int_0^t \left(\frac{1}{2}\text{m s}^{-3}\right) t\,dt = \frac{1}{2}\text{m s}^{-3}\int_0^t t\,dt = \left[\left(\frac{1}{4}\text{m s}^{-3}\right)t^2\right]_0^{600\text{s}}$$

$$= \frac{1}{4}\left(600^2 - 0^2\right)\text{m s}^{-1} = \underline{\underline{9 \cdot 10^4\,\text{m s}^{-1}}}.$$

Entsprechend erhalten wir für den zurückgelegten Weg:

$$s = \int_0^t v(t)\,dt = \int_0^t \left(\frac{1}{4}\text{m s}^{-3}\right) t^2 dt = \frac{1}{4}\text{m s}^{-3}\int_0^t t^2 dt = \frac{1}{12}\left(600^3 - 0^3\right)\text{m} = \underline{\underline{1{,}8 \cdot 10^7\,\text{m}}}.$$

2.3 Der statische Druck ist durch Gl. (2-8) definiert:

a) $p = \dfrac{F}{A} = \dfrac{50\,\text{kg} \cdot 9{,}8\,\text{m s}^{-2}}{0{,}5 \cdot 10^{-4}\,\text{m}^2} = \underline{\underline{9{,}8 \cdot 10^6\,\text{Pa} = 98\,\text{bar}}}.$

b) $p = \dfrac{1000\,\text{kg} \cdot 9{,}8\,\text{m s}^{-2}}{700 \cdot 10^{-4}\,\text{m}^2} = \underline{\underline{1{,}4 \cdot 10^5\,\text{Pa} = 1{,}4\,\text{bar}}}.$

2.4 Aus Gln. (1-25) und (2-7) folgt für die Zentrifugalkraft, die auf das Auto einwirkt:

$$F_{\text{T}} = \frac{v^2}{r}\,m = \left(\frac{100\,\text{m}}{3{,}6\,\text{s}}\right)^2 \cdot \frac{1000\,\text{kg}}{100\,\text{m}} = \underline{\underline{7716\,\text{N}}}.$$

Die Haftreibung ergibt sich aus Gl. (2-22):

$$R_0 = \mu_0 N = 1 \cdot 1000\,\text{kg} \cdot 9{,}8\,\text{m s}^{-2} = \underline{\underline{9800\,\text{N}\,(\text{trocken})}}.$$

$$R_0 = 0{,}7 \cdot 1000\,\text{kg} \cdot 9{,}8\,\text{m s}^{-2} = \underline{\underline{6860\,\text{N}\,(\text{nass})}}.$$

Da nur bei trockener Straße die Haftreibung größer ist als die Zentrifugalkraft, schleudert das Auto bei nasser Straße.

3.1 a) Ersparnis pro Tag $= \dfrac{(10500 - 8400)\,\text{kJ d}^{-1}}{39\,\text{kJ g}^{-1}} = \underline{\underline{53\,\text{g d}^{-1}}}.$

Fastenzeit $\quad = \dfrac{5{,}3\,\text{kg}}{53\,\text{g d}^{-1}} = \underline{\underline{100\,\text{d}}}.$

b) Hubarbeit (Gl. (3-5)) = mgh = 50 kg · 9,8 m s^{-2} · 0,5 m = 245 J.

Energieinhalt von 5,3 kg Fett = 5,3 kg · 39 kJ g^{-1} = 2,067 · 10^8 J.

Anzahl der Hübe = $\dfrac{2,067 \cdot 10^8 \text{ J}}{245 \text{ J}}$ = 843 673.

3.2 Auto: E = 2 Liter · 32 560 kJ Liter^{-1} = 65120 kJ.

Fußgänger: E = 4 · 3600 s · 70 J s^{-1} = 1008 kJ.

Das Auto verbraucht also die 65-fache Energiemenge!

3.3 Wegen der Masse-Energie-Äquivalenz, Gl. (3-10), gilt für die Zerstrahlung von Positron und Elektron, also der Gesamtmasse $2m_0$:

$E = 2m_0c^2$ = 2 · 9,109 · 10^{-31} kg · (2,998 · 10^8 m s^{-1})^2 = 1,637 · 10^{-13} J.

Nach Abschnitt 14.3.1 gilt:

1 eV = 1,602 · 10^{-19} J, also ist:

$$E = \frac{1,637 \cdot 10^{-13}}{1,602 \cdot 10^{-19}} \text{ eV} = 1,02 \cdot 10^6 \text{ eV}.$$

4.1 Der Impuls des ausgestoßenen Blutes beträgt nach Gl. (2-20) $p = mv$ = 0,06 kg · 0,5 m s^{-1} = 0,03 Ns. Wegen Impulserhaltung ist der gleich große entgegengerichtete Impuls des Körpers p = 0,03 Ns, und die vermeintliche Zunahme bzw. Abnahme der Gewichtskraft ist nach Gl. (2-18):

$$F_s = \frac{p}{t} = \frac{0,03 \text{ Ns}}{0,1 \text{ s}} = 0,3 \text{ N, das entspricht einer schweren Masse von}$$

$$m = \frac{F_s}{g} = \frac{0,3 \text{ N}}{9,8 \text{ m s}^{-2}} \approx 0,03 \text{ kg}.$$

Also schwankt die Anzeige der Waage mit ± 0,03 kg um die Körpermasse.

4.2 a) Aus Gl. (2-21) folgt:

$$L = J_1\omega_1; \quad J_1 = \frac{31,4 \text{ N m s}}{2\pi \cdot 1 \text{ s}^{-1}} = 5 \text{ kg m}^2.$$

b) Der Drehimpulserhaltungssatz besagt, dass

$$J_1\omega_1 = J_2\omega_2; \quad v_2 = \frac{\omega_1 J_1}{2\pi J_2} = 2 \text{ s}^1.$$

5.1 Das Hooke'sche Gesetz, Gl. (5-3), gibt an, um wie viel sich der Knochen elastisch verformt:

a) $\Delta l = \dfrac{l}{E} \dfrac{F}{A} = \dfrac{0,5 \text{ m}}{1,8 \cdot 10^{10} \text{ N m}^{-2}} \dfrac{80 \cdot 9,8 \text{ N}}{3,14 \cdot 10^{-4} \text{ m}^2} = 0,07 \text{ mm}.$

b) $\Delta l = \dfrac{0,5 \text{ m}}{1,8 \cdot 10^{10} \text{ N m}^{-2}} \dfrac{160 \cdot 9,8 \text{ N}}{3,14 \cdot 10^{-4} \text{ m}^2} = 0,14 \text{ mm}.$

5.2 Die mittlere Druckfestigkeit für Knochen beträgt nach Tab. 5.2 $p_m = 170$ N mm^{-2}. Mit $R_{außen} = 14$ mm und $R_{innen} = 8,5$ mm beträgt der aktive Flächenquerschnitt des Oberarmknochens

$$A = (14^2 - 8,5^2) \cdot \pi \text{ mm}^2 = 123,75 \text{ mm}^2.$$

Damit kann diese Fläche mit einer Kraft $F = p_m \cdot A = 170$ N mm$^{-2} \cdot 123,75$ mm$^2 \approx 21$ kN belastet werden, bis es zum Bruch kommt.

5.3 Das Hagen-Poiseuille'sche Gesetz, Gl. (5-27), beschreibt den Stromstärke-Druckdifferenz-Zusammenhang bei der laminaren Strömung von Flüssigkeit durch ein zylindrisches Rohr:

$$i = \frac{\pi r^4}{8\eta l}\Delta p; \quad \Delta p = 100 \text{ Torr} = 13\,332,24 \text{ Pa}.$$

a) Die Volumenstromstärken der verschiedenen Flüssigkeiten sind:

$$i = \frac{\pi \left(4 \cdot 10^{-3} \text{ m}\right)^4 \cdot 13\,332,24 \text{ Pa}}{8 \cdot 0,83 \text{ Pa s} \cdot 0,5 \text{ m}} = 3,2 \cdot 10^{-6} \text{ m}^3 \text{ s}^{-1} = \underline{\underline{3,2 \cdot 10^{-3} \text{ ls}^{-1}}}(\text{Glycerin}).$$

$$i = \underline{\underline{0,601 \text{ s}^{-1}}}(\text{Blut}).$$

$$i = \underline{\underline{2,681 \text{ s}^{-1}}}(\text{H}_2\text{O}).$$

b) Die Volumenstromstärken sind 16-mal kleiner bei halb so großem Rohrdurchmesser.

5.4 a) Aus Gl. (5-29) folgt für die Sedimentation

im Schwerefeld $\dfrac{4\pi r^3}{3}\varrho_{kugel}g - \dfrac{4\pi r^3}{3}\varrho_{Fe}g - 6\pi\eta v_s r = 0$, bzw.

in der Zentrifuge $\dfrac{4\pi r^3}{3}\varrho_{kugel}a - \dfrac{4\pi r^3}{3}\varrho_{Fe}a - 6\pi\eta v_s r = 0$.

Das Verhältnis der Sedimentationsgeschwindigkeiten ergibt sich hieraus zu

$$\frac{v_s\,(\text{Schwerefeld})}{v_s\,(\text{Zentrifuge})} = \frac{g}{a} = \frac{9,8 \text{ m s}^{-2}}{10^6 \text{ m s}^{-2}} \approx \underline{\underline{10^{-5}}}.$$

b) Die Sedimentation mit der Ultrazentrifuge hat bezüglich Masse oder Volumen der untersuchten Partikel eine 10^5-mal bessere Auflösung als die Sedimentation im Schwerefeld. Zudem: Sehr kleine Teilchen (Makromoleküle wie Hämoglobin) sedimentieren wegen der Brown'schen Molekularbewegung im Schwerefeld überhaupt nicht und lassen sich aus einer Lösung daher nur durch Ultrazentrifugieren entfernen.

5.5 Die kritische Geschwindigkeit, bei deren Überschreiten in einem Rohr laminare in turbulente Strömung umschlagen kann, ist durch Gl. (5-38) gegeben:

$$v_k = \frac{1000\eta}{\varrho r} = \varrho \frac{1000 \cdot 0{,}0045\,\text{Pa s}}{1000\,\text{kg m}^{-3} \cdot 10^{-2}\,\text{m}} = 0{,}45\,\text{m s}^{-1}.$$

Es würde für kurze Zeit zu turbulenter Strömung kommen, wenn die Aorta ein starres Rohr wäre. Aufgrund ihrer erheblichen Elastizität kann sie sich jedoch während der Systole dehnen (*Windkesselfunktion* der Aorta). Dies reduziert zwar die kritische Geschwindigkeit v_k, bei der Turbulenz einsetzt (da $v_k \sim \frac{1}{r}$), aber gleichzeitig nimmt wegen der Kontinuitätsgleichung (5-20) die Geschwindigkeit des Blutes quadratisch mit der Zunahme von r ab ($v \sim \frac{1}{r^2}$), sodass insgesamt $v < v_k$ gilt und es demnach nicht zur Turbulenz kommt.

6.1 a) $l = \underline{24{,}8\,\text{cm}}$.

b) $\dfrac{T_{\text{Äq}} - T_{\text{Pol}}}{T_{Pol}} = 0{,}0026 = \dfrac{\sqrt{1/g_{\text{Äq}}} - \sqrt{1/g_{\text{pol}}}}{\sqrt{1/g_{\text{Pol}}}} = \sqrt{g_{\text{Pol}}/g_{\text{Äq}}} - 1,$

sodass $\sqrt{g_{\text{Pol}}/g_{\text{Äq}}} - 1 = 0{,}0026$. Daraus folgt $g_{\text{Pol}} - g_{\text{Äq}} = \underline{5{,}1\,\text{cm s}^{-2}}$, wenn wir für $g_{\text{Pol}} \cong$ 9,83 m s^{-2} setzen.

6.2 Berechnung der longitudinalen Schallgeschwindigkeit mit Gl. (7-13c):

$$c = (E/\varrho)^{1/2} = (7{,}5 \cdot 10^{10}\,\text{N m}^{-2}/2{,}65 \cdot 10^3\,\text{kg m}^{-3})^{1/2} = \underline{5320\,\text{m s}^{-1}}.$$

Die zugehörige Wellenlänge (Gl. (7-6)): $\lambda = c/v = 5320\,\text{m s}^{-1}/1 \cdot 10^6\,\text{s}^{-1} = \underline{5{,}32\,\text{mm}}$.
Nach Gl. (7-36a) gilt für die erforderliche Länge: $L = n\lambda/2 = 3 \cdot 5{,}32\,\text{mm}/2 = \underline{7{,}98\,\text{mm}}$. ($n$ ist 3, da die Grundschwingung mitzuzählen ist.)

6.3 Das Verhältnis der Energien bei zwei aufeinanderfolgenden Schwingungen ist:

$$E_{n+1}/E_n = 80\,\%/100\,\% = 0{,}8.$$

Nach Gl. (6-9) ist die Schwingungsenergie E proportional zum Quadrat der Auslenkungsamplitude A_0. Daher ist $A_{0,n+1}/A_{0,n} = \sqrt{E_{n+1}/E_n} = \sqrt{0{,}8} = \underline{0{,}89}$.
a) Mit Gl. (6-8) folgt für das Pegelmaß:

$$z = 20 \cdot \log(A_{0,n}/A_{0,n+1}) = 20 \cdot \log(1/0{,}89) = \underline{1{,}0\,\text{dB}}.$$

b) Mit Gl. (6-12) ergibt sich für das logarithmische Dekrement:

$$\Lambda = \ln(A_{0,n}/A_{0,n+1}) = \underline{0{,}12}.$$

c) Da $T = 2$ s beträgt, folgt aus der Lösung b): $\delta = 0{,}12/2\,\text{s} = \underline{0{,}06\,\text{s}^{-1}}$.

6.4 Das Minimum der Funktion $f(\omega) = (\omega_0^2 - \omega^2)^2 + 4\delta^2\omega^2$ findet man, wenn man die Ableitung $df/d\omega$ gleich null setzt.
Die Ableitung ergibt: $df/d\omega = 2(\omega_0^2 - \omega^2) \cdot (-2\omega) + 8\delta^2\omega$. Setzt man sie gleich null, so erhält man: $\omega = (\omega_0^2 - 2\delta^2)^{1/2}$. Bei dieser Frequenz wird also die Amplitude am größten, es ist die *Resonanzfrequenz*.

Setzen wir sie in Gl. (6-14a) ein, so erhalten wir für die Amplitude im Resonanzfall: $A_0 = (F_0/m)/4\delta^2(\omega^2_0 - \delta^2)$. Sie sehen, dass (wegen des Faktors δ^2 im Nenner) die Amplitude immer größer wird, wenn die Dämpfung kleiner gemacht wird *(Resonanzkatastrophe)*.

6.5 a) Wir berechnen den Mittelwert $\langle y \rangle$ über die Zeitdauer $T = 1$ min mit Gl. (14-100):

$$\langle y \rangle \frac{1}{T} \sum_{i=1}^{100} y_i = 1 \text{ min}^{-1} \cdot 100 \cdot 0{,}071 = \underline{\underline{71 \text{ min}^{-1}}} = 7 \cdot 1000 \text{ ml}/60 \text{ s} = \underline{\underline{117 \text{ mls}^{-1}}}.$$

b) $$\langle y \rangle \frac{1}{2\pi} \int_0^{2\pi} A \sin(x) dx = \frac{A}{2\pi} \int_0^{2\pi} \sin(x) dx = \frac{A}{2\pi} [-\cos(x)]_0^{2\pi} = \frac{A}{2\pi}(-1+1) = 0.$$

$$\langle y \rangle \frac{1}{2\pi} \int_0^{2\pi} A \cos(x) dx = \frac{A}{2\pi} \int_0^{2\pi} \cos(x) dx = \frac{A}{2\pi}[\sin(x)]_0^\pi = \frac{A}{2\pi}(+0-0) = 0.$$

Übrigens erhalten wir dasselbe Resultat auch bei anderen Argumenten der trigonometrischen Funktionen, wie dem Argument $(\omega t + \varphi_0)$ bei der Schwingung oder $(\omega t - kx + \varphi_0)$ bei der Welle. Quadrieren wir aber die trigonometrische Funktion (wie dies z. B. in Gl. (14-101) geschieht), so ist der Mittelwert immer größer als null.

7.1 a) Nach Gl. (7-6) ist $\lambda = c/v$. Daher: $\lambda = \underline{\underline{211 \text{ m}}}$ (Mittelwelle) und $\lambda = \underline{\underline{3{,}4 \text{ m}}}$ (UKW).

b) Nach Gl. (6-7) entspricht die Phasenverschiebung φ_0 einer Zeitverschiebung von $\Delta t = \varphi_0/\omega$. Daher $\Delta t = (\pi/3)/(2\pi \cdot 3) \text{ s} = \underline{\underline{0{,}056 \text{ s}}}$.

7.2 Schallgeschwindigkeit im Wasser: $c = 1485 \text{ m s}^{-1}$. Die Entfernung s wird von der Welle zweimal durchlaufen, sodass $s = \frac{1}{2} ct = \frac{1}{2} \cdot 1485 \cdot 7{,}5 \cdot 10^{-3} \text{ m} = \underline{\underline{5{,}6 \text{ m}}}$.

7.3 a) In derselben Zeit t, in welcher das Flugzeug die Strecke $x = x_2 - x_1$ zurückgelegt hat, hat die bei x_1 emittierte Kugelwelle sich auf einen Radius R ausgebreitet. Daher ist, wie auch die Abb. 24.1b zeigt, $\sin \alpha = (ct)/(vt) = c/v$.

b) Aus Abb. 24.1b sehen Sie, dass die Entfernung L gegeben ist durch $\sin \alpha = h/L$, sodass $L = h/\sin \alpha = R/(x_2 - x_1) = 1000/0{,}5 = 2000 \text{ m} = \underline{\underline{2 \text{ km}}}$.

7.4 a) Für die Frequenz 1 kHz lassen sich die Intensitäten I_1 und I_2 direkt mit Gl. (7-18) berechnen. Für $L_{N1} = 0$ Phon folgt $\log (I_1/I_0) = 0$, d. h. $I_1 = I_0 = \underline{\underline{10^{-12} \text{ Wm}^{-2}}}$. Für $L_{N2} = 130$ Phon folgt $\log (I_2/I_0) = 13$, d. h. $I_2 = 10^{13} \cdot I_0 = \underline{\underline{10 \text{ Wm}^{-2}}}$.

b) Aus Gl. (7-15a) folgt $A_0 = (2I \cdot Z)^{1/2}/\omega$, wobei die akustische Impedanz $Z = \varrho c$ in Luft den Wert $Z = 1{,}29 \text{ kg m}^{-3} \cdot 343 \text{ m s}^{-1} = 443 \text{ kg m}^{-2} \text{ s}^{-1}$ hat. Für $L_{N1} = 0$ Phon erhalten wir daher $A_{0{,}1} = \underline{\underline{1 \cdot 10^{-11} \text{ m}}}$. (Das sind ~ 4 % des Durchmessers eines O_2-Moleküls!). Für $L_{N2} = 130$ Phon ergibt sich entsprechend $A_{0{,}2} = \underline{\underline{3 \cdot 10^{-5} \text{ m}}}$. (Das ist etwa das 105-Fache des O_2-Durchmessers!)

c) Gl. (7-15b) liefert $p = \sqrt{2IZ}$. Für $L_{N1} = 0$ Phon ist daher $p_{0{,}1} = \underline{\underline{3 \cdot 10^{-5} \text{ Pa}}}$, und für $L_{N2} = 130$ Phon ist $p_{0{,}2} = \underline{\underline{94 \text{ Pa}}}$. (Zum Vergleich: Der Normal-Luftdruck beträgt rund 100000 Pa (Abschnitt 9.1)).

7.5 a) C – e – g – c. b) C – e: große Terz; e – g: kleine Terz; g – c: Quart. c) C – e: große Terz; C – g: Quint; C – c: Oktave. d) C liegt um eine Sext tiefer als der Kammerton. Nach Tab. 7.4 entspricht das einem Frequenzverhältnis 5:3, sodass

$$v(a)/v(C) = 5/3 \text{ und } v(C) = 440 \text{ Hz} \cdot 3/5 = \underline{264 \text{ Hz.}}$$

Wieder nach Tab. 7.4 erhält man für die übrigen Töne:

$$v(e)/v(C) = 5/4 \text{ bzw. } v(e) = v(C) \cdot 5/4 = 264 \text{ Hz} \cdot 5/4 = \underline{330 \text{ Hz.}}$$

$$v(g)/v(C) = 3/2 \text{ bzw. } v(g) = v(C) \cdot 3/2 = 264 \text{ Hz} \cdot 3/2 = \underline{396 \text{ Hz.}}$$

$$v(c)/v(C) = 2/1 \text{ bzw. } v(c) = v(C) \cdot 2 = \underline{528 \text{ Hz.}}$$

7.6 a) Durch Zunahme der Spannkraft nimmt die Schallgeschwindigkeit längs der Saite zu, und mit der Schallgeschwindigkeit $c = \lambda v$ nimmt, da die Wellenlänge λ gleich bleibt, auch die Frequenz v zu.

b) Nach Gl. (7-36a) erhält man für die Grundschwingung $\lambda = 2L = \underline{66 \text{ cm.}}$

c) Wenn die Saite auf $v = 440$ Hz gestimmt ist, ergibt sich eine Schallgeschwindigkeit längs der Saite von $c = \lambda v = 0{,}66 \text{ m} \cdot 440 \text{ s}^{-1} = \underline{290 \text{ m s}^{-1}}$.

Für die Masse der Saite erhalten wir $m = \varrho V = \varrho l \pi d^2/4 = \underline{0{,}19 \text{ g}}$. Jetzt ist in der angegebenen Beziehung nur mehr die Spannkraft F unbekannt. Lösen wir danach auf, so erhalten wir $F = c^2 m/l = (290 \text{ m s}^{-1})^2 \cdot 1{,}9 \cdot 10^{-4} \text{ kg} = 0{,}33 \text{ m} = 48 \text{ kg m s}^{-2} = \underline{48 \text{ N.}}$

8.1 Wenn das kalte Wasser und das Kalorimeter vor dem Zugießen des heißen Wassers sich auf gleicher Temperatur befunden habe, besteht nach dem Mischen gemäß Gl. (8-3) folgender Zusammenhang:

$$C_{H_2O} m_k (T_3 - T_1) + C_{Kalor.} (T_3 - T_1) = C_{H_2O} m_h (T_2 - T_3).$$

Setzt man die spezifische Wärmekapazität C_{H_2O} des Wassers als bekannt voraus, so müssen gemessen werden:

T_1: Temperatur des kalten Wassers und Ausgangstemperatur des Kalorimeters

T_2: Temperatur des heißen Wassers

T_3: Mischungstemperatur

m_k: Masse des kalten Wassers

m_h: Masse des heißen Wassers

Dann bleibt die Wärmekapazität $C_{Kalor.}$ als einzige Unbekannte und kann berechnet werden.

8.2 $v = 100 \text{ km h}^{-1} = 27{,}78 \text{ m s–1}$.

Nach Gl. (3-8b) ist die kinetische Energie des PKW: $\dfrac{m_1 v^2}{2}$.

Die Temperaturerhöhung der Bremsscheiben ergibt sich nach Gl. (8-2) aus der zugeführten Energie, dividiert durch die Wärmekapazität der Bremsscheiben:

$$\Delta T = \frac{m_1 v^2}{2 m_2 C} = \frac{10^3 \,\text{kg} \,(27{,}78 \,\text{m s}^{-1})^2}{2 \cdot 15 \,\text{kg} \cdot 461 \,\text{J kg}^{-1} \,\text{K}^{-1}} = \underline{\underline{55{,}80 \,\text{K}.}}$$

8.3 Da sich der Widerstand linear mit der Temperatur ändert, gilt

$$\frac{\Delta R}{\Delta t} = \frac{3{,}95 \,\Omega}{100 \,°\text{C}} = 0{,}0395 \,\Omega \,(°\text{C})^{-1},$$

$$\Delta t = \frac{1}{0{,}0395} \Delta R = 25{,}32 \; \Delta R.$$

Für $\Delta R = 0{,}79 \,\Omega$ folgt $\Delta t = 20 \,°\text{C}$ und $t = 0 \,°\text{C} + 20 \,°\text{C} = \underline{\underline{20 \,°\text{C}.}}$

9.1 $V_1 = 8 \,\text{m} \cdot 6 \,\text{m} \cdot 3 \,\text{m} = 144 \,\text{m}^3$, $T_1 = 283 \,\text{K}$, $T_2 = 293 \,\text{K}$.
Aus der Zustandsgleichung für ideale Gase (9-3) folgt:

$$V_2 = \frac{V_1 T_2}{T_1} = \frac{144 \,\text{m}^3 \cdot 293 \,\text{K}}{283 \,\text{K}} = 149{,}1 \,\text{m}^3.$$

Daher $V_2 - V_1 = \Delta V = \underline{\underline{5{,}1 \,\text{m}^3.}}$

9.2 Aus Gl. (9-9) folgt:

$$T_2 = T_1 \left(\frac{p_2}{p_1}\right)^{\left(1 - \frac{1}{\kappa}\right)} = 290 \,\text{k} \left(\frac{40 \,\text{bar}}{1 \,\text{bar}}\right)^{0{,}286} = \underline{\underline{832 \,\text{K}.}}$$

9.3 Nach Gl. (9-1) ist die Anzahl der Mole O_2 in der Inspirationsluft:
$pV = n_i RT$,

$$n_i = \frac{pV}{RT} = \frac{1{,}97 \cdot 10^4 \,\text{Pa} \cdot 0{,}36 \,\text{m}^3 \,\text{h}^{-1}}{8{,}314 \,\text{J K}^{-1} \,\text{mol}^{-1} \cdot 310 \,\text{K}} = 2{,}75 \,\text{mol h}^{-1}.$$

Anzahl der Mole O_2 in der Exspirationsluft:

$$n_e = \frac{1{,}52 \cdot 10^4 \,\text{Pa} \cdot 0{,}36 \,\text{m}^3 \,\text{h}^{-1}}{8{,}314 \,\text{J K}^{-1} \,\text{mol}^{-1} \cdot 310 \,\text{K}} = 2{,}12 \,\text{mol h}^{-1}.$$

$$\Delta n = n_i - n_e = \underline{\underline{0{,}63 \,\text{mol h}^{-1}.}}$$

10.1 Beim einatomigen idealen Gas besteht die innere Energie nur in der kinetischen Translationsenergie der Gasteilchen. Die mittlere kinetische Translationsenergie $\bar{E}_K$ ist nach Gl. (10-7):

$$\bar{E}_K = \frac{3}{2} kT.$$

Damit ergibt sich als innere Energie eines Mols:

$$E = \frac{3}{2}RT = \frac{3 \cdot 8{,}314\,\text{J}\,\text{K}^{-1}\,\text{mol}^{-1} \cdot 300\,\text{K}}{2} = \underline{\underline{3741\,\text{J}\,\text{mol}^{-1}}}.$$

10.2 Nach Gl. (10-5) ist:

a) $E_\text{M} = \frac{3}{2}RT = \frac{3}{2} \cdot 8{,}314\,\text{J}\,\text{K}^{-1}\,\text{mol}^{-1} \cdot 273{,}15\,\text{K} = \underline{\underline{3406\,\text{J}\,\text{mol}^{-1}}}.$

Ebenfalls nach Gl. (10-5) ist:

b) $E_\text{m} = \dfrac{E_\text{M}}{N_\text{A}} = \dfrac{3406\,\text{J}\,\text{mol}^{-1}}{6{,}023 \cdot 10^{23}\,\text{mol}^{-1}} = \underline{\underline{5{,}66 \cdot 10^{-21}\,\text{J}}}.$

10.3 Nach Gl. (9-3) ist:

a) $\Delta V = V_1 \dfrac{\Delta T}{T_1} = 22{,}4 \cdot 10^3\,\text{cm}^3 \cdot \dfrac{77\,\text{K}}{273\,\text{K}} = \underline{\underline{6{,}32 \cdot 10^3\,\text{cm}^3}}.$

b) Durch Kombination der Gln. (9-3) und (10-8) erhält man:

$$-\Delta W = R\,\Delta T = 8{,}314\,\text{J}\,\text{K}^{-1}\,\text{mol}^{-1} \cdot 77\,\text{K} = \underline{\underline{6{,}40 \cdot 10^2\,\text{J}\,\text{mol}^{-1}}}.$$

c) Da ein zweiatomiges Gas über 5 Freiheitsgrade verfügt, ergibt sich nach dem Gleichverteilungssatz (Abschnitt 10.2):

$$\Delta U = \frac{5}{2}R\Delta T = \frac{5}{2} \cdot 8{,}314\,\text{J}\,\text{K}^{-1}\,\text{mol}^{-1} \cdot 77\,\text{K} = 1{,}60 \cdot 10^3\,\text{J}\,\text{mol}^{-1}.$$

d) Nach dem 1. Hauptsatz der Wärmelehre (Abschnitt 12.2) ist:

$$\Delta U = \Delta Q + \Delta W$$

$$\Delta Q = \Delta U - \Delta W = (1{,}60 + 0{,}64) \cdot 10^3\,\text{J}\,\text{mol}^{-1} = \underline{\underline{2{,}24 \cdot 10^3\,\text{J}\,\text{mol}^{-1}}}.$$

12.1 Durch die Verbrennung entstehende Wärmeenergie pro Stunde:

$$\frac{Q}{t} = \frac{H_\text{Benzin}\varrho_\text{Benzin}V}{t} = 45 \cdot 10^6\,\text{J}\,\text{kg}^{-1} \cdot 780\,\text{kg}\,\text{m}^{-3} \cdot 12 \cdot 10^{-3}\,\text{m}^3\,\text{h}^{-1} = 42{,}12 \cdot 10^7\,\text{J}\,\text{h}^{-1}.$$

Abgegebene mechanische Energie pro Stunde:

$$\frac{E}{t} = 40\,\text{kJ}\,\text{s}^{-1} = 40\,\text{kJ} \cdot 3600\,\text{h}^{-1} = 14{,}4 \cdot 10^7\,\text{J}\,\text{h}^{-1}.$$

Nach Gl. (12-10) ist der Wirkungsgrad:

$$\eta = \frac{14{,}4 \cdot 10^7\,\text{J}\,\text{h}^{-1}}{42{,}12 \cdot 10^7\,\text{J}\,\text{h}^{-1}} = \underline{\underline{0{,}342 \overset{\Delta}{=} 34{,}2\,\%}}.$$

12.2 a) Da nach Durchlaufen des Kreisprozesses (siehe Abschnitt 12.3) die innere Energie wieder den Ausgangswert erreicht, also d$U = 0$ ist, gilt für die abgegebene Arbeit:

$$A_\mathrm{a} = -A = Q = \underline{\underline{1500\,\mathrm{J}}}.$$

b) $P = \dfrac{A_\mathrm{a}}{t} = \dfrac{1500\,\mathrm{J}}{0{,}1\,\mathrm{s}} = \underline{\underline{15\,\mathrm{kW}}}.$

12.3 Bei der Wärmepumpe handelt es sich um einen Kreisprozess, bei dem die Umlaufrichtung umgekehrt ist wie bei dem in Abb. 12.1 skizzierten (Kompression bei der Temperatur T_1, Expansion bei der Temperatur T_2). Im Gegensatz zu einem Kreisprozess, bei dem mechanische Energie aus Wärmeenergie gewonnen wird, ist bei der Wärmepumpe der Wirkungsgrad η_W (Verhältnis von abgegebener Wärme zu aufgewandter Arbeit), der sich aus völlig analogen Überlegungen wie der in Gl. (12-10) abgeleitete Wirkungsgrad η (Verhältnis von abgegebener Arbeit zu aufgenommener Wärme) ergibt, von Interesse. Hieraus ergibt sich $\eta_\mathrm{W} = 1/\eta$.

$$T_1 = 327{,}15\,\mathrm{K},\ T_2 = 277{,}15\,\mathrm{K}.$$

a) $\eta_\mathrm{W} = \dfrac{T_1}{T_1 - T_2} = \dfrac{327{,}15\,\mathrm{K}}{50\,\mathrm{K}} = \underline{\underline{6{,}54}}.$

b) $\varepsilon = 0{,}5\ \eta_\mathrm{W} = 0{,}5 \cdot 6{,}54 = 3{,}27.$

Da von der Anlage bei der Temperatur T_1 die Wärmemenge Q_a abgegeben wird, gilt:

$$Q_\mathrm{a} = -Q = \varepsilon A.$$

Damit ergibt sich für die Pumpleistung:

$$P = \dfrac{A}{t} = \dfrac{Q_a}{\varepsilon t} = \dfrac{3{,}5 \cdot 10^7\,\mathrm{J}}{3{,}27 \cdot 3600\,\mathrm{s}} = \underline{\underline{2{,}97\,\mathrm{kW}}}.$$

13.1 a) Anzahl der eingeatmeten Mole (Gase und Wasserdampf) pro Stunde nach Gl. (9-1):

$$\dfrac{n}{t} = \dfrac{pV/t}{RT} = \dfrac{10^5\,\mathrm{Pa} \cdot 0{,}36\,\mathrm{m^3\ h^{-1}}}{8{,}314\,\mathrm{J\,K^{-1}\,mol^{-1}} \cdot 293\,\mathrm{K}} = 14{,}78\,\mathrm{mol\,h^{-1}}.$$

Wärmeabgabe durch Erwärmung der Atemluft:

$$\dfrac{Q_\mathrm{A}}{t} = C_\mathrm{mol,p}\,\dfrac{n}{t}\Delta T = \dfrac{7}{2}R\dfrac{n}{t}\Delta T = \dfrac{7}{2} \cdot 8{,}314\,\mathrm{J\,K^{-1}\,mol^{-1}} \cdot 14{,}78\,\mathrm{mol\,h^{-1}} \cdot 17\,\mathrm{K}.$$

$$= 7312\,\mathrm{J\,h^{-1}}$$

b) Die Anzahl der eingeatmeten Mole Wasserdampf sei n_W und der eingeatmeten Mole übriger Gase n_G.

Da die relative Feuchte der eingeatmeten Luft 60 % beträgt, ist der Partialdruck des Wasserdampfs:

$p_\mathrm{W} = 23\,\mathrm{mbar} : 0{,}6 = 1380\,\mathrm{Pa},$

$$\dfrac{n_\mathrm{W}}{t} = \dfrac{p_\mathrm{W}V/t}{RT} = \dfrac{1380\,\mathrm{Pa} \cdot 0{,}36\,\mathrm{m^3\ h^{-1}}}{8{,}314\,\mathrm{J\,K^{-1}\,mol^{-1}} \cdot 293\,\mathrm{K}} = 0{,}204\,\mathrm{mol\,h^{-1}},$$

$$\frac{n_G}{t} = \frac{n - n_W}{t} = 14{,}78 \, \text{mol h}^{-1} - 0{,}204 \, \text{mol h}^{-1} = 14{,}576 \, \text{mol h}^{-1}.$$

Die Anzahl der ausgeatmeten Mole Wasserdampf sei n_A. Der Partialdruck des Wasserdampfs verhält sich zum Gesamtdruck wie die Anzahl der Mole des Wasserdampfs zur Gesamtzahl der Mole:

$$\frac{p_{W,A}}{p_{ges}} = \frac{n_A}{n_A + n_G},$$

$$\frac{n_A}{t} = \frac{p_{W,A} n_G / t}{p_{ges} - p_{W,A}} = \frac{6300 \, \text{Pa} \cdot 14{,}576 \, \text{mol h}^{-1}}{10^5 \, \text{Pa} - 6300 \, \text{Pa}} = 0{,}98 \, \text{mol h}^{-1}.$$

Anzahl der Mole Wasserdampf, die in der Lunge zusätzlich gebildet werden:

$$\frac{n_B}{t} = \frac{n_A - n_W}{t} = 0{,}98 \, \text{mol h}^{-1} - 0{,}204 \, \text{mol h}^{-1} = \underline{\underline{0{,}776 \, \text{mol h}^{-1}}}.$$

c) Verdampfungswärme für den in der Lunge zusätzlich gebildeten Wasserdampf:

$$\frac{Q_W}{t} = \frac{C_{mol,p} n_B}{t} = 4{,}30 \cdot 10^4 \, \text{J mol}^{-1} \cdot 0{,}776 \, \text{mol h}^{-1} = \underline{\underline{3{,}34 \cdot 10^4 \, \text{J h}^{-1}}}.$$

13.2 Osmotischer Druck der Erythrozyten gem. Gl. (13-6):

$$p_E = \frac{nRT}{V} = \frac{2 \cdot 0{,}155 \, \text{mol} \cdot 8{,}314 \, \text{J K}^{-1} \text{mol}^{-1} \cdot 289 \, \text{K}}{10^{-3} \text{m}^3} = 7{,}68 \cdot 10^5 \, \text{Pa}.$$

Osmotischer Druck einer 0,069 molaren NaCl-Lösung:

$$p_{0{,}069} = \frac{2 \cdot 0{,}069 \, \text{mol} \cdot 8{,}314 \, \text{J K}^{-1} \text{mol}^{-1} \cdot 298 \, \text{K}}{10^{-3} \text{m}^3} = 3{,}42 \cdot 10^5 \, \text{Pa}.$$

Druckdifferenz, die bei der Hämolyse auftritt:

$$\Delta p = 7{,}68 \cdot 10^5 \, \text{Pa} - 3{,}42 \cdot 10^5 \, \text{Pa} = \underline{\underline{4{,}26 \cdot 10^5 \, \text{Pa}}}.$$

13.3 Anzahl der Mole Zucker $= \dfrac{\text{Masse des gelösten Zuckers}}{\text{molekulare Masse des Zuckers}}$

$$n = \frac{10 \, \text{g}}{260 \, \text{g mol}^{-1}} = 0{,}0385 \, \text{mol}$$

$$p_{osm} = \varrho \frac{nRT}{V} = \frac{0{,}0385 \, \text{mol} \cdot 8{,}314 \, \text{J K}^{-1} \text{mol}^{-1} \cdot 288{,}15 \, \text{K}}{0{,}001 \, \text{m}^3} = \underline{\underline{9{,}18 \cdot 10^4 \, \text{Pa}}}.$$

14.1 Die Kraft zwischen elektrischen Ladungen (Coulomb-Kraft) wird durch Gl. (14-1) und die Kraft zwischen Massen (Gravitationskraft) durch Gl. (2-4) beschrieben:

$$F_C = \frac{Q_1 Q_2}{r_2}, \quad F_G = -G \frac{m_1 m_2}{r^2}.$$

a) Proton – Proton:

$$F_C = \frac{8{,}987 \cdot 10^9 \, \text{V mC}^{-1} \cdot \left(1{,}602 \cdot 10^{-19} \, \text{C}\right)^2}{\left(10^{-15} \, \text{m}\right)^2} = \underline{\underline{2{,}3 \cdot 10^2 \, \text{N}}}.$$

$$F_G = -\frac{6{,}67 \cdot 10^{-11} \, \text{N m}^2 \, \text{kg}^{-2} \cdot \left(1{,}672 \cdot 10^{-27} \, \text{kg}\right)^2}{\left(10^{-15} \text{m}\right)^2} = \underline{\underline{-1{,}8 \cdot 10^{-34} \text{N}}}.$$

Proton – Elektron:

$$F_C = -\frac{8{,}987 \cdot 10^9 \, \text{V mC}^{-1} \cdot \left(1{,}602 \cdot 10^{-19} \, \text{C}\right)^2}{\left(5{,}29 \cdot 10^{-11} \, \text{m}\right)^2} = \underline{\underline{-8{,}2 \cdot 10^{-8} \, \text{N}}}.$$

$$F_G = -\frac{6{,}67 \cdot 10^{-11} \, \text{N m}^2 \, \text{kg}^{-2} \cdot 1{,}672 \cdot 10^{-27} \, \text{kg} \cdot 9{,}109 \cdot 10^{-31} \, \text{kg}}{\left(5{,}29 \cdot 10^{-11} \, \text{m}\right)^2} = \underline{\underline{-3{,}6 \cdot 10^{-47} \, \text{N}}}.$$

b) Erde – Mond:

$$F_G = -\frac{6{,}67 \cdot 10^{-11} \, \text{N m}^2 \, \text{kg}^{-2} \cdot 6 \cdot 10^{24} \, \text{kg} \cdot 7 \cdot 10^{22} \, \text{kg}}{\left(10^9 \text{m}\right)^2} = \underline{\underline{-2{.}8 \cdot 10^{19} \text{N}}}.$$

Erde – Sonne:

$$F_G = -\frac{6{,}67 \cdot 10^{-11} \, \text{N m}^2 \, \text{kg}^{-2} \cdot 6 \cdot 10^{24} \, \text{kg} \cdot 2 \cdot 10^{30} \, \text{kg}}{\left(10^{12} \text{m}\right)^2} = \underline{\underline{-8 \cdot 10^{20} \text{N}}}.$$

c) Zentrifugalkraft = Coulomb-Kraft:

$$m\frac{v^2}{r} = \gamma \frac{Q_1 Q_2}{r^2}$$

$$\frac{9{,}109 \cdot 10^{-31} \, \text{kg} \, v^2}{5{,}29 \cdot 10^{-11} \, \text{m}} = 8{,}2 \cdot 10^{-8} \text{N}$$

$$v = \underline{\underline{2{,}18 \cdot 10^6 \text{m s}^{-1}}}.$$

14.2 a) Elektrische Widerstände werden mit den Werten aus Tab. 14.2 nach Gl. (14-7) berechnet. Demnach folgt über die Stromstärken aus Gl. (14-6):

$$I = \frac{U}{\varrho_{20}\frac{l}{A}}$$

$$I_{Cu} = \frac{10^{-2} \, \text{V} \cdot \pi \left(5 \cdot 10^{-4} \text{m}\right)^2}{1{,}7 \cdot 10^{-8} \, \Omega\text{m} \cdot 1\,\text{m}} = \underline{\underline{462 \, \text{mA}}}.$$

$$I_{\text{Kohle}} = 7{,}854 \text{ mA}.$$

b) $I_{\text{Cu}} = \dfrac{10^{-2}\,\text{V} \cdot \pi \left(5 \cdot 10^{-4}\text{m}\right)^2}{1{,}7 \cdot 10^{-8} \cdot \left(1 + 0{,}004\,^{\circ}\text{C}^{-1} \cdot 10\,^{\circ}\text{C}\right) \Omega\text{m} \cdot 1\,\text{m}} = 444\,\text{mA}, \quad \Delta I_{\text{Cu}} = \underline{\underline{-18\,\text{mA}}}.$

$$I_{\text{Kohle}} = 7{,}860 \text{ mA}; \quad \Delta I_{\text{Kohle}} = \underline{\underline{+0{,}006 \text{ mA}}}.$$

14.3 a) Der Gesamtwiderstand des Cu-Drahtes ergibt sich mithilfe der Gl. (14-6) und den Werten aus Tab. 14.2 zu:

$$R = 1{,}7 \cdot 10^{-8} \Omega\text{m} \cdot \dfrac{2\,\text{m}}{\left(2 \cdot 10^{-4}\,\text{m}\right)^2 \pi} = \underline{\underline{0{,}27\,\Omega}}.$$

Die Stromstärke: $I_0 = \dfrac{U_0}{R_i + R} = \dfrac{6\,\text{V}}{2\Omega + 0{,}27\,\Omega} = \underline{\underline{2{,}64\,\text{A}}}.$

Die Klemmenspannung ist die Differenz aus U_0 und dem Spannungsabfall am Innenwiderstand R_i der Quelle:

$$U_{\text{k}} = U_0 - I_0 R_i = 6\,\text{V} - 2{,}64\,\text{A} \cdot 2\,\Omega = \underline{\underline{0{,}72\,\text{V}}}.$$

Schließlich folgt für die unbekannte Batteriespannung:

$$U_{\text{x}} = U_{\text{k}} \dfrac{l_1}{l} = 0{,}72\,\text{V} \cdot \dfrac{0{,}2\,\text{m}}{2\,\text{m}} = \underline{\underline{0{,}072\,\text{V}}}.$$

b) Offensichtlich fließt bei der beschriebenen Versuchsanordnung zu viel Strom durch den Messdraht und erhitzt ihn deshalb zu sehr. Deshalb ist es sinnvoller, einen hochohmigen Draht anstelle des Cu-Drahtes, z. B. aus Manganin mit einem spezifischen Widerstand $\varrho_{20} = 4 \cdot 10^{-7}\,\Omega\text{m}$, zu verwenden.

14.4 a) Für die magnetische Feldstärke bzw. für die magnetische Induktion im Innern einer stromdurchflossenen Spule gelten die Gln. (14-44) bzw. (14-45):

$$H = I \dfrac{n}{l} = 5\,\text{A} \cdot \dfrac{10^2}{0{,}1\,\text{m}} = 5 \cdot 10^3\,\text{A}\,\text{m}^{-1} = \underline{\underline{62{,}8 \text{ Oersted}}}.$$

$$B = \mu_0 H = 1{,}256 \cdot 10^{-6}\,\text{Vs}\,\text{A}^{-1}\text{m}^{-1} \cdot 5 \cdot 10^3\,\text{A}\,\text{m}^{-1} = 6{,}28 \cdot 10^{-3}\,\text{V s m}^{-2} = \underline{\underline{6{,}28 \cdot 10^{-3} \text{ Tesla}}}.$$

b) Die Lorentz-Kraft berechnen wir mit Gl. (14-48). Die Fluggeschwindigkeit des durch die Potentialdifferenz beschleunigten Elektrons folgt aus der vollständigen Umwandlung der elektrischen Energie eU in kinetische Energie des Elektrons $\frac{m}{2} v^2$. Also erhalten wir aus $eU = \frac{m}{2} v^2$ die Fluggeschwindigkeit $v = \sqrt{\frac{2eU}{m}}$ und schließlich für den Betrag der Lorentz-Kraft:

$$F_{\text{L}} = eB \sqrt{\dfrac{2eU}{m}} = 1{,}602 \cdot 10^{-19}\,\text{C} \cdot 6{,}28 \cdot 10^{-3}\,\text{Vs m}^{-2} \cdot \left(\dfrac{2 \cdot 1{,}602 \cdot 10^{-19}\,\text{C} \cdot 10^4\,\text{V}}{9{,}109 \cdot 10^{-31}\,\text{kg}}\right)^{1/2}$$

$$= \underline{\underline{6 \cdot 10^{-14}\,N}}.$$

c) Für die Bewegung des abgelenkten Elektrons auf einer Kreisbahn gilt die Gleichgewichtsbedingung Lorentz-Kraft = Zentrifugalkraft, wobei wir die Zentrifugalkraft (Trägheitskraft) F_T der Gl. (2-7) entnehmen: $F_L = F_T = m \frac{v^2}{r}$.
Aus dieser Bedingung berechnen wir den Krümmungsradius:

$$r = \frac{mv^2}{F_L} = \frac{2eU}{F_L} = \frac{2 \cdot 1{,}602 \cdot 10^{-19}\,\text{C} \cdot 10^4\,\text{J}}{6 \cdot 10^{-14}\,\text{N}} = \underline{\underline{5{,}34\,\text{cm}}}.$$

14.5 a) $U(t) = U_0 \sin \omega t = U_0 \sin \frac{2\pi}{T} t$. Einsetzen der Zahlenwerte für U_0 (Gl. (14-107)) und für T ergibt dann:

$$U(t) = (2)^{1/2} \cdot 230\,\text{V} \cdot \sin\left(\frac{2\pi}{0{,}02\,\text{s}} t\right) = \underline{\underline{325\,\text{V} \, ; \sin\left(314{,}16\,\text{s}^{-1} t\right)}}.$$

b) Die Wirkleistung ist durch Gl. (14-104) definiert, und der zur Berechnung von I_0 notwendige Wechselstromwiderstand für Serienschaltung von R, C und L folgt aus Gl. (14-89):

$$\langle P \rangle = \frac{1}{2} U_0 I_0 \cos \varphi,$$

$$I_0 = \frac{U_0}{\sqrt{R^2 + \left(\omega L - \frac{1}{\omega C}\right)^2}} = \frac{325\,\text{V}}{\sqrt{10^4\,\Omega^2 + \left(314{,}16\,\text{s}^{-1} \cdot 10^{-2}\,\text{H} - \frac{1}{314{,}16\,\text{s}^{-1} \cdot 10^{-3}\,\text{F}}\right)^2}}$$

$$= \frac{325\,\text{V}}{\left(10^4\,\Omega^2 + 1{,}7 \cdot 10^{-3}\,\Omega^2\right)^{1/2}} = \underline{\underline{3{,}2\,\text{A}}}.$$

Mit dem Zahlenwert $R = 100\,\Omega$ und $\left(\omega L - \frac{1}{\omega C}\right) = 0{,}04\,\Omega$ errechnen wir aus Gl. (14-90) für den Phasenwinkel $\varphi \cong 0°$. Damit ist die verbrauchte Wirkleistung:

$$\langle P \rangle = \frac{1}{2} \cdot 325\,\text{V} \cdot 3{,}2\,\text{A} \cdot \cos 0° = \underline{\underline{520\,\text{W}}}.$$

c) Für die in Abb. 14.42 skizzierte Parallelschaltung von Widerständen gilt nach Gl. (14-91):

$$I_0 = \frac{U_0 \omega C \sqrt{R^2 + \left(\omega L - \frac{1}{\omega C}\right)^2}}{\sqrt{R^2 + (\omega L)^2}} = \frac{325\,\text{V} \cdot 0{,}314\,\Omega^{-1} \cdot 10^2\,\Omega}{10^2\,\Omega} = \underline{\underline{102\,\text{A}}}.$$

Aus Gl. (14-92) folgt für den Phasenwinkel $\varphi = -88°$. Damit gilt für die verbrauchte Wirkleistung:

$$\langle P \rangle \frac{1}{2} \cdot 325\,\text{V} \cdot 102\,\text{A} \cdot \cos 88° = \underline{\underline{578{,}5\,\text{W}}}.$$

d) Die Eigenfrequenz $v_r = \frac{\omega}{2\pi}$ berechnen wir nach Gl. (14-93) zu:

$$v_r = \frac{1}{2\pi} \sqrt{\frac{1}{LC}} = \frac{1}{2\pi} \left(\frac{1}{10^{-2}\,\text{H} \cdot 10^{-3}\,\text{F}} \right)^{1/2} = \underline{\underline{50{,}3\,\text{Hz.}}}$$

e) Füllt man destilliertes Wasser in den Kondensator und schiebt man einen Weicheisenkern in die Spule, dann werden Kapazität bzw. Induktivität geändert: $C' = \varepsilon_{rel}C$ bzw. $L' = \mu_{rel}L$. Also erhalten wir für die Eigenfrequenz v_r:

$$v_r = \frac{1}{2\pi} \sqrt{\frac{1}{\mu_{rel}L\varepsilon_{rel}C}} = \frac{1}{2\pi} \left(\frac{1}{10^{-4} \cdot 10^{-2}\,\text{H} \cdot 81 \cdot 10^{-3}\,\text{F}} \right)^{1/2} = \underline{\underline{5{,}59 \cdot 10^{-2}\,\text{Hz.}}}$$

15.1 a) Nach Gl. (14-5a) beträgt die Ladungsmenge, die beim Anlassen fließt: $Q = It = 80\,\text{A} \cdot 2\,\text{s} = 160\,\text{C}$. Da die Sulfationen zweiwertig, die Wasserstoffionen dagegen einwertig sind, bilden sich nach dem 1. Faraday'schen Gesetz (Abschnitt 15.2.3.2):

$$N = \frac{Q}{Ze} = \frac{160\,\text{C}}{2 \cdot 1{,}602 \cdot 10^{-19}\,\text{C}} = \underline{\underline{5 \cdot 10^{20}\text{Sulfationen}}} \quad \text{bzw.} \quad \underline{\underline{10^{21}\text{H-Ionen.}}}$$

b) $m = 10^{21}m_p = 10^{21} \cdot 1{,}672 \cdot 0^{-27}\,\text{kg} = \underline{\underline{1{,}672\,\text{mg.}}}$

15.2 a) Vernachlässigen wir kapazitive und induktive Eigenschaften des menschlichen Körpers, dann gilt auch im Wechselstromkreis:

$$I = \frac{U}{R} = \frac{230\,\text{V}}{10^4\,\Omega} = \underline{\underline{0{,}023\,\text{A}}} \quad \text{bzw.} \quad \frac{230\,\text{V}}{800\,\Omega} = \underline{\underline{0{,}287\,\text{A.}}}$$

b) Die Faustregel aufgelöst nach Δt liefert:

$$\Delta t = \frac{0{,}116^2}{I^2}\,\text{s} = \underline{\underline{25{,}4\,\text{s}}} \quad \text{bzw.} \quad \underline{\underline{0{,}16\,\text{s.}}}$$

15.3 a) Aus den Gleichungen für die Stromdichte, Gln. (14-5b) und (14-9b), für die spezifische Leitfähigkeit, Gl. (15-6), und für die Beweglichkeit von Leitungselektronen, Gl. (15-7), folgt eine Beziehung, mit der wir die Driftgeschwindigkeit berechnen können:

$$v_D = \frac{I}{An^-e^-} = \frac{6\,\text{A}}{10^{-6}\text{m}^2 \cdot 10^{29}\text{m}^{-3} \cdot 1{,}602 \cdot 10^{-19}\text{C}} = \underline{\underline{3{,}75 \cdot 10^{-4}\text{m s}^{-1}.}}$$

b) $v_D = \dfrac{6\,\text{A}}{10^{-6}\text{m}^2 \cdot 10^{29}\text{m}^{-3} \cdot 1{,}602 \cdot 10^{-19}\text{C}} = \underline{\underline{3{,}75 \cdot 10^{-2}\text{m s}^{-1}.}}$

c) Aus Gl. (15-6) und dem Wert für die spezifische Leitfähigkeit von Kupfer aus Tab. 15.1 folgt:

$$b^- = \frac{\sigma}{n^-e^-} = \frac{10^8\,\Omega^{-1}\text{m}^{-1}}{10^{29}\text{m}^{-3} \cdot 1{,}602 \cdot 10^{-19}\text{C}} = \underline{\underline{6{,}24 \cdot 10^{-3}\text{V}^{-1}\text{s}^{-1}\text{m}^2.}}$$

16.1 Einsetzen entsprechender Zahlenwerte und Größen in Gl. (16-5) liefert:

$$0{,}99U_0 = \frac{1}{1 + \frac{10^7\,\Omega}{R_1}}\,U_0, \quad \underline{\underline{R_i = 10^9\,\Omega.}}$$

16.2 a) Größere Ströme kann man messen, wenn man einen kleineren Widerstand $\left(R_0 = \frac{0{,}5\,\Omega}{9} = 0{,}055\,\Omega\right)$ zum Amperemeter parallel schaltet, so dass 9/10 des zu messenden Stroms um das Messgerät herumfließen (siehe Abschnitt 16.1.3).

b) Zur Messung größerer Spannungen schaltet man einen großen Widerstand ($R_0 = 5$ k$\Omega \cdot 99 = 495$ kΩ) in Serie vor das Voltmeter, sodass 99/100 der Spannung an R_0 und nur der übrige Teil am Messgerät abfällt (siehe Abschnitt 16.1.3).

16.3 a) Bei Aufnahme eines EKG mit *einer* Elektrode werden neben den eigentlichen interessierenden Potentialschwankungen von ca. 1 mV auch Rauscheffekte von ca. 10 mV mitgemessen. Der Grund hierfür ist folgender: Da der menschliche Körper wie ein Kondensator wirkt, können wechselstromführende Kabel in der Nähe des Patienten zu einem Stromfluss durch dessen Körper von ca. 1 μA Anlass geben. Ist der Körper des Patienten „geerdet" und besitzt er einen Widerstand von ca. $10^4\,\Omega$, dann sind den interessierenden Potentialschwankungen des Herzens zusätzliche Potentialschwankungen der Größe $10^4\,\Omega \cdot 10^{-6}\,\text{A} = 10$ mV überlagert. Dies lässt sich vermeiden, indem das EKG als Potentialdifferenz mit *zwei* Elektroden aufgenommen wird, denn wenn das beschriebene Rauschen an den Elektroden A und B identisch ist oder wenn die Hautübergangswiderstände bei beiden Elektroden klein (ca. 1 kΩ) sind, verschwindet es beim Messen der Potentialdifferenz $\Delta\varphi = \varphi_A - \varphi_B$.

b) Grund 1: Eine der beiden Elektroden A oder B hat sich gelöst. Lage der Elektroden kontrollieren. Nachsehen, ob sie richtig auf der Haut sitzen.

Grund 2: An den Elektroden A und B finden je nach Elektrodenmaterial und Hautfeuchtigkeit chemische Reaktionen statt, die durch Gasbildung den Übergangswiderstand zwischen Haut und Elektroden drastisch vergrößern und zudem zu einer Polarisationsspannung zwischen Haut und Elektroden führen können. Verwendung spezieller Elektroden (z. B. aus einer Kombination von Silber und Silberchlorid) und einer elektrisch leitenden Paste zwischen Haut und Elektrode verhindern diesen Effekt.

Grund 3: Es kann vorkommen, dass die Hautübergangswiderstände bei Elektrode A und B drastisch verschieden sind. Dies lässt sich vermeiden durch leichtes Anrauhen der Haut und Verwenden einer elektrisch leitenden Paste zwischen Haut und Elektroden.

Grund 4: Die Kabel, die von Elektrode A bzw. B zum Elektrokardiograph führen, können eine Leiterschleife bilden, durch welche ein zeitlich variables Magnetfeld hindurchgreift. Wenn beispielsweise durch laufende Elektromotoren in der Nähe des Patienten schwache, zeitlich sich verändernde Magnetfelder im Raum vorhanden sind, werden nach dem Induktionsprinzip Wechselspannungen in der Schleife induziert. Dies lässt sich dadurch vermeiden, dass die beiden Kabel nahe beieinanderliegen oder als Zopf zusammengeflochten sind.

16.4 a) Nur wenn die Hautwiderstände exakt gleich wären, würde das Rauschsignal aus der gemessenen Potentialdifferenz $\varphi_a - \varphi_b$ eliminiert sein. Bei drastisch verschiedenen Hautwiderständen macht sich das Rauschsignal jedoch selbst bei der Messung mit *zwei* Elektroden bemerkbar (siehe Aufg. 16.3).

Zwischen einer Elektrode (Rauschpotential 10 mV) und der Masse (Erde) des Oszillographen (Nullpotential) liegen Haut- und Eingangswiderstand in Serie. Also teilt sich die Potentialdifferenz von 10 mV wie bei einer Potentiometerschaltung (siehe Abb. 24.2) auf in einen Spannungsabfall am Hautwiderstand und einen Spannungsabfall am Eingangswiderstand des Oszillographen; letzterer ist identisch mit der Messspannung des Oszillographen und liefert von der Elektrode a die Messspannung $\Delta\varphi_a$ und von der Elektrode b die Messspannung $\Delta\varphi_b$. Damit erhalten wir für $\Delta\varphi_a$, $\Delta\varphi_b$ und deren Differenz:

$$\Delta\varphi_a = 10\,\text{mV}\,\frac{10^6\,\Omega}{(10^6+10^3)\,\Omega} = 9{,}99\,\text{mV}; \quad \Delta\varphi_b = 10\,\text{mV}\,\frac{10^6\,\Omega}{(10^6+10^4)\,\Omega} = 9{,}90\,\text{mV},$$

$\Delta\varphi_a - \Delta\varphi_b = \underline{0{,}09\,\text{mV}}$; das ist so groß wie das eigentliche EEG-Signal.

b) Erhöhen des Eingangswiderstands des Oszillographen auf 10 MΩ oder Reduktion des Hautwiderstands an beiden Elektroden von 10 kΩ auf 1 kΩ (durch Anrauhen der Haut und Verwenden von Kontaktpaste) verringert das mitgemessene Rauschsignal drastisch.

16.5 a) Drei bekannte Widerstände.

b) Nach Gl. (16-10) gilt für den unbekannten Widerstand:

$$R_x = R\,\frac{l}{l_0 - l} = 10\,\Omega \cdot \frac{0{,}5\,\text{m}}{1\,\text{m} - 0{,}5\,\text{m}} = \underline{\underline{10\,\Omega}} \quad \text{bzw.} \quad 10\,\Omega \cdot \frac{0{,}75\,\text{m}}{1\,\text{m} - 0{,}75\,\text{m}} = \underline{\underline{30\,\Omega}}.$$

c) $(2\text{m} - l) \cdot 10\,\Omega = l \cdot 20\,\Omega,\ \underline{\underline{l = \frac{2}{3}\text{m}}}.$

16.6 a) Aus Gl. (16-14) folgt für das Verhältnis der Windungszahlen der Transformatorspulen im Fall des Kathodentransformators $\frac{n_2}{n_1} = \frac{5}{230}$ bzw. des Anodentransformators $\frac{n_2}{n_1} = \frac{10^5}{230}$.

b) Die Energieaufnahme eines Elektrons hängt von der Potentialdifferenz U ab, durch die es beschleunigt wurde. Die Energieaufnahme beträgt $E = eU$. Diese elektrische Energie wird voll in kinetische Energie des Elektrons umgewandelt, $eU = mas$; m ist die Masse des Elektrons, a die Beschleunigung, die das Elektron erfährt, und s ist die Beschleunigungsstrecke. Diese können wir durch Gl. (1-29) auch mit $s = \frac{a}{2}t^2$ angeben. Also folgt für die Flugzeit t aus diesen beiden Gleichungen:

$$t = \sqrt{\frac{2s^2 m}{Ue}} = \left(\frac{2 \cdot 0{,}01\,\text{m}^2 \cdot 9{,}109 \cdot 10^{-31}\,\text{kg}}{10^5\,\text{V} \cdot 1{,}602 \cdot 10^{-19}\,\text{C}}\right)^{1/2} \approx 10^{-9}\text{s}.$$

Das Verhältnis von Laufzeit zu Schwingungsdauer ist dann $\frac{t}{T} = \underline{\underline{5 \cdot 10^{-8}}}$.

17.1 a) Lichtleistung $P = 20\,\text{W} \cdot 0{,}5 = 10\,\text{W}$.
Frequenz des Lichts: $\nu = c/\lambda = 3 \cdot 10^8\,\text{m s}^{-1}/589 \cdot 10^{-9}\,\text{m} = 5{,}1 \cdot 10^{14}\,\text{Hz}$.
Photonenenergie: $E_P = h\nu = 6{,}6 \cdot 10^{-34}\,\text{Ws}^2 \cdot 5{,}1 \cdot 10^{14}\,\text{s}^{-1} = 3{,}4 \cdot 10^{-19}\,\text{J}\ (\hat{=}\,2{,}1\,\text{eV})$.
Die Gesamtzahl N_G der Photonen pro Sekunde folgt aus:

$$N_G = P/E_P = 10\,\text{W}/3{,}4 \cdot 10^{-19}\,\text{Ws} = \underline{\underline{2{,}9 \cdot 10^{19}\,\text{Photonen s}^{-1}}}.$$

b) Natriumdampflampen emittieren gelbes Licht. Alle Farben, die nicht Gelb sind oder Gelb beigemischt haben, d. h. Gelb nicht zurückreflektieren oder streuen, erscheinen in dem Gemälde schwarz.

17.2 Der Unterschied der beiden Farbmischungen ergibt sich folgendermaßen:
Mit den Wasserfarben mischen wir gelbe und blaue Farbpigmente zusammen, und in der entstehenden Mischfarbe sind beide enthalten *(additive Farbmischung)*. Der Gelbfilter lässt gelbes Licht durch, absorbiert aber die übrigen Farben, also auch Blau. Der Blaufilter würde Blau durchlassen (wenn es nicht bereits durch den Gelbfilter absorbiert wäre) und absorbiert das übrig gebliebene gelbe Licht. Die Filterkombination lässt also überhaupt kein Licht durch *(subtraktive Farbmischung)*.

17.3 a) Mit $\sigma_{\text{Haut}} = 0{,}5\sigma$ und $35\,°\text{C} \triangleq 308{,}15\,\text{K}$ folgt aus Gl. (17-19): $E_{\text{sg}} = 256\,\text{Wm}^{-2}$. Bei $A = 2\,\text{m}^2$ Körperoberfläche ist die Gesamtstrahlungsleistung $E_{\text{sg}}A = 511\,\text{W}$. Der Tag besteht aus $t = 60 \cdot 60 \cdot 24\,\text{s}$; damit ist die tägliche Energieabgabe: $E_{\text{sg}}At = \underline{\underline{4{,}4 : 10^7\,\text{J}}}\,(\hat{=}\,12{,}2\,\text{kWh})$.
b) $39\,°\text{C} \triangleq 312{,}15\,\text{K}$. Daher steigt $E_{\text{sg}}A$ auf 538 W, d. h. um 5 %.
c) Wir haben nur die von der Körperoberfläche emittierte Energie berechnet. Der Mensch nimmt aber laufend durch Absorption thermische Strahlungsenergie auf, die von seiner Umgebung abgestrahlt wird. Da deren Temperatur nur geringfügig niedriger als die Hauttemperatur ist, wird ein großer Teil des Energieverlustes durch Abstrahlung infolge der Absorption von Umgebungsstrahlung wieder wettgemacht.

17.4 Zuerst wollen wir E_D in SI-Einheiten umrechnen:
$E_D = 70\,\text{kcal mol}^{-1} \cdot 4{,}19 \cdot 10^3\,\text{J kcal}^{-1} = 2{,}93 \cdot 10^5\,\text{J mol}^{-1}$. Diese Energie ist auf ein Mol bezogen. Auf ein Molekül bezogen erhalten wir daraus: $E' = E_D/N_A = 2{,}93 \cdot 10^5\,\text{J mol}^{-1}/6{,}02 \cdot 10^{23}\,\text{mol}^{-1} = \underline{\underline{4{,}9 \cdot 10^{-19}\,\text{J}}}$. Diese Energie muss ein Photon mitbringen, um Dissoziation eines Moleküls zu bewirken. Aus der Lichtquantenenergie $h\nu = hc/\lambda = 4{,}9 \cdot 10^{-19}\,\text{J}$ berechnet sich die Wellenlänge zu $\lambda = (6{,}6 \cdot 10^{-34}\,\text{J s}) \times (3 \cdot 10^8\,\text{m s}^{-1})/(4{,}9 \cdot 10^{-19}\,\text{J}) = 4 \cdot 10^{-7}\,\text{m} = \underline{\underline{4 \cdot 10^2\,\text{nm}}}$.

17.5 Die Leuchtdichte ist $L = \Phi/(\Omega A)$, wobei A die Fläche des leuchtenden Körpers (hier also der lichtstreuenden Mattglaskugel) ist. Als Raumwinkel Ω nehmen wir 4π (also den ganzen Raum); die leuchtende Fläche ist die ganze Kugelfläche $4\pi r^2$. Daher soll gelten:

$$2000\,\text{cd m}^{-2} \geq 1500\,\text{lm}/\!\left((4\pi r)^2\,\text{m}^2\,\text{rad}\right) \quad \text{bzw.} \quad r \geq \frac{1}{4\pi} \cdot \left(\frac{1500}{2000}\right)^{1/2} = \underline{\underline{7\,\text{cm}}}.$$

18.1 a) Auslöschung (ein dunkler Streifen) tritt auf, wenn der optische Gangunterschied zwischen beiden Lichtbündeln $\lambda/2$ beträgt. Der zweimal reflektierte Strahl legt, verglichen mit dem direkt durchlaufenden Licht, zusätzlich zweimal die Strecke d der Luftschicht, also $2d$ zurück. Daher ist $d = \lambda/4$. Entsprechend tritt ein heller Interferenzstreifen auf, wenn die Schichtdicke $d = \overline{\overline{\lambda/2}}$ beträgt.

b) Nach dem Ergebnis von a) ist die Dicke $\overline{d}$ für verschiedene Wellenlängen unterschiedlich. Die Luftschicht ist nun nicht überall gleich dick, sodass Streifen für verschiedene Farben nebeneinander liegen, und daher erscheint das Streifensystem farbig.

c) Wenn die Dicke der Luftschicht größer ist als die Kohärenzlänge des Lichts (Länge des gesamten Wellenzugs), so tritt keine Interferenz auf.

18.2 a) Wie in Abschnitt 19.5.1 ausgeführt, trägt die gekrümmte Grenzfläche Luft/Hornhaut wesentlich zur Abbildung im Auge bei. Nach Gl. (19-7) ist ihre Brechkraft bestimmt durch den Brechungsindex-*Unterschied* $n_2 - n_1$. Dieser wird wesentlich geändert, wenn an die Stelle von $n_1 = 1$ (Luft) der Wert $n_1 = 1{,}33$ (Wasser) tritt, sodass die Abbildung im Auge unscharf wird.

b) Die Taucherbrille bewirkt, dass die Hornhaut nicht an Wasser, sondern an Luft grenzt, sodass die Brechkraft des Auges beim Tauchen nicht verändert wird.

Allerdings werden die aus dem Wasser durch das ebene Brillenfenster einfallenden Lichtstrahlen gebrochen (und zwar vom Lot weg), sodass alle Gegenstände im Wasser unter größerem Sehwinkel und damit näher bzw. vergrößert erscheinen.

18.3 Nach Gl. (18-8) ist die durchgelassene Lichtleistung $P = 1\,\text{W} \cdot \exp(-2\,\text{cm}^{-1} \cdot 1\,\text{cm}) = 0{,}135\,W$. In der Lösung werden also $(1 - 0{,}135)\,\text{W} = \underline{0{,}865\,\text{W}}$ absorbiert, d. h., pro Sekunde werden 0,865 J in Wärmeenergie umgewandelt.

18.4 a) Nachmittags steht die Sonne schräg am Himmel, und das Sonnenlicht muss eine größere Strecke durch die Atmosphäre hindurch zurücklegen als mittags. In der Atmosphäre wird besonders das kurzwellige (höherenergetische) Licht gestreut, das Sonnenbrand verursachen kann (typische Wellenlänge für Sonnenbrand: 310 nm). Das Sonnenlicht enthält also nachmittags weniger UV als mittags und bräunt daher weniger. Entsprechendes gilt für das Sonnenlicht im Winter.

b) Die in der Medizin verwendete Röntgenstrahlung ist so hochenergetisch, dass die Quantenenergie weit über den Anregungsenergien der im Körper enthaltenen (meist leichten) Atome liegt und daher Absorption weitgehend entfällt. Als Extinktionsprozesse bleiben komplizierte Streuprozesse, deren Wahrscheinlichkeit aber gering ist (Abschnitt 21.3.3). Daher können Röntgenstrahlen den menschlichen Körper mit nur geringer Schwächung durchdringen. Sichtbares Licht dagegen wird bereits in dünnen Schichten der Haut zum größten Teil absorbiert und kann daher nicht zur Durchleuchtung verwendet werden (siehe Abb. 18.22).

18.5 Nach Gl. (18-17) ist $\alpha = \alpha_0 C d = 66{,}5°\,\text{m}^{-1}\,(\text{g/l})^{-1} \cdot C \cdot 0{,}1\,\text{m} = 20°$. Daraus folgt $C = \underline{3{,}01}$ Gramm Zucker pro Liter Lösung.

18.6 a) Die potentielle Energie des einzelnen Elektrons (Ladung e) im elektrischen Feld der Spannung U ist $E_{pot} = eU$; sie wird, da sich die Elektronen frei bewegen können, in kinetische Energie umgewandelt, d. h. $eU = mv^2/2$. Daraus ergibt sich mit den Werten der Tabelle im Anhang A.6 die Geschwindigkeit:

$$v = (2eU/m)^{1/2} = (2 \cdot 1{,}6 \cdot 10^{-19} \text{ C} \cdot 10^4 \text{ V}/9{,}1 \cdot 10^{-31} \text{ kg})^{1/2} = \underline{6 \cdot 10^7 \text{ m s}^{-1}}.$$

(Dies sind schon 20 % der Lichtgeschwindigkeit; für genaue Rechnungen müsste man daher die relativistische Massenänderung berücksichtigen, die hier 2 % beträgt.) Nach Gl. (18-18) ist die Materiewellenlänge

$$\lambda_M = h/(mv) = 6{,}6 \cdot 10^{-34} \text{ J s}/(9{,}1 \cdot 10^{-31} \text{ kg} \cdot 6 \cdot 10^7 \text{ m s}^{-1}) = 1{,}2 \cdot 10^{-11} \text{ m} = \underline{0{,}012 \text{ nm}}.$$

b) Nach Gl. (21-12) ist die Grenzwellenlänge der Röntgen-Bremsstrahlung gegeben durch $\lambda_G = hc/(eU)$, und daher ist

$$\lambda_G = 6{,}6 \cdot 10^{-34} \text{ J s} \cdot 3 \cdot 10^8 \text{ m s}^{-1}/(1{,}6 \cdot 10^{-19} \text{ C} \cdot 10^4 \text{ V}) = 1{,}2 \cdot 10^{-10} \text{ m} = \underline{0{,}12 \text{ nm}}.$$

19.1 a) Wegen $\lambda v = c$ (Gl. (7-6)) ist $v/v_0 = \lambda_0/\lambda$. Daher gilt:

$$\left(\frac{\lambda_0}{\lambda}\right)^2 = \frac{(1-v/c)^2}{1-(v/c)^2} = \frac{(1-v/c)^2}{(1-v/c)(1+v/c)} = \frac{1-v/c}{1+v/c}.$$

Auflösung nach der Geschwindigkeit v ergibt: $v = c\dfrac{1-(\lambda_0/\lambda)^2}{1+(\lambda_0/\lambda)^2} = \underline{1{,}4 \cdot 10^7 \text{ m s}^{-1}}.$

Diese Geschwindigkeit entspricht 5 % der Vakuumlichtgeschwindigkeit!

b) $s = v/H = 9 \cdot 10^{21}$ km.

1 *Lichtjahr* ist die Strecke, die das Licht (im Vakuum) in einem Jahr zurücklegt:
1 Lichtjahr = $9{,}45 \cdot 10^{12}$ km. Daher: $s = \underline{9{,}5 \cdot 10^8 \text{ Lichtjahre}}$.

19.2 a) Das Reflexionsvermögen von Wasser ist gering. (Es nimmt übrigens zu, wenn die Lichtstrahlen schräger auf die Oberfläche treffen. Spiegelbilder sind daher besonders deutlich, wenn man direkt am Ufer steht.)

b) Metalle wie Gold, Silber oder Aluminium reflektieren im Bereich der Wärmestrahlung (d. h. im Infraroten) fast hundertprozentig. Dünne Metallschichten schützen daher sehr wirkungsvoll gegen Wärmestrahlung.

c) Nach Gl. (19-4a) ist $R = (n-1)^2/(n+1)^2 = 0{,}041$. An der ersten Grenzfläche (Luft/Gas) wird die Strahlungsleistung $P_1 = RP_0 = 0{,}041\,P_0$, d. h. 4,1 % von P_0 reflektiert. Auf die zweite Grenzfläche (Gas/Luft) trifft daher $0{,}959P_0$ auf, wovon wieder 4,1 % reflektiert werden: $P_2 = 0{,}959 : 0{,}041 \cdot P_0 = 0{,}039P_0$. Insgesamt werden also 4,1 + 3,9 % = $\underline{8{,}0 \text{ \%}}$ reflektiert, und $\underline{92{,}9 \text{ \%}}$ der Strahlung treten durch das Fenster hindurch.

19.3 Die von der Forelle ausgehenden Lichtstrahlen werden beim Durchgang durch die Wasseroberfläche vom Einfallslot weggebrochen (Abb. 19.8b). Weil das Gehirn bei der Verarbeitung der optischen Information voraussetzt, dass Lichtstrahlen geradlinig verlaufen, erscheint die Forelle näher der Oberfläche, als dies tatsächlich der Fall ist. Der Effekt wird umso stärker, je schräger Sie ins Wasser schauen. Daher beugen Sie sich am besten so weit vor, dass die Forelle sich senkrecht unter Ihnen befindet.

19.4 a) Die Glaskugel stellt einen Spezialfall einer Bikonvexlinse (Abb. 19.21) dar, nach Gl. (19-12) wirkt sie sammelnd ($f > 0$).

b) Der Unterschied zu a) besteht darin, dass nun $n_1 = 1{,}33$ und $n_2 = 1$ ist, sodass sich aus Gl. (19-12) ein negatives f ergibt. Die Luftblase wirkt also wie eine Zerstreuungslinse!

c) Kombinieren wir die Ergebnisse von a) und b), so sehen wir: Die Glaskugel muss in einen Stoff mit höherem Brechungsindex eingebettet werden, z. B. in Benzol ($n_1 = 1{,}54$).

19.5 a) Nach Gl. (19-12) ist die Brechkraft $1/f = (1{,}6 - 1) \cdot [1/(0{,}2\,\text{m}) - (1/(0{,}5\,\text{m})] = \underline{+\,1{,}8\,\text{Dptr.}}$

Es handelt sich um eine Sammellinse, die zur Korrektur der Übersichtigkeit dient.

b) $1/f = (1{,}6 - 1) \cdot [-1/(0{,}2\,\text{m}) + 1/(0{,}5\,\text{m})] = \underline{-1{,}8\,\text{Dptr.}}$

Mit dieser Zerstreuungslinse lässt sich Kurzsichtigkeit korrigieren.

c) Für die beiden Ebenen ergeben sich aus Gl. (19-13) die Brechkräfte 1,40 Dptr. bzw. 1,80 Dptr.

Die astigmatische Differenz (Gl. (19-18)) beträgt daher $\delta = \underline{0{,}40\,\text{Dptr.}}$

19.6 Im Rahmen unseres groben Modells lässt sich die Antwort auf dreierlei Art finden: Man kann den Strahlengang zeichnen (siehe Abb. 19.25), man kann die Abbildungsgleichung anwenden (Gl. (19-11) und Gl. (19-16)), und man kann das Abbildungsdiagramm auswerten (Abb. 19.27). Daraus geht hervor, dass das Bild umgekehrt, reell und extrem verkleinert ist. Die Bildweite ergibt sich aus Gl. (19-11) zu $b = 23\,\text{mm}$, der Abbildungsmaßstab aus Gl. (19-16) zu $V_A = 9 \cdot 10^{-4}$ und damit die Bildgröße zu $B = V_A \cdot G = \underline{1{,}5\,\text{mm.}}$

19.7 Die beugende Öffnung des Auges ist die Pupillenöffnung. Nehmen wir vereinfachend an, die Abbildung erfolge an einer einzelnen dünnen Linse in der Pupillenebene, so liefert Tab. 18.1 für den ersten Ring: $\sin \gamma_1 = 1{,}22\lambda/2r$. Für λ ist hier die Wellenlänge im Glaskörper, $\lambda = \lambda_{\text{vak}}/n$, einzusetzen. Der Ring mit Radius R entsteht im Abstand f, und daher ist $\gamma_1 = R/f$. Da γ_1 sehr klein ist, können wir näherungsweise schreiben: $\gamma_1 \approx \sin \gamma_1 \approx \tan \gamma_1$, und dann erhalten wir: $R = 1{,}22 f\lambda_{\text{vak}}/(n2r) = 3{,}5\,\mu\text{m}$. Ungefähr ist also die Breite des aus dem Gegenstands*punkt* entstehenden Bild*flecks* <u>7 μm</u>. Wegen dieser Beugungsunschärfe wäre eine dichtere Packung von Sehzellen, als sie im Auge vorliegt, nutzlos, denn dann würden mehrere benachbarte Zellen Informationen über dieselben Bilddetails liefern.

20.1 a) Nach Gl. (20-3) hängt δ nicht direkt von V ab, in der Praxis aber doch, da Objektive kleiner Vergrößerung mit geringer numerischer Apertur NA gebaut werden. Aus Gl. (20-3) ergibt sich für das Objektiv mit $V = 100$:

$$\delta = \lambda/(n \sin a) = \lambda/NA = 600\,\text{nm}/0{,}5 = \underline{1{,}2\,\mu\text{m.}}$$

Für das schwach vergrößernde Objektiv folgt entsprechend $\delta = \underline{6\,\mu\text{m.}}$

b) Durch nachträgliche fotografische Vergrößerung wird die Auflösungsgrenze *nicht* verändert; letztere bezieht sich auf das Objekt, nicht auf das Bild. Die nachträgliche Ver größerung ist eine *Leervergrößerung* (Abschnitt 20.3.3). Es ist also besser, das stärkere Mikroskopobjektiv zu verwenden.

c) Das Okular kann nur diejenigen Strukturen nachvergrößern, die im Zwischenbild enthalten sind. Diese werden durch die *NA* des Objektivs bestimmt. Wie in b) lässt sich auch hier die Qualität des Bildes nicht nachträglich verbessern. Daher ist es angebracht, Objektive mit hoher *NA* zu verwenden.

20.2 a) Die Lösung ist in den Bezeichnungen der Abb. 20.15 enthalten.

b) Mit den Gln. (20-6) und (18-10) erhalten wir:

$I_{Probe}/I_{Vergleich} = 0,8 = \exp(-K_{sp}Cd) = \exp(-5\,\text{kg}^{-1}\,\text{m}^2 \cdot C \cdot 0,01\,\text{m})$.

Aufgelöst nach C ergibt sich: $C = -\ln(0,8)/(5\,\text{kg}^{-1}\,\text{m}^2 \cdot 0,01\,\text{m}) = 4,5\,\text{kg m}^{-3} = \underline{4,5\,\text{g l}^{-1}}$.

20.3 Wegen der extremen Unterschiede zwischen Gegenstands- und Bildweiten ist hier die grafische Lösung mit dem Abbildungsdiagramm (Abb. 19.27) schlecht durchzuführen.

a) Aus der Abbildungsgleichung (Gl. (19-11)) folgen als Bildweiten für die drei Objektive: $b_1 = 28\,\text{mm}$, $b_2 = 51\,\text{mm}$ und $b_3 = 139\,\text{mm}$. Mit Gl. (19-15) ergeben sich die Bildgrößen zu: $B_1 = \underline{2,8\,\text{mm}}$, $B_2 = \underline{5,1\,\text{mm}}$, $B_3 = \underline{13,9\,\text{mm}}$.

b) Ersetzen wir b in Gl. (19-15) mithilfe der Abbildungsgleichung, so erhalten wir $G/B = a\left(\frac{1}{f} - \frac{1}{a}\right) = a/f - 1$. Mit $G/B = G/B_3 = 36$ und $f = 28\,\text{mm}$ folgt daraus $a = \underline{1,04\,\text{m}}$.

21.1 Um die gesamte Strahlungsleistung der Sonne P_0 in alle Richtungen zu erhalten, muss I_0 mit der Kugelfläche in der Entfernung Sonne – Erde multipliziert werden:

$$P_S = 4\pi r^2 \cdot I_0 = 4\pi \cdot 1,5^2 \cdot 10^{22}\,\text{m}^2 \cdot 1,36 \cdot 10^3\,\text{W m}^{-2} = 3,85 \cdot 10^{26}\,\text{W}.$$

Pro Sekunde umgewandelte Masse: $\dfrac{m}{t} = \dfrac{P_S}{c^2} = \dfrac{3,85 \cdot 10^{26}\,\text{W}}{9 \cdot 10^{16}\,\text{m}^2\,\text{s}^{-2}} = \underline{\underline{4,3 \cdot 10^9\,\text{kg s}^{-1}}}$.

21.2 Nach der Gleichung (14-1) beträgt die Coulomb-Kraft:

$$F_C = \frac{e^2}{4\pi\varepsilon_0 r^2} = \frac{(1,6)^2 \cdot (10^{-19})^2\,\text{C}^2}{4\pi \cdot 8,855 \cdot 10^{-12}\,\text{C V}^{-1}\text{m}^{-1} \cdot (10^{-15})^2\,\text{m}^2} = \underline{\underline{230\,\text{N}}}.$$

Wenn der Atomkern stabil ist, müssen die Kernbindungskräfte pro Nukleon größer als 230 N sein.

21.3 Durch Kombination der Gln. (21-5) und (21-7) ergibt sich für die Aktivität:

$$A(t) = A_0\,e^{-\frac{\ln 2}{T_{1/2}}t} \text{ bzw. } \ln A(t) = \ln A_0 - \frac{\ln 2}{T_{1/2}}t. \text{ Aufgelöst nach } t \text{ folgt:}$$

$$t = \frac{\ln A_0 - \ln A(t)}{\ln 2}\,T_{1/2} = \frac{\ln 15,3 - \ln 12,5}{\ln 2} \cdot 5568\,\text{Jahre} = \underline{1624\,\text{Jahre}}.$$

21.4 Gesamtzahl der emittierten Gammaquanten:

$$I = \frac{I_\mathrm{m}}{\eta} = \frac{84\,\mathrm{s}^{-1} \cdot 100}{21} = 400\,\mathrm{s}^{-1}.$$

3,01 Gammaquanten pro Sekunde entsprechen 1 g Kalium, 400 Gammaquanten pro Sekunde entsprechen daher 132,9 g Kalium.

21.5 Die Zahl der zum Zeitpunkt t vorhandenen Phosphoratome n ergibt sich nach den Gln. (21-4) und (21-5) zu:

$$n = \frac{m N_\mathrm{A}}{M}\, \mathrm{e}^{-\frac{\ln 2}{T_{1/2}} t}$$

(N_A = Avogadro-Konstante: M = molekulare Masse)
Zahl der Kernumwandlungen Δn während des ersten Tages:

$$\Delta n = n(t = 0) - n(t = 1\,\mathrm{d}) = \frac{m N_\mathrm{A}}{M}\left(1 - \mathrm{e}^{-\frac{\ln 2}{T_{1/2}} 1\,\mathrm{d}}\right)$$

$$= \frac{10^{-6}\mathrm{g} \cdot 6{,}023 \cdot 10^{23}\mathrm{mol}^{-1}}{33\,\mathrm{g\,mol}^{-1}}\left(1 - \mathrm{e}^{-\frac{\ln 2}{25\,\mathrm{d}} 1\,\mathrm{d}}\right) = 5 \cdot 10^{14}.$$

21.6 Wenn zum Zeitpunkt $t = 0$ das Tochternuklid vollständig eluiert wird, ergibt sich der Zusammenhang zwischen der Zahl der Kerne der Tochtersubstanz n_T und der Zahl der Kerne der Muttersubstanz n_M aus Gl. (21-9):

$$n_\mathrm{T} = \frac{\lambda_\mathrm{m}}{\lambda_\mathrm{T}}\, n_\mathrm{M}\left(1 - \mathrm{e}^{-\lambda_\mathrm{T} t}\right).$$

Damit ergibt sich für die Aktivitäten:

$$A_\mathrm{T} = A_\mathrm{M}\left(1 - \mathrm{e}^{-\frac{\ln 2}{\left(T_{1/2}\right)_\mathrm{T}} t}\right) = 1{,}86\,\mathrm{GBq} \cdot \left(1 - \mathrm{e}^{-\frac{\ln 2}{1{,}66\,\mathrm{h}} 3\,\mathrm{h}}\right) = 1{,}32\,\mathrm{GBq}.$$

21.7 Das Volumen ergibt sich aus dem Verhältnis von reinjizierter Aktivität zu der Aktivitäten in einem cm^3.

$$V = \frac{A}{a\,\mathrm{cm}^{-3}} = \frac{60\,000\,\left(\mathrm{Imp\,min}^{-1}\right)}{12\,(\mathrm{Imp\,min}^{-1})\mathrm{cm}^{-3}} = 5000\,\mathrm{cm}^3 = 5\,\mathrm{Liter}.$$

21.8 a) Die Differenz der Bindungsenergien ΔE (siehe Abschnitt 12.2.9) zwischen einem Heliumkern und zwei Deuteronenkernen ergibt sich aus den mittleren Bindungsenergien pro Nukleon E_{He} bzw. E_D:

$$\Delta E = 4(E_{He} - E_D) = 4 \cdot (7{,}06\,\text{MeV} - 1{,}09\,\text{MeV}) \cdot 1{,}602 \cdot 10^{-19}\,\text{J}\,\text{MeV}^{-1} = 38{,}3 \cdot 10^{-13}\,\text{J}.$$

b) $E = \dfrac{\Delta E\, N_A}{m_{He}} = \dfrac{38{,}3 \cdot 10^{-13}\,\text{J} \cdot 6{,}022 \cdot 10^{23}\,\text{mol}^{-1}}{4{,}0026 \cdot 10^{-3}\,\text{kg}\,\text{mol}^{-1}} = 5{,}76 \cdot 10^{14}\,\text{J}\,\text{kg}^{-1}.$

c) $m_{\text{Kohle}} = \dfrac{E}{H} = \dfrac{5{,}75 \cdot 10^{14}\,\text{J}}{2{,}85 \cdot 10^{7}\,\text{J}\,\text{kg}^{-1} \cdot 10^{3}\,\text{kg}\,\text{t}^{-1}} = 20175\,\text{t}.$

21.9 Die Gesamtzahl der β-Zerfälle in der Leber ist gleich der Zahl der in der Leber gespeicherten ^{32}P-Atome, deren Ausgangsaktivität bekannt ist. Zwischen dieser Aktivität und der Zahl n_0 der in der Leber gespeicherten ^{32}P-Atome besteht nach Gl. (21-6) folgender Zusammenhang: $n_0 = \frac{A_0}{\lambda}$. Die Zerfallskonstante λ folgt aus Gl. (21-5): $\lambda = \frac{\ln 2}{T_{1/2}}$.

$$\lambda = \frac{\ln 2}{T_{1/2}} = \frac{0{,}693}{14{,}3\,d \cdot 86\,400\,\text{s}\,d^{-1}} = 5{,}61 \cdot 10^{-7}\,\text{s}^{-1},$$

$$n_0 = \frac{10^6\,\text{Bq}}{5{,}6 \cdot 10^{-7}\,\text{s}^{-1}} = 1{,}78 \cdot 10^{12}\,\text{Atome}.$$

Die gesamte von den β-Teilchen an die Leber abgegebene Energie ist:

$$E_{\text{ges}} = n_0 \bar{E}_\beta = 1{,}78 \cdot 10^{12} \cdot 0{,}58\,\text{MeV} = 1{,}03 \cdot 10^{12}\,\text{MeV} = 0{,}165\,\text{J}.$$

Nach Gl. (21-16) ergibt sich die Energiedosis zu:

$$D = \frac{E_{\text{ges}}}{m} = \frac{0{,}165\,\text{J}}{1{,}5\,\text{kg}} = 0{,}11\,\text{Gy}.$$

21.10 Zwischen Energie und Masse gilt allgemein nach Gl. (3-10) die Beziehung: $E = mc^2$. Die kinetische Energie ist die Differenz zwischen der Energie der Elektronen nach ihrer Beschleunigung und ihrer Ruheenergie:

$$E_{\text{kin}} = c^2(m - m_0) \quad \text{bzw.} \quad eU = c^2(m - m_0).$$

Hieraus folgt:

$$\frac{m}{m_0} = \frac{eU}{m_0 c^2} + 1 = \frac{1{,}6 \cdot 10^{-19}\,\text{C} \cdot 2 \cdot 10^7\,\text{V}}{9{,}11 \cdot 10^{-31}\,\text{kg} \cdot \left(3 \cdot 10^8\right)^2\,\text{m}^2\text{s}^{-2}} + 1 = 40.$$

Anhang

A.1 Mathematische Beschreibung physikalischer Zusammenhänge

Setzen wir in eine mathematische Funktion $y = f(x)$ wie beispielsweise Gl. (18-9) einen Zahlenwert x_0 für die Variable x ein, so erhalten wir einen festen Zahlenwert y_0 für die abhängige Variable y. In einem Koordinatensystem mit beiden Variablen als Achsen erhalten wir einen Punkt (x_0, y_0). Physikalische Größen unterscheiden sich von mathematischen Größen dadurch, dass sie stets nur mit begrenzter Genauigkeit bestimmbar sind. Messen wir die beiden Werte x_0 und y_0, so ist jeder Messpunkt von einem Streuintervall der Messgröße umgeben, innerhalb dessen der wahre Wert liegt, der sich von dem gemessenen Wert wegen der begrenzten Messgenauigkeit unterscheiden kann. Dieses Ungenauigkeits-, Streu- oder Fehlerintervall hat seine Ursache sowohl in Veränderungen innerhalb des Messobjekts während der Messung als auch in der begrenzten Genauigkeit der Messapparatur. Methoden zur Abschätzung dieses Fehlerintervalls werden in Abschnitt A.2 angegeben.

Zur experimentellen Ermittlung eines physikalischen Zusammenhangs zwischen zwei Variablen stellen wir in vorgegebenen Schritten (innerhalb der Einstellgenauigkeit) feste Werte der einen Variablen x ein und messen die Reaktion des Messobjekts, die abhängige Variable y, deren Wert wir in den Grenzen der Messgenauigkeit erhalten. Diese Messergebnisse können wir in Form einer *Wertetabelle* (Abb. A.1a) angeben, die Messwerte *und* Fehlerintervalle enthält. Wir können die Ergebnisse aber auch *grafisch* in einem Koordinatensystem der Variablen x und y darstellen (Abb. A.1b). In dieser Abbildung sind die Fehlerintervalle beider Größen in zwei verschiedenen, üblichen Darstellungen eingezeichnet: Bei den ersten beiden Messpunkten sind beide Fehlerintervalle als Balken gekennzeichnet, bei den übrigen als die resultierenden Fehlerflächen.

Soweit es sich bei x und y um kontinuierliche Variablen handelt, können wir diese Punkte durch eine glatte Kurve, die *Interpolationskurve*, verbinden. Je mehr Messpunkte man ermittelt, umso genauer sind Feinheiten des Zusammenhangs zwischen beiden Variablen zu erkennen, umso geringer wird der *Interpolationsfehler*. Die Bedeutung der Interpolationskurve liegt darin, dass wir annehmen, wir würden bei weiteren Messungen Messpunkte erhalten, die innerhalb der Fehlergrenzen auf dieser Interpolationskurve liegen. Die Interpolationskurve kann man wiederum durch eine *mathematische Funktion* analytisch beschreiben. Bei der Ermittlung dieser Funktion lässt man üblicherweise die Fehlerintervalle außer Acht. Nicht immer ist aber eine Interpolation sinnvoll. Ein Gegenbeispiel: Bei einem Patienten wird jeden Morgen die Körpertemperatur gemessen, und diese wird grafisch gegen das Datum aufgetragen (Abb. A.1c). Dann ist es sinnlos, zwischen diesen Punkten zu interpolieren, da die morgendliche Körpertemperatur nicht unbedingt auf die Temperatur zu anderen Tageszeiten schließen lässt. Verbindet man die Punkte dennoch durch Striche, dann haben diese nicht die Bedeutung einer Interpolationskurve, sondern sollen lediglich einen Trend im Befinden des Patienten hervorheben.

Ein weiterer Unterschied zwischen mathematischen und physikalischen Größen ist der, dass erstere i. A. reine Zahlen, letztere aber meist dimensionsbehaftet sind (Länge, Kraft usw.). Dennoch wendet man auf physikalische Größen mathematische Operationen wie Multiplikation, Addition oder die Berechnung einer Sinus-Funktion an. Man erhält z. B. im Weg-Zeit-Diagramm (Abb. 1.5) für $\tan \alpha = s/t$ eine Größe der Dimension Geschwindigkeit, oder man multipliziert in Gl. (2-2) eine

https://doi.org/10.1515/9783110691658-028

Masse mit einer Beschleunigung, um eine Kraft zu erhalten. Eigentlich führt man dabei drei Rechenoperationen aus. Ein Beispiel soll das veranschaulichen. Die Hubarbeit zur Anhebung eines Körpers der Masse 3 kg im irdischen Schwerefeld um 5 m soll berechnet werden. Die physikalische Bestimmungsgleichung (Gl. (3-5)) lautet allgemein: $mgh = E_{\text{pot}}$. Die Lösungsoperation besteht dann aus drei Schritten: (1) die Berechnung der (mathematischen) Zahlenwertgleichung $3 \cdot 9{,}8 \cdot 5 = 147$, (2) die Berechnung der (physikalischen) Dimensionsgleichung {Masse} x {Erdbeschleunigung} x {Höhe} = {Energie} und (3) die Berechnung der Einheitengleichung 1 [Kilogramm] x 1 [Meter/Sekunde^2] x 1 [Meter] =

1 [Joule] oder abgekürzt 1 [kg] x 1 [m(s^2] x 1 [m] = 1 [J].

Als Faustregel gilt: Bei einer Operation mit dimensionsbehafteten Größen in Physik und Technik ist die Bestimmung der *Einheit* ebenso wichtig wie die Bestimmung des *Zahlenwertes*. Während man auf diese Weise Produkte und Quotienten mit Größen beliebiger Dimension bilden kann, lassen sich Summen und Differenzen nur aus Größen gleicher Dimension und Einheit bilden. Noch schärfer sind die Einschränkungen für mathematische Funktionen wie Sinus, Tangens, e-Funktion, Logarithmus usw. Ihre Argumente müssen stets reine Zahlen sein. So wird bei der Schwingung in Gl. (6-3) die Zeit t mit einer Konstanten der Dimension Zeit^{-1} multipliziert (der Kreisfrequenz ω), damit das Argument des Sinus dimensionslos wird.

x	y
1,0 ± 0,47	6,5 ± 1,0
2,0 ± 0,45	4,5 ± 0,8
3,0 ± 0,35	4,3 ± 0,8
4,0 ± 0,30	3,4 ± 0,7
5,0 ± 0,27	1,9 ± 0,7
6,0 ± 0,30	2,2 ± 0,6
7,0 ± 0,30	2,0 ± 0,7
8,0 ± 0,30	1,8 ± 0,7
9,0 ± 0,30	2,1 ± 0,6
10,0 ± 0,30	1,8 ± 0,7
11,0 ± 0,30	0,5 ± 0,7
12,0 ± 0,30	0,7 ± 0,7

(a)

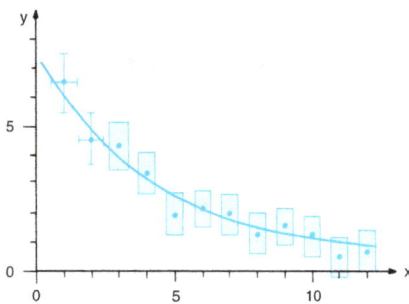

(b)

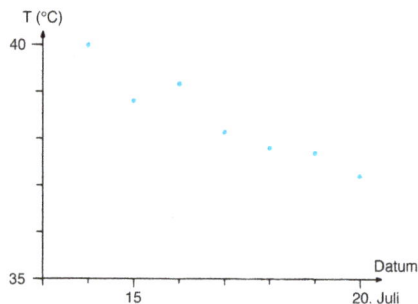

(c)

Abb. A.1: Beschreibung physikalischer Zusammenhänge: (a) durch eine Wertetabelle, (b) und (c) grafisch.

A.2 Fehlerabschätzung

Physikalische Messgrößen unterscheiden sich, wie wir im vorangegangenen Kapitel gesehen haben, von mathematischen Größen dadurch, dass sie stets nur mit begrenzter Genauigkeit messbar sind. Anstelle eines exakten Wertes – eines Punktes in einem Koordinatensystem – lässt sich nur ein Intervall der Messgröße angeben, innerhalb dessen der gesuchte Wert liegt. Dieses Ungenauigkeits-, Streu- oder Fehlerintervall kann seine Ursachen in dem Messobjekt oder der Messapparatur haben.

Bei Routinemessungen mit kommerziellen Messgeräten, die nur mäßige Genauigkeit erfordern, wie z. B. mit dem Fieberthermometer, gibt man sich meist mit dem Messwert zufrieden, ohne nachzuprüfen, ob und in welchem Ausmaß das Ergebnis falsch sein könnte. Dazu trägt ein gewisses Zutrauen in die Funktionstüchtigkeit und die Lebensdauer des Messgeräts bei und andererseits ein – bei Routineuntersuchungen – oft kaum vertretbarer Aufwand zur dauernd wiederholten Ermittlung und Prüfung der Genauigkeit.

Dennoch gilt normalerweise:

> Die Angabe des Endergebnisses einer Messaufgabe ist erst vollständig, wenn neben Zahlenwert und Maßeinheit der Messgeräte auch das Fehlerintervall angegeben wird.

Eine Abschätzung des Fehlers ist ebenso wichtig wie die Messung selbst. Insbesondere ist die Fehlerdiskussion bei Untersuchungen mit Messapparaten unbekannter Güte oder bei Experimenten mit hohen Genauigkeitsanforderungen unerlässlich. Bezeichnen wir das Fehlerintervall einer Messgröße x_0 mit Δx, so lautet die vollständige Angabe des Ergebnisses:

$$(x_0 \pm \Delta x) \ \text{Einheiten.} \qquad \text{(A-1)}$$

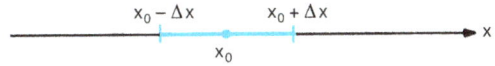

Abb. A.2: Grafische Angabe des Messwertes x_0 und seines Fehlerintervalls $\pm \Delta x$.

(Wir wollen im Folgenden in Δx stets eine *positive* Größe sehen.) In Abb. A.2 ist das Fehlerintervall der Größe x_0 grafisch dargestellt. Ein Beispiel: Wir wiegen einen Körper mit einer Waage, die auf 0,1 g genau zu messen gestattet, und finden $m = 50{,}0$ g, so ist die vollständige Angabe:

$$m = (50{,}0 \ \pm \ 0{,}1) \, \text{g.}$$

Neben der in Gl. (A-1) angegebenen Schreibweise ist es auch üblich, das Fehlerintervall in Prozenten des Messwertes als prozentualen Fehler anzugeben, $\Delta x_{\text{proz}} := (\Delta x / x_0) \cdot 100\,\%$, in unserem Beispiel also: 50,0 g ± 0,2 %. Den Fehler Δx nennen wir *absoluten Fehler*; er trägt die Einheit des Messwertes. Die Fehlerangabe Δx_{proz} wird als *prozentualer Fehler* bezeichnet und ist wie alle Prozentangaben dimensionslos. Der *relative Fehler* schließlich wird mit $\Delta x_{\text{rel}} = \Delta x / x_0$ angegeben.

2.1 Größenordnungsmäßige Angabe von Messfehlern

Bei geringen Anforderungen an die Genauigkeit von Messungen genügt es oft zu wissen, in welcher Dezimalstelle des Messwertes der Fehler liegt, ohne dessen genaue Größe zu kennen. Für diesen Fall ist man übereingekommen, Messergebnisse in Dezimalzahlen mit so vielen Stellen anzugeben, dass die vorletzte Ziffer noch als zuverlässig anzusehen ist und in der letzten Ziffer der Fehler liegt. Ein Beispiel: Die Länge l sei auf 4 % genau ge-

https://doi.org/10.1515/9783110691658-029

messen. Dann gibt man sie mit zwei bzw. drei Ziffern an, also z. B. $l = 10{,}0$ cm oder $l = 85$ cm. Eine an letzter Stelle stehende Null muss dabei stets mit angegeben werden; würde man sie fortlassen, so würde dies einen um eine Zehnerpotenz zu großen Fehler vortäuschen.

Bei großen Zahlen ist diese Schreibweise nur möglich, wenn man die Zehnerpotenzen abspaltet. Ein Beispiel: Man hat die Lichtgeschwindigkeit auf 1 % genau gemessen. In diesem Fall würde die Angabe $c = 300\,000$ km/s einen völlig falschen Eindruck von der Genauigkeit dieses Wertes geben, da man den Fehler in der letzten Ziffer vermuten würde; stattdessen muss man schreiben $c = 3{,}00 \cdot 10^5$ km/s. Nun ist tatsächlich nur die letzte angegebene Ziffer mit dem Fehler behaftet.

Mit dieser Übereinkunft kann man nun Messergebnisse ohne zusätzliche Angabe des Fehlerintervalls anschreiben. Diese Übereinkunft ist ebenso zu berücksichtigen, wenn man aus mehreren verschiedenen Messwerten durch numerische Rechnung ein mittelbares Resultat erhält. Eine so zustande gekommene zu große Stellenzahl ist gemäß dem Gesamtfehler (s. Abschnitt 2.3.2) abzubrechen. Ein Beispiel: Man will die Geschwindigkeit eines gleichförmig bewegten Autos bestimmen. Dazu misst man eine Strecke $s = 100$ m auf 3 % genau und stoppt die Fahrzeit $t = 3{,}00$ s auf 2 % genau. Es ist falsch, dann die resultierende Geschwindigkeit mit $v = s/t = 100/3 = 33{,}333\,333\,333$ m/s anzugeben, nur weil sich diese Stellenzahl beispielsweise aus der Rechnung mit einem Taschencomputer ergeben hat. Vielmehr muss man den Fehler in v aus den Fehlern in s und t bestimmen. Er beträgt (siehe Produkt- und Quotientenregel in Abschnitt 2.3.2) 5 %, sodass bereits die Einerstelle vor dem Komma ungenau ist. Die richtige Angabe der Geschwindigkeit unter Berücksichtigung der Größenordnung des Fehlers ist also $v = 33$ m/s.

2.2 Ursachen von Fehlern

2.2.1 Fehler durch die Messapparatur

a) *Systematische Fehler* Hierzu gehören die fehlerhafte Eichung oder z. B. der verbogene Zeiger eines Messgeräts. Typisch ist, dass diese Fehler in *eine* Richtung gehen: So misst man mit einem durch Wärmeeinwirkung geschrumpften Plastiklineal stets zu große Längenwerte. Systematische Fehler erkennt man durch geeignete Kontrollmessungen an bekannten Messobjekten, d. h. durch Eichung, und kann dann die Messergebenisse korrigieren.

b) *Zufällige Fehler* Hierzu gehören subjektive Fehler wie die unzulängliche Geschicklichkeit, ein Potentiometer einzustellen, das begrenzte Unterscheidungsvermögen des Auges bei Ablesungen, die Schwankungen einer Spannungsquelle usw.

Obwohl systematische Fehler ebenso wichtig sind wie die zufälligen, spielen letztere bei der üblichen Fehlerabschätzung eine größere Rolle. Zufällige Fehler können nämlich ein Messergebnis mit gleicher Wahrscheinlichkeit zu höheren wie zu niedrigeren Werten hin verfälschen, womit die Möglichkeit entfällt, das Messergebnis durch Nacheichen bezüglich des Fehlers zu korrigieren.

Bei technischen Seriengeräten ist in den Bedienungsanleitungen meist eine obere Fehlergrenze der Messanzeige garantiert, unter der – allerdings nur bei einwandfreier Funktion und fehlerfreier Bedienung des Geräts – der Fehler der Messwerte bleibt. Bei sinnvoll konstruierten Mess- und Anzeigegeräten wird dieser Fehler bereits bei der Teilung der Messskala berücksichtigt, sodass die Differenz zweier benachbarter Teilstriche gerade noch über der Fehlergrenze liegt. Daher ist es meist sinnlos, durch nachträgliche weitere Unterteilung der Skala oder durch Ablesung mittels einer Lupe den Messwert wesentlich genauer machen zu wollen. (Ausnahmen gibt es bei Messgeräten mit Schreiberanschluss; hier wird oft auf ein genaues direkt anzeigendes Anzeigegerät verzichtet.)

2.2.2 Fehler durch das Messobjekt

Schwankungen des Messwertes können auftreten, wenn sich das Messobjekt während der Messdauer verändert. Besonders groß können sie bei Messungen an Lebewesen werden, z. B. dann, wenn man eine Messung über längere Zeit hinweg wiederholt. Führt man andererseits Reihenuntersuchungen an mehreren Lebewesen durch, so werden individuelle Unterschiede der Messobjekte zur Streuung der Messwerte führen.

2.3 Methoden der Fehlerabschätzung

Wir unterscheiden bezüglich des Endergebnisses einer Messaufgabe drei Fälle der Fehlerabschätzung:

1. Das Endergebnis ist der *Mittelwert* aus einer Reihe direkter Messungen; dann suchen wir den Fehler dieses Mittelwertes.
2. Das Endergebnis folgt aus einer mathematisch formulierten Gesetzmäßigkeit, in die direkte, mit Fehlern behaftete Messgrößen eingesetzt werden. Beispiel: Die kinetische Energie $E_{kin} = mv^2/2$ eines Fahrzeugs können wir berechnen, indem wir dessen Masse auf einer Waage und die Geschwindigkeit mit dem Tachometer bestimmen. Dann ist zu untersuchen, wie sich die Ungenauigkeiten in den direkten Messgrößen m und v auf das Resultat E_{kin} auswirken *(Fehlerfortpflanzung)*.

3. Das Ergebnis liefert eine funktionale Abhängigkeit zwischen mehreren veränderbaren Messgrößen. Beispiel: Man misst die Federkraft in einer Spiralfeder in Abhängigkeit von der Auslenkung (Hooke'sches Gesetz) und erhält eine funktionale Abhängigkeit beider Größen. Dann interessiert nicht so sehr der Messfehler von Kraft und Auslenkung, sondern die *Genauigkeit des funktionalen Zusammenhangs*.

Diese drei Methoden der Fehlerabschätzung werden im Folgenden beschrieben.

2.3.1 Messfehler der Einzelgröße

Will man sich vergewissern, ob ein Messergebnis brauchbar ist, so wiederholt man die Messung. Meist findet man bei jeder Wiederholung geringfügig voneinander abweichende Messwerte. Man kann dann die Messgenauigkeit dadurch erhöhen, dass derselbe Messvorgang unter *unveränderten* Versuchsbedingungen mehrfach wiederholt und die so entstehende Messreihe zur Bildung eines Mittelwertes herangezogen wird. Dadurch verringert sich der Anteil des zufälligen Fehlers am Gesamtfehler, und seine Größe lässt sich zugleich aus der Messreihe bestimmen.

Der Mittelwert

Der arithmetische Mittelwert $\bar{x}$ wird gebildet, indem man die einzelnen Messwerte

$x_1, x_2, x_3 \ldots x_n$ aufsummiert und durch ihre Anzahl n dividiert:

$$\bar{x} = \frac{1}{n}(x_1 + x_2 + x_3 \ldots + x_n). \qquad \text{(A-2)}$$

Es ist nur sinnvoll, einen Mittelwert zu bilden, wenn alle Messungen unter – so weit wie möglich – gleichen Bedingungen erfolgt sind. Bevor man eine Reihenmessung durchführt, muss man sich also vergewissern, dass alle variablen Größen, die den Messwert beeinflussen, so weit wie möglich konstant gehalten werden.

Derselbe Mittelwert kann durch viele Kombinationen verschiedener Messwerte erhalten werden, z. B. $\bar{x} = 11$ aus den drei Einzelwerten 10,98, 11,01, 11,01 oder 8, 11, 14.

Die Mittelwertsbestimmung führt deshalb zu einer genaueren Aussage über eine physikalische Messung als der Einzelwert, weil sich die Schwankungen der Messgröße, soweit es sich um zufällige Fehler handelt, teilweise kompensieren. Systematische Fehler werden hingegen durch die Mittelwertbildung nicht verringert, da sie jeden Messwert zur selben Richtung hin verfälschen. Der Mittelwert $\bar{x}$ ist vom *wahren Wert* x_W zu unterscheiden; er stimmt erst mit x_W überein, wenn die Zahl der Messungen n gegen unendlich geht. x_W bedeutet den Wert ohne zufällige Fehler; enthalten allerdings die Einzelmesswerte einen systematischen Fehler, so kann auch mit vielen Messungen der wahre Wert nicht bestimmt werden.

Die Verteilung der Messwerte Die Messgröße x sei n-mal gemessen worden. Wir können diese Werte um $\bar{x}$ herum nun nach ihrem Abstand vom Mittelwert $\bar{x}$ klassifizieren. Dazu bilden wir Intervalle wie z. B.:

$$(\bar{x} - 0{,}50) \text{ bis } (\bar{x} - 0{,}45)$$

$$(\bar{x} - 0{,}45) \text{ bis } (\bar{x} - 0{,}40)$$

$$\vdots$$

$$(\bar{x} - 0{,}05) \text{ bis } \bar{x}$$

$$\bar{x} \qquad \text{bis } (\bar{x} + 0{,}05)$$

$$\vdots$$

$$(\bar{x} + 0{,}45) \text{ bis } (\bar{x} + 0{,}50).$$

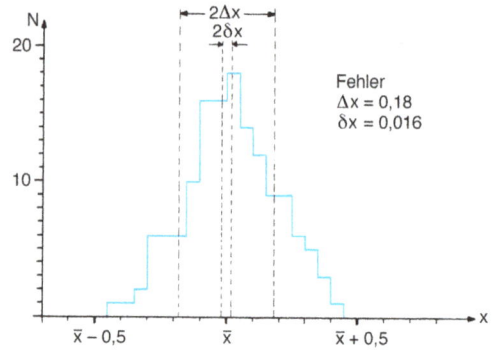

Abb. A.3: Histogramm.

Nun sortieren wir die Messwerte nach ihrer Zugehörigkeit zu diesen Intervallen, wobei wir noch entscheiden müssen, was mit den Werten geschieht, die genau auf eine Intervallgrenze (z. B. $x = \bar{x} + 0{,}30$) fallen. Wir wollen entscheiden, dass sie stets zu dem auf der x-Achse rechts gelegenen Intervall gehören. Tragen wir dann die Häufigkeiten N der in die einzelnen Intervalle fallenden Messwerte über den Intervallen grafisch auf, so erhalten wir beispielsweise eine Figur wie in Abb. A.3; wir nennen sie ein *Histogramm*. Häufig ist diese Darstellung in guter Näherung symmetrisch zu $\bar{x}$; wir sprechen dann von einer symmetrischen Verteilung der Messwerte um den Mittelwert. Sie kann auch unsymmetrisch sein. Führen wir immer mehr Messungen durch, lassen wir also n gegen unendlich gehen ($n \to \infty$), und wählen wir zugleich immer engere Intervalle, so erhalten wir – falls nur zufällige Fehler vorliegen – schließlich eine glatte Kurve (Abb. A.4), die *Gauß'sche Verteilungskurve* oder *Normalverteilung* der Messwerte.

Die Standardabweichung Die Breite der Verteilung in Abb. A.3 oder Abb. A.4 gibt ein Maß für die Messgenauigkeit. Je breiter sie ist, desto ungenauer war die Messung. Man kann aber auch rechnerisch den Fehler ermitteln. Dazu gibt es verschiedene Möglichkeiten. Häufig wird der *mittlere Fehler der Einzelmessung*

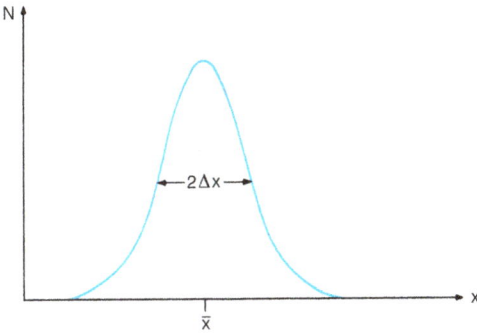

Abb. A.4: Gauß'sche Verteilungskurve.

(*Standardabweichung, Gauß-Fehler der Einzelmessung*) angegeben. Man findet ihn, indem man zunächst für jeden Messwert x_i die Abweichung vom Mittelwert $\bar{x}$, d. h. die Differenz $x_i - \bar{x}$, bildet und die Quadrate dieser Abweichungen aufsummiert:

$$\sum_{i=1}^{n} (x_i - \bar{x})^2 = (x_1 - \bar{x})^2 + (x_2 - \bar{x})^2$$
$$+ \ldots (x_n - \bar{x})^2.$$

Die *Standardabweichung* wird dann nach folgender Vorschrift gebildet:

$$\Delta x = \sqrt{\frac{\sum_{i=1}^{n} (x_i - \bar{x})^2}{(n-1)}}. \qquad \text{(A-3)}$$

Sie beschreibt die Fehlerbreite $\pm \Delta x$, innerhalb welcher ein weiterer Messwert x_m mit überwiegender Wahrscheinlichkeit liegen würde. Der Nenner, $n - 1$, bedeutet dabei die Zahl der Kontrollmessungen des ersten Messwertes. Gl. (A-3) besagt, dass bei einer einzigen Messung ($n = 1$) die Fehlerbreite beliebig groß ist. Das Quadrat der Standardabweichung bezeichnet man als *Varianz*.

Bei einer Gauß-Verteilung der Messwerte, die oft im Experiment gefunden wird, kann man diese Wahrscheinlichkeit genau angeben: Innerhalb des Fehlerintervalls $\pm \Delta x$ liegen 68 %, im doppelten Fehlerintervall $\pm 2\,\Delta x$ liegen 95 % aller Messwerte.

Der durchschnittliche Fehler Manchmal wird ein anderes Maß für den Fehler der Einzelmessung verwendet, nämlich der durchschnittliche Absolutwert der Abweichungen der Einzelwerte vom Mittelwert:

$$\Delta x_d = \frac{\sum_{i=1}^{n} |x_i - \bar{x}|}{n}. \qquad (1 - 4)$$

Der mittlere Fehler des Mittelwertes Meistens interessiert nicht so sehr die Streuung der Einzelwerte um den Mittelwert, sondern die Zuverlässigkeit des aus der Messreihe als Bestwert gefundenen Mittelwertes, d. h. dessen Fehler bezüglich des wahren Wertes x_W. Denn auch der Mittelwert selbst ist mit einem zufälligen Fehler behaftet und weicht vom wahren Wert der Messgröße ab. Es ist einleuchtend, dass z. B. der aus drei stark streuenden Einzelmessungen 3,0; 2,7; 3,4 gebildete Mittelwert nicht sehr zuverlässig sein wird und sich vom wahren Wert unterscheiden kann.

Je größer allerdings die Zahl der Einzelmessungen wird, desto besser wird der Mittelwert. Dies kommt in der Formel für *den mittleren Fehler des Mittelwertes* (Gauß-Fehler des Mittelwertes) δx zum Ausdruck, der sich von der *Standardabweichung* Δx (Gl. (A-3)) dadurch unterscheidet, dass zusätzlich durch die Wurzel der Zahl der Messungen dividiert wird:

$$\delta x = \sqrt{\frac{\sum_{i=1}^{n} (x_i - \bar{x})^2}{(n-1)n}} \text{ oder } \delta x = \frac{\Delta x}{\sqrt{n}}. \qquad \text{(A-5)}$$

Mit großer Wahrscheinlichkeit liegt der wahre Wert x_W der Messgröße im Intervall $\bar{x} + \delta x$ (siehe Abb. A.3).

Die Frage liegt nahe: Wie groß soll bei einer Messreihe die Zahl n gewählt werden, d. h., wann macht sich der Aufwand weiterer Messungen durch erhebliche Verringerung der Fehler bezahlt? Aus Gl. (A-5) sehen wir, dass man zu drei Messungen weitere drei hinzuzufügen muss, um die Streuung des Mittelwertes um rund 40 % zu verringern; liegen dagegen bereits 20 Messungen vor, so muss man weitere 28 Messungen durchführen, um eine entsprechende prozentuale Verringerung des Fehlers zu erreichen. Bei $n < 20$ lohnt sich also eine Vermehrung der Einzelmessungen, bei $n > 20$ wird es nurmehr in Ausnahmefällen sinnvoll sein, weitere Messungen hinzuzufügen.[*]

2.3.2 Fehlerfortpflanzung

Oft wird eine Größe gesucht, die nicht direkt zu messen ist, sondern sich erst mittelbar über einen formelmäßigen Zusammenhang (eine Funktion) aus anderen Messgrößen ergibt. In diesem Fall ist es wichtig zu wissen, wie sich die Fehler der einzelnen Messgrößen, die beispielsweise durch Mehrfachmessung nach Gl. (A-5) bestimmt wurden, auf das Resultat auswirken.

Ein Beispiel: Es soll die Differenz d zweier Längen l_1 und l_2 bestimmt werden. Dazu misst man $l_1 = 30,0 \pm 0,3$ cm und $l_2 = 31,2 \pm 0,3$ cm. Die Einzelmessungen sind also auf ca. 1 % genau. Aus den Mittelwerten ergibt sich $d = 1,2$ cm. Die einzelnen Werte können jedoch zwischen $d = 0,6$ cm (wenn bei einer Einzelmessung die Messwerte z. B. 30,3 cm und 30,9 cm betragen) und $d = 1,8$ cm liegen (wenn z. B. die Einzelmessungen 29,7 cm und 31,5 cm ergeben). Da die tatsächliche Ungenauigkeit nicht bekannt ist, muss der ungünstigste Fall als Gesamtfehler zugelassen werden: $d = 1,2 + 0,6$ cm; d. h., die Ungenauigkeit des Resultats beträgt 50 %, obgleich die Einzelmessungen auf 1 % genau durchgeführt wurden!

Zur allgemeinen Formulierung dieser *Fehlerfortpflanzung* ist etwas Mathematik nötig; für viele Fälle genügen aber zwei Regeln:

(1) *Die Summen- und Differenzenregel*
Besteht die Funktion nur aus Summen oder Differenzen verschiedener Messgrößen, so ergibt sich der *absolute* Gesamtfehler der Funktion aus der Summe der einzelnen *Absolutfehler*. Steht vor einer Messgröße eine Konstante, so wird der Absolutfehler mit dieser Konstanten multipliziert.

Beispiel:

$z = 3,5x - 0,7y$; dann ist $\Delta z = 3,5\delta x + 0,7\,\delta y$.

(2) *Die Produkt- und Quotientenregel*
Besteht die Funktion, durch welche die gesuchte Größe mit den Messwerten verknüpft ist, nur aus Produkten oder Quotienten direkter Messgrößen, so erhalten wir den *relativen* Gesamtfehler als Summe der *relativen* Fehler der Einzelgrößen. Tritt eine Messgröße mit einem Exponenten $\neq 1$ auf (z. B. –1/2 oder 2), so wird deren relativer Fehler mit dem Betrag dieses Exponenten multipliziert.

Beispiel:

$$z = x^2/y = x(x/y); \text{ dann ist } \Delta z/z = \delta x/x + (\delta x/x + \delta y/y) = 2\,\delta x/x + \delta y/y.$$

Diese beiden Regeln sind Spezialfälle der allgemeinen Vorschrift für die Ermittlung der Fehlerfortpflanzung. Sei $z = f(x_1, x_2, x_3 \ldots)$ das mittelbare Ergebnis, das durch einen funktionalen Zusammenhang mit den direkten Messgrößen x_i zusammenhängt. Die Fragestellung lautet: Innerhalb welcher Grenzen streut der Wert z der Funktion f, wenn x_1 innerhalb seines Fehlerintervalls δx_1, x_2 innerhalb δx_2, x_3 innerhalb δx_3 usw. schwanken kann. Die durch die einzelne Variable x_i bedingte Änderung der Funktion f lässt sich mit dem Differenzenquotienten angeben:

$$\frac{\Delta f}{\Delta x_i} = \frac{f(x_i + \Delta x_i) - f(x_i)}{(x_i + \Delta x_i) - x_i}. \qquad \text{(A-6)}$$

---

[*]**Anmerkung:** Häufig werden anstelle Δx und δx andere Bezeichnungen, wie s, σ, S_d, m usw., gewählt. Da diese keinen Hinweis auf die jeweilige Bezeichnung der Variablen (z. B. x, y, ω, η, usw.) geben, bevorzugen wir die in den Gln. (A-3) bis (A-5) eingeführte Schreibweise.

Zur Abschätzung des Fehlers Δf können wir den Differenzenquotienten durch den Differentialquotienten $\partial f/\partial x_i$ ersetzen. Dies hat den Vorteil, dass wir zur weiteren Berechnung die Differentialrechnung anwenden können.

Eine obere Grenze für den Gesamtfehler in f infolge der Fehler aller Variablen erhalten wir, wenn wir die Absolutbeträge der Einzelfehler addieren:

$$\Delta f = \left| \frac{\partial f}{\partial x_1} \partial x_1 \right| + \left| \frac{\partial f}{\partial x_2} \partial x_2 \right| + \ldots + \left| \frac{\partial f}{\partial x_n} \partial x_n \right|. \qquad \text{(A-7)}$$

$\partial f/\partial x_i$ sind die partiellen Ableitungen der Funktion f $(x_1 \ldots x_n)$. Wir nennen Δf den *Größtfehler*. Stattdessen kann man auch hier wie in Gl. (A-3) die Wurzel aus der Summe der Quadrate ziehen und erhält die *Gauß'sche Fehlerfortpflanzungs-Formel*:

$$\Delta f_{\text{Gauß}} = \sqrt{\sum_{i=1}^{n} \left(\frac{\partial f}{\partial x_i} \partial x_i \right)^2}. \qquad \text{(A-8)}$$

Für eine Funktion f, die ausschließlich aus Summen oder Differenzen der Variablen besteht, liefert Gl. (A-7) die oben angegebene Summen- und Differenzenregel. Entsprechend finden wir mit Gl. (A-7) auch die Produkt- und Quotientenregel.

2.3.3 Fehler einer Funktion

Gl. (A-7) erlaubt, für einen mit vorgegebenen Zahlenwerten der Variablen x_i berechneten Funktionswert f den Fehler zu bestimmen. Dazu muss die Funktion bereits bekannt sein. Viele Experimente dienen jedoch dazu, die Funktion selbst erst zu finden. Dazu müssen nicht feste Werte von Variablen nachgemessen werden, es interessiert auch nicht der Fehler des einzelnen Funktionswertes, sondern es stellt sich die Frage nach der aus den Messfehlern resultierenden Ungenauigkeit des gesuchten funktionalen Zusammenhangs selbst.

Ein funktionaler Zusammenhang wird ermittelt, indem man eine oder mehrere Variable schrittweise ändert und die Reaktion der anderen Messgrößen beobachtet. Wir wollen dies am Beispiel einer Geraden $f = a + bx$ erläutern. Wir stellen hierzu für die Variable x die Werte x_i ein und messen die zugehörigen Funktionswerte $f_i = f(x_i)$. Dann sind die x_i mit dem durch die Einstellgenauigkeit bedingten Fehler und die f_i mit einem Messfehler behaftet. Wir wollen annehmen, dass die Messwerte (x_i, f_i) in einer grafischen Darstellung ungefähr, also innerhalb eines Fehlerintervalls, auf einer Geraden $f = a + bx$ liegen (Abb. A.5). Gesucht werden nun die Bestwerte a und b der zwischen den Punkten verlaufenden Ausgleichs- oder Interpolationsgeraden sowie deren Fehlerintervalle. Eine exakte, allerdings aufwendige Methode ist, die Ausgleichsgerade so zu bestimmen, dass die Summe der Quadrate der Abweichungen aller Messpunkte von der Geraden ein Minimum wird *(Methode der kleinsten Fehlerquadrate)*. Diese Rechnung, die zugleich auch die Fehler von a und b liefert, erfordert meist die Hilfe eines Computers. Es gibt jedoch eine grafische Methode, die mit geringem Aufwand immerhin die Größenordnung der Fehler liefert. Dazu zeichnet man nach Augenmaß zwei Geraden (die *Streu-* oder *Grenzgeraden*) wie in Abb. A.5, die sich gerade noch mit den streuenden Messpunkten vereinbaren lassen, d. h., die Messpunkte zwischen sich einschließen. Wesentlich ist, dass sich die Grenzgeraden etwa in der Mitte des Messintervalls schneiden. Als *Bestgerade* zeichnen wir dann – wieder nach Augenmaß – diejenige Gerade, die in der Mitte zwischen den Grenzgeraden verläuft. Steigung und Ordinatenabschnitt dieser Bestgeraden liefern dann die Konstanten a und b der gesuchten Funktion. Aus den entsprechenden Werten der Grenzgeraden können wir auf die Genauigkeit von a und b schließen, denn je weniger sich die Grenzgeraden unterscheiden, desto zuverlässiger ist die Bestgerade. Als Streumaß für die Konstanten a und b der Bestgeraden führen wir ein:

1. für die Steigung b

$$\Delta b = \frac{b_{max} - b_{min}}{2},$$

wobei b_{max} und b_{min} die Steigungen der Grenzgeraden sind, und

2. für den Ordinatenabschnitt a

$$\Delta a = \frac{a_1 - a_2}{2},$$

wobei a_1 und a_2 die Ordinatenabschnitte der Grenzgeraden bedeuten.

Dieses grafische Verfahren liefert nur die Größenordnung der Fehler; sein besonderer

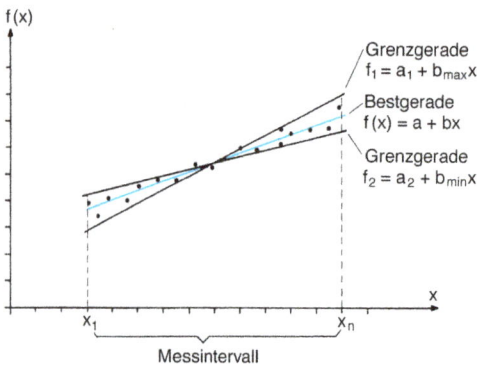

f(x)

Grenzgerade
$f_1 = a_1 + b_{max}x$

Bestgerade
$f(x) = a + bx$

Grenzgerade
$f_2 = a_2 + b_{min}x$

x_1 x_n

Messintervall

Abb. A.5: Grafisches Näherungsverfahren zum Auffinden der Ausgleichsgeraden.

Wert liegt aber darin, dass man es auf andere Arten von Funktionen anwenden kann, indem man durch geeignete Variablentransformation diese Funktionen in eine lineare Funktion umformt.

Beispiele:

1. Durch die Transformation $y \to Y$; $x^2 \to X$ kann man die Parabel $y = ax^2$ in die Gerade $Y = aX$ umformen. Die Steigung ist dann gleich der Konstanten a der Parabel, und der Fehler der Steigung ist gleich dem Fehler der Konstanten.

2. Durch die Transformation $x \to X$; $\ln y \to Y$ kann man die Exponentialfunktion $y = A\, e^{Bx}$ in die Gerade $Y = \ln A + BX = a + bX$ umformen. Die Konstanten A und B der Exponentialfunktion ergeben sich aus Steigung und Ordinatenabschnitt der Geraden, gemäß $A = e^a$ und $B = b$. Die Fehler der Geraden, Δa und Δb, liefern die Fehler der Konstanten der Exponentialfunktion, denn es gilt:

$$\Delta B = \Delta b \quad \text{und} \quad \Delta A = e^a\, \Delta a.$$

2.4 Signifikanz-Tests

Gerade bei der Reihenuntersuchung biologischer Objekte sind Schwankungen zwischen den einzelnen Individuen unvermeidlich; sie liefern Streuungen in den Messdaten, die meist um Größenordnungen größer sind als statistische Fehler der verwendeten Messapparaturen. Sollen beispielsweise die Massen m von Rattenlebern bei einer in irgendeiner Weise behandelten Versuchsgruppe mit den Werten einer unbehandelten Vergleichsgruppe verglichen werden, so darf aus einer Differenz zwischen beiden Mittelwerten $\bar{m}_1$ und $\bar{m}_2$ auf keinen Fall direkt auf einen echten Unterschied zwischen beiden Versuchsgruppen geschlossen werden, bevor nicht überprüft wurde, dass diese Differenz außerhalb der Streubereiche der beiden Mittelwerte liegt. Ist also die Summe der Streubereiche δm_1 und δm_2 beider Mittelwerte etwa gleich oder gar größer als die Differenz $|\bar{m}_1 - \bar{m}_2|$, so liegt kein echter (signifikanter) Unterschied vor.

Es sind zur einfachen Überprüfung der *Signifikanz* einer physikalischen Aussage Testverfahren ausgearbeitet worden, von denen wir hier als Beispiel den *t-Test* skizzieren wollen. Es sei für die Mittelwerte $\bar{m}_1$ und $\bar{m}_2$ eine bestimmte Anzahl von Einzelmessungen herangezogen worden, nämlich n_1 bzw. n_2. Dann verwendet man die Testformel

$$\tau = \left|\frac{\bar{m}_1 = \bar{m}_2}{s_\mathrm{d}}\right| \sqrt{\frac{n_1 n_2}{n_1 + n_2}}, \qquad \text{(A-9)}$$

wobei s_d eine Abkürzung ist für

$$s_\mathrm{d} = \left(\frac{(n_1-1)\Delta m_1^2 + (n_2-1)\Delta m_2^2}{n_1 + n_2 - 2}\right)^{1/2}; \qquad \text{(A-10)}$$

Tab. A.1: *t*-Werte für die statistischen Sicherheiten 95 % und 99 % in Abhängigkeit von der Zahl der Messungen n_1 und n_2.

$(n_1 + n_2 - 2)$	*t* (95 %)	*t* (99 %)
5	2,57	4,03
7	3,37	3,50
10	2,23	3,17
15	2,13	2,95
20	2,08	2,85
30	2,042	2,750
50	2,009	2,678
100	1,984	2,626

Δm_1 und Δm_2 sind die Standardabweichungen der beiden Messreihen. Je nach Größe des Zahlenwertes von τ ist der Unterschied zwischen $\bar{m}_1$ und $\bar{m}_2$ echt oder aus den Messungen nicht feststellbar. Dazu vergleicht man das ermittelte τ mit speziellen, numerisch bekannten Grenzwerten t. Diese t-Werte hängen zum einen von der Zahl der Messungen $(n_1 + n_2)$ und zum anderen von der statistischen Sicherheit, die bei ihrer Berechnung vorausgesetzt wurde, ab. Üblich sind statistische Sicherheiten von 95 %, 99 % und 99,9 %. (Beispiel: Ist die Aussage, zwei Mittelwerte seien unterschiedlich, zu 95 % statistisch gesichert, dann heißt das, dass die Aussage zu 95 % wahrscheinlich ist.) Man bewertet diese Sicherheiten folgendermaßen: Gilt etwa $\tau < t$ (95 %), so ist ein echter Unterschied aus den Messungen *nicht feststellbar*. Gilt dagegen t (95 %) $\leqq \tau \leqq t$ (99 %), so unterscheidet sich $\bar{m}_1$ *wahrscheinlich* von $\bar{m}_2$. Ist dagegen t (99 %) $\leqq \tau$, so unterscheidet sich $\bar{m}_1$ *signifikant* von $\bar{m}_2$. Einige Beispiele für t-Werte sind in Tab. A.1 angegeben. (Literatur z. B.: R. Kaiser, G. Gottschalk: Elementare Tests zur Beurteilung von Messdaten. BI-Hochschultaschenbücher, Band 774.)

A.3 Rechnen mit Vektoren

Addition und Subtraktion von Vektoren
Vektoren sind in der Physik meistens dimensionsbehaftet. Sie können nur addiert oder subtrahiert werden, wenn sie dieselbe Einheit haben. Zudem muss bei Addition und Subtraktion neben ihren Beträgen auch ihre Richtung berücksichtigt werden. Dies lässt sich leicht zeichnerisch veranschaulichen. Da Vektoren normalerweise beliebig parallel verschoben werden dürfen, fügen wir die Vektoren – z. B. die Geschwindigkeiten $\vec{v}_1$ und $\vec{v}_2$ – wie in Abb. A.6 gezeigt zusammen und erhalten den resultierenden Geschwindigkeitsvektor $\vec{v}_r = \vec{v}_1 + \vec{v}_2$. Entsprechend wird die Differenz zweier Vektoren gebildet: $\vec{v}_r = \vec{v}_1 - \vec{v}_2 = \vec{v}_1 + (-\vec{v}_2)$. Dabei ist die Richtung des mit einem negativen Vorzeichen versehenen Vektors $-\vec{v}_2$ gegenüber $\vec{v}_2$ umgekehrt, d. h., Anfangs- und Endpunkt werden vertauscht. Ebenso lässt sich dieses Verfahren auf die Addition bzw. Subtraktion von mehr als zwei Vektoren anwenden.

Multiplikation von Vektoren Im Unterschied zur Addition müssen Vektoren für eine Multiplikation nicht dieselbe Dimension besitzen. Wir unterscheiden drei Arten der Multiplikation von Vektoren: die Multiplikation eines Vektors mit einem Skalar, das *skalare Produkt* zweier Vektoren und das *vektorielle Produkt* zweier Vektoren.

1. Ein Vektor, z. B. die Geschwindigkeit $\vec{v}$, werde mit einem Skalar, z. B. der Zeit t, multipliziert. Das Produkt $\vec{v}\,t$, ergibt einen Vektor (nämlich den Weg $\vec{s}$), der die Richtung von $\vec{v}$ und den Betrag $|\vec{v}|\,t$ besitzt.

2. Das skalare Produkt zweier Vektoren $\vec{v}_1$ und $\vec{v}_2$ liefert eine skalare Größe b und ist charakterisiert durch das Produkt der beiden Beträge $|\vec{v}_1|$ und $|\vec{v}_2|$ und des Cosinus des Win-

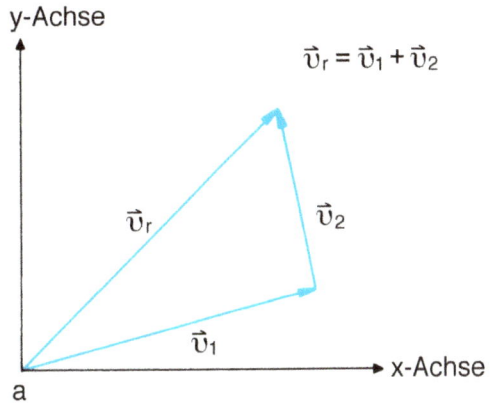

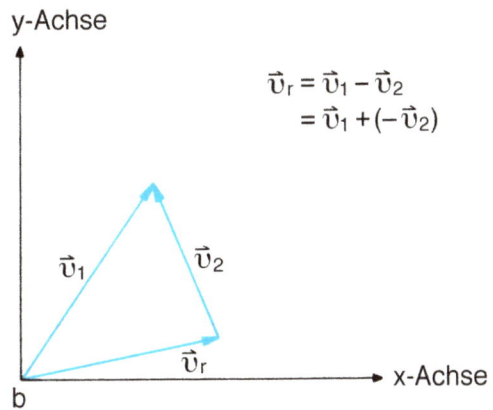

Abb. A.6: Addition (a) und Subtraktion (b) von Vektoren.

kels α, den die beiden Vektoren $\vec{v}_1$ und $\vec{v}_2$ einschließen:

$$b = \vec{v}_1\vec{v}_2 = |\vec{v}_1||\vec{v}_2|\,\cos\alpha. \qquad (A\text{-}10)$$

Ein Beispiel für diese Art der Vektormultiplikation lernten wir bei der Behandlung der potentiellen Energie kennen, die in Gl. (3-4) als skalares Produkt der beiden Vektoren *Gewichtskraft $\vec{F}$* und *Weg $\vec{s}$* definiert wurde.

3. Das vektorielle Produkt zweier Vektoren $\vec{v}_1$ und $\vec{v}_2$ dagegen liefert die vektorielle Größe $\vec{c}$ und ist gekennzeichnet durch das Produkt der beiden Beträge $|\vec{v}_1|$ und $|\vec{v}_2|$, den Sinus

des eingeschlossenen Winkels α (wobei wir hier α stets als positiv annehmen wollen) und einen Einheitsvektor $\vec{e}$:

$$\vec{c} = \vec{v}_1 \times \vec{v}_2 = |\vec{v}_1||\vec{v}_2| \sin \alpha\, \vec{e}. \qquad \text{(A-11)}$$

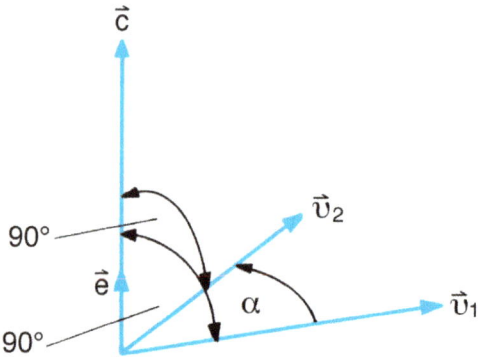

Abb. A.7: Zum Vektorprodukt von Vektoren.

Für den Einheitsvektor $\vec{e}$ ist vereinbart, dass er senkrecht auf $\vec{v}_1$ und $\vec{v}_2$ steht. Die Richtung von $\vec{e}$ wird schließlich eindeutig durch folgende Regel festgelegt: Schauen wir in Abb. A.7 von unten senkrecht auf die von $\vec{v}_1$ und $\vec{v}_2$ gebildete Ebene und drehen wir dann $\vec{v}_1$ über den eingeschlossenen Winkel α im Uhrzeigersinn in Richtung von v_2, so blicken wir in Richtung von $\vec{e}$ (Abb. A.7).

Komponentendarstellung von Vektoren Zur Komponentendarstellung eines Vektors in einem vorgegebenen Koordinatensystem projizieren wir den Vektor nacheinander auf die verschiedenen Koordinatenachsen. Beim einfachsten Beispiel des in einem zweidimensionalen, rechtwinkligen x-y-Koordinatensystem dargestellten Vektors $\vec{v}$ (Abb. A.8) erhalten wir dann aus Betrag $|\vec{v}|$ und Richtungswinkel a als Achsenabschnitte die skalaren Werte $v_x = |\vec{v}| \cos a$ bzw. $v_y = |\vec{v}| \sin \alpha$. v_x und v_y nennen wir die *skalaren Komponenten* des Vektors $\vec{v}$. Bezeichnen $\vec{e}_x$ bzw. $\vec{e}_y$ die Einheitsvektoren in Richtung der Koordinatenachsen, so erhalten wir für den Vektor $\vec{v}$

die *vektoriellen Komponenten* $\vec{v}_x = |\vec{v}| \cos \alpha\, \vec{e}_x$ bzw. $\vec{v}_y = |\vec{v}| \sin \alpha\, \vec{e}_y$. Die Addition von $\vec{v}_x$ und $\vec{v}_y$ ergibt wieder $\vec{v}$:

$$\vec{v} = \vec{v}_x + \vec{v}_y = |\vec{v}| \cos \alpha\, \vec{e}_x + |\vec{v}| \sin \alpha\, \vec{e}_y$$
$$= |\vec{v}|(\cos \alpha\, \vec{e}_x + \sin \alpha\, \vec{e}_y).$$

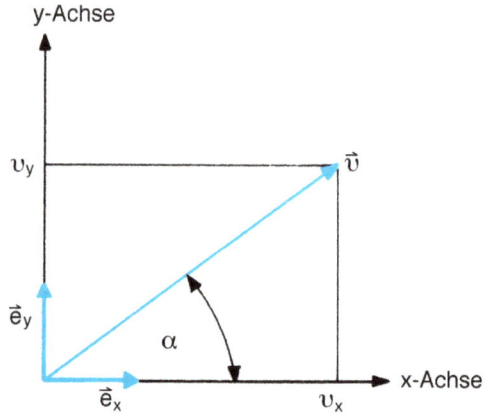

Abb. A.8: Komponentendarstellung von Vektoren.

Soll der Vektor $\vec{v}$ durch seine Komponenten angegeben werden, so wird häufig die formale Schreibweise $\vec{v} = (v_x, v_y)$ benutzt.

Wir kennen also zwei gleichwertige Darstellungen eines Vektors in einem Koordinatensystem:

1. durch Angabe von Betrag und Richtungswinkel und
2. durch Angabe der Komponenten.

Aus den Komponenten lassen sich leicht Richtung und Betrag des Vektors errechnen, denn der Tangens des Richtungswinkels, $\tan \alpha$, im rechtwinkligen Dreieck ergibt sich nach Abb. A.8 zu

$$\tan \alpha = \frac{v_y}{v_x} = \frac{|\vec{r}| \sin \alpha}{|\vec{r}| \cos \alpha}.$$

Den Betrag finden wir mit dem *Satz von Pythagoras*:

$$v = \sqrt{v_1^2 + v_2^2}.$$

Zwei Vektoren in Komponentenschreibweise lassen sich addieren bzw. substrahieren, indem man ihre Komponenten addiert bzw. subtrahiert:

$$\vec{a} + \vec{b} = (a_1,\ a_2) + (b_1,\ b_2) = (a_1 + b_1,\ a_2 + b_2).$$

(A-13)

Bei der Multiplikation von $\vec{a} = (a_1,\ a_2)$ mit einem Skalar K werden die Komponenten mit K multipliziert:

$$K\vec{a} = K(a_1, a_2) = (Ka_1, Ka_2). \qquad \text{(A-14)}$$

Das skalare Produkt zweier Vektoren ist gleich der Summe der Produkte der zusammengehörenden Komponenten:

$$\vec{a} \cdot \vec{b} = a_1 b_1 + a_2 b_2. \qquad \text{(A-15)}$$

A.4 Das Exponentialgesetz

Das Exponentialgesetz tritt zur Beschreibung verschiedenster physikalischer Vorgänge auf, wobei die mathematischen Größen unterschiedliche Bedeutung haben. In Gl. (21-4) beschreibt es die zeitliche Abnahme radioaktiver Stoffe, in Gl. (6-11) die Dämpfung einer Schwingung, in Gl. (14-72) die Zeitabhängigkeit des Stroms beim Anlegen einer Spannung an einen Kondensator. Ebenso taucht es auf bei der Beschreibung der Zunahme der Erdbevölkerung, beim organischen Wachstum wie etwa der Zunahme der Zahl von Bakterien einer Kultur, bei der Abnahme des Luftdrucks mit der Höhe oder der Sonneneinstrahlung mit zunehmender Luftverschmutzung usw. Auf den ersten Blick scheinen diese Prozesse nichts gemein zu haben; die gleichartige formale Beschreibung lässt aber auf eine Verwandtschaft schließen. Diese lässt sich in folgender Aussage zusammenfassen: Das Exponentialgesetz beschreibt eine bestimmte Klasse von Wachstums- und Zerfallsprozessen, die durch eine besondere Eigenschaft ausgezeichnet sind: Eine beliebige Messgröße y hänge so von einer Variablen x ab, dass ihre *relative* Änderung $\Delta y/y$ unabhängig ist vom Zahlenwert von x, aber proportional zum Intervall Δx, in welchem man die Änderung von y misst. Dies gelte auch für beliebig kleine Werte von Δx ($\Delta x \to dx$) und Δy ($\Delta y \to dy$). In der Formelsprache der Differentialrechnung heißt das:

$$\frac{dy}{y} = \pm A \, dx. \qquad \text{(A-16)}$$

Dabei bedeutet dy die *absolute* Änderung von y, und A ist die Proportionalitätskonstante. Das positive Vorzeichen steht, wenn die Größe y zunimmt, das negative, wenn sie abnimmt.

Ein Beispiel: Sei etwa y ein bestimmter Bakterienbestand einer Kultur und x die Zeit. Dann bedeutet Gl. (A-16) bei positivem Vorzeichen, dass die relative Zunahme des Bakterienbestands konstant ist. In jeder Stunde (= dx) vermehrt sich der Bakterienbestand beispielsweise um $dy/y = 0{,}01$, d. h. um 1 %.

Will man nun wissen, welchen Wert y bei einer bestimmten Größe von x erreicht hat (etwa die Anzahl der Bakterien nach zehn Tagen), so muss man über alle Intervalle dx summieren. Diese Intervalle sollen beliebig klein sein können, und deshalb geht man von der Summe zum Integral über. Wir müssen also Gl. (A-16) integrieren, und zwar auf beiden Seiten des Gleichheitszeichens. Wir erhalten:

$$\int_{y_0}^{y} \frac{dy}{y} = \ln y - \ln y_0 = \ln\left(\frac{y}{y_0}\right)$$

$$= \int_{0}^{x} \pm A \, dx = \pm Ax, \qquad \text{(A-17)}$$

wobei wir angenommen haben, dass wir mit der Integration bei $x = 0$ beginnen und dort y den Wert y_0 besitzt. Die Gleichung $\ln(y/y_0) = \pm Ax$ haben wir nun aufzulösen nach y. Dies bereitet keine Schwierigkeiten, wenn man bedenkt, dass die Umkehrfunktion des natürlichen Logarithmus gerade die Exponentialfunktion ist (Abb. A.9). Damit gelangen wir unmittelbar zu dem Exponentialgesetz

$$y = y_0 e^{\pm AX}, \quad e = 2{,}718.... \qquad \text{(A-18)}$$

Besonders in der angelsächsischen Literatur ist eine andere Schreibweise üblich:

$$y = y_0 \exp(\pm Ax). \qquad \text{(A-19)}$$

Wesentlich ist also, dass die *relative* Änderung der Größe y konstant ist. Bliebe dagegen die *absolute* Änderung konstant, sodass

https://doi.org/10.1515/9783110691658-031

$$dy = \pm C,$$

wobei C eine Konstante ist, dann würde dies zum linearen Gesetz

$$y = \pm Cx$$

führen.

Zwei Beispiele sollen den Ansatz (A-16) weiter verdeutlichen:

1. Sei y die Zahl von Bakterien einer Kultur und x die Zeit. Wenn nun die Bakterien sich derart vermehren, dass ihre Zahl pro Tag (= dx) auf das Doppelte ($dy/y = +1$ bzw. $dy/y = +100$ %) zunimmt, so wächst die Bakterienzahl exponentiell mit der Zeit.

2. Kühlt man die Kultur, sodass die Vermehrung unterbrochen wird und zusätzlich pro Stunde (= dx) 10 % der Bakterien ($dy/y = -0,1$ bzw. $Dy/y = -10$ %) eingehen, so nimmt ihre Zahl exponentiell mit der Zeit ab.

Es muss erwähnt werden, dass die Verwendung von dx in unseren Beispielen mathematisch nicht exakt ist: In Strenge erhält man eine Exponentialfunktion aus dem Ansatz Gl. (A-16) nur, wenn y und x kontinuierliche Variable sind. Bei unseren Anwendungsbeispielen gilt dies jedoch nicht. An die Stelle der kontinuierlichen Variablen y tritt dort eine Größe, die nur ganze Zahlen annehmen kann, nämlich die Zahl der Bakterien. Sie kann nur in ganzzahligen Schritten verändert werden. Daher kann auch $dy = y$ nicht beliebig klein werden. Bei *großen* Zahlen von y gilt dies jedoch in recht guter Näherung, und in Näherung kann man dann auch Gl. (A-18) zur Beschreibung heranziehen. (Entsprechendes gilt auch für den radioaktiven Zerfall.)

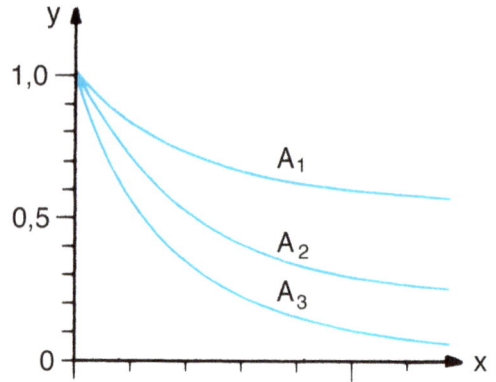

a

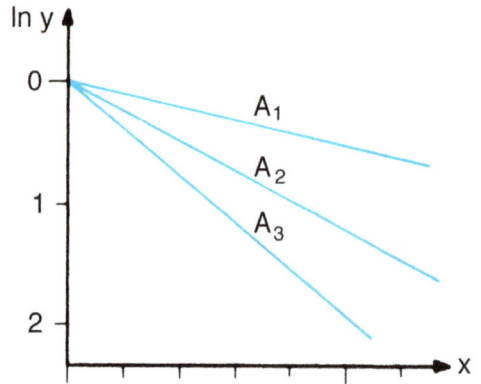

b

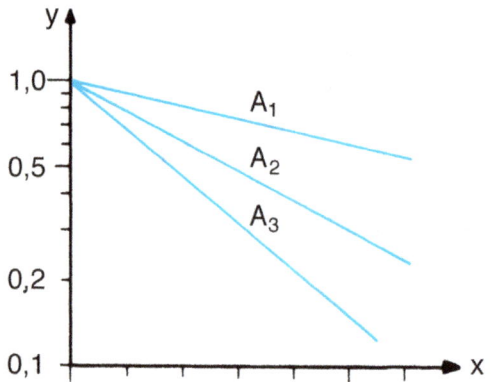

c

Abb. A.9: Grafische Darstellungen von Gl. (A-17) bzw. (A-18) mit $y_0 = 1$: (a) $y = e^{-Ax}$, (b) $\ln y = -Ax$, (c) $y = e^{-Ax}$ in halblogarithmischer Auftragung, wobei jeweils $A_1 < A_2 < A_3$.

A.5 Weitere mathematische Beziehungen

Potenzen und Wurzeln

1. Rechenregeln für Potenzen mit gleicher Basis

$$a^n a^m = a^{n+m}, \quad \frac{a^n}{a^m} = a^{n-m},$$

$$(a^n)^m = a^{nm}, \quad a^0 = 1$$

2. Rechenregeln für Potenzen mit ungleicher Basis

$$a^n b^n = (ab)^n, \quad \frac{a^n}{b^n} = \left(\frac{a}{b}\right)^n.$$

3. Rechenregeln für Wurzeln mit gleicher Basis

$a^{1/n} = \sqrt[n]{a}$. Speziell: Quadratwurzel $a^{1/2} = \sqrt{a}$

$$a^{-1/n} = \frac{1}{\sqrt[n]{a}} \qquad a^{m/n} = \sqrt[n]{a^m},$$

$$\left(a^{-1/n}\right)^{1/m} = \sqrt[m]{\sqrt[n]{a}}.$$

4. Rechenregeln für Wurzeln mit ungleicher Basis

$$a^{1/n} b^{1/n} = (ab)^{1/n} = \sqrt[n]{ab},$$

$$\frac{a^{1/n}}{b^{1/n}} = \left(\frac{a}{b}\right)^{1/n} = \sqrt[n]{\frac{a}{b}}.$$

Logarithmen

Ist $a^b = c$ ($c > 0$), dann schreibt man $b = \log_a c$ und nennt b den *Logarithmus von c zur Grundzahl a*. b bezeichnet also diejenige Zahl, mit der man a potenzieren muss, um c zu erhalten. Aus den Potenzgesetzen ergeben sich dann die folgenden *logarithmischen Rechenregeln*:

$$\log_a(cd) = \log_a c + \log_a d,$$

$$\log_a\left(\frac{c}{d}\right) = \log_a c - \log_a d,$$

$$\log_a(c^n) = n\log_a c, \quad \log_a \sqrt[n]{c} = \frac{1}{n}\log_a c.$$

Die Logarithmen zur Grundzahl 10 bezeichnet man als *dekadische* oder *Brigg'sche Logarithmen*. Für sie ist folgende Abkürzung üblich:

$$\log_{10} c = \lg c.$$

Von besonderer Wichtigkeit in der höheren Mathematik und auch Physik sind die sog. *natürlichen Logarithmen*. Ihre Basis ist die durch einen Grenzwert (Limes) definierte *Euler'sche Zahl*

$$e = \lim_{n\to\infty}\left(1 + \frac{1}{n}\right)^n = 2{,}718281\ldots.$$

Da die natürlichen Logarithmen so häufig auftreten, hat man auch für sie eine Abkürzung eingeführt, und man schreibt:

$$\log_e c = \ln c.$$

Dabei stehen die Buchstaben ln für *logarithmus naturalis*.

Die Umrechnung von Logarithmen zu verschiedenen Grundzahlen erfolgt nach der Beziehung:

$$\log_a x = \log_a b \cdot \log_b x.$$

Speziell für $a = 10$ und $b = e$, d. h. für die *Umrechnung von natürlichen in dekadische Logarithmen* (und umgekehrt), ergibt sich:

$$\lg x = \lg e \cdot \ln x = 0{,}4343 \ln x$$

bzw.

$$\ln x = \ln 10 \cdot \lg x = \frac{1}{\lg e}\lg x = 2{,}3025 \lg x.$$

https://doi.org/10.1515/9783110691658-032

Komplexe Zahlen

Wurzeln negativer Zahlen sind im Raum der reellen Zahlen nicht definiert. Durch die Einführung komplexer Zahlen kann diese Einschränkung aufgehoben werden. Eine komplexe Zahl besteht dabei aus einem Realteil Re und einem Imaginärteil Im. Grafisch liegen die komplexen Zahlen nicht mehr auf einer Geraden wie die reellen Zahlen, sondern in einer Ebene, aufgespannt durch Real- und Imaginärteil:

$$z = Re + i \cdot Im.$$

Der Imaginärteil wird in imaginären Einheiten i angegeben, wobei gilt:

$$i^2 = -1.$$

Die Lage der entsprechenden Punkte kann alternativ auch in Polarkoordinaten r, φ angegeben werden, woraus die Polardarstellung folgt:

$$z = r e^{i\varphi}.$$

Damit beinhalten die komplexen Zahlen auch die reellen Zahlen mit $Im = 0$ bzw. $\varphi = 0$.

Bei der Addition komplexer Zahlen werden deren Real- bzw. Imaginärteile addiert:

$$z_1 + z_2 = Re_1 + Re_2 + i \cdot (Im_1 + Im_2)$$

Bei der Multiplikation werden die Radien multipliziert und die Winkel addiert:

$$z_1 \cdot z_2 = r_1 r_2 \cdot e^{i(\varphi_1 + \varphi_2)}.$$

Ein im Kontext von Schwingungen und Wellen wichtiger Zusammenhang zwischen der komplexen Exponentialfunktion und den Winkelfunktionen ist die Euler-Formel:

$$e^{iy} = \cos(y) + i \sin(y)$$

Hier wird die Absorption einer Welle durch ein entsprechendes Medium durch dessen komplexen Brechungsindex

$$n = n_r + i\, n_i$$

beschrieben.

Lineare und quadratische Gleichungen mit einer Unbekannten x

$$ax + b = 0 \rightarrow x = -\frac{b}{a}$$

$$ax^2 + bx + c = 0 \rightarrow x_{1,2} = \frac{-b \pm \sqrt{b^2 - 4ac}}{2a}$$

Fläche und Volumen einfacher geometrischer Figuren und Körper

Fläche		Volumen	
Quadrat	a^2	Würfel	a^3
Rechteck	ab	Quader	abc
Dreieck	$\dfrac{ah}{2}$	Pyramide	$\dfrac{abh}{3}$
Parallelogramm	ah	Parallelepiped	abh
Trapez	$\dfrac{(a+b)h}{2}$		
Kreis	πr^2	Kugel	$\dfrac{4}{3}\pi r^3$
Ellipse	$ab\pi$	Ellipsoid	$\dfrac{4}{3}\pi abc$

Trigonometrie (Winkelfunktionen)

Definitionen am Kreis:

$$\sin\alpha = \frac{y}{r}$$

$$\cos\alpha = \frac{x}{r}$$

$$\tan\alpha = \frac{y}{x} = \frac{\sin\alpha}{\cos\alpha}$$

$$\text{cotan}\,\alpha = \frac{x}{y} = \frac{\cos\alpha}{\sin\alpha}$$

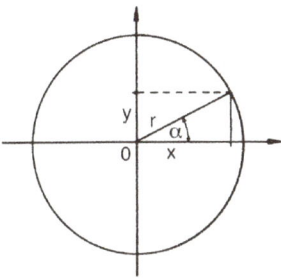

Trigonometrische Beziehungen:

$$\sin(\alpha+\beta) = \sin\alpha\cos\beta \pm \cos\alpha\sin\beta$$

$$\cos(\alpha+\beta) = \cos\alpha\cos\beta \mp \sin\alpha\sin\beta$$

$$\sin\alpha + \sin\beta = 2\sin\frac{\alpha+\beta}{2}\cos\frac{\alpha-\beta}{2}$$

$$\sin\alpha - \sin\beta = 2\cos\frac{\alpha+\beta}{2}\sin\frac{\alpha-\beta}{2}$$

$$\cos\alpha + \cos\beta = 2\cos\frac{\alpha+\beta}{2}\cos\frac{\alpha-\beta}{2}$$

$$\cos\alpha - \cos\beta = -2\sin\frac{\alpha+\beta}{2}\sin\frac{\alpha-\beta}{2}$$

$$\sin^2\alpha + \cos^2\alpha = 1$$

$$\tan\alpha = \frac{\sin\alpha}{\cos\alpha}$$

$$\text{cotan}\,\alpha = (\tan\alpha)^{-1}$$

Differentialgleichung

Definition: Die *Ableitung y'* einer Funktion $y = f(x)$ im Punkt $P(x, y)$ beschreibt die Steigung der Tangente an die Kurve $y = f(x)$ im Punkt

P. Man berechnet sie (vgl. nachfolgende graphische Darstellung), indem man den Differenzenquotienten zu einem dicht benachbarten Punkt Q bildet,

$$\frac{\Delta y}{\Delta x} = \frac{f(x+\Delta x) - f(x)}{\Delta x},$$

und dann den Punkt Q gegen P, d. h. Δx gegen null, gehen lässt:

$$y' = \lim_{\Delta x \to 0}\frac{\Delta y}{\Delta x} = \frac{dy}{dx}$$

bzw.

$$f'(x) = \lim_{\Delta x \to 0}\frac{f(x+\Delta x) - f(x)}{\Delta x} = \frac{df(x)}{dx}.$$

Andererseits wird die Steigung der Tangente auch durch $\tan\alpha$ angegeben, sodass gilt: $y' = \tan\alpha$.

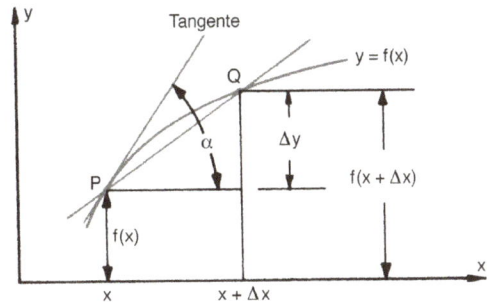

Differentiationsregeln:

$$y = cf(x) \rightarrow \frac{dy}{dx} = c\frac{df(x)}{dx}, \text{wenn } c = \text{konst.}$$

$$y = f(x) + g(x) \rightarrow \frac{dy}{dx} = \frac{df(x)}{dx} + \frac{dg(x)}{dx}$$

$$y = f(x)g(x) \rightarrow \frac{dy}{dx} = \frac{df(x)}{dx}g(x) + f(x)\frac{dg(x)}{dx}$$

(Produktregel)

$$y = \frac{f(x)}{g(x)} \rightarrow \frac{dy}{dx}$$

$$= \frac{1}{(g(x))^2}\left(g(x)\frac{df(x)}{dx} - f(x)\frac{dg(x)}{dx}\right)$$

(Quotientenregel)

$$y = f(g(x)) \rightarrow \frac{dy}{dx} = \frac{df}{dg}\frac{dg}{dx} \quad \text{(Kettenregel)}$$

Integralrechnung

Definition: Die Integralrechnung ist die Umkehrung der Differentialrechnung. In Formeln ausgedrückt:

Differentiation   Integration

$$\frac{dF(x)}{dx} = f(x) \longrightarrow F(x) = \int f(x)dx + C$$

Man nennt den Ausdruck $\int f(x)\,dx$ unbestimmtes Integral von $f(x)$ und bezeichnet die Funktion $F(x)$ als Stammfunktion von $f(x)$. Sie ist durch $f(x)$ nur bis auf eine Konstante C bestimmt, die man *Integrationskonstante* nennt.

Will man die Fläche A bestimmen, die zwischen der x-Achse und einem Teil einer durch die Funktion $f(x)$ beschriebenen Kurve liegt (vgl. nachfolgende graphische Darstellung), dann berechnet man das bestimmte Integral:

$$A = \int_a^b f(x)dx = F(x)\big|_a^b = F(b) - F(a).$$

Die Endpunkte des Intervalls, über das sich die Integration erstreckt, nennt man *Integrationsgrenzen*.

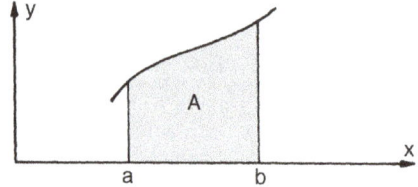

Integrationsregeln:

$$\int cf(x)dx = c\int f(x)dx, \text{ wenn } c = \text{konst.}$$

$$\int (f(x) + g(x))\,dx = \int f(x)dx + \int g(x)dx$$

$$\int_a^b y(x)dx = -\int_b^a y(x)dx$$

(Vorzeichenwechsel bei Vertauschung der Integrationsgrenzen)

$$\int_a^b y(x)dx + \int_b^c y(x)dx = \int_a^c y(x)dx$$

(Intervalladditivität)

Einige gebräuchliche mathematische Funktionen mit Ableitung und Integral:

Funktion $y(x)$	Ableitung $\frac{dy}{dx}$	unbest. Integral $\int y(x)dx$	best. Integral $\int_a^b y(x)dx$
C (Konstante)	0	$x + C$	
x	1	$\frac{x^2}{2} + C$	$\int_0^b x\,dx = \frac{b^2}{2}$
$\frac{1}{x} = x^{-1}$	$-\frac{1}{x^2}$	$\ln x + C \;(x \neq 0)$	

(fortgesetzt)

$\sqrt{x} = x^{\frac{1}{2}}$	$\dfrac{1}{2\sqrt{x}}$	$\dfrac{2}{3}x^{\frac{3}{2}} + C$	
x^2	$2x$	$\dfrac{1}{3}x^3 + C$	
$ax^n + b$	nax^{n-1}	$\dfrac{a}{n+1}x^{n+1} + bx + C$	
(n reell)		(außer für $n = -1$)	
$\sin ax$	$a \cos ax$	$-\dfrac{1}{a}\cos ax + C$	$\displaystyle\int_0^\pi \sin x\,dx = 2$
$\sin^2 ax$	$2a \sin ax \cos ax$	$\dfrac{1}{2}x - \dfrac{1}{4a}\sin 2ax + C$	$\displaystyle\int_0^\pi \sin x\,dx = \dfrac{\pi}{2}$
$\cos ax$	$-a \sin ax$	$\dfrac{1}{a}\sin ax + C$	$\displaystyle\int_0^\pi \cos x\,dx = 0$
e^{ax}	$a\,e^{ax}$	$\dfrac{1}{a}e^{ax} + C$	$\displaystyle\int_0^1 e^x dx = e - 1$ $\displaystyle\int_0^\infty e^{-a^2 x^2}\,dx = \dfrac{\sqrt{\pi}}{2a}$ $(a > 0)$
$\ln x$	$\dfrac{1}{x}$	$x \ln x - x + C$	
$\log_{10} x$*	$\dfrac{0{,}4343}{x}$	$0{,}4343\,(x \ln x - x) + C$	

*Vgl. hierzu den Abschnitt über Logarithmen.

A.6 Einige Naturkonstanten

Mechanik:

Avogadro-Konstante	N_A	$= 6{,}022 \cdot 10^{23}\,\text{mol}^{-1}$
Elektronenmasse (Ruhemasse des Elektrons)	m_e	$= 9{,}109 \cdot 10^{-31}\,\text{kg}$
Protonenmasse (Ruhemasse des Protons)	m_p	$= 1{,}672 \cdot 10^{-27}\,\text{kg}$
Neutronenmasse (Ruhemasse des Neutrons)	m_n	$\approx m_p + m_e$
Gravitationskonstante	G	$= 6{,}68 \cdot 10^{-11}\,\text{Nm}^2\text{kg}^{-2}$

Wärme:

Tripelpunkt des Wassers	T	$= 273{,}16\,\text{K}; p = 6{,}13 \cdot 10^2\,\text{Pa}$
absoluter Temperaturnullpunkt	T	$= 0\,\text{K}$
Gaskonstante	R	$= 8{,}314\,\text{J K}^{-1}\text{mol}^{-1}$
Boltzmann-Konstante	k	$= 8{,}617 \cdot 10^{-5}\,\text{eV K}^{-1}$
		$= 1{,}38 \cdot 10^{-23}\,\text{J K}^{-1}$

Elektrizität:

Elementarladung	e	$= 1{,}602 \cdot 10^{-19}\,\text{C}$
elektrische Feldkonstante	ε_0	$= 8{,}855 \cdot 10^{-12}\,\text{C V}^{-1}\text{m}^{-1}$
magnetische Feldkonstante	μ_0	$= 1{,}256 \cdot 10^{-6}\,\text{V s A}^{-1}\text{m}^{-1}$
Va kuumlichtgeschwindigkeit	c	$= 2{,}998 \cdot 10^8\,\text{ms}^{-1}$
Faraday-Konstante	F	$= 9{,}648 \cdot 10^4\,\text{C mol}^{-1}$

Optik:

Planck'sche Konstante	h	$= 6{,}63 \cdot 10^{-34}\,\text{J s}$
Rydberg-Konstante	R	$= 13{,}598\,\text{eV} = 2{,}178 \cdot 10^{-18}\,\text{J}$
Radius der 1. Bohr'schen Bahn im H-Atom	r_{Bohr}	$= 0{,}0529\,\text{nm}$

https://doi.org/10.1515/9783110691658-033

A.7 Angelsächsisches Einheitensystem

Die Einführung des SI ist im Prinzip weltweit sehr erfolgreich gewesen und hat zu wesentlicher Vereinfachung geführt. Die in Tab. 1.2 aufgeführten anderen Einheitensysteme sind inzwischen weitgehend aus dem Alltag verschwunden. Einzige Ausnahme bildet das *Angelsächsische System,* dessen Ersetzung durch das SI zwar in den USA und Kanada begonnen, dann aber 1986 aus wirtschaftlichen Gründen wieder rückgängig gemacht wurde. Dieses System ist altmodisch und unangenehm in der Anwendung, da einerseits eine Unzahl von nichtkohärenten Einheiten mit willkürlichen Umrechnungsfaktoren zugelassen und andererseits keine dezimale Unterteilung vorgesehen ist. Es wird empfohlen, diese Einheiten nicht mehr zu benutzen.

In den folgenden Tabellen beschränken wir uns auf eine Auswahl. Die Umrechnungs-Zahlenwerte ins SI, die bisweilen neunstellig sind, wurden zumeist auf zwei bis drei Stellen gerundet. Bei Bedarf höherer Präzision sollte man im Internet nachsuchen.

Massen

Name	Symbol	Umrechnung	Zahlenwert in SI
grain	gr	1/7.000 lb	$64{,}799 \cdot 10^{-6}$ kg
dram	dr	1/16 oz	$1{,}77 \text{-} 10^{-3}$ kg
ounce	oz	1/16 lb	$28{,}35 \cdot 10^{-3}$ kg
pound	lb	Vorsicht! Nicht mit Pfund identisch!	0,454 kg
quarter		28 lb	12,701 kg
hundred-weight	cwt	112 lb	50,802 kg
ton	t	2.240 lb	1.016 kg
troy pound	lb t	5.760 gr	0,373 kg

Längen

Name	Symbol	Umrechnung	Zahlenwert in SI
inch	in	1/12 ft	$25{,}4 \cdot 10^{-3}$ m
foot	ft	1/3 yd	0,305 m
yard	yd		0,914 m
rod	rd	5.5 yd	5,03 m
mile	ml	1.760 yd	1.609,344 m
mile (US)			1.609,347 m
nautical mile	n mile		1.853,2 m

https://doi.org/10.1515/9783110691658-034

Flächen

square inch, square foot, square yard, square rod , etc. (*Symbole:* z. B. in^2 oder sq in, etc.)

Weitere Beispiele:

Name	Symbol Umrechnung	Zahlenwert in SI
rood	1.210 yd^2	1.011,71 m^2
acre	4 rood	4.046,86 m^2
square mile	640 acre	2,589988 · 10^6 m^2

Volumina

cubic inch, cubic foot, cubic yard, etc.	(*Symbole* z. B. in^3 oder cu in etc.)
fluid drachm, fluid ounce, fluiddram, etc.	(*Symbole* z. B. fl dr etc.)
dry pint, dry quart, dry gallon, dry barrel	(*Symbole* z. B. dry pt dry (US) etc.)

Zusätzlich weitere Unterscheidung zwischen Gültigkeitsbereichen UK und US

Beispiele:

Name	Symbol	Umrechnung	Zahlenwert in SI
fluid ounce (UK)	fl oz (UK)		28,4131 · 10^{-6} m^3
fluid ounce (US)	fl oz (US)		29,5735 · 10^{-6} m^3
pint (UK)	pt (UK)	½ qt (UK)	0,568 · 10^{-6} m^3
quart (UK)	qt (UK)	¼ gal (UK)	
gallon (UK)	gal (UK)	277,42 in^3 (UK)	4,5461 · 10^{-3} m^3
gallon (US)	gal (US)	231 in^3 (US)	3,7854 · 10^{-3} m^3
barrel (US)		9.702 in^3 (US)	0,1589 m^3
dry barrel (US)	bbl (US)	7.056 in^3	0,1156 m^3

Register

https://doi.org/10.1515/9783110691658-035